中文版

CATIA V5-6R2017 完全实战技术手册

李雷 胡春红 王欣 / 编著

清华大学出版社

北京

内 容 简 介

CATIA V5-6R2017是法国Dassault System公司（达索公司）的CAD/CAE/CAM一体化软件，在相关领域处于世界领先地位。CATIA源于航空航天业，广泛应用于航空航天、汽车制造、造船、机械制造、电子/电器、消费品生产行业。

本书对CATIA V5-6R2017软件的全功能模块，做了全面细致的讲解，全书由浅到深、循序渐进地介绍了CATIA V5-6R2017的基本操作及命令的使用方法，并配合大量的制作实例让读者更好地掌握软件的应用技巧。

本书共分为26章，从CATIA V5-6R2017软件的安装和启动开始，详细介绍了CATIA V5-6R2017的基本操作与设置、草图功能、实体特征设计、实体特征编辑与操作、创成式曲线设计、创成式曲面设计、曲线和曲面编辑、自由曲线和曲面设计、钣金件设计、装配体设计、工程图、模具设计、运动仿真和数控加工等内容。

本书结构严谨、内容翔实、知识全面、可读性强、设计实例实用性强、专业性强、步骤明确，是广大读者快速掌握CATIA V5-6R2017中文版的自学指导书，也可作为大专院校计算机辅助设计课程的辅导教材。

图书在版编目（CIP）数据

中文版 CATIA V5-6R2017 完全实战技术手册 / 李雷，胡春红，王欣编著 .—北京：清华大学出版社，2021. 1

ISBN 978-7-302-55851-4

I. ①中…II. ①李…②胡…③王… III. ①机械设计—计算机辅助设计—应用软件—技术手册 IV. ① TH122-62

中国版本图书馆 CIP 数据核字 (2020) 第 107425 号

责任编辑：陈绿春
封面设计：潘国文
责任校对：徐俊伟
责任印制：杨　艳

出版发行：清华大学出版社
　　网　　址：http://www.tup.com.cn， http://www.wqbook.com
　　地　　址：北京清华大学学研大厦 A 座　　**邮　　编：**100084
　　社 总 机：010-62770175　　**邮　　购：**010-83470235
　　投稿与读者服务：010-62776969，c-service@tup.tsinghua.edu.cn
　　质量反馈：010-62772015，zhiliang@tup.tsinghua.edu.cn
印 装 者：三河市中晟雅豪印务有限公司
经　　销：全国新华书店
开　　本：188mm×260mm　　**印　　张：**54.5　　**字　　数：**1427 千字
版　　次：2021 年 2 月第 1 版　　**印　　次：**2021 年 2 月第 1 次印刷
定　　价：169.00 元

产品编号：083680-01

前言
PREFACE

CATIA 软件的全称是 Computer Aided Tri-Dimensional Interface Application，是法国 Dassault System 公司（达索公司）的 CAD/CAE/CAM 一体化软件，在相关领域处于世界领先地位。为了使软件能够易学易用，Dassault System 于 1994 年开始重新开发全新的 CATIA V5 版本，新版本的界面更加友好，功能也日趋完善，并且开创了 CAD/CAE/CAM 软件的一种全新风格，可以应用到产品开发过程中的每一步（包括概念设计、详细设计、工程分析、成品定义和制造，乃至成品在整个生命周期中（PLM）的使用和维护），并能够实现工程人员和非工程人员之间的电子通信。CATIA 源于航空航天业，广泛应用于航空航天、汽车制造、造船、机械制造、电子 / 电器、消费品生产行业。

本书对 CATIA V5-6R2017 软件的全功能模块，做了全面细致的讲解。由浅入深、循序渐进地介绍了 CATIA V5-6R2017 的基本操作及命令的使用，并配合大量的制作实例让读者更好地掌握软件的应用技巧。

本书共分为 26 章，从软件的安装和启动开始，详细介绍了 CATIA V5-6R2017 的基本操作与设置、草图功能、实体特征设计、实体特征编辑与操作、创成式曲线设计、创成式曲面设计、曲线和曲面编辑、自由曲线和曲面设计、钣金件设计、装配体设计、工程图、模具设计、运动仿真和数控加工等内容。

本书结构严谨、内容翔实、知识全面、可读性强、设计实例实用性强、专业性强，步骤明确，是广大读者快速掌握 CATIA V5-6R2017 中文版的自学指导书，也可作为大专院校计算机辅助设计课程的辅导教材。

本书内容

全书分 4 大部分共 26 章，章节内容安排如下。

- 第 1 部分（第 1 ～ 3 章）：主要介绍 CATIA V5-6R2017 的发展历程、安装、文件操作与工作环境设置等内容。
- 第 2 部分（第 4 ～ 12 章）：这部分所包含的章节按照 CATIA V5-6R2017 的草图→特征编辑→零件装配→工程图设计→运动机构仿真→钣金设计的顺序进行讲解，让读者轻松掌握 CATIA V5-6R2017 强大的零件设计与装配功能。
- 第 3 部分（第 13 ～ 19 章）：这部分主要介绍 CATIA V5-6R2017 的曲线、曲面设计，以及逆向造型、曲面优化与渲染、结构有限元分析等延伸知识。
- 第 4 部分（第 20 ～ 26 章）：主要是行业应用的设计与综合案例分析，包括产品造型设计、产品结构设计、模具设计、数控加工等。

资源下载

本书的配套素材和视频文件请用微信扫描下面的二维码进行下载。如果在下载过程中碰到问题，请联系陈老师，联系邮箱 chenlch@tup.tsinghua.edu.cn。

视频文件

配套素材

作者信息与技术支持

本书由空军航空大学的李雷、胡春红和王欣编著。如果在学习过程中遇到问题，请使用微信扫描下面的二维码联系相关技术人员进行解决。

技术支持

感谢您选择了本书，希望我们的努力对您的工作和学习有所帮助，也希望您把对本书的意见和建议告诉我们。

作者

2021年1月

目录

CONTENTS

第 1 部分

第 1 章　CATIA V5-6R2017 概论

第 2 章　踏出 CATIA V5-6R2017 的第一步

第 3 章　踏出 CATIA V5-6R2017 的第二步

第 2 部分

第 4 章　草图绘图指令

第 5 章　草图编辑指令

第6章 基于草图的特征指令

第7章 特征编辑与操作指令

第8章 零件装配设计指令

第 9 章 工程图设计指令

第 10 章 DMU 运动机构仿真指令

第 11 章 创成式钣金设计指令

第 12 章 机械零件设计综合案例

第 3 部分

第 13 章 创成式曲线设计指令

第 14 章 创成式曲面设计指令

第 15 章 自由曲面设计指令

第 16 章 自由曲线与曲面分析指令

第 17 章 逆向曲面设计指令

第 18 章 产品高级渲染

第 19 章 结构有限元分析

第 4 部分

第 20 章 产品外观造型综合案例

第 21 章 产品结构设计综合案例

第 22 章 模具拆模设计

第 23 章 数控加工技术引导

第 24 章 二轴半铣削加工

第 25 章 曲面铣削加工

第 26 章 车削加工

第 1 部分

第 1 章　CATIA V5-6R2017 概论

CATIA 是法国达索公司于 1975 年开始研发的一款 3D CAD/CAM/CAE 一体化软件，其内容涵盖了产品从概念设计、工业设计、三维建模、分析计算、动态模拟与仿真、工程图的生成到生产加工成品的全过程，其中还包括了大量的电缆和管道布线、各种模具设计与分析和人机交换等实用模块。CATIA 不仅能够保证企业内部设计部门之间的协同工作，还可以提供企业整体的集成设计流程和端对端的解决方案。CATIA 大量运用于航空航天、汽车 / 摩托车、机械、电子、家电与 3C 产业及 NC 加工等方面。

本章主要介绍 CATIA 的基础知识，包括软件的安装和基本界面的操作。

- 了解CATIA V5-6R2017
- CATIA V5-6R2017的安装方法
- CATIA V5-6R2017用户界面

1.1 了解 CATIA V5-6R2017

由于 CATIA 的功能非常强大，几乎已经成为 3D CAD/CAM 领域的一面旗帜及其他厂商争相遵从的标准，特别是在航空航天、汽车及摩托车领域，CATIA 一直居于统治地位。CATIA V5-6R2017 是法国达索公司的产品开发旗舰解决方案，作为 PLM 协同解决方案的一个重要组成部分，它可以帮助制造厂商设计它们未来的产品，并支持从项目前期阶段、具体的设计、分析、模拟、组装到维护在内的全部工业设计流程。

1.1.1 CATIA 的发展历程

CATIA 是英文 Computer Aided Tri-Dimensional Interface Application 的缩写，是世界上主流的 CAD/CAE/CAM 一体化软件。在 20 世纪 70 年代 Dassault Aviation 成为其第一个用户，CATIA 也应运而生。从 1982 年到 1988 年，CATIA 相继发布了 1 版本、2 版本、3 版本，并于 1993 年发布了功能强大的 4 版本，现在的 CATIA 软件分为 V4 版本和 V5 版本两个系列。V4 版本应用于 UNIX 平台，V5 版本应用于 UNIX 和 Windows 两种平台。V5 版本的开发开始于 1994 年，为了使软件能够易学易用，达索公司于 1994 年开始重新开发全新的 CATIA V5 版本，新的 V5 版本界面更加友好，功能也日趋强大，并且开创了 CAD/CAE/CAM 软件的一种全新风格。

法国达索公司是世界著名的航空航天企业，其产品以幻影2000和阵风战斗机最为著名。达索公司成立于1981年，而如今其在CAD/CAE/CAM以及PDM领域的领导地位，已得到世界范围的承认。该公司的销售利润从开始的100万美元增长到现在的近20亿美元，雇员人数由20人发展到2000多人。CATIA是CAD/CAE/CAM一体化软件，居世界CAD/CAE/CAM领域的领导地位，广泛应用于航空航天、汽车制造、造船、机械制造、电子/电器、消费品行业，它的集成解决方案覆盖所有的产品设计与制造领域，其特有的DMU电子样机模块功能及混合建模技术更是推动着企业竞争力和生产力的提高。CATIA提供方便的解决方案，迎合所有工业领域大、中、小型企业的需要，从大型的波音747飞机、火箭发动机到化妆品的包装盒，几乎涵盖了所有的制造业产品。世界上有超过13000个用户选择了CATIA。CATIA源于航空航天业，但其强大的功能已得到各行各业的认可，在欧洲汽车业，已成为事实上的标准。使用CATIA的著名企业包括：波音、克莱斯勒、宝马、奔驰等一大批知名企业，其用户群体在世界制造业中占有举足轻重的地位。波音公司使用CATIA完成了整个波音777的电子装配，创造了业界的一个奇迹，从而也确定了CATIA在CAD/CAE/CAM行业内的领先地位。

CATIA V5版本是IBM和达索公司长期以来在为数字化企业服务过程中不断探索的结晶。围绕数字化产品和电子商务集成概念进行系统结构设计的CATIA V5版本，可为数字化企业建立一个针对产品整个开发过程的工作环境。在这个环境中，可以对产品开发过程的各个方面进行仿真，并能够实现工程人员和非工程人员之间的电子通信。产品整个开发过程包括：概念设计、详细设计、工程分析、成品定义和制造，乃至成品在整个生命周期中的使用和维护。

1.1.2 CATIA的功能概览

CATIA V5是在一个企业中实现人员、工具、方法和资源真正集成的基础，其特有的“产品/流程/资源（PPR）”模型和工作空间提供了真正的协同环境，可以激发员工的创造性，共享和交流3D产品信息以及以流程为中心的设计流程信息。CATIA内含的知识捕捉和重用功能既能实现最佳的协同设计经验，又能释放终端用户的创新能力。除了CATIA V5的140多个产品，CATIA V5开放的应用架构也允许越来越多的第三方供应商提供针对特殊需求的应用模块。

根据不同产品或过程的复杂程度或技术需求的不同，针对这些特定任务或过程需求的功能层次也有所不同。为了实现这一目标，并能以最低成本实施，CATIA V5的产品按以下三个层次进行组织。

- CATIA V5 P1平台是一个低价位的3D PLM解决方案，并具有能随企业未来的业务增长进行扩充的能力。CATIA V5 P1解决方案中的产品关联设计工程、产品知识重用、端到端的关联性、产品的验证以及协同设计变更管理等功能，特别适合中小型企业使用。
- CATIA V5 P2平台通过知识集成、流程加速器以及客户化工具可实现设计到制造的自动化，并进一步对PLM流程优化。CATIA V5 P2解决方案的应用包具有创成式产品工程能力，“针对目标的设计（design-to-target）”的优化技术可让用户轻松地捕捉并重用知识，同时也能激发更多的协同创新。
- CATIA V5 P3平台使用专用性解决方案，最大限度地提高特殊的复杂流程的效率。这些独有的和高度专业化的应用，将产品和流程的专业知识集成起来，支持专家系统和产品创新。

由于CATIA V5 P1、CATIA V5 P2和

CATIA V5 P3（以下简称 P1、P2、P3）应用平台都是在相同的数据模型中操作的，并使用相同的设计方法，所以 CATIA V5 具有高度的可扩展性，扩展型企业可随业务需要以较低成本进行扩充。多平台具有相同的用户界面，不但可以将培训成本降到最低，还可以大幅提高工作效率。系统扩展了按需配置功能，用户可将 P2 产品安装在 P1 配置上。

1. 基础功能

（1）CATIA 交互式工程绘图组件。

满足 2D 设计和工程绘图的需求。CATIA 交互式工程绘图产品是新一代的CATIA 组件，可以满足 2D 设计和工程绘图的需求。该组件提供了高效、直观和交互的工程绘图系统。通过集成 2D 交互式绘图功能和高效的工程图修饰和标注环境，交互式工程绘图组件也丰富了创成式工程绘图功能。

（2）CATIA 零件设计组件。

在高效和直观的环境下设计零件。CATIA 零件设计组件（PD1）提供用于零件设计的混合造型方法。广泛使用的关联特征和灵活的布尔运算方法相结合，该组件提供的高效和直观的解决方案允许设计者使用多种设计方法。

（3）CATIA 装配设计组件。

CATIA 装配设计组件（AS1）提供了在装配环境下可由用户控制关联关系的设计能力，通过使用自顶向下和自底向上的方法管理装配层次，可真正实现装配设计和单个零件设计之间的并行工程。CATIA 装配设计组件通过使用鼠标动作或图形化的命令建立机械设计约束，可以方便、直观地将零件放置到指定位置。

（4）实时渲染组件。

利用材质的技术规范，生成模型的逼真渲染图。实时渲染组件（RT1）可以通过材质的技术规范来生成模型的逼真渲染效果。纹理可以通过草图创建，也可以由导入的数字图像或选择库中的图案来修改。材质库和零件的指定材质之间具有关联性，可以通过规范驱动方法或直接选择来指定材质。实时显示算法可以快速将模型转化为逼真的渲染图。

（5）CATIA 线架和曲面组件。

创建上下关联的线架结构元素和基本曲面。CATIA 线架和曲面组件（WS1）可在设计过程的初步阶段创建线架模型的结构元素。通过使用线架特征和基本的曲面特征可丰富现有的 3D 机械零件设计。它所采用的基于特征的设计方法提供了高效、直观的设计环境，可实现对设计方法与规范的捕捉与重用。

（6）CATIA 创成式零件结构分析组件。

此组件可以对零件进行明晰的、自动的结构分析，并将模拟仿真和设计规范集成在一起。CATIA 创成式零件结构分析组件（GP1）允许设计者对零件进行快速的、准确的应力分析和变形分析，明晰的、自动的模拟和分析功能，使其在设计的初级阶段对零部件进行反复多次的设计和分析计算，从而达到改进和加强零件性能的目的。通过为许多专业化的分析工具提供统一的界面，此组件也可以在设计过程中完成简短的分析循环。又因为和几何建模工具的无缝集成而具有完美的和统一的用户界面，CATIA 创成式零件结构分析组件（GP1）为产品设计人员和分析工程师提供了一个简便的应用和分析环境。

（7）CATIA 自由风格曲面造型组件。

帮助设计者创建风格造型和曲面。CATIA 自由风格曲面造型组件（FS1）提供使用方便的基于曲面的工具，用于创建符合大众审美要求的外形。通过草图或数字化的数据，设计人员可以高效创建任意的 3D 曲线和曲面。通过实时交互更改功能，可以在保证连续性规范的同时调整设计，使其符合审美要求和质量要求。为保证质量，该产品提供了大量的曲线和曲面诊断工具，以进行实时质量检查。该组件还提供了曲面修改的关联性功能，曲面的修改会传送到所有相关的拓扑上，如曲线和裁剪区域。CATIA 自由风格曲面造型（FS1）可以与 CATIA V4 的数据进行交互操作。

2. 专业特殊功能

（1）CATIA 钣金设计组件。

在直观和高效的环境下设计钣金零件。CATIA 钣金设计组件基于特征的造型方法提供了高效和直观的设计环境。允许在零件的折弯表示和展开表示之间实现并行工程。CATIA 钣金设计组件可以与当前和将来的 CATIA V5 应用模块如零件设计、装配设计和工程图生成模块等结合使用。由于钣金设计可能从草图或已有实体模型开始，因此，强化了供应商和承包商之间的信息交流。CATIA 钣金设计组件和所有 CATIA V5 的应用组件一样，提供了同样简便的使用方法和界面。大幅减少了培训时间并释放了设计者的创造性。既可以运行在 Windows NT 平台，又可以以同一界面运行在跨 Windows NT 和 UNIX 平台的混合网络环境中。

（2）CATIA 焊接设计组件。

在直观、高效的环境中进行焊接装配设计。CATIA 焊接设计组件（WD1）为用户提供了 8 种类型的焊接方法，用于创建焊接、零件准备和相关的标注。该组件为机械和加工工业提供了先进的焊接工艺。在 3D 数字样机中实现焊接，可使设计者对数字化预装配、质量惯性、空间预留和工程图标注等进行管理。

（3）CATIA 钣金加工组件。

满足钣金零件的加工准备需求。CATIA 钣金加工组件（SH1）可满足钣金零件加工的准备工作需求。该组件与钣金设计产品（SMD）结合，提供了覆盖钣金零件从设计到制造的整个流程的解决方案。CATIA 钣金加工组件（SH1）可以将零件的 3D 折弯模型转化为展开的可制造模型，加强了 OEM 和制造承包商之间的信息交流。另外，该组件还包括钣金零件可制造性的检查工具，并拥有与其他外部钣金加工软件的接口。因而，CATIA 钣金加工组件（SH1）特别适用于工艺设计部门和钣金制造承包商。

（4）CATIA 阴阳模设计组件。

可进行模具阴阳模的关联性定义、评估零件的可成型性和加工可行性、阴阳模模板的详细设计。CATIA 阴阳模设计组件（CCV）使用户快速和经济地设计模具生产和加工中用到的阴模和阳模。该组件提供了快速分模工具，可将曲面或实体零件分割为带滑块和活络模芯的阴阳模。CATIA 阴阳模设计组件（CCV）的技术标准（是否可用模具成型）可以决定零件是否可以被加工。该组件也允许用户在阴阳模曲面上填补技术孔、识别分模线和生成分模曲面。

（5）CATIA 航空钣金设计组件。

针对航空业的钣金零件设计。CATIA 航空钣金设计组件是专门用于设计航空业钣金零件的，可以用来定义航空业液压成型或冲压成型的钣金零件。该组件能捕捉企业有关方面的知识，包括设计和制造的约束信息。该组件以特征造型技术为基础，使用为航空钣金件预定义的一系列特征进行设计。基于规范驱动和创成式方法，该组件可以方便地描述典型的液压成型航空零件，同时创建零件的 3D 和展开模型。这些零件在基本造型工具中设计需要数小时或数天，使用该组件设计可能几分钟就能获得同样的结果。

（6）CATIA 汽车 A 级曲面造型组件。

使用创造性的曲面造型技术，如真实造型、自由关联和对设计意图的捕获等技术，创建具有美感和符合人机工程要求的形状，提高 A 级曲面造型的模型质量。CATIA 汽车 A 级曲面造型组件使用真实造型、自由关联和捕获设计意图等多种创造性的曲面造型技术创建具有美感和符合人机工程学要求的曲面形状，提高 A 级曲面造型的模型质量。因此，大幅提高了 A 级曲面设计流程的生产率，并在总开发流程中达到更高层次的集成度。

（7）CATIA 汽车白车身接合组件。

在汽车装配环境中进行白车身零部件的接合设计。CATIA 汽车白车身接合组件是实现汽车白车身接合设计的 CATIA 新功能。它支持焊接技术、铆接技术，以及胶粘、密封等。汽车白车身接合组件为用户提供直观的工具来创建和管理像焊点一样的接合位置。在需要的情况下，用户能够将3D点的形状定义转换为3D半球形状规范。除了设置接合，还可从应用中发布报告，以列出下述内容：接合位置坐标和每一个接合位置的连接件属性（接合厚度和翻边材料、翻边标准、连接件叠放顺序等）。当零件的设计（改变翻边的形状、翻边厚度或材料属性）或装配件结构（移动连接件、替换连接件）发生改变时，CATIA V5 的创成式特征基础结构，支持接合特征位置的关联更新。

3. 开发和增值服务功能

（1）CATIA 对象管理器。

提供一个开放的可扩展的产品协同开发平台，采用了非常先进的技术，而且是对工业标准开放的。新一代的 CATIA V5 解决方案建立在一个全新的可扩展的体系结构之上，将 CATIA 现有的技术优势与新一代技术标准紧密地结合起来。它提供一个单独的系统让用户可以在 Windows NT 环境或 UNIX 环境中使用，而且可扩展的环境使其可以满足数字化企业各方面的需求，从数字化样机到数字化加工、数字化操作、数字化厂房设计等。V5 系统结构提供了一个可扩展的环境，用户可以选择最合适的解决方案包，根据使用对象或项目的复杂性，及其相应的功能需求定制特殊的 CAD 产品配置。3 个可选平台分别是 P1、P2 和 P3。

（2）CATIA CADAM 接口组件。

共享 CADAM 和 CATIA V5 之间的工程绘图信息。CATIA CADAM 接口组件（CC1）提供一个集成的工具用来共享 CADAM 工程图（CCD） 和 CATIA V5 工程图之间的信息。这个集成的工具使 CCD 用户可以平稳地把 CATIA V5 产品包集成到他们的环境中，而同时可以继续保持 CCD 产品的工作流程。

（3）CATIA IGES 接口组件。

帮助用户使用中性格式，在不同 CAD/CAM 系统之间交换数据。CATIA IGES 接口组件可以转换符合 IGES 格式的数据，从而有助于用户在不同的 CAD/CAM 环境中进行工作。为了实现几何信息的再利用，用户可以读取 / 输入一个 IGES 文件，以生成 3D 零件或 2D 工程图中的基准特征（线框、曲面和裁剪的曲面），同时可以输入 / 输出 3D 零件或 2D 工程图的 IGES 文件。使用与 Windows 界面一致的 File Open 和 File Save As 方式存取 IGES 文件，并使用直接和自动的存取方式。用户可在不同的系统中执行可靠的双向 2D 和 3D 数据转换。

（4）CATIA STEP 核心接口组件。

可以交互式读写 STEP AP214 和 STEP AP203 格式的数据。CATIA STEP 核心接口组件（ST1）允许用户通过交互的方式读取或写入 STEP AP214 和 STEP AP203 格式的数据。为了方便数据的读写操作， CATIA V5 对所有支持的格式提供了相似的用户界面，采用 Windows 标准用户界面操作方式（例如 File → Open 和 File → Save as），并能对 STEP 文件类型自动识别。

（5）DMU 运动机构模拟组件。

可定义、模拟和分析各种规模的电子样机的机构运动。DMU 运动机构模拟组件（KIN）使用多个种类的运动副来定义各种规模的电子样机的机构，或者从机械装配约束中自动生成。DMU 运动机构模拟组件也可以通过基于鼠标的操作很容易地模拟机械运动，用来验证结构的有效性。DMU 运动机构模拟组件（KIN）可以通过检查干涉和计算最小距离分析机构的运动。为了进一步的设计，它可生成移动零件的轨迹和扫掠过的包络体积。最后，它可以通过和其他的 DMU 产品集成来共同应用。针对从机构设计到机构的功能校验，DMU 运动机构模拟组件（KIN）适合各个行业。

（6）CATIA 创成式零件结构分析组件。

可对零件进行明晰的、自动的结构应力分析和振动分析，同时也集成了模拟仿真功能以及自动跟踪设计更改的规范。CATIA 创成式零件结构分析组件（GPS）拥有先进的前处理、求解和后处理能力。它可以使用户很好地完成机械部件性能评估中所要求的应力分析和振动分析，其中也包括接触分析。对于实体部件、曲面部件和线框结构部件都可以在此产品中实现结构分析。在一个非常直观的环境中，用户可以对零件进行明晰的、自动的应力分析（包括接触应力分析）和模态频率分析。这个环境也可以完成对模型部件的交互式定义。CATIA创成式零件结构分析组件（GPS）的自适应技术支持应力计算时的局部细化。此产品对于计算结果也提供了先进的分析功能，例如动态的剖面。作为分析运算的核心模块，CATIA创成式零件结构分析组件（GPS）是一个平台，它集成了一系列更高级的可定制的专业级分析求解工具。此外，该组件也与知识工程组件相集成。

（7）CATIA V5快速曲面重建组件。

通过CATIA数字化外形编辑组件（DSE）导入数字化数据，快速方便地重建曲面。CATIA快速曲面重建组件（QSR）可以根据数字化数据，方便快速地重建曲面，而这些数字化数据是经过数字化外形编辑组件剔除了坏点和网格划分后的数据。快速曲面重建组件提供若干方法重构曲面，这些方法取决于外形的类型，分别是：自由曲面拟合、机械外形识别（平面、圆柱、球体、锥体）和原始曲面延伸等。QSR有用于分析曲率和等斜率特性的工具，使用户可以方便地在有关的曲面区域中创建多边形线段。快速曲面重建组件还包含自有的质量检查工具。

（8）数字化外形编辑组件。

CATIA数字化外形编辑组件（DSE）用于解决数字化数据导入、坏点剔除、匀化、横截面、特征线、外形和带实时诊断的质量检查等问题。该组件用于逆向工程周期的开始阶段，在数字测量机测量之后，在CATIA V5的其他组件进行机械设计、自由风格曲面设计、加工等过程之前。通过联合使用云图点和CAD模型，这个检查过程可以用该组件直接处理。

（9）照片工作室组件。

照片工作室组件（PHS）通过使用强大的光线追踪引擎产生高品质、逼真的数字化样机的图像与动画。这一引擎通过计算柔和的阴影和精确的光线折射和反射，极大地提高了图像的逼真度。PHS用来管理可重用的场景设置和产生强大的动画功能。通过给出一个模型的仿真外观，它可以用来确认组件的最终设计。照片工作室组件因此能够给那些想在客户面前展现他们产品的公司以竞争优势。

（10）CATIA自由风格曲面优化组件。

扩展CATIA自由风格曲面造型组件（FSS）的外形和曲面功能，针对复杂多曲面外形的变形设计。CATIA自由风格曲面优化组件（FSO）扩展了CATIA自由风格曲面造型组件（FSS）的外形和曲面造型功能，主要针对复杂的多曲面外形的变形设计。设计者可以像处理一个曲面片一样对多曲面进行整体更改，而同时保持每个曲面先前规定的设计品质。系统能够使一个设计和其他的几何（比如一个物理样机的扫描形状）匹配。为检验曲面的设计质量，用户可以实施一个虚拟展室，通过计算出的反射光线对曲面进行检查。

1.2 安装CATIA V5-6R2017

使用CATIA V5-6R2017之前要进行设置，安装相应的插件，安装过程比较简单，可以轻松完成。

我们通常使用的操作系统是 Windows，因此，安装 CATIA V5-6R2017 版本需要在 Windows 8 或 Windows 10 系统下进行。

动手操作——安装步骤

01 在 CATIA V5-6R2017 安装目录中双击启动 setup.exe 文件，系统弹出“CATIA V5-6R2017 欢迎”窗口，如图 1-1 所示。

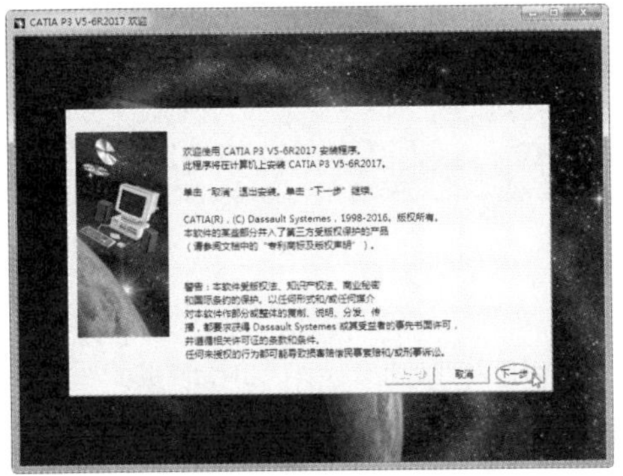

图 1-1

02 单击“下一步”按钮，在“CATIA V5-6R2017 选择目标位置”窗口，如图 1-2 所示，单击“浏览”按钮选择安装路径。单击“下一步”按钮，如果安装路径下从来没有安装过 CATIA，将会弹出“确认创建目录”对话框，如图 1-3 所示，单击“是”按钮。

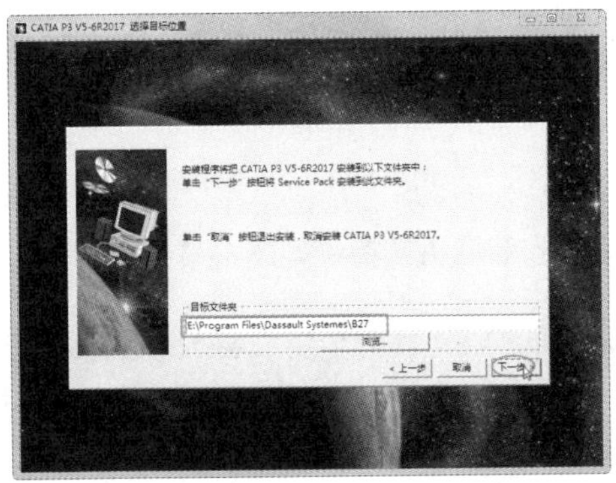

图 1-2

图 1-3

03 在“CATIA V5-6R2017 选择环境位置”窗口选择“环境目录”的路径，单击“浏览”按钮选择后，单击“下一步”按钮，如图 1-4 所示。

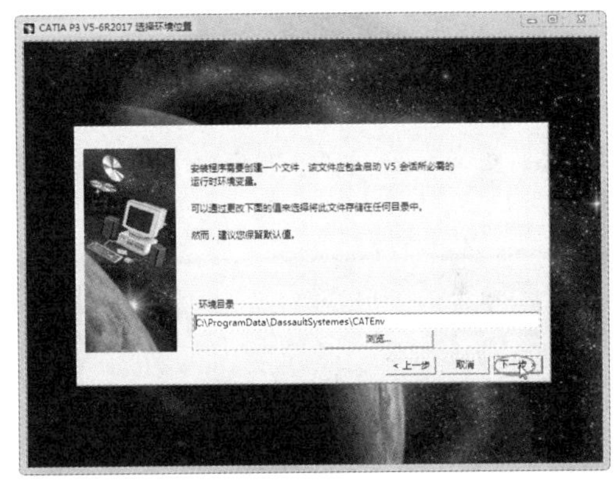

图 1-4

04 在接下来的窗口中选择安装类型，一般情况下选择“完全安装 - 将安装所有软件”单选按钮，如果有特殊需要可以选择“自定义安装 - 您可以选择您想要安装的软件”单选按钮，如图 1-5 所示。

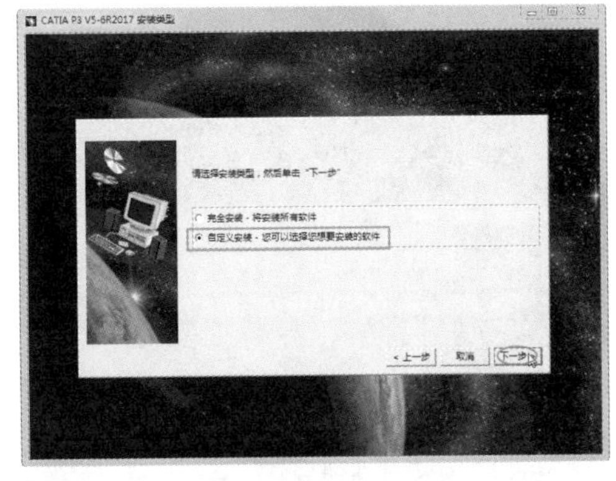

图 1-5

05 单击“下一步”按钮，在下一个窗口中选择安装语言，如图 1-6 所示。

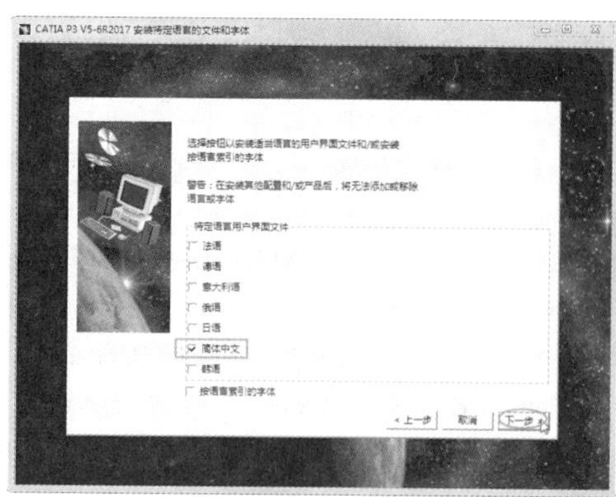

图 1-6

06 单击“下一步”按钮，在下一个窗口中选择需要自定义安装的软件配置与产品，如图 1-7 所示。

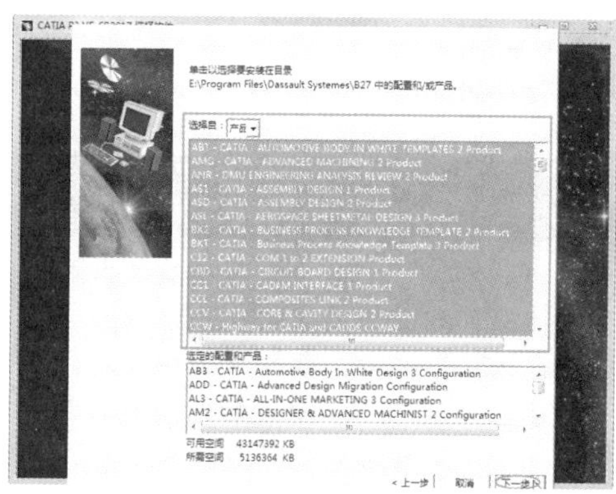

图 1-7

07 单击“下一步”按钮，在下一个窗口中选择 Orbix 配置，如图 1-8 所示。

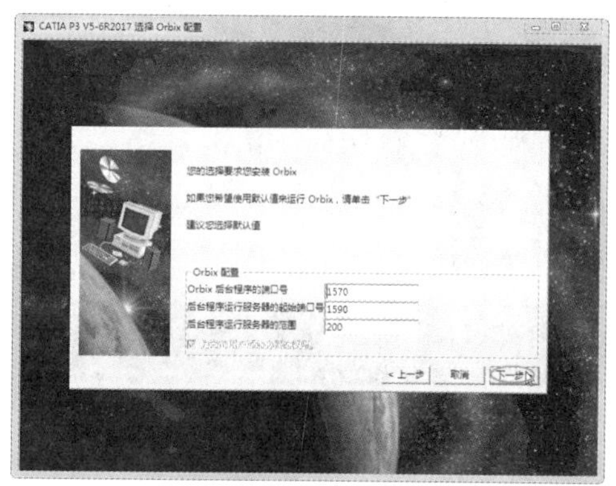

图 1-8

08 单击“下一步”按钮，在下一个窗口中选择是否安装“电子仓客户机”，如图 1-9 所示。

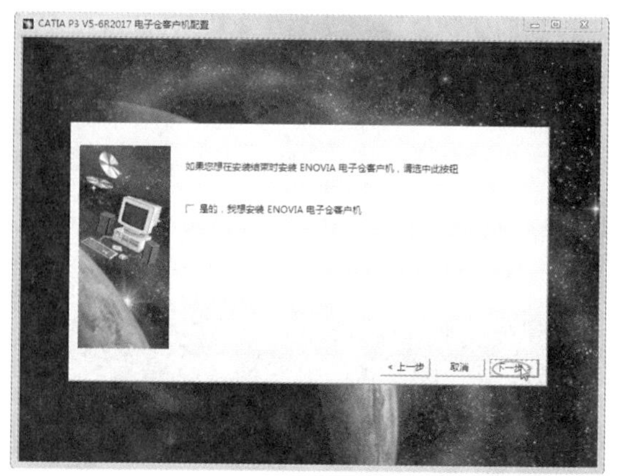

图 1-9

09 单击“下一步”按钮，在下一个窗口中自定义安装快捷方式，如图 1-10 所示。

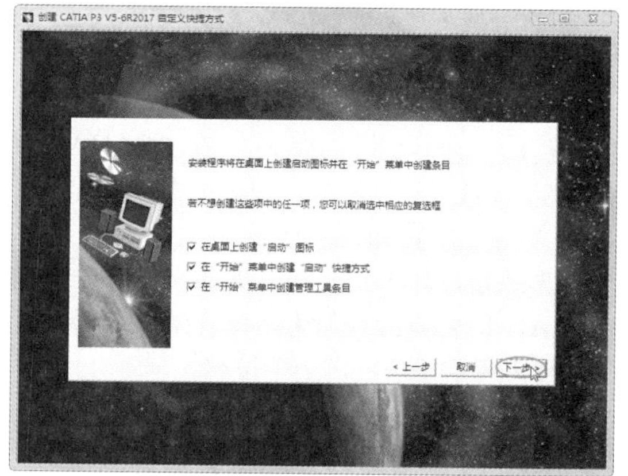

图 1-10

10 单击“下一步”按钮，在下一个窗口中选择是否安装联机文档，如图 1-11 所示。

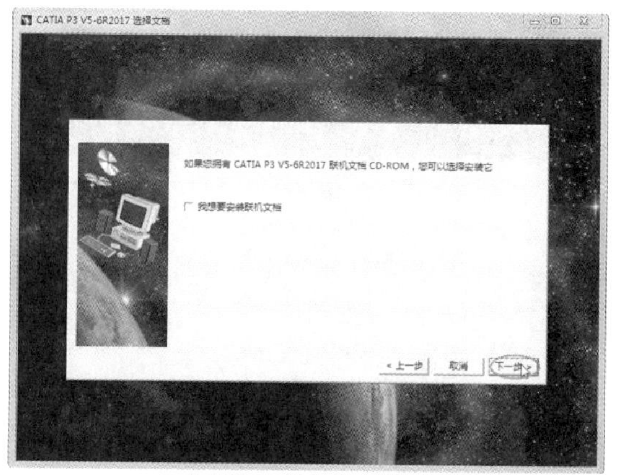

图 1-11

技术要点

如果你是新手，可以选中“我想要安装联机文档”复选框，使用CATIA提供的帮助文档完成学习计划。

11 单击“下一步”按钮，在下一个窗口中查看安装的所有配置，如图1-12所示。

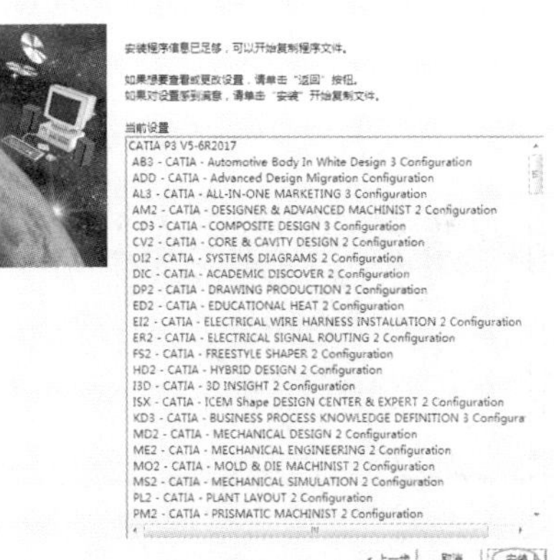

图 1-12

12 单击“安装”按钮开始安装，如图1-13所示。

图 1-13

13 安装完成后单击“完成”按钮，如图1-14所示。

图 1-14

1.3 CATIA V5-6R2017 用户界面

CATIA 各模块下的用户界面基本一致，包括标题栏、菜单栏、工具条、罗盘、命令提示栏、绘图区和特征树，本节着重介绍CATIA的启动以及菜单栏、工具条、命令提示栏和特征树的功能，以便后续课程的学习。

CATIA 软件的用户界面分为6个区域，具体如下。

- 顶部为菜单区（Menus）。
- 左侧为产品 / 部件 / 零件树形结构图区（Tree & Associated Geometry）。
- 中部为图形工作区（Graphic Zone）。

- 右侧为与选中的工作台相应的功能菜单区（Active Work Bench Toolbar）。
- 下部为工具菜单区（Standard Toolbars）。
- 工具菜单下为命令提示区（Dialog Zone）。

1.3.1 启动 CATIA V5-6R2017

双击桌面上的CATIA V5-6R2017的快捷方式图标，启动完成后进入默认的工作环境界面，如图 1-15 所示。

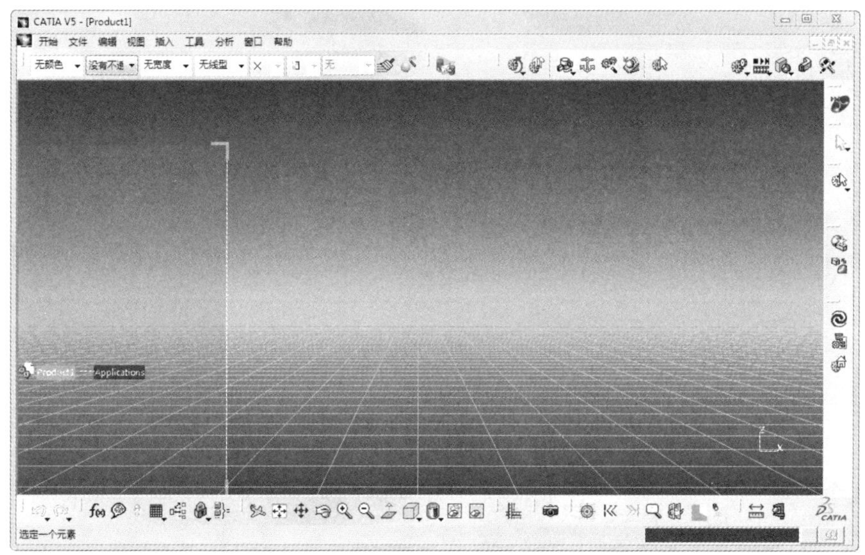

图 1-15

由于 CATIA V5R21 及其旧版本的界面一直深入人心，为了与 CATIA V5R21 版本保持相同的界面风格，执行“工具”|“选项”命令，弹出“选项”对话框。在“常规”选项卡中选择 P1 单选按钮，并在“树外观”选项卡中选择“经典 Windows 样式”单选按钮，即可设置为经典的 CATIA V5R21 界面风格，如图 1-16 所示。

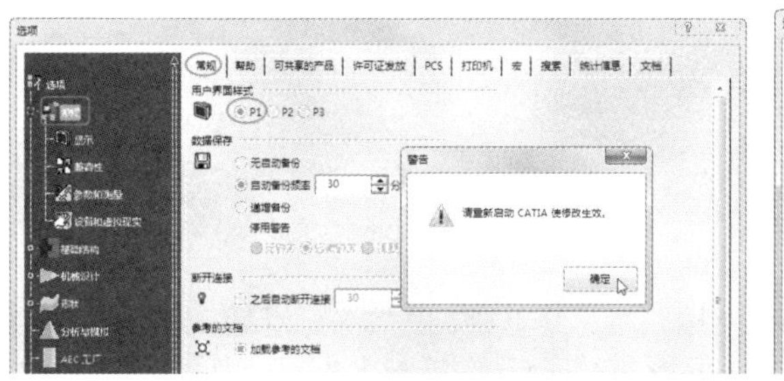
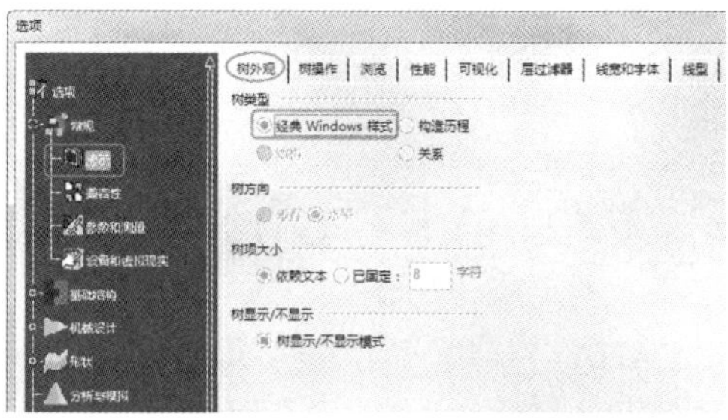

图 1-16

技术要点

本书是《中文版CATIA V5R21完全实战技术手册》一书的升级版，升级的缘由是现在新用户计算机的系统大多升级到了Windows 8和Windows 10以上，原来的CATIA V5R21软件只能安装在Windows 7系统中，并不能安装在Windows 8和Windows 10中，所以也相应地升级软件版本为CATIA V5-6R2017。

CATIA V5-6R2017 界面风格经过设置后，与 CATIA V5R21 完全相同，软件中的各模块指令也相差无几。重新启动 CATIA V5-6R2017 软件，软件界面如图 1-17 所示。此界面为产品装配结构基础界面。

CATIA V5 - [Product1]
开始 文件 编辑 视图 插入 工具 分析 窗口 帮助
自动
Product1
Applications
选择对象或命令

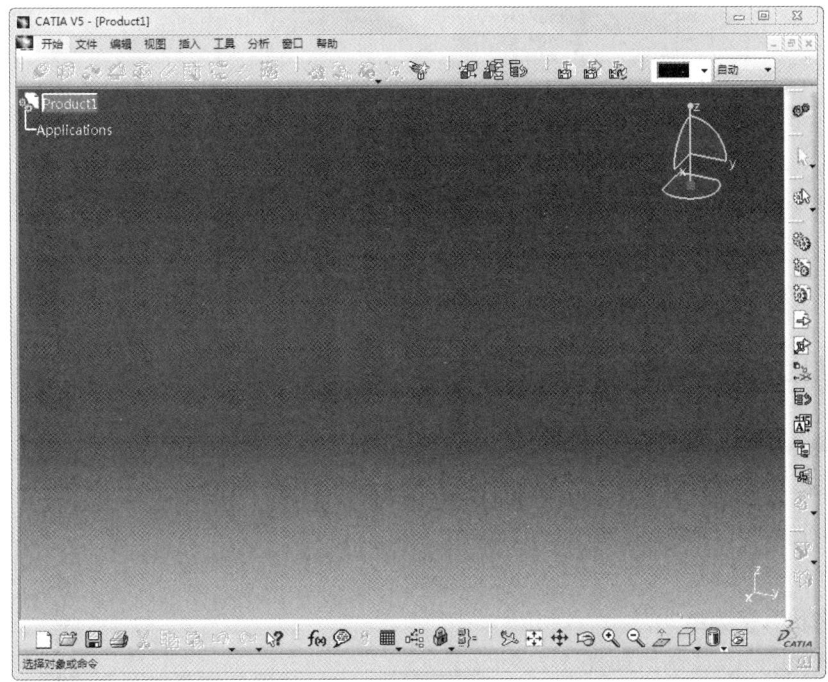

图 1-17

1.3.2 熟悉菜单栏

与其他 Windows 软件相似，CATIA 的菜单栏位于用户界面主窗口的顶部。系统将控制命令按照性质分类放置于各个菜单中，如图 1-18 所示。

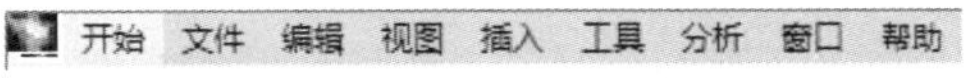

开始 文件 编辑 视图 插入 工具 分析 窗口 帮助

图 1-18

1. “开始”菜单

单击展开“开始”菜单，如图 1-19 所示。“开始”菜单中的命令用于开启 CATIA 各行业及专业的设计模块，每个模块中又有多个子模块。

技术要点

“开始”菜单中的中文命令是将原来的英文语言包进行汉化后的结果，在本书素材中将提供完整的语言汉化包。

◆ **“基础结构”子菜单**

展开“基础结构”子菜单，如图 1-20 所示，它用于管理 CATIA 的整体架构，包括“产品结构”“材料库”和“特征词典编辑器”等。

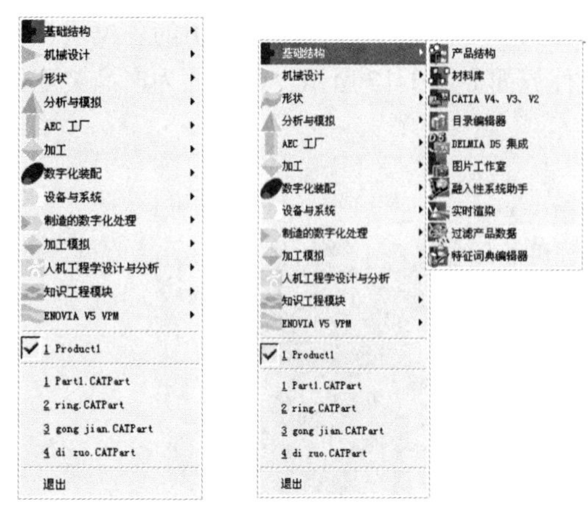

图 1-19　　图 1-20

◆ **“机械设计”子菜单**

展开“机械设计”子菜单，如图 1-21 所示，其中包含机械设计的相关专业子模块，包括常见的专业模块：“零件设计”“装配设计”“草图编辑器”“钣金件设计”“型芯 & 型腔设计”和“工程制图”等。

◆ **“形状”子菜单**

展开“形状”子菜单，如图 1-22 所示，它提供了曲面设计与逆向工程单元，包括常见的“自由样式”“创成式外形设计”“逆向曲面重建”“外形雕塑”和“逆向点云编辑”等。

图 1-21　　图 1-22

◆ **“分析与模拟”子菜单**

展开“分析与模拟”子菜单，如图 1-23 所示，其中包括“高级网格化工具”和“基本结构分析”。

◆ **“AEC 工厂”子菜单**

展开“AEC 工厂”子菜单，如图 1-24 所示，其中提供了“厂房布置”的配置规划功能。

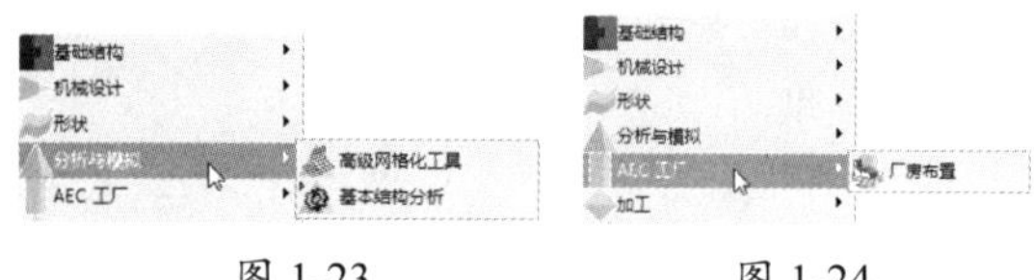

图 1-23　　图 1-24

◆ **“加工”子菜单**

展开“加工”子菜单，如图 1-25 所示，其中提供了多种高级数控加工的程序设计功能。

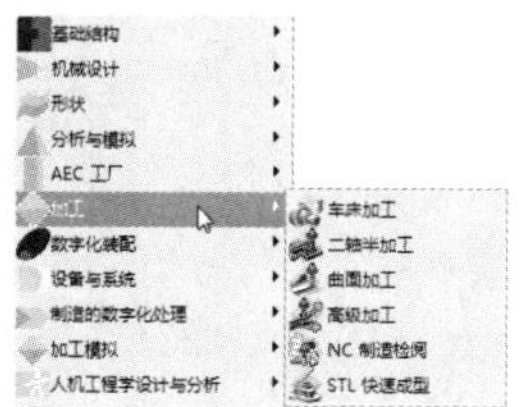

图 1-25

◆ **“数字化装配”子菜单**

展开“数字化装配”子菜单，如图 1-26 所示，其中提供了“DMU 空间分析”“DMU 配件”和“DMU 优化器”等功能。

◆ **“设备与系统”子菜单**

展开“设备与系统”子菜单，如图 1-27 所示，其中提供了“电子电缆布线规则”“多专业”和“电路板设计”等功能。

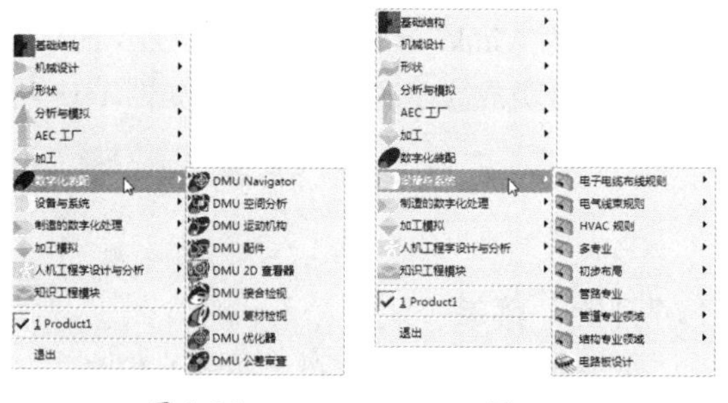

图 1-26　　图 1-27

◆ **“制造的数字化处理”子菜单**

展开“制造的数字化处理”子菜单，如图 1-28 所示，其提供了“程序公差”和“标注”功能。

◆ **“加工模拟”子菜单**

展开“加工模拟”子菜单，如图 1-29 所示，其中提供了“NC 机床模拟”和“NC 机床定义”

功能。

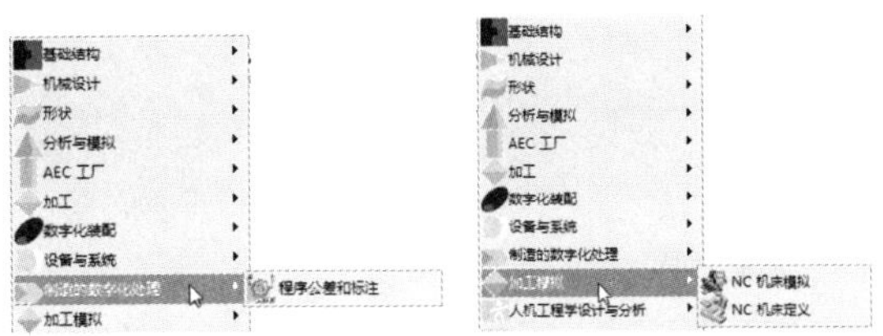

图 1-28　　　　图 1-29

◆ “人机工程学设计与分析”子菜单

展开“人机工程学设计与分析”子菜单，如图 1-30 所示，其中提供了“人体模型测量编辑”和“人体模型构建”等功能，以利于人机更好地结合。

◆ “知识工程模块”子菜单

展开“知识工程模块”子菜单，如图 1-31 所示，其中提供了“知识库向导”和“知识工程”，以便解决相关问题。

图 1-30　　　　图 1-31

2. “文件”菜单

展开“文件”菜单，如图 1-32 所示，其中提供了“新建”“打开”“关闭”“保存”和“打印”等命令。

3. “编辑”菜单

展开“编辑”菜单，如图 1-33 所示，其中包括对对象的各种操作命令，比如“撤销（上一次操作名）”“复制”“粘贴”以及“选择集”等。

4. “视图”菜单

展开“视图”菜单，如图 1-34 所示，其中包括不同的工具条和视图是否显示的操作命令，以及与渲染相关的命令。

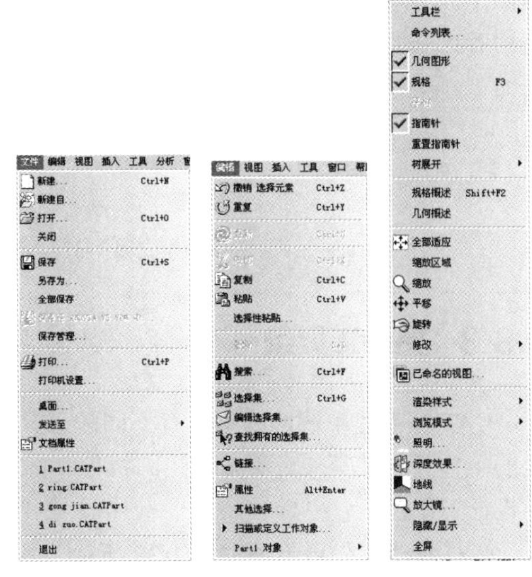

图 1-32　　　　图 1-33　　　　图 1-34

5. “插入”菜单

展开“插入”菜单，如图 1-35 所示，其中包括“几何体”“几何图形集”“标注”和“约束”等命令。

6. “工具”菜单

展开“工具”菜单，如图 1-36 所示，其中包括各种绘图和参数工具，也可以进行自定义操作，其中“选项”命令是软件进行大多数属性设置的命令。

图 1-35　　　　图 1-36

7. “窗口”和“帮助”菜单

展开“窗口”和“帮助”菜单，如图 1-37

和图 1-38 所示。“窗口”菜单提供了不同的窗口放置方式的控制命令；“帮助”菜单可以帮助使用者更好地学习和使用该软件。

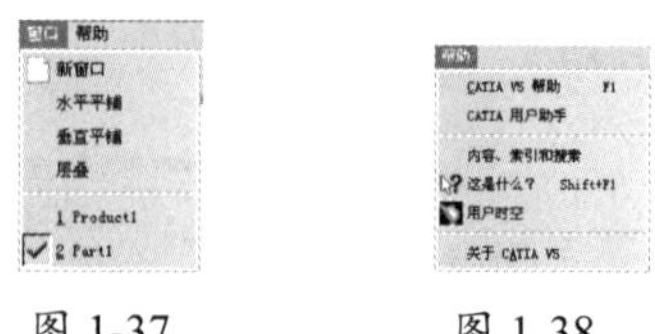

图 1-37　　图 1-38

1.3.3 熟悉工具条

CATIA 创建不同的模型，有不同的工具条与其对应，下面主要介绍零件设计的工具条，其他的工具条与其类似，不多赘述。执行“开始”|“机械设计”|“零件设计”命令，即可进入零件设计工作台。

零件设计工作台界面如图 1-39 所示，各种工具条可以在绘图区四周固定放置，也可以将工具条拖出放置到绘图区的任意位置，如图 1-40 所示。

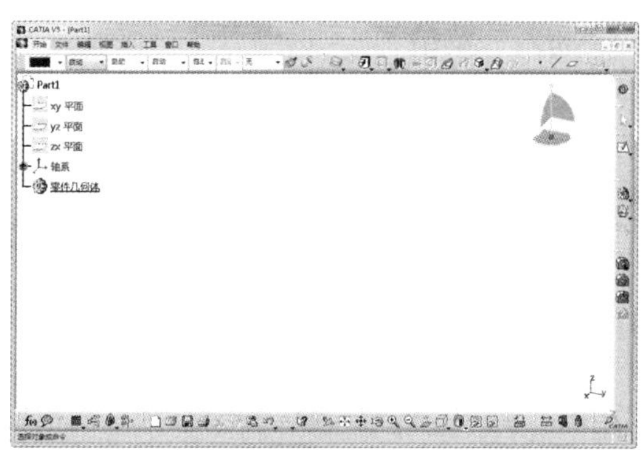

图 1-39

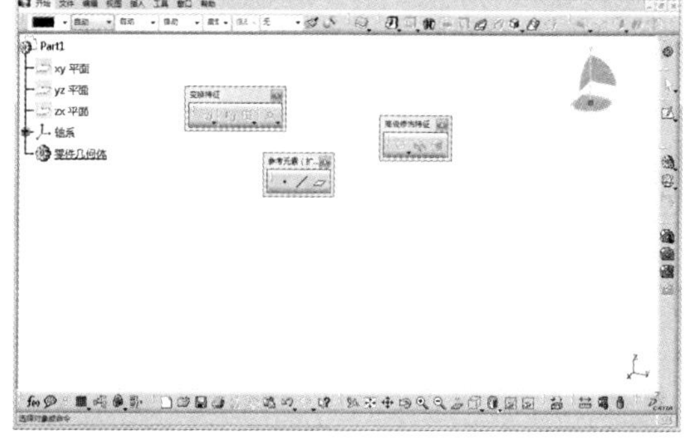

图 1-40

如果要关闭工具条，可以单击工具条右上角的“关闭”按钮☒，也可以在任何工具条上右击，在弹出的快捷菜单中选择不同的选项，显示或隐藏相应的工具条。比如，选择“3Dx 设备”选项，如图 1-41 所示，则弹出“3Dx 设备”工具条，如图 1-42 所示。

有的工具条还有次级目录，单击并按住“视图”工具条的“视图样式”工具，可以从弹出的列表中选择多个同类别工具，如图 1-43 所示。

每个绘图环境中都有的工具条是“标准”工具条，如图 1-44 所示，其中包括打开、保存、新建、打印等基础命令按钮，所以在绘图中会经常用到。

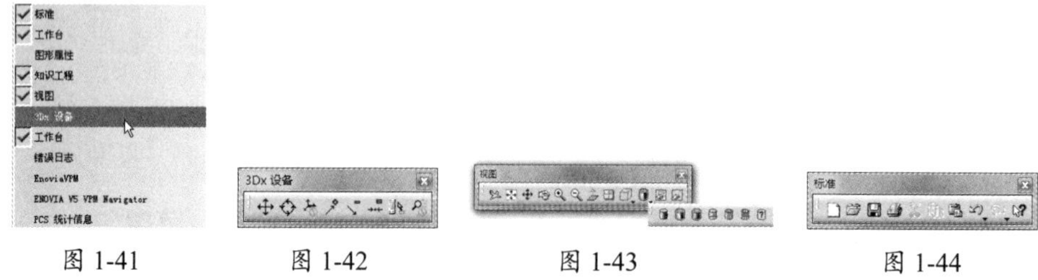

图 1-41　　图 1-42　　图 1-43　　图 1-44

技术要点

用户会看到有些命令和按钮处于非激活状态（呈灰色），这是因为它们目前还没有处在可以发挥作用的环境中，一旦它们进入相应的环境，便会自动激活。

1.3.4 命令提示栏

命令提示栏位于软件界面的底部，如图 1-45 所示，在鼠标无操作时为选择状态，命令提示栏提示当前的状态为选定元素的状态，而右侧的命令输入栏可以输入各种绘图命令。

如果鼠标指针放到某一项命令上，如“草图编辑器”工具条的“草图”工具按钮上，命令提示栏会提示当前命令的作用和下一步将产生的效果，如图 1-46 所示。

图 1-45　　图 1-46

动手操作——熟悉特征树

01 打开本例源文件 Part1.CATPart，如图 1-47 所示。

02 打开零件的特征树，如图 1-48 所示，它包括零件的所有特征。

03 单击特征树中“零件几何体”的加号按钮（或称“展开”按钮），即可打开次级特征树项目，如图 1-49 所示。

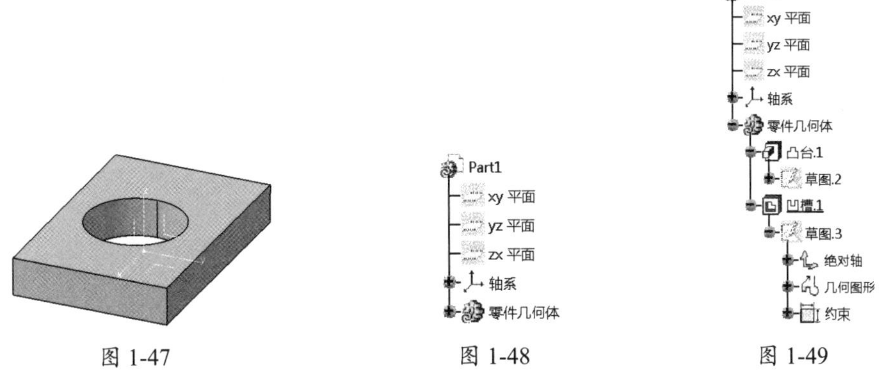

图 1-47　　图 1-48　　图 1-49

04 单击特征树上的“凹槽 1”特征，则可选中零件模的凹槽特征，如图 1-50 所示。

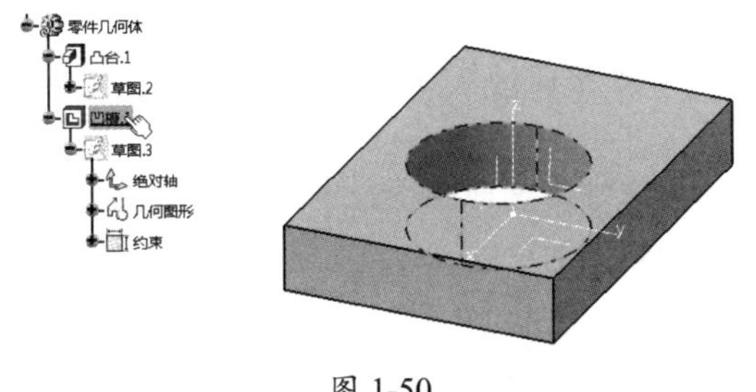

图 1-50

05 在特征树中，右击“凹槽 1”特征，在弹出的快捷菜单中选择“删除”选项，如图 1-51 所示，弹出“删除”对话框，如图 1-52 所示，单击“确定”按钮即可删除此特征，如图 1-53 所示。

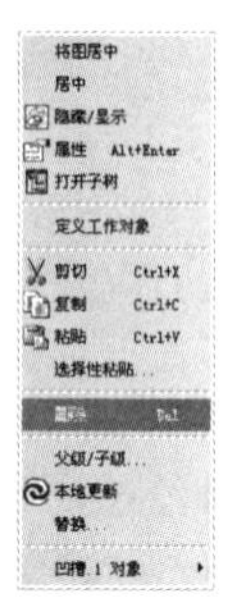

图 1-51

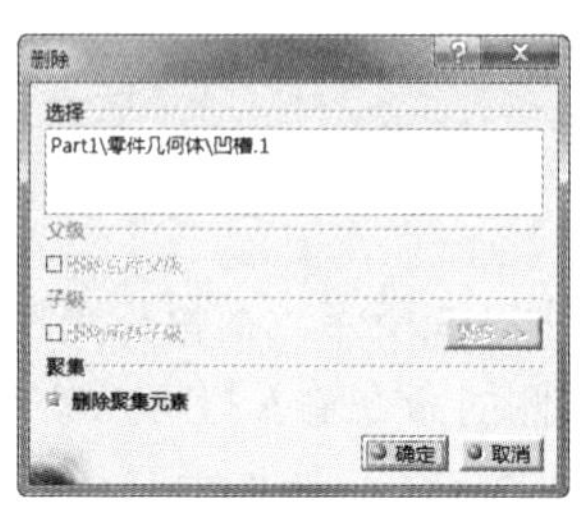

图 1-52

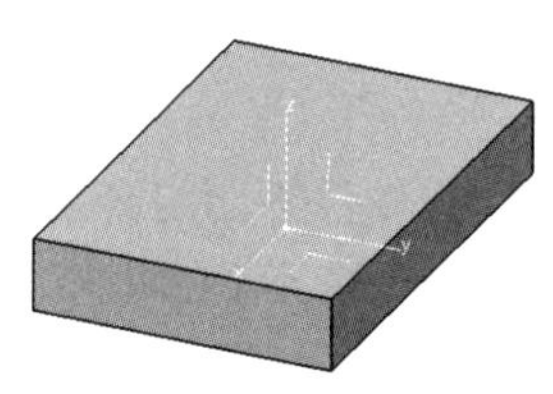

图 1-53

06 执行“编辑”|“撤销删除”命令，或者按快捷键 Ctrl+Z，可以撤销刚才的删除操作。

1.4 练习题

在进行练习之前先根据前文介绍的方法安装软件。

练习一

打开本练习文件夹中的 zhechi 文件，如图 1-54 所示，根据以下提示进行相关操作，以强化学习内容。

图 1-54

练习内容：

1. 熟悉菜单栏、工具条、命令提示栏和特征树的使用方法，并观察在操作过程中它们的变化。
2. 调出“插入”和“图形属性”工具条。
3. 调整工具条到适合自己绘图的位置。
4. 在特征树上删除特征并进行撤销操作。
5. 修改之后保存文件到不同的路径。

练习二

打开本练习文件夹中的 diaohuan.CATpart 文件，如图 1-55 所示，根据上个练习的提示进行相同的操作，以强化学习内容。

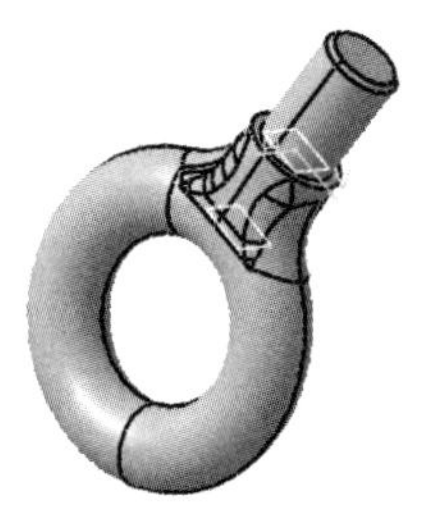

图 1-55

第 2 章 踏出 CATIA V5-6R2017 的第一步

项目导读

CATIA 的基本操作包括辅助操作、新建、打开、保存文件，以及退出软件的操作，另外，鼠标的操作方法、利用指南针进行操作、使用视图和窗口的调整功能进行绘图也很重要。这些基本操作是 CATIA 后续学习的基础，本章将进行详细讲解。

- 辅助操作工具
- 文件操作
- 视图操作

2.1 辅助操作工具

CATIA V5-6R2017 软件以鼠标操作为主，键盘输入数值为辅。执行命令时主要用鼠标单击工具图标，也可以通过选择相应的命令或用键盘输入代码来执行命令。

2.1.1 鼠标的操作

与其他 CAD 软件类似，CATIA 提供各种鼠标按钮的组合功能，包括执行命令、选择对象、编辑对象以及对视图和树的平移、旋转和缩放等。

在 CATIA 工作界面中选中的对象被加亮（显示为橙色），选择对象时，在图形区选择与在特征树上选择的效果是相同的，并且是相互关联的。利用鼠标也可以操作几何视图或特征树，要使几何视图或特征树成为当前操作的对象，可以单击特征树或窗口右下角的坐标轴图标。

移动视图是最常用的操作，如果每次都单击工具条中的按钮，将会浪费大量的时间。用户可以通过鼠标快速完成视图的移动操作。

CATIA 中鼠标操作的说明如下。

- 缩放图形区：按住鼠标中键，单击鼠标左键或右键，向前拖动鼠标可看到图形显示的比例在变大，向后拖动鼠标可看到图形显示的比例在缩小。
- 平移图形区：按住鼠标中键，拖动鼠标，可看到图形跟着鼠标移动（只移动视图，图形本身并未移动）。
- 旋转图形区：按住鼠标中键，然后按住鼠标左键或右键，拖动鼠标可看到图形在旋转（只旋转视图，图形本身未旋转）。

动手操作——鼠标操作

01 打开本例源文件 ring.CATPart，如图 2-1 所示。

图 2-1

02 鼠标左键用于选取，单击模型的一个曲面，如图 2-2 所示。

图 2-2

03 选中曲面，这时特征树上也会显示，如图 2-3 所示。直接单击模型树上的“花边”特征，模型特征被选中，如图 2-4 和图 2-5 所示。

04 在特征树中，右击“花边”特征，在弹出的快捷菜单中选择“居中”选项，如图 2-6 所示，特征会在绘图区居中显示，如图 2-7 所示。

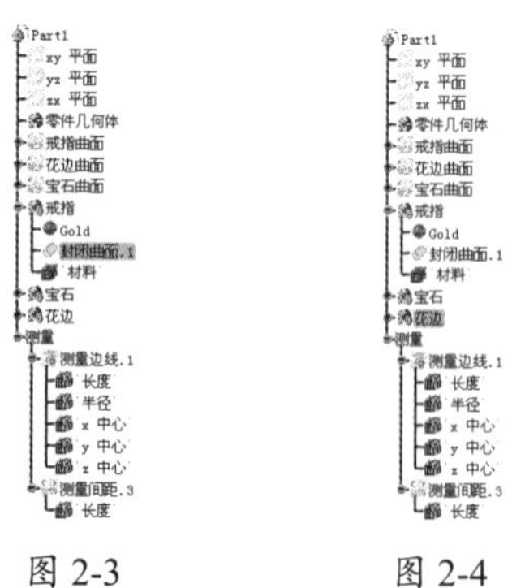

图 2-3　　图 2-4

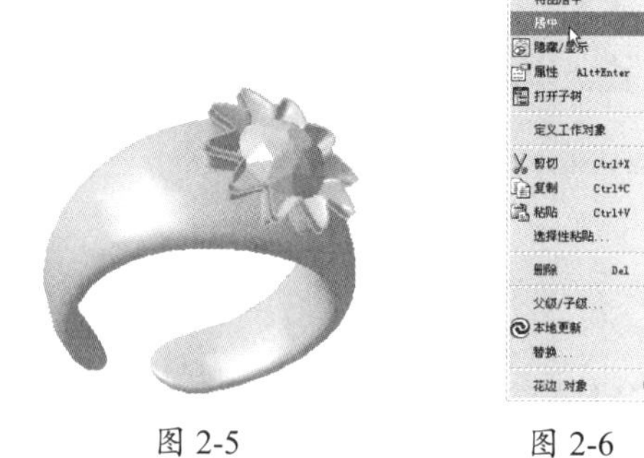

图 2-5　　图 2-6

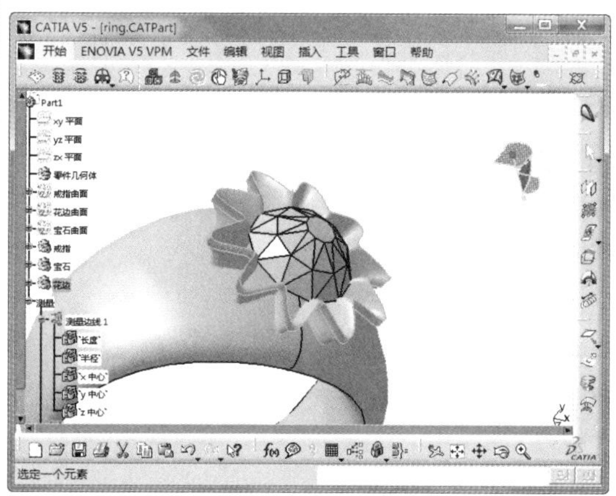

图 2-7

05 在特征树中，右击“花边”特征，在弹出的快捷菜单中选择“隐藏 / 显示”选项，特征会被隐藏，如图 2-8 所示。

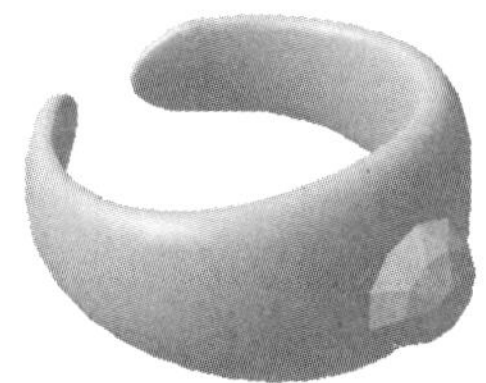

图 2-8

06 在特征树中，右击“花边”特征，在弹出的快捷菜单中选择“属性”选项，弹出“属性”对话框，分别切换到“特征属性”和“图形”选项卡，如图 2-9 和 2-10 所示，可以查看和更改特征属性和图形属性。

07 在特征树中，右击“花边”特征，在弹出的快捷菜单中选择“打开子树”选项，弹出 Part1 对话框，如图 2-11 所示，其中显示的是“花边”特征的子项目。

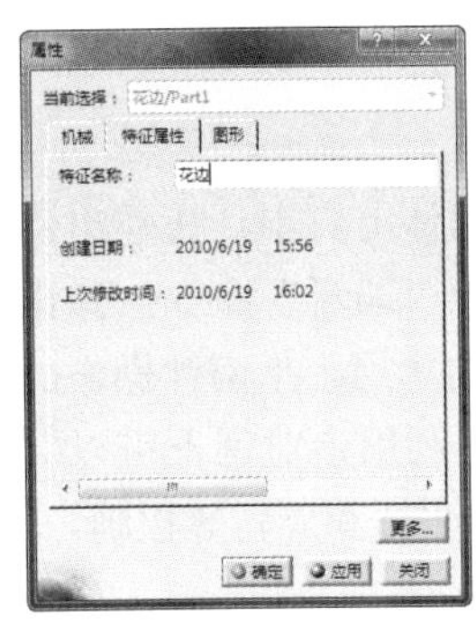

图 2-9

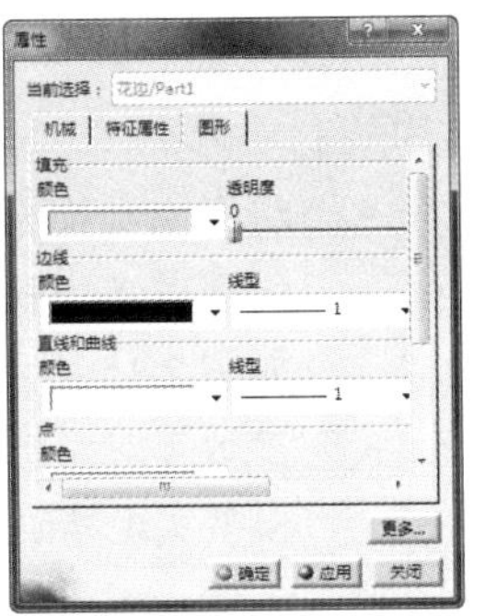

图 2-10

08 因为模型是一个装配体，在特征树中右击"花边"特征，在弹出的快捷菜单中进入"花边"子菜单，如图 2-12 所示，可以进行装配模型的各种操作。

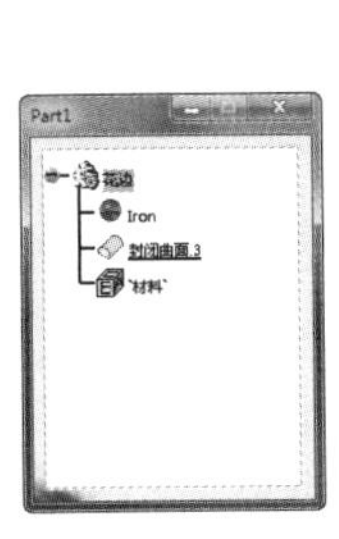

图 2-11

图 2-12

09 按住鼠标中键，拖动鼠标可以对模型进行平移，此时模型显示的状态如图 2-13 所示。

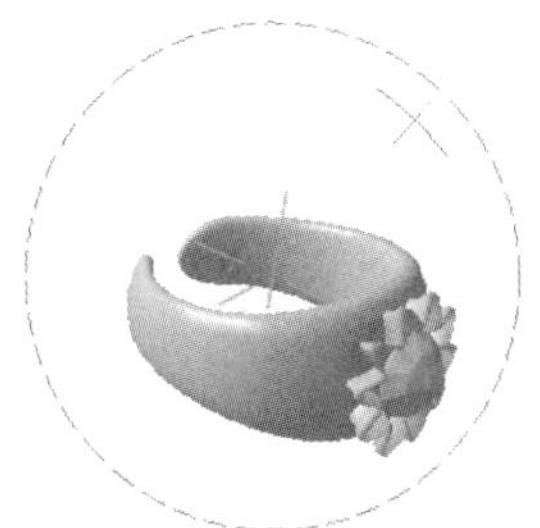

图 2-13

2.1.2　使用指南针

图 2-14 所示的指南针是一个重要的工具，通过它可以对视图进行移动、旋转等多种操作。同时，指南针在操作零件时也有着非常强大的功能。下面简单介绍指南针的基本使用方法。

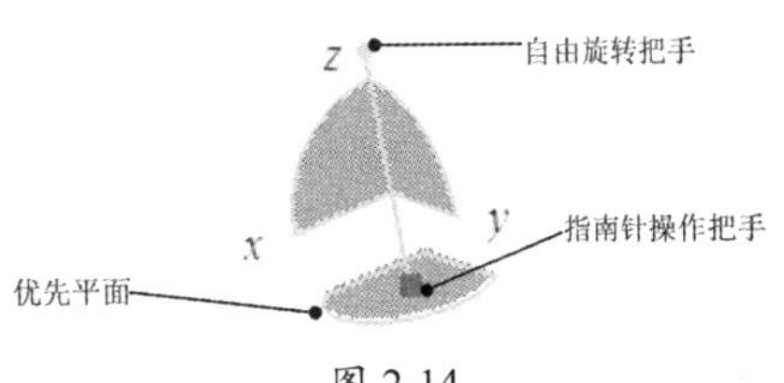

图 2-14

指南针位于图形区的右上角，并且总是处于激活状态，用户可以执行"视图"中的"指南针"命令，来隐藏或显示指南针。使用指南针既可以对特定的模型进行特定的操作，还可以对视点进行操作。

图 2-14 所示的字母 *X*、*Y*、*Z* 表示坐标轴。*Z* 轴起到定位的作用：靠近 *Z* 轴的点称为"自由旋转把手"，用于旋转指南针，同时图形区中的模型也将随之旋转；红色方块是"指南针操纵把手"，用于拖动指南针，并且可以将指南针置于物体上进行操作，也可以使物体绕该点旋转：指南针底部的 *XY* 平面是系统默认的"优先平面"，也就是基准平面。

技术要点

指南针可用于操作未被约束的物体，也可以操作彼此之间有约束关系的，但是属于同一装配体的一组物体。

1. 视点操作

- 视点操作是指使用鼠标对指南针进行简单的拖动，从而实现对图形区的模型进行平移或者旋转操作。
- 将鼠标移至指南针处，鼠标指针由↖变为☝，并且鼠标所经过之处，坐标轴、坐标平面的弧形边缘以及平面本身皆会以亮色显示。
- 单击指南针上的轴线（此时鼠标指针变为☝）并按住鼠标拖动，图形区中的模型会沿着该轴线移动，但指南针本身并不会移动。
- 单击指南针上的平面并按住鼠标移动，则图形区中的模型和空间也会在此平面内移动，但是指南针本身不会移动。

- 单击指南针平面上的弧线并按住鼠标移动，图形区中的模型会绕该法线旋转，同时，指南针本身也会旋转，而且鼠标离红色方块越近旋转越快。
- 单击指南针上的自由旋转把手并按住鼠标移动，指南针会以红色方块为中心自由旋转，且图形区中的模型和空间也会随之旋转。
- 单击指南针上的 *X*、*Y* 或 *Z* 字母，则模型在图形区以垂直于该轴的方向显示，再次单击该字母，视点方向会变为反向。

2. 模型操作

- 使用鼠标和指南针不仅可以对视点进行操作，而且可以把指南针拖至物体上，对物体进行操作。
- 将鼠标移至指南针操纵把手处（此时鼠标指针变为✥），拖动指南针至模型上释放，此时指南针会附着在模型上，且字母 *X*、*Y*、*Z* 变为 *W*、*U*、*V*，这表示坐标轴不再与文件窗口右下角的绝对坐标一致。此时，就可以按上面介绍的对视点的操作方法对物体进行操作了。
- 对模型进行操作的过程中，移动的距离和旋转的角度均会在图形区显示。显示的数据为正，表示与指南针指针正向相同；显示的数据为负，表示与指南针指针的正向相反。
- 将指南针恢复位置。拖动指南针操纵把手到离开物体的位置，释放鼠标，指南针就会回到图形区右上角的位置，但是不会恢复为默认的方向。
- 将指南针恢复到默认方向有 3 种方法：将其拖至窗口右下角的绝对坐标系处；在拖动指南针离开物体的同时按 Shift 键，且先释放鼠标左键；执行“视图”|“重置指南针”命令。

3. 编辑

- 将指南针拖至物体上右击，在弹出的快捷菜单中执行“编辑”命令，弹出如图 2-15 所示的“用于指南针操作的参数”对话框。利用该对话框可以对模型实现精确的平移和旋转等控制。

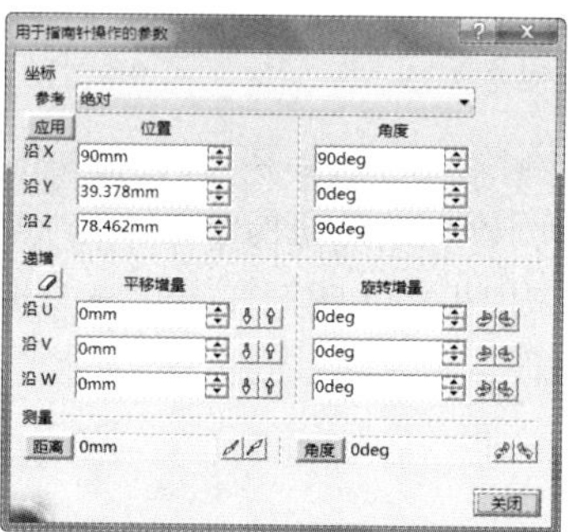

图 2-15

“用于指南针操作的参数”对话框的说明如下。

- “参考”下拉列表：该下拉列表包含“绝对”和“活动对象”两个选项。“绝对”是指模型的移动是相对于绝对坐标的；“活动对象”是指模型的移动是相对于激活模型的（激活模型的方法是：在特征树中单击模型，激活的模型以蓝色高亮显示）。此时，即可对指南针进行精确的移动、旋转等操作，从而对模型进行相应操作。
- “位置”文本框：此文本框显示模型当前的坐标值。
- “角度”文本框：此文本框显示模型当前坐标的角度值。
- “平移增量”文本框：如果要沿着指南针的一根轴线移动，则需在该区域的“沿 U”“沿 V”或“沿 W”文本框中输入相应的距离，然后单击⇩或者⇧按钮。
- “旋转增量”文本框：如果要沿着指南针的一根轴线旋转，则需在该区域的“沿U”“沿V”或“沿W”文本框中输入相应的角度，然后单击或者按钮。

- “距离”区域：要使模型沿所选的两个元素产生的矢量移动，则需要先单击距离按钮，然后选择两个元素（可以是点、线或平面）。两个元素的距离值经过计算会在距离按钮后的文本框中显示。当第一个元素为一条直线或一个平面时，除了可以选中第二个元素，还可以在距离按钮后的文本框中输入相应数值，单击或按钮后，即可沿着经过计算所得的平移方向的正向或反向移动模型。
- “角度”区域：要使模型沿所选的两个元素产生的夹角旋转，则需要先单击角度按钮，然后选择两个元素（可以是线或平面）。两个元素的距离值经过计算会在角度按钮后的文本框中显示。单击或按钮，即可沿着经过计算所得的旋转方向的正向或反向旋转模型。

在指南针上右击，弹出如图2-16所示的快捷菜单。下面将介绍该快捷菜单中命令的使用方法。

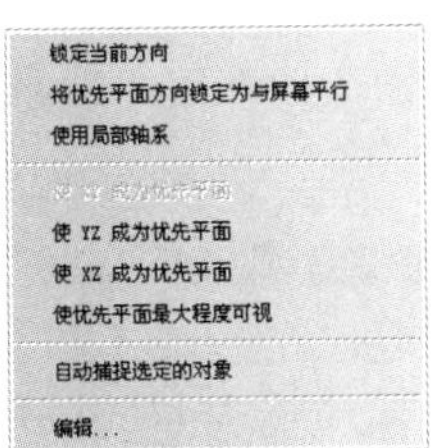

图 2-16

- 锁定当前方向：即固定目前的视角，这样，即使选择其他命令，也不会回到原来的视角，而且在指南针拖动的过程中以及指南针拖至模型上以后，都会保持原来的方向。如果要重置指南针的方向，只需再次选择该命令即可。
- 将优先平面方向锁定为与屏幕平行：指南针的坐标系与当前自定义的坐标系保持一致。如果无当前自定义坐标系，则与文件窗口右下角的坐标系保持一致。
- 使用局部轴系：指南针的优先平面与屏幕方向平行，这样，即使改变视点或者旋转模型，指南针也不会发生改变。
- 使XY成为优先平面：使 *WV* 平面成为指南针的优先平面。
- 使YZ成为优先平面：使 *VW* 平面成为指南针的优先平面，系统默认选用此平面。
- 使XZ成为优先平面：使 *WU* 平面成为指南针的优先平面。
- 使优先平面最大程度可视：使指南针的优先平面为可见程度最大的平面。
- 自动捕捉选定的对象：使指南针自动移至指定的未被约束的物体上。
- 编辑：使用该命令可以实现模型的平移和旋转等操作，前面已详细介绍。

动手操作——指南针操作

01 在绘图区右上角显示的是模型的当前坐标系，即指南针，如图2-17所示。

02 双击指南针，弹出“用于指南针操作的参数”对话框，如图2-18所示，用于修改坐标系的参数。

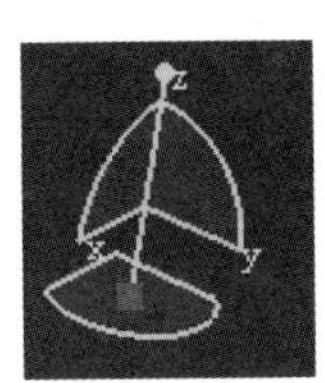

图 2-17

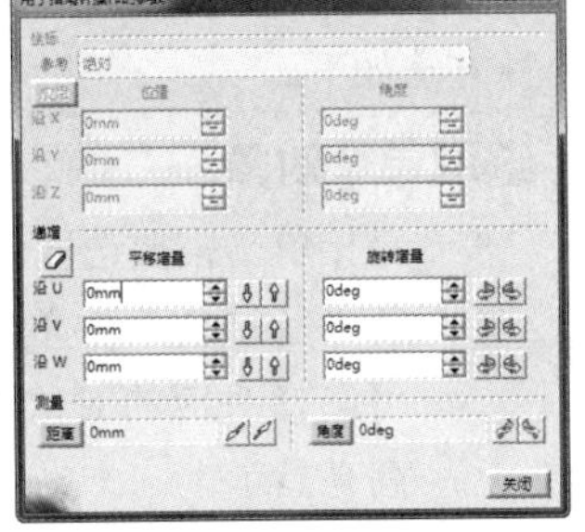

图 2-18

03 鼠标左键按住指南针的红色方块，拖曳鼠标可以移动指南针，如图 2-19 所示，可以将指南针拖至模型上，如图 2-20 所示。

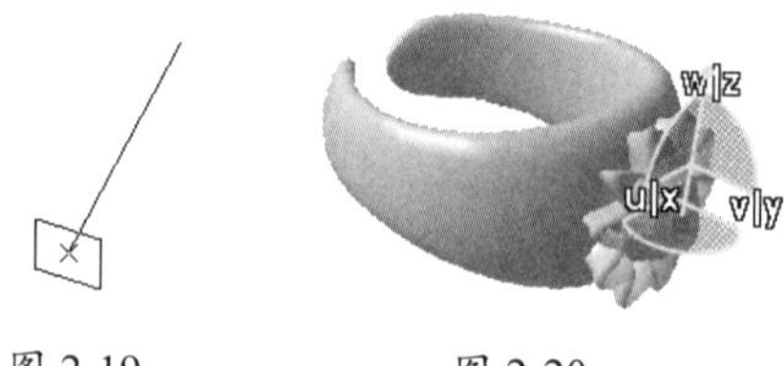

图 2-19　　图 2-20

04 右击指南针，弹出快捷菜单，如图 2-21 所示，选择“锁定当前方向”选项，可以锁定当前的绘图方向。

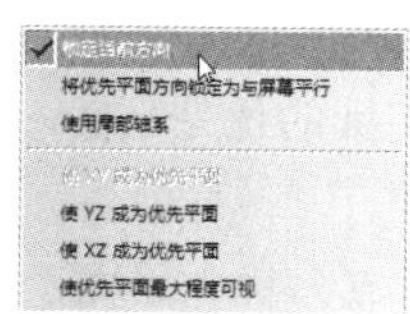

图 2-21

05 右击指南针，弹出快捷菜单，选择“将优先平面方向锁定为与屏幕平行”选项，可以调整指南针方向与模型的当前视角平行，如图 2-22 和图 2-23 所示。

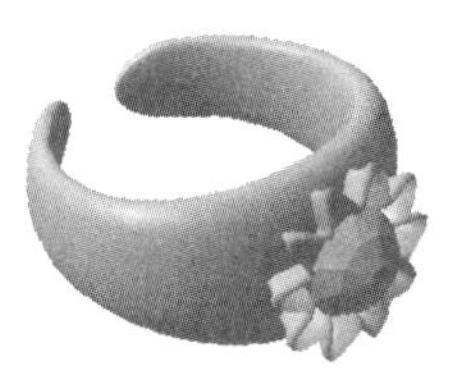

图 2-22　　图 2-23

2.1.3　选择对象

在 CATIA V5-6R2017 中选择对象常用的几种方法如下。

1. 选取单个对象

- 直接单击需要选取的对象。
- 在“特征树”中单击对象的名称，即可选择对应的对象，被选取的对象会高亮显示。

2. 选取多个对象

按住 Ctrl 键，依次单击多个对象，可同时选择多个对象。

3. “选择”工具条

利用如图 2-24 所示的“选择”工具条选取对象。

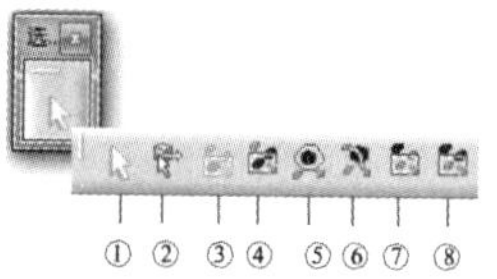

图 2-24

“选择”工具条中的按钮的说明如下：

① 选择。选择系统自动判断的元素。

② 几何图形上方的文本框。

③ 矩形文本框。选择矩形包含的元素。

④ 相交矩形文本框。选择与矩形相交的元素。

⑤ 多边形文本框。用鼠标任意绘制一个多边形，选择多边形包含的元素。

⑥ 手绘的文本框。用鼠标绘制任意形状，选择其包含的元素。

⑦ 矩形文本框之外。选择矩形以外的元素。

⑧ 相交于矩形文本框之外。选择与矩形相交的元素及矩形以外的元素。

4. 利用“搜索”工具，选择对象

“搜索”工具可以根据用户提供的名称、类型、颜色等信息快速选择对象。执行“编辑”|“搜索”命令，弹出“搜索”对话框，如图 2-25 所示。

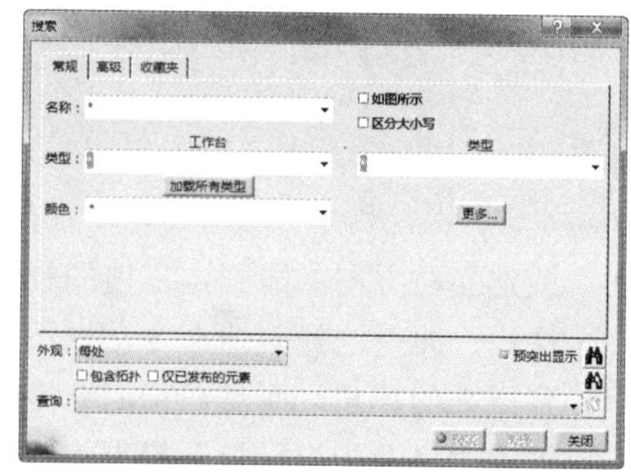

图 2-25

使用搜索工具需要先打开模型文件，然后在“搜索”对话框中输入查找内容，单击“搜索”

按钮，对话框下方则显示出符合条件的元素，如图 2-26 所示。

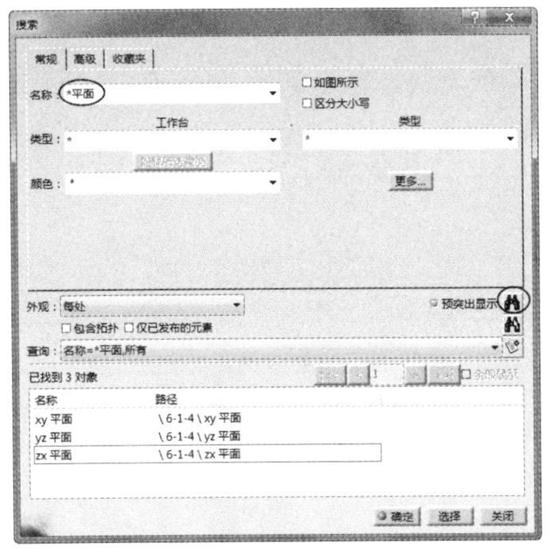

图 2-26

技术要点

“搜索”对话框中的*是通配符，代表任意字符，可以是一个字符也可以是多个字符。

2.1.4　视图在屏幕上的显示

3D 实体在屏幕上有两种显示方式——视图与着色显示。

1. 视图显示

模型的显示一般为 7 个基本视图，包括正、背、左、右、俯、仰和等轴侧，见表 2-1 所示。

表 2-1　7 个基本视图

视图名	状态	视图名	状态
正视图		背视图	
左视图		右视图	
俯视图		仰视图	
等轴侧视图			

除了上述7种标准视图外，还可以自定义视图。在视图下拉列表中选择“已命名的视图”选项，弹出“已命名的视图”对话框，通过此对话框可以添加新的视图，如图2-27所示。

2. 模型的着色显示

CATIA V5-6R2017提供了6种标准显示模式，“视图模式”工具条如图2-28所示。如图2-29所示为各种着色模式。

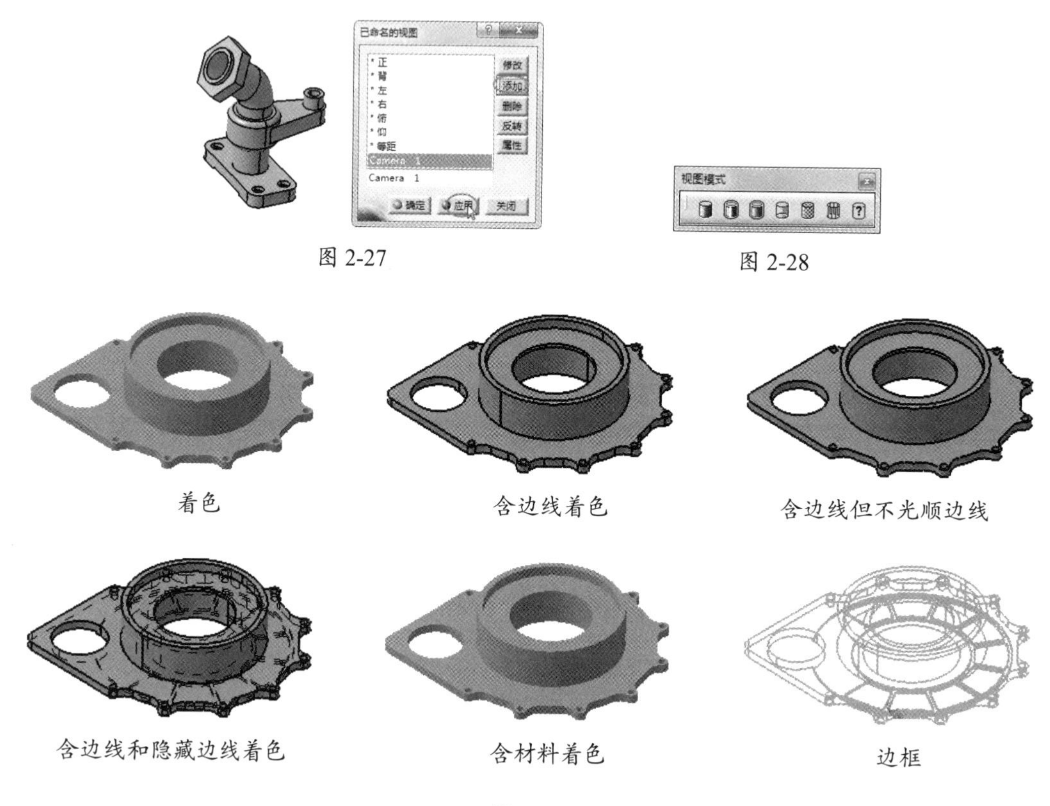

图2-27

图2-28

图2-29

若单击“自定义视图参数”按钮?，则弹出“视图模式自定义”对话框，如图2-30所示，通过此对话框可以对视图的边线和点进行详细设置。

图2-30

2.2 文件操作

文件的基本操作包括新建、打开、保存等，下面结合实例进行介绍。

动手操作——新建文件

01 启动 CATIA，进入初始界面。

02 执行“文件”|“新建”命令，如图 2-31 所示。弹出“新建”对话框，如图 2-32 所示，在“类型列表”中选择合适的类型，这里选择 Part 选项，单击“确定”按钮。此时会弹出“新建零件”对话框，如图 2-33 所示，输入合适的零件名称，如 Part1。

03 单击“确定”按钮，进入零件设计工作台，如图 2-34 所示。

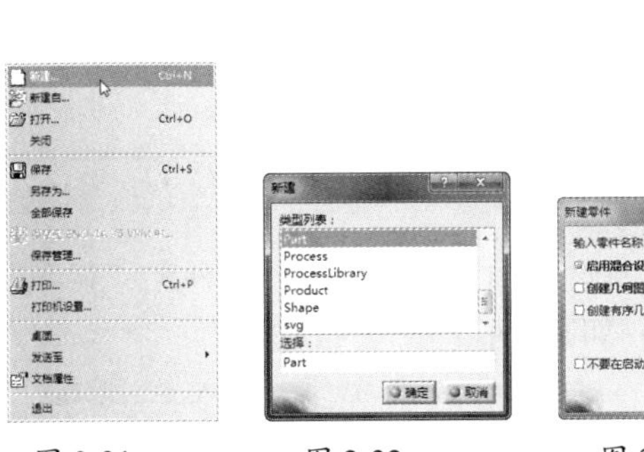

图 2-31　图 2-32

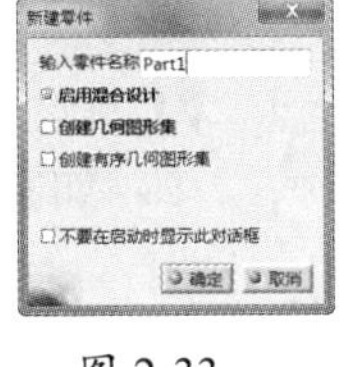

图 2-33

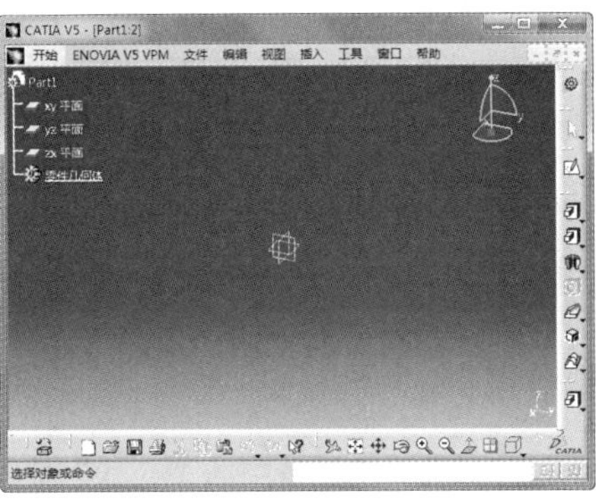

图 2-34

04 执行“开始”|“机械设计”|“装配设计”命令，如图 2-35 所示。使用“开始”菜单一般比较直观，可以方便地选择在不同的模块中以不同的方式创建零件。打开的装配零件界面如图 2-36 所示，界面会有“产品结构工具”和“装配变量”工具条等相关装配工具，当然也可以自行添加。

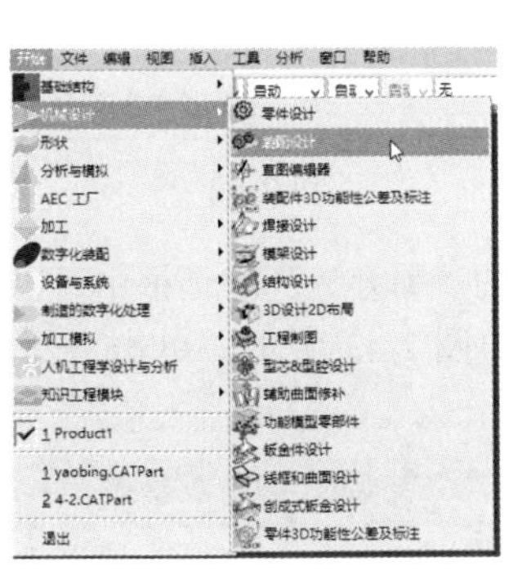

图 2-35

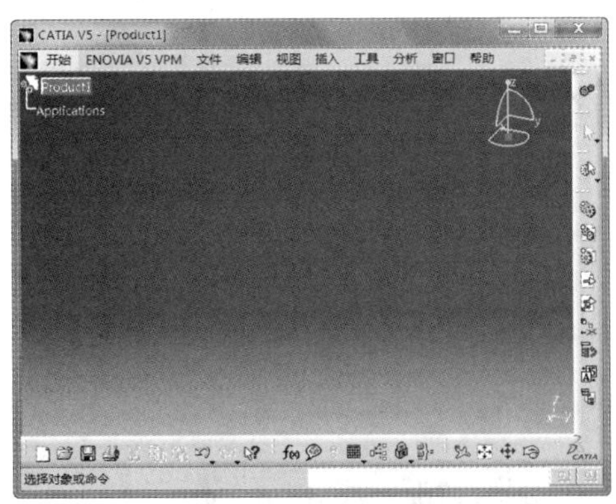

图 2-36

05 执行“开始”|“形状”|“自由曲面”命令，如图 2-37 所示。创建自由曲面文件，打开的界面如图 2-38 所示。自由曲面设计是 CATIA 的特色，界面中会有“工具仪表盘”、Shape Modification 和 Surface Creation 等用于曲面造型的工具条。此时，在开始时创建的 Part1 机械零件也变为了曲面零件。

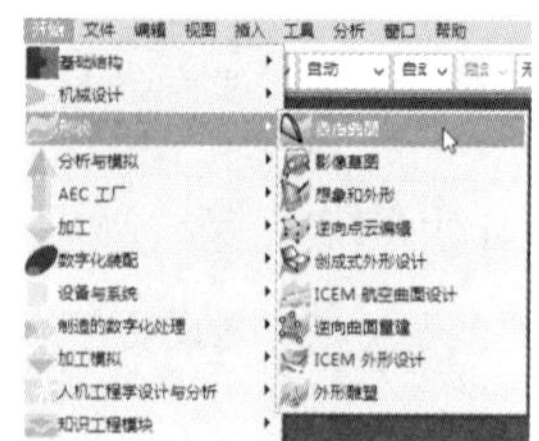

图 2-37

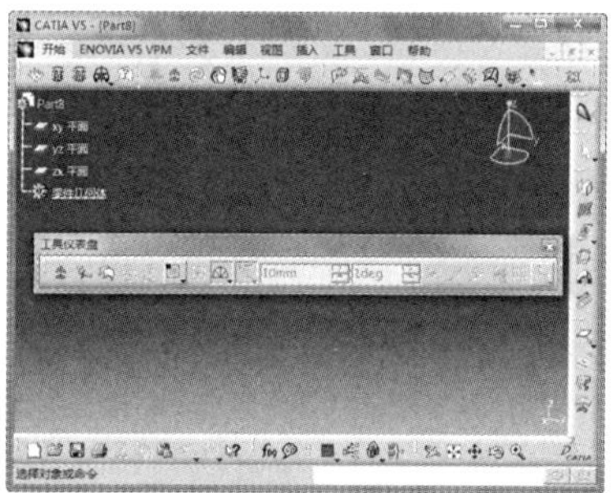

图 2-38

动手操作——打开文件

01 单击“标准”工具条中的“打开”按钮，或者执行“文件”|“打开”命令，弹出“选择文件”对话框，如图 2-39 所示，在 02 文件夹中找到 ring.CATPart 文件，单击“打开”按钮。

图 2-39

02 打开的零件如图 2-40 所示。

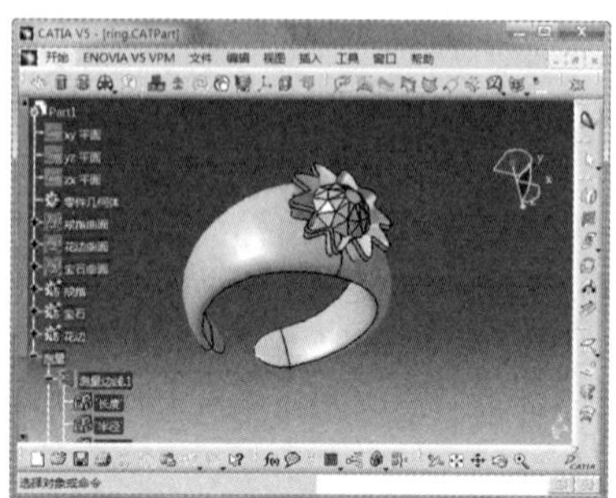

图 2-40

03 单击绘图区右上角的“最小化”按钮，将零件界面最小化，如图 2-41 所示，软件界面左下方显示的是包括前面创建的一共 3 个零件窗口。若要调用不同的零件，可以单击“最大化”按钮打开。

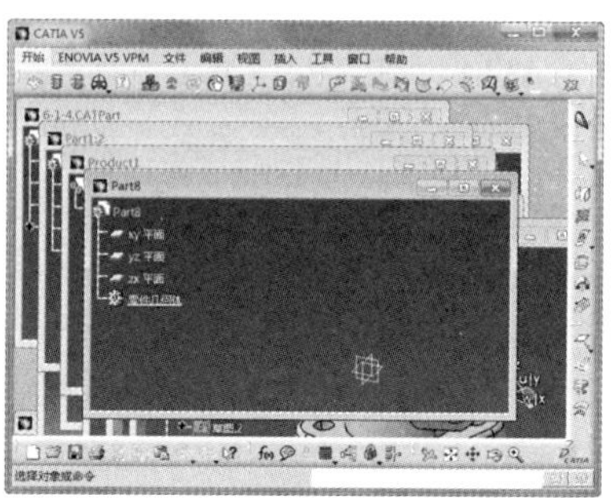

图 2-41

动手操作——保存文件

01 新建 Part1 零件，执行“文件”|“保存”命令，如图 2-42 所示。

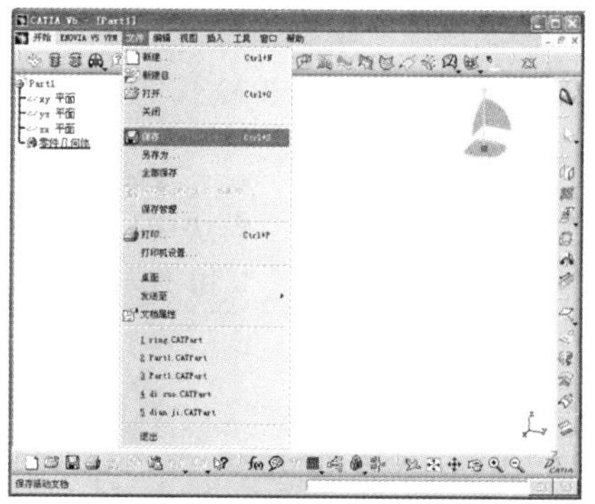

图 2-42

02 在弹出的“另存为”对话框中可以修改“文件名”，如图 2-43 所示，单击“保存”按钮进行保存。

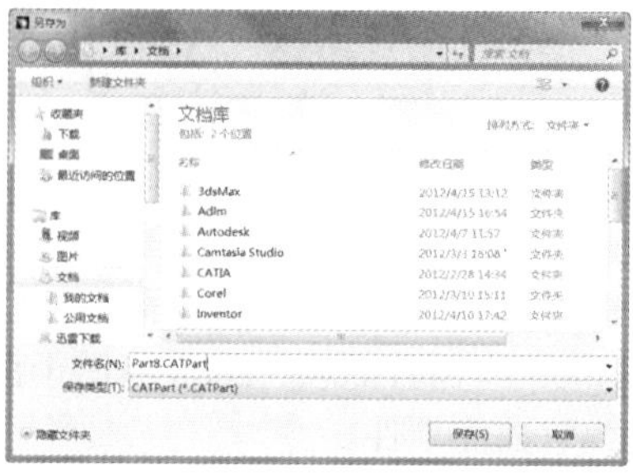

图 2-43

03 打开先前创建的Product1零件，单击“标准”工具条中的“保存”按钮，弹出“另存为”对话框，在“保存类型”下拉列表中可以选择保存的文件类型，选择3dxml选项，如图2-44所示，单击“保存”按钮进行保存。

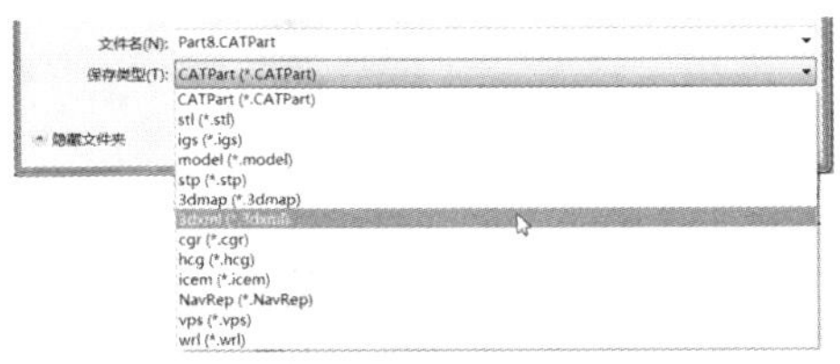

图 2-44

动手操作——关闭文件

01 在文件保存完毕之后，可以直接将文件关闭。单击绘图区右上方的“关闭”按钮，可以直接关闭已经保存的文件。

02 如果文件没有经过保存，单击“关闭”按钮后会弹出“关闭”对话框，提示进行保存。若无须保存，则单击“否”按钮即可；若单击“取消”按钮，则返回原绘图界面，如图2-45所示。

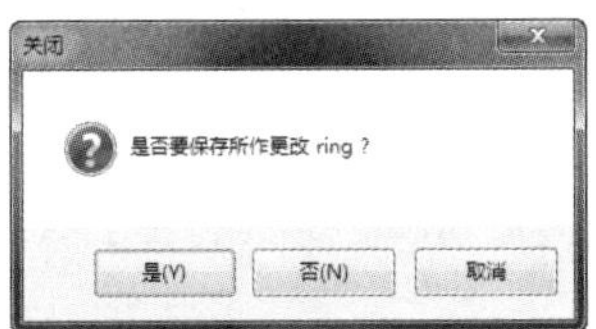

图 2-45

2.3 视图操作

模型的视图操作包括视图显示操作和多窗口操作，视图和窗口显示在绘图当中十分重要，下面进行讲解。

动手操作——视图显示操作

01 调整视图可以使用“视图”工具条，如图2-46所示。

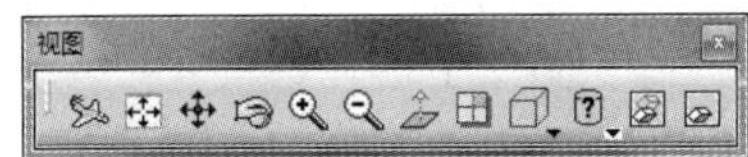

图 2-46

02 单击“视图”工具条中的“飞行模式”按钮，进入飞行模式，此时“视图”工具条也变为如图2-47所示的状态。

图 2-47

03 单击“视图”工具条中的“转头”按钮，按住鼠标左键并拖动，可以旋转视图查看模型，如图2-48所示。

图 2-48

04 单击“视图”工具条中的“飞行”按钮，按住鼠标左键并拖动，拖动时的模型如图2-49所示，绿色箭头显示移动速度和方向。单击“视图”工具条中的“加速”按钮或“减速”按钮，可以调整飞行模式的移动速度，如图2-50所示。

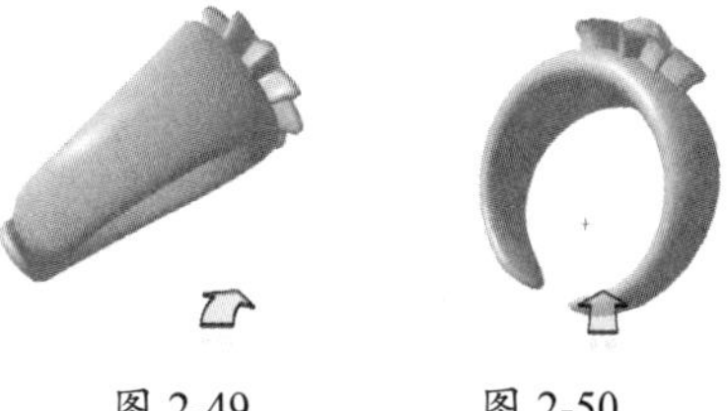

图 2-49　　图 2-50

05 单击“视图”工具条中的“检查模式”按钮，恢复“视图”工具条的原始状态。单击“视图”工具条中的“全部适应”按钮，模型自动调整到合适的尺寸并在绘图区居中显示，如图2-51所示。

图 2-51

06 单击“视图”工具条中的“平移”按钮，按住鼠标左键并拖动，可以对视图进行平移，如图 2-52 所示。

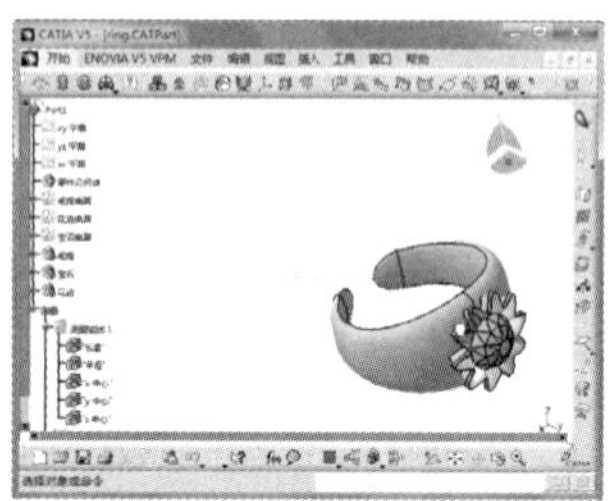

图 2-52

07 单击“视图”工具条中的“旋转”按钮，按住鼠标左键并拖动，可以对视图进行旋转，如图 2-53 所示。

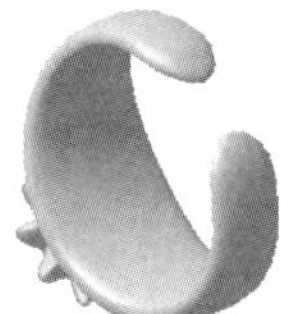

图 2-53

08 单击“视图”工具条中的“放大”按钮或“缩小”按钮，按住鼠标左键并拖动，可以对视图进行缩放，如图 2-54 所示。

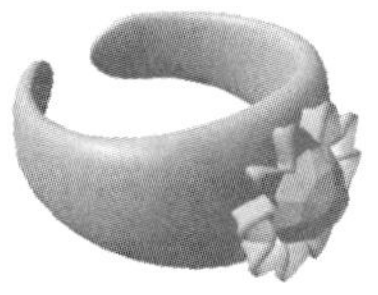

图 2-54

09 单击“视图”工具条中的“法线视图”按钮，可以沿选定平面的法线方向调整视图，如图 2-55 所示。

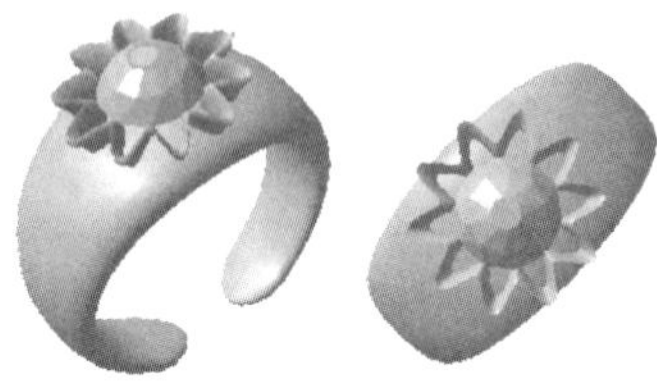

图 2-55

10 单击“视图”工具条中视图方向的下拉列表中的“已命名的视图”按钮，弹出“已命名的视图”对话框，如图 2-56 所示。输入新视图名称 Camera 1，单击“添加”按钮，即可添加当前视图为新的视图。单击“属性”按钮，可以查看该视图的属性，如图 2-57 所示。

图 2-56

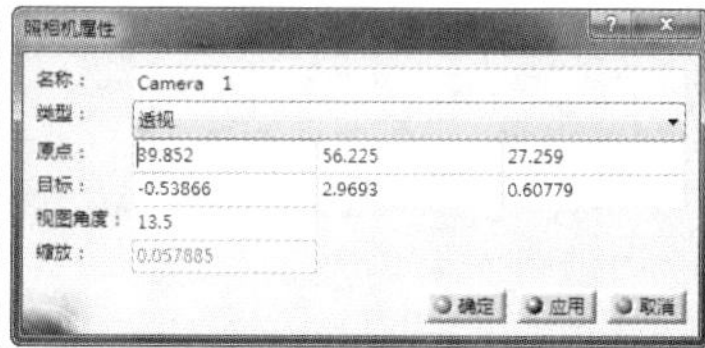

图 2-57

11 打开“视图模式”工具，如图 2-58 所示。单击“着色”按钮，模型的显示状态如图 2-59 所示。

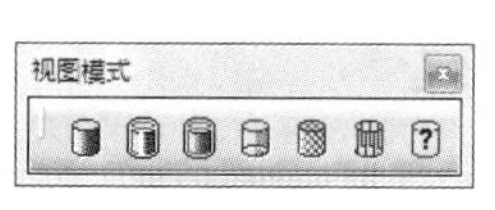

图 2-58

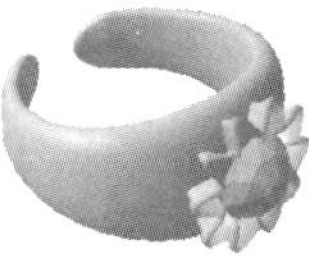

图 2-59

12 单击“视图模式”工具中的“含边线着色”按钮，模型的显示状态如图 2-60 所示。

13 单击“视图模式”工具中的“带边着色但不光顺边线”按钮，模型的显示状态如图 2-61 所示。

图 2-60

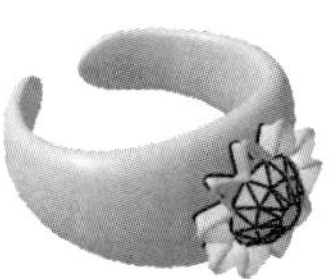

图 2-61

14 单击“视图模式”工具中的“含边线和隐藏边线着色”按钮，模型的显示状态如图 2-62 所示。

15 单击“视图模式”工具中的“含材料着色”按钮，模型的显示状态如图 2-63 所示。

图 2-62

图 2-63

16 单击“视图模式”工具中的“线框”按钮，模型的显示状态如图 2-64 所示。

图 2-64

17 单击“视图模式”工具中的“自定义视图参数”按钮，弹出“视图模式自定义”对话框，如图 2-65 所示。选中“着色”复选框，再选中“三角形”单选按钮，单击“确定”按钮，创建新视图样式，模型的显示状态如图 2-66 所示。

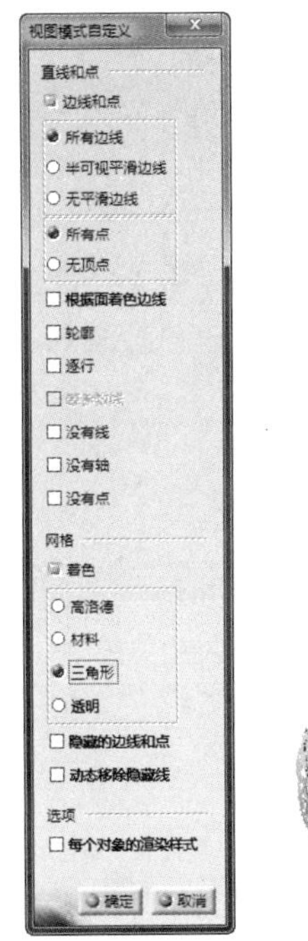

图 2-65

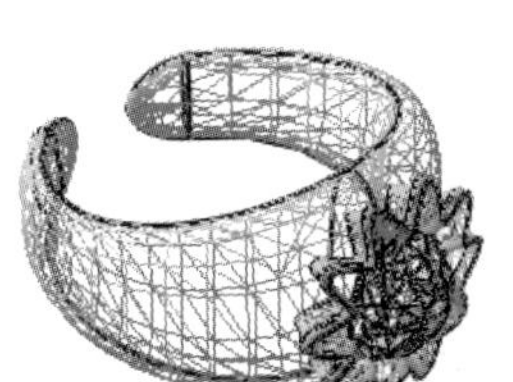

图 2-66

动手操作——窗口操作

01 单击“视图”工具条中的“创建多视图”按钮，绘图界面默认地分为 4 个部分，如图 2-67 所示，代表了不同的视图方向。

02 单击不同的视图区域，坐标系就会转移到相应的区域，方便进行当前区域的操作，如图 2-68 所示。

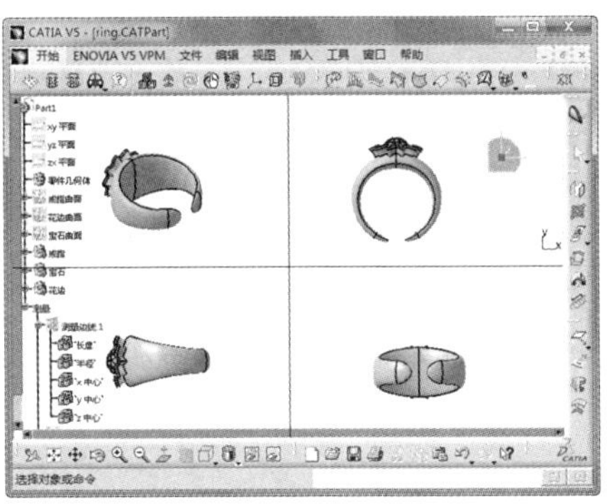

图 2-67

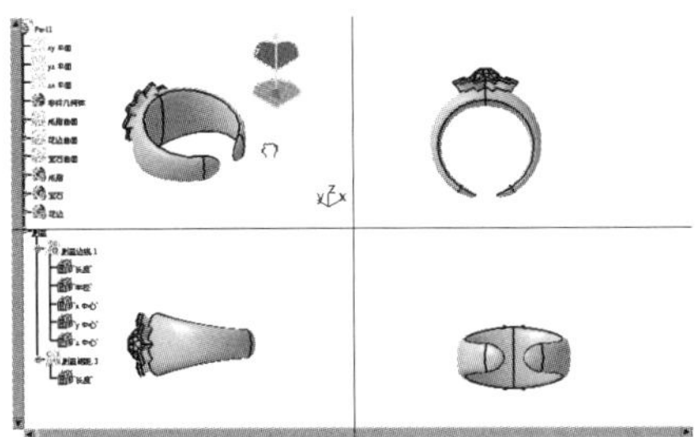

图 2-68

03 执行“窗口”|“新窗口”命令，如图 2-69 所示，可以创建一个新的文件窗口，如图 2-70 所示。

图 2-69

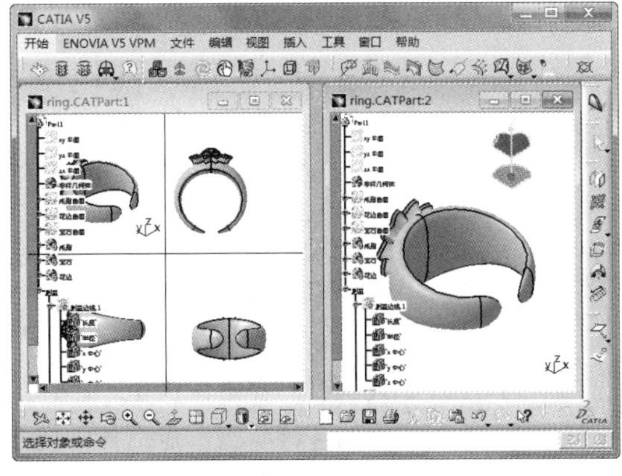

图 2-70

04 执行“窗口”|“水平窗口”命令、“窗口”|“垂直窗口”命令或“窗口”|“层叠”命令，窗口会显示不同的状态，如图 2-71 ～图 2-73 所示。

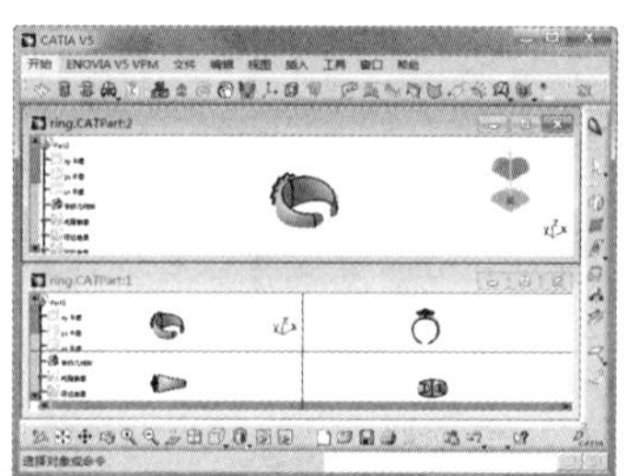
图 2-71

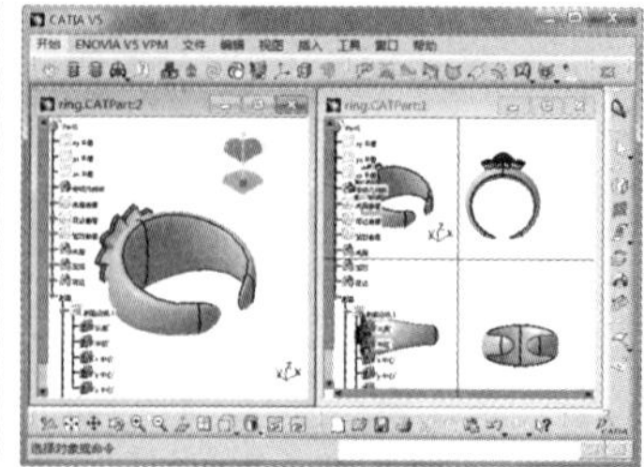
图 2-72

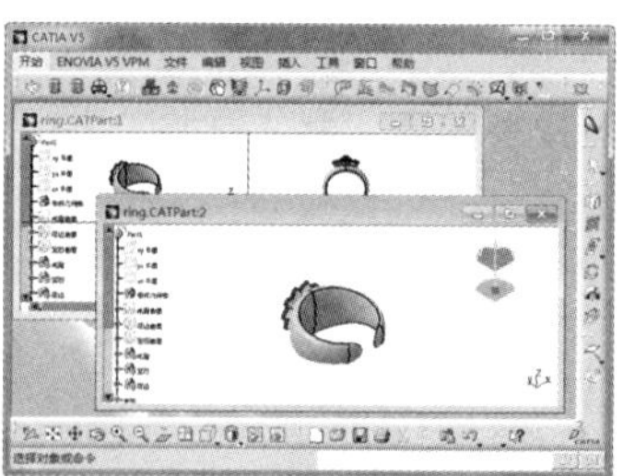
图 2-73

2.4 练习题

1. 填空题

（1）在 CATIA 绘图过程中，是通过 _____ 工具条对模型不同视角进行查看的。

（2）_____ 是 CATIA 绘图坐标系的名称。

（3）用命令行进行操作，是通过 _____ 来实现的。

（4）鼠标 _____ 是选取键。

2. 问答题

（1）在 CATIA 操作中，鼠标中键有什么作用？

（2）如何实现多窗口操作？

3. 操作题

通过如图 2-74 所示的装配体模型进行基本操作。

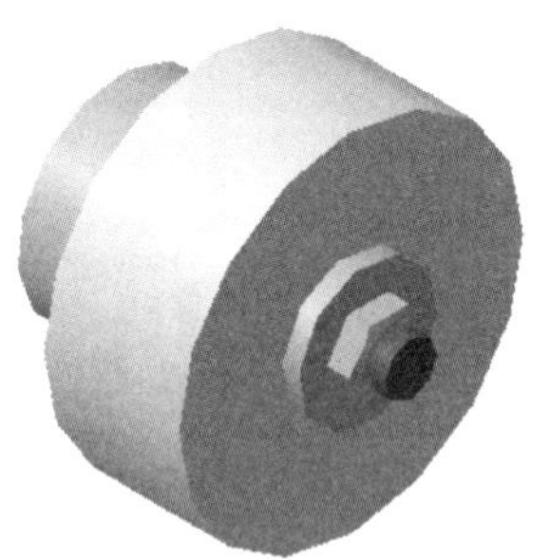
图 2-74

（1）打开、关闭、另存零件模型。

（2）改变模型的各种状态，包括各种视图和窗口。

（3）选取模型的特征和改变模型的显示状态。

第 3 章　踏出 CATIA V5-6R2017 的第二步

项目导读

本章介绍 CATIA 设计中各个环境设置的作用以及如何正确设置环境来提高工作效率。正确设置工作环境是高级用户必须了解的，正确的环境设置可以让用户更得心应手地使用 CATIA。本章同时讲解了自定义界面的设置方法，以便于用户更方便地自定义适合自己的界面，有利于设计工作的顺利进行。

- 工作环境设置
- 自定义界面
- 创建模型参考
- 修改图形属性

3.1 工作环境设置

合理设置工作环境，对于提高工作效率，享受 CATIA 带给用户的个性化环境是非常重要的，也是高级用户必须掌握的技能。下面对工作环境的设置方法进行详细介绍，以便用户对各项功能了然于胸。

动手操作——“常规”设置

01 启动CATIA V5-6R2017，新建一个机械零件，进入绘制界面。

02 执行“工具”|“选项”命令，如图 3-1 所示，弹出“选项”对话框，CATIA 的大多数设置都可以在这里完成，如图 3-2 所示。

03 在打开的“选项”选项树的“常规”选项中，“常规”选项卡如图 3-2 所示。选择“用户界面样式”为P2，当然也可以选择其他样式；“数据保存”中的“自动备份频率”设置为30 分钟，这样软件每隔30 分钟会自动保存文件；选中“加载参考的文档”和“启用‘拖放’操作，用于剪切、复制和粘贴。”复选框。

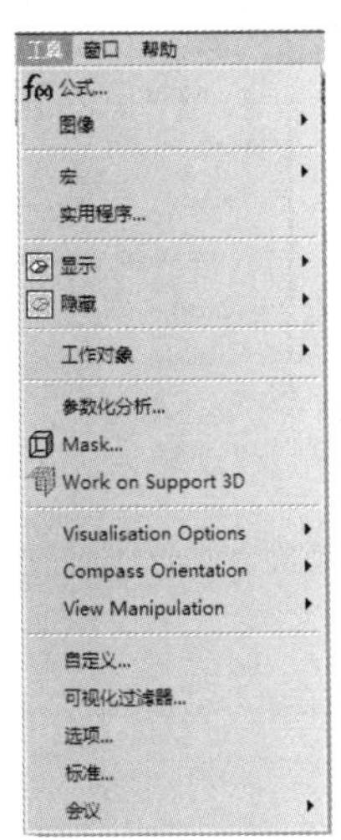

图 3-1

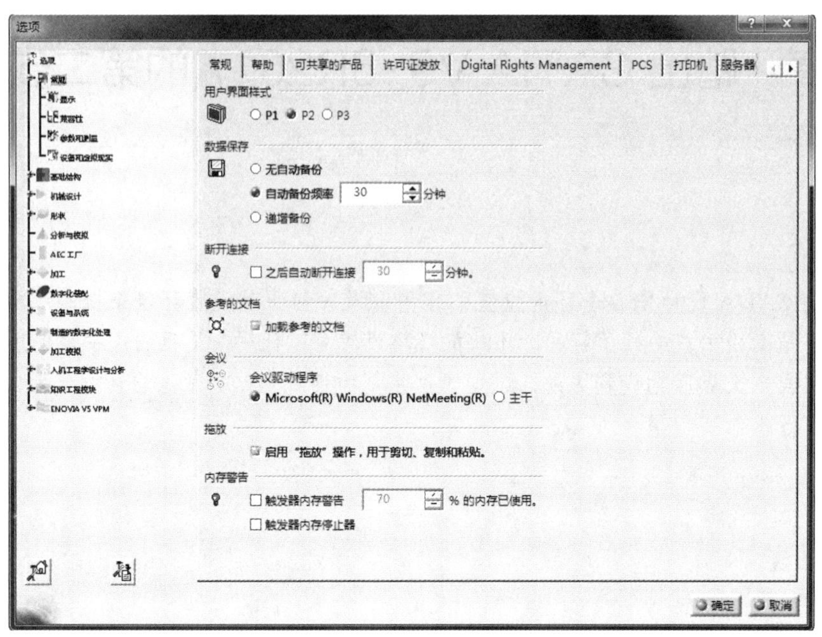

图 3-2

04 切换到“可共享的产品”选项卡，如图 3-3 所示，这里显示的是 CATIA 的不同部分和插件，即可以共享使用的产品列表。

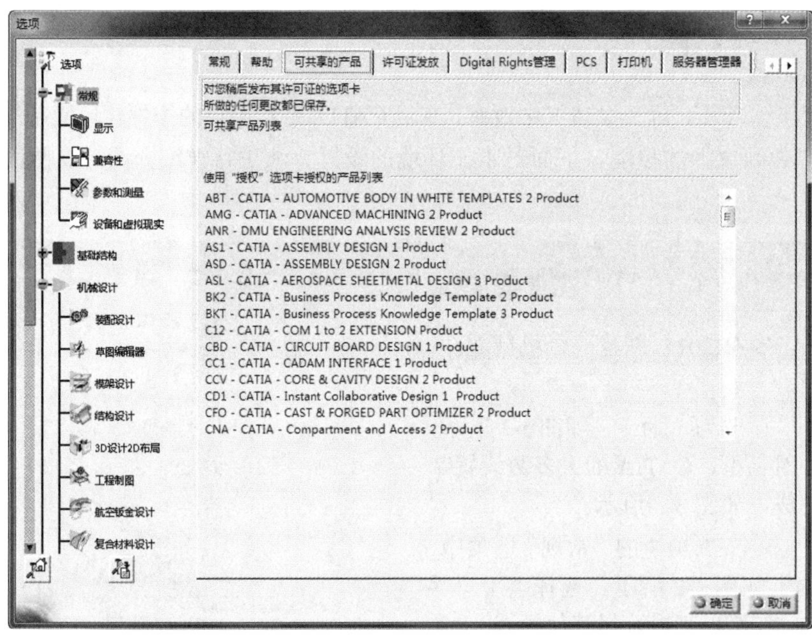

图 3-3

05 切换到“打印机”选项卡，如图 3-4 所示，可以单击“新建”按钮，添加打印机。

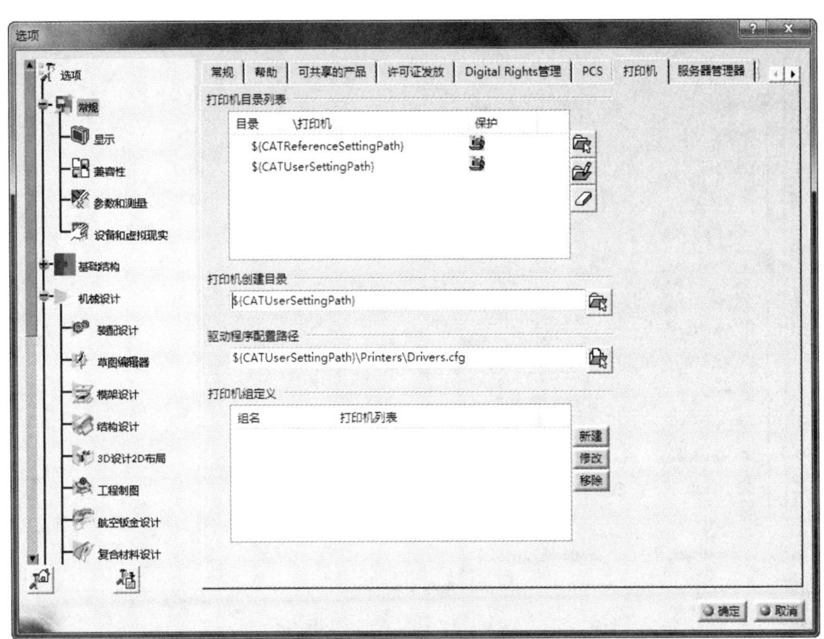

图 3-4

06 选中选项树中“常规”选项下的“显示”选项，切换到“树外观”选项卡，如图 3-5 所示。在“树类型”选项区中，选中“经典 Windows 样式”单选按钮，并选中“树显示 / 不显示模式”复选框。

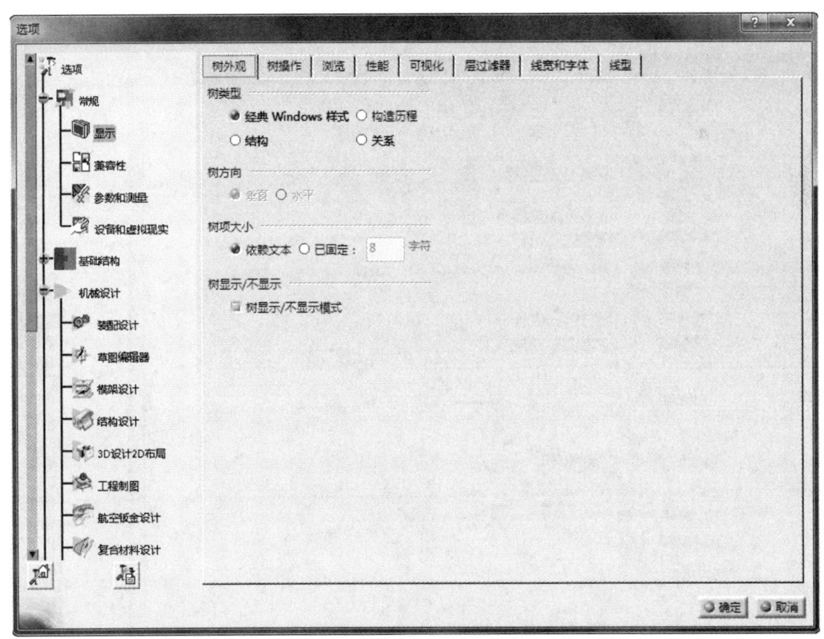

图 3-5

07 切换到“性能”选项卡。在“3D 精度”选项区，选中“固定”单选按钮，设置参数为 0.2；在 2D 精度组进行同样的设置；在“其他”选项区中选中“仅对面和曲面启用两边光照”复选框；在“启用背面剔除”选项区中选中“用于属于实体的面”复选框，如图 3-6 所示。

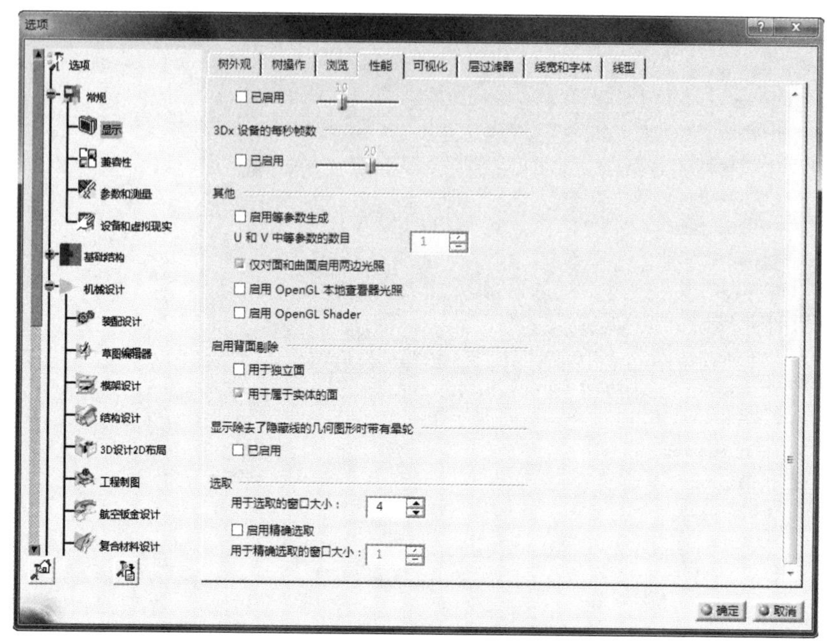

图 3-6

08 切换到“可视化”选项卡，如图 3-7 所示，这里主要设置可视化效果。系统默认的颜色一般可用于设计过程，也可根据需要修改。单击展开“背景”下拉列表，如图 3-8 所示，选择白色背景，在“预览”选项区中可以查看调整的效果。

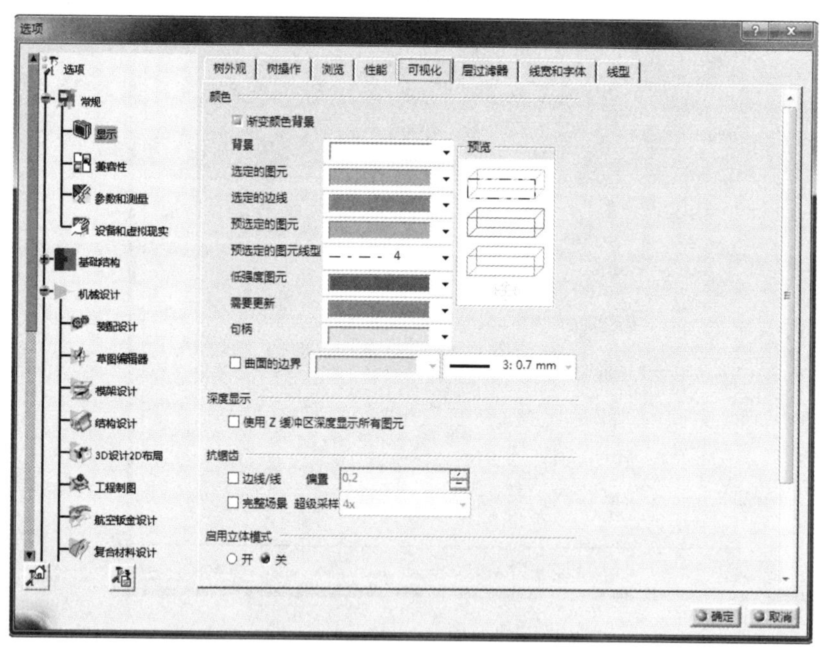

图 3-7

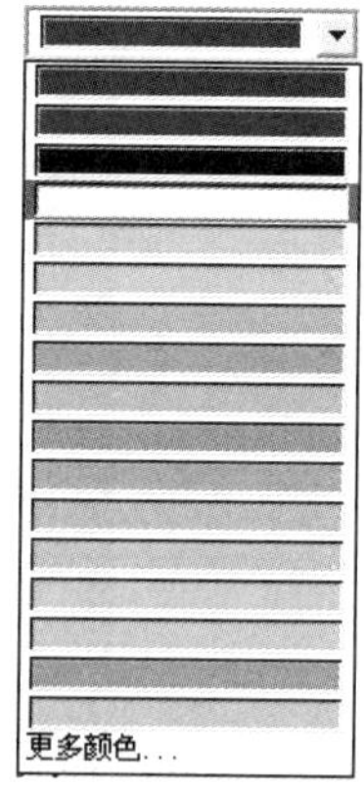

图 3-8

09 分别切换到“线宽和字体”和“线型”选项卡，如图 3-9 和图 3-10 所示，两个选项卡用于设置绘图区显示的文字大小，以及线条的样式和宽度。

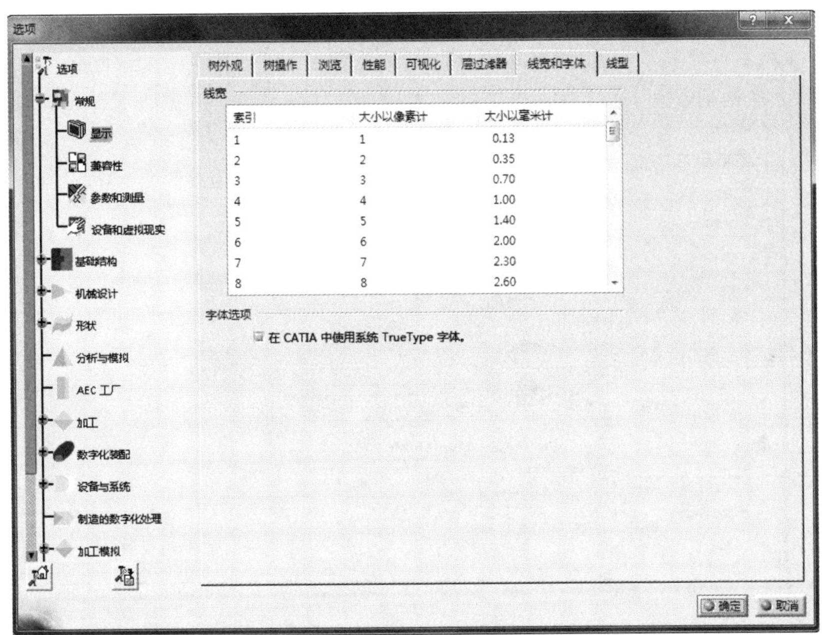

索引	大小以像素计	大小以毫米计
1	1	0.13
2	2	0.35
3	3	0.70
4	4	1.00
5	5	1.40
6	6	2.00
7	7	2.30
8	8	2.60

图 3-9

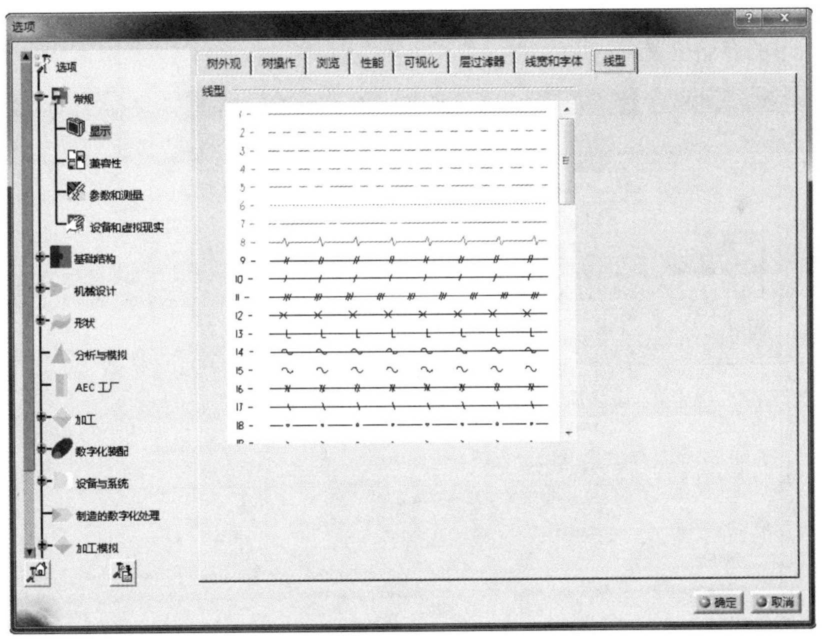

图 3-10

10 打开选项树中“常规”选项下的“兼容性”选项，切换到“V4/V5 工程图”选项卡，如图 3-11 所示。该选项卡用于设置工程图的属性，设置“粗体属性限制为 V4 线宽”为 0.2。

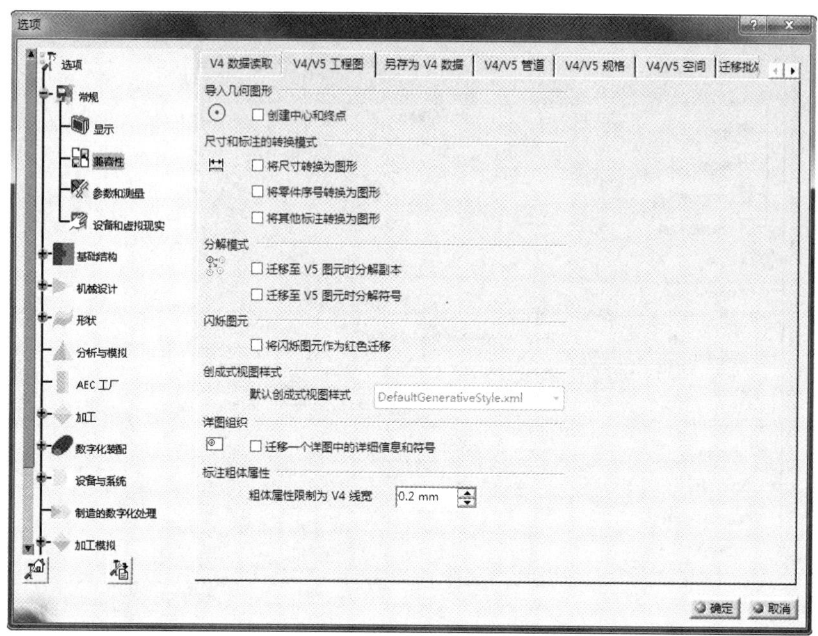

图 3-11

11 切换到“外部格式”选项卡，如图 3-12 所示，设置“每单位的毫米数”为 1，设置“输出路径”，以确认输出图形的存储位置。

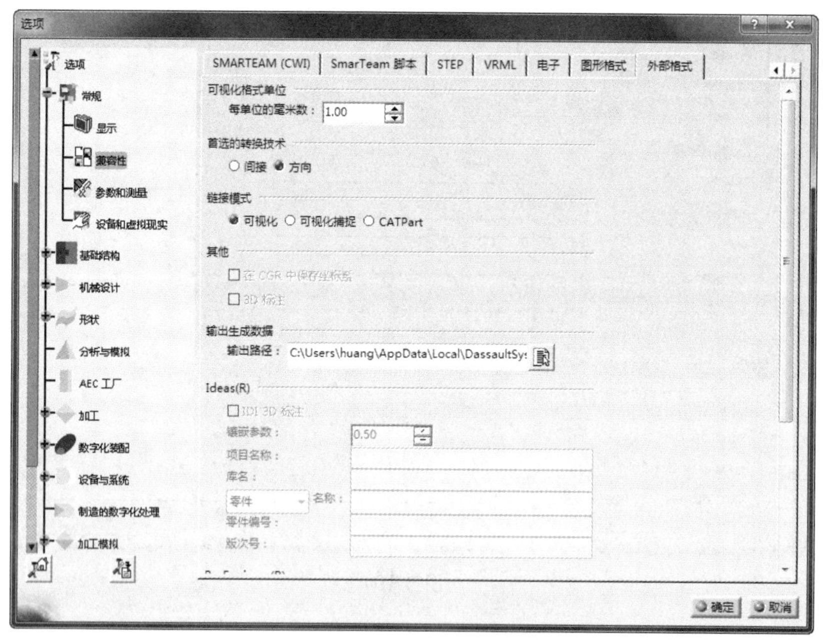

图 3-12

12 打开选项树中“常规”选项下的“参数和测量”选项，切换到“单位”选项卡，如图 3-13 所示。设置“长度”“角度”“时间”“质量”和“体积”为公制单位，在英制环境下也可以设置为公制单位。

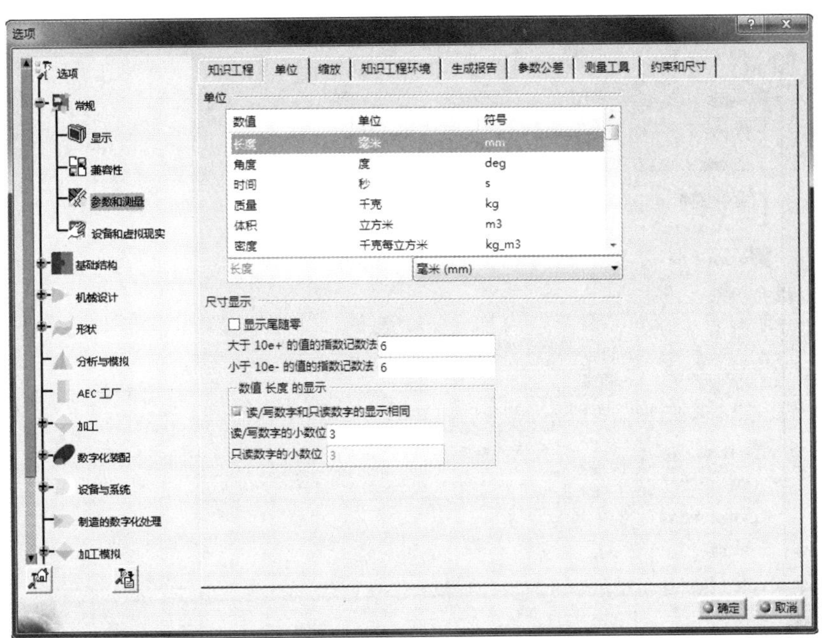

图 3-13

13 切换到“参数公差”选项卡，如图 3-14 所示，启用“默认公差”复选框，可以设置工程允许的公差范围。

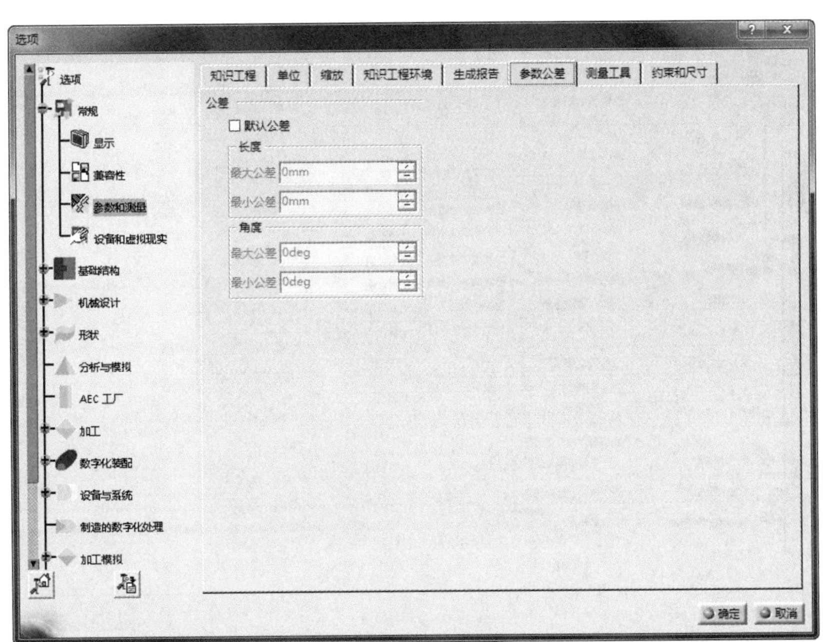

图 3-14

14 切换到“约束和尺寸”选项卡，如图 3-15 所示，设置约束显示的颜色，并在“尺寸样式”选项区的“缩放”下拉列表中选择“中等”选项。

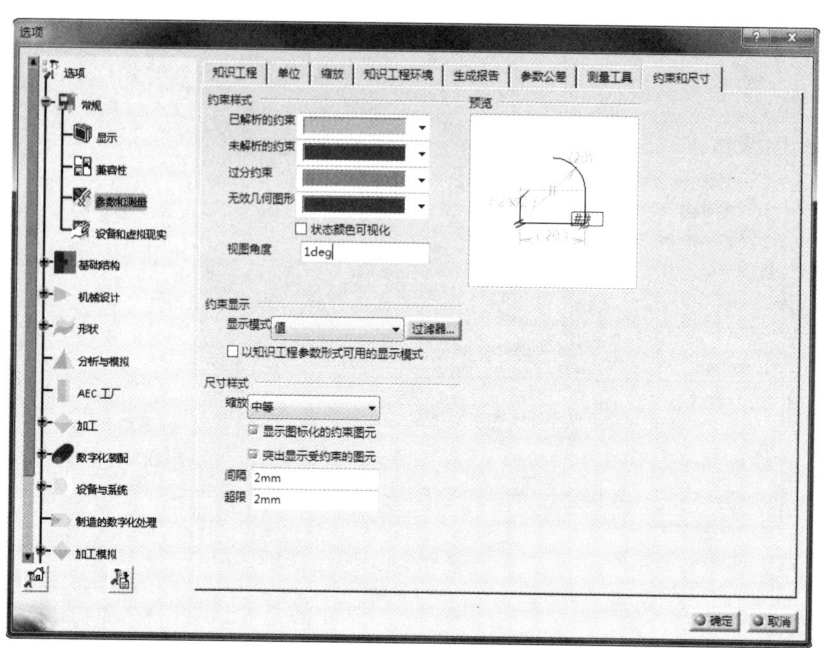

图 3-15

15 打开选项树中“常规”选项下的“设备和虚拟现实”选项，切换到“设备”选项卡，如图 3-16 所示。启用“使用 3D 设备移动指南针”复选框，这样就可以使用虚拟设备进行绘图了。

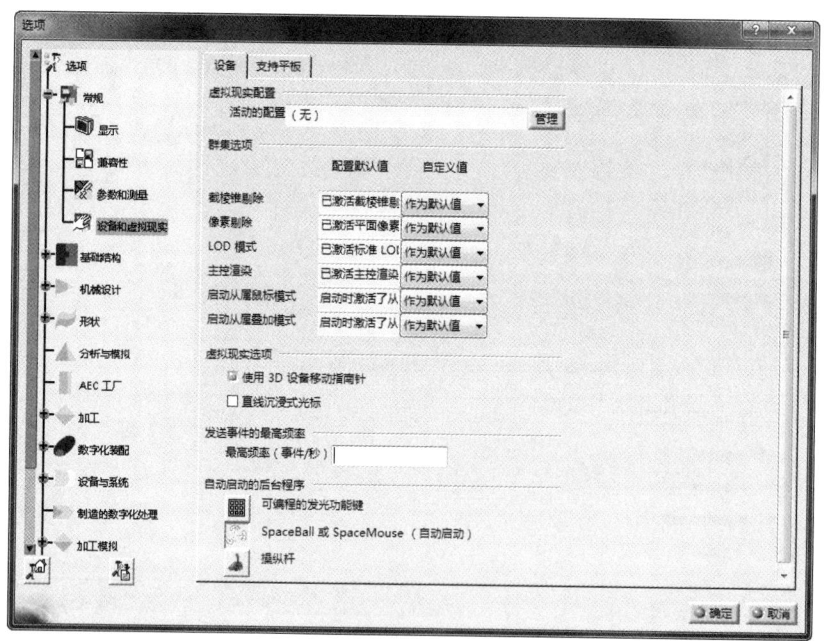

图 3-16

动手操作——“机械设计”设置

01 在“选项”对话框中打开选项树中“机械设计”选项下的“装配设计”选项，切换到“常规”

选项卡，如图 3-17 所示。在“更新”选项区中选中“手动”单选按钮；在“打开时计算精确更新状态”选项区中选中“手动”单选按钮。

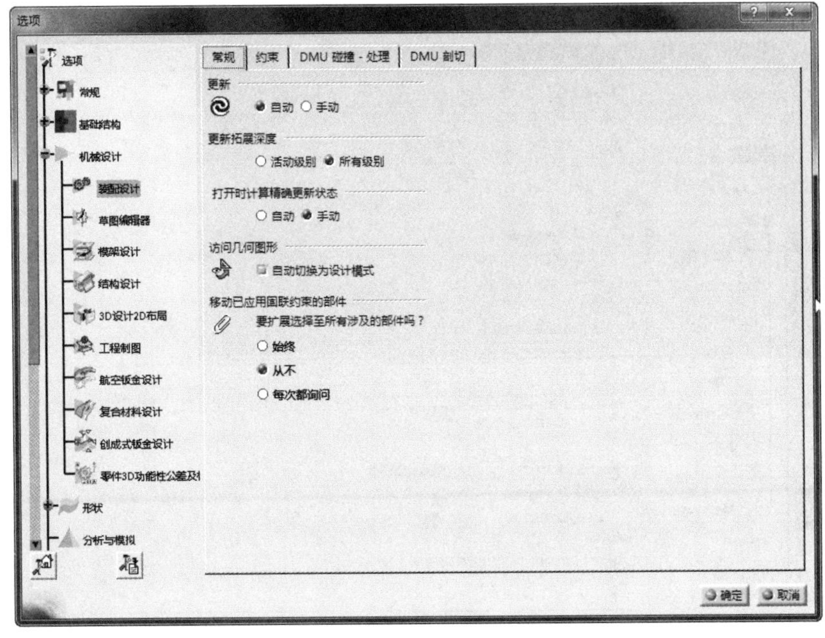

图 3-17

02 切换到“约束”选项卡，如图 3-18 所示，在“粘贴部件”选项区中选中“不应用装配约束”单选按钮；在“创建约束”选项区中选中“使用任何几何图形”单选按钮，使任何几何图形都可以创建约束。

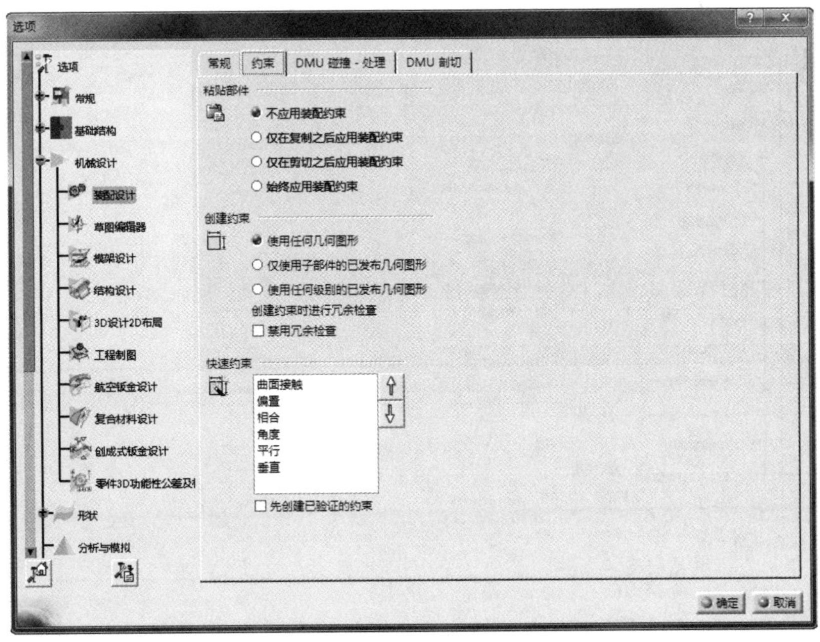

图 3-18

03 打开选项树中“机械设计”选项下的“草图编辑器”选项，如图 3-19 所示。在“网格”选项区中选中“显示”复选框，设置“点捕捉”的“原始距离”为 100mm，“刻度”为 10；在“草图平面”选项区中取消选中“将草图平面着色”复选框，使草图透明显示，以便于绘图。

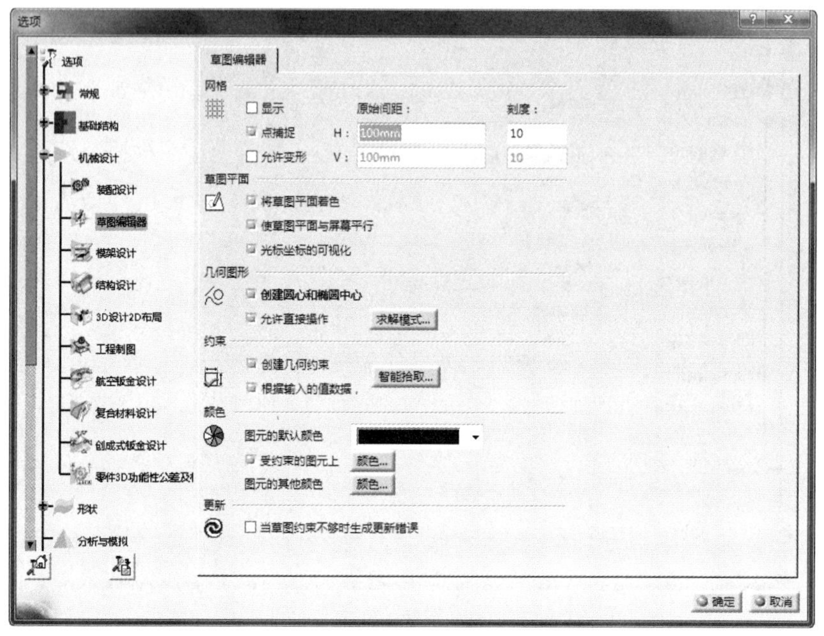

图 3-19

04 打开选项树中“机械设计”选项下的“3D 设计 2D 布局”选项，切换到“创建视图”选项卡，如图 3-20 所示，在“显示模式”下拉列表中选择“标准”选项。

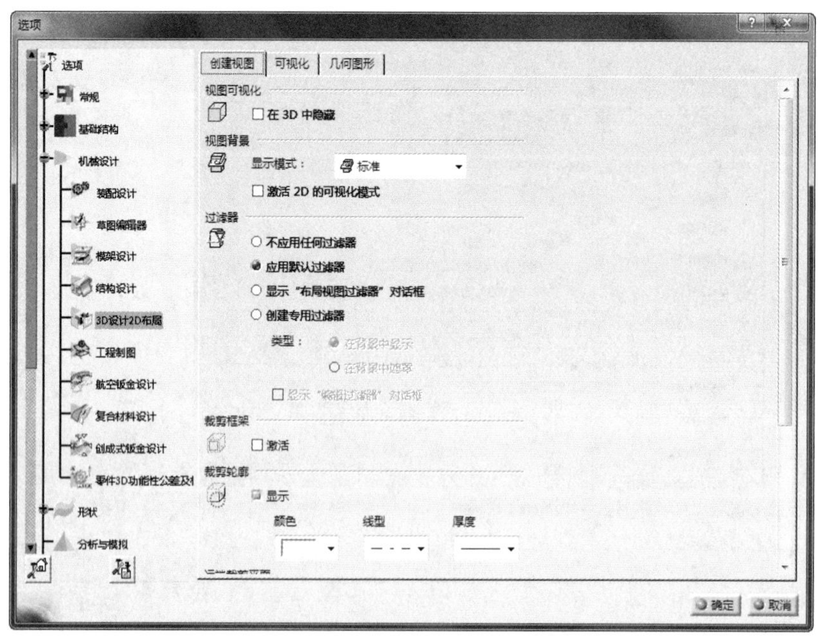

图 3-20

05 切换到“可视化”选项卡，如图3-21所示，选中“加载布局时显示”和“拓展突出显示”复选框。

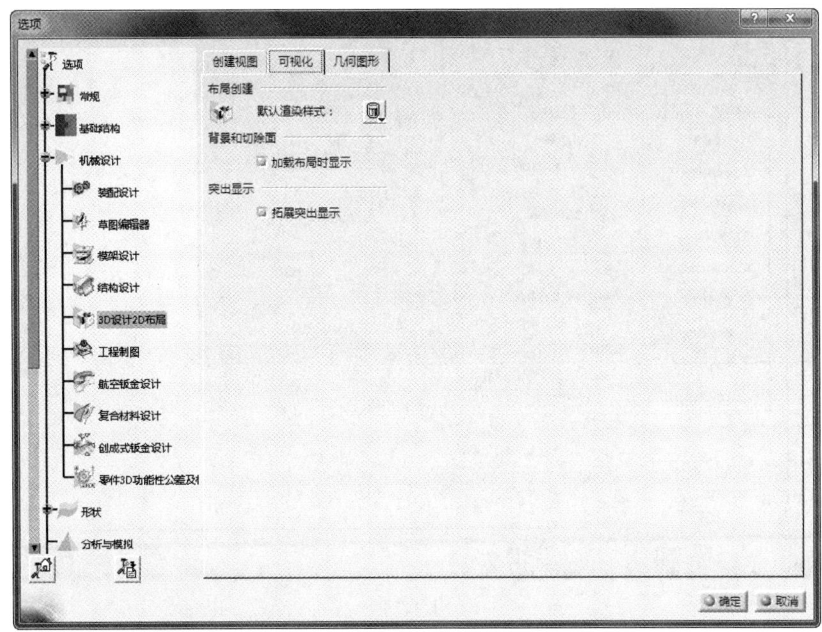

图 3-21

06 切换到“几何图形”选项卡，如图3-22所示，设置“受保护的图元”颜色为黄色。

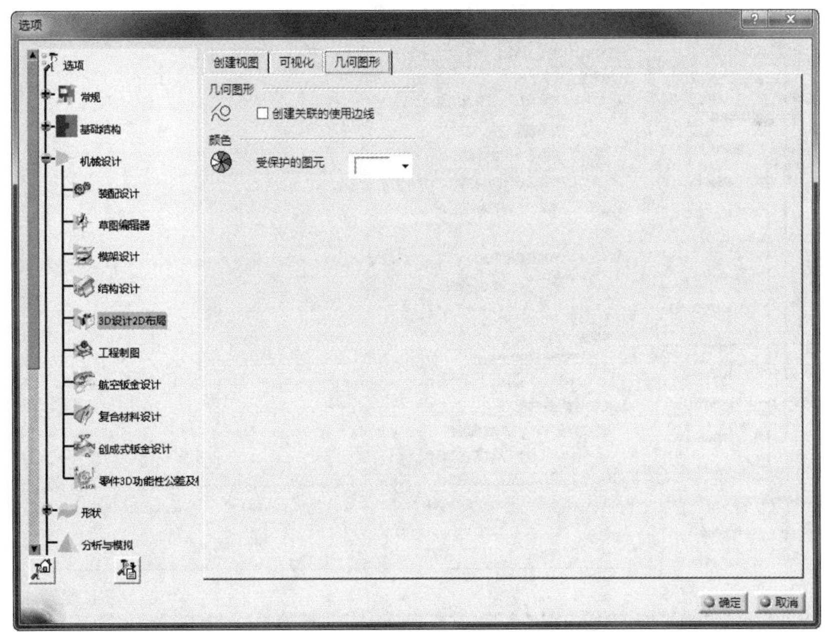

图 3-22

07 打开选项树中“机械设计”选项下的“工程制图”选项，切换到“常规”选项卡，如图3-23所示。设置“网格”选项区中“点捕捉”的“原始距离”和“刻度”参数值；在“视图轴”选项区中选中“在当前视图中显示”和“可缩放”复选框。

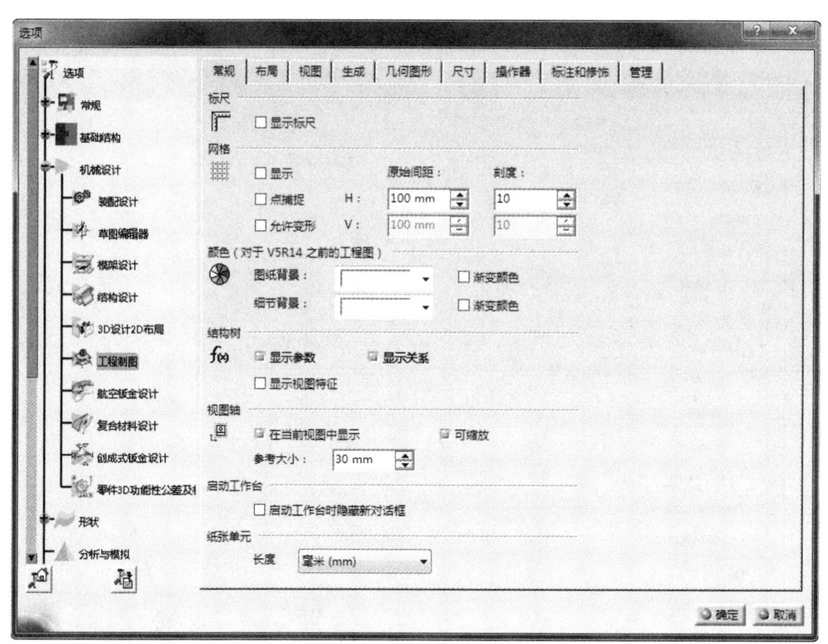

图 3-23

08 切换到“布局”选项卡，如图 3-24 所示，在“创建视图”选项区中选中“视图名称”“缩放系数”和“视图框架”3 个复选框；在“新建图纸”选项区中选中“复制背景视图”复选框。

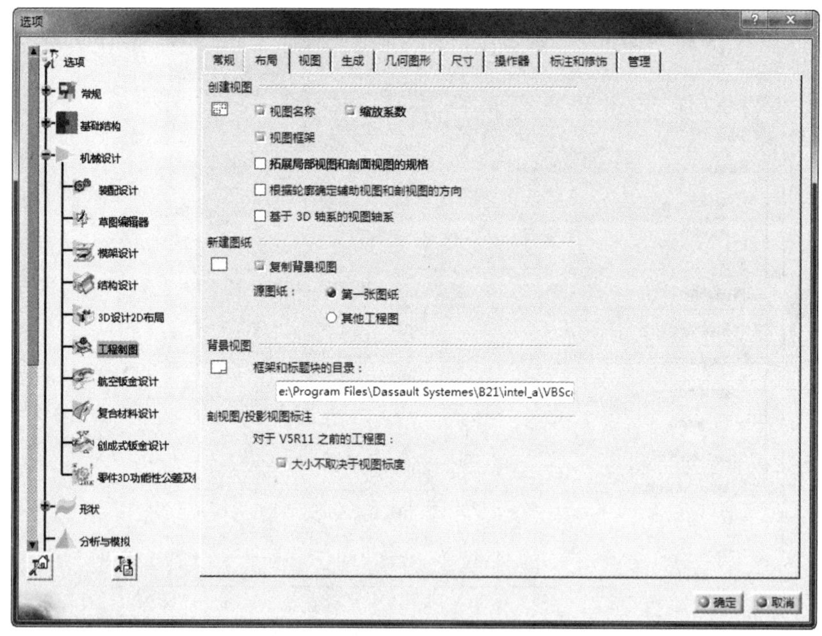

图 3-24

09 切换到“视图”选项卡，如图 3-25 所示，在“生成 / 修饰几何图形”选项区中选中“生成圆角”和“应用 3D 规格”复选框；在“生成视图”选项区中选中“视图生成的精确预览”复选框，以便于查看精确视图。

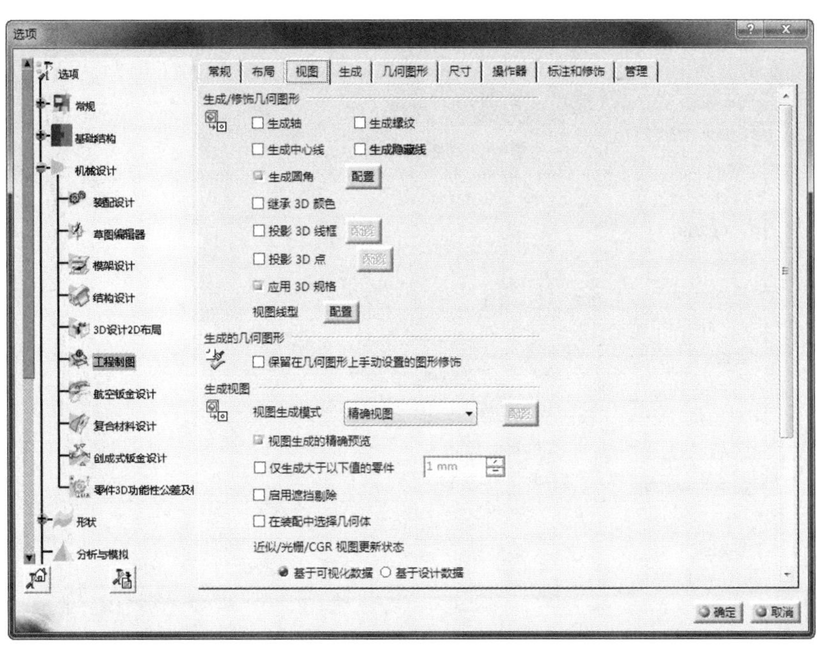

图 3-25

10 切换到“生成”选项卡，如图 3-26 所示，在“尺寸生成”选项区中选中“生成后分析”复选框，这样在使用“尺寸”时可以进行分析，防止过约束。

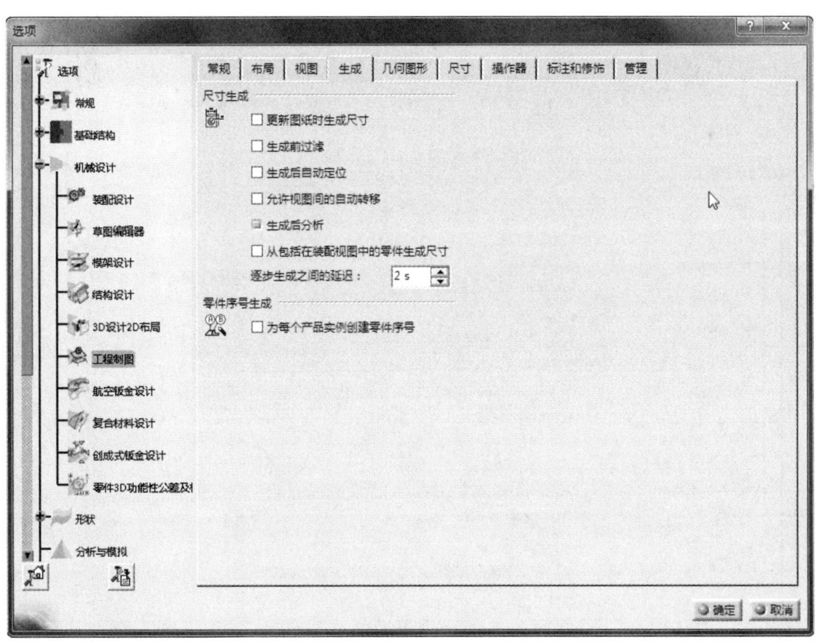

图 3-26

11 切换到“几何图形”选项卡，如图 3-27 所示，在“几何图形”选项区中选中“创建圆形和椭圆中心”复选框；在“约束显示”选项区中选中“显示约束”复选框，这样在绘图时可以查看“约束”。

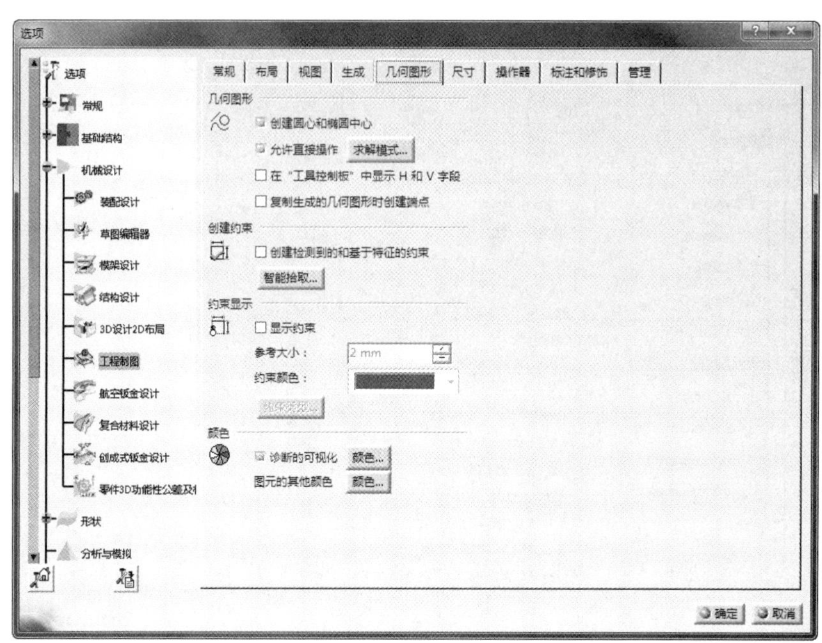

图 3-27

12 切换到“尺寸”选项卡，如图 3-28 所示，在“创建尺寸”选项区中选中“跟随光标（CTRL 切换）的尺寸”复选框，这样可以在绘图时直接跟随光标捕捉目标；在“移动”选项区中选中“默认捕捉（SHIFT 切换）”复选框。

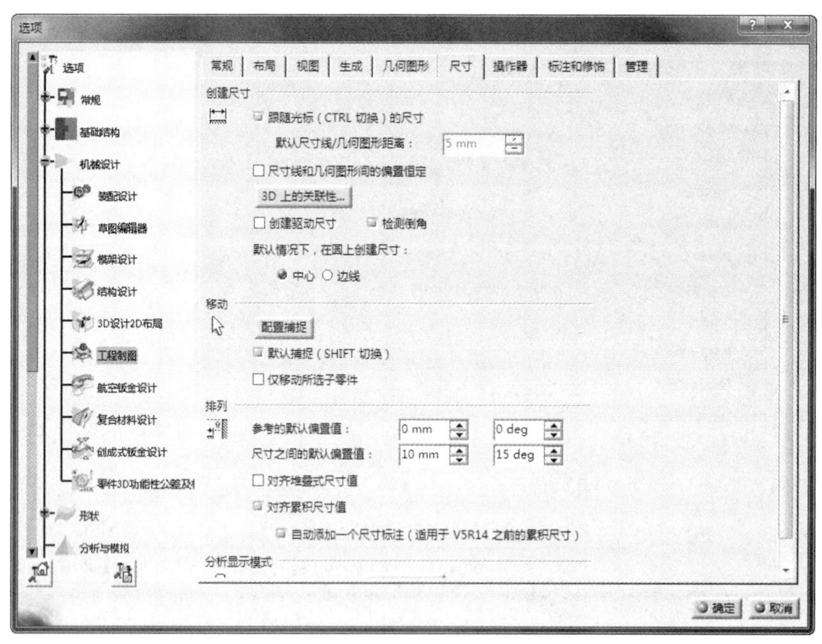

图 3-28

13 切换到“操作器”选项卡，如图 3-29 所示，在“尺寸操作器”选项区的“修改消隐”和“移动尺寸引出线”选项右侧选中“修改”复选框，使其可以进行修改。

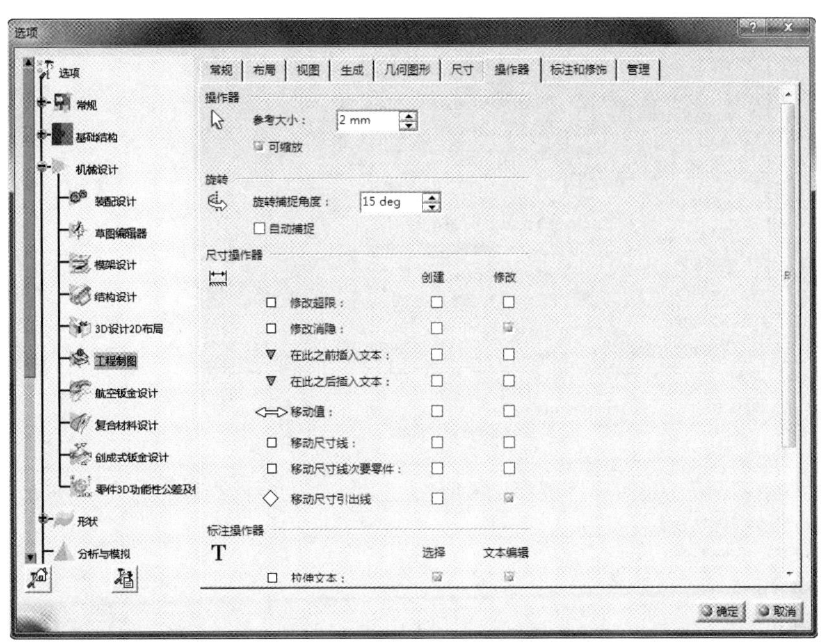

图 3-29

14 切换到“标注和修饰”选项卡，如图 3-30 所示，在“移动”选项区中选中“默认捕捉（SHIFT 切换）”复选框，这样可以对目标进行捕捉。

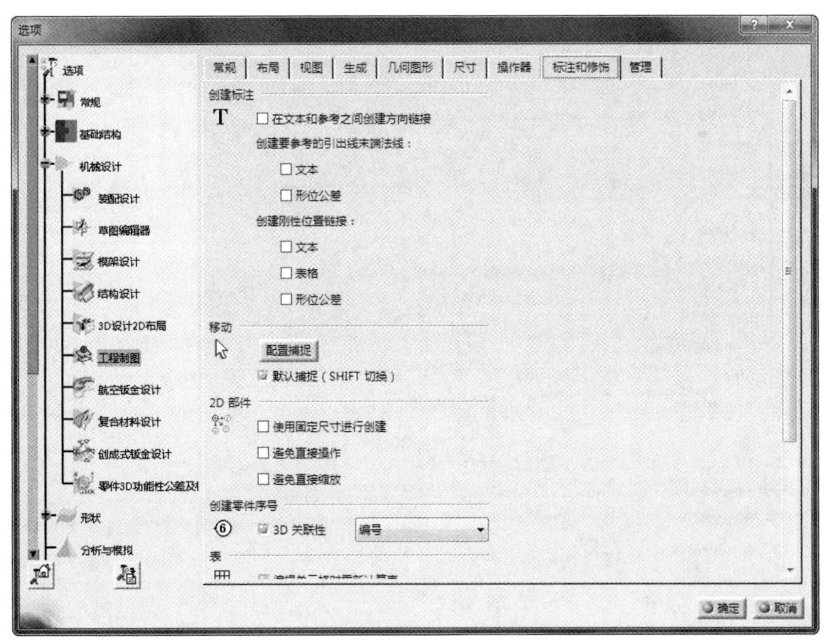

图 3-30

15 打开选项树中“机械设计”选项下的“零件 3D 功能性公差及标注”选项，切换到“公差”选项卡，如图 3-31 所示。在“公差标准”选项区的“创建时的默认标准”下拉列表中选择 ISO_3D 选项，这样可以使用国际公差标准。

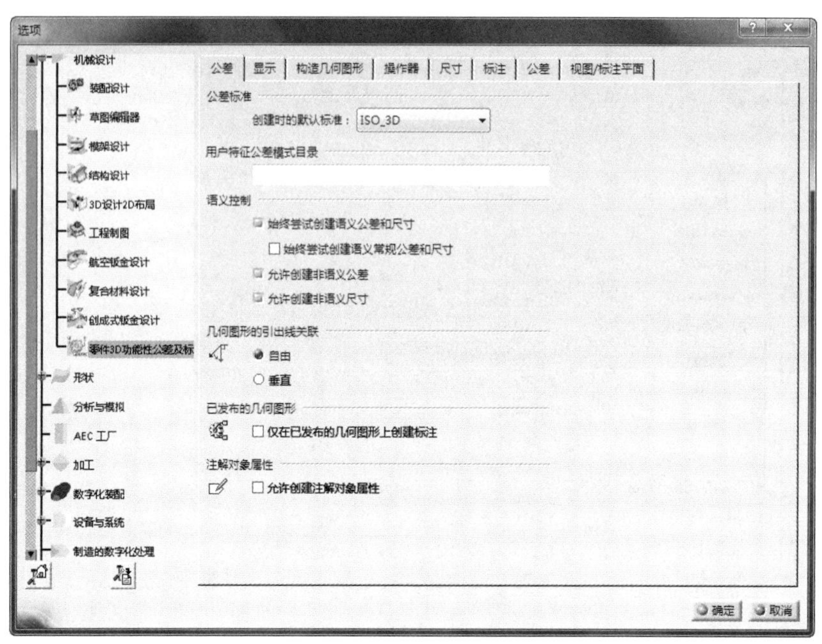

图 3-31

16 切换到“显示”选项卡，如图3-32所示，设置“网格”的显示状态。将“点捕捉”的“主间距”设置为100，“刻度”设置为10；在“受限区域”选项区中可以设置“曲面颜色”和边线的属性等。

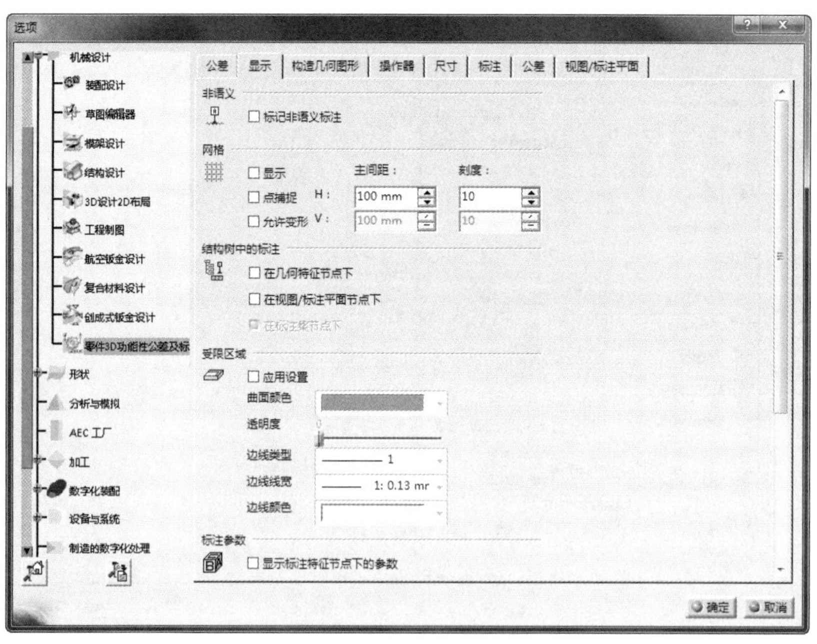

图 3-32

17 切换到“构造几何图形”选项卡，如图3-33所示，设置几何图形的属性，包括颜色和线型等。

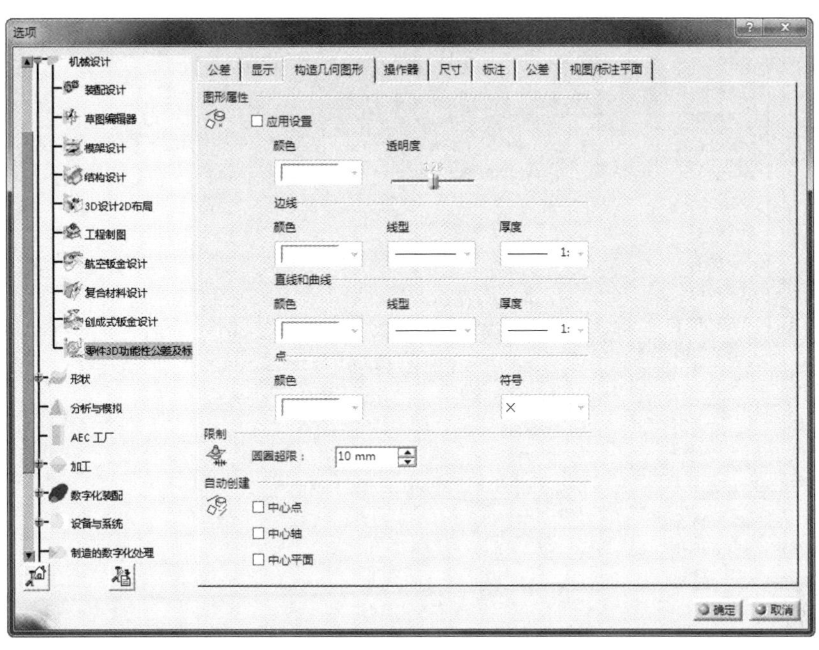

图 3-33

18 切换到“操作器”选项卡，如图 3-34 所示，这里可以设置尺寸的操作状态。

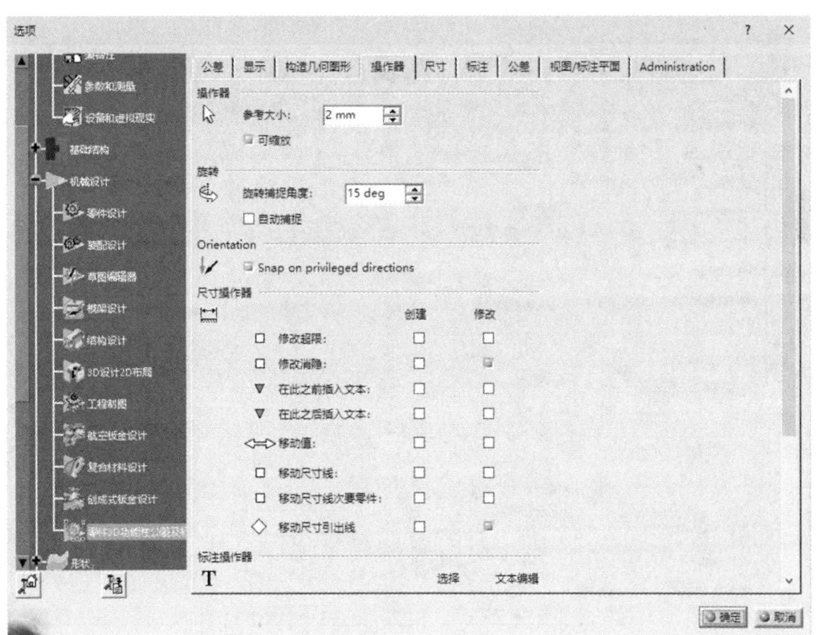

图 3-34

19 切换到“尺寸”选项卡，如图 3-35 所示，这里可以设置“尺寸”的属性。

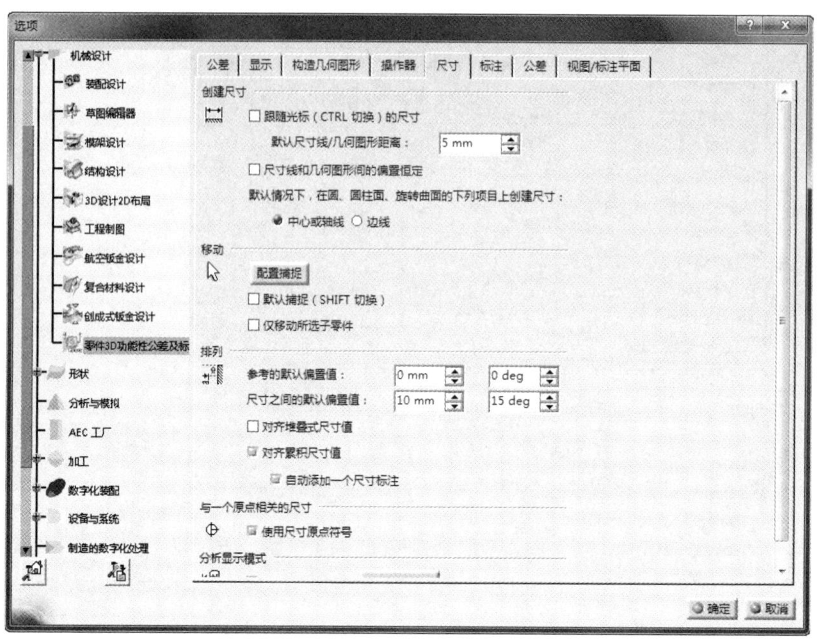

图 3-35

20 切换到“公差”选项卡，如图 3-36 所示，这里可以设置“角度大小”“倒角尺寸”和“线性尺寸”的属性。

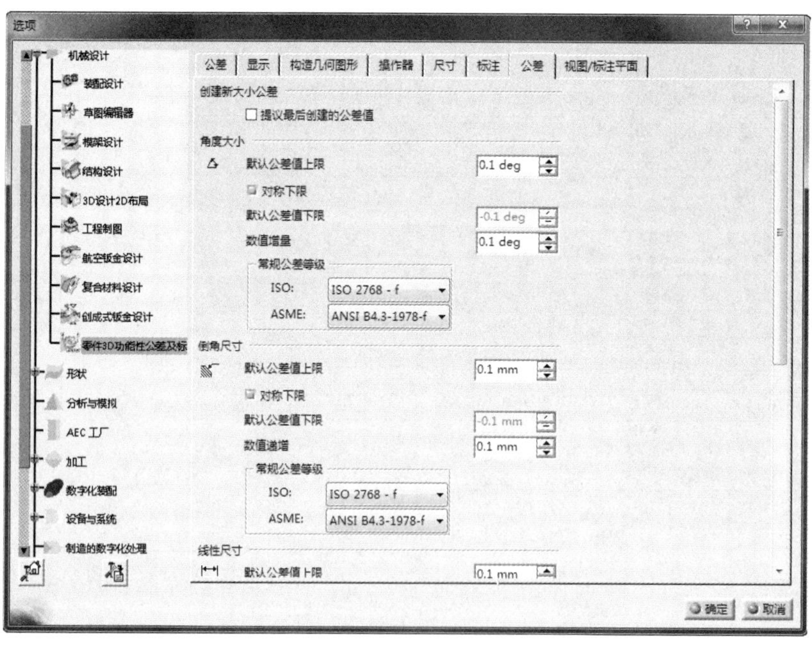

图 3-36

21 切换到“视图 / 标注平面”选项卡，如图 3-37 所示，选中“创建与几何图形关联的视图”和“可缩放”复选框，使几何视图关联，并可以缩放视图和标注平面。

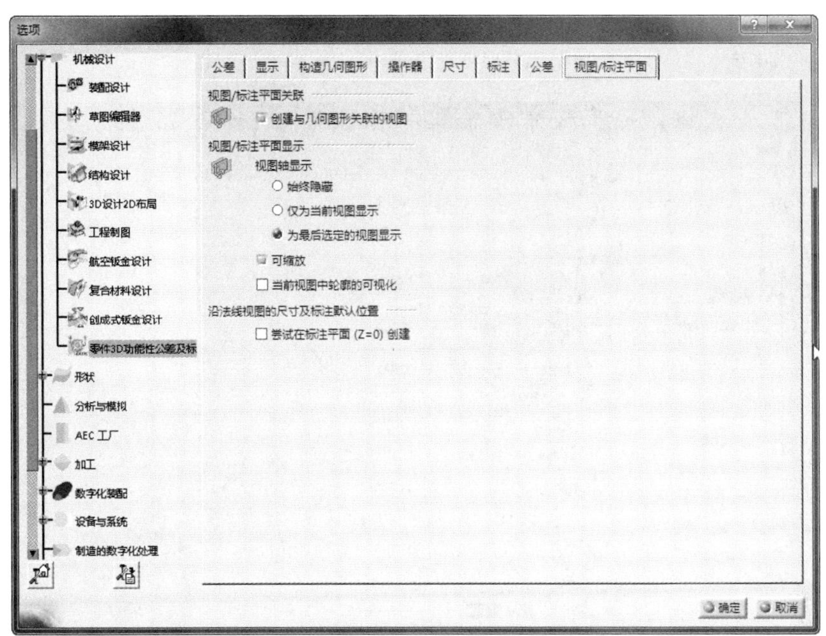

图 3-37

动手操作——“形状”设置

01 打开选项树中“形状”选项下的“自由曲面”选项，切换到“常规”选项卡，如图 3-38 所示。设置“几何图形”选项区中“公差”的所有数值；在“显示”选项区中选中“连续”“阶次”和“接触点”复选框，用于自由曲面的属性显示。

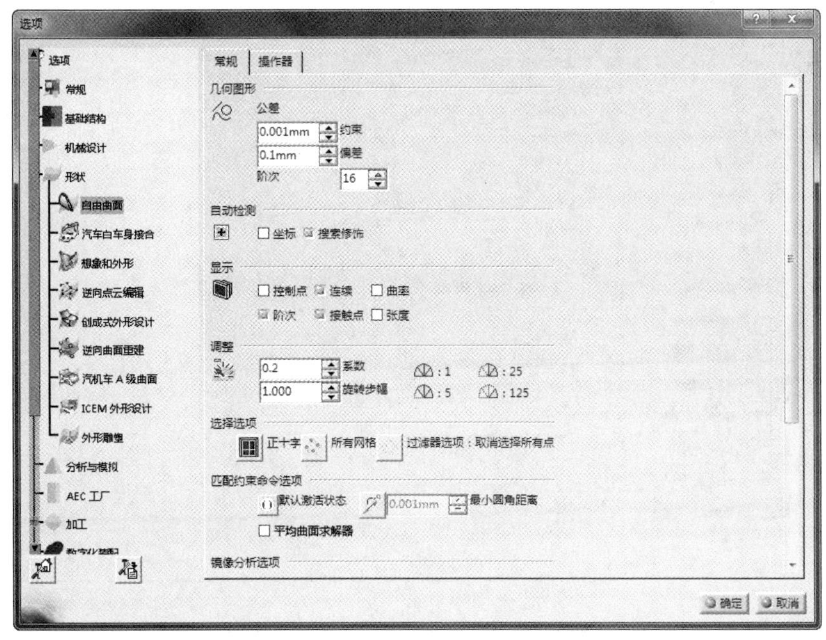

图 3-38

02 切换到“操作器”选项卡，如图3-39所示，这里可以设置转换圆和网格的属性，包括“颜色”“类型”和“线宽”选项。

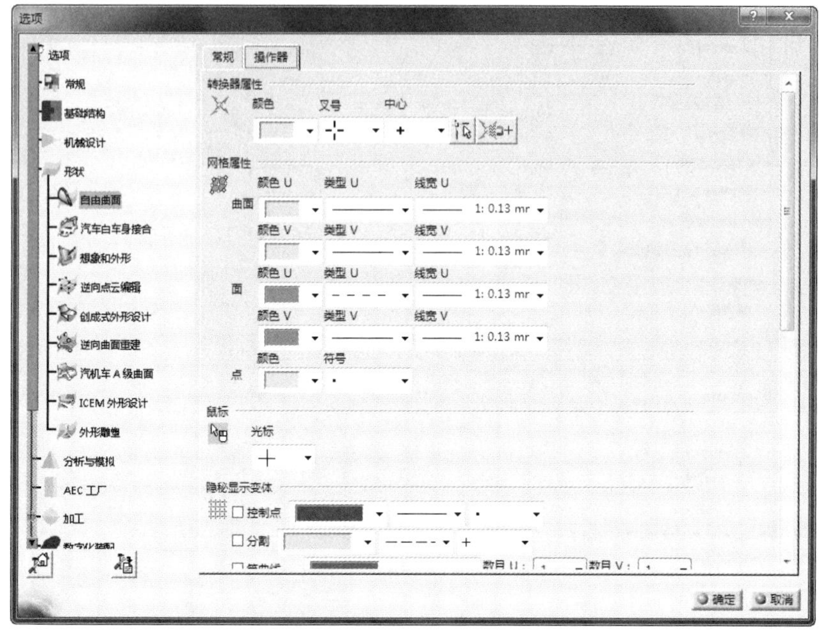

图 3-39

03 打开选项树中“形状”选项下的“创成式外形设计”选项，切换到“常规”选项卡，如图3-40所示。设置“合并距离”和“最大偏差”均为0.001mm，启用“限制为输入的边界框的轴可视化”复选框，使轴可见。

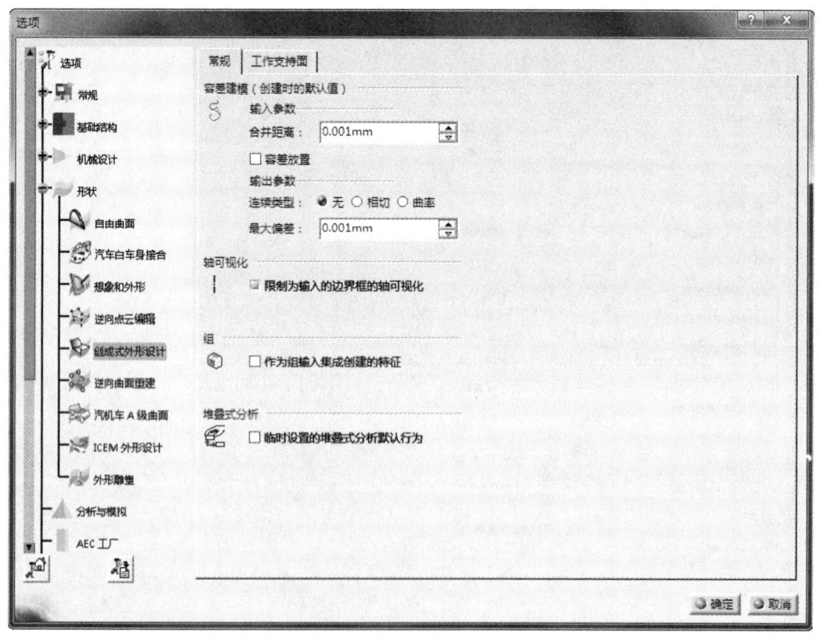

图 3-40

04 切换到“工作支持面”选项卡，如图 3-41 所示，设置“工作支持面”的“原始间距”和“刻度”数值。

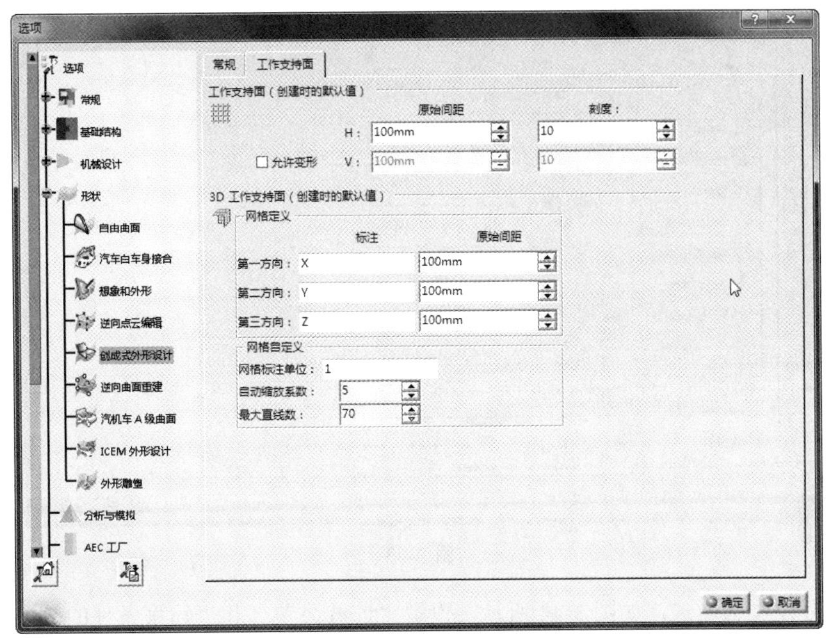

图 3-41

05 打开选项树中“形状”选项下的“汽机车 A 级曲面”选项，切换到“常规”选项卡，如图 3-42 所示。设置“几何图形”选项区的“公差”数值和“显示”选项区的各个复选框。

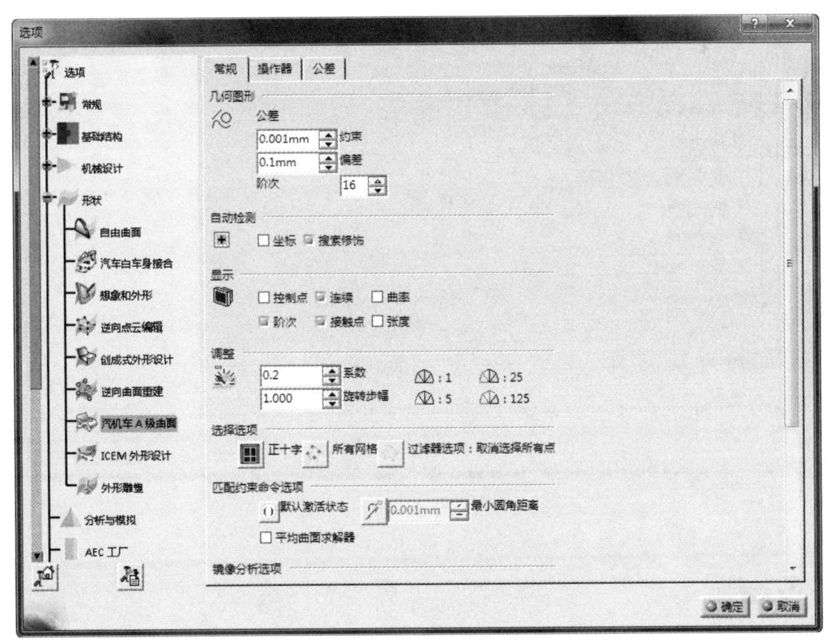

图 3-42

06 切换到“操作器”选项卡，如图 3-43 所示，设置“转换器属性”和“网格属性”。

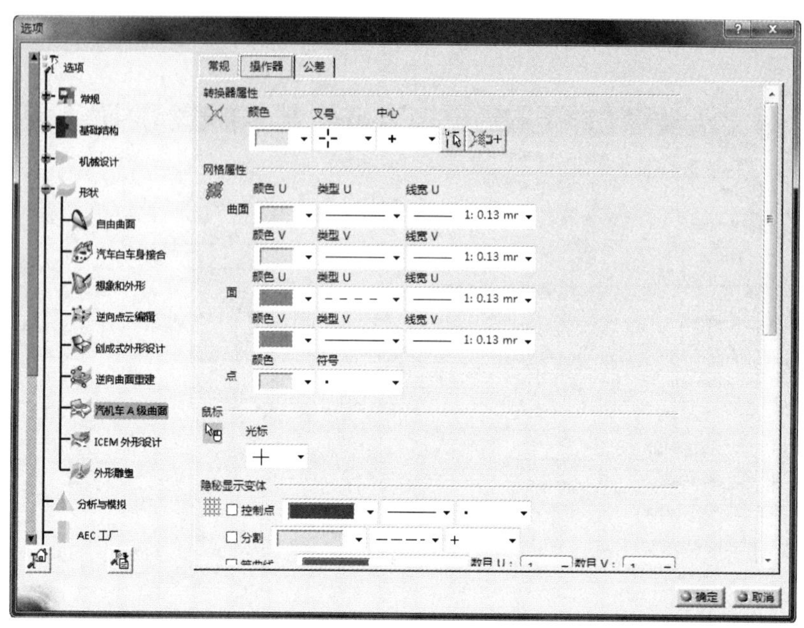

图 3-43

07 切换到“公差”选项卡，如图 3-44 所示，设置“连续公差”和“约束条件的颜色”属性。

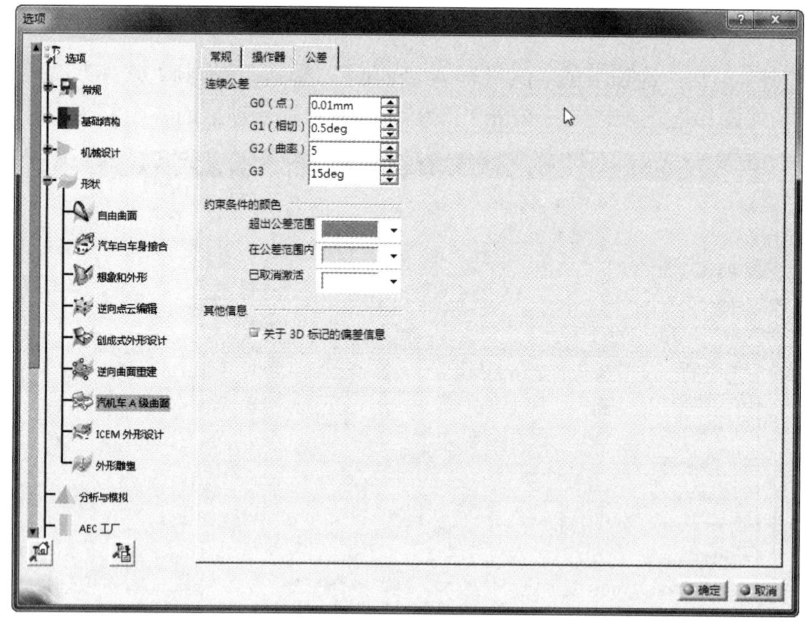

图 3-44

3.2 自定义界面

CATIA 允许用户根据自己的习惯和爱好对开始菜单、用户工作台、工具栏和命令等进行设置，这称为“自定义设置”。

动手操作——自定义菜单

01 执行“工具”|“自定义”命令，弹出“自定义”对话框，如图3-45所示，该对话框中包含“开始菜单”“用户工作台”“工具栏”“命令”和“选项”5个选项卡。

02 在左侧“可用的”列表框中选择自己需要添加的选项，单击“添加”按钮，该选项将被添加到右侧的收藏夹列表框中，如图3-46所示。

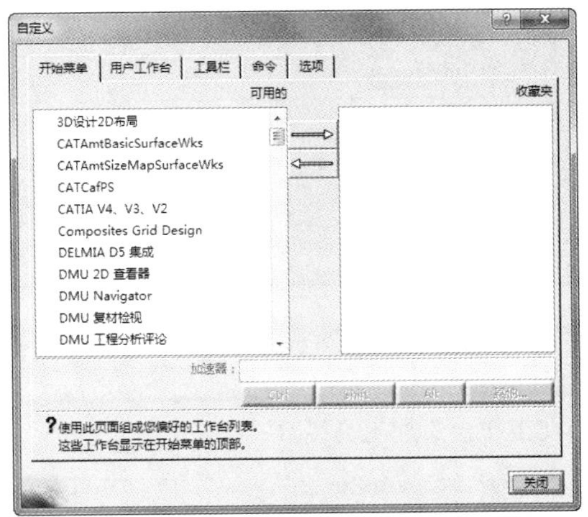

图 3-45

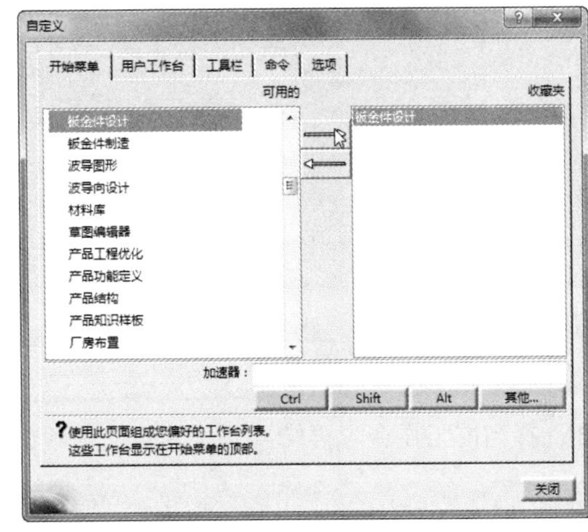

图 3-46

03 同理，添加“实时渲染”选项进“收藏夹”列表框。这时打开“开始”菜单，可以看到“开始”菜单已经发生变更出现了“实时渲染”命令，如图3-47所示。

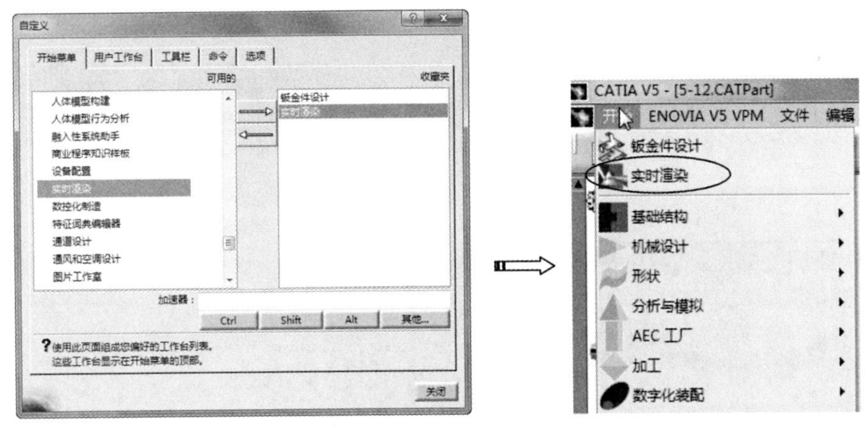

图 3-47

技术要点

如果要去除添加到“开始”菜单中的项目，则在“自定义”对话框的“收藏夹”列表框中选择相应的选项，单击向左的箭头即可，如图3-48所示。

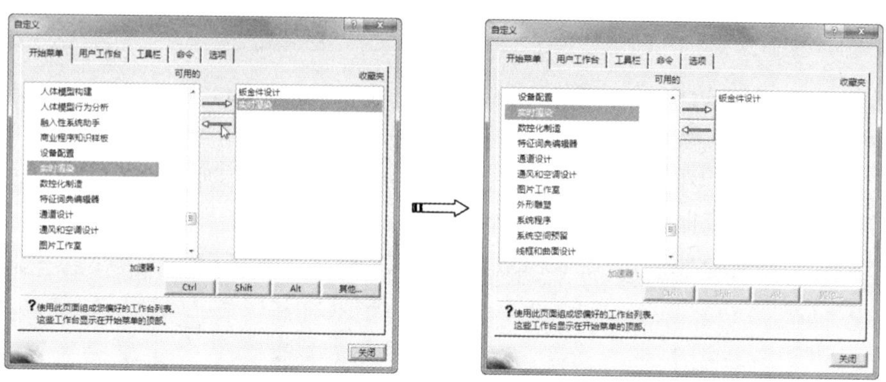

图 3-48

动手操作——自定义用户工作台

01 切换到“用户工作台”选项卡，对用户当前的工作台进行新建、删除及重命名操作，如图 3-49 所示。

02 选择当前工作台，再转到“工具栏”选项卡为当前工作台添加工具栏。

动手操作——自定义工具栏

“工具栏”选项卡用于为“用户工作台”选项卡中选中的当前工作台添加或删除工具栏，列表框中显示已经添加的工具栏。在默认情况下，系统会把一些常用的工具栏添加到用户定义的工作台中。

01 切换到“工具栏”选项卡，如图 3-50 所示。

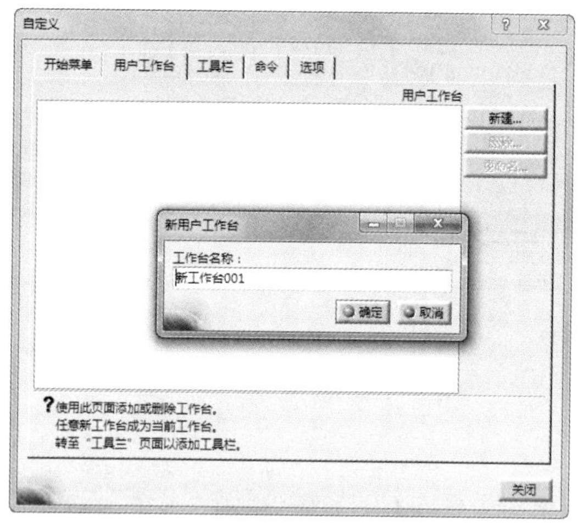

图 3-49

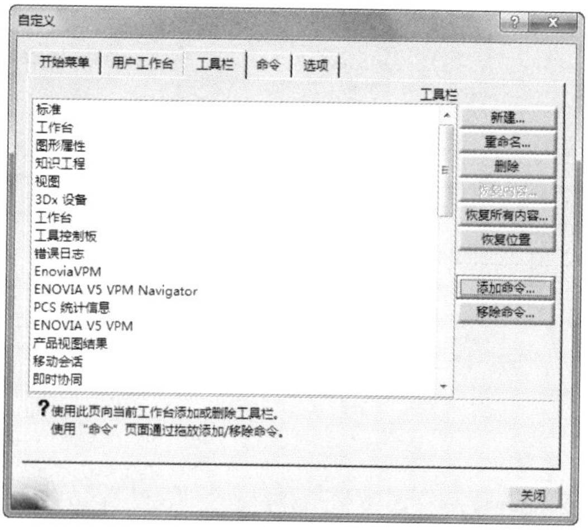

图 3-50

02 如果要新建工具条，单击“新建”按钮，弹出“新工具栏”对话框，如图 3-51 所示。选择“DELMIA D5 集成”选项的工具条，则绘图区会显示相应的工具条——“D5 集成命令”，如图 3-52 所示。

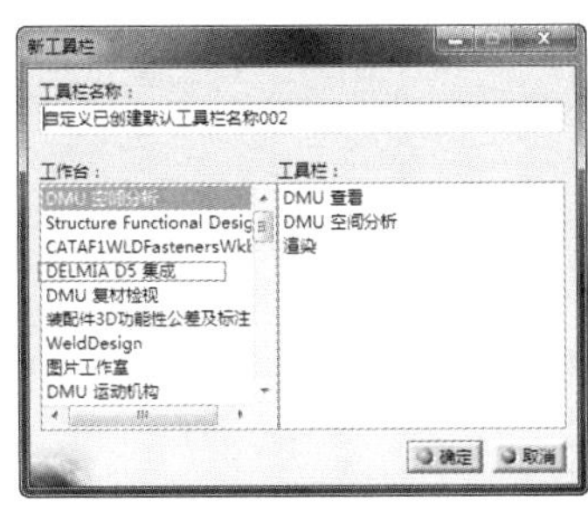
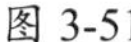

图 3-51

图 3-52

技术要点

如果需要取消显示某个工具条，则选中相应选项后单击“删除”按钮，即可隐藏此工具条。

03 当新建工具条后，需要在工具条上添加新的命令。单击“添加命令”按钮，弹出“命令列表”对话框，如图 3-53 所示。选择“‘虚拟现实’视图追踪”选项，单击“确定”按钮，则在“标准”工具条添加新的命令，如图 3-54 所示。

04 如果要删除命令，单击“自定义”对话框的“移除命令”按钮，弹出“命令列表”对话框，选择“‘虚拟现实’视图追踪”选项，单击“确定”按钮即可删除，如图 3-55 所示。

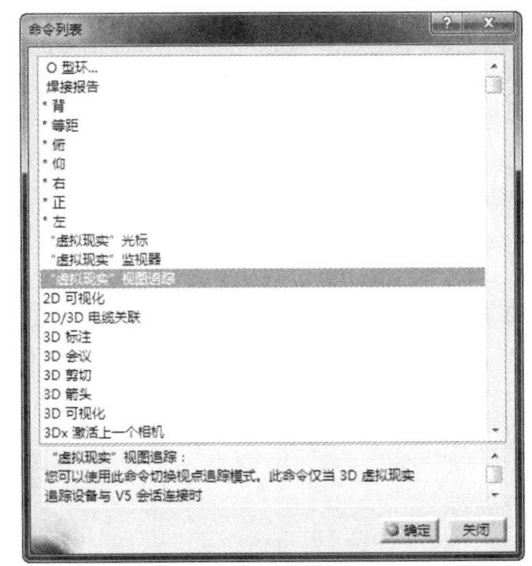

图 3-53

图 3-54

图 3-55

动手操作——自定义命令

“命令”选项卡用于为“工具栏”选项卡中定义的工具栏添加命令。“类别”列表框中列出了当前可用的命令类别，在“命令”列表框中显示选中的类别下包含的所有命令，可以将命令直接拖曳工具栏中，列表框下面显示当前命令的图标和简短描述。

01 新建一个工具栏后，在“命令”选项卡中找到需要的命令，按住此命令拖至新工具栏中，如图 3-56 所示。

02 单击“自定义 VR 按钮”按钮，可以自定义按钮的图标样式。

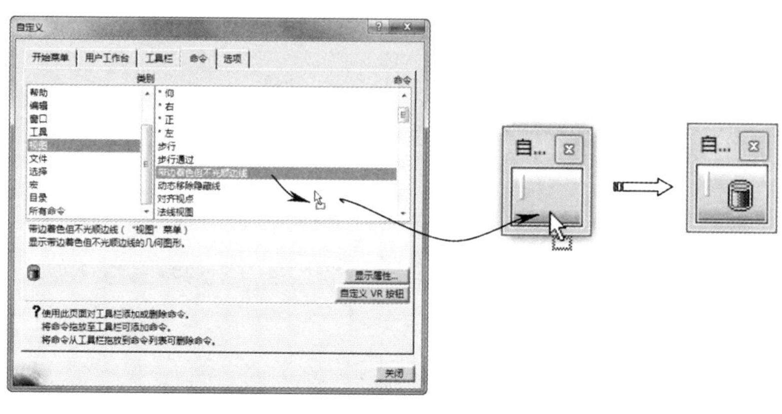

图 3-56

技术要点

这里不能将命令添加到菜单栏的各菜单中。如果要删除命令，可以直接从工具栏中拖动命令到工具栏外。

03 单击“显示属性”按钮，该对话框中增加了“命令属性”选项区，显示当前命令的标题、用户别名、图标等属性，可以为当前命令设置快捷键和图标等，如图 3-57 所示。

动手操作——自定义选项

“选项”选项卡用于设置 CATIA V5 工具栏环境中的其他杂项，如图 3-58 所示。

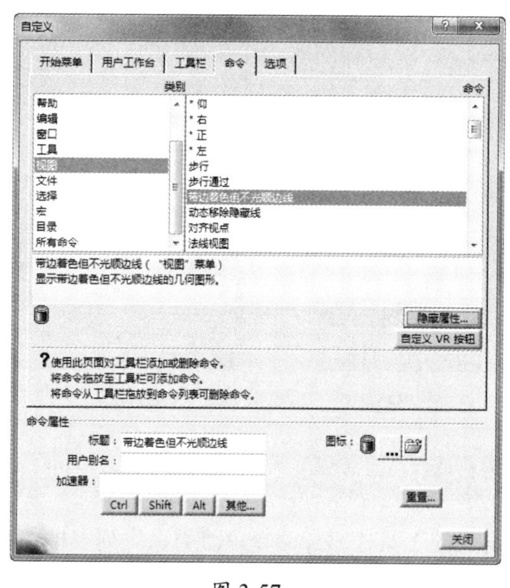

图 3-57

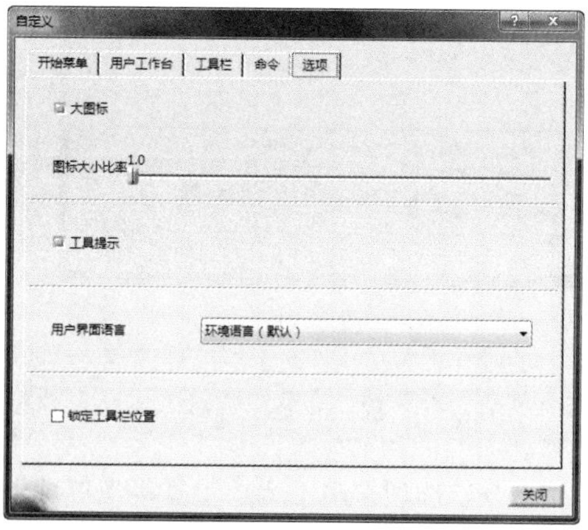

图 3-58

01 选中“大图标”复选框，工具栏中各个命令的图标都将使用大图标。

02 选中“工具提示”复选框，鼠标移动到命令图标上时，会显示关于该工具的简短功能提示，否则不会给出提示。

03 “用户界面语言”下拉列表用于设置用户界面语言，默认设置为环境语言，修改此项设置，系统弹出提示对话框，提示该项设置的修改要在重新启动CATIA V5后才能生效，如图3-59所示。

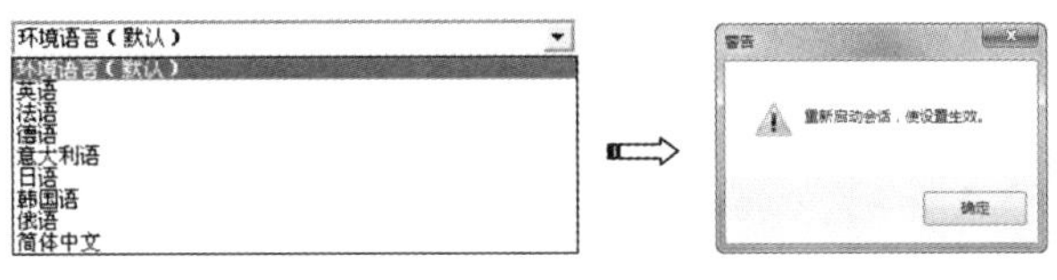

图 3-59

04 选中“锁定工具栏位置”复选框，锁定工具栏的当前位置，用户不能随意移动它。

3.3 创建模型参考

用户在建模过程中，经常会利用CATIA的参考图元（基准工具）工具创建基准特征，包括基准点、基准线、基准平面和轴系（参考坐标系）。创建基准特征的“参考图元（扩展的）”工具条如图3-60所示。

3.3.1 参考点

参考点的创建方法较多，下面列举说明。

执行“开始”|“机械设计”|“零件设计”命令，进入零件设计工作平台。在“参考图元（扩展的）”工具条中单击“点”按钮■，弹出“点定义”对话框，如图3-61所示。

图 3-60　　图 3-61

技术要点

“点类型”下拉列表右侧有一个锁定按钮，可以防止在选择几何图形时自动更改该类型。只需单击此按钮，图标就变为红色。例如，如果选择“坐标”类型，则无法选择曲线。如果想选择曲线，则需要在下拉列表中选择其他类型。

1.“坐标”方法

此方法是以输入当前工作坐标系的坐标参数来确定点在空间中的位置的，输入值是根据参考点和参考轴系进行的。

动手操作——以“坐标”方法创建参考点

01 单击“点”按钮■，弹出“点定义”对话框。

02 默认情况下，参考点以绝对坐标系原点作为参考进行创建。可以激活“点”参考收集器，选取绘图区中的一个点作为参考，那么，输入的坐标值就是以此点进行参考的，如图 3-62 所示。

技术要点

如果需要删除指定的参考点或轴系，可以右击，在弹出的快捷菜单中执行“清除选择”命令。

03 在“点类型”下拉列表中选择“坐标”类型，程序自动将绝对坐标系设为参考。输入新点的坐标值，如图 3-63 所示。

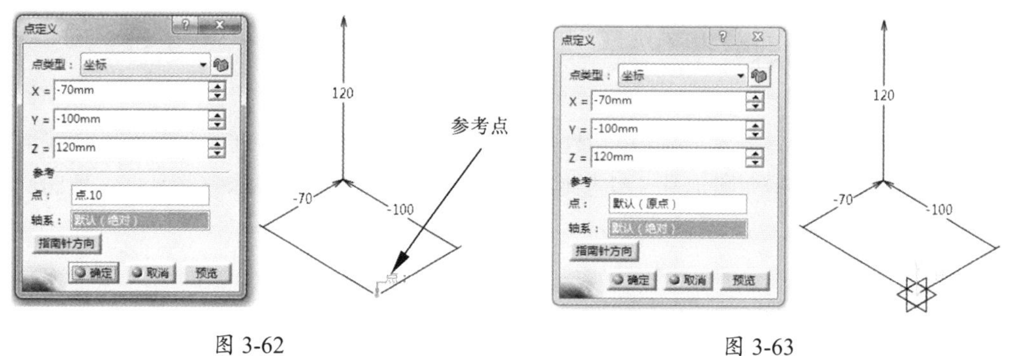

图 3-62　　　　图 3-63

04 也可以在绘图区中右击，在弹出的快捷菜单中执行“创建轴系”命令，临时新建一个参考坐标系，如图 3-64 所示。

技术要点

CATIA中的“轴系”就是图形学中的“坐标系”。

05 单击“确定”按钮，完成参考点的创建。

2. “曲线上”方法

“曲线上”方法是在指定的曲线上创建点，采用此方法的“点定义”对话框，如图 3-65 所示。

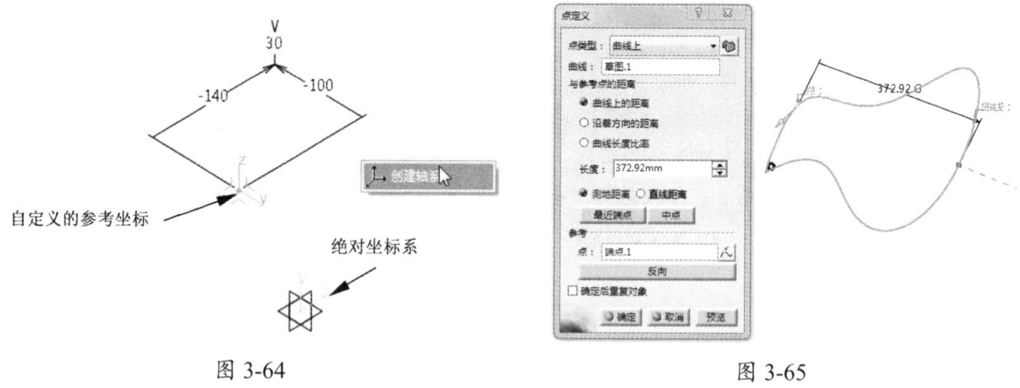

图 3-64　　　　图 3-65

定义“曲线上”方法的各选项含义如下。

- 曲线上的距离：位于沿曲线到参考点的给定距离处，如图 3-66 所示。
- 沿着方向的距离：沿着指定的方向来设置距离，如图 3-67 所示，可以指定直线或平面作为方向参考。

技术要点

要指定方向参考，如果是直线，且直线必须与点所在曲线的方向大致相同，此外还要注意参考点的方向（如图3-67所示中的偏置值上的尺寸箭头）。若相反，会弹出“更新错误”警告对话框，如图3-68所示。如果是选择平面，那么，点所在的曲线必须在该平面上，或者与平面平行，否则不能创建点。

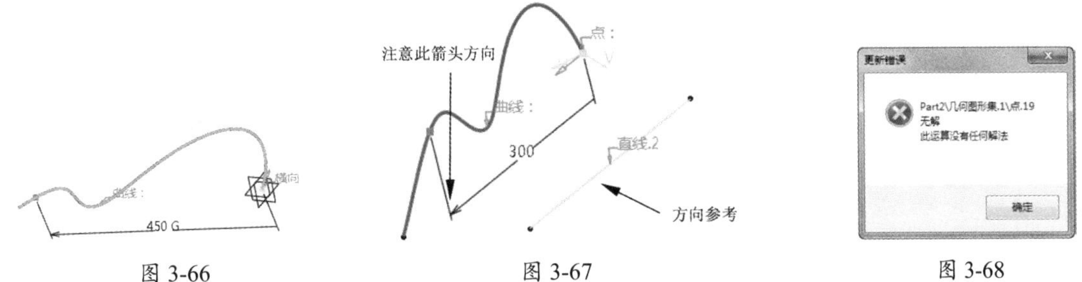

图 3-66　　图 3-67　　图 3-68

- 曲线长度比率：参考点和曲线的端点之间的给定比率，最大值为 1。
- 测地距离：从参考点到要创建的点，两者之间的最短距离（沿曲线测量的距离），如图 3-69 所示。
- 直线距离：从参考点到要创建的点，两者之间的直线距离（相对于参考点测量的距离），如图 3-70 所示。

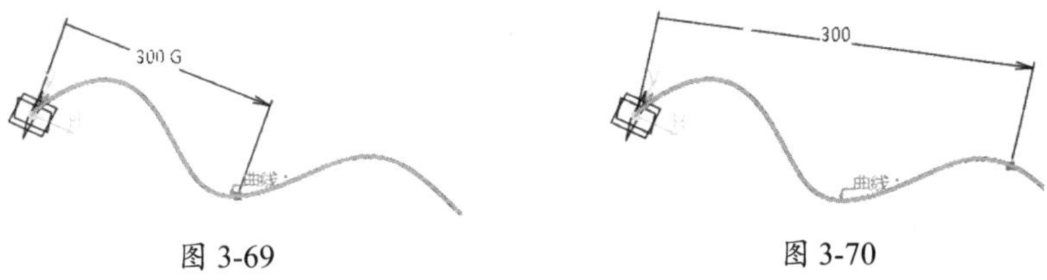

图 3-69　　图 3-70

技术要点

如果距离或比率值定义在曲线外，则无法创建直线距离的点。

- 最近端点：单击该按钮，将确定点创建在所在曲线的端点上，参考点与端点如图 3-71 所示。
- 中点：单击该按钮，将在曲线的中点位置创建点，如图 3-72 所示。

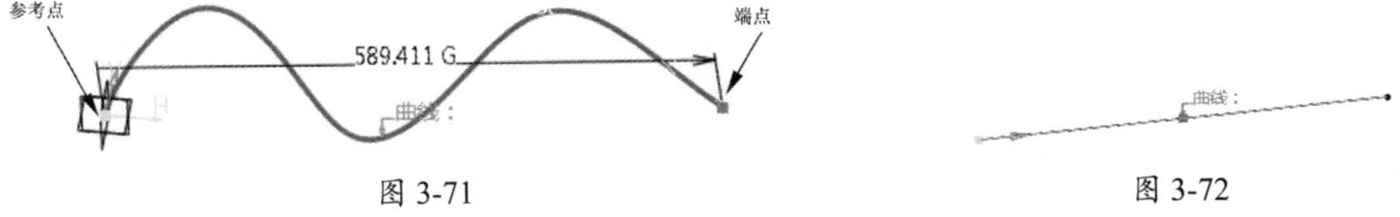

图 3-71　　图 3-72

- 反向：单击该按钮，改变参考点的位置。
- 确定后重复对象：如果需要创建多个点或者平分曲线，可以选中该复选框，随后弹出“点面复制”对话框，如图 3-73 所示。通过该对话框设置复制的个数，即可创建复制的点。如果选中“同时创建法线平面”复选框，还会创建在这些点与曲线垂直的平面，如图 3-74 所示。

动手操作——以“曲线上”方法创建参考点

01 进入零件设计工作台。单击“草图”按钮，选择 *XY* 平面作为草图平面，并绘制如图 3-75 所示的样条曲线。

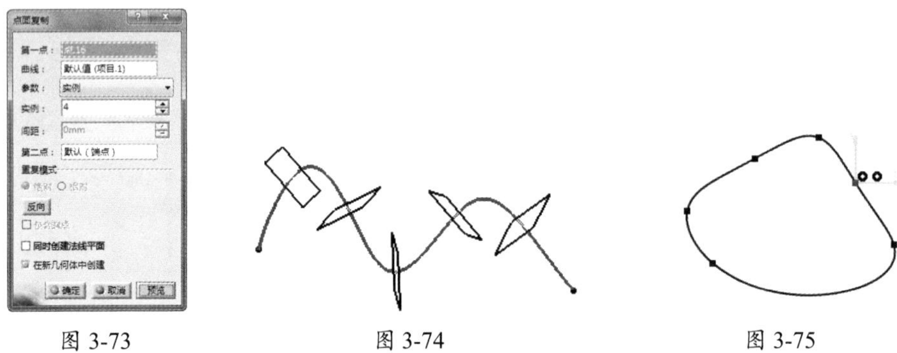

图 3-73　　图 3-74　　图 3-75

02 退出草图工作台后，单击“点”按钮，弹出“点定义”对话框。在“点类型”下拉列表中选择“曲线上”选项，图形区中显示默认选取的元素，如图 3-76 所示。

03 由于程序自动选择了草图作为曲线参考，所以要选中“曲线长度比率”单选按钮，并输入“比率”值为 0.5。

04 保持其余选项的默认状态，单击“确定”按钮完成参考点的创建，如图 3-77 所示。

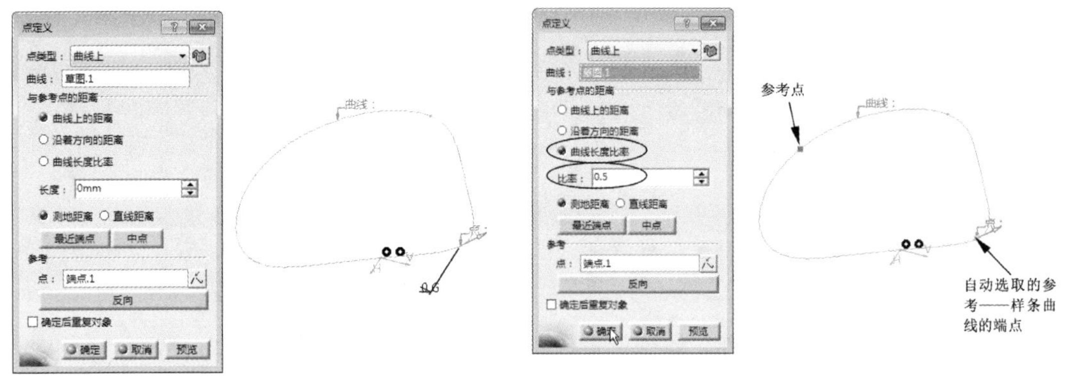

图 3-76　　图 3-77

3. “平面上”方法

选择“平面上”选项来创建点，需要选择一个参考平面，平面可以是默认坐标系中的 3 个基准平面之一，也可以是用户自定义的平面或者选择模型上的平面。

动手操作——以“平面上”方法创建参考点

01 新建文件并进入零件设计工作台。

02 单击“点”按钮，弹出“点定义”对话框。在“点类型”下拉列表中选中“平面上”选项，然后选择 *XY* 平面作为参考平面，并拖曳点到平面中的相对位置，如图 3-78 所示。

03 在“点定义”对话框中修改 H 和 V 值，再单击“确定”按钮完成参考点的创建，如图 3-79 所示。

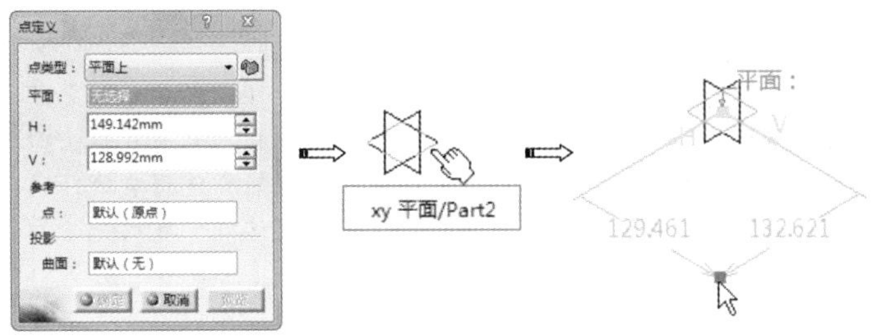

图 3-78

技术要点

当然，也可以选择一曲面作为点的投影参考，平面上的点将自动投影到指定的曲面上，如图3-80所示。

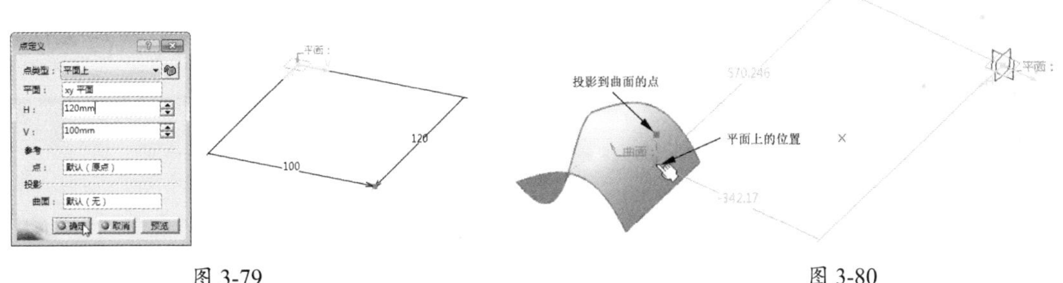

图 3-79　　图 3-80

4.“在曲面上”方法

在曲面上创建点，需要指定曲面、方向、距离和参考点。弹出“点定义”对话框，如图 3-81 所示。

“点定义”对话框中各选项含义如下。

- 曲面：要创建点的曲面。
- 方向：在曲面中需要指定一个点的放置方向，点将在此方向上通过输入距离来确定具体方位。
- 距离：输入沿参考方向的距离。
- 参考：此参考点为输入距离的起点参考。默认情况下，程序采用曲面的中点作为参考点。
- 动态定位：用于选择定位点的方法，包括“粗略的”和“精确的”。“粗略的”表示在参考点和鼠标单击位置之间计算的距离为直线距离，如图 3-82 所示；“精确的”表示在参考点和鼠标单击位置之间计算的距离为最短距离，如图 3-83 所示。

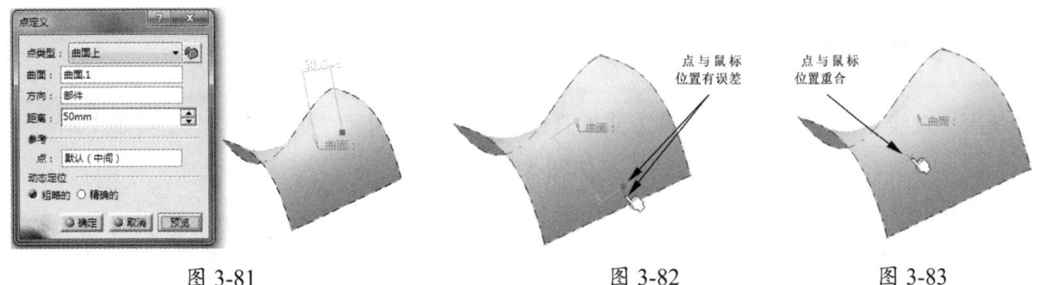

图 3-81　　图 3-82　　图 3-83

技术要点

在“粗略的”定位方法中，距离参考点越远，定位误差就越大。在“精确的”定位方法中，创建的点精确位于鼠标单击的位置。而且在曲面上移动鼠标时，操作器不更新，只有在单击曲面时才更新。在“精确的”定位方法中，有时最短距离计算会失败。这种情况下，可能会使用直线距离，因此创建的点可能不位于鼠标单击的位置。使用封闭曲面或有孔曲面时的情况就是这样。建议先分割这些曲面，然后再创建点。

5.“圆 / 球面 / 椭圆中心”方法

“圆 / 球面 / 椭圆中心”方法只能在圆曲线、球面或椭圆曲线的中心点位置创建点。如图 3-84 所示，选择球面，在鼠标指针位置自动创建点。

6.“曲线上的切线”方法

“曲线上的切线”正确理解为在曲线上创建切点，例如在样条曲线中创建如图 3-85 所示的切点。

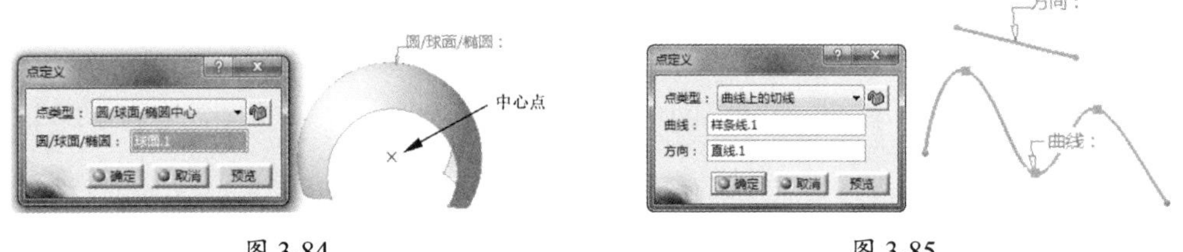

图 3-84　　　　图 3-85

7.“之间”方法

“之间”方法是在指定的两个参考点之间创建点。可以输入比率来确定点在两者之间的位置，也可以单击“中点”按钮，在两者的中点位置创建点，如图 3-86 所示。

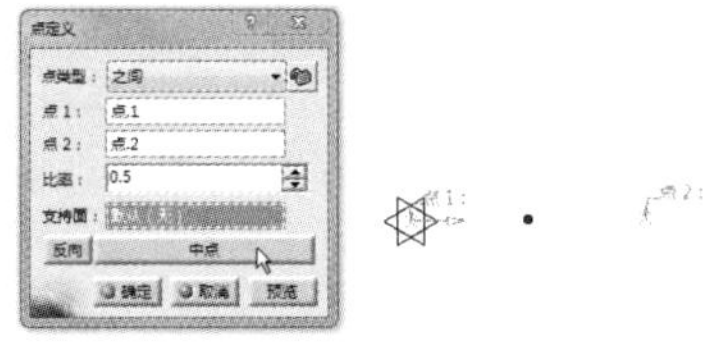

图 3-86

技术要点

单击“反向”按钮，可以改变比率的计算方向。

3.3.2　参考直线

利用“直线”命令可以定义多种方式的直线。在“参考图元（扩展的）”工具条中单击“直线”按钮，弹出“直线定义”对话框，如图 3-87 所示。

下面详解 6 种直线的定义方式。

1. 点 - 点

点 - 点方式是在两点的连线上创建直线。默认情况下，程序将在 2 点之间创建直线段，如图 3-88 所示。

图 3-87

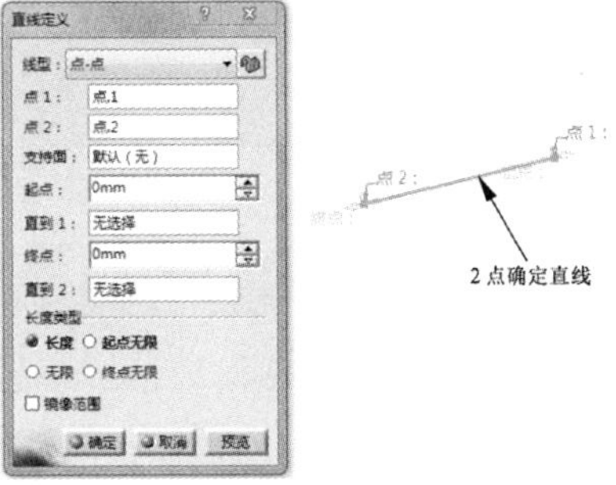

图 3-88

点 - 点方式的各项选项含义如下。

- 点 1：选择起点。
- 点 2：选择终点。
- 支持面：参考曲面。如果是在曲面上的 2 点之间创建直线，选择支持面后会创建曲线，如图 3-89 所示。
- 起点：超出点 1 的直线端点，也是直线起点。可以输入超出距离，如图 3-90 所示。

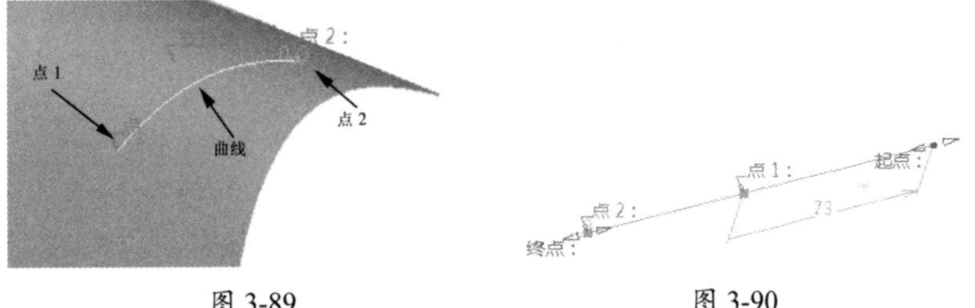

图 3-89　　　　图 3-90

- 直到 1：可以在起点位置选择超出直线的截止参考，截止参考可以是曲面、曲线或点。
- 终点：超出选定的第 2 点直线的端点，也是直线终点，如图 3-91 所示。

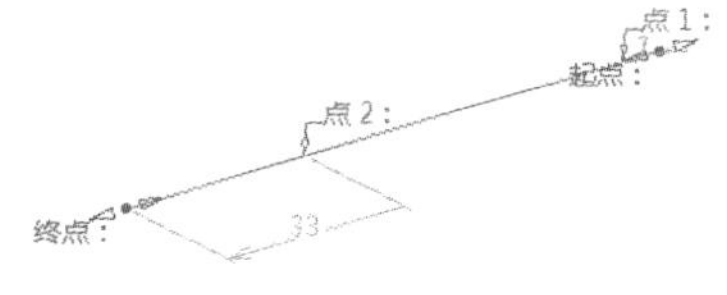

图 3-91

- 直到 2：可以在终点位置选择超出直线的截止参考，截止参考可以是曲面、曲线或点。
- 长度类型：即直线类型。如果选中“长度”单选按钮，表示将创建有限距离的直线段。若选中“无限”单选按钮，则创建无端点的无限直线。

技术要点

如果超出2点的距离为0，那么起点、终点与2个指定点重合。

- 镜像范围：选中该复选框，可以创建起点与终点相同距离的直线，如图 3-92 所示。

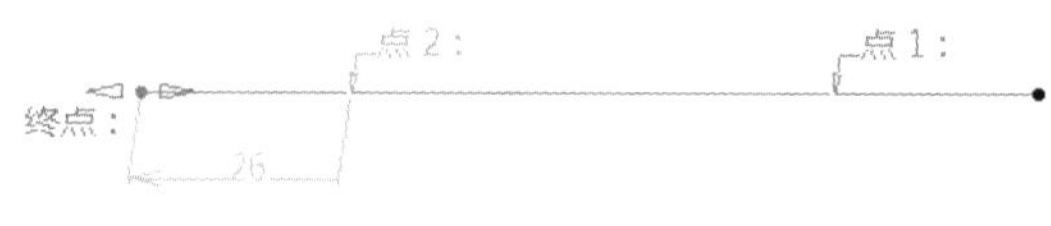

图 3-92

动手操作——以“点 - 点”方式创建参考直线

01 打开本例素材源文件 3-1.CATPart，并进入零件设计工作台，如图 3-93 所示。

02 在“参考图元（扩展的）”工具条中单击“点”按钮 ▪，弹出“点定义”对话框。

03 选中“曲面上”点类型，并输入“距离”值为 50mm，其余选项保持默认设置，单击“确定”按钮完成第 1 个参考点的创建，如图 3-94 所示。

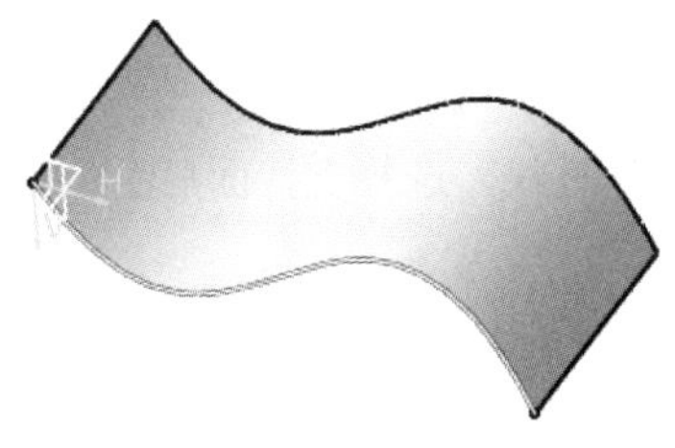

图 3-93

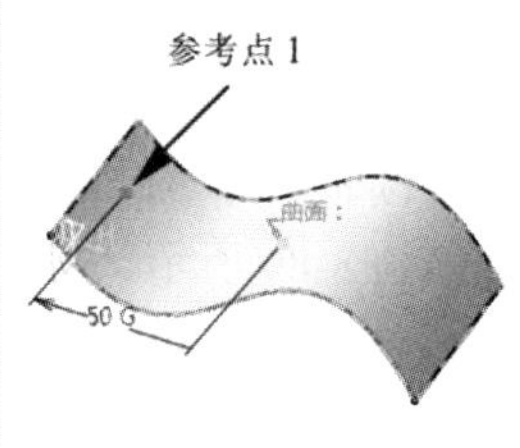

图 3-94

04 同理，继续在此曲面上创建第 2 个参考点，如图 3-95 所示。

05 在“参考图元（扩展的）”工具条中单击“直线”按钮 ／，弹出“直线定义”对话框，选择“点 - 点”线类型，如图 3-96 所示。

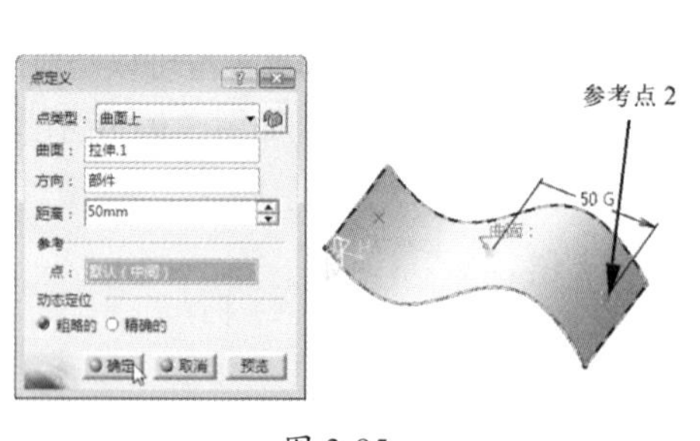

图 3-95

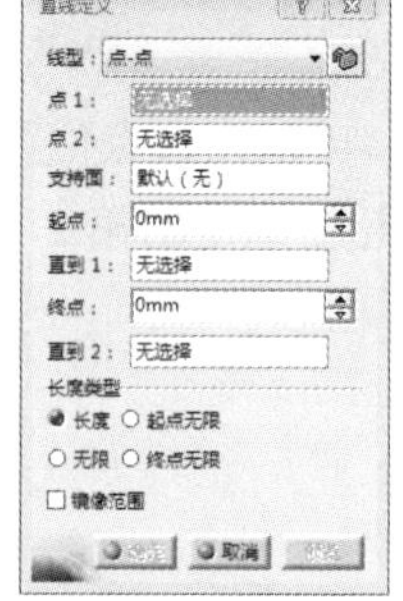

图 3-96

06 单击“点 1”右侧文本框，选择第 1 个参考点，如图 3-97 所示。单击“点 2”右侧文本框，再选择第 2 个参考点，选择两个参考点后将显示直线预览，如图 3-98 所示。

07 单击“支持面”右侧的文本框，再选择曲面作为支持面，直线将依附在曲面上，如图 3-99 所示。

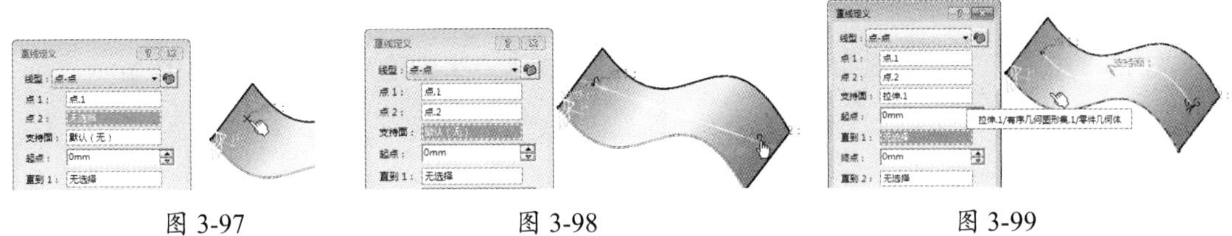

图 3-97　　图 3-98　　图 3-99

08 单击“确定”按钮完成参考直线的创建。

2. 点 - 方向

“点 - 方向”是根据参考点和参考方向来创建直线的方式，如图 3-100 所示。此直线一定与参考方向平行。

3. 曲线的角度 / 法线

曲线的角度 / 法线方式可以创建与指定参考曲线成一定角度的直线，或者与参考曲线垂直的直线，如图 3-101 所示。

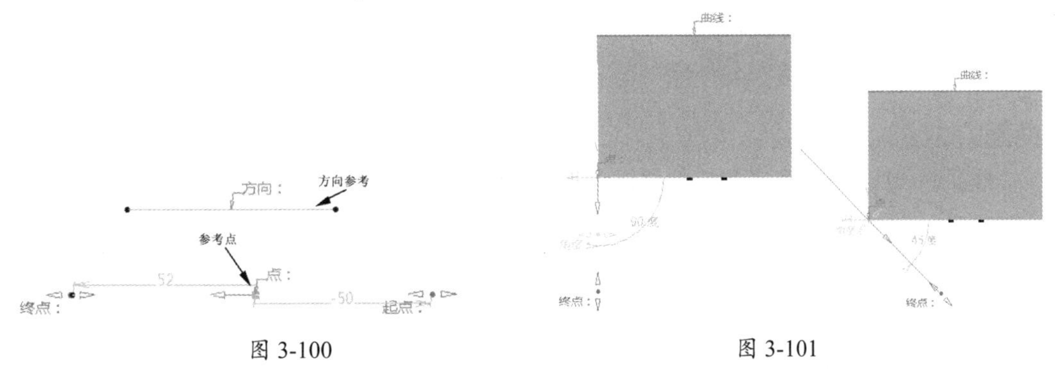

图 3-100　　图 3-101

如果需要创建多条角度、参考点和参考曲线相同的直线，可以在“直线定义”对话框中选中“确定后重复对象”复选框，如图 3-102 所示。

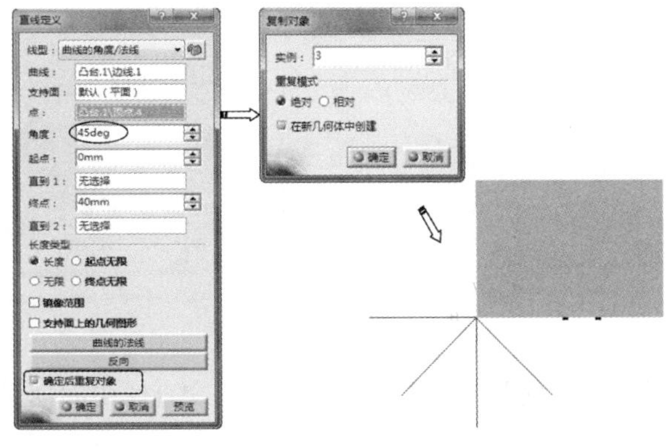

图 3-102

技术要点

如果选择一个支持曲面，将在曲面上创建曲线。

4. 曲线的切线

“曲线的切线”方式通过指定相切的参考曲线和参考点来创建直线，如图 3-103 所示。

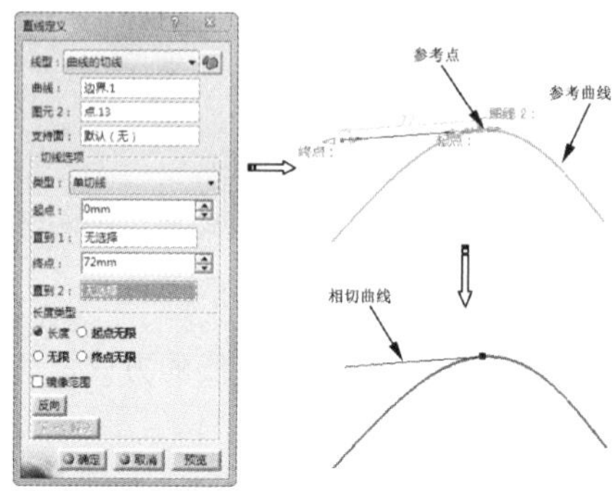

图 3-103

> **技术要点**
>
> 当参考曲线为2条及以上时，那么就有可能产生多个可能的解法，可以直接在几何体中选择一个（以红色显示），或单击“下一个解法”按钮，如图3-104所示。

5. 曲面的法线

“曲面的法线”方式是在指定的位置点上创建与参考曲面法向垂直的直线，如图 3-105 所示。

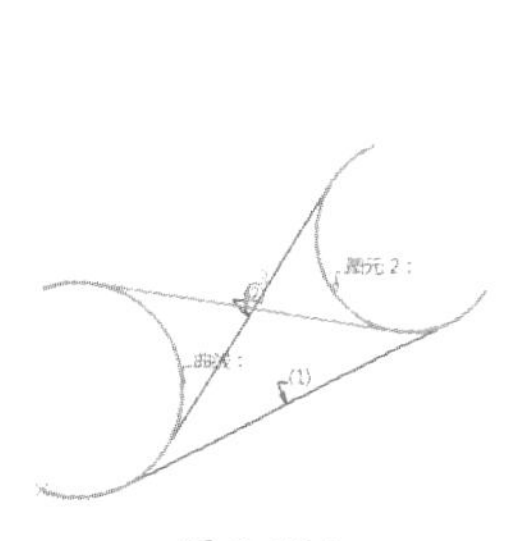

图 3-104

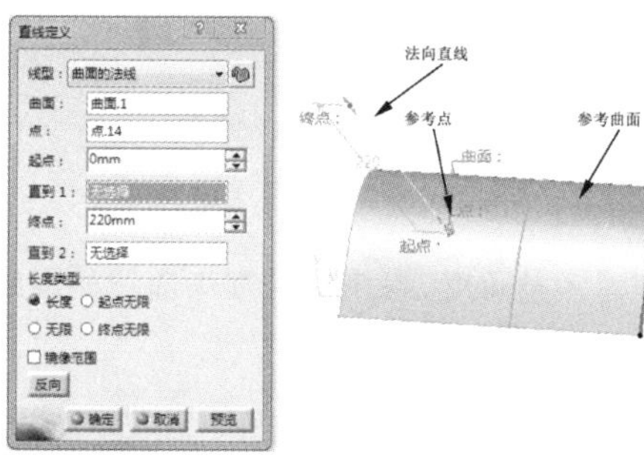

图 3-105

> **技术要点**
>
> 如果点不在支持曲面上，则计算点与曲面之间的最短距离，并在结果参考点显示与曲面垂直的向量，如图3-106所示。

6. 角平分线

“角平分线”方式是在指定的具有一定夹角的两条相交直线中间创建角平分线，如图 3-107 所示。

> **技术要点**
>
> 如果两条直线仅存角度而没有相交，将不会创建角平分线。当存在多个解时，可以在对话框中单击“下一个解法”按钮确定合理的角平分线。如图3-104中就存在两个解法，可以确定“直线2”是所需的角平分线。

3.3.3　参考平面

参考平面是 CATIA 建模的模型参照平面，建立某些特征时必须创建参考平面，如凸台、旋转体、实体混合等。CATIA 零件设计模式中有 3 个默认建立的基准平面 *XY* 平面、*YZ* 平面和 *ZX* 平面。下面所讲的平面是在建模过程中创建特征时所需的参考平面。

单击“平面”按钮▱，弹出如图 3-108 所示的“平面定义”对话框。

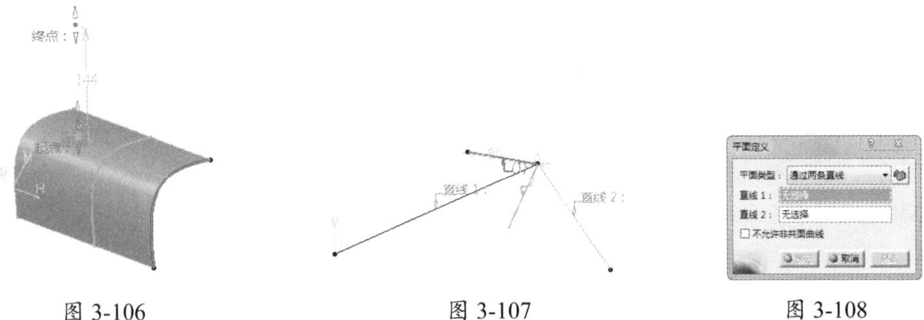

图 3-106　　图 3-107　　图 3-108

“平面定义”对话框中包括 11 种平面创建类型，表 3-1 中列出了这些类型的创建方法。

表 3-1　平面定义类型

平面类型	图解方法	说明
偏置平面		指定参考平面进行偏置，得到新平面 注意：选中“确定后重复对象”复选框时，可以创建多个偏置的平面
平行通过点		指定一个参考平面和一个放置点，平面将建立在放置点上
与平面成一定角度或垂直		指定参考平面和旋转轴，创建与产品平面成一定角度的新平面 注意：该轴可以是任何直线或隐式元素，例如圆柱面轴。要选择后者，需要在按住 Shift 键的同时，将鼠标指针移至元素上方并单击
通过三个点		指定空间中的任意 3 个点，可以创建新平面
通过两条直线		指定空间中的两条直线，可以创建新平面 注意：如果是同一平面的直线，可以选中“不允许非共面曲线”复选框进行排除
通过点和直线		通过指定一个参考点和参考直线来建立新平面

续表

平面类型	图解方法	说明
通过平面曲线		通过指定平面曲线来建立新平面 注意：“平面曲线”指的是该曲线是在一个平面中创建的
曲线的法线		通过指定曲线来创建法向垂直参考点的新平面 注意：如果没有指定参考点，程序将自动拾取该曲线的中点作为参考点
曲面的切线		通过指定参考曲面和参考点，使新平面与参考曲面相切
方程式		通过输入多项式方程式中的变量值来控制平面的位置
平均通过点		通过指定3个或3个以上的点，以通过这些点显示平均平面

3.4 修改图形属性

CATIA还提供了图形的属性修改功能，如修改几何对象的颜色、透明度、线宽、线型、图层等。

3.4.1 通过工具栏修改属性

用于图形属性修改的功能工具条，如图3-109所示。

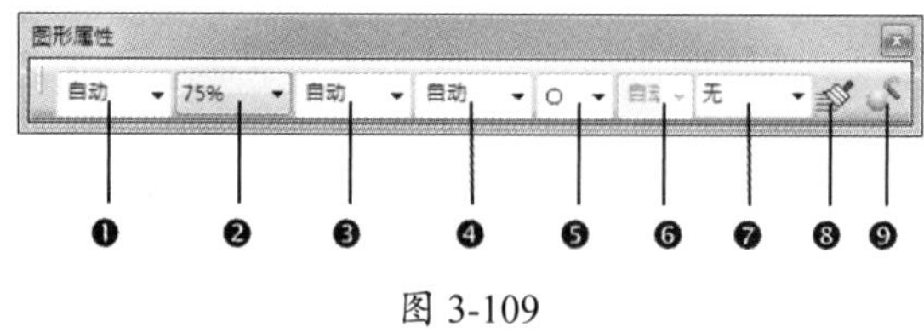

图 3-109

首先选中要修改图形特性的几何对象，通过相应图标选择新的图形特性，然后单击作图区的空白处即可。

① 修改几何对象颜色：单击该下拉列表，从中选取一种颜色即可。

② 修改几何对象的透明度：单击该下拉列表，从中选取一个透明度比例选项即可，100%

表示不透明。

③ 修改几何对象的线宽：单击该下拉列表，从中选取一种线宽选项即可。

④ 修改几何对象的线型：单击该下拉列表，从中选取一种线型选项即可。

⑤ 修改点的式样：单击该下拉列表，从中选取一个点式样选项即可。

⑥ 修改对象的着色显示：单击该下拉列表，从中选择一种着色模式即可。

⑦ 修改几何对象的图层：单击该下拉列表，从中选择一个图层即可。

技术要点

如果列表中没有合适的图层选项，选择“其他层”选项，通过弹出的“已命名的层”对话框建立新的图层即可，如图3-110所示。

⑧ 格式刷：单击此按钮，可以复制格式（属性）到所选对象。

⑨ 图层属性向导：单击此按钮，可以在弹出的“图层属性向导”对话框中设置自定义的属性，如图 3-111 所示。

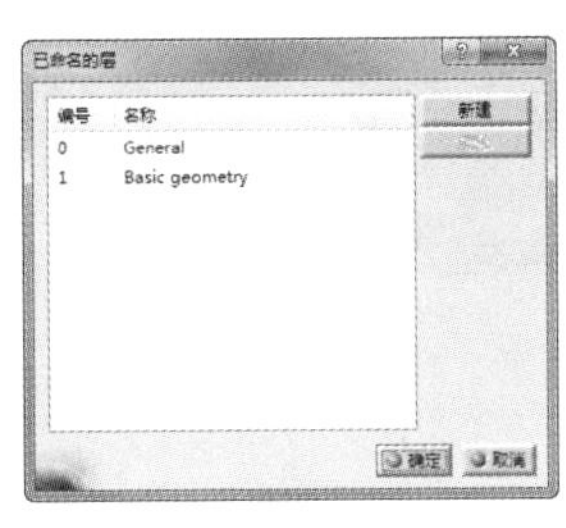

图 3-110

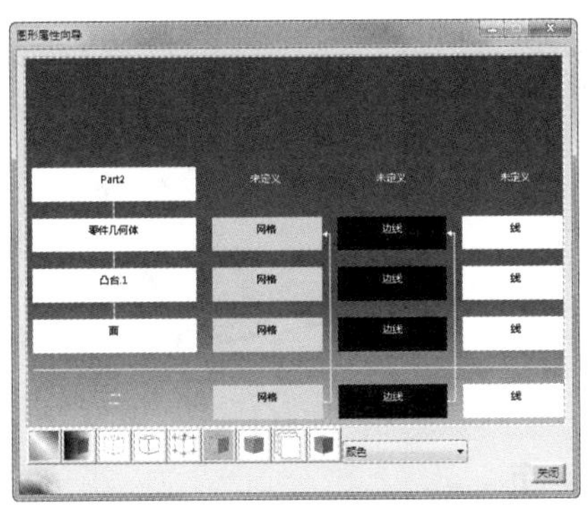

图 3-111

3.4.2　通过快捷菜单修改属性

用户也可以在绘图区中选中某个特征，然后右击，在弹出的快捷菜单中执行“属性”选项，弹出“属性”对话框。通过该对话框，设置颜色、线型、线宽、图层等图形属性，如图 3-112 所示。

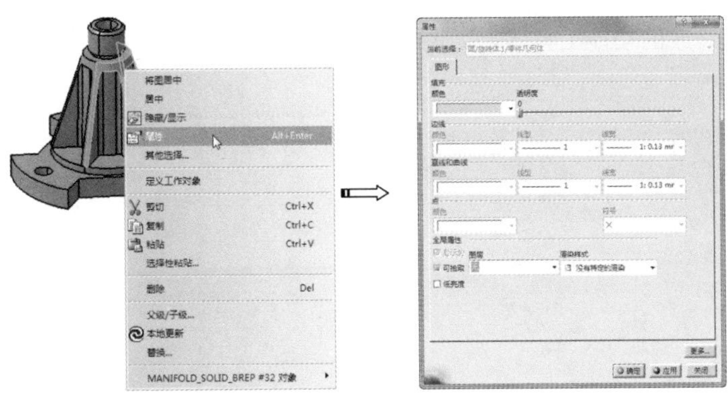

图 3-112

3.5 课后习题

1. 创建参考点

打开本练习的素材源文件 3-1.CATPart，利用“在曲面上”和“圆 / 球面 / 椭圆中心”方式创建两个参考点，如图 3-113 所示。

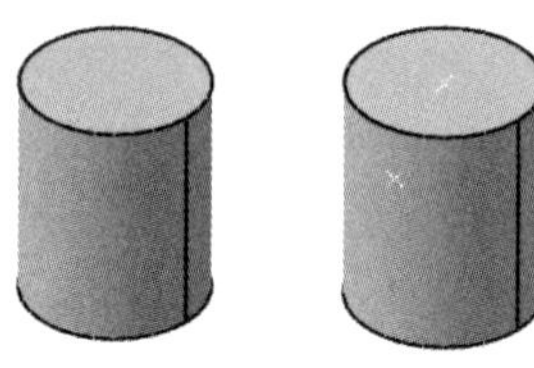

图 3-113

2. 创建参考直线

打开本练习的素材源文件 3-2.CATPart，利用“点 - 点”和“角平分线”方式创建两条参考直线，如图 3-114 所示。

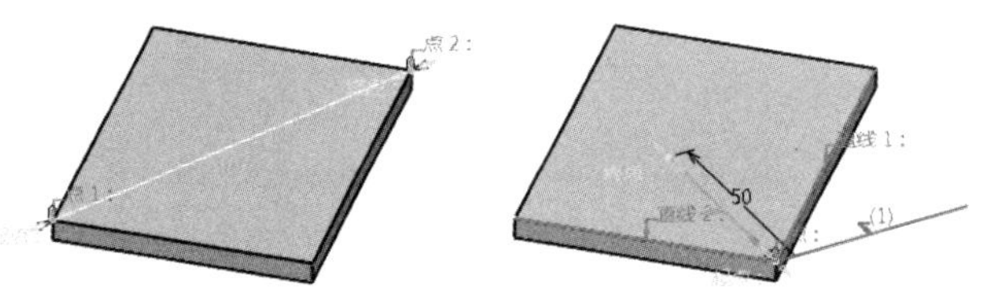

图 3-114

3. 创建参考平面

打开本练习的素材源文件 3-3.CATPart，利用“曲线的法线”方式创建参考平面，如图 3-115 所示。

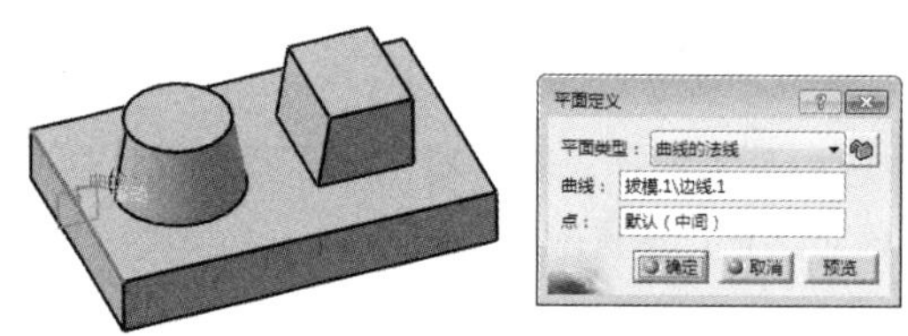

图 3-115

第 2 部分

第 4 章　草图绘图指令

绘制草图生成 3D 模型的基础步骤：在草绘器中，使用草绘工具勾勒出实体模型的截面轮廓，然后使用零件设计功能生成实体模型。绘制草图是零件建模的基础，也是完成 3D 建模的必备技能。

本章主要讲解 CATIA 草图的基本绘制功能，包括草图环境的介绍、草图的智能捕捉、草图图形的基本命令等。

- 草图工作台
- 智能捕捉工具
- 基本绘图命令
- 绘制预定义轮廓线
- 实战案例

4.1 认识草图工作台

草绘工作台是 CATIA V5-6R2017 进行草图绘制的专业模块，它与其他模块配合进行 3D 模型的绘制。

4.1.1 进入草图工作台

CATIA V5-6R2017 中有 3 种进入草图工作台（也可称为“草绘环境”或“草绘模式”）的方式。

1. 在零件模式中创建草图

用户可以在零件设计模式下，执行“插入”|“草图编辑器”|“草图”命令，或者在“草图编辑器”工具条中单击“草图”按钮，选择一个草图平面后自动进入草图工作台，草图工作台如图 4-1 所示。

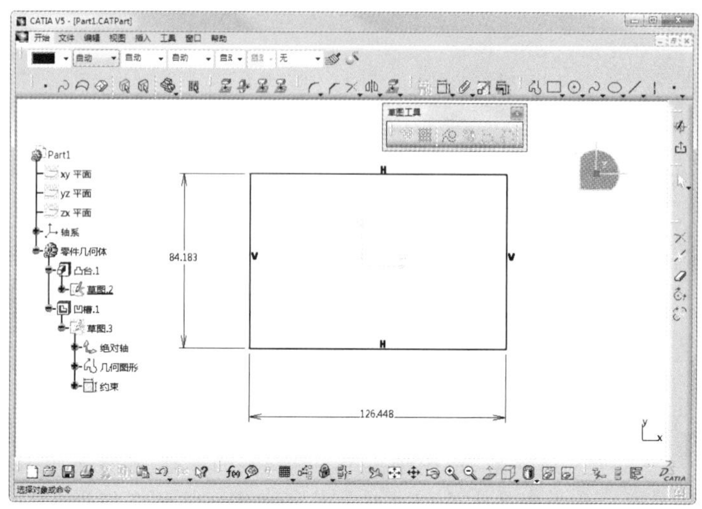

图 4-1

2. 以“基于草图的特征”方式进入

当用户利用 CATIA 的基本特征命令凸台、旋转体等来创建特征时，通过相应对话框中的草图平面定义，进入草图工作台，如图 4-2 所示。

技术拓展

什么是草图?

草图（Sketch）是三维造型的基础，绘制草图是创建零件的第一步。草图多是2D的，但也有3D草图。在创建2D草图时，必须先确定草图所依附的平面，即草图坐标系确定的坐标面，这样的平面可以是一种可变的、可关联的、用户自定义的坐标面。

在3D环境中绘制草图时，3D草图用作3D扫掠特征、放样特征的3D路径，在复杂零件造型、电线电缆和管道中常用。草图不仅是为3D模型准备的轮廓，它也是设计思维表达的一种手段。

3. 新建草图文件

执行“开始”|“机械设计”|“草图编辑器”命令，弹出如图 4-3 所示的“新建零件”对话框，单击“确定”按钮进入草图环境。接着选择草图平面，自动进入草图工作台。

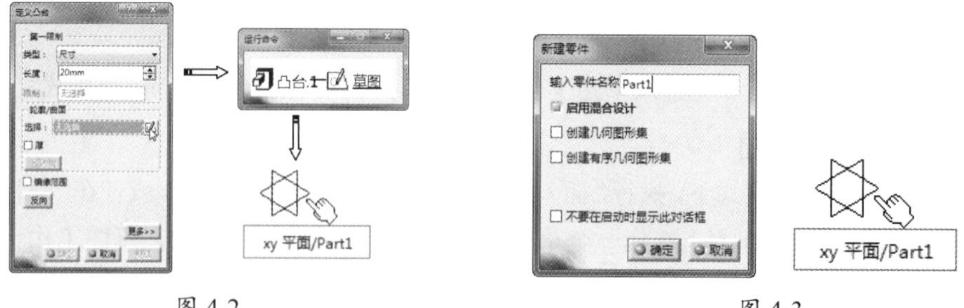

图 4-2　　图 4-3

4.1.2　草图绘制工具

在草图工作台中，主要使用“草图工具”“轮廓”“约束”和“操作”4 个工具条。各工具条中显示常用的工具按钮，单击工具右侧黑色三角图标可展开下一级工具条。

1.“草图工具”工具条

如图 4-4 所示，“草图工具”工具条包括网格、点对齐、构造 / 标准元素、几何约束和尺寸约束 5 个常用的工具按钮。该工具条显示的内容随着执行的命令不同而不同。该工具条是可以进行人机交互的唯一工具条。

2.“轮廓”工具条

如图 4-5 所示，“轮廓”工具条包括点、线、曲线、预定义轮廓线等绘制工具。

3.“约束”工具条

如图 4-6 所示，“约束”工具条是实现点、线几何元素之间约束的工具集合。

4.“操作”工具条

如图 4-7 所示，“操作”工具条中的工具是对绘制的轮廓曲线进行修改编辑的工具集合。

图 4-4

图 4-5

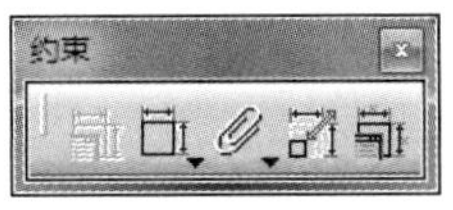

图 4-6

图 4-7

4.2 智能捕捉

在 CATIA V5 的草图模式中，使用“智能捕捉”功能可以帮助设计者在使用大多数草绘命令创建几何外形时准确定位，可以大幅提高工作效率，降低为定位这些元素所必需的交互操作次数。智能捕捉可以使用以下 4 种方式来实现。

4.2.1 点捕捉

要实现智能点捕捉，可以在如图 4-8 所示的“草图工具”工具条中单击“点对齐”按钮，在绘制图形过程中就能精确拾取点了。

用户可以在网格中捕捉点，捕捉的间隔刻度为 10，如图 4-9 所示。

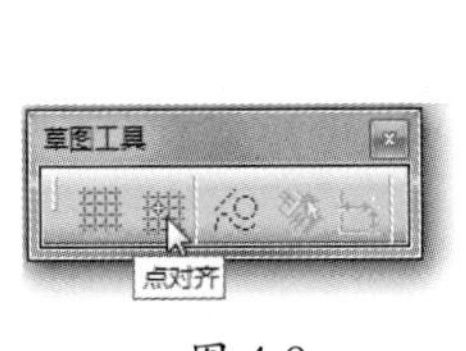

图 4-8

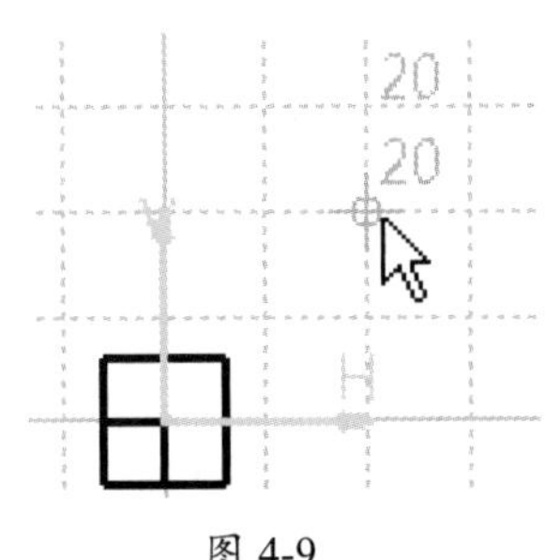

图 4-9

如果需要设置刻度的大小，可以执行“工具”|“选项”命令，弹出“选项”对话框来设置草图编辑器中的刻度间隔，如图 4-10 所示。

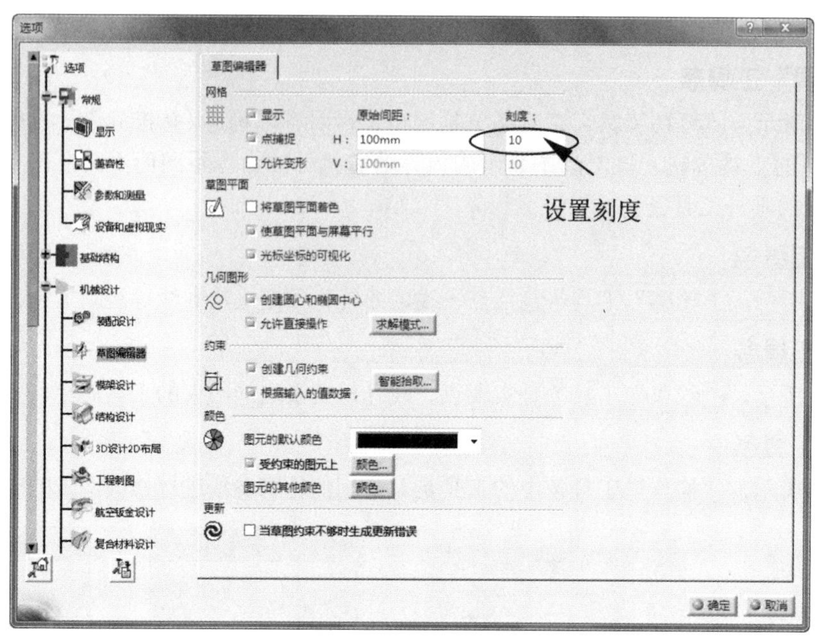

图 4-10

技术要点

在“选项”对话框中选中“点捕捉”复选框，这与此前单击“点对齐”按钮所起的作用是相同的。

如果绘图区中已经存在图形，当绘制新图形时，可以捕捉已有图形中的点，如图 4-11 所示为光标捕捉到图形上的点。

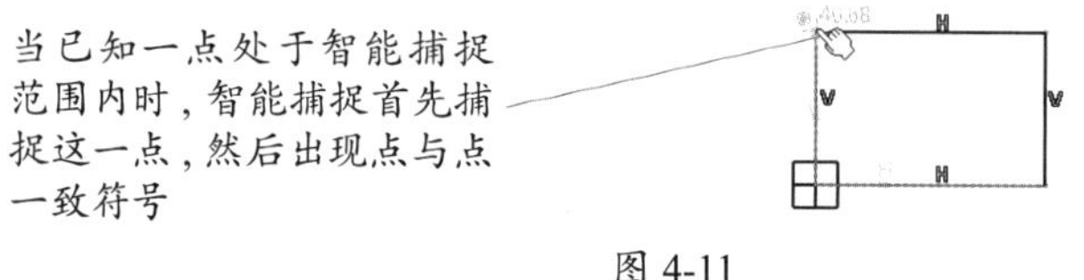

图 4-11

利用智能捕捉，用户可以捕捉以下点。

- 任意点。
- 坐标位置点。
- 已知一点。
- 曲线上的极点。
- 直线中点。
- 圆或椭圆中心点。
- 曲线上任意点。
- 两条曲线交点。
- 垂直或水平位置点。
- 假想的通过已知直线端点的垂直线上的任意点。
- 任何以上几种可能情况的组合。

技术要点

以捕捉圆心点为例，由于智能捕捉会产生多种可能的捕捉方式，因此，设计者可以右击，在弹出的快捷菜单中进行选择或按住Ctrl键对所捕捉方式予以固定，如图4-12所示。

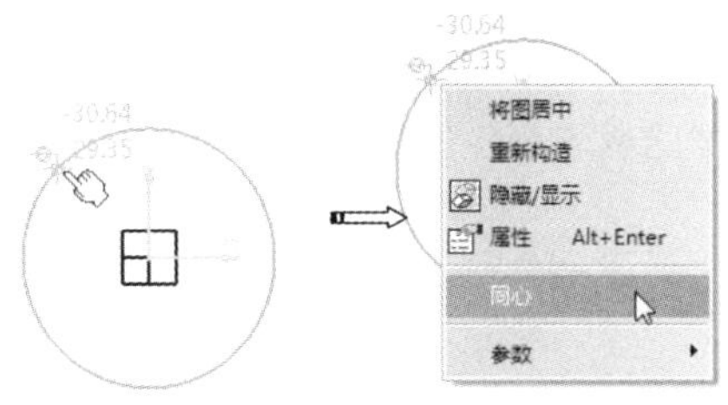

图 4-12

表 4-1 中根据右击快捷菜单的指示，显示几何元素的可能捕捉，这些捕捉与现有几何图形相关。

表 4-1　根据快捷菜单显示的可能捕捉

当前创建的元素	点	直线	圆	椭圆	圆锥	样条线
点		中点 最近的一个端点	中心 最近的一个端点	中心 最近的一个端点	否	否
直线						
椭圆				否	否	否

4.2.2　坐标输入

“坐标输入”也是一种精确控制点的方式。执行“直线”草图轮廓绘制命令时，“草图工具”工具条中会显示坐标输入栏，如图 4-13 所示。

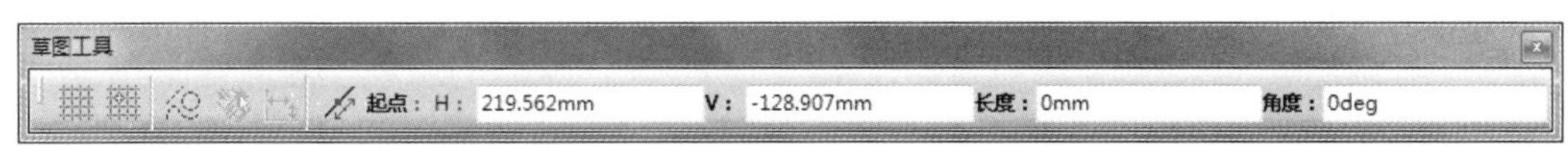

图 4-13

其中，H 值表示在 X 轴方向上的坐标值；V 值表示在 Y 轴方向上的坐标值；“长度”表示直线长度；“角度”表示直线与 X 轴之间的角度。

技术要点

执行不同的轮廓命令，会显示不同的坐标输入栏。

通过输入坐标值定义所需位置，如果在 H 文本框中输入一个数值，智能捕捉将锁定 H 数值，当移动指针时 V 值将随指针变化，如图 4-14 所示。

技术要点

如果想重新输入H和V值，可在空白处右击，在弹出的快捷菜单中选择“重置”选项后再重新输入。

4.2.3 在 *H*、*V* 轴上捕捉

当移动光标时，若出现水平的假想蓝色虚线表明 H 值为 0，若出现垂直的假想蓝色虚线表明 V 值为 0，如图 4-15 所示。

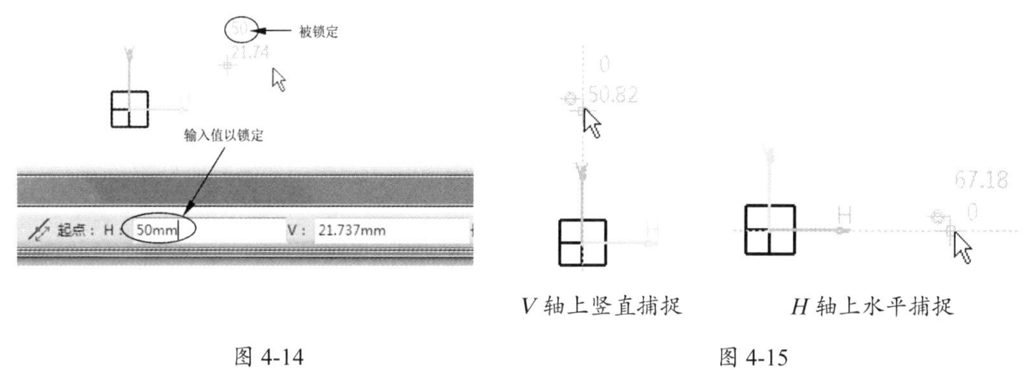

图 4-14　　图 4-15

动手操作——利用智能捕捉绘制图形

下面用一个草图的绘制实例详解如何利用智能捕捉进行绘制，要绘制的草图如图 4-16 所示。

01 启动 CATIA，执行“开始”|“机械设计”|“草图编辑器”命令，新建一个命名为 4-1 的零件文件，如图 4-17 所示。

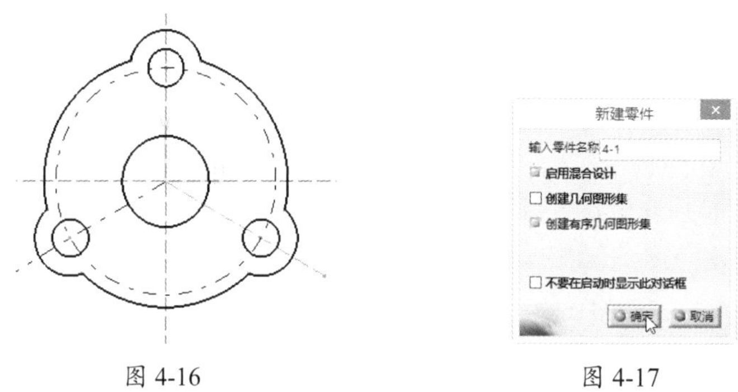

图 4-16　　图 4-17

02 选择 *XY* 平面为草图平面，进入草绘模式中。在“轮廓”工具条中单击“轴”按钮，然后捕捉 *V* 轴（移动光标到蓝色虚线上），绘制长度为 150 的中心线，如图 4-18 所示。

技术要点

当捕捉到*V*轴或*H*轴时，若要准确输入数值，必须使光标停止，按Tab键切换并激活文本框。

03 同理，捕捉 *H* 轴，绘制长度为 150 的中心线，如图 4-19 所示。

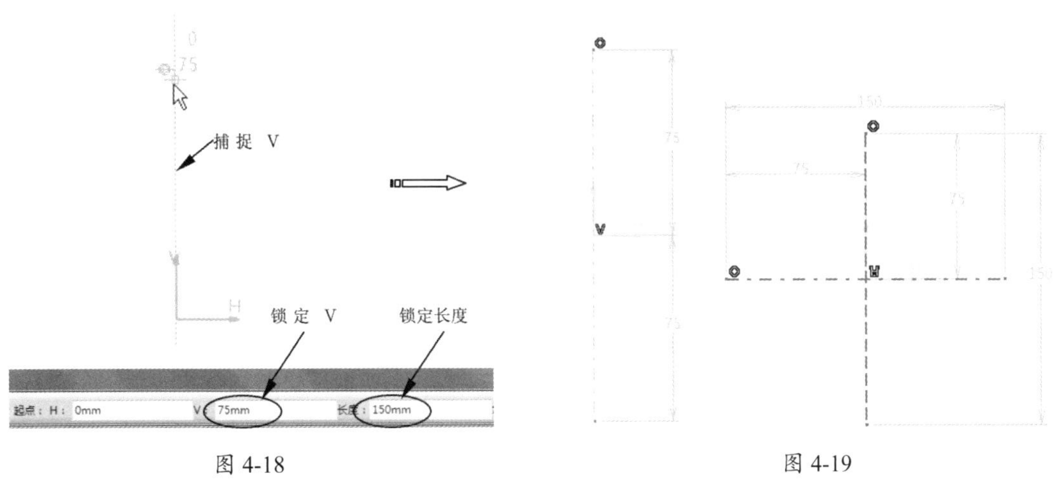

图 4-18　　　　图 4-19

04 单击“圆”按钮⊙，然后捕捉坐标系中心，使其成为圆心，绘制的圆如图 4-20 所示。

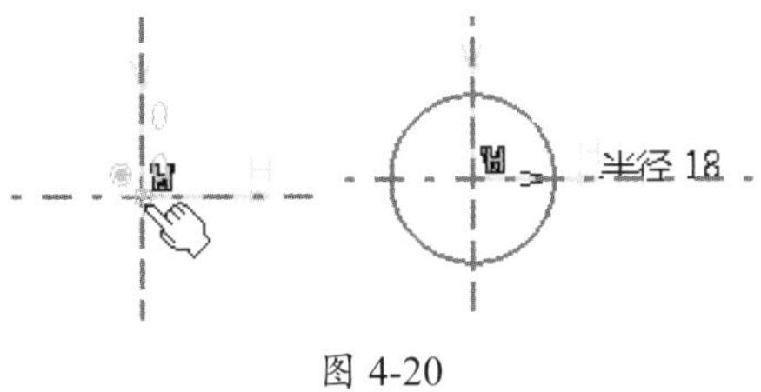

图 4-20

技术要点

要想精确绘制半径为18的圆，必须在“草图工具”工具条中按Tab键切换到R文本框并输入18。

05 单击“圆”按钮⊙，捕捉第 1 个圆的圆心，然后绘制半径为 45 的第 2 个圆，如图 4-21 所示。

06 同理，捕捉圆心再绘制出如图 4-22 所示的第 3 个同心圆。

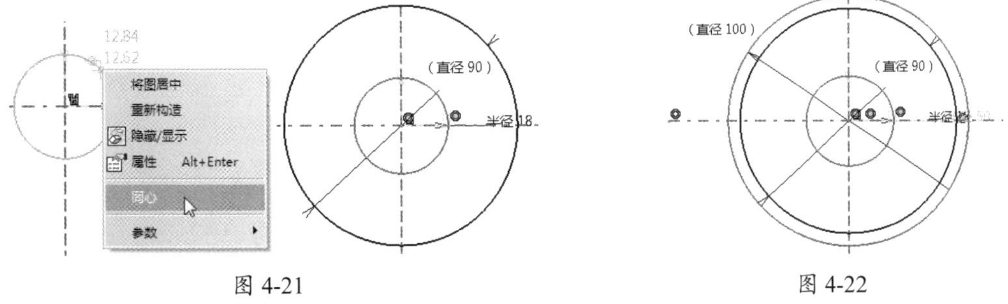

图 4-21　　　　图 4-22

07 第 2 个同心圆仅作为定位用，非轮廓线。因此，选中直径为 90 的圆，然后右击，在弹出的快捷菜单中选择“属性”选项，修改此圆的“线型”为 4 号线型（点画线），修改“线宽”为最小线宽，结果如图 4-23 所示。

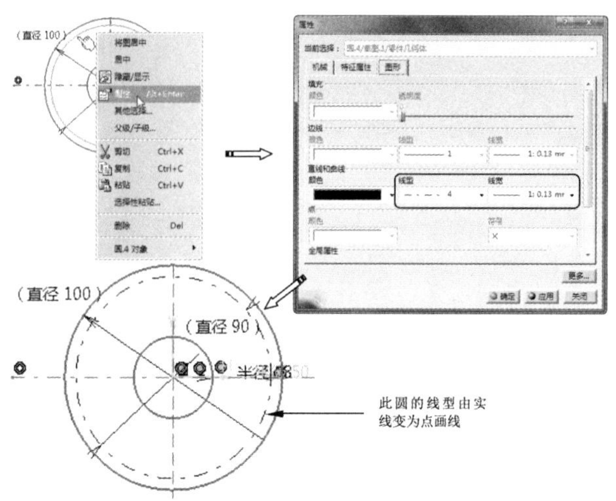

图 4-23

08 单击“轴”按钮，捕捉圆心作为轴线起点，输入“长度”值为 75mm、“角度”值为 330deg，绘制的轴线如图 4-24 所示。

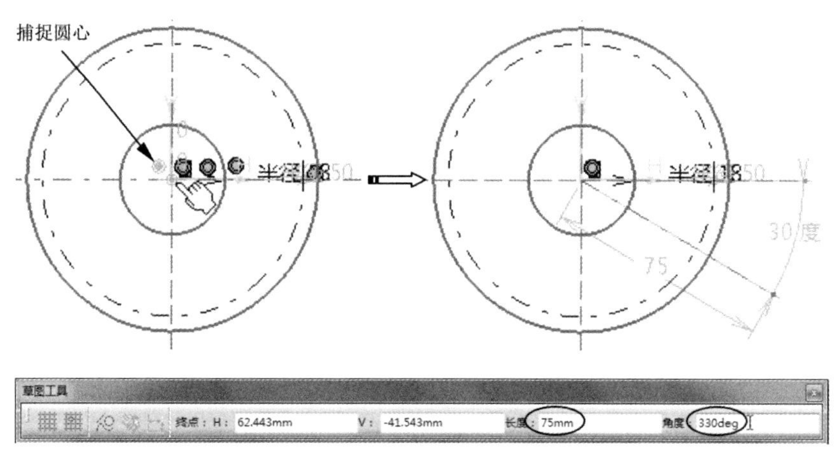

图 4-24

09 同样，按此方法再绘制一条轴线，如图 4-25 所示。

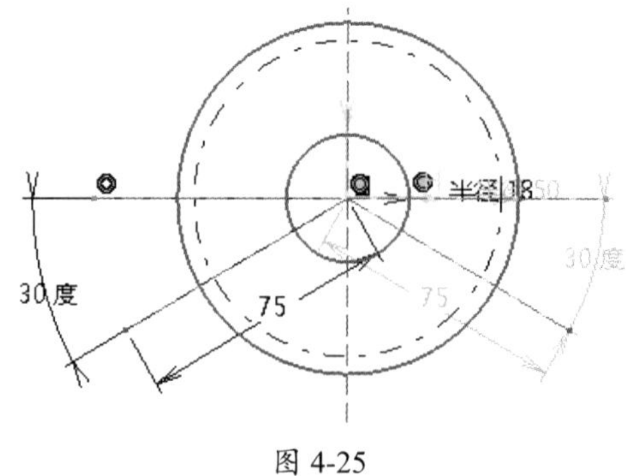

图 4-25

10 单击"圆"按钮，捕捉轴线与直径为90的圆的交点，绘制出直径为15的小圆，如图4-26所示。

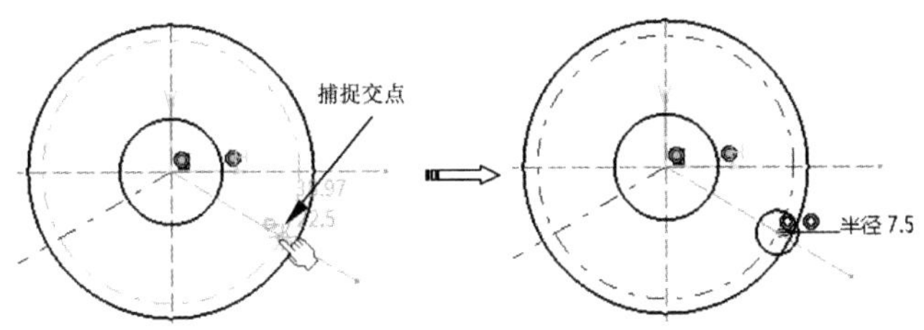

图 4-26

11 同理，在另两条轴线与圆的交点上再绘制两个直径为 15 的小圆，结果如图 4-27 所示。

12 继续绘制同心圆。捕捉 3 个半径为 7.5 的小圆的圆心，依次绘制出半径为 15 的 3 个同心圆，结果如图 4-28 所示。

13 单击"快速修剪"按钮，并修剪图形，得到最终结果，如图 4-29 所示。

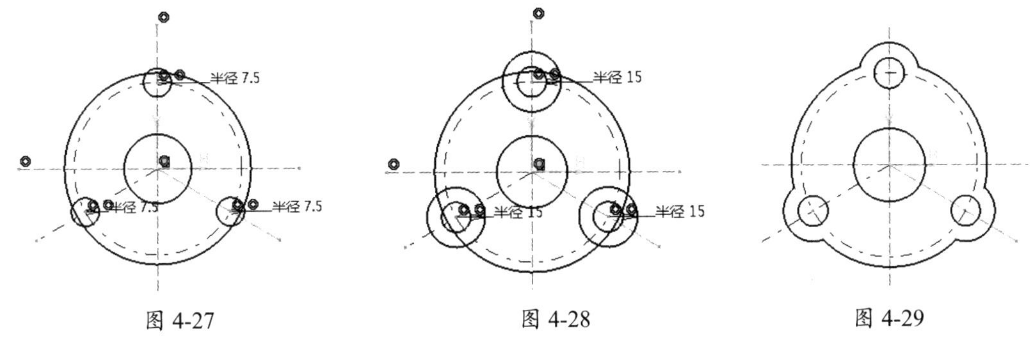

图 4-27　　图 4-28　　图 4-29

4.3 草图绘制命令

本节介绍如何利用"轮廓"工具条生成草图轮廓，CATIA V5 提供了 8 类草图轮廓——轮廓、预定义轮廓、圆、样条线、二次曲线、直线、轴线和点。绘制草图的方法有两种，即精确绘图和非精确绘图。精确绘图只需要在"草图工具"工具条中相应的文本框中输入参数，按 Enter 键完成；非精确绘制，则使用鼠标在绘图区中单击确定图形参数位置点即可。本节重点介绍非精确绘图方法，只对精确绘图的"草图工具"工具条中的参数进行介绍。

4.3.1 绘制点

单击"通过单击创建点"按钮右侧的黑色三角图标，展开如图 4-30 所示的"点"工具条。其中包括："通过单击创建点""使用坐标创建点""等距点""相交点"和"投影点"等工具。

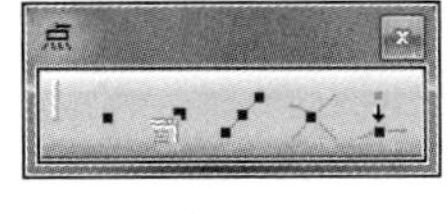

图 4-30

动手操作——通过单击创建点

01 单击“点”工具条中的“通过单击创建点”按钮 ，“草图工具”工具条如图 4-31 所示。

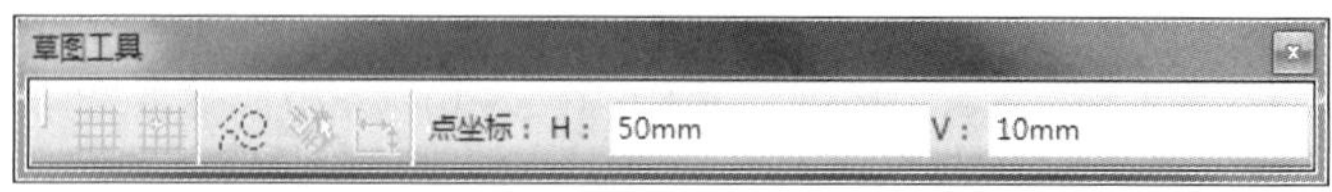

图 4-31

02 在绘图区中，任意单击确定点的位置，完成点的创建。

技术要点

在“草图工具”工具栏中输入点的直角坐标值（H、V），按Enter键即可完成点的创建。

技术要点

所绘制的点可以通过“图形属性”工具栏中相应的选项设置点的形状，如图4-32所示。

图 4-32

动手操作——通过坐标系创建点

01 单击“点”工具条中的“通过坐标系创建点”按钮 ，弹出“点定义”对话框，如图 4-33 所示。

技术要点

通过在“点定义”对话框中“直角”选项卡中输入H和V值创建点，与使用“通过单击创建点”按钮，在“草图工具”工具栏中输入H和V值创建点的使用方法和效果相同。

02 进入“极”选项卡。

03 在“半径”文本框中输入 109.659mm，在“角度”文本框中输入 24.228deg。

04 单击“确定”按钮，完成通过坐标系创建点的操作。

05 通过任何方法创建的点，只需双击该点系统就会弹出如图 4-34 所示的“点定义”对话框，可以对该点进行编辑。

动手操作——创建等距点

01 单击“点”工具条中的“等距点”按钮 。

02 在绘图区中，选择创建等距点的直线或曲线，弹出如图 4-35 所示的“等距点定义”对话框。

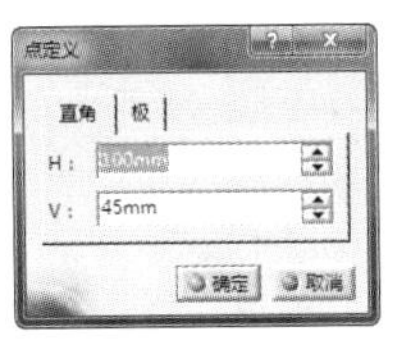

图 4-33

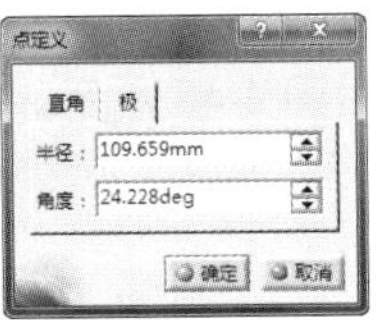

图 4-34

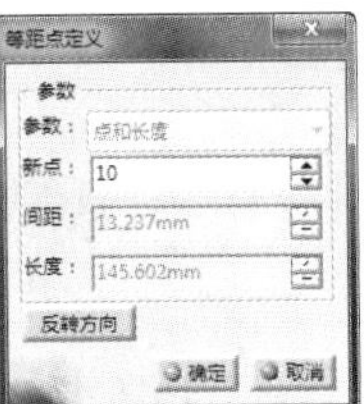

图 4-35

03 在“等距点定义”对话框中的“新点”文本框中输入 5。

技术要点

创建等距点为5，则对曲线或线段进行6等分。

04 单击“确定”按钮，完成等距点的创建，效果如图 4-36 所示。

动手操作——创建相交点

01 单击“点”工具条中的“相交点”按钮。

02 在绘图区中，选择创建相交点的两个几何图元，完成相交点的创建，效果如图 4-37 所示。

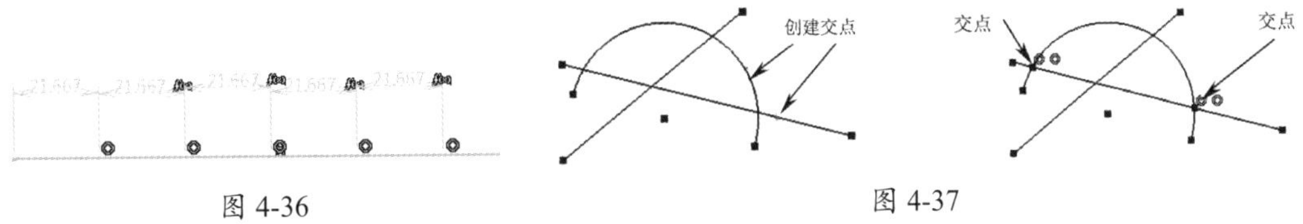

图 4-36　　图 4-37

动手操作——创建投影点

01 单击“点”工具条中的“投影点”按钮，“草图工具”工具条展开投影选项按钮，如图 4-38 所示。

02 单击激活“草图工具”工具条中的“正交投影”开关按钮。

03 在绘图区中，选择被投影点。

技术要点

系统默认为激活“正交投影”开关按钮，如果以前已激活“沿某一方向”开关按钮，则需要执行该步骤；如果激活“沿某一方向”开关按钮，“草图工具”工具栏中显示定义投影方向的H、V和“角度”文本框。

04 在绘图区中，选择投影到其上的元素，完成投影点的创建，效果如图 4-39 所示。投影元素可以是点、线、面等几何图元。

图 4-38

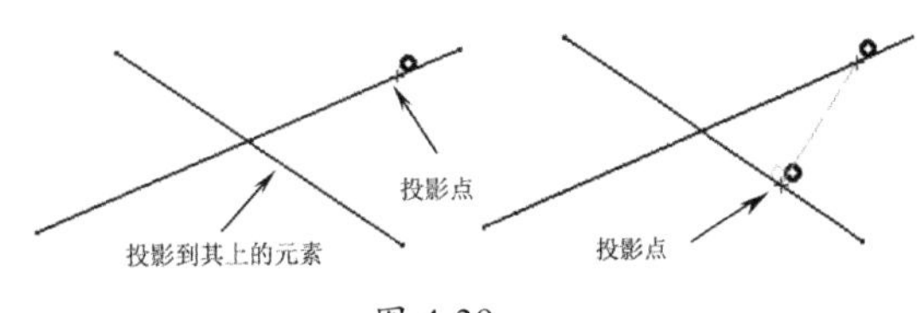

图 4-39

4.3.2 直线、轴

直线工具中有 5 种直线定义方式，如图 4-40 所示。

1. 直线

单击“直线”工具条中的“直线”按钮，“草图工具”工具条显示“起点”文本框组，如图 4-41 所示。

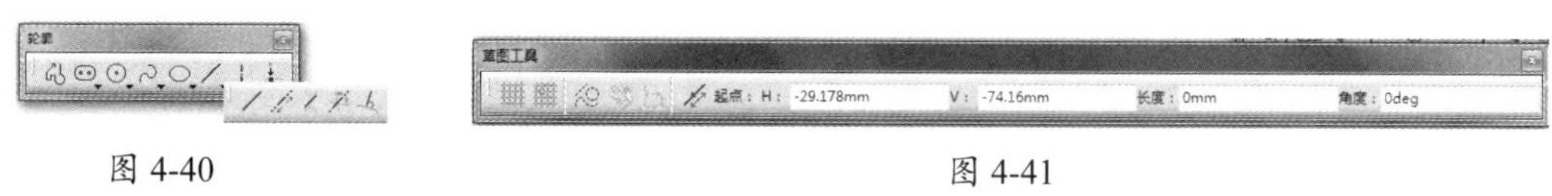

图 4-40　　　　图 4-41

技术要点

只有设置了起点，“草图工具”工具条中才显示终点的设置。

用户可以在绘图区中创建任意位置的直线，也可以通过输入坐标方式来绘制直线，如图 4-42 所示。

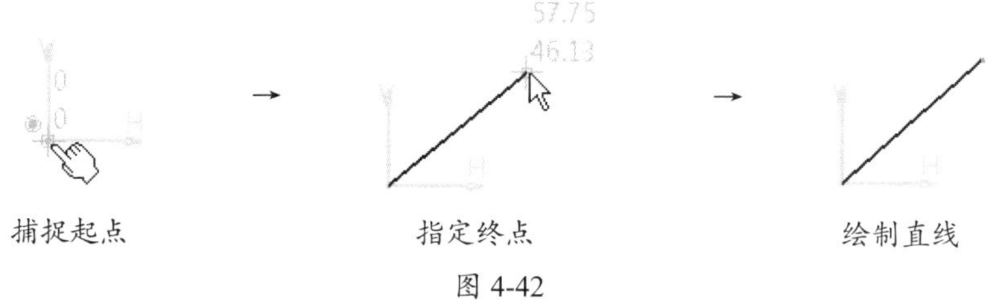

捕捉起点　　　　指定终点　　　　绘制直线

图 4-42

2. 无限长线

无限长线就是没有起点和终点、没有长度限制的直线。无限长线可以是水平的、垂直的或通过两点的。单击“无限长线”按钮，“草图工具”工具条中显示如图 4-43 所示的参数。

图 4-43

H、V 值为无限长线通过点的坐标值。

默认情况下将绘制水平的无限长线。单击“竖直线”按钮，可以绘制垂直的无限长线，如图 4-44 所示；单击“通过两点的直线”按钮，选择两个参考点确定无限长线的位置和方向，如图 4-45 所示。

3. 双切线

单击“双切线”按钮，绘制与两个圆或圆弧同时相切的直线，如图 4-46 所示。

技术要点

光标所选位置确定了切线的位置。如果图4-46中第2切点在圆的右侧，那么绘制的双切线将是如图4-47所示的状态。

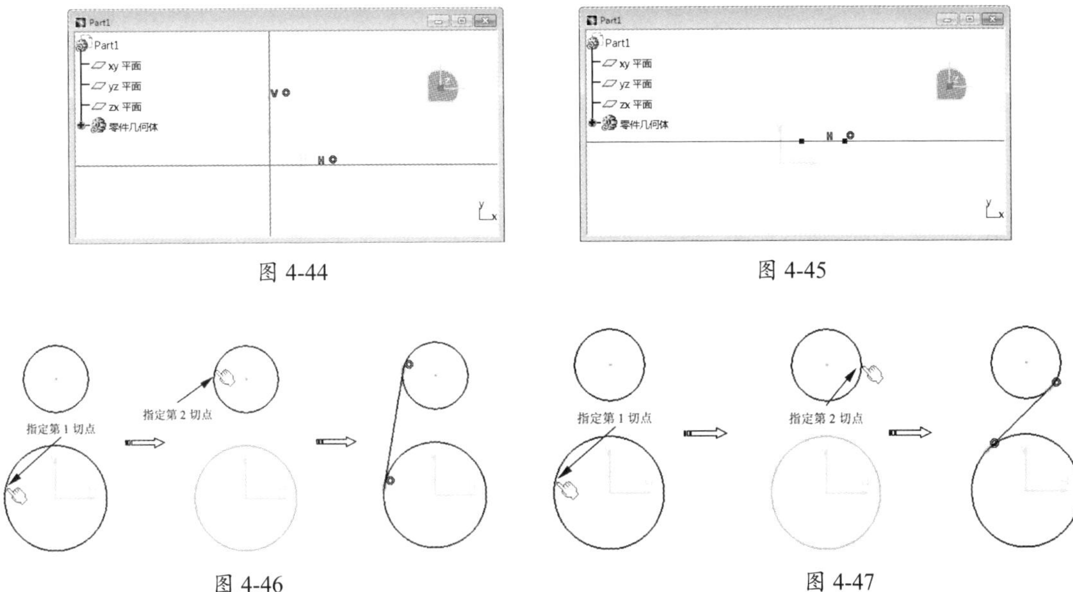

图 4-44　　图 4-45

图 4-46　　图 4-47

4. 角平分线

“角平分线”就是通过单击两条现有直线上的两点来创建无限长角平分线。二直线可以是相交的，也可以是平行的。

绘制过程如下。

（1）单击“角平分线”按钮。

（2）选择直线 1。

（3）选择直线 2。

（4）自动创建两直线的角平分线，如图 4-48 所示。

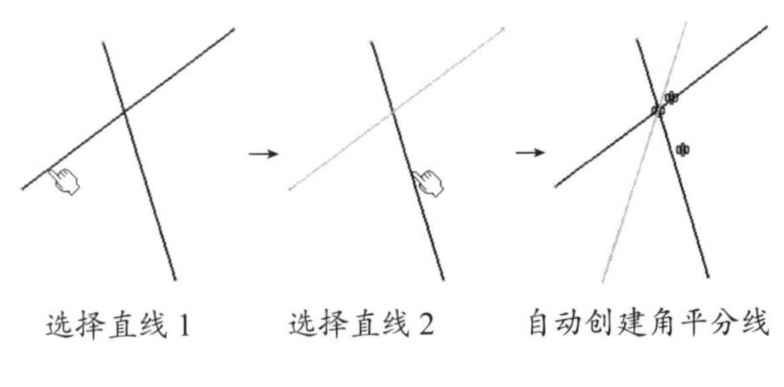

图 4-48

技术要点

不同的光标选择位置会产生不同的结果。如图4-48中两条相交直线，总共有两条角平分线。另一条角平分线由光标选择的位置来确定，如图4-49所示。

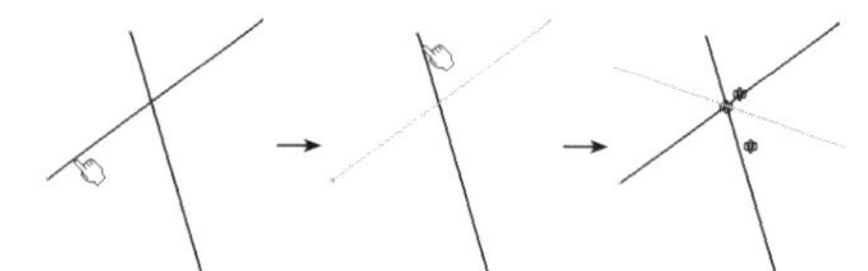

选择直线 1　　选择直线 2　自动创建角平分线

图 4-49

技术要点

如果选定的两条直线相互平行，将在这两条直线之间创建一条新直线，如图4-50所示。

5. 曲线的法线

“曲线的法线”就是在指定曲线的点位置上创建与该点垂直的直线。直线的长度可以拖动控制，也可以指定直线终止的参考点。

创建曲线的法线的过程如下。

（1）单击“曲线的法线”按钮。

（2）选择法线的起点位置。

（3）指定参考点，以确定法线的终点。

（4）自动创建曲线的法线，如图 4-51 所示。

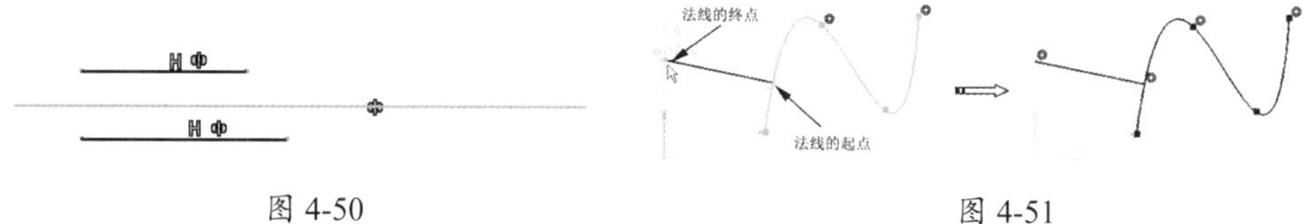

图 4-50　　图 4-51

6. 创建轴

草图模式中的“轴”，也称“中心线”，它是用来作为草图中的尺寸基准和定位基准的。轴的线型为点画线。

在“轮廓”工具条中单击“轴”按钮，就可以绘制轴线了。轴线的绘制与直线的绘制方法相同，这里就不再重复讲解其操作过程了。绘制轴的参数如图 4-52 所示。

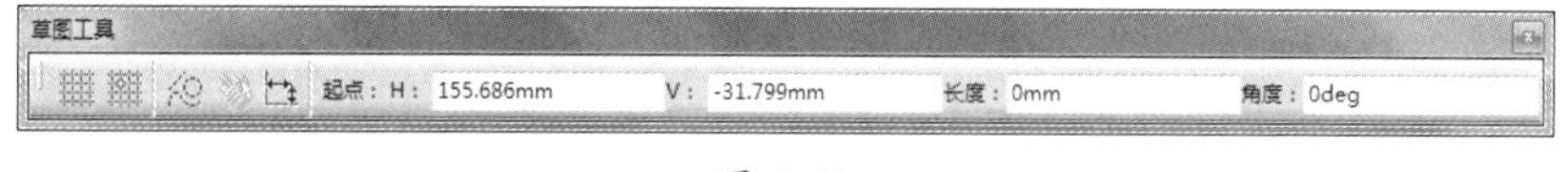

图 4-52

技术要点

用户也可以修改直线的属性，使其线型变为点画线，这样直线也变成了轴线（即中心线），如图4-53所示。

4.3.3　绘制圆

单击“直线圆”按钮右侧的黑色三角图标，展开如图 4-54 所示的“圆”工具条，其中提供了绘制圆和圆弧的各种方法按钮。

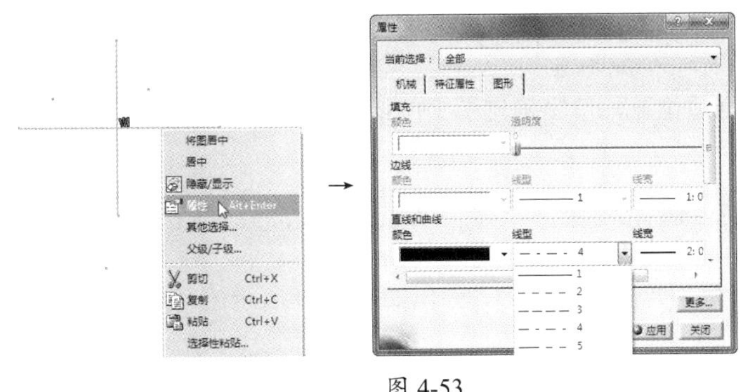

图 4-53

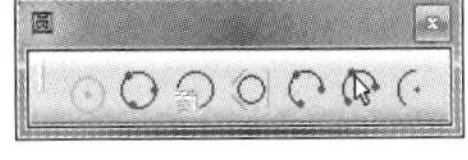

图 4-54

动手操作——绘制圆

01 单击“圆”工具条中的“圆”按钮⊙，“草图工具”工具条展开定义圆的圆心（H和V）、半径（R）的文本框，如图4-55所示。

图 4-55

02 在绘图区中，任意单击一点，确定圆心位置，“草图工具”工具条展开定义圆上点直角坐标和半径参数的文本框。

03 在绘图区中，单击确定圆的位置，即所绘制圆上一点，完成圆的绘制。

技术要点

如果有确定的圆参数，在“草图工具”工具栏中输入参数值，按Enter键即可完成圆的绘制。

04 双击该圆，弹出如图4-56所示的“圆定义”对话框，可以通过该对话框设置圆心坐标值（H和V）和圆的半径。

05 单击“圆定义”对话框中的“确定”按钮，完成圆的修改。

动手操作——绘制三点圆

01 单击“圆”工具条中的“三点圆”按钮，“草图工具”工具条展开圆上第一点的直角坐标值（H和V）文本框，如图4-57所示。

图 4-56

图 4-57

02 在绘图区中，任意单击一点确定圆上的第一点，“草图工具”工具条展开圆上第二点的直角坐标值（H 和 V）文本框。

03 在绘图区中，移动鼠标指针到合适位置，单击确定圆上的第二点，“草图工具”工具条展开圆上最后一点的直角坐标值（H 和 V）文本框。

04 在绘图区中，移动鼠标指针到合适位置，单击确定圆上的最后一点，完成圆的绘制，效果如图 4-58 所示。

动手操作——使用坐标创建圆

01 单击“圆”工具条中的“使用坐标创建圆”按钮，弹出如图 4-59 所示的“圆定义”对话框。

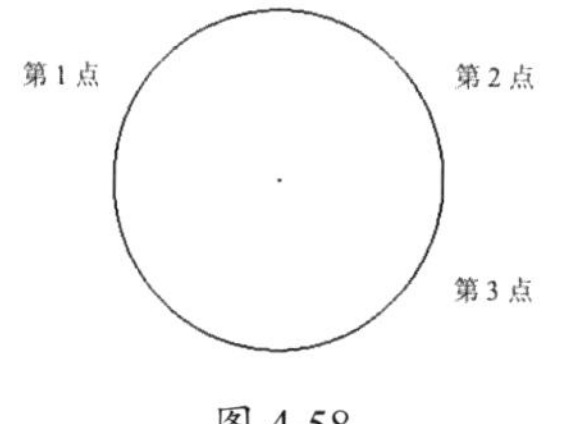

图 4-58

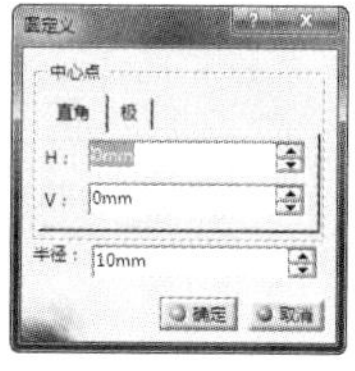

图 4-59

02 切换到“极”选项卡。

03 在“极”选项卡的“半径”文本框中输入 20，“角度”文本框中输入 45，“半径”文本框中输入 15。

04 单击“圆定义”对话框中的“确定”按钮，完成通过坐标创建圆的绘制，效果如图 4-60 所示。

动手操作——绘制三切线圆

01 单击“圆”工具条中的“三切线圆”按钮。

02 在绘图区中，选择第一相切图形。

03 在绘图区中，选择第二相切图形。

04 在绘图区中，选择第三相切图形，完成三切线圆的创建，效果如图 4-61 所示。

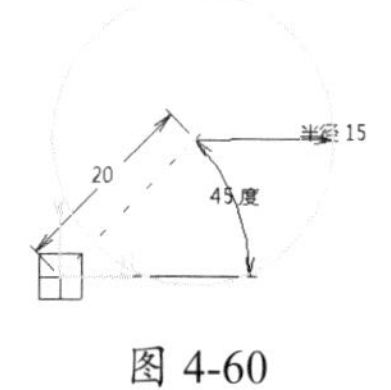

图 4-60

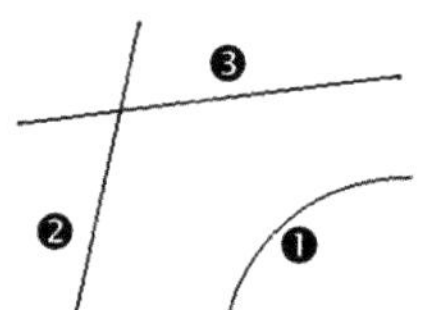

图 4-61

4.3.4 绘制圆弧

单击“直线圆”按钮右侧的黑色三角图标，展开“圆”工具条，其中提供了绘制圆和圆弧的各种方法按钮。

动手操作——绘制三点弧

01 单击“圆”工具条中的“三点弧”按钮，“草图工具”工具条展开起点直角坐标（H 和 V）文本框，如图 4-62 所示。

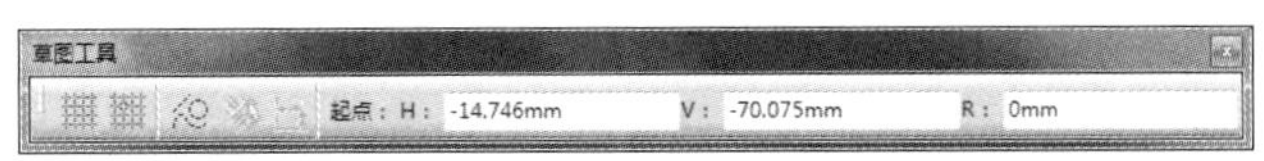

图 4-62

02 在绘图区中，任意单击一点确定圆弧的起点，“草图工具”工具条展开圆弧上第二点直角坐标（H 和 V）文本框。

03 在绘图区中，移动鼠标指针到合适位置，单击确定圆弧的第二点，“草图工具”工具条展开圆弧上终点直角坐标（H 和 V）文本框。

04 在绘图区中，移动鼠标指针到合适位置，单击确定圆弧的终点，完成圆弧的创建，效果如图 4-63 所示。

动手操作——绘制起始受限的三点弧

01 单击“圆”工具条中的“三点弧”按钮，“草图工具”工具条展开起点直角坐标（H 和 V）文本框。

02 在绘图区，任意单击一点确定圆弧的起点，“草图工具”工具条展开终点直角坐标（H 和 V）文本框。

03 在绘图区，移动鼠标指针到合适位置，单击确定圆弧的终点，“草图工具”工具条展开圆弧第二点直角坐标（H 和 V）文本框。

04 在绘图区，移动鼠标指针到合适位置，单击确定圆弧的第二点，完成圆弧的创建，效果如图 4-64 所示。

图 4-63　　　　图 4-64

技术要点

三点弧和起始受限的三点弧的参照相同，即起点、第二点和终点，但绘制的顺序不同。

动手操作——绘制弧

01 单击“圆”工具条中的“弧”按钮，“草图工具”工具条展开定义圆弧参数的文本框，如图 4-65 所示，即圆心（H，V）、半径（R）、圆心与圆弧起点的连线与 H 轴之间的夹角、圆弧的圆心角（S）。

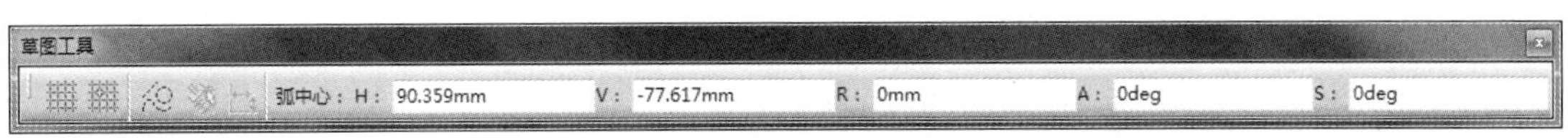

图 4-65

02 在绘图区中，任意单击一点确定圆弧中心，“草图工具”工具条展开圆弧起点直角坐标（H 和 V）文本框。

03 在绘图区中，移动鼠标指针到合适位置，单击确定为圆弧的起点，“草图工具”工具条展开圆弧终点直角坐标（H 和 V）文本框。

04 在绘图区中，移动鼠标指针到圆弧终点，单击完成圆弧的绘制，效果如图 4-66 所示。

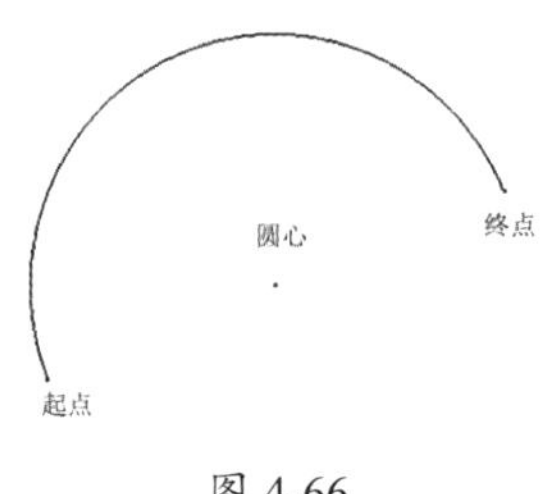

图 4-66

4.4 绘制预定义轮廓线

CATIA V5 提供了 9 种预定义轮廓，方便用户生成一些常见的图形。单击“矩形”按钮□右侧的黑色三角图标，展开如图 4-67 所示的“预定义的轮廓”工具条。

图 4-67

动手操作——绘制矩形

01 单击“预定义的轮廓”工具条中的“矩形”按钮□，“草图工具”工具条展开第一点坐标值文本框。

02 在绘图区中，单击确定第一点，即矩形的一个角点，“草图工具”工具条展开如图 4-68 所示的第二点参数文本框，即第二点的直角坐标（H 和 V）、或者“宽度”和“高度”（指定宽度和高度后，按 Enter 键，以第一点与当前鼠标所在位置之间生成矩形）。

技术要点

矩形是由对角线两端点确定的。

03 在绘图区中，移动鼠标指针到所绘制矩形对角点，单击完成矩形的绘制，效果如图 4-69 所示。

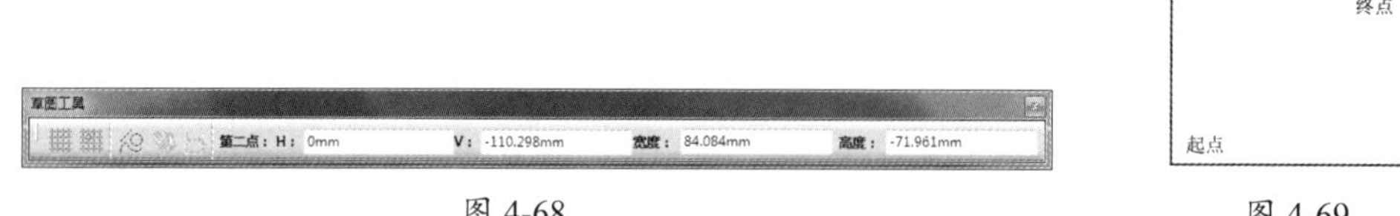

图 4-68

终点

起点

图 4-69

动手操作——绘制斜置矩形

01 单击“预定义的轮廓”工具条中的“斜置矩形”按钮◇，“草图工具”工具条展开如图 4-70 所示的“第一角”参数文本框，即矩形顶点（H 和 V）、矩形边长（W）、矩形边与 H 的夹角。

技术要点

斜置矩形是由矩形3个顶点确定的。

02 在绘图区中，任意单击一点确定斜置矩形的第一个角点，“草图工具”工具条展开第二角直角坐标（H 和 V）文本框。

03 在绘图区中，移动鼠标指针到合适位置，单击确定斜置矩形的第二个角点，“草图工具”工具条展开“第三角”直角坐标（H 和 V）文本框。

04 在绘图区中，移动鼠标指针到合适位置，单击确定斜置矩形的第三个角点，完成斜置矩形的绘制，效果如图 4-71 所示。

图 4-70　　　　图 4-71

动手操作——绘制平行四边形

01 单击“预定义的轮廓”工具条中的“平行四边形”按钮，“草图工具”工具条展开“第一角”参数文本框，即矩形顶点（H 和 V）、矩形边长（W）、矩形边与 *H* 的夹角。

02 在绘图区中，任意单击一点确定平行四边形的第一个角点，“草图工具”工具条展开“第二角”直角坐标（H 和 V）文本框。

03 在绘图区中，移动鼠标指针到合适位置，单击确定斜置矩形的第二个角点，“草图工具”工具条展开“第三角”直角坐标（H 和 V）文本框。

04 在绘图区中，单击确定斜置矩形的第三个角点，完成平行四边形的绘制，效果如图 4-72 所示。

动手操作——绘制延长孔

01 单击“预定义的轮廓”工具条中的“延长孔”按钮，“草图工具”工具条展开如图 4-73 所示的延长孔参数文本框，即“第一中心”的直角坐标（H 和 V）、“半径”、“长度”、“角度”。

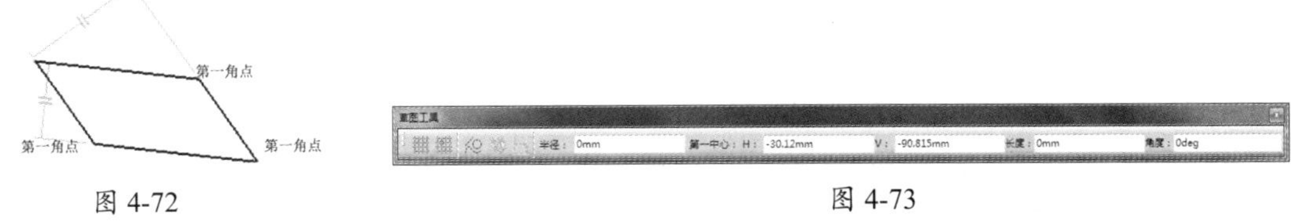

图 4-72　　　　图 4-73

02 在绘图区中，任意单击一点确定第一中心的位置，“草图工具”工具条展开“第二中心”直角坐标（H 和 V）文本框。

03 在绘图区中，移动鼠标指针到合适位置，单击确定第二中心的位置，“草图工具”工具条展开延长孔上的点直角坐标（H 和 V）文本框。

04 在绘图区中，移动鼠标指针到合适位置，单击确定延长孔的半径，完成延长孔的绘制，效果如图 4-74 所示。

动手操作——绘制圆柱形延长孔

01 单击“预定义的轮廓”工具条中的“圆柱形延长孔”按钮，“草图工具”工具条展开如图4-75所示的圆柱形延长孔参数文本框，即半径、“圆心”直角坐标（H和V）、圆柱半径（R）、第一中心与圆柱中心连线与 H 之间的夹角（A）、圆柱形延长孔的圆心角（S）。

技术要点

圆柱形延长孔由5个参数确定，在绘图中只需要4点就能完成圆柱形延长孔的绘制。

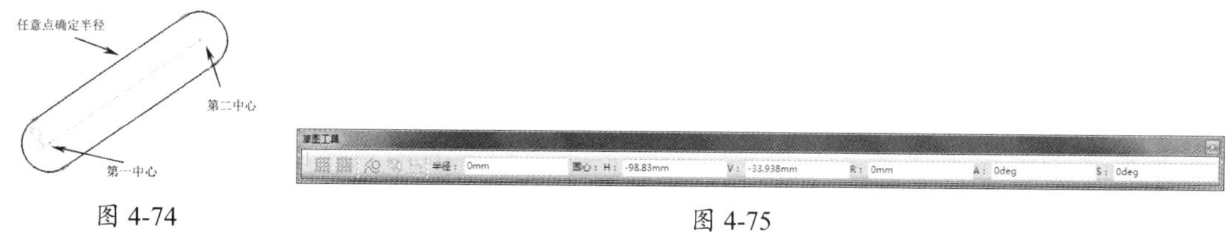

图 4-74　　图 4-75

02 在绘图区中，任意单击一点确定圆柱圆心位置。

03 在绘图区中，移动鼠标指针到合适位置，单击确定第一中心位置。

04 在绘图区中，移动鼠标指针到合适位置，单击确定第二中心位置。

05 在绘图区中，移动鼠标指针到合适位置，单击确定圆柱形延长孔的半径，完成圆柱形延长孔的绘制，效果如图4-76所示。

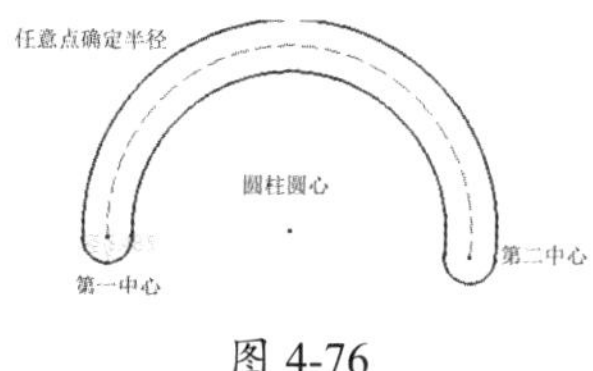

图 4-76

动手操作——绘制钥匙孔轮廓

01 单击“预定义的轮廓”工具条中的“钥匙孔轮廓”按钮，“草图工具”工具条展开圆中心位置参数文本框，即第一圆心直角坐标（H和V）、钥匙孔轮廓两圆中心长度 L、钥匙孔轮廓两圆中心连线与 H 之间的夹角。

02 在绘图区中，任意单击一点确定钥匙孔轮廓的第一个圆心。

03 在绘图区中，移动鼠标指针到合适位置，单击确定第二个圆心，“草图工具”工具条展开如图4-77所示的“小半径”参数文本框，即钥匙孔轮廓上任意点直角坐标（H和V）。

04 在绘图区中，移动鼠标指针到合适位置，单击确定钥匙孔轮廓小半径。

05 在绘图区中，移动鼠标指针到合适位置，单击确定钥匙孔轮廓大半径，完成钥匙孔轮廓的绘制，效果如图4-78所示。

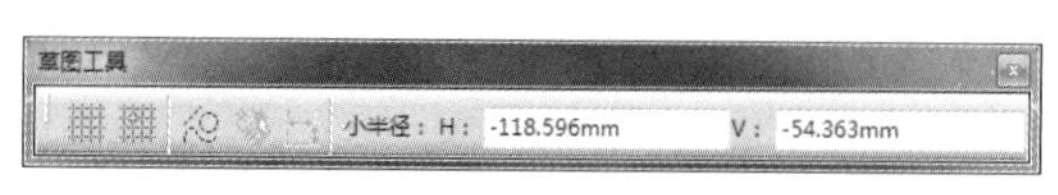

图 4-77

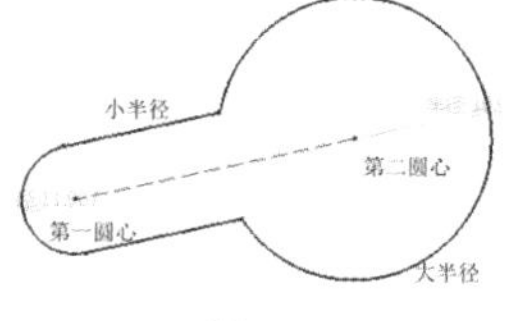

图 4-78

动手操作——绘制正六边形

01 单击“预定义的轮廓”工具条中的“正六边形”按钮⬡，“草图工具”工具条展开六边形中心直角坐标文本框。

02 在绘图区中，任意单击确定六边形中心位置，“草图工具”工具条展开如图 4-79 所示的六边形边上的中心坐标参数文本框（只需输入 H 和 V 值或者“尺寸”和“角度”值）。

技术要点

六边形边的中心坐标是由直角坐标（H和V）确定的，或者极坐标参数尺寸和角度确定。

03 在绘图区中，移动鼠标指针到合适位置，单击确定六边形边上的中点，完成六边形的绘制，效果如图 4-80 所示。

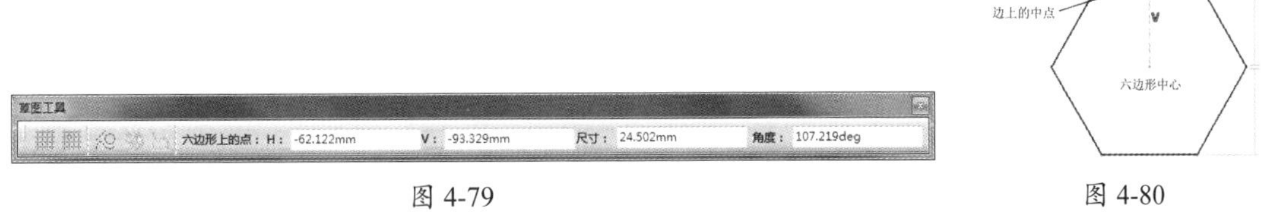

图 4-79　　　　图 4-80

动手操作——绘制居中矩形

01 单击“预定义的轮廓”工具条中的“居中矩形”按钮▭，“草图工具”工具条展开矩形中心直角坐标参数文本框。

02 在绘图区中，任意单击一点确定矩形中心，“草图工具”工具条展开如图 4-81 所示的“第二点”（矩形的一个顶点）参数（H 和 V）文本框。

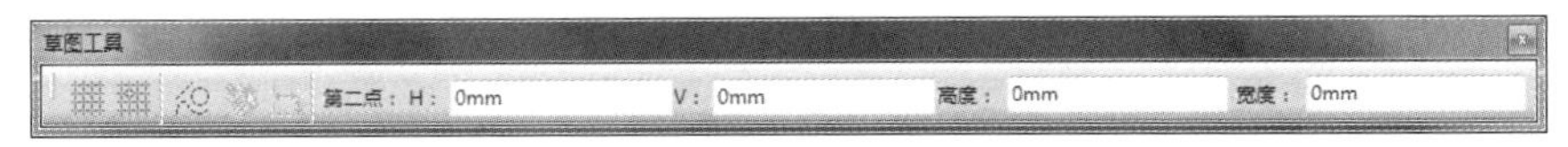

图 4-81

技术要点

居中矩形是由中心和顶点两个参数确定的，顶点可以使用直角坐标（H和V）或者“高度”和“宽度”确定。

03 在绘图区中，移动鼠标指针到合适位置，单击确定矩形的顶点，完成居中矩形的绘制，效果如图 4-82 所示。

动手操作——绘制居中平行四边形

01 单击“预定义的轮廓”工具条中的“居中平行四边形”按钮▱。

02 在绘图区中，选择一条直线。

03 在绘图区中，选择另一条直线。

技术要点

居中平行四边形的边是与两条不平行的直线段平行而生成的平行四边形。

04 在绘图区中，移动鼠标指针到合适位置，单击确定平行四边形的顶点，完成居中平行四边形的绘制，效果如图 4-83 所示。

4.4.1 绘制样条线

单击“轮廓”工具条中“样条线”按钮 右下的黑色三角图标，展开如图 4-84 所示的“样条线”工具条。

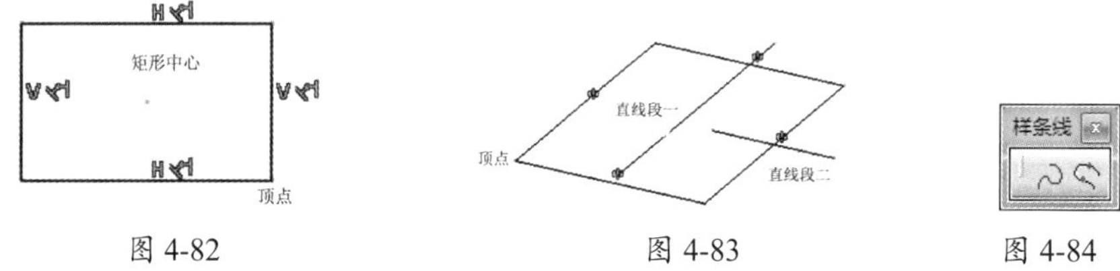

图 4-82　　图 4-83　　图 4-84

动手操作——绘制样条线

01 单击“样条线”工具条中的“样条线”按钮 ，“草图工具”工具条展开控制点直角坐标文本框。
02 在绘图区中，连续单击确定样条线的控制点，按 Esc 键或者单击其他按钮，完成样条线的绘制，效果如图 4-85 所示。

技术要点

如果所绘制的样条线是封闭的，右击绘图区空白处，在弹出的快捷菜单中选择“封闭样条线”选项，完成样条线的绘制，效果如图4-86所示。

03 双击所绘制的样条线，弹出如图 4-87 所示的“样条线定义”对话框，在该对话框中可以添加、移除和替换控制点，选中列表框中的点，可以对其进行相切和曲率的设置，以及对样条线进行是否封闭的设置。

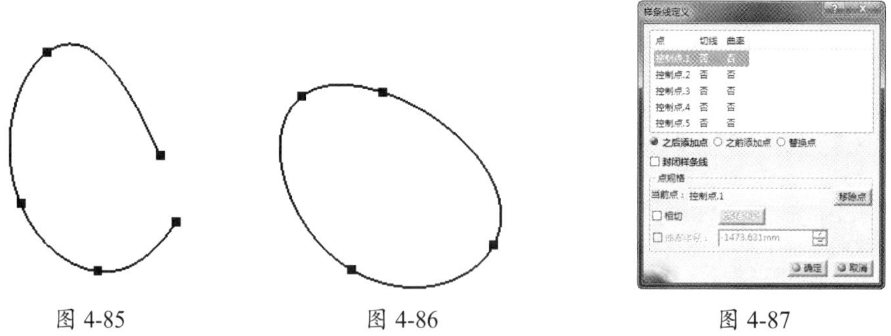

图 4-85　　图 4-86　　图 4-87

动手操作——连接样条线

01 单击“样条线”工具条中的“连接”按钮 ，“草图工具”工具条展开如图 4-88 所示。

图 4-88

02 连接是对两条曲线或直线进行连接的工具按钮，连接方式有以下几种。

- 用弧连接：单击激活"草图工具"工具条中的"用弧连接"开关按钮，以圆弧的形式进行连接。
- 用样条线连接：单击激活"草图工具"工具条中的"用样条线连接"开关按钮，以样条线的形式进行连接，与参照之间有三种连接方式：点连接、相切连接、曲率连接。

03 单击激活"草图工具"工具条中的"用样条线连接"开关按钮、"相切连接"开关按钮。

04 在绘图区中，选择创建连接样条线的第一条曲线。

技术要点

生成的样条线以鼠标单击参照最近的端点进行连接，也可以选择创建连接样条线的曲线上的点，以选择的点进行连接。

05 在绘图区中，选择创建连接样条线的第二条曲线上的点，完成连接样条线的绘制，效果如图4-89所示。

06 双击所绘制的连接样条线，弹出如图4-90所示的"连接曲线定义"对话框，可以通过该对话框设置两条曲线的"连续"和"张度"等参数。

07 单击"连接曲线定义"对话框中的"确定"按钮完成连接曲线的修改。

4.4.2 绘制二次曲线

单击"轮廓"工具条中"椭圆"按钮右下的黑色三角图标，展开如图4-91所示的"二次曲线"工具条。

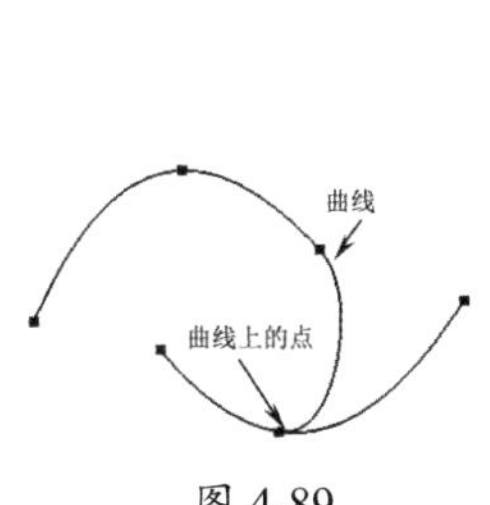

图 4-89

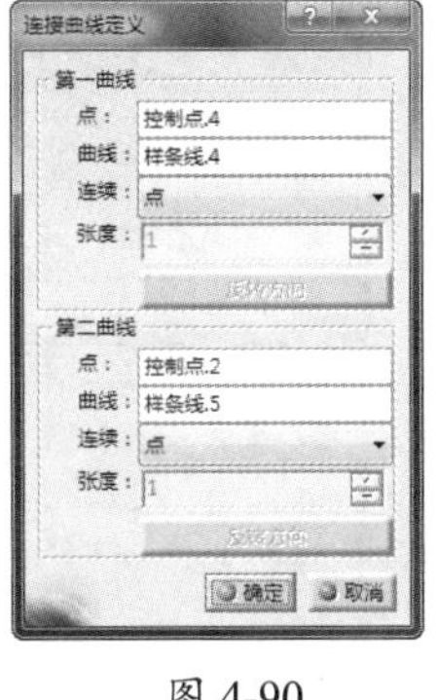

图 4-90

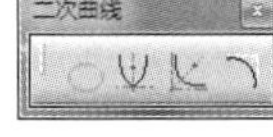

图 4-91

动手操作——椭圆的绘制

01 单击"二次曲线"工具条中的"椭圆"按钮，"草图工具"工具条展开如图4-92所示的椭圆参数文本框，即"中心"直角坐标（H和V）、"长轴半径"、"短轴半径"、"长轴"与*H*之间的夹角（A）。

图 4-92

02 在绘图区中，任意单击一点确定椭圆中心，“草图工具”工具条展开长轴半径端点参数文本框。

03 在绘图区中，移动鼠标指针到合适位置，单击确定长轴半径，“草图工具”工具条展开短半轴端点参数文本框。

04 在绘图区中，移动鼠标指针到合适位置，单击确定短轴半径，完成椭圆的绘制，效果如图 4-93 所示。

技术要点

在绘图区中，单击确定长轴半径的点就是长轴与椭圆的交点，单击确定短轴半径的点位于椭圆上任意位置。

05 双击所绘制的椭圆，弹出如图 4-94 所示的“椭圆定义”对话框，可以通过该对话框设置中心点（H 和 V）、“长轴半径”、“短轴半径”以及“角度”。

06 单击“椭圆定义”对话框中的“确定”按钮完成椭圆的修改。

动手操作——抛物线的绘制

01 单击“二次曲线”工具条中的“通过焦点创建抛物线”按钮，“草图工具”工具条展开焦点直角坐标文本框。

02 在绘图区中，任意单击一点确定焦点，“草图工具”工具条展开顶点直角坐标文本框。

03 在绘图区中，移动鼠标指针到合适位置，单击确定顶点，“草图工具”工具条展开起点直角坐标输入文本框。

04 在绘图区中，移动鼠标指针到合适位置，单击确定起点，“草图工具”工具条展开终点直角坐标文本框。

05 在绘图区中，移动鼠标指针到合适位置，单击确定终点，完成抛物线的绘制，效果如图 4-95 所示。

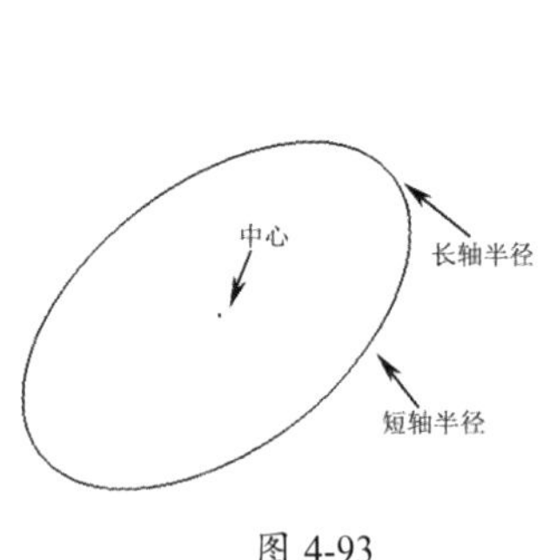

图 4-93

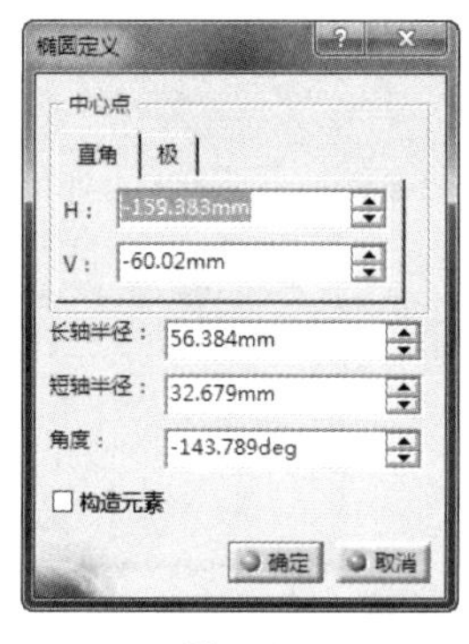

图 4-94

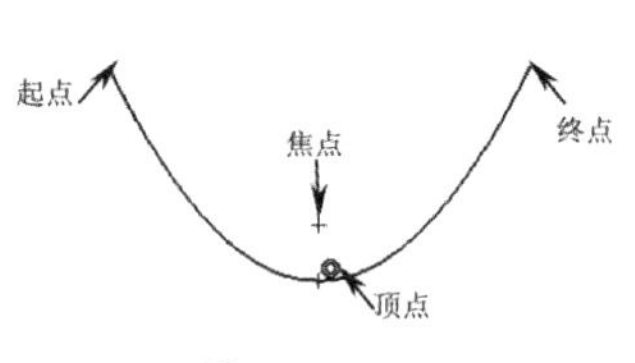

图 4-95

06 双击所绘制的抛物线，弹出如图 4-96 所示的“抛物线定义”对话框，可以通过该对话框设置焦点和顶点的坐标参数。

07 单击“抛物线定义”对话框中的“确定”按钮完成抛物线的修改。

动手操作——双曲线的绘制

01 单击“二次曲线”工具条中的“通过焦点创建双曲线”按钮，“草图工具”工具条展开如图 4-97 所示。

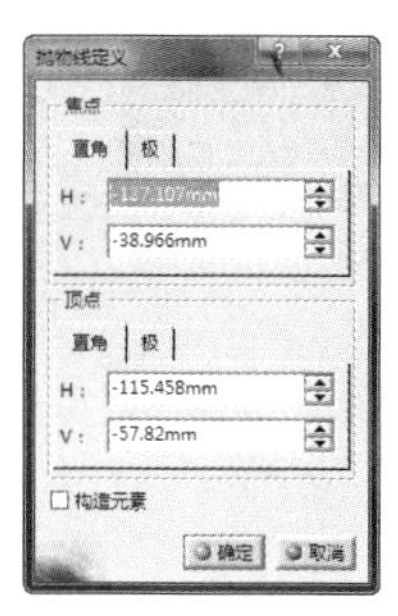

图 4-96

图 4-97

技术要点

“草图工具”工具条中的e参数为双曲线的偏心率，为大于1的数字。

02 在绘图区中，任意单击一点确定双曲线焦点，“草图工具”工具条展开中心直角坐标文本框。

03 在绘图区中，移动鼠标指针到合适的位置，单击确定双曲线中心点，“草图工具”工具条展开顶点直角坐标文本框。

04 在绘图区中，移动鼠标指针到焦点与中心之间合适的位置，单击确定双曲线顶点，“草图工具”工具条展开起点直角坐标文本框。

05 在绘图区中，移动鼠标指针到合适的位置，单击确定双曲线起点，“草图工具”工具条展开终点直角坐标文本框。

06 在绘图区中，移动鼠标指针到合适位置，单击确定双曲线终点，完成双曲线的绘制，效果如图 4-98 所示。

07 双击所绘制的双曲线，弹出如图 4-99 所示的“双曲线定义”对话框，可以通过该对话框设置焦点、中心点坐标以及偏心率。

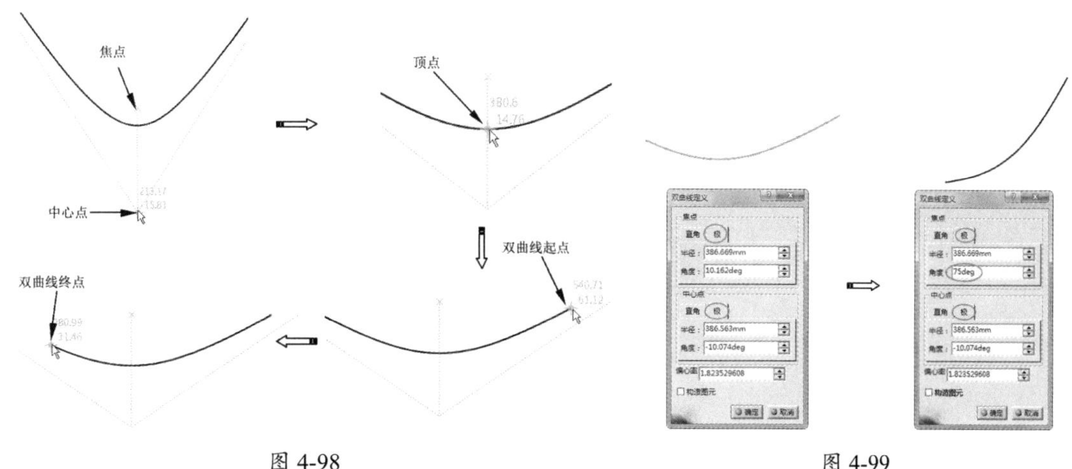

图 4-98　　图 4-99

08 单击“双曲线定义”对话框中的“确定”按钮完成双曲线的编辑。

动手操作——圆锥曲线的绘制

01 单击“二次曲线”工具条中的“二次曲线”按钮，“草图工具”工具条展开如图 4-100 所示。

图 4-100

技术要点

圆锥曲线的绘制方法包括：两点法、四点法和五点法。

02 单击激活“草图工具”工具条中的“两个点”开关按钮和“切线相交点”开关按钮。

- 通过两点绘制圆锥曲线：根据起点、终点、起点切线、终点切线和穿越点来生成圆锥，可以选择使用起点切线和终点切线或者切线相交点，即单击激活“起点切线和终点切线”开关按钮或者“切线相交点”开关按钮。
- 通过四点绘制圆锥曲线：通过起点、起点切线、终点、第一点和第二点来生成圆锥曲线，可以选择是否使用穿过点处的切线，即单击激活“穿过点处的切线”开关按钮。
- 通过五点绘制圆锥曲线：通过起点、终点、第一点、第二点和第三点生成圆锥曲线。

03 在绘图区中，任意单击一点确定起点，“草图工具”工具条展开终点直角坐标文本框。

04 在绘图区中，任意单击一点确定终点，“草图工具”工具条展开切线相交点直角坐标文本框。

05 在绘图区中，任意单击一点确定切线相交点，“草图工具”工具条展开穿越点直角坐标文本框。

06 在绘图区中，移动鼠标指针到两条直线相交范围内的合适位置，单击确定穿越点，完成圆锥曲线的绘制，效果如图 4-101 所示。

07 双击所绘制的圆锥曲线，弹出如图 4-102 所示的“二次曲线定义”对话框，通过该对话框可以对约束限制和中间约束进行设置。

08 单击“二次曲线”对话框中的“确定”按钮完成圆锥曲线的修改。

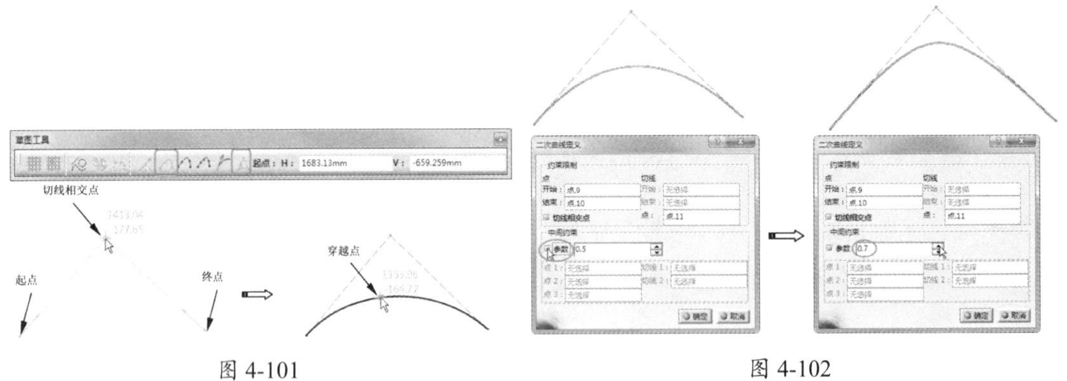

图 4-101　　图 4-102

4.4.3 绘制轮廓线

绘制由若干直线段和圆弧段组成的轮廓线。单击“轮廓”按钮，提示区显示“单击或选择轮廓的起点”的提示信息，“草图工具”工具条中显示“第一点”（H 和 V）文本框，如图 4-103 所示。

图 4-103

当绘制了一条直线后，工具条中将显示 3 种轮廓方法，具体介绍如下。

1. 直线

默认情况下，按钮被自动激活。若需要，将始终绘制多段直线，如图 4-104 所示。

> **技术要点**
>
> 若要终止轮廓线的绘制，可用以下方法。
>
> - 连续按Esc键两次即可结束。
> - 绘制轮廓线过程中再次单击“轮廓”按钮即可结束。
> - 绘制过程中双击，即可结束。
> - 若首尾两点重合，将自动结束绘制轮廓线。

2. 相切弧

绘制直线后，可以单击“相切弧”按钮，在直线终点处开始绘制相切圆弧，如图 4-105 所示。

通过拖动相切弧的端点，可以确定相切弧的长度、半径和圆心位置，也可以在“草图工具”工具条的文本框中输入 H 值、V 值或 R 值，锁定圆弧。

图 4-104　　　图 4-105

> **技术要点**
>
> 无论用户怎样拖动圆弧端点，此圆弧始终与直线相切。

3. 三点弧

在绘制相切弧或直线的过程中，可以单击“三点弧”按钮，在前一图线的终点位置开始绘制 3 点圆弧，如图 4-106 所示。

> **技术要点**
>
> 如果单击按住左键从轮廓线的最后一点拖动一个矩形，将得到一个圆弧，该圆弧与前一段线相切，端点在矩形的对角点上，如图4-107所示。

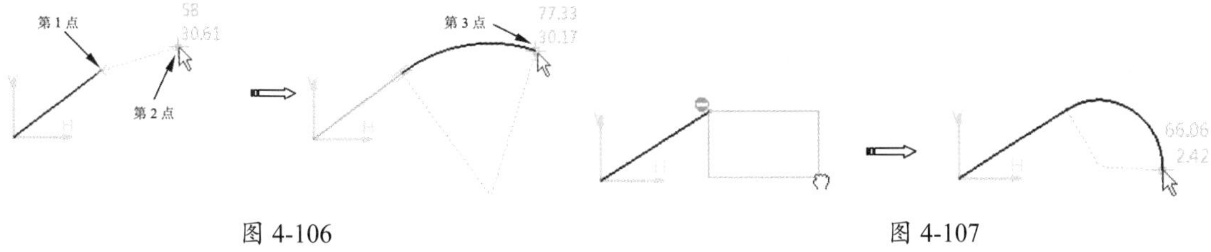

图 4-106　　　图 4-107

动手操作——绘制轮廓线草图

01 新建零件文件，进入草图编辑器工作平台。

02 单击“直线”工具栏中的“直线”按钮╱，“草图工具”工具栏展开如图4-108所示。

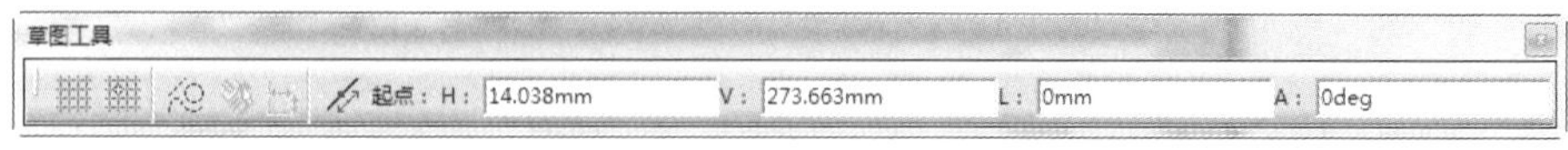

图 4-108

03 单击“草图工具”工具栏中的“构造/标准元素”按钮。

04 在绘图区中，任意单击一点确定直线段的起点。

05 在绘图区中，移动鼠标指针到合适位置，单击一点确定直线段的终点，绘制一条水平直线段。

06 重复步骤02～05，绘制另一条垂直的直线段。

07 单击“圆”工具栏中的“弧”按钮，“草图工具”工具栏展开弧参数文本框。

08 在绘图区中，单击拾取左侧两条直线段的交点。

09 在“草图工具”工具栏中的R文本框中输入64，S文本框中输入60，按Enter键。

10 在绘图区中，移动鼠标指针到圆心的下方直线段上，单击确定圆弧的起点，完成圆弧的创建，效果如图4-109所示。

11 按住Ctrl键，选择水平直线段和垂直直线段，单击“约束”工具栏中的“对话框中定义的约束”按钮，弹出“约束定义”对话框。

12 选中“约束定义”对话框中的“垂直”复选框，单击“确定”按钮完成两条直线段的垂直约束。

技术要点

这里可以选择垂直的直线段，然后使用启动“约束定义”对话框中的“竖直”复选框，进行与水平直线段垂直的几何约束。

13 重复步骤11～12，创建另一条直线段与水平直线段并进行垂直几何约束。

14 单击“约束创建”工具栏中的“约束”按钮。

15 在绘图区中，选择垂直的两条直线段，移动鼠标指针到合适位置，单击确定标注尺寸的位置。

16 双击标注的尺寸数值，弹出如图4-110所示的“约束定义”对话框。

17 在“约束定义”对话框中的“值”文本框中输入91，按Enter键，完成尺寸的修改，效果如图4-111所示。

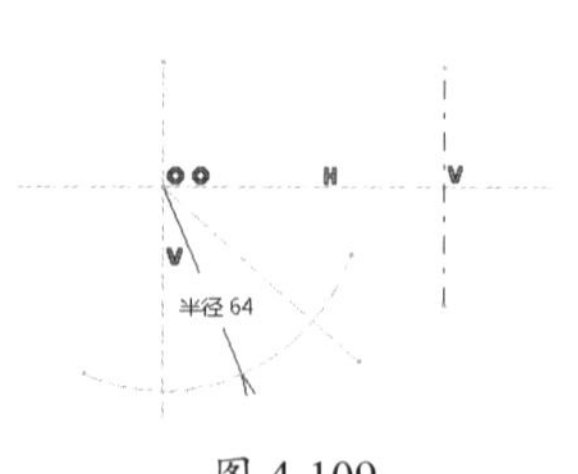

图 4-109

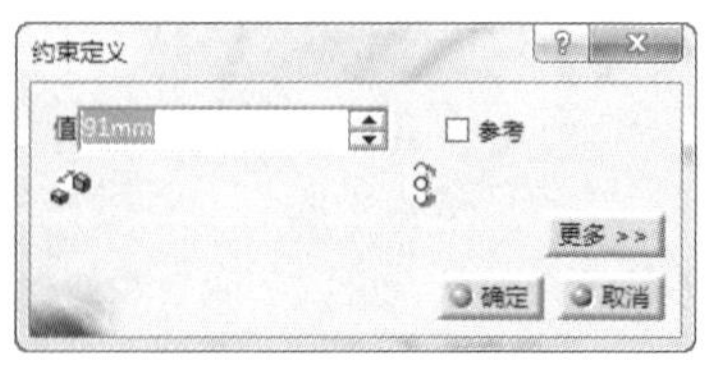

图 4-110

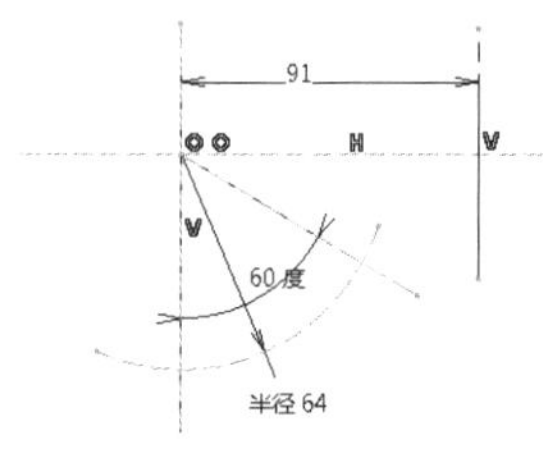

图 4-111

18 单击“轮廓”工具栏中的“轮廓”按钮，“草图工具”工具栏展开第一点直角坐标文本框。

19 在绘图区中，移动鼠标指针到两垂直直线段中间水平直线段上部，单击确定起点。

20 向左移动鼠标指针到合适位置，单击确定第二点。

21 单击激活“草图工具”工具栏中的“相切弧”开关按钮，绘制相切圆弧。

22 继续绘制相切圆弧。

23 重复绘制相切圆弧，最后效果如图 4-112 所示。

24 单击“圆”工具栏中的“圆”按钮，“草图工具”工具栏展开圆心直角坐标和半径文本框。

25 在绘图区中，移动鼠标指针到左侧两构造线的交点位置，拾取该点为圆心。

26 在“草图工具”工具栏的 R 文本框中输入 22.5，按 Enter 键，完成圆的绘制，效果如图 4-113 所示。

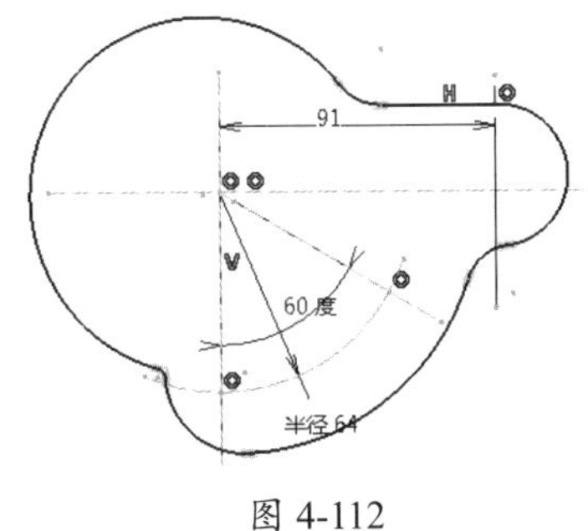

图 4-112

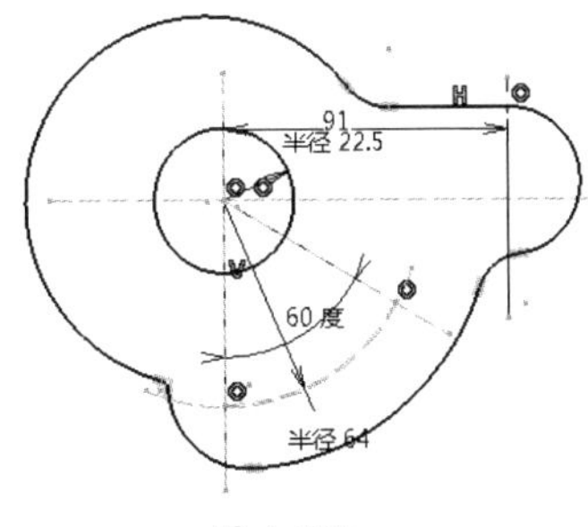

图 4-113

27 单击“预定义的轮廓”工具栏中的“延伸孔”按钮，“草图工具”工具栏展开延伸孔参数文本框。

28 在“草图工具”工具栏中的“半径”文本框中输入 9，L 文本框中输入 36，按 Enter 键。

29 在绘图区中，移动鼠标指针到右侧构造线的交点位置，拾取该点为第一中心点。

30 在绘图区中，移动鼠标指针到第一中心点左侧（水平），任意单击确定第二中心点的方向，完成延伸孔的创建，效果如图 4-114 所示。

31 单击“预定义的轮廓”工具栏中的“圆柱形延伸孔”按钮，“草图工具”工具栏展开圆柱形延伸孔参数文本框。

32 在“草图工具”工具栏中的“半径”文本框中输入 9，R 文本框中输入 64，S 文本框中输入 60，按 Enter 键。

33 在绘图区中，移动鼠标指针到左侧构造线的交点位置，拾取该点为圆柱形延伸孔的圆心。

34 绘图区中，移动鼠标指针到圆心的下方垂直直线段上，任意单击确定圆柱形延伸孔的方向，完成圆柱形延伸孔的绘制，效果如图 4-115 所示。

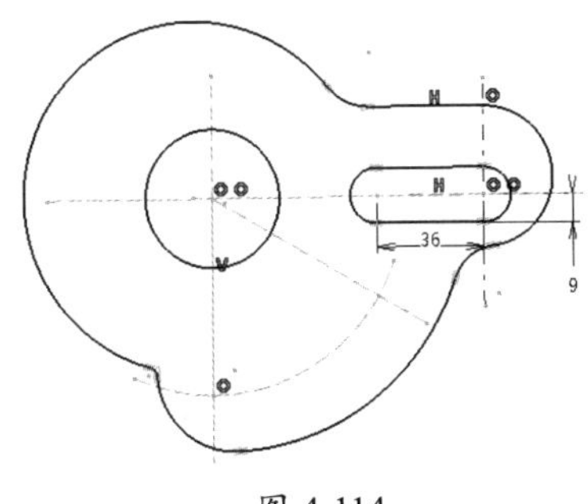

图 4-114

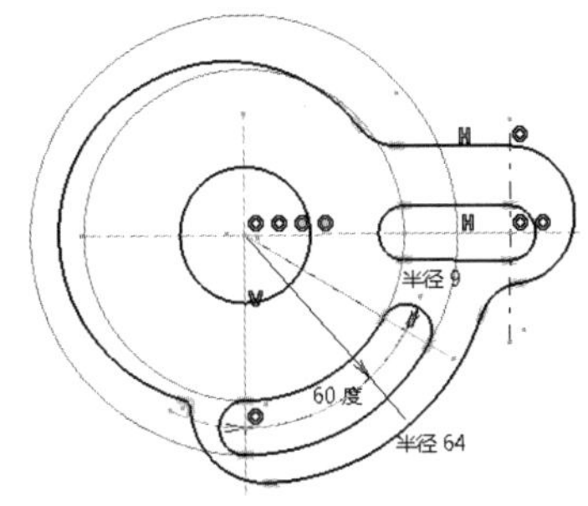

图 4-115

4.5 实战案例——绘制零件草图

引入文件：无

结果文件：\动手操作\结果文件\Ch04\lingjian.CATpart

视频文件：\视频\Ch04\绘制零件草图.avi

参照如图4-116所示的图纸绘制零件草图，注意其中的水平、垂直、同心、相切等几何关系。

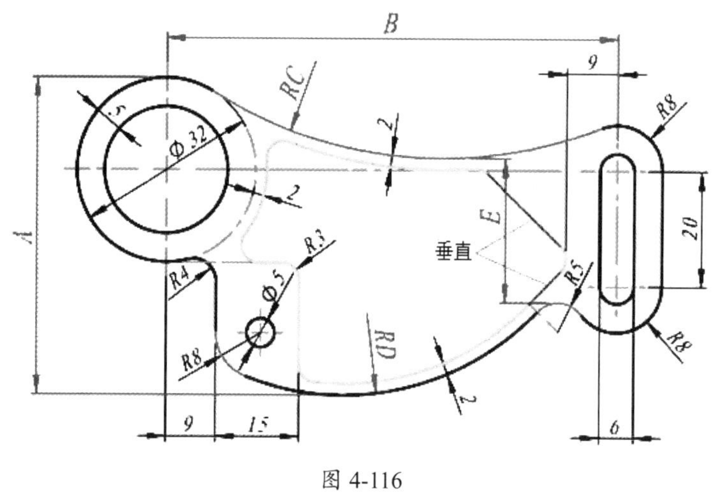

图4-116

绘图分析：

（1）参数：A=54，B=80，C=77，D=48，E=25。

（2）此图形结构比较特殊，许多尺寸都不是直接给出的，需要经过分析得到，否则容易出错。

（3）由于图形的内部有一个完整的封闭环，这部分图形也是一个完整图形，但这个内部图形的定位尺寸参考均来自于外部图形中的“连接线段”和“中间线段”，所以绘图顺序是先绘制外部图形，再绘制内部图形。

（4）此图形很轻易地就可以确定绘制的参考基准中心位于Ø32圆的圆心，从标注的定位尺寸即可看出。作图顺序的图解如图4-117所示。

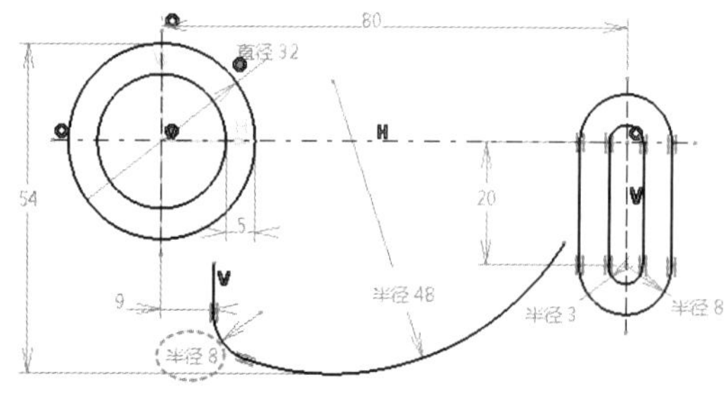

步骤1：绘制外形已知线段

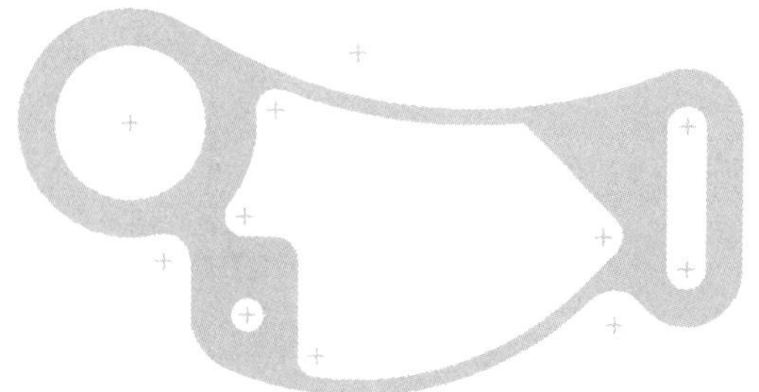

步骤2：绘制外形中间线段

图4-117

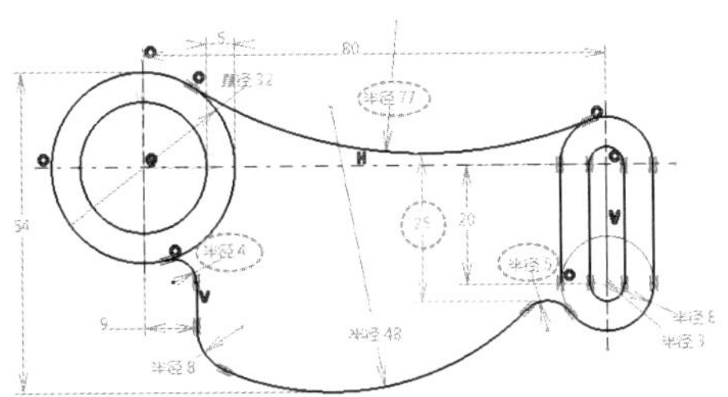

步骤 3：绘制外形连接线段

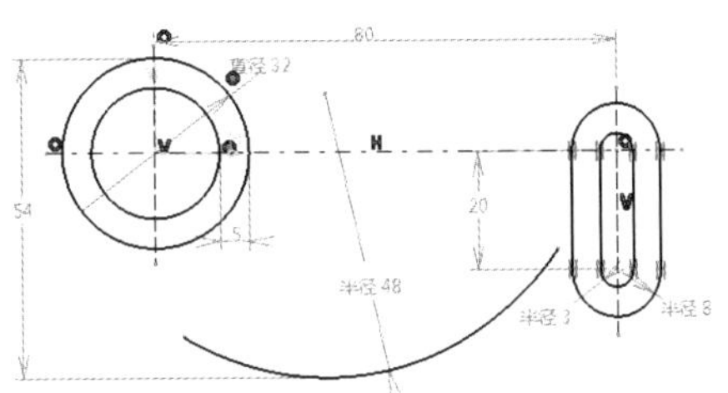

步骤 4：绘制内部线段

图 4-117（续）

设计步骤：

01 新建 CATIA 零件文件，执行“开始”|“机械设计”|“草图编辑器”命令，进入零件设计环境。

02 选择 xy 平面作为草图平面，自动进入草图工作台中，如图 4-118 所示。

03 绘制本例图形的参考基准中心线。由于 CATIA 草图环境中自动以工作坐标系原点作为草图的基准中心，因此，以坐标系原点作为绘制 Ø32 圆的圆心。

技术要点

为了避免基准平面在草图中影响图形的观察，执行“工具”|“选项”命令，并将草图中的网格显示关闭，如图4-119所示。

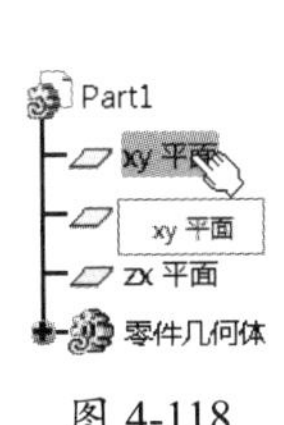

图 4-118

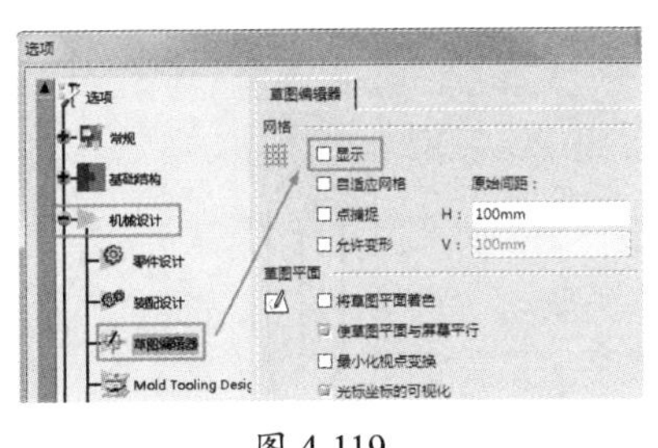

图 4-119

04 绘制外部轮廓的已知线段（既有定位尺寸也有定形尺寸的线段）。

- 单击“圆”按钮，在坐标系原点绘制两个同心圆，重新进行强尺寸标注，约束圆，如图 4-120 所示。
- 单击“延长孔”按钮，绘制右侧部分（虚线框内部分）的已知线段，如图 4-121 所示。

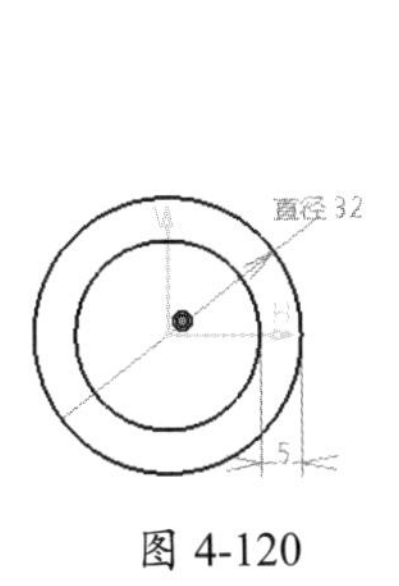

图 4-120

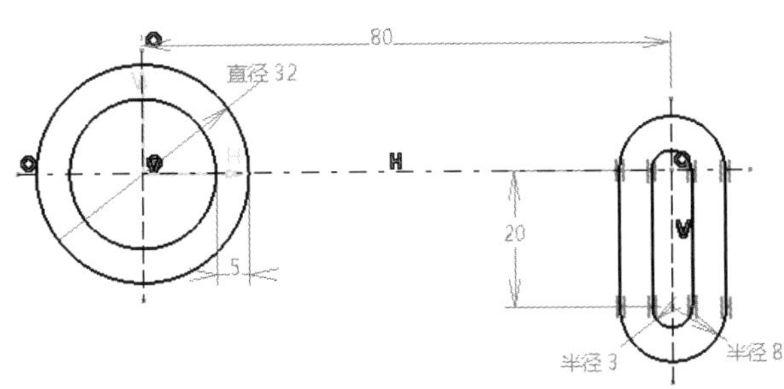

图 4-121

- 单击“3 点弧”按钮，绘制下方的已知线段（*R*48）的圆弧，如图 4-122 所示。

05 绘制外部轮廓的中间线段（只有定位尺寸的线段）。

- 单击“直线”按钮，绘制水平标注距离为 9 的垂直直线，如图 4-123 所示。

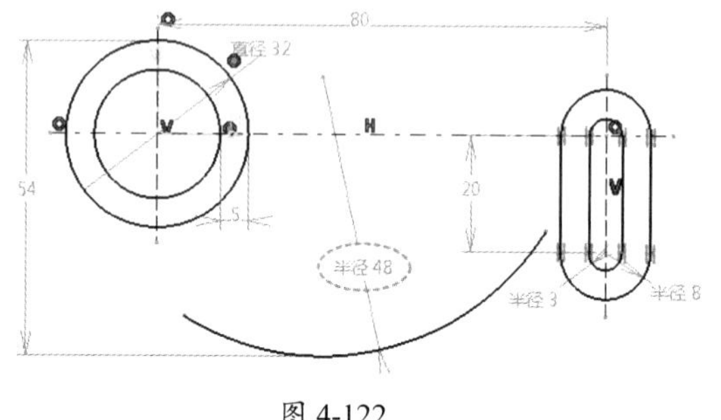

图 4-122

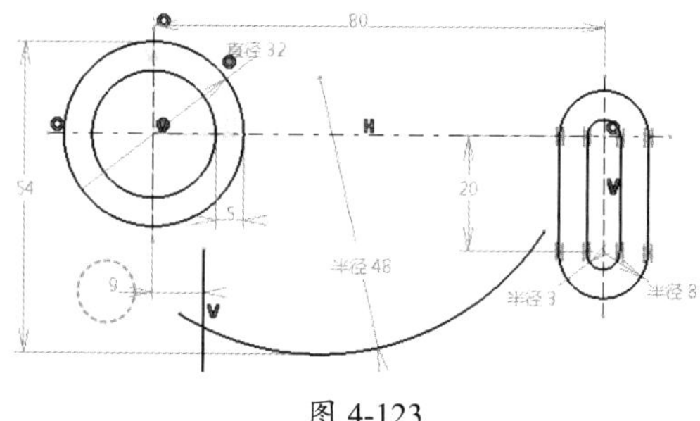

图 4-123

- 单击“圆角”按钮，在竖直线与圆弧（半径为 48mm）交点处创建圆角（半径为 8mm），如图 4-124 所示。

技术要点

原本这个圆角曲线（Ø8）属于连接线段类型，但它的圆心同时也是内部Ø5圆的圆心，起到定位作用，所以这段圆角曲线又变成了“中间线段”。

06 绘制外部轮廓的连接线段，如图 4-125 所示。

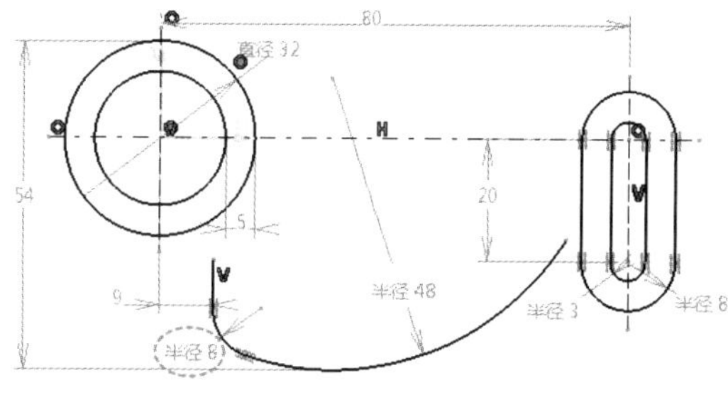

图 4-124

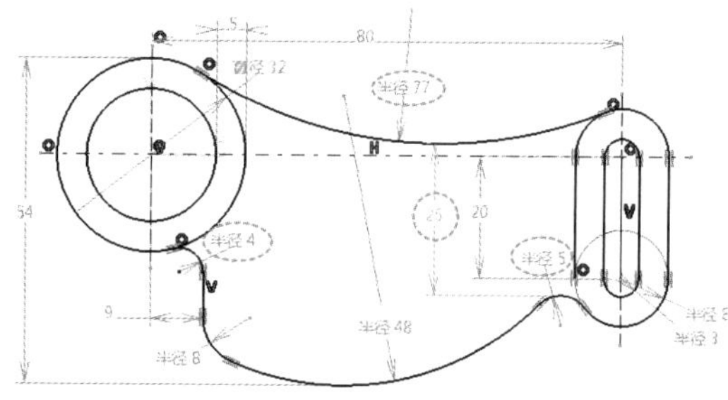

图 4-125

- 单击“圆角”按钮（设置“第一修剪元素”，先选直线再选圆进行修剪），绘制第一段连接线段曲线（*R*4）。
- 以此“圆角”命令（设置“不修剪”），绘制第二段连接线段曲线（*R*77）。
- 以此“圆角”命令（设置“修剪所有元素”），绘制第三段连接线段曲线（*R*5）。
- 利用工具标注出 *R*77 与 *R*5 圆角之间的距离为 25mm。

07 最后绘制内部图形轮廓。

- 单击“偏移”按钮，偏移出如图 4-126 所示的内部轮廓中的中间线段。
- 单击“直线”按钮，绘制 3 条直线，如图 4-127 所示。

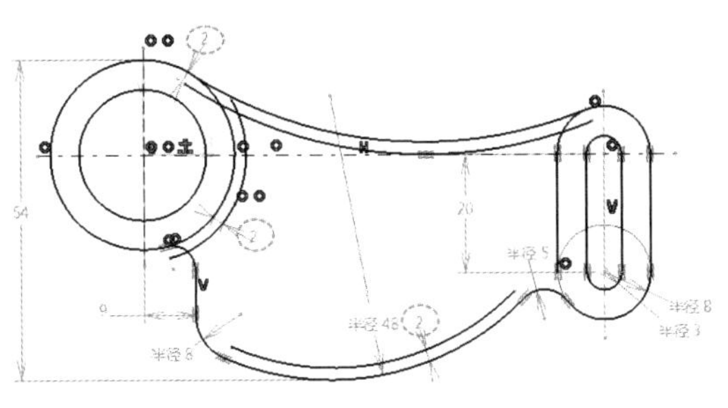

图 4-126

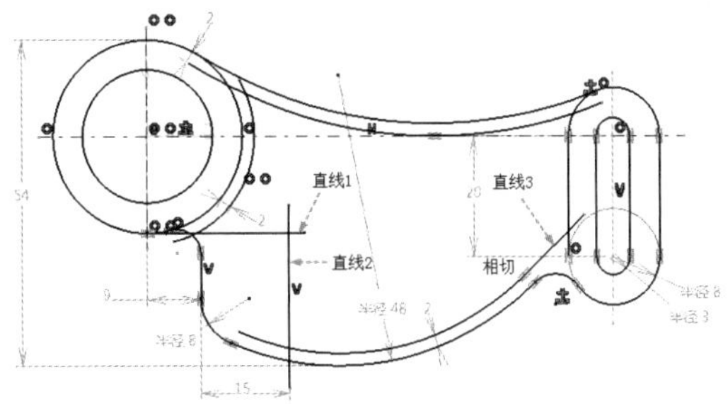

图 4-127

- 单击“直线”按钮，绘制第 4 条直线，单击“约束”按钮垂直使直线 4 与直线 3 垂直约束，如图 4-128 所示。
- 单击“圆角”按钮，创建内部轮廓中相同半径（*R*3）的圆角，如图 4-129 所示。同理，将内部轮廓其余的夹角进行圆角处理，半径均为 *R*3。

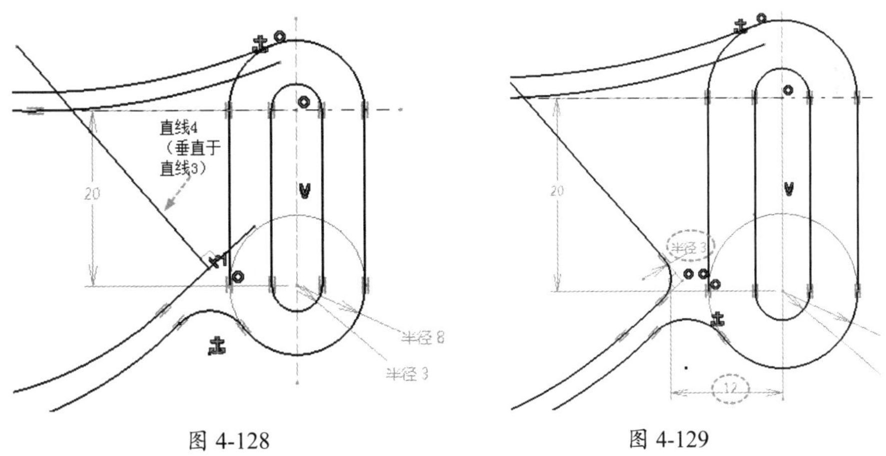

图 4-128　　　　图 4-129

- 单击删除段按钮，修剪图形，结果如图 4-130 所示。
- 单击圆心和点按钮，在左下角圆角半径为 *R*8 的圆心位置上绘制直径为 *Ø*5 的圆，如图 4-131 所示。

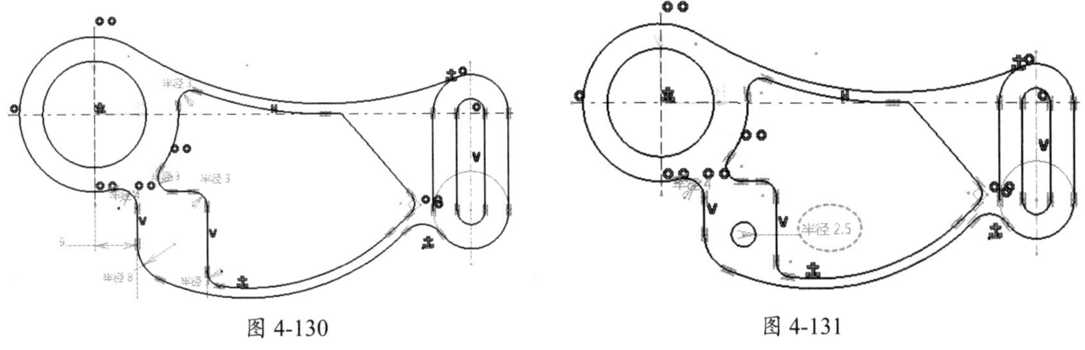

图 4-130　　　　图 4-131

08 至此，完成了本例零件草图的绘制，最后将文件保存在工作目录中。

4.6 课后习题

1. 绘制草图一

进入 CATIA 草图编辑器，绘制如图 4-132 所示的草图。

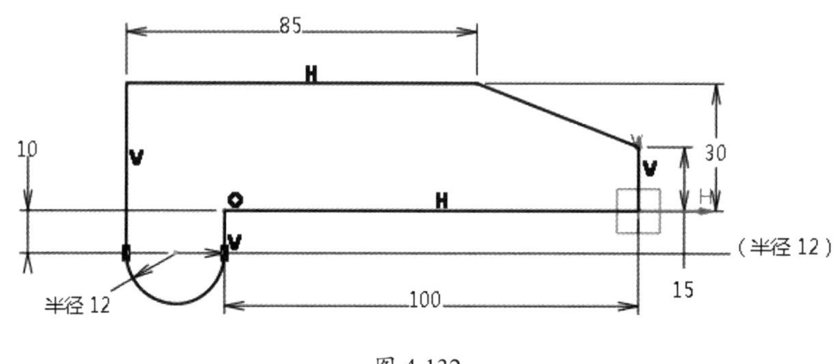

图 4-132

2. 绘制草图二

进入 CATIA 草图编辑器，绘制如图 4-133 所示的草图。

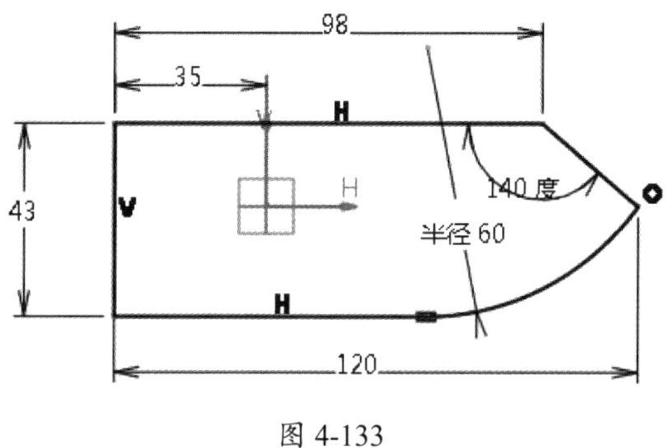

图 4-133

3. 绘制草图三

进入 CATIA 草图编辑器，绘制如图 4-134 所示的草图。

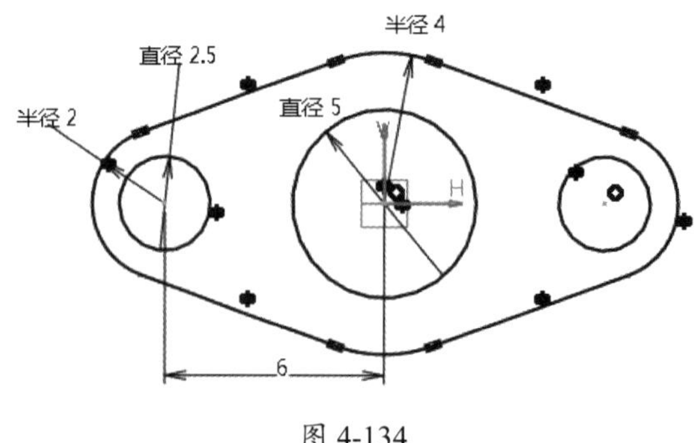

图 4-134

第 5 章　草图编辑指令

第 4 章主要介绍了 CATIA V5-6R2017 的一些基本草图命令，但一个完整的草图还应包括几何约束、尺寸约束、几何图形的编辑等内容。本章将详细介绍这些内容，这将有助于绘制完整的草图。

- 图形编辑
- 几何约束
- 尺寸约束
- 实战案例

5.1 草图图形的编辑

“插入”|“操作”子菜单中包括有关图形编辑的命令，如图 5-1 所示，也可以单击如图 5-2 所示的“操作”工具栏中的工具按钮，即可编辑所选的图形对象。

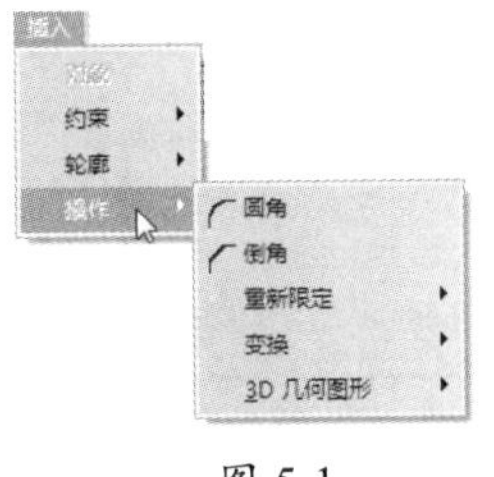

图 5-1

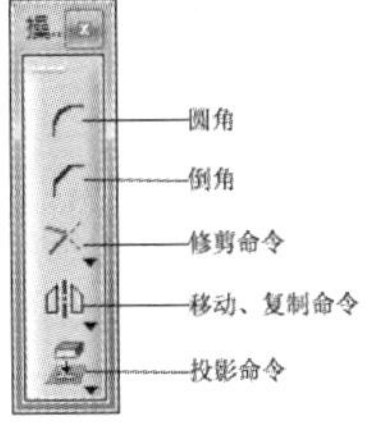

图 5-2

5.1.1 倒圆角

“倒圆角”命令将创建与两个直线或曲线图形对象相切的圆弧。单击图标，提示区出现“选择第一曲线或公共点”的提示，“草图工具”工具栏显示如图 5-3 所示。

图 5-3

图 5-3 中显示了圆角特征的 6 种类型，分别如下。

- 修剪所有图形：单击此按钮，将修剪所选的两个图元，不保留原曲线，如图 5-4 所示。
- 修剪第一图元：单击此按钮，创建圆角后仅修剪所选的第 1 个图元，如图 5-5 所示。

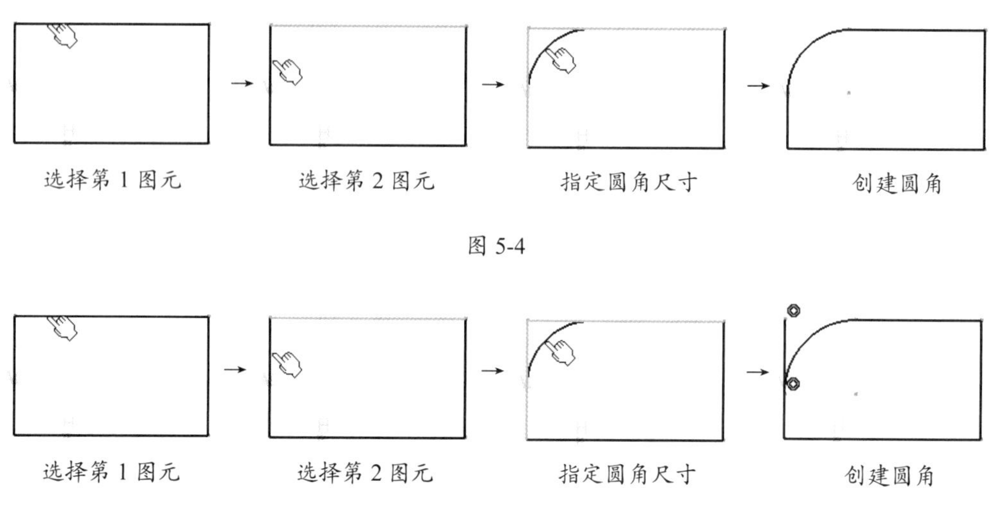

图 5-4

图 5-5

- 不修剪：单击此按钮，创建圆角后将不修剪所选图元，如图 5-6 所示。

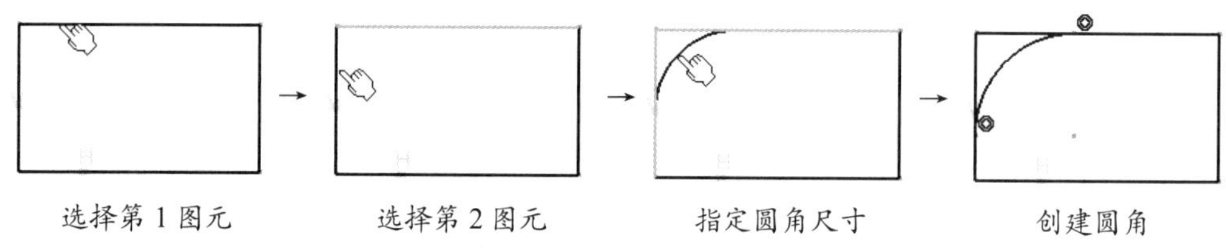

图 5-6

- 标准线修剪：单击此按钮，创建圆角后，使原本不相交的图元相交，如图 5-7 所示。

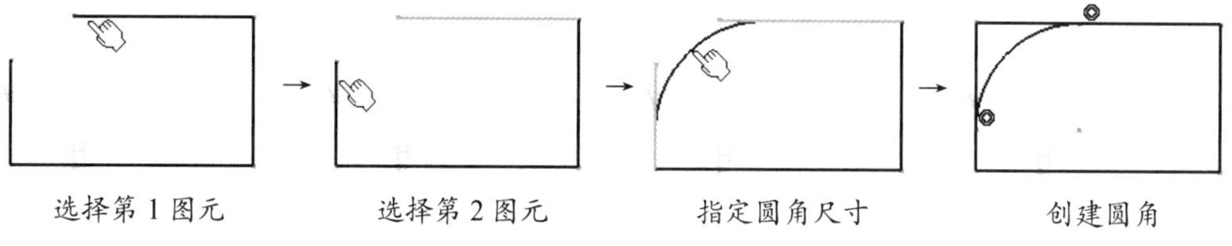

图 5-7

- 构造线修剪：单击此按钮，修剪图元后，所选的图元将变成构造线，如图 5-8 所示。

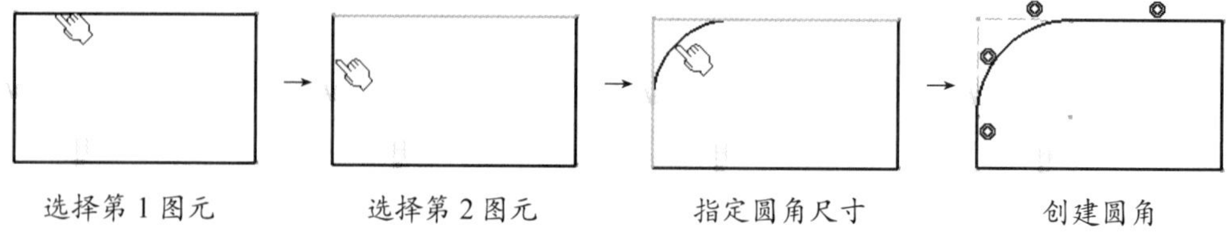

图 5-8

- 构造线未修剪：单击此按钮，创建圆角后，所选图元变为构造线，但不修剪构造线，如图 5-9 所示。

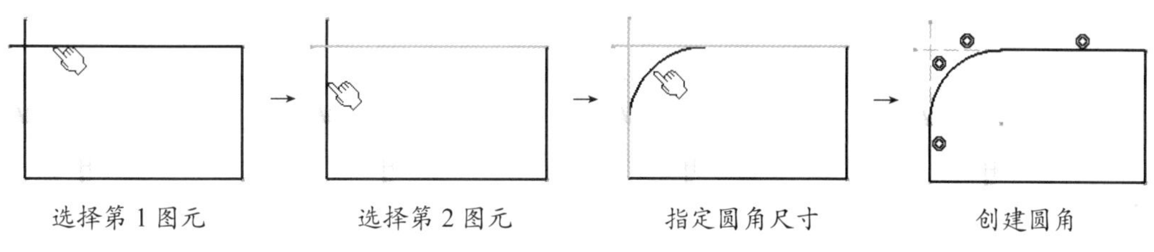

图 5-9

技术要点

如果需要精确创建圆角，可以在“草图工具”工具条中显示的“半径”文本框中输入半径值，如图5-10所示。

5.1.2　倒角

“倒角”命令将创建与两个直线或曲线图形对象相交的直线，形成一个倒角。在“操作”工具栏中单击“倒角”按钮，“草图工具”工具栏显示如图 5-11 所示的 6 种倒角类型。选取两个图形对象或者选取两个图形对象的交点，“草图工具”工具栏扩展为如图 5-12 所示的状态。

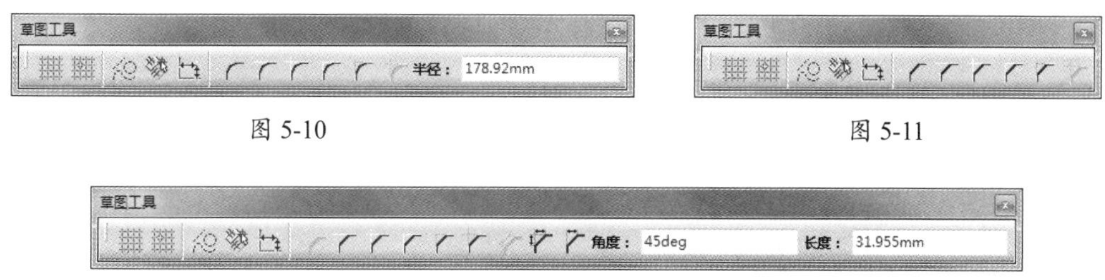

图 5-10　　图 5-11

图 5-12

新建的直线与两个待倒角的对象的交点形成一个三角形，单击“草图工具”工具栏中的 6 个图标之一，可以创建与圆角类型相同的 6 种倒角类型，如图 5-13 所示。

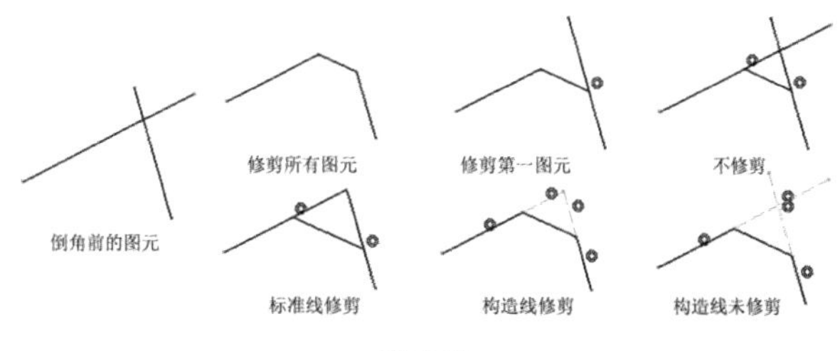

图 5-13

技术要点

如果直线互相平行，由于不存在真实的交点，所以长度使用端点计算。

当选择第一图元和第二图元后，“草图工具”工具栏中显示以下 3 种倒角方式。

- 角度和斜边：新直线的长度及其与第一个被选对象的角度，如图 5-14（a）所示。
- 角度和第一长度：新直线与第一个被选对象的角度，以及与第一个被选对象的交点到两个被选对象的交点的距离，如图 5-14（b）所示。

- 第一长度和第二长度：两个被对象的交点与新直线交点的距离，如图 5-14（c）所示。

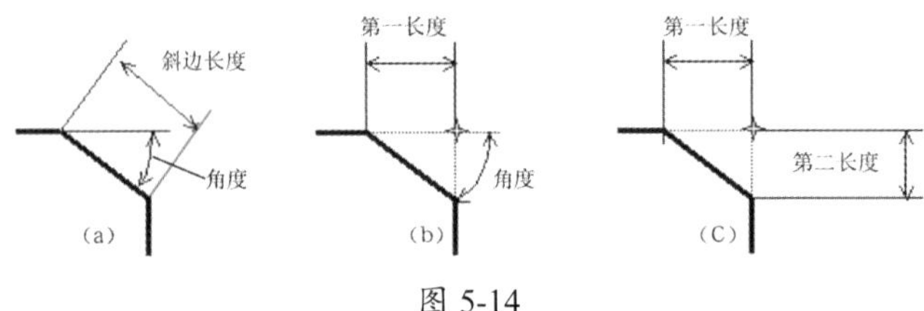

图 5-14

技术要点

如果要创建倒角的两个图元是相互平行的直线，那么，创建的倒角会是两平行直线之间的垂线，始终修剪光标选择位置的另一侧，如图5-15所示。

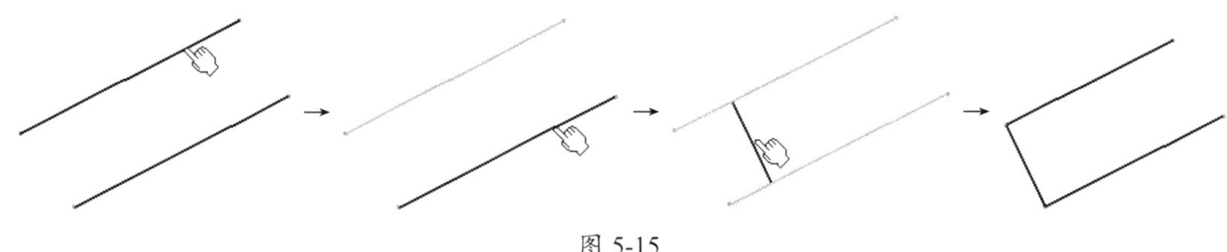

图 5-15

5.1.3 修剪图形

在“操作”工具栏中双击“修剪”按钮，将显示含有修改图形对象的工具栏，如图 5-16 所示。

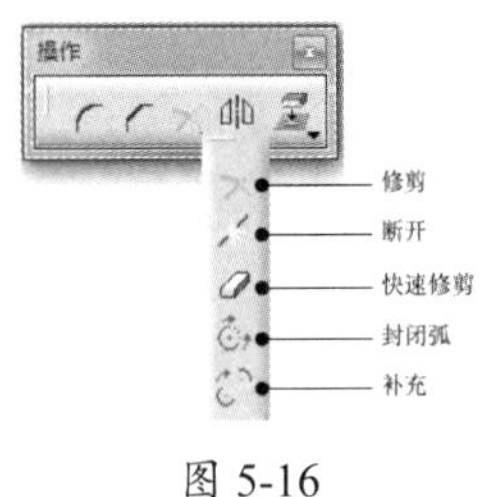

图 5-16

1. 修剪

“修剪”命令用于对两条曲线进行修剪。如果修剪结果是缩短曲线，则适用于任何曲线；如果是伸长曲线，则只适用于直线、圆弧和圆锥曲线。

单击“操作”工具栏上的“修剪”按钮，弹出“草图工具”工具栏，工具栏中显示两种修剪方式：

- 修剪所有图元：修剪图元后，将修剪所选的两个图元，如图 5-17 所示。

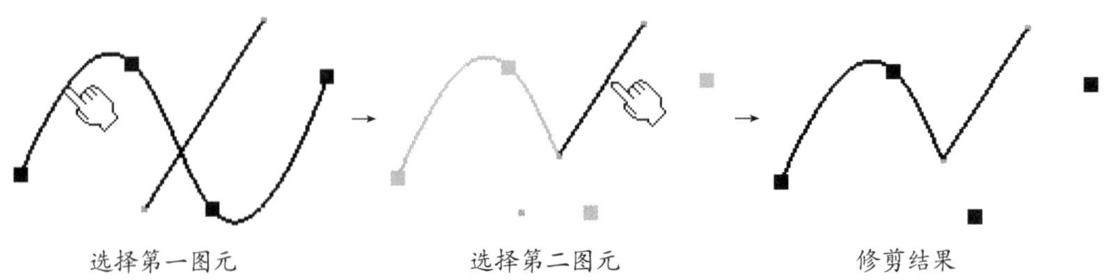

图 5-17

技术要点

修剪结果与鼠标单击曲线位置有关，在选取曲线时单击部分将保留。如果是单条曲线，也可以进行修剪，修剪时第1点是确定保留的部分，第2点是修剪点，如图5-18所示。

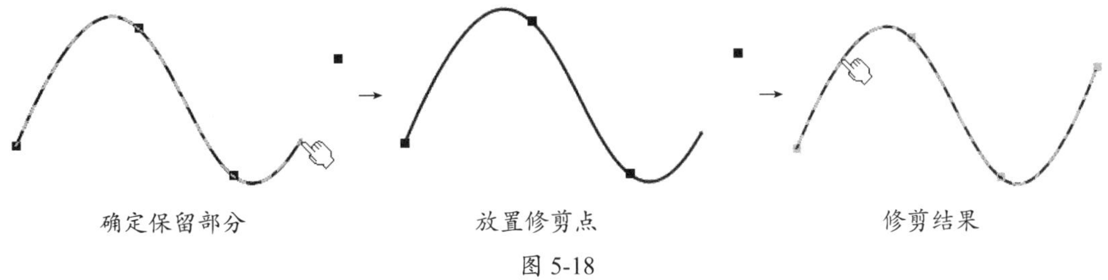

图 5-18

- 修剪第一图元：修剪图元后，将只修剪所选的第一图元，保留第二图元，如图 5-19 所示。

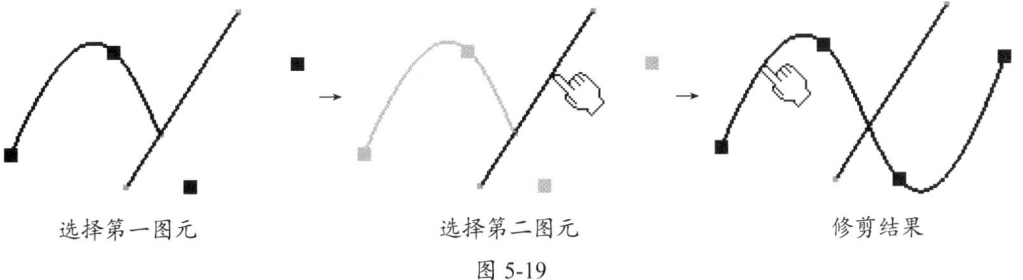

图 5-19

2. 断开

“断开”命令将草图元素打断，打断工具可以是点、圆弧、直线、圆锥曲线、样条曲线等。

单击“操作”工具栏中的“断开”按钮，选择要打断的元素，然后选择打断工具（打断边界），系统自动完成打断操作，如图 5-20 所示。

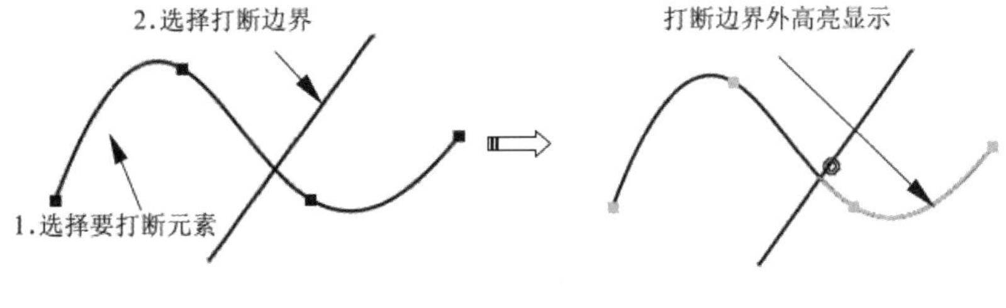

图 5-20

技术要点

如果所指定的打断点不在直线上，则打断点将是指定点在该曲线上的投影点。

3. 快速修剪

快速修剪直线或曲线。若选到的对象不与其他对象相交，则删除该对象；若选到的对象与其他对象相交，则该对象的包含选取点且与其他对象相交的一段将被删除。图 5-21（a）和（c）所示为修剪前的图形，圆点表示选取点，修剪结果如图 5-21（b）和（d）所示。

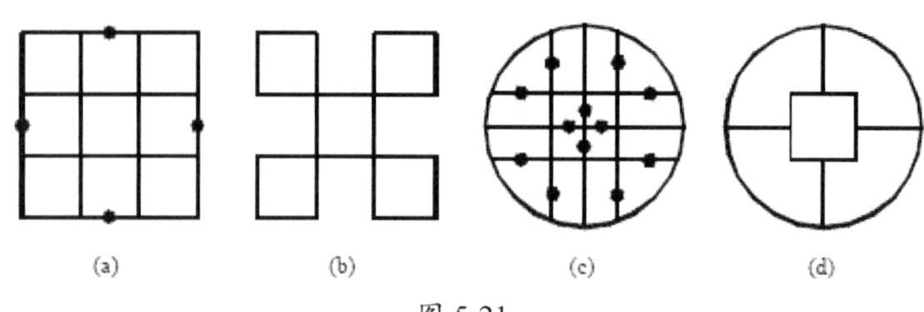

图 5-21

技术要点

值得注意的是，快速修剪命令一次只能修剪一个图元，因此，要修剪更多的图元，需要反复使用“快速修剪”命令。

快速修剪也有 3 种修剪方式。

- 断开及内擦除：此方式会断开所选图元并修剪该图元，擦除打断边界内的部分，如图 5-22 所示（图 5-21 中的修剪结果也是采用此种方式的）。
- 断开及外擦除：此方式会断开所选图元并修剪该图元，修剪打断边界外的部分，如图 5-23 所示。

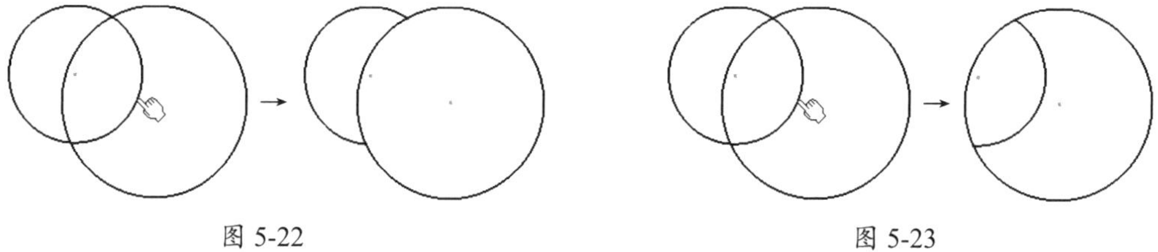

图 5-22　　　　图 5-23

- 断开并保留：此方式仅会打开所选图元，保留所有断开的图元，如图 5-24 所示。

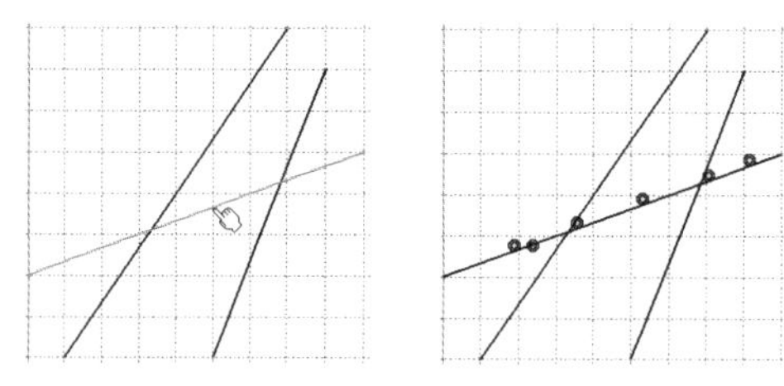

图 5-24

技术要点

对于复合曲线（多个曲线组成的投影/相交元素）而言，无法使用“快速修剪”和/或“断开”命令，但是可以通过使用修剪命令绕过该功能的限制。

4. 封闭弧

使用“封闭弧”命令，可以将所选圆弧或椭圆弧封闭而生成整圆。封闭弧的操作较简单——单击“封闭弧”按钮，再选中要封闭的弧，即可完成封闭操作，如图 5-25 所示。

5. 补充

“补充”命令就是创建圆弧、椭圆弧的补弧——补弧与所选弧构成整圆或整椭圆。单击“补充”按钮，选择要创建补弧的弧，软件自动创建补弧，如图 5-26 所示。

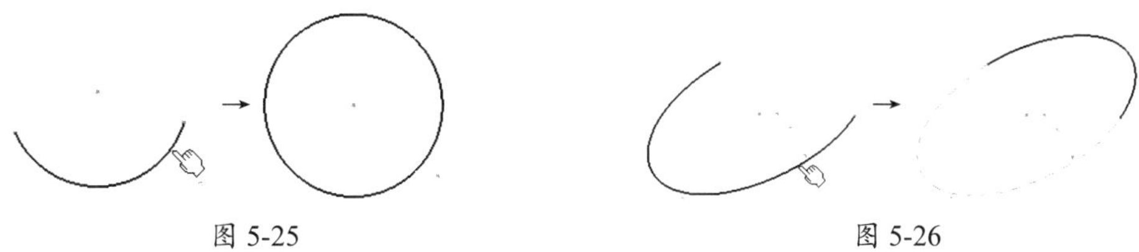

图 5-25　　　　图 5-26

5.1.4　图形变换

图形变换工具是快速制图的高级工具，如镜像、对称、平移、旋转、缩放、偏置，熟练使用这些工具，可以提高绘图效率。

“操作”工具栏中的变换操作工具如图 5-27 所示。

1. 镜像变换

“镜像”命令可以复制基于对称中心轴的镜像对称图形，原图形将保留。创建镜像图形前，需要创建镜像中心线。镜像中心线可以是直线或轴。

单击“镜像”按钮，选取要镜像的图形对象，再选取直线或轴线作为对称轴，即可得到原图形的对称图形，如图 5-28 所示。

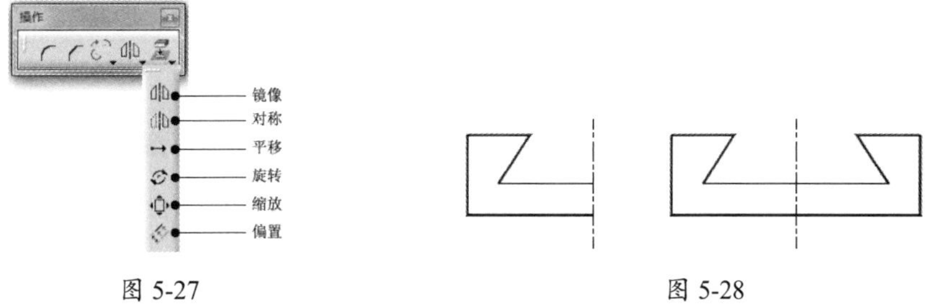

图 5-27　　　　图 5-28

技术要点

创建镜像对象时，如果要镜像的对象是多个独立的图形，可以框选对象，或者按Ctrl键逐一选择对象。

2. 对称

“对称”命令也能复制具有镜像对称特性的对象，但是原对象将不保留，这与“镜像”命令的操作结果不同，如图 5-29 所示。

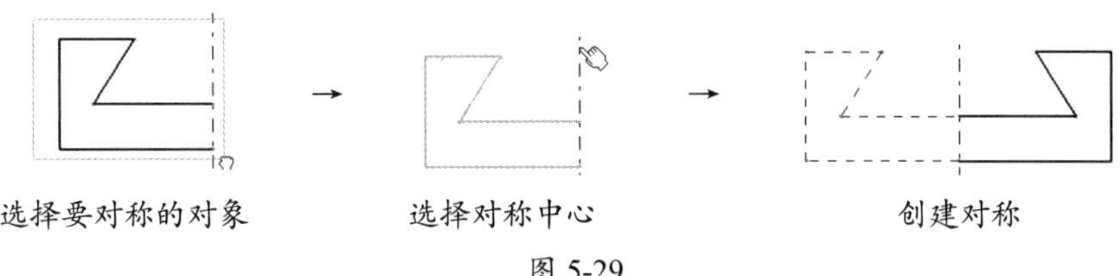

图 5-29

3. 平移

“平移”命令可以沿指定方向平移、复制图形对象。单击“平移”按钮，弹出如图 5-30 所示的“平移定义”对话框。

图 5-30

“平移定义”对话框中各选项的含义如下。

- 实例：设置副本对象的个数，可以单击微调按钮来设置。
- 复制模式：选中此复选框，将创建原图形的副本对象，反之，则仅平移图形而不创建副本。
- 保持内部约束：此复选框仅当选中“复制模式”复选框后可用。此复选框指定在平移过程中保留应用于选定元素的内部约束。
- 保持外部约束：此复选框仅当选中“复制模式”复选框后可用。此复选框指定在平移过程中保留应用于选定元素的外部约束。
- 长度：平移的距离。
- 捕捉模式：选中此复选框，可采用捕捉模式，捕捉点来放置对象。

选取待平移或复制的一些图形对象，例如，选取如图 5-31 所示的小圆。依次选择小圆的圆心 *P*1 点和大圆的圆心 *P*2 点。若该对话框的“复制模式”复选框未被选中，小圆沿矢量 *P*1、*P*2 被平移到与大圆同心。

若“复制模式”复选框被选中，小圆被复制到与大圆同心处，如图 5-32 所示。

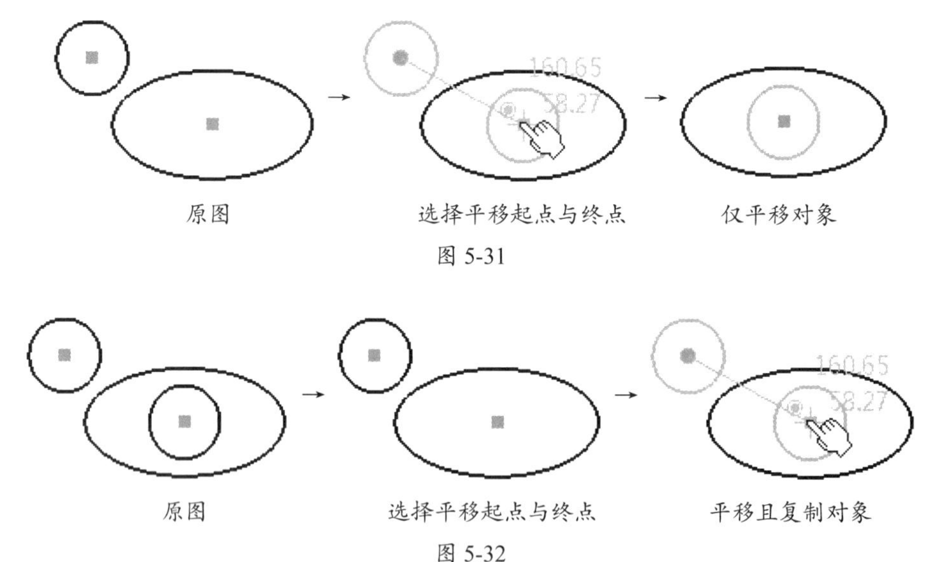

图 5-31

图 5-32

技术要点

默认情况下，平移时按5mm的长度距离递增。每移动一段距离，可以查看长度值的变化。如果要修改默认的递增值，可以右击选中值，然后在快捷菜单中选择“更改步幅”|“新值”选项，在弹出的“新步幅”对话框中重新设置，如图5-33所示。

4. 旋转

“旋转”命令是将所选原图形旋转，并可创建副本对象。单击“旋转”按钮，弹出如图 5-34 所示“旋转定义”对话框，该对话框的部分选项含义如下。

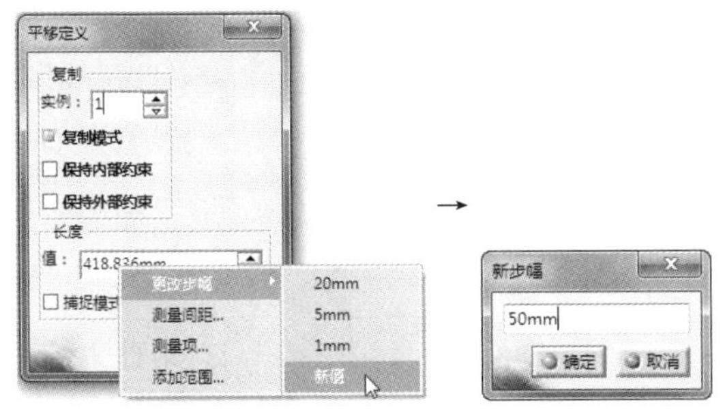

图 5-33

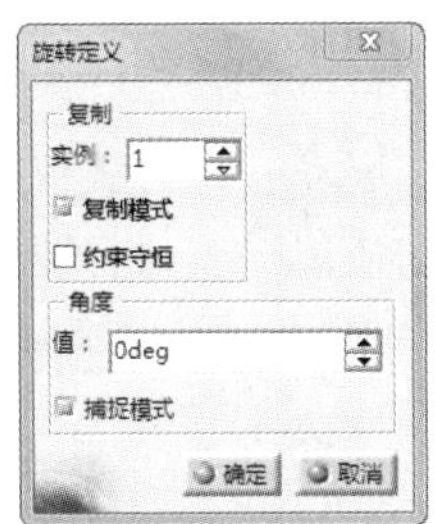

图 5-34

- 角度：输入旋转角度值，正值表示逆时针旋转，负值表示顺时针旋转。
- 约束守恒：保留所选几何元素的约束条件。

选取待旋转的图形对象，例如选取如图 5-35（a）的轮廓线。输入旋转的基点 P1，在“值”文本框中输入旋转的角度值。若该对话框的“复制模式”复选框未被选中，轮廓线被旋转到指定角度，如图 5-35（b）所示；若“复制模式”复选框被选中，轮廓线被复制并旋转到指定角度，如图 5-35（c）所示。

技术要点

也可以通过输入的点确定旋转角度，若依次输入P2、P3点，∠P2 P1 P3 即为旋转的角度，如图5-35（a）所示。

5. 缩放

“缩放”命令将所选图形元素按比例进行缩放操作。

单击“操作”工具栏上的“缩放”按钮，弹出“缩放定义”对话框，确定缩放相关参数后选择要缩放的元素，再次选择缩放的中心点，单击“确定”按钮完成缩放操作，如图 5-36 所示。

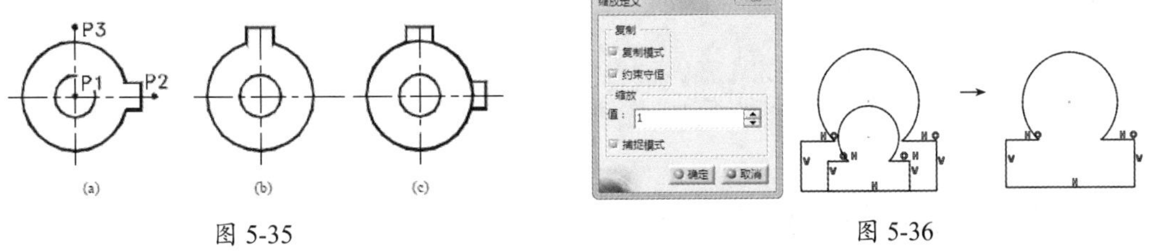

图 5-35

图 5-36

技术要点

可以先选择几何图形，也可以先单击“缩放”按钮，但是先单击“缩放”按钮，则不能选择多个元素。

6. 偏移

“偏移”命令用于对已有直线、圆等草图元素进行偏移复制。

单击“操作”工具栏上的“偏移”按钮，在“草图工具”工具栏中显示4种偏置方式，如图5-37所示。

图 5-37

- 无拓展：此方式仅偏移单个图元，如图 5-38 所示。
- 相切拓展：选择要偏移的圆弧，与之相切的图元将一同被偏移，如图 5-39 所示。

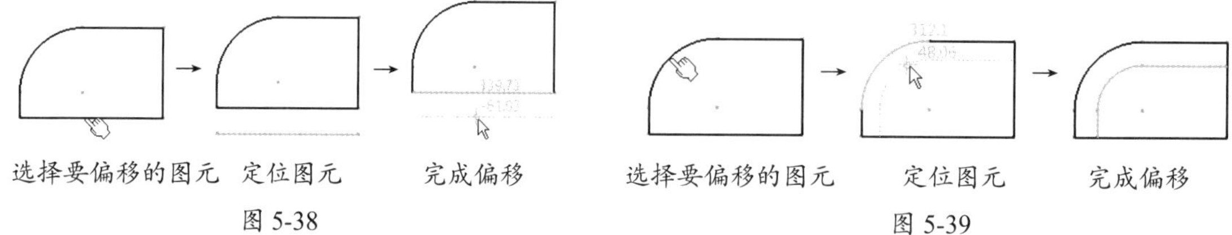

选择要偏移的图元　定位图元　完成偏移

图 5-38

选择要偏移的图元　定位图元　完成偏移

图 5-39

技术要点

如果选择直线进行偏移，将会产生与“无拓展”方式相同的结果。

- 点拓展：此方式是在要偏移的图元上选取一点，然后偏移与之连接的所有图元，如图 5-40 所示。
- 双侧偏置：此方式由“点拓展”方式延伸而来，偏移的结果是在所选图元的两侧创建偏移，如图 5-41 所示。

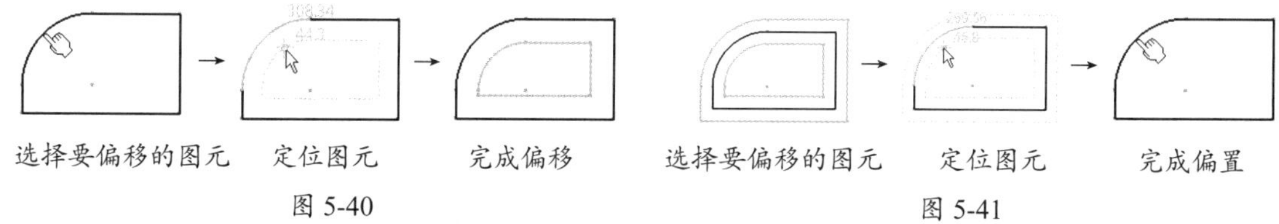

选择要偏移的图元　定位图元　完成偏移

图 5-40

选择要偏移的图元　定位图元　完成偏置

图 5-41

技术要点

注意，如果将光标置于允许创建给定元素的区域之外，将出现符号。例如，图5-42所示的偏移，允许的区域为竖直方向区域，图元外的水平区域为错误区域。

5.1.5 获取 3D 形体的投影

3D 形体可以看作是由一些平面或曲面围起来的，每个面还可以看作是由一些直线或曲线作为边界确定的。通过获取 3D 形体的面和边在工作平面的投影，可以得到平面图形，并获取 3D 形体与工作平面的交线。利用这些投影或交线，还可以进行再编辑，构成新的图形。

单击“投影 3D 图元”按钮，将显示获取 3D 形体表面投影的工具栏，如图 5-43 所示。

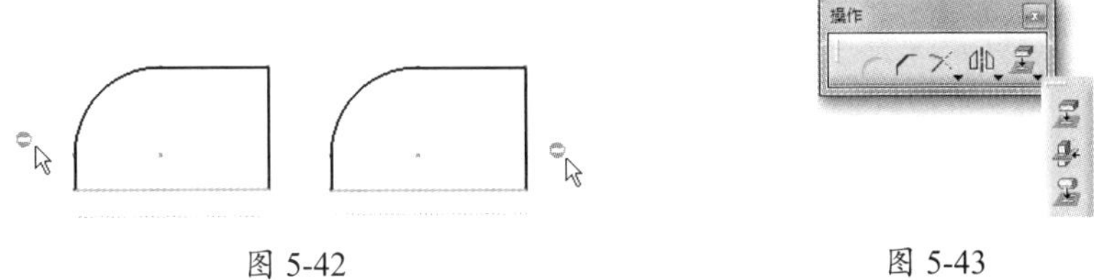

图 5-42　　　　图 5-43

1. 投影 3D 图元

“投影 3D 图元”是获取 3D 形体的面或边在工作平面上的投影。选取待投影的面或边，即可在工作平面上得到它们的投影。

如果需要同时获取多个面或边的投影，应该先选择多个面或边，再单击“投影 3D 图元”按钮。

例如，图 5-44 为壳体零件，单击“投影 3D 图元”按钮，选择要投影的平面，随后在草图工作平面上得到了顶面的投影。

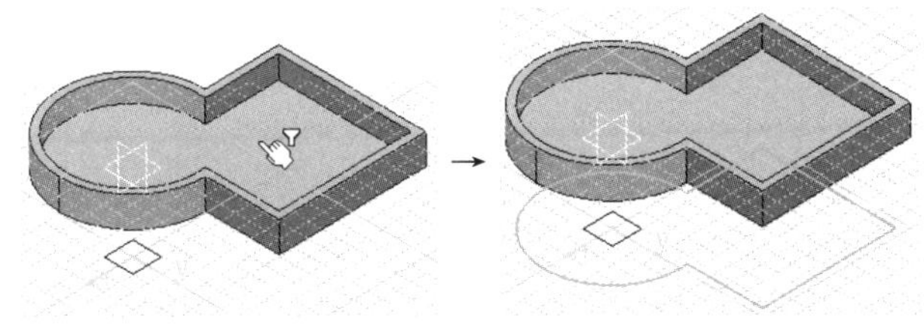

图 5-44

> **技术要点**
>
> 如果选择垂直于草图平面的面，将投影为该面形状的轮廓曲线，如图5-45所示；如果选择它的侧面，在工作平面上将只得到大圆。

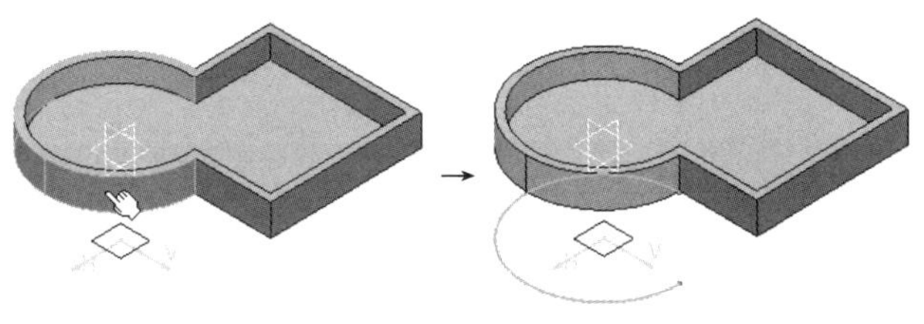

图 5-45

2. 与 3D 图元相交

“与 3D 图元相交”获取 3D 形体与工作平面的交线，如果 3D 形体与工作平面相交，单击该按钮，选择求交的面或边，即可在工作平面上得到它们的交线或交点。

例如，图 5-46 是一个与草图平面斜相交的模型，按 Ctrl 键选择要相交的曲面，单击“与 3D 图元相交”按钮后，即可得到它们与工作平面的交线。

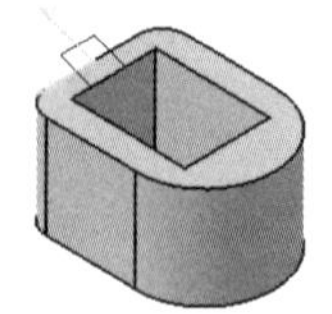

倾斜的草图平面

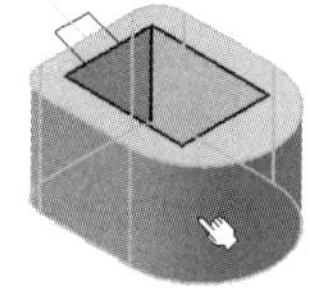

选择相交的面

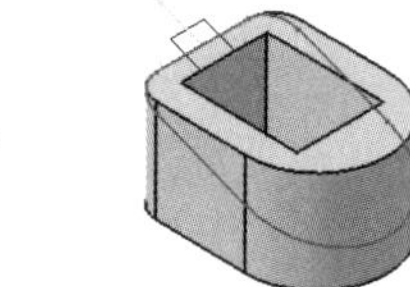

生成相交曲线

图 5-46

3. 投影 3D 轮廓边线

“投影 3D 轮廓边线”可以获取曲面轮廓的投影。单击该按钮，选择待投影的曲面，即可在工作平面上得到曲面轮廓的投影。

例如，图 5-47 所示的是一个具有球面和圆柱面的手柄，单击“投影 3D 轮廓边线”按钮，选择球面，将在工作平面上得到一个圆弧。再单击按钮，选择圆柱面，将在工作平面上得到两条直线。

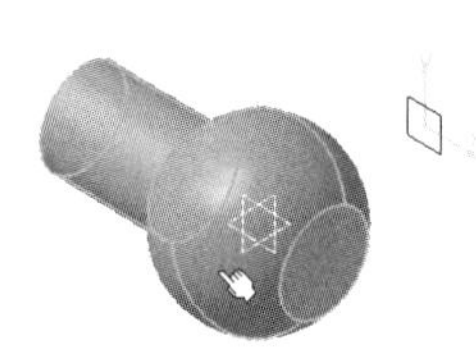

选择要投影的曲面

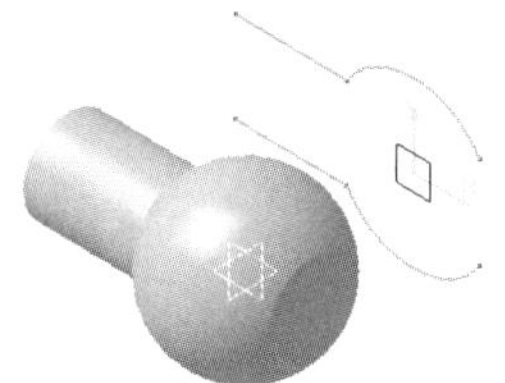

投影到草图平面上

图 5-47

技术要点

值得注意的是：此方式不能投影与草图平面垂直的平面或面。此外，投影的曲线不能移动或进行属性修改，但可以删除。

动手操作——绘制与编辑草图 1

绘制如图 5-48 所示的草图。

01 新建零件文件并选择 *xy* 平面，进入草图编辑器工作平台。

02 利用“轴”命令，绘制整个草图的基准中心线，如图 5-49 所示。

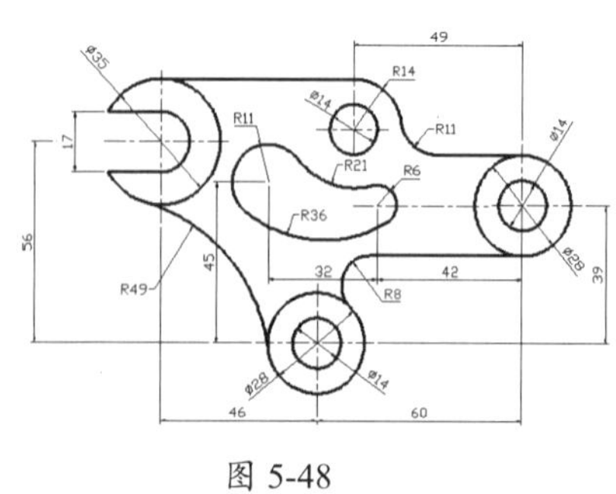

图 5-48

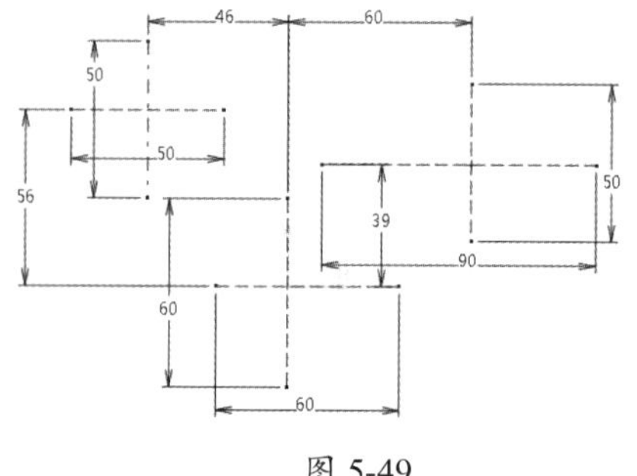

图 5-49

技术要点

为了后续绘制图形时便于观察，在“可视化”工具条中单击“尺寸约束”按钮，隐藏尺寸约束。

03 利用“圆”命令，在基准中心线绘制多个圆，如图 5-50 所示。

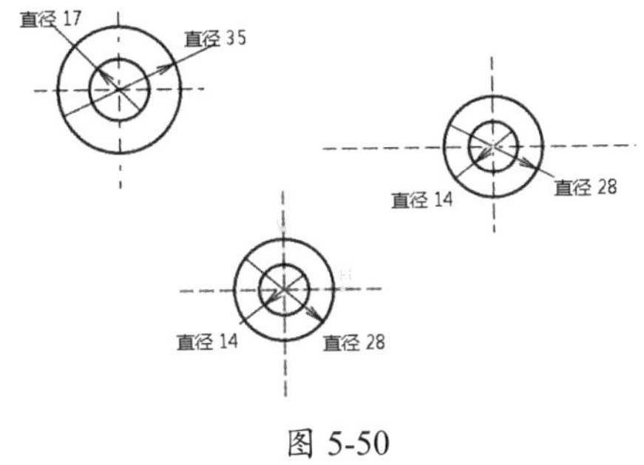

图 5-50

技术要点

为了后续绘制图形时便于观察，在“可视化”工具条中单击“几何约束”按钮，隐藏几何约束。

04 利用“直线”命令绘制 5 条水平直线，如图 5-51 所示。

05 利用“圆”命令，绘制如图 5-52 所示的同心圆。

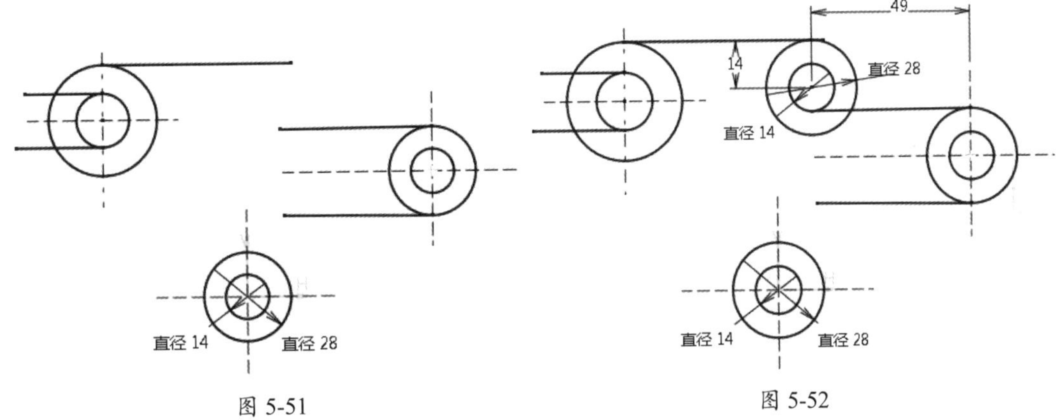

图 5-51　　图 5-52

06 利用“快速修剪”命令，修剪图形，如图 5-53 所示。

07 利用“修剪所有图元”方式的“圆角”命令，创建如图 5-54 所示的半径为 11 的圆角。

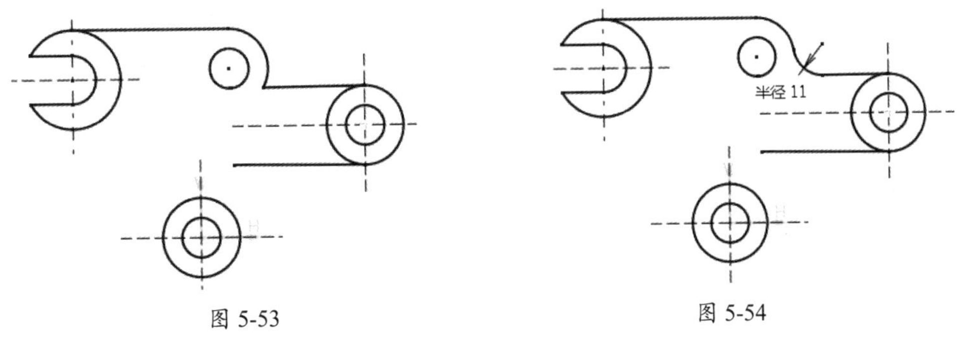

图 5-53　　图 5-54

08 利用“不修剪”方式的“圆角”命令，创建如图 5-55 所示的半径为 49 的圆角。

09 利用“修剪第一图元”方式的“圆角”命令，创建如图 5-56 所示的半径为 8 的圆角。

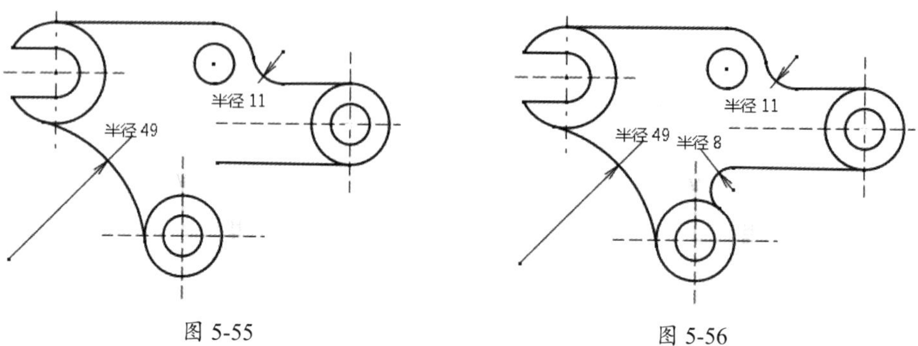

图 5-55　　图 5-56

10 利用“圆”命令，绘制两个圆，如图 5-57 所示。

11 利用“不修剪”方式的“圆角”命令，创建如图 5-58 所示的半径为 21 的圆角。

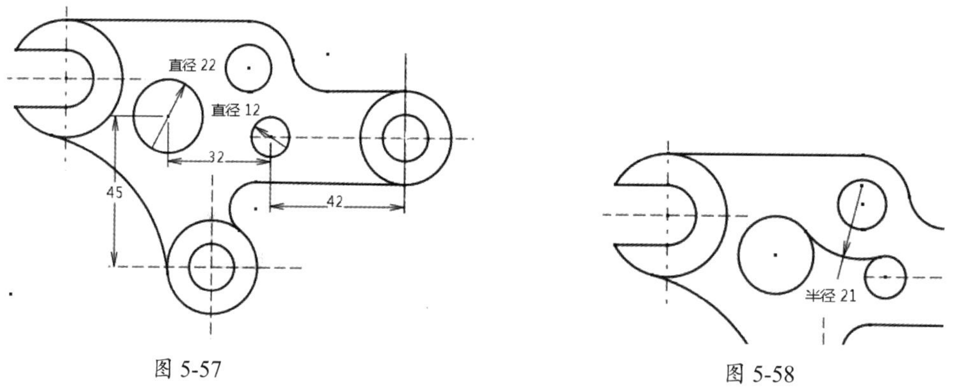

图 5-57　　图 5-58

12 利用“三点弧”命令，绘制与两个圆相切且半径为 36 的圆弧，如图 5-59 所示。

13 最后修剪图形，得到最终的草图，如图 5-60 所示。

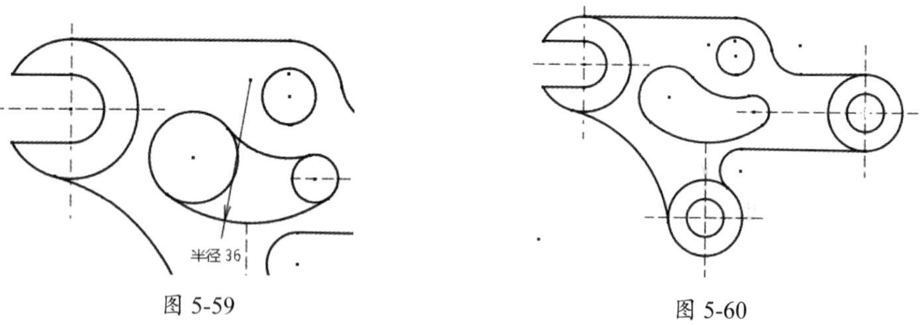

图 5-59　　图 5-60

14 将绘制的草图文件保存。

动手操作——绘制与编辑草图 2

利用图形绘制与编辑命令，绘制如图 5-61 所示的“草图 2”。

01 新建零件文件。执行“开始”|“机械设计”|“草图编辑器”命令，选择 *xy* 平面进入草图编辑器工作台。

02 利用“轴”命令绘制基准中心线，如图 5-62 所示。

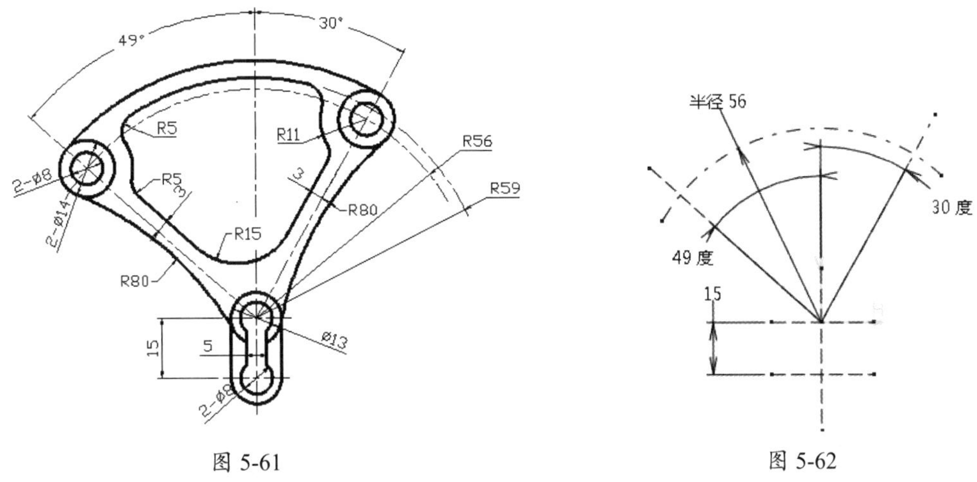

图 5-61　　　　图 5-62

03 利用“圆”命令，绘制如图 5-63 所示的圆，再利用“直线”命令绘制竖直线段，如图 5-64 所示。

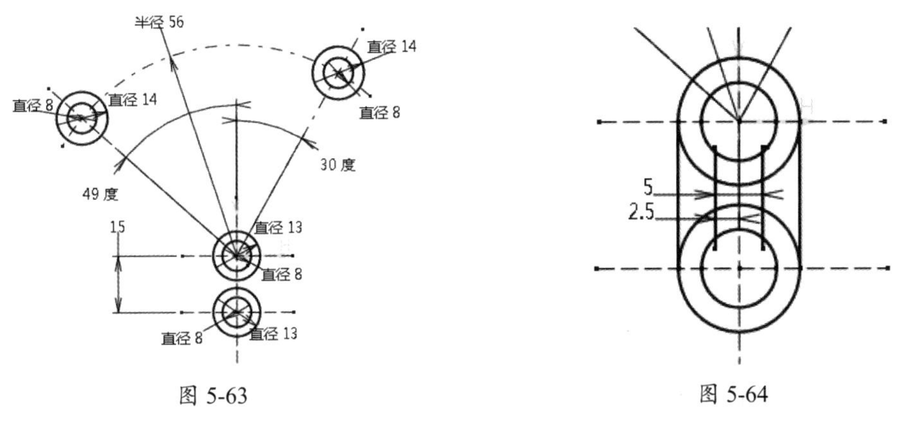

图 5-63　　　　图 5-64

04 利用“不修剪”方式的“圆角”命令，创建如图 5-65 所示的半径为 80 的圆角。

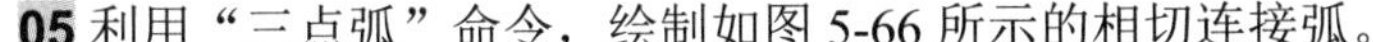

05 利用“三点弧”命令，绘制如图 5-66 所示的相切连接弧。

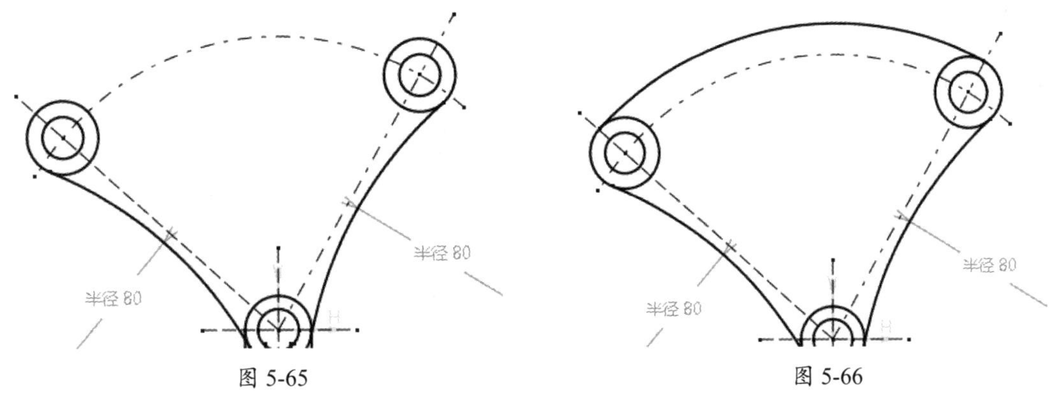

图 5-65　　　　图 5-66

06 修剪图形，结果如图 5-67 所示。

07 利用“弧”命令，绘制如图 5-68 所示的 3 段圆弧。

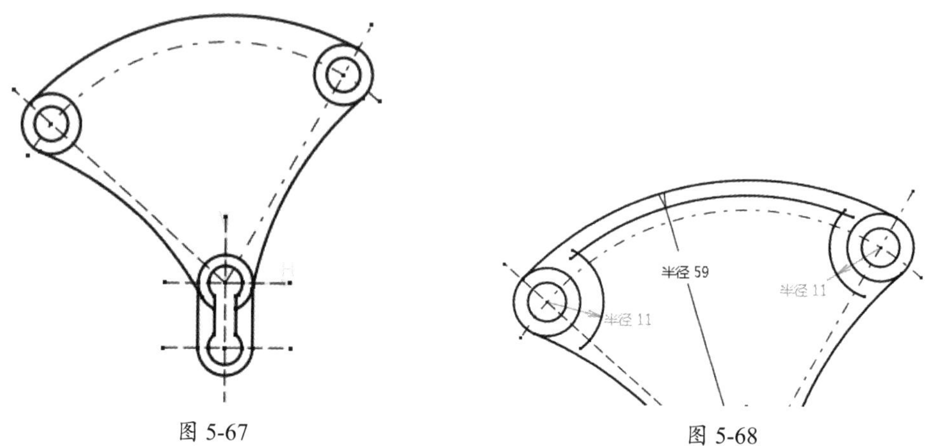

图 5-67 图 5-68

08 利用“直线”命令，绘制两条平行线，如图 5-69 所示。

09 利用“修剪所有图元”方式的“圆”命令，创建如图 5-70 所示的圆角。

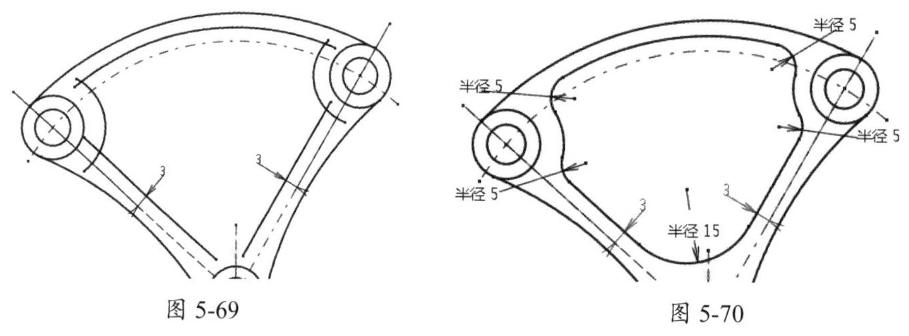

图 5-69 图 5-70

10 至此，完成“草图 2”的绘制，最后将结果文件保存。

5.2 添加几何约束关系

在草图设计环境中，利用几何约束功能，可便捷地绘制出所需的图形。CATIA V5 草图中提供了手动几何约束和自动几何约束功能，下面进行全面讲解。

5.2.1 自动几何约束

“自动约束”的原意是，当用户激活了某些约束功能时，绘制图形过程中会自动产生几何约束，起到辅助定位的作用。

CATIA V5 的自动约束功能可以在如图 5-71 所示的“草图工具”工具条中启用。

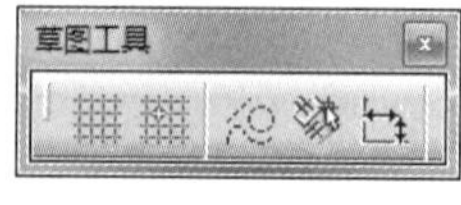

图 5-71

1. 栅格约束

“栅格约束”就是用栅格约束光标的位置，约束光标只能在栅格的一个格点上。如图 5-72（a）所示为在关闭栅格约束的状态下，用光标确定的直线；如图 5-72（b）所示为在打开栅格约束的状态下，用光标在同样的位置确定的直线。显然，在打开栅格约束的状态下，容易绘制精度更高的直线。

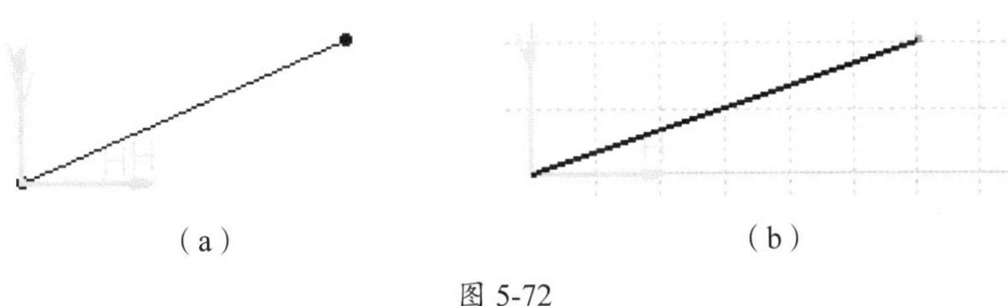

（a）　　（b）

图 5-72

> **技术要点**
>
> 绘制图形的过程中，打开栅格约束，可以大致确定点的方位，但不能精确约束。
> 要想精确约束点的坐标方位，在“草图工具”工具栏中单击“点对齐”按钮，即可将点约束到栅格的刻度（交点）上，橙色显示的图标表示栅格约束为打开状态，如图5-73所示。

2. 构造 / 标准图元

当需要将草图实线变成辅助线时，有两种方法可以做到：一种是通过设置图形属性，如图 5-74 所示。

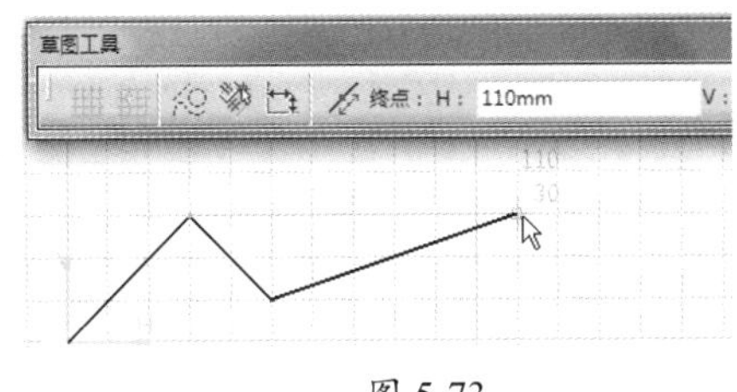

图 5-73

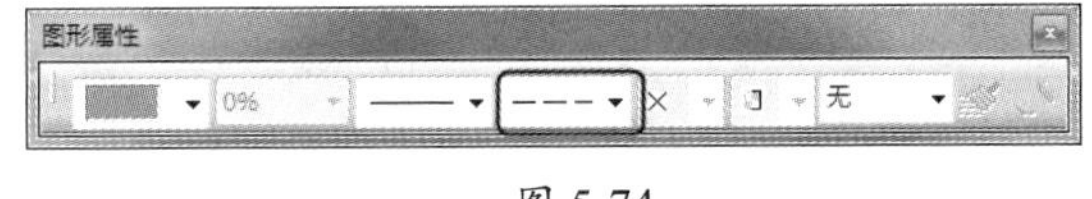

图 5-74

另一种就是在“草图工具”工具栏中单击“构造 / 标准图元”按钮。

使实线变换成构造图元，其实也是一种约束行为。单击“构造 / 标准图元”按钮，可以在实线与虚线之间相互切换，如图 5-75 所示。

3. 几何约束

在“草图工具”工具栏中单击“几何约束”按钮，并绘制几何图形，在这个过程中会生成自动约束。自动约束后会显示各种约束符号，如图 5-76 所示。

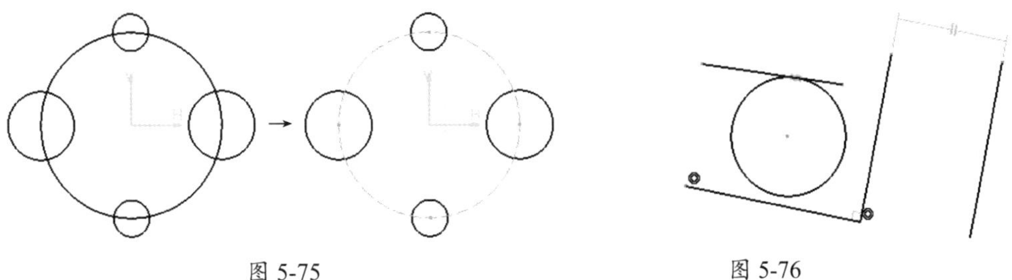

图 5-75　　图 5-76

在第 4 章中已经详细介绍了自动约束的方法与符号，因此，这里就不重复叙述了。

5.2.2 手动几何约束

手动几何约束的作用是约束图形元素本身的位置或图形元素之间的相对位置。当图形元素被约束时，在其附近将显示表 5-1 中的专用符号。被约束的图形元素在改变它的约束之前，将始终保持它现有的状态。

表 5-1 几何约束的种类与图形元素的种类和数量的关系

种类	符号	图形元素的种类和数量
固定		任意数量的点、直线等图形元素
水平	H	任意数量的直线
铅垂	V	任意数量的直线
平行		任意数量的直线
垂直		两条直线
相切		两个圆或圆弧
同心		两个圆、圆弧或椭圆
对称		直线两侧的两个相同种类的图形元素
相合		两个点、直线或圆（包括圆弧），一个点和一个直线、圆或圆弧

几何约束的种类与图形元素的种类和数量有关，如表 5-1 所示。

在“约束”工具条中，包括如图 5-77 所示的约束工具。

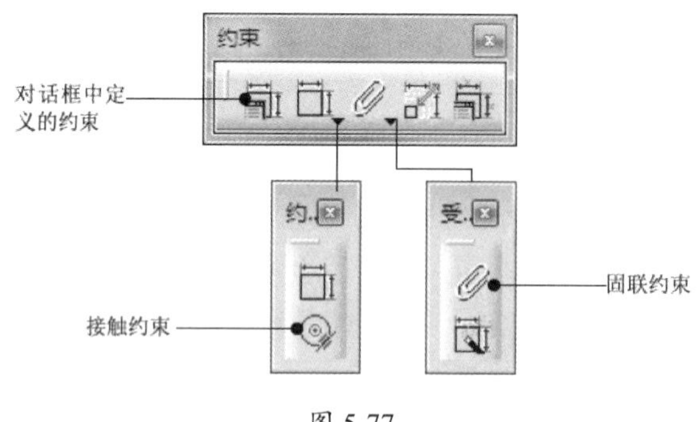

图 5-77

1. 对话框中定义的约束

“对话框中定义的约束”手动约束工具可以约束图形对象的几何位置，同时添加、解除或改变图形对象几何约束的类型。

其操作步骤是：选取待添加或改变几何约束的图形对象，例如选取一条直线，单击“对话框中定义的约束”按钮，弹出如图 5-78 所示的“约束定义”对话框。

“约束定义”对话框共有 17 个确定几何约束和尺寸约束复选框，所选图形对象的种类和数量决定了利用该对话框可定义约束的种类和数量。本例选取了一条直线，可供操作的只有“固定”“水平”和“竖直”3 个状态几何约束和 1 个“长度”复选框。

若选中“固定”和“长度”复选框，单击“确定”按钮，即可在被选直线处标注尺寸和显示固定符号，如图 5-79 所示。

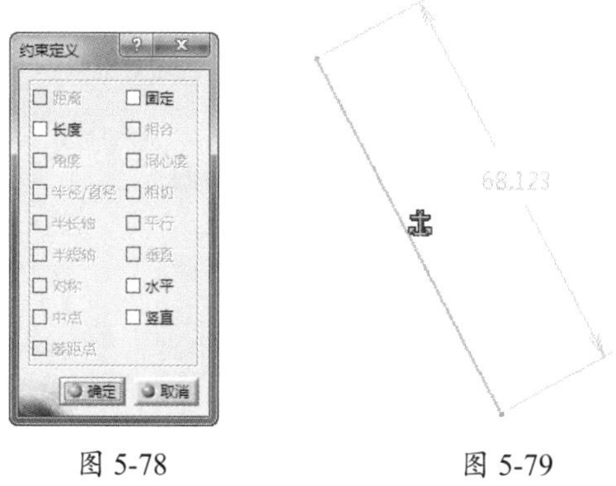

图 5-78 图 5-79

技术要点

值得注意的是，手动约束后显示的符号是暂时的，当关闭“约束定义”对话框后，约束符号会自动消失。每选择一种约束，都会弹出“警告”对话框，如图5-80所示。

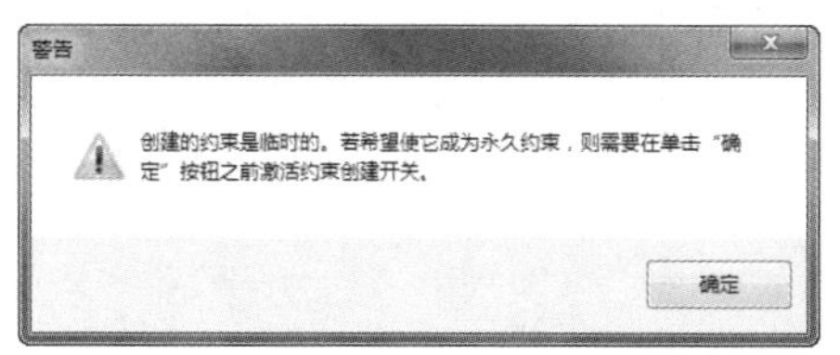

图 5-80

正如图 5-80 中的警告信息提示，要想永久显示约束符号，只有通过激活自动约束功能（在“草图工具”工具栏中单击“几何约束”按钮）才可以实现。

技术要点

如果只是解除图形对象的几何约束，只要删除几何约束符号即可。

2. 接触约束

单击“接触约束”按钮，选取两个图形元素，第二个被选对象移至与第一个被选对象相接触。被选对象的种类不同，接触的含义也不同。

重合：若选取的两个图形元素中有一个是点，或两个都是直线，第二个被选对象移至与第一个被选对象重合，如图 5-81（重合）所示。

同心：若选取的两个图形元素是圆或圆弧，第二个被选对象移至与第一个被选对象同心，如图 5-81（同心）所示。

相切若选取的两个图形元素不全是圆或圆弧，或者不全是直线，第二个被选对象移至与第一个被选对象（包括延长线）相切，如图 5-81（相切）所示。

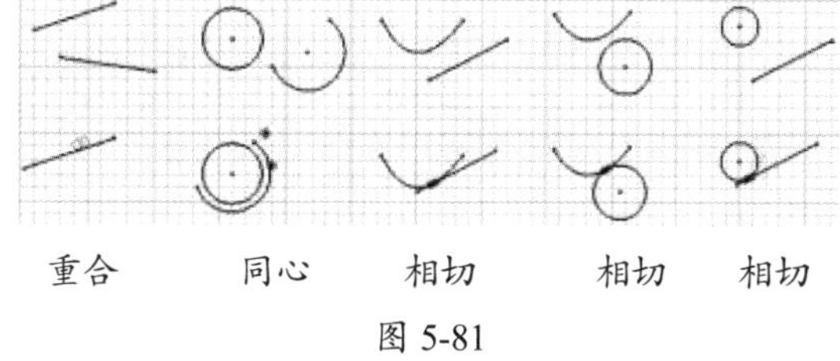

图 5-81

技术要点

图5-81中，第一行为接触约束前的两个图形元素，其中左上为第一个被选取的图形元素。

3. 固联约束

CATIA 中的“固联约束”的作用是对图线元素集合进行约束，使其成员之间存在关联关系，固联约束后的图形有 3 个自由度。

通过“固联约束”后的元素集合可以移动、旋转，要想固定这些元素，必须使用其他集合约束进行固定。

例如，将如图 5-82 所示的槽孔和矩形孔放置于较大的多边形内。

动手操作——使用固联约束

01 绘制如图 5-82 所示的 3 个图形。

02 首先使用固联约束约束槽孔，如图 5-83 所示。

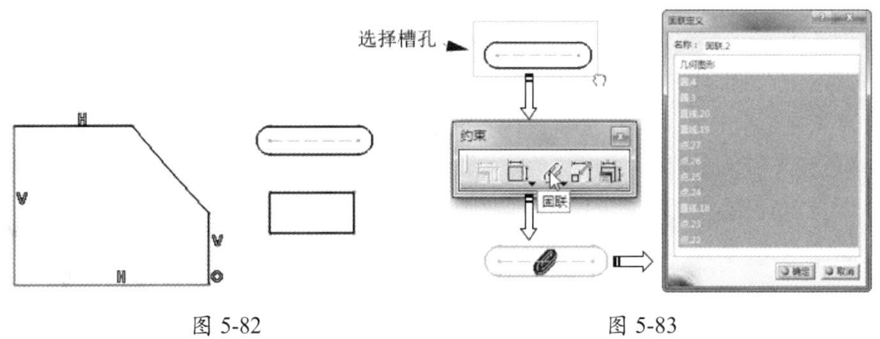

图 5-82　　　　图 5-83

03 对矩形孔使用固联约束，如图 5-84 所示。

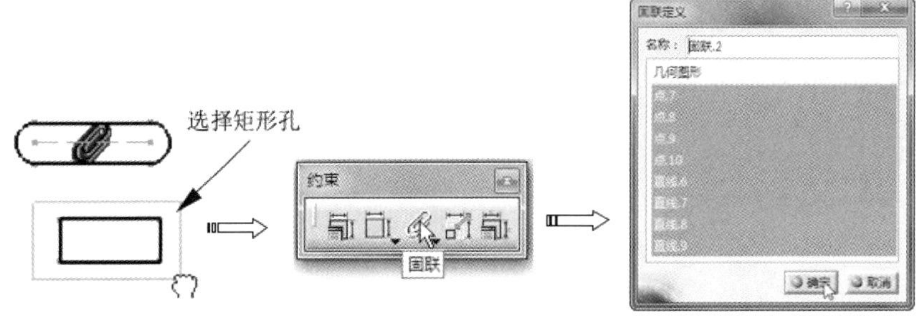

图 5-84

04 将两个孔拖至多边形内的任意位置，如图 5-85 所示。

05 使用“旋转”命令，将矩形孔旋转一定角度（90° ），如图 5-86 所示。

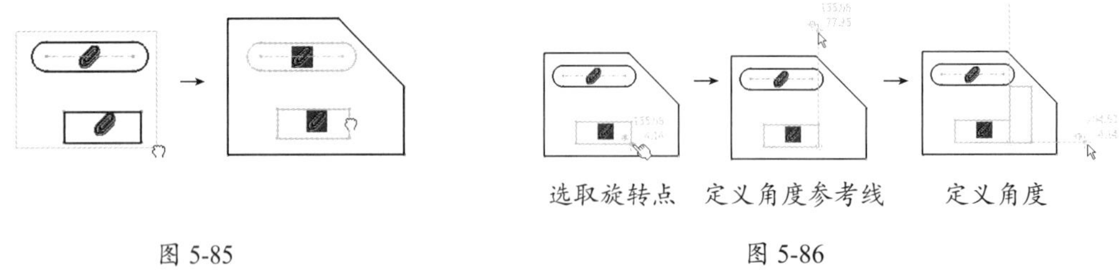

图 5-85　　　　图 5-86

06 删除矩形孔的固联约束，并对其进行尺寸约束，改变矩形孔的尺寸，如图 5-87 所示。

技术要点

在改变矩形孔尺寸时，需要将另一图形的槽孔进行尺寸约束，使其在多边形内的位置不发生变化。如图 5-88所示为没有尺寸约束时槽孔的状态。

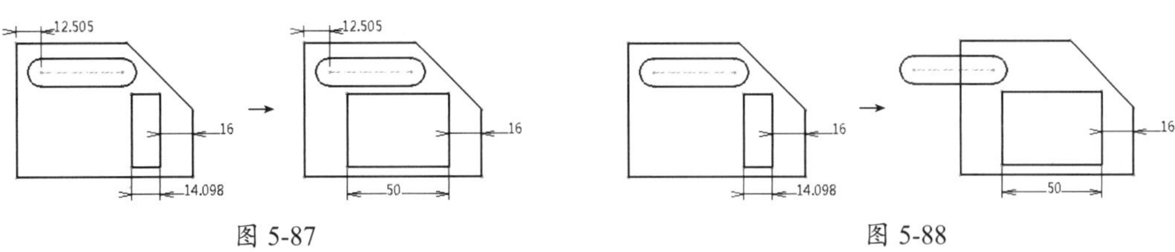

图 5-87　　　　图 5-88

动手操作——利用几何约束关系绘制草图

利用几何约束关系和草图绘制命令、操作工具等绘制如图 5-89 所示的草图。从图 5-89 中可以看出，虽然图形中部分图形是有一定斜度的，若直接按所标尺寸进行绘图，有一定的难度。若是都在水平方向上绘制，然后旋转一定角度，绘图的过程就变得容易了。

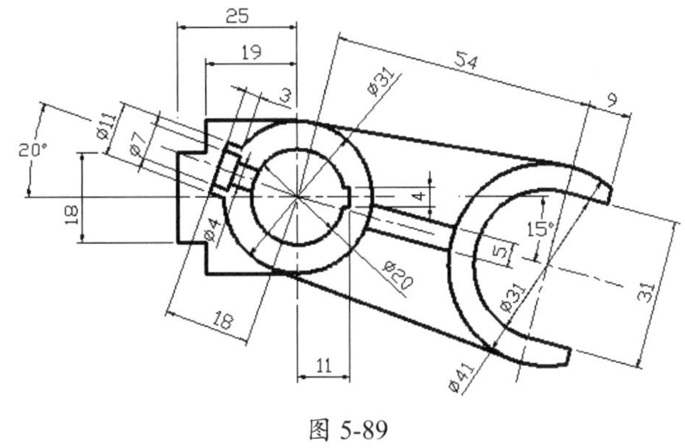

图 5-89

01 新建零件文件。执行“开始”|“机械设计”|“草图编辑器”命令，选择 *xy* 平面进入草图编辑器工作台。

技术要点

绘制此草图的方法是：首先绘制倾斜部分的图形，然后绘制其他部分的图形。

02 利用“轴”命令绘制基准中心线，并添加“固定”约束，如图 5-90 所示。

03 利用“圆”命令，绘制如图 5-91 所示的圆。

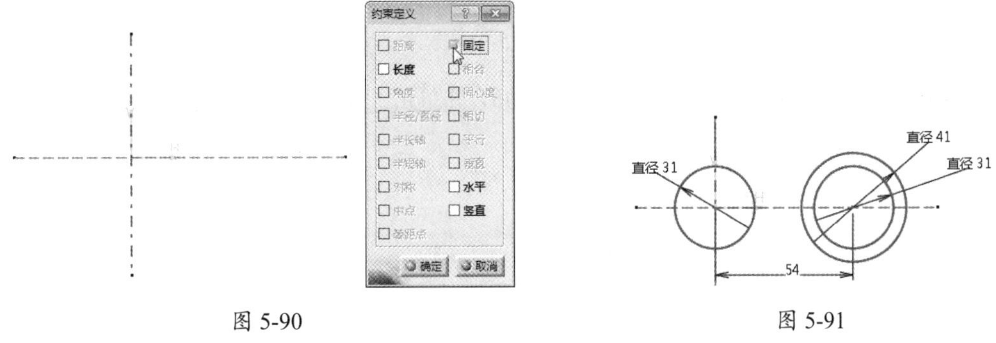

图 5-90　　　　图 5-91

04 利用“直线”命令，绘制如图 5-92 所示的水平直线和竖直直线。

05 利用“快速修剪”命令，修剪图形，得到的结果如图 5-93 所示。

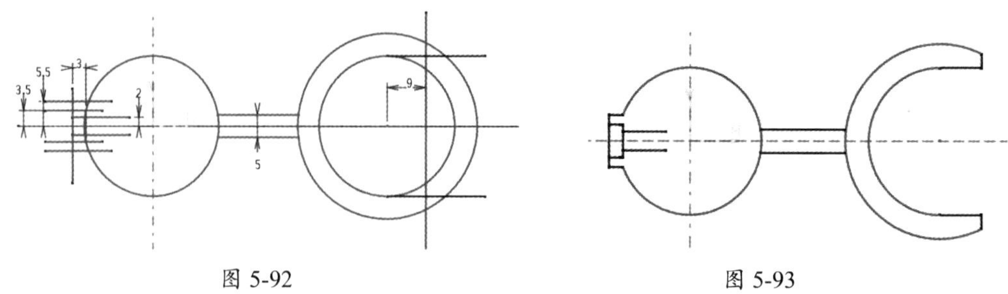

图 5-92　　　　　　图 5-93

06 删除尺寸，并选择所有图形元素，单击“约束”按钮，弹出“约束定义”对话框，并将其“固定”约束关系取消。

技术要点

如果不取消固定约束关系，是不能进行操作的。

07 在“操作”工具条中单击“旋转”按钮，弹出“旋转定义”对话框。取消选中“复制模式”复选框，并框选所有图形元素，如图 5-94 所示。

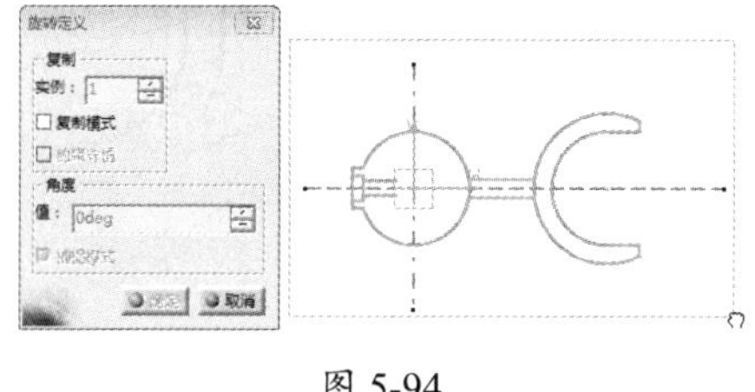

图 5-94

08 选择坐标系原点为旋转点，再选择水平中心线上的一点作为旋转角度参考点，如图 5-95 所示。

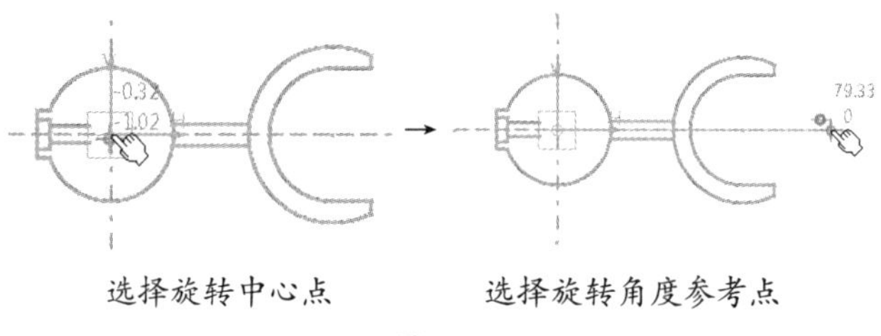

图 5-95

09 在“旋转定义”对话框中输入角度“值”为 345，并单击“确定”按钮完成旋转操作，如图 5-96 所示。

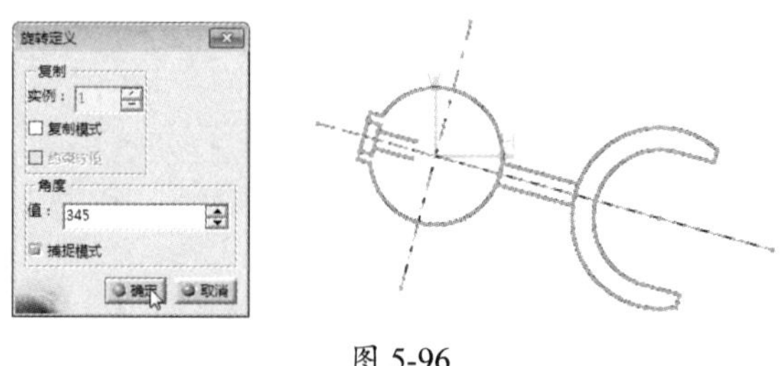

图 5-96

10 将旋转后的图形全选并约束为“固定”，随后继续绘制水平中心线和竖直中心线，如图5-97所示。

11 利用“圆”和“直线”命令绘制如图5-98所示的图形。

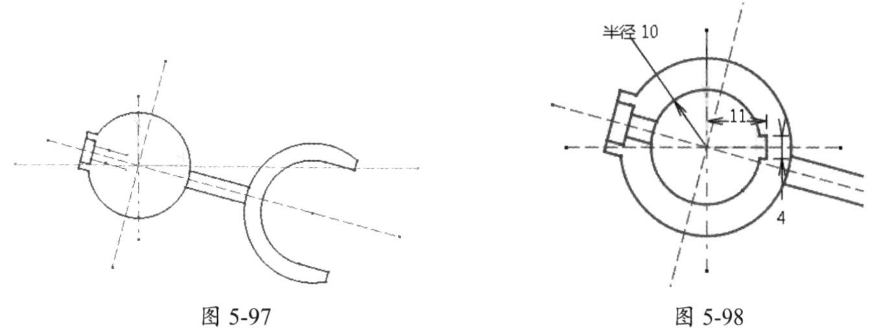

图 5-97　　图 5-98

12 利用“轮廓”命令和“镜像”命令，绘制出如图5-99所示的图形。

13 利用“直线”命令先绘制如图5-100所示的两条直线，再将其与圆约束为“相切”，如图5-101所示。

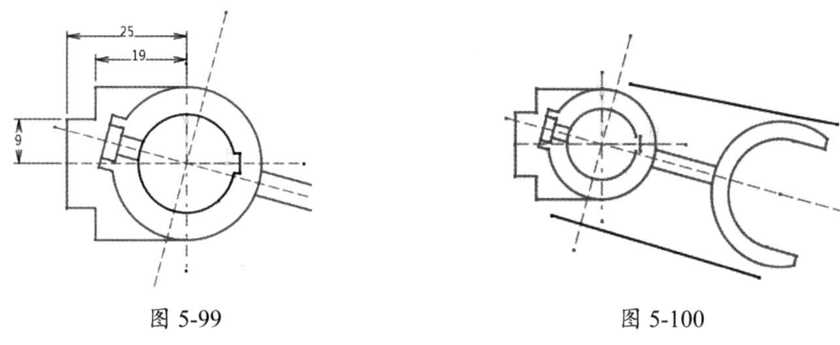

图 5-99　　图 5-100

14 最后修剪图形，即可得到最终的草图，如图5-102所示，将结果文件保存。

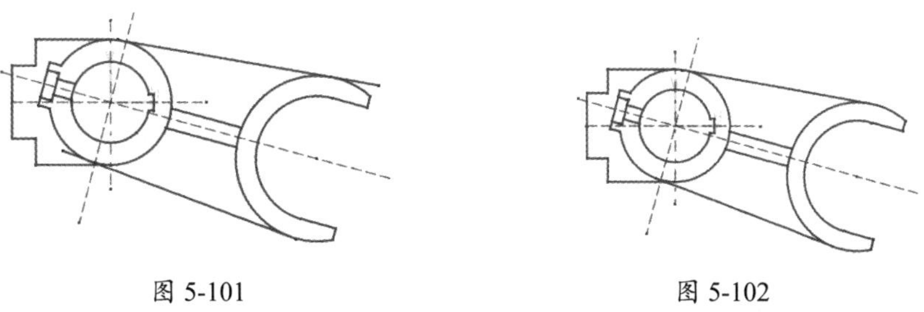

图 5-101　　图 5-102

5.3 尺寸约束

尺寸约束就是用数值约束图形对象的大小。尺寸约束以尺寸标注的形式标注在相应的图形对象上。被尺寸约束的图形对象只能通过改变尺寸数值来改变它的大小，也就是“尺寸驱动”。进入零件设计模式后，将不再显示标注的尺寸或几何约束符号。

CATIA V5 的尺寸约束分自动尺寸约束、手动尺寸约束和动画约束，下面进行详解。

5.3.1 自动尺寸约束

自动尺寸约束有两种：一种是绘图时自动约束，另一种是绘图后同时添加尺寸约束。

1. 绘图时自动约束

在“轮廓”工具条中执行某一绘图命令后，在“草图工具”工具条中单击“尺寸约束”按钮，绘图过程中将自动产生尺寸约束。

例如，绘制如图 5-103（右图）所示的图形，启动自动尺寸约束功能后，在图形的各元素上产生相应的尺寸。

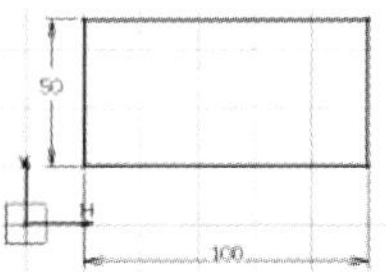

图 5-103

2. 绘图后添加自动约束

绘图后，可以在“约束”工具条中单击“自动约束”按钮，弹出“自动约束”对话框。选择要添加自动约束的对象后，单击“确定”按钮即可创建自动尺寸约束，如图 5-104 所示。

选择约束对象　　执行约束命令　　产生的自动约束

图 5-104

技术要点

需要说明的是，“自动约束”工具不仅创建自动尺寸约束，还产生几何约束，它是一种综合约束工具。

“自动约束”对话框中各选项含义如下。

- 要约束的图元：该列表（也是图元收集器）显示了已选取图形元素的数量。
- 参考图元：该文本框用于确定尺寸约束的基准。
- 对称线：该文本框用于确定对称图形的对称轴。如图 5-105 所示的图形是选择了水平和垂直的轴线作为对称轴，并采用“链式”模式情况下的自动约束。

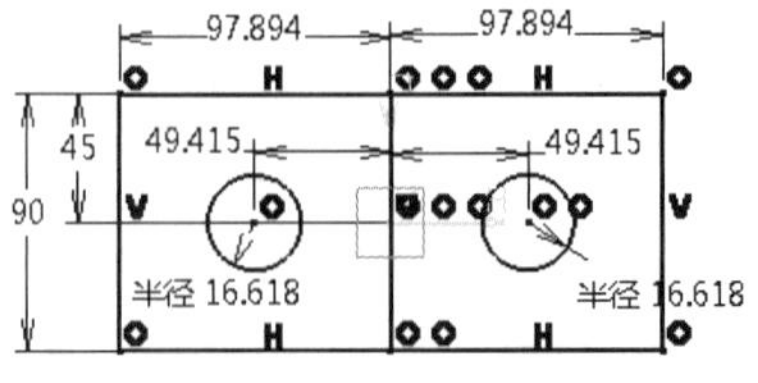

图 5-105

- 约束模式：该下拉列表框用于确定尺寸约束的模式，有“链式”和“堆叠式”两种模式。如图 5-106 所示为选择“链式”模式下的自动约束；如图 5-107 所示为以最左和底直线为基准并采用“堆叠式”模式下的自动约束。

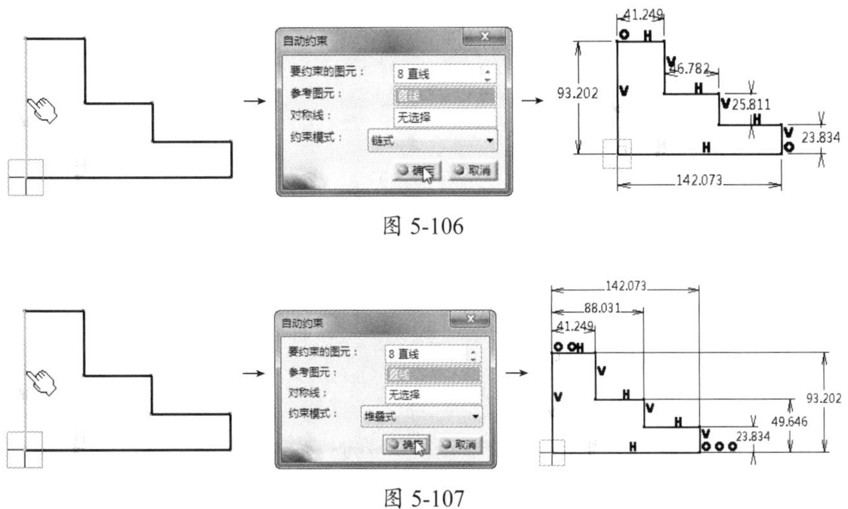

图 5-106

图 5-107

技术要点

要设置约束模式必须先设置参考图元，此参考图元也是尺寸的基准线。

5.3.2　手动尺寸约束

手动尺寸约束是通过在“约束”工具条上单击“约束”按钮，并逐一选择图元进行尺寸标注的一种方式。

手动尺寸约束大致有如图 5-108 所示的几种尺寸约束类型。

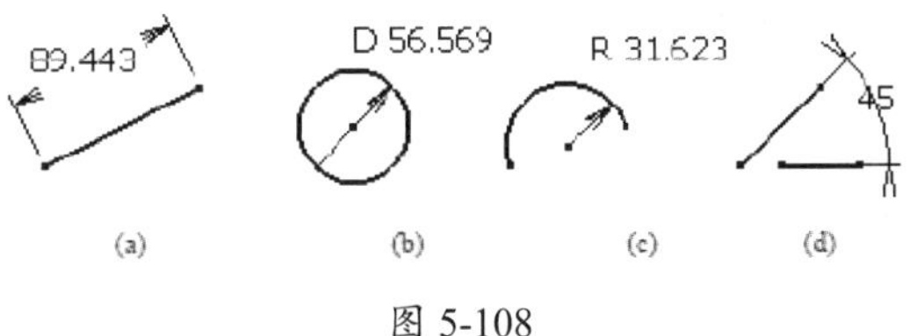

图 5-108

5.3.3　动画约束

1. 动画约束的作用

对于一个约束完备的图形，改变其中一个约束的值，与之相关联的其他图形元素会随之做相应的改变。利用动画约束可以检验机构的约束是否完备，自身是否会产生干涉，是否与其他部件产生干涉。

如图 5-109 所示为一个曲柄滑块机构的原理图。曲柄（尺寸为 60mm）绕轴（原点）旋转，带动连杆（尺寸为120mm），连杆的另一端为滑块（一个点），滑块在导轨（水平线）上滑动。如果将曲柄与水平线的角度约束（45°）定义为可动约束，其变化范围设置为0～360°，即可检验该机构的运动情况。

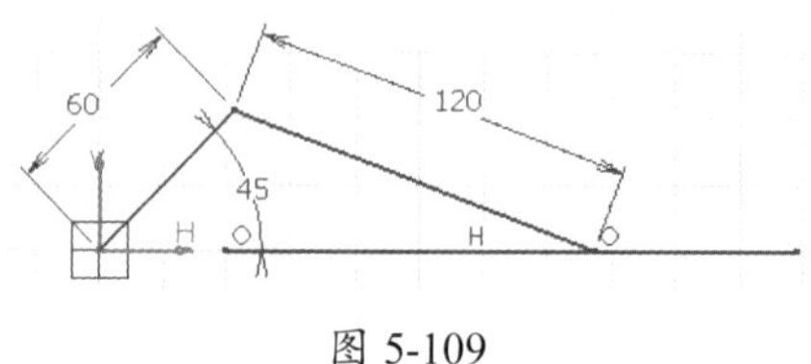

图 5-109

动手操作——应用动画约束

01 在"草图工具"工具条中单击"几何约束"按钮，打开几何约束状态，绘制如图5-110所示的3条直线。

02 在"约束"工具条中单击"标注"按钮，标注3条直线。如果绘图前没有进入几何约束状态，则单击"定义约束"按钮，添加曲柄轴（原点）为固定、导轨为水平的几何约束。

03 单击"对约束应用动画"按钮，选取角度尺寸45°，随之弹出如图5-111所示的"对约束应用动画"对话框。

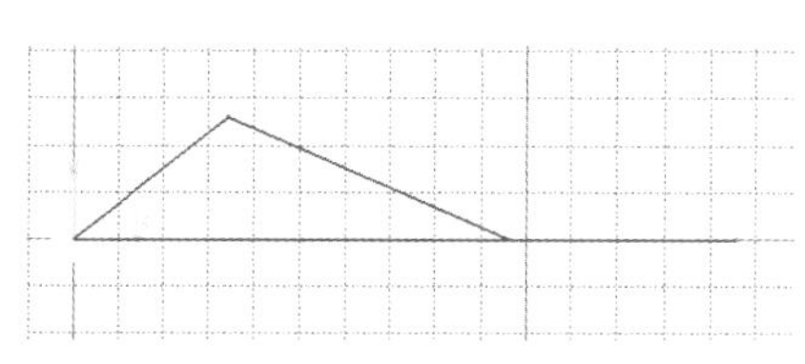

图 5-110

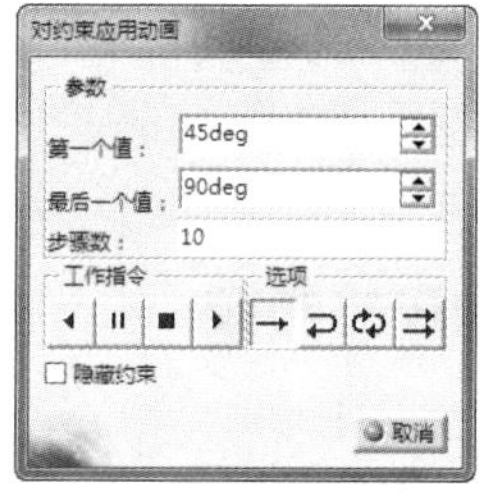

图 5-111

"对约束应用动画"对话框中各选项的含义如下。

- 第一个值：该文本框中输入所选约束的第一个数值。
- 最后一个值：该文本框中输入所选约束的最后一个数值。
- 步骤数：该文本框中输入从"第一个值"到"最后一个值"之间的步数。

假定以上3个文本框依次为0°、360°和10，将依次显示曲柄转角为0°、36°、72°、…、360°时整个机构的状态。

- "倒放动画"按钮◀：所选约束的数值从"第一个值"到"最后一个值"变化，且本例为顺时针旋转。
- "一个镜头"按钮：按指定方向运动一次。
- "反向"按钮：往返运动一次。
- "循环"按钮：连续往返运动，直至单击■按钮。
- "重复"按钮：按指定方向连续运动，直至单击■按钮。
- 隐藏约束：若选中该复选框，将隐藏几何约束和尺寸约束。

04 设置好参数后，单击"播放"按钮。

5.3.4　编辑尺寸约束

如果需要对标注的尺寸进行编辑，可以双击该尺寸值，此时会弹出对应的“约束定义”对话框。

如果是直线标注，双击尺寸值后会打开可以修改直线尺寸的“约束定义”对话框，如图 5-112 所示。在该对话框中修改尺寸“值”，单击“确定”按钮后生效。

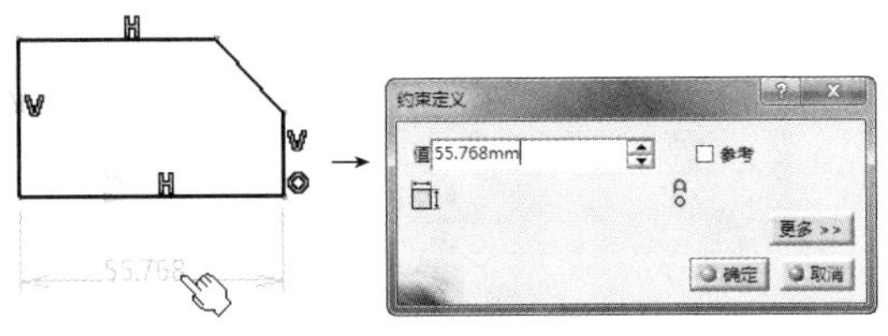

图 5-112

如果是直径或半径标注，双击尺寸值后会弹出可以修改直径或半径尺寸的“约束定义”对话框，如图 5-113 所示。

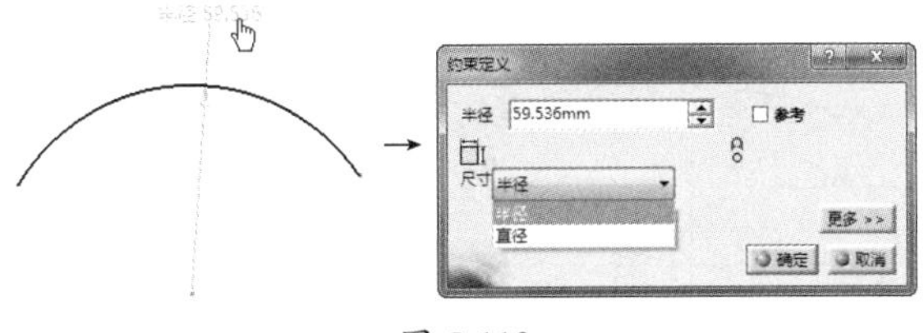

图 5-113

技术要点

选中“约束定义”对话框中的“参考”复选框，可以将尺寸设为“参考”，参考尺寸是不能修改的。

动手操作——利用尺寸约束关系绘制草图

下面以底座零件的草图绘制过程，详解如何利用尺寸及约束关系来绘制草图。底座零件草图如图 5-114 所示。

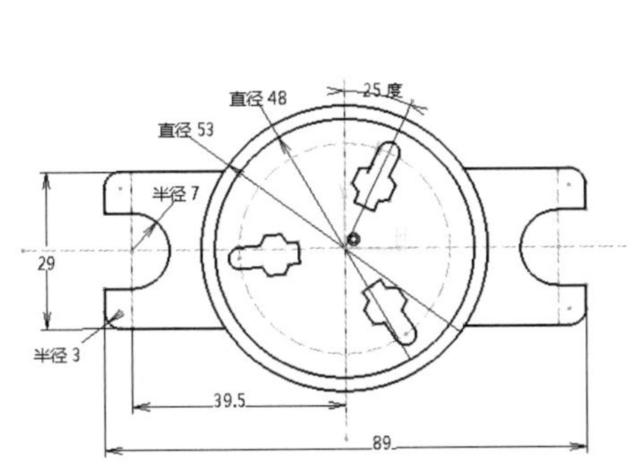

图 5-114

01 在 CATIA V5 初始界面中执行“开始”|“机械设计”|“草图编辑器”命令，在弹出的“新建零件”

对话框中单击“确定”按钮进入“零件设计”工作台。

02 选择 *xy* 平面作为草绘平面，随后自动进入草绘模式，如图 5-115 所示。

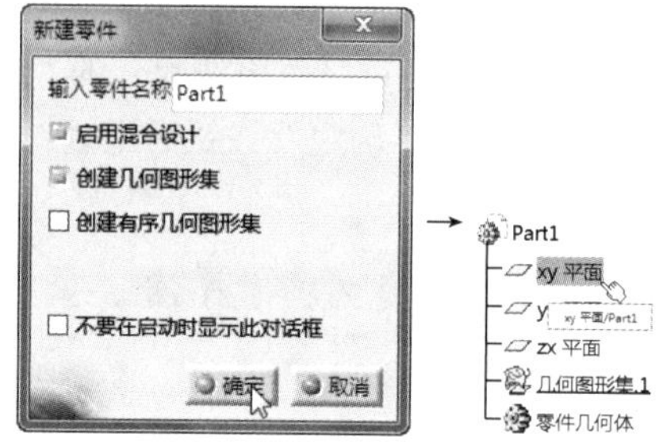

图 5-115

03 首先绘制中心线。利用“轮廓”工具条中的“轴”命令，绘制如图 5-116 所示的中心线。

04 利用“矩形”命令，绘制如图 5-117 所示的矩形。

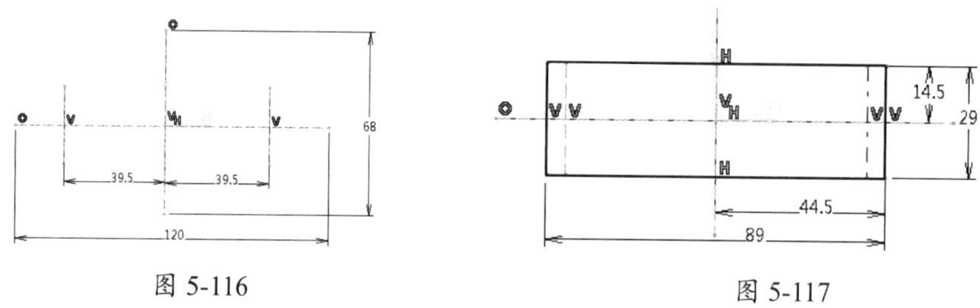

图 5-116　　图 5-117

05 利用“圆”命令，绘制如图 5-118 所示的 4 个圆。

06 利用“直线”命令，绘制 4 条与两个小圆（直径为 14）分别相切的水平直线，如图 5-119 所示。

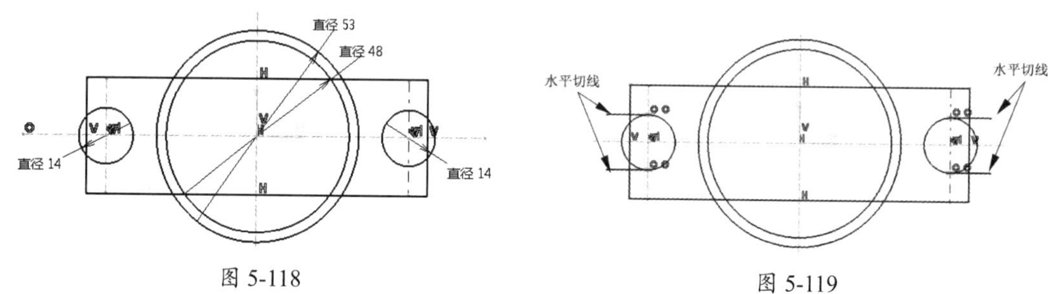

图 5-118　　图 5-119

07 利用“操作”工具条中的“圆角”命令，在矩形上创建 4 个半径为 3 的圆角，再利用“快速修剪”命令修剪图形，结果如图 5-120 所示。

08 绘制 3 个具有阵列特性的组合图形。利用“圆”命令，绘制如图 5-121 所示的辅助圆，并在竖直中心线与辅助圆的交点位置再绘制半径为 2 的小圆。

技术要点

绘制3个组合图形的思路是：首先在水平或竖直方向的中心线上绘制其中一个组合图形，然后将其旋转至合理角度，最后再进行旋转复制操作，得到其余两个组合图形。

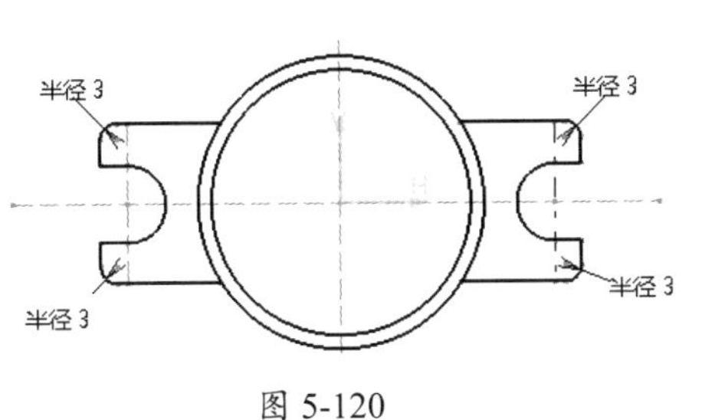

图 5-120

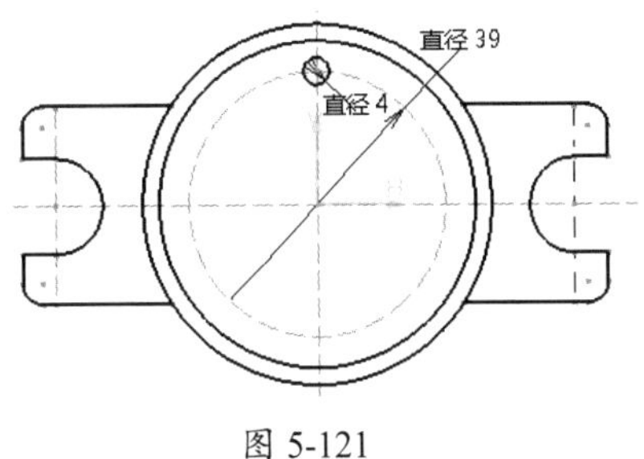

图 5-121

09 利用“轮廓”命令，绘制如图 5-122 所示的连续图线，再利用“镜像”命令，将绘制的连续图线镜像至竖直中心线的另一侧，如图 5-123 所示。

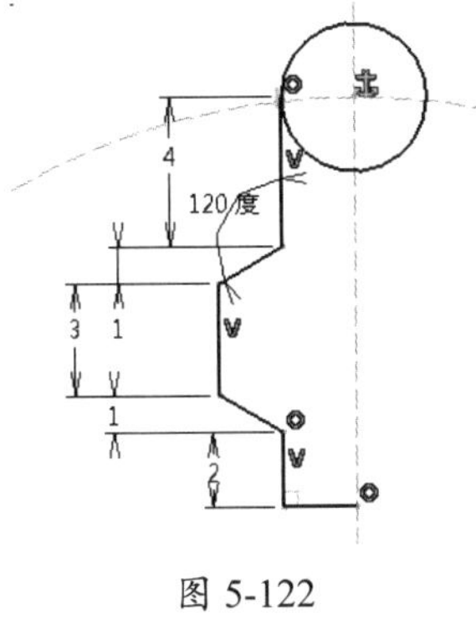

图 5-122

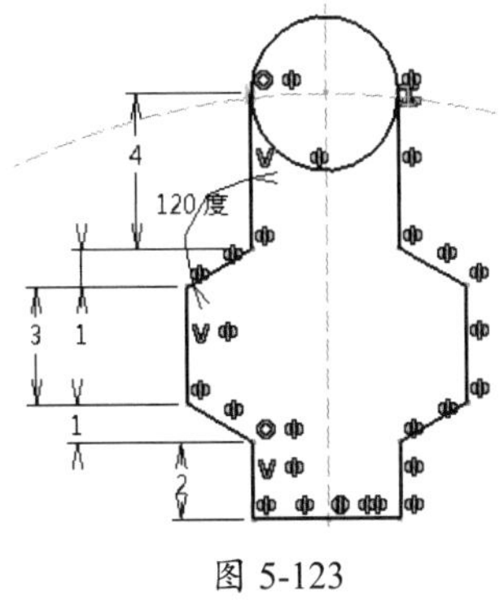

图 5-123

技术要点

对于图5-122中斜线的标注尺寸1来说，选取要约束的图元时需要注意选取方法。要想标注斜线在竖直方向的尺寸，必须选取斜线的两个端点，并且在快捷菜单中选择是“水平测量方向”还是“竖直测量方向”，如图5-124所示。

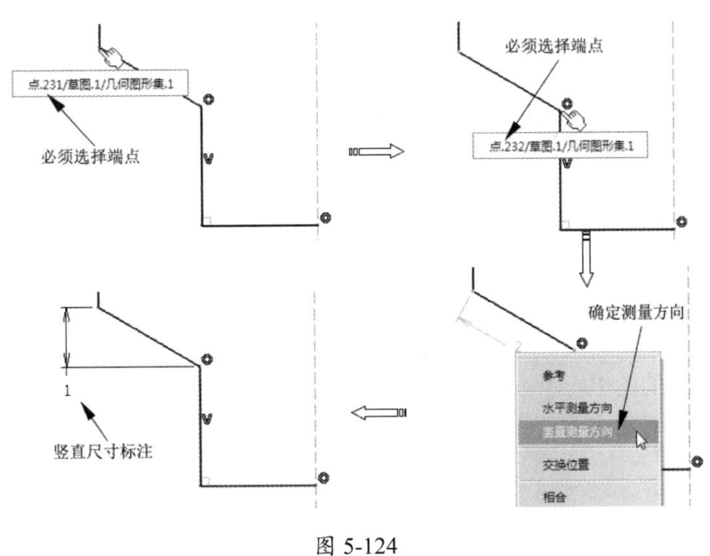

图 5-124

10 利用“快速修剪”命令修剪图形，并将图形旋转（不复制）335°，结果如图 5-125 所示。

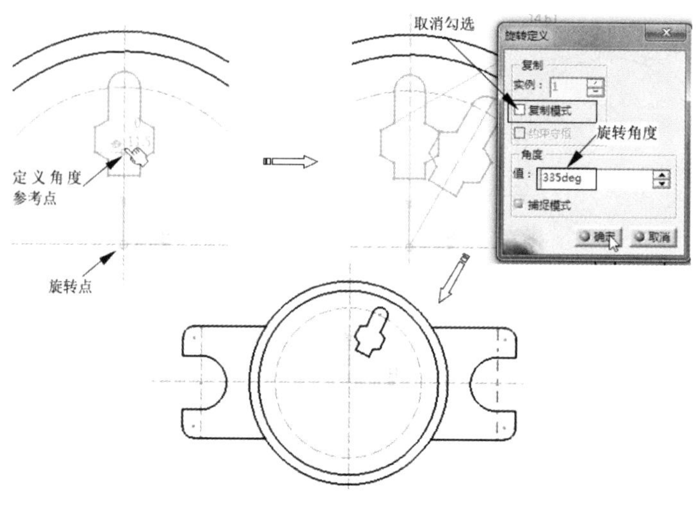

图 5-125

11 利用“旋转”命令，将图 5-125 中旋转后的图形再旋转 120°，并且复制图形（“实例”值为 3），以此可得到最终的零件草图，如图 5-126 所示。

12 最终的底座零件草图如图 5-127 所示。

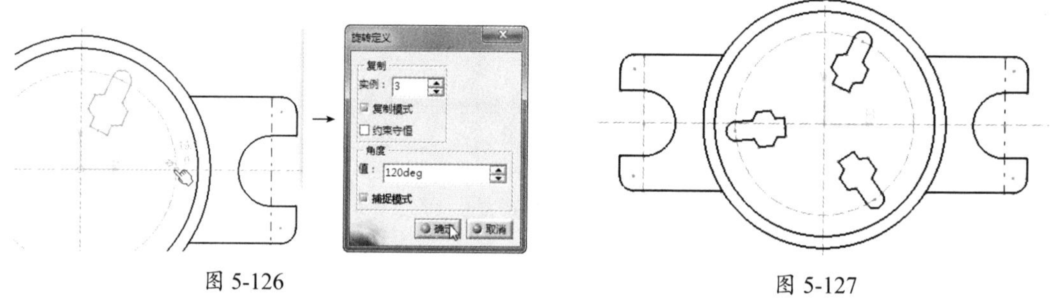

图 5-126　　图 5-127

13 将绘制的草图文件保存。

5.4 实战案例——绘制摇柄草图

引入文件：无

结果文件：\动手操作\结果文件\Ch05\yaobin.CATpart

视频文件：\视频\Ch05\绘制摇柄草图.avi

如图 5-128 所示的图中，A=66，B=55，C=30，D=36，E=155。在这个案例中，将会使用几何约束工具对图形进行约束。

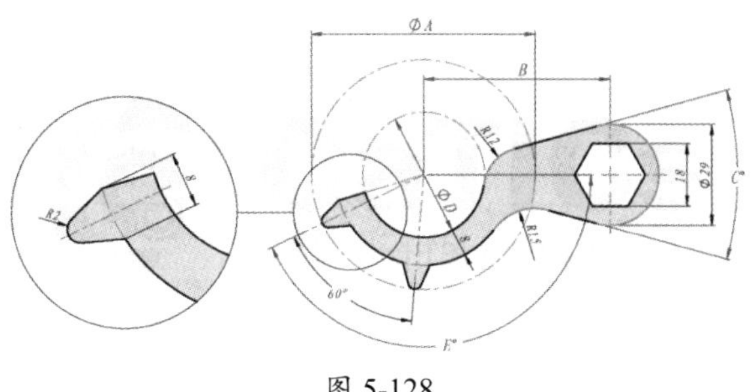

图 5-128

绘图分析

（1）确定整个图线的尺寸基准中心，从基准中心开始，陆续绘制出主要线段、中间线段和连接线段。

（2）基准线有时是可以先画出图形再去补充的。

（3）作图顺序图解如图 5-129 所示。

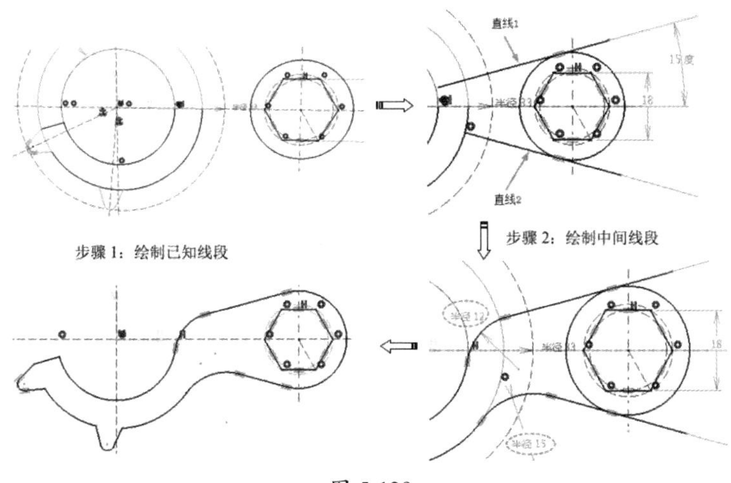

图 5-129

设计步骤

01 新建零件文件，执行“开始”|“机械设计”|“草图编辑器”命令，进入零件设计环境。接着选择 *xy* 平面为草图平面并直接进入草绘工作台。

02 绘制摇柄图形中的已知线段。

- 单击“圆心”按钮和“轴”按钮，以坐标系原点为圆的圆心，绘制如图 5-130 所示的圆。
- 选取左侧的两个同心圆，并将其转换为构造线，如图 5-131 所示。

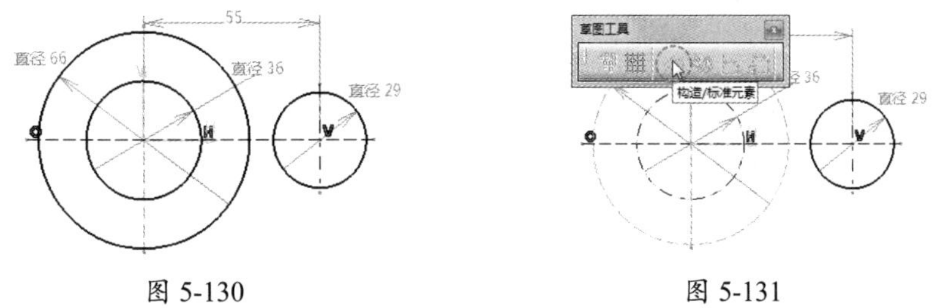

图 5-130　　　　图 5-131

- 单击“多边形”按钮，在右侧小圆的圆心位置单击，定义多边形的位置。在“草图工具”工具条中单击“内置圆”按钮，确定圆的直径后，再到“草图工具”工具条中设置“边数”值为6，按 Enter 键完成初步绘制，如图 5-132 所示。

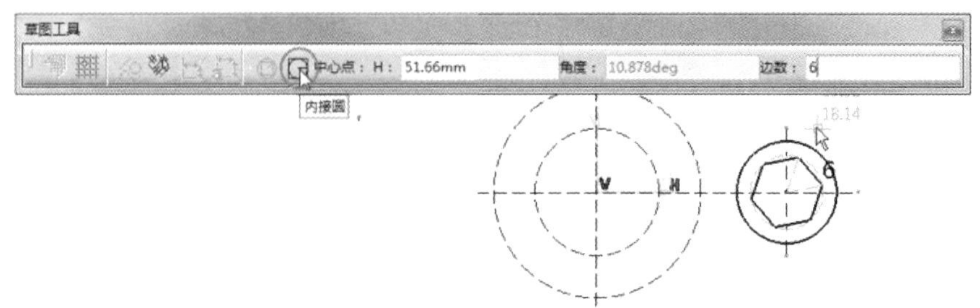

图 5-132

- 对正六边形进行尺寸约束和几何约束，如图 5-133 所示。
- 单击“3 点弧”按钮，绘制半径为 18mm 的圆弧，此圆弧与构造线圆重合，如图 5-134 所示。

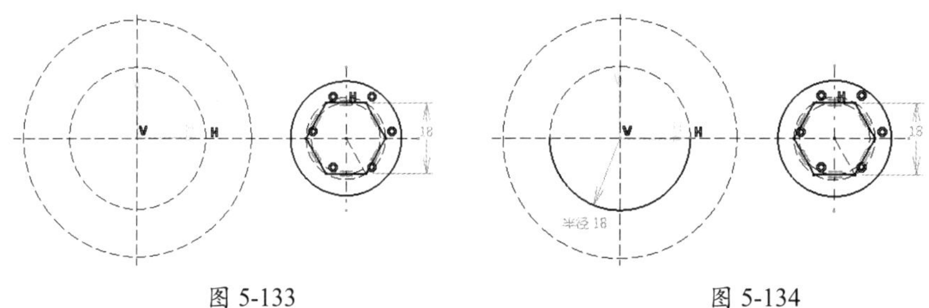

图 5-133　　图 5-134

技术要点

在绘图过程中，如果觉得尺寸标注影响了图形观察，可以将绘制的图线固定约束，然后删除其尺寸标注即可。

- 单击“偏移”按钮，以圆弧作为参考，创建偏移距离为 8mm 的新偏移曲线——圆弧，如图 5-135 所示。
- 单击“直线”按钮，绘制两条直线再转换为构造线，如图 5-136 所示。

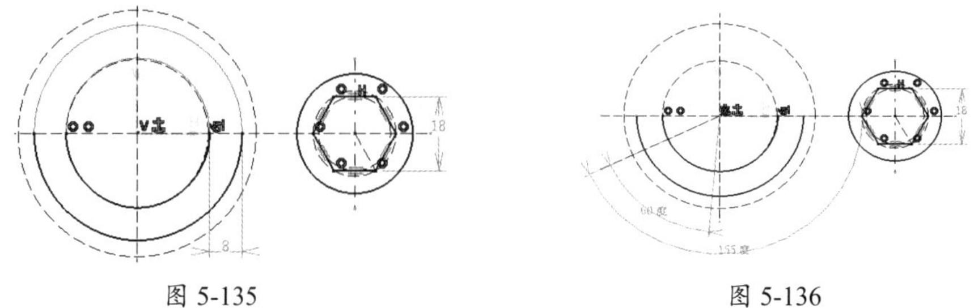

图 5-135　　图 5-136

- 单击“直线”按钮，绘制两条直线，如图 5-137 所示。

- 单击“圆”按钮，绘制直径为4的小圆，如图5-138所示。

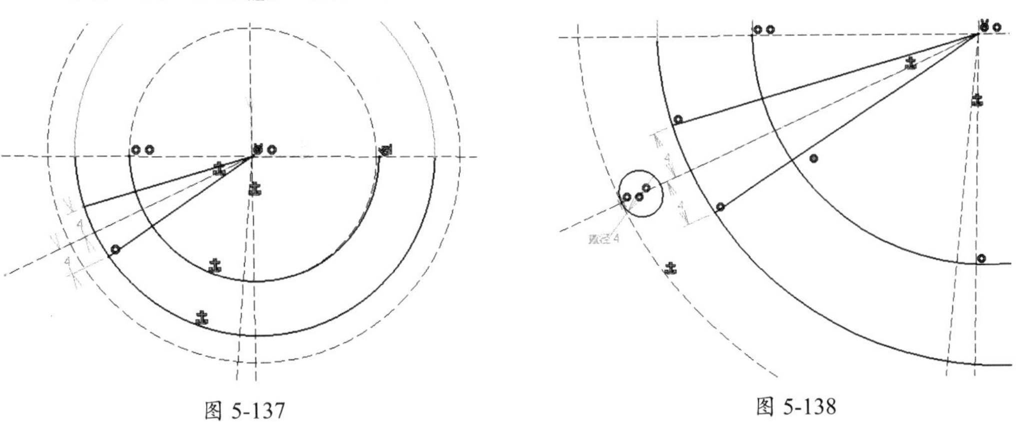

图5-137　　　　图5-138

03 绘制图形的中间线段。

- 使用线链工具绘制两条斜线，两条斜线均与小圆相切，如图5-139所示。
- 双击“快速修剪”按钮修剪图形，如图5-140所示。

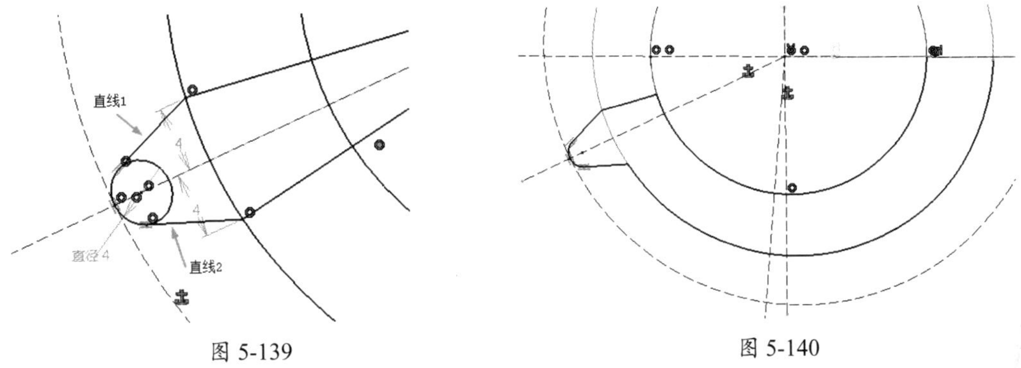

图5-139　　　　图5-140

- 选取如图5-141所示的3条曲线，并单击“变换”工具条上的“旋转”按钮，弹出“旋转定义”对话框。

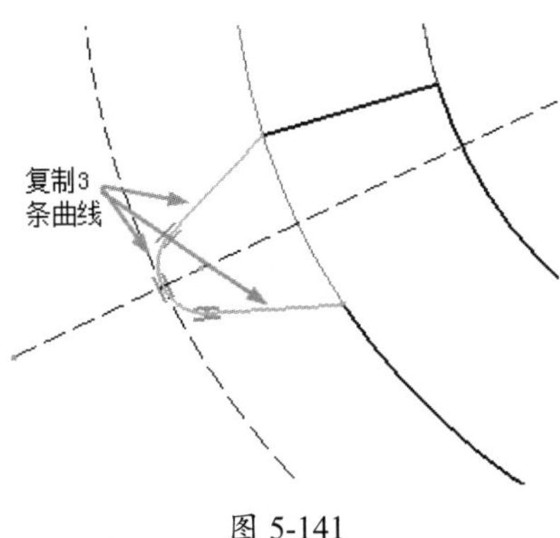

图5-141

- 设置“实例”参数，并旋转坐标系原点作为旋转中心点，输入角度“值”为60，单击“确定”按钮完成旋转复制，如图5-142所示。

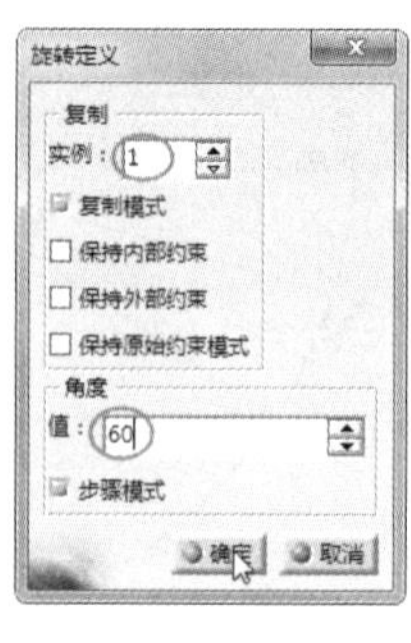

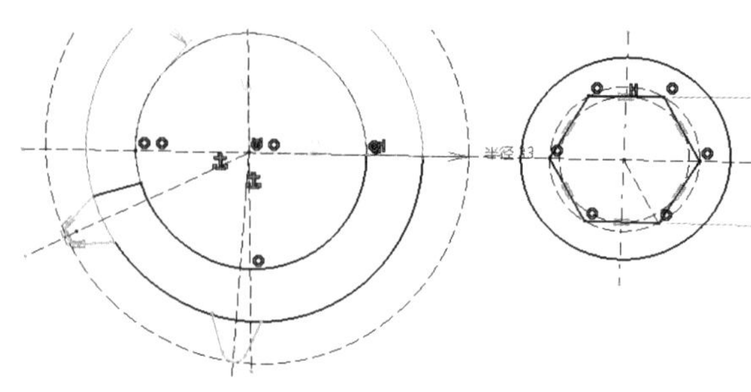

图 5-142

- 单击“直线”按钮，绘制如图 5-143 所示的两条斜直线。再单击“相切”按钮将斜线与右侧 Ø29 的圆相切约束。

04 绘制图形的连接线段。

- 单击“圆角”按钮，创建如图 5-144 所示半径分别为 12mm 和 15mm 的圆角。

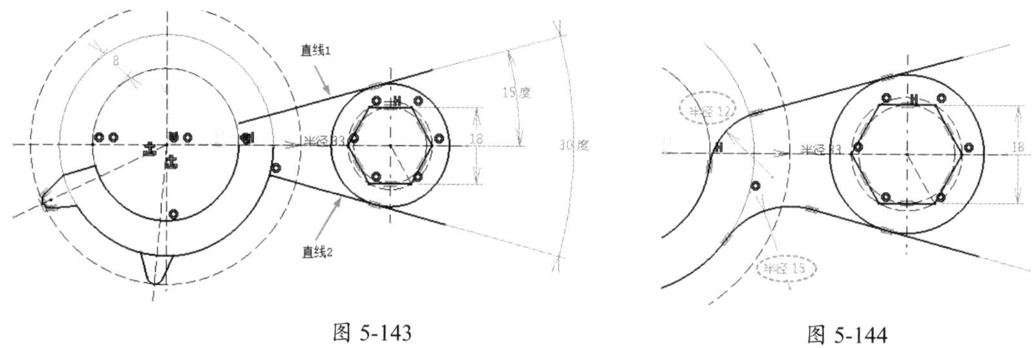

图 5-143　　图 5-144

- 双击“快速修剪”按钮，修剪多余的线段，完成整个草图图形的绘制，结果如图 5-145 所示。

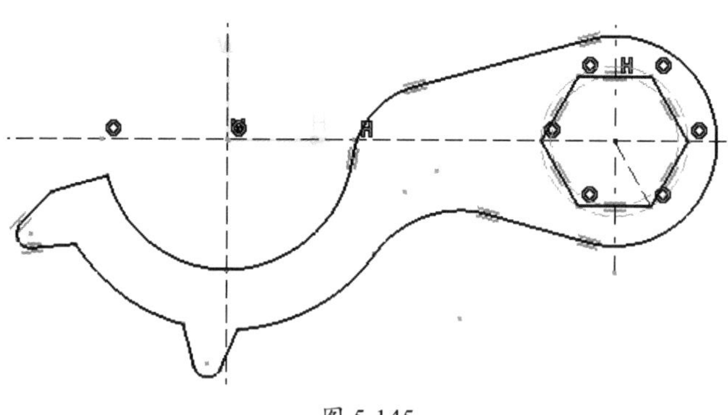

图 5-145

05 保存最终的结果文件。

5.5 课后习题

（1）利用草图工具绘制如图 5-146 所示的草图。

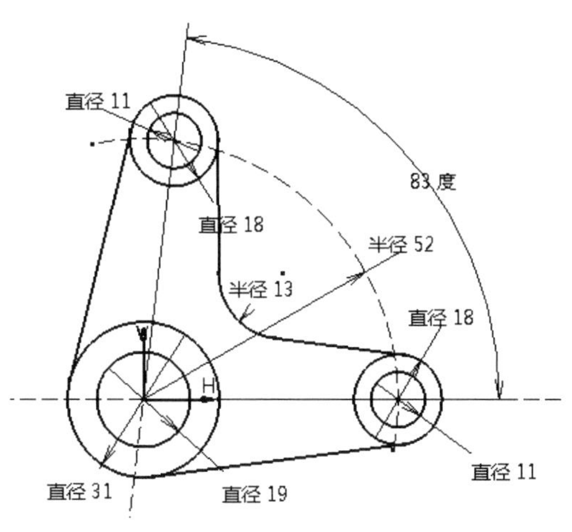

图 5-146

（2）利用草图工具绘制如图 5-147 所示的草图。

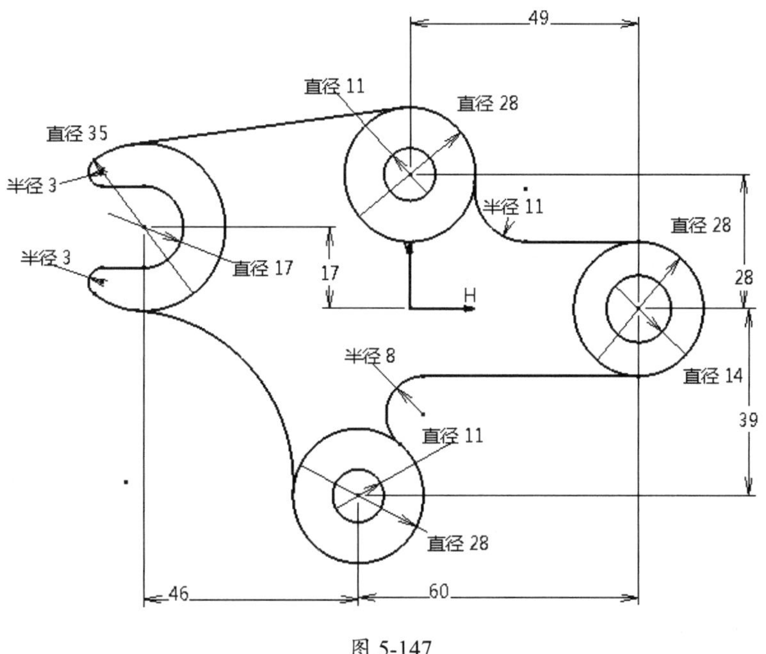

图 5-147

第 6 章　基于草图的特征指令

项目导读

零件设计模块是用户在 CATIA 中进行机械零件设计的第一功能模块。通过特征参数化造型与结构设计是三维工程软件的一大特色，是 CATIA 零件设计模块用于机械制造与加工的理想设计工具。本章要介绍的工具指令是基于草图的基体特征工具，基体特征也称作“父特征”。

- CATIA实体特征设计概述
- 拉伸特征
- 旋转特征
- 扫描特征
- 放样特征
- 实体混合特征
- 其他基于草图的特征
- 修饰特征

6.1 CATIA 实体特征设计概述

几何特征是 3D 软件中组成实体模型的重要单元，它可以是点、线、面、基准和实体单元。

在零件中生成的第一个特征为基体，此特征为生成其他特征的基础，它可以是拉伸、旋转、扫描、放样、曲面加厚或钣金法兰。

特征是各种单独的加工形状，当将它们组合起来时就形成了各种零件实体。在同一零件实体中可以包括单独的拉伸、旋转、放样和扫描特征等加材料特征。加材料特征工具是最基本的 3D 绘图方式，用于完成最基本的 3D 几何体建模任务。

6.1.1 如何进入零件设计工作台

零件设计工作台是 CATIA 软件为机械工程师准备的机械零件设计的界面环境，实体特征的建模操作就是在零件设计工作台中进行并完成的，下面介绍 3 种进入零件设计工作台的方法。

1. 方法一

在 CATIA 基本环境界面中，执行“开始”|“机械设计”|“零件设计”命令，可直接进入零件设计工作台，如图 6-1 所示。

2. 方法二

如果已在零件工作台中，可以重新建立一个新文件，执行“开始”|“机械设计”|“零件设计”命令，或者在“标准”工具栏中单击“新建”按钮，弹出“新建”对话框，在“类型列表”

中选择 Part 类型并单击“确定”按钮，随后会弹出“新建零件”对话框，单击“确定”按钮完成新零件文件的创建并自动进入零件设计工作台，如图 6-2 所示。

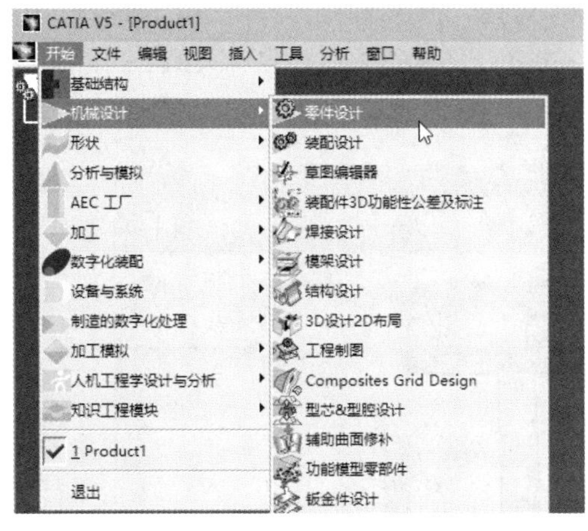

图 6-1

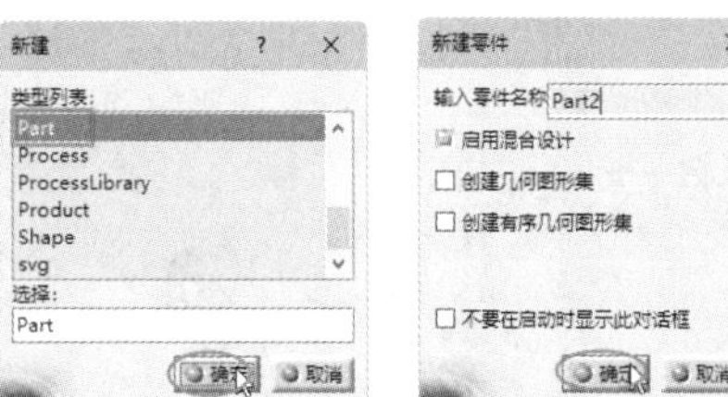

图 6-2

“新建零件”对话框中的选项可以帮助用户创建一个可用的工作环境，具体介绍如下。

- 启动混合设计：选中该复选框，在混合设计环境中可以在实体中插入线框和曲面图元。
- 创建几何图形集：选中该复选框，除了“启用混合设计”复选框的设计环境外，在零件设计工作台中会自动创建几何图形集合。
- 创建有序几何图形集：选中该复选框，在零件设计工作台中会自动创建有序的几何图形几何。
- 不要在启动时显示此对话框：选中该复选框，当再次新建零件时不会弹出“新建零件”对话框。

3. 方法三

当从 CATIA 基本环境进入其他工作台中时，若执行“开始”|“机械设计”|“零件设计”命令，将会从其他设计工作台切换到零件设计工作台。

6.1.2 零件设计工作台界面

零件设计工作台的界面环境主要由菜单栏、特征树、状态栏、罗盘、工具栏、图形区等要素组成，如图 6-3 所示。

- 菜单栏：菜单栏位于窗口顶部，包括“开始”“文件”“编辑”“视图”“插入”“工具”“窗口”“帮助”菜单，这些菜单中几乎包含了所有用于零件设计的功能命令。
- 特征树：特征树是为操作几何特征而提供的操作树。特征树中列出了所有已经创建完成的特征序列，特征之间有着上下级的逻辑关系和建模顺序。
- 状态栏：状态栏用来显示软件即将进行或正在进行的指令，新用户可以在不熟悉软件功能指令的时候，查看状态栏中的信息提示帮助进行下一步操作。
- 罗盘：罗盘也称为“指南针”，代表模型的 3D 空间坐标系，罗盘会随着模型的旋转而旋转，有助于建立空间位置关系。熟练应用罗盘，可以方便地确定模型的空间位置。

- 工具栏：工具栏的位置并非完全固定在右侧，可以拖至图形区中停靠，也可以拖至图形区的上方、下方停靠。不同的工作环境会显示出不同的工具按钮。
- 图形区：图形区也称“绘图区”，是用户创建、编辑和操作模型的工作区域。图形区也是一个活动的窗口，可以缩放和关闭。关闭了图形区窗口，也就关闭了当前工作台环境界面。

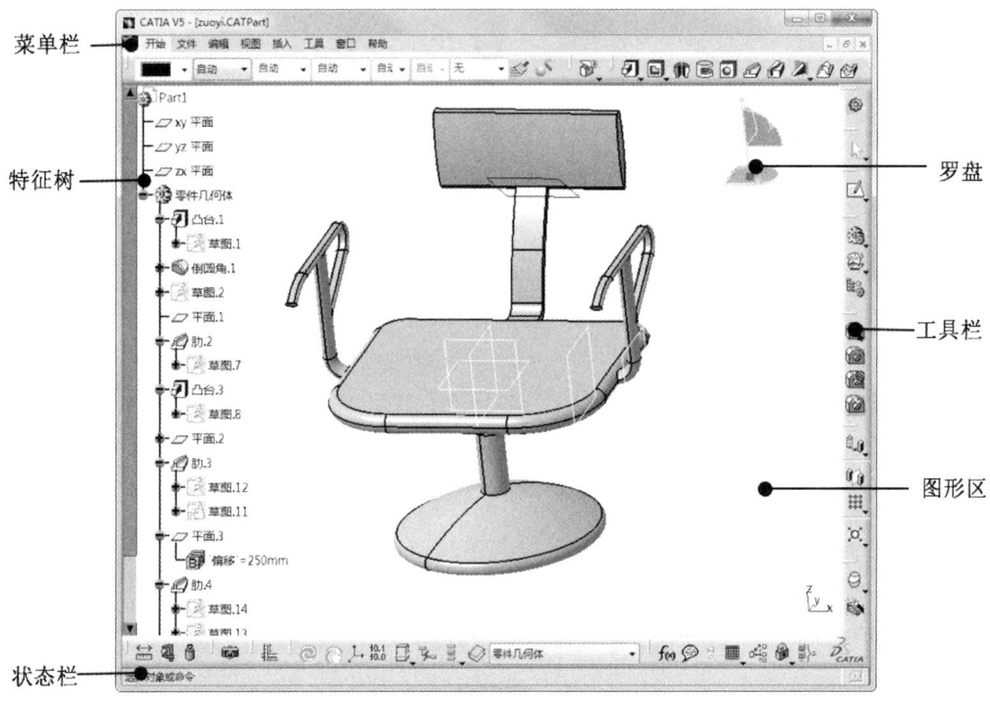

图 6-3

6.1.3 “插入”菜单中的零件设计工具

零件设计工具主要集中在“插入”菜单中，不同的工作台会提供不同的设计工具。零件设计工作台中的“插入”菜单如图 6-4 所示。如果在工具栏中没有找到相关工具按钮时，总能在“插入”菜单中找到。

1. “基于草图的特征”子菜单

“基于草图的特征”是在绘制草图之后来建立的基础特征，草图将作为特征的截面轮廓。“基于草图的特征”子菜单如图 6-5 所示。

2. “修饰特征”子菜单

“修饰特征”是基于基础特征的附加特征，也称“工程特征”。“修饰特征”菜单中的工具是通过运用布尔运算在基础特征上进行加运算或者减运算而得到新零件的特征工具，如图 6-6 所示。

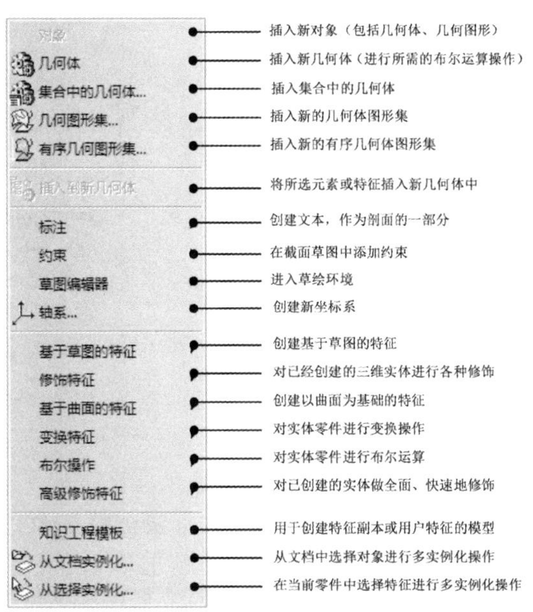

图 6-4

3.“基于曲面的特征”子菜单

“基于曲面的特征”常用于曲面与实体之间的转换操作，包括分割、厚曲面和缝合曲面等，如图 6-7 所示。

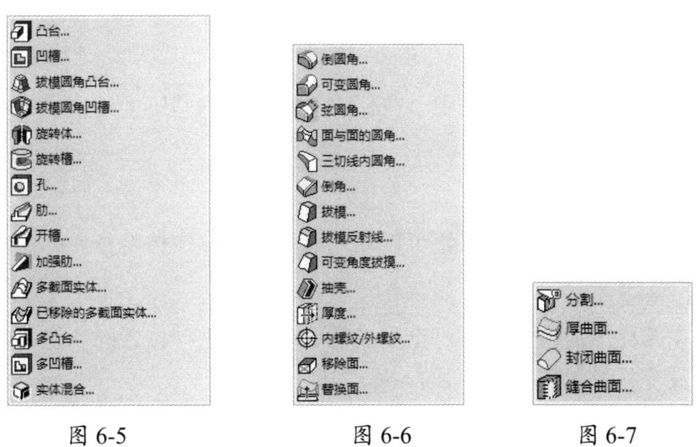

图 6-5　　图 6-6　　图 6-7

4.“变换特征”子菜单

“变换特征”是对已生成的零件特征进行位置的变换、复制变换（包括镜像和阵列）以及缩放变换等操作，如图 6-8 所示。

5.“布尔操作”子菜单

“布尔操作”主要用于相交的特征之间的计算，包括在特征上添加特征、在特征上修剪特征、取两相交的特征等，如图 6-9 所示。

6.“高级修饰特征”子菜单

“高级修饰特征”用于在零件上添加特殊的修饰，如双侧拔模、自动圆角等，如图 6-10 所示。

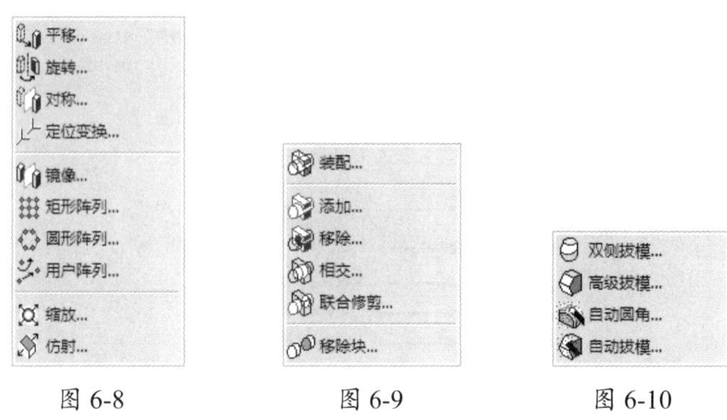

图 6-8 图 6-9 图 6-10

6.1.4 工具栏中的零件设计工具

单击零件设计工作台工具栏中的命令按钮是执行实体特征命令最方便的方法。CATIA V5-6R2017 零件设计工作台常用的工具栏有 6 个：“基于草图的特征”工具栏、“修饰特征”工具栏、“基于曲面的特征”工具栏、“变换操作”工具栏、“布尔操作”工具栏和“参考图元”工具栏。这些工具栏中显示了常用的工具按钮，单击工具右侧的黑色三角，可展开下一级工具栏。

1.“基于草图的特征”工具栏

“基于草图的特征”工具栏中的命令按钮用于在草图基础上通过拉伸、旋转、扫掠以及多截面实体等方式来创建 3D 几何体，如图 6-11 所示。

2.“修饰特征”工具栏

“修饰特征”工具栏中的命令按钮用于在已有基本实体的基础上建立修饰，如倒角、拔模、螺纹等，如图 6-12 所示。

3.“基于曲面的特征”工具栏

“基于曲面的特征”工具栏中的按钮可以利用曲面来创建实体特征，如图 6-13 所示。

4.“变换特征”工具栏

“变换特征”工具栏中的按钮可以对已生成的零件特征进行位置的变换、复制变换（包括镜像和阵列）以及缩放变换等操作，如图 6-14 所示。

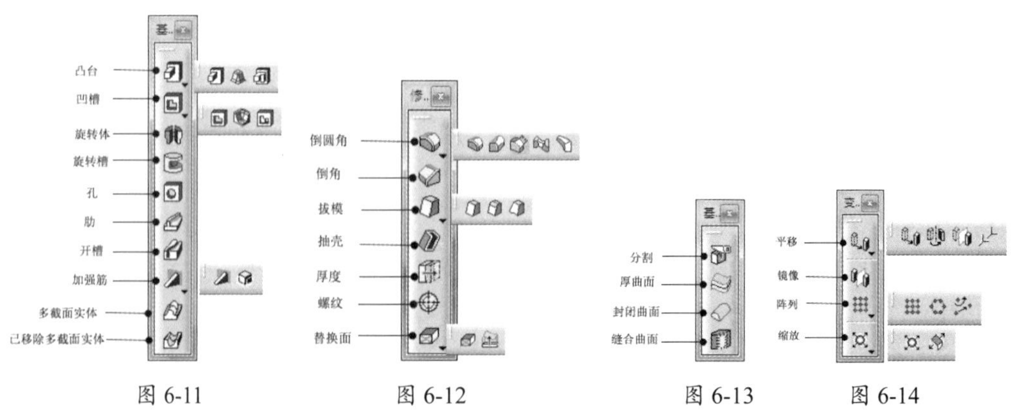

图 6-11 图 6-12 图 6-13 图 6-14

5.“布尔操作”工具栏

“布尔操作”工具栏中的按钮可以将一个文件中的两个零件体组合到一起，实现添加、移除、相交等运算，如图 6-15 所示。

6.“参考图元”工具栏

“参考图元”工具栏中的按钮可以用于创建点、直线、平面等基本几何图元，并作为其他几何体建构时的参考，如图 6-16 所示。

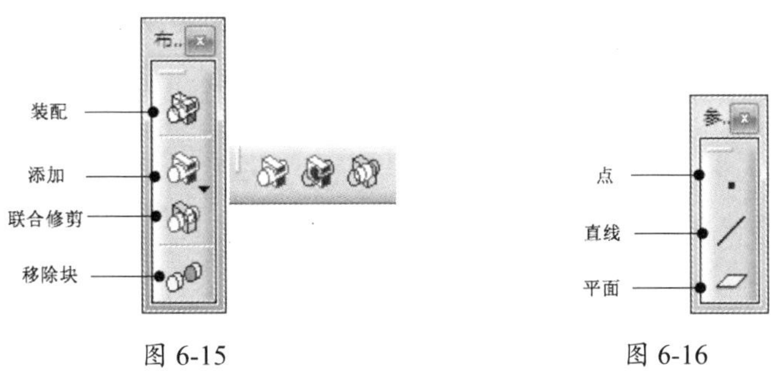

图 6-15　　　图 6-16

6.2 拉伸特征

拉伸特征在 CATIA 中称为“凸台”。拉伸特征工具包括加材料的凸台工具和减材料的凹槽工具。

CATIA V5-6R2017 提供了多种凸台实体创建方法，单击“基于草图的特征”工具栏中“凸台”按钮右下角的小三角形，弹出创建凸台特征的相关命令按钮，如图 6-17 所示。

图 6-17

6.2.1 凸台

“凸台”工具是最简单的拉伸工具，可将选定的草图轮廓沿指定的矢量方向拉伸，设定拉伸长度及选项后可得到符合要求的实体特征。用于凸台的草图轮廓是凸台的重要组成图元，如图 6-18 所示。

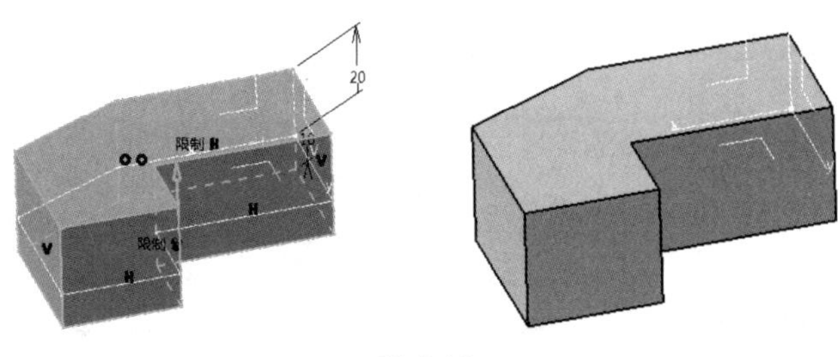

图 6-18

1.“定义凸台”对话框

单击“基于草图的特征”工具栏上的“凸台”按钮，弹出“定义凸台”对话框，单击“更多”按钮，弹出“定义凸台”对话框，如图 6-19 所示。

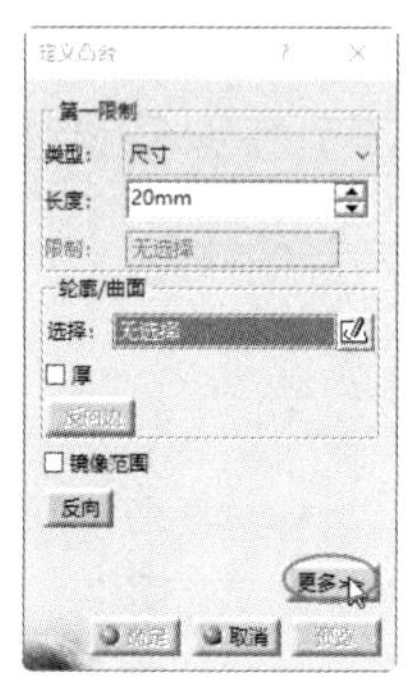

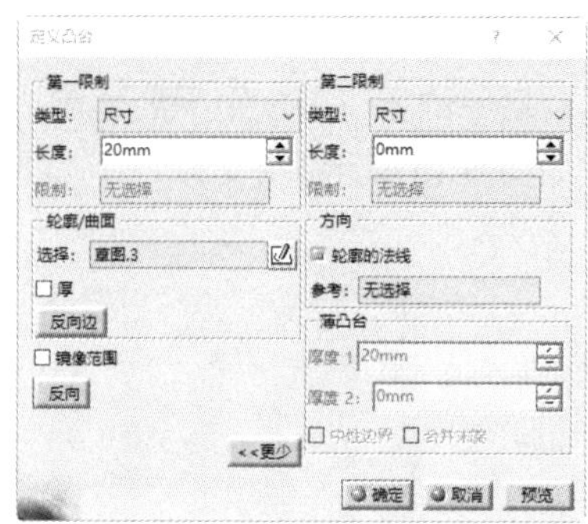

图 6-19

2.“第一限制”选项区

“类型”下拉列表中的类型选项用于控制凸台的拉伸效果。在“定义凸台”对话框的“第一限制”和“第二限制”选项区中，“类型”下拉列表提供了 5 种凸台拉伸类型，如图 6-20 所示。这 5 种凸台拉伸类型的使用方法介绍如下。

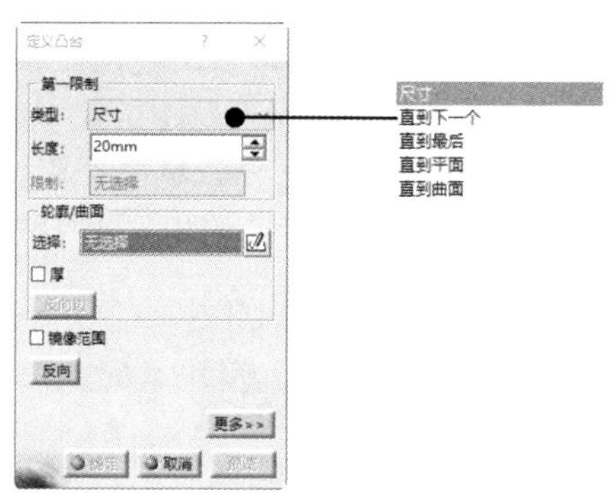

图 6-20

（1）“尺寸”类型。

“尺寸”类型是系统默认的拉伸选项，是指将草图轮廓面以指定的长度向法向于草图平面方向进行拉伸，如图 6-21 所示为以 3 种不同方式修改拉伸长度值。

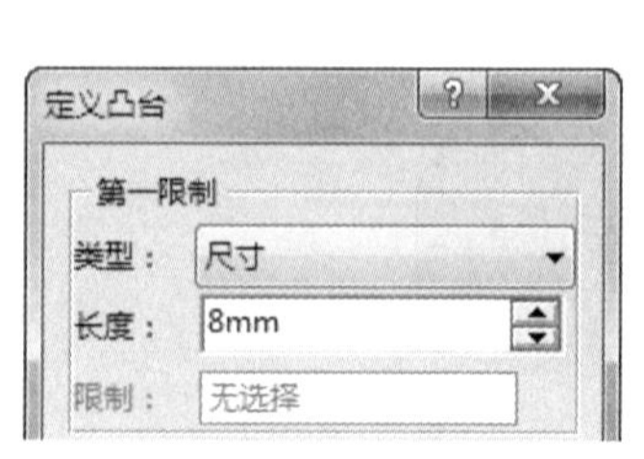

在“长度”文本框中修改值

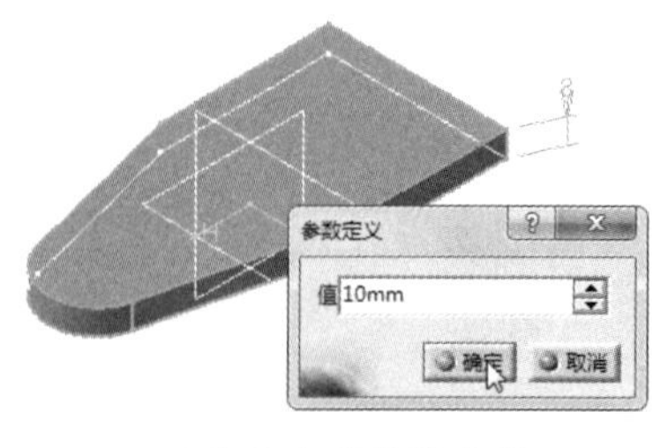

双击尺寸直接修改值

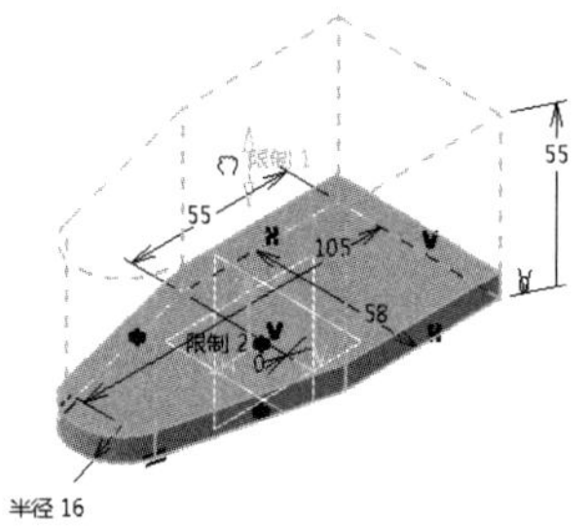

拖动限制 1 或限制 2 修改值

图 6-21

技术要点

当选择“尺寸”拉伸类型时，如果在“长度”文本框中输入正值，拉伸将沿着当前拉伸箭头指示方向，如果输入长度为负值，拉伸方向为当前拉伸的反方向。

（2）“直到下一个”类型。

“直到下一个”类型是指将截面拉伸到指定的下一个特征（包括点、线及面），如图6-22所示。

（3）“直到最后”类型。

“直到最后”类型是指在拉伸方向中有多个特征（包括点、线及面）时，会将草图轮廓拉伸至最后的特征面截止，如图6-23所示。

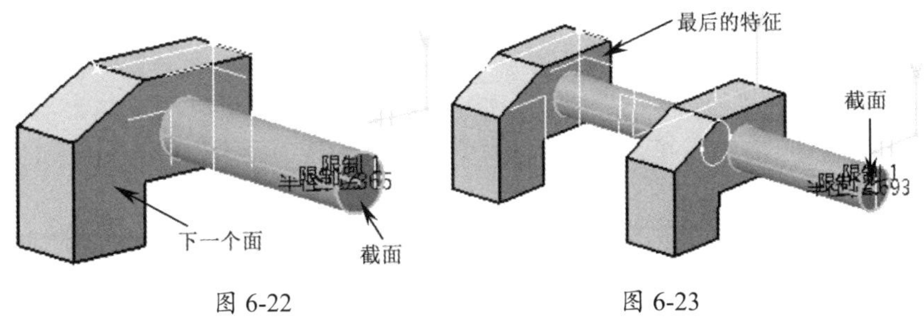

图6-22　　图6-23

（4）“直到平面”类型。

“直到平面”类型是指将草图轮廓拉伸到指定的平面上，如图6-24所示。

（5）“直到曲面”类型。

“直到曲面”类型是将草图轮廓拉伸到指定的曲面上，且特征端面形状与曲面形状保持一致，如图6-25所示。

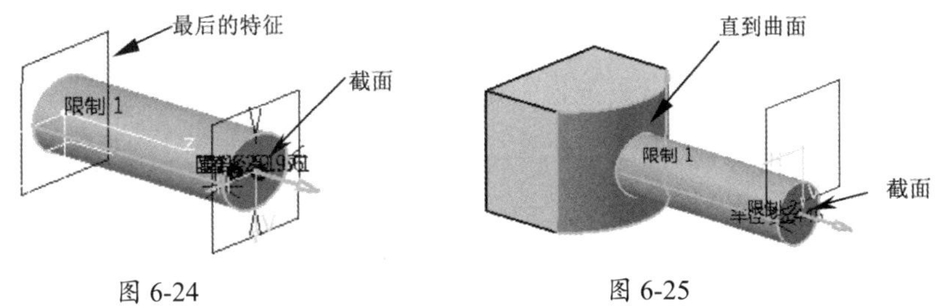

图6-24　　图6-25

当选择“直到曲面”类型、“直到平面”类型或“直到最后”类型后，会增加一个“偏置”选项。该选项主要用于控制草图轮廓到达指定曲面、平面或特征面时的偏移距离。默认值为0，表示不偏移。输入正值表示超前偏移，输入负值则反转方向偏移。

3.“轮廓/曲面”选项区

“轮廓/曲面”选项区中的选项用于定义草图或创建薄壁特征。定义凸台特征草图轮廓的方法有两种：一种是选择已有草图轮廓作为截面草图，另一种是单击“草图”按钮创建新的草图作为当前特征的截面草图。

（1）草图轮廓的指定。

除了前面介绍的两种定义草图的方式，还可以右击“选择”文本框，弹出快捷菜单，如图6-26所示。

- 转至轮廓定义：执行“转至轮廓定义”命令，弹出“定义轮廓”对话框，选中“子图元”单选按钮，可选择属于同一草图的不同图元作为凸台截面，如图 6-27 所示。若选中“整个几何图形”单选按钮，可以选择整个草图中的所有对象作为凸台截面轮廓。

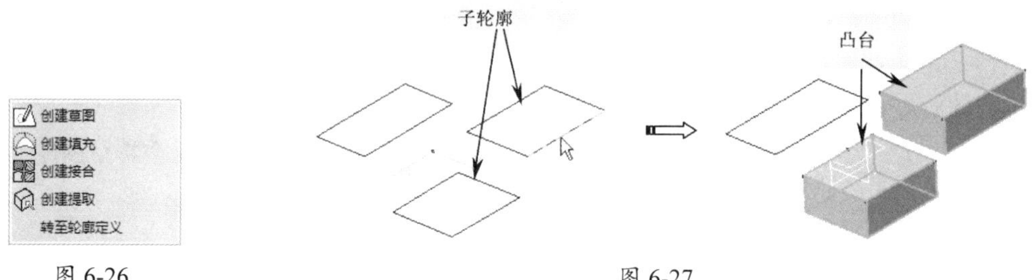

图 6-26　　图 6-27

- 创建草图：执行“创建草图”命令，弹出“运行命令”对话框，在系统提示“选择草图平面”的情况下，选择草绘平面后进入草图工作台中绘制草图轮廓，如图 6-28 所示。

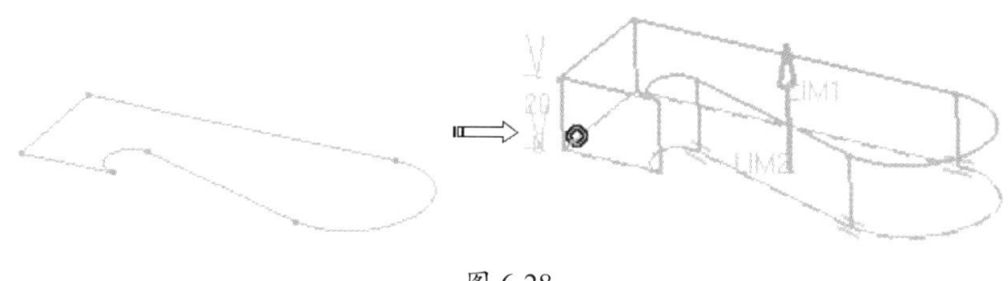

图 6-28

技术要点

在绘制草图时，当你不注意按住鼠标中键+右键将草图视图旋转后，可在“视图”工具栏中单击“法线视图”按钮，恢复视图与屏幕平行。

- 创建接合：执行“创建接合”命令，弹出“接合定义”对话框，选择要接合的图元（可以是实体特征边或曲线）作为凸台的草图轮廓，如图 6-29 所示。

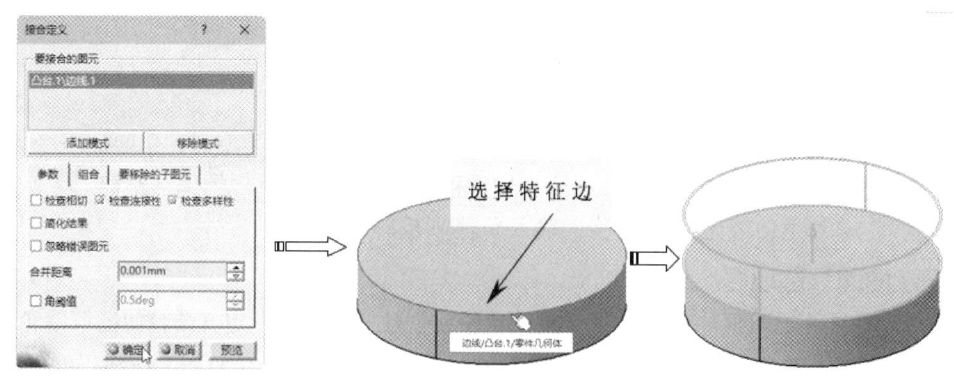

图 6-29

- 创建提取：执行“创建提取”命令，弹出“提取定义”对话框，可选择特征面来提取其边线，以此作为草图轮廓来创建凸台，如图 6-30 所示。

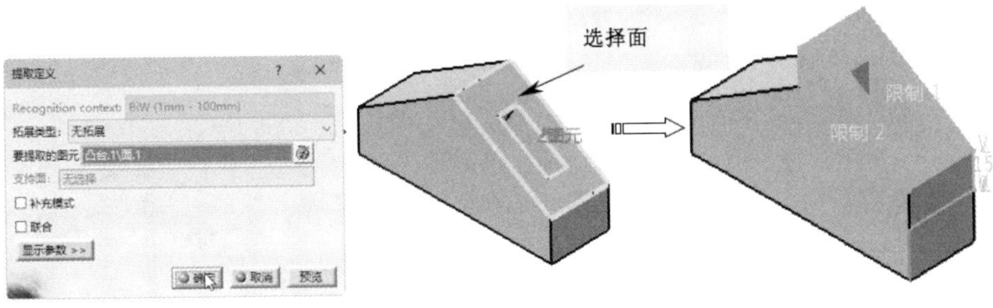

图 6-30

（2）创建薄壁实体。

利用“厚”复选框可以将草图轮廓加厚填充生成薄壁实体。例如壳体类零件或钣金件均可使用此复选框来创建。可在轮廓一侧加厚，也可在轮廓的两侧加厚。

选中“厚”复选框后在完全展开的“定义凸台”对话框中，“薄凸台”选项区变为可用状态。在“薄凸台”选项区中可设置薄凸台的厚度。在“厚度1”和“厚度2”文本框中设置轮廓两侧的厚度值，如图 6-31 所示。

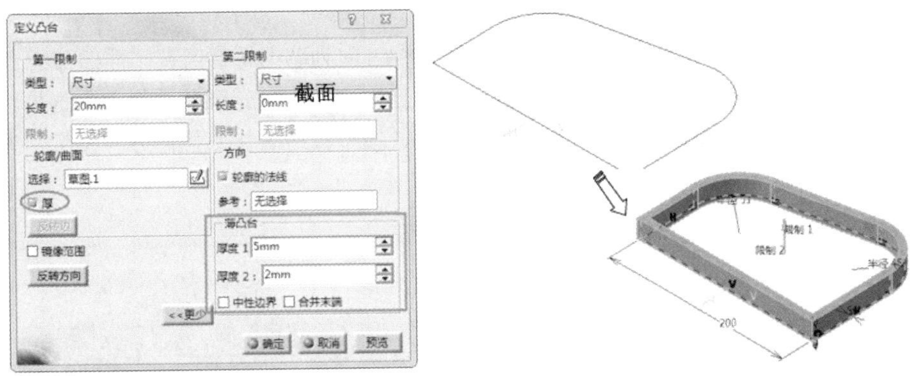

图 6-31

- 中性边界：选中此复选框，将在轮廓线的两侧同时加厚。只需在“厚度1”文本框中输入单侧厚度值即可，如图 6-32 所示。

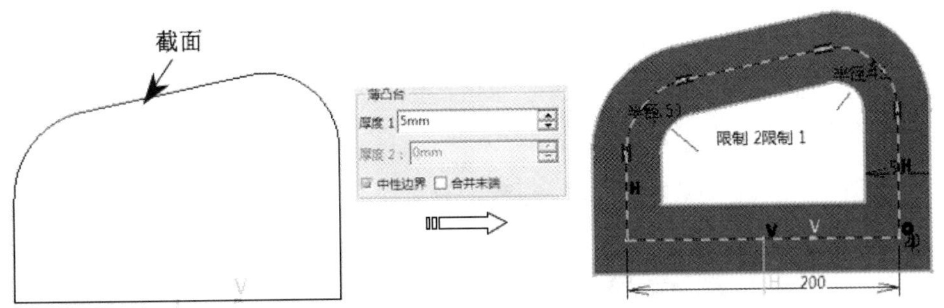

图 6-32

- 合并末端：当需要在已有特征内部创建加强筋（也称“轨迹筋”）时，如果草图轮廓是开放的曲线，并且该曲线没有延伸到实体特征的侧壁上，此时可以选中“合并末端”复选框，创建延伸到侧壁的加强筋，如图 6-33 所示。

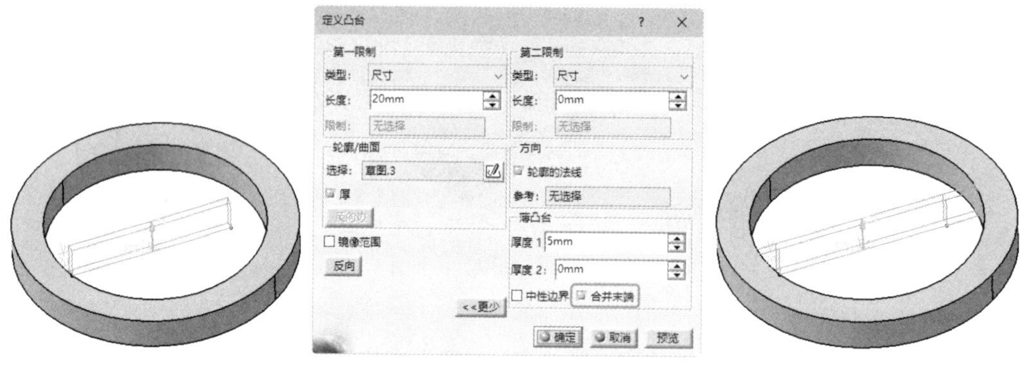

图 6-33

4. “方向”选项区

确定凸台的拉伸方向有两种方法，第一种就是默认的拉伸方向（与草图平面法线方向），另一种是选择参考线（可以是直边或参考轴）。参考线的矢量方向可以是与草图平面的法向，也可与草图平面呈一定角度。

- 轮廓的法线：系统默认选项，也就是默认拉伸方向为草图轮廓所在平面的法线方向。
- 参考：用于选择或设置拉伸方向的参考线。当取消选中“轮廓的法线”复选框时，可在绘图区中任意选择直线、轴线、罗盘方向轴、模型直边等作为拉伸方向参考，如图 6-34 所示。

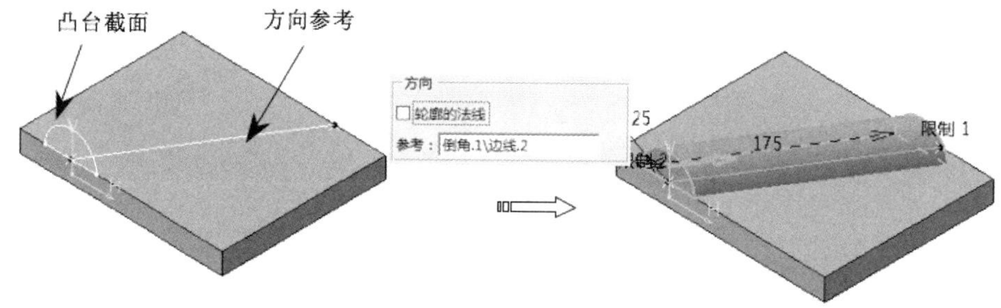

图 6-34

- 反向：在“定义凸台”对话框的左侧单击“反向”按钮，可反转拉伸方向。
- 反转边：当草图轮廓是开放曲线时，单击“反向边”按钮，可反转拉伸轮廓实体的方向，如图 6-35 所示。

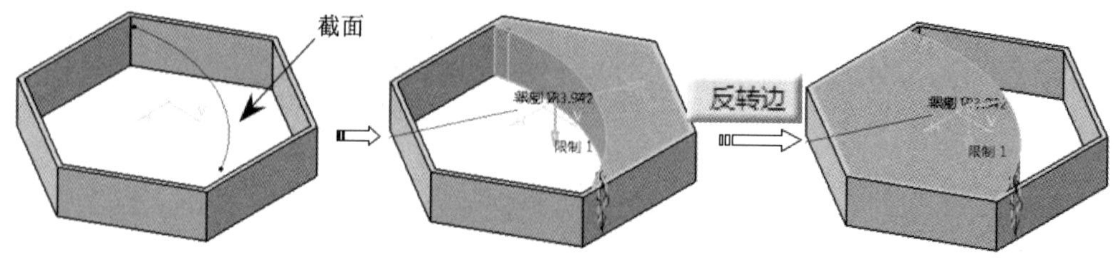

图 6-35

动手操作——凸台实例

01 执行“开始”|“机械设计”|“零件设计”命令，进入零件设计工作台。

02 单击“草图”按钮，在特征树中选择 *xy* 平面作为草图平面，进入草图工作台。绘制如图 6-36 所示的“草图 1”，单击“退出工作台”按钮退出草图工作台。

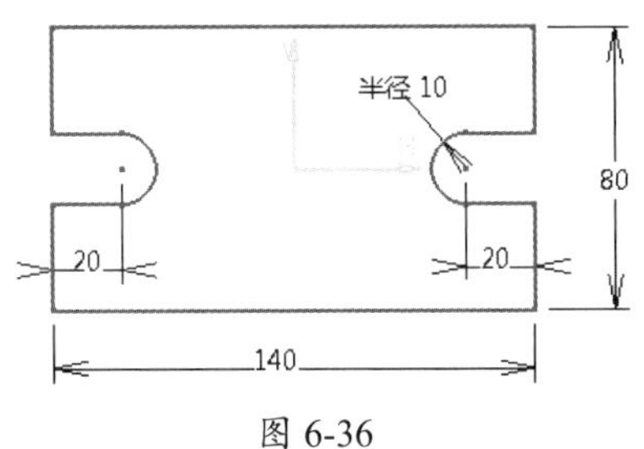

图 6-36

03 单击“基于草图的特征”工具栏中的“凸台”按钮，弹出“定义凸台”对话框。单击激活“轮廓 / 曲面”选项区中的“选择”文本框后再选择上一步所绘制的草图作为轮廓，保留默认的拉伸深度类型和长度值，最后单击“确定”按钮完成“凸台特征 1”的创建，如图 6-37 所示。

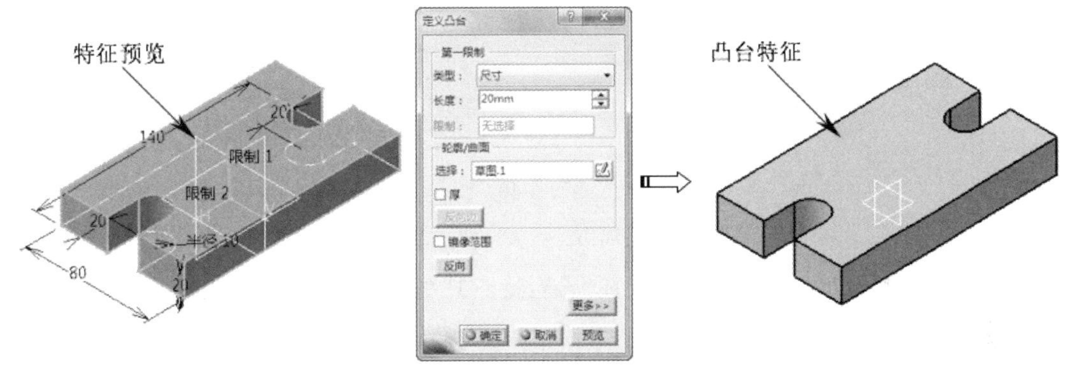

图 6-37

04 单击“草图”按钮，选择凸台特征的上表面进入草图工作台。绘制如图 6-38 所示的“草图 2”。完成后单击“退出工作台”按钮退出草图工作台。

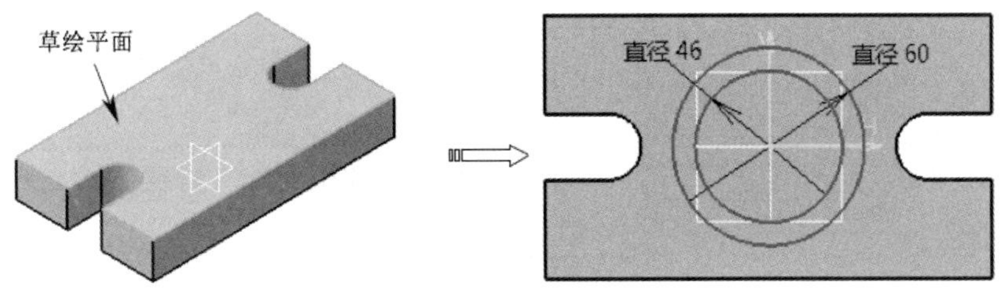

图 6-38

05 单击“凸台”按钮，弹出“定义凸台”对话框。设置“长度”值为 75mm，选择“草图 2”作为轮廓，单击“确定”按钮完成“凸台特征 2”的创建，如图 6-39 所示。

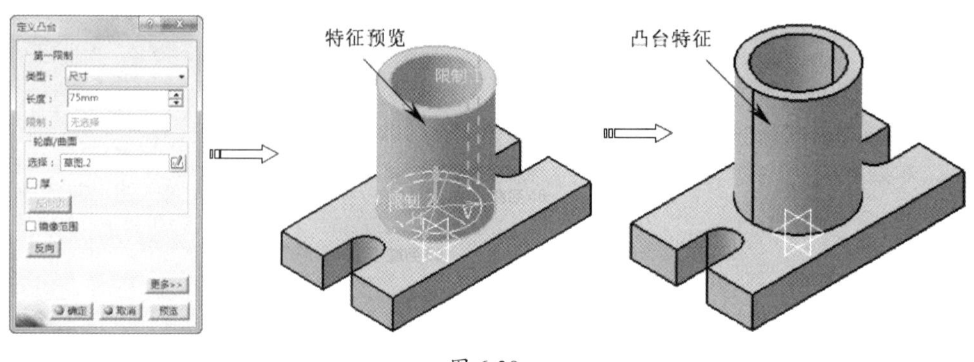

图 6-39

06 选择“凸台特征 1”的侧表面，单击“草图”按钮进入草图工作台。绘制如图 6-40 所示的“草图 3”，随后退出草图工作台。

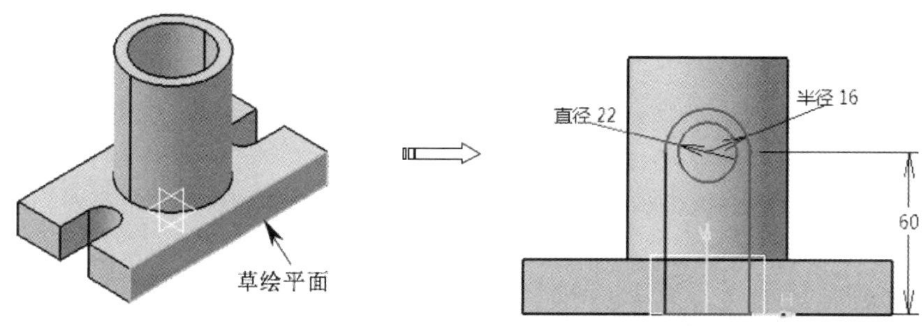

图 6-40

07 单击“凸台”按钮，弹出“定义凸台”对话框。选择“类型”为“直到最后”，接着选择“草图 3”作为轮廓，最后单击“确定”按钮完成“凸台特征 3”的创建，整个支座零件的创建操作完成，如图 6-41 所示。

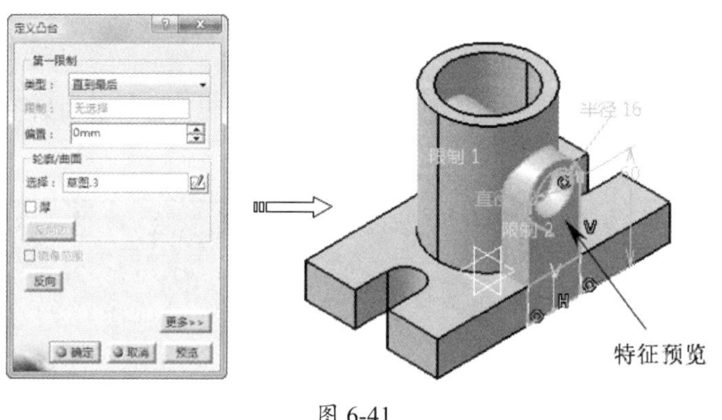

图 6-41

6.2.2 拔模圆角凸台

“拔模圆角凸台”工具用于创建凸台时，将凸台的侧面进行拔模处理并圆角化其边线，如图 6-42 所示。

技术要点

在创建拔模圆角凸台特征之前，必须先绘制草图轮廓。

在“基于草图的特征”工具栏中单击“拔模圆角凸台”按钮，选择草图轮廓截面后，弹出“定义拔模圆角凸台”对话框，如图 6-43 所示。

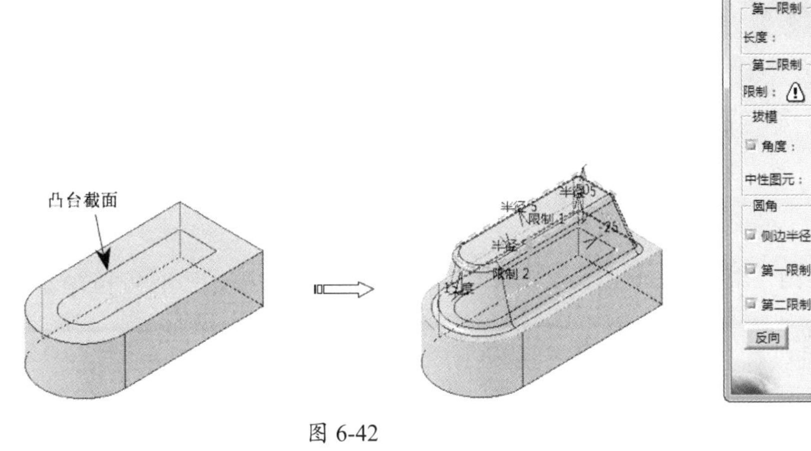

图 6-42

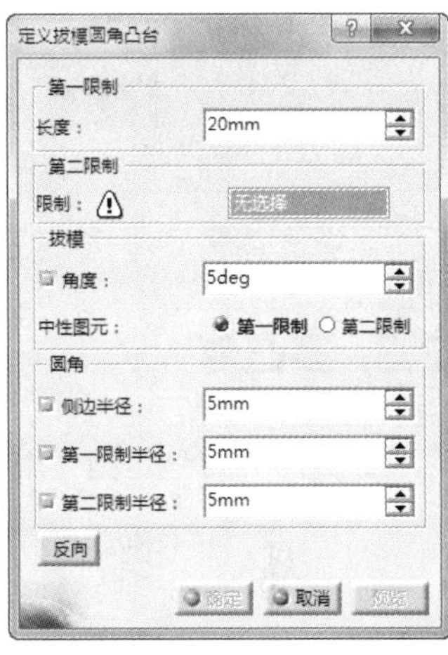

图 6-43

技术要点

“创建拔模圆角凸台”是集凸台、拔模、倒圆角为一体的命令，创建后在特征树中出现1个凸台、1个拔模和3个圆角特征，因此，也可以通过上述命令创建拔模圆角凸台特征。

动手操作——拔模圆角凸台实例

01 打开本例源文件 6-2.CATPart。

02 单击“草图”按钮，选择零件上表面作为草图平面，进入草图工作台。单击“偏移”按钮，在“草图工具”工具栏中单击“点拓展”按钮，选取零件上表面后向内绘制偏移曲线，如图 6-44 所示。退出草图工作台。

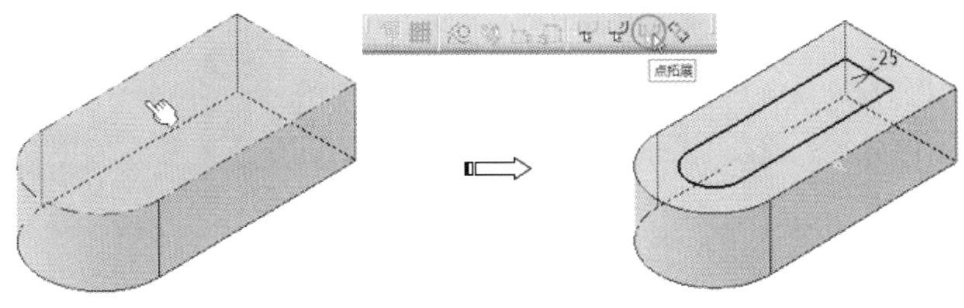

图 6-44

03 单击“拔模圆角凸台”按钮，选择凸台截面（偏移曲线）后，弹出“定义拔模圆角凸台”对话框。

04 设置“第一限制”中的“长度”值为 50mm，选择零件上表面为第二限制，保留其余默认参数，单击“确定”按钮完成拔模圆角凸台特征的创建，如图 6-45 所示。

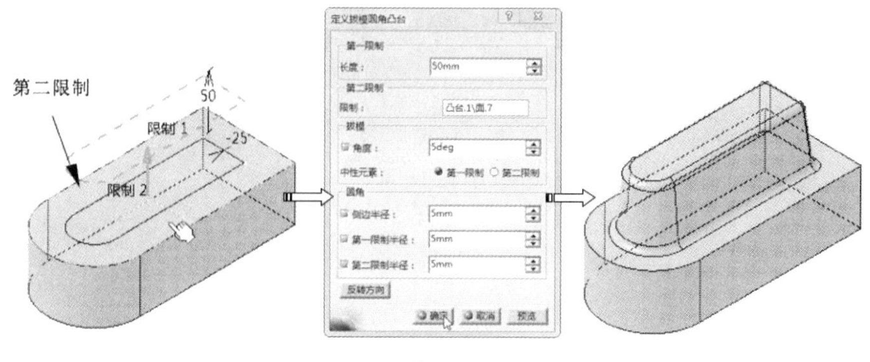

图 6-45

6.2.3 多凸台

“多凸台”命令是指使用不同的长度值拉伸属于同一草图的多个轮廓，如图 6-46 所示。

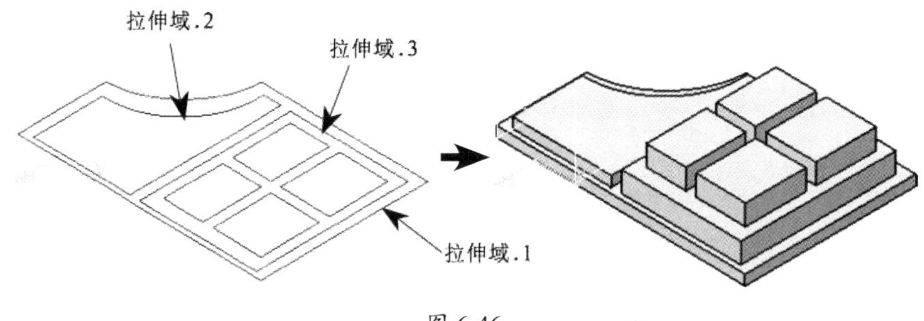

图 6-46

在“基于草图的特征”工具栏中单击“多凸台”按钮，选择草图轮廓截面后，弹出“定义多凸台”对话框，如图 6-47 所示。

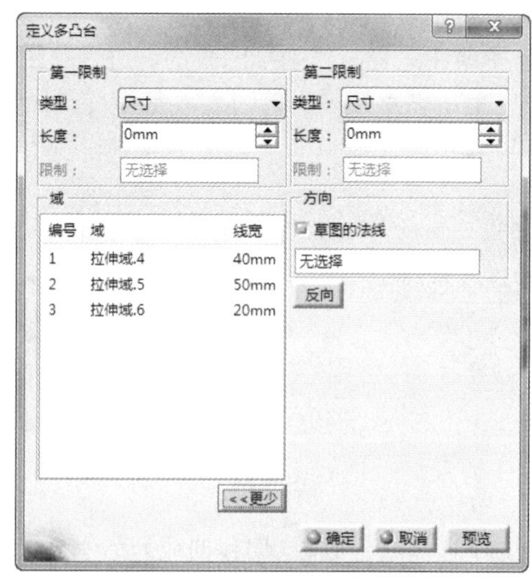

图 6-47

在“定义多凸台”对话框的“域”列表中，列出了系统自动计算的封闭区域，在“域”列表框中可单选或多选域，然后在“第一限制”和“第二限制”选项区中设置拉伸类型及拉伸长度，最后单击“确定”按钮即可创建多凸台。

技术要点

“域”列表中的“线宽”值显示的是“第一限制”和“第二限制”选项区中设置的“长度”值的和。

动手操作——多凸台实例

01 打开本例源文件 6-3.CATPart。

02 单击“多凸台”按钮，选择凸台截面（草图）。

03 弹出“定义多凸台”对话框，系统会自动计算草图中的封闭域，并显示在“域”列表中。

04 依次选择域，在“第一限制”和“第二限制”选项区中设置每一个域的拉伸长度值，最后单击“确定”按钮创建多凸台特征，如图 6-48 所示。

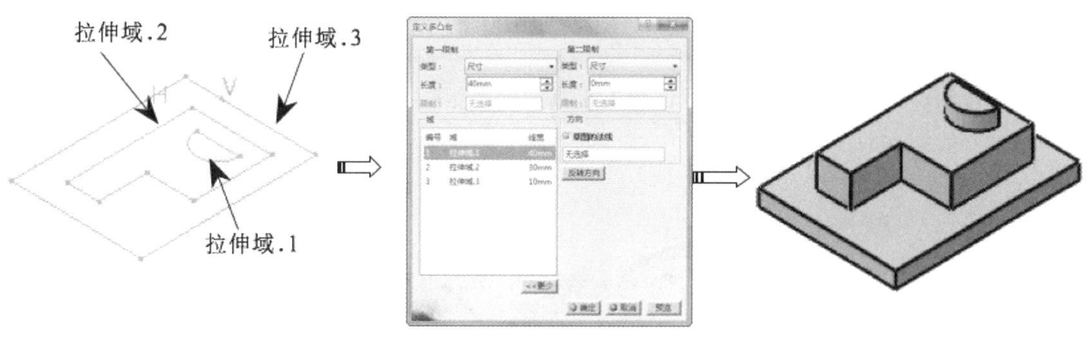

图 6-48

6.2.4　凹槽特征

“凹槽特征”是 CATIA 利用布尔差运算对已有凸台特征进行求减而得到的减材料特征。CATIA 提供了 3 种凹槽创建工具：凹槽、拔模圆角凹槽和多凹槽。在“基于草图的特征”工具栏中单击“凹槽”按钮右下角的下三角按钮，弹出凹槽创建工具，如图 6-49 所示。

图 6-49

凹槽特征通常称为“减材料特征”，而凸台特征则称为“加材料特征”。凹槽特征的创建方法及操作对话框均与凸台特征相同，所以本节不再详述对话框的选项和特征创建实例。

1. 凹槽特征

创建凹槽就是拉伸轮廓或曲面，并移除由拉伸产生的材料。凹槽特征与凸台特征相似，只不过凸台在增加实体，而凹槽在去除实体，如图 6-50 所示。

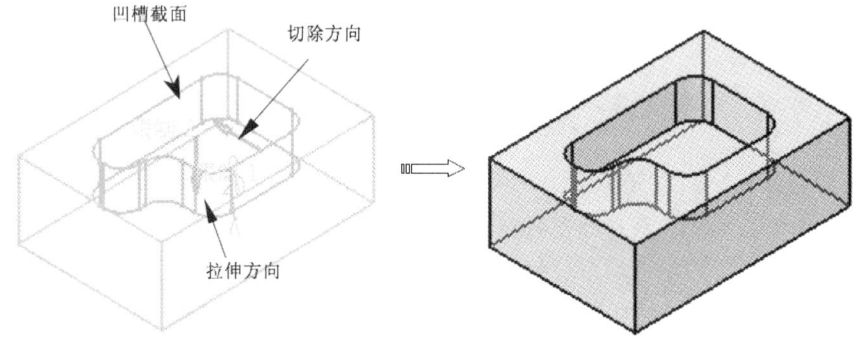

图 6-50

2. 拔模圆角凹槽

“拔模圆角凹槽”与“拔模圆角凸台”工具的操作相同，均用于创建拔模面和圆角边线的减材料特征，如图 6-51 所示。

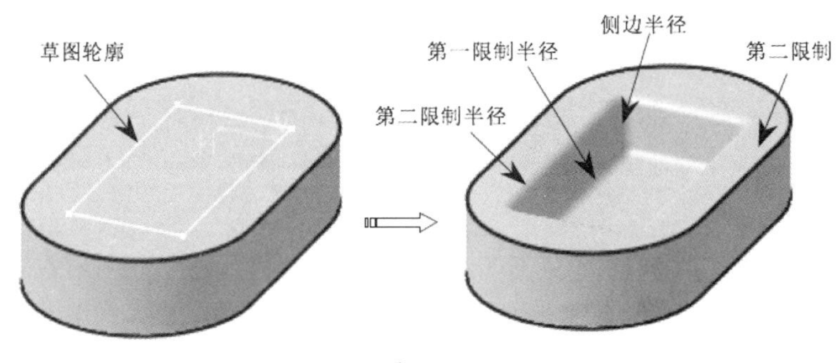

图 6-51

3. 多凹槽

“多凹槽”与“多凸台”命令所创建的结果相反，利用“多凹槽”命令可以在同一草绘截面上以不同拉伸长度来创建多个凹槽，如图 6-52 所示。多凹槽特征要求所有轮廓必须是封闭且不相交的。

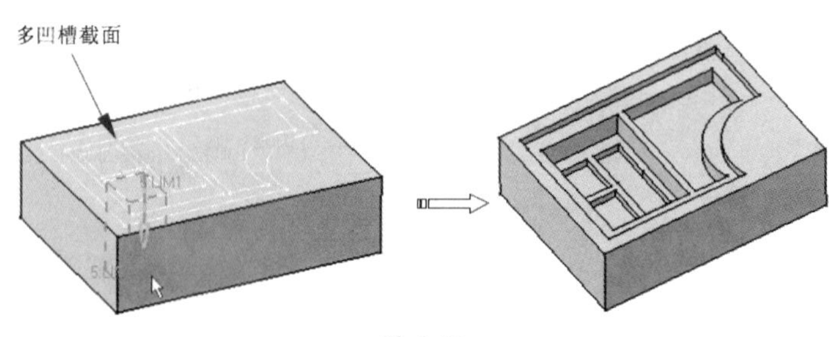

图 6-52

6.3 旋转特征

旋转特征是由旋转截面绕轴旋转一定角度所得到的加材料或减材料特征。加材料的旋转特征称为“旋转体”，减材料的旋转特征称为“旋转槽”。

6.3.1 旋转体

利用“旋转体”命令可以创建回转体，也就是将一个封闭或开放草图轮廓绕轴线以指定的角度进行旋转而得到的实体特征，如图 6-53 所示。

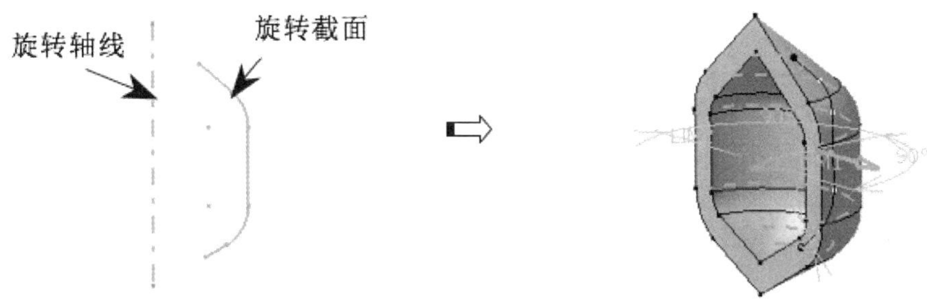

图 6-53

单击“旋转体”按钮，选择旋转截面后弹出“定义旋转体”对话框，如图 6-54 所示。

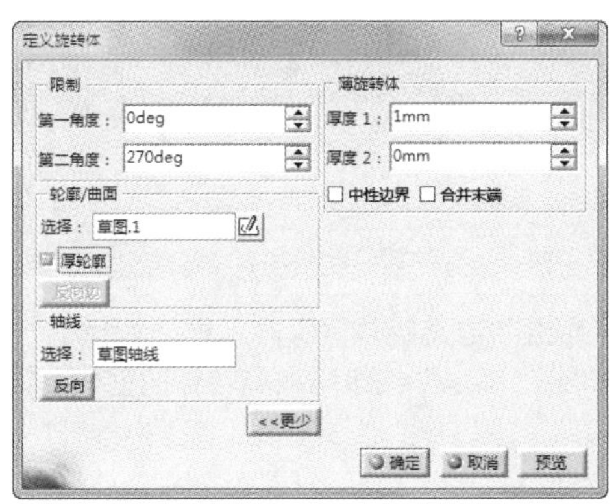

图 6-54

“定义旋转体”对话框中有部分选项与“定义凸台”对话框中的选项含义相同，下面仅介绍不同的选项。

- 第一角度：以逆时针方向为正向，定义从草图所在平面到起始位置转过的角度，即旋转角度与中心旋转特征成右手系。
- 第二角度：以顺时针方向为正向，定义从草图所在平面到终止位置转过的角度，即旋转角度与中心旋转特征成左手系。

技术要点

单击“反向”按钮，可切换旋转方向。

- 轴线：如果在绘制旋转轮廓的草图截面时已经绘制了轴线，系统会自动选择该轴线，否则单击“选择”文本框可在绘图区选择直线、轴、边线等作为旋转体轴线，如图6-55所示。

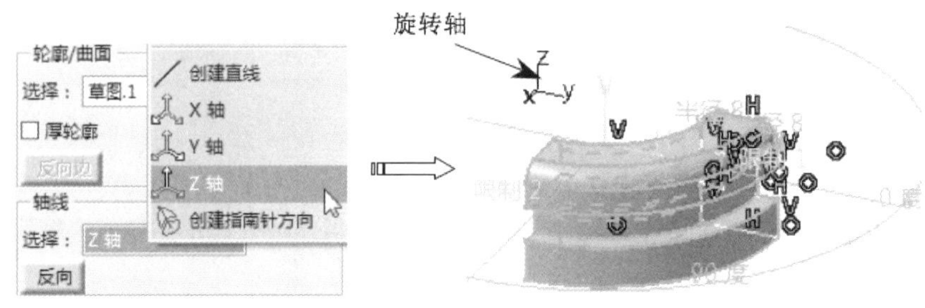

图 6-55

动手操作——旋转体实例

01 执行“开始”|“机械设计”|“零件设计”命令，进入零件设计工作台。

02 单击“草图”按钮，选择草图平面为*xy*平面进入草图工作台。利用直线等工具绘制如图6-56所示的草图。单击“退出工作台”按钮退出草图工作台。

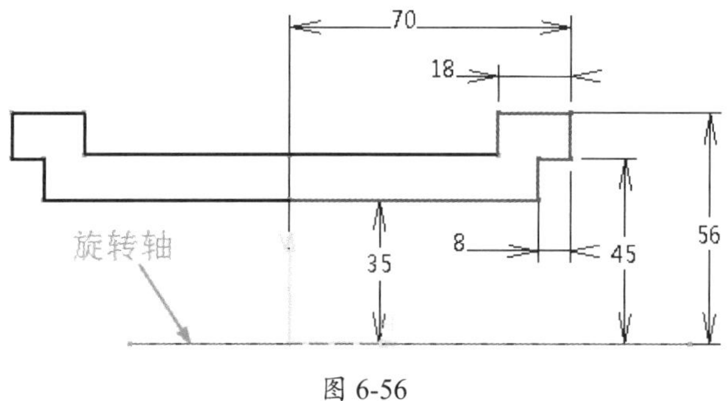

图 6-56

03 单击“旋转体”按钮，弹出“定义旋转体”对话框。选择上一步绘制草图为旋转截面，选择草图中的轴线为旋转轴，单击“确定”按钮完成旋转体的创建，如图6-57所示。

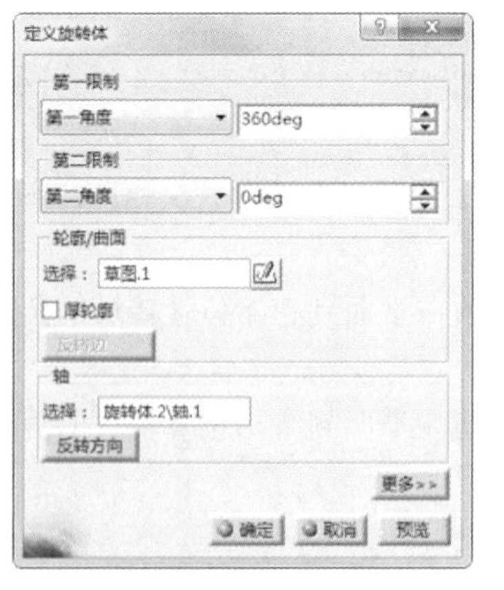

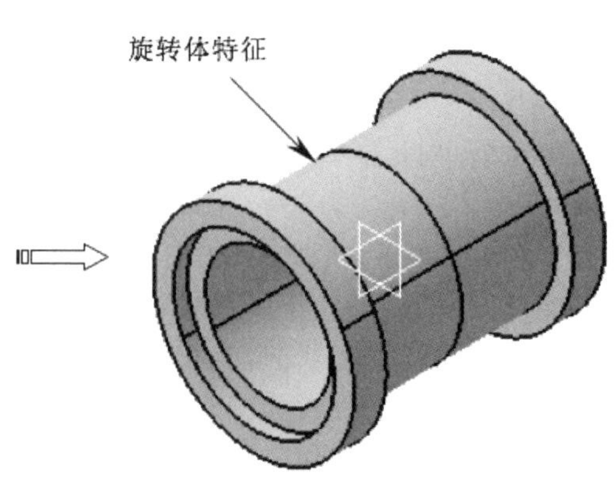

图 6-57

04 单击“草图”按钮，选择草图平面为 *zx* 平面进入草图工作台。绘制如图 6-58 所示的草图，完成后退出草图工作台。

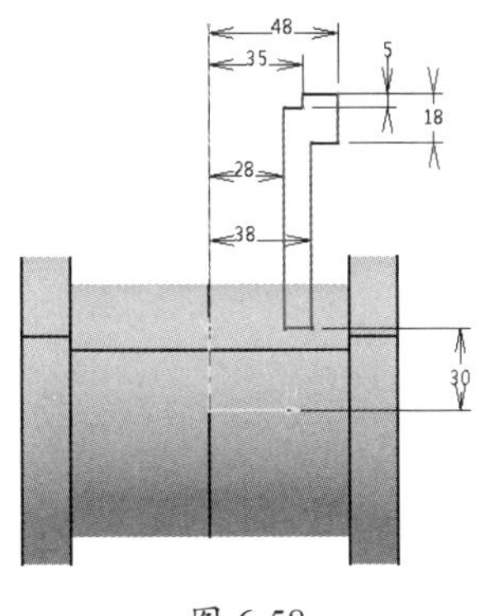

图 6-58

05 单击“旋转体”按钮，弹出“定义旋转体”对话框。选择上一步绘制的草图为旋转截面，旋转轴为草图中的轴线，单击“确定”按钮完成旋转体的创建，如图 6-59 所示。

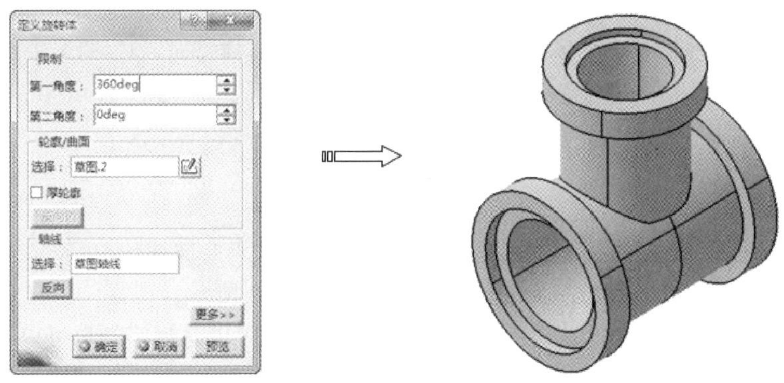

图 6-59

6.3.2 旋转槽

利用“旋转槽”命令可将草图轮廓绕轴旋转，进而与已有特征进行布尔求差运算，在特征上移除材料后得到旋转槽特征，如图 6-60 所示。旋转槽特征与旋转体特征相似，只不过旋转体是加材料实体，而旋转槽是减材料实体。

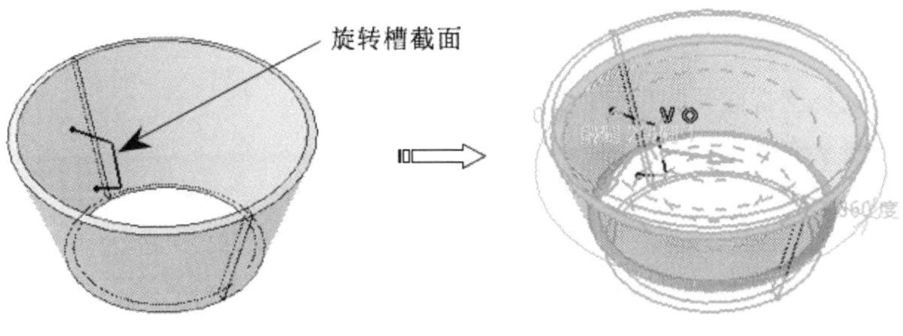

图 6-60

在“基于草图的特征”工具栏中单击“旋转槽”按钮，弹出“定义旋转槽”对话框，如图6-61所示。“定义旋转槽”对话框中的选项与“定义旋转体”对话框中相关选项相同，这里不再赘述。

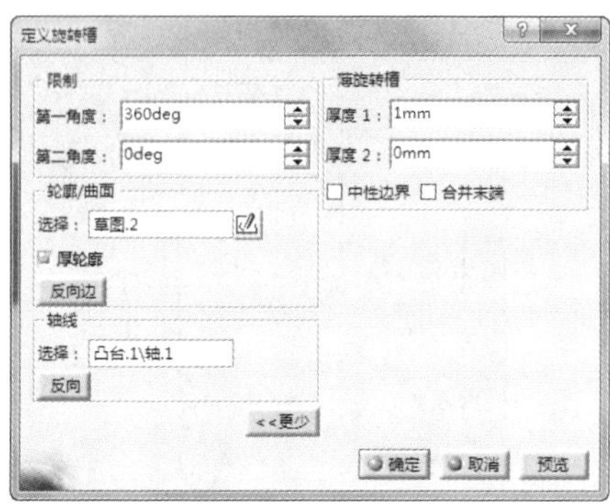

图 6-61

6.4 扫描特征

扫描特征是将截面曲线沿一条轨迹进行扫掠而得到的基体特征，CATIA 中的扫描特征包括加材料的肋特征和减材料的开槽特征。

6.4.1 肋特征

CATIA 中的扫描特征称为“肋”，要创建肋特征，必须定义中心曲线（扫掠轨迹）和平面轮廓（截面曲线），按需要也可定义参考图元或拔模方向，如图 6-62 所示。在零件工作台中平面轮廓必须为封闭草图，而中心曲线可以是草图也可以是空间曲线，可以是封闭的也可以是开放的。

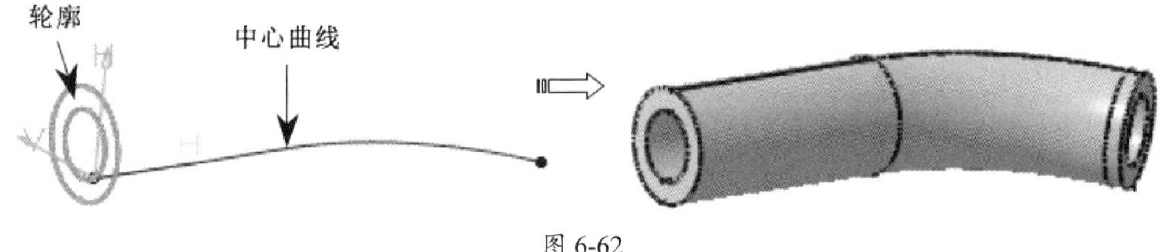

图 6-62

单击“肋”按钮，弹出“定义肋”对话框，如图 6-63 所示。

“定义肋”对话框中相关选项参数的含义如下。

1. 轮廓和中心曲线

- 轮廓：选择已有或绘制创建肋特征的草图截面。
- 中心曲线：选择扫掠轮廓的轨迹曲线。

技术要点

如果中心曲线为3D曲线，则必须相切连接。如果中心曲线是平面曲线，则可以相切不连续。中心曲线不能自相交。

图 6-63

2. 控制轮廓

“控制轮廓”下拉列表用于设置轮廓沿中心曲线的扫掠方式，包括以下选项。

- 保持角度：选中该选项后，保留用于轮廓的草图平面和中心曲线切线之间的角度值，如图 6-64（a）所示。
- 拔模方向：选中该选项后，定义轮廓所在平面将保持与拔模方向垂直，如图 6-64（b）所示。
- 参考曲面：选中该选项后，轮廓平面的法线方向始终与制定参考曲面的法线保持恒定的夹角。如图 6-64（c）所示的轮廓平面在起始位置与参考曲面是垂直的，在扫掠形成的扫掠特征的任意一个截面都保持与参考曲面垂直。

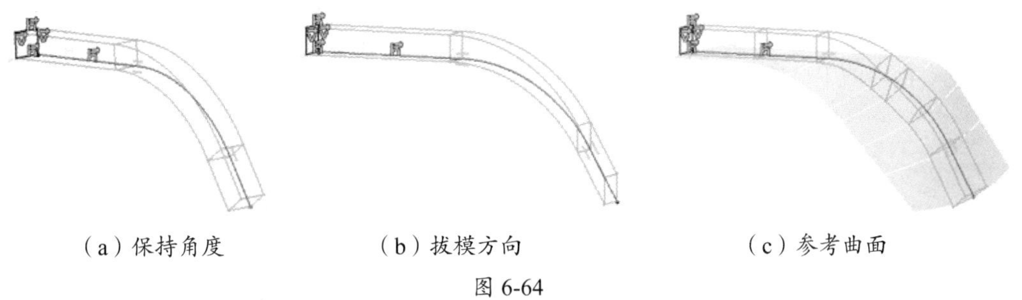

（a）保持角度　　（b）拔模方向　　（c）参考曲面

图 6-64

- 将轮廓移动到路径：选中该复选框，将中心曲线和轮廓关联，并允许沿多条中心曲线扫掠单个草图，仅适用于“拔模方向”和“参考曲线”轮廓控制方式。
- 合并肋的末端：选中该复选框，将肋的每个末端修剪到现有零件，即从轮廓位置开始延伸到现有材料。

动手操作——肋特征实例

01 执行“开始”|“机械设计”|“零件设计”命令，进入零件设计工作台。

02 单击“草图”按钮，选择草图平面为 *xy* 平面，进入草图工作台中绘制如图 6-65 所示的正六边形。

03 单击“草图”按钮，在草图平面（*yz* 平面）中绘制如图 6-66 所示的草图。

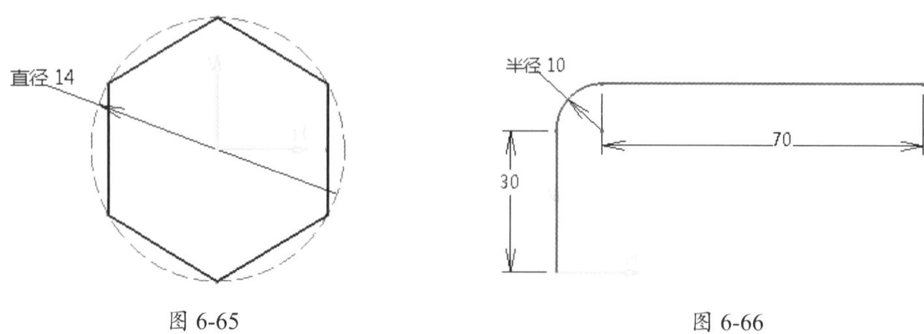

图 6-65　　图 6-66

04 单击“肋”按钮，弹出“定义肋”对话框，选择第一个草图为轮廓，第二个草图为中心曲线，单击“确定”按钮创建肋特征，如图 6-67 所示。

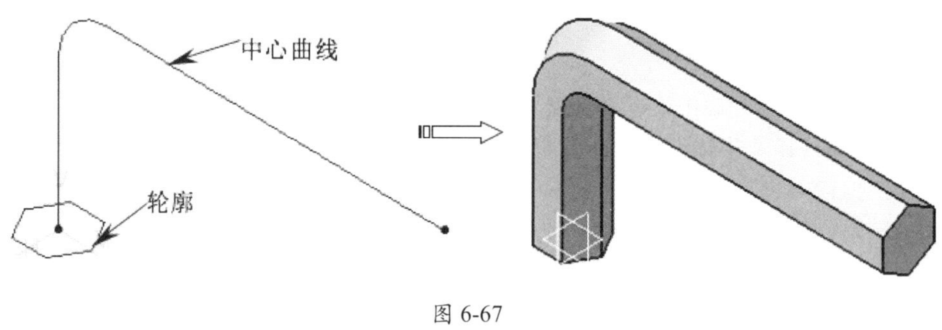

图 6-67

6.4.2 开槽特征

开槽特征与肋特征的创建过程相同，开槽特征是减材料特征，肋特征是加材料特征。利用“开槽”命令沿指定的中心曲线扫掠草图轮廓并从特征中移除材料，即可得到如图 6-68 所示的开槽特征。

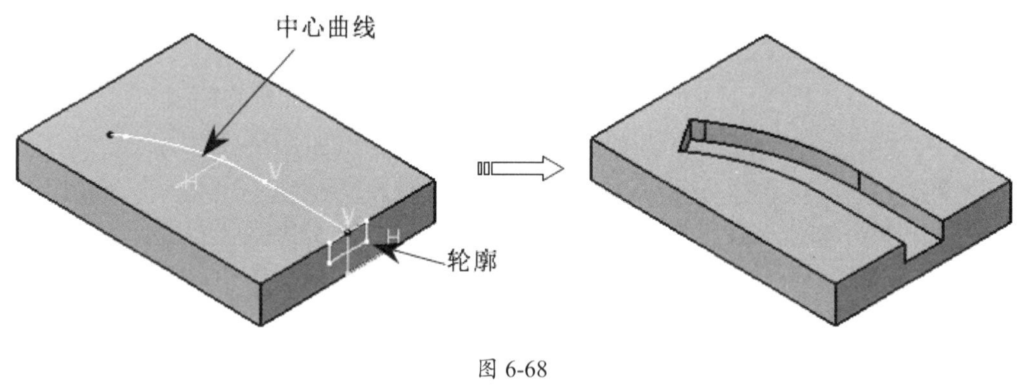

图 6-68

6.5 放样特征

放样特征是指两个或两个以上不同位置的平行截面曲线沿一条或多条引导线以渐进方式

扫掠而形成的实体特征，在 CATIA 中也称为“多截面实体”。

放样特征也包括加材料的“多截面实体”特征和减材料的“已移除的多截面实体”特征。

6.5.1 多截面实体

加材料的多截面实体如图 6-69 所示。

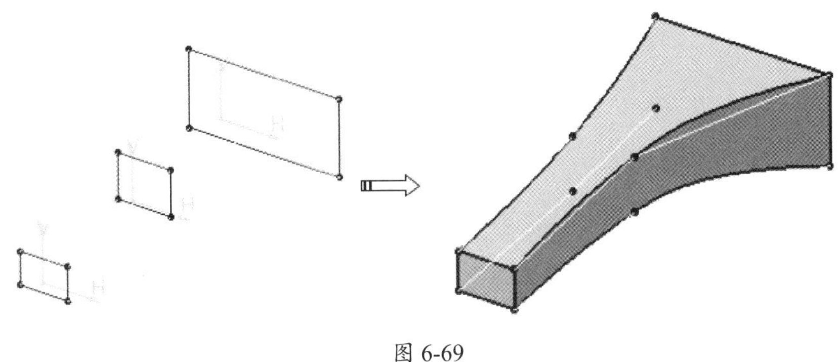

图 6-69

单击“多截面实体”按钮，弹出“多截面实体定义”对话框，如图 6-70 所示。

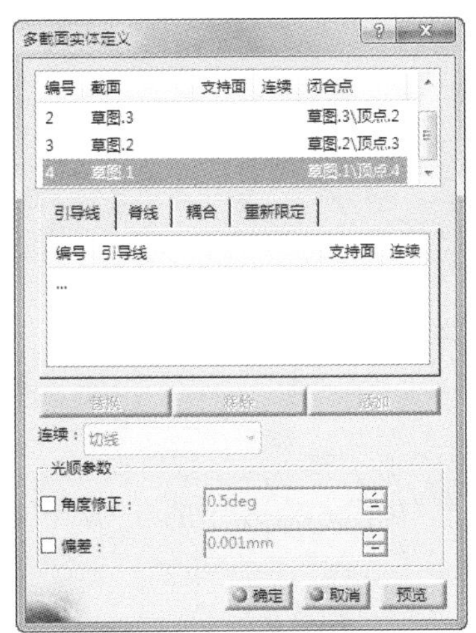

图 6-70

“多截面实体定义”对话框中的选项参数含义如下。

1. 截面列表

截面列表用于搜集多截面实体的草图截面，所选截面曲线被自动添加到列表中，所选截面曲线的名称及编号会显示在列表的“编号”列与“截面”列中。

2.“引导线”选项卡

引导线在多截面实体中起到路径指引和外形限定的作用，引导线最终成为多截面实体的边线。多截面实体特征是各平面截面线沿引导线扫描而得到的，因此，引导线必须与每个平面轮廓线相交，如图 6-71 所示。

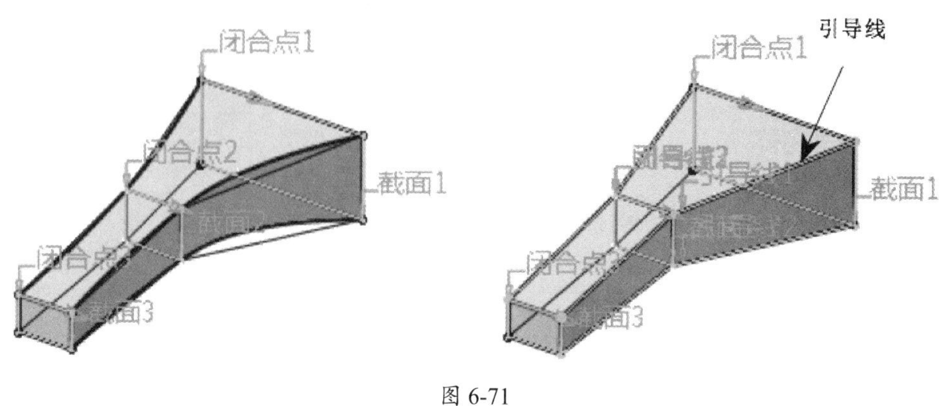

图 6-71

动手操作——多截面实体实例

01 打开本例源文件 6-6.CATPart，如图 6-72 所示。

02 单击“多截面实体”按钮，弹出“多截面实体定义”对话框。在图形区选择“接合 1”曲线和“草图 1”曲线作为两个截面轮廓，如图 6-73 所示。

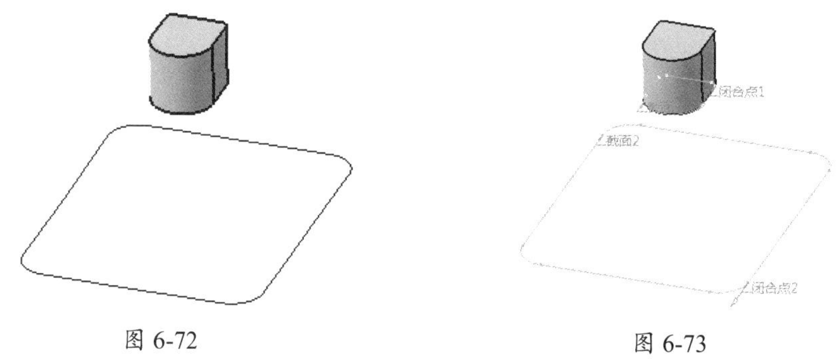

图 6-72　　图 6-73

03 在“多截面实体定义”对话框中选择“接合 .1”截面线并右击，在弹出的快捷菜单中选择“替换闭合点”选项，然后在图形区选择如图 6-74 所示的点为新的闭合点。

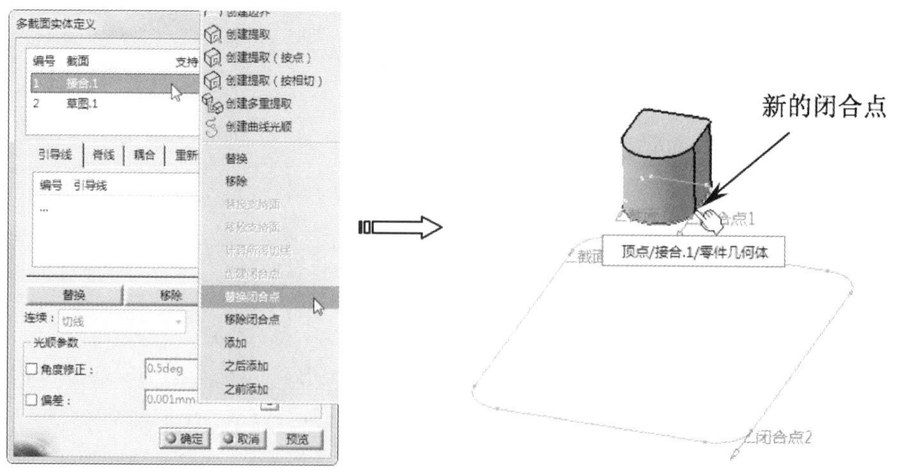

图 6-74

04 在“耦合”选项卡的“截面耦合”下拉列表中选择“比率”选项，最后单击“确定”按钮，完成多截面实体特征的创建，如图 6-75 所示。

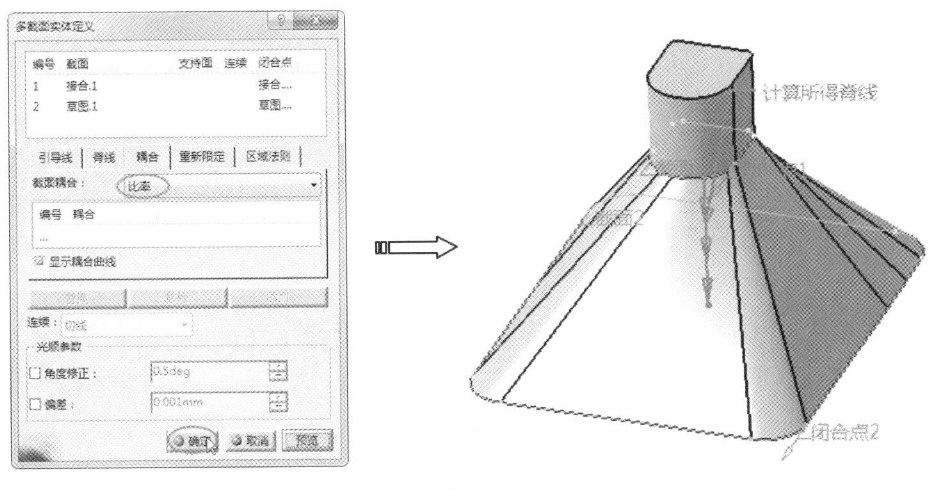

图 6-75

6.5.2　已移除的多截面实体

利用“已移除多截面实体”命令，将多个截面轮廓沿引导线渐进扫掠，并在已有特征上移除材料，从而得到扫描特征，如图 6-76 所示。

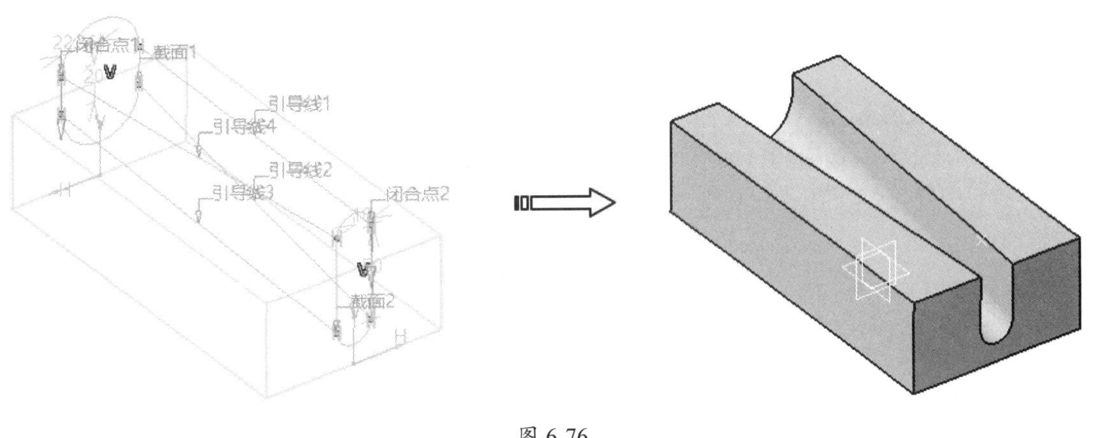

图 6-76

6.6　实体混合特征

“实体混合”命令用于将两个草图轮廓分别沿着不同的两个方向进行拉伸，由两个轮廓生成的凸台特征会产生布尔交集运算，运算的结果就是实体混合特征，如图 6-77 所示。

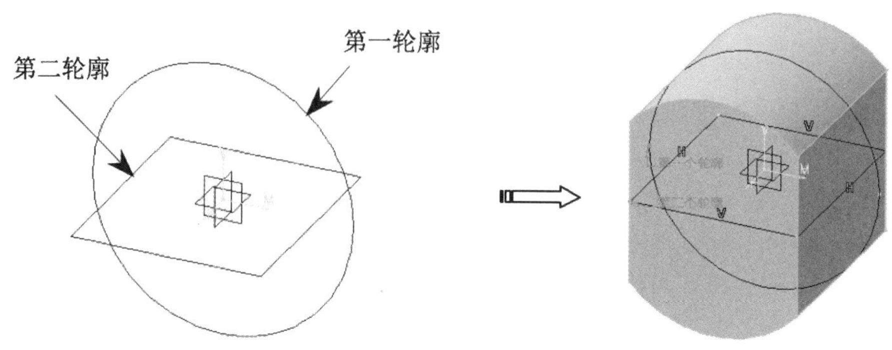

图 6-77

在“基于草图的特征”工具栏中单击“实体混合”按钮，弹出“定义混合”对话框，如图 6-78 所示。“定义混合”对话框中的选项含义与“定义凸台”对话框中的相关拉伸选项含义相同，此处不再赘述。

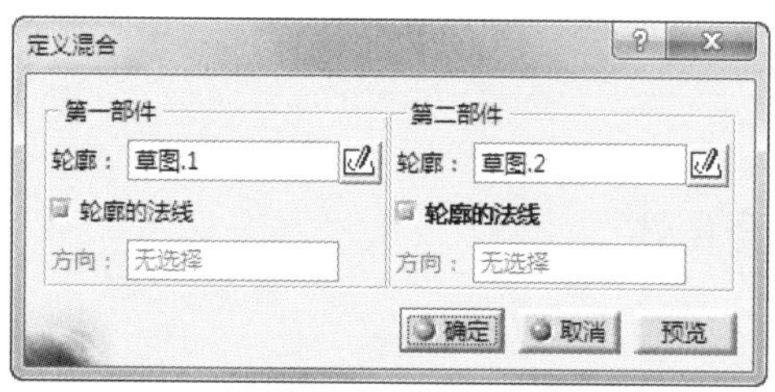

图 6-78

动手操作——实体混合实例

01 打开本例源文件 6-7.CATprt 文件，如图 6-79 所示。

02 单击“实体混合”按钮，弹出“定义混合”对话框。选择两个绘制草图曲线作为第一部件轮廓和第二部件轮廓，如图 6-80 所示。

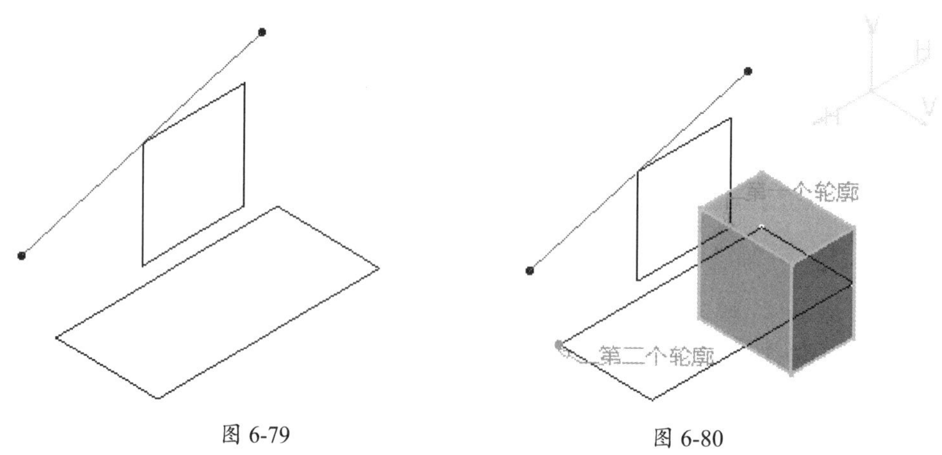

图 6-79　　图 6-80

03 取消选中第二部件中“轮廓的法线”复选框，并选择斜线作为方向参考，如图 6-81 所示。

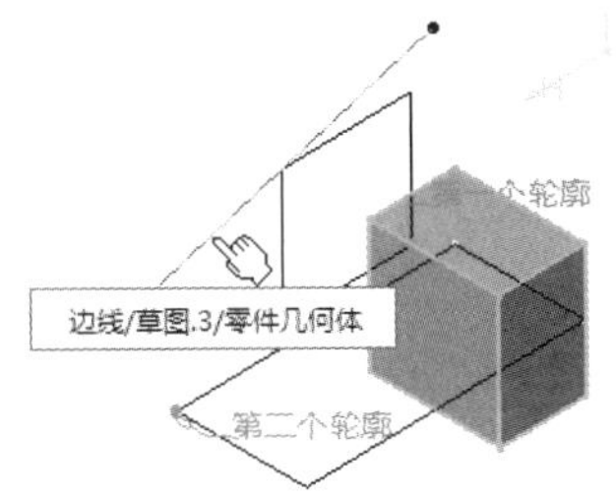

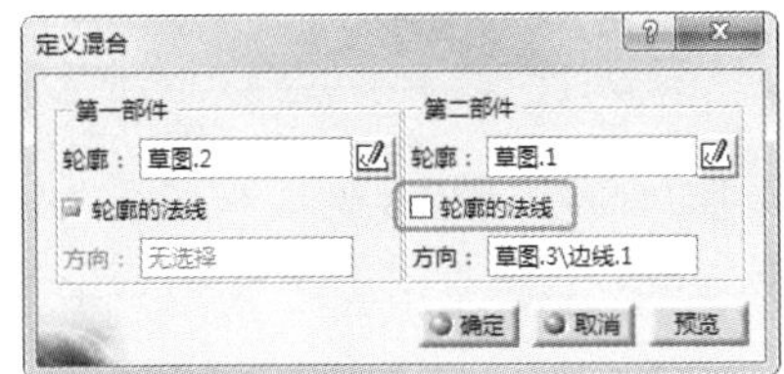

图 6-81

04 单击“确定”按钮完成实体混合特征的创建，如图 6-82 所示。

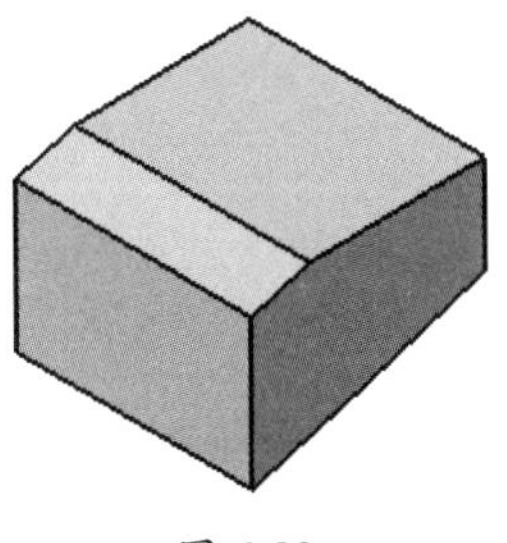

图 6-82

6.7 其他基于草图的特征

在 CATIA 中还有一些基于草图的工具与前面的特征不同，如孔特征和加强筋特征。这两个特征虽然基于是草图创建的，但是它们必须在已有的实体特征（父特征）上创建，也就是常说的“工程特征”。

6.7.1 孔特征

“孔”命令用于在已有实体特征上创建孔特征。常见的孔包括盲孔、通孔、锥形孔、沉头孔、埋头孔、倒钻孔等。

单击“孔”按钮并选择孔的放置表面后，弹出“定义孔”对话框，如图 6-83 所示。该对话框中包含 3 个选项卡。

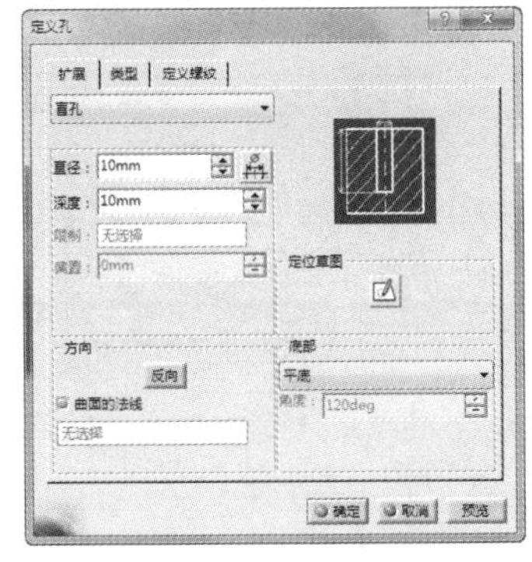

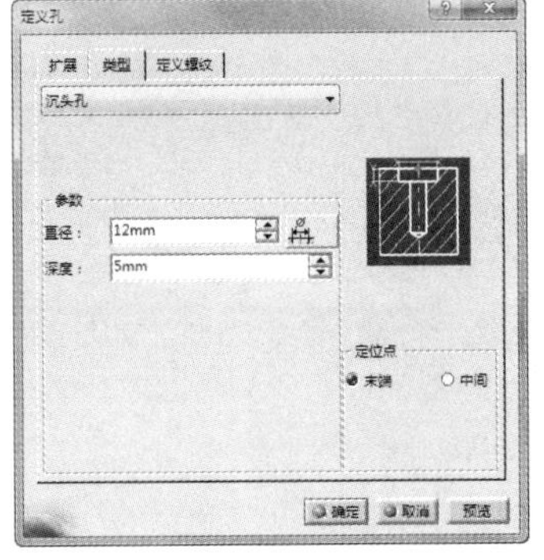

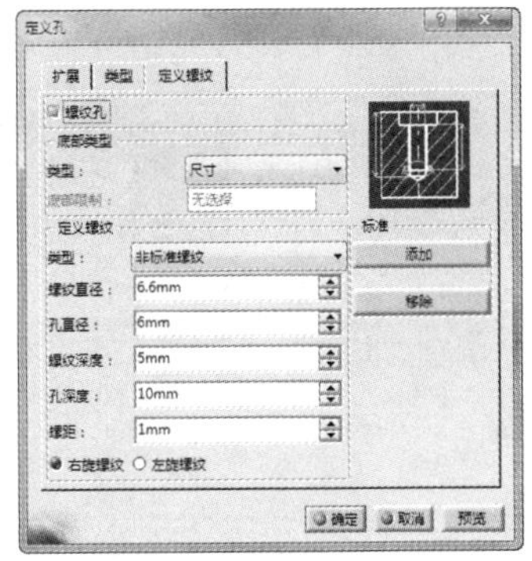

图 6-83

下面以案例来讲解孔工具的基本用法。

动手操作——孔实例

01 打开本例源文件 6-8.CATPart，如图 6-84 所示。

02 单击“孔”按钮，按信息提示在模型上选择孔的放置面，如图 6-85 所示。

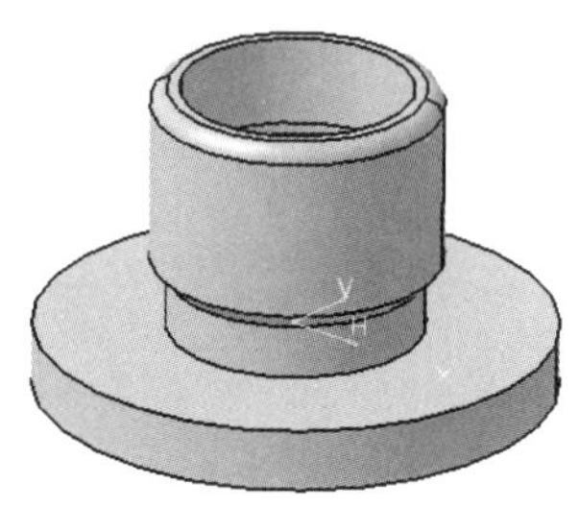

图 6-84

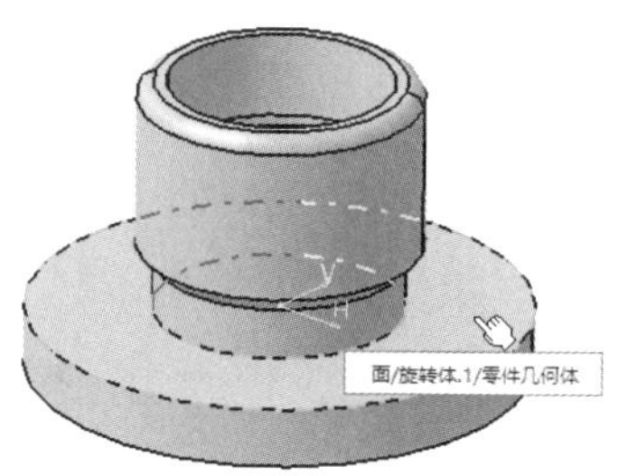

图 6-85

03 弹出“定义孔”对话框。在“扩展”选项卡中设置孔深度类型为“直到最后”，设置“直径”值为 6mm。单击“定位草图”按钮，进入草图工作台中创建孔的定位约束，如图 6-86 所示。

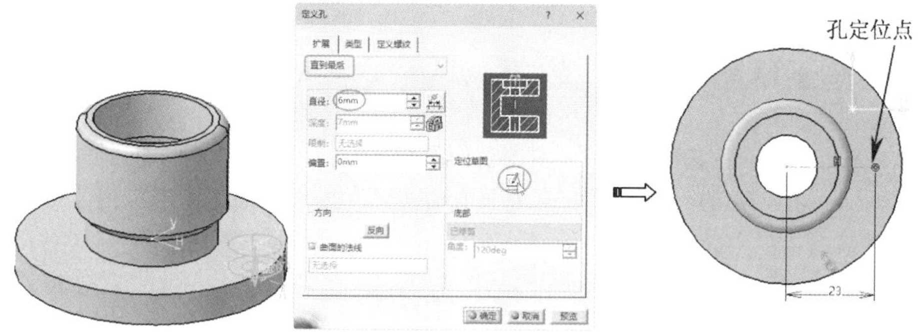

图 6-86

04 退出草图工作台后，在“定义孔”对话框的“类型”选项卡中选择“沉头孔”类型和“非标准螺纹”类型，并设置沉头孔“直径”值为 12mm，沉头“深度”值为 5mm，最后单击“确定”按钮完成孔特征的创建，如图 6-87 所示。

05 利用“圆形阵列”工具阵列出模型中的其他定位孔，效果如图 6-88 所示。

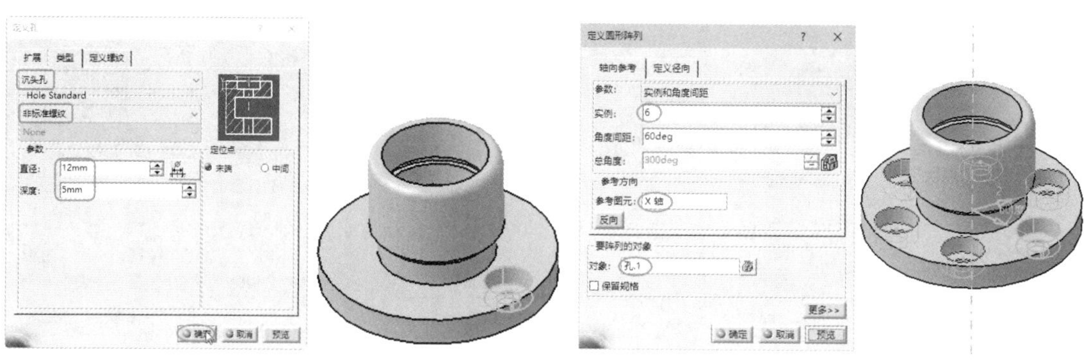

图 6-87　　图 6-88

6.7.2 加强肋

加强肋就是常说的“加强筋”，是用添加材料的方法来加强零件强度，用于创建附属零件的辐板或肋片，在工程上起支撑作用，如图 6-89 所示。

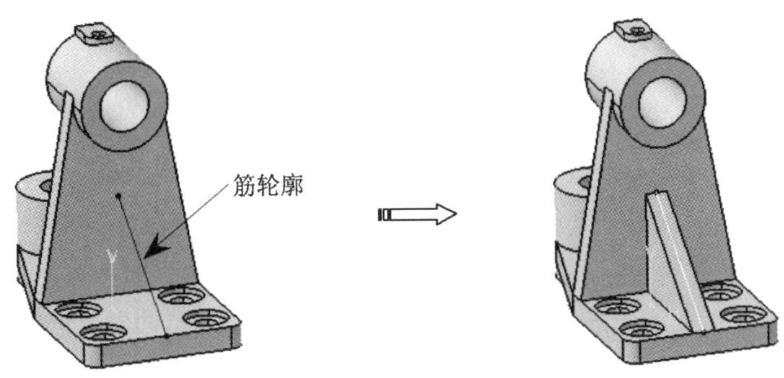

图 6-89

单击“加强肋”按钮，弹出“定义加强肋”对话框，如图 6-90 所示。

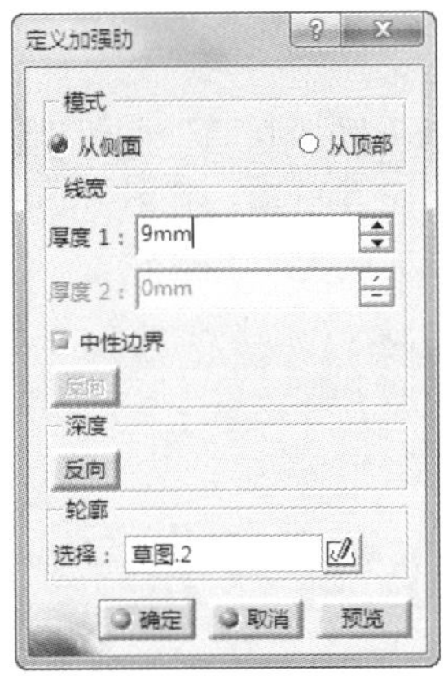

图 6-90

下面介绍两种模式。

- 从侧面：以草图轮廓进行拉伸，并垂直于该轮廓平面添加厚度，如图 6-91（a）所示。
- 从顶部：垂直于轮廓平面以拉伸轮廓，并在轮廓平面中添加厚度，如图 6-91（b）所示。

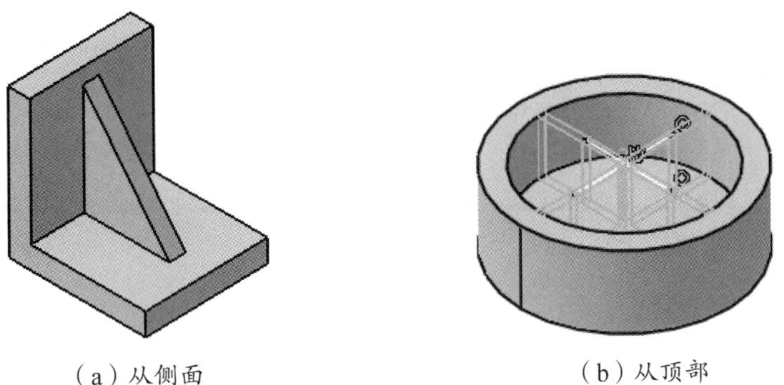

（a）从侧面　　（b）从顶部

图 6-91

动手操作——加强肋实例

01 打开本例源文件 6-9.CATPart，如图 6-92 所示。

02 单击“草图”按钮，选择草图平面为 *yz* 平面，进入草图工作台绘制如图 6-93 所示的草图。

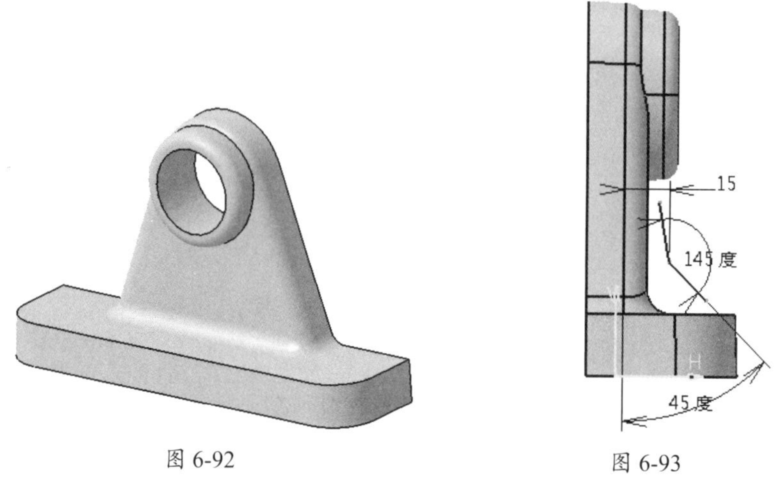

图 6-92　　　　图 6-93

03 在“基于草图的特征”工具栏中单击“加强肋”按钮，弹出“定义加强肋”对话框。选择上一步骤绘制的草图截面作为加强肋轮廓草图，输入“厚度 1”值为 8mm，单击“确定”按钮完成加强肋特征的创建，如图 6-94 所示。

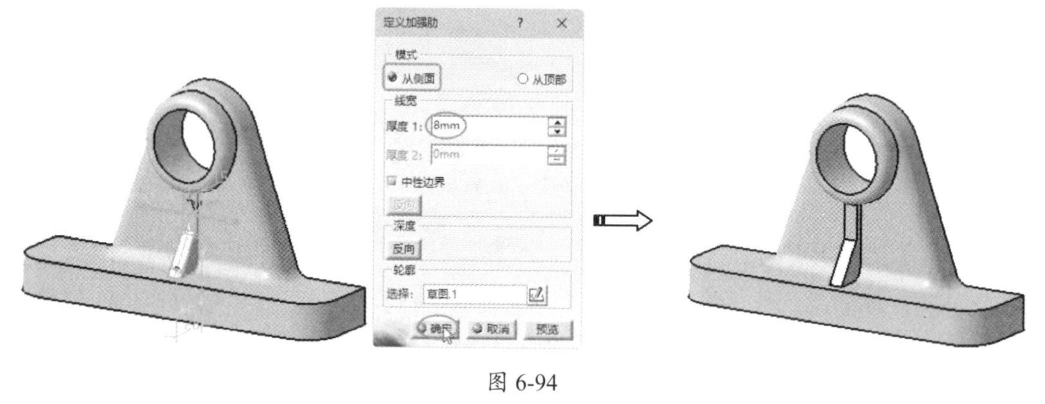

图 6-94

6.8 修饰特征

在机械零件中经常会见到例如圆角、倒角、拔模、螺纹、壳体等结构，这些结构在 CAD 软件中建模时称作修饰特征、工程特征或附加特征。CATIA 的修饰特征包括常规修饰特征和高级修饰特征，本节介绍常规修饰特征。

6.8.1 倒圆角

CATIA V6-6R2017 中提供了 3 种圆角特征的创建方法。单击“修饰特征”工具栏中的“倒圆角”

按钮右下角的小三角形，弹出“圆角”工具栏。倒圆角的 3 个命令按钮，如图 6-95 所示。

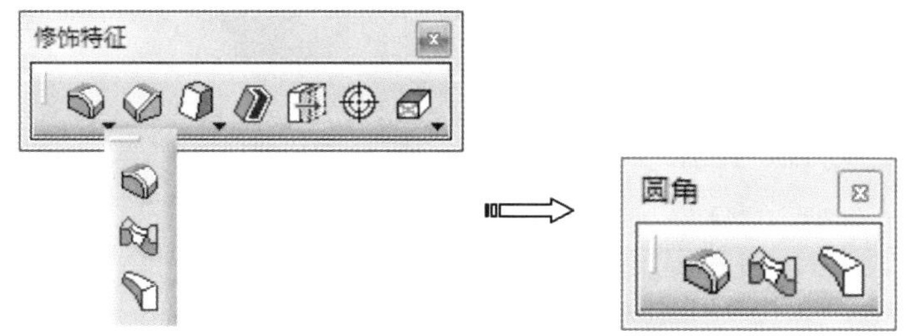

图 6-95

1. 倒圆角

圆角是指具有固定半径或可变半径的弯曲面，它与两个曲面相切并接合这两个曲面。这 3 个曲面共同形成一个内角或一个外角。

单击“修饰特征”工具栏中的“倒圆角”按钮，弹出“倒圆角定义”对话框，如图 6-96 所示。

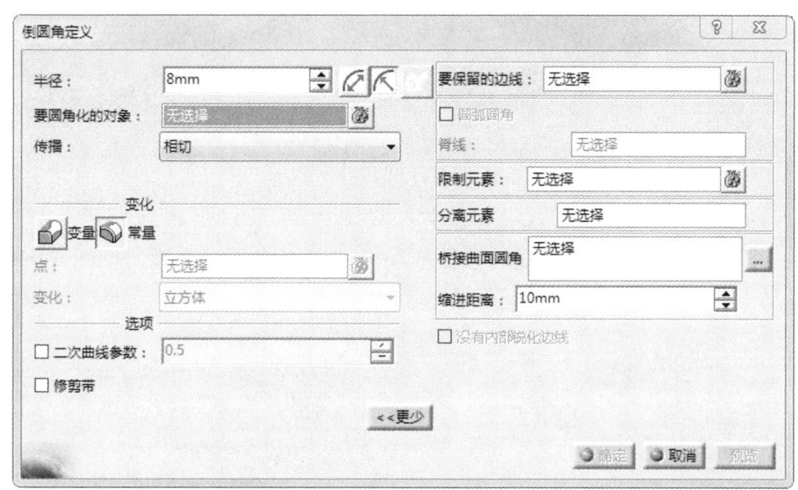

图 6-96

“倒圆角定义”对话框中相关选项参数含义如下。

- 半径：设置圆角半径值。
- 要圆角化的对象：选择要创建圆角的对象，可以是边线、面及特征。
- 传播：在该下拉列表中选择圆角的拓展模式，包括相切、最小、相交和与选定特征相交 4 种模式，如图 6-97 所示。
  - 相切：当选择某一条边线时，所有和该边线光滑连接的棱边都将被选中，并倒圆角。
  - 最小：仅圆角化选中的边线，并将圆角光滑过渡到下一条线段。
  - 相交：此模式会在所选面与当前实体中其余面的交点处创建圆角。此模式是基于特征的选择，而其他的选择模式是基于边缘或面的选择。
  - 与选定特征相交：选择几何特征会自动选择其交点处的边，并对其进行圆角化处理。

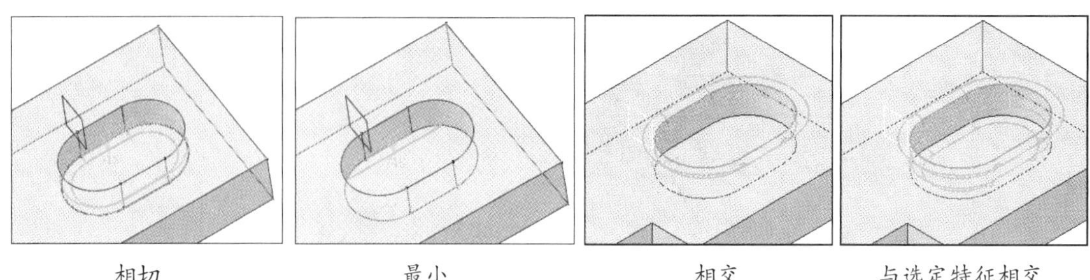

图 6-97

- 变化：圆角半径的变化模式，分变量和常量两种，如图 6-98 所示。“变量”的圆角半径是可变的；“常量”的圆角半径是不变的，通常设置为“常量”。

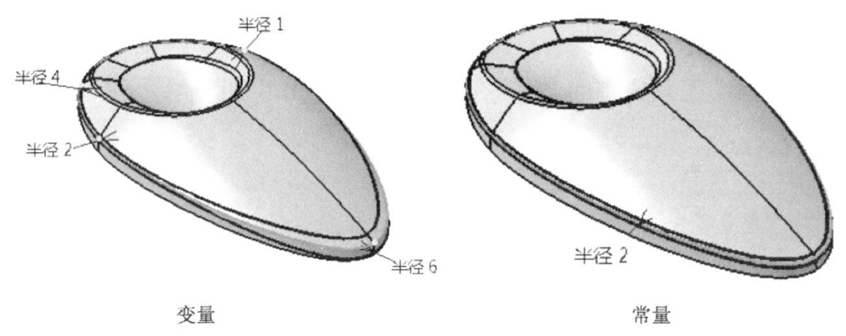

图 6-98

- 二次曲线参数：采用二次曲线的参数驱动方式来创建圆滑过渡，如图 6-99 所示。

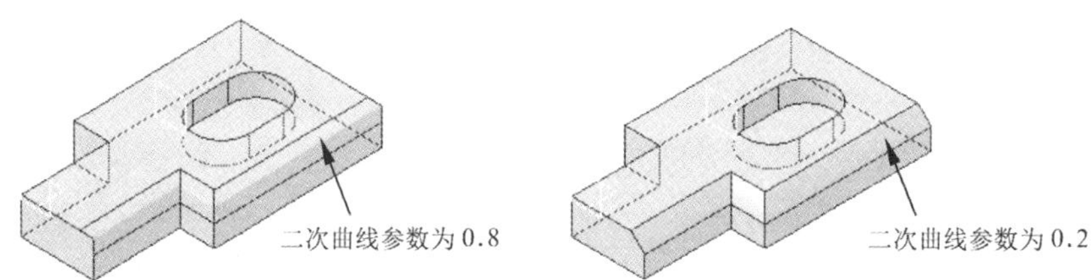

图 6-99

- 修剪带：如果选择“相切”拓展模式，还可以修剪交叠的圆角，如图 6-100 所示。

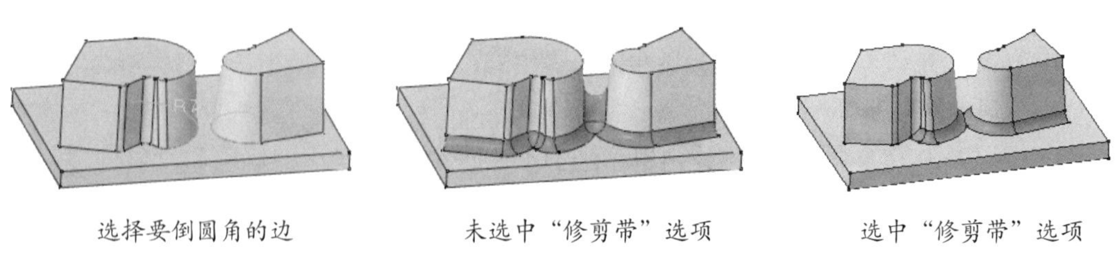

图 6-100

- 要保留的边线：可选择不需要圆角化的其他边线。倒角时，若设置的圆角半径大于圆角化范围，可选择保留边线来解决此问题，如图 6-101 所示。

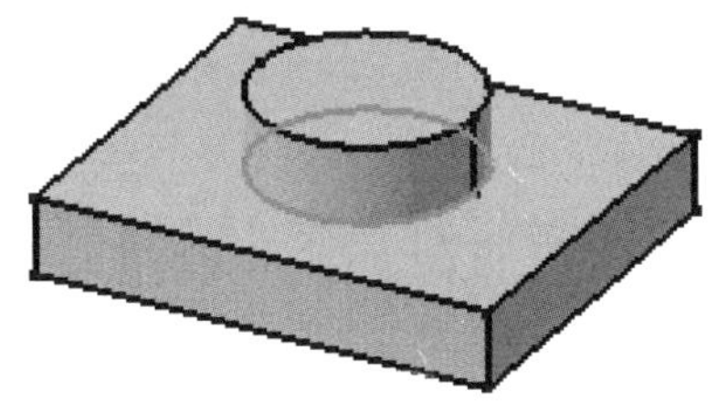

选取要倒圆角的边线

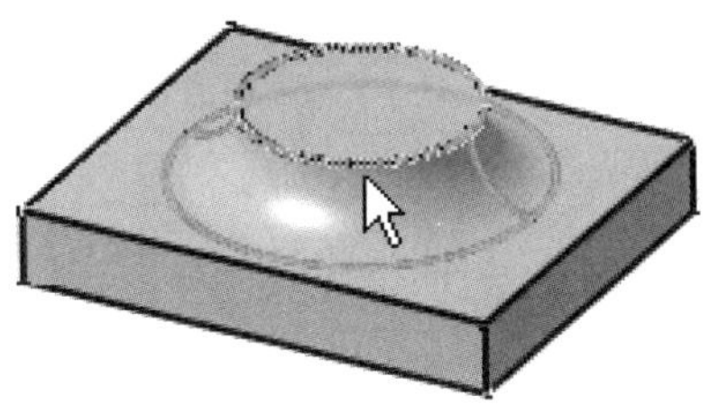

保留上方的边线不倒圆角

图 6-101

- 限制图元：可在模型中指定倒圆角的限制对象，边限制对象可以是平面、连接曲面、曲线或边线上的点等，如图 6-102 所示。

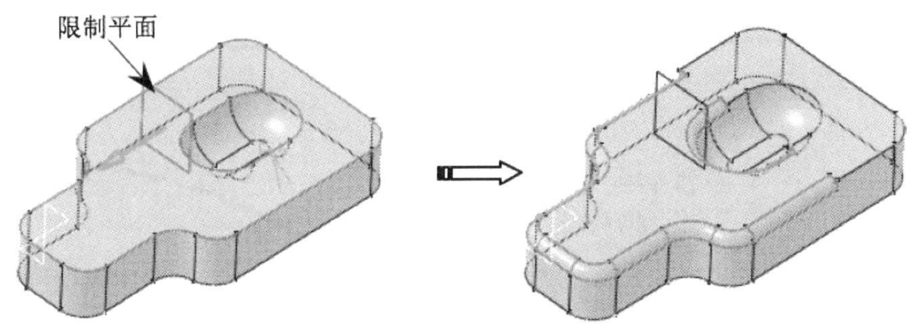

图 6-102

动手操作——倒圆角操作

01 打开本例源文件 6-10.CATPart 文件，如图 6-103 所示。

02 单击“圆角”工具栏中的“倒圆角”按钮，弹出“倒圆角定义”对话框。在模型中选择要倒圆的边线，如图 6-104 所示。

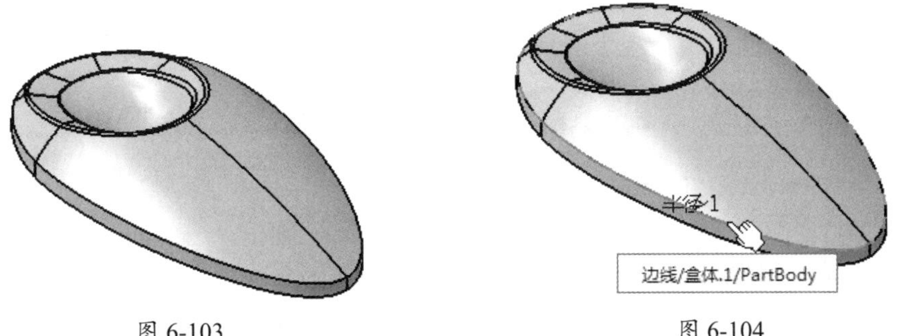

图 6-103　　图 6-104

03 在“倒圆角定义”对话框中的“变化”选项区中单击“变量”按钮，在“点”文本框中右击，在弹出的快捷菜单中选择“清除选择”选项，将默认选取的圆角半径变化控制点对象取消选中，如图 6-105 所示。

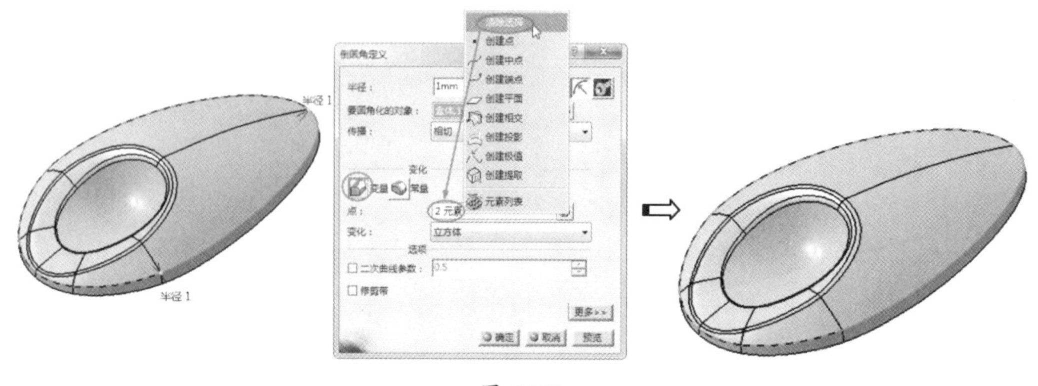

图 6-105

04 在模型中所选取的倒圆角的边线上重新选择两个控制点，并单击半径值进行修改，如图 6-106 所示。

05 在对话框中单击“预览”按钮查看效果，符合要求后单击“确定”按钮完成倒圆角操作，结果如图 6-107 所示。

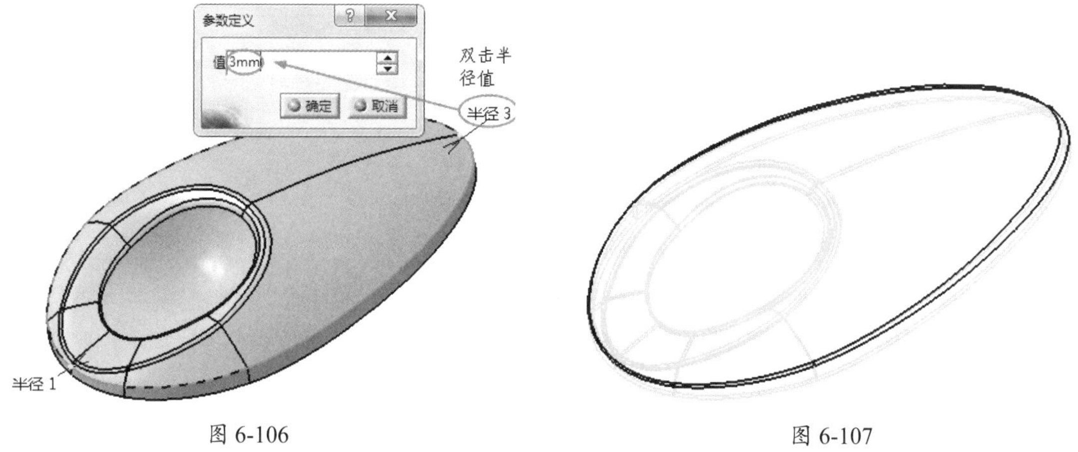

图 6-106　　图 6-107

2. 面与面的圆角

当面与面之间不相交或面与面之间存在两条以上锐化边线时，可使用“面与面的圆角”命令创建圆角，要求该圆角半径应小于最小曲面的高度，而大于曲面之间最小距离的 1/2。

动手操作——面与面的圆角操作

01 打开本例源文件 6-11.CATPart，如图 6-108 所示。

02 单击“修饰特征”工具栏中的“面与面的圆角”按钮，弹出“定义面与面的圆角”对话框。

03 在模型中选取两个圆锥台的锥面作为要创建面与面圆角的参考面，如图 6-109 所示。

04 在“定义面与面的圆角”对话框中设置“半径”值为 35mm，单击“确定”按钮完成面与面的圆角操作，结果如图 6-110 所示。

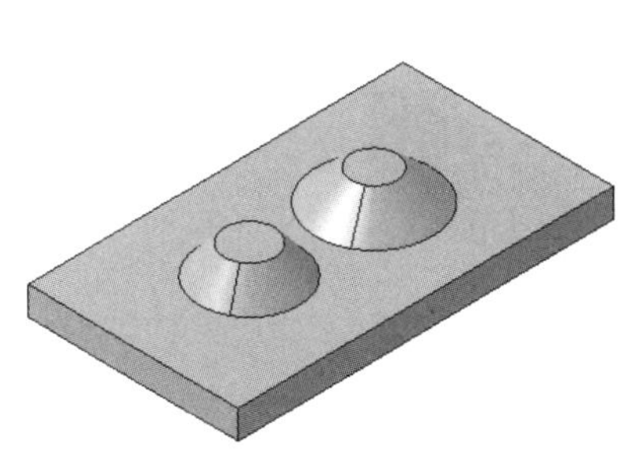

图 6-108

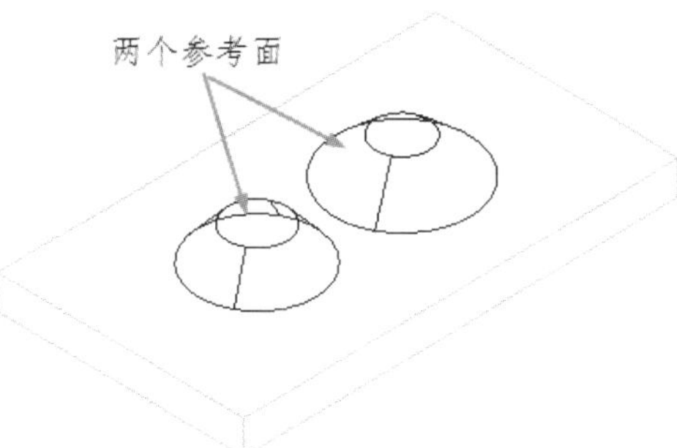

图 6-109

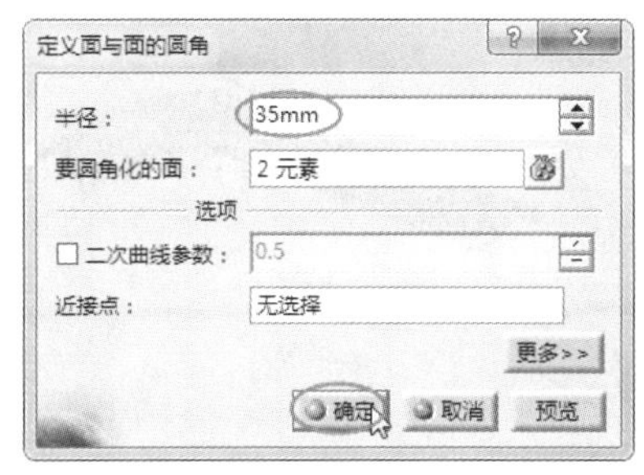

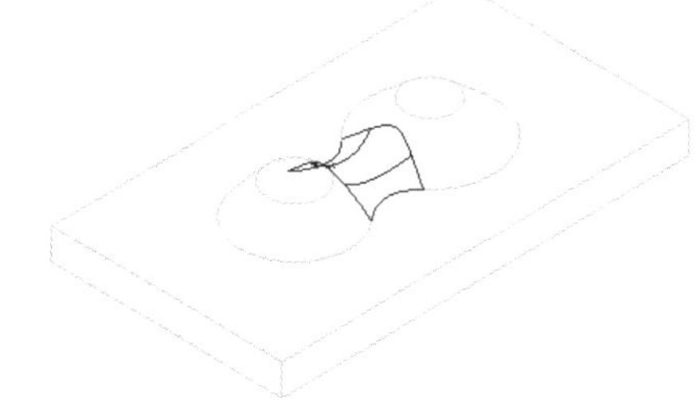

图 6-110

3. 三切线内圆角

“三切线内圆角”是指通过选定的 3 个相交面，创建一个与这 3 个面均相切的圆角面。

动手操作——三切线内圆角操作

01 打开本例源文件 6-12.CATPart，如图 6-111 所示。

02 单击“圆角”工具栏中的“三切线内圆角”按钮，弹出“定义三切线内圆角”对话框。

03 在模型中选择相对称的两个面作为要圆角化的面，如图 6-112 所示。

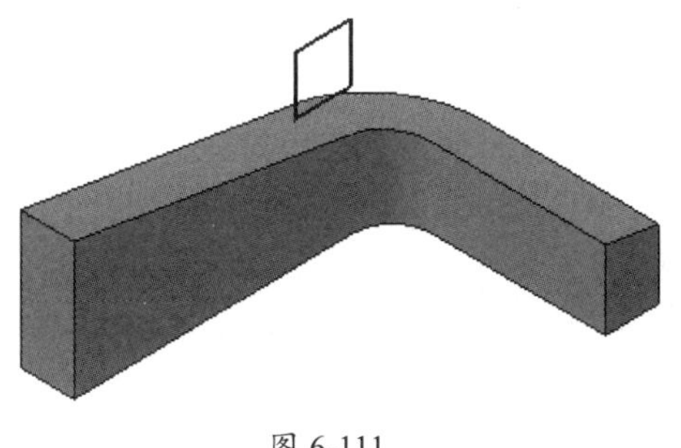

图 6-111

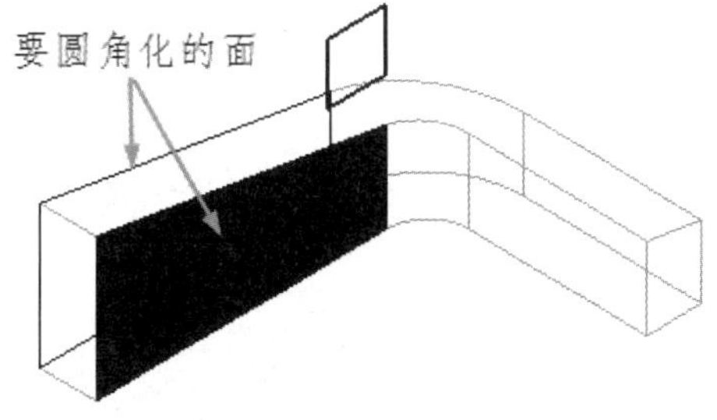

图 6-112

04 选择一个要移除的面，如图 6-113 所示。

05 单击“更多”按钮，激活“限制图元”文本框，再选择参考平面为限制元素，如图 6-114 所示。

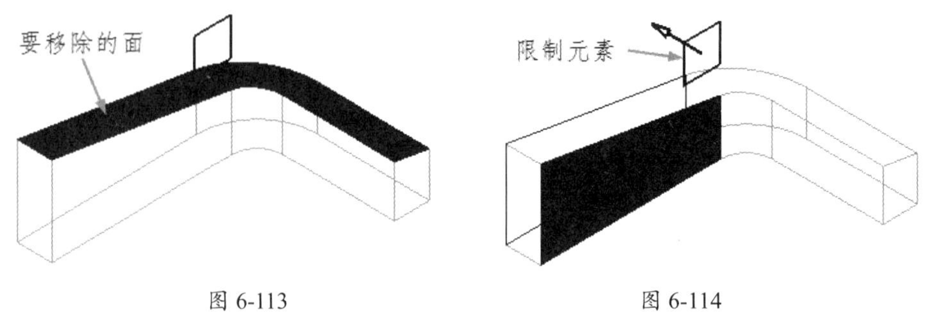

图 6-113　　图 6-114

06 单击“确定”按钮完成三切线内圆角的创建，如图 6-115 所示。

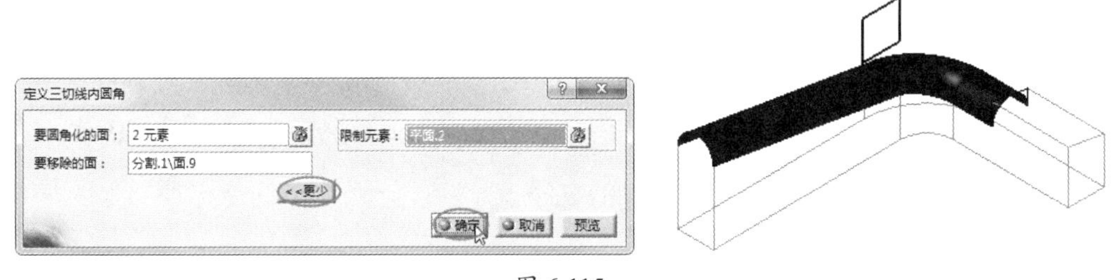

图 6-115

6.8.2 倒角

倒角的创建包含从选定边线上移除或添加平截面，以便在共用此边线的两个原始面之间创建斜曲面。通过沿一条或多条边线拓展可获得倒角。

动手操作——倒角操作

01 打开本例源文件 6-12.CATPart，如图 6-116 所示。

02 单击“修饰特征”工具栏中的“倒角”按钮，弹出“定义倒角”对话框。

03 在模型上选择如图 6-117 所示的要倒角的 4 条边线。

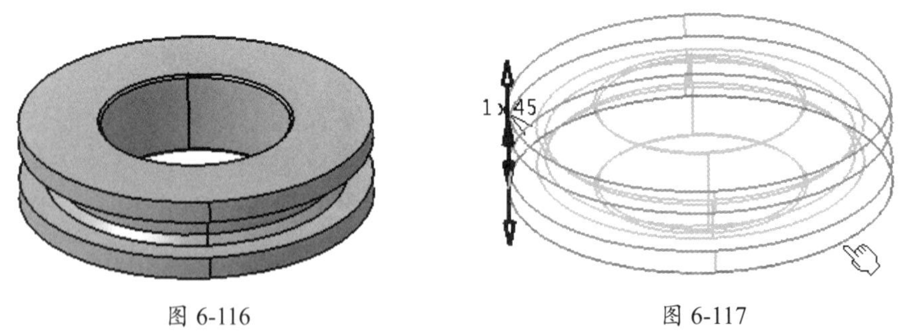

图 6-116　　图 6-117

04 在对话框中设置“长度 1”值为 3mm，其余参数保持默认设置，最后单击“确定”按钮完成倒角特征的创建，如图 6-118 所示。

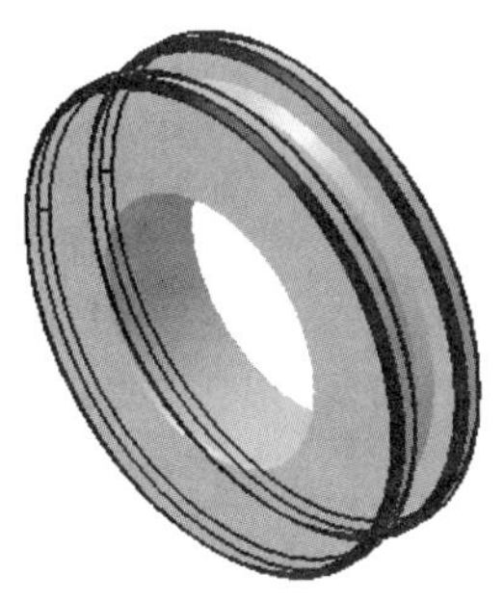

图 6-118

6.8.3　拔模

拔模也称为“脱模”。压铸、注塑、压塑等铸造模具的产品需要进行拔模处理，“拔模”操作可避免模具的型腔与型芯部分在分离时因与产品产生摩擦而导致外观质量的下降。CATIA 拥有多种拔模特征工具，单击“修饰特征”工具栏中的“拔模斜度”按钮右下角的下三角，弹出拔模工具，如图 6-119 所示。

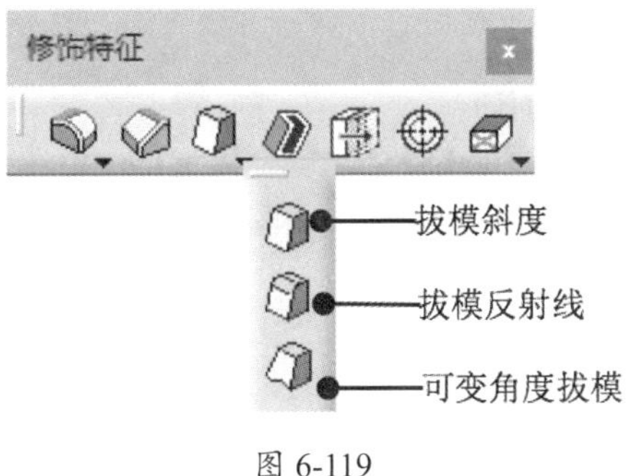

图 6-119

1. 拔模斜度

利用“拔模斜度”工具选择要拔模的面并设置拔模角度来进行拔模，如图 6-120 所示。可选择拔模固定边来决定拔模效果。

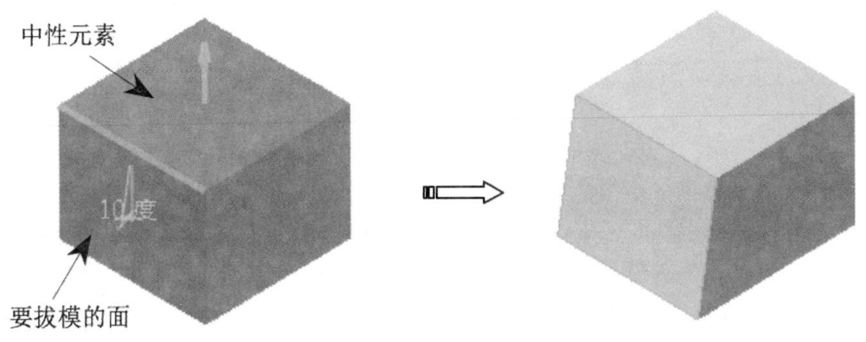

图 6-120

单击“修饰特征”工具栏中的“拔模斜度”按钮，弹出“定义拔模”对话框，如图6-121所示。

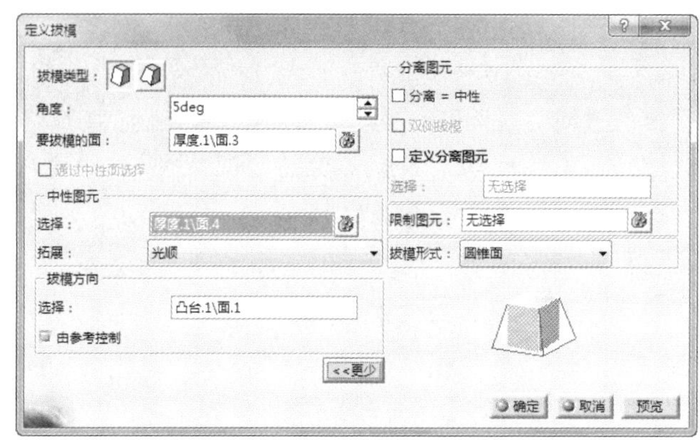

图 6-121

“定义拔模”对话框中相关选项参数含义如下。

- 拔模类型：包括“常量”和“变量”两种，这里的“变量”类型也就是“可变角度拔模”，后面将详细介绍。
- 角度：设置要拔模的面与拔模方向之间的夹角。正值表示沿拔模方向的逆时针方向拔模；负值可反向拔模。
- 要拔模的面：要创建拔模的面。
- 通过中性面选择：选中“通过中性面选择”复选框，可选择一个中性面，那么与中性面相交的所有面将被定义为要拔模的面，如图6-122所示。

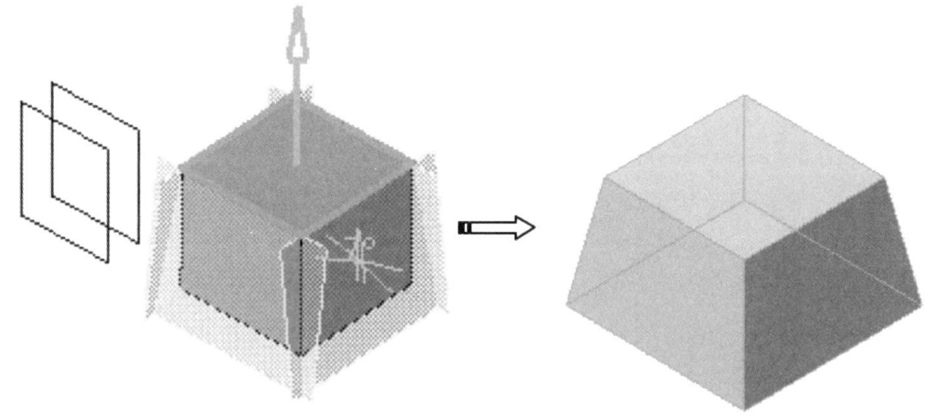

图 6-122

- “中性图元”选项区：用来设置拔模固定参考面。
  - 选择：选择中性面。中性面是一个拔模参考，该面始终与拔模方向垂直。同时，中性面也可作为拔模时的固定端参考。在中性面一侧的拔模面将不会旋转。中性面可以是多个面，默认情况下拔模方向由中性面的第一个面给定。
  - 拓展：用于指定拔模延伸的拓展类型。“无”表示不创建拔模延伸，“光顺”表示要创建拔模的平滑延伸。

- “拔模方向”选项区：拔模方向是指模具系统的型腔与型芯分离时，成型零件脱离型芯（或型腔）的推出方向，也称“脱模方向”。
    - » 由参考控制：选中“由参考控制”复选框，拔模方向将由中性面来控制（与中性面垂直）。
- “分离图元”选项区：用于定义模型中不同拔模斜度的分离图元。可选择平面、面或曲面作为分离图元，将模型分割成两部分，每一部分可分别定义不同的拔模方向。
    - » 分离＝中性：使用中性面作为分离图元，在中性面的一侧进行拔模，如图6-123所示。

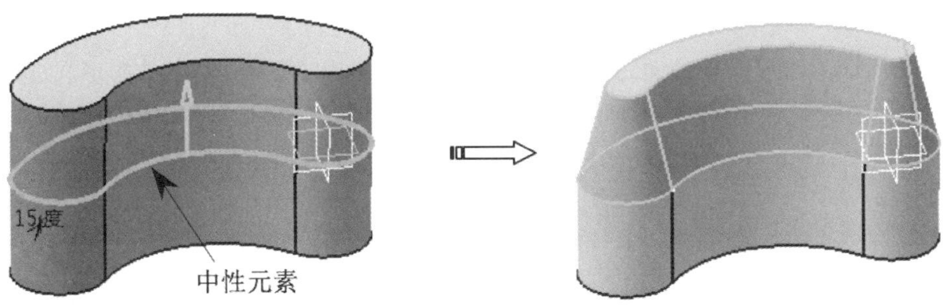

图 6-123

» 双侧拔模：以中性图元为界，在分离图元的两侧同时拔模，如图6-124所示。

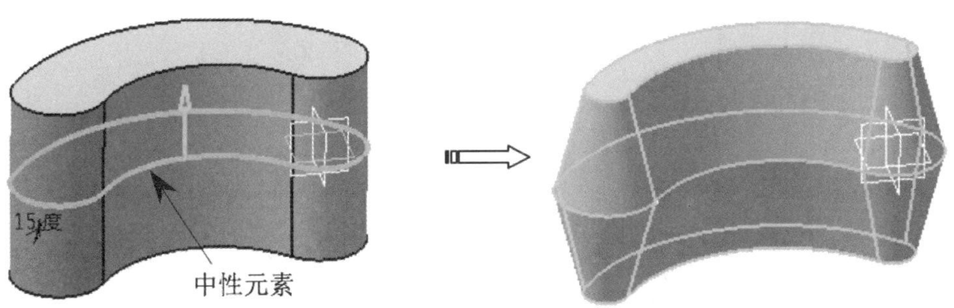

图 6-124

» 定义分离图元：选中“定义分离图元”复选框，可以任选一个平面或曲面作为分离图元，如图6-125所示。

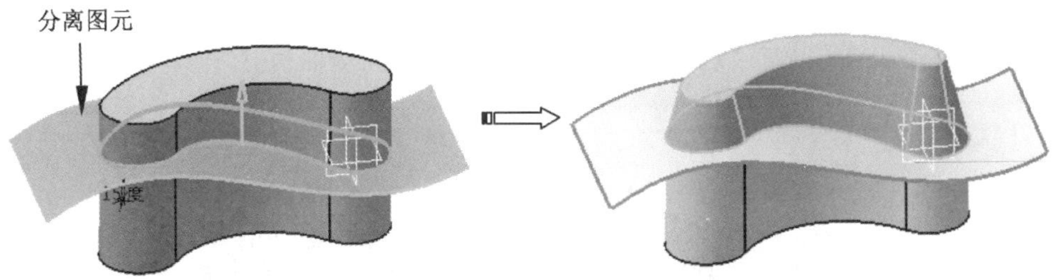

图 6-125

- 限制图元：指定不需要创建拔模的限制图元。例如在某个模型面中，仅对某一部分进行拔模，那么，就可以指定或创建限制图元来达到此目的，如图6-126所示。

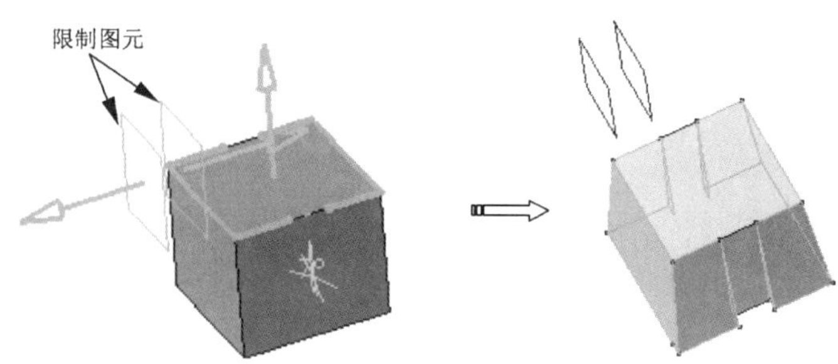

图 6-126

- 拔模形式：当要拔模的面为平面时，系统会自动采用“正方形”的拔模形式进行拔模。当要拔模的面为圆柱面、圆锥面时，系统会自动识别并采用“圆锥”的拔模形式来创建拔模。

动手操作——创建简单拔模

01 打开本例源文件 6-13.CATPart，如图 6-127 所示。

02 单击“修饰特征”工具栏中的“拔模斜度”按钮，弹出“定义拔模”对话框，在“角度”文本框中输入 3deg，如图 6-128 所示。

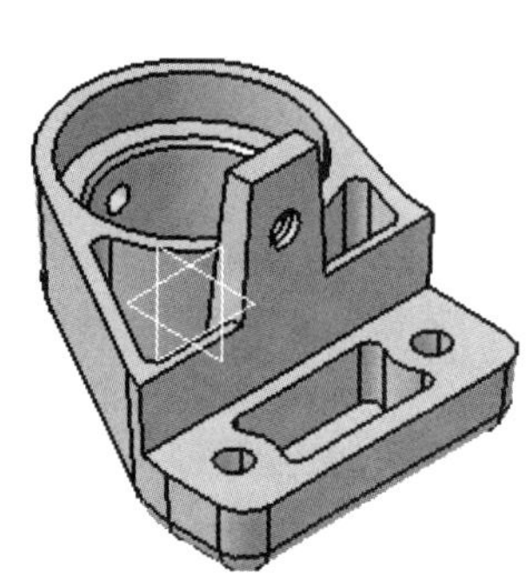

图 6-127

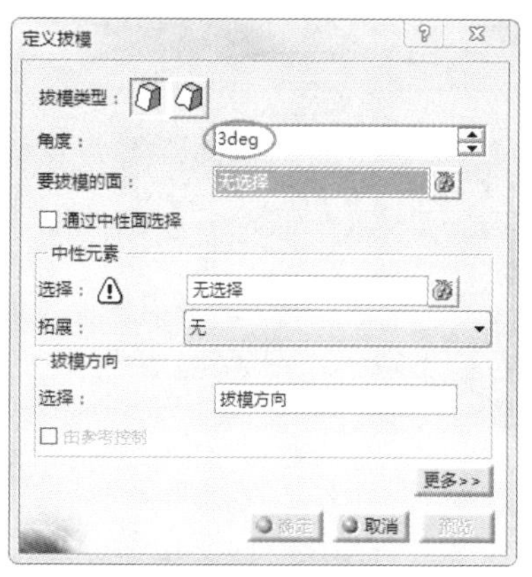

图 6-128

03 在模型上选择一个中的表面作为要拔模的面，如图 6-129 所示。

04 单击激活“中性元素”中的“选择”文本框，并选择底座上表面为中性面，如图 6-130 所示。

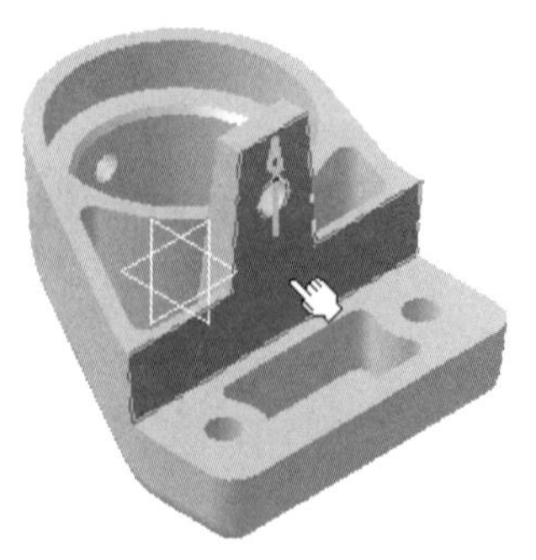

图 6-129

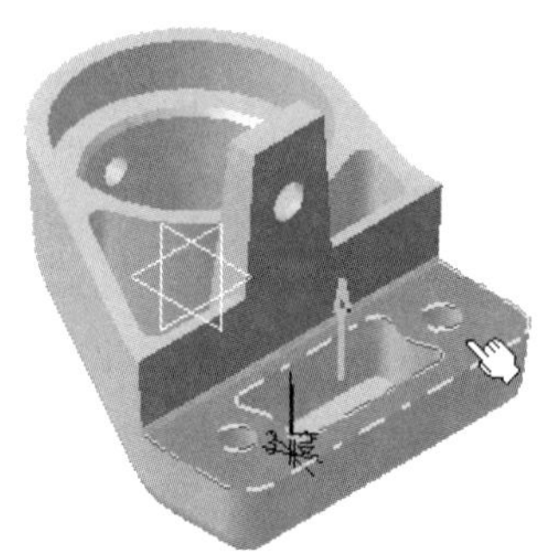

图 6-130

05 单击“确定”按钮完成模型面的拔模操作，如图 6-131 所示。

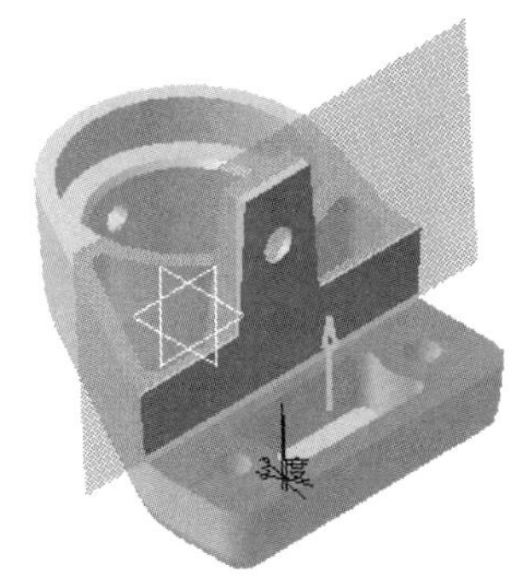

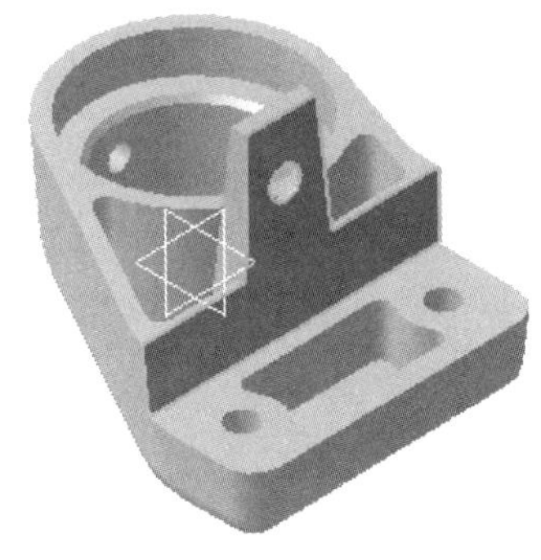

图 6-131

2. 拔模反射线

“拔模反射线”命令利用模型表面的投影线作为中性图元来创建模型上的拔模特征。

动手操作——拔模反射线操作

01 打开本例源文件 6-14.CATPart，如图 6-132 所示。

02 单击“修饰特征”工具栏中的“拔模反射线”按钮，弹出“定义拔模反射线”对话框。

03 在“角度”文本框中输入拔模角度值为 10deg，如图 6-133 所示。

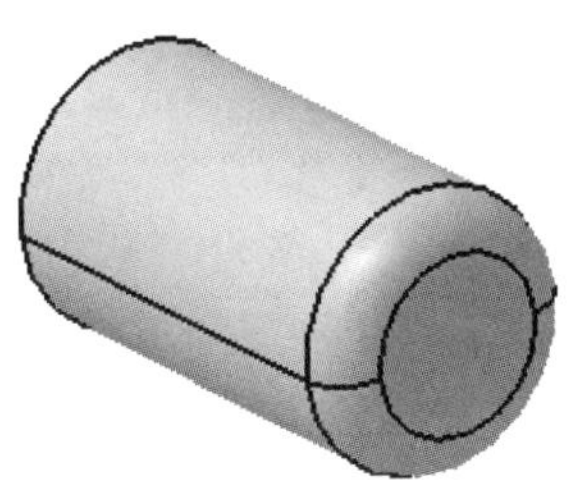

图 6-132

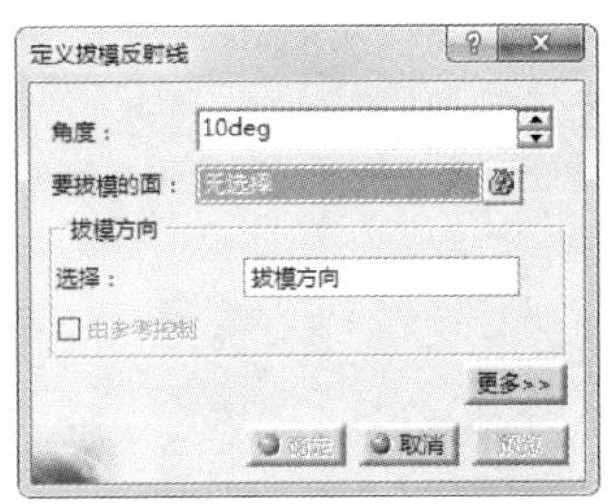

图 6-133

04 在模型上选择圆柱面作为要拔模的面，如图 6-134 所示。

05 单击激活“拔模方向”中的“选择”文本框，在特征树中选择“zx 平面”为中性面（拔模方向参考）。单击“更多”按钮，选中“定义分离图元”复选框，再选择“zx 平面”作为分离图元，如图 6-135 所示。

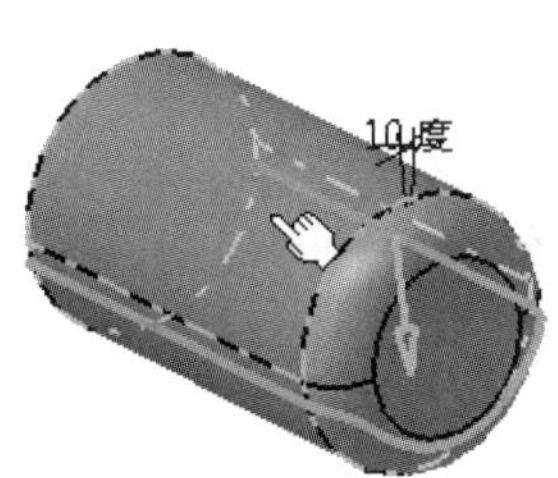

图 6-134

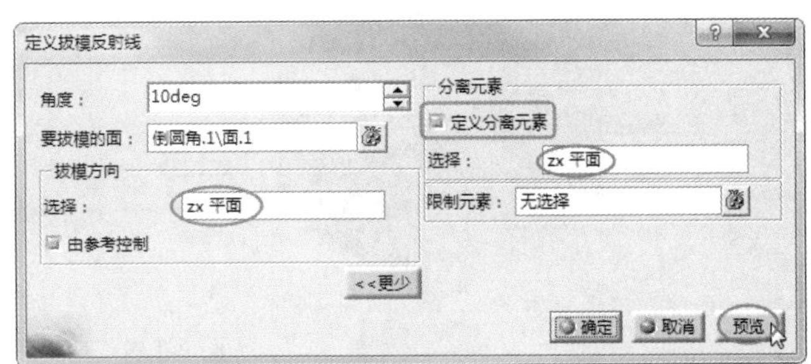

图 6-135

06 特征预览确认无误后，单击“确定”按钮完成拔模特征的创建，如图 6-136 所示。

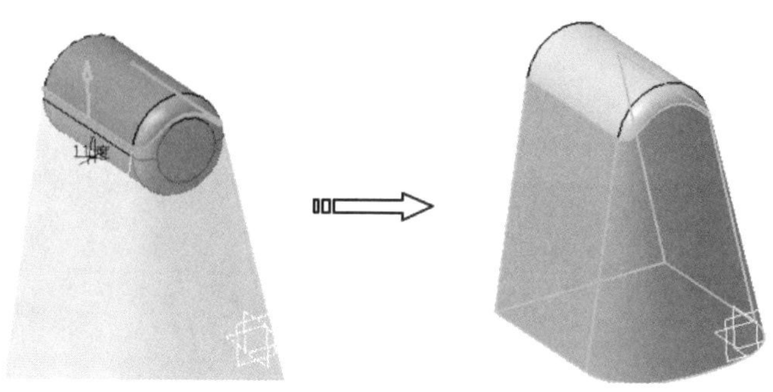

图 6-136

3. 可变角度拔模

“可变角度拔模”命令可以在模型中一次性创建多个不同拔模角度的拔模特征。

动手操作——可变角度拔模操作

01 打开本例源文件 6-15.CATPart，如图 6-137 所示。

02 单击“修饰特征”工具栏中的“可变角度拔模”按钮，弹出“定义拔模”对话框。

03 选择要拔模的面，单击激活“中性图元”的“选择”文本框，选择上表面为中性面，如图 6-138 所示。

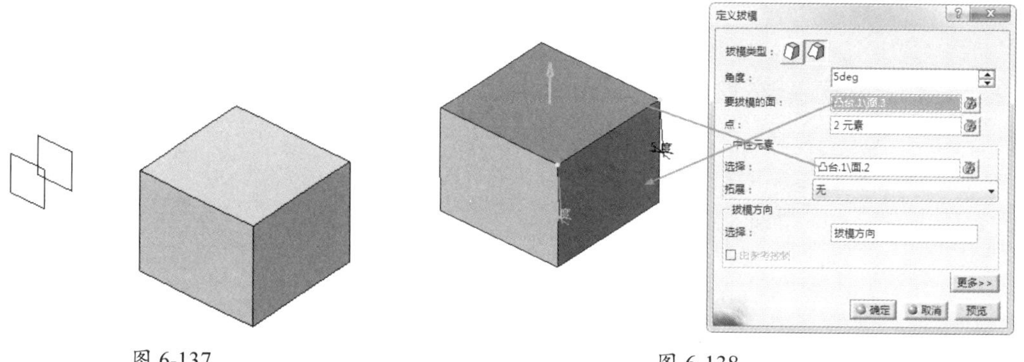

图 6-137　　图 6-138

04 单击激活“点”文本框，添加一个控制点，如图 6-139 所示。

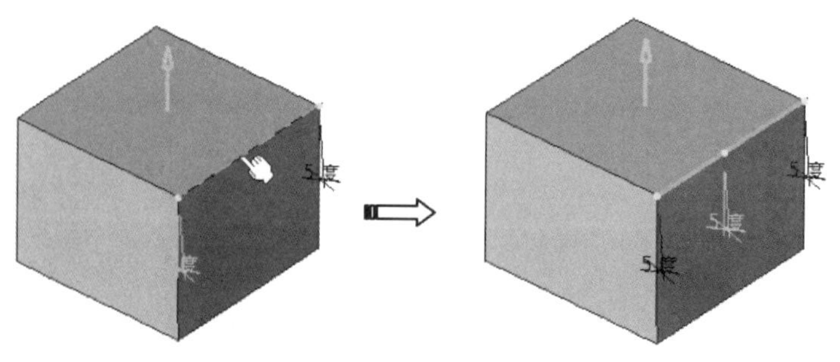

图 6-139

05 双击新增的控制点的角度值，弹出“参数定义”对话框，更改拔模角度值，并单击“确定”按钮，如图 6-140 所示。

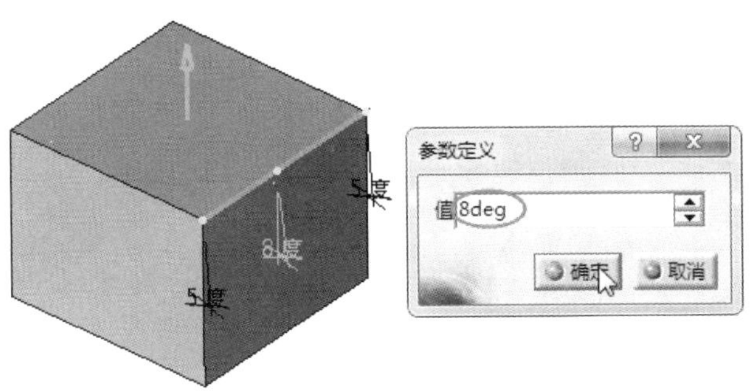

图 6-140

06 最后单击“确定”按钮完成可变拔模角度的操作，如图 6-141 所示。

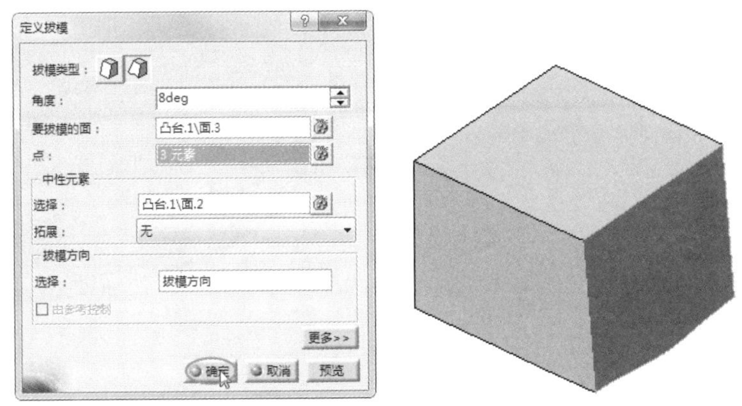

图 6-141

6.8.4 盒体

盒体也叫“抽壳”，“盒体”命令用于从实体内部或外部按一定厚度来添加（或移除）材料，使实体形成薄壁壳体，如图 6-142 所示。

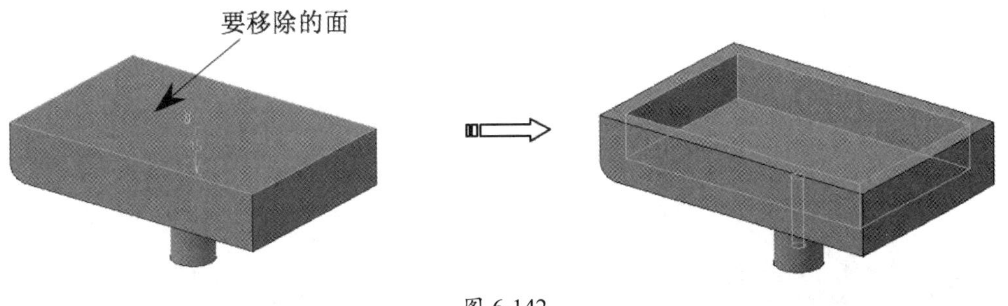

图 6-142

动手操作——抽壳操作

01 打开本例源文件 6-16.CATPart，如图 6-143 所示。

02 单击“修饰特征”工具栏中的“盒体”按钮，弹出“定义盒体”对话框。

03 在“默认内侧厚度”文本框中输入为1.5mm，然后选择要移除的面，如图6-144所示。

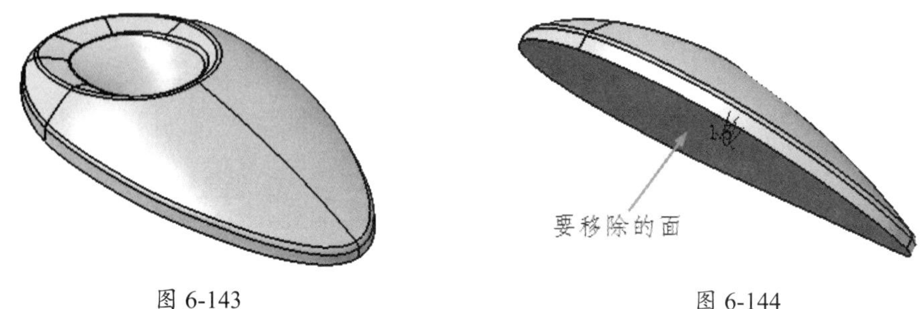

图 6-143　　　　图 6-144

04 单击“确定”按钮完成抽壳特征的创建，如图6-145所示。

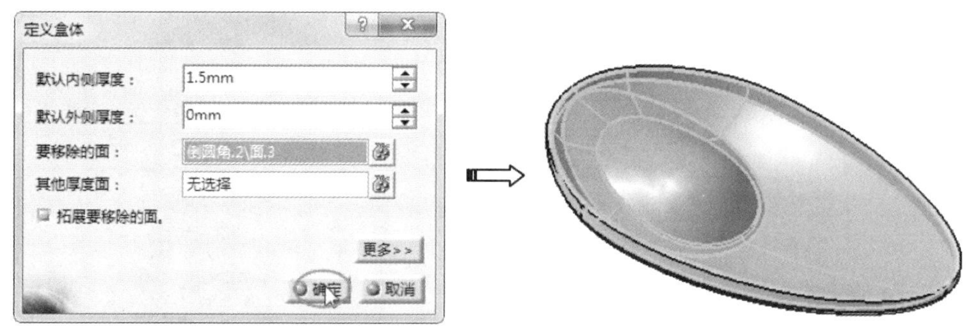

图 6-145

6.8.5　厚度

在有些情况下，加工零件前需要增大厚度或移除厚度。“厚度”命令的作用等同于“厚曲面”命令，但是“厚曲面”命令除了加厚曲面，还可以加厚实体面。而“厚度”命令仅针对实体面加厚。

动手操作——厚度操作

01 打开本例源文件6-11.CATPart，如图6-146所示。

02 单击“修饰特征”工具栏中的“厚度”按钮，弹出“定义厚度”对话框。

03 在“默认厚度”文本框中输入15mm，然后选择实体上面作为默认厚度面，如图6-147所示。

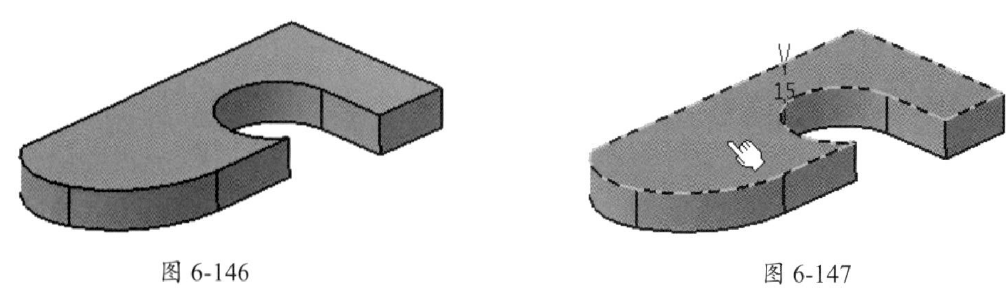

图 6-146　　　　图 6-147

04 单击“确定”按钮完成实体厚度的定义，如图6-148所示。

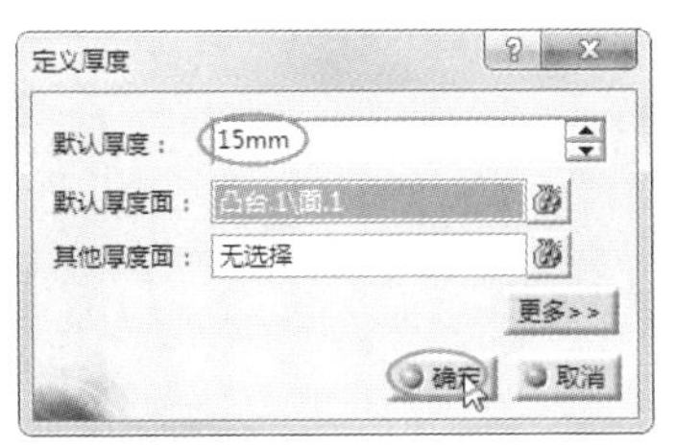

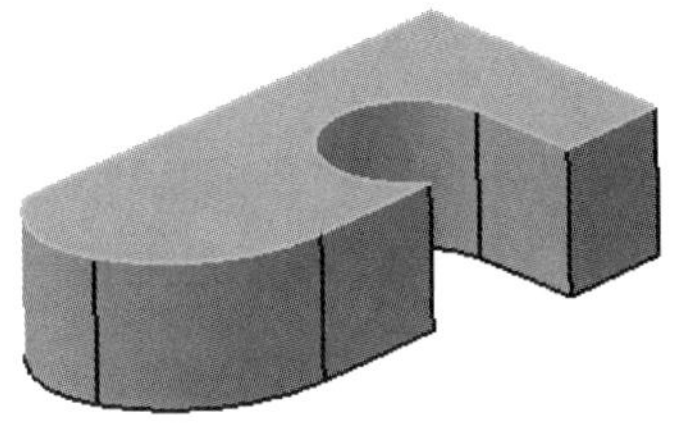

图 6-148

6.8.6　移除面

当零件太复杂无法进行有限元分析时，可使用“移除面”命令来移除一些不需要的面，以达到简化零件的目的。同理，当不再需要简化零件时，只需将移除面特征删除，即可恢复零件模型到简化操作之前的状态。

动手操作——移除面操作

01 打开本例源文件 6-18.CATPart，如图 6-149 所示。

02 单击“修饰特征”工具栏中的“移除面”按钮，弹出“移除面定义”对话框。

03 在模型上选择要移除的面和要保留的面，如图 6-150 所示。

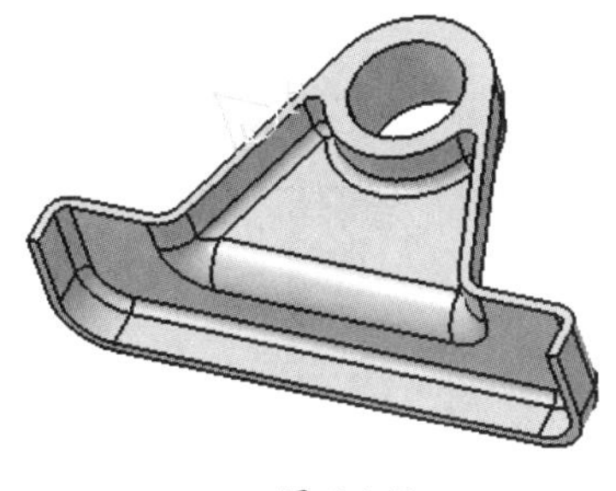

图 6-149

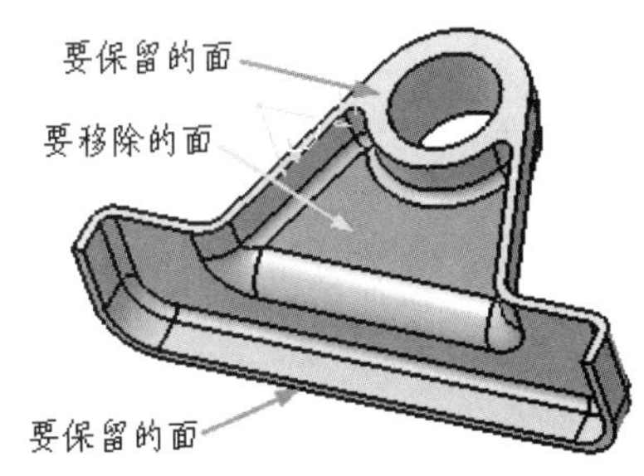

图 6-150

04 单击“确定”按钮完成移除面操作（即删除壳体特征），如图 6-151 所示。

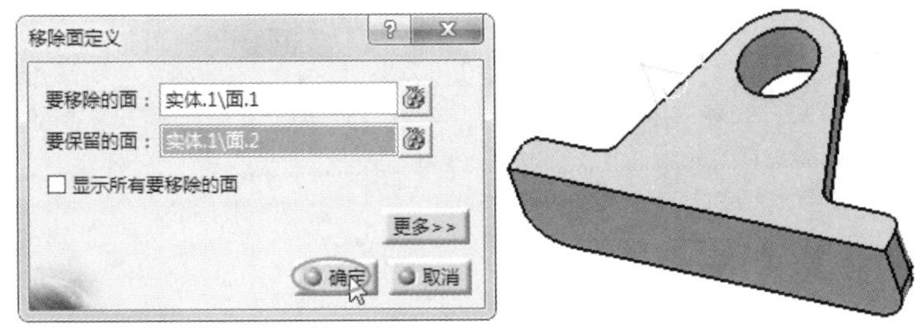

图 6-151

05 同理，可以将模型中的圆角面移除，如图 6-152 所示。

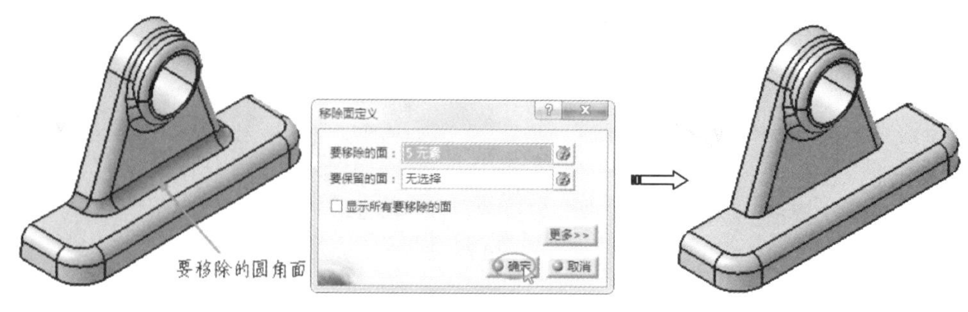

图 6-152

6.8.7 替换面

“替换面”命令可以用一个面替换一个或多个面。替换面通常来自不同的体，但也可能和要替换的面来自同一个体。选定的替换面必须位于同一个体上，并形成由边连接而成的链，替换的面必须是实体面或片体面，不能是基准平面。

动手操作——替换面操作

01 打开本例源文件 6-19.CATPart 文件，如图 6-153 所示。

02 单击“修饰特征”工具栏中的“替换面”按钮，弹出“定义替换面”对话框。

03 在模型上选择替换曲面和要移除的面，如图 6-154 所示。

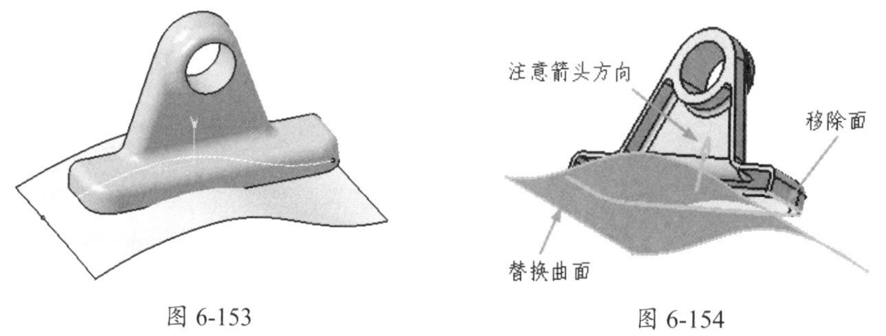

图 6-153　　图 6-154

操作技巧

选择替换面和要移除的面后，注意替换方向箭头要指向模型内部，否则不能正确创建替换面特征，可以单击替换方向箭头来改变方向。

04 单击“确定”按钮完成替换面的操作，如图 6-155 所示。

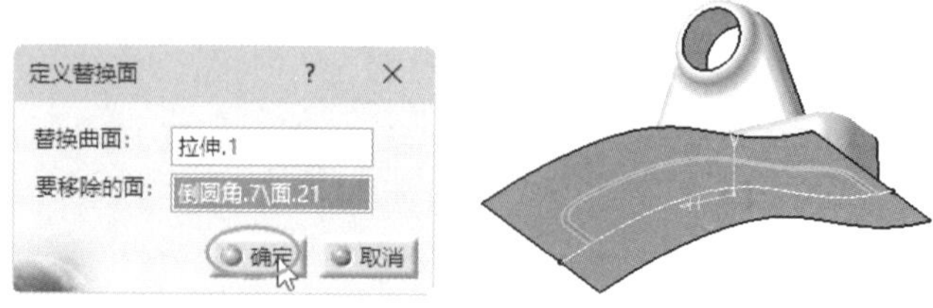

图 6-155

6.9 实战案例——摇柄零件设计

引入文件：无

结果文件：\ 实例 \ 结果 \Ch06\lingjian.CATPart

视频文件：\ 视频 \Ch06\ 摇柄零件设计 .avi

本节设计一个机械零件，旨在融会贯通前面介绍的实体特征建模指令。摇柄零件设计的造型如图 6-156 所示。

图 6-156

建模流程的图解如图 6-157 所示。

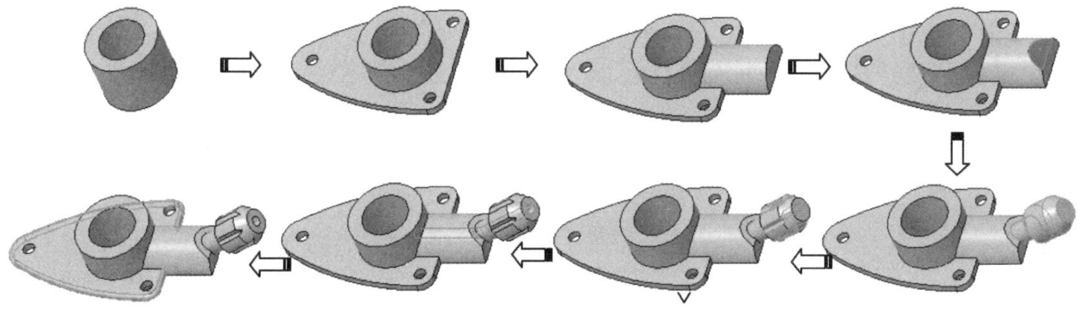

图 6-157

操作步骤

01 执行“开始”|“机械设计”|“零件设计”命令，进入零件环境。

02 创建第 1 个主特征——凸台特征。

- 在“基于草图的特征”工具栏中单击“凸台”按钮，弹出“定义凸台”对话框。
- 单击“定义凸台”对话框中“轮廓 / 曲面”选项区的“创建草图”按钮。
- 选择 *xy* 平面为草图平面，进入草图工作台绘制如图 6-158 所示的草图曲线。
- 单击“退出草图工作台”按钮，退出草图工作台。
- 在“定义凸台”对话框设置“长度”值为 25mm，最后单击“确定”按钮完成创建，如图 6-159 所示。

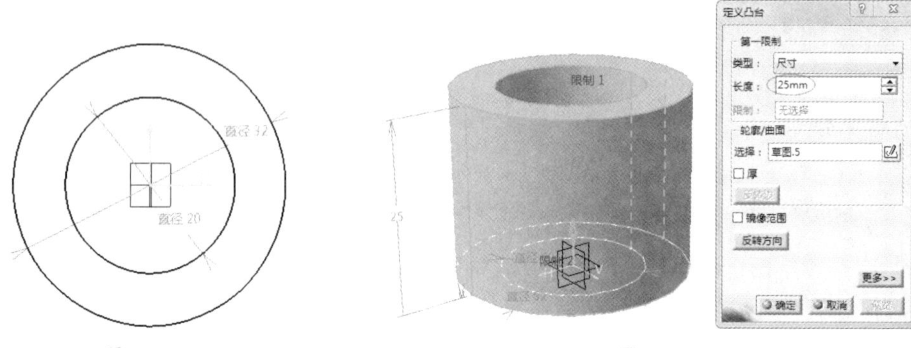

图 6-158　　　　图 6-159

03 创建第 2 个凸台特征。

- 单击“参考图元”工具栏中的“平面”按钮，新建“平面 1”，如图 6-160 所示。
- 在“基于草图的特征”工具栏中单击“凸台”按钮。
- 单击“定义凸台”对话框中“轮廓 / 曲面”选项区的“创建草图”按钮。
- 选择“平面 1”为草图平面，进入草图工作台绘制如图 6-161 所示的草图曲线。

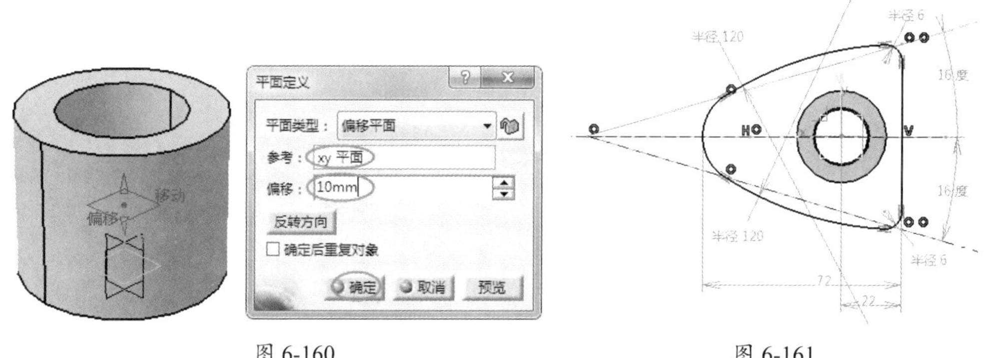

图 6-160　　　　图 6-161

- 退出草图工作台后，在“定义凸台”对话框中设置“长度”值为 1.5mm，选中“镜像范围”复选框，最后单击“确定”按钮完成创建，如图 6-162 所示。

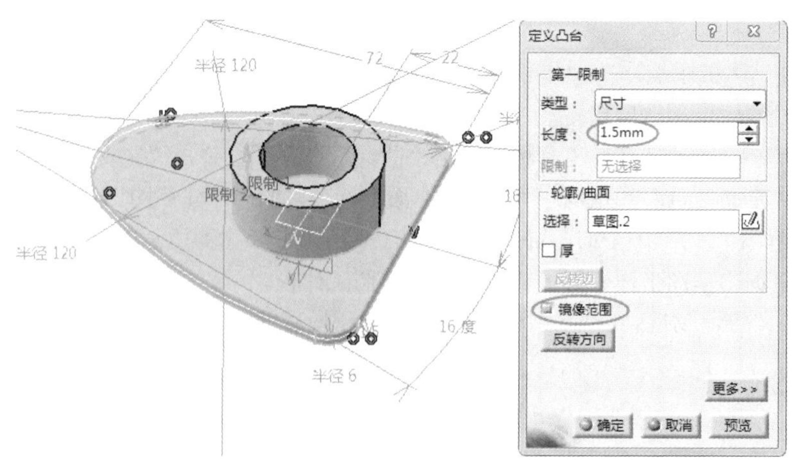

图 6-162

操作技巧

草图中的虚线是为了表达角度标注而建立的，退出草图工作台时最好删除，避免草绘的不完整性。

04 创建第 3 个凸台特征。

- 单击“平面”按钮，新建“平面 2”，如图 6-163 所示。
- 在“基于草图的特征”工具栏中单击“凸台”按钮。
- 单击“定义凸台”对话框“轮廓 / 曲面”选项区的“创建草图”按钮。
- 选择“平面 2”为草图平面，进入草图工作台绘制如图 6-164 所示的草图曲线。

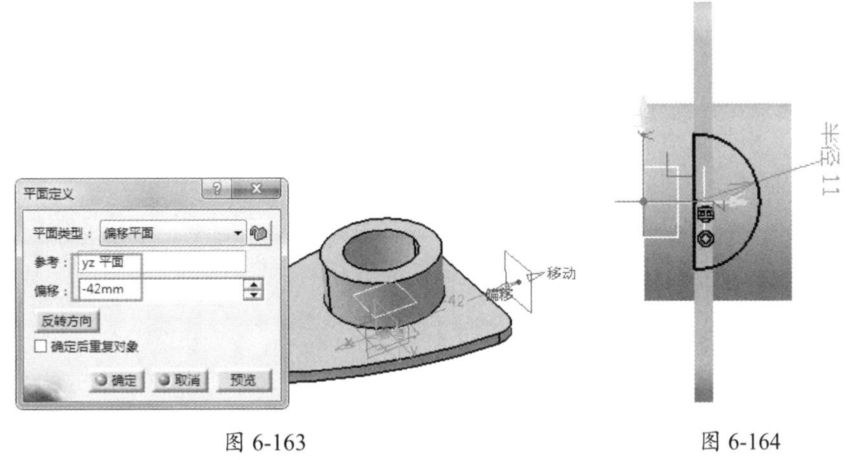

图 6-163　　图 6-164

- 退出草图工作台后在“定义凸台”对话框设置拉伸“类型”为“直到下一个”或者“直到曲面”，单击“确定”按钮完成创建，如图 6-165 所示。

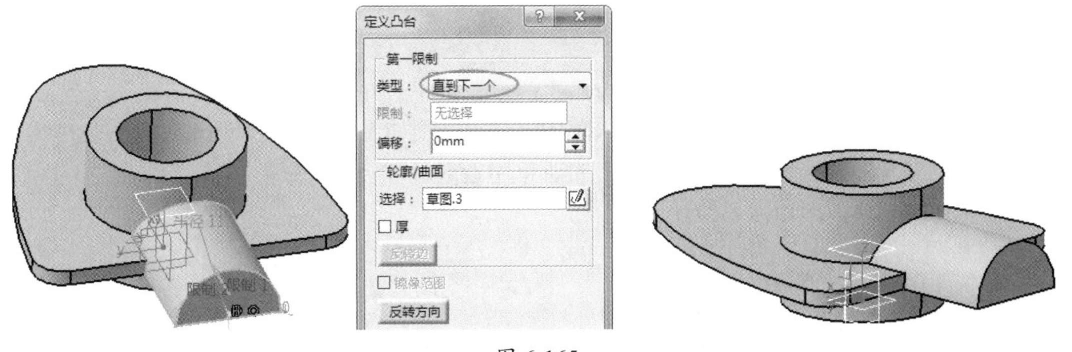

图 6-165

05 创建第 4 个特征（凹槽特征），此凹槽特征是第 3 个凸台的子特征，但需要先创建。

- 在“基于草图的特征”工具栏中单击“凹槽”按钮。
- 单击“定义凸台”对话框中“轮廓 / 曲面”选项区的“创建草图”按钮。
- 选择 *zx* 平面为草图平面，进入草图工作台绘制如图 6-166 所示的草图曲线。
- 退出草图工作台后，在“定义凹槽”对话框中输入“深度”值为 10mm，并选中“镜像范围”复选框，最后单击“确定”按钮完成创建，如图 6-167 所示。

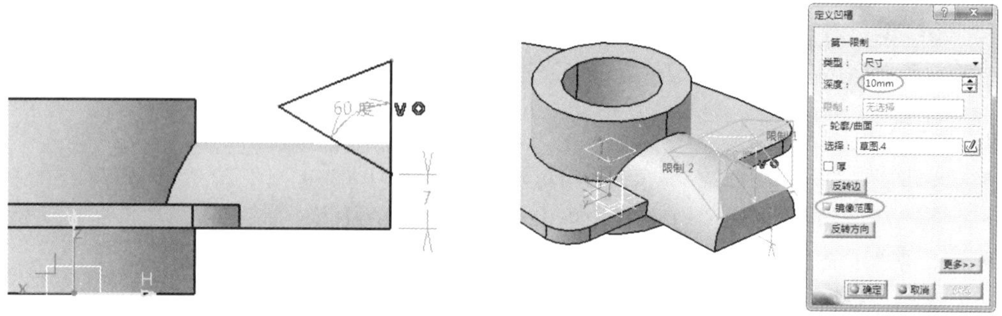

图 6-166　　　　图 6-167

06 创建第 5 个特征，该特征由“旋转体”创建。

- 在“基于草图的特征”工具栏中单击“旋转”按钮 旋转 。
- 选择 *zx* 平面为草图平面，进入草图工作台绘制如图 6-168 所示的草图曲线。
- 退出草图工作台后在“定义旋转”对话框中单击“确定”按钮完成创建，如图 6-169 所示。

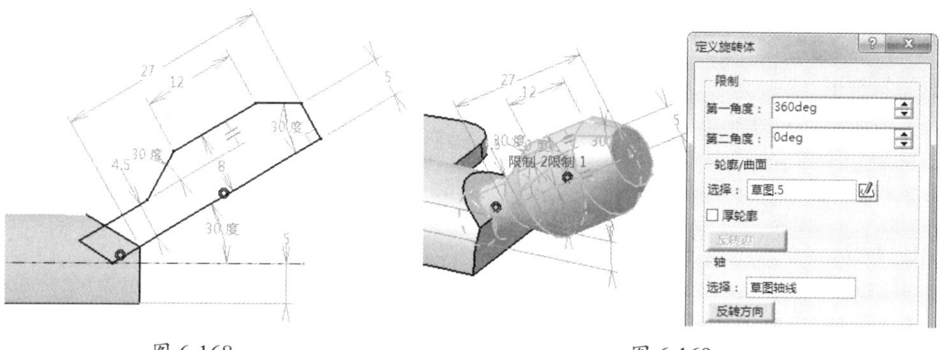

图 6-168　　　　图 6-169

07 创建子特征——凹槽。

- 在“基于草图的特征”工具栏中单击“凹槽”按钮。
- 选择旋转体端面为草图平面，进入草图工作台绘制如图 6-170 所示的草图曲线。
- 退出草图工作台后在“定义凹槽”对话框中设置拉伸类型，最后单击“确定”按钮完成拉伸减除操作，如图 6-171 所示。

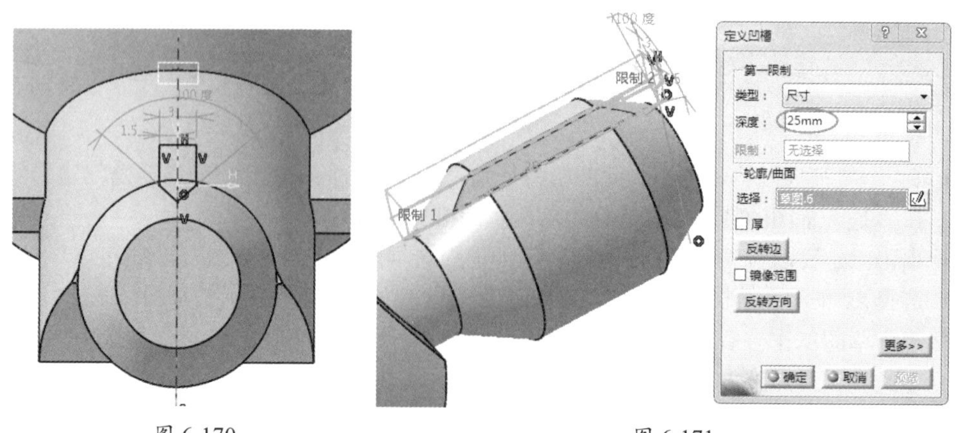

图 6-170　　　　图 6-171

- 单击“参考图元”工具栏中的“直线”按钮╱，以“曲面的法线”线型，选择曲面并创建参考点，创建如图 6-172 所示的直线。

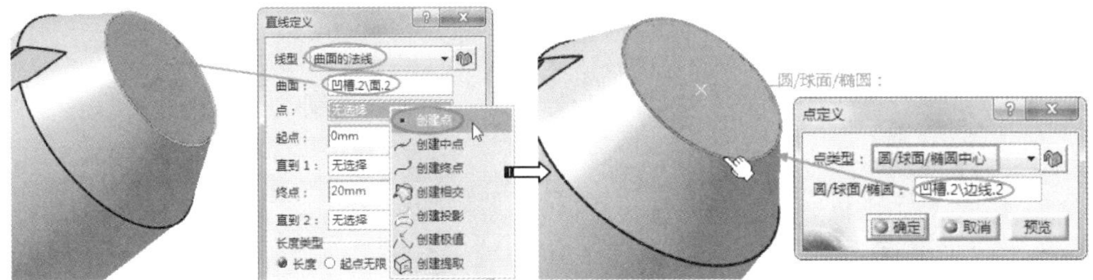

图 6-172

- 在“直线定义”对话框中设置直线长度，如图 6-173 所示。单击“确定”按钮完成直线的创建，此直线将作为阵列轴使用。
- 选中拉伸凹槽特征，如图 6-174 所示。在“变换特征”工具栏中单击“圆形阵列”按钮，弹出“定义圆形阵列”对话框。

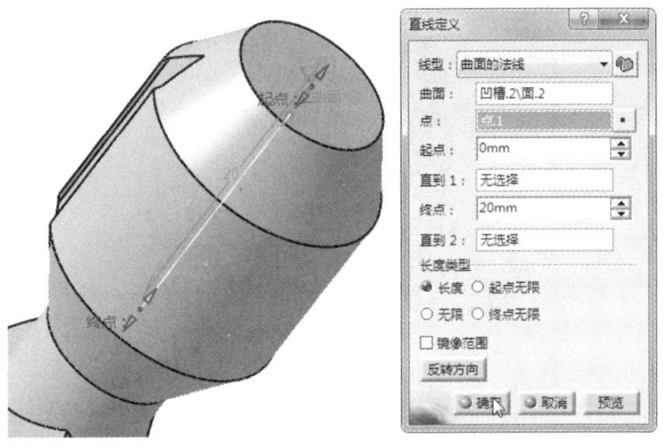

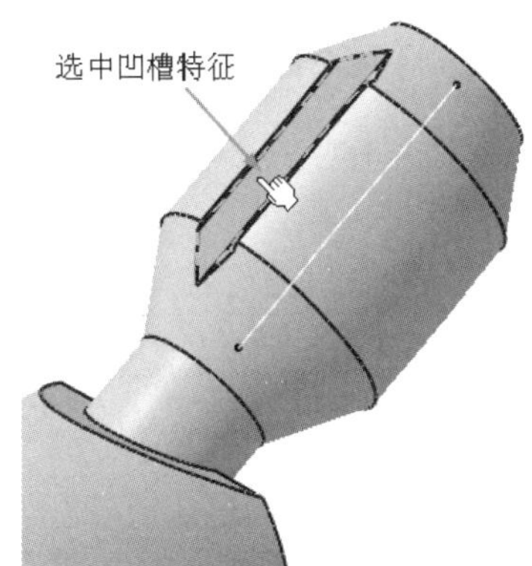

图 6-173　　图 6-174

- 在“轴向参考”选项卡中，输入“实例”个数为 6，成员之间的“角度间距”为 60deg，再到模型中选择上一步创建的“直线 .1”作为参考图元，单击“确定”按钮完成凹槽的圆形阵列，如图 6-175 所示。

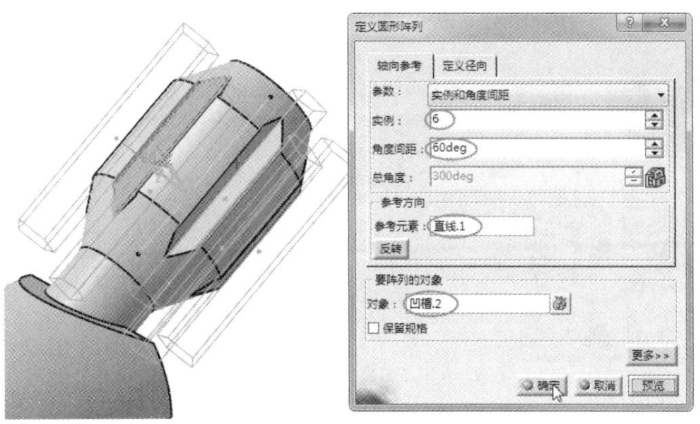

图 6-175

08 创建子特征——开槽特征。

- 单击“草图”按钮，选择 *zx* 平面为草图平面，绘制如图 6-176 所示的草图曲线。
- 单击“草图”按钮，选中模型上的一个端面作为草图平面，如图 6-177 所示。

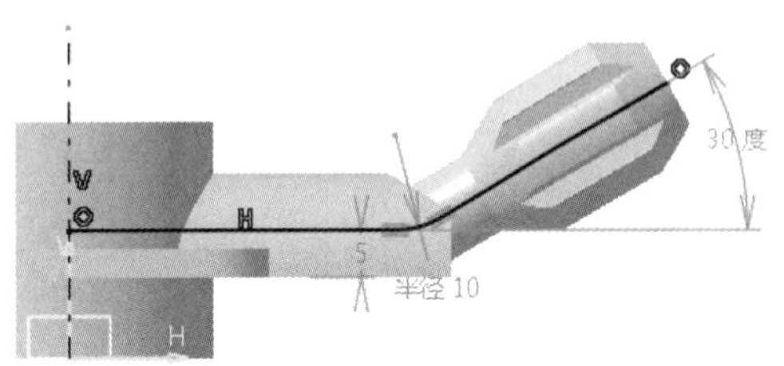

图 6-176

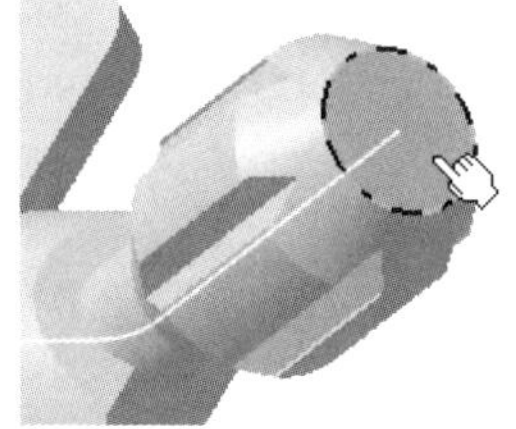

图 6-177

- 进入草图工作台绘制如图 6-178 所示的截面曲线。
- 在“基于草图的特征”工具栏中单击“开槽”按钮，弹出“定义开槽”对话框。选取上一步绘制的曲线（半径为 2mm 的圆）作为扫描轮廓。接着选择草图曲线（图 6-178 中绘制的曲线）作为中心曲线，单击“确定”按钮完成开槽特征的创建，如图 6-179 所示。

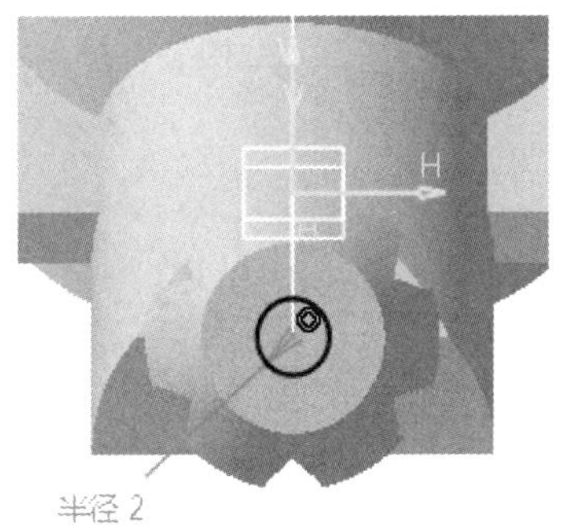

图 6-178

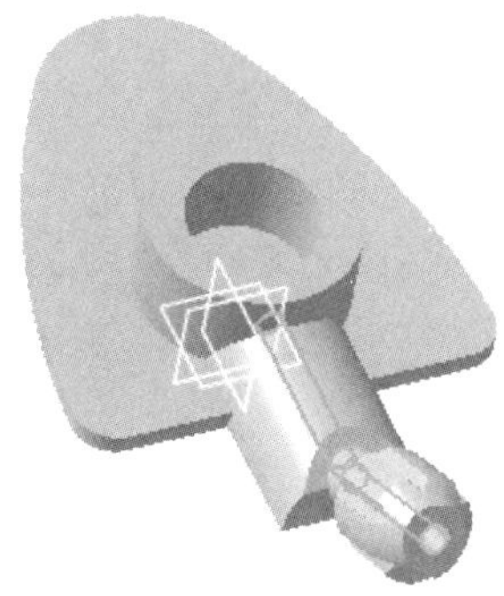

图 6-179

09 最后在“凸台特征 2”上创建完全倒圆角特征（子特征）。

- 单击“修饰特征”工具栏中的“定义三切线内圆角”按钮，弹出“定义三切线内圆角”对话框。
- 先按住 Ctrl 键选取“凸台特征 2”上下两个表面作为“要圆角化的面”，如图 6-180 所示。
- 单击激活“要移除的面”文本框，选取中间曲面为要移除的面，如图 6-181 所示。

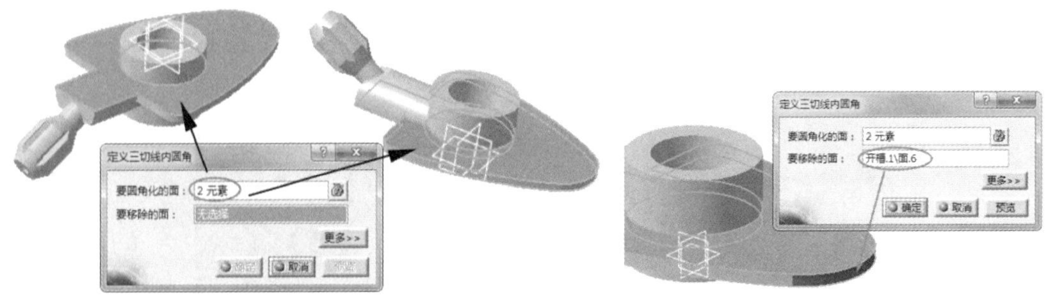

图 6-180　　图 6-181

- 单击“确定”按钮完成整个机械零件的创建，如图 6-182 所示。

图 6-182

6.10 课后习题

习题一

通过 CATIA 实体特征设计命令，创建如图 6-183 所示的模型。

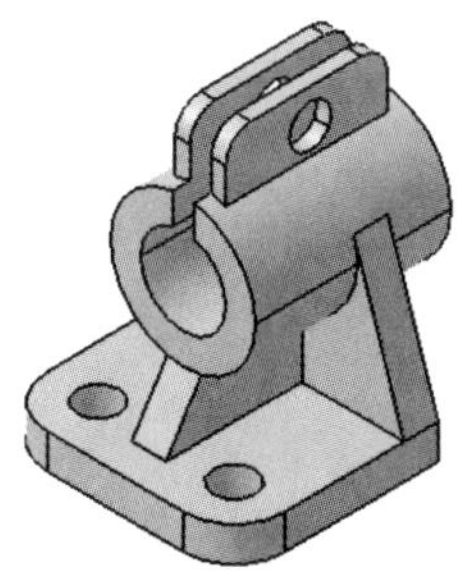

图 6-183

你将熟悉如下内容。

（1）创建草图特征。

（2）创建凸台特征。

（3）创建凹槽特征。

（4）创建孔特征。

习题二

通过 CATIA 实体特征设计命令，创建如图 6-184 所示的模型。

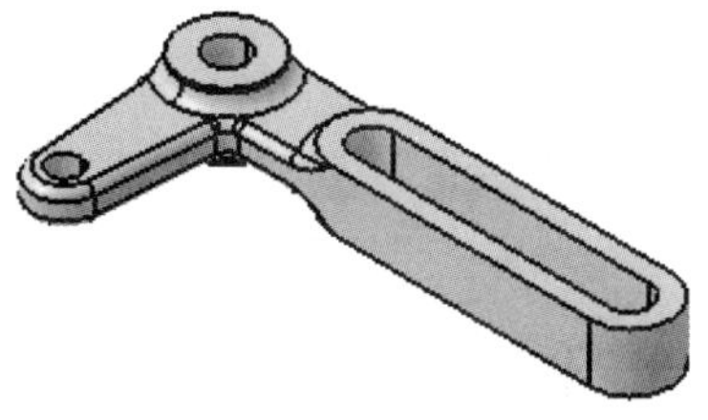

图 6-184

你将熟悉如下内容。

（1）创建草图特征。

（2）创建凸台特征。

（3）创建凹槽特征。

第 7 章　特征编辑与操作指令

项目导读

第 6 章中我们学习了 CATIA 基于草图的特征指令，通过这些特征指令很难完成复杂模型的创建，往往需要使用更高级的方法来辅助完成复杂模型的设计，同时也减少创建各种特征时的工作量。本章将详解这些内容，其中包括关联几何体的布尔运算、基于曲面的特征操作、特征变换操作、零件的修改和重定义等。

- 关联几何体的布尔运算
- 基于曲面的特征操作
- 特征的变换操作
- 修改零件

7.1 关联几何体的布尔运算

布尔操作是将一个零部件中的两个零件几何体组合到一起，实现添加、移除、相交、联合修剪等运算。CATIA 布尔运算的操作对象是“零件几何体”，而不是“特征”，如图 7-1 所示。这也就是说，在零件几何体中特征之间是不能进行布尔运算的。

7.1.1 装配

“装配”是集成零件规格的布尔运算，它允许创建复杂的几何图形。

单击“布尔操作”工具栏中的“装配”按钮，弹出“装配”对话框，如图 7-2 所示。

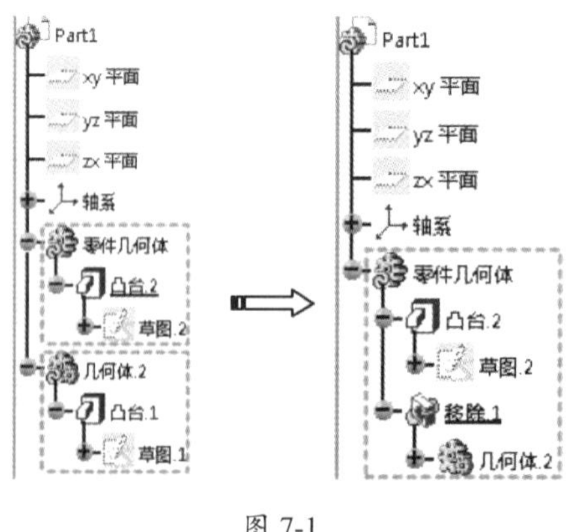

图 7-1

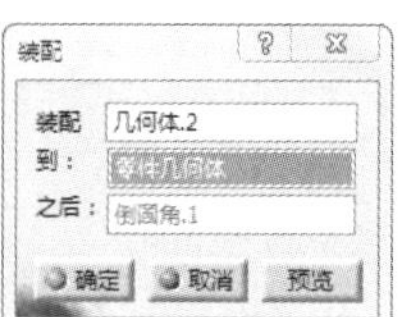

图 7-2

在“装配”对话框中，单击激活“装配”文本框，选择要装配的零件几何体。单击激活“到”

文本框，选择装配目标几何体，单击“确定”按钮完成几何体的装配运算，如图 7-3 所示。

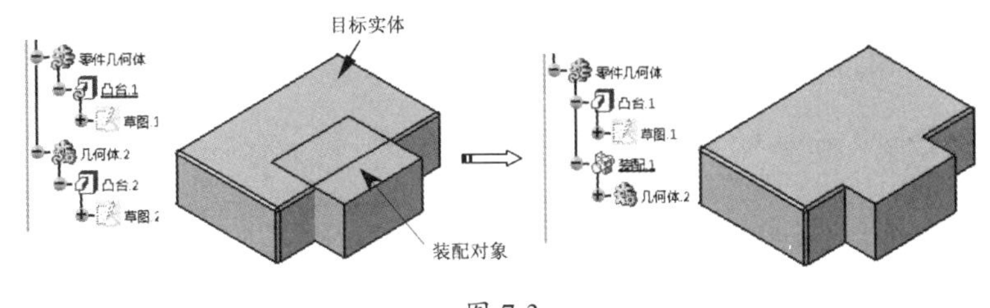

图 7-3

7.1.2　添加（布尔求和）

“添加”运算工具用于将一个几何体添加到另一个几何体中，通过求和运算将它们合并成为整体，如图 7-4 所示。

单击“布尔操作”工具栏中的“添加”按钮，弹出“添加”对话框，如图 7-5 所示。

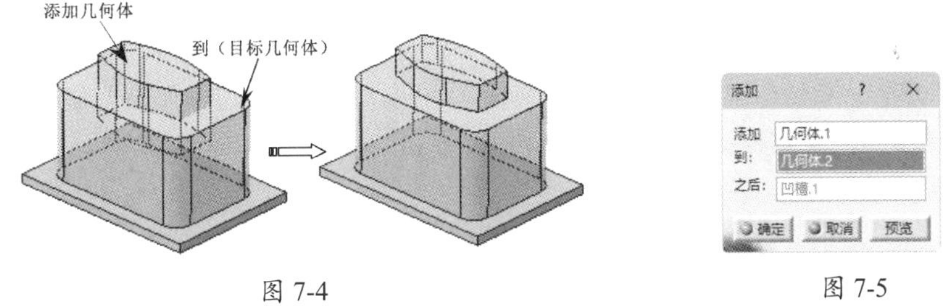

图 7-4　　图 7-5

虽然添加运算的结果与装配运算的结果相同，但它们也有区别——装配运算时所选的对象只能是“几何体”，而添加运算时可选的对象包含了几何体与特征。

7.1.3　移除（布尔求差）

“移除”命令用于在一个零件几何体中移除另一个几何体，从而创建新的几何体。

单击“布尔操作”工具栏中的“移除”按钮，弹出“移除”对话框，如图 7-6 所示。

在“移除”对话框中，单击激活“移除”文本框，选择要移除的对象实体。单击激活“到”文本框，选择要添加的目标实体，单击“确定”按钮完成移除运算操作，如图 7-7 所示。

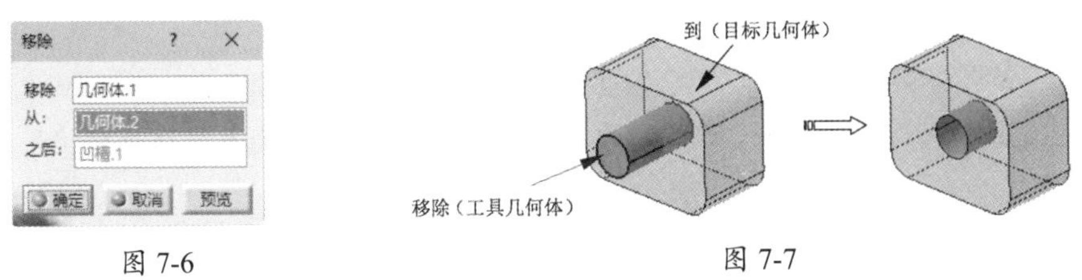

图 7-6　　图 7-7

7.1.4　相交（布尔求差）

利用“相交”命令，可在两个零件几何体之间创建相交操作来取其交集部分。

单击“布尔操作”工具栏中的“相交”按钮，弹出“相交”对话框，如图7-8所示。

在“相交”对话框中，单击激活“相交”文本框，选择要相交的几何体。单击激活“到”文本框，选择另一个几何体，单击“确定”按钮完成相交运算操作，如图7-9所示。

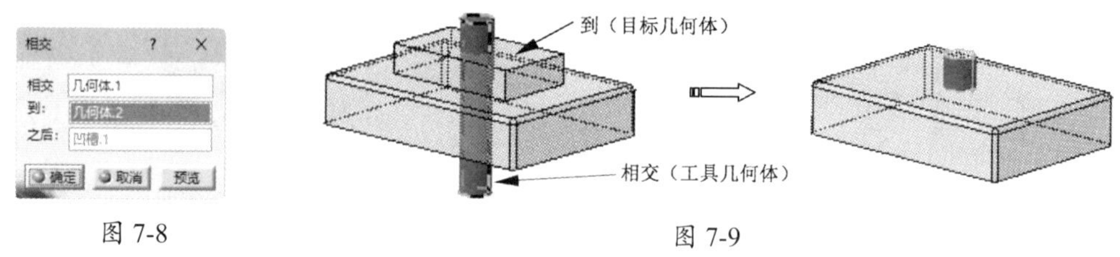

图 7-8

图 7-9

7.1.5 联合修剪

“联合修剪”命令可在两个零件几何体之间进行添加、移除、相交等操作，然后需要定义要保留或删除的元素。

单击“布尔操作”工具栏中的“联合修剪”按钮，选择要修剪的几何体，弹出“定义修剪”对话框，如图7-10所示。

在“定义修剪”对话框中，单击激活“要移除的面”文本框，选择要修剪移除的实体面。单击激活“要保留的面”文本框，选择修剪后保留面，单击“确定”按钮完成联合修剪特征，如图7-11所示。

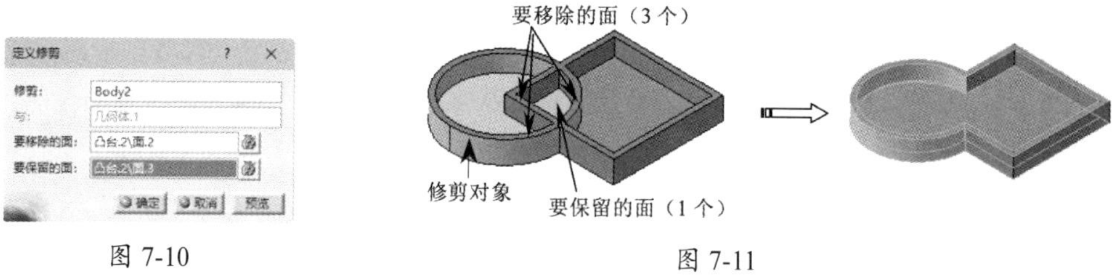

图 7-10

图 7-11

联合修剪操作时要遵守以下规则。

（1）在选择“要移除的面”后，仅移除所选的几何体，如图7-12所示。

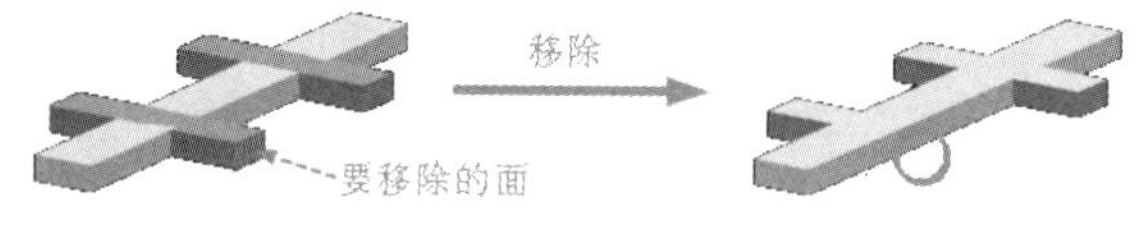

图 7-12

（2）在选择“要保留的面”时，仅保留选定的几何体，而其他所有几何体则被移除，如图7-13所示。

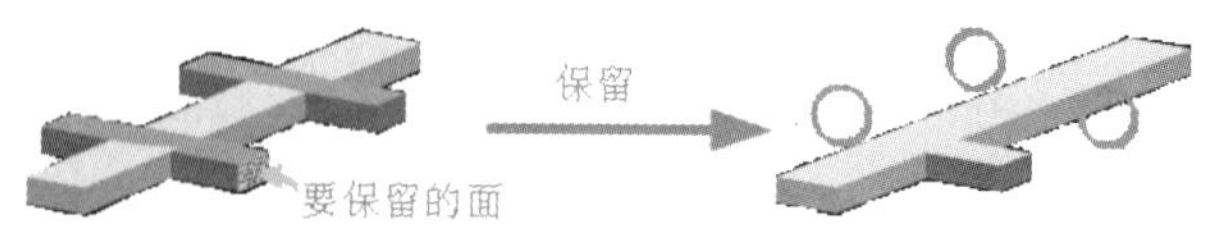

图 7-13

（3）如果存在“要保留的面”，就不必再选择“要移除的面”，二者取其一即可。两个选项的作用效果相同，如图 7-14 所示。

图 7-14

7.1.6　移除块

“移除块”用于移除单个几何体内多余的且不相交的实体。

单击“布尔操作”工具栏中的“移除块”按钮，选择要修剪的几何体，弹出“定义移除块（修剪）”对话框，如图 7-15 所示。

在“修剪”文本框中，单击激活“要移除的面”文本框，选择修剪移除的实体面。单击激活“要保留的面”文本框，选择修剪后保留的面，单击“确定”按钮完成移除块特征的操作，如图 7-16 所示。

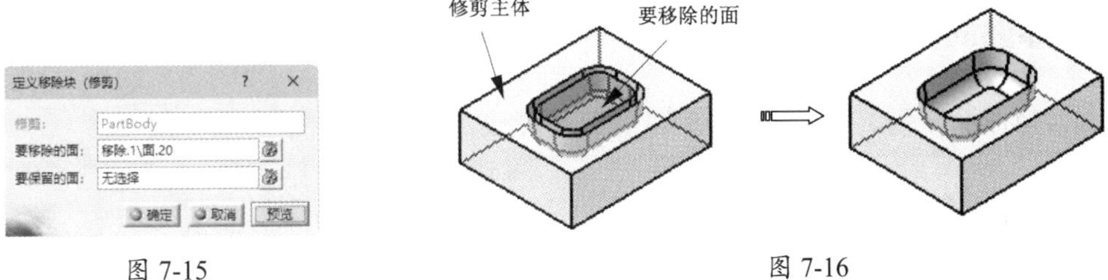

图 7-15　　　　图 7-16

7.2　基于曲面的特征操作

使用基于草图的特征建模，创建的零件形状都是规则，而在实际工程中，许多零件的表面往往都不是平面或规则曲面，这就需要通过曲面生成实体来创建特定表面的零件，该类命令主要集中于“基于曲面的特征”工具栏中，下面分别加以介绍。

7.2.1　分割特征

“分割”命令是指使用平面、面或曲面切除实体某一部分而生成所需的新实体，如图 7-17 所示。

单击“基于曲面的特征”工具栏中的“分割”按钮，弹出“定义分割”对话框，如图 7-18 所示，在该对话框中单击激活“分割图元”文本框，选择分割曲面，图形区显示箭头，箭头指向保留部分，可在图形区单击箭头改变实体保留方向。

图 7-17

图 7-18

动手操作——分割特征

01 打开本例源文件 7-1.CATPart，如图 7-19 所示。

02 单击“基于曲面的特征”工具栏中的“分割”按钮，弹出“定义分割”对话框。选择曲面为分割元素，单击箭头使其指向模型下方，如图 7-20 所示。

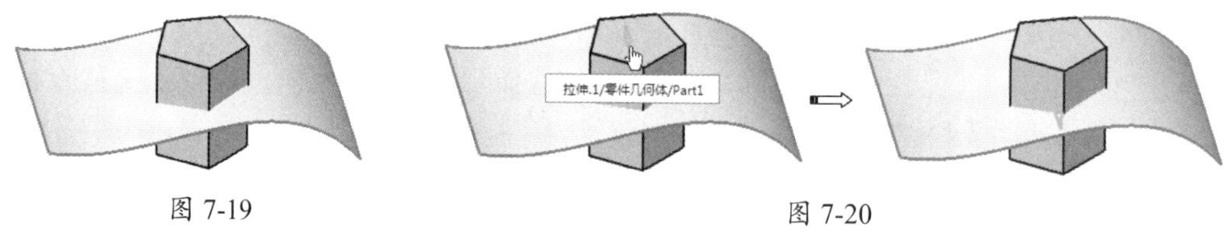

图 7-19　　图 7-20

03 单击“确定”按钮完成分割操作，如图 7-21 所示。

7.2.2　厚曲面特征

通过“厚曲面”命令可以在曲面的两个相反方向添加材料，如图 7-22 所示。

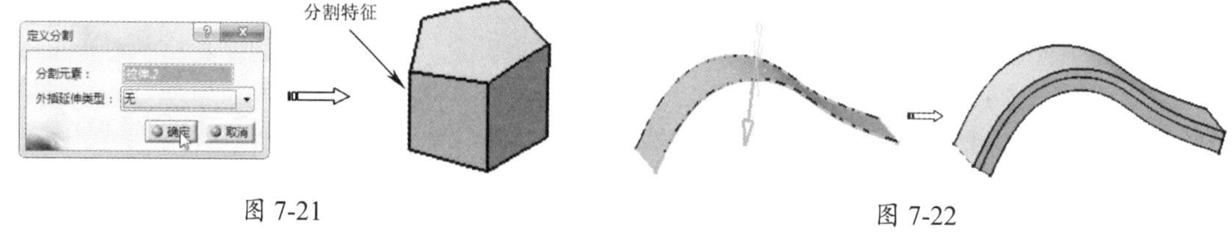

图 7-21　　图 7-22

单击“基于曲面的特征”工具栏中的“厚曲面”按钮，弹出“定义厚曲面”对话框，如图 7-23 所示。

动手操作——厚曲面特征

01 打开本例源文件 7-2.CATPart，如图 7-24 所示。

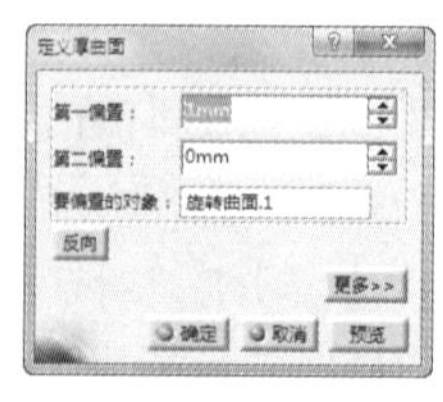

图 7-23

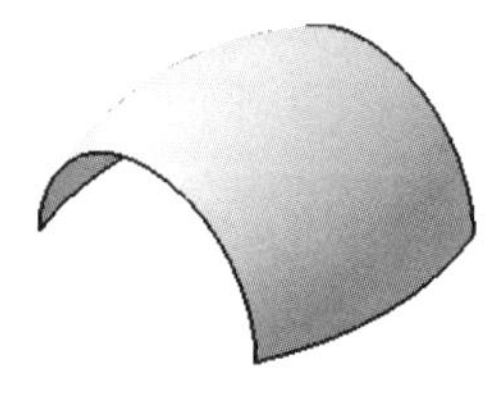

图 7-24

02 单击“基于曲面的特征”工具栏中的“厚曲面”按钮，弹出“定义厚曲面”对话框。

03 在“定义厚曲面”对话框中，单击激活“要偏移的对象”文本框，选择曲面作为要偏移的对象，保证加厚方向箭头指向外（若不是需要单击箭头更改方向）。设置“第一偏置”值为2，单击“确定”按钮完成加厚特征的创建，如图 7-25 所示。

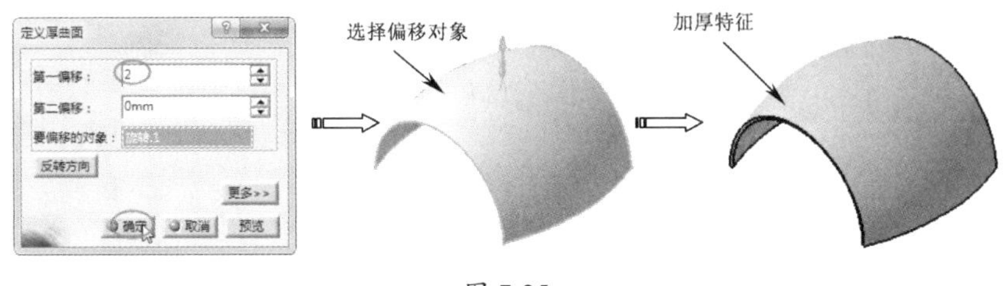

图 7-25

7.2.3 封闭曲面

“封闭曲面”命令是指在原有曲面基础上，封闭曲面的开口，使其形成完全封面的曲面组合，系统会自动在曲面内部填充材料，使封面曲面形成实体，如图 7-26 所示。

单击“基于曲面的特征”工具栏中的“封闭曲面”按钮，弹出“定义封闭曲面”对话框，如图 7-27 所示。

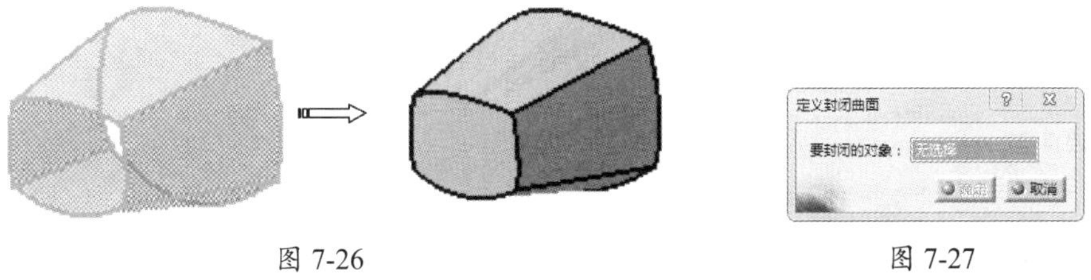

图 7-26　　图 7-27

动手操作——封闭曲面

01 打开本例源文件 7-3.CATPart，如图 7-28 所示。

02 单击“基于曲面的特征”工具栏中的“封闭曲面”按钮，弹出“定义封闭曲面”对话框。

03 选择要封闭的对象曲面，单击“确定”按钮会自动创建封闭曲面的实体特征，如图 2-29 所示。

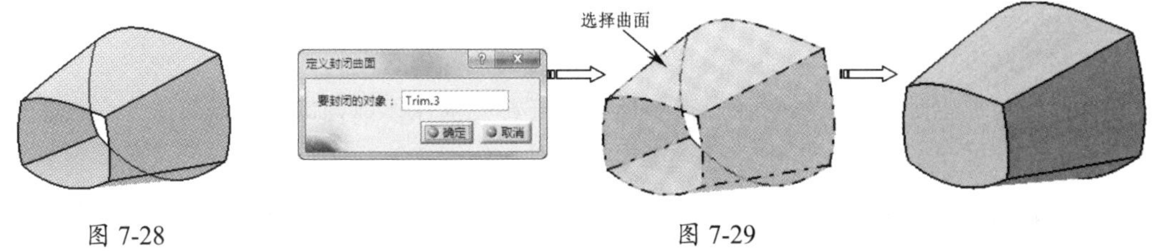

图 7-28　　图 7-29

7.2.4 缝合曲面

缝合是将曲面和几何体组合的布尔运算，此功能通过修改实体的曲面来添加或移除材料，如图 7-30 所示。

单击“基于曲面的特征”工具栏中的“缝合曲面”按钮，弹出“定义缝合曲面”对话框，如图 7-31 所示。

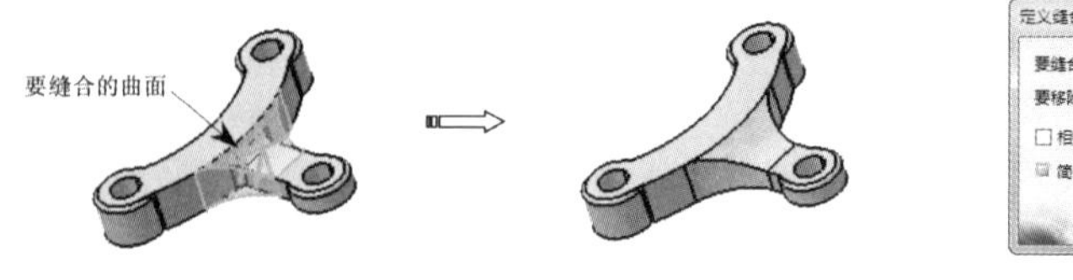

图 7-30

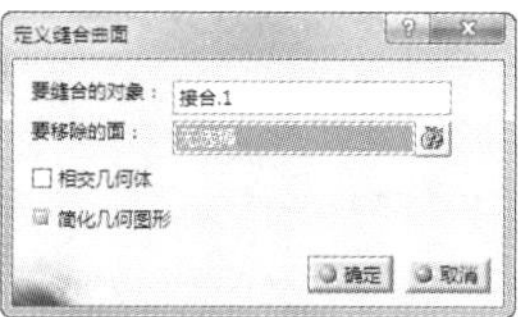

图 7-31

动手操作——缝合曲面

01 打开本例源文件 7-4.CATPart，如图 7-32 所示。

02 单击“基于曲面的特征”工具栏中的“缝合曲面”按钮，弹出“定义缝合曲面”对话框。

03 选择需要缝合到实体上的对象曲面，其他选项保持默认，单击“确定”按钮完成缝合曲面特征的创建，如图 7-33 所示。

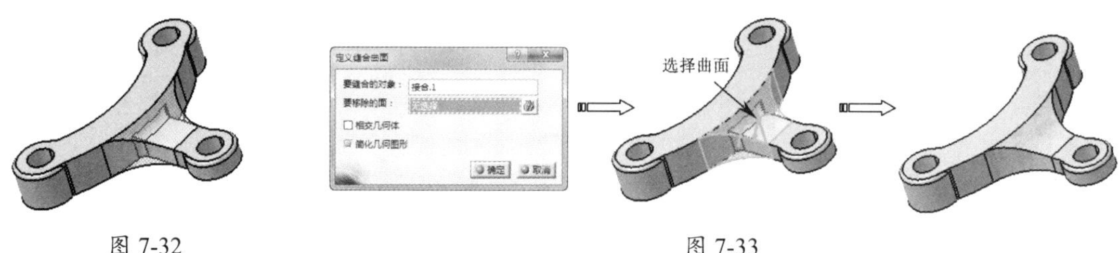

图 7-32

图 7-33

7.3 特征的变换操作

“特征的变换”是指对零件几何体中的局部特征（也可对零件几何体进行变换操作）进行位置与形状变换、创建副本（包括镜像和阵列）等操作。特征的变换工具包括“平移”“旋转”“对称”“定位”“镜像”“阵列”“缩放”和“仿射”等。特征变换是帮助用户高效建模的辅助工具。

7.3.1 平移

“平移”命令用于将特征移动到指定的方向、点或坐标位置上。

平移操作对象也是当前工作对象，需要在创建旋转变换操作前先定义工作对象（右击零件几何体或特征，在弹出的快捷菜单中选择“定义工作对象”选项）。

动手操作——平移操作

01 打开本例源文件 7-5.CATPart，如图 7-34 所示。

02 单击“变换特征”工具栏中的“平移”按钮，弹出“问题”对话框，如图 7-35 所示。

03 单击“问题”对话框中的“是”按钮，弹出“旋转定义”对话框。

图 7-34　　　　图 7-35

04 在“向量定义”下拉列表中选择“方向、距离”选项，在模型中选择 *Y* 轴作为移动方向，设置平移距离值为 100mm，在“方向”文本框中右击，在弹出的快捷菜单中选择“Y 部件”选项，单击“确定”按钮完成平移变换操作，如图 7-36 所示。

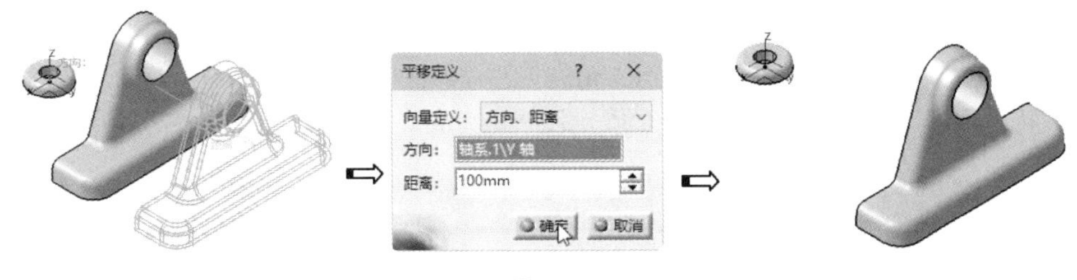

图 7-36

7.3.2　旋转

“旋转”变换命令是将所选特征（或零件几何体）绕指定轴线进行旋转，使其到达一个新位置，如图 7-37 所示。

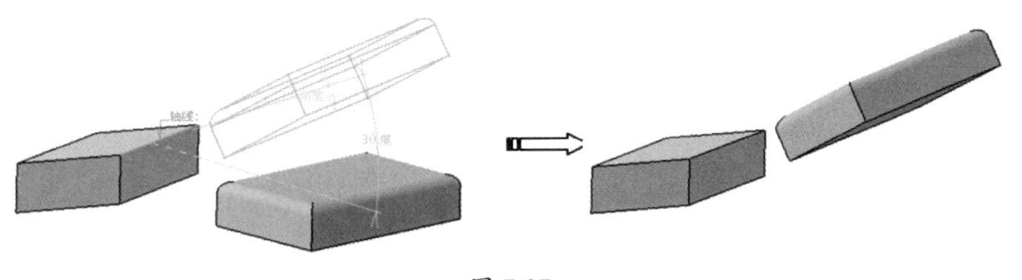

图 7-37

动手操作——旋转操作

01 打开本例源文件 7-6.CATPart。

02 在特征树中右击“零件几何体”对象，在弹出的快捷菜单中选择“定义工作对象”选项，设置当前工作对象，如图 7-38 所示。

03 单击“变换特征”工具栏中的“旋转”按钮，弹出“问题”对话框，如图 7-39 所示。

04 单击“问题”对话框中的“是”按钮，弹出“旋转定义”对话框。

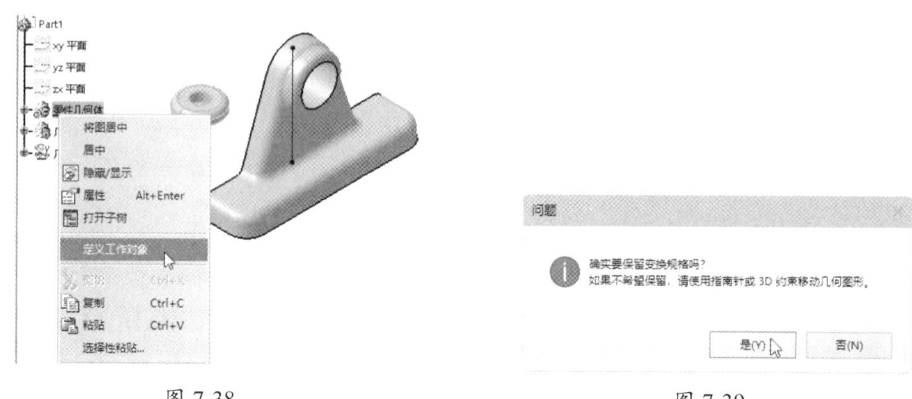

图 7-38　　图 7-39

05 在“定义模式”下拉列表中选择“轴线 - 角度”选项，在模型中选择已有直线作为旋转轴线，再设置旋转“角度”值为 180deg，单击“确定”按钮完成旋转变换操作，如图 7-40 所示。

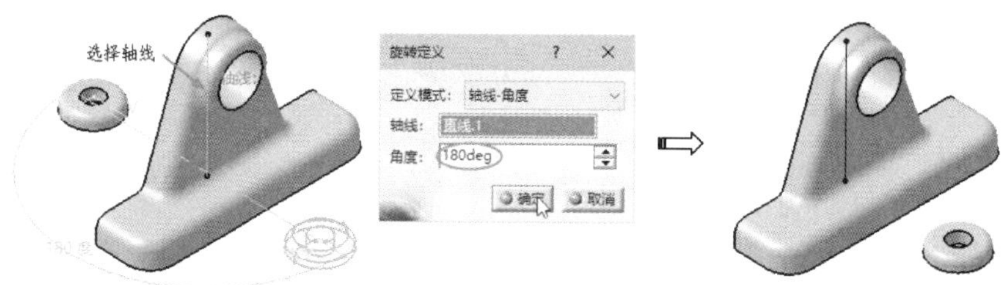

图 7-40

7.3.3 对称

“对称”命令用于将工作对象对称移动至参考图元一侧的相应位置上，源对象将不被保留，如图 7-41 所示。参考图元可以是点、线或平面。

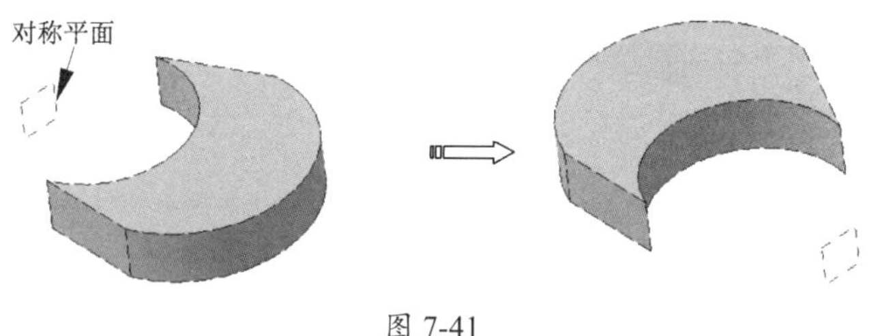

图 7-41

动手操作——对称操作

01 打开本例源文件 7-7.CATPart，在特征树中将“零件几何体”对象定义为工作对象，如图 7-42 所示。

02 单击“变换特征”工具条中的“对称”按钮，弹出“问题”对话框，如图 7-43 所示。

03 单击“问题”对话框中的“是”按钮，弹出“对称定义”对话框。

图 7-42　　　　图 7-43

04 在模型中选择一个面作为对称平面，单击“确定”按钮完成对称变换操作，如图 7-44 所示。

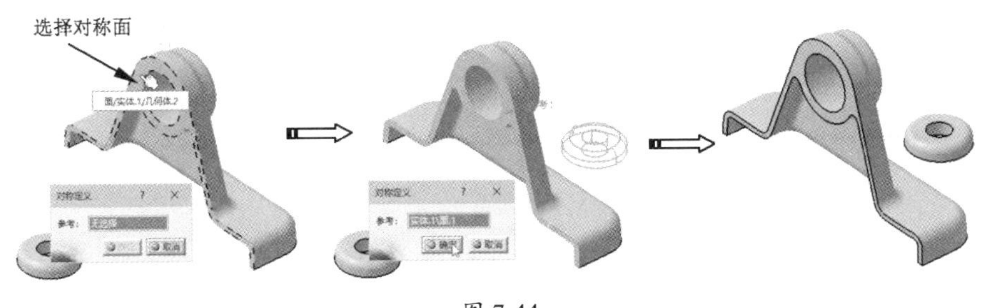

图 7-44

7.3.4 定位

“定位”命令可根据新的轴系对当前工作对象进行重新定位，可以一次转换一个或多个图元对象。

动手操作——定位操作

01 打开本例源文件 7-8.CATPart，如图 7-45 所示。

02 单击“定位”按钮，弹出“问题”对话框。单击“问题”对话框中的“是”按钮，如图 7-46 所示。

图 7-45　　　　图 7-46

03 弹出“‘定位变换’定义”对话框，单击激活“参考”文本框，选择图形区中的坐标系作为参考坐标系，再单击激活“目标”文本框，选择另一坐标系为目标坐标系，单击“确定”按钮完成定位变换操作，如图 7-47 所示。

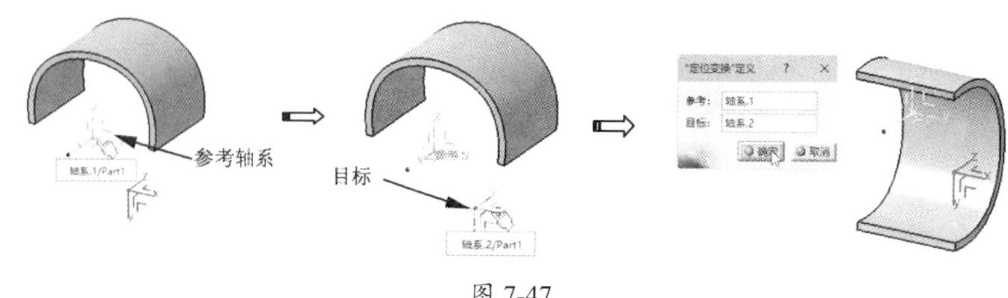

图 7-47

7.3.5 镜像

“镜像”命令是将特征或零件几何体相对于镜像平面进行镜像的变换操作。镜像特征与对称特征的不同之处在于，镜像变换操作的结果会保留源对象，而对称变换操作会移除源对象。

操作技巧

执行“镜像”命令之前，如果没有事先选择要进行镜像变换的特征，那么，系统会默认选择当前工作对象（一般为零件几何体）为镜像对象。

动手操作——镜像操作

01 打开本例源文件 7-9.CATPart 文件，如图 7-48 所示。

02 单击“变换特征”工具栏中的“镜像”按钮，弹出“定义镜像”对话框。

03 首先选择 *yz* 平面作为镜像元素（镜像平面）。

04 在“定义镜像”对话框中单击激活“要镜像的对象”文本框，在特征树或模型中选择图 7-49 所示的两个凸台特征（凸台 5 和凸台 8）作为镜像对象。

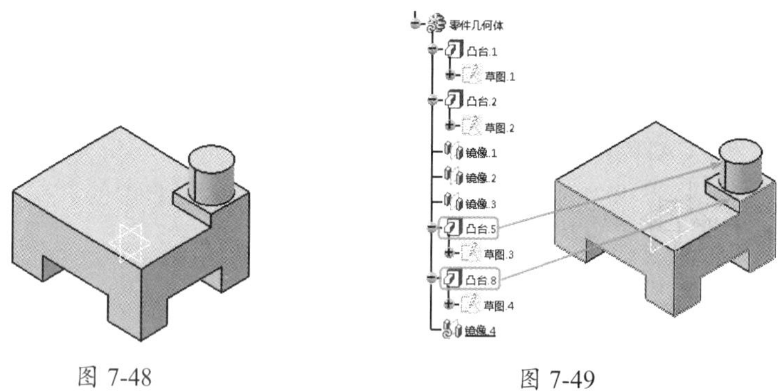

图 7-48　　图 7-49

05 单击“确定”按钮完成镜像特征的创建，如图 7-50 所示。

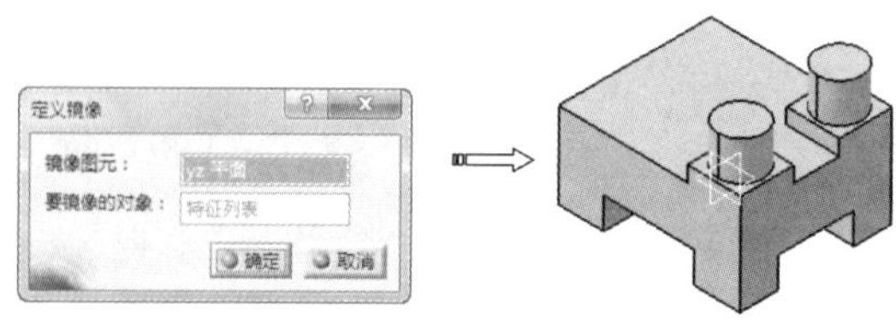

图 7-50

06 同样的操作方法，再选择 *zx* 平面作为镜像平面，将整个模型作为镜像对象，创建新的镜像特征，如图 7-51 所示。

7.3.6　阵列

CATIA V5-6R2017 提供了 3 种阵列工具，包括矩形阵列、圆形阵列和用户阵列，如图 7-52 所示。

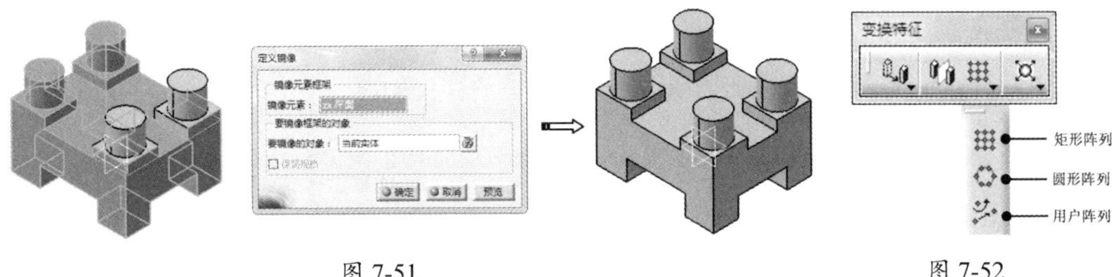

图 7-51　　　　图 7-52

1. 矩形阵列

“矩形阵列”工具是按照矩形的排列方式将一个或多个特征复制到零件表面上。

单击“矩形阵列”按钮，弹出“定义矩形阵列”对话框，如图 7-53 所示，该对话框中的两个选项卡各控制一个方向上的排列。

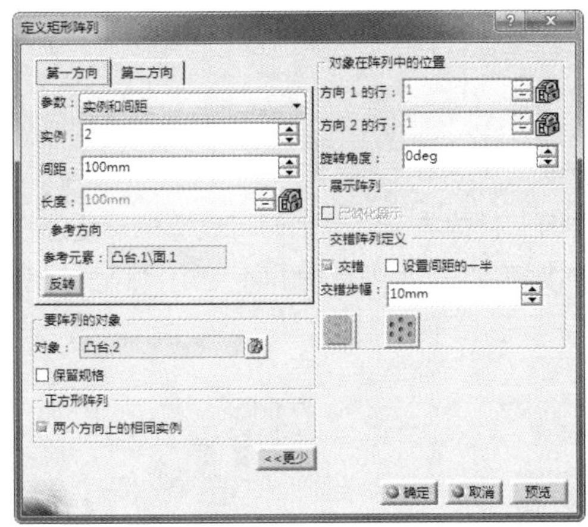

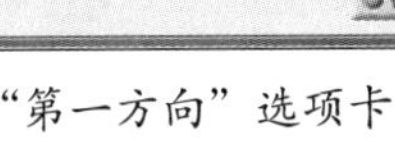

“第一方向”选项卡

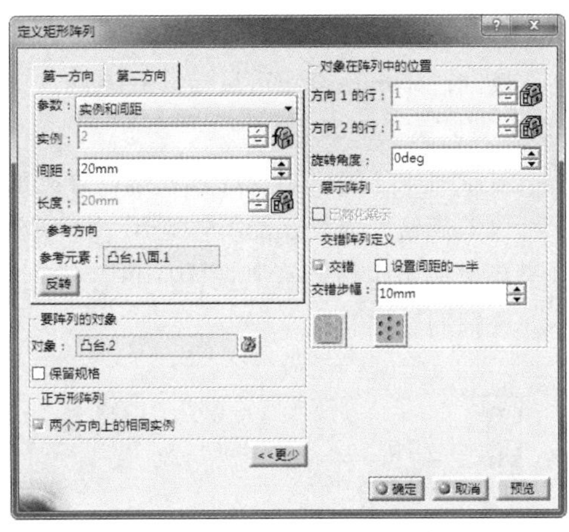

“第二方向”选项卡

图 7-53

“定义矩形阵列”对话框中主要选项及参数的含义如下。

（1）参数。

“参数”下拉列表用于定义特征的阵列方式和参数设定，包括以下选项。

- 实例和长度：通过指定实例（阵列成员）数量和阵列总长度，自动计算各成员之间的间距，如图 7-54 所示。
- 实例和间距：通过指定实例数量和成员之间的间距，自动计算总长度，如图 7-55 所示。
- 间距和长度：通过指定成员之间的间距和阵列总长度，自动计算实例的数量，如图 7-56 所示。

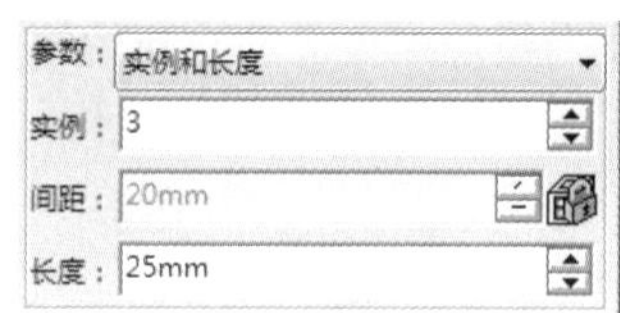

图 7-54

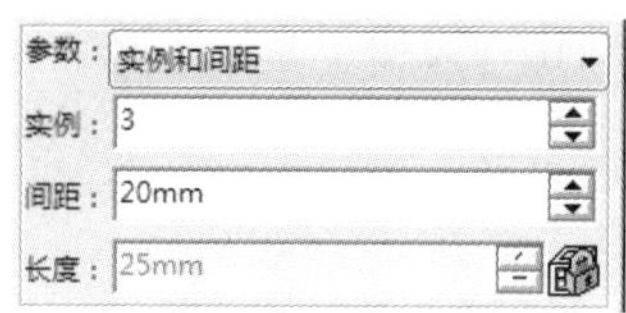

图 7-55

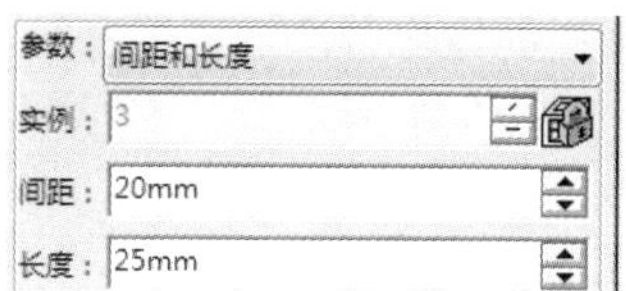

图 7-56

- 实例和不等间距：在每个实例之间分配不同的间距值。当选择该选项时，在图形区显示所有阵列特征的间距，双击间距值，弹出“参数定义”对话框，在“值”文本框中输入20mm，单击“确定”按钮完成不等间距阵列操作，如图 7-57 所示。

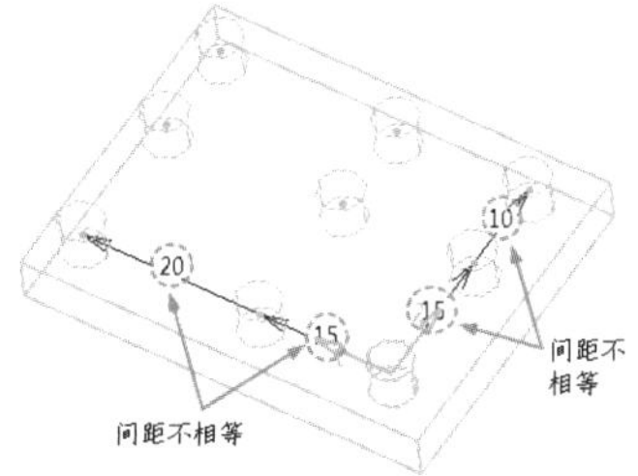

图 7-57

（2）参考方向。

- 参考图元：用于定义阵列的方向参考，可以是直线或模型边。
- 反向：单击该按钮可反转阵列方向。

（3）要阵列的对象。

- 对象：该文本框用于选择要进行阵列的对象。
- 保留规格：当创建的特征采用了“直到曲面”拉伸类型，阵列时可以选中该复选框保证其余成员也按“直到曲面”进行排列。如图 7-58 所示为选中和不选中“保留规格”复选框的结果对比。

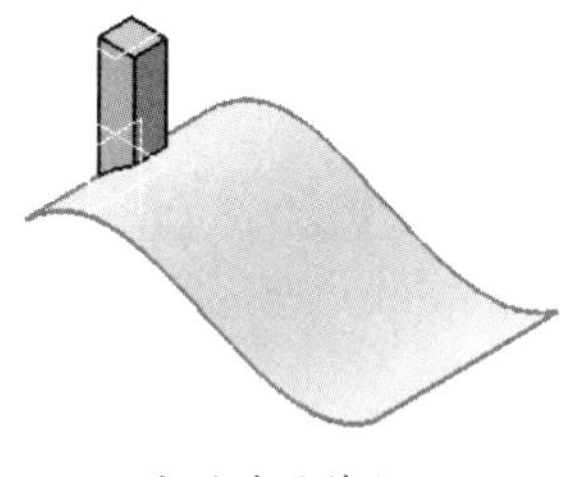
阵列前的特征

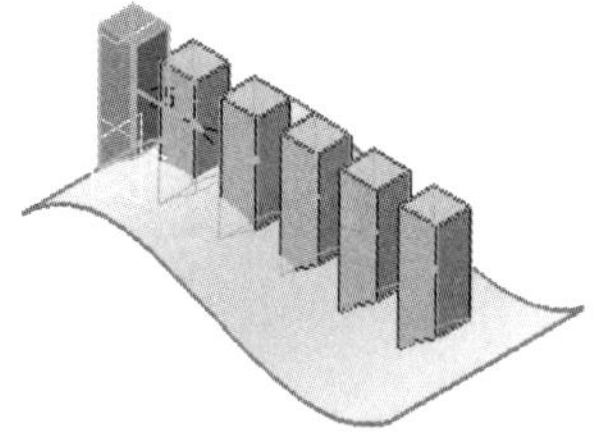
非保留规格阵列

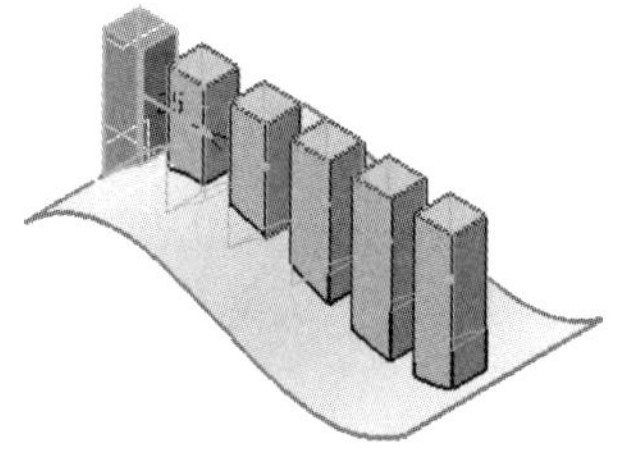
保留规格阵列

图 7-58

（4）对象在阵列中的位置。

- 方向 1 的行、方向 2 的行：用于设置源特征（要阵列的对象）在阵列中的位置，如图 7-59 所示。

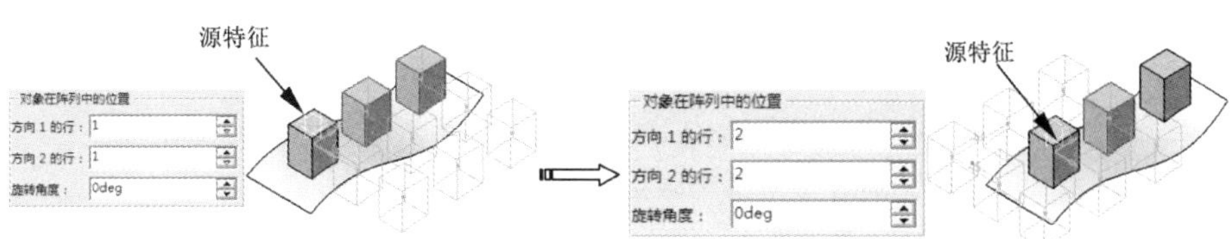

图 7-59

- 旋转角度：用于设置阵列方向与参考元素之间的夹角，如图 7-60 所示，用于平行四边形阵列。

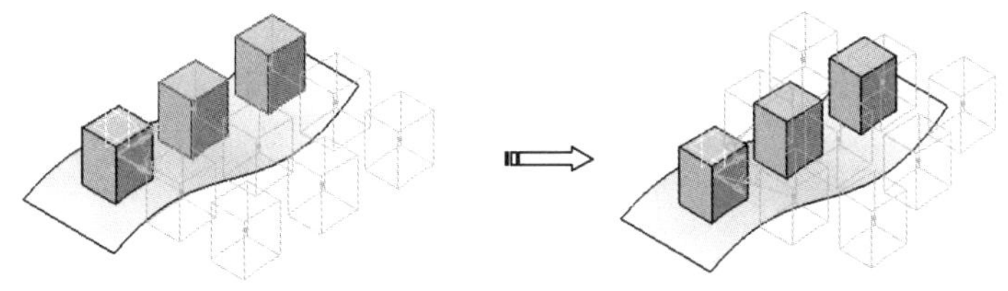

图 7-60

技术要点

创建阵列时，可删除不需要的阵列实例，只需在阵列预览中选择阵列点即可删除，再次单击该阵列点可重新创建相应阵列，如图7-61所示。

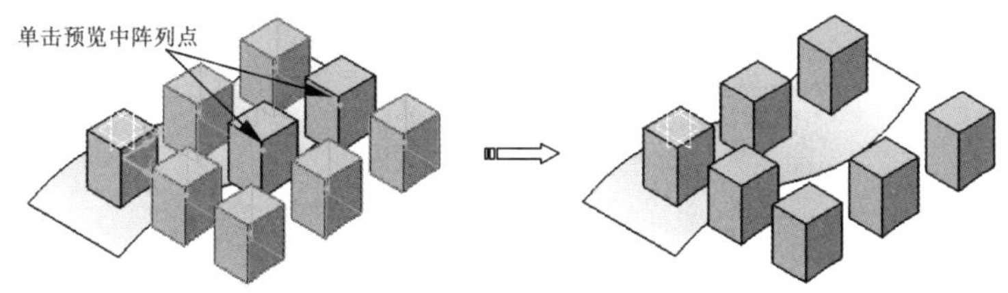

图 7-61

（5）交错阵列定义。

用于设置阵列成员的交错排列。

- 交错：形成交错排列，不按直线排列，如图 7-62 所示。

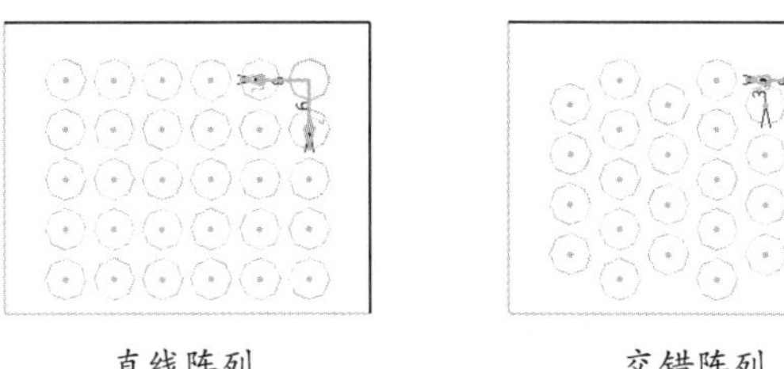

图 7-62

- 设置间距的一半：选中该复选框，交错步幅的值为成员之间间距值的一半。反之，可以在“交错步幅”文本框中自定义交错步幅值。

动手操作——矩形阵列操作

01 打开本例源文件 7-10.CATPart，如图 7-63 所示。

02 单击“矩形阵列”按钮，弹出“定义矩形阵列”对话框。

03 在“定义矩形阵列”对话框中单击“对象”文本框，并选择如图 7-64 所示的要阵列的孔特征。

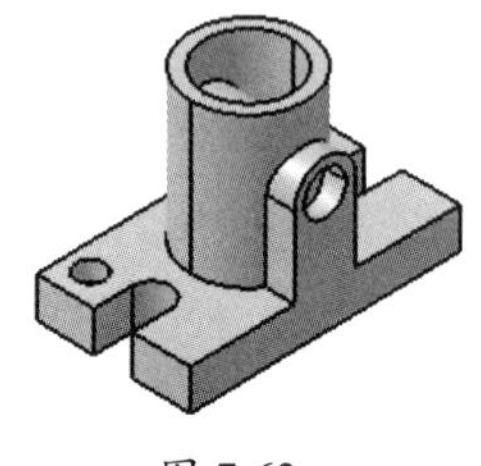

图 7-63

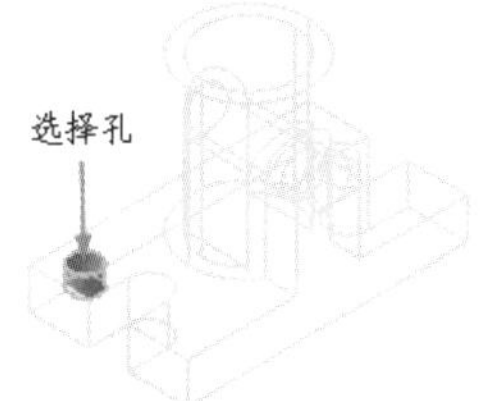

图 7-64

操作技巧

必须单击“对象”文本框，否则系统将自动将整个零件模型作为阵列对象。

04 单击激活“第一方向”选项卡中的“参考元素”文本框，选择零件底座的边线为方向参考，然后在该对话框中设置“实例”值为 2、“间距”值为 50mm，如图 7-65 所示。

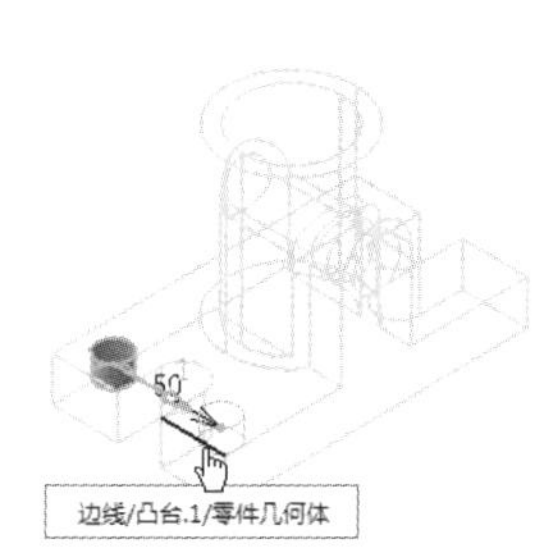

图 7-65

05 单击激活“第二方向”选项卡中的“参考元素”文本框，选择底座另一边线为方向参考，设置“实例”值为 2，“间距”值为 115mm，如图 7-66 所示。

06 单击“确定”按钮完成矩形阵列，如图 7-67 所示。

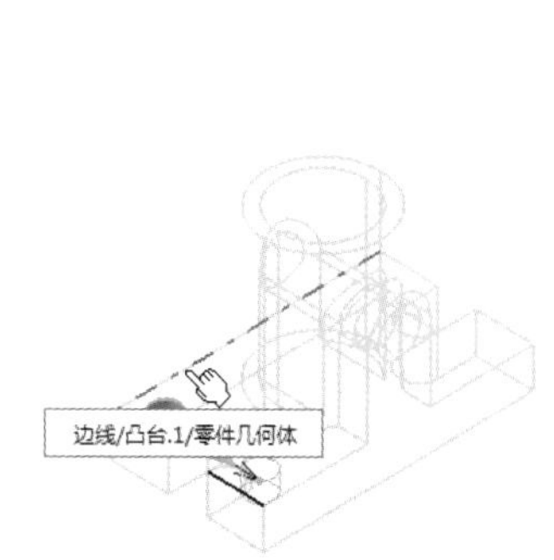

图 7-66

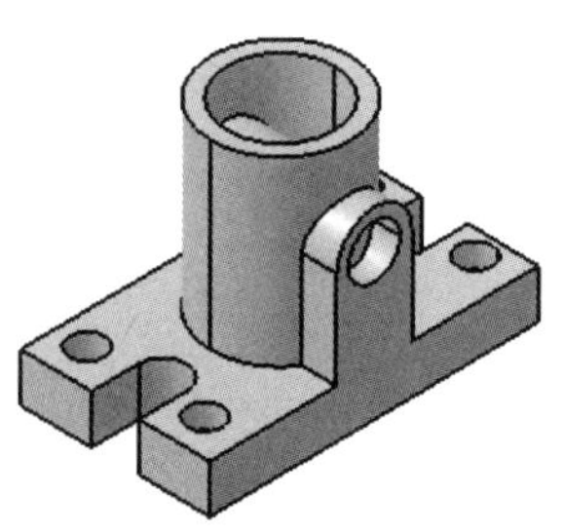

图 7-67

2. 圆形阵列

“圆形阵列”命令可将特征绕轴旋转并进行圆形阵列分布。

选择要阵列的实体特征，再单击“变换特征”工具栏中的“圆形阵列”按钮，弹出“定义圆形阵列”对话框，如图 7-68 所示。

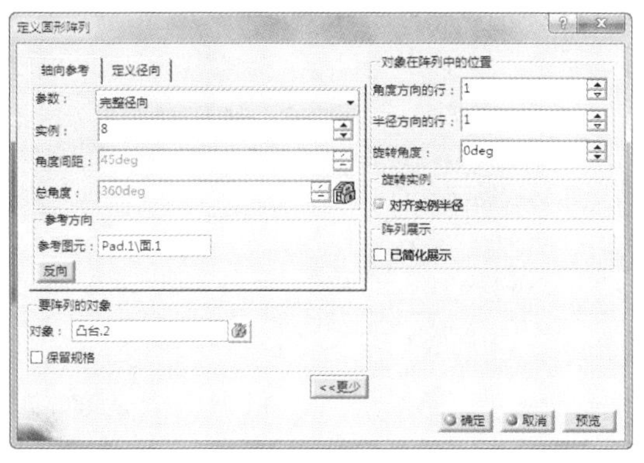

“轴向参考”选项卡

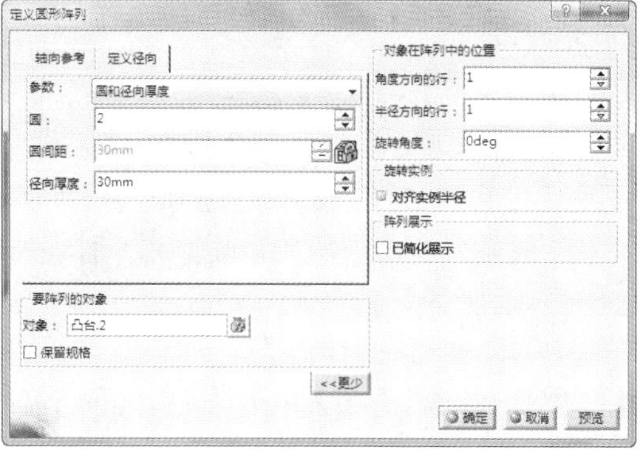

“定义径向”选项卡

图 7-68

“定义圆形阵列”对话框主要选项卡中的参数含义如下。

（1）“轴向参考”选项卡。

“轴向参考”选项卡的选项主要用于定义阵列成员的数量、角度及阵列位置等。在“参数”下拉列表中的阵列方式包括以下 5 种。

- 实例和总角度：通过指定实例数目和总角度值，自动计算角度间距。
- 实例和角度间距：通过指定实例数目和角度间距，自动计算总角度。
- 角度间距和总角度：通过指定角度间距和总角度，自动计算生成的实例数目。
- 完整径向：通过指定实例数目，自动计算满圆周的角度间距。
- 实例和不等角度间距：在每个实例之间分配不同的角度值。

（2）“定义径向”选项卡。

“轴向参考”选项卡的“参数”下拉列表中，包括以下 3 种径向阵列方式。

- 圆和径向厚度：通过指定径向圆数目和径向总长度，自动计算圆间距。
- 圆和圆间距：通过指定径向圆数目和径向间距生成径向实例。
- 圆间距和径向厚度：通过指定圆间距和径向总长度生成实例。

（3）“旋转实例”选项区。

- 对齐实例半径：选中该复选框，所有实例的方向与原始特征相同；取消选中该复选框，所有实例均垂直于与圆相切的线，如图 7-69 所示。

选中“对齐实例半径”复选框

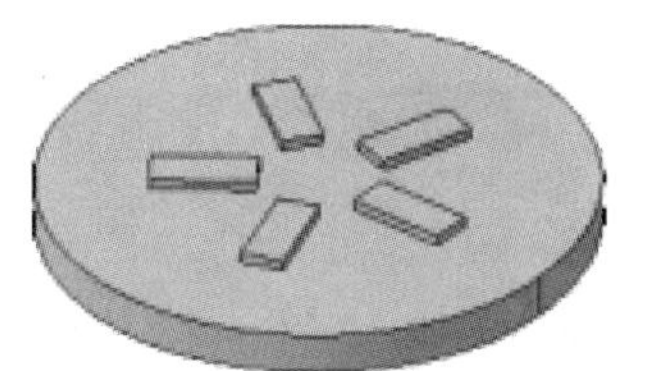

取消选中“对齐实例半径”复选框

图 7-69

动手操作——圆形阵列操作

01 打开本例源文件 7-11.CATPart，如图 7-70 所示。

02 单击“变换特征”工具栏中的“圆形阵列”按钮，弹出“定义圆形阵列”对话框。

03 在“定义图形阵列”对话框中单击激活“对象”文本框，在模型上选择如图 7-71 所示的要进行阵列的孔特征。

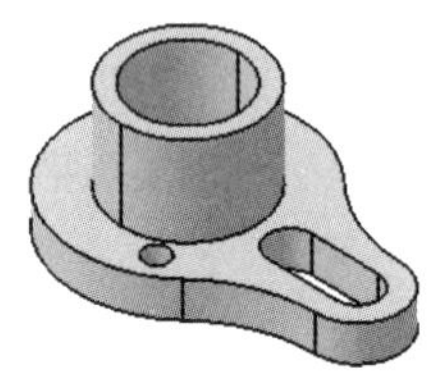

图 7-70

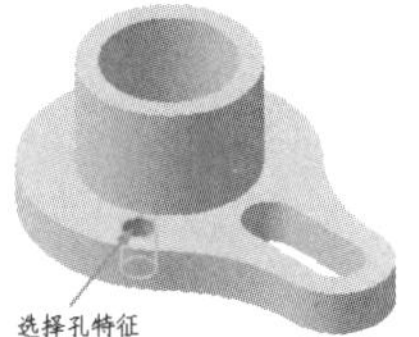

图 7-71

04 在“轴向参考”选项卡中选择“实例和角度间距”参数类型，设置“实例”值为 9、“角度间距”值为 30。单击激活“参考元素”文本框，再选择如图 7-72 所示的外圆柱面作为阵列参考。

05 单击“确定”按钮完成圆形阵列，如图 7-73 所示。

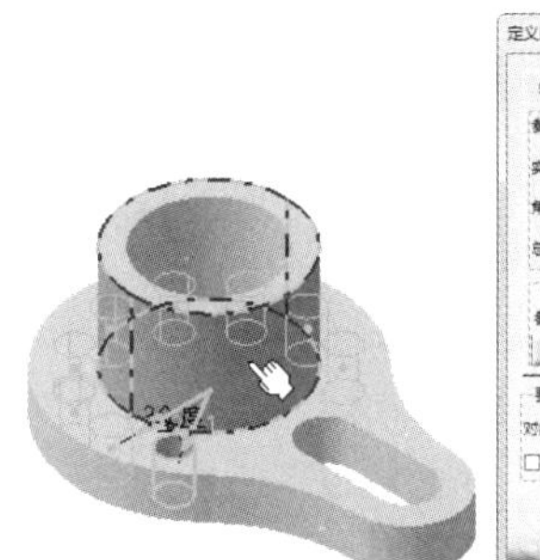

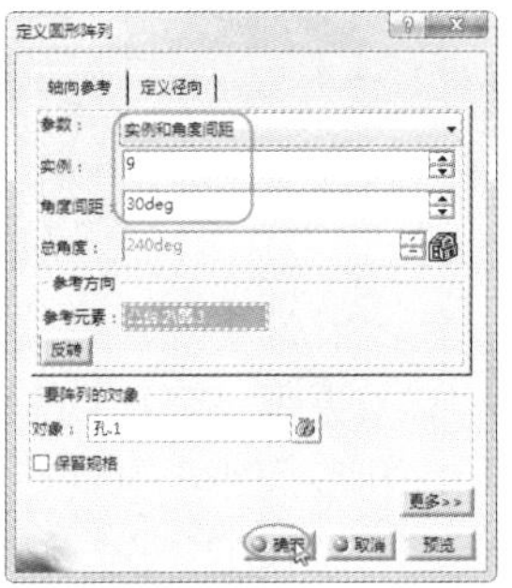

图 7-72

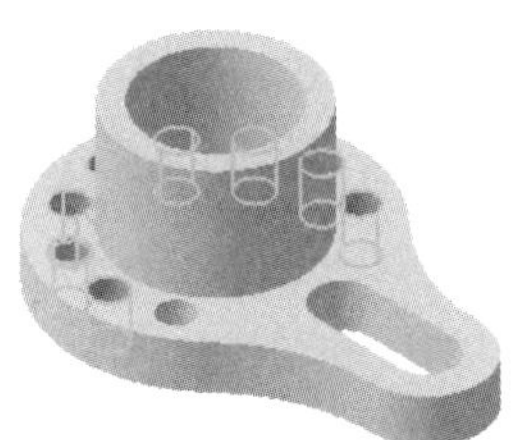

图 7-73

3. 用户阵列

“用户阵列”命令可以在所选位置根据需要多次复制特征、特征列表或由关联的几何体产生的几何体。

动手操作——用户阵列操作

01 打开本例源文件 7-12.CATPart，如图 7-74 所示。

02 单击“变换特征”工具栏中的“用户阵列”按钮，弹出“定义用户阵列”对话框。

03 在模型中选择阵列的放置位置（选择已创建的草图点），如图 7-75 所示。

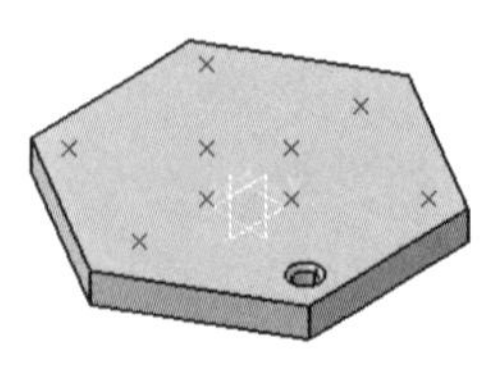

图 7-74

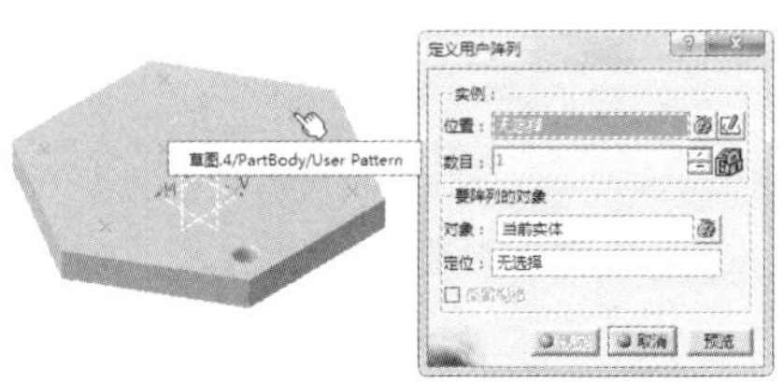

图 7-75

04 单击激活“对象”文本框，再选择模型中的孔特征作为要阵列的对象，如图 7-76 所示。最后单击“确定”按钮完成用户阵列特征的创建，如图 7-77 所示。

7.3.7 缩放

“缩放”命令使用点、平面或平面表面作为缩放参考，将工作对象调整为指定的尺寸。

选择要缩放的零件几何体或特征，再单击“变换特征”工具栏中的“缩放”按钮，弹出“缩放定义”对话框，如图 7-78 所示。

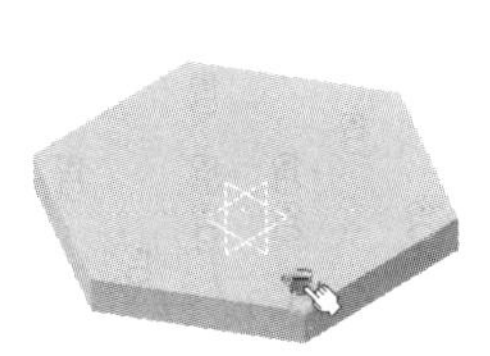

图 7-76

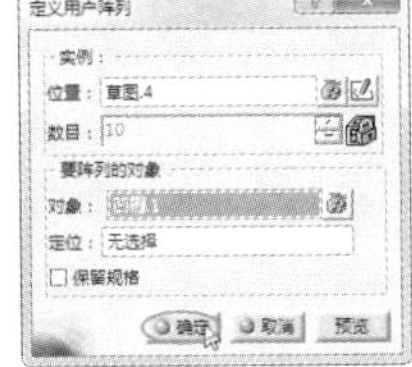

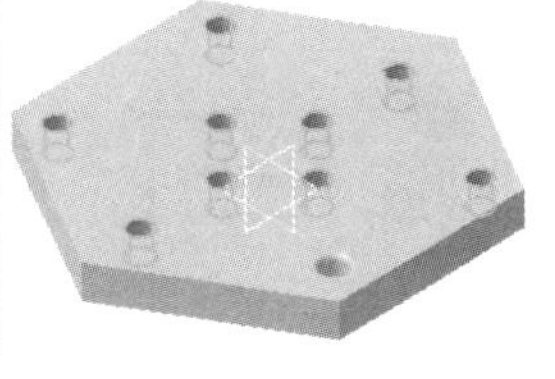

图 7-77

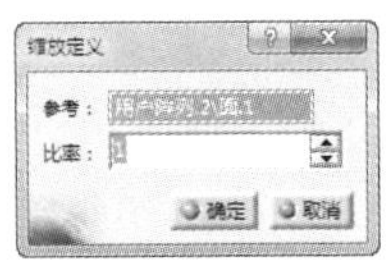

图 7-78

“缩放定义”对话框中的选项含义如下。

- 参考：用于选择缩放参考。选择点时，模型以点为中心按照缩放比率在 *X*、*Y*、*Z* 方向上缩放；选择平面时，模型以平面为参考，按照比例在参考平面的法平面内进行缩放。
- 比率：设定缩放比例值。

动手操作——缩放操作

01 打开本例源文件 7-13.CATPart。

02 单击“变换特征”工具栏中的“缩放”按钮，弹出“缩放定义”对话框。

03 单击激活“参考”文本框，选择如图 7-79 所示的模型端面作为缩放参考，在“比率”文本框中输入值 0.6，最后单击“确定”按钮完成缩放操作。

7.3.8 仿射

“仿射”命令用于对当前模型按照用户自定义的轴系，在 *X*、*Y* 或 *Z* 轴方向上进行缩放。单击“仿射”按钮，弹出“仿射定义”对话框，如图 7-80 所示。

“仿射定义”对话框中的部分选项含义如下。

- 原点：定义新轴系的原点。
- XY 平面：定义新轴系的 *XY* 平面。
- X 轴：定义新轴系的 *X* 轴。
- 比率 X、Y、Z：设置新轴系中 3 个轴向上的缩放比例。

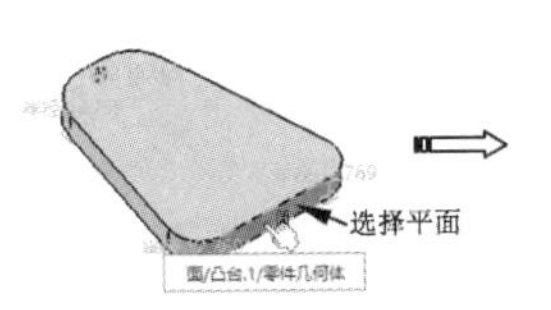

图 7-79

图 7-80

动手操作——仿射操作

01 打开本例源文件 7-14.CATPart。

02 单击“变换特征”工具栏中的“仿射”按钮，弹出“仿射定义”对话框。

03 单击激活“xy 平面”文本框，选择 *yz* 平面为仿射参考平面（新轴系的 *xy* 平面）。

04 单击激活“x 轴”文本框，选择图形区中已有的直线作为新轴系的 *X* 轴参考，然后在“比率”选项区中设置 X 的值为 2。

05 单击“确定”按钮完成仿射变换操作，如图 7-81 所示。

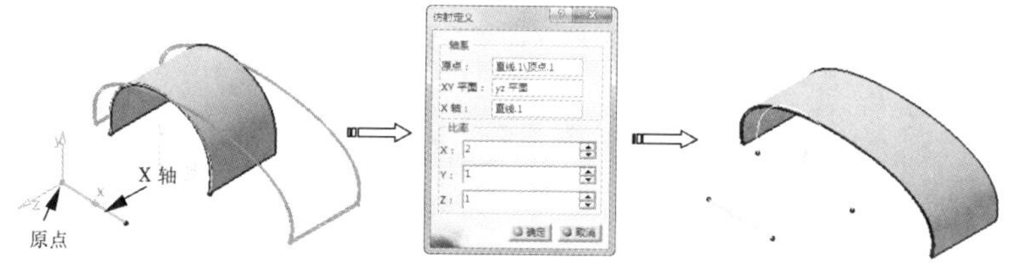

图 7-81

7.4 修改零件

修改零件可能意味着要进行修改零件密度之类的操作，但通常情况下编辑在于修改组成零件的特征。此操作可以在任何时候进行，如果修改在特征定义中使用的草图，则应用程序将采用此修改再次计算特征。换言之，将保持关联。此处有多种编辑特征的方法，下面逐一介绍。

7.4.1 重定义特征

重定义特征根据不同的需要来修改特征属性、修改特征参数及修改草绘截面等特征参数。下面以一个底座零件的修改案例来说明特征的修改操作步骤。

动手操作——修改特征参数

01 打开本例源文件 7-15. CATPart，如图 7-82 所示。

02 在特征树中右击选中“凸台 .1”节点，在弹出的快捷菜单中选择“凸台 .1 对象”|“编辑参数”选项，此时该特征的所有尺寸都会显示出来，如图 7-83 所示。

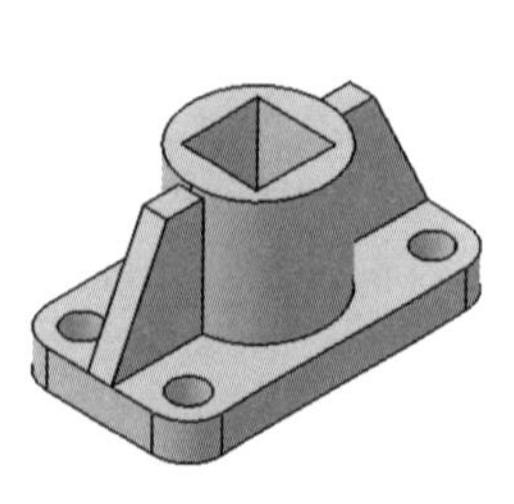

图 7-82

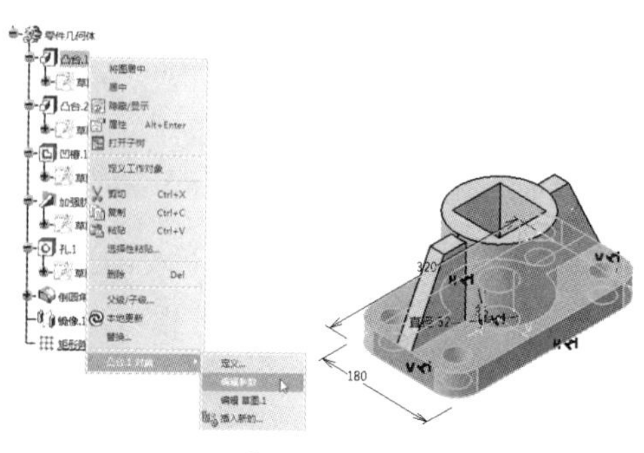

图 7-83

03 在模型中双击要编辑的尺寸，弹出“参数定义”对话框，在“值”文本框中输入新值（40mm），单击“确定”按钮完成参数修改，如图 7-84 所示。

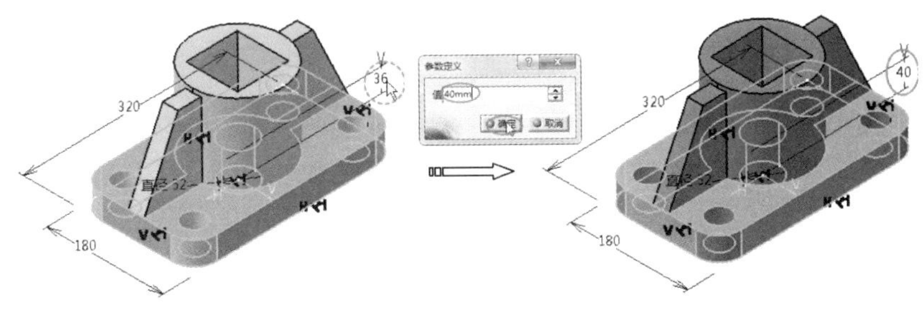

图 7-84

04 编辑后的尺寸需要进行再生操作，执行“编辑”|“更新”命令，或单击“工具”工具栏中的“全部更新”按钮即可。

动手操作——重新定义特征与编辑特征属性

01 打开本例源文件 7-16. CATPart。

02 在特征树中双击某一个特征，此时该特征的所有尺寸全部显示并弹出该特征的定义对话框，如图 7-85 所示。

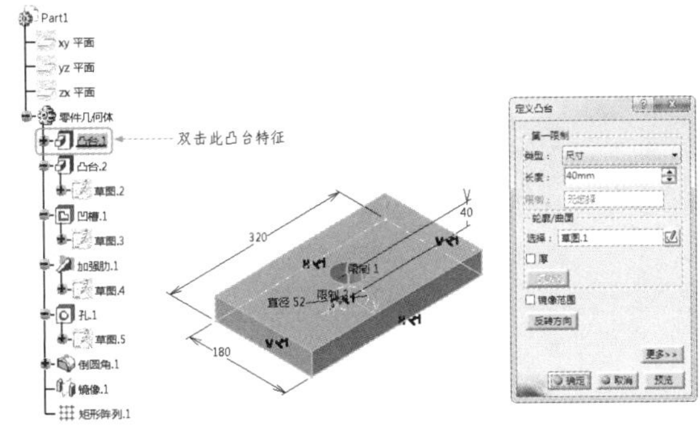

图 7-85

03 双击要修改的尺寸，弹出“约束定义”对话框。重新输入新的尺寸值，单击“确定”按钮完成修改，如图 7-86 所示。

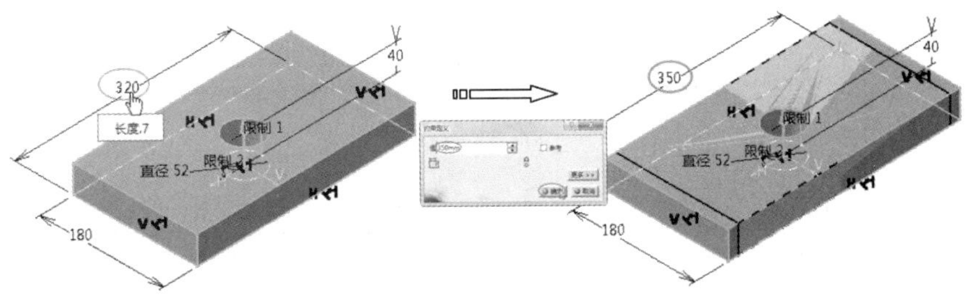

图 7-86

04 当然，除了双击特征可以重定义特征，还可以在特征树中右击选中“凸台 .1”节点，在弹出的快捷菜单中选择“凸台 .1 对象”|“定义”选项，此时该特征的所有尺寸和特征定义对话框会

重新显示出来，如图 7-87 所示。

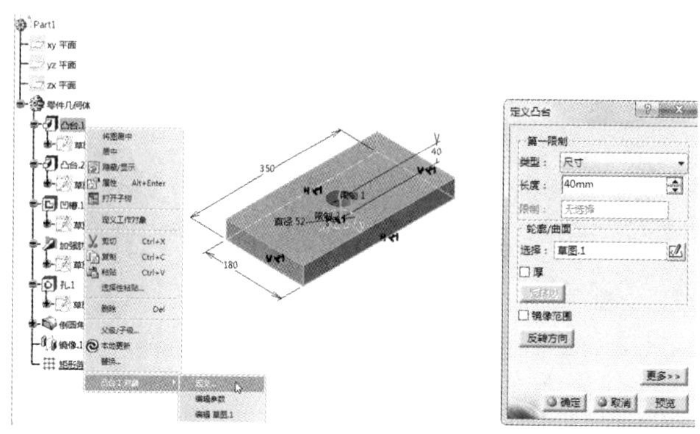

图 7-87

05 同理，如果需要编辑特征的截面，在特征树中双击特征节点下的“草图.1”特征，进入草图工作台修改草图，如图 7-88 所示。

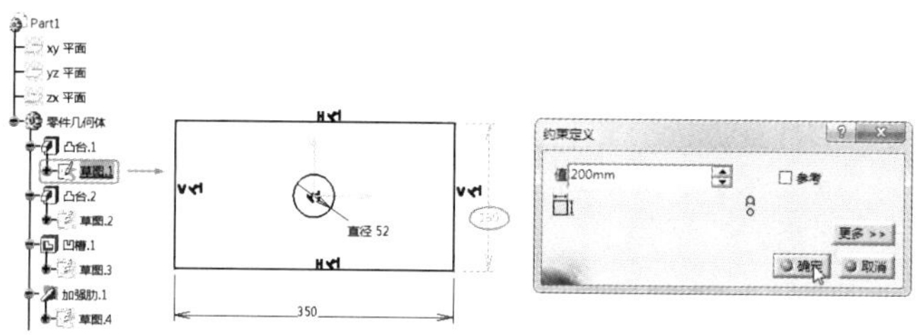

图 7-88

06 在特征树中右击“凸台.1”节点，在弹出的快捷菜单中选择“属性”选项，弹出“属性”对话框，如图 7-89 所示。

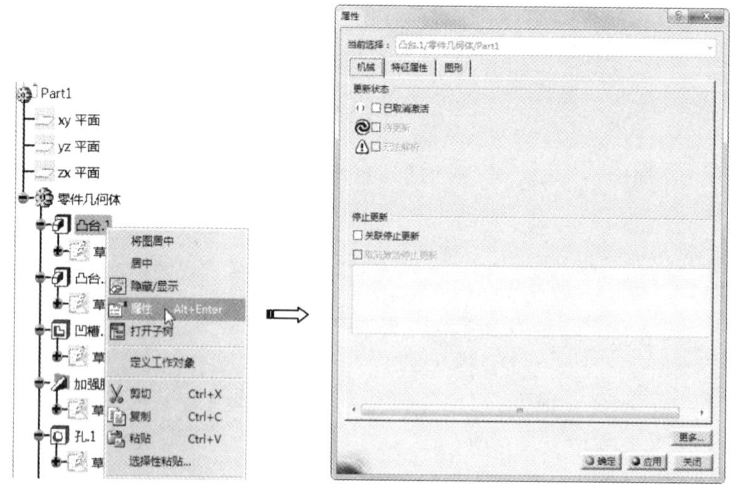

图 7-89

07 在“属性”对话框中的“特征属性”选项卡中可以为特征重命名，如图 7-90 所示。

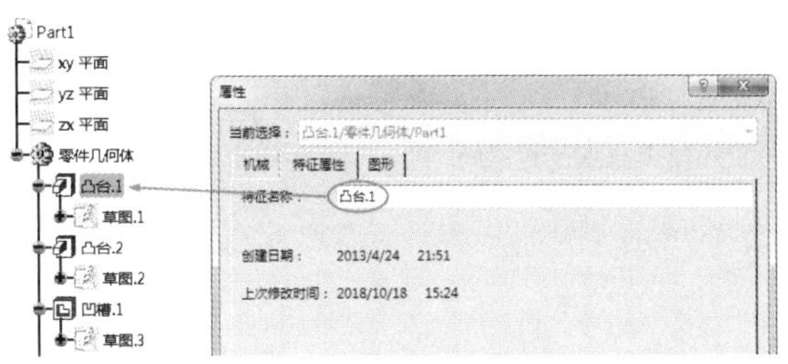

图 7-90

08 在“属性”对话框中的“图形”选项卡中可以设置特征的颜色、边线与曲线的线型线宽、图层及渲染样式等，如图 7-91 所示。

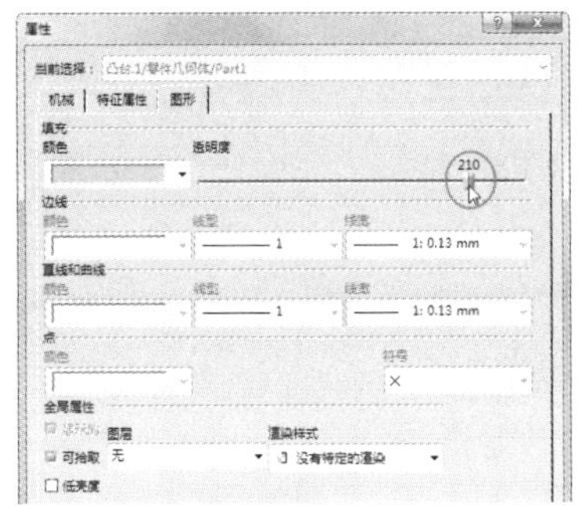
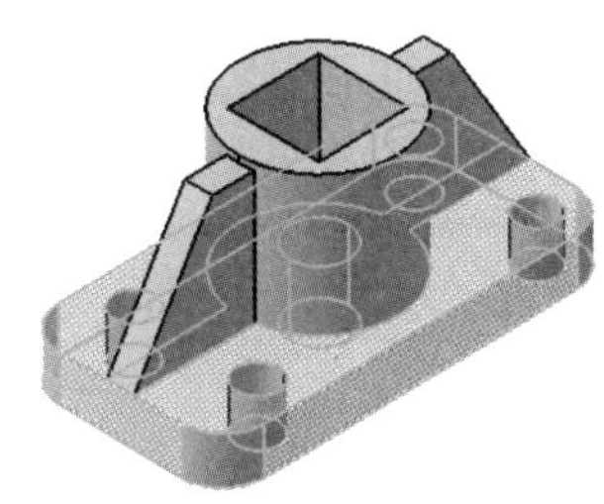

图 7-91

7.4.2　分解特征

分解特征是指将变换操作所生成的变换特征进行分解还原，通过对分解后的原特征进行编辑和重定义得到新特征。

例如，在特征树中右击要分解的“镜像 .1”特征，在弹出的快捷菜单中选择“镜像 .1 对象”|“分解”选项，将其分解为“凸台 .3”基本特征，如图 7-92 所示。接下来就可以对凸台特征的参数进行重定义了。

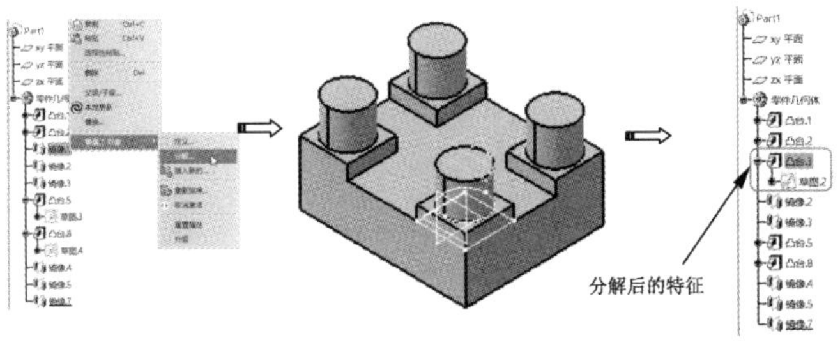

图 7-92

7.4.3　取消激活与激活

“取消激活”命令是对特征树中的某些特征进行遮蔽的一种操作，对这些特征起到保护作用。

在下面的这个范例中，在特征树中右击选择要取消激活的盒体特征，在弹出的快捷菜单中选项“盒体 .2 对象”|“取消激活”选项，即可完成特征的取消激活操作。执行“取消激活”命令后，盒体特征被遮蔽，当用户对其他特征进行编辑时，此盒体特征不受任何影响，如图 7-93 所示。

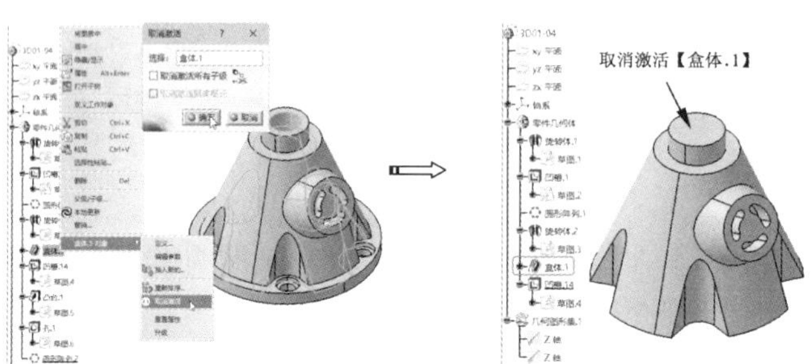

图 7-93

特征被遮蔽保护后，可以在特征树中再次右击选中特征，在弹出的快捷菜单中选择“激活”选项，即可激活被遮蔽的特征，如图 7-94 所示。

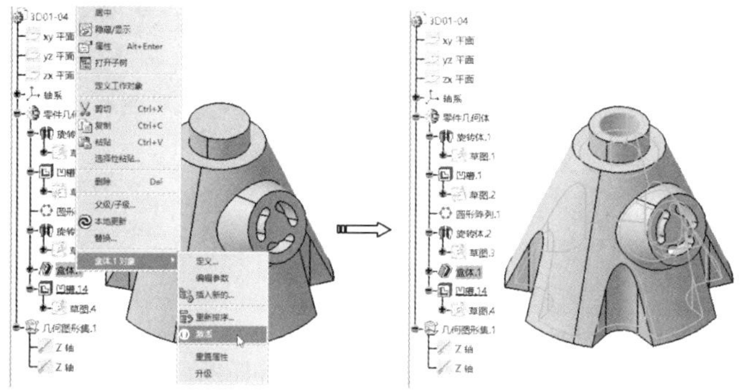

图 7-94

7.4.4 删除特征

删除特征是移除特征树中不需要的特征，删除的特征要与其他特征无关联，否则系统会提示错误。这与前面介绍的“取消激活”操作是完全不同的两个概念。删除特征后系统中将不再有此特征的任何信息，而“取消激活”后的特征只是暂时被遮蔽（隐藏）了，并没有被删除。删除特征的操作如图 7-95 所示。

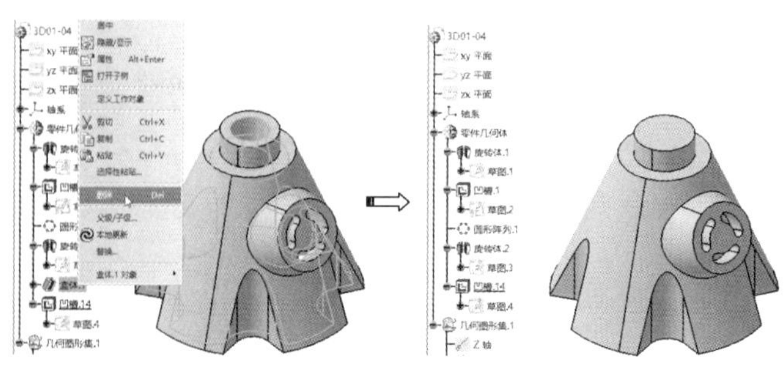

图 7-95

7.5 实战案例

前面介绍了一般特征命令建模方法及过程，本节结合特征命令和特征变换命令列出几个典型的零件造型案例进行详解，将更多地使用变形特征工具、特征编辑工具及其他辅助工具来完成。

7.5.1 案例一：底座零件建模训练

引入文件：无

结果文件：\实例\结果\Ch07\lingjian-1.CATPart

视频文件：\视频\Ch07\底座零件建模.avi

本例需要注意模型中的对称、阵列、相切、同心等几何关系。

建模分析：

（1）首先观察剖面图中所显示的壁厚是否是均匀的。如果是均匀的，建模相对比较简单，通常会采用“凸台→盒体”的方式一次性完成主体建模；如果不均匀，则要采取分段建模方式。从本例图形看，底座部分与上半部分薄厚不同，需要采用分段建模方式。

（2）建模的起始点在图中标注为“建模原点”。

（3）建模的顺序为：主体→侧面拔模结构→底座→底座沉头孔。

底座零件模型的建模流程的图解如图 7-96 所示。

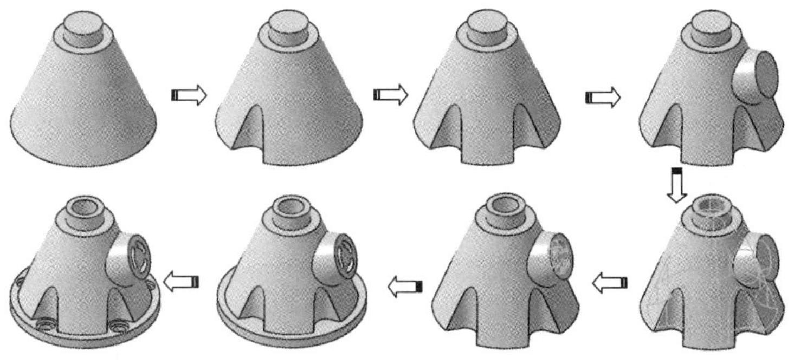

图 7-96

设计步骤：

01 启动 CATIA V5-6 R2017。执行“开始”|“机械设计”|“零件设计”命令，进入零件设计工作台（零件设计环境）。

02 首先创建主体部分结构。

- 单击“草图”按钮，选择 *xy* 平面作为草图平面进入草图工作台。
- 绘制如图 7-97 所示的草图截面（草图中要绘制旋转轴）。
- 单击“旋转体”按钮，弹出“定义旋转体”对话框，选择绘制的草图作为旋转轮廓，单击“确定”按钮完成旋转体的创建，如图 7-98 所示。

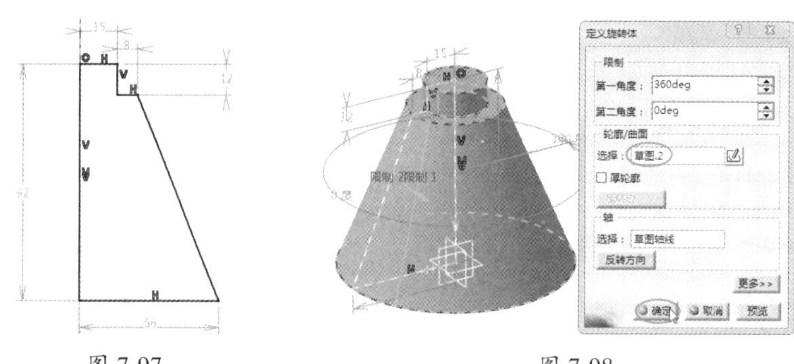

图 7-97　　图 7-98

- 选择旋转体底部平面作为草图平面，进入草图工作台绘制如图 7-99 所示的草图。

技巧点拨

绘制草图时要注意，必须先建立旋转体轮廓的偏移曲线（偏移尺寸为3），这是直径为19mm的圆弧的重要参考。

- 单击“凹槽”按钮，弹出“定义凹槽”对话框。选择上一步绘制的草图作为轮廓，输入“深度”值为 50mm，单击“确定”按钮完成凹槽的创建，如图 7-100 所示。

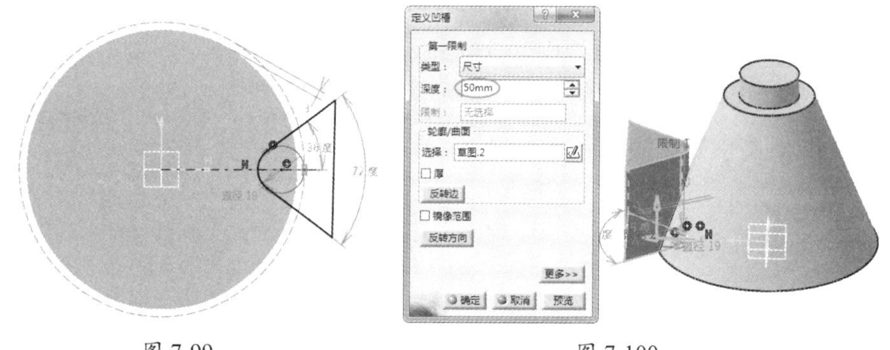

图 7-99　　图 7-100

- 选中凹槽特征，单击“变换特征”工具栏中的“圆形阵列”按钮，在弹出的“定义圆形阵列”对话框中进行参数设置，创建如图 7-101 所示的圆形阵列。

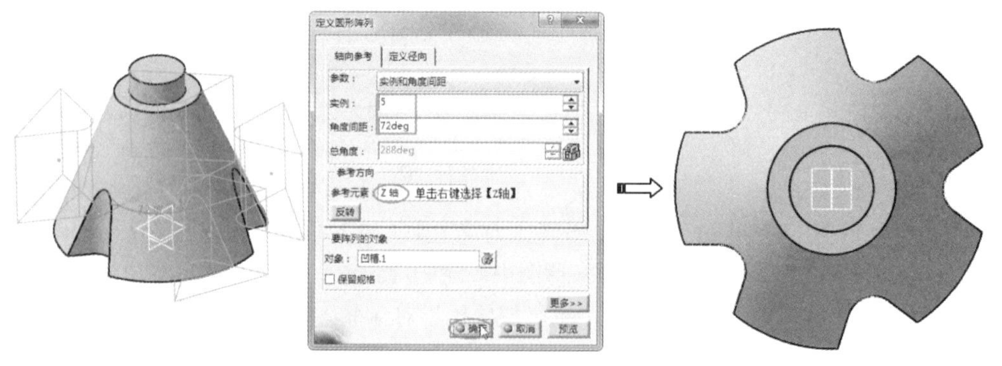

图 7-101

03 创建侧面斜向的结构。

- 选择 *zx* 平面为草图平面，绘制如图 7-102 所示的草图。
- 单击“旋转体”按钮，弹出“定义旋转体”对话框，选择轮廓曲线和旋转轴，单击“确定”按钮完成旋转体的创建，如图 7-103 所示。

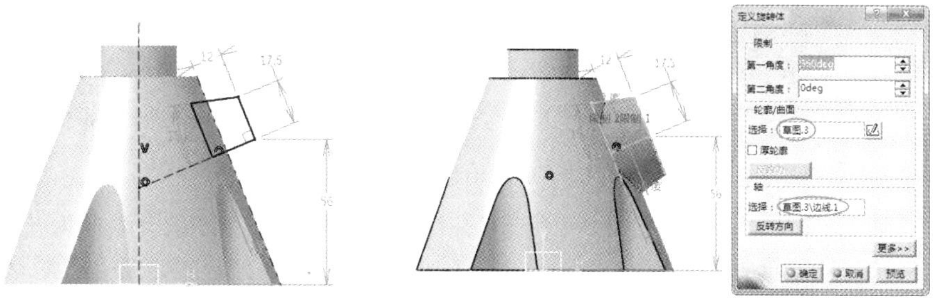

图 7-102　　图 7-103

- 单击“修饰特征”工具栏中的“盒体”按钮，弹出“定义盒体”对话框。选取第一个旋转体的上下两个端面为“要移除的面”，设置“默认内侧厚度”值为 5mm，单击“确定”按钮完成盒体特征的创建，如图 7-104 所示。

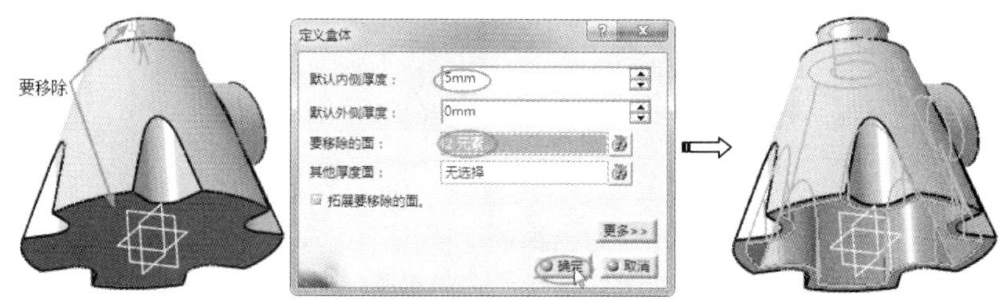

图 7-104

- 单击“凹槽”按钮，弹出“定义凹槽”对话框。选择侧面结构的端面为草图平面，进入草图工作台绘制如图 7-105 所示的草图。退出草图环境，设置凹槽深度为 10mm，单击“确定”按钮完成凹槽的创建。

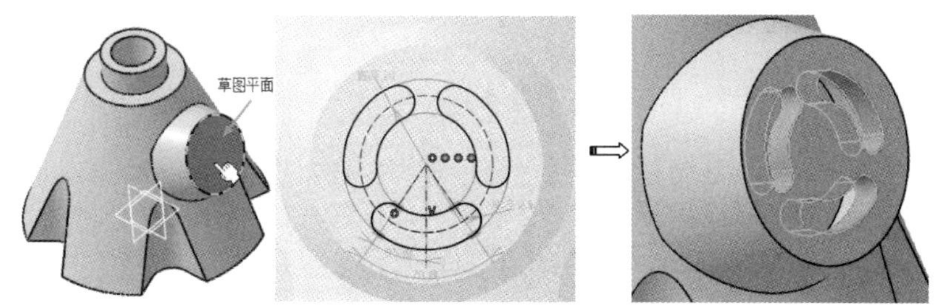

图 7-105

04 创建底座部分结构。

- 选择 *xy* 平面为草图命令，单击“草图”按钮，进入草图工作台绘制如图 7-106 所示的草图。
- 单击“凸台”按钮，弹出“定义凸台”对话框。选择上一步绘制的草图为轮廓，设置“长度”值为 8mm，单击“确定”按钮完成凸台的创建，如图 7-107 所示。

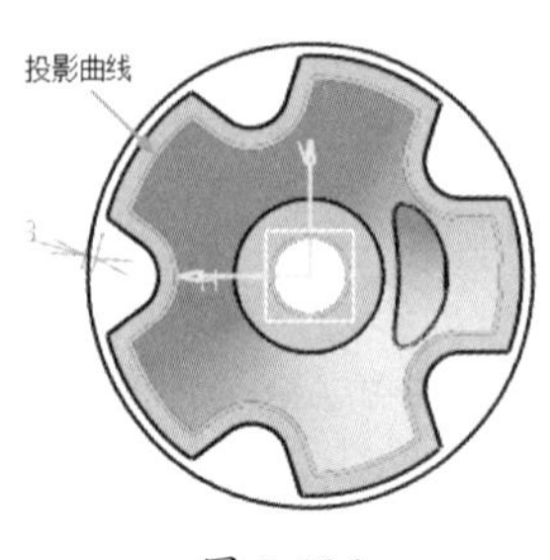

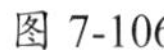
图 7-106

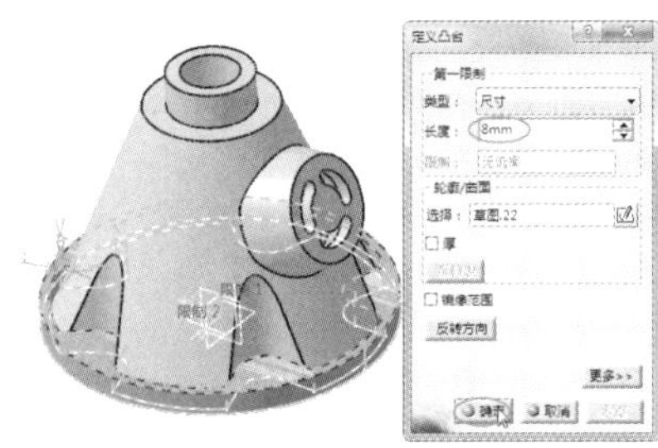
图 7-107

- 在“基于草图的特征”工具栏中单击“孔”按钮，选择底座的上表面为孔放置面，鼠标指针选取位置为孔位置参考点，如图 7-108 所示。随后弹出“定义孔”对话框。
- 在“扩展”选项卡的“定位草图”选项区中单击“定位草图”按钮，进入草图工作台中对放置参考点进行重新定位，如图 7-109 所示。

图 7-108

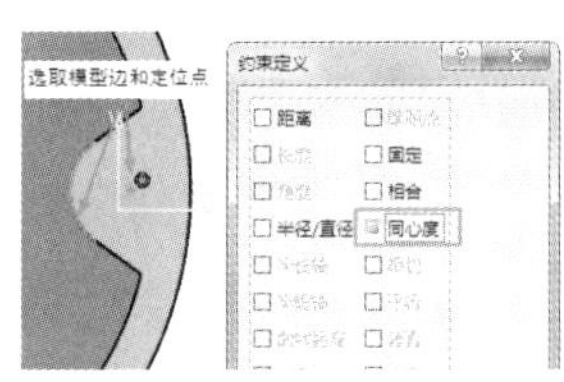

图 7-109

- 退出草图工作台，在“定义孔”对话框的“类型”选项卡中设置孔类型及孔参数，其余参数保持默认。最后单击“确定”按钮完成孔的创建，如图 7-110 所示。

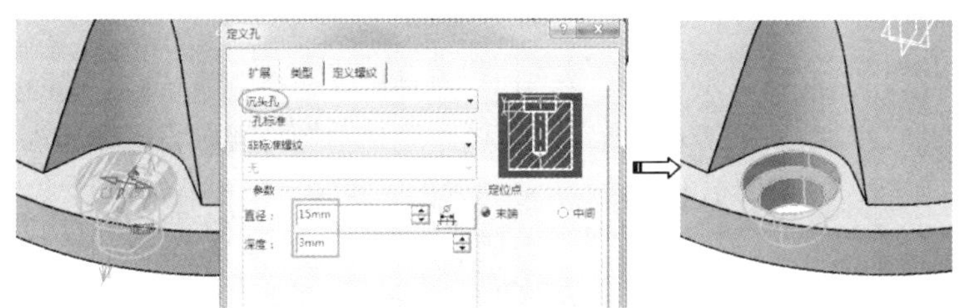

图 7-110

05 将沉头孔圆形阵列。选中孔特征，单击“圆形阵列”按钮，弹出“定义圆形阵列”对话框。设置“参考元素”为 *Z* 轴（右击选择“Z 轴”），设置“实例”值为 5，“角度间距”值为 72deg，单击“确定”按钮完成圆形阵列，如图 7-111 所示。

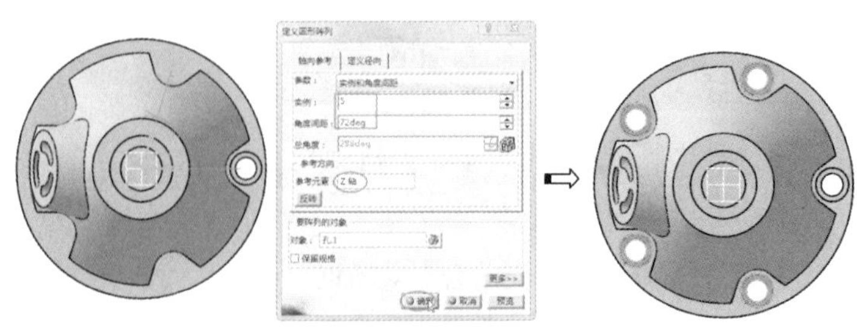
图 7-111

06 至此，完成了本例机械零件的建模，最终效果如图 7-112 所示。

7.5.2　案例二：散热盘零件建模训练

引入文件：无

结果文件：\ 实例 \ 结果 \Ch07\lingjian-2.CATPart

视频文件：\ 视频 \Ch07\ 机械零件 2 建模训练 .avi

本例散热盘零件模型如图 7-113 所示。构建本例的零件模型时须注意以下几点。

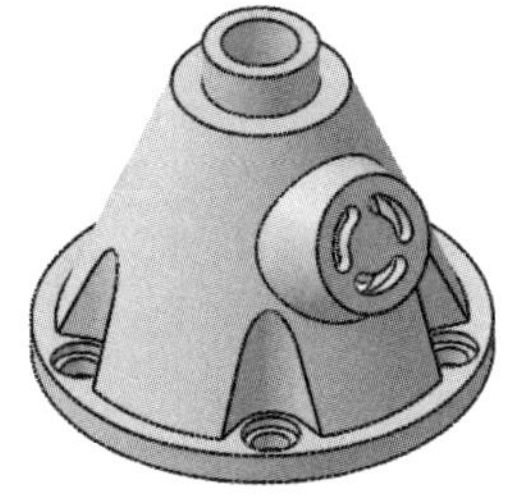

图 7-112

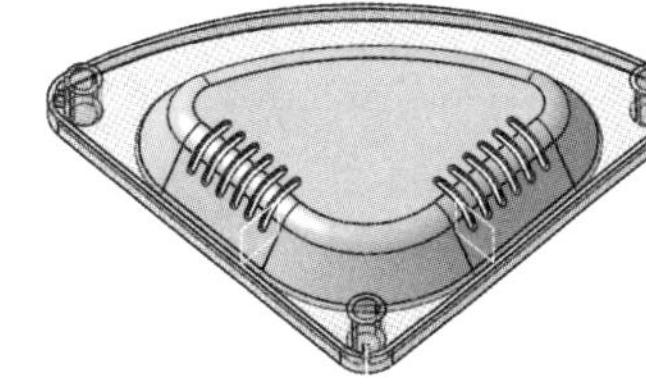

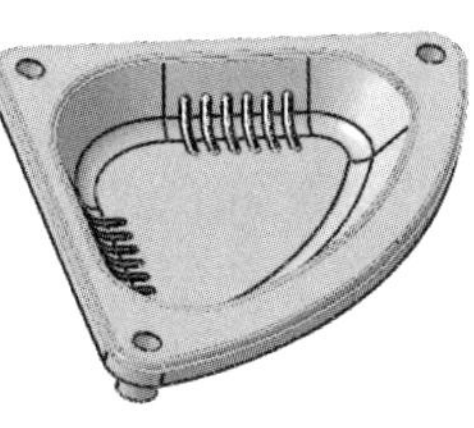

图 7-113

- 模型厚度以及红色筋板厚度均为 1.9mm（等距或偏移关系）。
- 凹陷区域周边拔模角度相同，均为 33°。
- 开槽阵列的中心线沿凹陷斜面平直区域均匀分布，开槽端部为完全圆角。

建模分析：

（1）本例零件的壁厚是均匀的，可以采用先建立外形曲面再进行加厚的方法创建，还可以先创建实体特征，再在其内部进行抽壳（创建盒体特征）。本例将采取后一种方法进行建模。

（2）从模型看，本例模型在两面都有凹陷，说明实体建模时须在不同的零件几何体中分别创建形状，然后进行布尔运算。所以，这里将以 *XY* 平面为界限，在 +*Z* 方向和 -*Z* 方向各自建模。

（3）建模的起始平面为 *XY* 平面。

（4）建模时须注意先后顺序。

散热盘零件的建模流程的图解如图 7-114 所示。

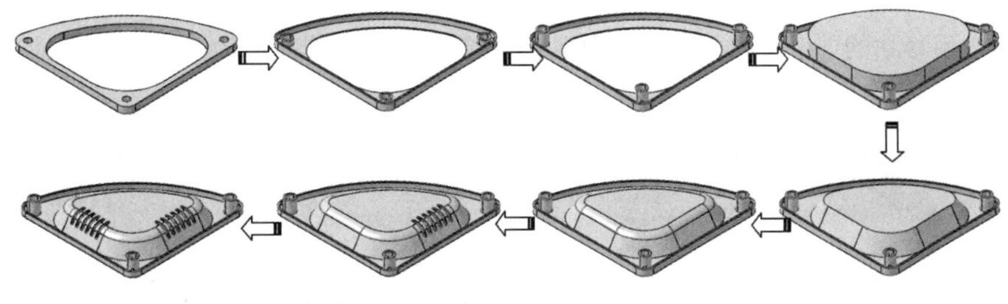

图 7-114

设计步骤：

01 启动 CATIA V5-6 R2017。执行“开始”|“机械设计”|“零件设计”命令，进入零件设计工作台（零件设计环境）。

02 创建 +*Z* 方向的主体结构。首先创建凸台特征。

- 单击“草图”按钮，选择 *XY* 平面作为草图平面进入草图工作台。
- 绘制如图 7-115 所示的草图截面。
- 单击“凸台”按钮，选择草图创建“长度”值为 8mm 的凸台特征，如图 7-116 所示。

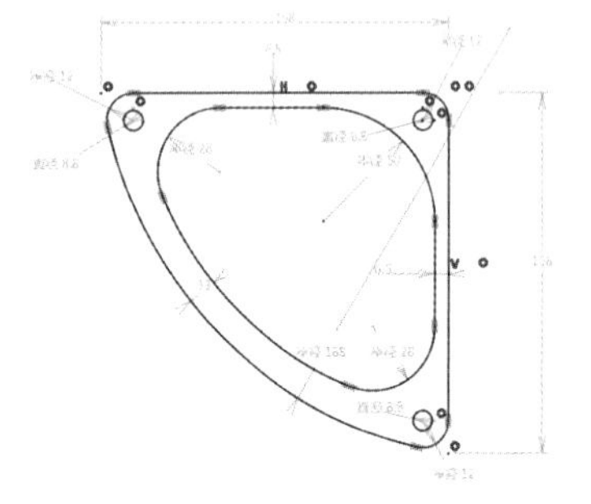

图 7-115

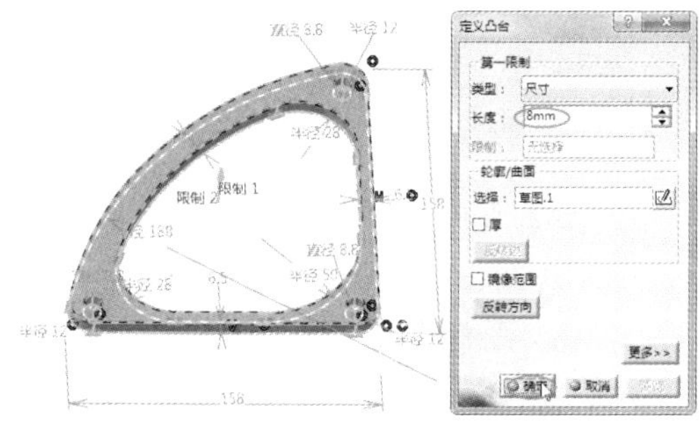

图 7-116

03 在凸台特征的内部创建拔模特征。

- 单击“拔模斜度”按钮，弹出“定义拔模”对话框，并设置参数。
- 选取要拔模的面（内部侧壁立面），选择 *XY* 平面为中性元素。选择 *Z* 轴为拔模方向，单击图形区中的拔模方向箭头，使其向下。最后单击“确定”按钮完成拔模的创建，如图 7-117 所示。

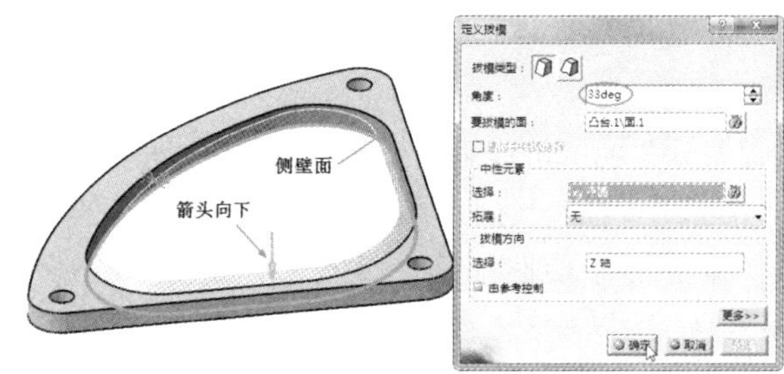

图 7-117

04 创建盒体特征。

- 单击“盒体”按钮，弹出“定义盒体”对话框，并设置参数。
- 选择要移除的面，单击“确定”按钮完成盒体特征的创建，如图 7-118 所示。

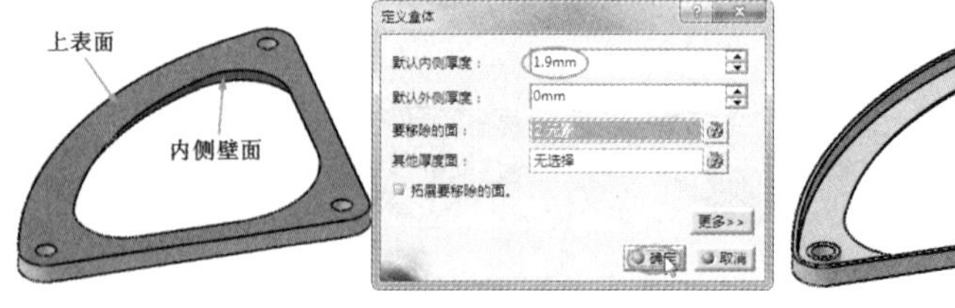

图 7-118

05 创建加强筋。

- 单击“修饰特征”工具栏中的“厚度”按钮，弹出“定义厚度”对话框。

- 设置“默认厚度”值为10mm，然后按Ctrl键选择3个立柱顶面进行加厚，如图7-119所示。

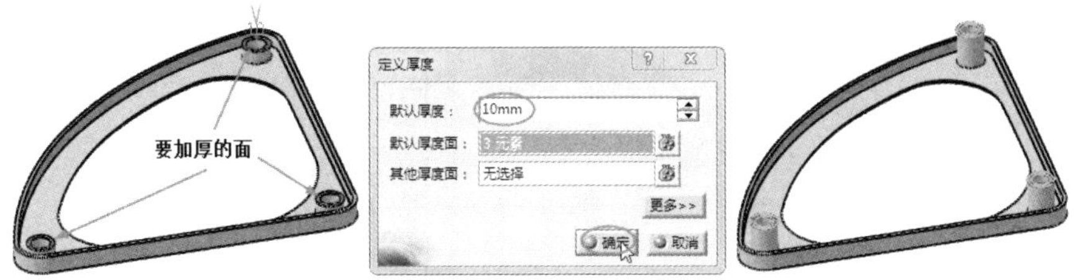

图 7-119

技巧点拨

加厚的目的其实就是将BOSS柱拉长到图纸中所标注的位置。

- 单击“加强肋”按钮，弹出“定义加强肋”对话框。单击“创建草图”按钮，选择如图7-120所示的面作为草图平面，进入草图工作台绘制加强肋截面草图。

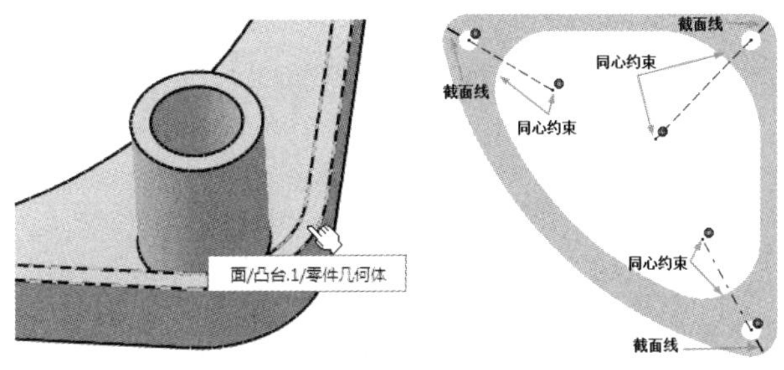

图 7-120

技巧点拨

绘制的实线长度可以不确定，但不能超出BOSS柱和外轮廓边界。

- 退出草图工作台，在“定义加强肋”对话框中选中“从顶部”复选框，设置“厚度1”值为1.9mm，单击“确定”按钮完成加强肋的创建，如图7-121所示。

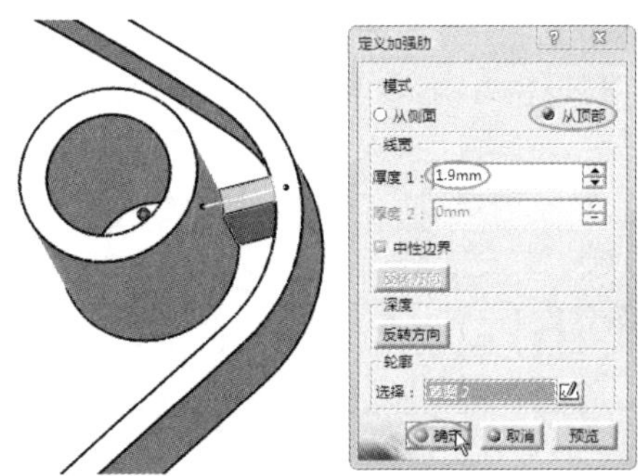

图 7-121

06 接下来创建 -*Z* 方向的结构，首先创建带有拔模圆角的凸台。

- 在特征树中单击激活顶层的Part1，执行“插入”|“几何体”命令，添加一个零件几何体，

如图 7-122 所示。

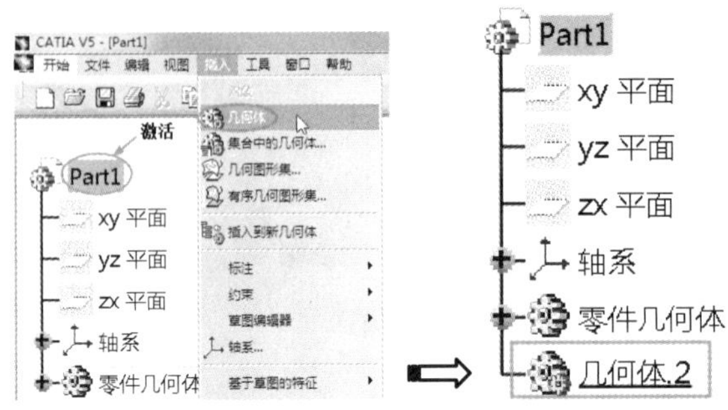

图 7-122

- 在特征树选中添加的“几何体 .2”节点，单击“凸台”按钮，弹出“定义凸台”对话框，单击该对话框中的“创建草图”按钮，选择“xy 平面”后进入草图工作台，如图 7-123 所示。
- 单击“操作”工具栏中的“投影 3D 元素”按钮，弹出“投影”对话框，选取模型上拔模的起始边作为要投影的元素后单击“确定”按钮进行投影，得到如图 7-124 所示的草图。

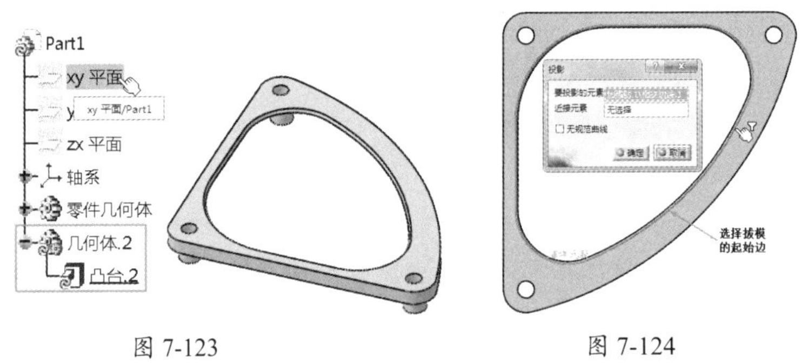

图 7-123　　图 7-124

- 完成草图后在“定义凸台”对话框中设置“长度”值为 21mm，最后单击“确定”按钮完成凸台的创建，如图 7-125 所示。
- 单击“拔模斜度”按钮，弹出“定义拔模”对话框。选择要拔模的面（凸台侧面）、中性元素（*xy* 平面）和拔模方向（*z* 轴），如图 7-126 所示。

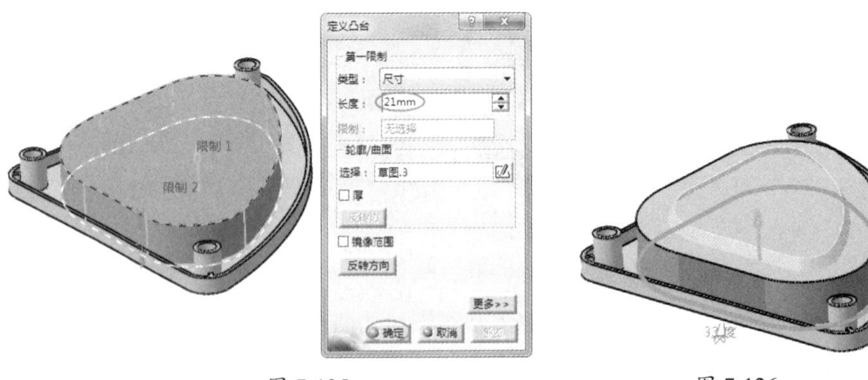

图 7-125　　图 7-126

- 设置拔模“角度”值为33deg，最后单击“确定”按钮完成拔模，如图7-127所示。

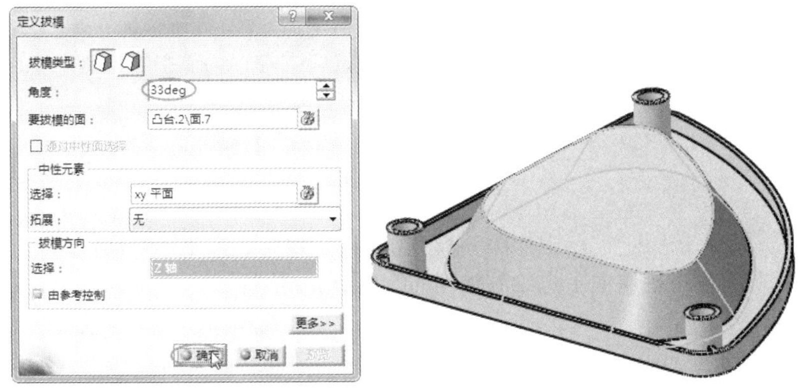

图 7-127

07 创建圆角特征和盒体特征。

- 单击“倒圆角”按钮，弹出“倒圆角定义”对话框。选择凸台边，设置圆角“半径”值为10mm，单击“确定”按钮完成倒圆角特征的创建，如图7-128所示。

图 7-128

- 翻转模型，选中凸台底部面，单击“盒体”按钮，在弹出的“定义盒体”对话框中设置“默认内侧厚度”值为1.9mm，单击“确定”按钮完成盒体特征的创建，如图7-129所示。

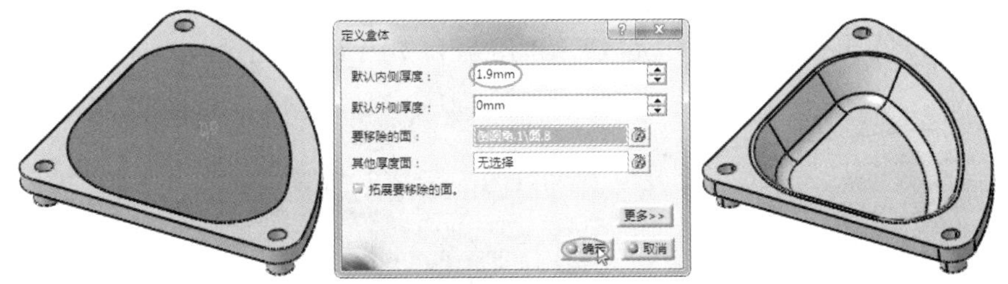

图 7-129

08 创建凹槽。

- 单击“平面”按钮，弹出“平面定义”对话框。
- 选择“平行通过点”平面类型，选择“yz 平面”作为偏移参考，接着选择如图7-130所示的点作为从参考，单击“确定”按钮创建平面。

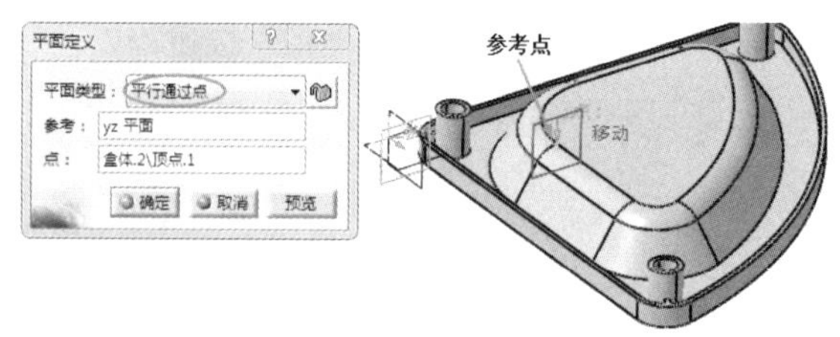

图 7-130

- 单击“草图”按钮，选中如图 7-131 所示的拔模斜面为草图平面，绘制等距点。同理，在相邻的一侧拔模斜面上也绘制相同的等距点。

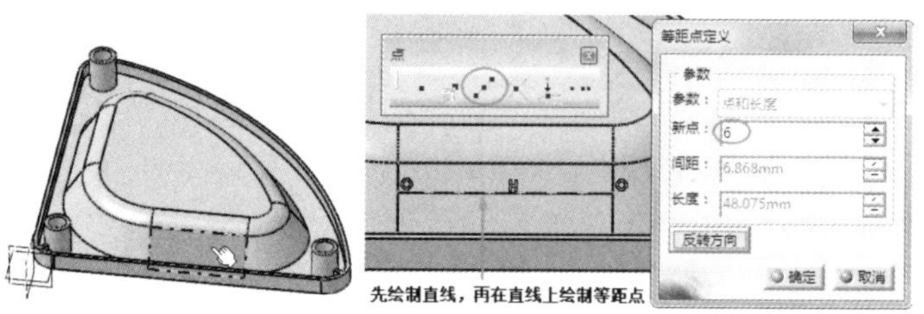

图 7-131

- 单击“平面”按钮，在“平面定义”对话框中选择“平行通过点”平面类型，选择“yz 平面”为参考平面，再选取上一步绘制的一个草图等距点作为参考点，单击“确定”按钮完成平面的创建，如图 7-132 所示。

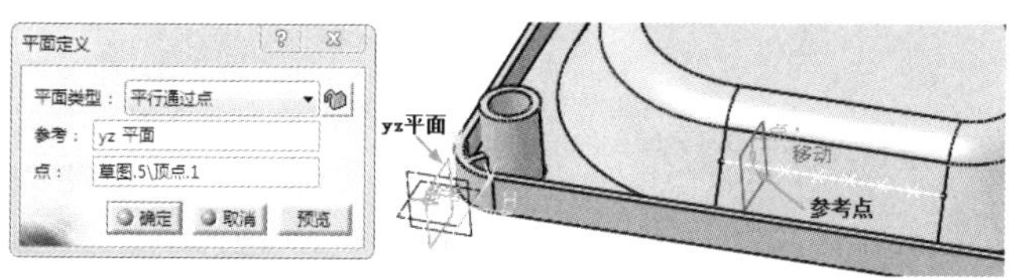

图 7-132

- 单击“凹槽”按钮，弹出“定义凹槽”对话框。选择上一步创建的平面为草图平面，在草图工作台中绘制如图 7-133 所示的草图。
- 退出草图环境，在“定义凹槽”对话框设置“深度”值为 1.5mm，并选中“镜像范围”复选框，单击“确定”按钮完成凹槽的创建，如图 7-134 所示。

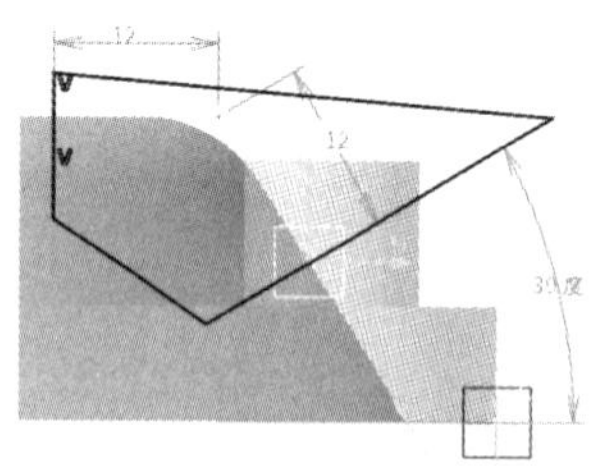

图 7-133

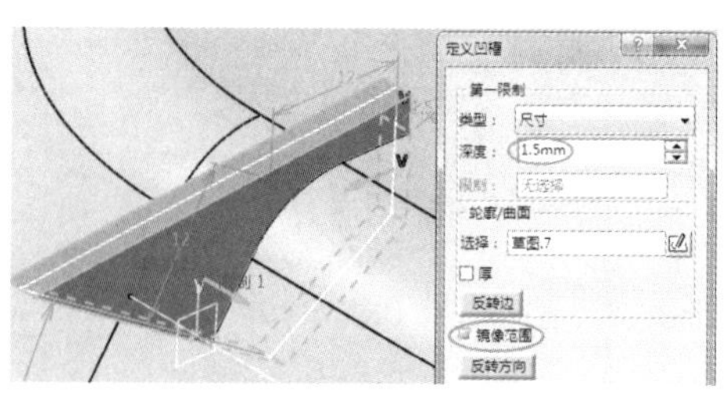

图 7-134

09 创建凹槽阵列。

- 选中要阵列的凹槽特征，单击“用户阵列”按钮，弹出“定义用户阵列”对话框。
- 首先选择凹槽所在的等距点作为定位参考，再选择“位置”曲线（草图 .5），如图 7-135

所示。

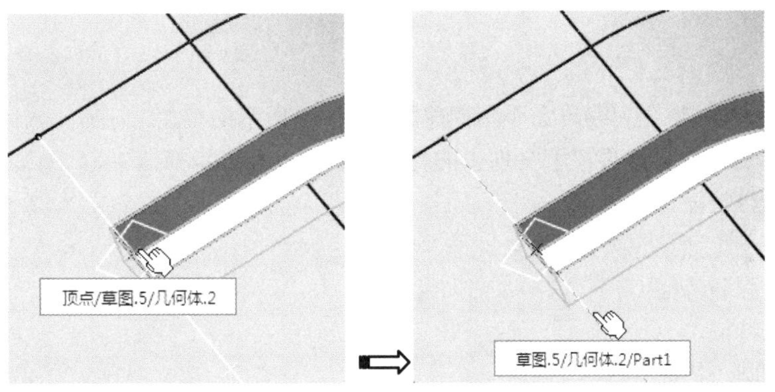

图 7-135

- 单击“确定”按钮完成凹槽的阵列，如图 7-136 所示。

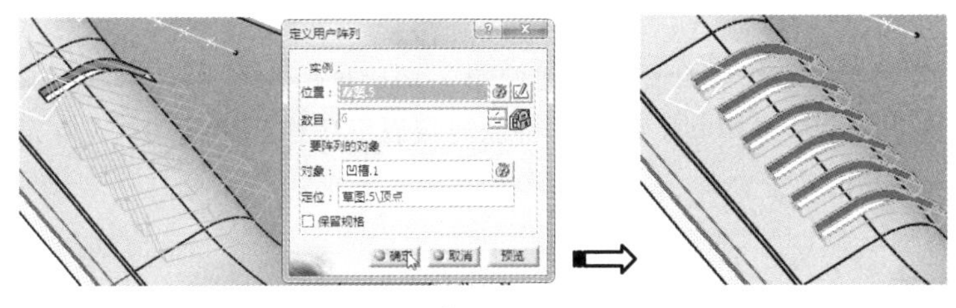

图 7-136

- 双击“三切线内圆角”按钮，弹出“定义三切线内圆角”对话框，在凹槽两端创建全圆角，如图 7-137 所示。同理完成阵列成员中的其余全圆角。

图 7-137

10 创建另一侧的凹槽特征以及凹槽的阵列，操作步骤与前面凹槽特征及其阵列相同。创建的凹槽及用户阵列、全圆角如图 7-138 所示。

11 单击“添加”按钮，将“几何体 .2”添加到“零件几何体”中，完成零件几何体的合并。再利用“倒圆角”工具，对零件模型倒 2mm 的圆角，如图 7-139 所示。

12 至此完成了本例机械零件的建模。

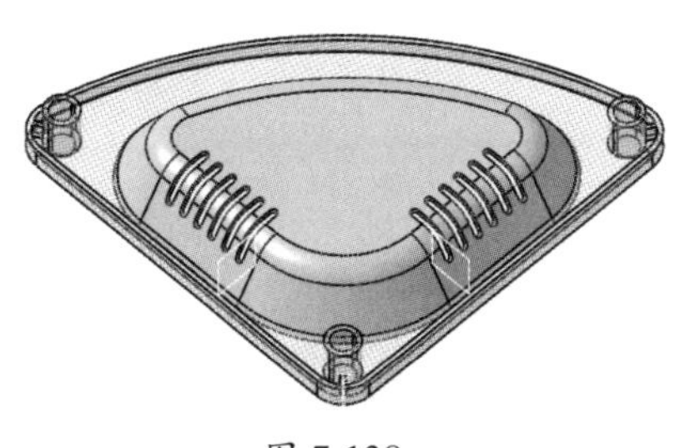

图 7-138

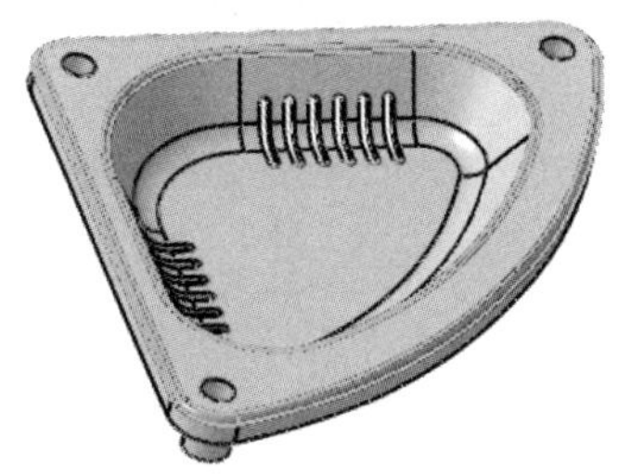

图 7-139

7.6 课后习题

习题一

通过 CATIA 实体特征和编辑命令，创建如图 7-140 所示的模型。

详细的操作方法参考结果模型文件中的特征树或以下操作步骤指引。

1. 创建凸台特征。
2. 创建凹槽特征。
3. 创建加强肋特征。
4. 创建孔特征。
5. 创建倒圆角特征。
6. 创建镜像特征。
7. 创建孔的矩形阵列。

习题二

通过 CATIA 实体特征和编辑命令，创建如图 7-141 所示的模型。

详细的操作方法参考结果模型文件中的特征树或以下操作步骤指引。

1. 创建凸台、凹槽特征。
2. 创建盒体特征。
3. 创建孔特征。
4. 创建圆形阵列。
5. 创建圆角特征。

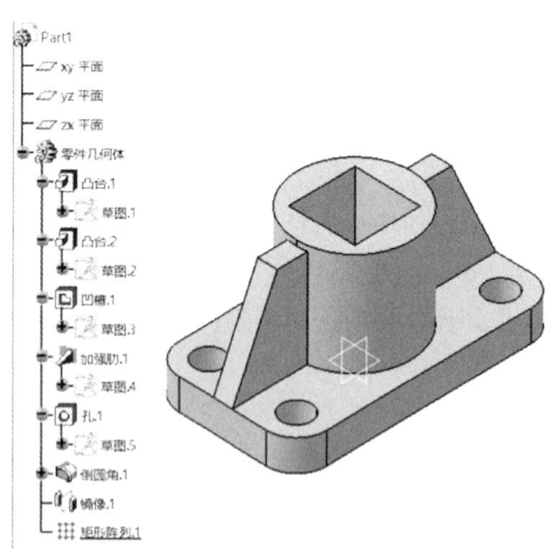

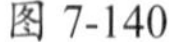

图 7-140

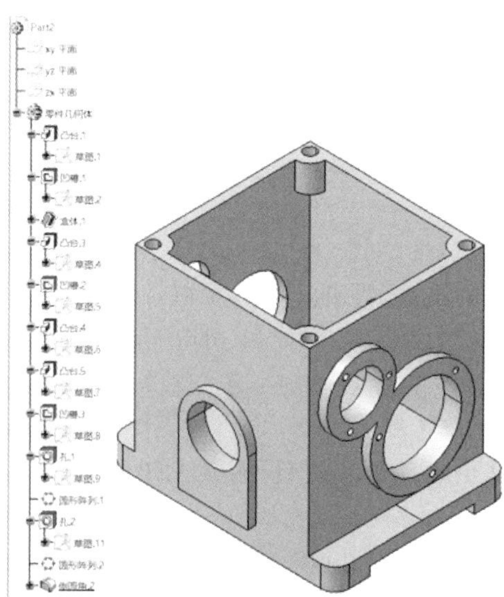

图 7-141

第 8 章　零件装配设计指令

把各种零部件几何体、零部件组装在一起形成一个完整装配体的过程称为“装配设计”。CATIA 装配体中的零部件是通过装配约束关系来确定它们之间正确位置和相互关系的，添加到装配体中的零部件与源零部件之间是相互关联的，改变其中一个则另一个也随之改变。CATIA 的装配设计模式包括自底向上装配设计和自顶向下装配设计。本章主要学习最常见的装配模式——自底向上装配设计。

- ◆ 装配设计概述
- ◆ 自底向上装配设计内容
- ◆ 装配修改
- ◆ 由装配部件生成零件几何体

8.1 装配设计概述

作为一个可伸缩的工作台，装配设计工作台可以和当前其他伴侣产品（如零部件设计和工程制图）共同使用，还可以访问软件中其他应用广泛的应用模块，以支持完整的产品开发流程（从最初的概念到产品的最终运行）。

可以使用电子样机漫游器检查功能审查和检查装配，交互式的变速技术以及其他查看工具可以使你直观地浏览大型装配。

8.1.1 进入装配设计工作台

启动 CATIA V5-6R2017 后，执行“开始”|“机械设计”|“装配设计”命令，自动进入装配设计工作台，如图 8-1 所示。也可以在启动 CATIA 之后，执行“文件”|“新建”|命令，弹出“新建”对话框，在“类型列表”中选择 Product 选项，如图 8-2 所示。单击“确定”按钮进入装配设计工作台。

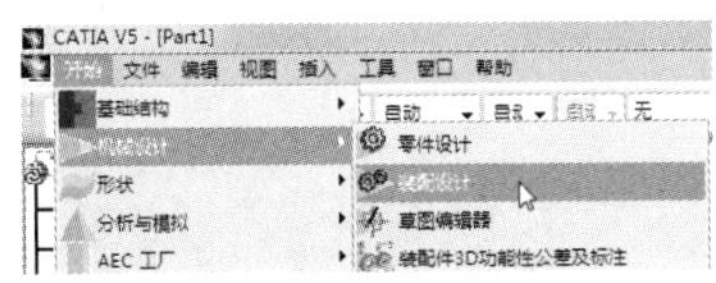

图 8-1

图 8-2

装配工作台中包含了与装配设计相关的各项指令和选项。CATIA V5-6R2017 的装配设计工作台界面与零部件设计工作台的界面相似，其装配设计命令的执行方式和操作步骤也是相同的，如图 8-3 所示。

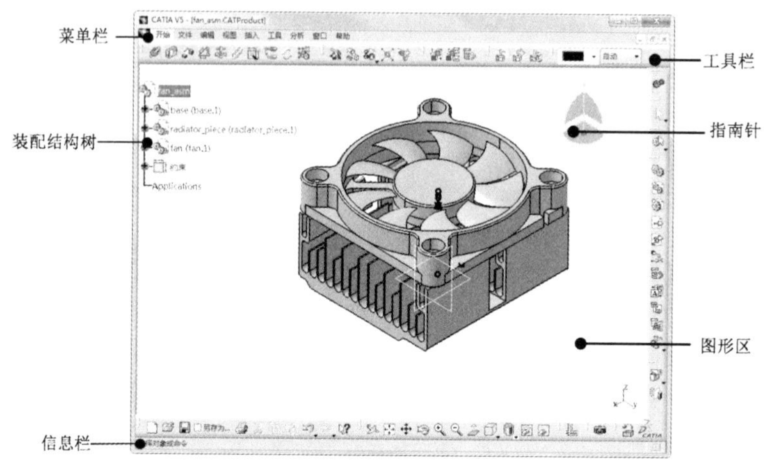

图 8-3

8.1.2　产品结构设计与管理

每种工业产品都可以以逻辑结构的形式进行组织，即包含大量的装配、子装配和零部件。例如，轿车（产品）包含车身子装配（车顶、车门等）、车轮子装配（包含 4 个车轮），以及大量其他零部件。

产品结构设计的内容包含在装配结构树中，一个完整的产品结构设计如图 8-4 所示。其中，“子产品”对应的添加工具是“产品”工具，部件对应的添加工具是“部件”工具，零组件对应的添加工具是“零部件”工具。

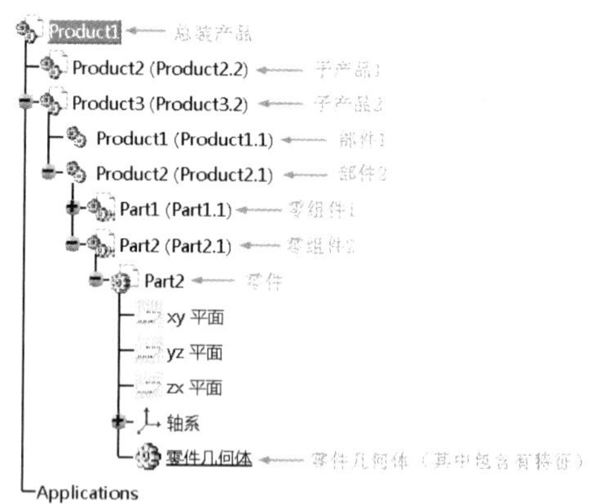

图 8-4

技巧点拨

零部件设计工作台中的零部件几何体也称为“实体”，它由特征组成。在装配设计工作台中，零部件则称为“零组件”或“组件”。

下面介绍如何添加子产品、部件和零组件的空文档。

1. 添加空子产品

“产品”工具用于在空白装配文件或已有装配文件中添加产品。

首先在装配结构树中激活顶层的总装产品节点 Product1，然后单击“产品结构工具”工具栏中的“产品”按钮，自动添加一个子产品到总装产品节点下，如图 8-5 所示。

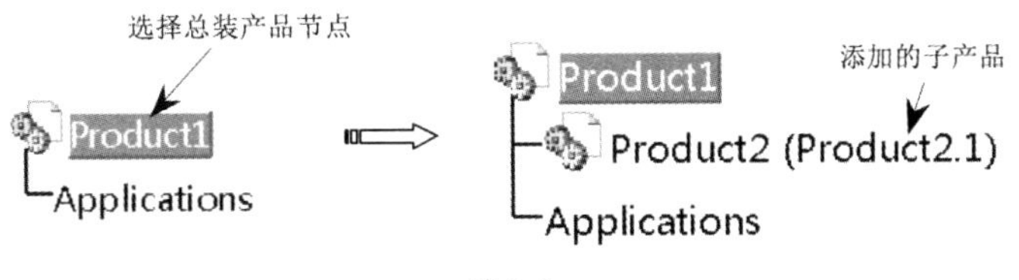

图 8-5

技术要点

当然也可以先单击“产品”按钮，然后在装配结构树中选择总装产品节点，同样可以完成子产品的添加操作。

2. 添加空部件

“部件”工具用于在空白装配文件或已有装配文件中添加部件。

激活装配结构树中的子产品节点 Product2 (Product2.1)，然后单击“产品结构工具”工具栏中的“部件”按钮，将会在子产品节点下自动添加一个部件，如图 8-6 所示。

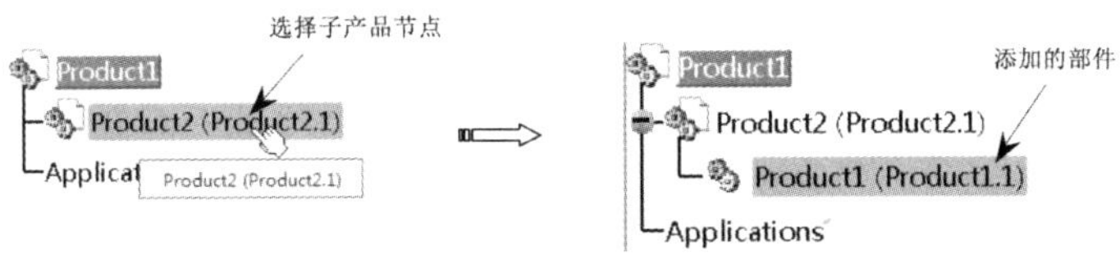

图 8-6

3. 添加空零部件

“零部件”用于在现有产品中直接添加一个零部件。

在装配结构树中激活部件节点，然后单击“产品结构工具”工具栏中的“零部件”按钮，自动在部件节点下添加空零部件，如图 8-7 所示。

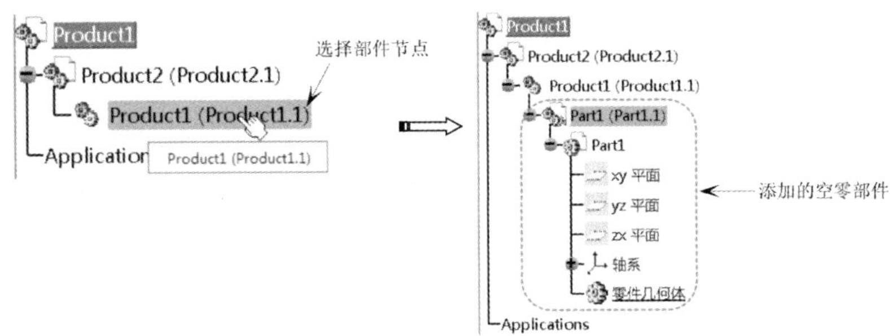

图 8-7

在零组件节点下双击零部件节点，即可进入零部件设计工作台进行零部件造型设计。

8.1.3 两种常见的装配建模方式

目前最为常见的两种装配建模方式为自底向上装配和自顶向下装配。

1. 自底向上装配方式

自底向上装配是指，在设计过程中先设计单个零部件，在此基础上进行装配生成总体设计。这种装配建模需要设计人员交互地给定配合构件之间的配合约束关系，然后由系统自动计算构件的转移矩阵，并实现虚拟装配。

一般初次接触CATIA的用户，大多采用自底向上的装配建模方式，这种装配方式较为简单，容易掌握。

2. 自顶向下装配方式

自顶向下装配是指在装配级中创建与其他部件相关的部件模型，在装配部件的顶级向下产生子装配和部件（即零部件）的装配方法。即先由产品的大致形状特征对整体进行设计，然后根据装配情况对零部件进行详细的设计。

自顶向下的装配建模方式是CATIA大型产品建模的常见方式，也就是在局域网内的多台设备中同时进行部件的参数化设计。如图8-7的装配结构树中，双击零部件节点 Part1进入零部件设计工作台，进行零部件设计就是自顶向下装配建模的具体体现。

8.2 自底向上装配设计内容

自底向上装配方式是基于已完成详细设计的各零部件基础上的，再将零部件逐一添加到装配设计工作台中进行装配约束。

8.2.1 插入部件

通过装配设计工作台中的几种插入零部件的方式，将事先设计好的零部件逐一组装到产品结构中。

1. 加载现有部件

加载现有部件就是将已存储在用户计算中的零部件或者产品（一个产品就是一个装配体）依次插入当前产品装配结构中，从而构成一个完整的大型装配体。

单击“产品结构工具”工具栏中的“现有部件”按钮，在装配结构树中选择根节点（也称作“指定装配主体”），弹出“选择文件”对话框。在系统文件路径中选择要插入的装配体文件或零部件文件，单击“打开”按钮，自动载入该零部件，该零部件也自动成为装配主体节点下的子部件，如图8-8所示。

图 8-8

2. 加载具有定位的现有部件

“具有定位的现有部件”命令是对“现有部件”命令的增强。利用“智能移动”对话框使插入的零部件在插入的瞬间即可轻松定位到装配体中，还可以通过创建约束来进行定位。

如果在插入零部件时没有要放置的零部件，则此功能具有与“现有部件”命令相同的功能。

单击“产品结构工具”工具栏中的“具有定位的现有部件”按钮，在装配结构树中选取装配主体，弹出“选择文件”对话框。选择需要插入的零部件文件后单击“打开”按钮，弹出“智能移动”对话框，如图 8-9 所示。

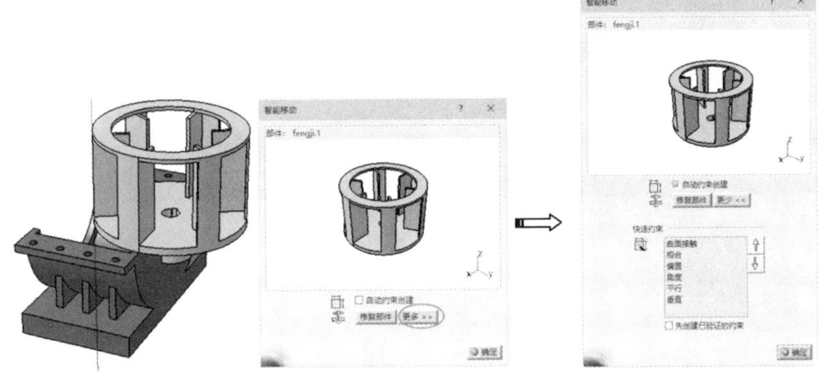

图 8-9

“智能移动”对话框主要选项参数含义如下。

- “自动约束创建”复选框：选中该复选框，系统将按照“快速约束”列表框中的约束顺序依次创建装配约束。
- “修复部件”按钮：单击该按钮，将自动创建固定约束，固定后的零部件不再自由移动，如图 8-10 所示。

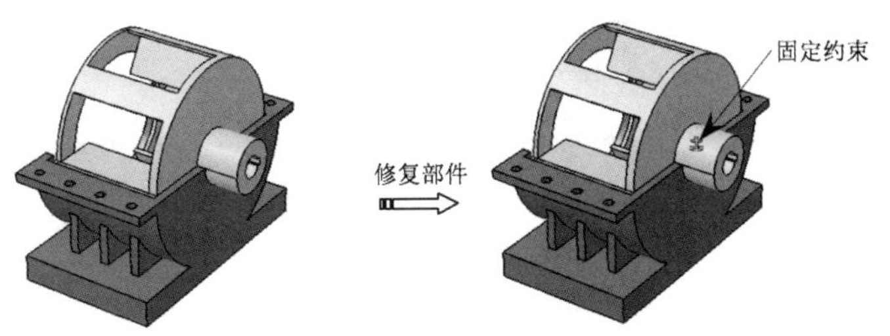

图 8-10

“智能移动”对话框的约束创建过程如下。

（1）在“智能移动”对话框中选择零部件的一个面。

（2）在图形区中选取已有零部件的一个面作为相合参考，随后两个零部件面与面对齐。

（3）选取“智能移动”对话框中的零部件的轴。

（4）到图形区中选取另一零部件上圆弧面的轴，两个零部件将会随之轴对齐。

（5）单击“确定”按钮关闭“智能移动”对话框。

3. 加载标准件

在 CATIA 中有一个标准件库，其中有大量已经完成造型的标准件，在装配中可以直接将标准件调出来使用。

在图形区底部的“目录浏览器”工具栏中单击“目录浏览器”按钮，或执行“工具”|“目录浏览器”命令，弹出“目录浏览器”对话框。选中相应的标准件，双击符合设计要求的标准件序列及规格型号，可将其添加到装配文件中，如图 8-11 所示。

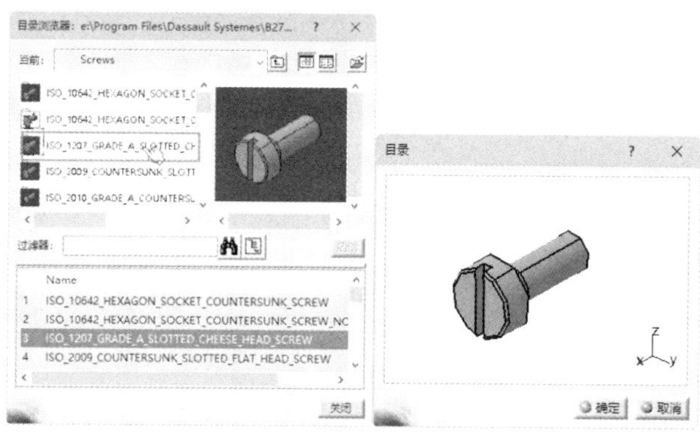

图 8-11

“目录浏览器”对话框中的标准件包括 ISO 公制、US 美制、JIS 日本制和 EN 英制 4 种。标准件类型包括螺栓、螺钉、垫圈、螺母、销钉、键等。

动手操作——加载标准件

01 打开本例源文件 8-1.CATProduct，如图 8-12 所示。

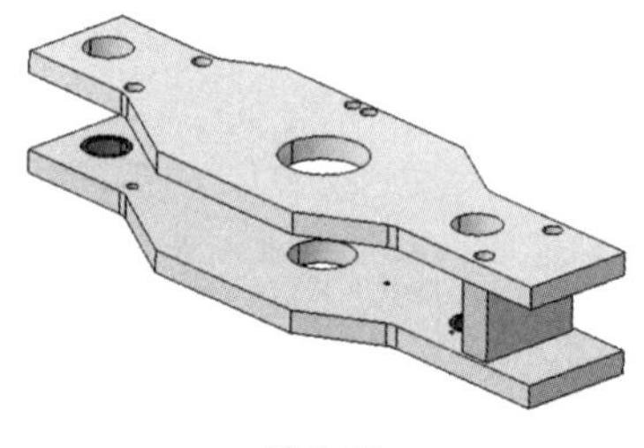

图 8-12

02 在图形区底部的“目录浏览器”工具栏中单击“目录浏览器”按钮，弹出“目录浏览器”对话框。首先在 ISO 标准类型下双击选择 Bolts（螺栓）标准件，如图 8-13 所示。

03 在展开的 Bolts 标准件型号系列中，双击选择 ISO_4016_GRADE_C_HEXAGON_HEAD_BOLT 型号，如图 8-14 所示。

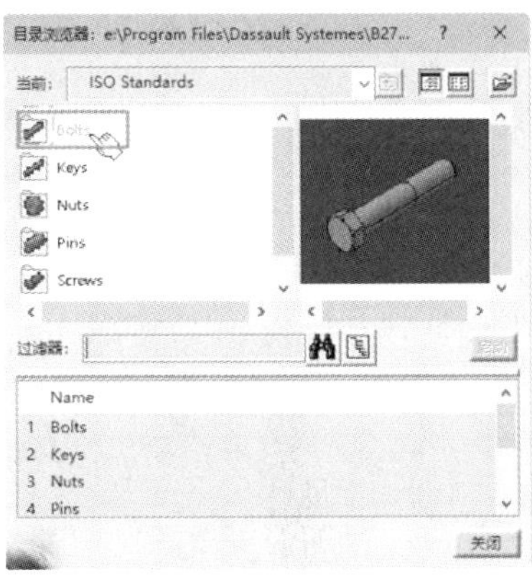

图 8-13

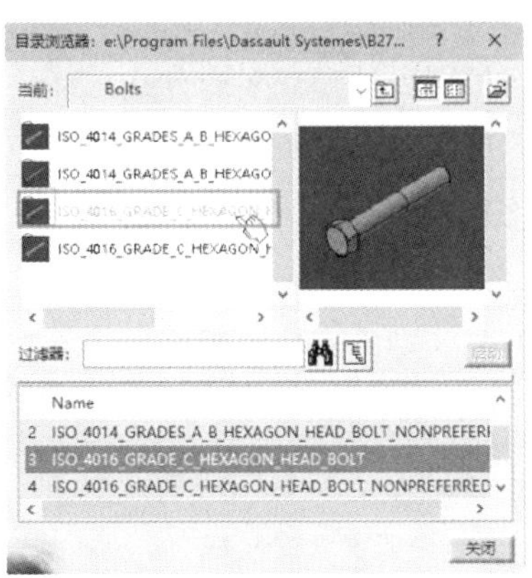

图 8-14

04 在随后展开的螺栓标准件规格列表中，双击选择 ISO 4016 BOLT M10×100 规格的标准件，如图 8-15 所示。

05 在装配设计工作台中加载所选螺栓标准件，并弹出“目录”对话框，如图 8-16 所示。

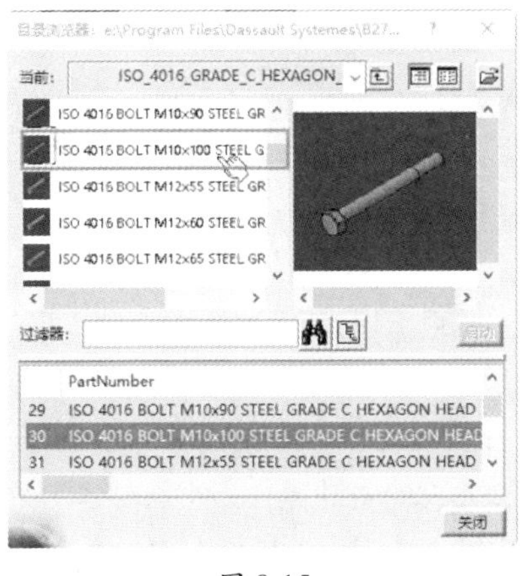

图 8-15

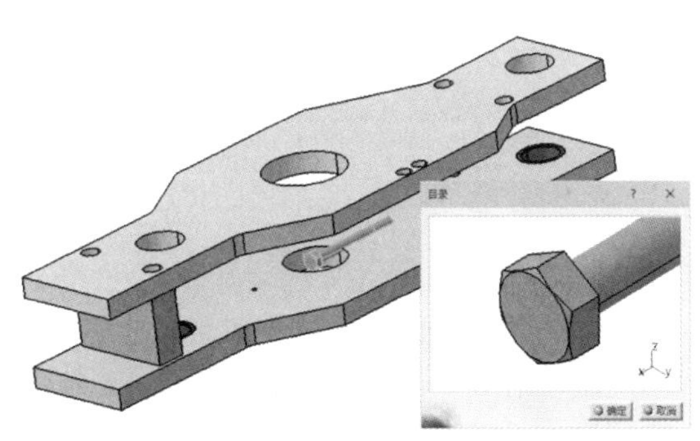

图 8-16

06 单击“确定”按钮完成标准件的载入，关闭“目录浏览器”对话框。

07 通过使用“相合约束”和“接触约束”工具，将螺栓标准件装配到装配体中，如图 8-17 所示。

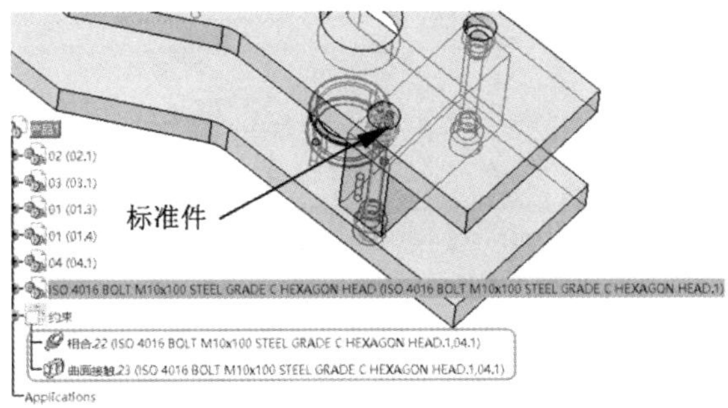

图 8-17

8.2.2 管理装配约束

装配约束能够使装配体中的各零部件正确地定位，只需要指定两个零部件之间的约束类型，系统便会按照设计师想要的方式正确放置这些零部件。装配约束主要是通过约束零部件之间的自由度来实现的。装配约束的相关工具在“约束”工具栏中，如图 8-18 所示。

1. 相合约束

相合约束也称“重合约束”。“相合约束”命令是通过选择两个零部件中的点、线、面（平面或表面）或轴系等几何元素来获得同心度、同轴度和共面性等几何关系。当两个几何元素的最短距离小于 0.001mm（1μm）时，系统默认为重合。

技术要点

要在轴系统之间创建重合约束，两个轴系在整个装配体环境中必须具有相同的方向。

单击“约束”工具栏中的“相合约束”按钮，选择第一个零部件的约束表面，然后选择第二个零部件的约束表面，如果是两个平面约束，弹出“约束属性”对话框，如图 8-19 所示。

图 8-18

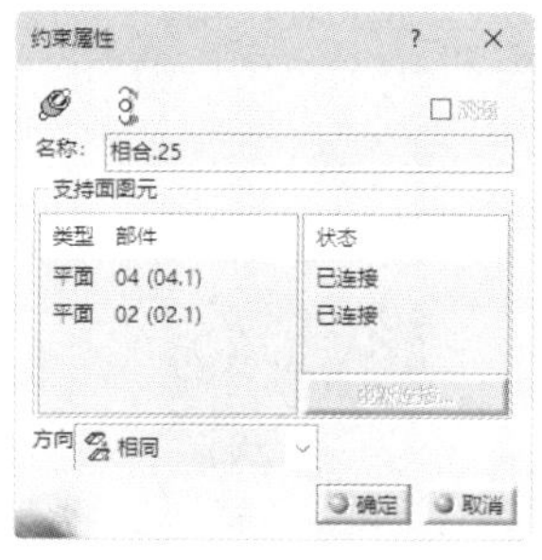

图 8-19

“约束属性”对话框主要选项参数含义如下。

- 名称：显示默认的相合约束名，也可以自定义约束名。
- 支持面图元：支持面图元列表中显示选中的几何元素及其约束状态。
- 方向：该下拉列表中包括可选的平面约束方向，分别是“相同”“相反”和“未定义”，如图 8-20 所示。如果选择“未定义”选项，系统将自动计算出最佳的解决方案。当然，也可以在零部件上双击方向箭头直接更改约束方向。

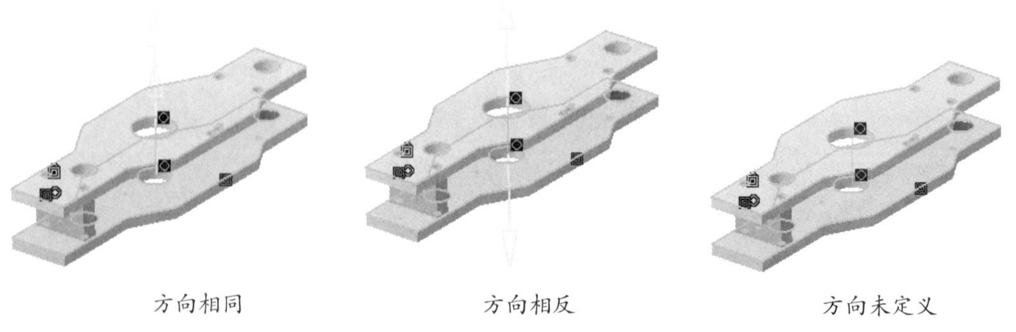

方向相同　　方向相反　　方向未定义

图 8-20

技术要点

约束定义完成后，如果发现零部件之间的相对位置关系未发生变化，可在图形区底部的“工具”工具栏中单击“全部更新”按钮，图形区中的模型信息将随之更新。

在相合约束中，主要表现为“点 - 点”约束、“线 - 线”约束和“面 - 面”约束。

（1）“点 - 点”约束：可选择的点包括模型边线的端点、球心、圆锥顶点等。选取的第二点保持位置不变，选取的第一点将自动与第二点重合，如图 8-21 所示。

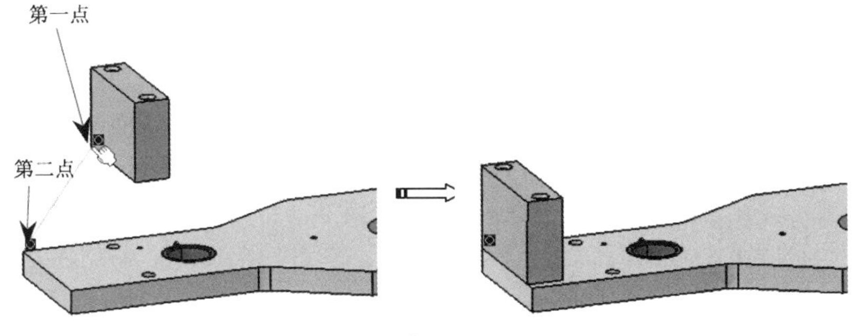

图 8-21

技术要点

在相合约束中，移动的总是第一个几何元素，第二个几何元素则保持固定状态。当然，除了其中一个几何元素事先添加了其他约束而不能移动的情况。

（2）“线 - 线”约束：能够作为“线 - 线”约束的几何元素包括零件边线、圆锥或圆柱零件的轴等。选择两个圆柱面的轴线，会自动约束两条轴线重合，如图 8-22 所示。

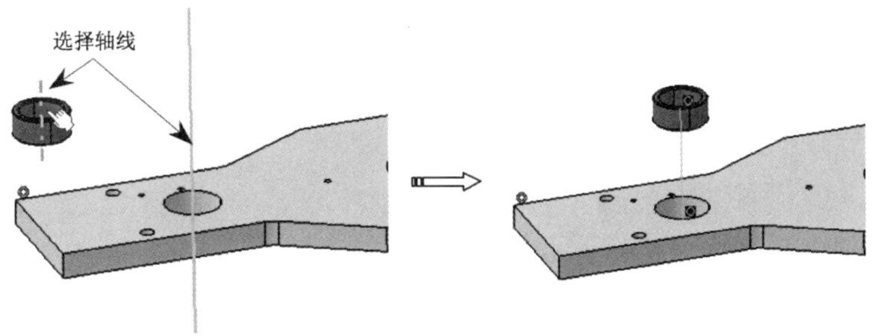

图 8-22

技术要点

在选择轴几何元素时，鼠标指针要尽量靠近圆柱面，此时系统会自动显示圆柱的轴线，这有助于轴线的选取。

（3）“面 - 面”约束：能够作为“面 - 面”约束的几何元素包括基准平面、平面曲面、圆柱面或圆锥面等。选取两个圆柱面，自动添加相合约束，如图 8-23 所示。

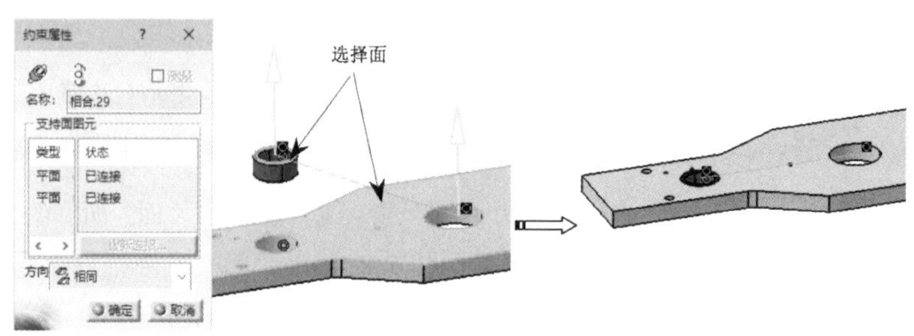

图 8-23

2. 接触约束

“接触约束”是在两个有向（“有向”是指曲面内侧和外侧可以由几何元素定义）的曲面之间创建接触类型约束。两个曲面元素之间的公共区域可以是平面区域、线（线接触）、点（点接触）或圆（环形接触）。两个基准平面是不能使用此类型约束的。下面介绍几种常见的接触约束类型。

（1）球面与平面的接触约束：当选择球面与平面进行接触约束时，将创建为相切约束，如图 8-24 所示。

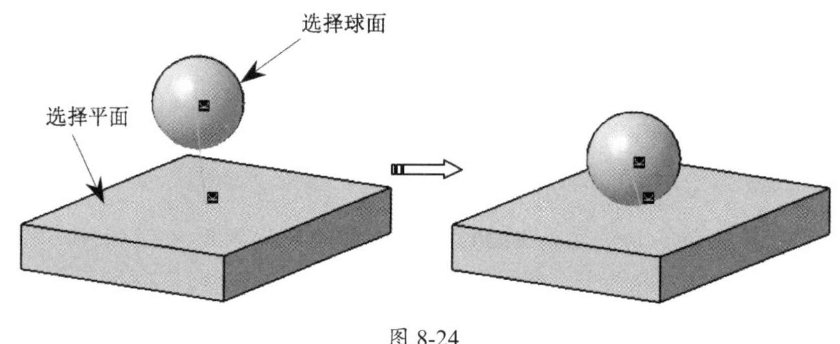

图 8-24

（2）圆柱面与平面的接触约束：选择圆柱面与平面时创建相切约束时会弹出“约束属性”对话框，如图 8-25 所示。

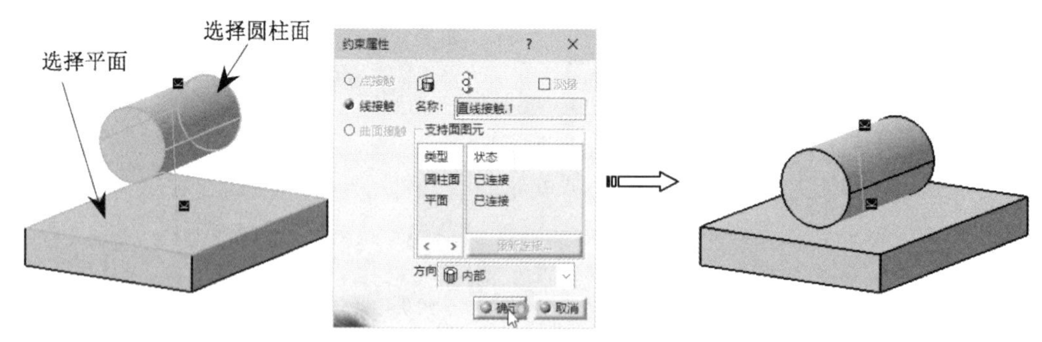

图 8-25

（3）平面与平面接触约束：选择平面与平面创建重合约束，两个平面的法线方向相反，如图 8-26 所示。

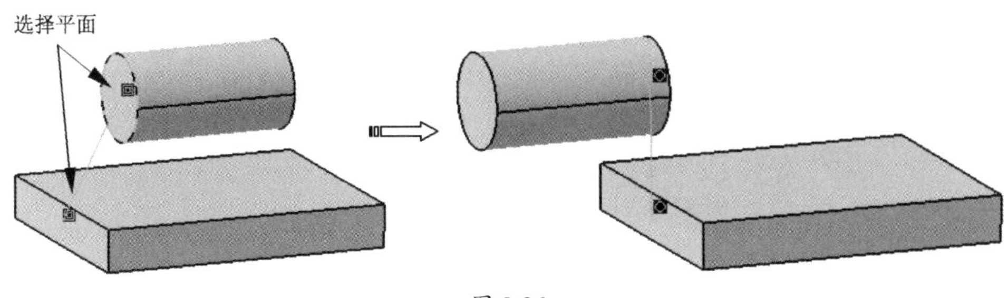

图 8-26

3. 偏置约束

“偏置约束”是通过定义两个零部件中几何元素（可以是点、线或平面）的偏移值进行约束的。

单击“偏置约束”按钮，依次选择两个零部件的约束表面，弹出“约束属性”对话框。在“方向”下拉列表中选择约束方向，在“偏置”文本框中输入距离值，单击“确定”按钮完成偏置约束的创建，如图 8-27 所示。

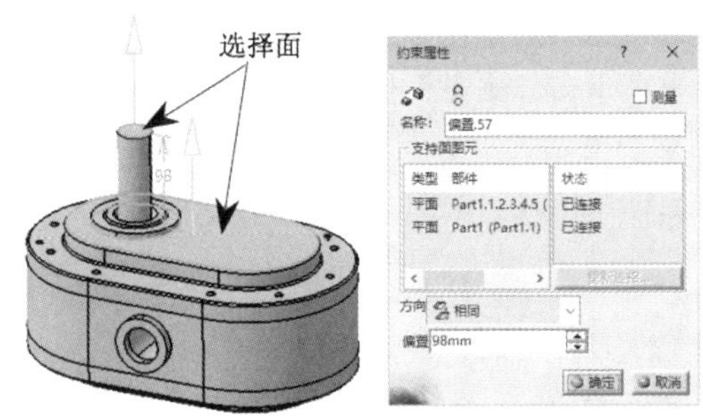

图 8-27

4. 角度约束

“角度约束”是指通过设定两个零部件几何元素（线或平面）的角度来约束两个部件之间的相对位置关系。

单击“偏角度约束”按钮，选择两个零部件的表面平面，此时会弹出“约束属性”对话框。在“角度”文本框中输入角度值后，单击“确定”按钮完成角度约束的创建，如图 8-28 所示。

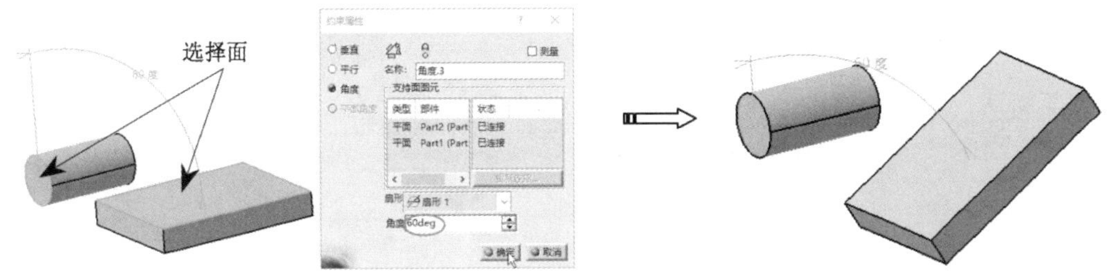

图 8-28

角度约束包含 3 种常见模式。

- 垂直模式：选择此模式，仅创建角度值为 90 的角度约束，如图 8-29 所示。
- 平行模式：选择此模式，两个约束平面将保持平行状态，如图 8-30 所示。

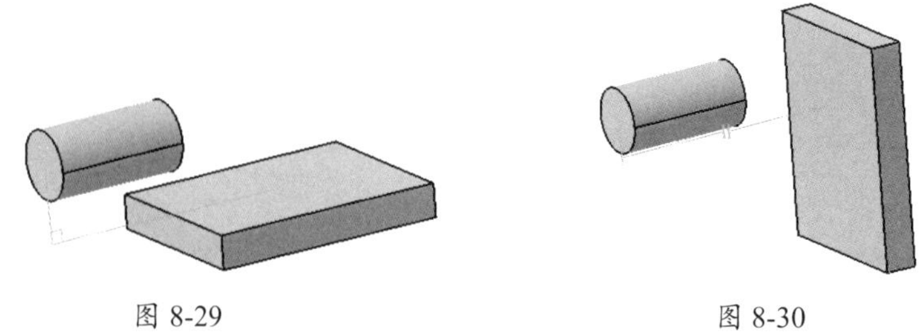

图 8-29　　　　图 8-30

- 角度模式：此模式为默认模式，将创建自定义角度的约束。

5. 固定约束

添加固定约束，可将零部件固定在装配体中的某个位置上。有两种固定方法：一种是根据装配的几何原点固定部件，需要设置部件的绝对位置，称为“绝对固定”；另一种是根据其他部件来固定此部件，拥有相对位置，称为“相对固定”。

单击“约束”工具栏中的“固定约束”按钮，选择要固定的零部件，系统自动创建固定约束。

- 绝对固定：当创建固定约束后，在零部件中会显示固定约束图标，双击此图标会弹出“约束定义”对话框。单击“更多”按钮，展开所有约束定义选项。在展开的选项中可看见“在空间中固定”复选选项被选中，而 X、Y、Z 文本框中显示的是当前零部件在装配环境中的绝对坐标系位置，如图 8-31 所示，可以修改绝对坐标值。

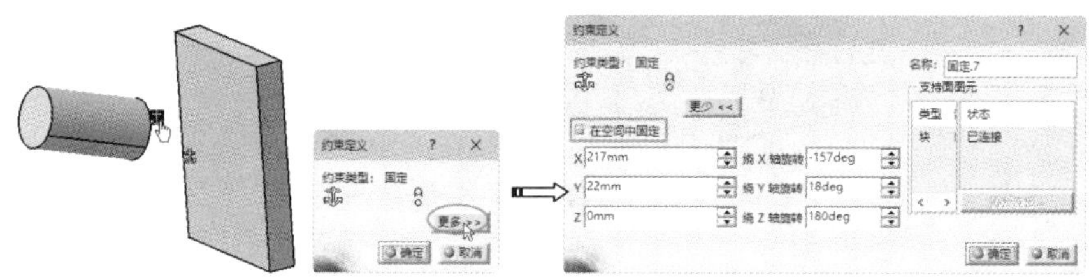

图 8-31

- 相对固定：当在“约束定义”对话框中取消“在空间中固定”复选框的选中后，可以用指南针移动相对固定的零部件，如图 8-32 所示。绝对固定与相对固定的直观区别在于图标的变化，绝对固定的图标中有一个“锁”图形，而相对固定的图标中则没有。

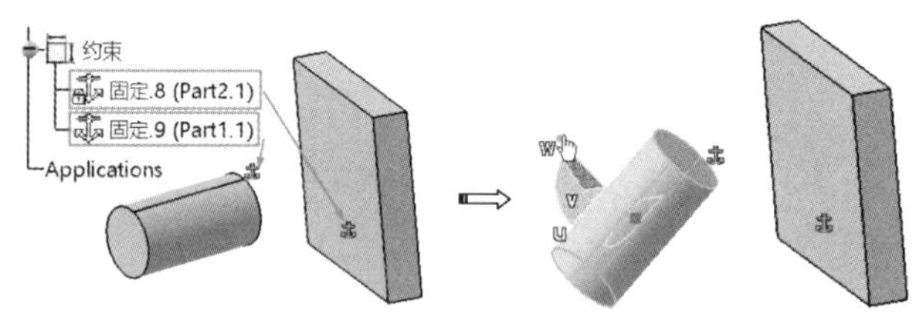

图 8-32

6. 固联约束

“固联约束”工具是将多个零部件按照当前各自的位置关系连接成一个整体，当移动其中一个部件时，其他部件也会相应跟随移动。

单击“固联约束”按钮，弹出“固联”对话框。选择多个要固联的部件，单击“确定”按钮自动创建约束，如图 8-33 所示。

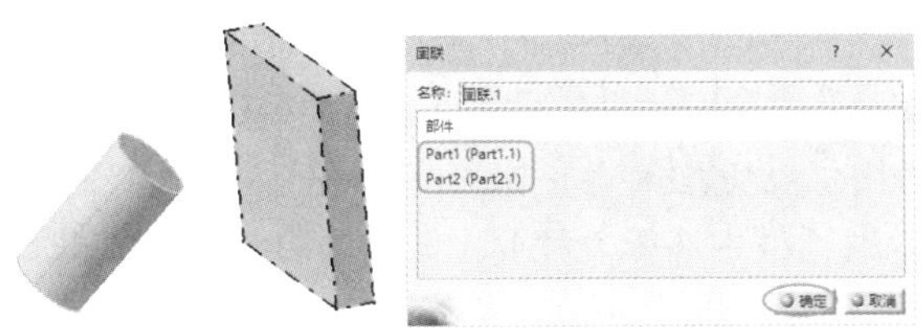

图 8-33

技术要点

当创建固联约束后，若要使部件整体移动，需要进行详细设置。执行“工具”|“选项”命令，在弹出的“选项”对话框的“装配设计”页面的“常规”选项卡中，选中“移动已应用固联约束的部件”选项区中的“始终”单选按钮，可使固联组件一起移动，如图8-34所示。

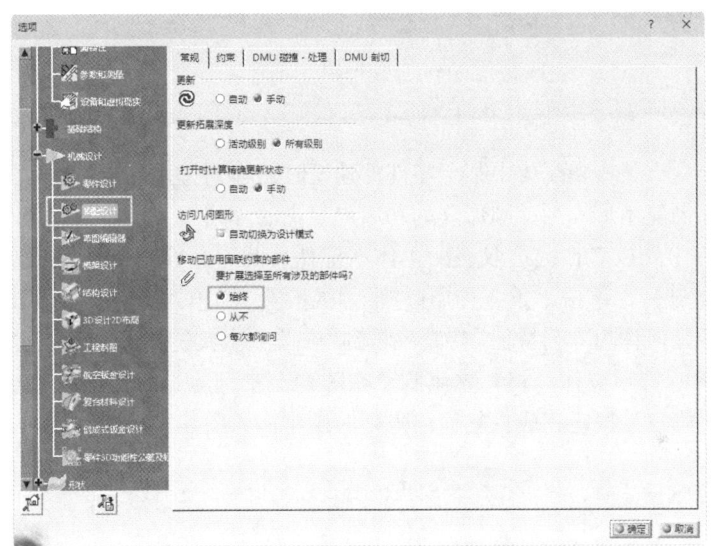

图 8-34

7. 快速约束

“快速约束”工具可根据用户所选的几何元素来判断该创建何种装配约束，可自动创建“面接触”“相合”“接触”“距离”“角度”和“平行”等约束。

单击“快速约束”按钮，任意选择两个零部件中的几何元素，系统根据所选部件的情况自动创建装配约束，如图 8-35 所示。

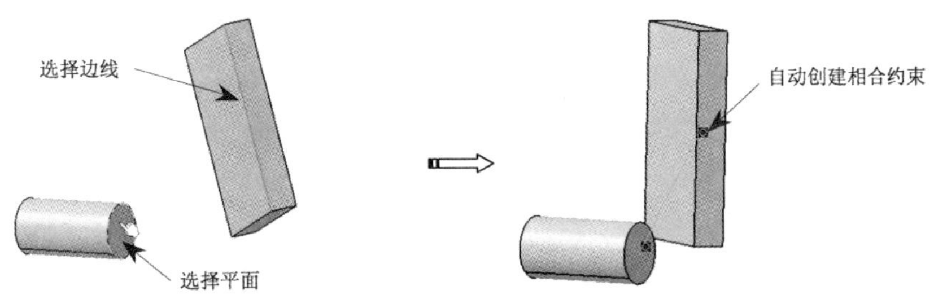

图 8-35

8. 更改约束

“更改约束”是指在已完成装配约束的零部件上更改装配约束类型。

单击“约束”工具栏中的“更改约束”按钮，在装配体中选择一个装配约束图标，弹出“可能的约束”对话框。在该对话框中选择一种要更改的约束类型，单击“确定”按钮完成装配约束的更改，如图 8-36 所示。

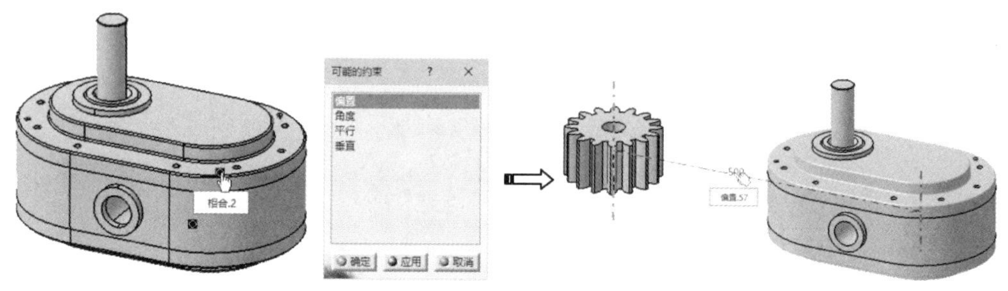

图 8-36

9. 重复使用阵列

“重复使用阵列”是将装配体中某个零部件建模时的阵列关系，重复使用到装配环境中的其他零部件上。可以创建矩形阵列、圆形阵列和用户定义的阵列。

在装配结构树中先按 Ctrl 键选取装配主体零部件（此零部件有阵列性质的孔）和要进行阵列的零部件（如螺钉），单击“重复使用阵列”按钮，弹出“在阵列上实例化”对话框。在装配树中选取零件几何体的阵列特征，将其收集到“在阵列上实例化”对话框的“阵列”选项区中，再到装配树中选取螺钉零部件，将其收集到“在阵列上实例化”对话框的“要实例化的部件”文本框中，单击“确定”按钮完成重复使用阵列的操作，如图 8-37 所示。

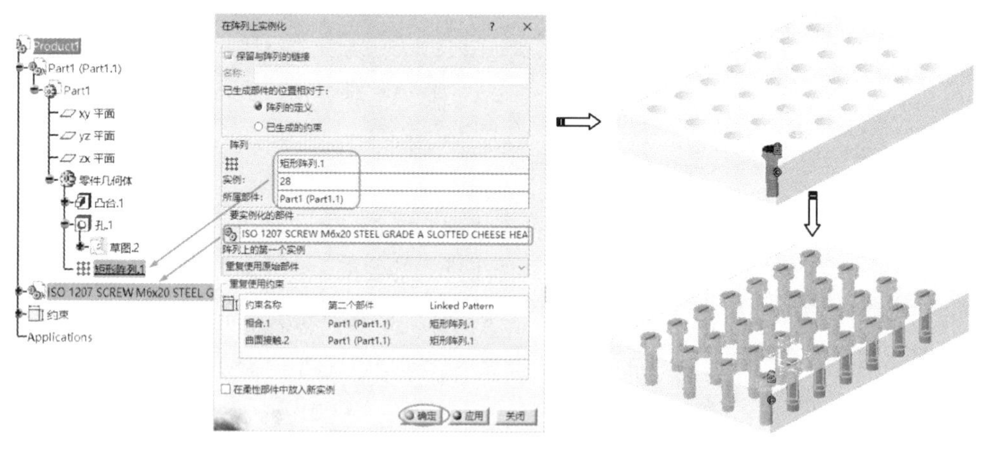

图 8-37

8.2.3 移动部件

在装配零部件完成后，有时需要模拟机械装置的运动状态，需要对某个零部件的方位进行变换操作。同时，为了防止零部件之间发生装配干涉现象，也需要零部件之间存在一定的间隙，这就需要调整零部件的位置，便于约束和装配。移动部件的相关工具在“移动”工具栏中，如图8-38所示。

图 8-38

技术要点

要平移的零部件必须是活动的，不能添加任何约束。

1. 平移或旋转零部件

“平移或旋转”工具拥有3种转换组件的方法：通过输入值、通过选择几何图元和通过指南针。

（1）通过输入值。

在“移动”工具栏中单击“平移或旋转”按钮，弹出“移动”对话框。在图形区中选择要平移的零部件，随后在“移动”对话框的“平移”选项卡中输入偏置值，单击“应用”按钮完成零部件的平移操作，如图 8-39 所示。

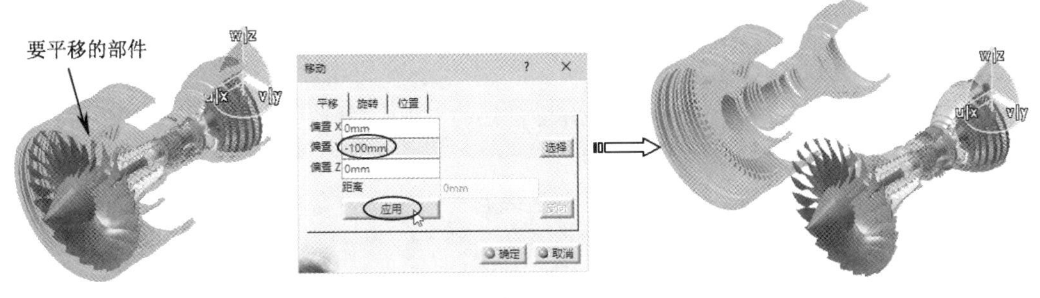

图 8-39

（2）通过选择几何图元。

通过单击“移动”对话框中的“选择”按钮，可以定义平移的方向并进行平移操作。首先选择要平移的零部件，弹出“移动”对话框后，单击“选择”按钮，在装配体中选择几何体元素（可以是点、线或平面）作为平移的方向参考，输入平移距离值并按 Enter 键确认，最后单击“应用”按钮完成零部件的平移操作，如图 8-40 所示。

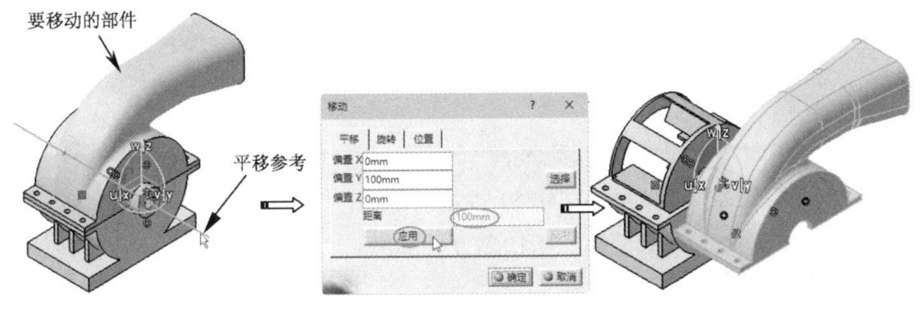

图 8-40

零部件的旋转变换操作可在“移动”对话框的“旋转”选项卡中设置旋转轴及旋转角度来完成操作。其操作方法与平移相同，这里不再赘述。

（3）通过指南针。

可以将图形区右上角的指南针（选中指南针的操作把）直接拖至零部件上，然后拖动指南针的优先平面和旋转把手来平移或旋转零部件，如图 8-41 所示。

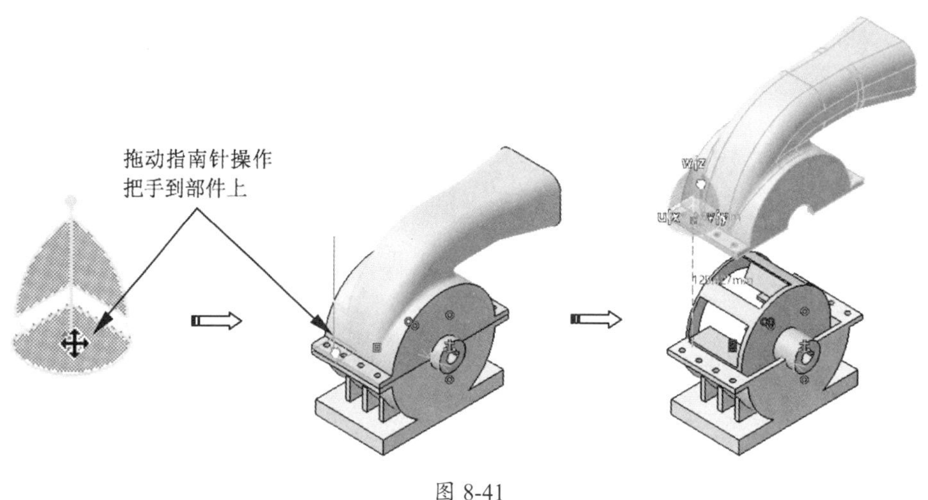

图 8-41

2. 操作零部件

利用“操作”工具可以使用鼠标徒手操作零部件的平移或旋转。下面以案例形式说明“操作”工具和鼠标的用法。

动手操作——操作零部件

01 打开本例源文件 8-2.CATProduct，如图 8-42 所示。

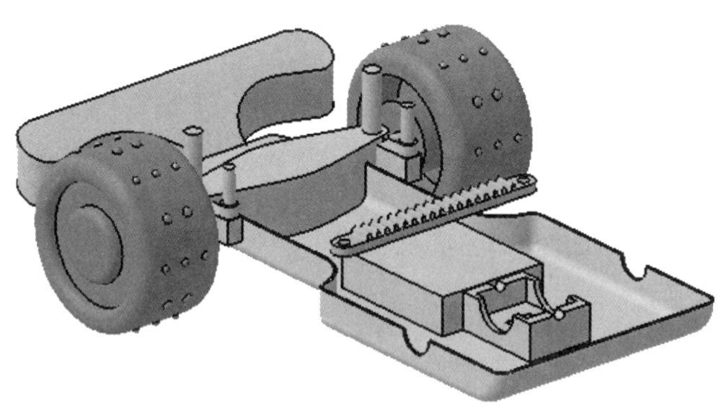

图 8-42

02 在“移动”工具栏中单击“操作”按钮，弹出“操作参数”对话框。单击“沿 Y 轴拖动”按钮，并到图形区中选择齿条零部件向任意方向拖动，可见齿条零部件因方向限制只能在 *Y* 轴方向平移，如图 8-43 所示。

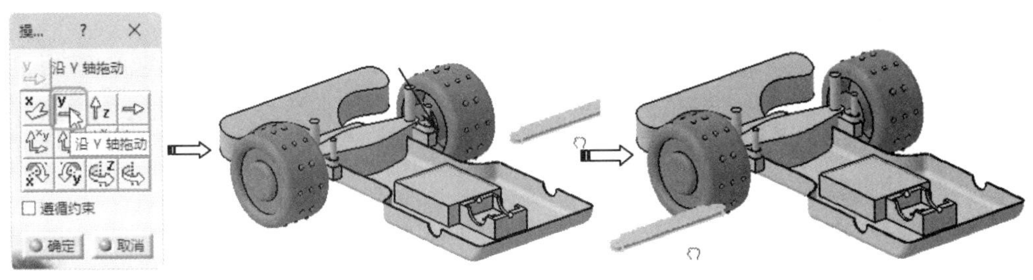

图 8-43

03 同理，单击其他按钮，可以在其他轴向上平移或绕轴旋转。

3. 捕捉并移动零部件

利用“捕捉”命令可将一个零部件捕捉到另一个零部件上，此命令也是一个便捷的平移或旋转零部件的变换操作方法。

单击“移动”工具栏中的“捕捉”按钮，选择第一个零部件的面，再选择第二个零部件的面，此时第一个零部件将平移到第二个零部件位置，所选的两个部件表面将重合。此外，第一个所选的面上会显示一个绿色箭头，单击此箭头可以反转第一个部件表面，如图 8-44 所示。

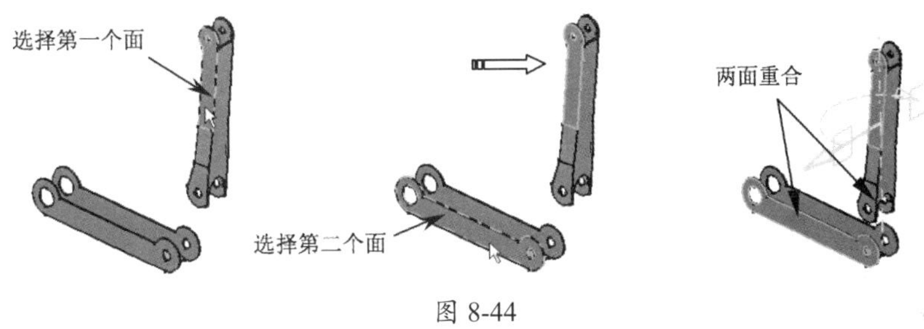

图 8-44

8.2.4　创建爆炸装配

利用“分解”命令，可以创建装配约束来爆炸装配，目的是为了了解零部件之间的位置关系，这有利于生成装配图纸。

选择要分解的零部件，在“移动”工具栏中单击“分解”按钮，弹出“分解”对话框。单击“应用”按钮自动创建爆炸装配图，如图 8-45 所示。

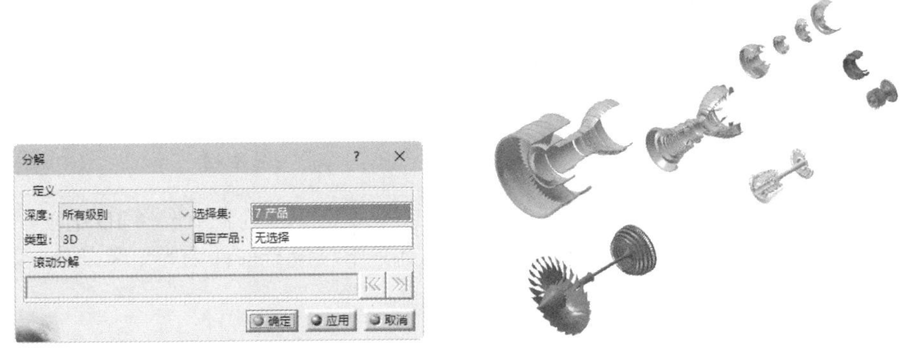

图 8-45

“分解”对话框的相关选项参数含义如下。

（1）“深度”选项：用于设置分解的层次（装配结构树中的节点层级），包括两个选项。

- 第一级别：只将产品总装配体的第一层炸开，其余层级的节点装配则不会炸开。
- 所有级别：将总装配体下的所有层级节点完全分解。

（2）“选择集”选项：用于选择并收集要分解的零部件。

（3）“类型”选项：用于设置分解类型，如图 8-46 所示，包括以下选项。

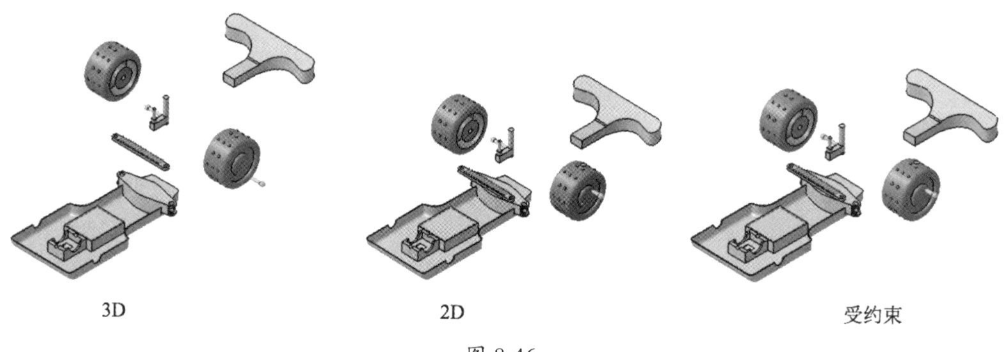

图 8-46

- 3D：将装配体在 3D 空间中分解。
- 2D：装配体分解后投影到 *XY* 平面上。
- 受约束：将装配体按照约束条件进行分解，默认情况下该类型的爆炸效果与2D效果相同。

（4）“固定产品”选项：用于选择分解时固定不动的零部件。

（5）“滚动分解”滚动条：拖动滚动分解的滚动条，改变从初始爆炸到完整爆炸的爆炸状态，可以单击|≪|与≫|按钮直接滚动到初始爆炸位置和最终爆炸位置。

动手操作——分解装配体

01 打开本例源文件 8-3.CATProduct，如图 8-47 所示。

02 在图形区中选中所有的装配体零部件，如图 8-48 所示。并在“移动”工具栏中单击“分解”按钮，弹出“分解”对话框。

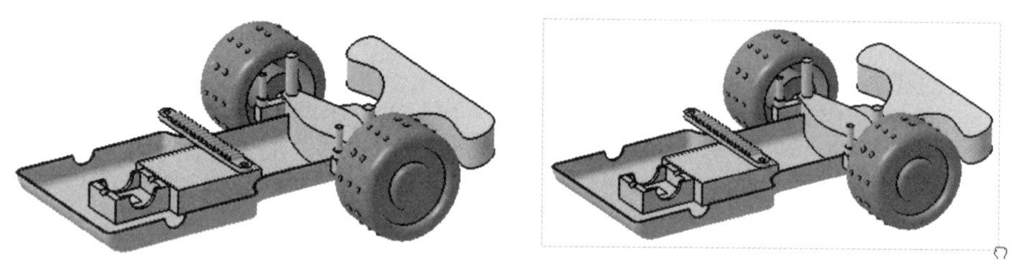

图 8-47　　图 8-48

03 在“深度”下拉列表中选择“所有级别”选项，在“类型”下拉列表中选择 3D 选项，单击“固定产品”文本框将其激活，然后到图形区中选择玩具车下箱板零部件为固定零部件，如图 8-49 所示。

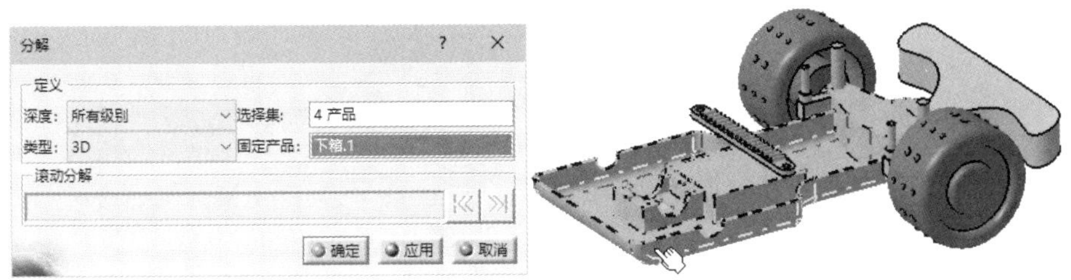

图 8-49

04 在“分解”对话框中单击“应用”按钮，弹出“信息框”对话框。提示可用 3D 指南针在分解视图内移动产品，并在视图中显示分解预览效果，如图 8-50 所示。

05 单击“确定”按钮，弹出“警告”对话框，单击“是”按钮完成分解，如图 8-51 所示。

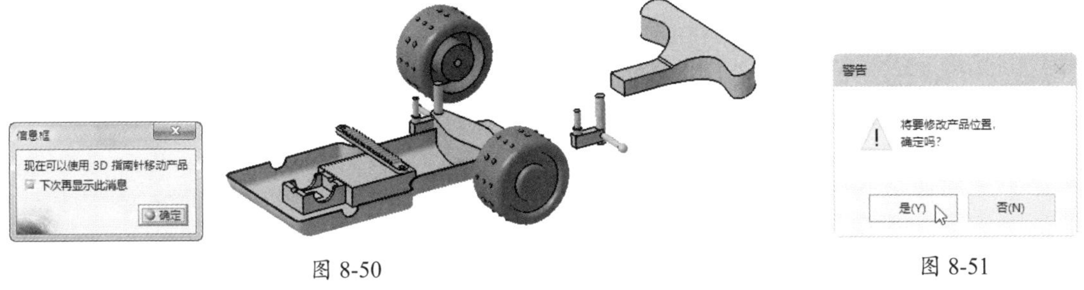

图 8-50　　　　图 8-51

技术要点

在创建分解状态时，可单击“移动”工具栏中的“操作”按钮，在弹出的“操作参数”对话框中选择移动方向，在图形区移动模型后重新分解。

8.3 装配修改

CATIA 提供的装配修改工具便于及时对错误的装配进行适当修改。本节将介绍约束编辑、替换部件、复制零部件、多实例化及特征阵列等的操作方法。

8.3.1 约束编辑

约束编辑可对当前的装配约束进行重命名约束、替换参考几何图素、约束重新连接等约束编辑操作，下面通过案例进行操作演示。

动手操作——编辑约束

01 打开本例源文件 8-4.CATProduct，如图 8-52 所示。

02 在装配结构树中展开“约束”节点，双击“相合.1”约束，弹出“约束定义”对话框。单击“更多”按钮，该对话框的右侧显示出更多的约束参数，如图 8-53 所示。

图 8-52

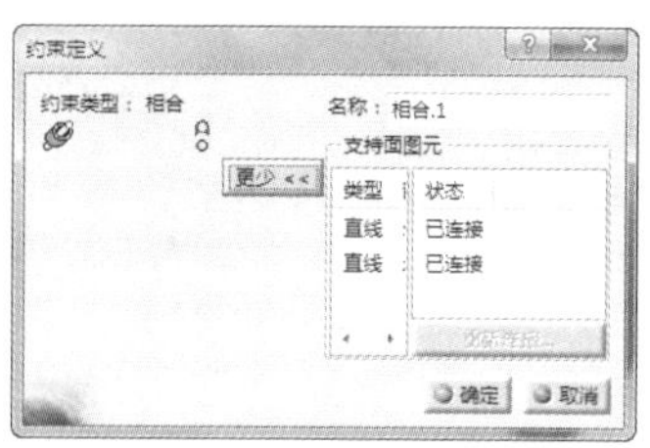

图 8-53

03 在“支持面图元”选项区左侧栏中右击，在弹出的快捷菜单中选择“居中”选项，在视图中将所选图素的约束显示在中心位置，如图 8-54 所示。

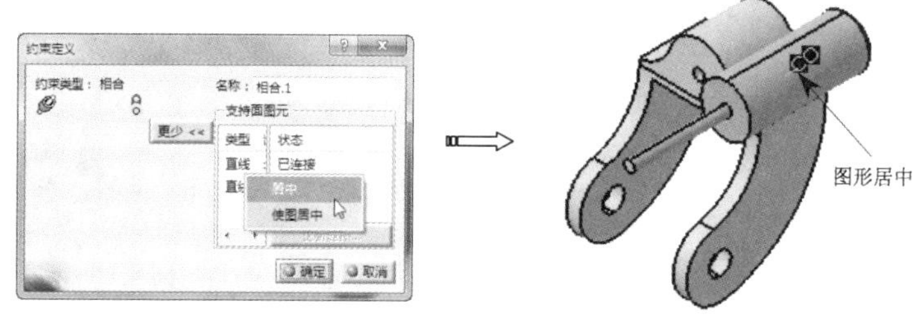

图 8-54

04 在“支持面图元”选项区左侧栏中右击，在弹出的快捷菜单中选择“使图居中”选项，在装配结构树中将所选约束显示在中心位置，如图 8-55 所示。

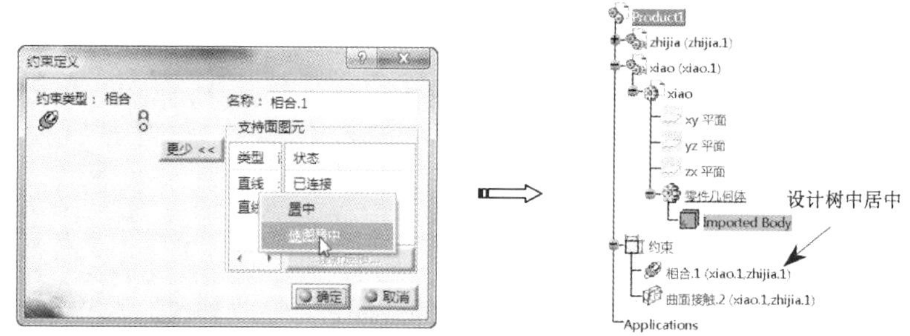

图 8-55

05 在“支持面图元”选项区右侧栏中选中第二行中的“已连接”，单击“重新连接”按钮，在图形区选择轴线，单击“确定”按钮完成约束参考图素的编辑，如图 8-56 所示。

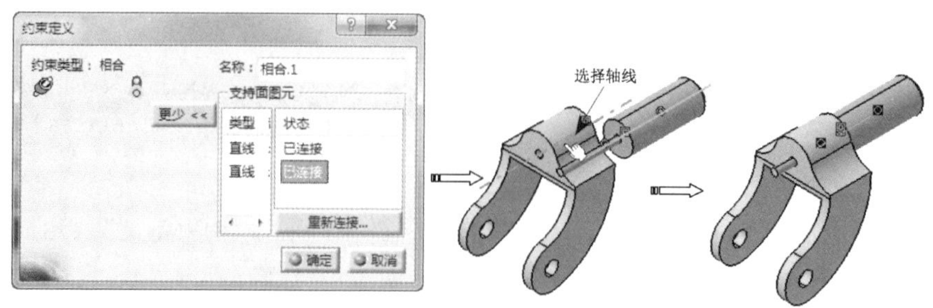

图 8-56

8.3.2　替换部件

“替换部件”工具用于对装配体中的零部件用新零件进行替换。在一个装配文档中，可用两个完全不同的零部件互相替换，如用一个型号的轴承替换另一型号的轴承。

动手操作——替换零部件

01 打开本例源文件 8-5.CATProduct，如图 8-57 所示。

02 单击“产品结构工具”工具栏中的“替换部件”按钮，从装配结构树中选择需要替换的零部件 xiao，如图 8-58 所示。

图 8-57　　　　图 8-58

03 在弹出的“选择文件”对话框中选择替换文件，如图 8-59 所示，单击“打开”按钮。

04 弹出“对替换的影响”对话框，如图 8-60 所示。保留默认设置，单击“确定”按钮完成零部件的替换。

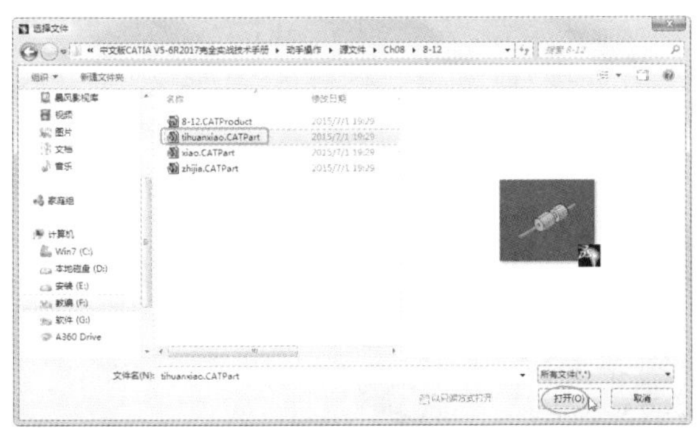

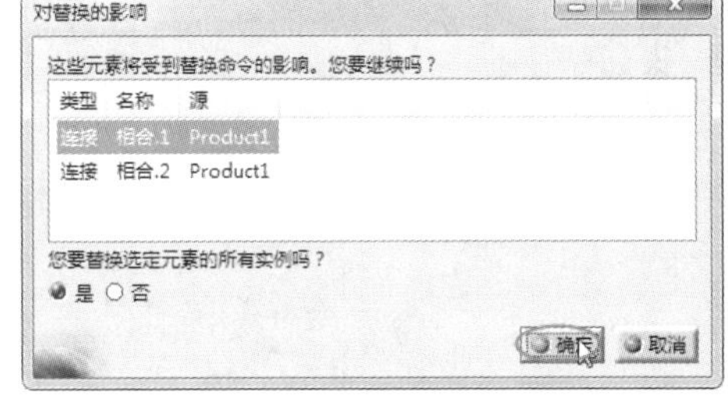

图 8-59　　　　图 8-60

05 替换完成后，原来 xiao 部件的约束已经失效（相合 .2），但替换后的零部件与其他零部件产生了新的约束（相合 .1），此时删除失效的约束即可，如图 8-61 所示。

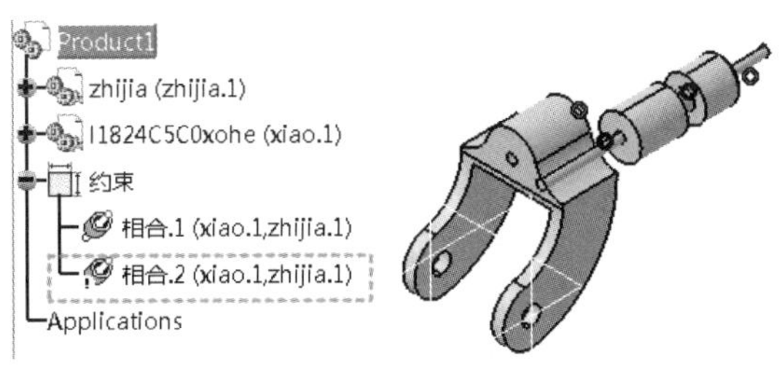

图 8-61

8.3.3 复制零部件

复制零部件是在装配体中创建零部件的副本对象，对于装配数量较少的相同零部件可以创建副本零部件来完成重复装配操作。

在装配结构树上选中要复制的零部件，并执行“编辑”|“复制”命令，或者右击，在弹出的快捷菜单中选择“复制”选项，创建出零部件的副本。接着在装配结构树中选择一个父节点进行粘贴操作，将副本粘贴到父节点之下，如图 8-62 所示。

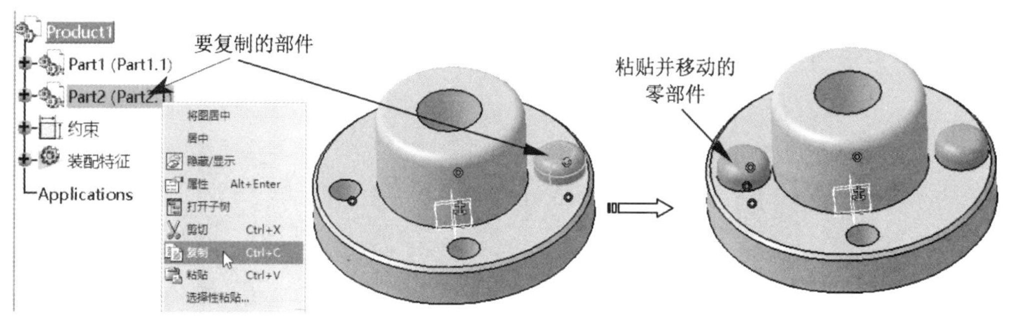

图 8-62

8.3.4 定义多实例化

“定义多实例化”命令可以对已插入的零部件进行多重复制，并可预先设置复制的数量及方向，常用于一个产品中存在多个相同的零部件。

单击“产品结构工具”工具栏中的“定义多实例化”按钮，弹出“多实例化”对话框。在结构树中选择要实例化的零部件，设置实例数、间距、参考方向后，单击“确定”按钮即可创建零部件的多实例，如图 8-63 所示。

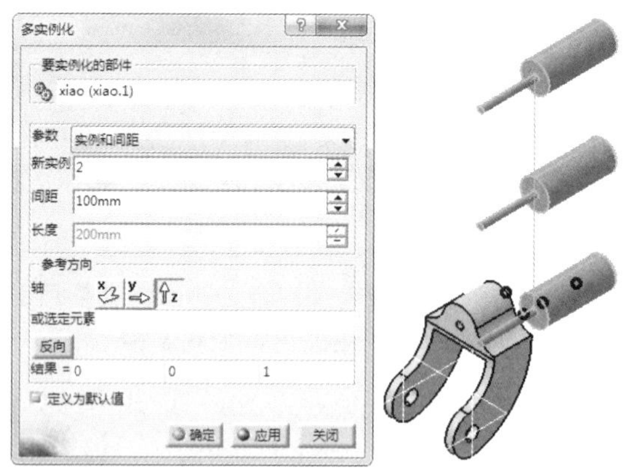

图 8-63

8.3.5 快速多实例化

“快速多实例化”命令用于对载入的零部件进行快速复制，复制的方式以“定义多实例化”

命令中的默认值为准。在“产品结构工具”工具栏中单击“快速多实例化”按钮，选择要实例化的零部件，单击“确定”按钮，即可自动创建副本实例化，如图 8-64 所示。一次操作将创建一个副本实例，可以连续单击“定义多实例化”按钮来创建多个副本实例。

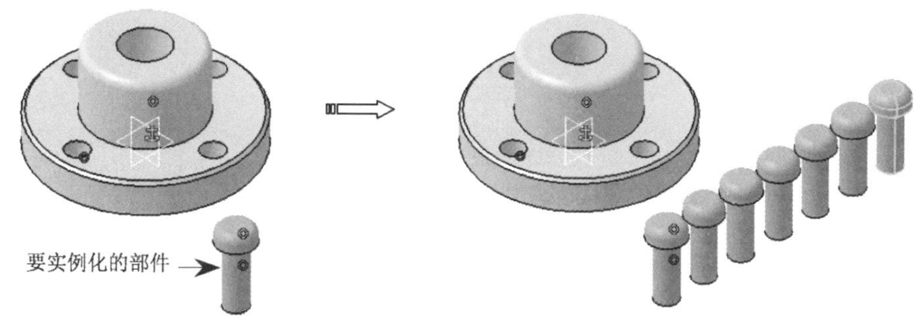

图 8-64

动手操作——多实例化

01 打开本例源文件 8-6.CATProduct，如图 8-65 所示。

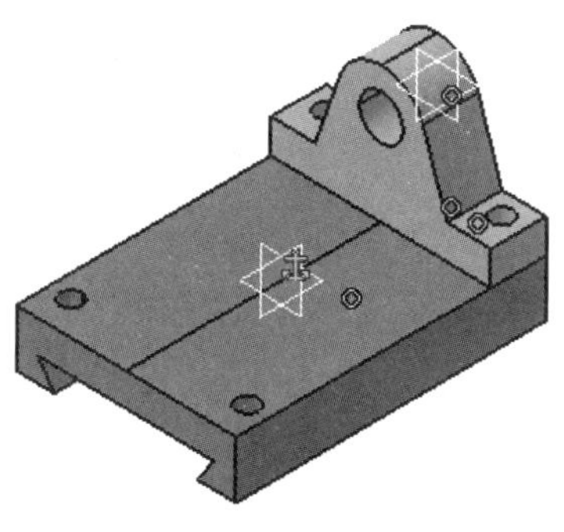

图 8-65

02 在“产品结构工具”工具栏中单击“定义多实例化”按钮，弹出“多实例化”对话框。

03 选择要实例化的部件，在“多实例化”对话框中设置实例化参数，单击“确定”按钮完成零部件的实例化操作，如图 8-66 所示。

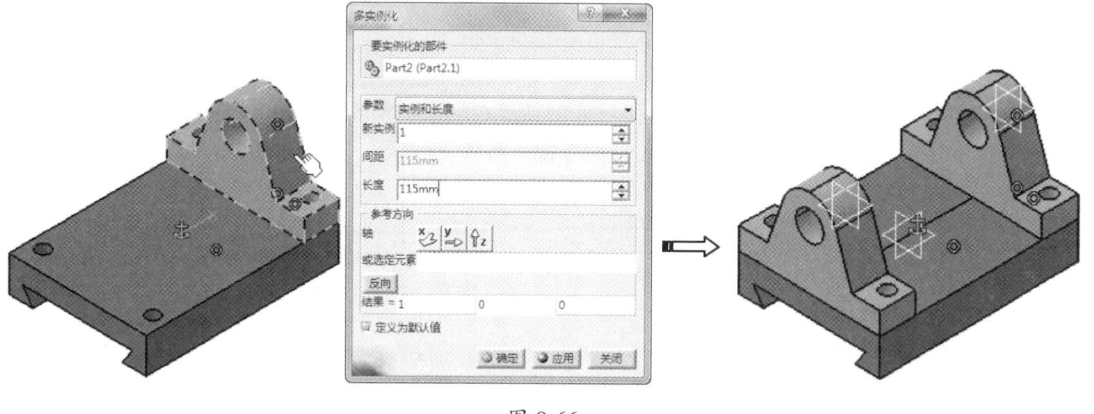

图 8-66

8.3.6 创建对称特征

“对称”命令用来创建零部件的副本，例如，镜像副本、平移副本和旋转副本。“对称”命令在“装配特征”工具栏中，如图 8-67 所示。

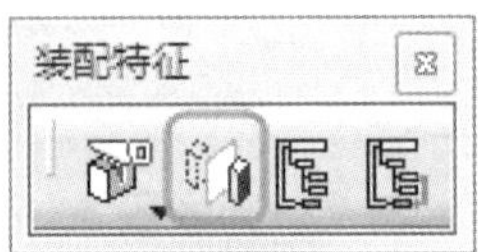

图 8-67

技术要点

“对称”工具与“移动”工具栏中的“平移或旋转”工具所产生的装配效果完全不同，前者可以创建零部件的副本特征，后者仅是在添加装配约束时对零部件的位置进行调整，并不产生副本。

动手操作——创建零部件的镜像复制

01 打开本例源文件 8-7.CATProduct，如图 8-68 所示。在装配结构树中将 Part1 零部件节点下的平面全部显示。

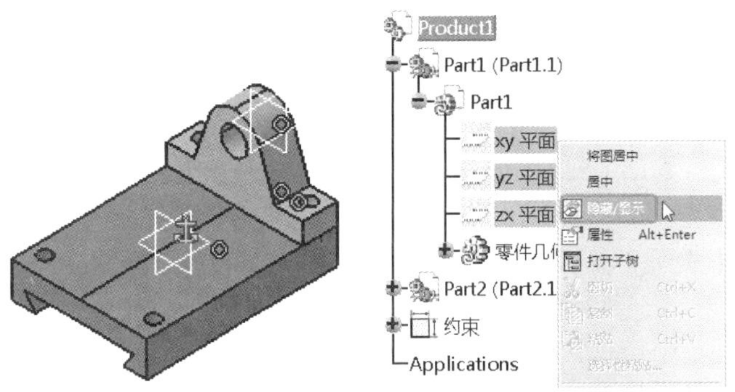

图 8-68

02 单击“装配特征”工具栏中的“对称”按钮，弹出“装配对称向导”对话框。

03 选择对称平面为 *yz* 平面，如图 8-69 所示。选择要对称的零部件 Part2，如图 8-70 所示。

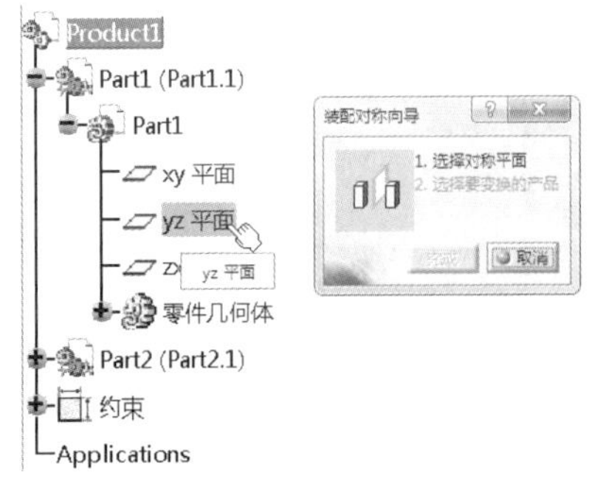

图 8-69

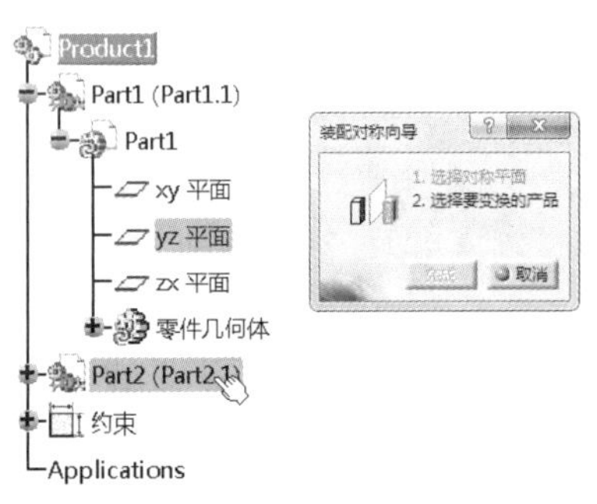

图 8-70

04 随后弹出“装配对称向导”对话框。选中“镜像，新部件”单选按钮，其余选项保留默认，单击“完成”按钮，如图 8-71 所示。

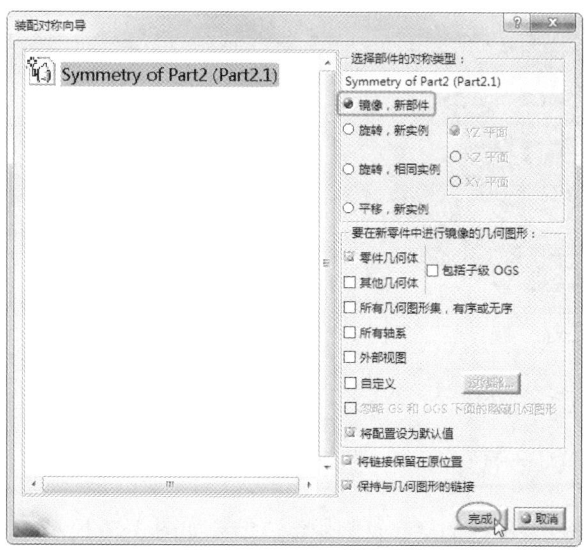

图 8-71

05 弹出“装配对称结果”对话框，显示增加新部件 1 个，产品数目 1 个。单击“关闭”按钮，完成零部件的镜像操作，如图 8-72 所示。

06 此时装配结构树中增加一个 Symmetry of Part2 零部件的副本，如图 8-73 所示。

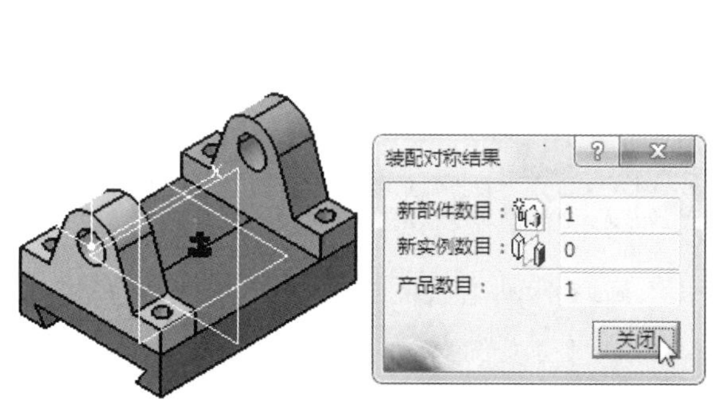

图 8-72

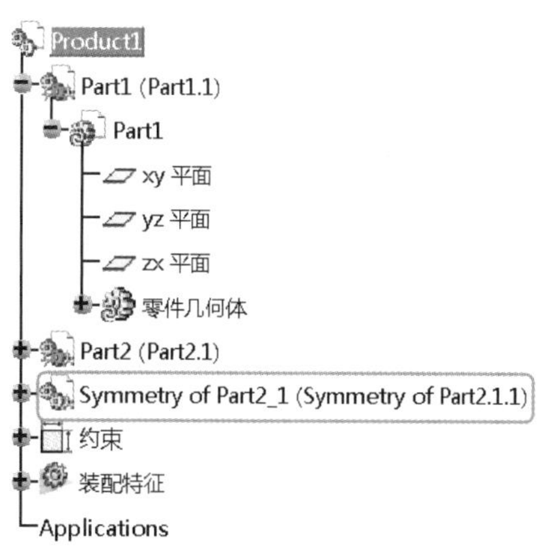

图 8-73

动手操作——创建零部件的旋转复制

01 打开本例源文件 8-8.CATProduct，如图 8-74 所示。

02 单击“装配特征”工具栏中的“对称”按钮，弹出“装配对称向导”对话框，依次选择对称平面（*yz* 平面）和要对称的零部件（Part2 螺钉）。

03 弹出“装配对称向导”对话框，选中“旋转，新实例”单选按钮，并选中“YZ 平面”单选按钮，如图 8-75 所示。

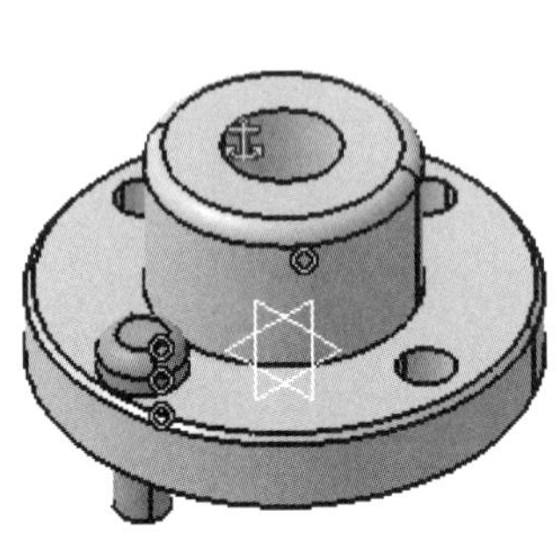
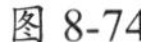

图 8-74

图 8-75

技术要点

如果选择“旋转，相同实例”选项，将不产生零部件的副本。

04 单击“完成”按钮完成零部件的旋转复制操作，结果如图 8-76 所示。

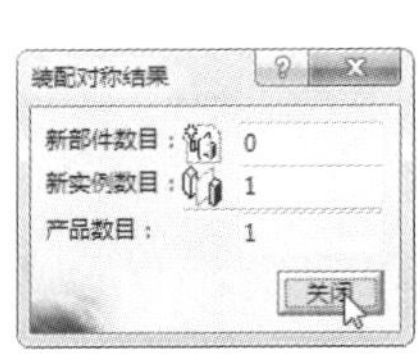

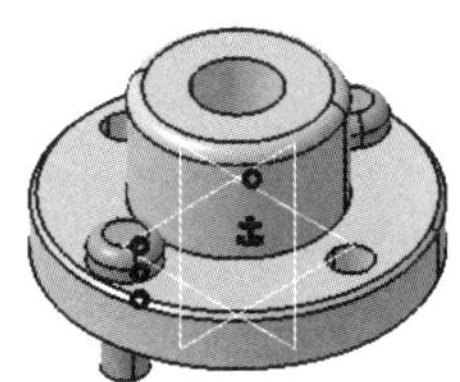

图 8-76

动手操作——创建零部件的平移复制

01 打开本例源文件 8-9.CATProduct，如图 8-77 所示。

02 单击“装配特征”工具栏中的“对称”按钮，选择对称平面（*yz* 平面）和要对称的零部件（03）。

03 弹出“装配对称向导”对话框，选中“平移，新实例”单选按钮，如图 8-78 所示。

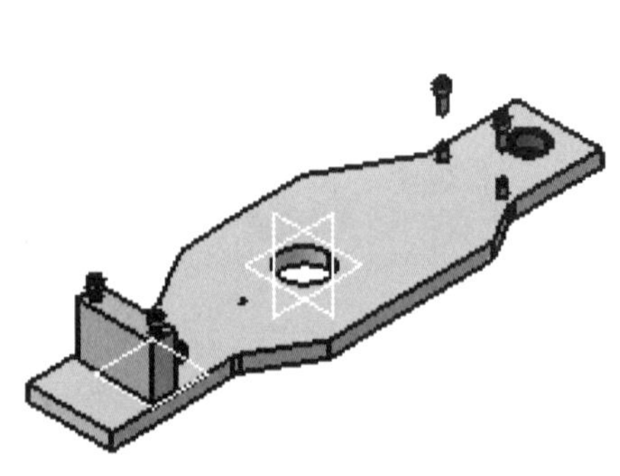

图 8-77

图 8-78

04 单击“完成”按钮，弹出“装配对称结果”对话框，显示增加新实例数目 1 个，产品数目 1 个，单击“关闭”按钮完成平移复制操作，如图 8-79 所示。

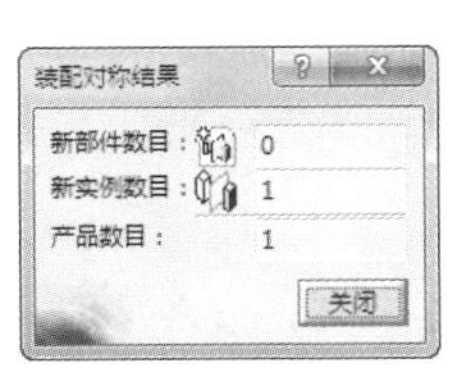

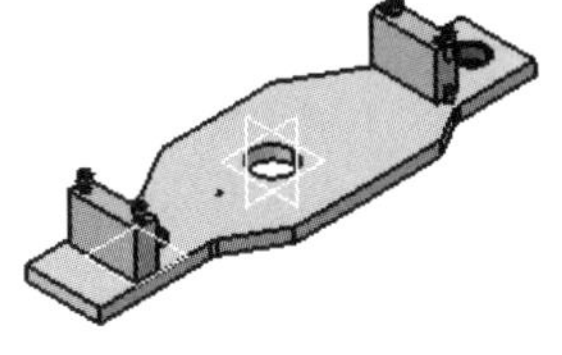

图 8-79

> **技术要点**
>
> 选中“平移，新实例”时，镜像对象以平移方式显示镜像结果，即根据镜像中心的两倍平移距离计算。

8.4 由装配部件生成零件几何体

从装配体生成 CATPart 是指利用现有装配生成一个新零部件。在新零部件中，装配中的各个零部件转换为零部件几何体。

动手操作——从产品生成 CATPart

01 打开本例源文件 8-10/Assembly_01.CATProduct，如图 8-80 所示。

02 执行“工具”|“从产品生成 CATPart”命令，弹出“从产品生成 CATPart”对话框。

03 在装配结构树中选择顶层节点 Assembly_01，该对话框中将显示新零部件编号，如图 8-81 所示。

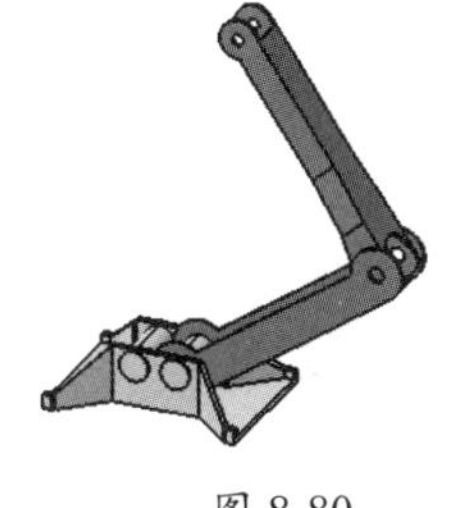

图 8-80

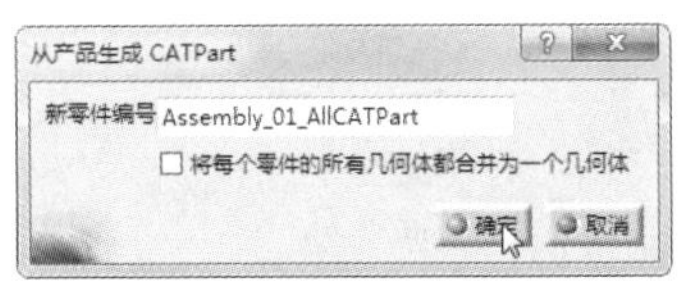

图 8-81

04 单击“确定”按钮完成新零部件的建立，生成的新零部件中所有零部件已经转换成相应的零件几何体，如图 8-82 所示。

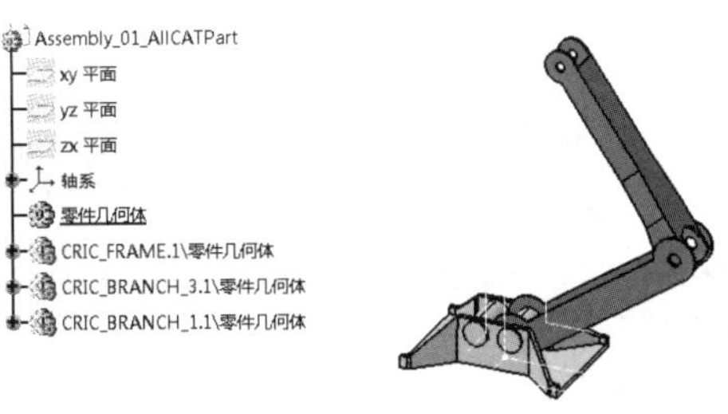

图 8-82

8.5 实战案例——鼓风机装配

引入文件：无

结果文件：\动手操作\结果文件\Ch08\fengji.CATProduct

视频文件：\视频\Ch08\鼓风机装配设计.avi

本例以鼓风机的自底向上装配为例，详解在CATIA中装配一个完整产品的操作方法。鼓风机的装配结构如图8-83所示。

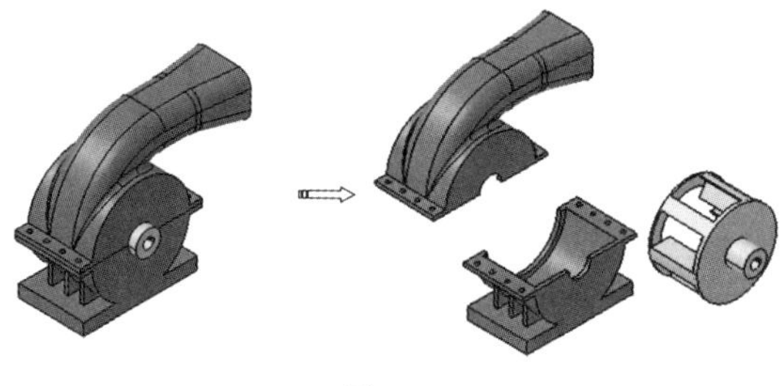

图8-83

操作步骤

01 在“标准”工具栏中单击“新建”按钮，在弹出的“新建”对话框中选择Product选项。单击“确定”按钮新建一个装配文件，并进入“装配设计”工作台，如图8-84所示。

02 单击“产品结构工具”工具栏中的“现有部件”按钮，在装配结构树中选取装配主体（Product节点）。在弹出的“选择文件”对话框中选择底座零部件文件xiaxiangti.CATPart，单击“打开”按钮，系统自动载入部件，如图8-85所示。

图8-84

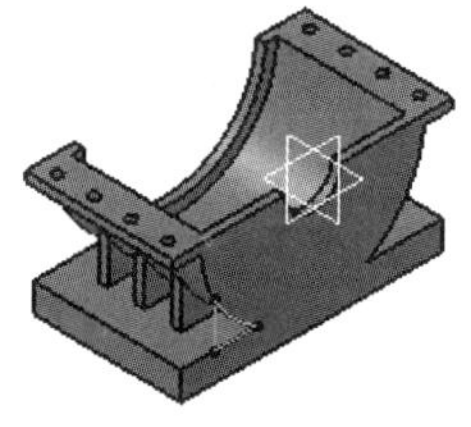

图8-85

03 单击“约束”工具栏中的“固定约束”按钮，选择底座部件创建固定约束，如图8-86所示。

04 同理，单击“现有部件”按钮，在装配结构树中选取Product1节点，并将风轮零部件文件fengji.CATPart自动载入，如图8-87所示。

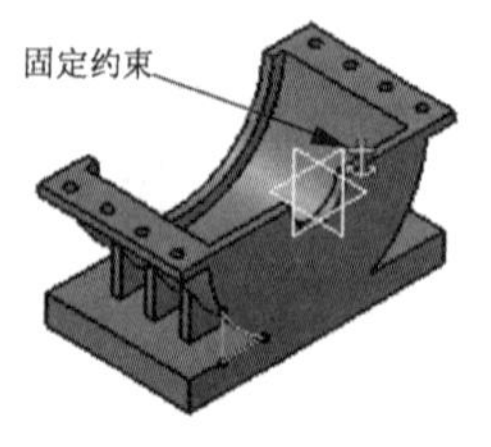

图8-86

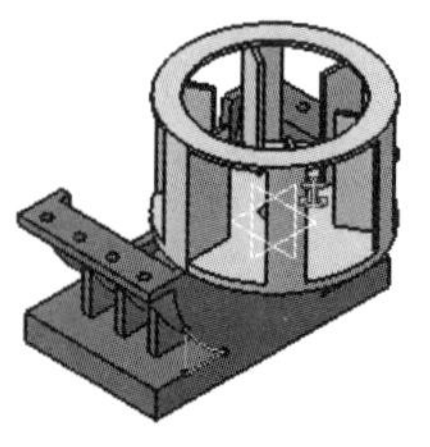

图8-87

05 在“移动”工具栏中单击“操作”按钮，利用旋转操作调整好位置，如图 8-88 所示。

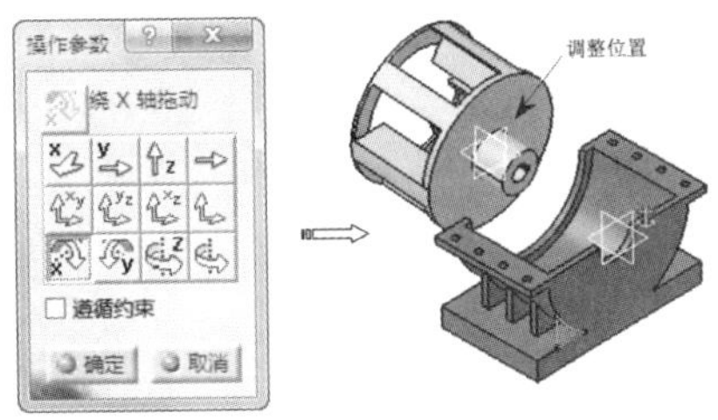

图 8-88

06 单击“约束”工具栏中的“相合约束”按钮，约束风轮轴线和底座孔轴线，单击“确定”按钮完成约束，如图 8-89 所示。

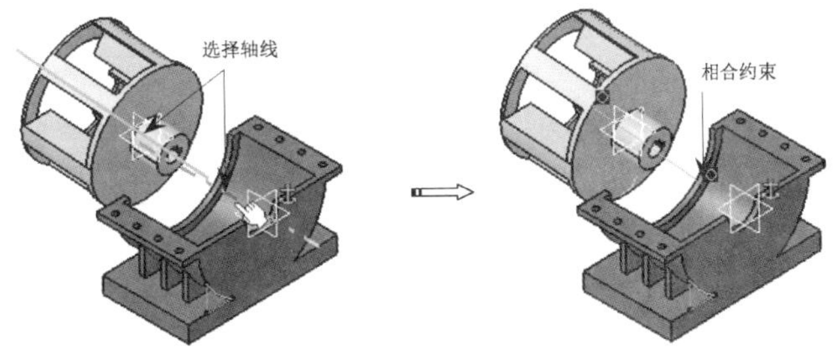

图 8-89

07 单击“约束”工具栏中的“偏置约束”按钮，分别选择风机端面和机座端面，弹出“约束属性”对话框，在“偏移”框中输入“偏置”值为 10，单击“确定”按钮，如图 8-90 所示。

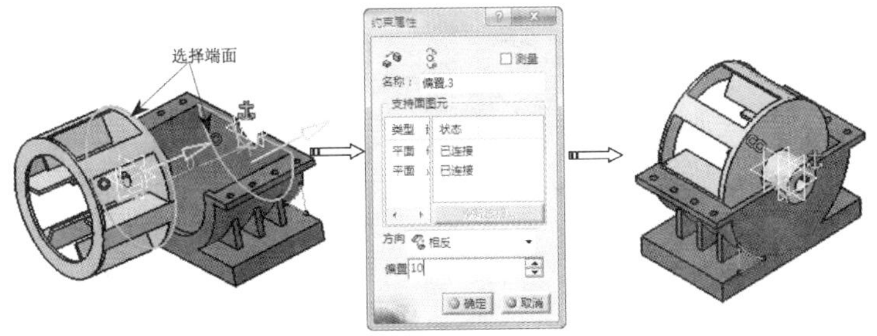

图 8-90

08 单击“产品结构工具”工具栏中的“现有部件”按钮，在装配结构树中选取 Product1 节点，选择零部件上箱体文件 shangxiangti.CATPart 并自动载入，再用移动操作调整好位置，如图 8-91 所示。

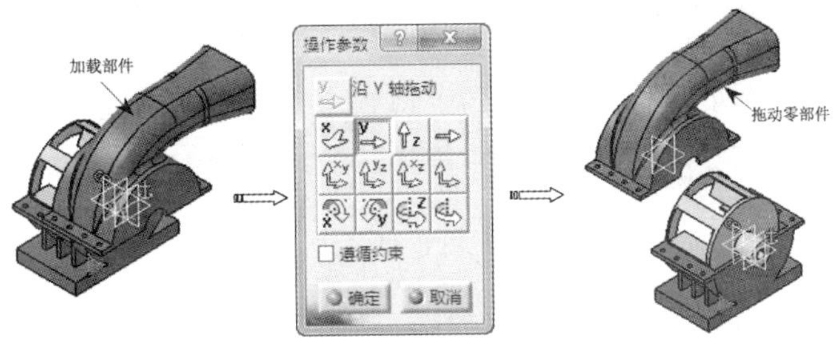

图 8-91

09 单击“约束”工具栏中的“相合约束”按钮，约束风机轴线和上箱体孔轴线，单击“确定”按钮完成约束，如图 8-92 所示。

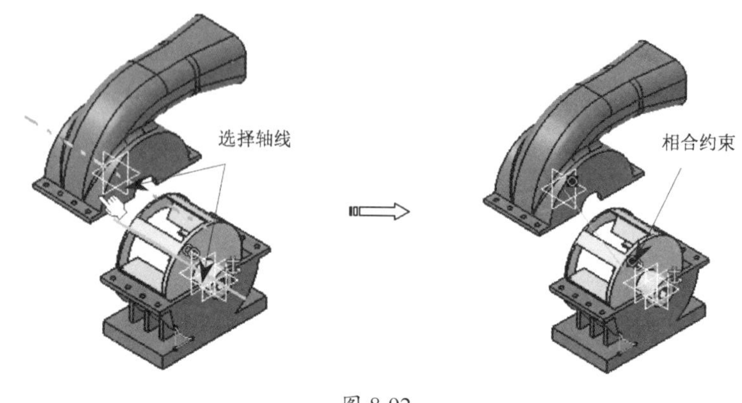

图 8-92

10 单击“约束”工具栏中的“相合约束”按钮，约束上箱体侧面和下座端面，单击“确定”按钮完成约束，如图 8-93 所示。

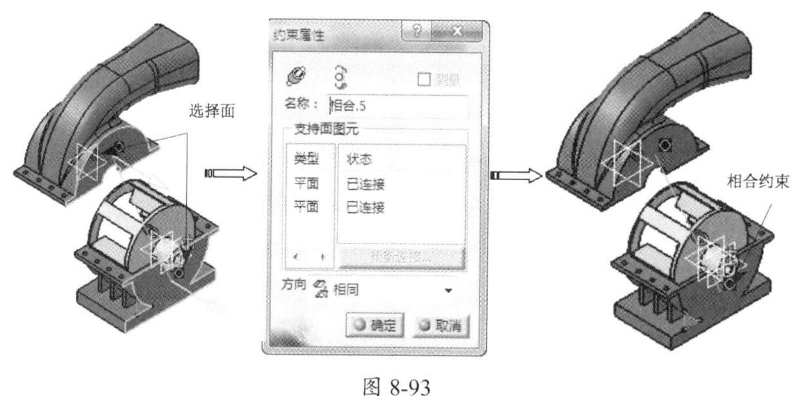

图 8-93

11 单击“约束”工具栏中的“接触约束”按钮，约束上箱体和下座端面，系统自动完成接触约束，如图 8-94 所示。

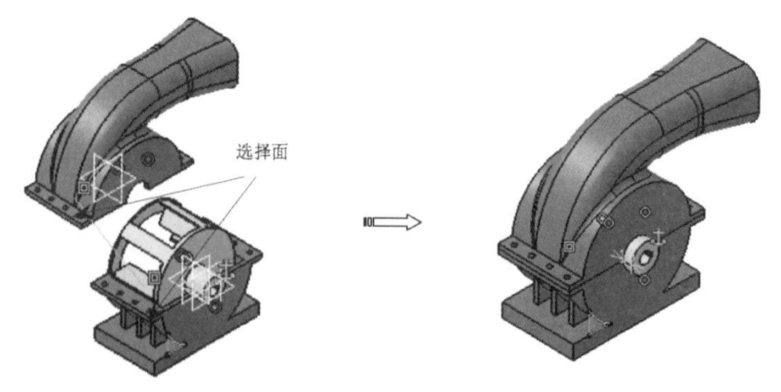

图 8-94

12 单击“移动”工具栏中的“分解”按钮，弹出“分解”对话框。在“深度”下拉列表中选择“所有级别”选项，单击激活“选择集”文本框，在装配结构树中选择装配根节点（即选择所有的装配组件）作为要分解的装配组件，在“类型”下拉列表中选择 3D 选项，单击激活“固定产品”文本框，选择如图 8-95 所示的零部件为固定零部件。

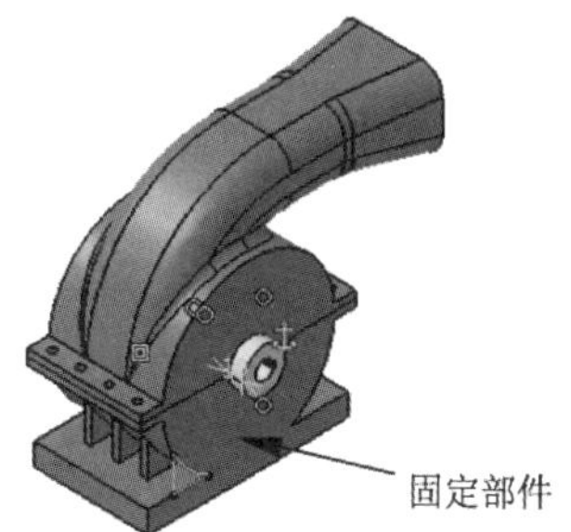

图 8-95

13 单击“应用”按钮，弹出“信息框”对话框，如图 8-96 所示，提示可以使用 3D 指南针在分解视图内移动产品，并在视图中显示分解预览效果，单击“确定”按钮，弹出“警告”对话框，单击“是”按钮，完成分解。如图 8-97 所示。

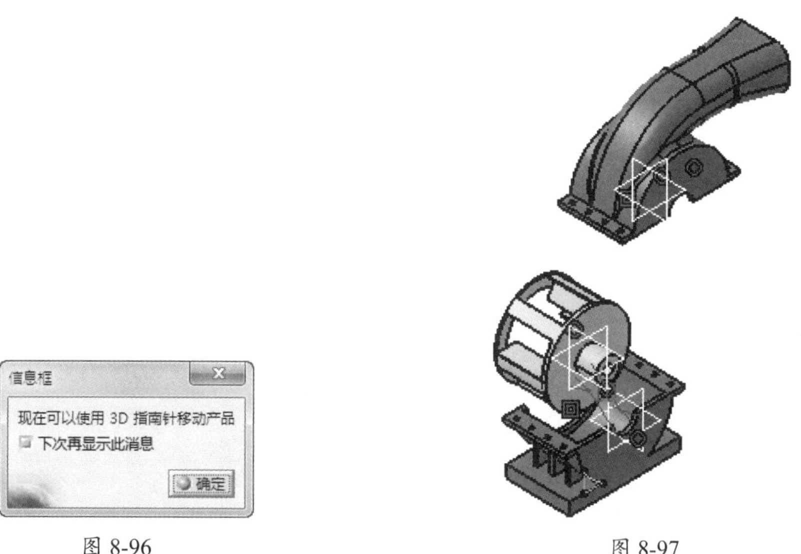

图 8-96　　图 8-97

14 单击“全部更新”按钮，即可将分解图恢复到装配状态，如图 8-98 所示。

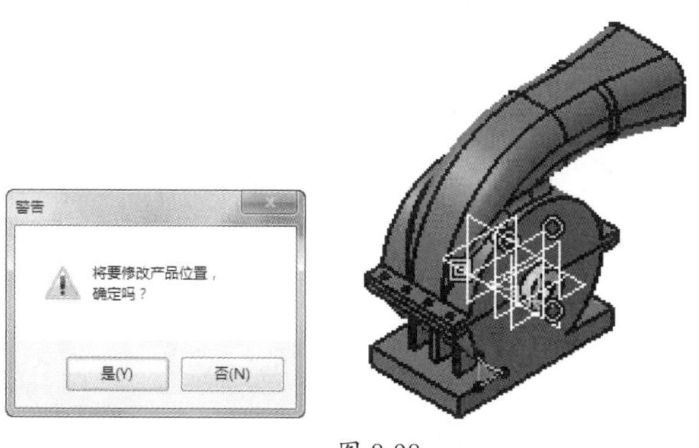

图 8-98

8.6 课后习题

习题一

通过调用 CATIA 装配命令，创建如图 8-99 所示的机械手装配体结构。

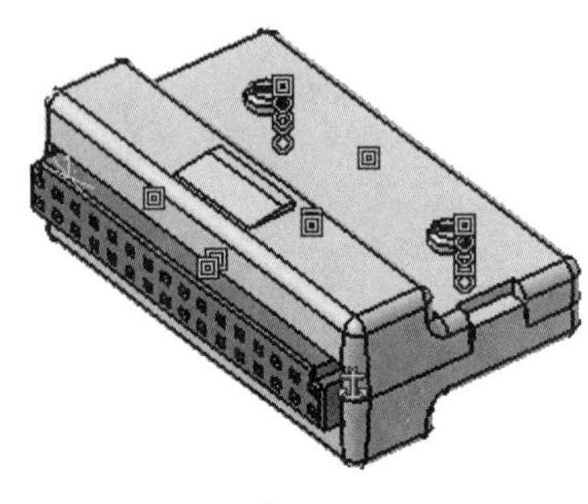

图 8-99

读者将熟悉如下内容。

（1）创建装配体文件。

（2）添加现有部件。

（3）装配约束。

（4）爆炸图。

习题二

通过调用 CATIA 装配命令，创建如图 8-100 所示的读卡器装配体结构。

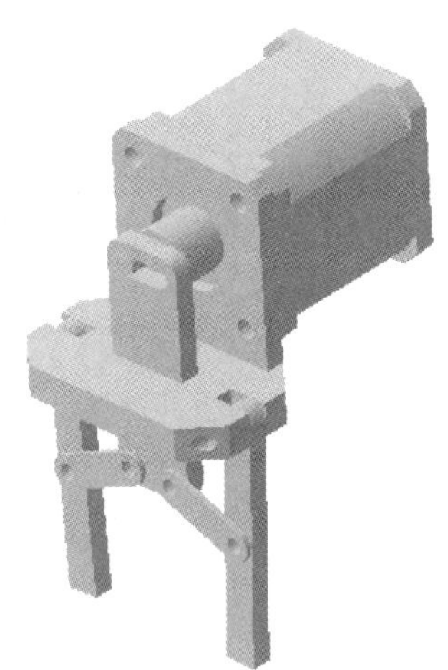

图 8-100

读者将熟悉如下内容：

（1）创建装配体文件。

（2）添加现有部件。

（3）装配约束。

（4）爆炸图。

第 9 章　工程图设计指令

项目导读

随着三维 CAD 软件的发展，利用计算机进行 3D 建模的效率和质量在不断提升，但是 3D 模型还不能将所有的设计要求表达清楚。本章将学习 CATIA V5-6 R2017 中的工程制图模块，该模块也是 CATIA 中比较重要的模块之一，并且在实际的工作中，各类技术人员也将工程图作为技术交流的主要工具。

- ◆ 工程图概述
- ◆ 定义工程图纸
- ◆ 创建工程视图
- ◆ 标注图纸尺寸
- ◆ 文本注释

9.1 工程图概述

CATIA 是一个参数化的设计系统，利用 CATIA 创建的工程图与其实体模型具有相关性（若修改了实体模型，则工程图也会发生相应变化；若修改了工程图中的尺寸，则实体模型也会发生相应变化）。这种具有相关性及参数化的设计方法给工程师带来了极大方便。下面列举了一些 CATIA 工程图中非常实用的功能和特点。

- 能够方便地创建各种视图。
- 能够灵活地控制视图的显示模式与视图中各边线的显示模式。
- 能够通过草绘的方式添加图元，以填补视图表达的不足。
- 既可以自动创建尺寸，也可以手动添加尺寸（自动创建的尺寸为零件模型中包含的尺寸，属于驱动尺寸，修改驱动尺寸可以驱动零件模型做出相应的修改）。
- 尺寸的编辑与整理非常容易，能够统一编辑管理。
- 能够通过各种方式添加注释文本，并且按照需要自定义文本样式。
- 能够添加基准、尺寸公差和几何公差，并且通过符号库添加符合标准与要求的表面粗糙度符号和焊缝符号。
- 能够创建普通表格、零件族表、孔表和材料清单，并且自定义工程图的格式。
- 能够自定义绘图模板，并且定制文本样式、线型样式和符号。利用模板创建工程图能够避免大量的重复劳动。
- 能够自定义 CATIA 的配置文件，使工程图符合不同标准的要求。

- 能够从外部插入工程图文件，也可以导出不同类型的工程图文件，实现对其他软件的兼容。
- 能够输出打印工程图。

CATIA 的工程图从 3D 零件和装配中直接生成相互关联的 2D 图样。下面介绍如何进入工程图工作台，以及进行工程图环境设置的方法。

9.1.1 工程图工作台界面

在利用 CATIA V5-6R2017 创建工程图时，需要先完成零件或装配设计，然后由 3D 实体创建 2D 工程图，这样才能保持相关性，所以在进入 CATIA V5-6R2017 工程图时要求先打开产品或零件模型，然后再转入工程图工作台。

CATIA V5-6R2017 工程图工作台界面如图 9-1 所示，与旧版软件相比，界面中增加了图纸设计的相关命令和工程图结构树。

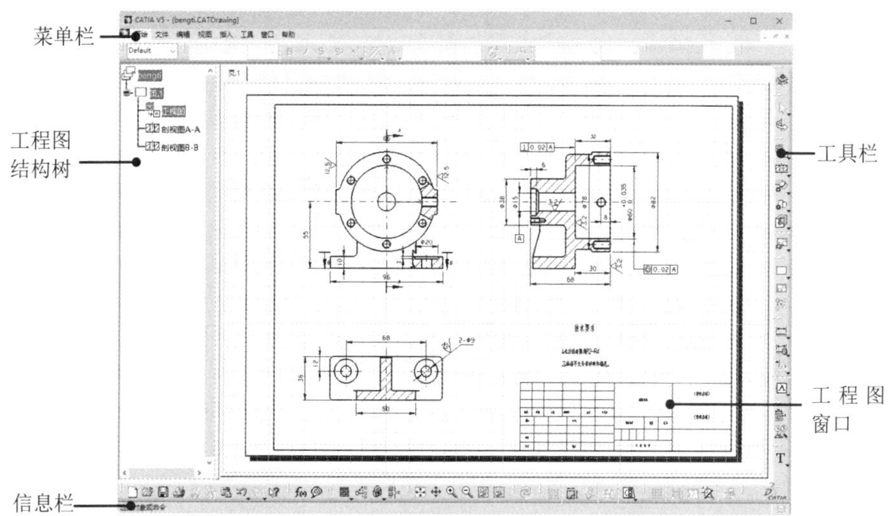

图 9-1

9.1.2 工程图环境设置

在创建工程图之前要设置绘图环境，使其符合 GB 制图的基本要求。下面以实例的形式来说明符合 GB 制图要求的环境设置全过程。

动手操作——工程图环境设置

01 将本例源文件夹中的 GB.xml 文件复制到 CAITA 软件程序的安装路径〔X（盘符）:\Program Files\Dassault Systemes\B27\win_b64\resources\standard\drafting〕下的文件夹中。

02 在源文件夹中双击 ChangFangSong.tff 字体文件，将其默认安装在系统中，也可以将其复制并粘贴到 C:\Windows\Fonts 文件夹中。

03 执行“工具”|“选项”命令，弹出“选项”对话框。在“常规”|“兼容性”选项节点中单击选项卡右侧的▸按钮，向右逐一显示选项卡，直至显示 IGES 2D 选项卡，如图 9-2 所示。

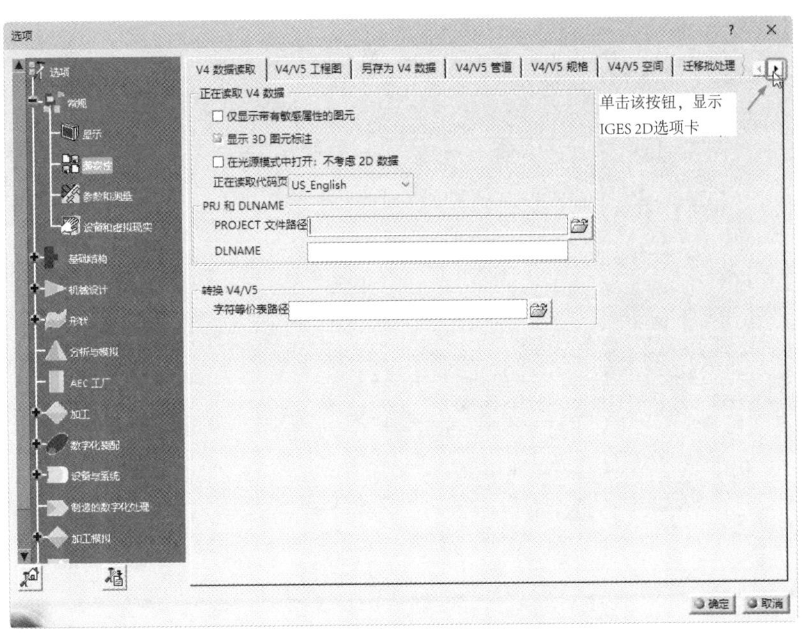

图 9-2

04 在 IGES 2D 选项卡的“工程制图”下拉列表中选择 GB 选项作为工程图标准，如图 9-3 所示。

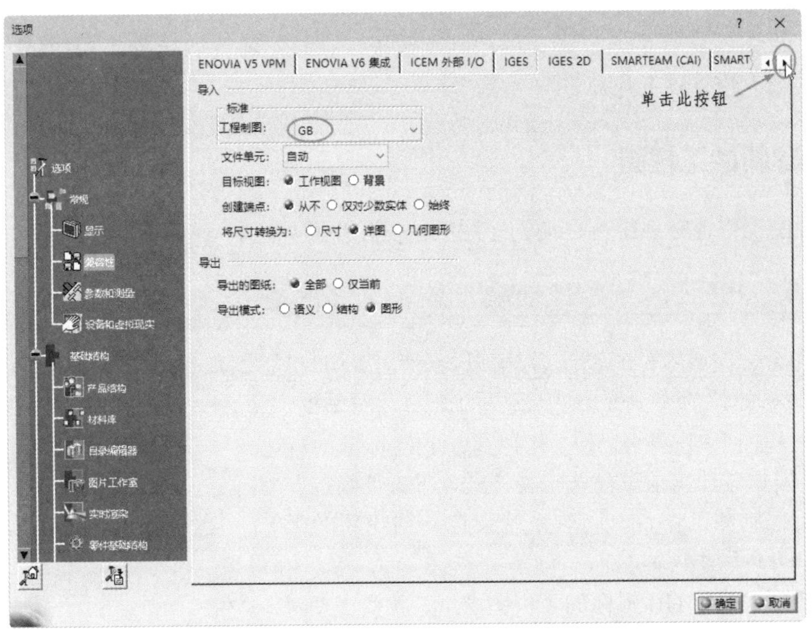

图 9-3

05 在“机械设计”|“工程制图”选项节点中，进入“视图”选项卡选中“生成轴”“生成螺纹”“生成中心线”“生成圆角”等复选框。单击“生成圆角”选项后的“配置”按钮，在弹出的“生成圆角”对话框中选中“投影的原始边线”单选按钮，完成工程图环境的配置，如图 9-4 所示。

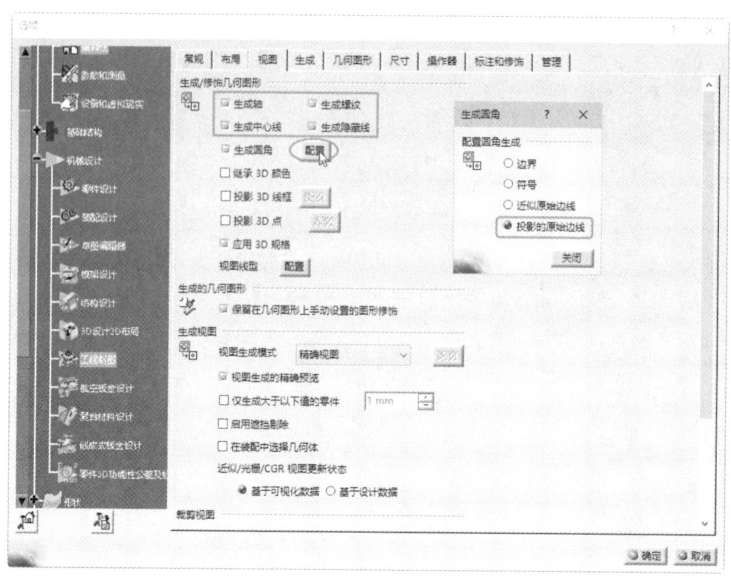

图 9-4

9.2 定义工程图纸

要建立工程图就需要事先定义工程图制图模板，在这里称为“定义工程图纸”。在 CATIA 中定义工程图纸大致有以下几种方法。

9.2.1 创建新的工程图

进入工程图工作台时系统会自动创建图纸，操作步骤如下。

动手操作——创建新工程图

01 在零件工作台中完成零件的设计后，可以执行“开始”|“机械设计”|“工程制图”命令，弹出“创建新工程图”对话框。

02 “创建新工程图”对话框显示了几种基于 ISO 标准的视图布局样式，根据设计需求可任选一种样式，单击“确定”按钮，进入工程制图工作台，同时系统会自动创建新的工程图图纸，如图 9-5 所示。

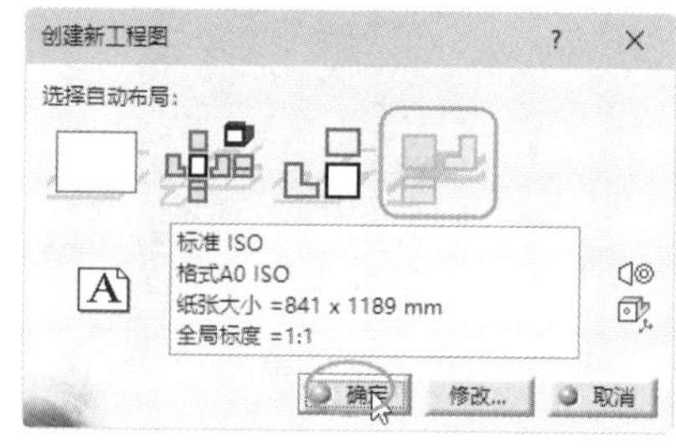

图 9-5

03 但是，若要创建基于 GB 国标的工程图图纸，就要在“创建新工程图”对话框中单击“修改”按钮，在弹出的“新建工程图”对话框中选择 GB 标准与图纸样式，单击“确定”按钮完成 GB 标准的图纸修改，如图 9-6 所示。

04 如果事先没有设计零件模型，将创建一张空白的图纸，在“创建新工程图”对话框中单击“确定”按钮会弹出“工程图错误”提示信息对话框，单击“确定”按钮完成空白图纸的创建，如图 9-7 所示。

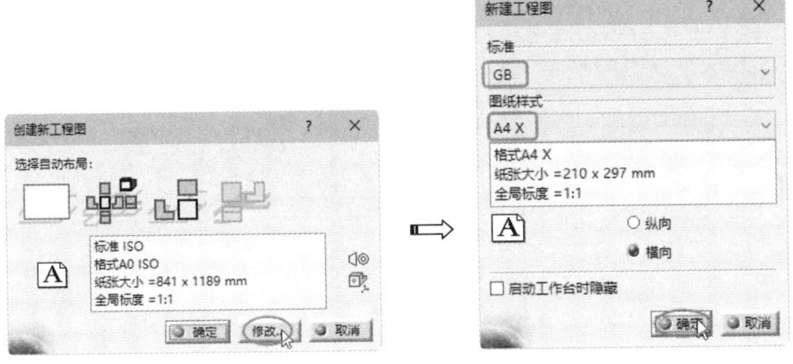

图 9-6

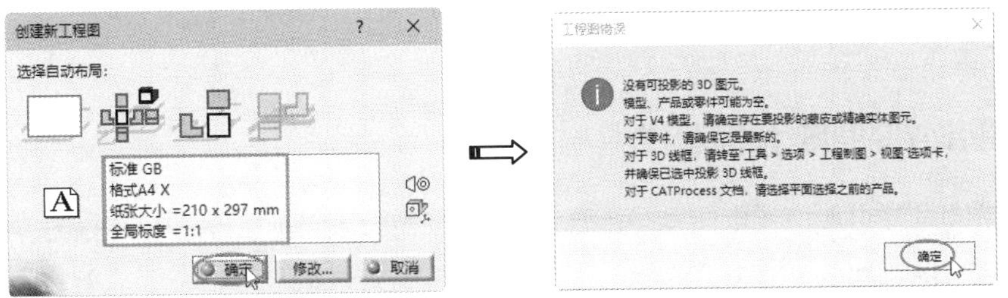

图 9-7

9.2.2　新建图纸页

进入工程图工作台后，系统会自动创建一个默认名为“页 .1”的图纸页，所有创建或添加的制图要素都会保存在该图纸页中。若需要在一个工程图图纸模板中创建多张工程图（对于装配体的零件图纸就是如此），可在“工程图”工具栏中单击“新建图纸”按钮□添加新的图纸页，如图 9-8 所示。

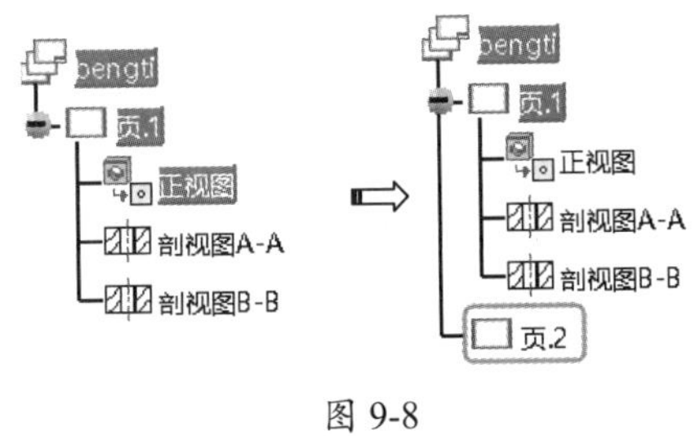

图 9-8

提示：

无论添加多少页新图纸，其制图模板是相同的，都是基于第一次建立的新工程图的图纸标准和图纸样式。

9.2.3　新建详图

详图是表达机械零件局部结构的大样图，详图不是局部视图或详细视图，而是一张独立的图纸。所以需要在“工程图”工具栏中单击“新建详图”按钮，创建新的详图图纸页，如图 9-9 所示。

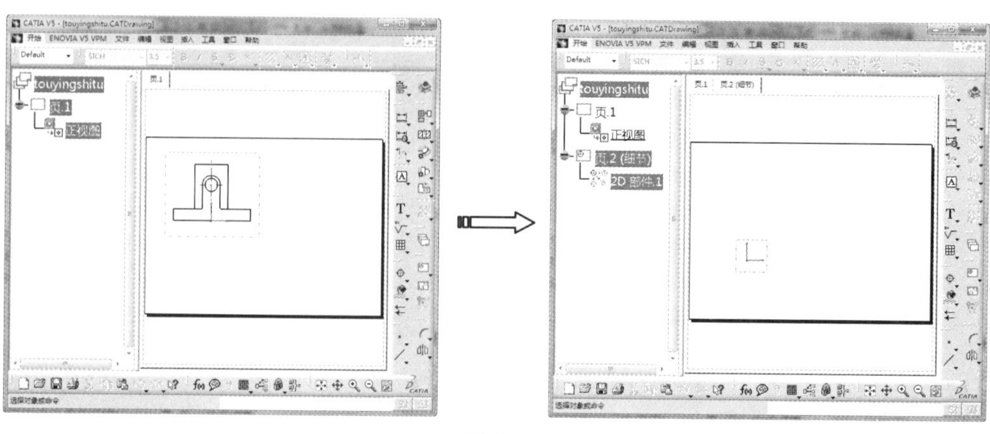

图 9-9

9.2.4 图纸中的图框和标题栏

新建的图纸页中并没有图纸图框与标题栏，下面介绍 3 种添加图框和标题栏的方式。

1. 新建图框和标题栏

CATIA V5-6R2017 提供了创建图框和标题栏的工具，在图纸区的模板背景下直接利用绘图和编辑命令直接绘制图框和标题栏。

动手操作——创建图框和标题栏

01 进入工程图工作台后，执行“编辑”|“图纸背景”命令，进入图纸背景编辑状态。

02 可以利用 CAITA 提供的草图绘制命令和表格命令，绘制出所需的图框和标题栏，如图 9-10 所示。

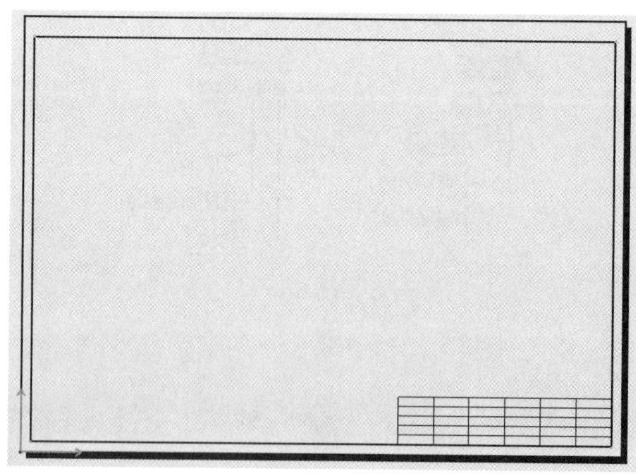

图 9-10

2. 管理图框和标题栏

鉴于手工绘制图框和标题栏的步骤较为烦琐，也可以通过管理图框和标题栏来导入标准的工程图模板，以此来提高制图效率。

动手操作——导入工程图模板

01 将本例源文件夹（9-2/CATIA 工程图模板 \FrameTitleBlock）中的所有文件复制到 X（盘符）:\Program Files\Dassault Systemes\B27\win_b64\VBScript\FrameTitleBlock 路径中进行粘贴并替换。

02 执行“编辑”|“图纸背景”命令，进入图纸背景编辑模式。

03 在右侧工具栏中单击“框架和标题节点”按钮，弹出“管理框架和标题块”对话框。

04 在“标题块的样式”下拉列表中可选择 GB_Titleblock1、GB_Titleblock2 或 GB_Titleblock3 标题栏样式，并在“指令”列表中选择 Creation 指令，右侧显示图框及标题栏的预览，如图 9-11 所示。

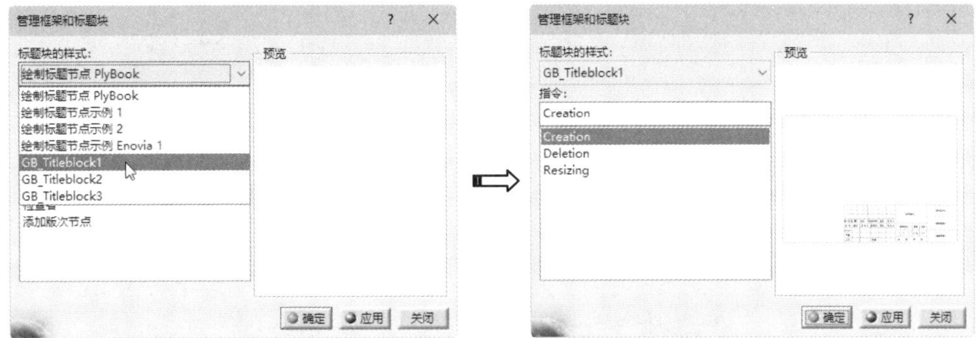

图 9-11

05 单击“确定”按钮，图纸背景模板中插入了图框与标题栏，如图 9-12 所示。

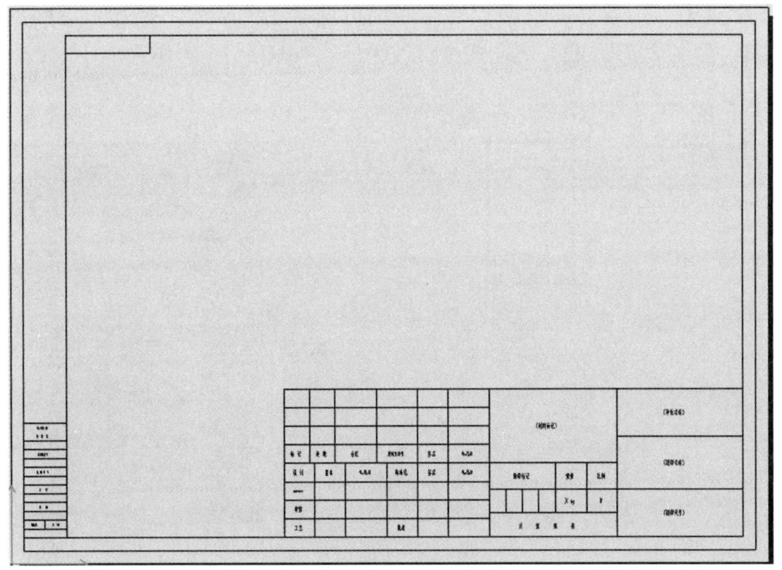

图 9-12

06 执行“编辑”|“工作视图”命令，返回工作视图模式。

3. 插入背景视图

除了前面介绍的两种方式，还可以将图纸模板（图框与标题栏）以背景视图的方式插入当前工作视图中。

动手操作——插入背景视图

01 新建工程图（选择 GB 标准的 A4X 纵向图纸样式）进入工程图工作台中。

02 执行“文件”|“页面设置”命令，弹出“页面设置”对话框。

03 在“页面设置”对话框中单击 Insert Background View（插入背景视图）按钮，弹出“将元素插入图纸”对话框，如图 9-13 所示。

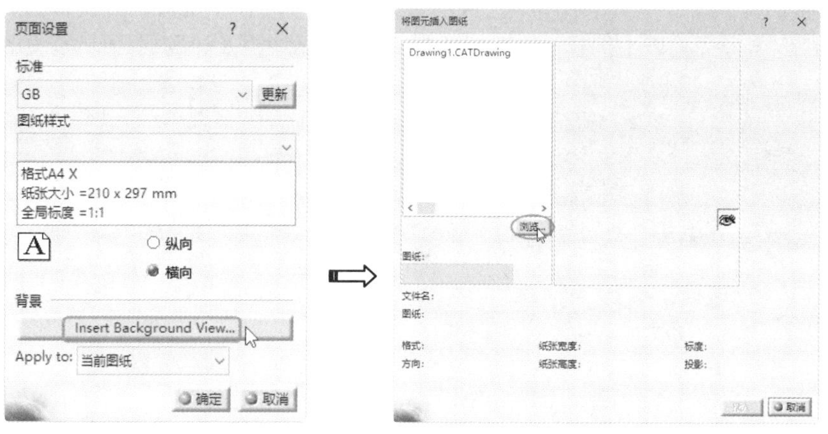

图 9-13

04 单击“浏览”按钮，从本例源文件夹中打开 A4_zong.CATDrawing 图纸文件（将作为图元的形式插入当前图纸页中），返回“页面设置”对话框并单击“插入”按钮，退回到“页面设置”对话框，单击“确定”按钮完成背景视图的插入操作，如图 9-14 所示。

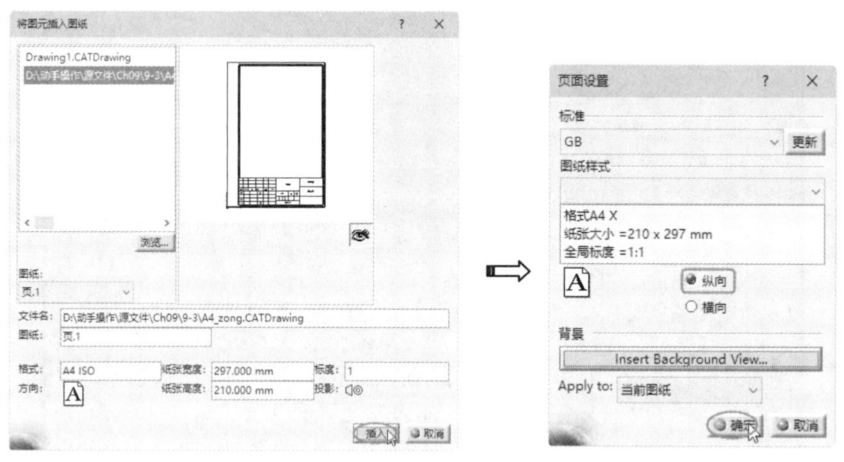

图 9-14

技术要点：

如果是新建图纸时选择了不合适的图纸样式，还可以在“页面设置”对话框中重新选择图纸标准、图纸样式和图幅方向。

05 在图纸背景中插入的图框和标题栏如图 9-15 所示。

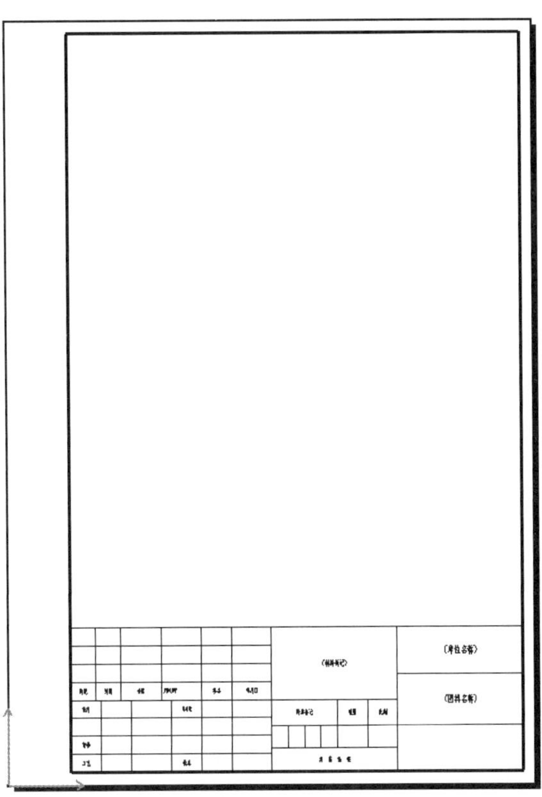

图 9-15

9.3 创建工程视图

一幅完整的机械零件工程图是由多个视图组成的，主要用来表达机件内、外部形状和结构。下面详细介绍在 CATIA 工程图工作台中常见的几种视图类型。

9.3.1 创建投影视图

在工程制图中经常把物体在某个投影面上的正投影称为“视图”，相应的投射方向称为“视向”，包括正视、俯视、侧视。正面投影、水平投影、侧面投影所得的视图图形分别称为正视图、俯视图、侧视图。

单击“视图”工具栏中“正视图”按钮右下角的小三角形，弹出“投影”工具栏，其中包括多个相关投影视图的按钮，如图 9-16 所示。

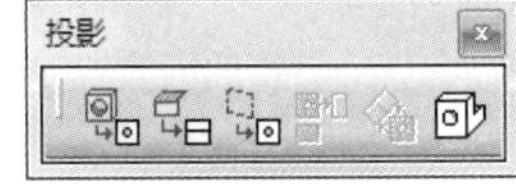

图 9-16

1. 正视图

正视图是 CATIA 工程视图创建的第一步，有了它才能创建其他视图、剖视图和断面图等。

动手操作——创建正视图

01 打开本例源文件 9-4.CATPart，执行“开始”|“机械设计”|“工程制图”命令，选择空白模

板后进入工程图工作台，如图 9-17 所示。

02 单击“投影”工具栏中的“正视图”按钮，执行“窗口”|9-4.CATPart 命令，切换到零件模型窗口。

03 在工程图窗口或工程图结构树中选择 *zx* 平面作为投影平面，如图 9-18 所示。

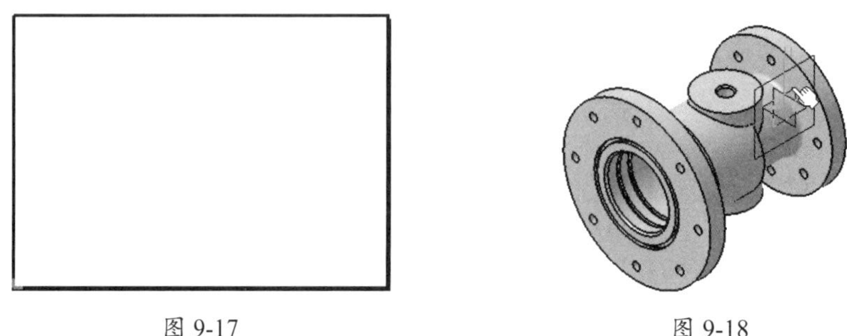

图 9-17　　图 9-18

04 选择投影平面后系统自动返回工程图工作台，并显示正视图预览，同时显示方向控制器。

05 单击绿色旋转手柄顺时针旋转 90°，在图纸页空白处单击，即可自动完成主视图的创建，如图 9-19 所示。

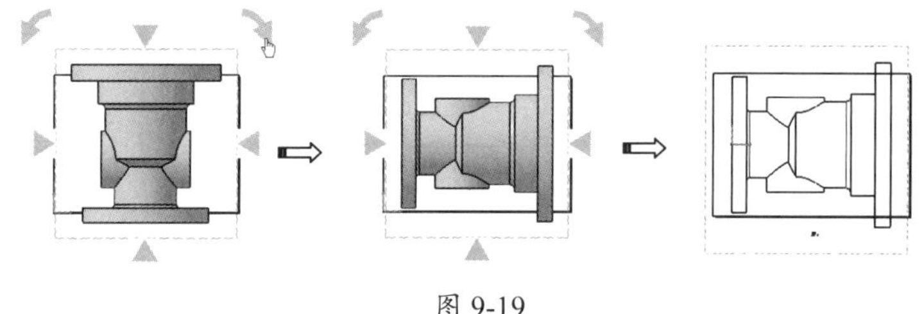

图 9-19

06 创建视图后，如果要调整视图的位置，可将鼠标指针移到主视图的虚线边框，鼠标指针变成手形，通过拖动其边框将正视图移动到任意位置，如图 9-20 所示。

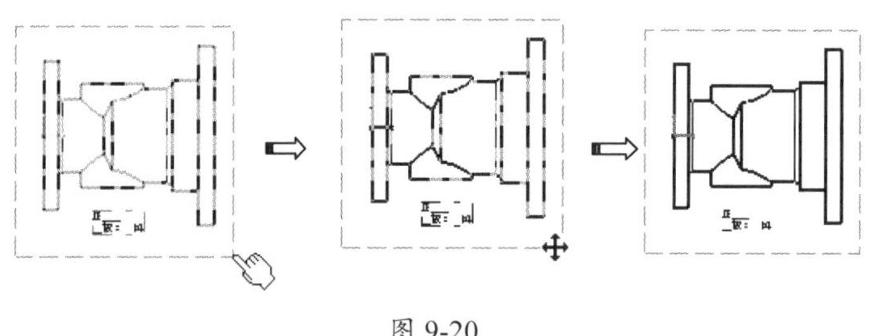

图 9-20

2. 展开视图

展开视图是从钣金零件创建的投影视图，用于在截面中包括某些特定角度的元素。因此，切除面可能会弯曲，以便通过这些特征。

动手操作——创建展开视图

01 打开本例源文件 9-5.CATProduct，执行“开始”|“机械设计”|“工程制图”命令，选择空白模板后进入工程图工作台。

02 单击“投影”工具栏中的“展开视图”按钮，切换到 3D 模型窗口，选择如图 9-21 所示的表面作为展开视图的参考平面，系统自动返回工程图工作台。

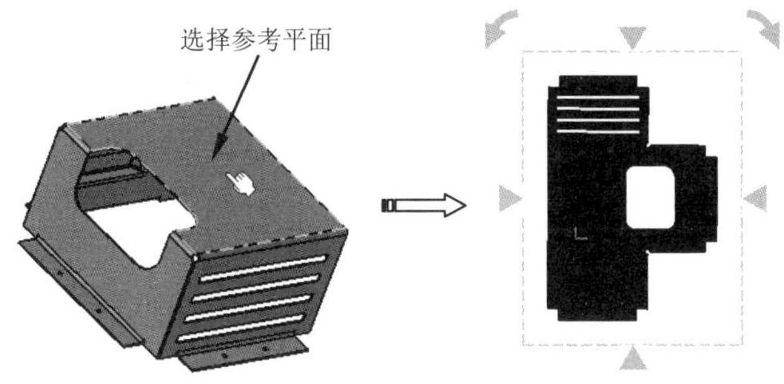

图 9-21

03 利用方向控制器调整视图方位后，单击图纸页空白处，创建展开视图，如图 9-22 所示。

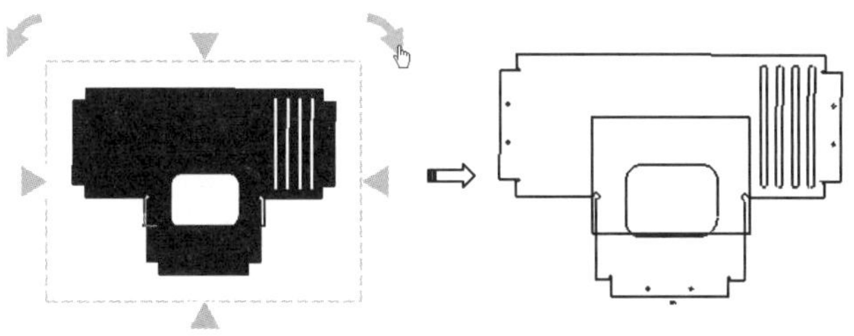

图 9-22

3. 3D 视图

3D 视图中包含了 3D 公差规格和标注的 3D 零件、产品或流程。

动手操作——创建 3D 视图

01 打开本例源文件 9-6. CATPart，执行“开始”|“机械设计”|“工程制图”命令，选择空白模板后进入工程图工作台。

02 单击“投影”工具栏中的“3D 视图”按钮，切换到 3D 模型窗口，选择标注集中的视图平面（也可在特征结构树中选择），随后系统自动返回工程图工作台，如图 9-23 所示。

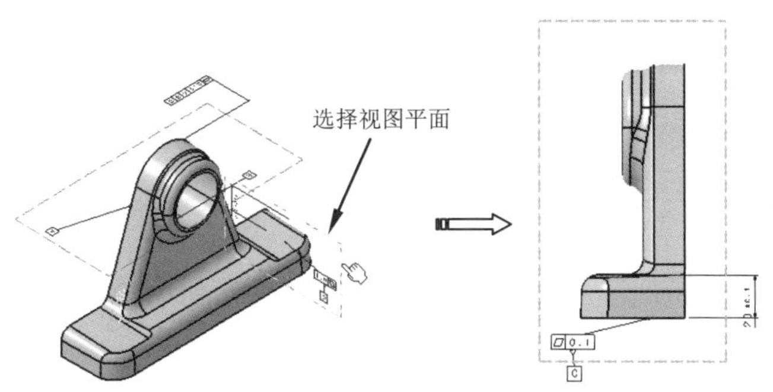

图 9-23

03 在空白区域单击，完成 3D 视图的创建，如图 9-24 所示。

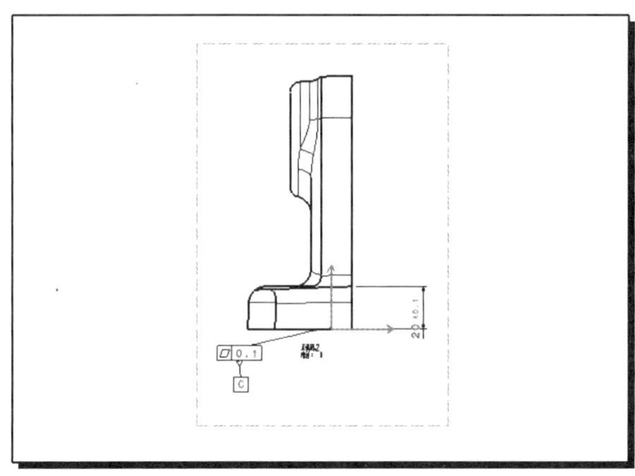

图 9-24

4. 创建投影视图

“投影视图”是从一个已经存在的父视图（通常为正视图）按照投影原理得到的，而且投影视图与父视图存在相关性。投影视图与父视图自动对齐，并且与父视图具有相同的比例。

动手操作——创建投影视图

01 打开本例源文件 9-7. CATDrawing。

02 单击“视图”工具栏中的“投影视图”按钮，当鼠标指针靠近主视图时会显示投影视图预览，如图 9-25 所示。

技术要点：

默认情况下，主视图是系统自动激活的，无须重新激活视图。

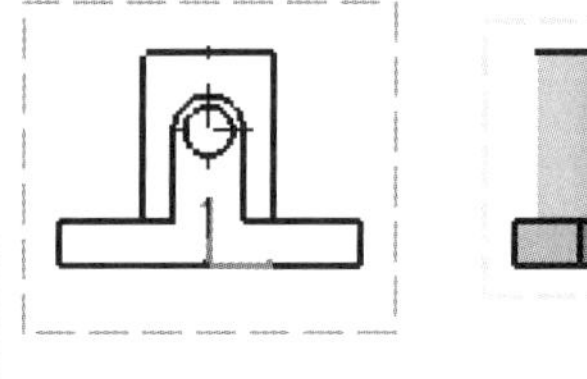

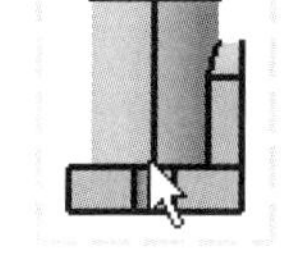

图 9-25

03 移动鼠标至所需视图位置（图中绿框内视图），单击即可生成所需的投影视图。同理，可以创建其他投影视图，如图 9-26 所示。

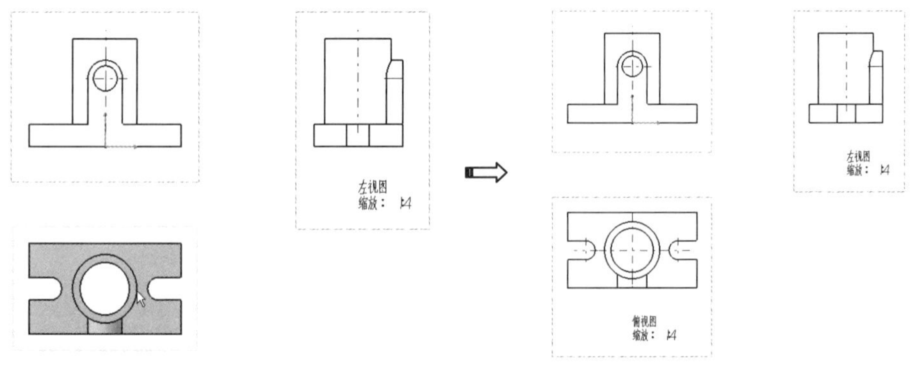

图 9-26

技术要点：

创建投影视图时，系统默认与父视图建立对应关系，要想使两者脱离，可激活所创建的投影视图，右击，在弹出的快捷菜单中选择“视图定位”下的相关命令，然后再拖动投影视图即可。

5. 辅助视图

“辅助视图”是物体向不平行于基本投影面的平面投影所得的视图，用于表达机件倾斜部分外部表面的形状。

动手操作——创建辅助视图

01 打开本例源文件 9-8.CATDrawing。

02 单击“投影”工具栏中的“辅助视图”按钮，在主视图中选取一点作为投影方向的起点，移动鼠标并单击可以确定投影方向，再沿投影方向移动鼠标，将显示辅助视图预览，如图 9-27 所示。

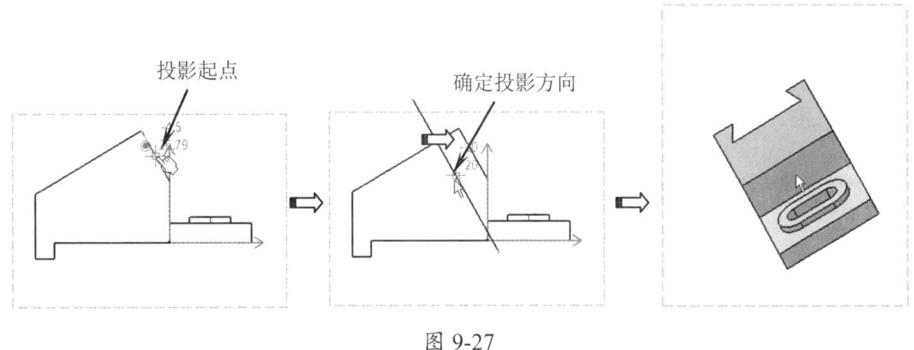

图 9-27

03 将视图预览移动到合适位置，单击即可生成所需的辅助视图，然后将辅助视图移动到图纸页中，如图 9-28 所示。

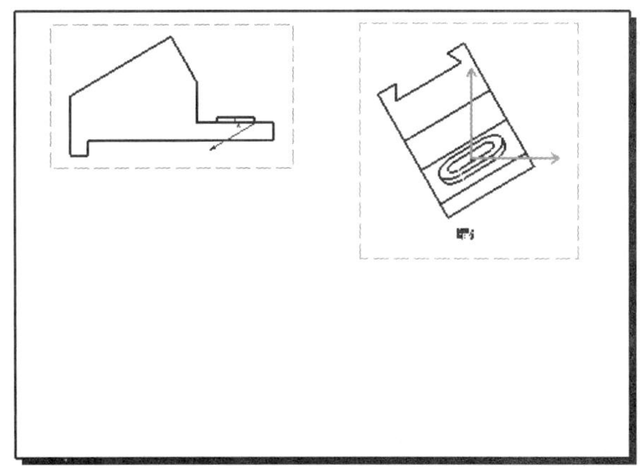

图 9-28

技术要点：

如果无法将辅助视图移动到相应的位置，可以右击辅助视图，在弹出的快捷菜单中选择“视图定位”|“不根据参考视图定位”命令，即可自由定位辅助视图。

6. 轴测图

轴测图是一种单面投影图，在一个投影面上能同时反映物体 3 个坐标面的形状，并接近于人们的观察习惯，形象、逼真，富有立体感。但是轴测图一般不能反映物体各表面的实形，因而度量性差，同时作图较复杂。因此，在工程上常把轴测图作为辅助图样，来说明机器的结构、安装、使用等情况，在设计中，用轴测图帮助构思、想象物体的形状，以弥补正投影图的不足。

动手操作——创建轴测图

01 打开本例源文件 dengzhouceshitu.CATPart 零件文件，重新打开 9-9.CATDrawing 工程图文件。

02 单击“视图”工具栏中的“等轴侧视图”按钮，切换到 dengzhouceshitu.CATPart 零件窗口并选取模型的任何一个面，系统自动返回工程图工作台，同时显示轴测图的预览，如图 9-29 所示。

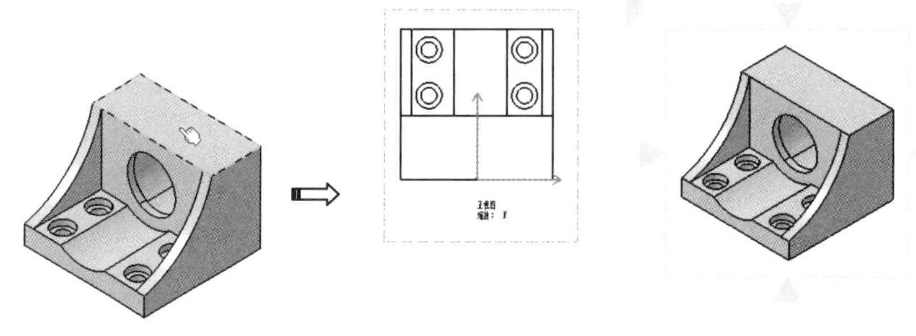

图 9-29

03 可以利用方向控制器调整视图方位，若保持默认方位，在图纸页空白处单击，即可创建轴测图，如图 9-30 所示。

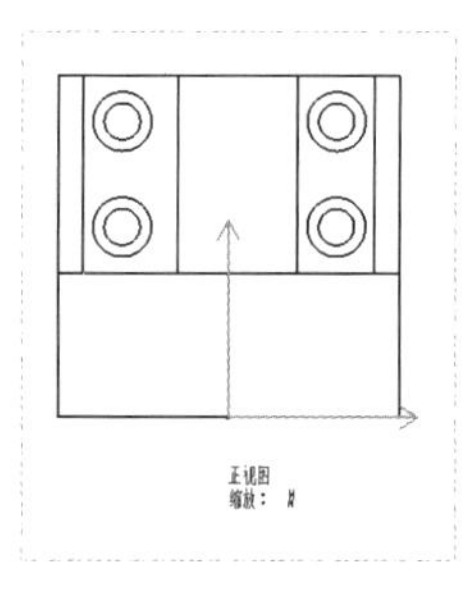

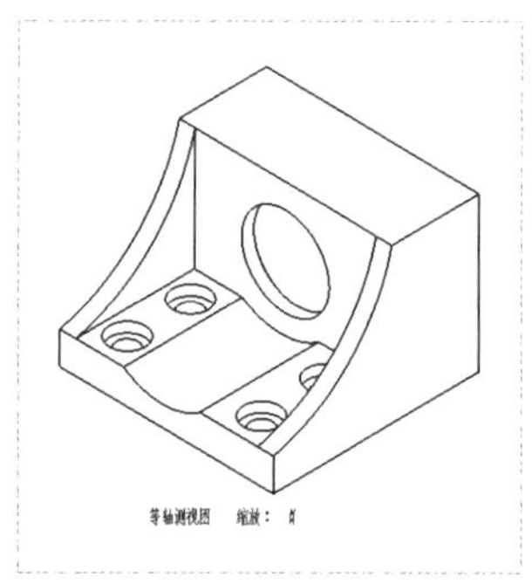

图 9-30

9.3.2 创建剖面视图

剖面视图是通过一条剖切线分割父视图所生成的，属于派生视图。其借助于分割线拉出预览投影，在工程图投影位置上生成一个剖面视图。

剖切平面可以是单一剖切面或者用阶梯剖切线定义的等距剖面。其中用于生成剖面视图的父视图可以是已有的标准视图或派生视图，并且可以生成剖面视图的剖面视图。可生成全剖、半剖、阶梯剖、旋转剖、局部剖、斜剖视等视图。

单击“视图”工具栏中“偏置剖视图”按钮右下角的小三角形，弹出包含截面视图按钮的“截面”工具栏，如图 9-31 所示。

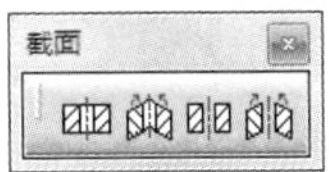

图 9-31

1. 全剖视图

“偏置剖视图”工具可以创建全剖视图、半剖视图、阶梯剖视图等。

全剖视图是以一个剖切平面将部件完全分开，移去前半部分，向正交投影面作投影所得的视图，如图 9-32 所示。

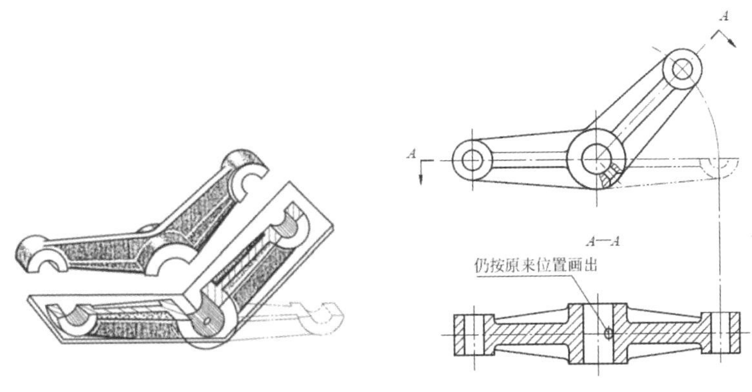

图 9-32

动手操作——创建全剖视图

01 打开本例源文件 9-10.CATDrawing。

02 单击“截面”工具栏中的“偏置剖视图”按钮，在主视图中选取两点绘制直线来定义零件的剖切平面，在选取第二点时须双击才能结束剖切面的创建，如图 9-33 所示。

03 向下拖曳鼠标指针可以看到剖切视图的预览，单击放置预览视图，即可生成全剖视图，如图 9-34 所示。

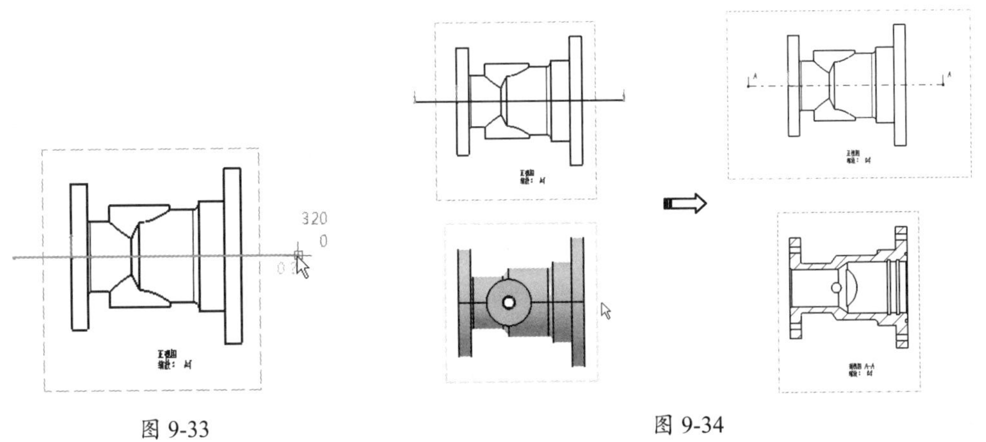

图 9-33

图 9-34

技术要点：

剖切视图在主视图的上或下，可以决定剖切方向。

2. 半剖视图

当机件具有对称平面，向垂直于对称平面的投影面上投影时，以对称中心线（细点画线）为界，一半画成视图用以表达外部结构形状，另一半画成剖视图用以表达内部结构形状，这样组合的图形称为"半剖视图"，如图 9-35 所示。

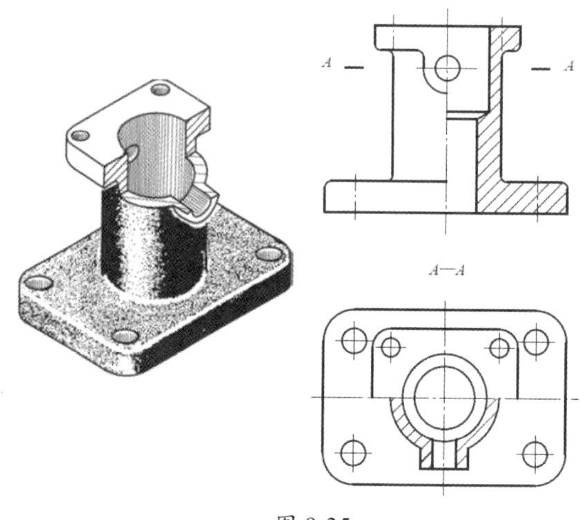

图 9-35

动手操作——创建半剖视图

01 打开本例源文件 9-11.CATDrawing。

02 单击"偏置剖视图"按钮，依次选取 4 点来绘制剖切线，可定义半剖切视图的平面，在拾取第 4 点时双击结束拾取。向上移动剖切视图预览，如图 9-36 所示。

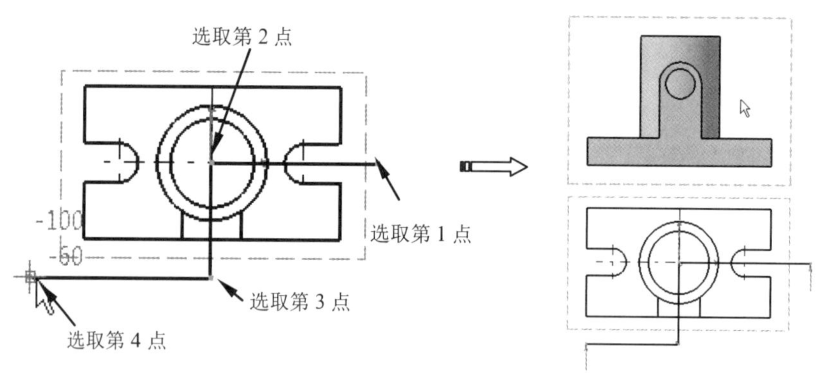

图 9-36

03 移动视图到所需位置处并单击，即可自动生成半剖视图，如图 9-37 所示。

3. 阶梯剖视图

阶梯剖视图用几个相互平行的剖切平面剖切机件。阶梯剖视图的创建方法与创建半剖视图的方法相似。区别在于，将绘制剖切线的第 3 点和第 4 点在零件内部选取时，即可创建阶梯剖视图，如图 9-38 所示。

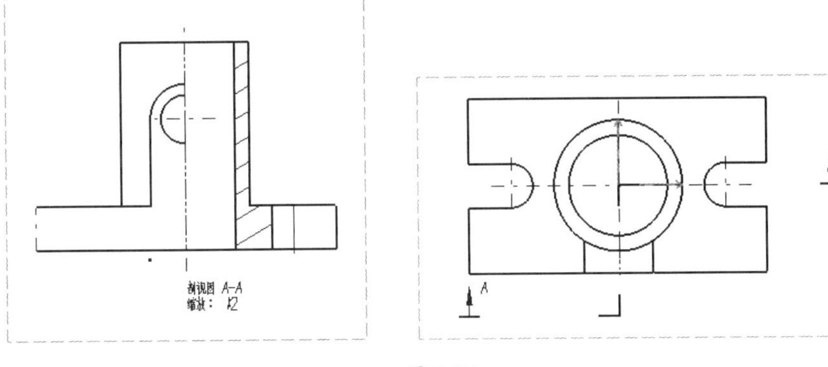

图 9-37

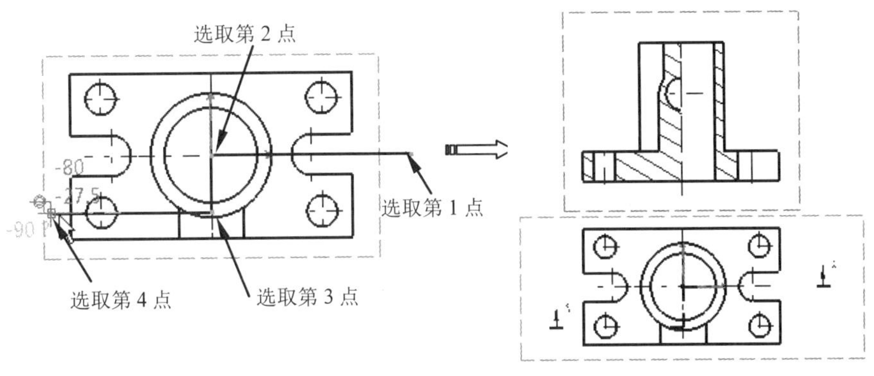

图 9-38

4. 旋转剖视图

旋转剖视图主要用于旋转体投影剖视图，当模型特征无法用直角剖切面来表达时，可通过创建围绕轴旋转的剖视图来表示，如图 9-39 所示。

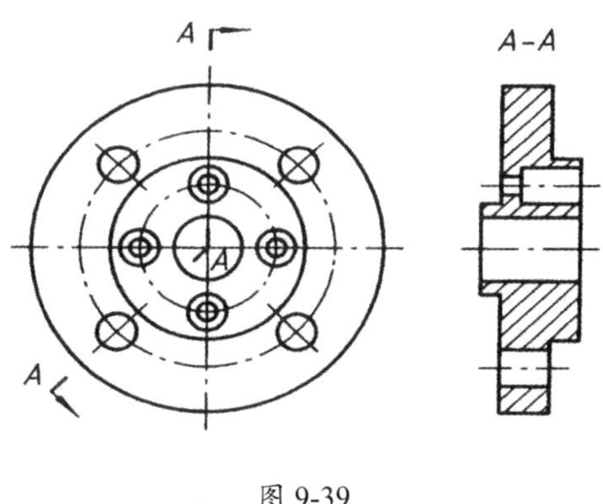

图 9-39

动手操作——创建旋转剖视图

01 打开本例源文件 9-12.CATDrawing。

02 单击“对齐剖视图”按钮，依次在已激活的视图中选取 4 个点来定义旋转剖切平面。

03 将预览视图移动到所需位置处单击，即可自动生成旋转剖视图，如图 9-40 所示。

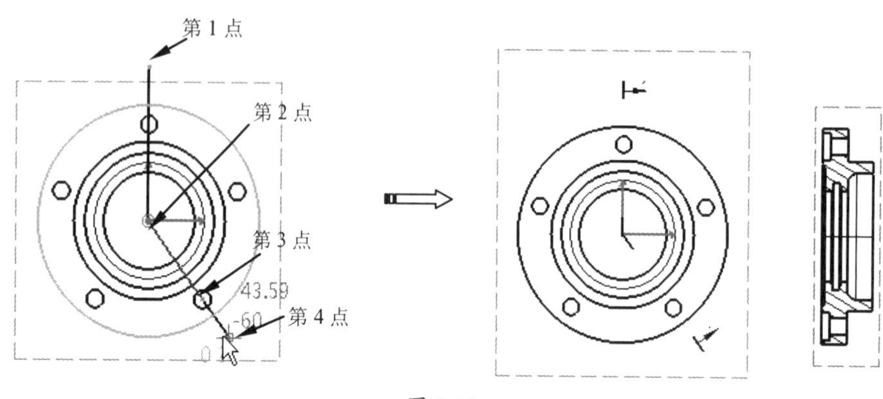

图 9-40

9.3.3 创建局部放大视图

局部放大视图（也称“详图”），用于把机件视图上某些表达不清楚或不便于标注尺寸细节，用放大比例画出时使用，如图 9-41 所示。

单击“视图”工具栏中“详细视图”按钮右下角的小三角形，弹出“详细信息”工具栏，如图 9-42 所示。

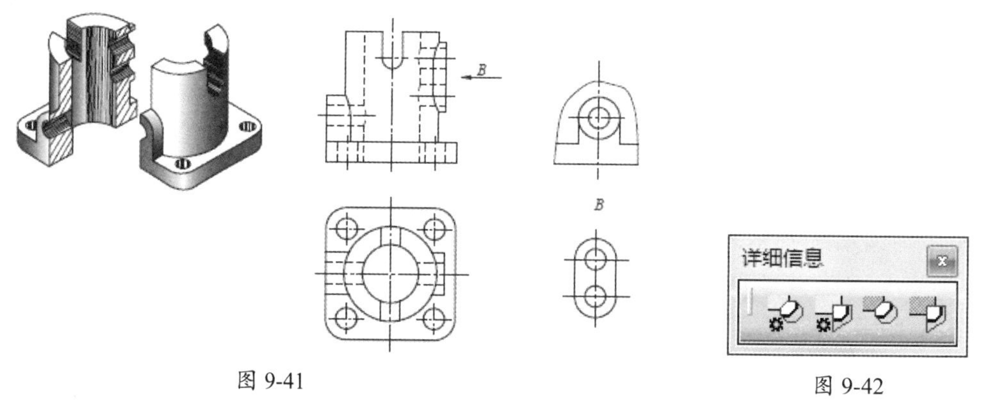

图 9-41

图 9-42

1. 详细视图和快速详细视图

详细视图是将视图中的局部圆形区域放大生成视图，分为详细视图和快速详细视图。详细视图是对 3D 视图进行布尔运算后的结果；快速详细视图是由 2D 视图直接计算生成的圆形局部放大视图。

动手操作——创建详细视图

01 打开本例源文件 9-13.CATDrawing。

02 单击“详细信息”工具栏中的“详细视图”按钮，在主视图中选取一点以定义圆心和圆半径，并将详细视图移动到所需位置处单击，如图 9-43 所示。

03 随后完成详细视图的创建，如图 9-44 所示。

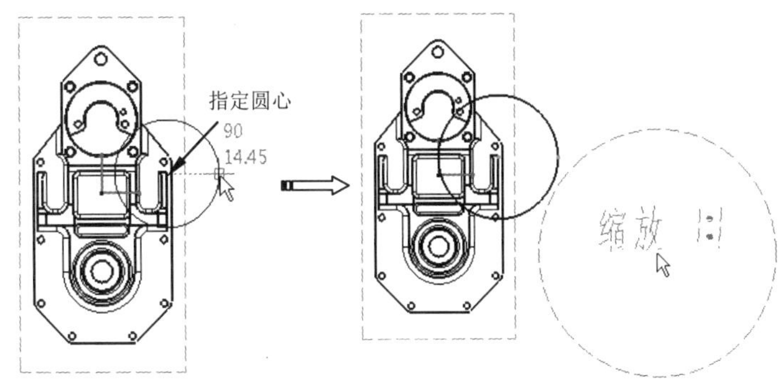

图 9-43

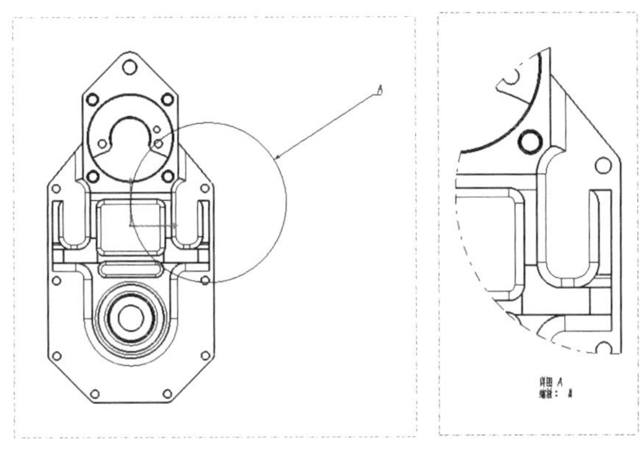

图 9-44

2. 详细视图轮廓和快速详图轮廓

详细视图轮廓是将视图中的多边形区域局部放大生成视图，分为草绘的详图轮廓和草绘的快速详图轮廓。草绘的详图轮廓是对 3D 视图进行布尔运算后的结果；草绘的快速详图轮廓是由 2D 视图直接计算生成的视图。

动手操作——创建详细视图轮廓

01 打开本例源文件 9-14.CATProduct。

02 单击“视图”工具栏中的“详细视图轮廓”按钮，在主视图中绘制多边形轮廓（双击可使轮廓自动封闭），系统自动将轮廓内的视图以相应倍数放大，如图 9-45 所示。

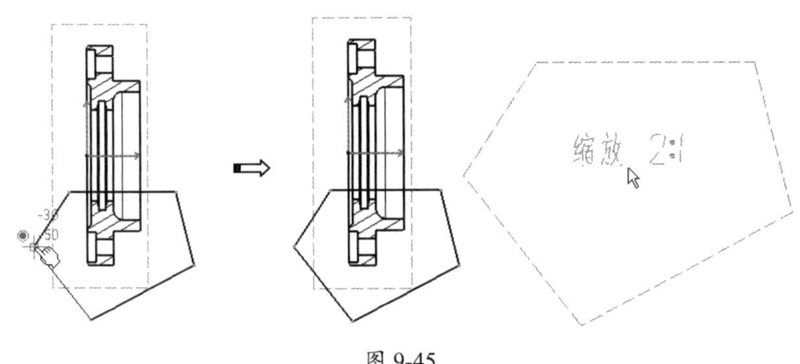

图 9-45

03 移动放大视图到合适位置处单击，将自动创建详细视图，如图 9-46 所示。

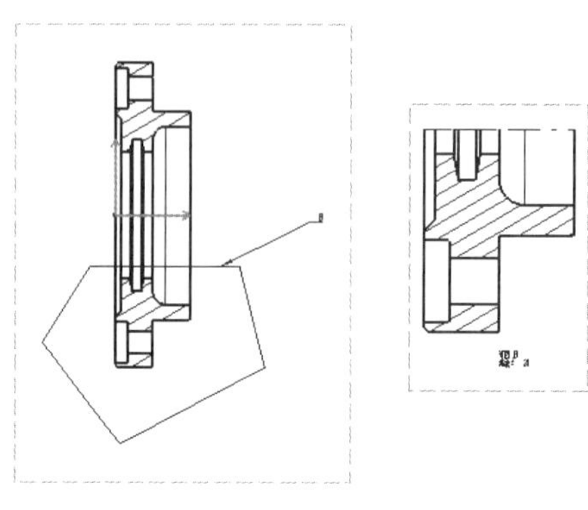

图 9-46

9.3.4 断开视图

单击“视图”工具栏中“局部视图”按钮右下角的小三角形，弹出“断开视图”工具栏，如图 9-47 所示。

断开视图工具可以创建断面视图、局部剖视图和裁剪视图。下面重点介绍断面视图和局部剖视图的创建方法。

断面与剖视的区别在于：断面只画出剖切平面和机件相交部分的断面形状，而剖视则必须把断面和断面后可见的轮廓线都画出来，如图 9-48 所示。

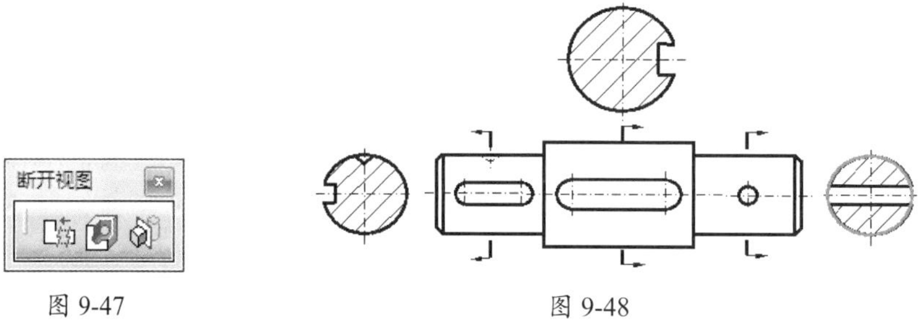

图 9-47　　图 9-48

1. 断开视图

对于较长且沿长度方向形状一致或按一定规律变化的机件，如轴、型材、连杆等，通常采用将视图中间一部分截断并删除，余下两部分靠近绘制，即断开视图。

提示：

CATIA中很多按钮的中文翻译主要是由翻译软件自动翻译过来的，难免会出现一些与GB机械制图中的名词有别的问题。例如，断开视图的按钮翻译为“局部视图”，为了引导读者轻松学习软件指令，仍然会采用翻译的中文命名。

动手操作——创建断开视图

01 打开本例源文件 9-15.CATDrawing，图纸文件中已经创建了一个主视图。

02 单击“局部视图”按钮，在主视图中选取模型边线上的一点以作为第一条断开线的位置点，随后显示一条绿色虚线，移动鼠标使第一条断开线水平，单击确定第一条断开线，如图 9-49 所示。

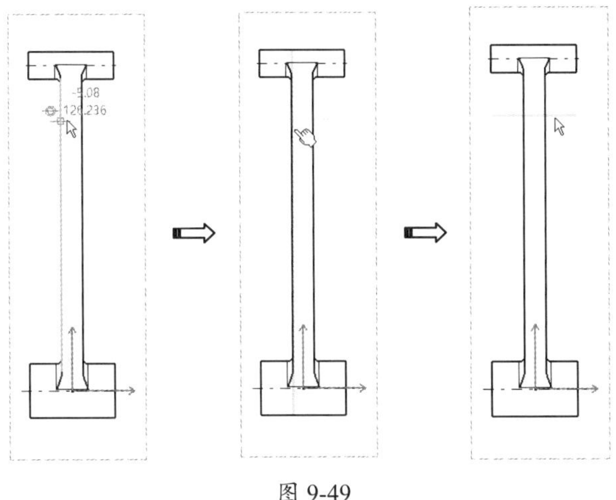

图 9-49

03 随后移动鼠标指针到第二条断开线至所需位置，单击即可放置第二条断开线。

04 在主视图外的任意位置单击，主视图则自动变为断开视图，如图 9-50 所示。

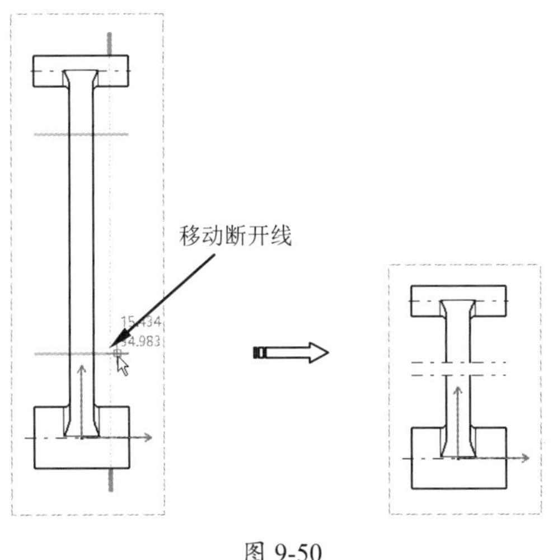

图 9-50

2. 局部剖视图

局部剖视图也称“分组视图”，是在原来视图基础上对机件进行局部剖切以表达该部件内部结构形状的一种视图。

动手操作——创建局部剖视图

01 打开本例源文件 9-16.CATDrawing，文件中已经创建了主视图和投影视图，如图 9-51 所示。

02 单击“剖面视图”按钮，在主视图中连续选取多个点，以此绘制封闭的多边形，如图 9-52 所示。

03 弹出“3D 查看器”对话框，在查看器窗口中可以自由旋转模型，查看剖切情况。选中“动画”复选框可以根据鼠标指针的位置在生成的视图位置上可视化 3D 零件，如图 9-53 所示。

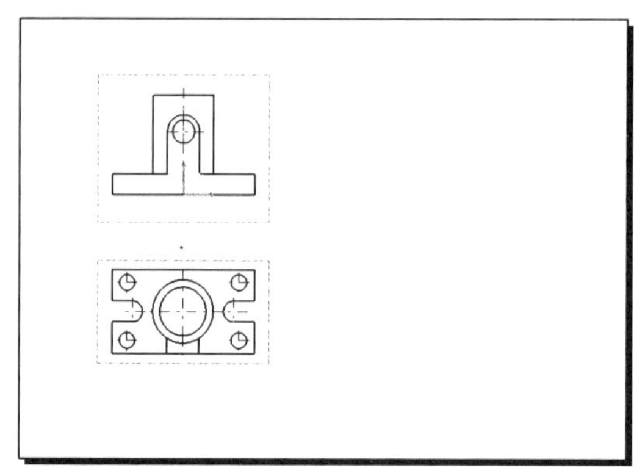

图 9-51

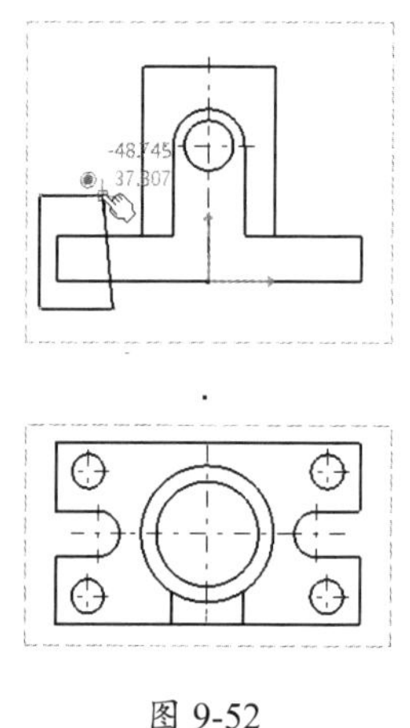

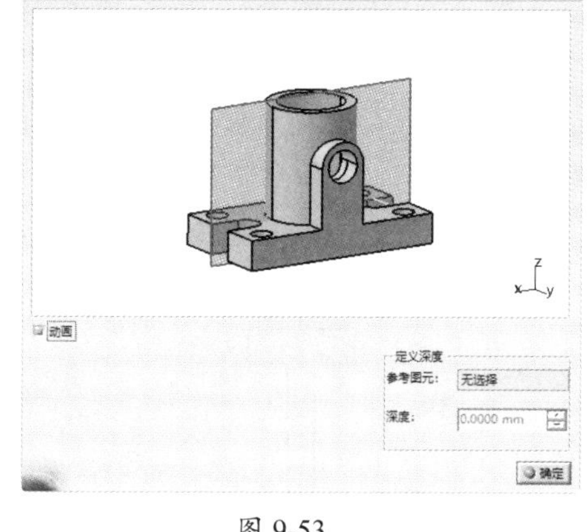

图 9-52

图 9-53

04 单击激活“3D 查看器”对话框中的“参考图元”文本框，再选择投影视图中的圆心标记或圆孔为剖切参考，如图 9-54 所示。

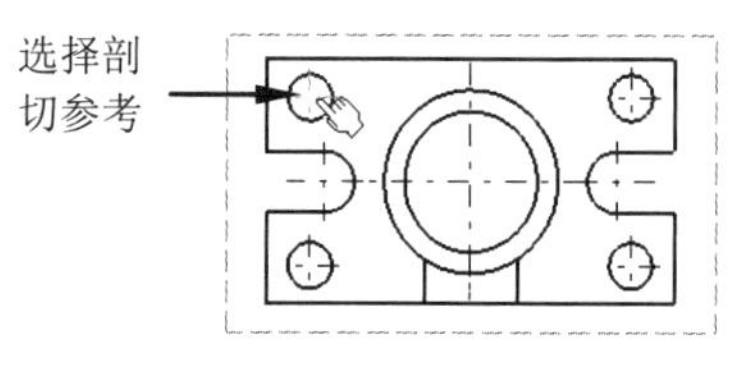

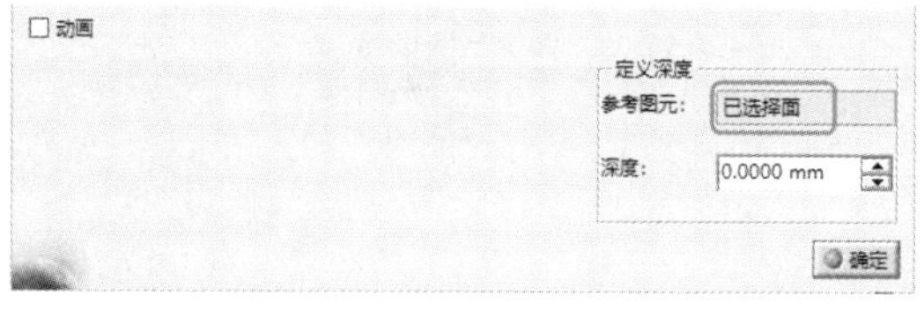

图 9-54

05 单击“确定”按钮，将在主视图中的多边形内自动生成局部剖视图，如图 9-55 所示。

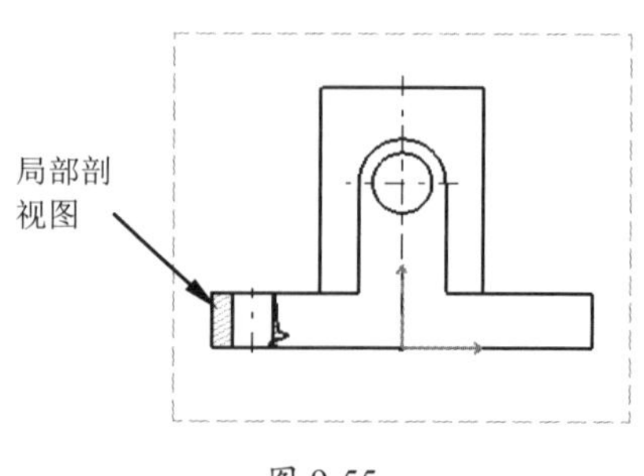

图 9-55

9.4 标注图纸尺寸

标注是绘制工程图的重要环节，通过尺寸标注、公差标注、技术要求等组成部分将设计者的设计意图和对零部件的要求表达完整。

9.4.1 生成尺寸

自动生成尺寸用于根据建模时的全部尺寸自动标注在工程图中。

选择要自动标注尺寸的视图，在“生成”工具栏中单击“生成尺寸”按钮，弹出“尺寸生成过滤器”对话框。单击该对话框中的“确定”按钮，再弹出“生成的尺寸分析”对话框。在该对话框中选中要进行分析的约束选项和尺寸选项，单击“确定”按钮自动完成尺寸标注，如图 9-56 所示。

图 9-56

9.4.2 标注尺寸

标注尺寸是指在图纸上依据零件形状轮廓来标注不同类型的尺寸，如长度、距离、直径 / 半径、倒角、坐标标注等。工程图中的尺寸是从动尺寸，不能以尺寸去驱动零件形状的更改。这与草图中的尺寸（驱动尺寸）是不同的，草图中的尺寸也称“尺寸约束”，用来驱动图形的变化。当零件模型尺寸发生改变时，工程图中的这些尺寸也会发生相应更改。

单击“尺寸标注”工具栏中“尺寸”按钮右下角的小三角形，弹出“尺寸”工具栏，如图 9-57 所示。“尺寸”工具栏中就包含了所有的常规尺寸标注类型。

1. 线性尺寸标注

在“尺寸”工具栏中单击“尺寸”按钮时，弹出“工具控制板”工具栏。利用该工具栏中相应的按钮可选择尺寸标注样式，如图 9-58 所示。

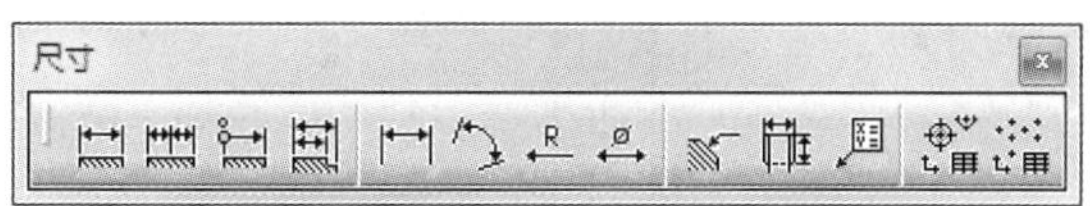

图 9-57

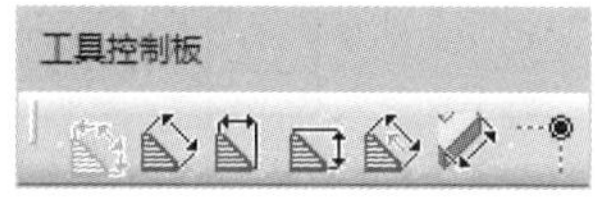

图 9-58

“工具控制板”工具栏包括 6 种线性标注样式。

- 投影的尺寸：此标注样式主要用来标注零件投影轮廓的尺寸，可以标注任何图形元素的尺寸，如长度、距离、圆 / 圆弧、角度等，如图 9-59 所示。
- 强制标注图元尺寸：强制（只能标注）标注线性尺寸和直径尺寸，包括斜线标注、水平标注、垂直标注和直径标注，如图 9-60 所示。

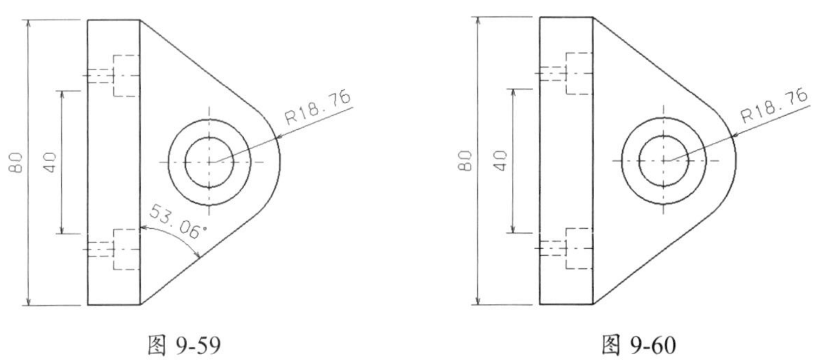

图 9-59　　图 9-60

技术要点：

切记！要想连续进行尺寸标注，必须双击尺寸标注按钮。

- 强制尺寸线在视图水平：强制标注水平尺寸，如图 9-61 所示。
- 强制尺寸线在视图垂直：强制标注垂直尺寸，如图 9-62 所示。

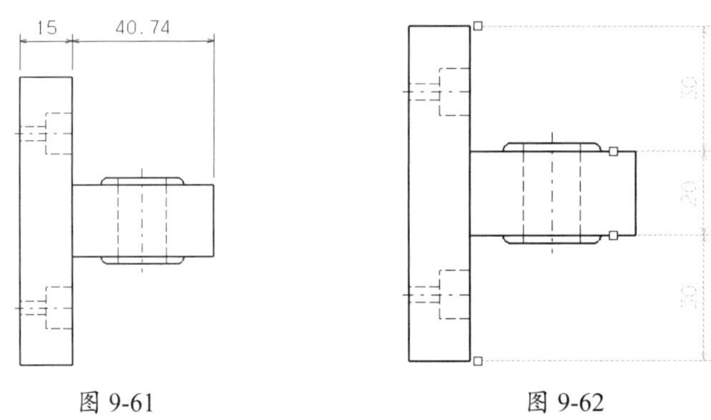

图 9-61　　图 9-62

- 强制沿同一方向标注尺寸：选取尺寸标注方向的参考（可以是水平线、竖直线或斜线），所标注的尺寸线与所选方向平行，如图 9-63 所示。

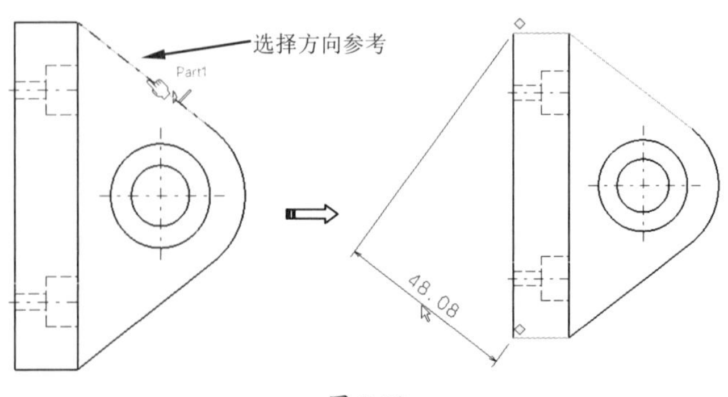

图 9-63

- 实长尺寸：此标注样式可标注零件的实际尺寸，如标注零件中倾斜表面的实际轮廓线长度（需要创建轴测图），而不是投影视图的长度，如图 9-64 所示。

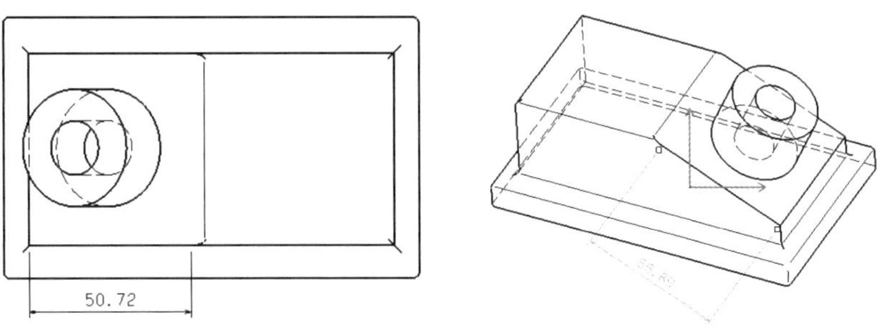

图 9-64

- 检测相交点：选择该样式，标注尺寸后会显示选取交点或延伸交点，如图 9-65 所示。

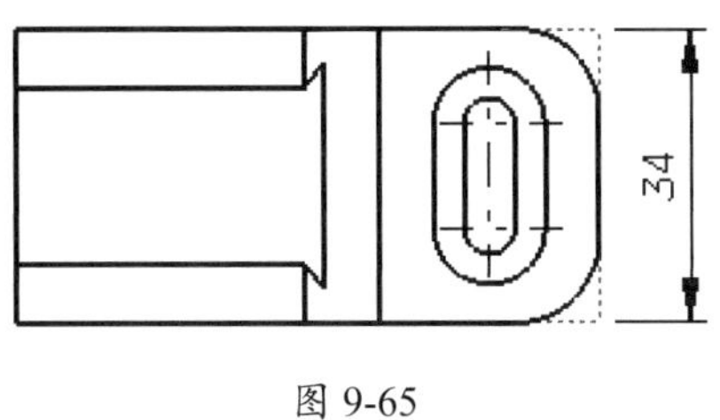

图 9-65

2. 链式尺寸

链式尺寸是连续的、尺寸线对齐的标注样式，用于创建链式尺寸标注。

单击“尺寸标注”工具栏中的“链式尺寸”按钮，弹出“工具控制板”工具栏，依次选取要标注的模型边线，系统会自动完成链式尺寸标注，如图 9-66 所示。

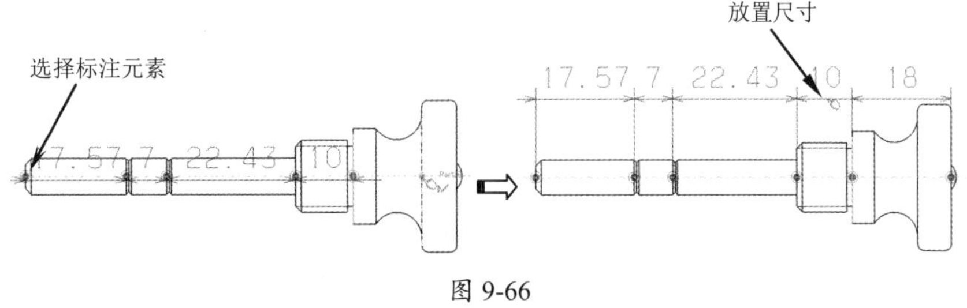

图 9-66

利用线性尺寸标注工具也能创建链式尺寸标注，如图 9-67 所示。

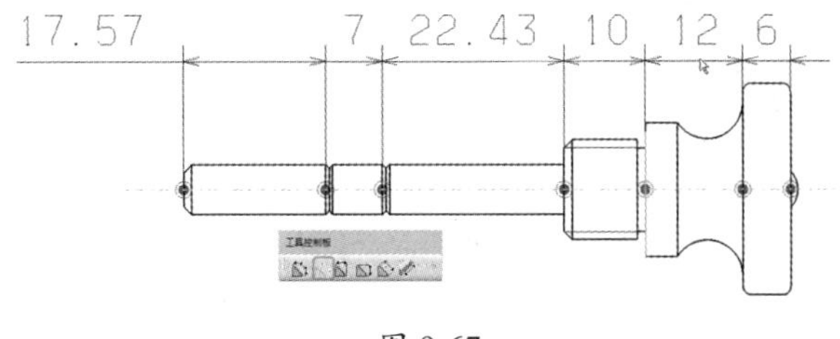

图 9-67

3. 累积尺寸

累积尺寸就是以一个点或线为基准，创建坐标式尺寸标注，主要用来标注模具零部件。

累积尺寸的标注方法与其他线性尺寸标注方法相同，如图 9-68 所示。

4. 堆叠式尺寸

堆叠式尺寸是基于同一个标注起点来创建的阶梯式尺寸标注。堆叠式尺寸标注方法与其他线性尺寸标注方法相同，如图 9-69 所示。

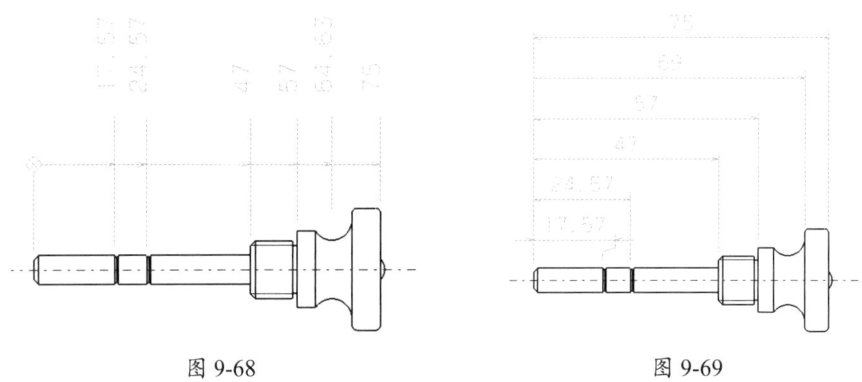

图 9-68　　图 9-69

5. 倒角尺寸

“倒角尺寸”用于标注零件的倒角轮廓线。

单击“尺寸标注”工具栏中的“倒角尺寸”按钮，弹出“工具控制板”工具栏，选择一种倒角标注类型，然后到视图中选取斜角线，将倒角尺寸放置于合适位置，如图 9-70 所示。

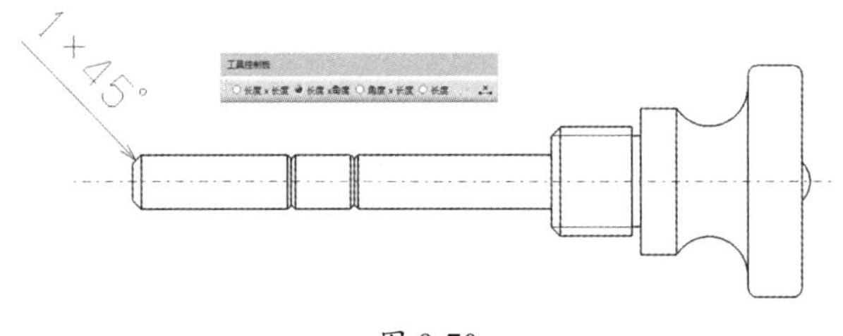

图 9-70

6. 螺纹尺寸

“螺纹尺寸”可以标注孔螺纹尺寸。单击“尺寸标注”工具栏中的“螺纹尺寸”按钮，弹出“工具控制板”工具栏，在视图中选取螺纹线或者圆心标记，系统自动完成螺纹尺寸标注，如图 9-71 所示。

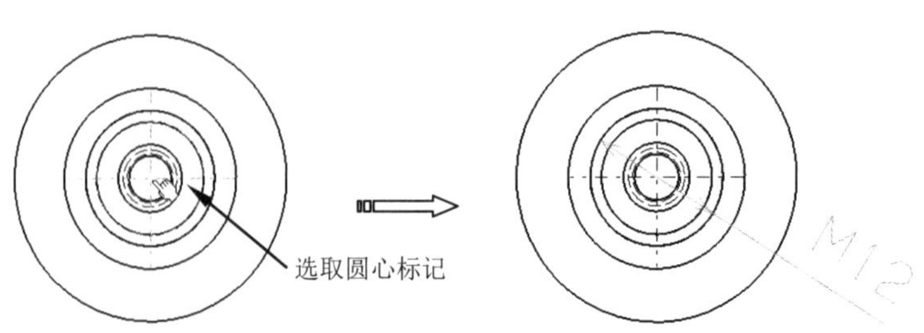

图 9-71

9.4.3 尺寸单位精度与尺寸公差标注

1. 尺寸单位精度

默认的尺寸标注单位精度是两位小数，GB标注一般是3位小数，由于不能设置默认单位精度，只能是在“数字属性”工具栏（此工具栏默认在工程图窗口上方的工具栏中区域）中同时进行单位和单位精度的更改，如图9-72所示。

当完成尺寸标注后，也可以右击选中要更改精度的尺寸，在弹出的快捷菜单中选择“属性”选项，弹出“属性”对话框。在该对话框的“值”选项卡中，可以设定当前选定尺寸的精度，如图9-73所示。

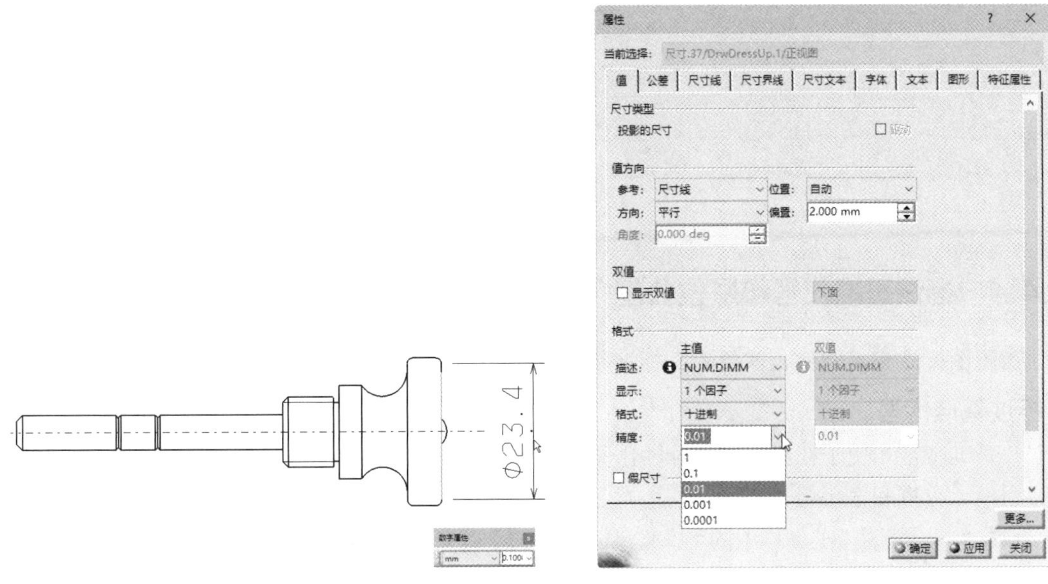

图 9-72　　图 9-73

2. 尺寸公差标注

当执行了尺寸标注命令后，可以在“尺寸属性”工具栏中设置公差类型和公差值，如图9-74所示。

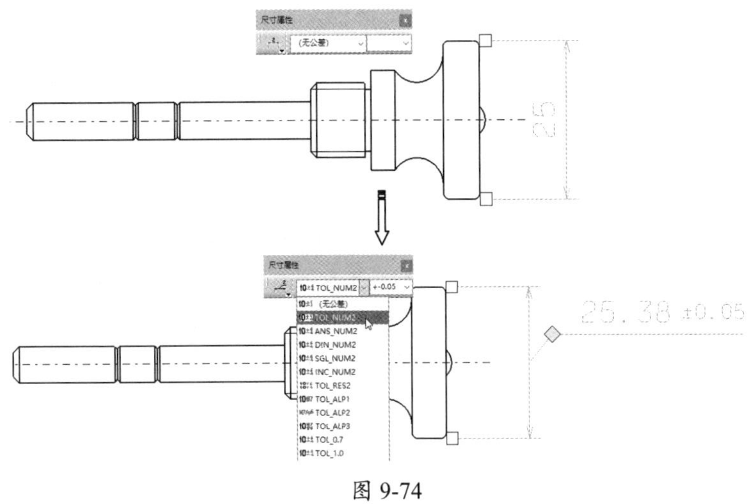

图 9-74

同理，也可以右击选中尺寸，在弹出的快捷菜单中选择“属性”选项，在弹出的“属性”对话框中设置尺寸公差类型和公差值，如图 9-75 所示。

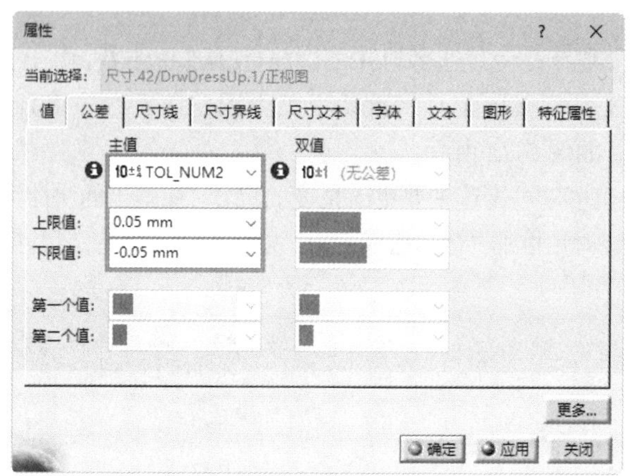

图 9-75

9.4.4 标注基准代号和形位公差

工程图标注完尺寸后，就要为其标注基准代号、形状和位置公差。

1. 标注基准代号

“基准特征”用于在工程图上标注出基准代号，基准代号的线型为加粗的短画线，由引线符号、引线、方框和字母组成。

单击“尺寸标注”工具栏中的“基准特征”按钮，再选取视图中要标注基准的直线或尺寸线，随后弹出“创建基准特征”对话框，在该对话框中输入字母，再单击“确定”按钮完成基准代号的标注，如图 9-76 所示。

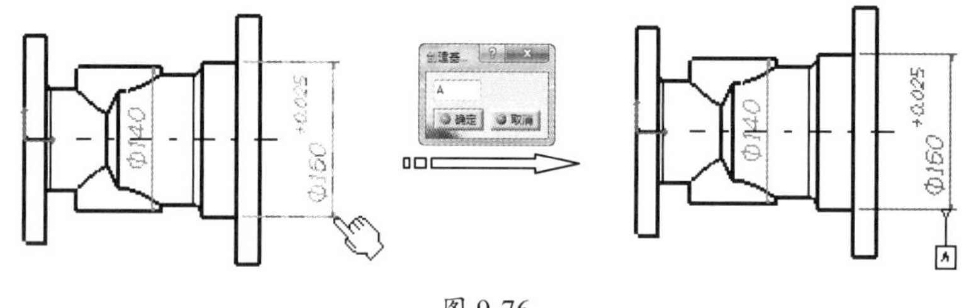

图 9-76

2. 标注形位公差

形位公差表示特征的形状、轮廓、方向、位置和跳动的允许偏差。

形位公差一般由形位公差代号、形位公差框、形位公差值及基准代号组成，如图 9-77 所示。

单击“尺寸标注”工具栏中的“形位公差”按钮，再单击图上要标注公差的直线或尺寸线，弹出 Geometrical Tolerance（几何公差）对话框，设置形位公差参数后，单击“确定”按钮完成形位公差的标注，如图 9-78 所示。

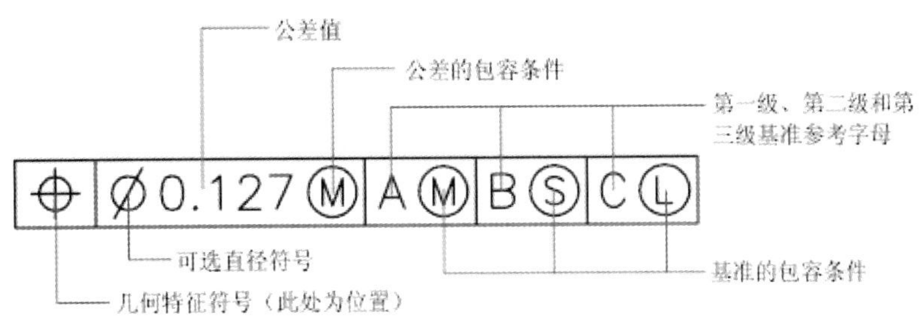

图 9-77

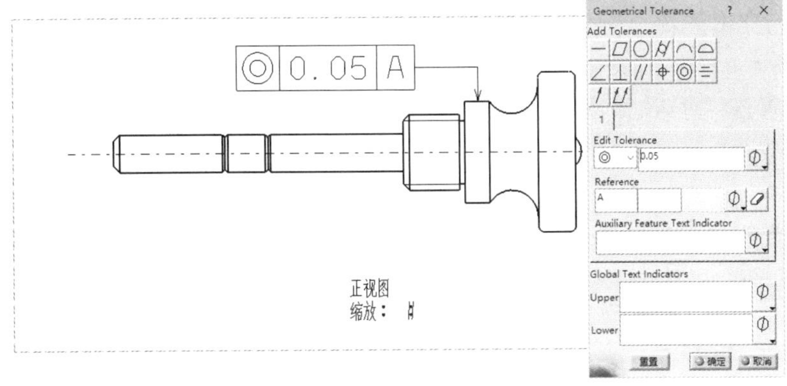

图 9-78

9.4.5　标注粗糙度符号

零件表面粗糙度对零件的使用性能和使用寿命影响很大。因此，在保证零件的尺寸、形状和位置精度的同时，不能忽视表面粗糙度的影响。

单击“标注”工具栏中的“粗糙度符号”按钮，在零件视图中选择粗糙度符号标注位置，并在弹出的“粗糙度符号”对话框中输入常用的表面粗糙度参数 Ra 和粗糙度值，选择粗糙度类型，单击“确定”按钮完成粗糙度符号的标注，如图 9-79 所示。

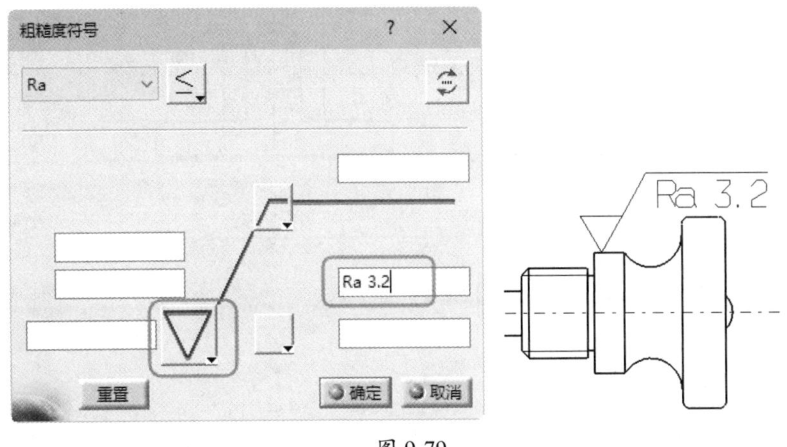

图 9-79

9.5 文本注释

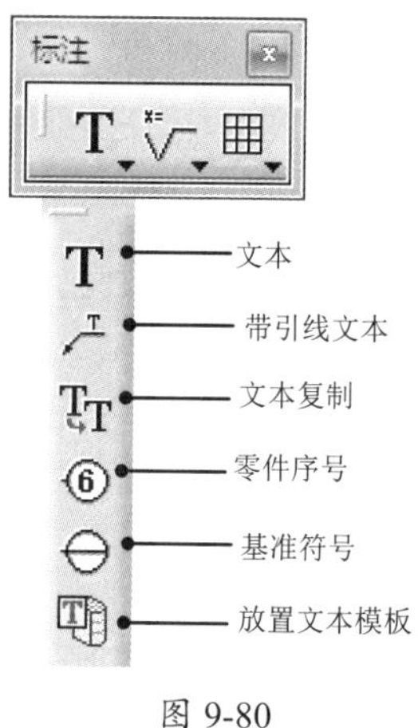

图 9-80

文本注释是机械工程图中很重要的图形元素，在完整的图样中，还需要一些文字注释来标注图样中的非图形信息。例如，机械图形中的技术要求、装配说明、标题栏信息、选项卡等。

单击“标注”工具栏中“文本”按钮T右下角的小三角形，弹出有关标注文本的按钮，如图 9-80 所示。

本节仅介绍常见的不带引线的文本注释和带引线的文本注释。

1. 不带引线的文本注释

单击“标注”工具栏中的“文本”按钮T，选择要标注文字的位置，弹出“文本编辑器”对话框。输入注释文本后，单击“确定”按钮完成文本注释，如图 9-81 所示。

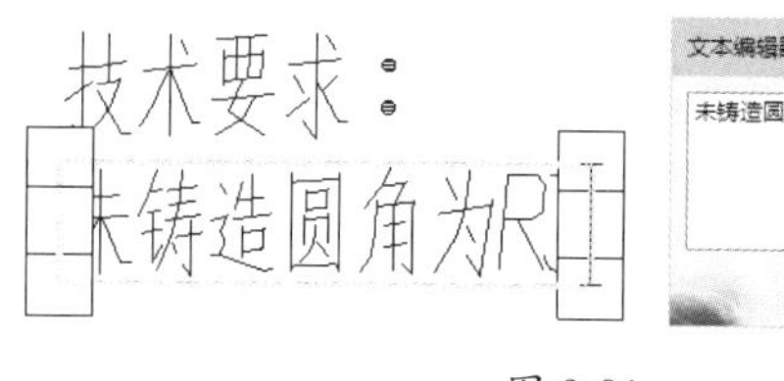

图 9-81

技术要点：

如果需要换行书写文本，可以按下Ctrl+Enter键。

2. 带引线的文本

单击“标注”工具栏中的“带引线的文本”按钮，选中引出线箭头所指位置，选中要标注文字的位置，弹出“文本编辑器”对话框，输入文字后，单击“确定”按钮完成文字的添加，如图 9-82 所示。

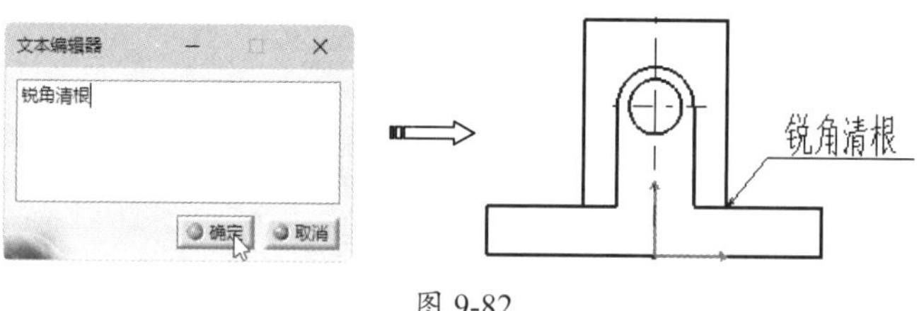

图 9-82

9.6 实战案例——泵体工程图设计

引入文件：无

结果文件：\动手操作\结果文件\Ch09\bengti.CATDrawing

视频文件：\视频\Ch09\泵体工程图设计.avi

下面以泵体零件的工程图绘制为例，详解 CATIA 工程图创建流程。要绘制的泵体零件工程图如图 9-83 所示。

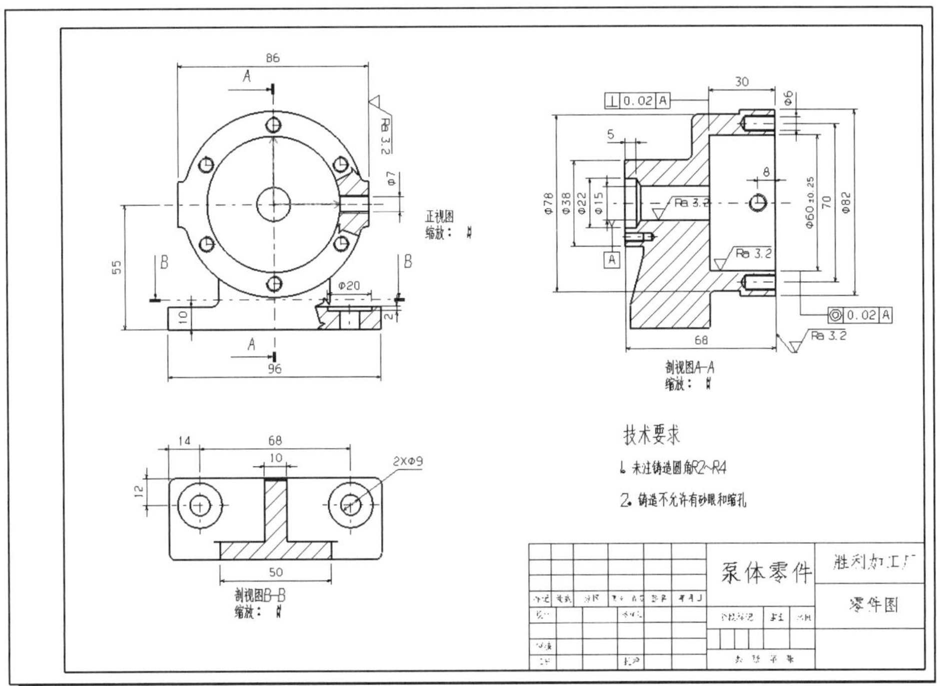

图 9-83

操作步骤

01 打开本例源文件 benti.CATPart。

02 执行“开始”|“机械设计”|“工程制图”命令，弹出“创建新工程图”对话框。选择布局后单击“修改”按钮。依次单击“确定”按钮，在弹出的“新建工程图”对话框中选择 GB 标准和 A3 X 图纸样式，单击“确定”按钮进入工程图工作台，如图 9-84 所示。

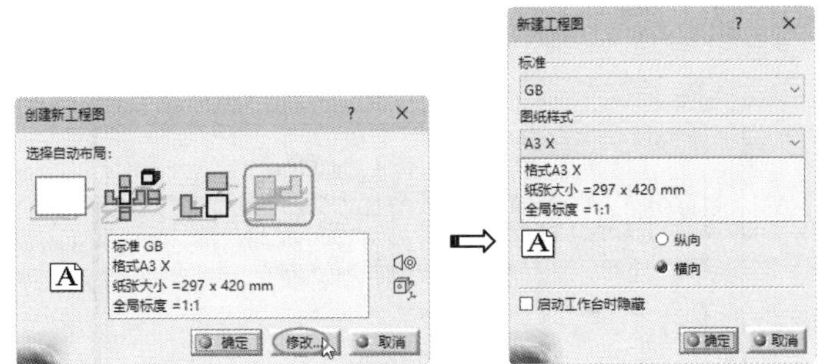

图 9-84

03 系统会自动创建图纸布局，包括主视图和两个投影视图，如图 9-85 所示。

04 执行“文件”|“页面设置”命令，弹出“页面设置”对话框。单击 Insert Background View 按钮，弹出“将元素插入图纸”对话框。单击“浏览”按钮，将本例源文件夹中的 A3_heng 图样样板文件插入当前图纸页，如图 9-86 所示。

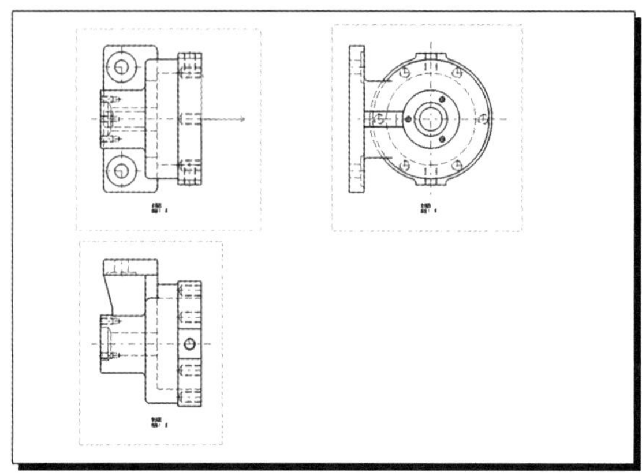

图 9-85

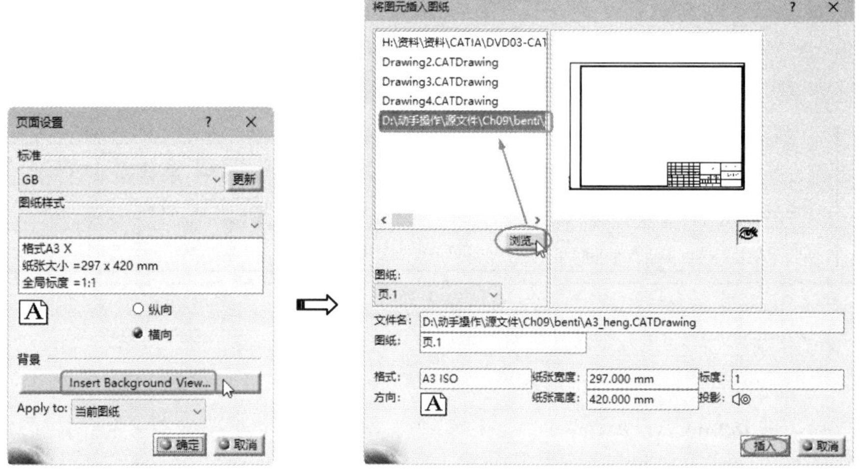

图 9-86

05 插入图纸样板后，发现自动创建的图纸布局并不符合制图要求，需要重新定义主视图和投影视图。右击选中主视图边框，在弹出的快捷菜单中选择“主视图对象”|“修改投影平面”选项，如图 9-87 所示。

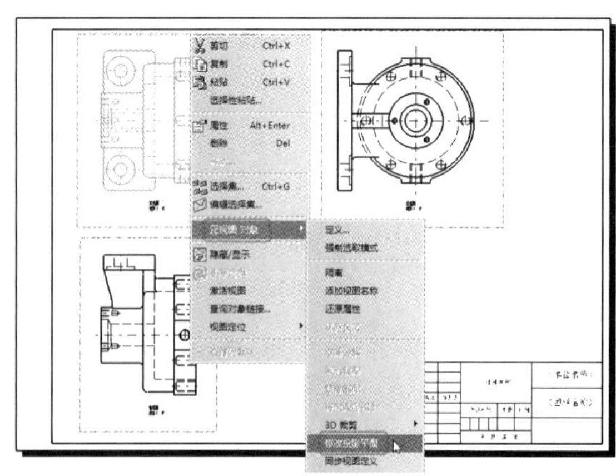

图 9-87

06 在“窗口”菜单中选择 benti.CATPart 零件窗口，在零件窗口中重新选取投影平面，如图 9-88 所示。

07 选取投影平面后自动返回工程图工作台，在任意区域位置单击，完成主视图的修改，如图 9-89 所示。

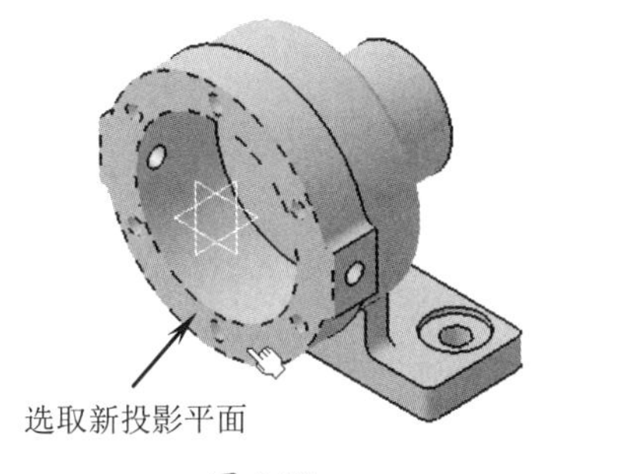

图 9-88

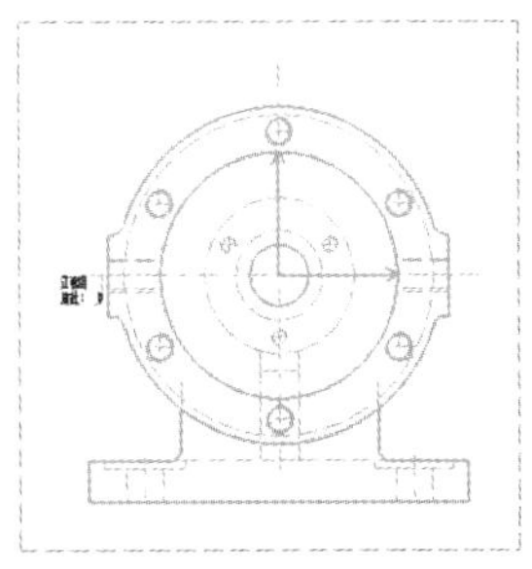

图 9-89

08 删除其余两幅投影视图，需要重新创建剖面视图。在“视图”工具栏中单击“偏置剖视图”按钮，在主视图中选取两个点来定义剖切平面，然后将鼠标指针移出视图并在主视图右侧双击，此时将显示视图预览。拖动视图预览并在合适位置单击，随即生成全剖视图，如图 9-90 所示。

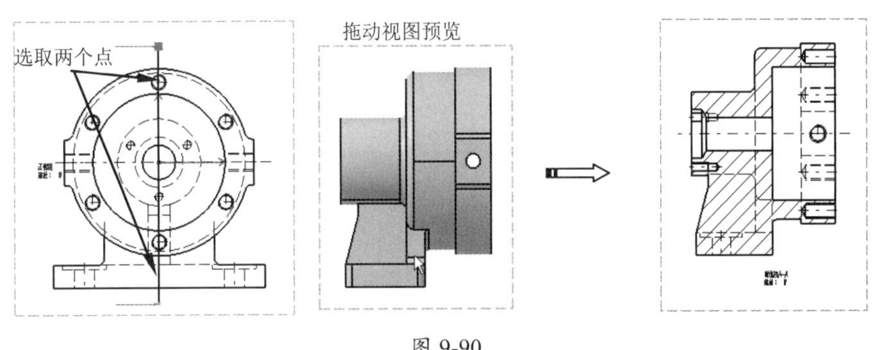

图 9-90

09 同理，在主视图下方创建一个全剖视图，如图 9-91 所示。

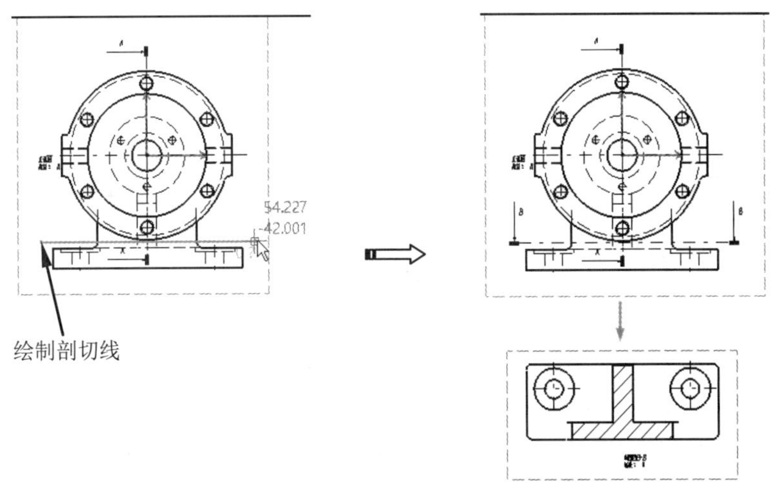

图 9-91

10 按 Ctrl 键选择 3 个视图，右击，在弹出的快捷菜单中选择“属性”选项，在弹出的“属性”对话框的“视图”选项卡中取消选中“隐藏线”复选框，单击“确定”按钮完成 3 个视图中内部虚线的隐藏，如图 9-92 所示。

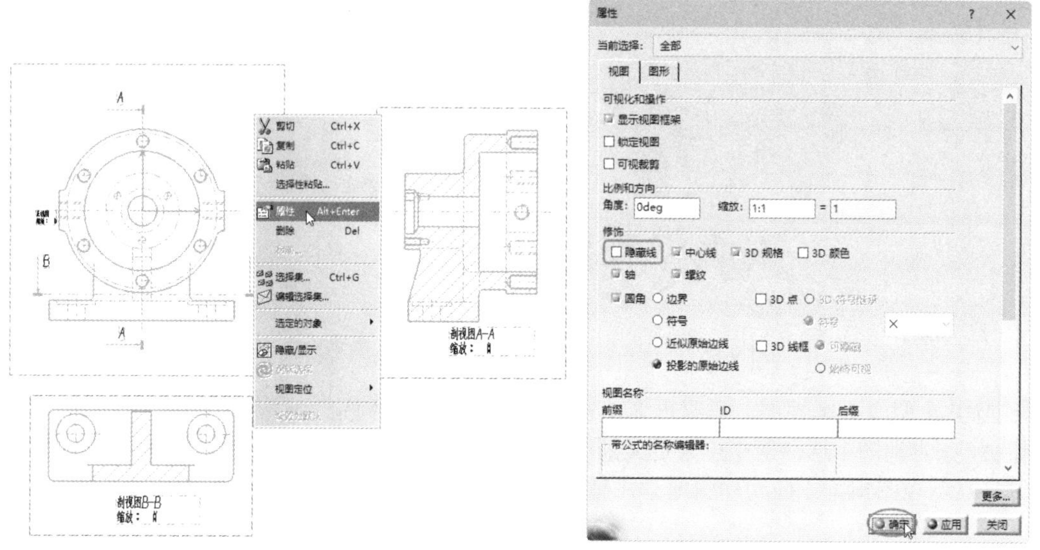

图 9-92

11 如果发现视图中的文字太小，可以选中文本，在“文本属性”工具栏中（窗口上方）修改字体大小，修改后的视图如图 9-93 所示。

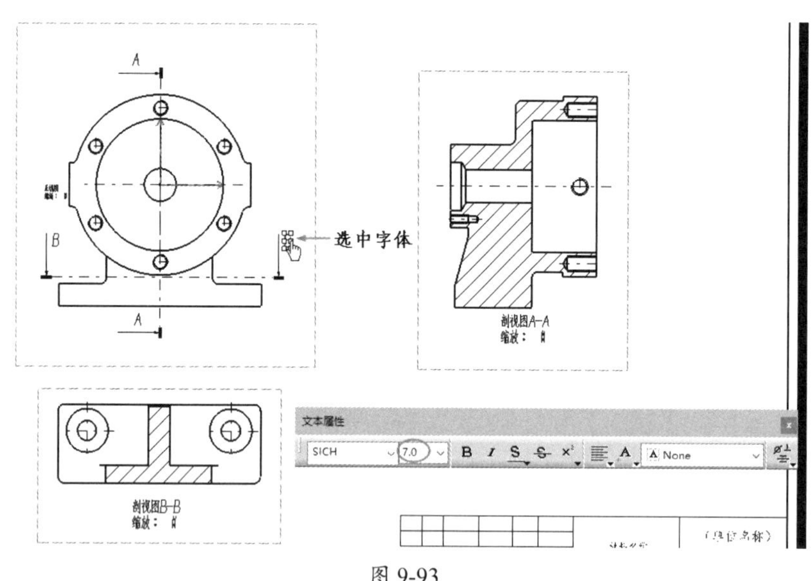

图 9-93

12 接下来需要在主视图中创建零件底座上的局部剖视图。单击“视图”工具栏中的“剖面视图”按钮，在主视图中的零件底座上绘制封闭的多边形，弹出“3D 查看器”对话框，如图 9-94 所示。

13 单击激活“3D 查看器”对话框中的“参考图元”文本框，再在全剖视图中选择圆心标记作为剖切位置参考，单击“确定”按钮自动生成局部剖视图，如图 9-95 所示。

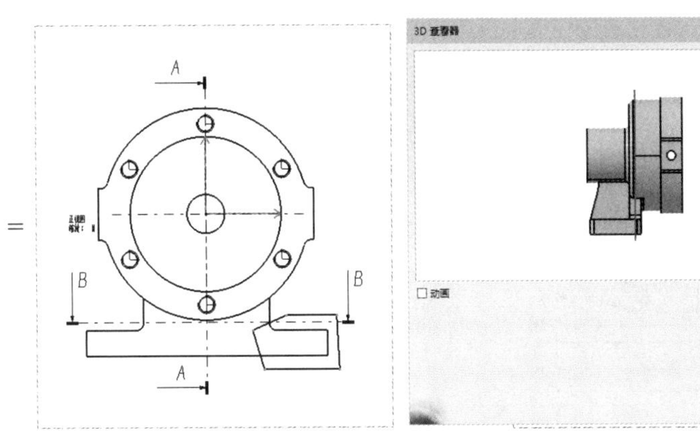

图 9-94

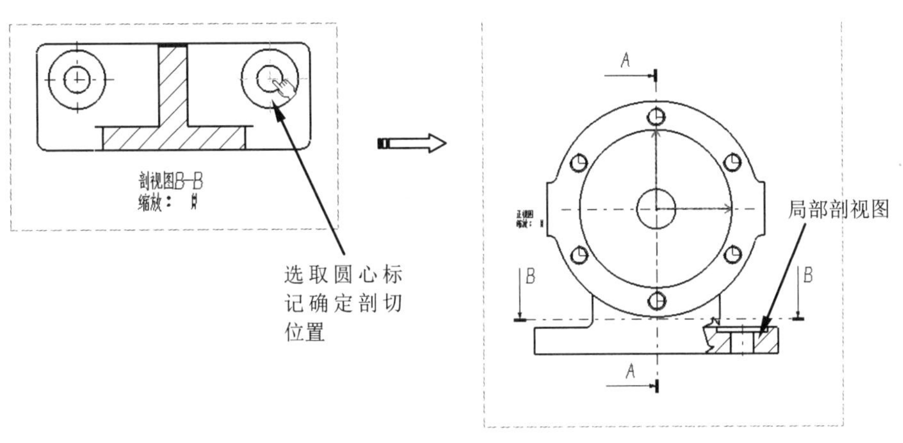

图 9-95

14 同理，在主视图上创建另一局部剖视图，如图 9-96 所示。

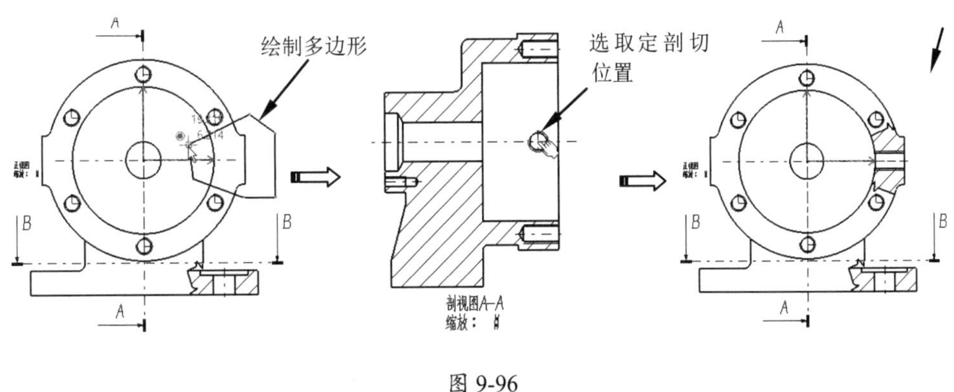

图 9-96

15 单击“尺寸标注”工具栏中的“尺寸”按钮，弹出“工具控制板”工具栏。逐一标注 3 个视图中的线性尺寸、圆形轮廓尺寸和孔直径尺寸，如图 9-97 所示。

16 添加尺寸公差。选中 Ø60 尺寸，单击激活“尺寸属性”工具栏。设置尺寸公差，如图 9-98 所示。

17 单击“粗糙度符号”按钮，选择粗糙度符号所在位置，在弹出的“粗糙度符号”对话框中输入粗糙度的值并选择粗糙度类型，单击“确定”按钮完成粗糙度符号标注，如图 9-99 所示。

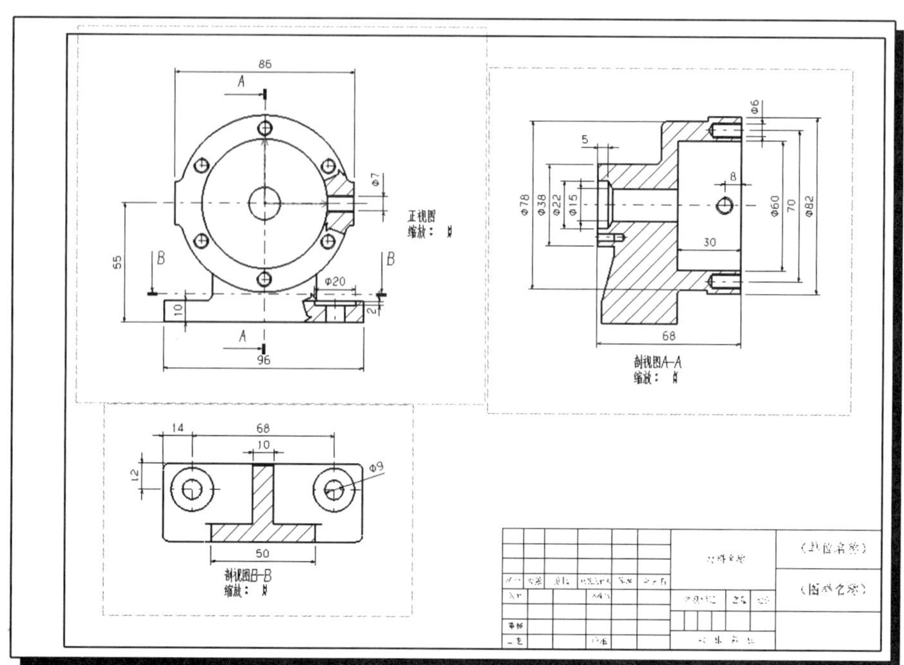

图 9-97

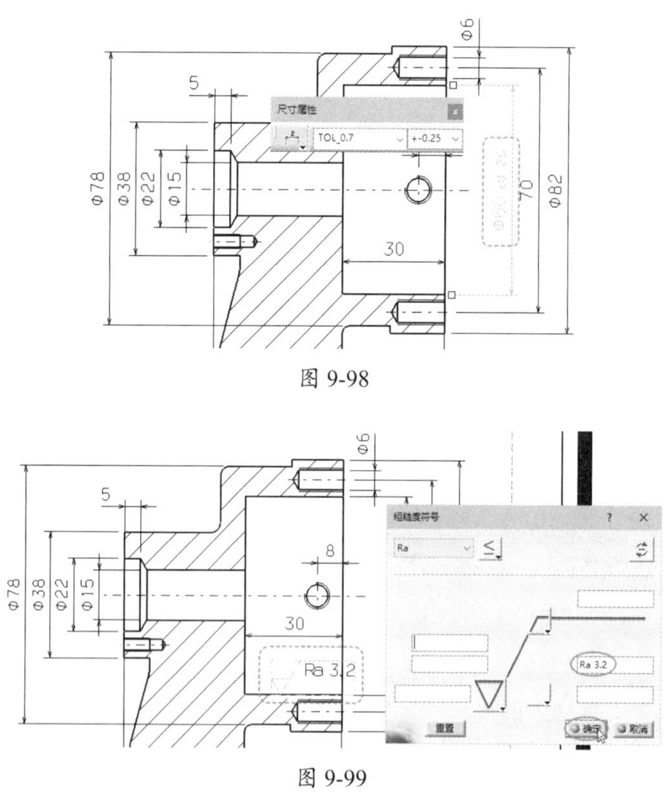

图 9-98

图 9-99

18 单击“基准特征”按钮，再选取剖切视图中要标注基准代号的尺寸线，弹出“创建基准特征”对话框。在该对话框中输入基准代号 A，单击“确定”按钮标注基准代号，如图 9-100 所示。

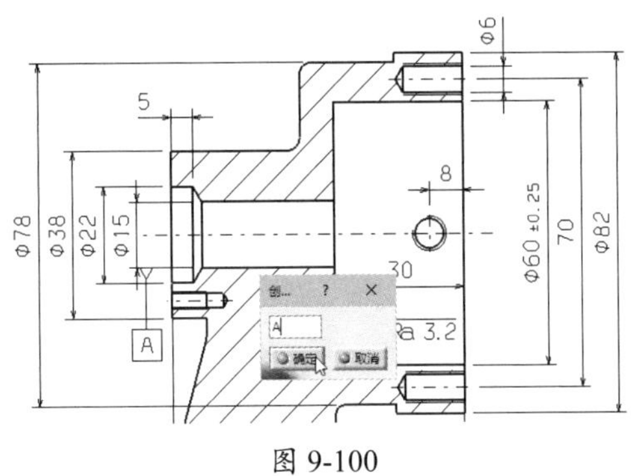

图 9-100

19 单击“形位公差”按钮，选取全剖视图中 Ø30 的尺寸线，弹出“形位公差”对话框。设置形位公差参数后单击“确定”按钮完成形位公差的标注，如图 9-101 所示。

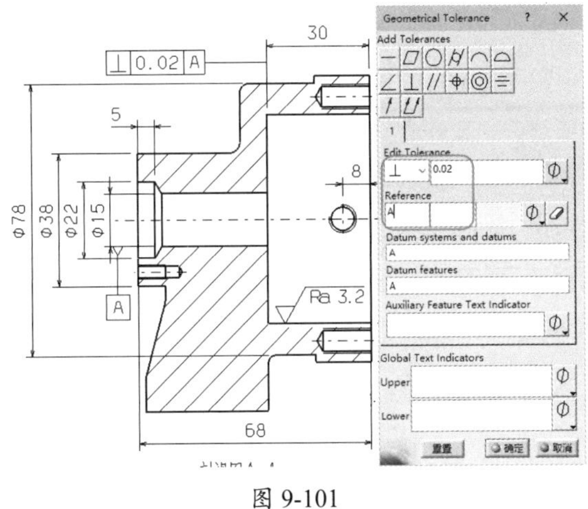

图 9-101

20 同理，重复上述粗糙度、基准和形位公差的标注操作，完成图纸中其余的标注。按 Ctrl 键，右击，在弹出的快捷菜单中选择“属性”选项，在弹出的“属性”对话框的“视图”选项卡中取消选中“显示视图框架”复选框，使 3 个视图中的视图边界完全隐藏，如图 9-102 所示。

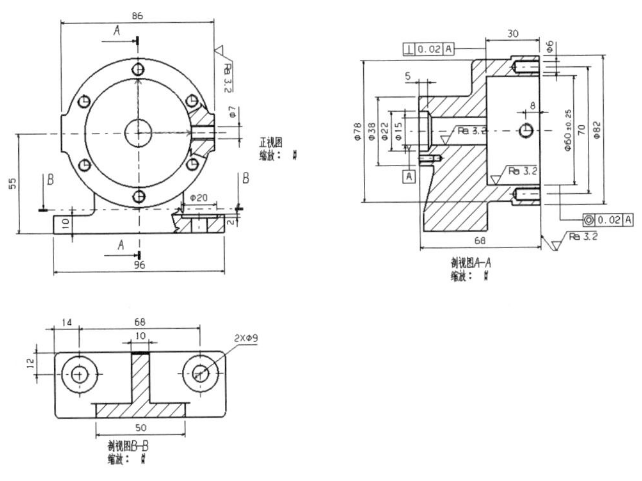

图 9-102

21 单击“文本”按钮 T，选择标题栏上方位置为标注文字的位置，弹出“文本编辑器”对话框，输入文字（可以通过选择字体输入汉字），单击“确定”按钮完成文字的添加，如图 9-103 所示。

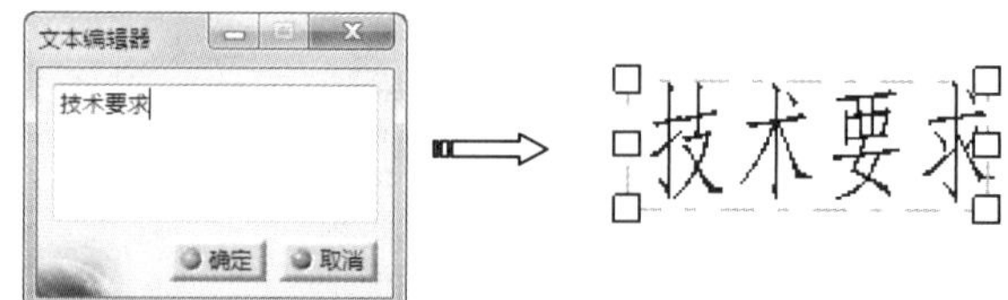

图 9-103

22 单击“文本”按钮 T，完成文本书写，如图 9-104 所示。

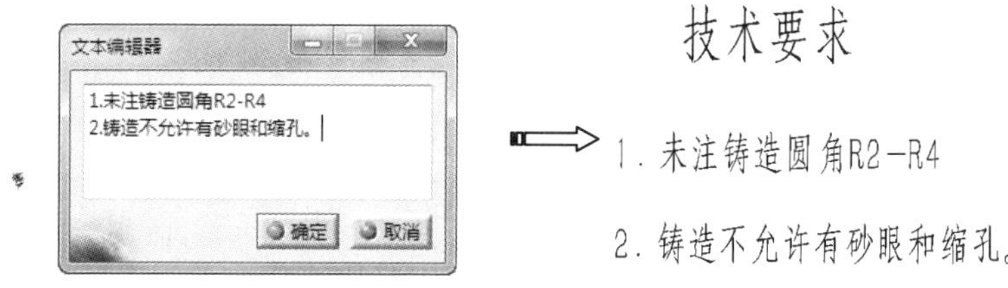

图 9-104

23 至此，完成了泵体工程图的绘制，如图 9-105 所示。

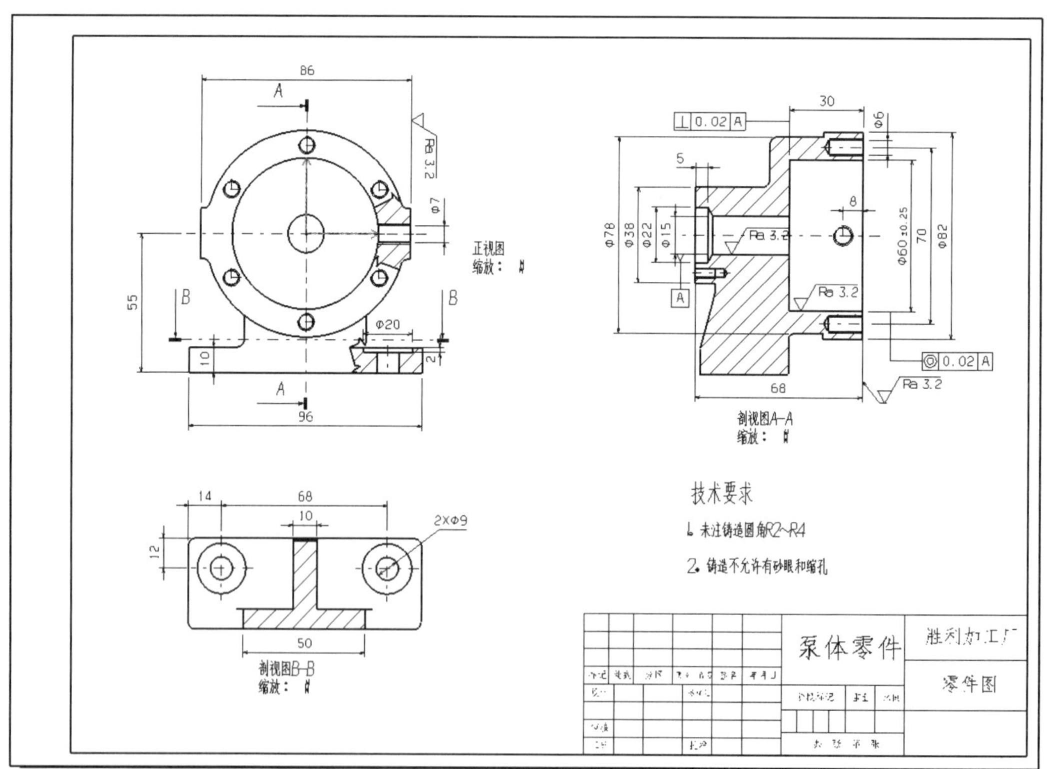

图 9-105

9.7 课后习题

习题一

通过使用工程图制图命令，创建如图 9-106 所示的零件工程图。

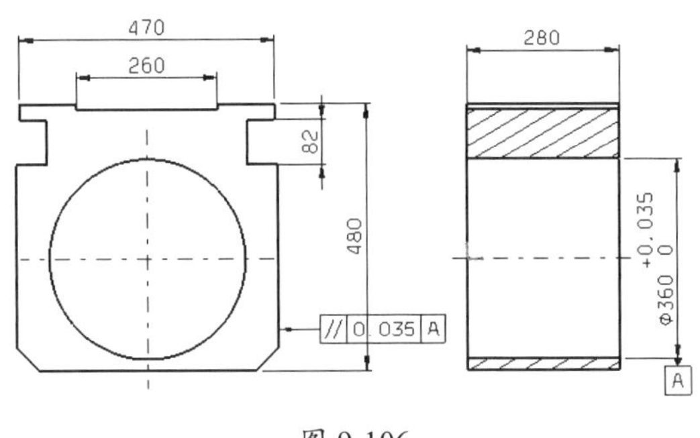

图 9-106

绘制过程及内容如下。

（1）创建图纸。

（2）创建标题栏。

（3）创建正视图。

（4）创建剖视图。

（5）标注尺寸、形位公差。

习题二

通过使用工程图制图命令，创建如图 9-107 所示的零件工程图。

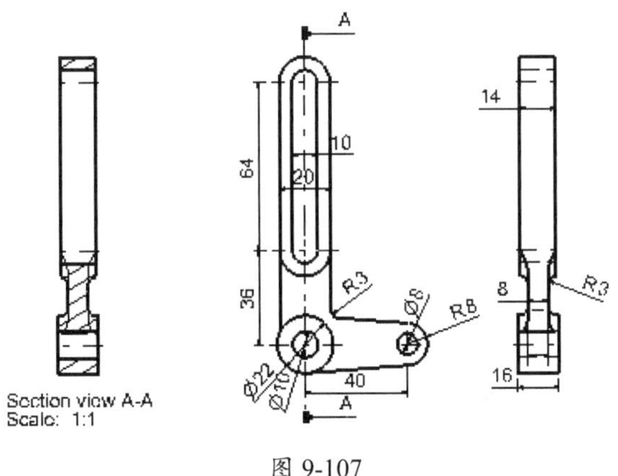

图 9-107

绘制过程及内容如下。

（1）创建图纸。

（2）创建标题栏。

（3）创建正视图。

（4）创建剖视图。

（5）标注尺寸。

第 10 章　DMU 运动机构仿真指令

项目导读

数字化样机（Digital Mock-Up，DMU）是对产品真实化的计算机模拟。数字化装配技术是全面应用于产品开发过程的方案论证、功能展示、设计定型和结构优化阶段的必要技术环节。本章将介绍 DMU 的运动机构仿真模块的相关知识。

- DMU 运动机构仿真界面
- 创建接合
- 运动机构辅助工具
- DMU 运动模拟与动画

10.1 DMU 运动机构仿真界面

CATIA V5-6R2017 的数字化样机提供了强大的可视化手段，除了虚拟现实和多种浏览功能，还集成了 DMU 漫游和截面透视等先进功能，具备各种功能性检测手段，如安装 / 拆除、机构运动、干涉检查、截面扫描等，还具有产品结构的配置和信息交流功能。

在产品开发过程中不断对数字样机进行验证，大部分的设计错误都能被发现和避免，从而大幅减少实物样机的制作与验证工作，缩短产品开发周期、降低产品研发成本。

运动机构仿真是指通过对机械运动机构进行分析，在 3D 环境中对机构模型添加运动约束，继而实现模型运动机构仿真。运动机构仿真是 DMU 的一个基础功能。在 CATIA 运动机构仿真工作台中，可以效验机构性能；通过干涉检查、间隙分析、传感器分析来进行机构运动分析；通过生成运动零件的轨迹或扫掠体以指导产品完成后期设计。

10.1.1 进入 DMU 运动机构仿真工作台

执行“数字化装配”|“DMU 运动机构”命令，进入 DMU 运动机构仿真工作台。

CATIA V5-6R2017 运动机构仿真工作台的界面如图 10-1 所示。工作台界面中的运动机构仿真指令的应用及调用方法，与其他工作台相似，只是运动机构仿真的工具指令在图形区右侧的工具栏区域。

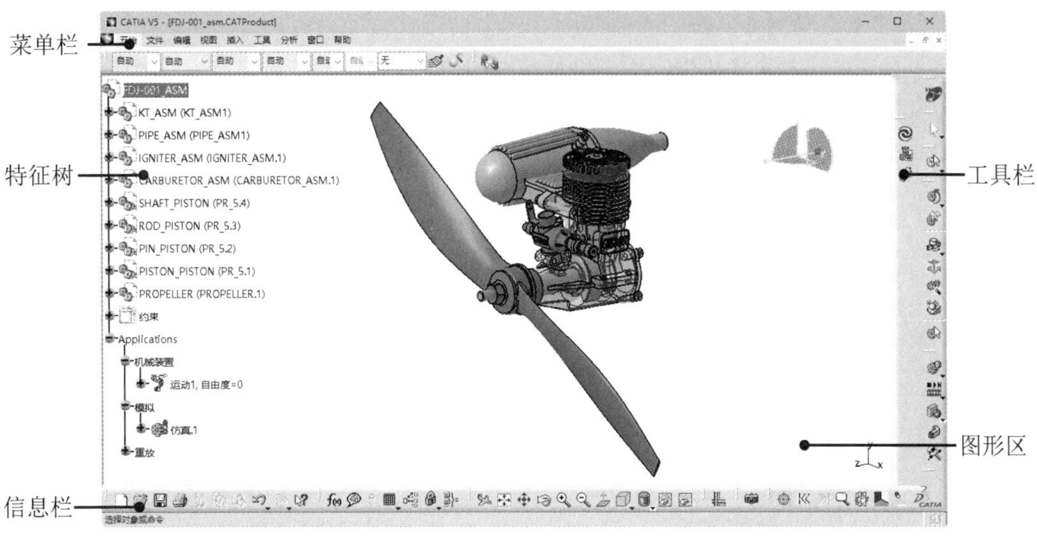

图 10-1

10.1.2 运动机构仿真结构树

在运动机构仿真工作台中，运动机构仿真结构树是基于产品装配结构树建立的，在产品装配结构树的最下方出现一个 Applications（应用程序）节点，即运动机构仿真的程序节点，如图 10-2 所示。

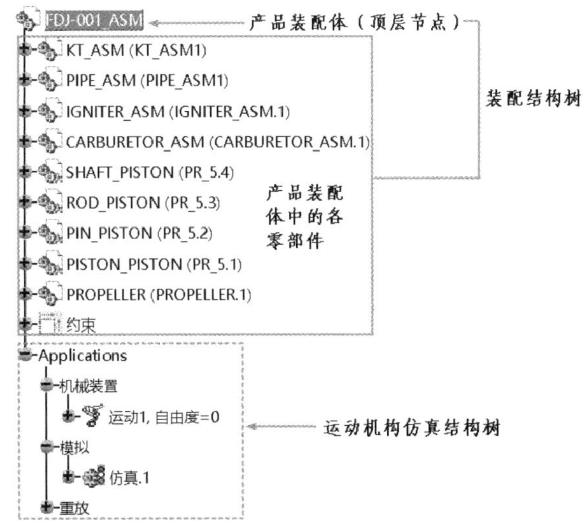

图 10-2

1. 机械装置

机械装置用于记录机械仿真运动，其中“机械装置 .1”为第一个运动机构，一个机械装置可以具有多个运动机构。在进行 DMU 运动机构仿真之前，需要建立运动机构仿真机械装置。

执行“插入”|“新机械装置”命令，系统在运动机构仿真结构树中自动生成“机械装置”节点，如图 10-3 所示。

2. 模拟

模拟节点记录了运动机构应用动力学进行仿真的信息。在模拟节点下双击“仿真.1”子节点，可以通过打开的“运动模拟-机械装置1”对话框进行手动模拟，也可以通过“编辑模拟”对话框播放模拟动画，如图10-4所示。

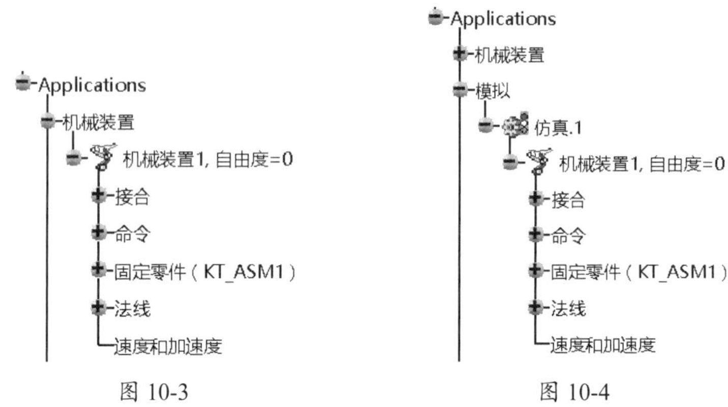

图 10-3　　图 10-4

10.2 创建接合

CATIA运动机构仿真工作台中的“接合”实际上是机构运动中的“连杆”“运动副”和“电机驱动”定义的总称，也就是创建了运动接合，也就定义了运动连杆、运动副和电机驱动。

在机构仿真中，可以认为机构是“连接在一起运动的连杆”的集合，是创建运动仿真的第一步。所谓“连杆”是指用户选择的模型几何体，必须选择所有的想让它运动的模型几何体。

为了组成一个能运动的机构，必须把两个相邻构件（包括机架、原动件、从动件）以一定方式联接起来，这种联接必须是可动连接，而不能是无相对运动的固接（如焊接或铆接），凡是使两个构件接触而又保持某些相对运动的可动连接即称为“运动副”。

CATIA V5-6R2017提供了多种运动接合工具，运动接合相关工具指令在“DMU运动机构”工具栏中，也可将接合指令的“运动接合点”工具栏单独拖曳出来，便于工具指令的调用，如图10-5所示。

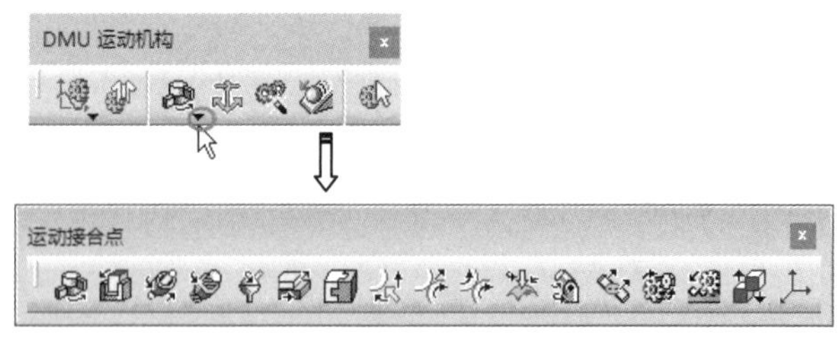

图 10-5

10.2.1 固定运动组件

在每个机构运动仿真时，总有一个零部件是固定的。机构运动是相对的，因此，正确地指定机构的固定零件才能得到正确的仿真运动结果。

在“DMU 运动机构”工具栏中单击“固定零件”按钮，弹出“新固定零件”对话框。在图形区（或者运动机构仿真结构树）中选择要固定的零部件后，该对话框自动消失，可在运动机构仿真结构树中的“固定零件”节点下找到新增的固定零件子节点，如图 10-6 所示。

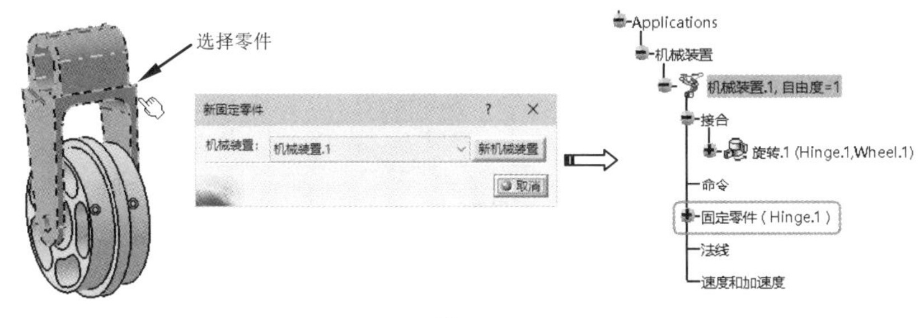

图 10-6

10.2.2　旋转接合

旋转接合是指两个构件之间的相对运动为转动的运动副，也称为“铰链”。创建时需要指定两条相合轴线及两个轴向限制。

旋转接合即铰链式连接，可以实现两个相连件绕同一轴做相对转动，如图 10-7 所示。旋转接合允许有一个绕 *Z* 轴转动的自由度，但两个连杆不能相互移动。旋转接合的原点可以位于 *Z* 轴的任何位置，旋转接合都能产生相同的运动，但推荐用户将旋转接合的原点放在模型的中间。

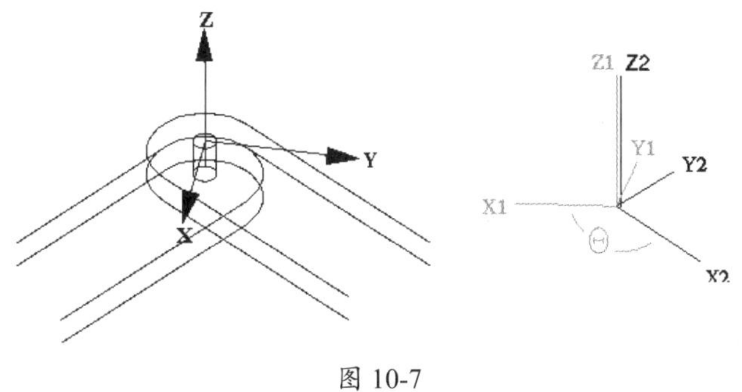

图 10-7

技术要点：

运动机构仿真工作台中的接合，实际上也是为零部件添加装配约束。但这个“装配约束”与装配工作台中的装配约束不同。添加装配工作台中的装配约束后，零部件的自由度是被完全限制的，也就是不能相对间产生运动（即或是缺少自由度的限制，也是不能运动的）。而添加运动机构仿真工作台中的装配约束（接合）后，是可以进行运动的。一般来讲，创建接合（只限制了4个自由度）后，还有两个自由度没有限制，因此，可以做相应的运动。

动手操作——创建旋转接合的运动仿真

01 打开本例源文件 10-1.CATProduct。执行“数字化装配” | “DMU 运动机构”命令，进入运动机构仿真设计工作台。在装配体结构树中，已经创建了机械装置节点，如图 10-8 所示。

图 10-8

02 单击“旋转接合”按钮，弹出“创建接合：旋转”对话框，如图 10-9 所示。

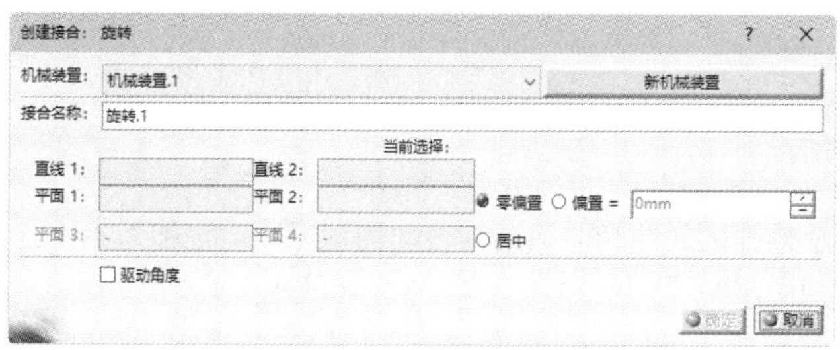

图 10-9

03 旋转接合需要两组约束进行配对：直线（轴）与直线（轴）、平面与平面。在图形区中分别选取两个装配零部件的轴线和平面进行约束配对，如图 10-10 所示。

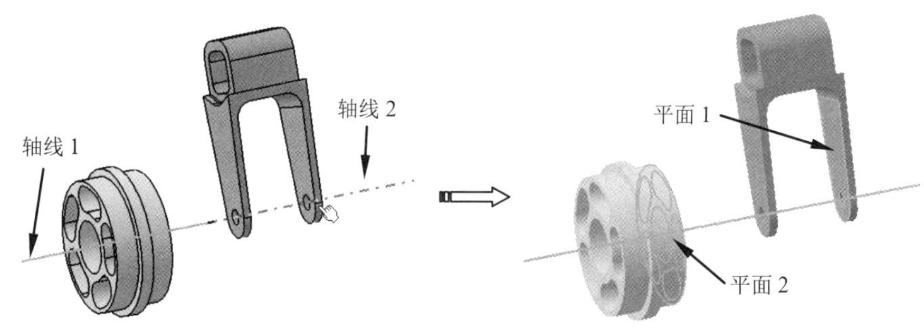

图 10-10

04 选中“偏置”单选按钮，在右侧文本框中输入 2mm（表示轮子与轮架之间需要 2mm 的间隙），如图 10-11 所示。

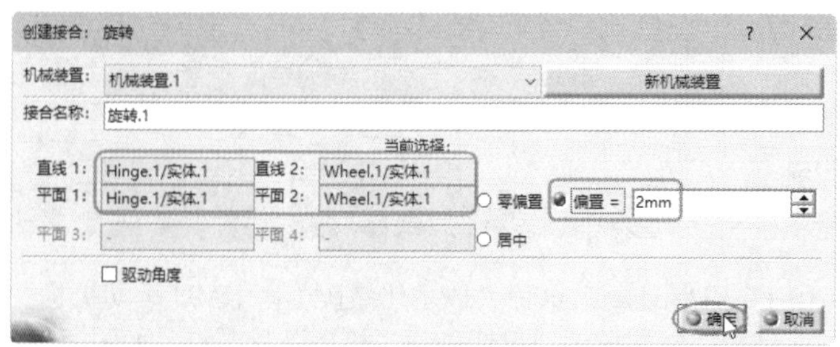

图 10-11

05 单击“确定”按钮完成旋转接合的创建。在机构仿真结构树的“接合”节点下增加了“旋转.1”，在“约束”节点下增加了“相合.1”和“偏移.2”两个约束，如图 10-12 所示。

06 设置固定零件。在“DMU 运动机构”工具栏中单击“固定零件”按钮，弹出“新固定零件”对话框。在图形区或运动机构仿真结构树中选择 Hinge 零部件为固定零件，创建固定零件后会在图形区中该零部件上显示固定符号，同时在结构树中增加“固定”约束和“固定零件”节点，如图 10-13 所示。

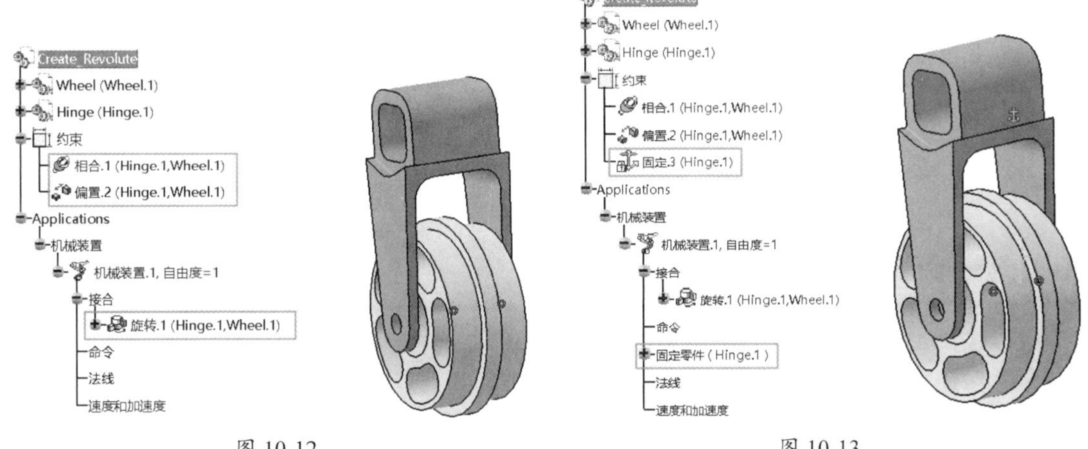

图 10-12　　图 10-13

07 添加电机驱动。在运动机构仿真结构树中双击“接合”节点下的“旋转.1”子节点，弹出“编辑接合：旋转.1（旋转）”对话框。选中“驱动角度”复选框，在图形区将显示电机驱动的旋转方向箭头，如图 10-14 所示。

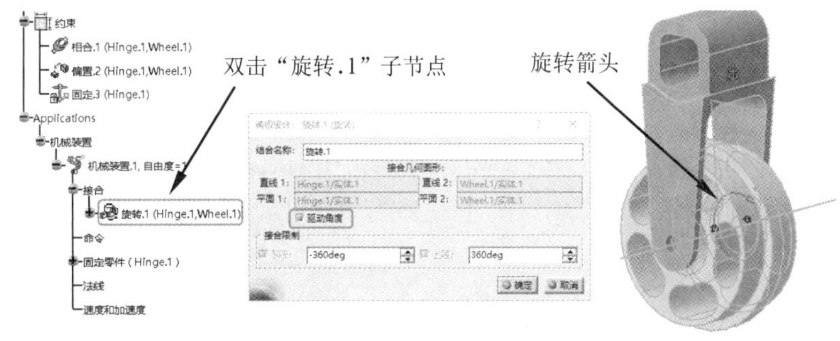

图 10-14

> **提示：**
>
> 如果图中的旋转方向与所需旋转方向相反，可单击图中的箭头更改运动方向。

08 单击“确定”按钮，弹出“信息”对话框，提示可以模拟机械装置了，单击“确定”按钮。此时运动机构仿真结构树中“自由度 =0”，并在“命令”节点下增加“命令.1”子节点，如图 10-15 所示。

09 运动模拟。在“DMU 运动机构”工具栏中单击“使用命令进行模拟”按钮，弹出“运动模拟 - 机械装置.1”对话框。单击“更多”按钮，展开更多模拟选项。选中“按需要”单选按钮，

设置步骤数后单击“向前播放”按钮▶|，自动播放旋转运动动画，如图 10-16 所示。

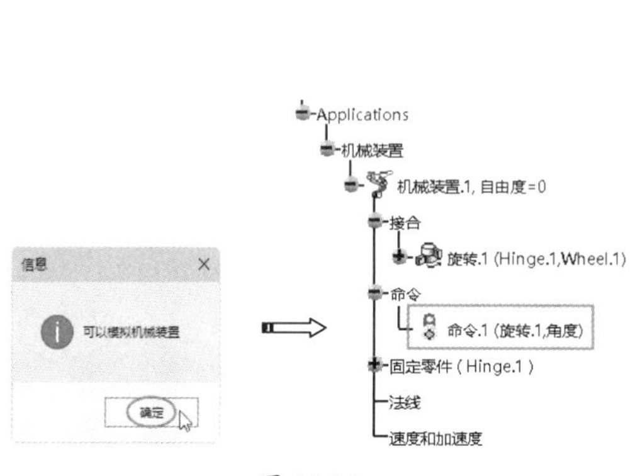

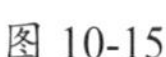

图 10-15

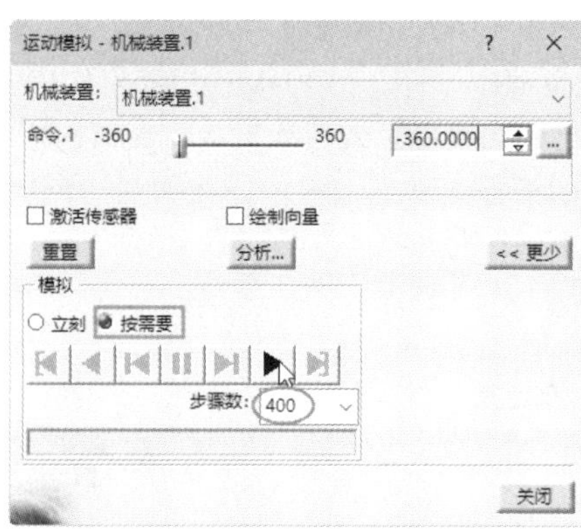

图 10-16

10.2.3 棱形接合

棱形接合也称“滑动副”，是两个相连杆件互相接触并保持着相对的滑动，如图 10-17 所示。滑动副允许沿 Z 轴方向移动，但两个连杆不能相互转动。滑动副的原点可以位于 Z 轴的任何位置，滑动副都能产生相同的运动，但推荐用户将滑动副的原点放在模型的中间。

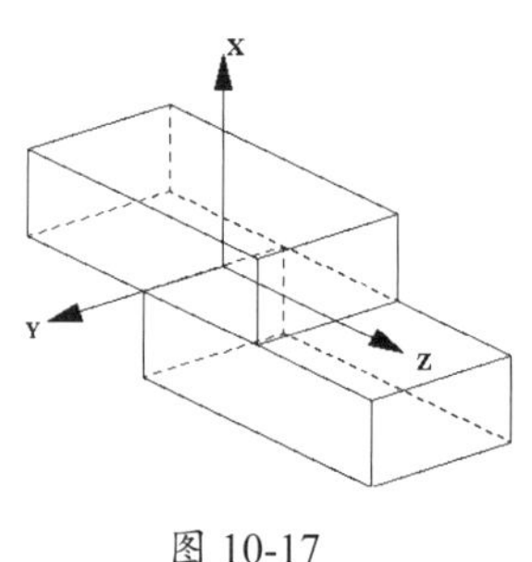

图 10-17

动手操作——创建棱形接合的运动仿真

01 打开本例源文件 10-2.CATProduct。执行“数字化装配”|“DMU 运动机构”命令，进入运动机构仿真设计工作台。

02 执行“插入”|“新机械装置”命令，在机构仿真结构树中创建机械装置节点，如图 10-18 所示。

03 单击“棱形接合”按钮，弹出“创建接合：棱形”对话框，如图 10-19 所示。

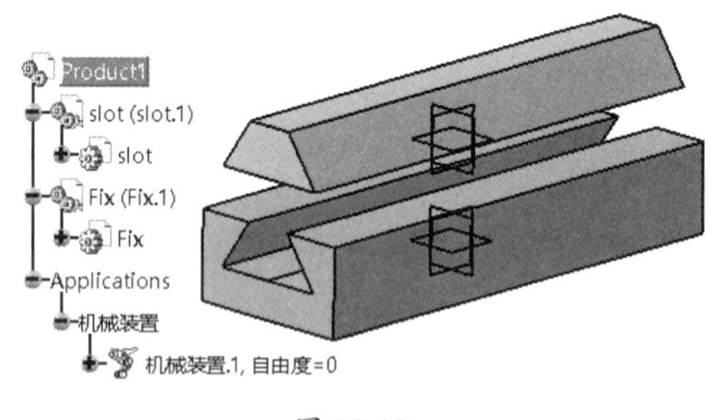

图 10-18

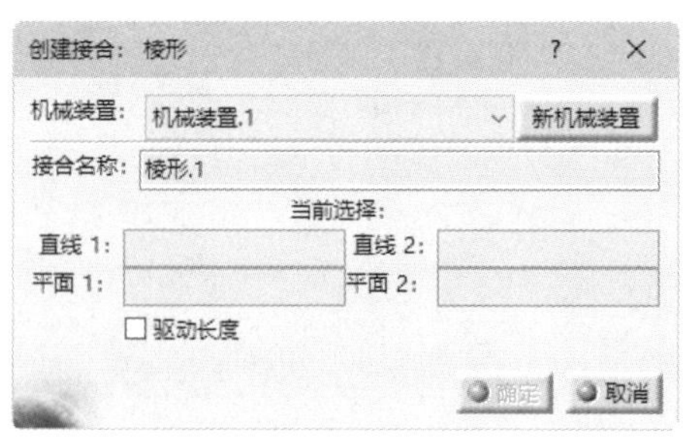

图 10-19

04 棱形接合也需要两个约束进行配对：直线（轴）与直线（轴）、平面与平面。在图形区中分别选取两个装配零部件模型的边线和平面进行约束配对，如图 10-20 所示。

05 单击“确定”按钮完成棱形接合的创建。在机构仿真结构树的“接合”节点下增加了“棱形.1”，在“约束”节点下增加了“相合.1”和“相合.2”两个约束，如图 10-21 所示。

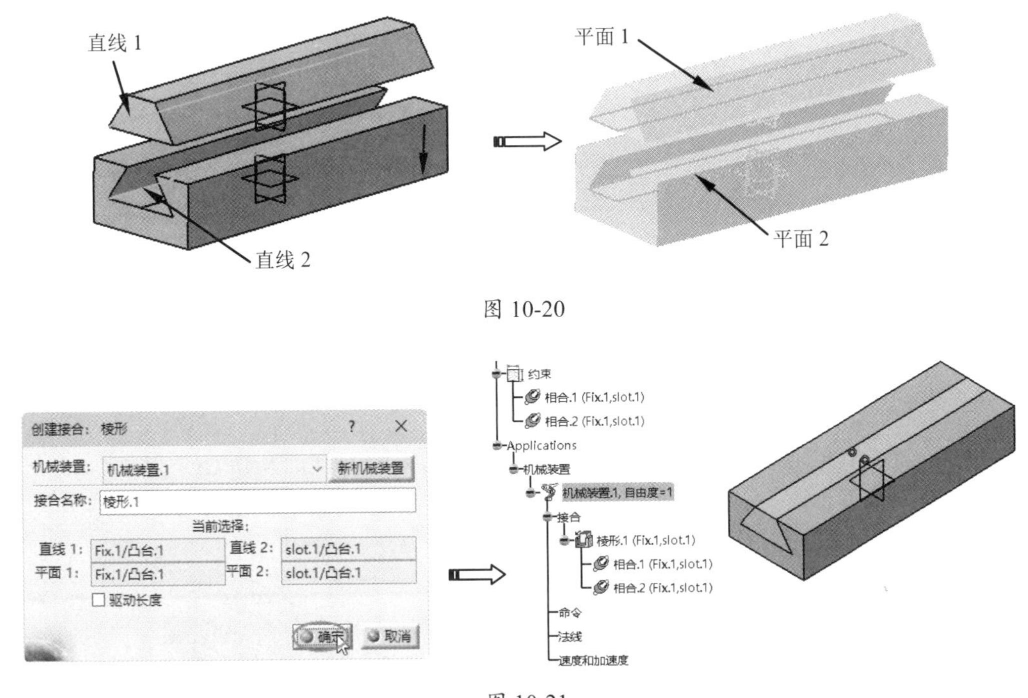

图 10-20

图 10-21

06 设置固定零件。在“DMU 运动机构”工具栏中单击“固定零件”按钮，弹出“新固定零件”对话框。在图形区或运动机构仿真结构树中选择 Fix 零部件为固定零件，如图 10-22 所示。

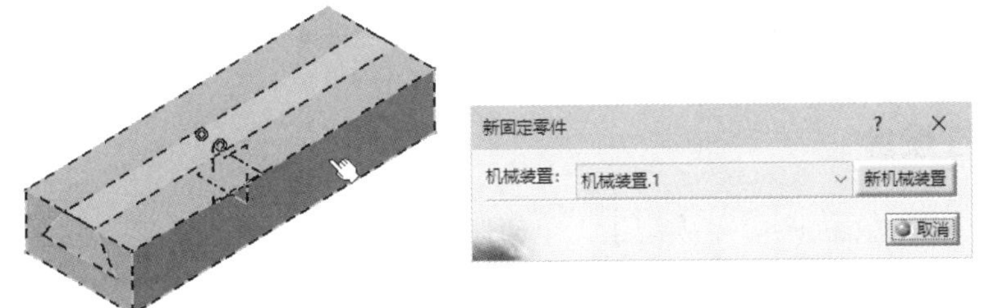

图 10-22

07 添加运动副的线性位移运动驱动。在运动机构仿真结构树中双击“接合”节点下的“棱形 .1”子节点，弹出“编辑接合：棱形 .1（棱形）”对话框。选中“驱动长度”复选框，在图形区将显示线性运动的方向箭头，如图 10-23 所示。

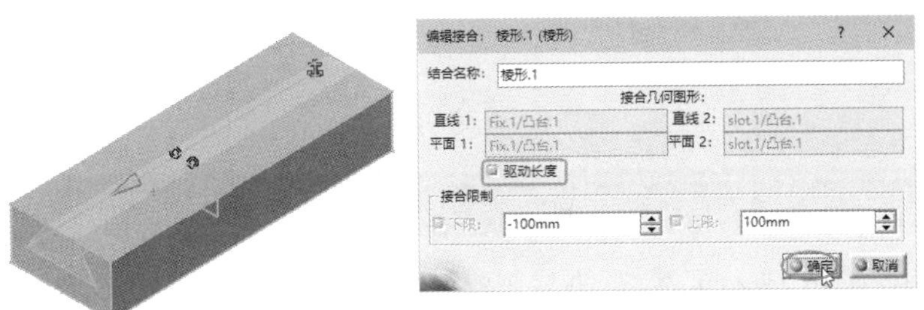

图 10-23

08 单击“确定”按钮，弹出“信息”对话框。提示可以模拟机械装置了，单击“确定”按钮完成，此时运动机构仿真结构树中“自由度=0”，并在“命令”节点下增加“命令.1”，如图 10-24 所示。

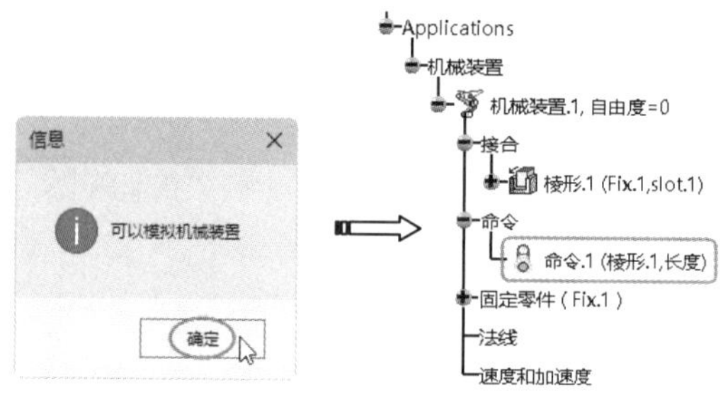

图 10-24

09 运动模拟。在“DMU 运动机构”工具栏中单击“使用命令进行模拟”按钮，弹出“运动模拟 - 机械装置.1”对话框，单击拖曳滑块，可观察产品的直线运动，如图 10-25 所示。

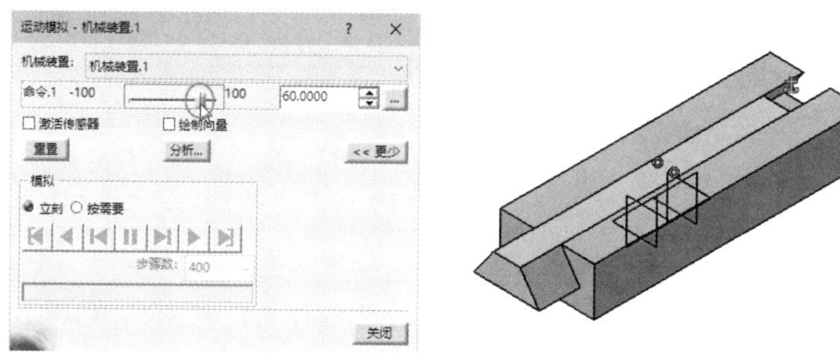

图 10-25

10.2.4 圆柱接合

圆柱接合也称“柱面副”，其实现了一个部件绕另一个部件（或机架）的相对转动，如钻床摇臂运动，如图 10-26 所示。

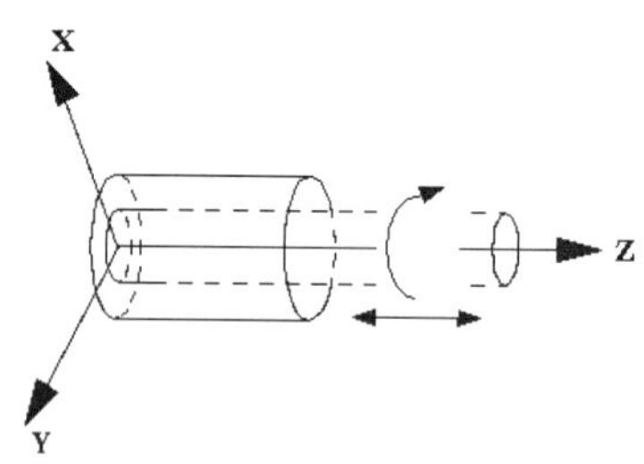

图 10-26

动手操作——创建圆柱接合的运动仿真

01 打开本例源文件 10-3.CATProduct。执行“数字化装配”|“DMU 运动机构”命令，进入运动机构仿真设计工作台。

02 执行“插入”|“新机械装置”命令，在机构仿真结构树中创建机械装置节点，如图 10-27 所示。

03 单击“圆柱接合”按钮，弹出“创建接合：圆柱面”对话框，如图 10-28 所示。

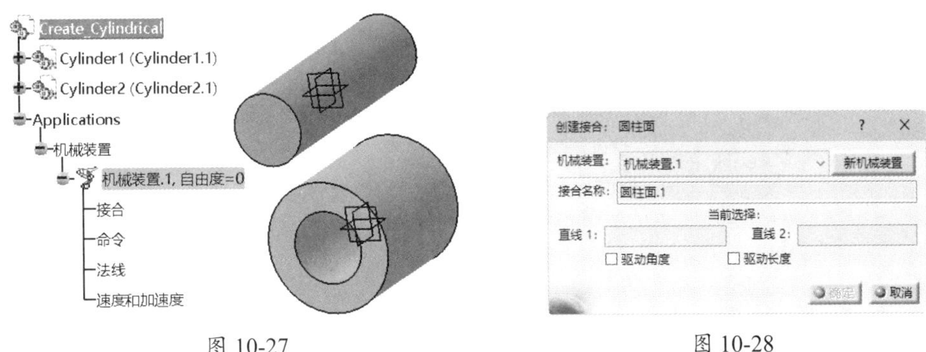

图 10-27　　　　图 10-28

04 在图形区中分别选取两个装配零部件的轴线进行约束配对，并在“创建接合：圆柱面”对话框中选中“驱动角度”和“驱动长度”复选框，单击“确定”按钮完成圆柱接合的创建，如图 10-29 所示。

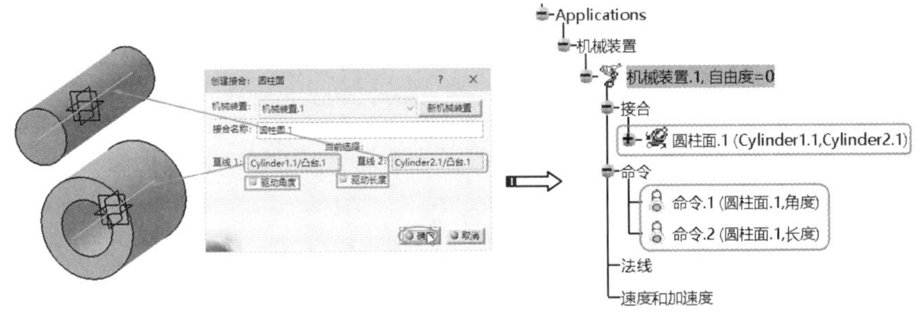

图 10-29

提示：

可以在“创建接合：圆柱面”对话框中选中“驱动长度”复选框，也就是添加运动驱动，也可以在编辑接合时添加，其结果相同。

05 设置固定零件。在“DMU 运动机构”工具栏中单击“固定零件”按钮，弹出“新固定零件”对话框。在图形区或运动机构仿真结构树中选择 Cylinder2 零部件为固定零件，如图 10-30 所示。

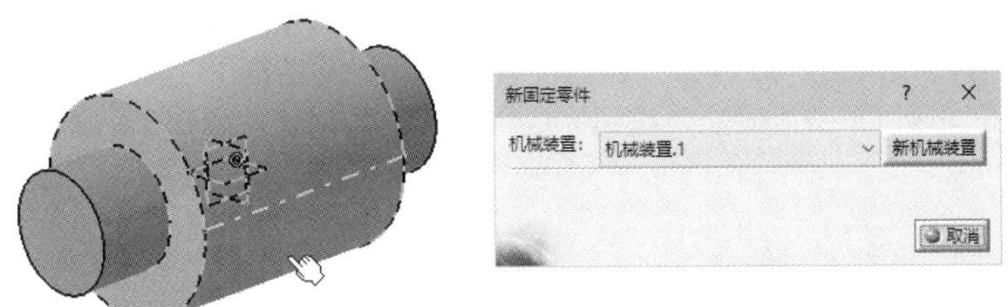

图 10-30

06 运动模拟。在“DMU 运动机构”工具栏中单击“使用命令进行模拟”按钮，弹出“运动模拟 - 机械装置 .1”对话框，有旋转运动与线性运动可以模拟，如图 10-31 所示。

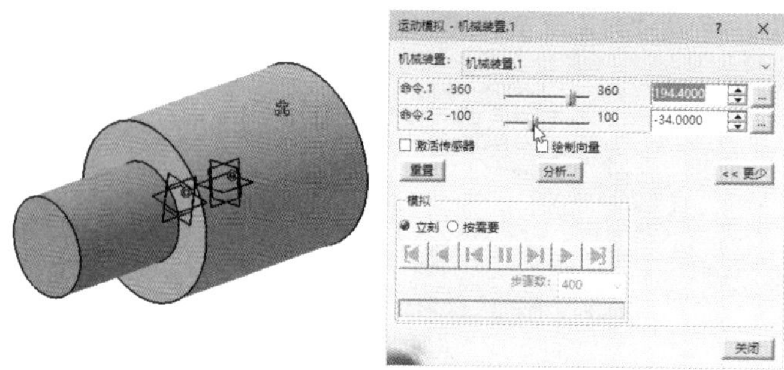

图 10-31

10.2.5 螺钉接合

螺钉接合也称“螺旋副”，其实现一个杆件绕另一个杆件（或机架）作相对的螺旋运动，如图 10-32 所示。螺旋副用于模拟螺母在螺栓上的运动，通过设置螺旋副比率可实现螺旋副旋转一周，第二个连杆相对于第一个连杆沿 Z 轴运动的距离。

动手操作——创建螺钉接合的运动仿真

01 打开本例源文件 10-4.CATProduct。执行“数字化装配”|“DMU 运动机构”命令，进入运动机构仿真设计工作台。

02 执行“插入”|“新机械装置”命令，在机构仿真结构树中创建机械装置节点，如图 10-33 所示。

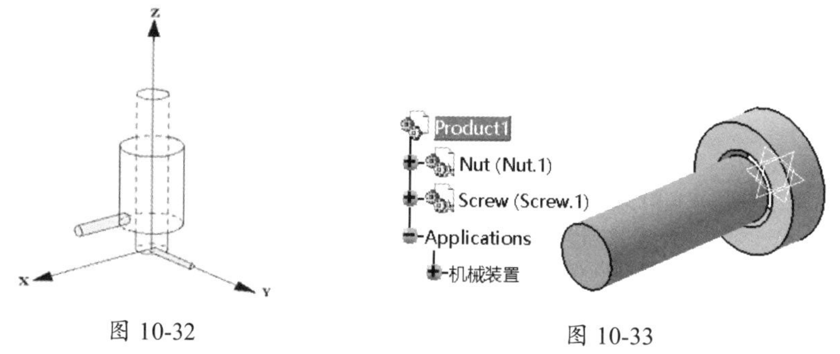

图 10-32　　图 10-33

03 单击“螺钉接合”按钮，弹出“创建接合：螺钉”对话框。在图形区中分别选取两个装配零部件的轴线进行约束配对，然后在“创建接合：螺钉”对话框中选中“驱动角度”复选框，并设置“螺距”值为 4，单击“确定”按钮完成螺钉接合的创建，如图 10-34 所示。

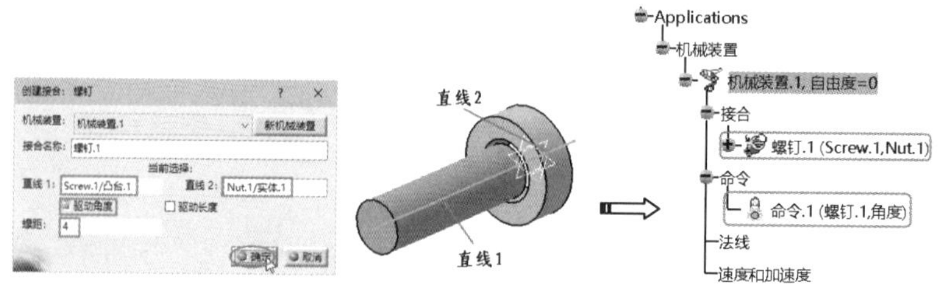

图 10-34

04 设置固定零件。在“DMU 运动机构”工具栏中单击“固定零件”按钮，弹出“新固定零件”对话框。在图形区或运动机构仿真结构树中选择 Nut 零部件为固定零件，如图 10-35 所示。

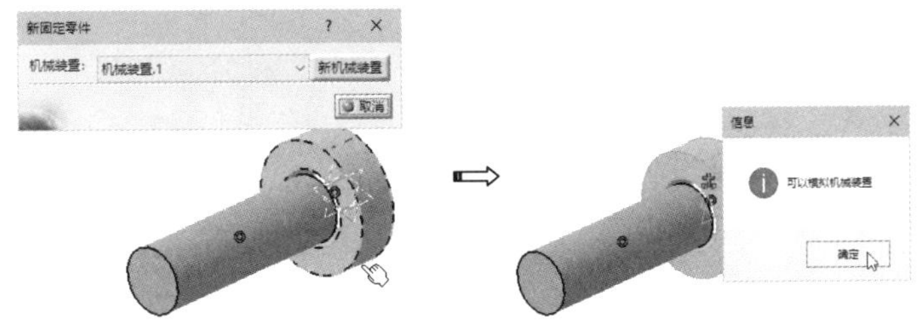

图 10-35

05 运动模拟。在“DMU 运动机构”工具栏中单击“使用命令进行模拟”按钮，弹出“运动模拟 - 机械装置 .1”对话框，拖曳滑块可以模拟螺钉旋进螺母的动画，如图 10-36 所示。

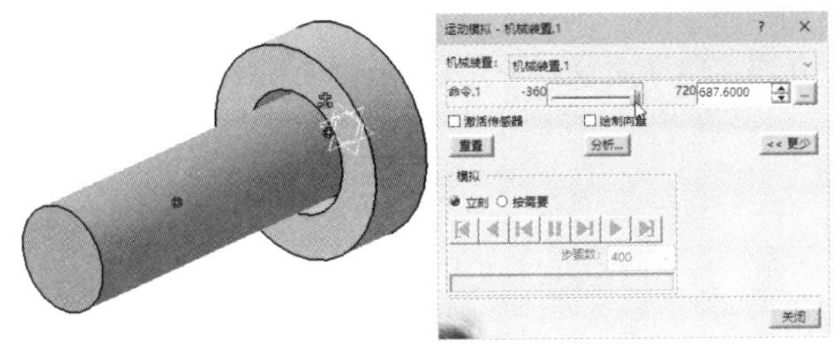

图 10-36

10.2.6 球面接合

球面接合也称“球面副”，是指两个构件之间仅被一个公共点或一个公共球面约束的多自由度运动副。其可以实现多方向的摆动与转动，又称为“球铰”，如球形万向节。创建时需要指定两条相合的点，对于高仿真模型来讲，即两零部件上相互配合的球孔与球头的球心。球面副实现一个杆件绕另一个杆件（或机架）作相对转动，它只有一种形式——两个连杆必须相连，如图 10-37 所示。

动手操作——创建球面接合

01 打开本例源文件 10-5.CATProduct。执行“数字化装配”|“DMU 运动机构”命令，进入运动机构仿真设计工作台。

02 执行“插入”|“新机械装置”命令，在机构仿真结构树中创建机械装置节点，如图 10-38 所示。

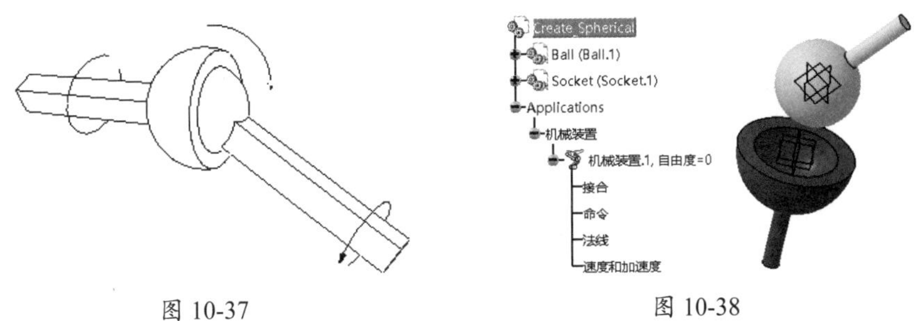

图 10-37　　图 10-38

03 单击“球面接合”按钮，弹出“创建接合：球面”对话框。在图形区分别选取两个装配零部件的球面（选取球面即可自动选取球心点）进行约束配对，单击“确定”按钮完成球面接合的创建，如图 10-39 所示。

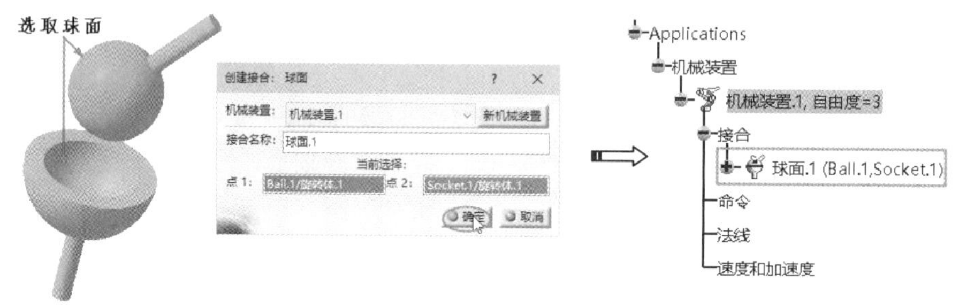

图 10-39

04 此时，在运动仿真结构树中显示“自由度 =3”，表示目前此机械装置还不能被完全约束，因此，需要创建其他类型接合并添加驱动命令，才能模拟球面副运动。

10.2.7 平面接合

平面接合也称“平面副”。平面副允许 3 个自由度，两个连杆在相互接触的平面上自由滑动，并可绕平面的法向做自由转动。平面副的原点位于 3D 空间的任何位置，平面副都能产生相同的运动，但推荐用户将平面副的原点放在平面副接触面的中间。平面副可以实现两个杆件之间以平面相接触运动，如图 10-40 所示。

动手操作——创建平面接合

01 打开本例源文件 10-6.CATProduct。执行“数字化装配”|“DMU 运动机构”命令，进入运动机构仿真设计工作台。

02 执行“插入”|“新机械装置”命令，在机构仿真结构树中创建机械装置节点，如图 10-41 所示。

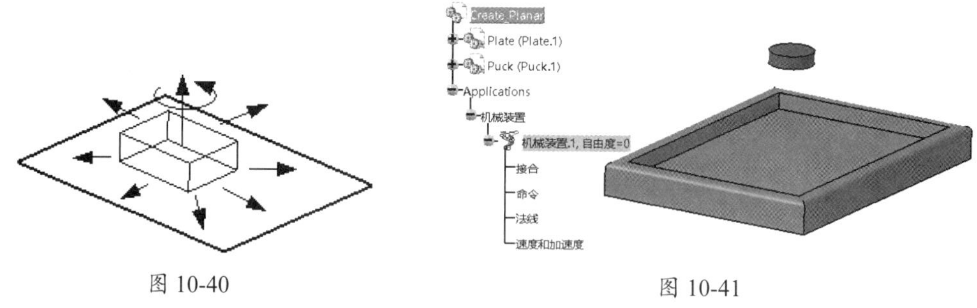

图 10-40　　图 10-41

03 单击“平面接合”按钮，弹出“创建接合：平面”对话框。在图形区中分别选取两个装配零部件中需要平面接触的两个平面进行约束配对，单击“确定”按钮完成平面接合的创建，如图 10-42 所示。

04 在运动仿真结构树中显示“自由度 =3”，表示目前平面副的机械装置需要添加其他接合的驱动命令才能模拟运动。

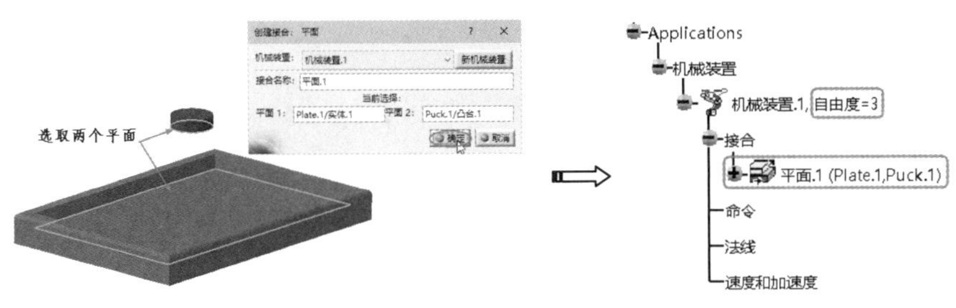

图 10-42

10.2.8　刚性接合

刚性接合是指两个零部件在初始位置不变的情况下进行刚性连接，刚性连接的零部件不再具有运动趋势，彼此之间完全固定。“刚性接合”命令不提供驱动命令。

动手操作——创建刚性接合

01 打开本例源文件 10-7.CATProduct。执行“数字化装配”|“DMU 运动机构”命令，进入运动机构仿真设计工作台。

02 执行“插入”|“新机械装置”命令，在机构仿真结构树中创建机械装置节点，如图 10-43 所示。

03 在“DMU 运动机构”工具栏中单击“刚性接合”按钮，弹出“创建接合：刚性”对话框。在图形区选择零件 1 和零件 2 的刚性接合的对象，单击“确定”按钮完成刚性接合的创建，如图 10-44 所示。

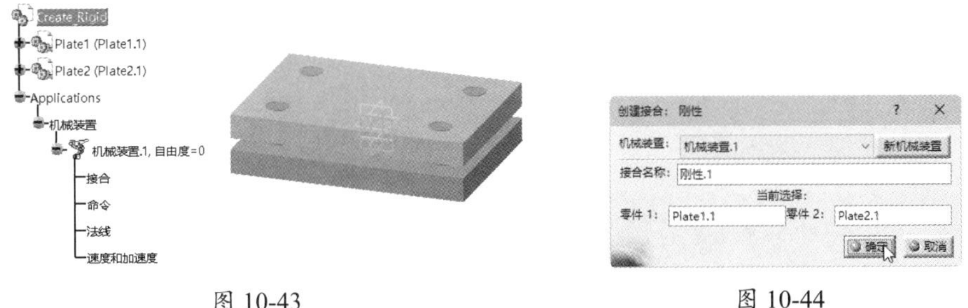

图 10-43　　　　图 10-44

04 在“接合”节点下增加“刚性 .1”子节点，在“约束”节点下增加“固联 .1”子节点，而且显示“自由度 =0”，说明创建的刚性接合的两个零部件实现了完全固定，如图 10-45 所示。

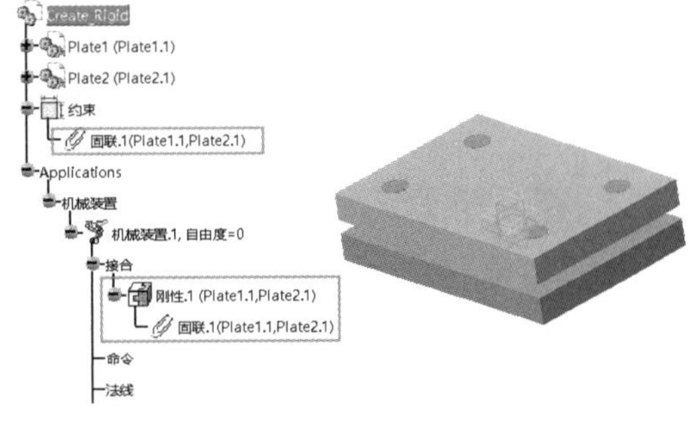

图 10-45

10.2.9 点、线及面的运动接合

在 CATIA 中提供了基于点、曲线及曲面驱动的运动副，具体介绍如下。

1. 点曲线接合

点曲线接合是指两个零部件通过以点和曲线的接合方式来创建曲线运动副，创建时需要指定一个零部件中的曲线（直线、曲线或草图均可）和另外一个零部件中的点。

动手操作——创建点曲线接合

01 打开本例源文件 10-8.CATProduct。

02 执行“插入”|“新机械装置”命令，在机构仿真结构树中创建机械装置节点，如图 10-46 所示。

03 在“DMU 运动机构”工具栏中单击“点曲线接合”按钮，弹出“创建接合：点曲线”对话框。在图形区选中曲线 1 和点 1（笔尖），如图 10-47 所示。

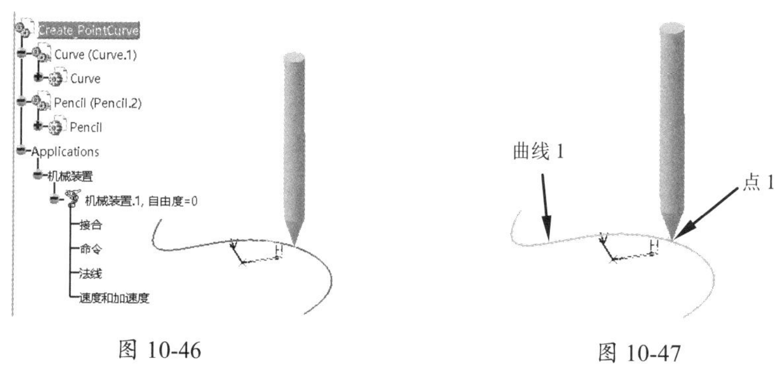

图 10-46　　　　图 10-47

04 在“创建接合：点曲线”对话框中选中“驱动长度”复选框，再单击“确定”按钮完成点曲线接合的创建，如图 10-48 所示。

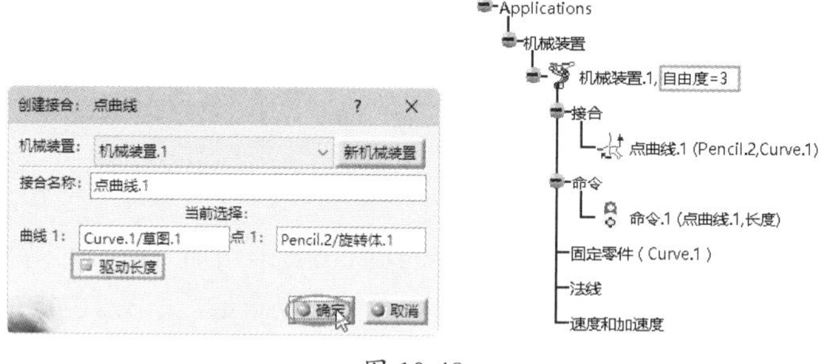

图 10-48

提示：

在运动机构仿真结构树中显示“自由度=3”，而其本身只有一个“驱动长度”指令，故点曲线接合不能单独驱动，只能配合其他接合来建立运动机构。

2. 滑动曲线接合

滑动曲线接合是指两个零部件通过一组相切曲线来实现相互滑动运动。这组相切曲线必须分别属于两个零部件，相切两曲线可以是直线与直线、直线与曲线。

滑动曲线接合不能独立模拟运动，需要与其他接合配合使用。

动手操作——创建滑动曲线接合的运动仿真

01 打开本例源文件 10-9.CATProduct，其中已经创建了机械装置，并完成了旋转接合与棱形接合，如图 10-49 所示。

02 在“DMU 运动机构”工具栏中单击“滑动曲线接合”按钮，弹出“创建接合：滑动曲线”对话框。在图形区分别选中圆弧曲线和直线，单击“确定”按钮完成滑动曲线接合的创建，如图 10-50 所示。

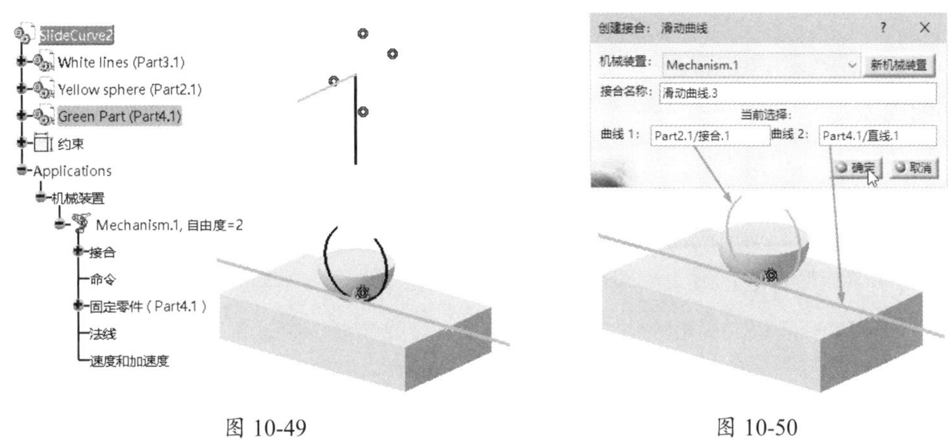

图 10-49　　　　图 10-50

03 施加驱动命令。在运动机构仿真结构树的“接合”节点下双击“旋转 .1”子节点，弹出“编辑接合：旋转 .1（旋转）”对话框。选中“驱动角度”复选框，在图形区显示旋转驱动方向箭头，如图 10-51 所示。

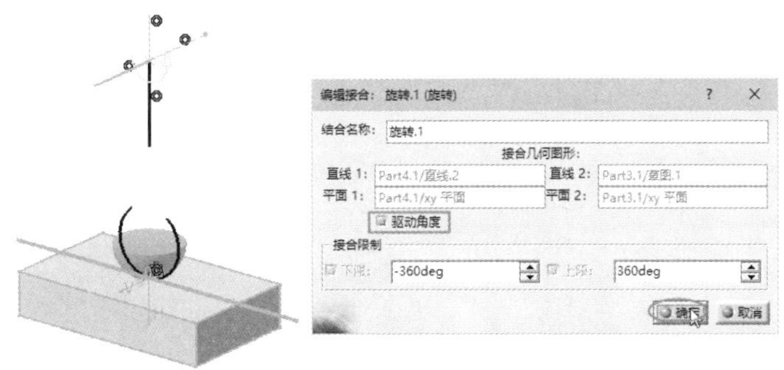

图 10-51

> **提示：**
>
> 如果驱动方向与预设的旋转方向相反，可单击箭头更改运动方向。

04 单击“确定”按钮，弹出“信息”对话框，提示：可以模拟机械装置。再单击“确定”按钮完成驱动命令的添加，如图 10-52 所示。

05 此时运动机构仿真结构树中“自由度 =0”，并在“命令”节点下增加“命令 .1”子节点。

06 运动模拟。单击“使用命令进行模拟”按钮，弹出“运动模拟 -Mechanism.1”对话框，拖曳滑块，模拟滑动运动，如图 10-53 所示。

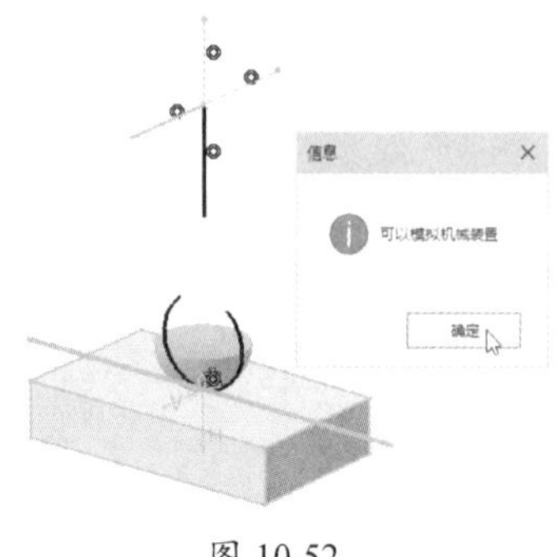

图 10-52

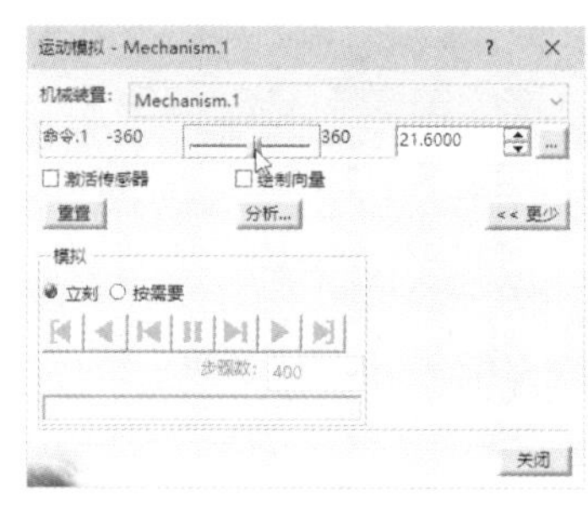

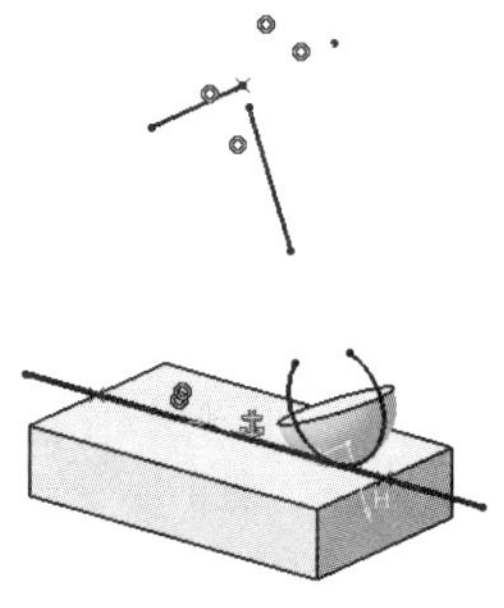

图 10-53

3. 滚动曲线接合

滚动曲线接合是指两个零部件通过一组相切曲线实现相互滚动，相切两曲线可以是直线与曲线也可以是曲线与曲线。

滚动曲线接合与滑动曲线接合的区别在于，滑动曲线接合的两个零部件中，一个固定另一个滑动；在滚动曲线接合中，两个零部件均可以同时相互滚动。

动手操作——创建滚动曲线接合的运动仿真

01 打开本例源文件 10-10.CATProduct，其中已经创建了机械装置，并创建了旋转接合，如图 10-54 所示。

02 单击“滚动曲线接合”按钮，弹出“创建接合：滚动曲线”对话框。在图形区分别选中轴承外圈上的圆曲线和滚子上的圆曲线，选中“驱动长度”复选框，单击“确定”按钮完成第一个滚动曲线接合的创建，如图 10-55 所示。

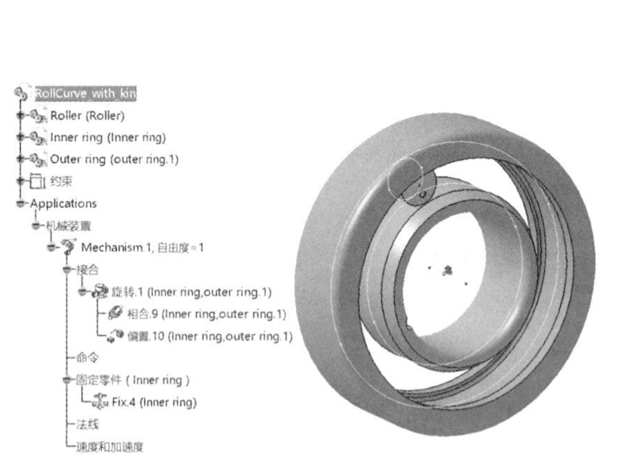

图 10-54

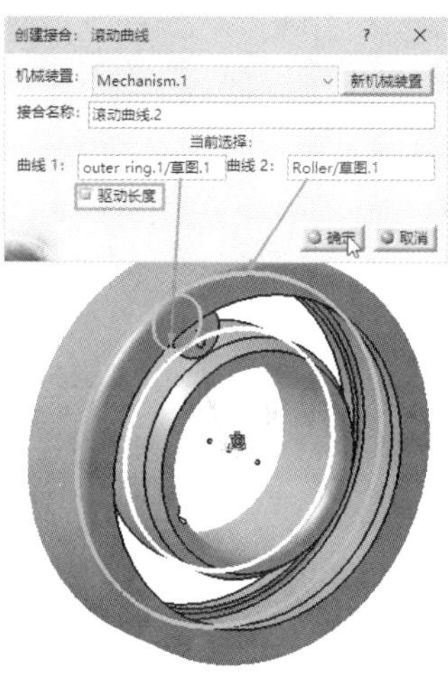

图 10-55

03 单击“滚动曲线接合”按钮，弹出“创建接合：滚动曲线”对话框。在图形区分别选中滚子上的圆曲线和轴承内圈上的圆曲线，单击“确定”按钮完成第二个滚动曲线接合的创建，如图 10-56 所示。

提示：

第二个接合中，不能选中“驱动长度”复选框，也就是不能添加滚动驱动，因为内圈已经被固定，与滚子之间不能形成滚动运动。

04 此时运动机构仿真结构树中“自由度 =0”，并在“命令”节点下增加“命令 .1（滚动曲线 .2，长度）”，此驱动命令是创建第一次滚动曲线接合时所自动创建的命令，如图 10-57 所示。

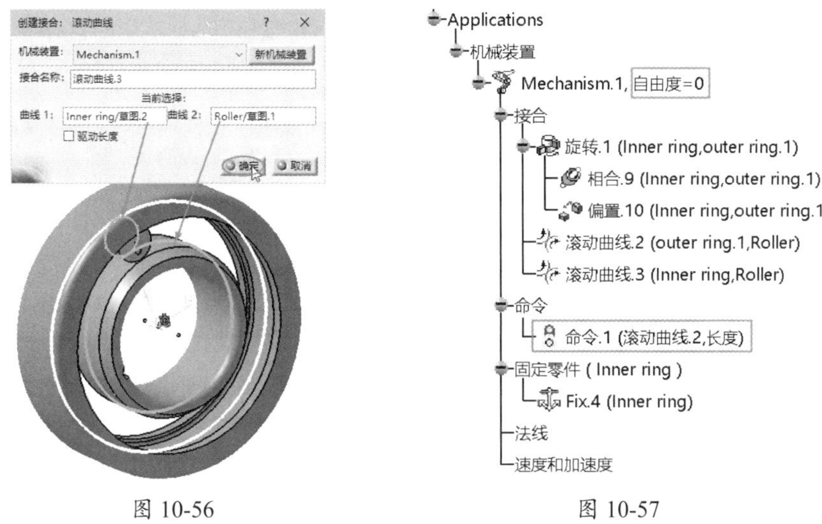

图 10-56　　　　图 10-57

05 运动模拟。单击“使用命令进行模拟”按钮，弹出“运动模拟 -Mechanism.1”对话框，拖曳滑块，模拟滑动运动，如图 10-58 所示。

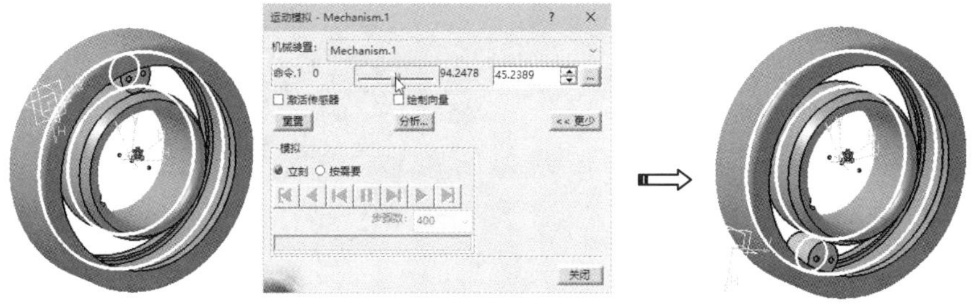

图 10-58

技术要点：

如果觉得驱动长度的距离不够，可以在“运动模拟-Mechanism.1”对话框的驱动长度值文本框的右侧单击按钮，随后在弹出的“滑块：命令.1”对话框中设置“最大值”即可，如图10-59所示。

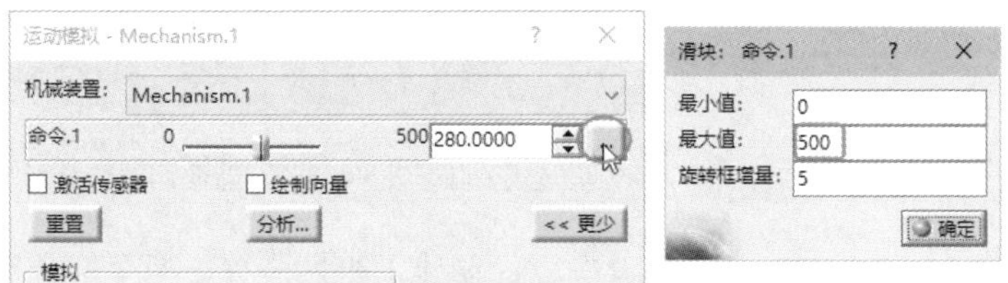

图 10-59

4. 点曲面接合

点曲面接合可以使一个点在曲面上随着曲面的形状做自由运动，但是，点和曲面必须分属于两个零部件。

动手操作——创建点曲面接合

01 打开本例源文件 10-11.CATProduct，其中已经创建了机械装置，如图 10-60 所示。

02 单击“点曲面接合”按钮，弹出“创建接合：点曲面”对话框。在图形区中依次选择曲面模型和点（笔尖上的点），单击“确定”按钮完成点曲面接合的创建，如图 10-61 所示。

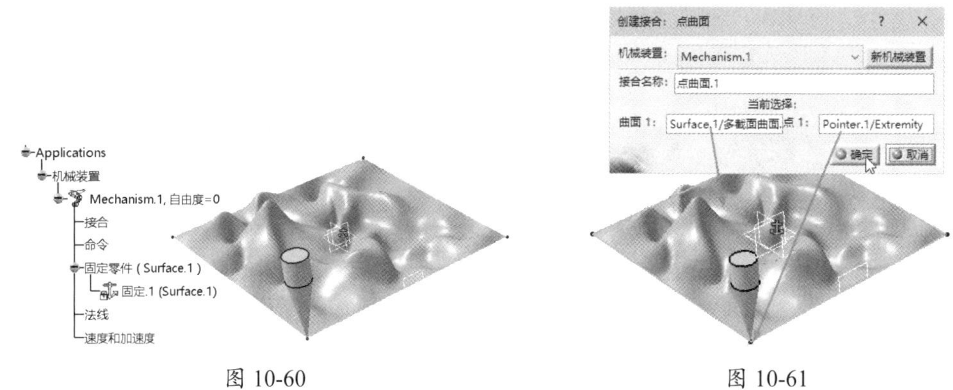

图 10-60　　图 10-61

03 在“接合”节点下增加“点曲面 .1”，如图 10-62 所示。由于在运动机构仿真结构树中显示“自由度 =5”，故点曲面接合不能单独模拟，只能配合其他运动接合来建立能够模拟的运动机构。

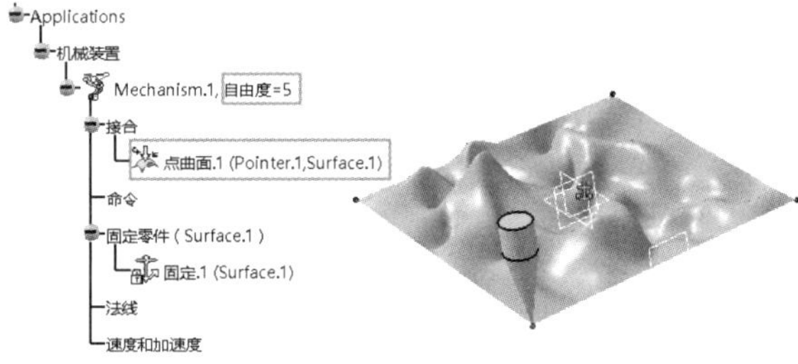

图 10-62

10.2.10　通用接合

通用接合是用于同步关联两条轴线相交的旋转，用于不以传动过程为重点的运动机构创建过程中的简化结构，以此减少操作过程。通用接合可以传递旋转运动（旋转接合也能传递旋转，但要求两个零部件的轴线必须在同一轴上），但通用接合没有轴线必须在同一轴的限制，能够向其他方向传递。

动手操作——创建通用接合的运动仿真

01 打开本例源文件 10-12.CATProduct，其中已经创建了机械装置、两个接合及固定零件，如图 10-63 所示。

02 单击“通用接合”按钮，弹出“创建接合：U 形接合”对话框。在图形区中依次选择两个轴零件上的轴线，如图 10-64 所示。

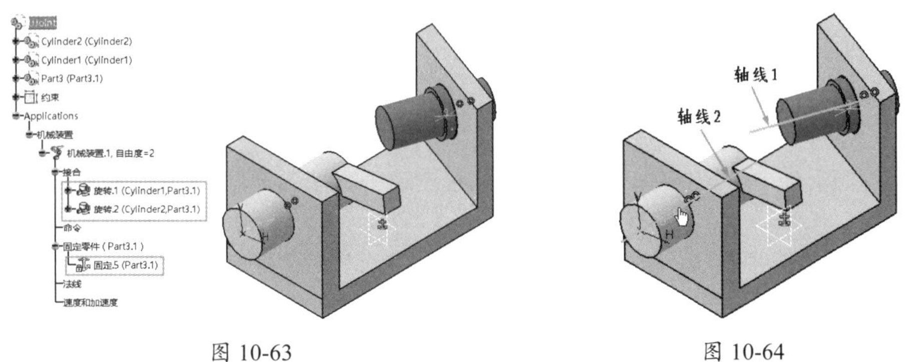

图 10-63　　图 10-64

03 在“创建接合：U 形接合”对话框中选择“垂直于旋转 2”单选按钮，单击“确定”按钮完成通用接合的创建，如图 10-65 所示。

04 添加驱动命令。在运动机构仿真结构树中双击“旋转 .2”节点，弹出“编辑接合：旋转 .2（旋转）”对话框，选中“驱动角度”复选框，单击“确定”按钮，再弹出“信息”对话框，单击“确定”按钮完成驱动命令的添加，如图 10-66 所示。

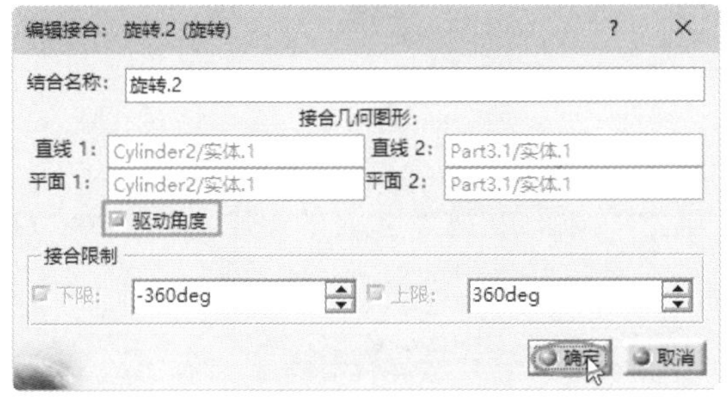

图 10-65

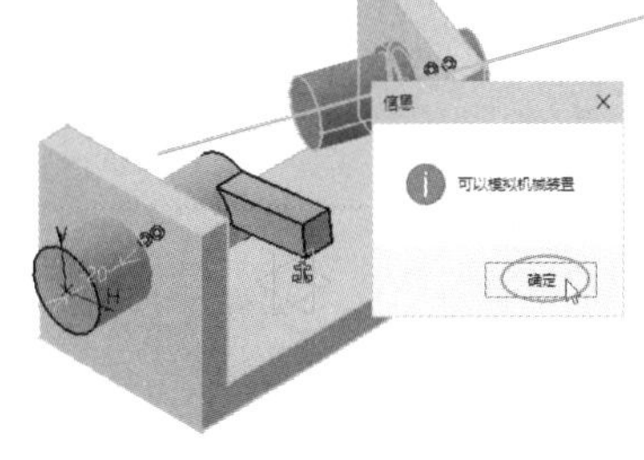

图 10-66

05 此时运动机构仿真结构树中显示“自由度 =0”，并在“命令”节点下增加“命令 .1”。

06 单击“使用命令进行模拟”按钮，弹出“运动模拟 - 机械装置 .1”对话框。拖曳滑块模拟旋转运动，如图 10-67 所示。

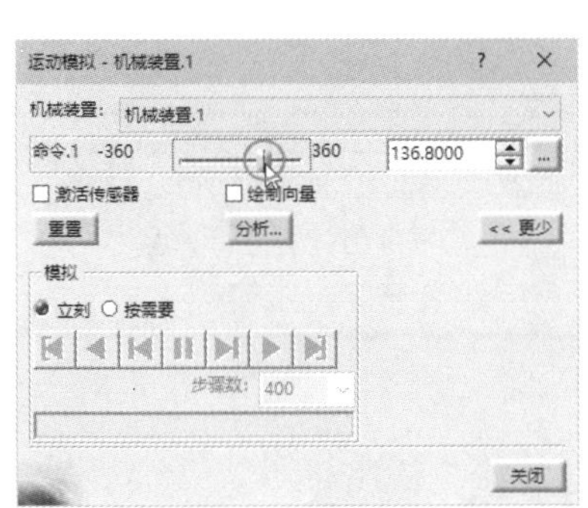

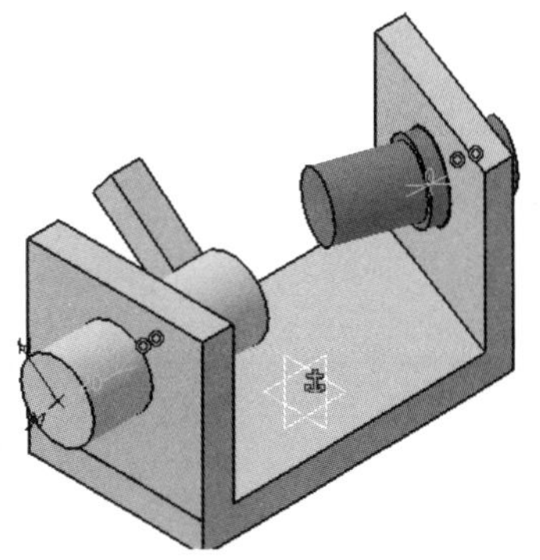

图 10-67

10.2.11 CV 接合

CV 接合是用于通过中间轴同步关联两条轴线相交的旋转运动副，用于不以传动过程为重点的运动机构创建过程中简化结构并减少操作过程。CV 接合需要在 3 个零部件中创建。

动手操作——创建 CV 接合的运动仿真

01 打开本例源文件 10-13.CATProduct，其中已经创建了机械装置、3 个接合及固定零件，如图 10-68 所示。

02 单击“CV 接合”按钮，弹出“创建接合：CV 接合”对话框。在图形区中依次选择 3 个轴零件上的轴线，如图 10-69 所示。

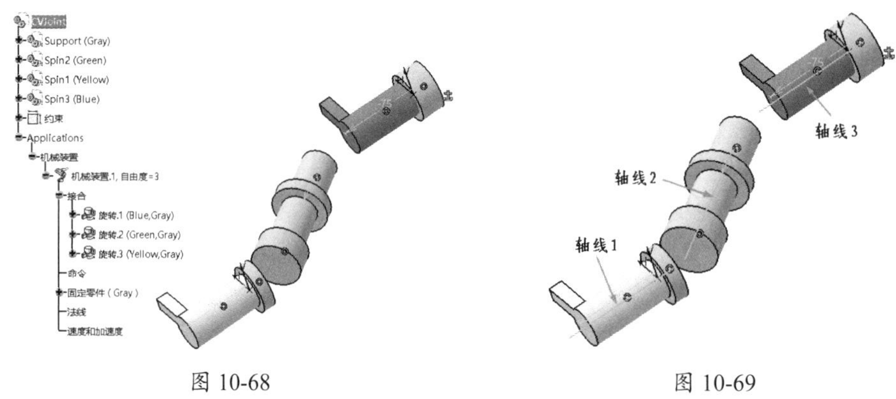

图 10-68　　图 10-69

03 在“创建接合：CV 接合”对话框中单击“确定”按钮完成 CV 接合的创建，如图 10-70 所示。

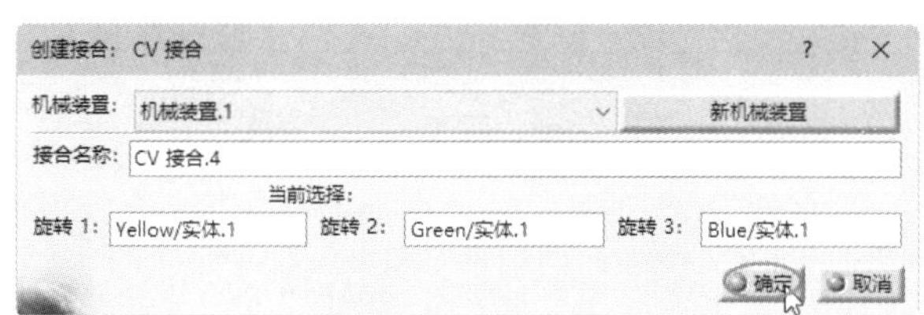

图 10-70

04 添加驱动命令。在运动机构仿真结构树中双击“旋转 .1”节点，弹出“编辑接合：旋转 .1（旋转）”对话框，选中“驱动角度”复选框，单击“确定”按钮，再弹出“信息”对话框，单击“确定”按钮完成驱动命令的添加，如图 10-71 所示。

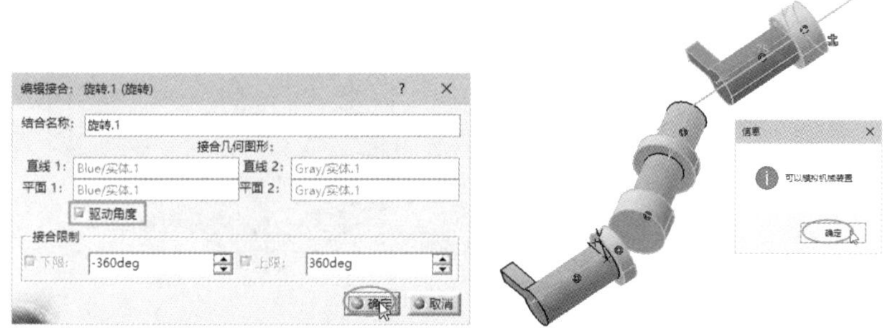

图 10-71

05 此时运动机构仿真结构树中显示“自由度 =0”，并在“命令”节点下增加“命令 .1”，如图 10-72 所示。

06 单击“使用命令进行模拟”按钮，弹出“运动模拟 - 机械装置 .1”对话框。拖曳滑块可模拟出第一个零部件与第三个零部件的同步旋转运动，如图 10-73 所示。

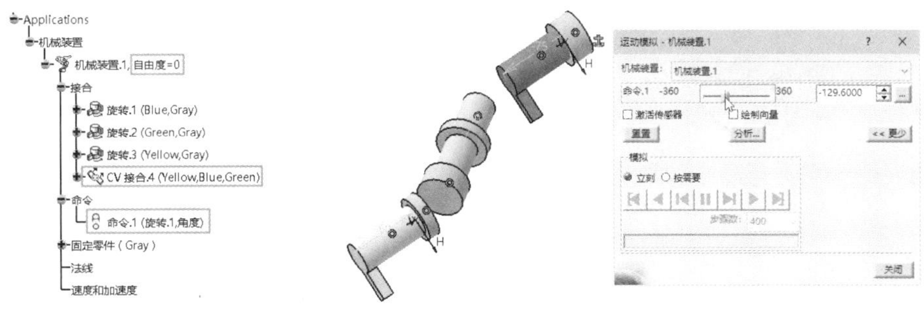

图 10-72　　　　图 10-73

10.2.12 齿轮接合

齿轮接合用于分析模拟齿轮运动。齿轮接合是由两个旋转接合组成，两个旋转接合需用一定的比率对其进行关联。齿轮接合可以创建平行轴、相交轴及交叉轴的各种齿轮运动机构。

动手操作——创建齿轮接合的运动仿真

01 打开本例源文件 10-14.CATProduct，其中已经创建了机械装置、两个旋转接合及固定零件，如图 10-74 所示。

02 单击“齿轮接合”按钮，弹出“创建接合：齿轮”对话框。在运动仿真结构树中依次选择两个旋转接合作为齿轮接合关联部件，选中“相反”单选按钮和“旋转接合 1 的驱动角度”复选框，最后单击“确定”按钮完成齿轮接合的创建，如图 10-75 所示。

图 10-74　　　　图 10-75

03 弹出“信息”对话框，提示“可以模拟机械装置”，单击“确定”按钮完成驱动命令的添加，如图 10-76 所示。

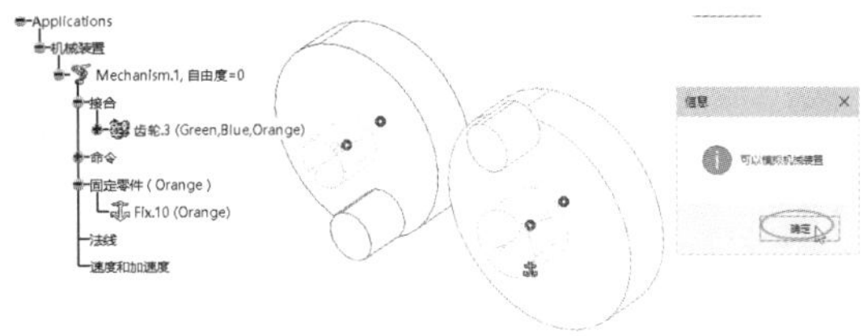

图 10-76

04 此时运动机构仿真结构树中显示“自由度 =0”，并在“命令”节点下增加“命令 .1”。

05 单击“使用命令进行模拟”按钮，弹出“运动模拟 -Mechanism.1”对话框。拖曳滑块可模拟出第一个零部件与第三个零部件的同步旋转运动，如图 10-77 所示。

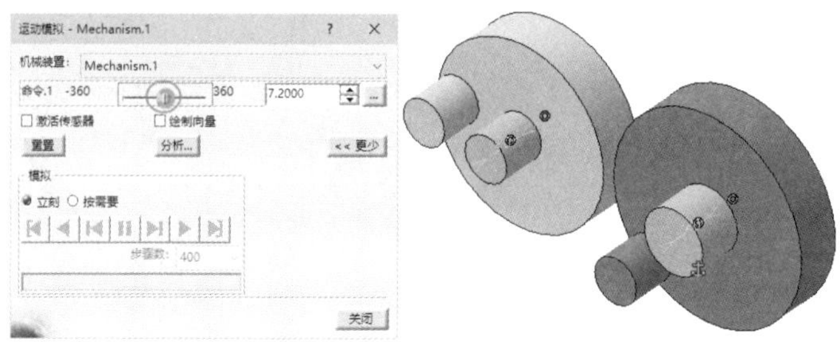

图 10-77

10.2.13 架子接合（齿轮齿条接合）

架子接合（又称齿轮齿条接合）用于将一个旋转接合和一个棱形接合以一定的比率进行关联，创建时需要指定一个旋转运动副和棱形运动副。

动手操作——创建架子接合的运动仿真

01 打开本例源文件 10-15.CATProduct，其中已经创建了机械装置、3 个接合及固定零件，如图 10-78 所示。

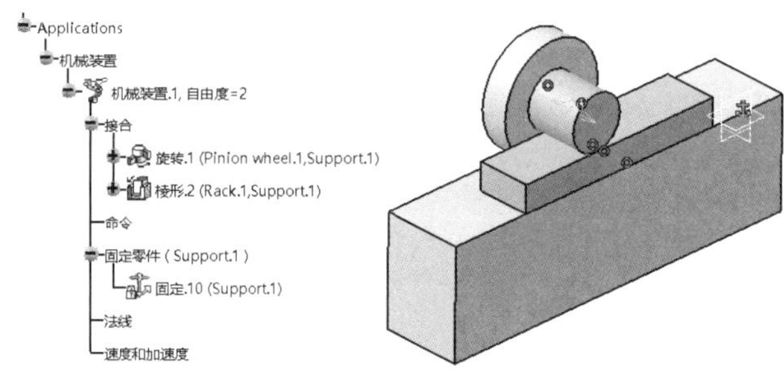

图 10-78

02 单击“架子接合”按钮，弹出“创建接合：架子”对话框。在机构仿真结构树中依次选择棱形接合与旋转接合作为架子接合的关联部件，如图 10-79 所示。

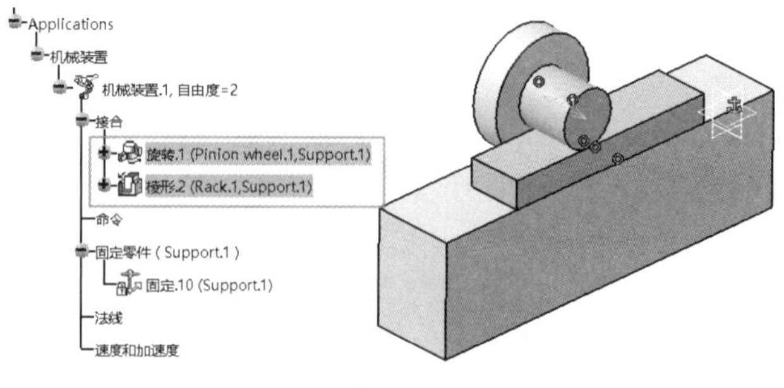

图 10-79

03 单击“定义”按钮，弹出“定义齿条比率”对话框。在图形区中选取齿轮模型的圆柱边，系统自动搜集齿轮模型的半径值并计算出相应的齿条比率，单击“确定”按钮，如图 10-80 所示。

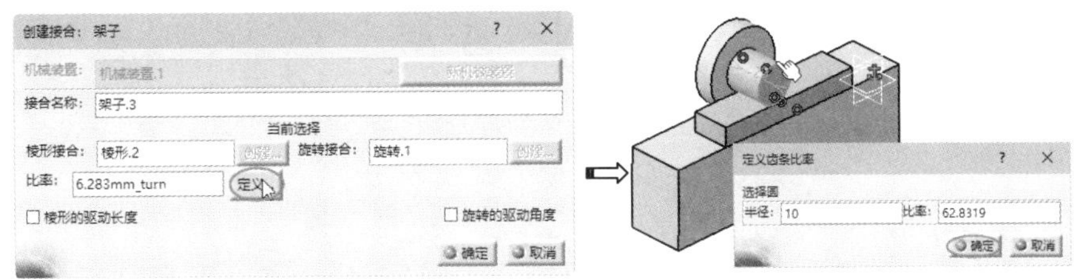

图 10-80

04 在“创建接合：架子”对话框中选中“棱形的驱动长度”复选框，单击“确定”按钮。随后弹出“信息”对话框，提示“可以模拟机械装置”，单击“确定”按钮完成架子接合的创建和驱动命令的添加，如图 10-81 所示。

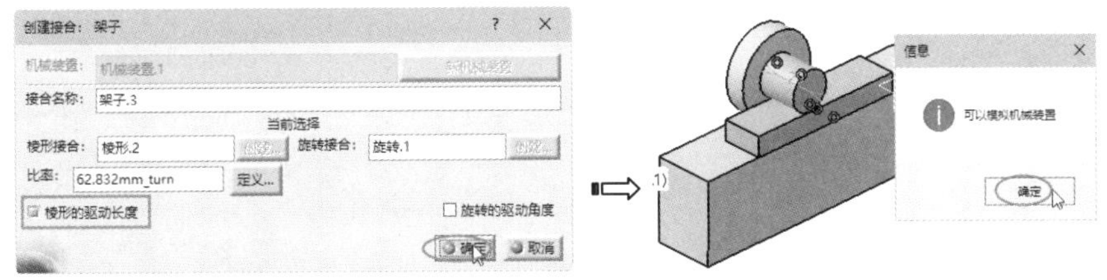

图 10-81

05 此时运动机构仿真结构树中显示“自由度 =0”，并在“命令”节点下增加“命令 .1”。

06 单击“使用命令进行模拟”按钮，弹出“运动模拟 - 机械装置 .1”对话框。拖曳滑块可模拟出齿轮与齿条的机构运动，如图 10-82 所示。

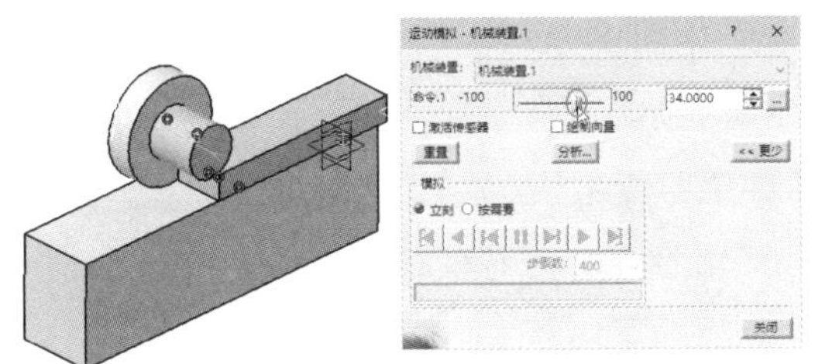

图 10-82

10.2.14　电缆接合

电缆接合以虚拟的形式将两个滑动接合连接，使两者之间的运动具有关联性（类似滑轮运动）。当其中一个滑动接合移动时，另一个滑动接合可以根据某种比例往特定方向同步运动。创建时需要指定两个棱形运动副。

动手操作——创建电缆接合的运动仿真

01 打开本例源文件 10-16.CATProduct，其中已经创建了机械装置、两个棱形接合与固定零件，如图 10-83 所示。

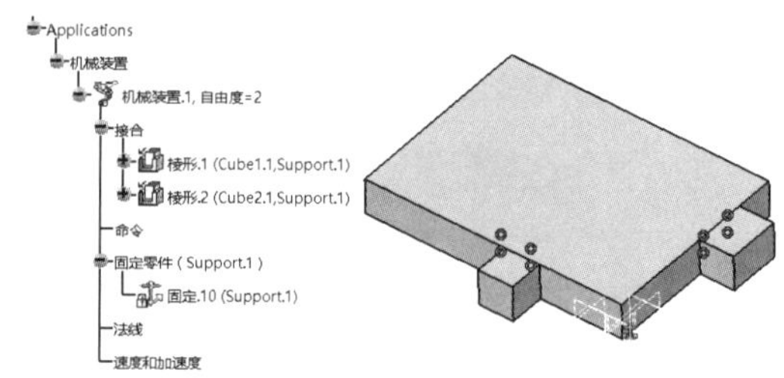

图 10-83

02 单击“电缆接合”按钮，弹出“创建接合：电缆”对话框。在机构仿真结构树中依次选择棱形接合与旋转接合作为电缆接合的关联部件。

03 在“创建接合：电缆”对话框中选中“棱形 1 的驱动长度”复选框，单击“确定”按钮。弹出“信息”对话框，提示“可以模拟机械装置”，单击“确定”按钮完成电缆接合的创建和驱动命令的添加，如图 10-84 所示。

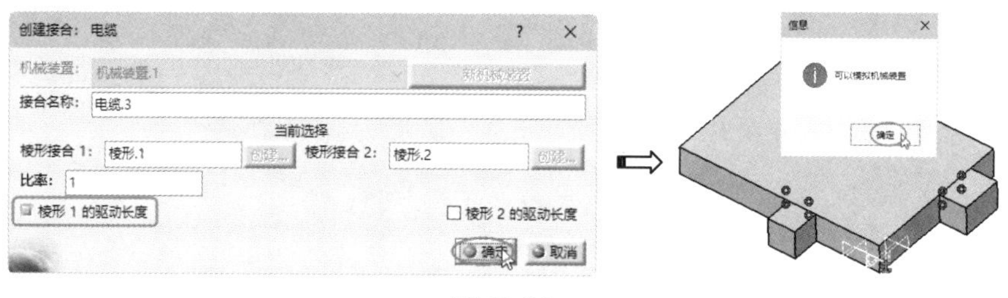

图 10-84

04 此时运动机构仿真结构树中显示“自由度 =0”，并在“命令”节点下增加“命令 .1”。

05 单击“使用命令进行模拟”按钮，弹出“运动模拟 - 机械装置 .1”对话框。拖曳滑块模拟电缆接合的机构运动，如图 10-85 所示。

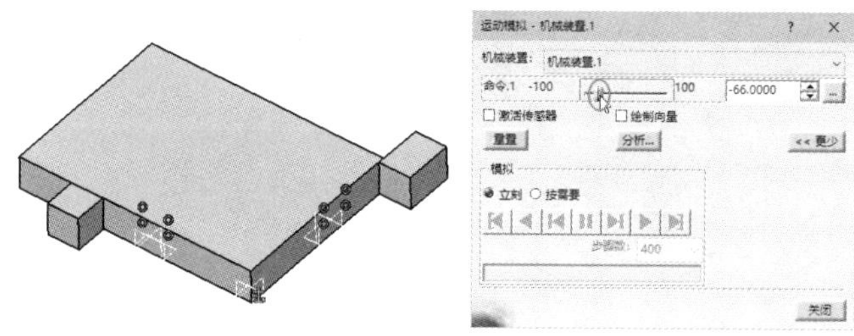

图 10-85

10.3 运动机构辅助工具

利用机构运动的辅助工具可以实现机构中装配约束的转换、速度和加速度的计算、分析机械装置的相关信息等。

10.3.1 装配约束转换

利用“装配约束转换”功能可将机构模型中的装配约束转换为机构仿真的运动接合（运动副）。

动手操作——创建装配约束转换

01 打开本例源文件 10-17.CATProduct，系统自动进入运动机构仿真设计工作台，装配约束可在装配结构树的“约束”节点中可见，如图 10-86 所示。

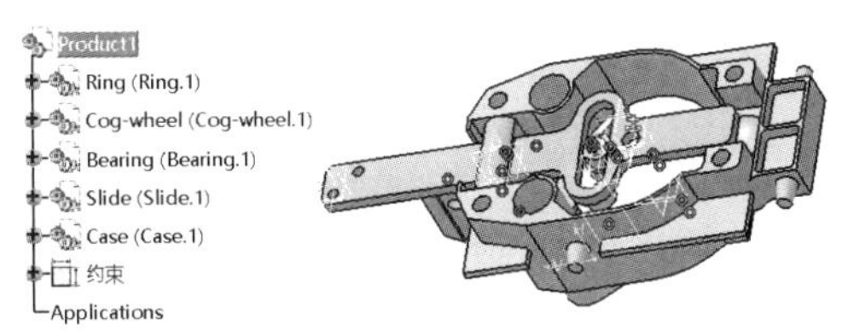

图 10-86

02 执行“插入”|“新机械装置”命令，创建机械装置。

03 在“DMU 运动机构”工具栏中单击“装配约束转换”按钮，弹出“转配件约束转换”对话框，其中显示“未解的对”值为 5/5，表示当前可以转换的配对约束有 5 对。单击“更多”按钮，展开更多选项。在图形区的装配体中高亮显示的是当前的第一对（配对约束）装配零部件，如图 10-87 所示。

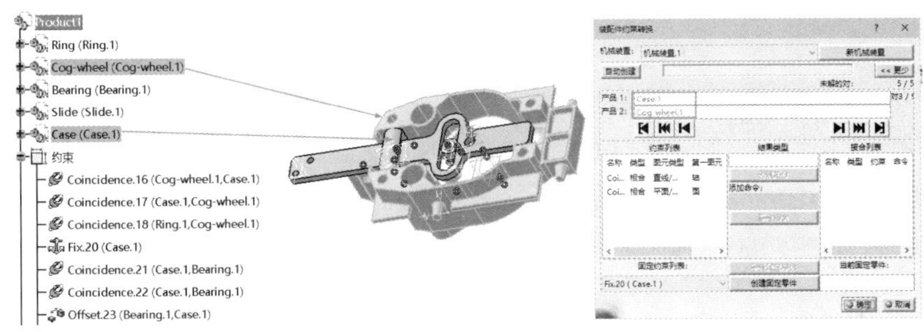

图 10-87

04 单击“前进”按钮，可以继续查看其余可转换接合的配对零部件。在约束列表中选中两个零部件，再单击“创建接合”按钮即可将装配约束自动转换为运动接合。当然，如果系统提供的配对信息无误，可以直接单击“自动创建”按钮，一次性完成 5 对装配约束的自动转换，如图 10-88 所示。

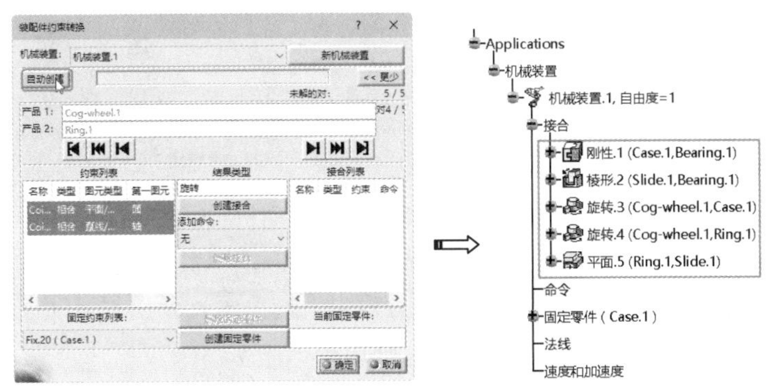

图 10-88

05 单击“转配件约束转换”对话框的“确定”按钮完成装配约束的转换。

10.3.2 测量速度和加速度

“速度和加速度”工具用于测量机构中某一点相对于参考零部件的速度和加速度。为了验证仿真机构的运动规律，改善机构设计方案，仿真时测量速度和加速度是非常必要的。在CATIA中，线性速度和加速度的计算是基于参考机构的一个点来测定的，而角速度和角加速度则是基于机构本身的点来测定的。

动手操作——测量速度和加速度

01 打开本例源文件10-18.CATProduct，在运动机构仿真结构树中已经创建了相关的机械装置、运动接合、驱动命令等，如图10-89所示。

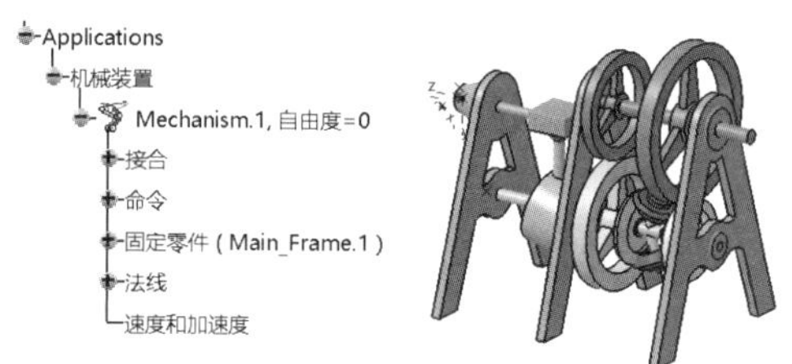

图 10-89

02 在“DMU运动机构”工具栏中单击“速度和加速度”按钮，弹出“速度和加速度”对话框，“参考产品”文本框与“点选择”文本框中显示为“无选择”，如图10-90所示。

03 单击激活“参考产品”文本框，在图形区中选择Main_Frame（主框架）零部件，单击激活“点选择”文本框后再选择Eccentric_Shaft（偏心轴）零部件上的参考点（也可在装配结构树中选择“点.1”），如图10-91所示。

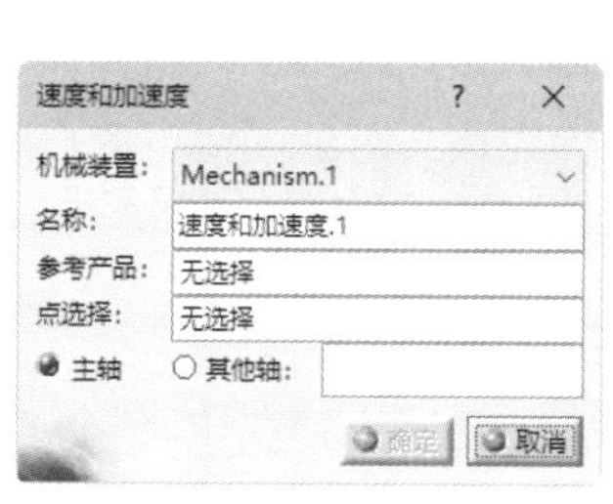

图 10-90

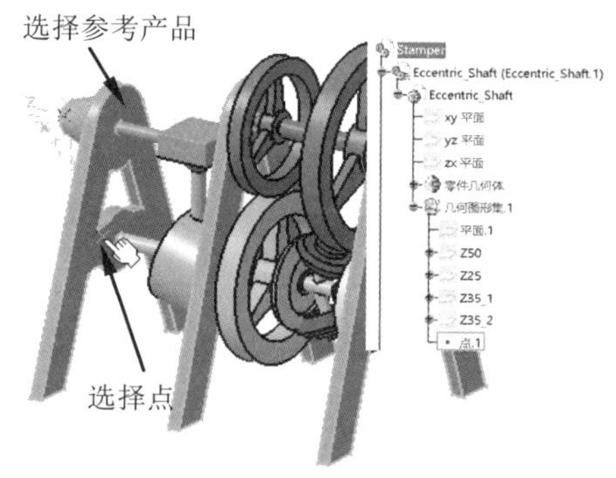

图 10-91

04 保留其余选项的默认设置，单击“确定”按钮，在运动机构仿真结构树的“速度和加速度”节点下增加“速度和加速度.1”，如图10-92所示。

05 在“模拟”工具栏中单击“使用法则曲线进行模拟”按钮，弹出“运动模拟-Mechanism.1”对话框。选中“激活传感器”复选框，如图10-93所示。

06 随后自动弹出“传感器”对话框，在“选择集”选项卡中仅选中“速度和加速度.1\X_点.1”“速度和加速度.1\Y_点.1”“速度和加速度.1\Z_点.1”3个传感器进行观察，如图10-94所示。

图 10-92　　　　图 10-93

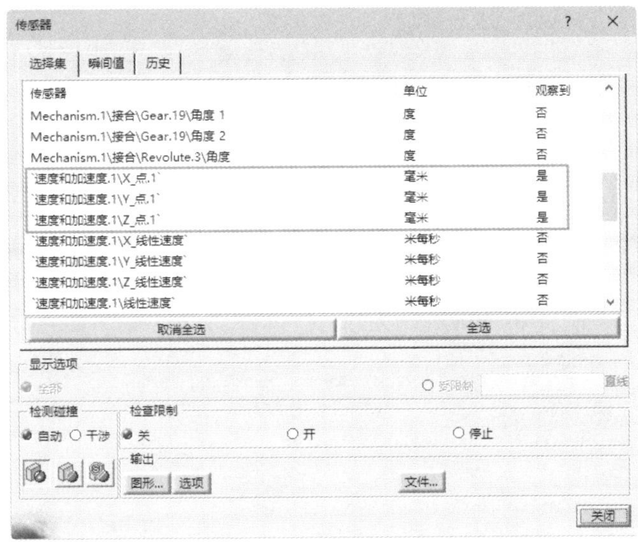

图 10-94

07 在“运动模拟 -Mechanism.1”对话框中单击“向前播放”按钮▶，并在“传感器”对话框中单击“图形”按钮，弹出“传感器图形显示”对话框，显示以时间为横坐标的参考点运动规律曲线，如图 10-95 所示。

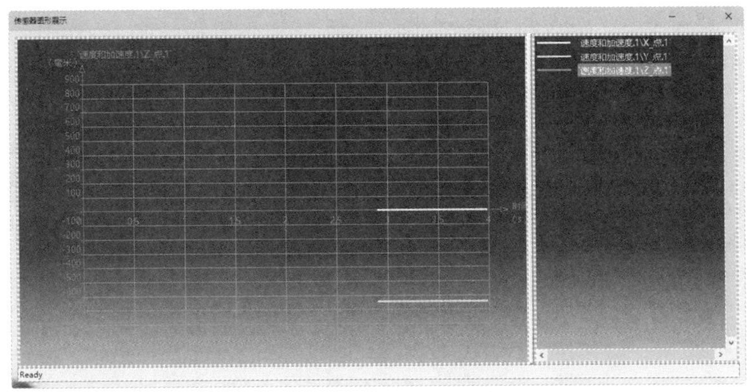

图 10-95

08 模拟完成后，关闭“传感器图形显示”对话框、“传感器”对话框和“运动模拟 -Mechanism.1”对话框。

10.3.3 分析机械装置

“分析机械装置”用于分析机构的可行性，包括运动副和零件自由度、运动接合的可视化、法则曲线的查看等。

动手操作——分析机械装置

01 打开本例源文件 10-19.CATProduct，如图 10-96 所示。

02 在“DMU 运动机构”工具栏中单击“分析机械装置”按钮，弹出“分析机械装置”对话框，如图 10-97 所示。

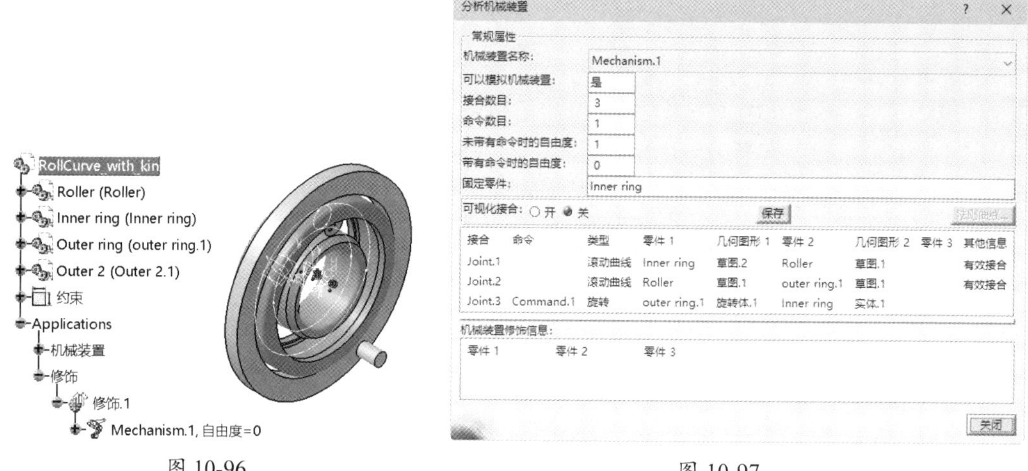

图 10-96　　　　图 10-97

03 在“分析机械装置”对话框的“可视化接合”选项中选中“开”单选按钮，再选择 Joint.3 接合，可以查看该接合的装配约束转换信息，如图 10-98 所示。

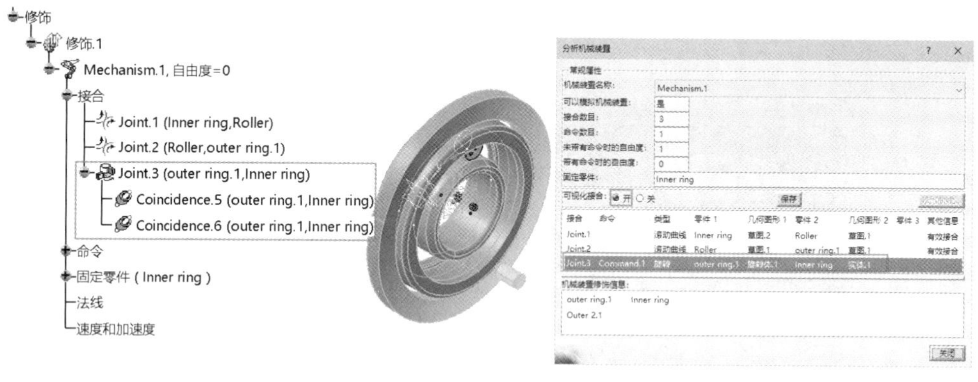

图 10-98

10.4 DMU 运动模拟与动画

在 DMU 运动机构中，提供了两种模拟方式：使用命令进行模拟和使用法则曲线进行模拟。在前面的运动接合的应用案例中，均细致地介绍了这两种模拟方式的操作方法，这里不再赘述。

完成了机构运动模拟，还可实现机构运动的仿真动画制作。DMU 运动动画相关命令集中在“DMU 一般动画”工具栏，如图 10-99 所示。下面仅介绍常用的“模拟”工具和“编译模拟”工具。

图 10-99

10.4.1 模拟

“模拟”可分别实现“使用命令模拟”和“使用法则曲线模拟”。

动手操作——动画模拟

01 打开本例源文件 10-20.CATProduct，如图 10-100 所示。

02 在“DMU 一般动画”工具栏中单击“模拟”按钮，弹出“选择”对话框，在该对话框中选择 Mechanism.1 作为要模拟的机械装置，并单击“确定”按钮，如图 10-101 所示。

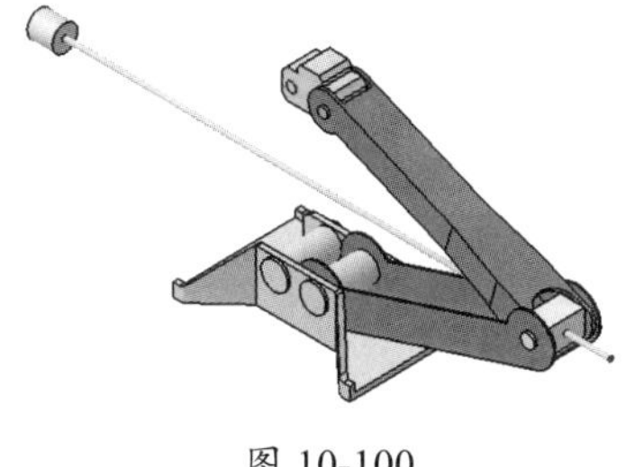

图 10-100　　图 10-101

03 弹出“运动模拟 -Mechanism.1”对话框和“编辑模拟”对话框，如图 10-102 所示。

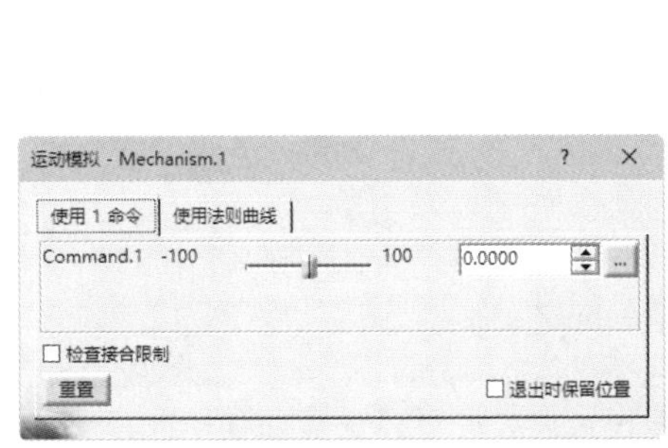

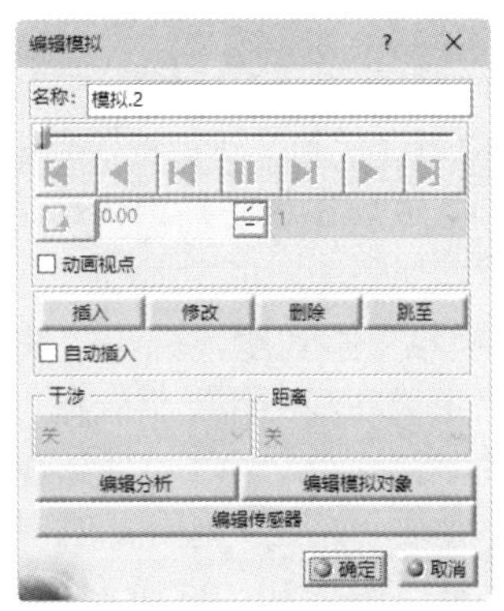

图 10-102

提示：

“运动模拟-Mechanism.1”对话框提供了“使用命令”和“使用法则曲线”两种方式，与单独使用命令和使用法则曲线相同，不同之处在于：“使用命令”中增加了“退出时保留位置”复选框，可选择在关闭对话框时将机构保持在模拟停止时的位置；“使用法则曲线”中有“法则曲线”按钮，单击该按钮可显示驱动命令运动函数曲线。

04 在“编辑模拟”对话框中选中“自动插入”复选框，即在模拟过程中自动记录运动图片。

05 在“运动模拟 -Mechanism.1”对话框的“使用法则曲线”选项卡中，单击“向前播放”按钮▶和“向后播放”按钮◀可进行机构运动模拟，如图 10-103 所示。

图 10-103

06 如果在“编辑模拟”对话框中单击“更改循环模式”按钮，可以循环播放动画。

07 最后关闭对话框，完成机构动画的模拟，并在 Applications 节点下生成“模拟 .1”子节点。

10.4.2 编译模拟

“编译模拟”是将已有的模拟在 CATIA 环境下转换为视频的形式记录在运动机构仿真结构树中，并可生成单独的视频文件。

动手操作——编译模拟

01 打开本例源文件 10-21.CATProduct，如图 10-104 所示。

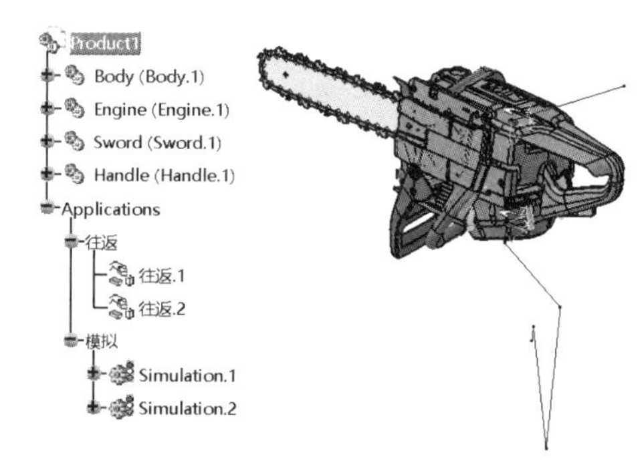

图 10-104

02 单击“DMU 一般动画”工具栏中的“编译模拟”按钮，弹出“编译模拟”对话框。单击“确定”按钮，生成动画重放后在运动机构仿真结构树中增加“重放”节点，如图 10-105 所示。

03 单击“编译模拟”按钮，弹出“编辑模拟”对话框。选中“生成动画文件”复选框，单击“文件名”按钮，将动画文件（AVI 格式）保存在自定义的文件夹中。单击“确定”按钮，自动生成动画文件并关闭对话框，如图 10-106 所示。可用播放器软件单独播放动画文件。

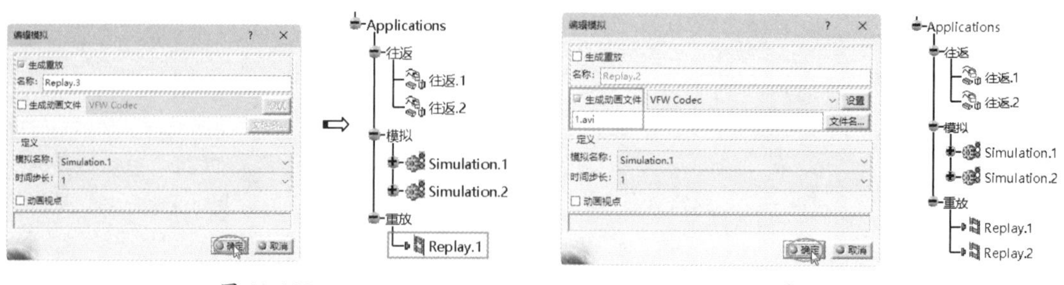

图 10-105　　图 10-106

10.5 实战案例——凸轮机构运动仿真设计

引入文件：\动手操作\源文件\Ch10\tulun\tulunjigou.CATProduct

结果文件：\动手操作\结果文件\Ch10\ tulun\tulunjigou.CATProduct

视频文件：\视频\Ch10\凸轮机构运动仿真设计.avi

下面以凸轮机构的运动仿真为例，详解 CATIA V5 运动机构仿真的创建方法和过程。凸轮机构装配模型如图 10-107 所示。

操作步骤：

1. 创建新机械装置

01 打开本例源文件 tulunjigou.CATProduct，该模型已经在运动机构仿真工作台中显示，如图 10-108 所示。

02 执行“插入”|“新机械装置”命令，创建新机械装置。

03 单击“DMU 运动机构”工具栏中的“固定零件”按钮，弹出“新固定零件”对话框，在图形区选择底座零件为固定零件，如图 10-109 所示。

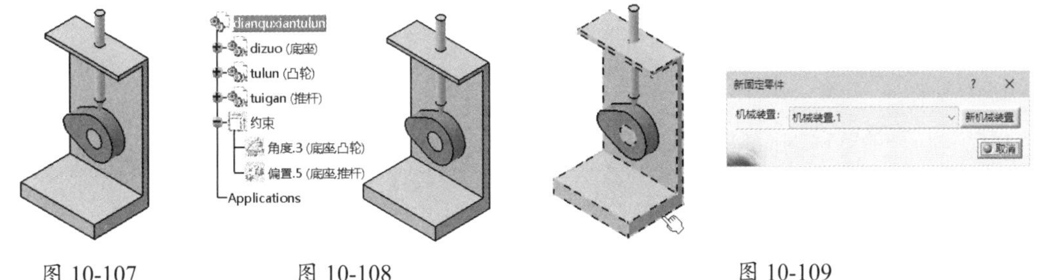

图 10-107　　图 10-108　　图 10-109

2. 定义旋转接合

01 在“DMU 运动机构”工具栏中单击“旋转接合”按钮，弹出“创建接合：旋转”对话框，如图 10-110 所示。

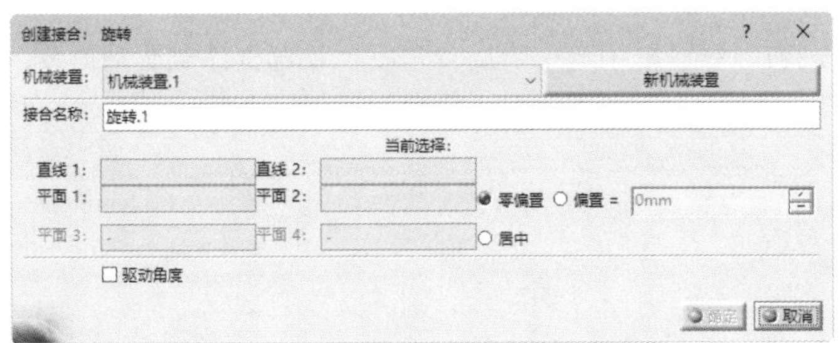

图 10-110

02 旋转接合需要两组约束进行配对，首先确定第一组配对约束。在图形区中分别选取凸轮零部件的外圆面（轴线被自动选中）和底座零部件中间的圆柱面进行“直线 1”和“直线 2”的约束配对，如图 10-111 所示。

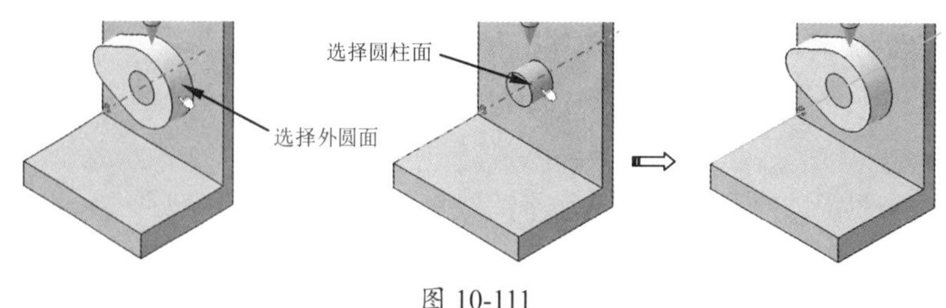

图 10-111

提示：

为便于选择凸轮中的凸台圆柱面，在“创建接合：旋转”对话框不关闭的情况下，右击选中凸轮在弹出的快捷菜单中选择“隐藏/显示”选项，将其暂时隐藏。待选取了凸台圆柱面后，再到装配结构树右击“凸台.1”几何体并执行弹出的快捷菜单中“隐藏/显示”命令，恢复凸轮的显示，如图10-112所示。

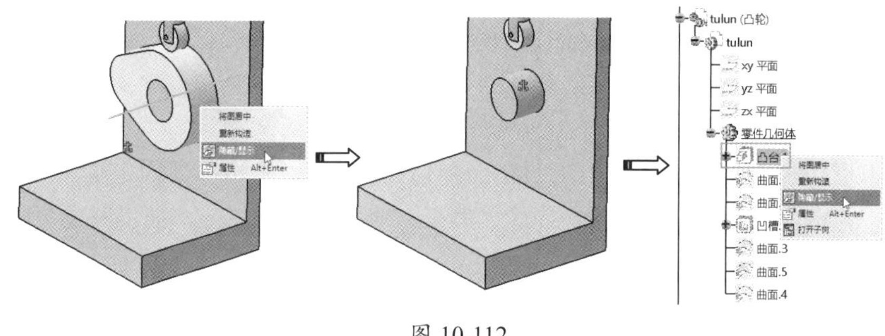

图 10-112

03 选择底座凸台的圆柱端面和凸台端面进行约束配对，如图 10-113 所示。

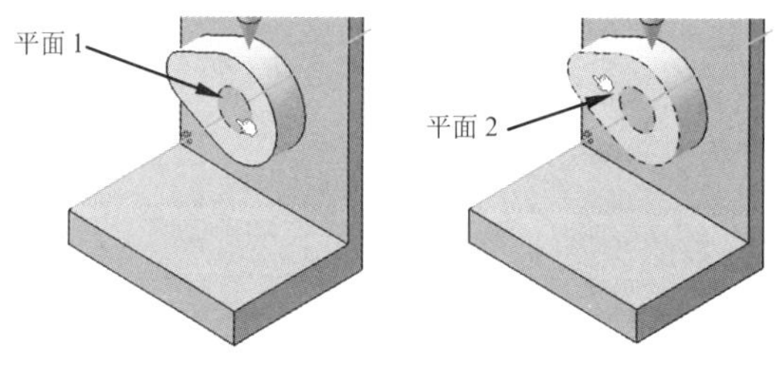

图 10-113

04 在“创建接合：旋转”对话框中选中“旋转角度”复选框添加驱动命令，单击“确定”按钮完成旋转接合的创建。在机构仿真结构树的“接合”节点下增加了“旋转.1（凸轮，底座）”节点，如图 10-114 所示。

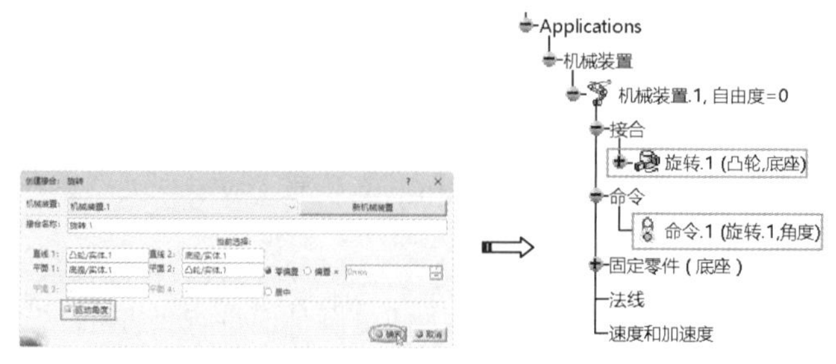

图 10-114

3. 定义点曲线接合

01 在装配结构树中显示凸轮几何体中的“草图 .1”和推杆几何体中的“点”，如图 10-115 所示。

02 在“DMU 运动机构”工具栏中单击“点曲线接合”按钮，弹出“创建接合：点曲线”对话框。

03 在图形区中选取凸轮上的草图曲线作为“曲线 1”参考，再选取推杆上的点作为“点 1”参考，如图 10-116 所示。

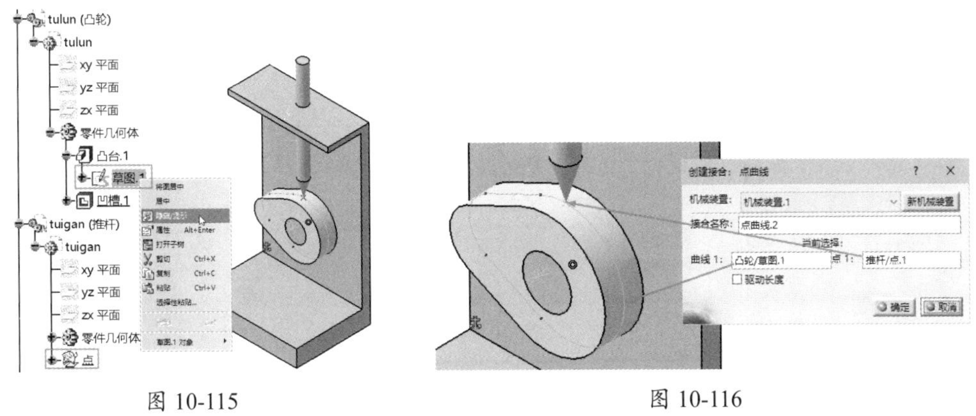

图 10-115　　　　图 10-116

04 在“创建接合：点曲线”对话框中单击“确定”按钮完成点曲线接合的创建，如图 10-117 所示。

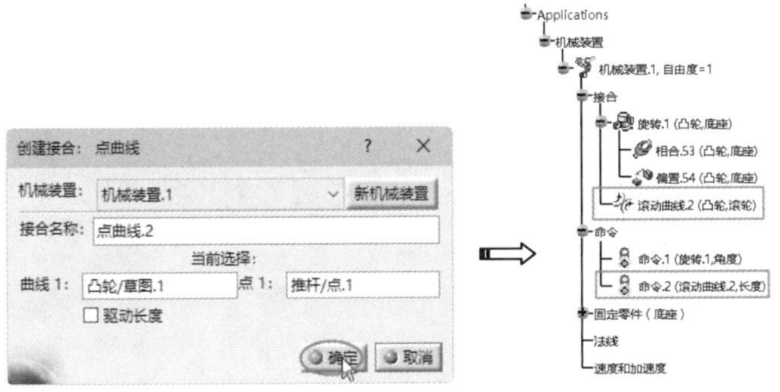

图 10-117

4. 定义棱形接合

01 单击“棱形接合”按钮，弹出“创建接合：棱形”对话框。

02 棱形接合也需要两个约束进行配对：直线（轴）与直线（轴）、平面与平面。在图形区中选取推杆的圆柱面（自动选取其轴线）和底座零部件上的孔圆柱面（自动选取其轴线）进行直线约束配对，如图 10-118 所示。

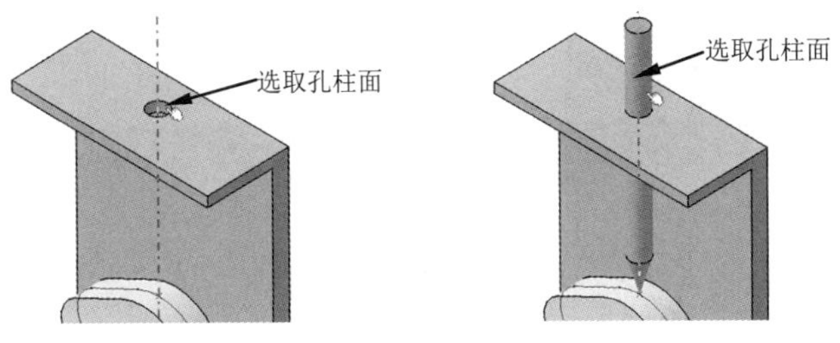

图 10-118

03 在装配结构树中分别选取推杆零部件的 *yz* 平面和底座零部件的 *zx* 平面进行约束配对，如图 10-119 所示。

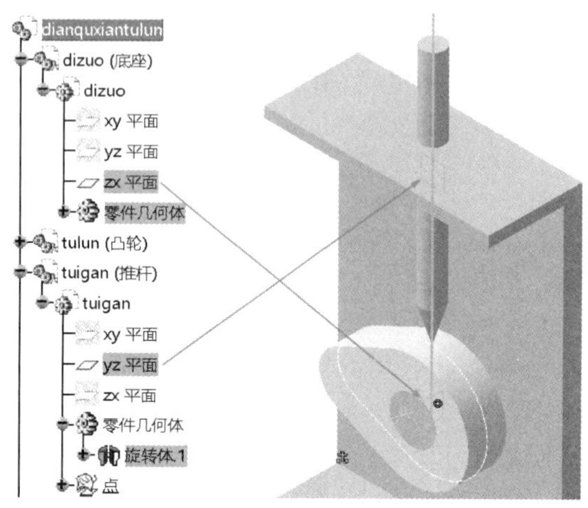

图 10-119

04 选中“驱动长度”复选框，再单击“确定”按钮完成棱形接合的创建，如图 10-120 所示。

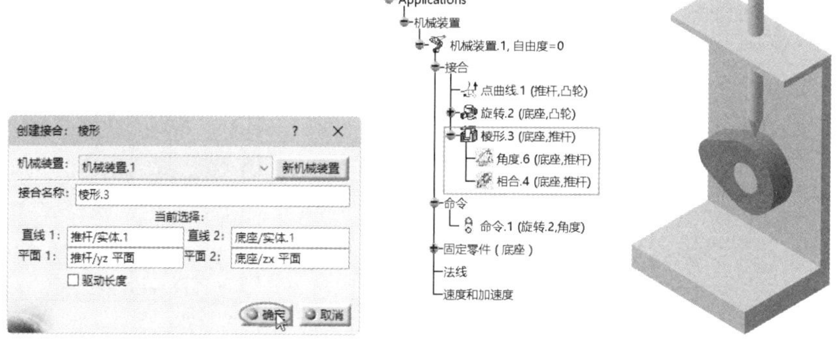

图 10-120

05 单击“使用命令进行模拟”按钮，弹出“运动模拟 - 机械装置 .1”对话框。选中“按需要”单选按钮，并输入“步骤数”值为 1000，单击“向前播放”按钮▶，播放运动模拟动画，如图 10-121 所示。

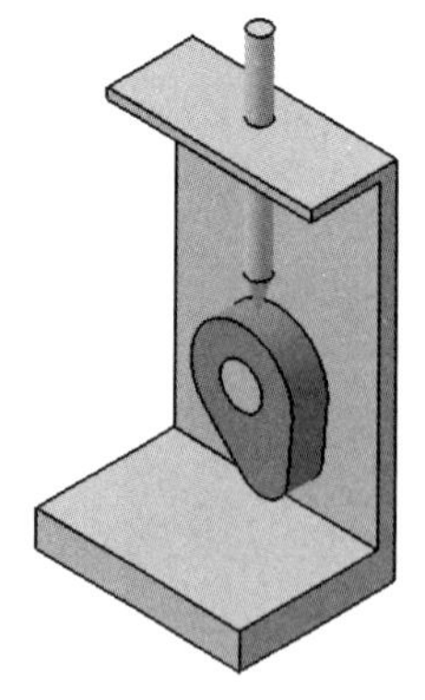
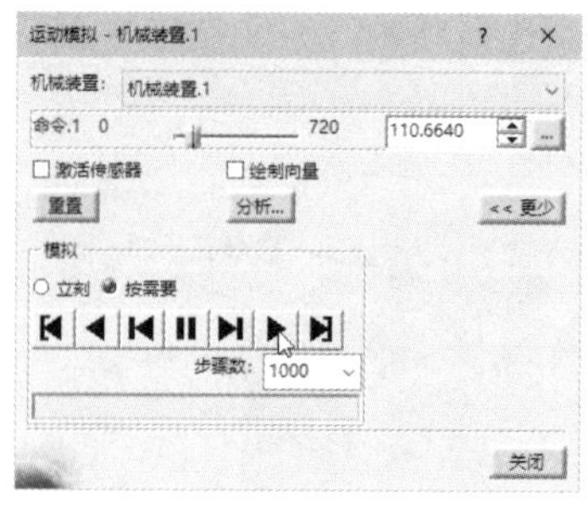

图 10-121

10.6 课后习题

习题一

通过 CATIA 运动机构仿真命令，创建如图 10-122 所示的装配运动机构仿真。

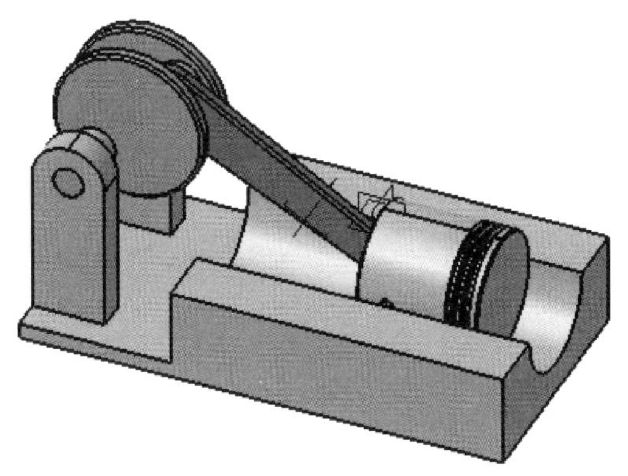

图 10-122

读者将熟悉如下内容：

（1）创建运动接合。

（2）创建使用命令进行模拟。

（3）创建使用法则曲线模拟。

（4）创建 DMU 运动动画。

习题二

通过 CATIA 运动机构仿真命令，创建如图 10-123 所示的装配运动机构仿真。

图 10-123

读者将熟悉如下内容：

（1）创建运动接合。

（2）创建使用法则曲线模拟。

（3）创建 DMU 运动动画。

第 11 章　创成式钣金设计指令

项目导读

创成式钣金设计基于特征的造型方法提供了高效和直观的设计环境，它允许在零件的折弯表示和展开表示之间实现并行工程。本章将介绍创成式钣金设计工作台的使用方法，包括钣金参数设置、创建钣金壁、折弯和展开、剪裁和冲压成型特征等。

- 创成式钣金设计工作台界面
- 钣金参数设置
- 创建钣金基本壁
- 创建弯边壁
- 钣金的折弯与展开
- 钣金剪裁与冲压成型

11.1 创成式钣金设计工作台界面

创成式钣金设计属于机械设计行业的一个分支，它与零件设计、装配设计及工程图设计等模块是可以互相切换使用的。当系统没有开启任何文件时，执行“开始”|“机械设计”|“创成式钣金设计”命令，弹出“新建零件”对话框。在“输入零件名称”文本框中输入文件名称，然后单击“确定”按钮进入创成式钣金设计工作台，如图 11-1 所示。

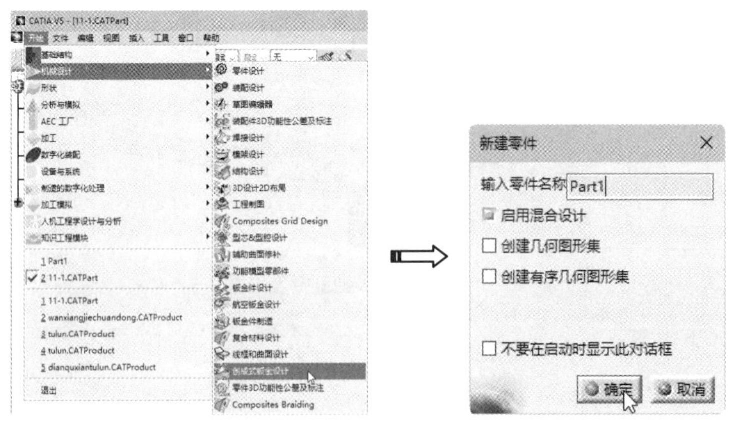

图 11-1

创成式钣金设计工作台与其他机械设计工作台的界面布置基本相同，如图 11-2 所示。

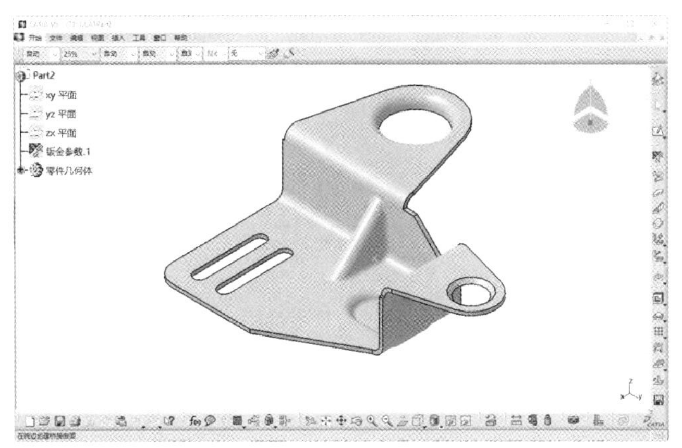

图 11-2

11.2 钣金参数设置

钣金参数是创建钣金的默认参数，包括钣金壁厚、折弯半径、折弯终止方式及折弯容差等。钣金参数可以在建立各自类型钣金时独立设置，也可以利用“钣金参数”工具进行预定义。预定义的钣金参数将会自动应用到后续创建的钣金设计中。

1. 设置钣金壁常量参数

单击“侧壁”工具栏中的“钣金参数”按钮，弹出“钣金件参数”对话框，如图 11-3 所示。“参数”选项卡中相关参数的含义如下。

- Standard（标准）：显示钣金件的设计标准，可以为标准设置一个参数标准或一个执行标准。
- Thickness（厚度）：用于预定义钣金壁的厚度，如图 11-4 所示中的 T。
- Default Bend Radius（默认折弯半径）：用于预定义钣金壁折弯的半径值，如图 11-4 所示中的 α。

图 11-3

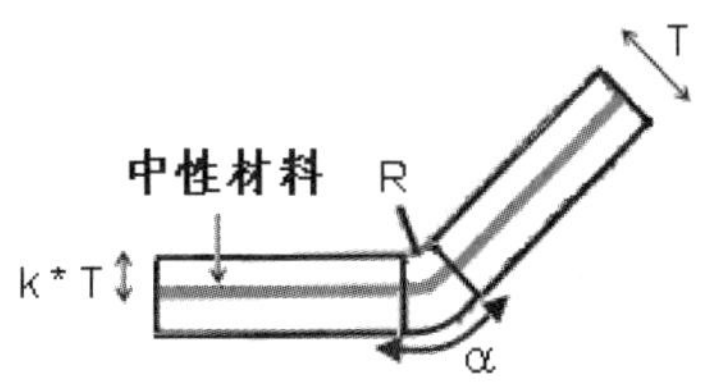

图 11-4

- Sheet Standards Fils（图纸标准文件）：单击该按钮，可以从外部导入钣金件设计的标准文件，如表 11-1 所示。

表 11-1　钣金参数表

钣金标准	厚度 (mm)	折弯半径 (mm)	K 因子	描述
AG 3412	2	4	0.36	确定子类型名称
ST 5123	3	5	0.27	确定子类型名称

2. 设置折弯终止方式

为了防止侧边钣金壁与主钣金壁冲压后在尖角处裂开，可以在尖角处设置止裂槽。单击“折弯终止方式”选项卡，切换到折弯终止方式设置选项，如图 11-5 所示。

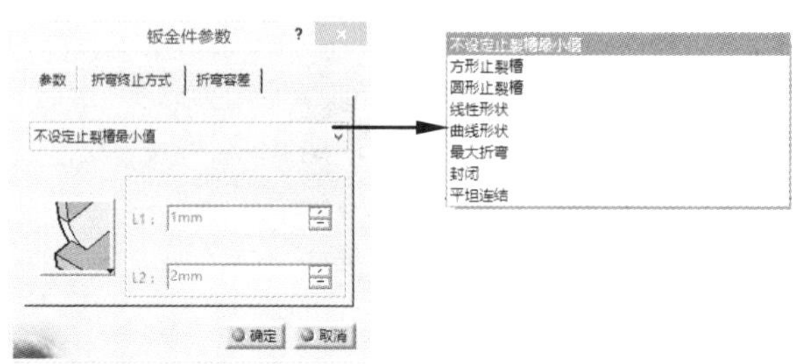

图 11-5

“折弯终止方式”选项卡提供的折弯终止方式如下。

- 不设定止裂槽最小值：表示折弯不应用止裂槽，如图 11-6（a）所示。
- 方形止裂槽：表示折弯末端采用方形的止裂槽，如图 11-6（b）所示。
- 圆形止裂槽：表示折弯末端采用圆形的止裂槽，如图 11-6（c）所示。
- 线性形状：表示折弯末端采用线性的止裂槽，如图 11-6（d）所示。

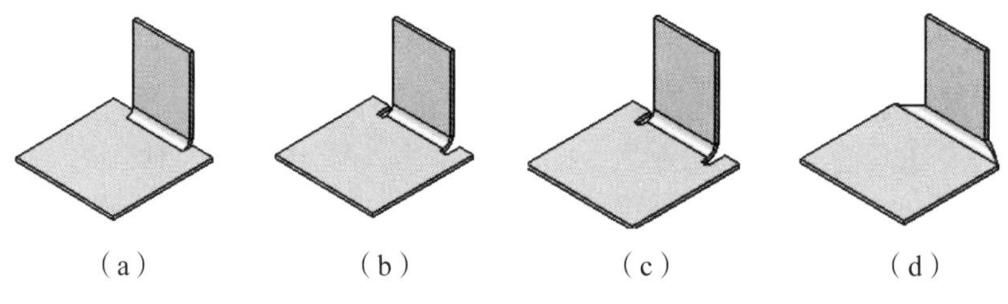

（a）　（b）　（c）　（d）

图 11-6

- 曲线形状：表示折弯的边缘与支撑壁的边缘相切，如图 11-7（a）所示。
- 最大折弯：表示折弯末端采用最大止裂槽，弯曲是在离支撑壁最远的相对边缘之间计算的，如图 11-7（b）所示。
- 封闭：表示折弯末端采用封闭止裂槽，如图 11-7（c）所示。
- 平坦连结：表示折弯末端采用连接止裂槽，如图 11-7（d）所示。

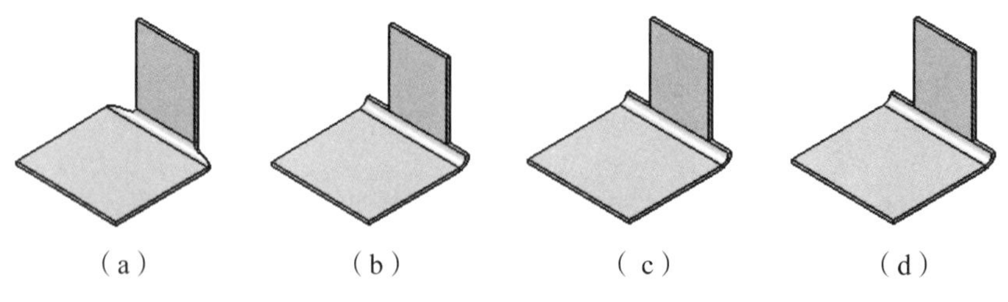

（a）　（b）　（c）　（d）

图 11-7

3. 设置钣金折弯容差

钣金材料的折弯容差控制着钣金折弯的弯曲余量，不同的材料和厚度其折弯系数也不一样。“钣金件参数”对话框中的“折弯容差”选项卡，如图 11-8 所示。

相关选项含义如下。

- K 因子：K 因子是为钣金件材料的中性折弯线的位置所定义的零件常数。K 因子是折弯内半径（中性材料层）与钣金件厚度的距离比。K 因子使用公式（k 因子 = δ/T）计算，数值为 0 ～ 1，数值越小表示材料越软。
- 打开用于更改驱动方程式的对话框 f(x)：单击该按钮，弹出“公式编辑器：钣金参数 .1\K 因子”对话框。可通过编辑公式改变折弯系数，如图 11-9 所示。

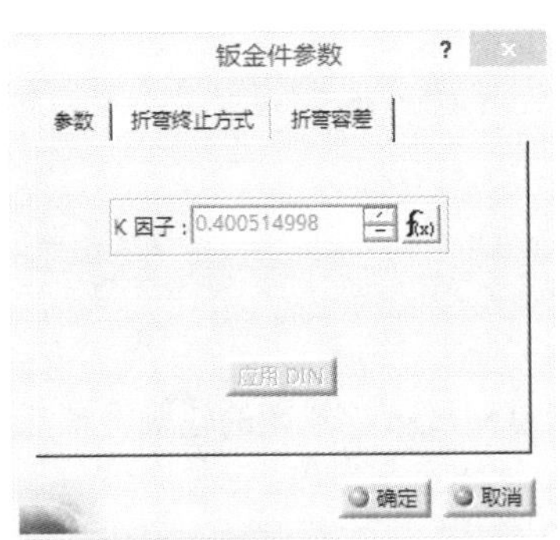

图 11-8

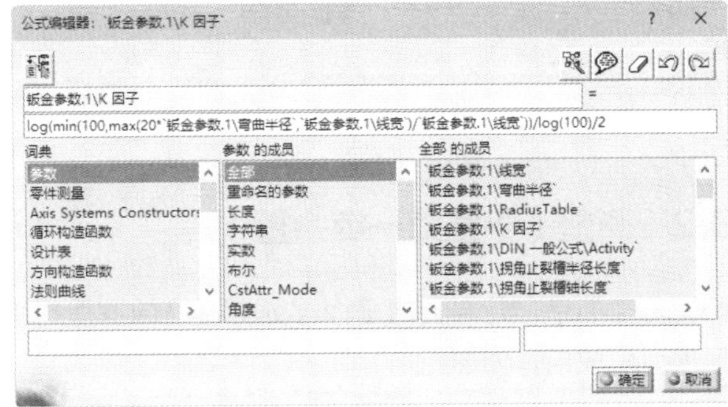

图 11-9

11.3　创建钣金基本壁

钣金的第一壁是基本壁（也叫“侧壁”），后续的折弯、翻边及展开等设计均在第一壁上完成。在本节中，除了第一壁钣金，还有其他基于草图绘制的钣金壁也属于基本壁，下面详细介绍。

11.3.1　将实体零件转化为钣金

将实体零件转化为第一钣金壁是将薄壳类零件几何体（壁厚均匀）识别为钣金壁。在设计过程中，可将这种转换用作快捷方式，为实现钣金件设计意图，可以反复使用现有的实体设计，可以在一次转换特征中包括多种特征，将零件转换为钣金件后，就与其他钣金件相同了。

动手操作——将实体零件转化为钣金壁

01 打开本例源文件 11-1.CATPart，执行“开始”|“机械设计”|“创成式钣金设计”命令，进入创成式钣金设计工作台。

02 单击“侧壁”工具栏中的“辨识”按钮，弹出“Recognize Definition（识别定义）”对话框。

03 单击激活“Reference face（参考面）”文本框，选择零件几何体的表面作为识别参考曲面，单击“确定”按钮完成实体零件到钣金的转化，如图 11-10 所示。

提示：

如果仅是一个简单的实体零件，可以选取全部面作为第一壁。对于一个具有完整外观的产品模型，就需要选取侧壁面、折弯面、折弯边缘及特征识别面等，转换为钣金后，不再进行折弯、翻边、成型等操作。

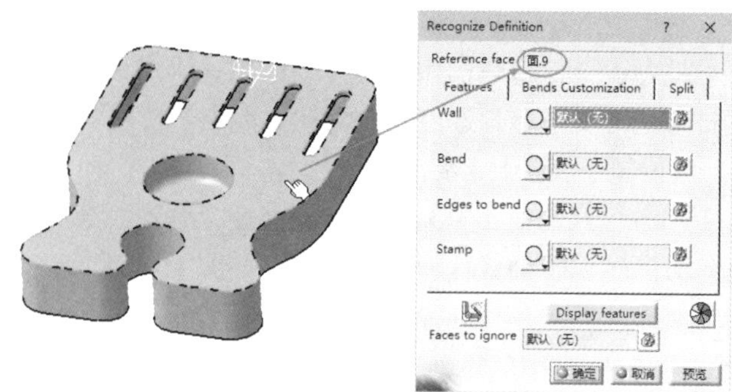

图 11-10

11.3.2 侧壁（平整第一钣金壁）

侧壁是平面壁，是钣金的平面部分等厚度的薄壁。平面壁是通过草绘封闭的轮廓，然后再定义其厚度而生成的，如图 11-11 所示。

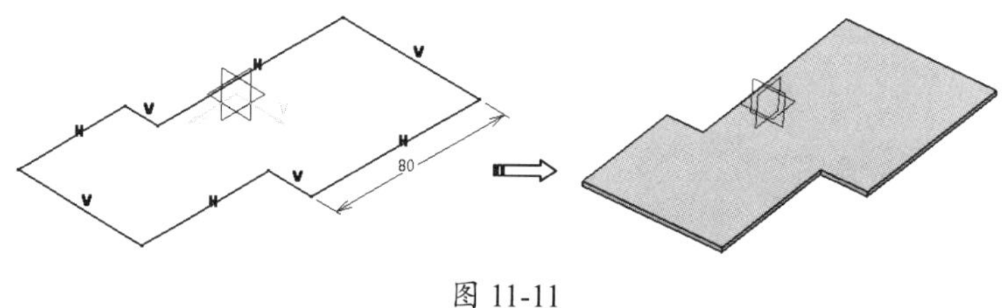

图 11-11

动手操作——创建侧壁

01 新建 CATIA 文件。执行“开始”|“机械设计”|“创成式钣金设计”命令，进入创成式钣金设计工作台。

02 单击“侧壁”工具栏中的“侧壁”按钮，弹出“侧壁定义”对话框。单击“草绘”按钮，选择*xy* 平面为草绘平面，并绘制如图 11-12 所示的草图。单击“工作台”工具栏中的“退出工作台”按钮，完成草图绘制。

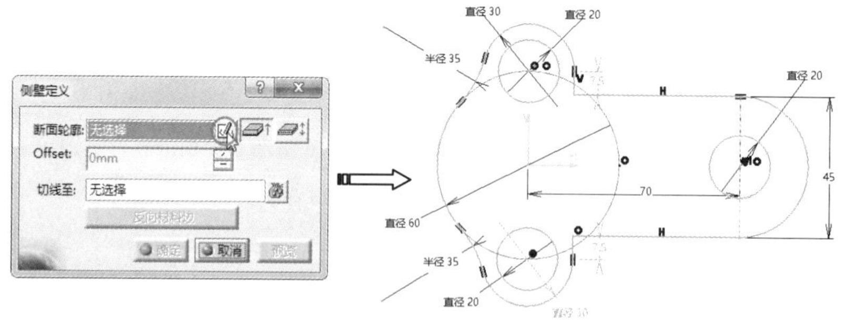

图 11-12

提示：

要使用侧壁工具，必须先设置钣金参数。

03 保留其余选项默认设置，单击“确定”按钮完成侧壁的创建，如图 11-13 所示。

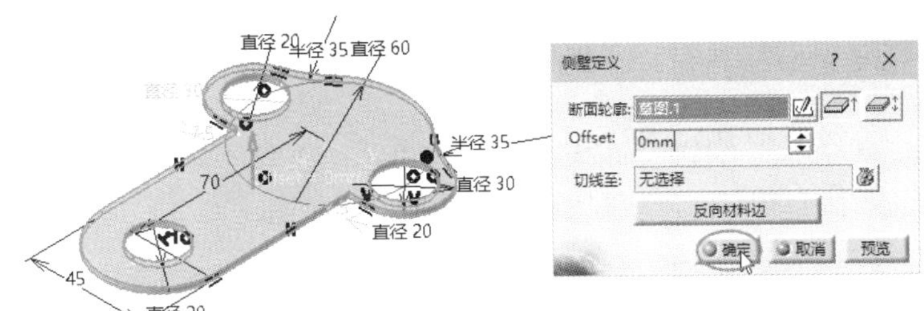

图 11-13

04 单击“侧壁”按钮，弹出“侧壁定义”对话框。单击“草绘”按钮，选择上一步所创建侧壁的表面作为草绘平面，然后绘制如图 11-14 所示的草图。

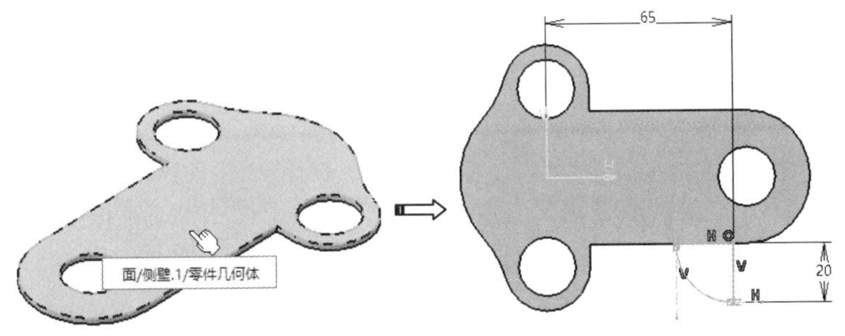

图 11-14

05 单击激活“切线至”文本框，选择上一步创建的钣金壁作为相切壁，单击“确定”按钮完成侧壁的创建，如图 11-15 所示。

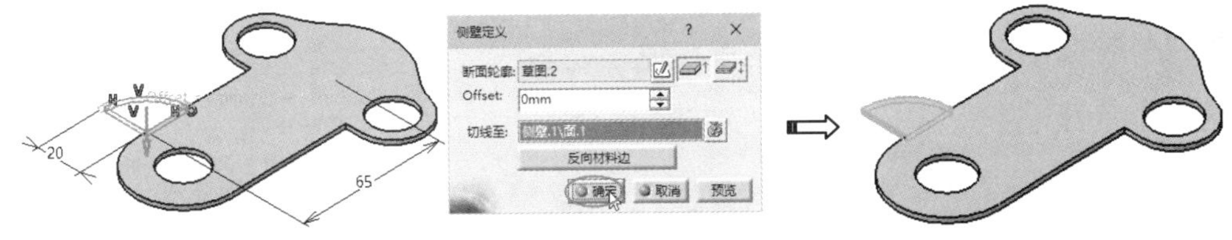

图 11-15

11.3.3 拉伸壁

拉伸壁是草绘出钣金第一壁的拉伸截面，然后拉伸一定长度形成钣金壁。它可以是第一壁（设计中的第一个壁），也可以是从属于主要壁的后续壁，如图 11-16 所示。

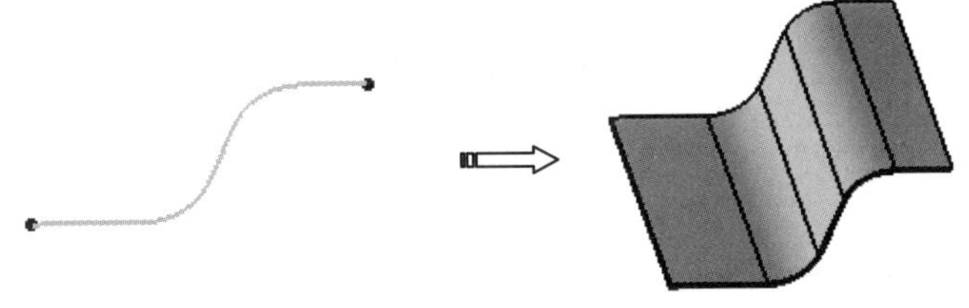

图 11-16

动手操作——创建拉伸壁

01 新建 CATIA 文件。执行“开始”|“机械设计”|“创成式钣金设计”命令，进入创成式钣金设计工作台。

02 单击“侧壁”工具栏中的“拉伸”按钮，弹出“拉伸成型定义”对话框。单击“草绘”按钮，选择 *yz* 平面作为草图平面，绘制如图 11-17 所示的草图。

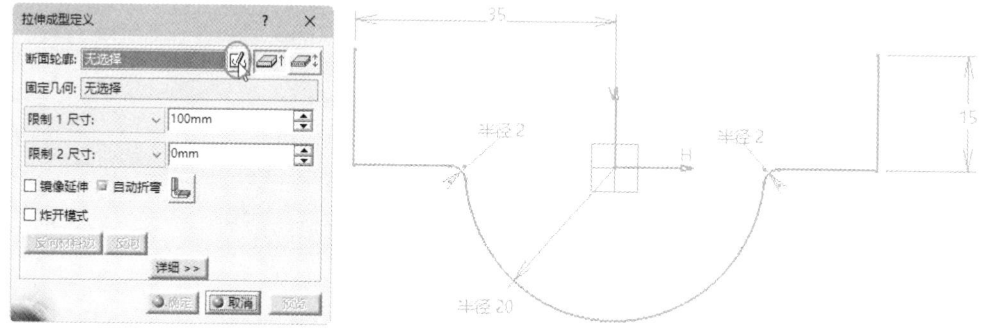

图 11-17

03 退出草图工作台。在“拉伸成型定义”对话框的“限制 1 尺寸”文本框中输入 100mm，其余选项保持默认，单击“确定”按钮完成拉伸壁的创建，如图 11-18 所示。

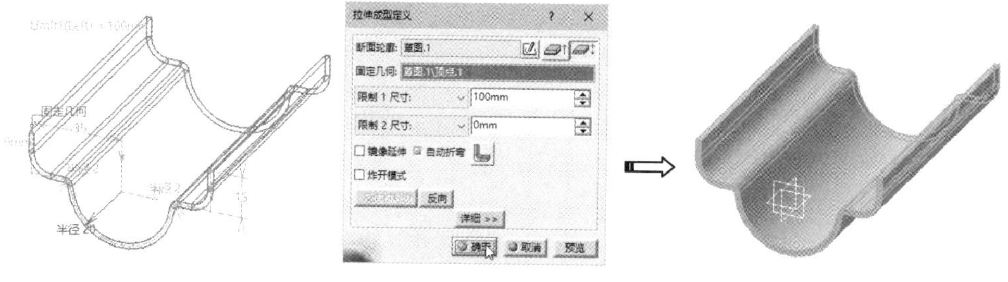

图 11-18

技术要点：

拉伸壁和侧壁的最大区别在于：拉伸钣金壁的轮廓草图不一定要封闭，而侧壁的轮廓草图则必须封闭。

11.3.4 桶形壁

桶形壁是将钣金壁侧面轮廓草图拉伸指定深度围成一圈，形状类似桶状的钣金壁。桶形壁是拉伸壁的一个特例，要求草图曲线中必须是圆弧，否则不能创建此钣金壁。

动手操作——创建桶形壁

01 新建 CATIA 文件。执行“开始”|“机械设计”|“创成式钣金设计”命令，进入创成式钣金设计工作台。

02 单击“桶形壁”工具栏中的“桶形壁”按钮，弹出“桶形壁定义”对话框。单击“草绘”按钮，选择 *yz* 平面作为草图平面，绘制如图 11-19 所示的草图。

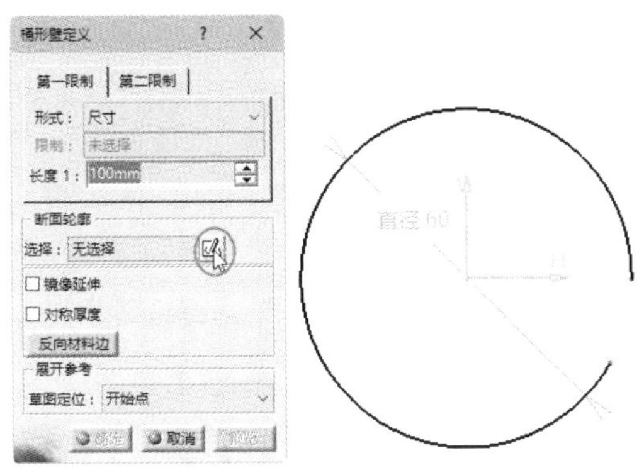

图 11-19

03 退出草图工作台后，在“桶形壁定义”对话框中设置“长度 1”值为 100mm，单击“确定”按钮完成桶形壁的创建，如图 11-20 所示。

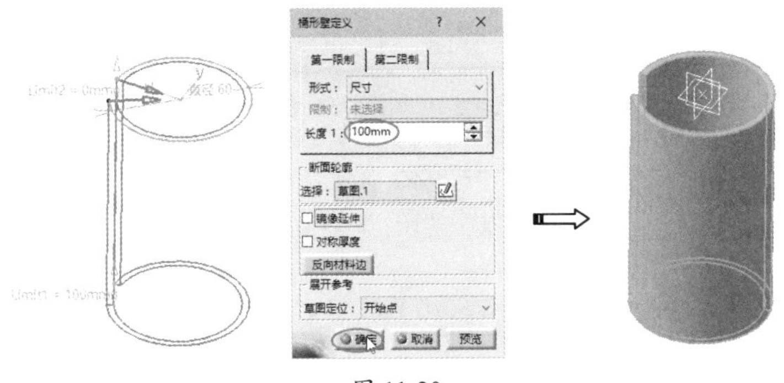

图 11-20

11.3.5　斗状壁

“斗状壁”是由连续曲线生成的曲面加厚并转换成的钣金壁，斗状壁的厚度由预定义的钣金参数控制，如图 11-21 所示。

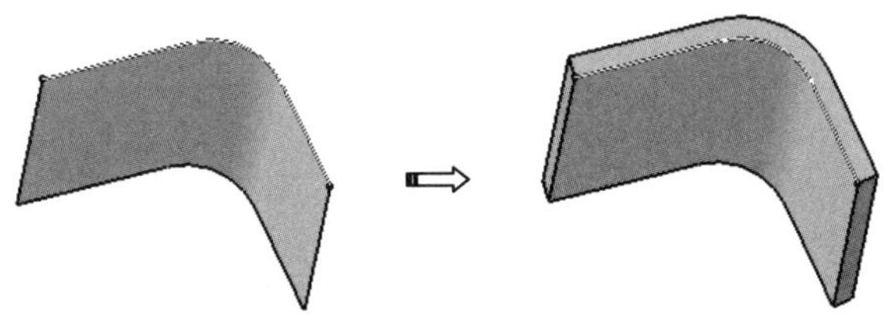

图 11-21

动手操作——创建斗状壁

01 打开本例源文件 11-5.CATPart，执行“开始”|“机械设计”|“创成式钣金设计”命令，进入创成式钣金设计工作台。

02 单击“桶形壁”工具栏中的“斗状壁”按钮，弹出“斗状壁”对话框。选择如图 11-22 所示的多截面曲面作为壁形状参考。

03 单击“确定”按钮完成斗状壁的创建，如图 11-23 所示。

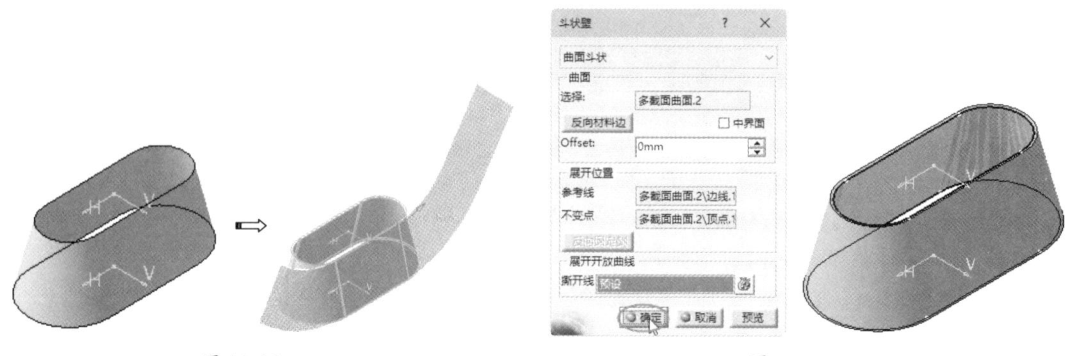

图 11-22　　　　图 11-23

动手操作——创建圆锥斗状壁

01 打开本例源文件 11-6.CATPart，执行“开始”|“机械设计”|“创成式钣金设计”命令，进入创成式钣金设计工作台。

02 单击“钣金参数”按钮，设置钣金壁厚度参数。

03 单击“桶形壁”工具栏中的“斗状壁”按钮，弹出“斗状壁”对话框。选择“圆锥斗状”类型，并选取第一个端面轮廓和第二个端面轮廓，如图 11-24 所示。

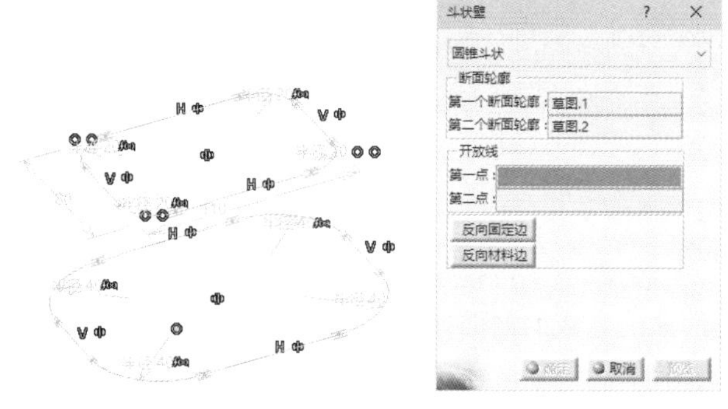

图 11-24

04 选取第一端面轮廓和第二端面轮廓上相对应的两个点，单击“确定”按钮完成斗状壁的创建，如图 11-25 所示。

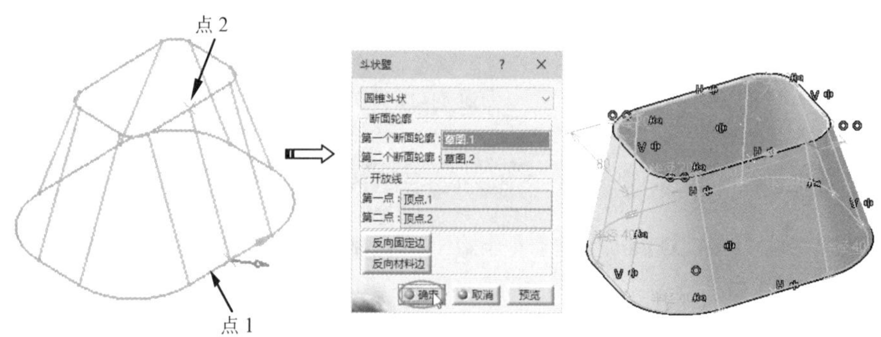

图 11-25

11.3.6 创建自由成型曲面壁

通过“自由成型曲面”工具可将自由曲面（在“形状”|“自由曲面”模块中创建的曲面）加厚并直接转换成钣金壁。

动手操作——创建自由成型曲面壁

01 打开本例源文件 11-7.CATPart，执行“开始”|“机械设计”|“创成式钣金设计”命令，进入创成式钣金设计工作台。

02 单击“钣金参数”按钮，设置钣金壁厚度参数。

03 单击“桶形壁”工具栏中的“自由成型曲面”按钮，弹出“自由成型曲面定义”对话框。选中“自由”类型，单击激活“曲面”选项区中的“选择”文本框，并选择曲面，单击“确定”按钮完成自由曲面钣金壁的创建，如图 11-26 所示。

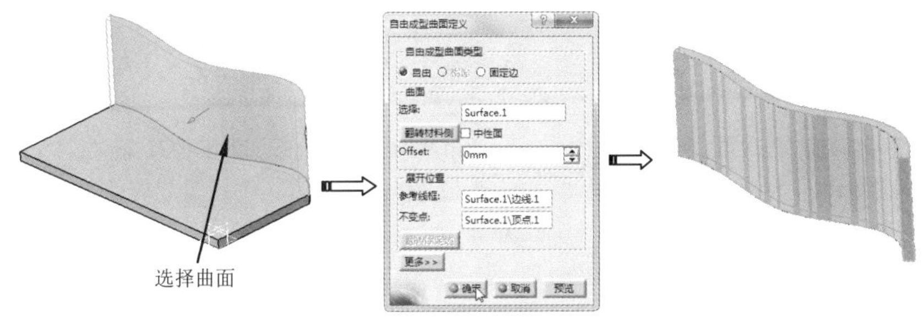

图 11-26

11.4 创建弯边壁

CATIA 钣金环境中的弯边壁包括边线侧壁、凸缘、平行弯边、滴状翻边和用户定义弯边。

11.4.1 边线侧壁

边线侧壁是基于边线的钣金成形方式，是在已有钣金墙体的基础上，通过选取一条附着边，快速创建新的钣金壁。

边线侧壁包括“自动”形式的钣金壁和“草绘基础”形成的钣金壁两种创建方式。

1. “自动”形式的钣金壁

在已有钣金的基础上，通过选择一条附着边，并定义新生成的钣金墙体高度、极限位置以及与原钣金壁之间的角度等参数来创建新的钣金壁，其厚度与第一钣金壁相同，如图 11-27 所示。

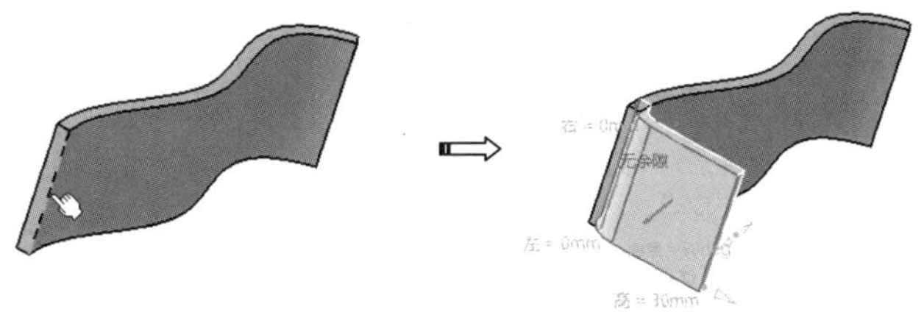

图 11-27

动手操作——创建“自动”形式的钣金壁

01 打开本例源文件 11-8.CATPart。

02 单击“侧壁”工具栏中的“边线侧壁”按钮，弹出“边线侧壁定义”对话框。在“形式”下拉列表中选择“自动”选项，选择如图 11-28 所示的边作为附着边。

03 在“高度和倾斜”选项卡中选择“高度”选项，输入高度值为 40mm，选择“角度”方式，并输入 90deg，如图 11-29 所示。

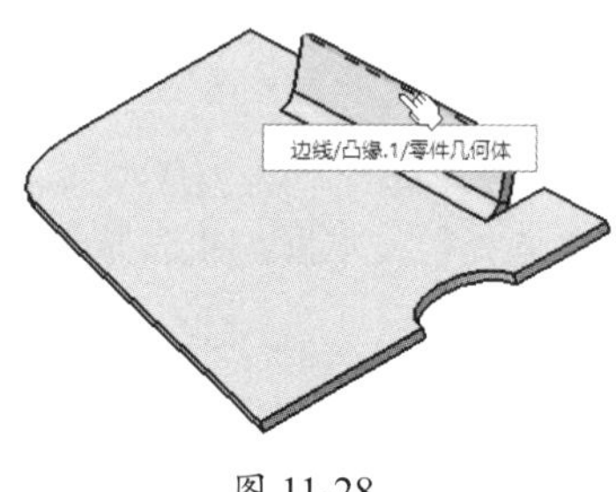

图 11-28

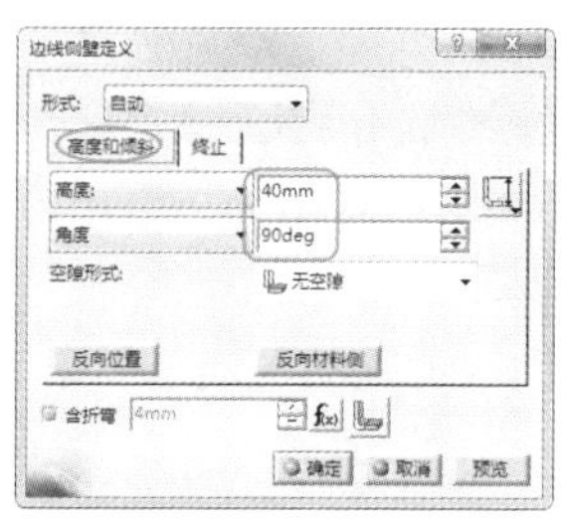

图 11-29

04 在“终止”选项卡的“左偏置”文本框中输入-10mm，在“右偏置”文本框中输入-10mm，单击“确定”按钮完成“自动”形式钣金壁的创建，如图 11-30 所示。

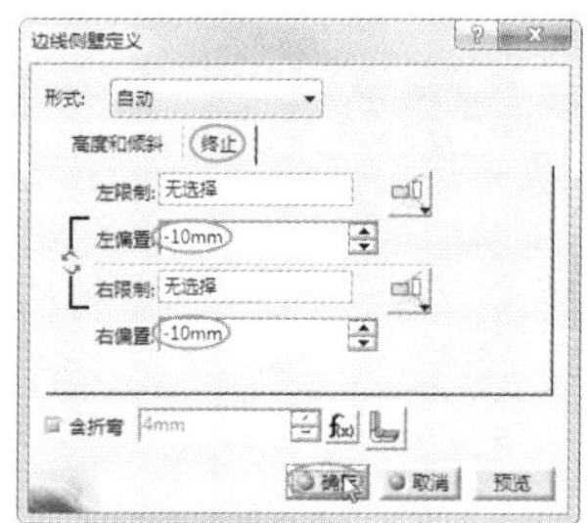

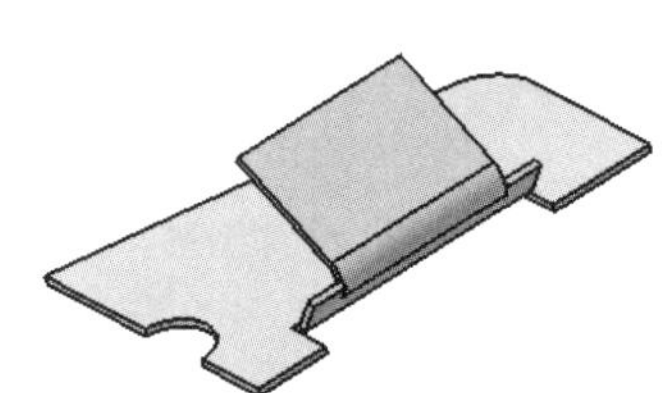

图 11-30

2. “草绘基础”形式的钣金壁

“草绘基础”形式的钣金壁是指根据所绘制的草图轮廓的形状来创建的边线壁。

动手操作——创建“草绘基础”形式的钣金壁

01 打开本例源文件 11-9.CATPart。

02 单击“侧壁”工具栏中的“边线侧壁”按钮，弹出“边线侧壁定义”对话框。在“形式”下拉列表中选择“草图基础”选项，单击“草绘”按钮，选择如图 11-31 所示的侧面作为草图平面。

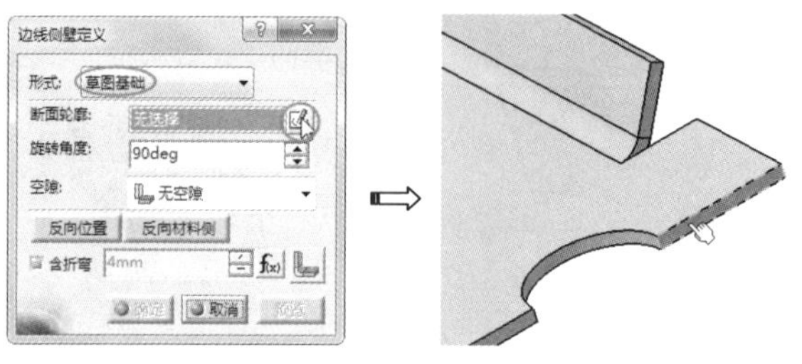

图 11-31

03 进行草图工作台中绘制如图 11-32 所示的草图。

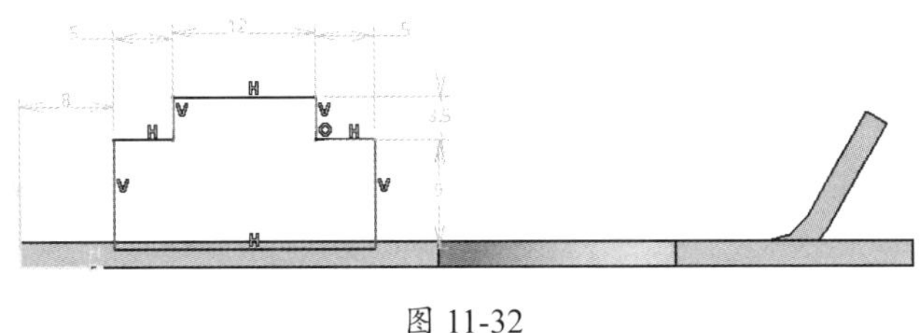

图 11-32

04 在“旋转角度”文本框中输入 0deg，选中“含折弯”复选框，单击“确定”按钮完成草绘形式钣金壁的创建，如图 11-33 所示。

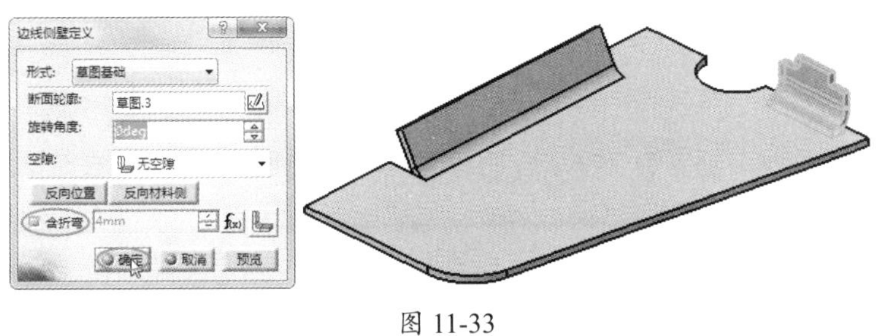

图 11-33

11.4.2 凸缘

凸缘就是直边弯边。凸缘是在已有钣金壁的基础上生成的钣金壁，其包括两种类型：基本型和截断型。

动手操作——创建凸缘

01 打开本例源文件 11-10.CATPart，执行“开始”|“机械设计”|“创成式钣金设计”命令，进入创成式钣金设计工作台。

02 单击“侧壁”工具栏中的“直边弯边”按钮，弹出“直边弯边定义”对话框。选择“截断”类型，单击激活“脊线”文本框，选择如图 11-34 所示的边作为脊线。

03 单击激活“限制 1”文本框，选择如图 11-35 所示的“平面 1”，单击激活“限制 2”文本框选择模型顶点。

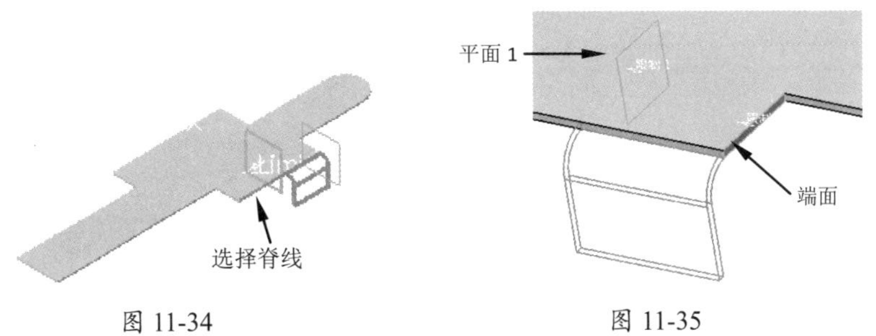

图 11-34　　图 11-35

04 在“长度”文本框中输入 10mm，设置“角度”为 90deg、“半径”为 4mm，单击“确定”按钮完成凸缘的创建，如图 11-36 所示。

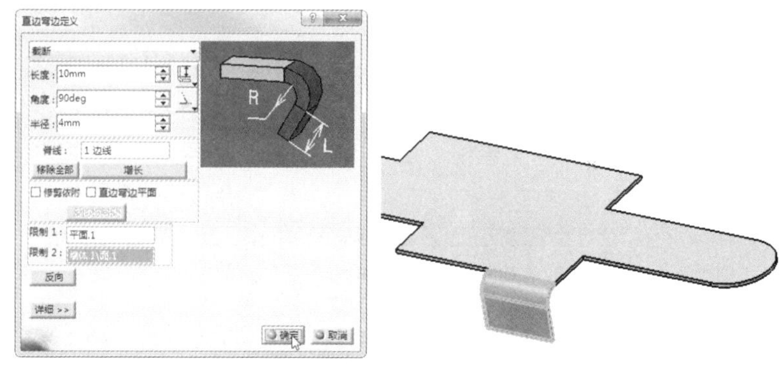

图 11-36

11.4.3　平行弯边

“平行弯边”是创建与原有钣金壁平行的弯边壁，并使用圆角过渡。它与凸缘钣金壁的不同之处在于，圆角过渡的角度不能自定义。

动手操作——创建平行弯边

01 打开本例源文件 11-11.CATPart，执行“开始”|“机械设计”|“创成式钣金设计”命令，进入创成式钣金设计工作台。

02 单击“侧壁”工具栏中的“平行弯边”按钮，弹出“平行弯边定义”对话框，选择“基本”类型。

03 单击激活“脊线”文本框，再到已有钣金壁上选择一条边作为脊线。

04 在“长度”文本框中输入 10mm、“半径”为 5mm，单击“反向”按钮调整边缘方向，单击“确定”按钮完成平行弯边的创建，如图 11-37 所示。

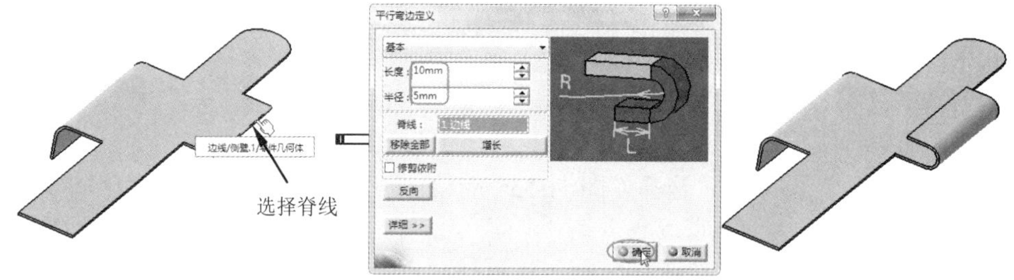

图 11-37

11.4.4　滴状翻边

“滴状翻边”是在已有的钣金边上创建形状类似泪滴的弯曲壁，其开放端的边缘与基础壁相切，折弯角度大于 1800°。

动手操作——创建滴状翻边

01 打开本例源文件 11-12.CATPart，执行“开始”|“机械设计”|“创成式钣金设计”命令，进

入创成式钣金设计工作台。

02 单击“侧壁”工具栏中的“滴状翻边”按钮，弹出“滴状翻边定义”对话框。

03 选择“基本”类型，单击激活“脊线”文本框后选择原有钣金壁的一条边作为脊线。

04 在“长度”文本框中输入10mm、“半径”为4mm，单击“反向”按钮调整边缘生成方向，单击“确定”按钮完成滴状翻边的创建，如图 11-38 所示。

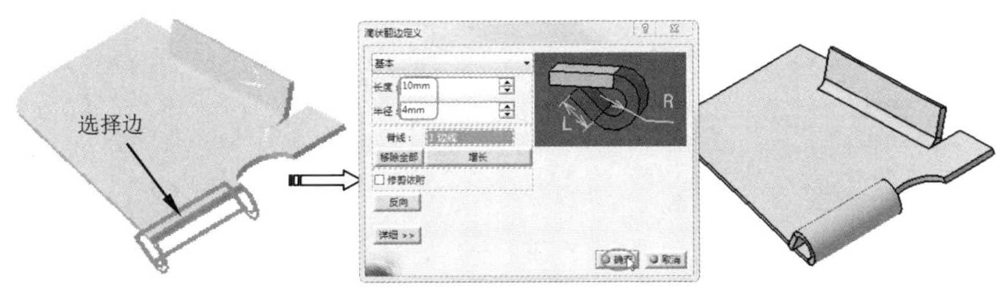

图 11-38

11.4.5 用户定义弯边

“用户定义弯边”用于在原有钣金上依靠附着边通过任意草图轮廓创建用户需要的钣金壁，其厚度与基础壁相同。

动手操作——创建用户定义弯边

01 打开本例源文件 11-13.CATPart，执行“开始”|“机械设计”|“创成式钣金设计”命令，进入创成式钣金设计工作台。

02 单击“侧壁”工具栏中的“用户定义弯边”按钮，弹出“用户直边弯边定义”对话框。选择“基本”类型，单击激活“脊线”文本框并选择如图 11-39 所示的边作为脊线。

03 单击“草绘”按钮，选取如图 11-40 所示的面作为草绘平面。

图 11-39　　图 11-40

04 绘制如图 11-41 所示的草图。

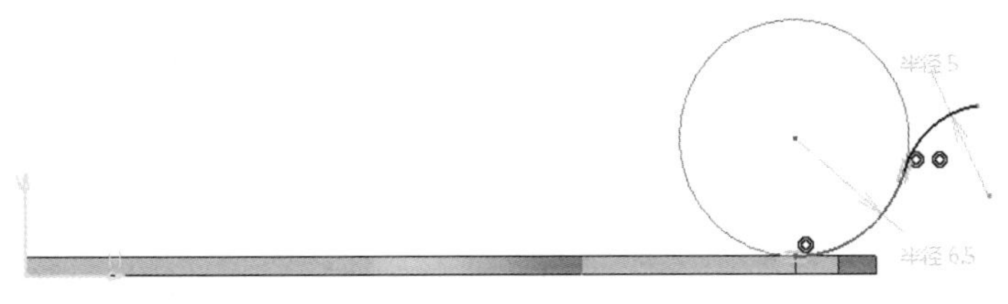

图 11-41

技术要点：

草图绘制平面必须为边线的法平面，草图轮廓必须与边线所在面相切且连续。

05 单击“确定”按钮完成用户自定义弯边的创建，如图 11-42 所示。

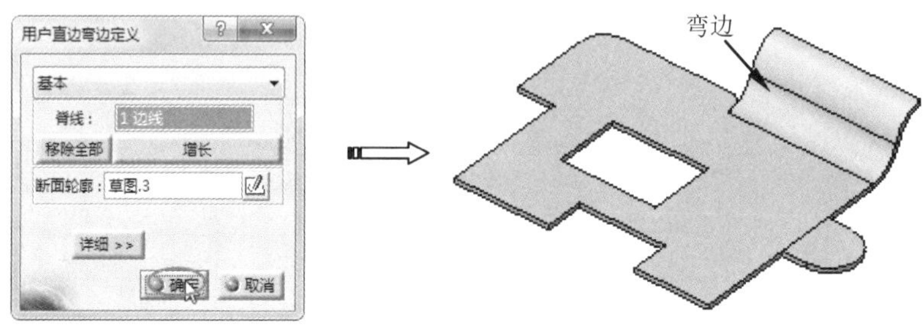

图 11-42

11.5 钣金的折弯与展开

在钣金件创建过程中可将钣金的平面区域进行折弯。相反，可将折弯后的钣金壁通过展开命令展平。钣金折弯与展开命令集中在“折弯”工具栏中，如图 11-43 所示。

11.5.1 钣金的折弯

钣金件折弯方式包括“等半径折弯”“变半径折弯”和“平板折弯”3 种。

1. 等半径折弯

“等半径折弯”是在两个非连通的钣金壁之间创建一个恒定半径的圆角，即等半径折弯。

动手操作——创建等半径折弯

01 打开本例源文件 11-14.CATPart，执行“开始”|“机械设计”|“创成式钣金设计”命令，进入创成式钣金设计工作台。

02 单击“折弯”工具栏中的“等半径折弯”按钮，弹出“折弯定义”对话框。

03 在图形区中已有钣金壁上选择两个依附面，并单击“公式编辑器”按钮，如图 11-44 所示。

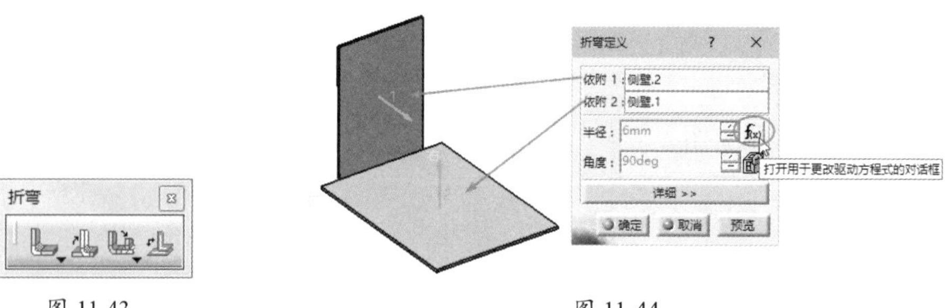

图 11-43　　图 11-44

04 在弹出的“公式编辑器：‘零件几何体\柱面弯曲.2\弯曲半径’”对话框中修改半径值，单击“确定”按钮，如图 11-45 所示。

05 在“折弯定义”对话框中单击“确定”按钮完成等半径折弯的创建，如图 11-46 所示。

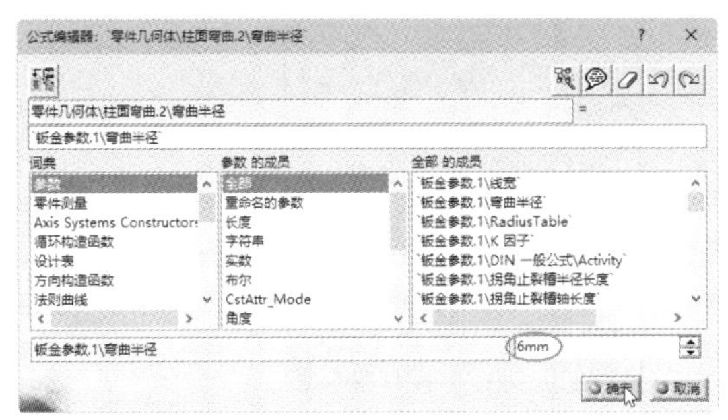

图 11-45

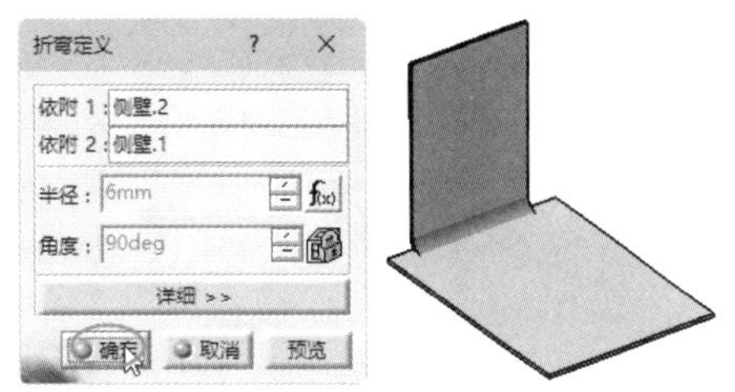

图 11-46

2. 变半径折弯

“变半径折弯”是在两个非连通的钣金墙体之间创建一个变化半径值的折弯圆角。常用于两相交的钣金壁之间没有过渡圆角时，添加折弯过渡圆角。

动手操作——创建变半径折弯

01 打开本例源文件 11-15.CATPart，执行“开始”|“机械设计”|“创成式钣金设计”命令，进入创成式钣金设计工作台。

02 单击“折弯”工具栏中的“变半径折弯”按钮，弹出“折弯定义”对话框。

03 在图形区中的钣金壁上依次选取两个依附面（即“依附 1”和“依附 2”），在“左侧半径”文本框输入 3mm，在“右侧半径”文本框中输入 6mm，单击“确定”按钮完成变半径折弯的创建，如图 11-47 所示。

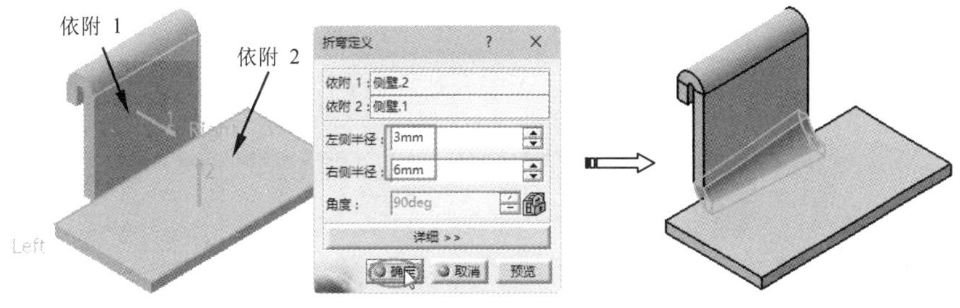

图 11-47

3. 平板折弯

“平板折弯”是在钣金平面上创建或选择一条或多条不相交的直线，并以直线作为折弯参考线，创建钣金折弯。平面折弯是钣金加工中最常用的方法之一。

动手操作——创建平板折弯

01 打开本例源文件 11-16.CATPart，执行“开始”|“机械设计”|“创成式钣金设计”命令，进入创成式钣金设计工作台。

02 单击“折弯”工具栏中的“平板折弯”按钮，弹出“平板折弯定义”对话框。单击“草绘”按钮，选取草绘平面，如图 11-48 所示。

03 绘制两条折弯线草图。单击“退出工作台”按钮完成草图绘制，如图 11-49 所示。

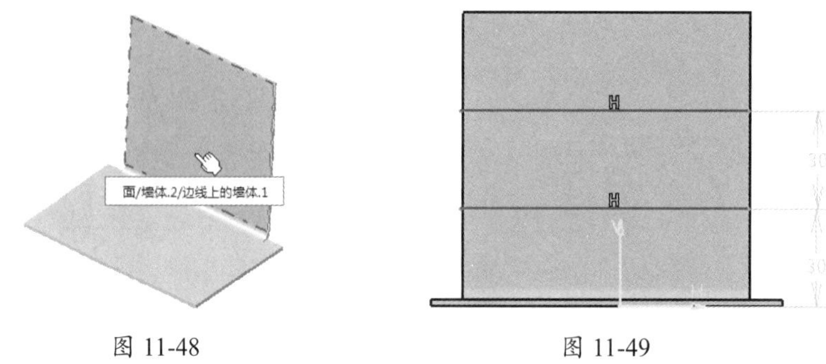

图 11-48　　　　图 11-49

技术要点：

平面折弯只能绘制直线，绘制一条线将进行一次折弯，可以同时绘制多条直线折弯多次，且直线不相交。

04 单击激活“固定点”文本框，选择钣金壁上的一个顶点作为固定点，设置折弯角度为 90°，单击“确定”按钮完成平板折弯的创建，如图 11-50 所示。

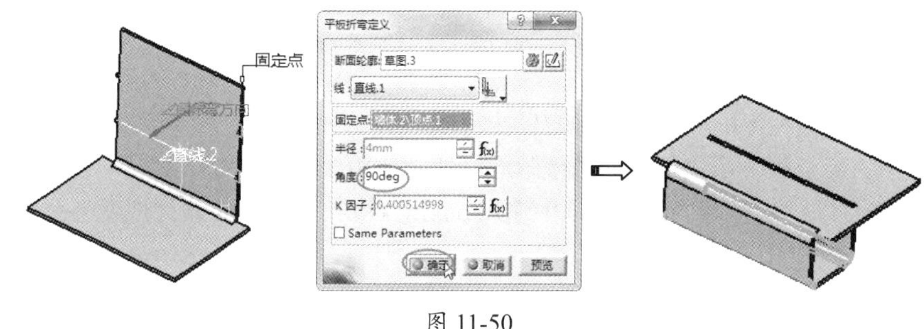

图 11-50

技术要点：

固定点必须位于受该操作影响并包含草图直线的平面上，否则，将不能创建平板折弯。

11.5.2　钣金的展开

钣金的展开是将钣金件中的凸缘、折弯圆角等圆弧表面展开，从而将钣金件展开成平面。钣金展开操作便于计算钣金材料的用量。

动手操作——创建钣金展开

01 打开本例源文件 11-17.CATPart。

02 单击“折弯”工具栏中的“展开”按钮，弹出“展开定义”对话框。

03 单击激活“参考修剪面”文本框，选择如图 11-51 所示的面作为钣金展开时的固定几何平面，单击激活“展开修剪面”文本框，选择如图 11-52 所示的面作为展开面。

04 单击“选择全部”按钮，将钣金件中所有的折弯全部选中，单击“确定”按钮完成钣金展开的操作，如图 11-53 所示。

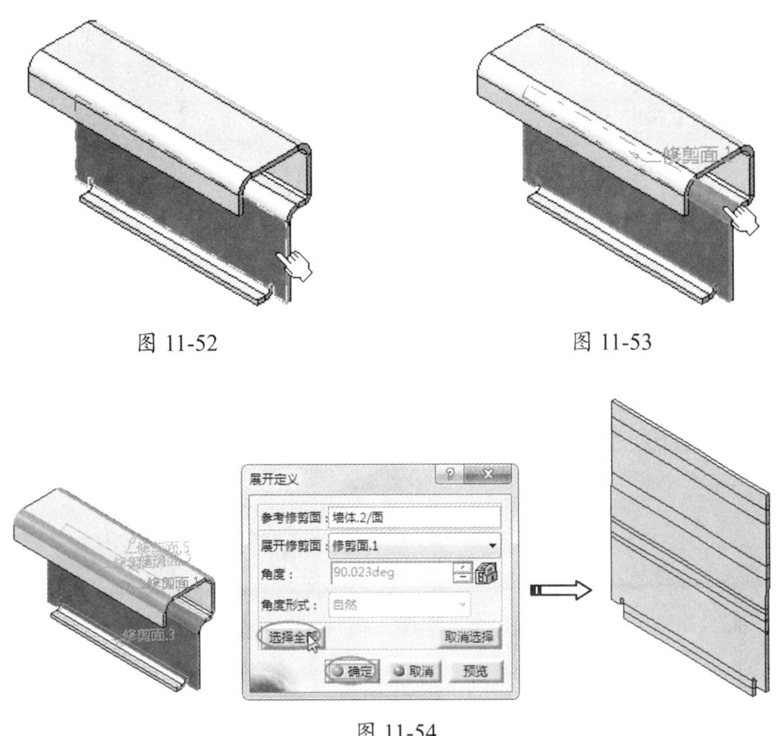

图 11-52　　图 11-53

图 11-54

11.5.3 钣金的收合

“钣金的收合”是指将展开的钣金壁部分或全部重新折弯，使其恢复到展开前的状态，钣金的收合与钣金的展开是互为逆反的钣金操作。

动手操作——创建钣金收合

01 打开本例源文件 11-18.CATPart。

02 单击“折弯”工具栏中的“收合”按钮，弹出“收合定义”对话框。

03 单击激活“参考修剪面”文本框并选择参考修剪面，单击激活“展开修剪面”文本框并选择收合修剪面，如图 11-55 所示。

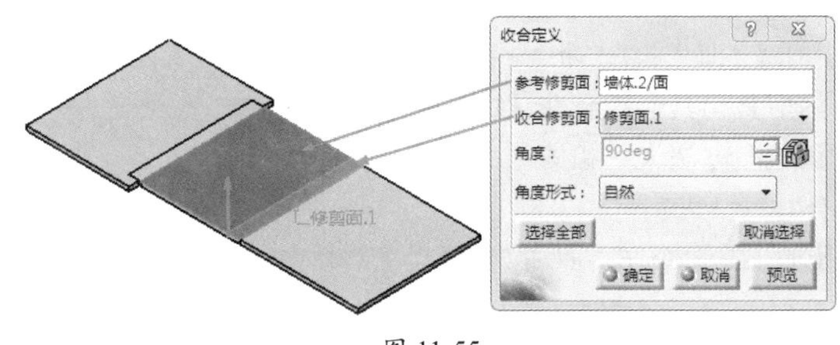

图 11-55

04 单击“选择全部”按钮，将钣金件中所有的折弯全部选中，单击“确定”按钮完成钣金收合的操作，如图 11-56 所示。

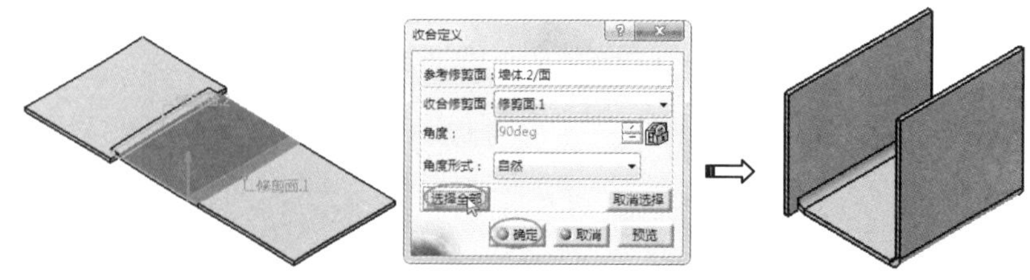

图 11-56

11.5.4 点和曲线对应

“点和曲线对应”是将草图的点、曲线点和曲线对应到钣金壁上。如果当前钣金状态为收合状态，选中的点、线将对应到展开后的支撑壁的位置处；反之，如果钣金处于展开状态，选中的点、线将对应到收合后相应的支撑壁位置处。

动手操作——点和曲线对应

01 打开本例源文件 11-19.CATPart，执行“开始”|“机械设计”|“创成式钣金设计”命令，进入创成式钣金设计工作台。

02 单击“折弯”工具栏中的“点和曲线对应”按钮，弹出“折叠对象定义”对话框。

03 在图形区中选择草图作为折叠对象，单击“确定”按钮完成草图曲线的折叠，如图 11-57 所示。

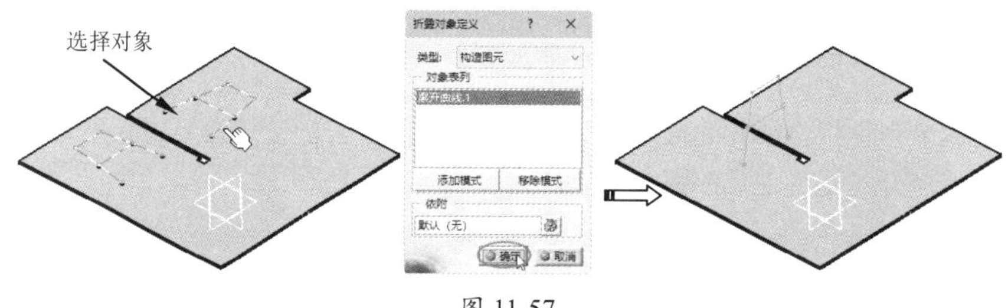

图 11-57

11.6 钣金剪裁与冲压成型

钣金的剪裁与冲压特征是在成形后的钣金零件上创建去除材料的特征，如剪裁、孔、拐角止裂槽及倒角等，其中剪裁（即“凹槽”命令）孔、圆角和倒角工具在零件设计工作台部分介绍过了，本节也仅介绍止裂槽剪裁工具。钣金冲压成型种类有很多，由于每种类型的冲压成型方法大致相同，所以本节仅介绍第一种“曲面冲压”类型。

钣金剪裁与冲压的工具命令在“剪裁 / 冲压”工具栏中，如图 11-58 所示。

图 11-58

11.6.1 拐角止裂槽

“拐角止裂槽”常用于在两个侧面钣金相交处，由于较为集中，容易产生裂开，为了防止钣金零件裂开，在相交处通常设置止裂槽。

动手操作——创建拐角止裂槽

01 打开本例源文件 11-20.CATPart，执行“开始”|“机械设计”|“创成式钣金设计”命令，进入创成式钣金设计工作台。

02 单击“裁剪 / 冲压”工具栏中的“拐角止裂槽”按钮，弹出“拐角止裂槽定义”对话框，在“形式”下拉列表中选择“正方形”选项。

03 从图形区中选择两条要创建止裂槽的圆角面，并在“长度”文本框中输入 10mm，单击“确定”按钮完成拐角止裂槽的创建，如图 11-59 所示。

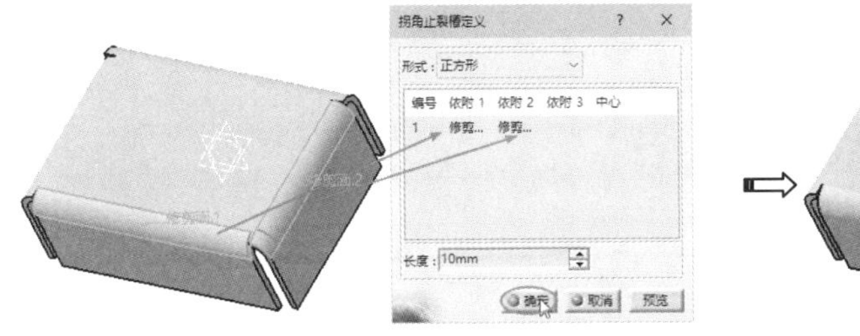

图 11-59

11.6.2　曲面冲压

“曲面冲压”是指，使用封闭的轮廓形成曲面印贴在钣金壁上完成的冲压。

动手操作——创建曲面冲压

01 打开本例源文件 11-21.CATPart，执行“开始”|“机械设计”|“创成式钣金设计”命令，进入创成式钣金设计工作台。

02 单击“曲面冲压”按钮，弹出“曲面冲压定义”对话框。在“参数选择”下拉列表中选择“角度”选项。单击“草绘”按钮，选取钣金表面作为草绘平面，如图 11-60 所示。

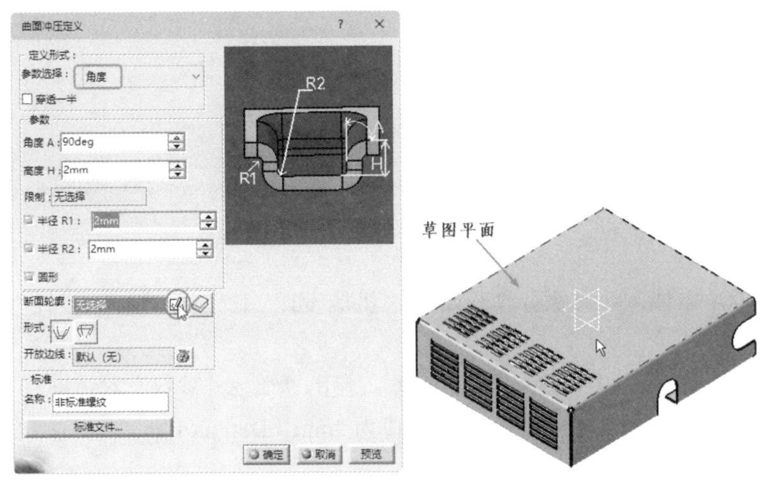

图 11-60

03 进入草图工作台中绘制草图，如图 11-61 所示。

04 设置“角度 A”值为 90deg、“高度”值为 2mm，其他参数保持默认。单击“确定”按钮完成曲面冲压的创建，如图 11-62 所示。

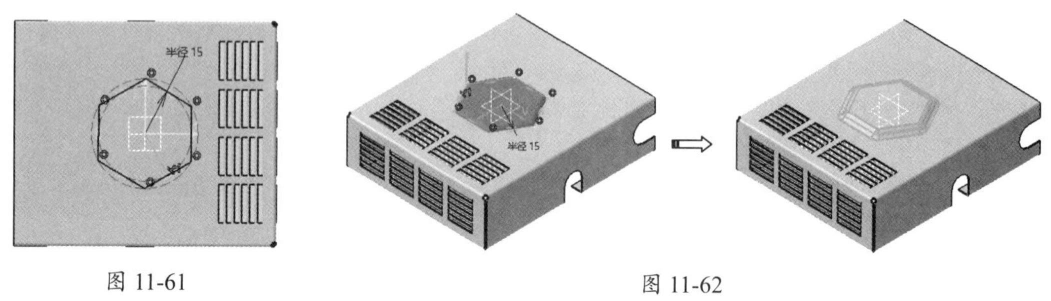

图 11-61

图 11-62

11.7 实战案例——钣金支架设计

引入文件：无

结果文件：\动手操作\结果文件\Ch11\zhijia.CATPart

视频文件：\视频\Ch11\钣金支架设计 .avi

本节以一个钣金支架的结构设计为例，详解钣金结构设计全流程和软件功能指令的应用。钣金支架结构如图 11-63 所示。

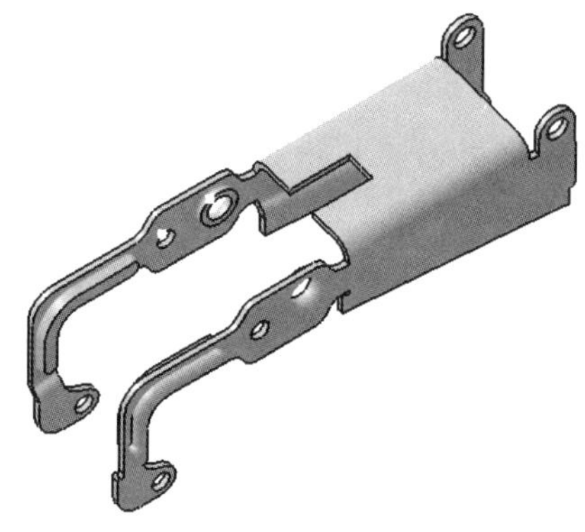

图 11-63

操作步骤：

1. 设置钣金参数

01 新建一个 CATIA 零件文件，执行“开始”|“机械设计”|“创成式钣金设计”命令，进入钣金设计工作台。

02 单击“侧壁”工具栏中的“钣金参数”按钮，弹出“钣金件参数”对话框。

03 在“参数”选项卡中设置 Thickness（厚度）值为 2mm，Default Bend Radius（默认折弯半径）值为 4mm，如图 11-64 所示。

04 在“折弯终止方式”选项卡中设置止裂槽为“不设定止裂槽最小值”，如图 11-65 所示。

图 11-64

图 11-65

2. 创建基本壁

01 单击“侧壁”工具栏中的“侧壁”按钮，弹出“侧壁定义”对话框。单击“草绘”按钮，选择 *xy* 平面为草绘平面并绘制草图。

02 在“侧壁定义”对话框中单击“两端位置草图”按钮，单击“确定”按钮完成平整壁的创建，如图 11-66 所示。

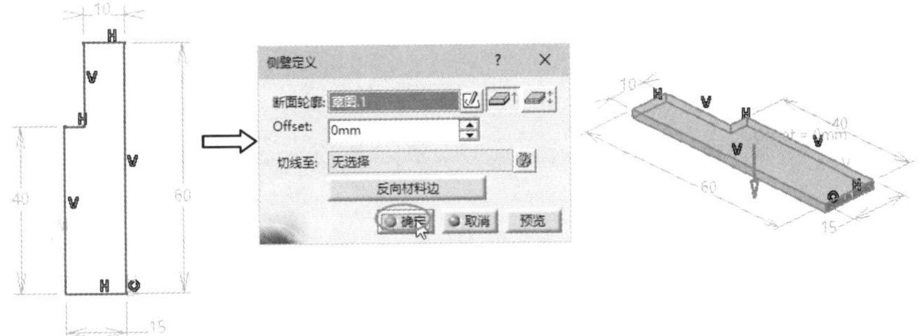

图 11-66

03 单击“侧壁”工具栏中的“边线侧壁”按钮，弹出“边线侧壁定义”对话框。在“形式”下拉列表中选择“草图基础”选项，单击“草绘”按钮并选择草绘平面，进入草图工作台中绘制草图，如图 11-67 所示。

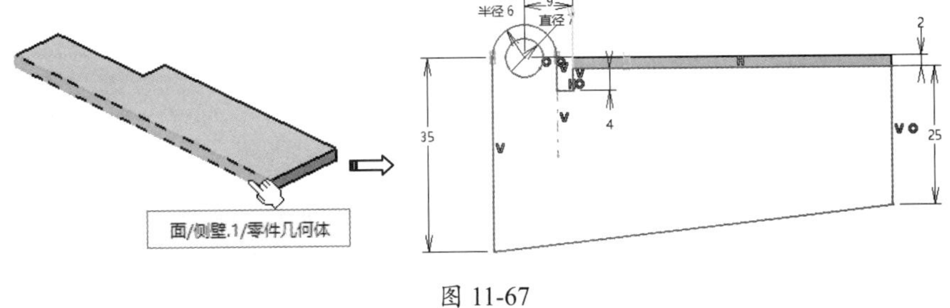

图 11-67

04 在“旋转角度”文本框中输入 0deg，选中“含折弯”复选框，单击“确定”按钮完成边线侧壁的创建，如图 11-68 所示。

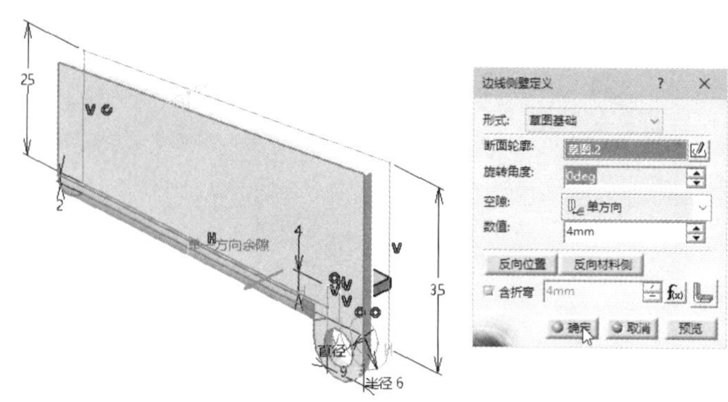

图 11-68

3. 创建剪裁与冲压成型

01 单击“曲面冲压”按钮，弹出“曲面冲压定义”对话框。

02 在“参数选择”下拉列表中选择“角度”选项。单击“草绘”按钮选择草绘平面进入草图工作台，绘制如图 11-69 所示的草图。

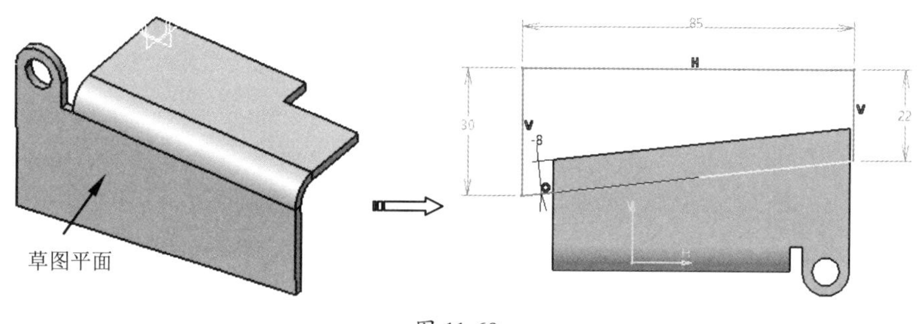

图 11-69

03 其他参数保持默认，单击“确定”按钮完成曲面冲压的创建，如图 11-70 所示。

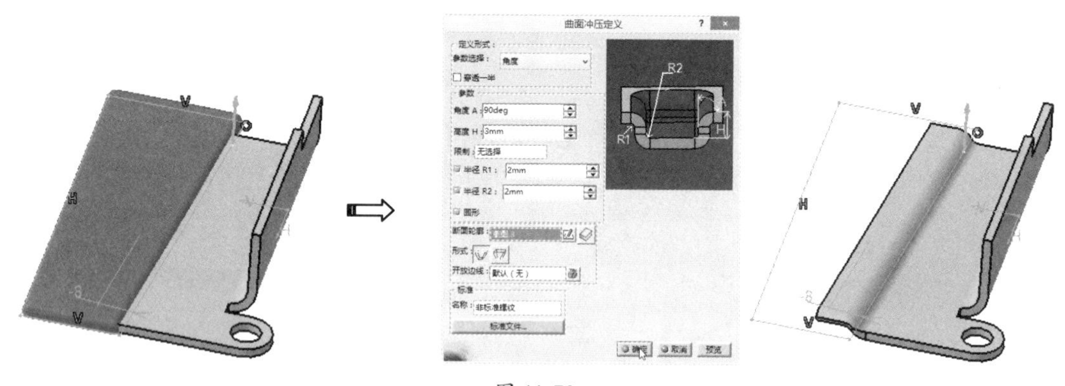

图 11-70

04 单击“侧壁”工具栏中的“边线侧壁”按钮，弹出“边线侧壁定义”对话框。在“形式”下拉列表中选择“草图基础”选项。

05 单击“草绘”按钮，选取草图绘制平面后进入草图工作台绘制如图 11-71 所示的草图。

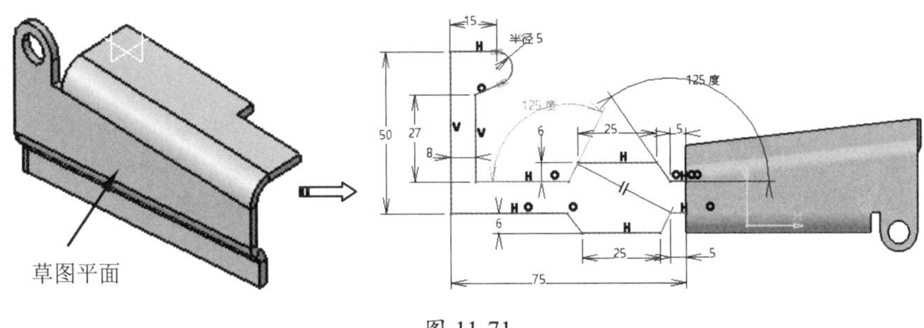

图 11-71

06 在“边线侧壁定义”对话框中取消选中“含折弯”复选框，单击“确定”按钮完成边线侧壁的创建，如图 11-72 所示。

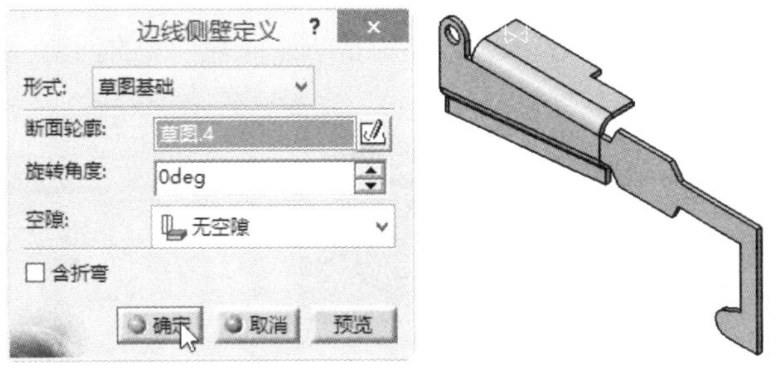

图 11-72

07 在“剪裁 / 冲压”对话框中单击“圆角”按钮，弹出“圆角”对话框。在“半径”文本框中输入 4mm，单击激活“边线”文本框，在边线侧壁上选取多条边线来创建圆角，单击“确定”按钮完成圆角的创建，如图 11-73 所示。

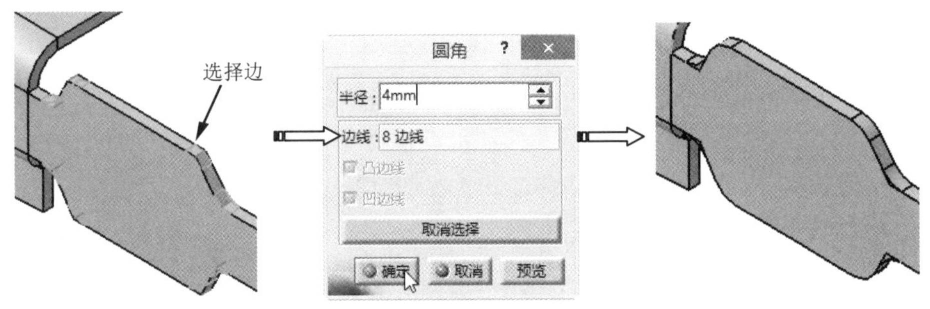

图 11-73

08 同理，创建半径值为 8mm 的其余圆角，如图 11-74 所示。

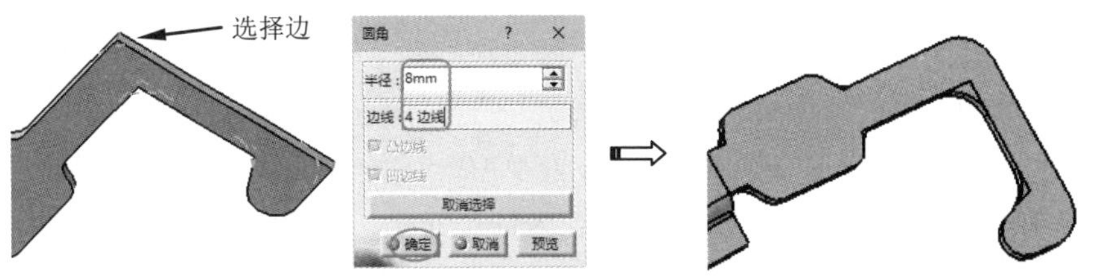

图 11-74

09 单击“曲面冲压”按钮，弹出“曲面冲压定义”对话框。保持默认的“角度”方式，单击“草绘”按钮，选取草绘平面并绘制如图 11-75 所示的草图。

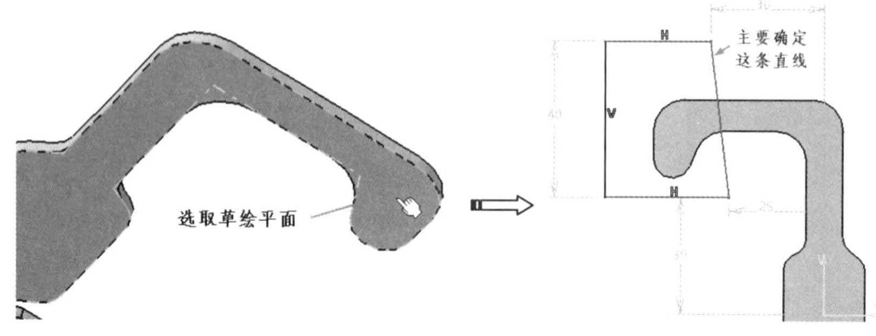

图 11-75

10 在“曲面冲压定义”对话框中单击“确定”按钮完成曲面冲压的创建，如图 11-76 所示。

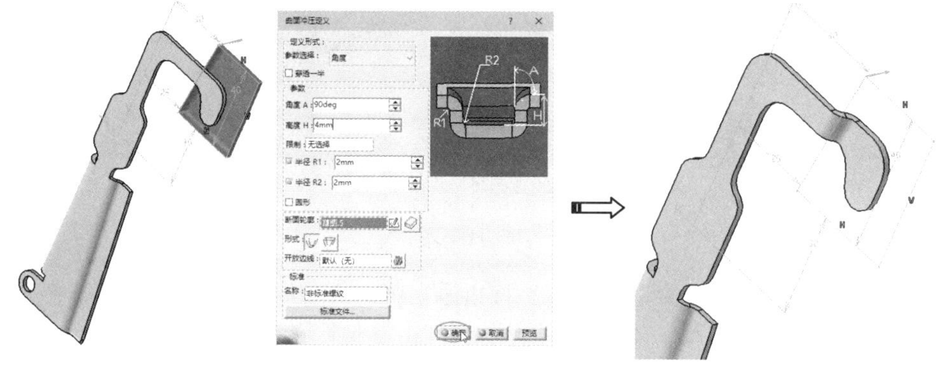

图 11-76

11 单击“线框”工具栏中的“点”按钮，弹出“点定义”对话框。在“点类型”下拉列表中选择“平面上”选项，选择平面作为点的放置面，设置参数后单击“确定”按钮完成“点 1”的创建，如图 11-77 所示。

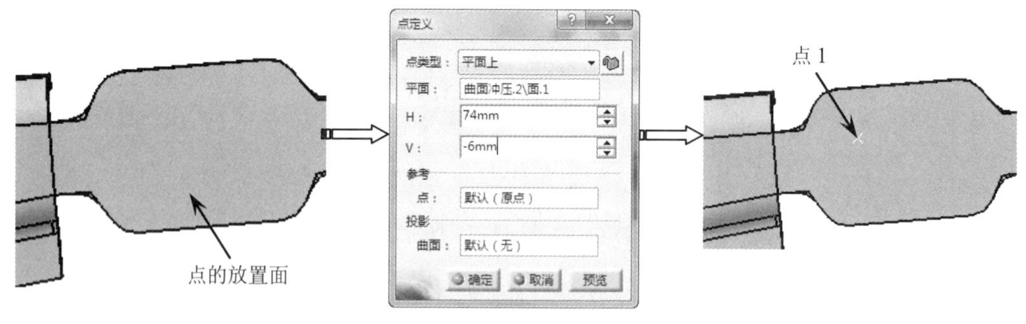

图 11-77

12 同理，在相同的面上再创建“点 2”，系统自动完成点的创建，如图 11-78 所示。

13 单击“孔”按钮，按住 Ctrl 键选择圆弧（作为钻孔位置点）和孔放置面，随后弹出“定义孔”对话框。在“扩展”选项卡中设置类型为“直到最后”，设置“直径”值为 6mm，单击“确定”按钮完成“孔特征 1”的创建，如图 11-79 所示。

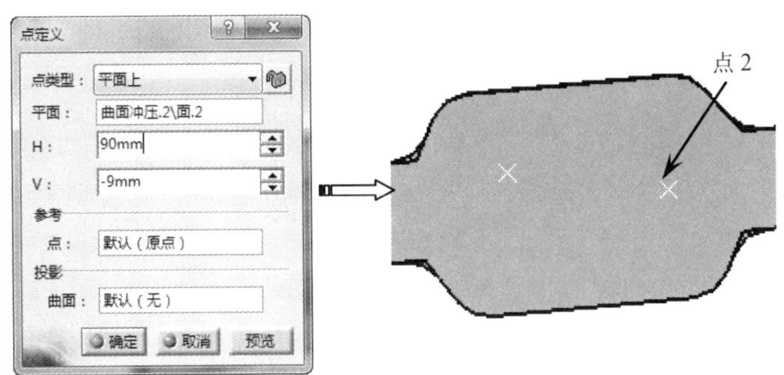

图 11-78

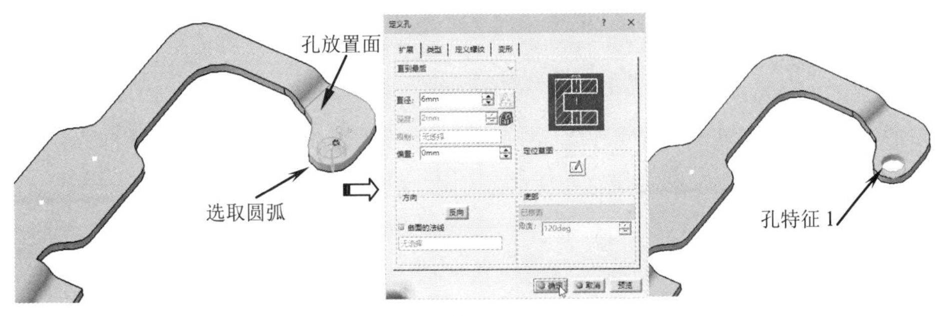

图 11-79

14 采用同样的操作，执行"孔"命令后按 Ctrl 键选取"点 2"和孔放置面，创建直径为 6mm 的"孔特征 2"，如图 11-80 所示。

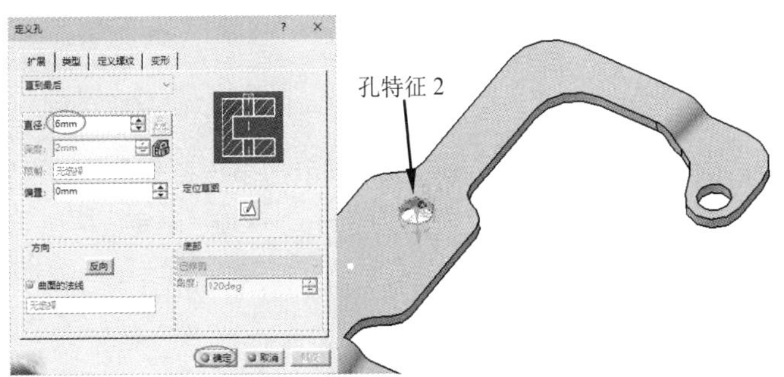

图 11-80

15 在"冲压孔"工具栏（可在"剪裁 / 冲压"工具栏中单击"曲面冲压"右下角的下三角按钮展开此工具栏）中单击"凸缘孔"按钮，按住 Ctrl 键选取"点 1"和孔放置面，如图 11-81 所示。

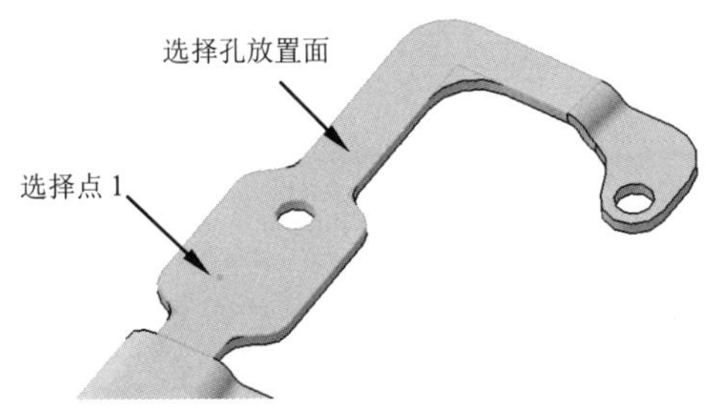

图 11-81

16 在“凸缘孔定义”对话框中的“参数选择”下拉列表中选择“主要直径”选项，选中“含圆锥”复选框，设置“直径 D”值为 8mm，其余选项保持默认。单击“确定”按钮完成凸缘孔的创建，如图 11-82 所示。

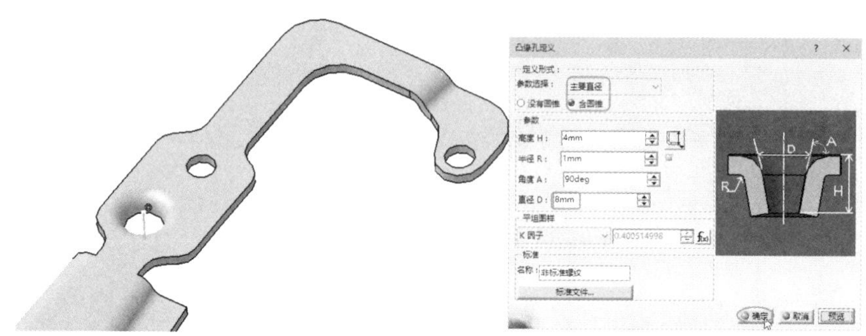

图 11-82

17 在“冲压孔”工具栏中单击“曲线冲压”按钮，弹出“曲线冲压定义”对话框。单击“草绘”按钮，选择草绘平面进入草图工作台中绘制如图 11-83 所示的草图。

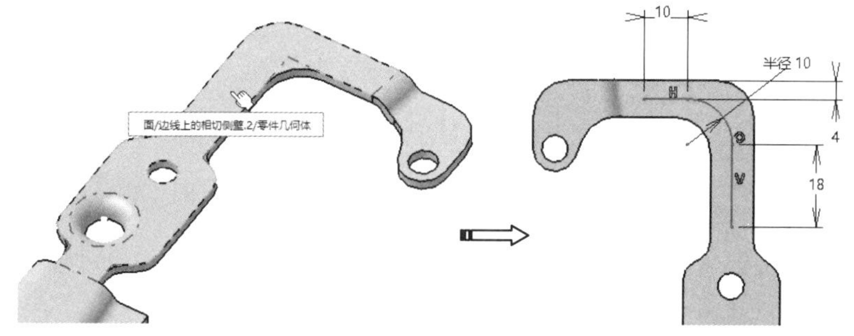

图 11-83

18 在“曲线冲压定义”对话框的“定义形式”选项区中选中“长圆形”复选框，设置“角度 A”值为 75deg、“高度 H”值为 3mm、“长度 L”值为 3mm。单击“确定”按钮完成曲线冲压的创建，如图 11-84 所示。

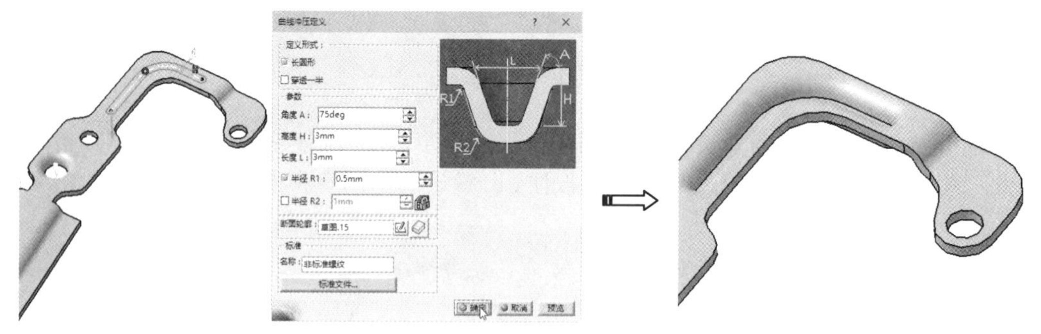

图 11-84

19 至此完成了支架的单臂设计，如图 11-85 所示，最后将其镜像即可完成整个支架的结构设计。

20 单击“变换”工具栏中的“镜像”按钮，弹出“镜像定义”对话框。单击激活“镜射平面”文本框，选择 *yz* 平面作为镜像平面，单击“确定”按钮完成镜像操作，最终结果如图 11-86 所示。

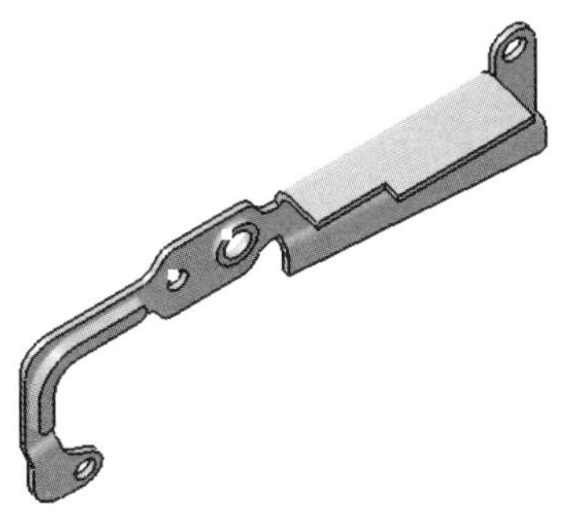

图 11-85

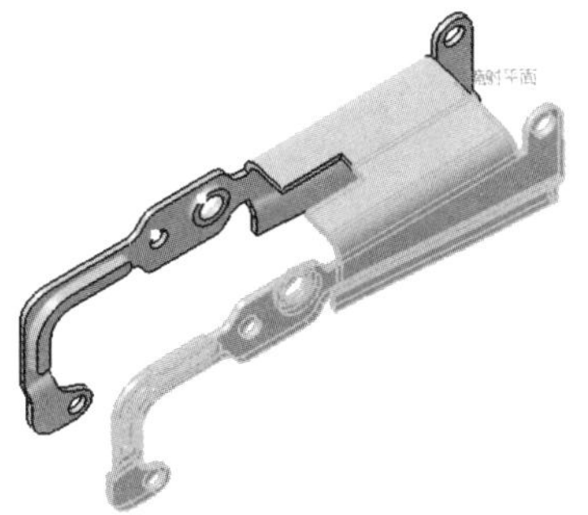

图 11-86

11.8　课后习题

习题一

通过 CATIA 钣金命令，创建如图 11-87 所示的模型。

读者将熟悉如下内容：

（1）创建平整钣金壁。

（2）创建孔特征。

（3）创建凸缘孔冲压。

（4）创建曲面冲压。

（5）创建凹槽切削。

习题二

通过 CATIA 钣金命令，创建如图 11-88 所示的模型。

读者将熟悉如下内容：

（1）创建平整钣金壁。

（2）创建弯边特征。

（3）创建收合特征。

（4）创建展开特征。

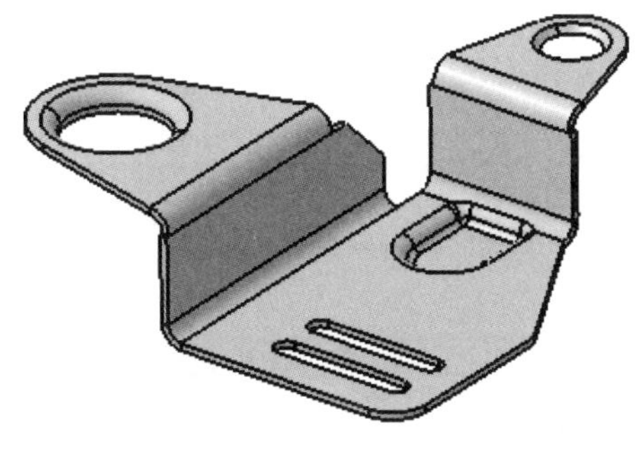

图 11-87

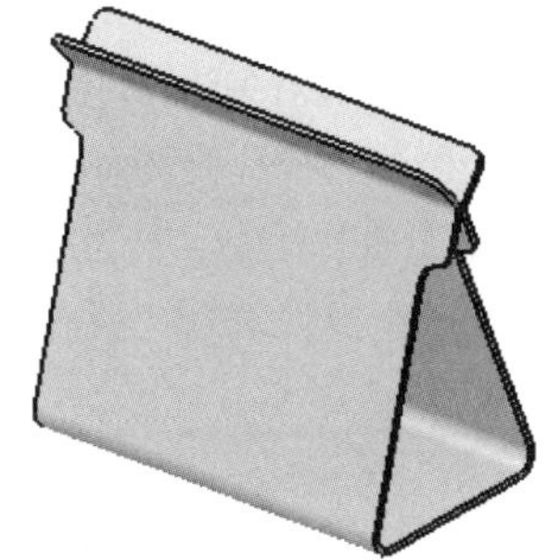

图 11-88

第 12 章 机械零件设计综合案例

项目导读

本章将利用 CATIA V5-6R2017 的零件设计模块进行高级实例建模，通过对这些复杂的实例的建模练习，可以进一步提高我们应用零件设计模块进行 3D 建模的质量和效率。

- 掌握常用标准件的造型方法
- 掌握常用机械轴类、盘类、箱体类和架类零件造型的方法
- 掌握凸轮零件造型的方法

12.1 机械标准件设计

本节介绍机械设计中常用标准件（螺栓、螺母、齿轮、轴承、销、键和弹簧等）的设计方法和过程，有了这些零件可以在以后的机械设计中直接调用，以提高工作效率。

12.1.1 螺栓、螺母设计

螺栓和螺母是最常用的标准件之一，因此有必要掌握螺栓和螺母的设计方法和过程。

技术要点

在绘制螺纹时有没有必要绘制出螺纹牙型结构，如果需要，应该怎么绘制，不绘制螺纹怎样体现螺纹呢？一般机械设计中没有必要生成螺纹牙型，只需要创建螺纹修饰特征即可。如果要牙型，采取肋和已移除的多截面实体命令创建即可。

动手操作——螺栓设计

螺栓模型如图 12-1 所示，主要由头部、杆部和螺纹 3 部分组成。

螺栓模型创建的操作步骤如下。

01 在“标准”工具栏中单击“新建”按钮，在弹出的“新建”对话框中选择 Part 选项，单击“确定”按钮新建一个零件文件。执行“开始”|“机械设计”|“零件设计”命令，进入“零件设计”工作台，如图 12-2 所示。

02 单击“草图”按钮，在工作台选择草图平面为 *yz* 平面，系统自动进入草图编辑器。

03 单击“轮廓”工具栏中的“圆”按钮，弹出“草图工具”工具栏，在图形区选择原点作为圆心，绘制直径为 18 的圆，如图 12-3 所示。

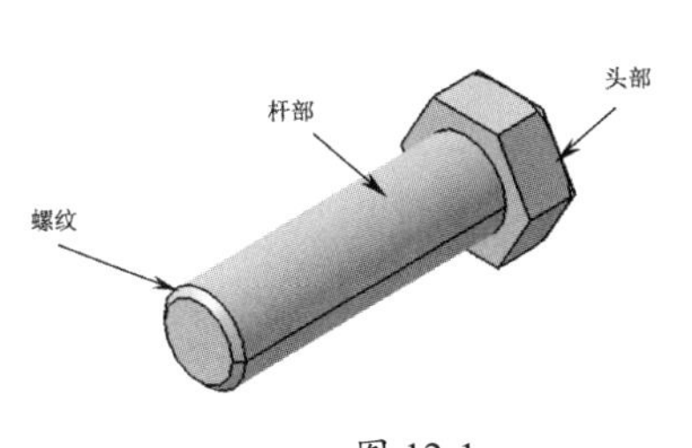

图 12-1

图 12-2

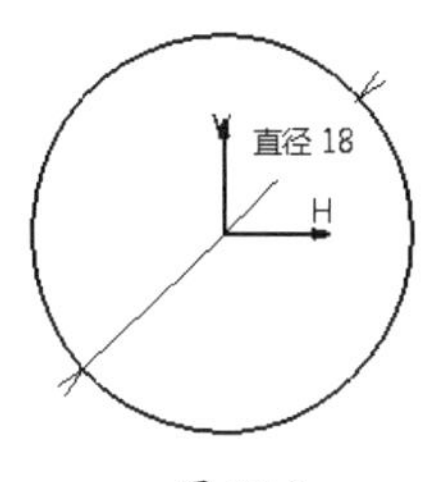

图 12-3

04 单击“工作台”工具栏中的“退出工作台”按钮，完成草图绘制退出草图编辑器环境，返回零件设计工作台。

05 单击“基于草图的特征”工具栏中的“凸台”按钮，弹出“定义凸台”对话框，选择上一步绘制的草图，并拉伸 60mm，单击“确定”按钮完成拉伸特征，如图 12-4 所示。

06 选择上述所绘实体的表面，单击“草图”按钮，利用“六边形”工具绘制如图 12-5 所示的六边形。单击“退出工作台”按钮，完成草图绘制。

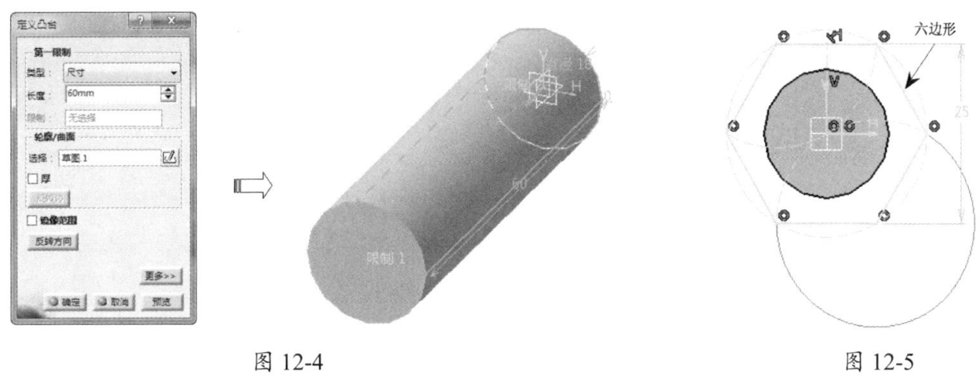

图 12-4　　图 12-5

07 单击“基于草图的特征”工具栏中的“凸台”按钮，弹出“定义凸台”对话框，选择上一步绘制的草图，并拉伸 10mm，单击“确定”按钮完成拉伸特征，如图 12-6 所示。

08 单击“草图”按钮，在工作窗口选择草图平面为 *xy* 平面，利用直线、轴线、圆弧工具绘制如图 12-7 所示的草图。单击“工作台”工具栏中的“退出工作台”按钮，完成草图绘制。

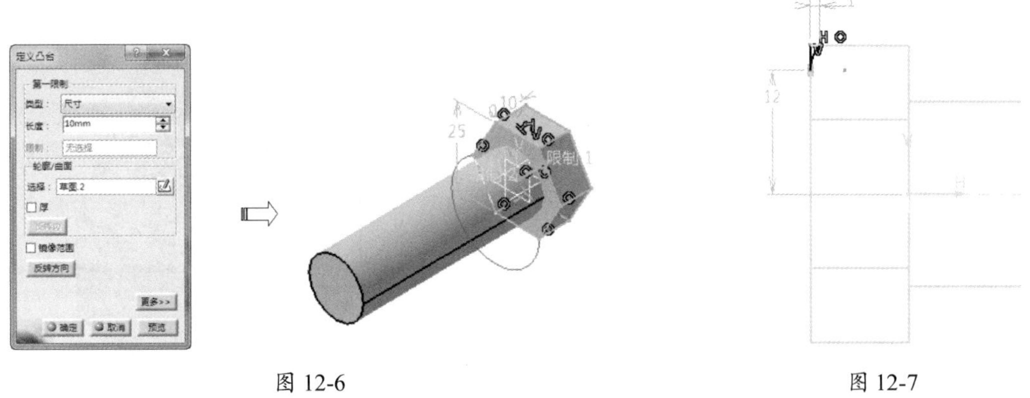

图 12-6　　图 12-7

09 单击“基于草图的特征”工具栏中的“旋转槽”按钮，选择上一步绘制的草图为旋转槽截面，弹出“定义旋转槽”对话框，设置旋转槽参数后，单击“确定”按钮完成旋转槽特征的创建，如图 12-8 所示。

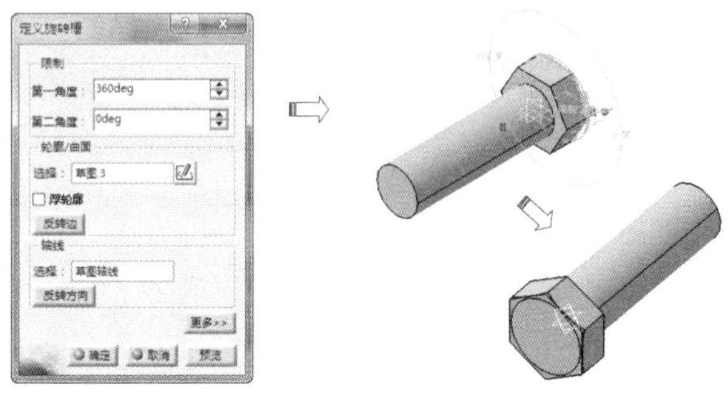

图 12-8

10 单击“修饰特征”工具栏中的“倒角”按钮，弹出“定义倒角”对话框，在“模式”下拉列表中选择“长度 1/ 角度”选项，设置“长度 1”值为 1.5mm，单击激活“要倒角的对象”文本框，选择小圆柱边线，单击“确定”按钮完成倒角特征的创建，如图 12-9 所示。

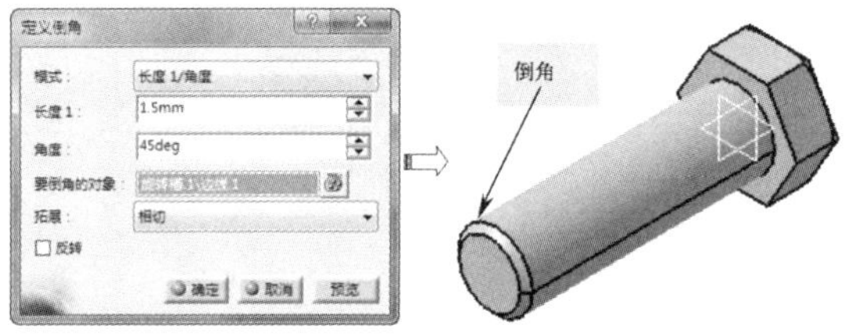

图 12-9

11 单击“修饰特征”工具栏中的“内螺纹 / 外螺纹”按钮，弹出“定义外螺纹 / 内螺纹”对话框，单击激活“侧面”文本框，选择产生螺纹的小圆柱表面。单击激活“限制面”文本框，选择小圆柱端面为螺纹起始位置，设置螺纹尺寸参数，如图 12-10 所示。单击“确定”按钮完成螺纹特征的创建。

动手操作——螺母设计

M12 螺母模型如图 12-11 所示，主要由螺母体、螺纹孔和倒角 3 部分组成。

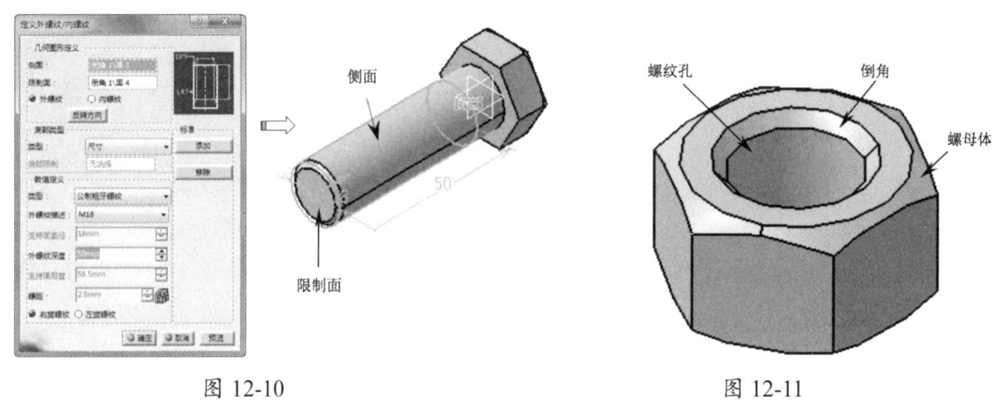

图 12-10　　图 12-11

螺母绘制的操作步骤如下。

01 在“标准”工具栏中单击“新建”按钮，在弹出的“新建”对话框中选择 Part 选项，单击“确定”按钮新建一个零件文件。执行“开始”|“机械设计”|“零件设计”命令，进入“零件设计”工作台。

02 单击“草图”按钮，在工作窗口选择草图平面为 *xy* 平面，利用“六边形”工具绘制如图 12-12 所示的六方形。单击“工作台”工具栏中的“退出工作台”按钮，完成草图绘制。

03 单击“基于草图的特征”工具栏中的“凸台”按钮，弹出“定义凸台”对话框，选择上一步绘制的草图，拉伸长度为 5.25mm，选中“镜像范围”复选框，单击“确定”按钮完成凸台特征的创建，如图 12-13 所示。

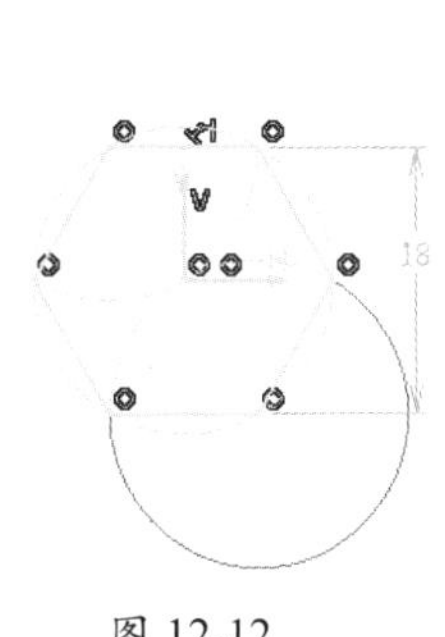

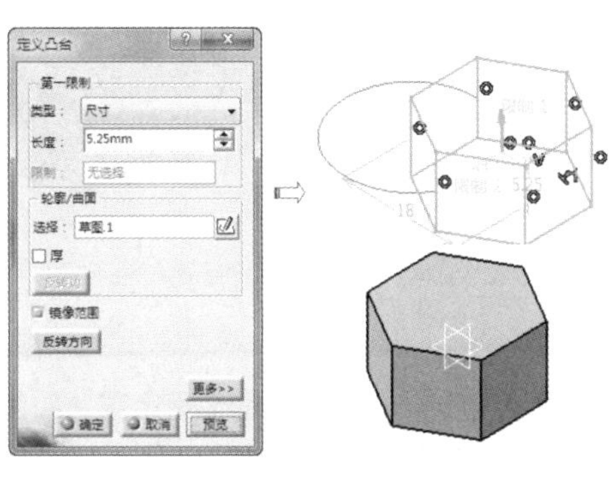

图 12-12　　图 12-13

04 单击“草图”按钮，在工作窗口中选择草图平面为 *zx* 平面，利用直线、轴线工具绘制如图 12-14 所示的三角形草图。单击“工作台”工具栏中的“退出工作台”按钮，完成草图绘制。

05 单击“基于草图的特征”工具栏中的“旋转槽”按钮，选择上一步绘制的草图为旋转槽截面，弹出“定义旋转槽”对话框，设置相应参数后，单击“确定”按钮完成旋转槽特征的创建，如图 12-15 所示。

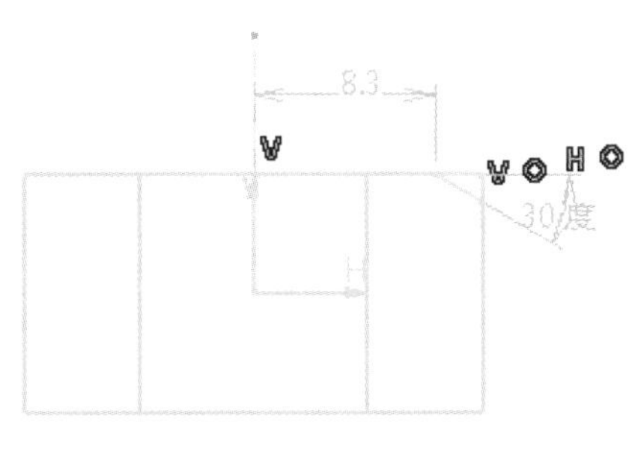

图 12-14

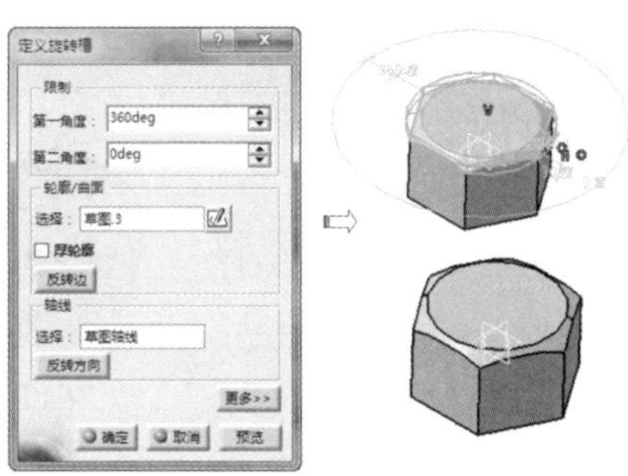

图 12-15

06 选择上一步创建的旋转槽特征，单击“变换特征”工具栏中的“镜像”按钮，选择 *xy* 平面为镜像平面，单击“确定”按钮完成镜像特征的创建，如图 12-16 所示。

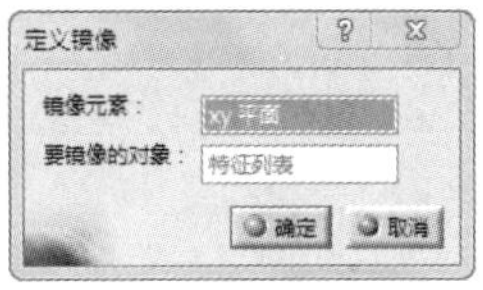

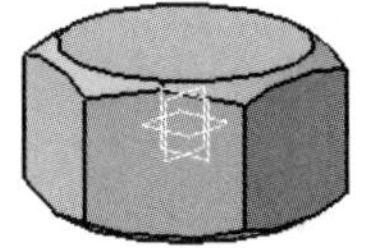

图 12-16

07 创建螺纹孔特征。单击“基于草图的特征”工具栏中的“孔”按钮，选择上表面为钻孔的实体表面后，弹出“定义孔”对话框，在“扩展”选项卡中选择“直到最后”选项，设置“直径”值为 10.106mm，如图 12-17 所示。

08 单击“定位草图”按钮，进入草图编辑器，约束定位钻孔位置如图 12-18 所示。单击“工作台”工具栏中的“退出工作台”按钮返回。

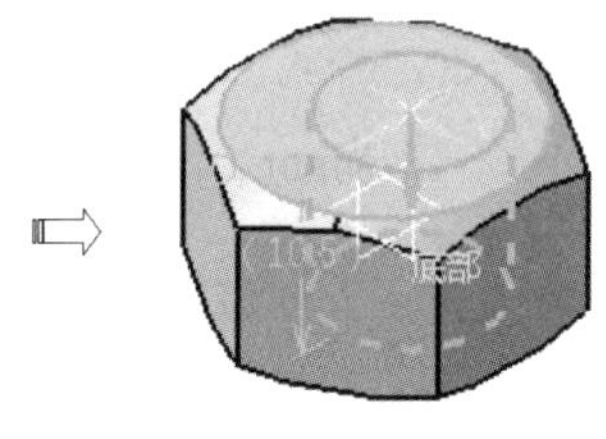

图 12-17

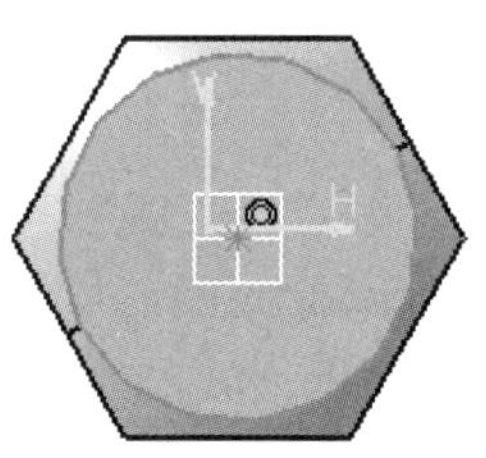

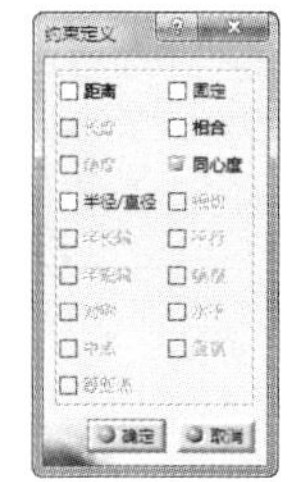

图 12-18

09 进入“定义螺纹”选项卡，设置螺纹孔参数，如图 12-19 所示。单击“定义孔”对话框中的“确定”按钮完成孔特征的创建，如图 12-20 所示。

10 单击“修饰特征”工具栏中的“倒角”按钮，弹出“定义倒角”对话框，在“模式”下拉列表中选择“长度 1/ 角度”选项，设置“长度 1”值为 1mm，单击激活“要倒角的对象”文本框，选择孔两端的边线，单击“确定”按钮完成倒角特征的创建，如图 12-21 所示。

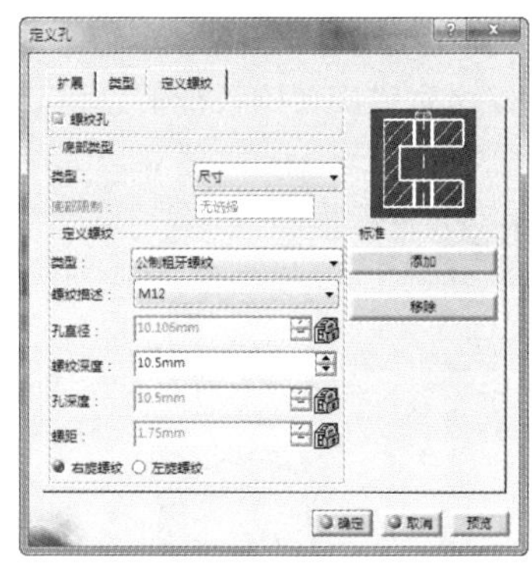

图 12-19

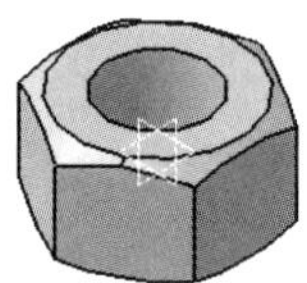

图 12-20

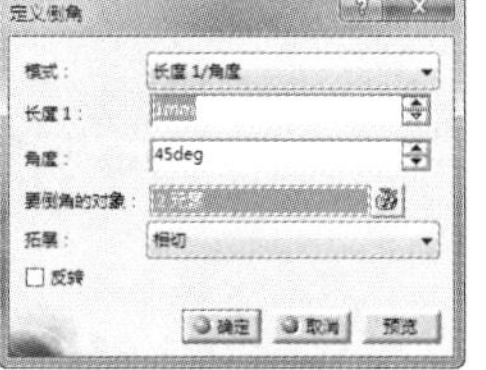

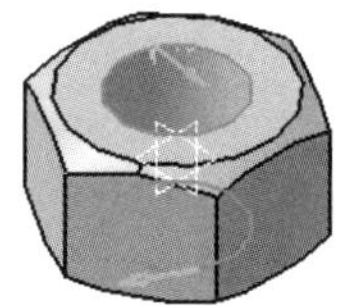

图 12-21

12.1.2 齿轮设计

齿轮类零件是常用机械传动零件之一，主要种类包括直齿轮、斜齿轮、圆锥齿轮等。下面仅介绍常用的直齿轮和斜齿轮的画法。

动手操作——直齿圆柱齿轮设计

直齿圆柱齿轮由齿形和齿轮基体组成，如图 12-22 所示。

直齿圆柱齿轮的绘制步骤如下。

01 在“标准”工具栏中单击“新建”按钮，在弹出的“新建”对话框中选择 Part 选项，单击“确

定”按钮新建一个零件文件。执行“开始”|“机械设计”|“零件设计”命令，进入“零件设计”工作台。

02 单击“草图”按钮，在工作窗口选择草图平面为 *yz* 平面，进入草图编辑器。

03 利用圆、圆弧、倒角、轴线等工具绘制如图 12-23 所示的草图。

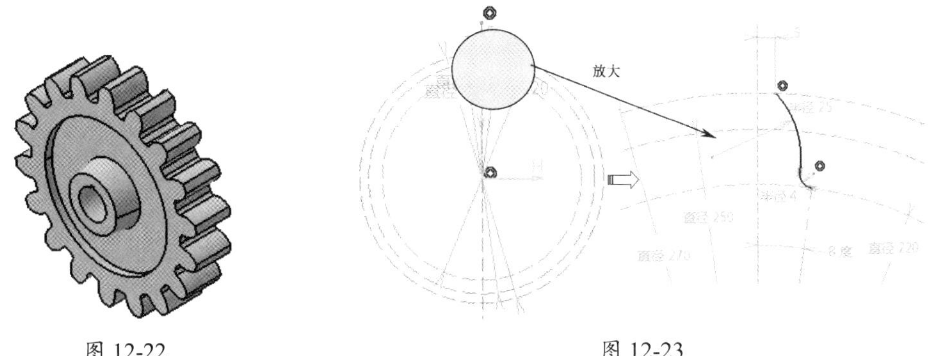

图 12-22　　图 12-23

04 单击“操作”工具栏中的“镜像”按钮，选择上一步绘制的齿轮廓，并选择竖直轴线作为镜像线，自动完成镜像操作，如图 12-24 所示。

05 单击“操作”工具栏中的“旋转”按钮，弹出“旋转定义”对话框，选择齿形轮廓为旋转元素，再次选择原点为旋转中心点，设置“实例”值为 17，“值”为 20deg，单击“确定”按钮完成旋转操作，如图 12-25 所示。

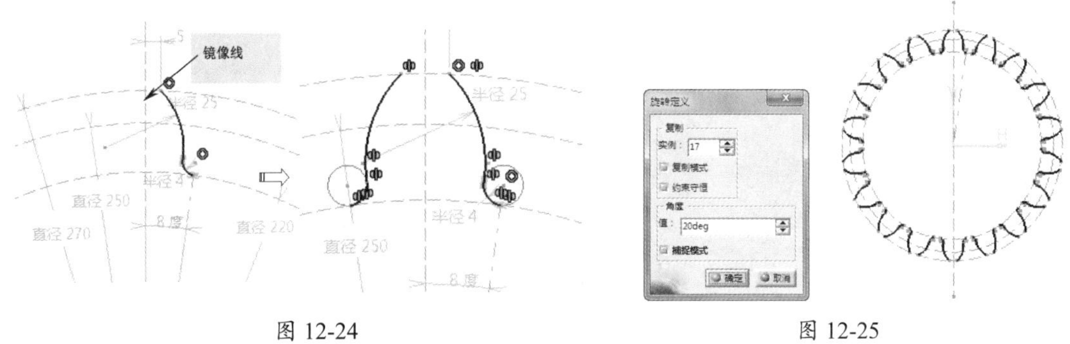

图 12-24　　图 12-25

06 利用圆、修剪工具绘制如图 12-26 所示的轮廓，单击“工作台”工具栏中的“退出工作台”按钮，完成草图绘制。

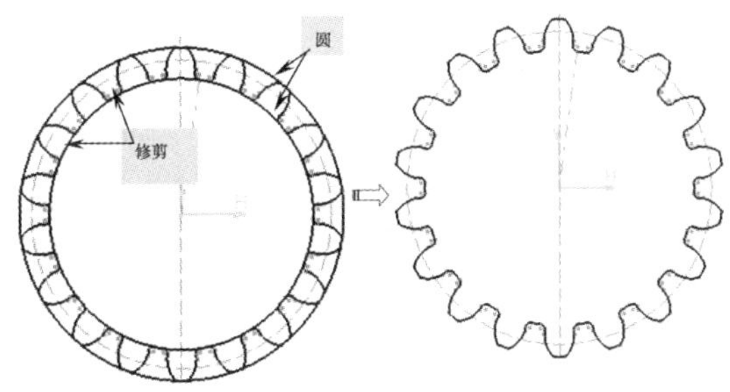

图 12-26

07 单击“基于草图的特征”工具栏中的“凸台”按钮，弹出“定义凸台”对话框，选择上一步绘制的草图，设置“长度”值为25mm，选中“镜像范围”复选框，单击“确定”按钮完成凸台特征，如图12-27所示。

08 选择齿轮实体的一个端面，单击“草图”按钮，利用圆工具绘制如图12-28所示的草图。单击“工作台”工具栏中的“退出工作台”按钮，完成草图绘制。

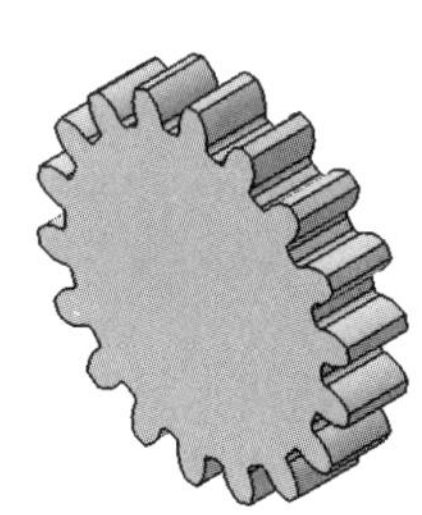

图 12-27

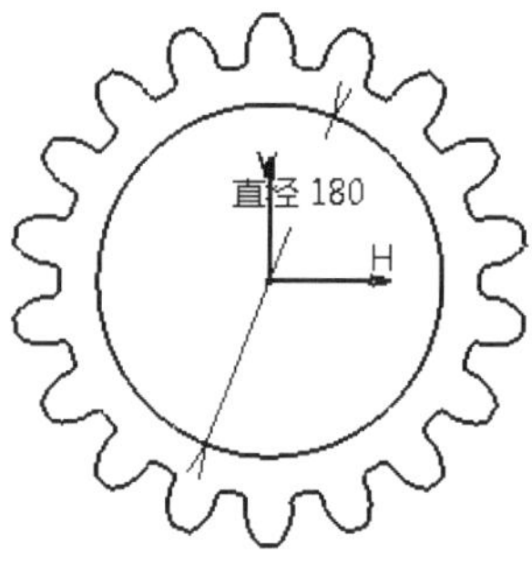

图 12-28

09 单击“基于草图的特征”工具栏中的“凹槽”按钮，选择上一步的草图，弹出“定义凹槽”对话框，设置“深度”值为10，单击“确定”按钮完成凹槽特征的创建，如图12-29所示。

10 选择如图12-30所示的表面为草绘平面，单击“草图”按钮，利用“圆”工具绘制轮廓。单击“工作台”工具栏中的“退出工作台”按钮，完成草图绘制。

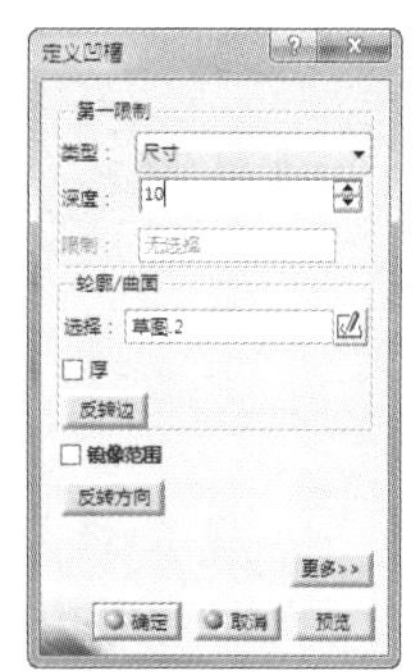

图 12-29

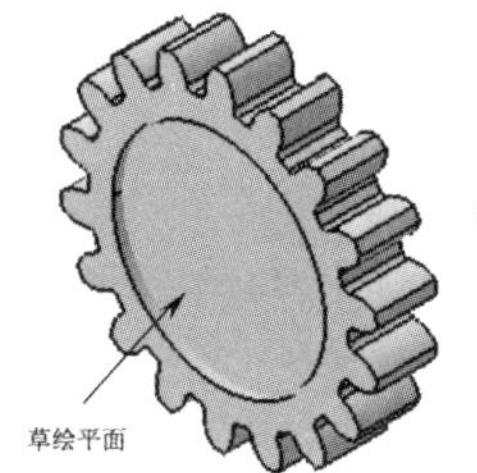

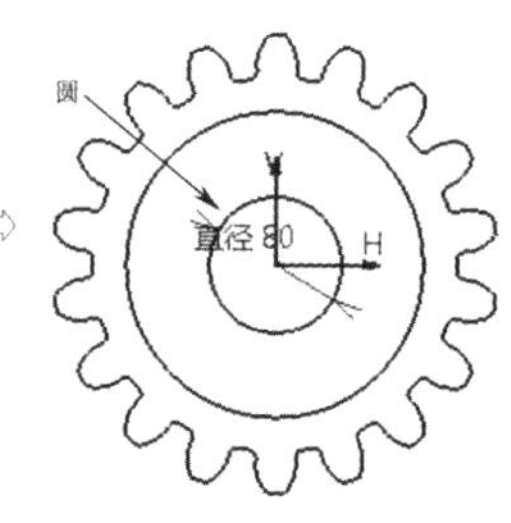

图 12-30

11 单击“基于草图的特征”工具栏中的“凸台”按钮，弹出“定义凸台”对话框，选择上一步绘制的草图，设置“长度”值为30mm，单击“确定”按钮完成凸台特征的创建，如图12-31所示。

12 单击“修饰特征”工具栏中的“拔模斜度”按钮，弹出“定义拔模”对话框，在“角度”文本框中输入拔模角度，单击激活“要拔模的面”文本框，选择凸台侧面为拔模面。单击激活“中性元素”中的“选择”文本框，选择凹槽底面为中性面。单击激活“拔模方向”中的“选择”文本框，选择凹槽底面为拔模方向，单击“确定”按钮完成拔模特征的创建，如图12-32所示。

13 选择凹槽、凸台和拔模特征，单击“变换特征”工具栏中的“镜像”按钮，弹出“定义镜像”对话框，选择*yz*平面为镜像平面，单击“确定”按钮完成镜像特征的创建，如图12-33所示。

14 选择如图12-34所示的表面为草绘平面，单击“草图”按钮，利用圆和直线工具绘制轮廓。单击“工作台”工具栏中的“退出工作台”按钮，完成草图绘制。

图 12-31

图 12-32

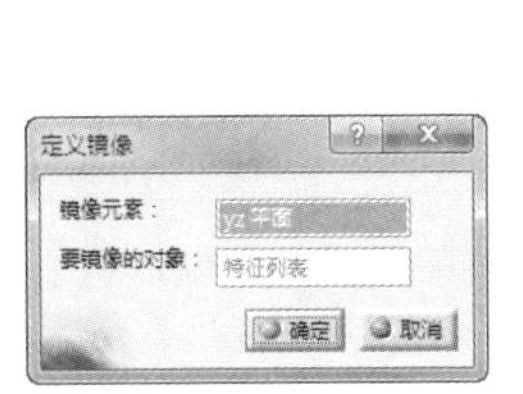

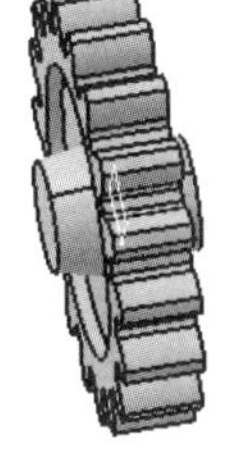

图 12-33

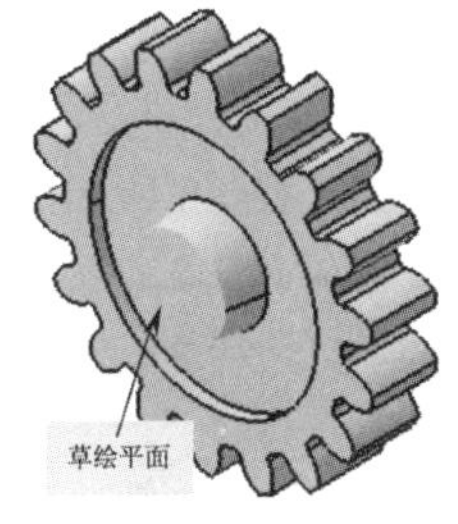

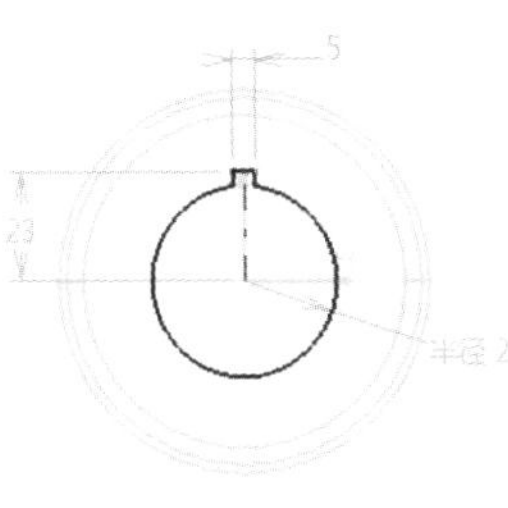

图 12-34

15 单击“基于草图的特征”工具栏中的“凹槽”按钮，选择上一步绘制的草图，弹出“定义凹槽”对话框，设置凹槽参数后，单击“确定”按钮完成凹槽特征的创建，如图 12-35 所示。

动手操作——斜齿圆柱齿轮设计

斜齿圆柱齿轮由齿形和齿轮基体组成，如图 12-36 所示。

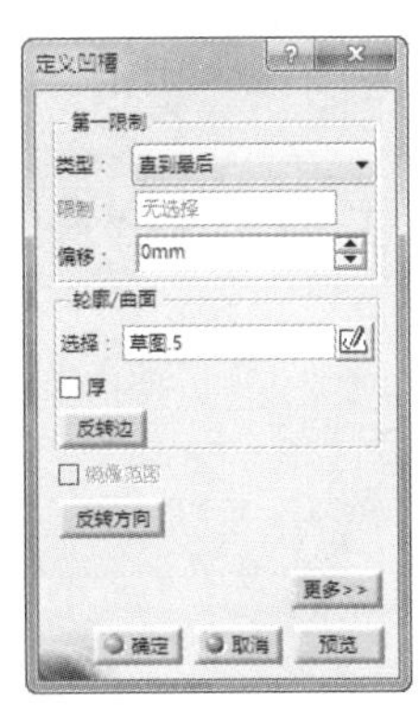

图 12-35

图 12-36

斜齿圆柱齿轮的绘制步骤如下。

01 在“标准”工具栏中单击“新建”按钮，在弹出的“新建”对话框中选择 Part 选项，单击“确定”按钮新建一个零件文件。执行“开始”|“机械设计”|“零件设计”命令，进入“零件设计”工作台。

02 单击“草图”按钮，在工作窗口选择草图平面为 *yz* 平面，进入草图编辑器。

03 利用圆、圆弧、倒角和轴线等工具绘制如图 12-37 所示的草图。

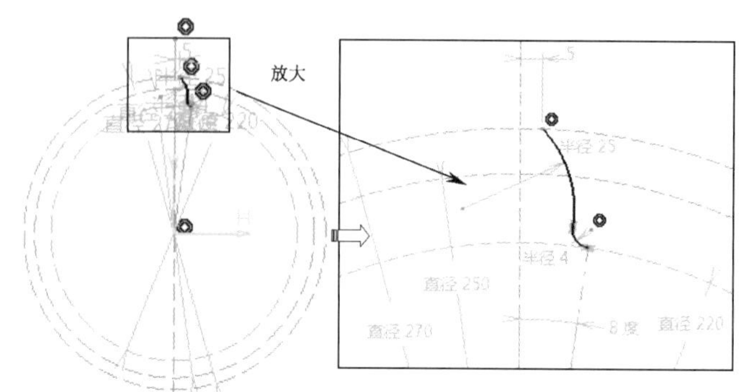

图 12-37

04 单击“操作”工具栏中的“镜像”按钮，首先选择上一步绘制的齿轮廓，然后选择竖直轴线作为镜像线，完成镜像操作，如图 12-38 所示。

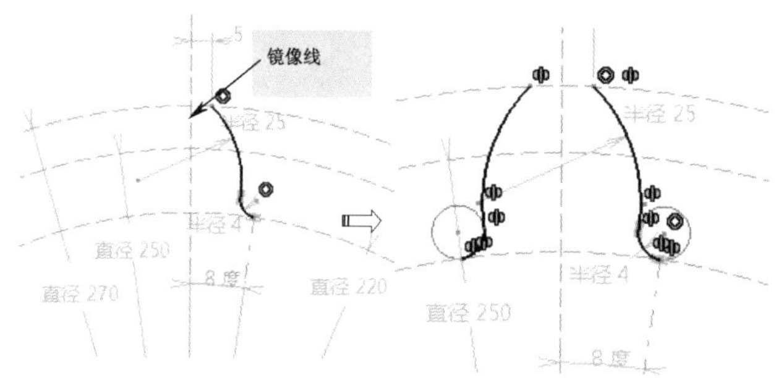

图 12-38

05 单击“操作”工具栏中的“旋转”按钮，弹出“旋转定义”对话框，选择齿形轮廓为旋转元素，再次选择原点为旋转中心点，设置“实例”值为 17，“值”为 20deg，单击“确定”按钮完成旋转操作，如图 12-39 所示。

06 利用圆、修剪工具绘制如图 12-40 所示的轮廓，单击“工作台”工具栏中的“退出工作台”按钮，完成草图绘制。

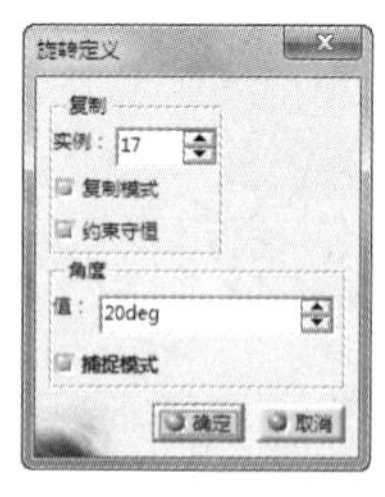

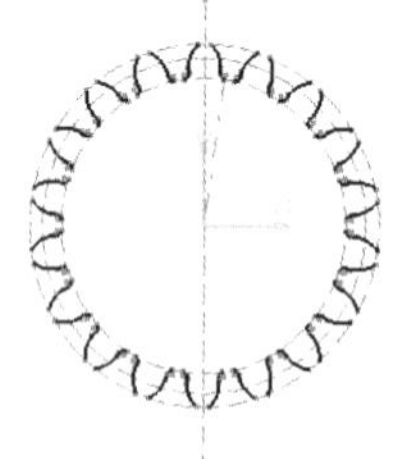

图 12-39

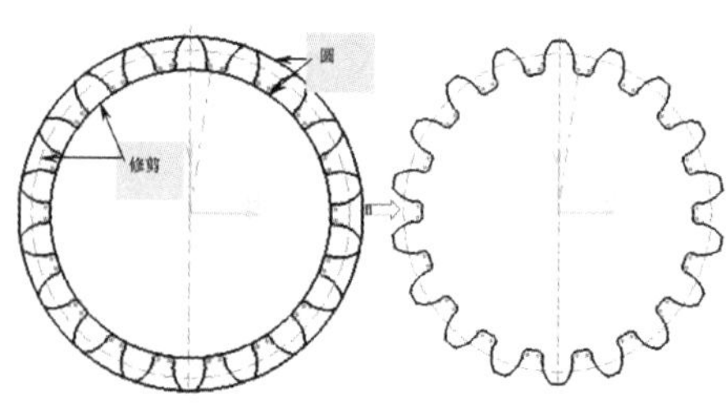

图 12-40

07 单击“参考元素”工具栏中的“平面”按钮，弹出“平面定义”对话框，在“平面类型”下拉列表中选择“偏移平面”选项，选择 *yz* 平面作为参考，在“偏移”文本框中输入 60mm，单击“确定”按钮完成平面创建，如图 12-41 所示。

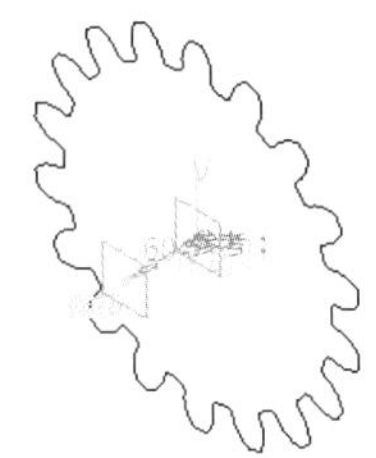

图 12-41

08 单击“参考元素”工具栏中的“平面”按钮，弹出“平面定义”对话框，在“平面类型”下拉列表中选择“偏移平面”选项，选择 *yz* 平面作为参考，在“偏移”文本框中输入 30mm，单击“确定”按钮完成平面创建，如图 12-42 所示。

09 选择平面 1，单击“草图”按钮，进入草图编辑器。选择上一步绘制的齿轮轮廓草图，单击“操作”工具栏中的“投影 3D 元素”按钮，将其投影到草图平面上，并显示为黄色，如图 12-43 所示。

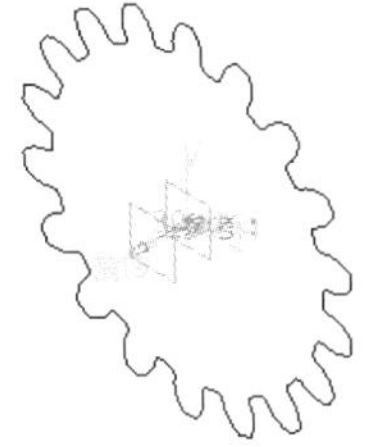

图 12-42

图 12-43

10 选择上一步投影后的元素，单击“操作”工具栏中的“旋转”按钮，弹出“旋转定义”对话框，设置旋转相关参数后选择要旋转的元素，再次选择旋转中心点，单击“确定”按钮完成旋转操作，如图 12-44 所示。

11 选择上一步投影后的元素，按 Delete 键删除，如图 12-45 所示。单击“工作台”工具栏中的“退出工作台”按钮，完成草图绘制。

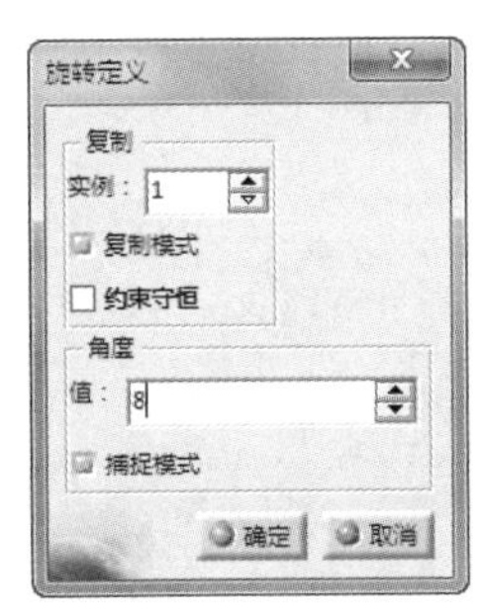

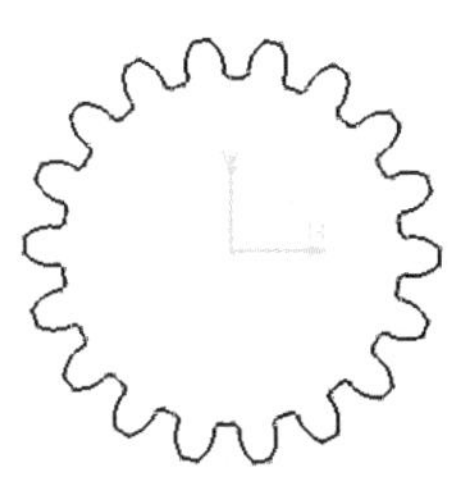

图 12-44

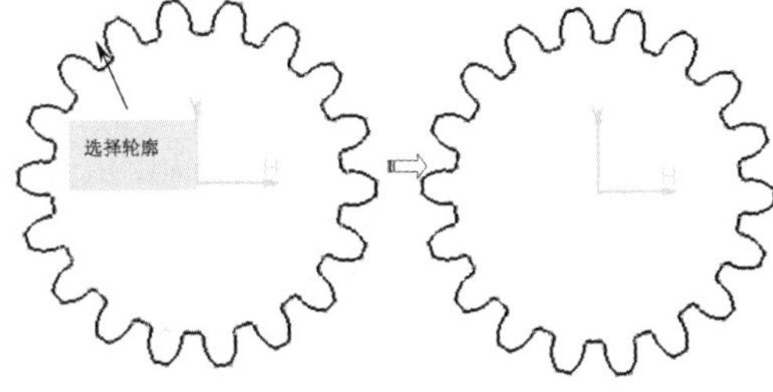

图 12-45

12 单击“基于草图的特征”工具栏中的“多截面实体”按钮，弹出“多截面实体定义”对话框，依次选择两个草图截面，单击“确定”按钮系统创建多截面实体特征，如图 12-46 所示。

13 选择齿轮实体的一个端面，单击“草图”按钮，利用“圆”工具绘制如图 12-47 所示的草图。单击“工作台”工具栏中的“退出工作台”按钮，完成草图绘制。

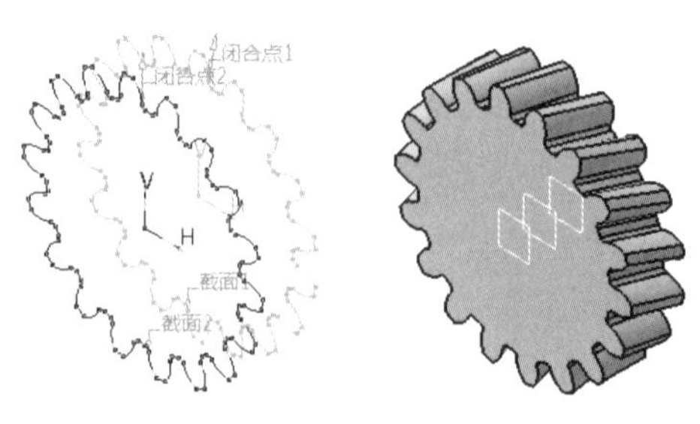

图 12-46

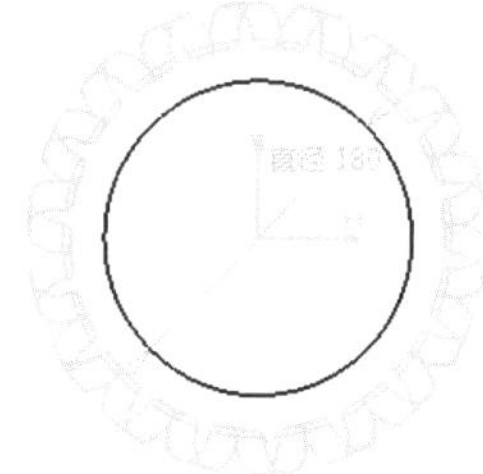

图 12-47

14 单击“基于草图的特征”工具栏中的“凹槽”按钮，选择上一步绘制的草图，弹出“定义凹槽”对话框，设置“深度”值为15，单击“确定”按钮完成凹槽特征的创建，如图12-48所示。

15 选择如图12-49所示的表面为草绘平面，单击“草图”按钮，利用“圆”工具绘制轮廓。单击“工作台”工具栏中的“退出工作台”按钮，完成草图绘制。

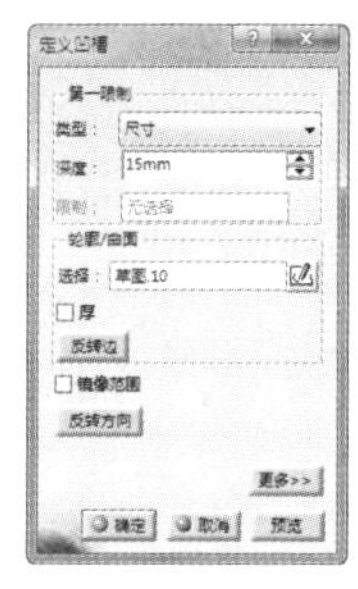

图 12-48

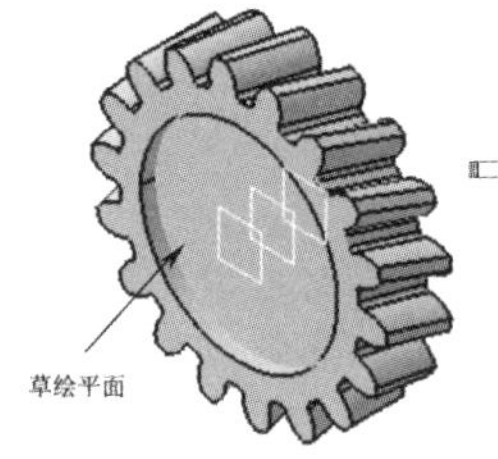

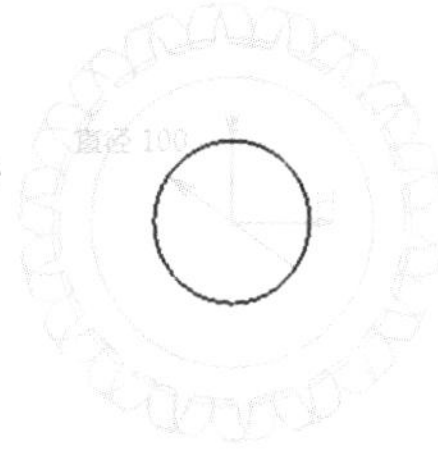

图 12-49

16 单击“基于草图的特征”工具栏中的“凸台”按钮，弹出“定义凸台”对话框，选择上一步绘制的草图，设置“长度”值为40mm，单击“确定”按钮完成凸台特征的创建，如图12-50所示。

17 单击“修饰特征”工具栏中的“拔模斜度”按钮，弹出“定义拔模”对话框，在“角度”文本框中输入拔模角度，单击激活“要拔模的面”文本框，选择凸台侧面为拔模面，单击激活“中性元素”中的“选择”文本框，选择凹槽底面为中性面，单击激活“拔模方向”中的“选择”文本框，选择凹槽底面为拔模方向，单击“确定”按钮完成拔模特征的创建，如图12-51所示。

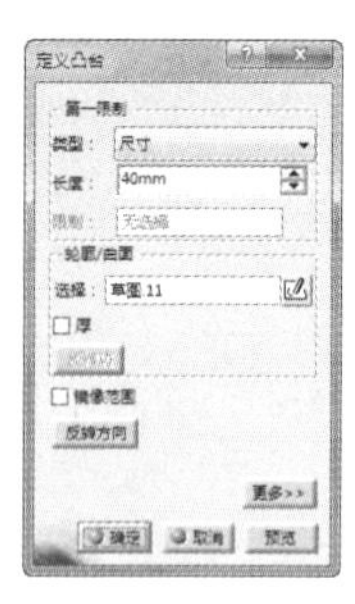

图 12-50

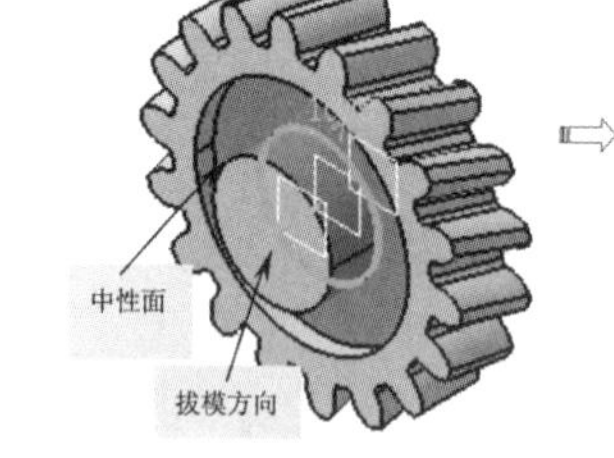

图 12-51

18 选择凹槽、凸台、拔模特征，单击“变换特征”工具栏中的“镜像”按钮，选择平面2作为镜像平面，单击“确定”按钮完成镜像特征的创建，如图12-52所示。

19 选择如图12-53所示的表面为草绘平面，单击“草图”按钮，利用圆、直线工具绘制轮廓。

单击“工作台”工具栏中的“退出工作台”按钮，完成草图绘制。

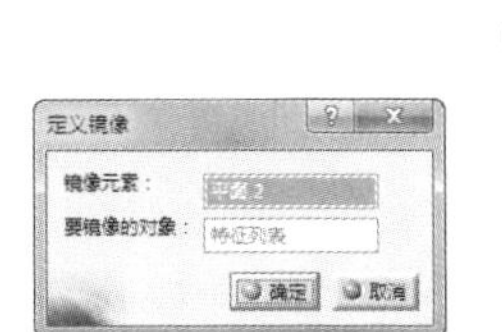

图 12-52

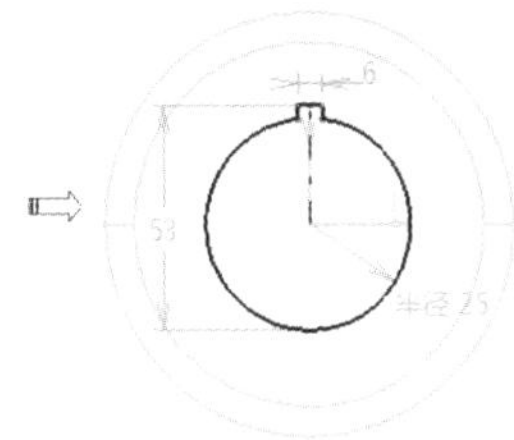

图 12-53

20 单击“基于草图的特征”工具栏中的“凹槽”按钮，选择上一步绘制的草图，弹出“定义凹槽”对话框，设置凹槽参数后，单击“确定”按钮完成凹槽特征的绘制，如图 12-54 所示。

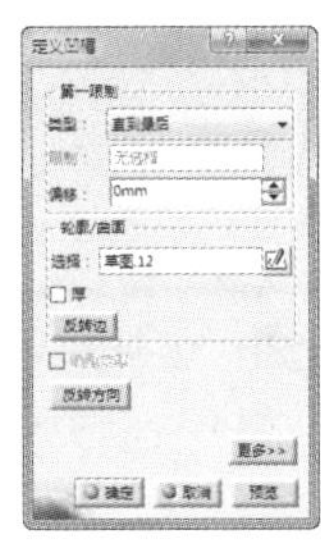

图 12-54

12.1.3　轴承设计

滚动轴承如图 12-55 所示，主要由内圈、外圈、保持架、滚珠 4 部分组成。

动手操作——滚动轴承设计

滚动轴承的绘制步骤如下。

01 在“标准”工具栏中单击“新建”按钮，在弹出的“新建”对话框中选择 Part 选项，单击“确定”按钮新建一个零件文件。执行“开始”|“机械设计”|“零件设计”命令，进入“零件设计”工作台。

02 单击“草图”按钮，在工作窗口中选择草图平面为 *yz* 平面，进入草图编辑器。利用矩形、轴线等工具绘制如图 12-56 所示的草图。单击“工作台”工具栏中的“退出工作台”按钮，完成草图绘制。

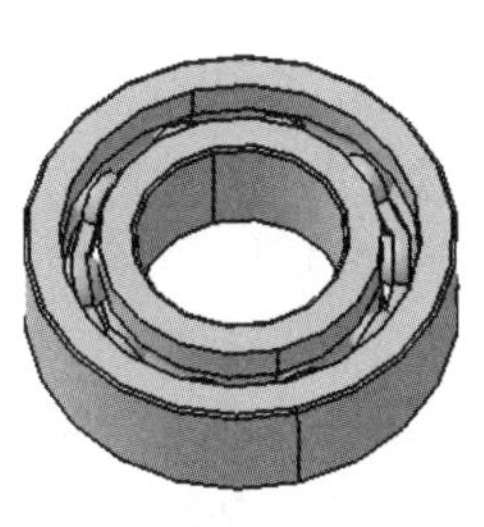

图 12-55

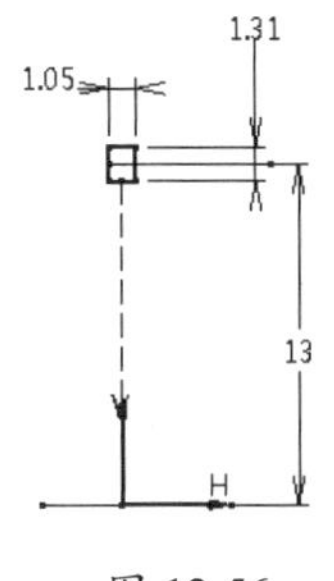

图 12-56

03 单击“基于草图的特征”工具栏中的“旋转体”按钮，选择旋转截面，弹出“定义旋转体”对话框，选择上一步绘制的草图为旋转槽截面，选择草图横向轴为旋转轴线，单击“确定”按钮完成旋转槽特征的创建，如图 12-57 所示。

04 单击“草图”按钮，在工作窗口选择草图平面为 *zx* 平面，利用圆弧、直线、轴线等工具绘制如图 12-58 所示的草图。单击“工作台”工具栏中的“退出工作台”按钮，完成草图绘制。

图 12-57　　图 12-58

05 单击“基于草图的特征”工具栏中的“旋转体”按钮，选择旋转截面，弹出“定义旋转体”对话框，选择上一步绘制的草图为旋转槽截面，选择草图 H 轴为旋转轴线，单击“确定”按钮完成旋转槽特征的创建，如图 12-59 所示。

06 选择要上一步创建的球特征，单击“变换特征”工具栏中的“圆形阵列”按钮，弹出“定义圆形阵列”对话框，在“轴向参考”选项卡中设置阵列参数，选择圆环上表面为阵列轴，单击“确定”按钮，如图 12-60 所示。

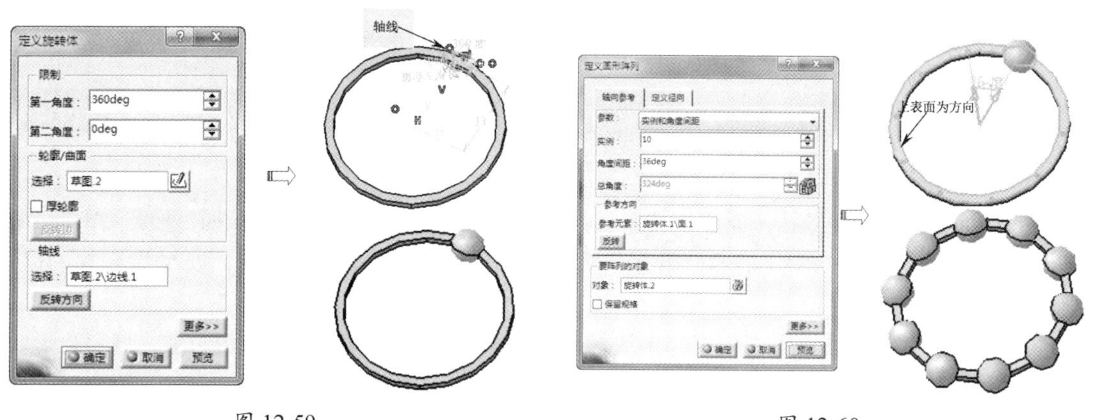

图 12-59　　图 12-60

07 单击“草图”按钮，在工作窗口选择草图平面为 *zx* 平面，利用圆工具绘制如图 12-61 所示的草图。单击“工作台”工具栏中的“退出工作台”按钮，完成草图绘制。

08 单击“基于草图的特征”工具栏中的“凹槽”按钮，选择上一步绘制的草图，弹出“定义凹槽”对话框，设置凹槽参数后，单击“确定”按钮完成凹槽特征的创建，如图 12-62 所示。

09 单击“草图”按钮，在工作窗口选择草图平面为 zx 平面，利用圆工具绘制如图 12-63 所示的草图。单击“工作台”工具栏中的“退出工作台”按钮，完成草图绘制。

10 单击“基于草图的特征”工具栏中的“凹槽”按钮，选择上一步绘制的草图，弹出“定义凹槽”

对话框，设置凹槽参数后，单击“确定”按钮完成凹槽特征的创建，如图 12-64 所示。

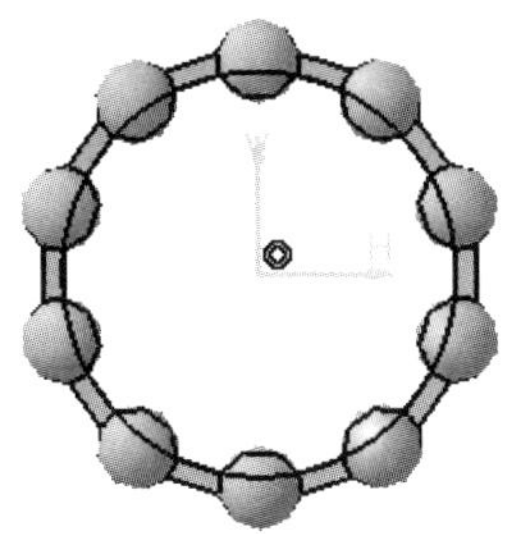

图 12-61

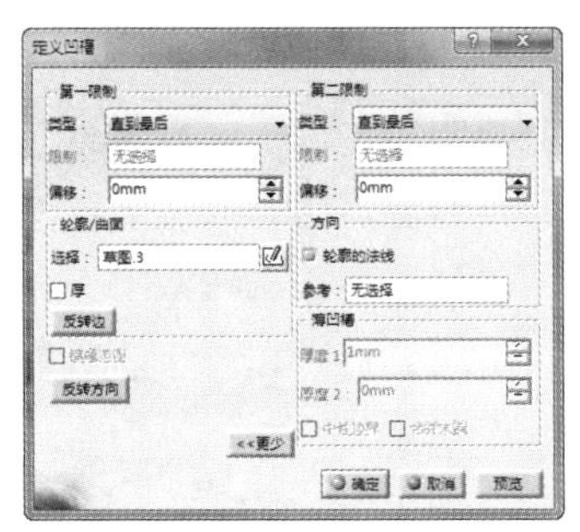

图 12-62

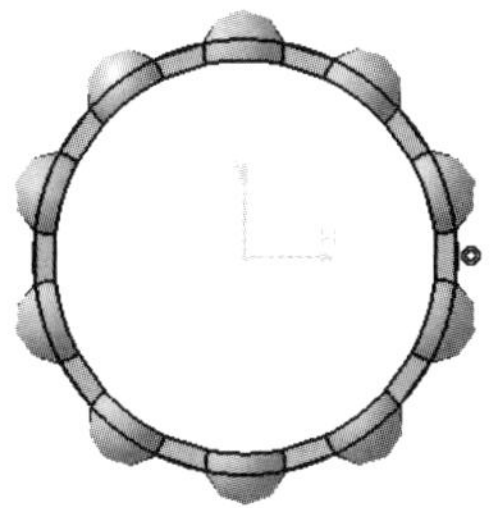

图 12-63

图 12-64

11 单击“草图”按钮，在工作窗口选择草图平面为 *zx* 平面，利用圆弧、直线、轴线等工具绘制如图 12-65 所示的草图。单击“工作台”工具栏中的“退出工作台”按钮，完成草图绘制。

12 单击“基于草图的特征”工具栏中的“旋转体”按钮，选择旋转截面，弹出“定义旋转体”对话框，选择上一步绘制的草图为旋转槽截面，单击“确定”按钮完成旋转槽特征的创建，如图 12-66 所示。

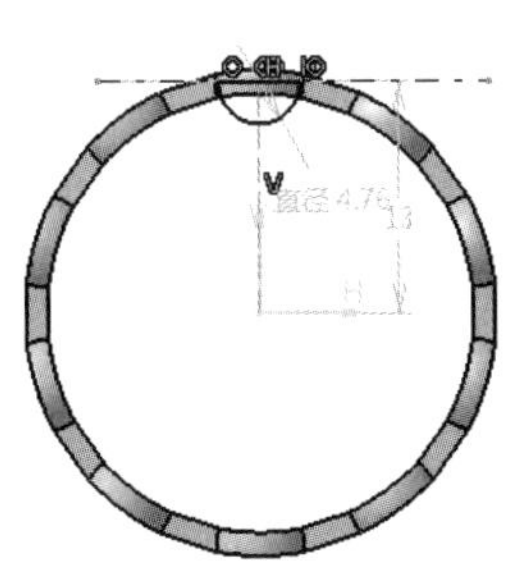

图 12-65

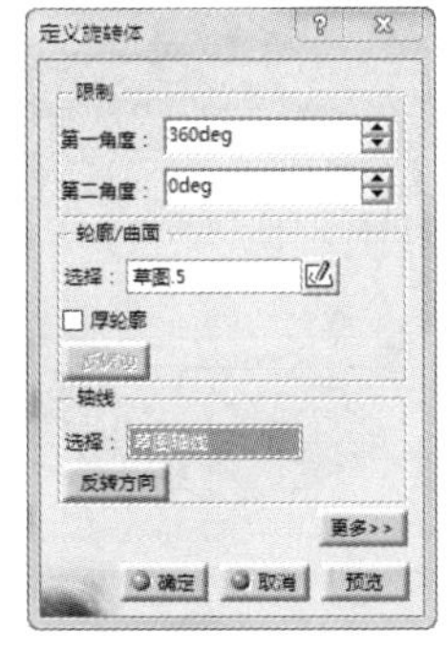

图 12-66

13 选择上一步创建的球特征，单击“变换特征”工具栏中的“圆形阵列”按钮，弹出“定义圆形阵列”对话框，在“轴向参考”选项卡中设置阵列参数，选择如图 12-67 所示的侧面为阵列轴，单击“确定”按钮。

14 单击“草图”按钮，在工作窗口选择草图平面为 *yz* 平面，进入草图编辑器。利用矩形、轴线、圆弧等工具绘制如图 12-68 所示的草图。单击“工作台”工具栏中的“退出工作台”按钮，完成草图绘制。

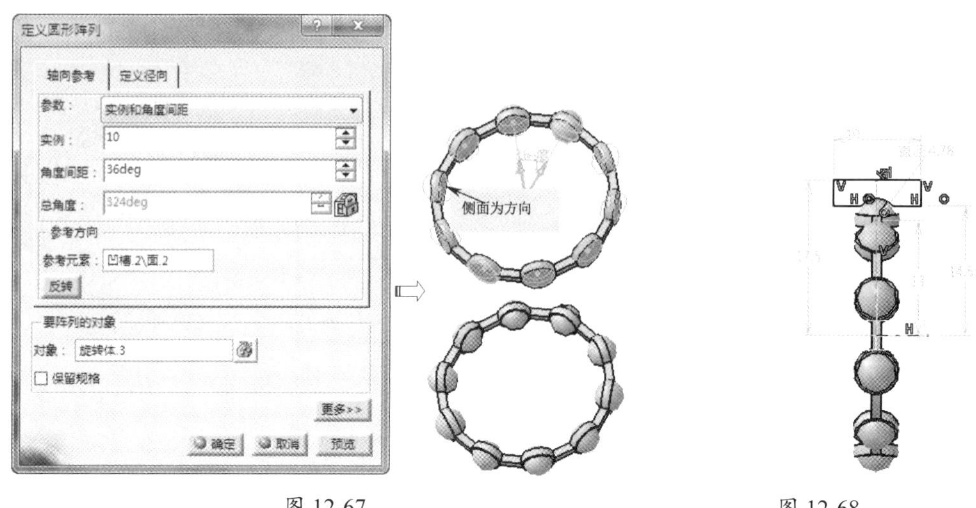

图 12-67　　图 12-68

15 单击“基于草图的特征”工具栏中的“旋转体”按钮，选择旋转截面，弹出“定义旋转体”对话框，选择上一步绘制的草图为旋转槽截面，单击“确定”按钮完成旋转槽特征的创建，如图 12-69 所示。

16 单击“草图”按钮，在工作窗口选择草图平面为 *yz* 平面，进入草图编辑器。利用矩形、轴线、圆弧等工具绘制如图 12-70 所示的草图。单击“工作台”工具栏中的“退出工作台”按钮，完成草图绘制。

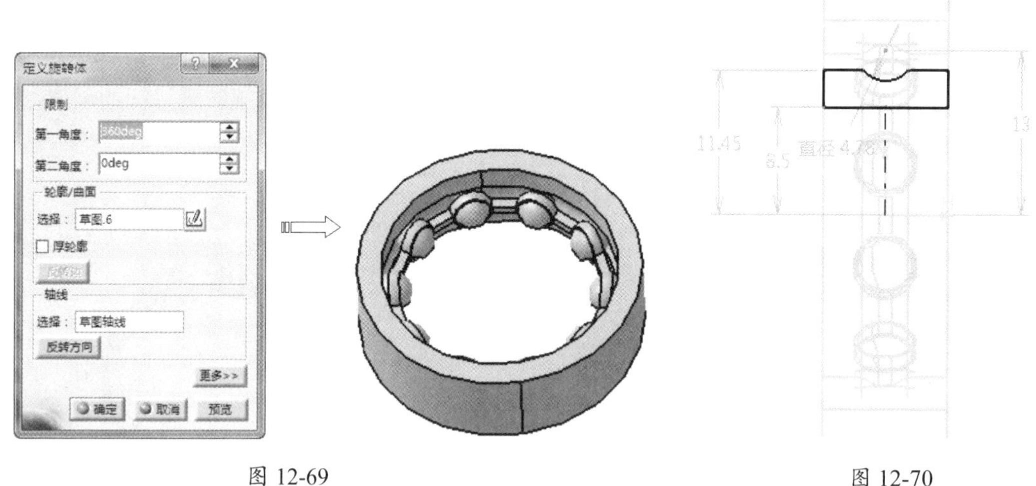

图 12-69　　图 12-70

17 单击“基于草图的特征”工具栏中的“旋转体”按钮，选择旋转截面，弹出“定义旋转体”对话框，选择上一步绘制的草图为旋转槽截面，单击“确定”按钮完成旋转槽特征的创建，如图 12-71 所示。

18 单击“修饰特征”工具栏中的“倒圆角”按钮，弹出“倒圆角定义”对话框，在“半径”文本框中输入 0.3，单击激活“要圆角化的对象”文本框，选择实体上将要进行圆角的边或者面，单击“确定”按钮完成圆角特征的创建，如图 12-72 所示。

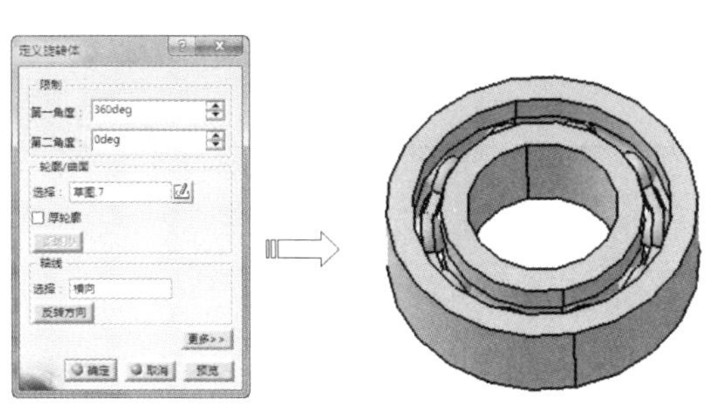

图 12-71

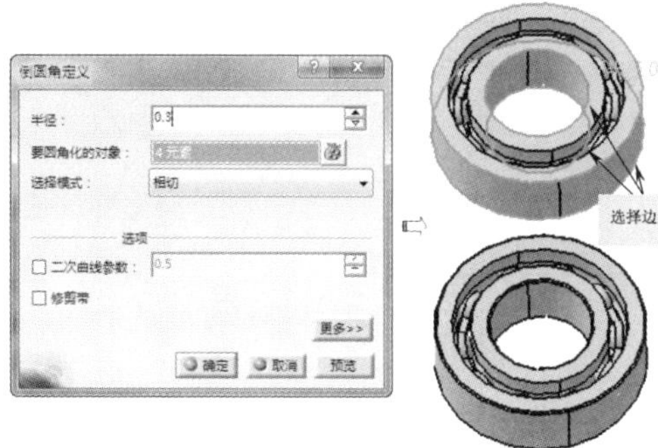

图 12-72

12.1.4　销、键连接设计

销和键是常用的标准件。销主要包括圆锥销、圆柱销、开口销、销轴、带孔销等；键主要包括平键、半圆键和花键等。

动手操作——开口销设计

销主要是回转体零件，结构较为简单，下面以开口销为例介绍销的绘制过程，如图 12-73 所示。

开口销的绘制步骤如下。

01 在“标准”工具栏中单击“新建”按钮，在弹出的“新建”对话框中选择 Part 选项，单击“确定”按钮新建一个零件文件。执行“开始”|“机械设计”|“零件设计”命令，进入“零件设计”工作台。

02 单击“参考元素”工具栏中的“平面”按钮，弹出“平面定义”对话框，在“平面类型”下拉列表中选择“偏移平面”选项，选择 *zx* 平面作为参考，在“偏移”文本框输入 160mm，单击“确定”按钮完成平面的创建，如图 12-74 所示。

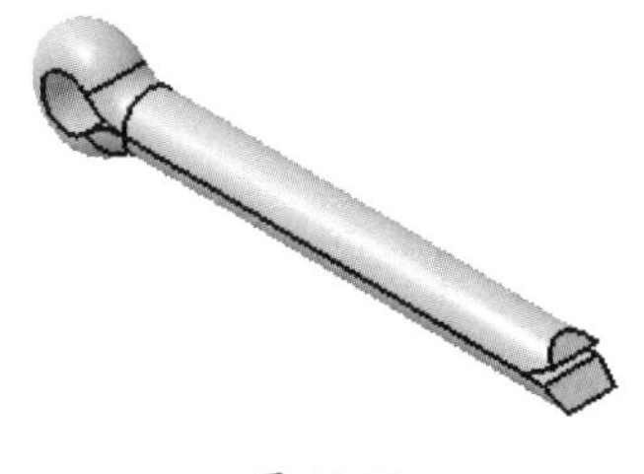

图 12-73

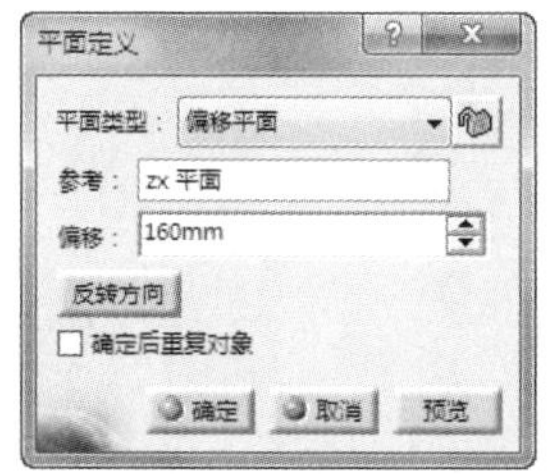

图 12-74

03 单击“草图”按钮，在工作窗口选择新建的平面 .1，进入草图编辑器。利用圆弧和直线等工具绘制如图 12-75 所示的草图。单击“工作台”工具栏中的“退出工作台”按钮，完成草图绘制。

04 单击“草图”按钮，在工作窗口选择草图平面为 *yz* 平面，进入草图编辑器。利用直线、圆弧和圆角等工具绘制如图 12-76 所示的草图。单击“工作台”工具栏中的“退出工作台”按钮，完成草图绘制。

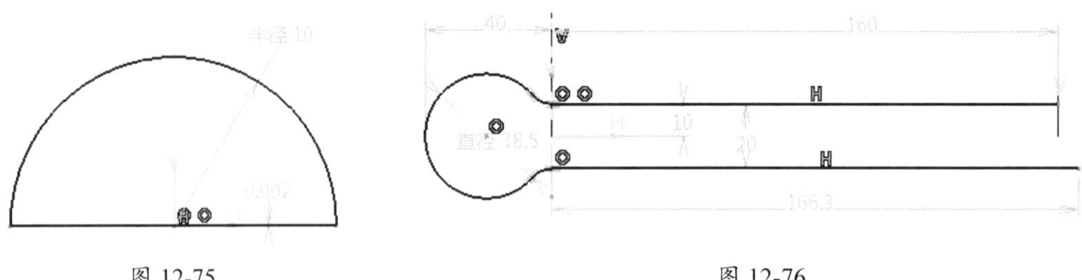

图 12-75　　　　　　　　图 12-76

05 单击“基于草图的特征”工具栏中的“肋”按钮，弹出“定义肋”对话框，选择“草图.1”为轮廓，选择“草图.2”为中心曲线，单击“确定”按钮创建肋特征，如图 12-77 所示。

06 单击“草图”按钮，在工作窗口选择草图平面为 *yz* 平面，进入草图编辑器。利用直线等工具绘制如图 12-78 所示的草图。单击“工作台”工具栏中的“退出工作台”按钮，完成草图绘制。

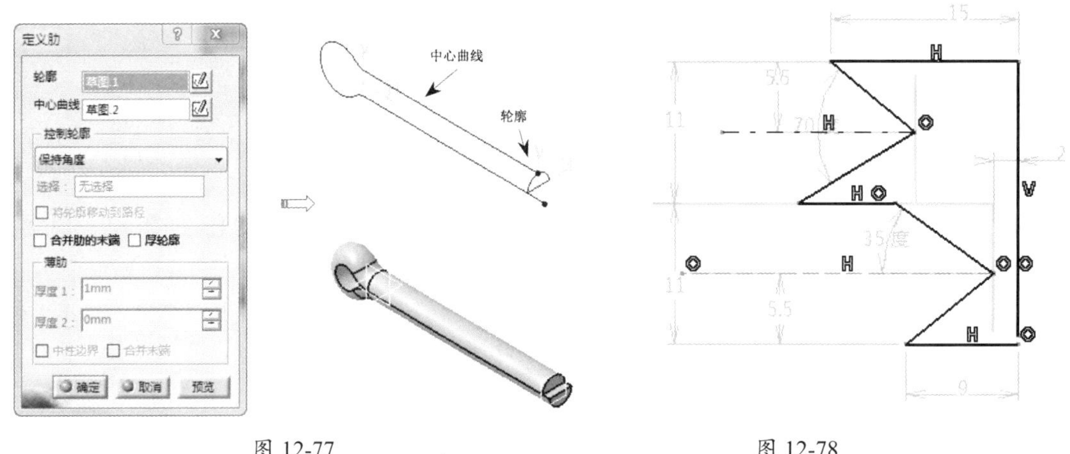

图 12-77　　　　　　　　图 12-78

07 单击“基于草图的特征”工具栏中的“凹槽”按钮，选择上一步绘制的草图，弹出“定义凹槽”对话框，设置凹槽参数后，单击“确定”按钮完成凹槽特征的创建，如图 12-79 所示。

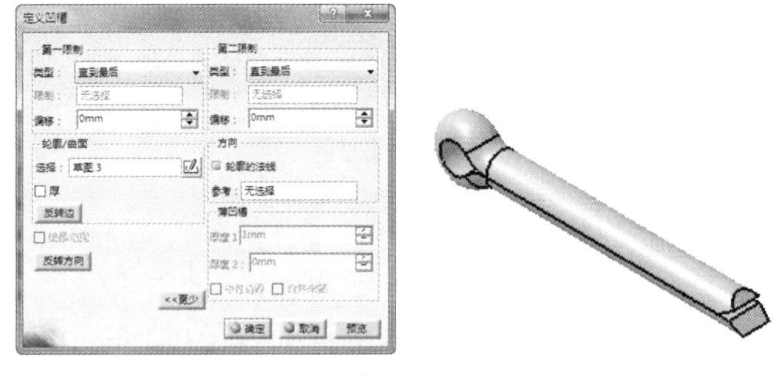

图 12-79

动手操作——导向平键设计

键主要包括平键、半圆键和花键等。下面以导向平键为例介绍键的绘制过程，如图 12-80 所示。导向平键的绘制步骤如下。

01 在“标准”工具栏中单击“新建”按钮，在弹出的“新建”对话框中选择 Part 选项，单击“确定”按钮新建一个零件文件。执行“开始”|“机械设计”|“零件设计”命令，进入“零件设计”工作台。

02 单击“草图”按钮，在工作窗口选择草图平面为 *xy* 平面，进入草图编辑器。利用矩形等工具绘制如图 12-81 所示的草图。单击“工作台”工具栏中的“退出工作台”按钮，完成草图绘制。

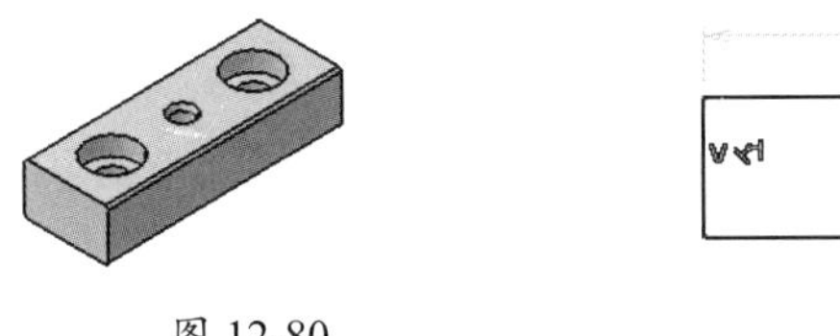

图 12-80　　图 12-81

03 单击“基于草图的特征”工具栏中的“凸台”按钮，弹出“定义凸台”对话框，选择上一步绘制的草图，设置“长度”值为 12mm，单击“确定”按钮完成凸台特征的创建，如图 12-82 所示。

04 单击“修饰特征”工具栏中的“倒圆角”按钮，弹出“倒圆角定义”对话框，在“半径”文本框中输入 0.7mm，单击激活“要圆角化的对象”文本框，选择实体上将要进行圆角的边，单击“确定”按钮完成圆角特征的创建，如图 12-83 所示。

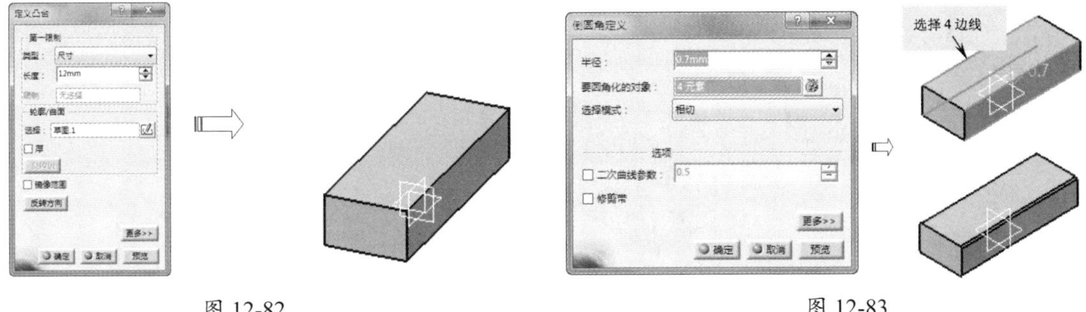

图 12-82　　图 12-83

05 创建沉孔特征。单击“基于草图的特征”工具栏中的“孔”按钮，选择上表面为钻孔的实体表面后，弹出“定义孔”对话框，在“扩展”选项卡中选中“直到最后”选项，设置“直径”值为 6.6mm，如图 12-84 所示。

06 单击“定位草图”按钮，进入草图编辑器，约束定位钻孔位置，如图 12-85 所示。单击“工作台”工具栏中的“退出工作台”按钮返回。

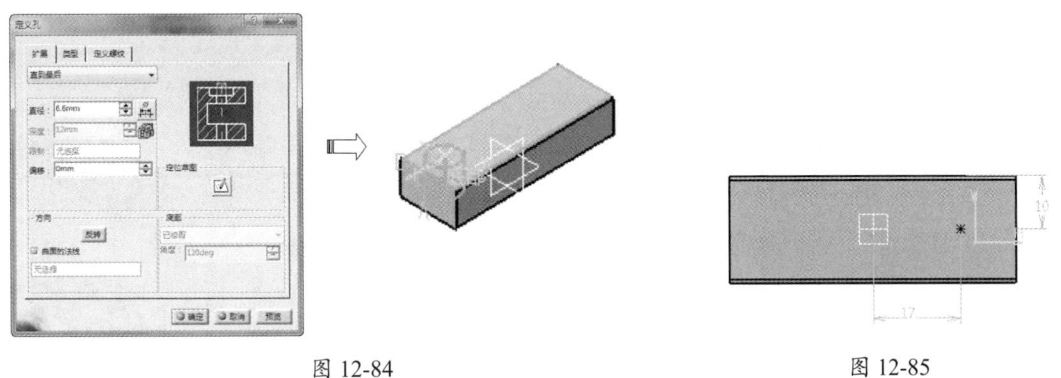

图 12-84　　图 12-85

07 进入“类型”选项卡，设置沉孔参数，如图 12-86 所示。单击“定义孔”对话框中的“确定”按钮完成孔特征的创建，如图 12-87 所示。

08 选择上一步创建的孔特征，单击“变换特征”工具栏中的“镜像”按钮，选择 *yz* 平面为镜像平面，单击“确定”按钮完成镜像特征的创建，如图 12-88 所示。

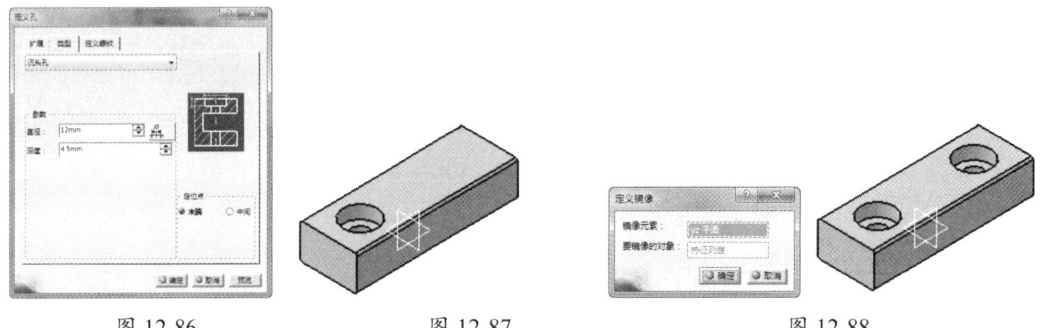

图 12-86　　图 12-87　　图 12-88

09 创建螺纹孔特征。单击“基于草图的特征”工具栏中的“孔”按钮，选择上表面为钻孔的实体表面后，弹出“定义孔”对话框，在“扩展”选项卡中设置为“直到最后”，如图 12-89 所示。

10 单击“定位草图”按钮，进入草图编辑器，约束定位钻孔位置，如图 12-90 所示。单击“工作台”工具栏中的“退出工作台”按钮返回。

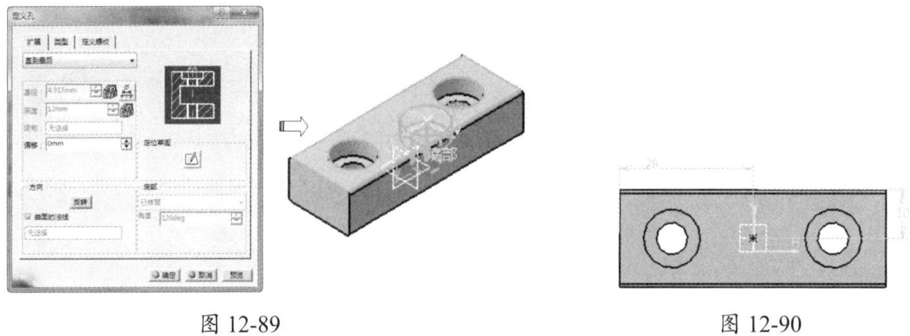

图 12-89　　图 12-90

11 进行“定义螺纹”选项卡，设置螺纹孔参数，如图 12-91 所示。单击“定义孔”对话框中的“确定”按钮完成孔特征的创建，如图 12-92 所示。

12 单击“修饰特征”工具栏中的“倒角”按钮，弹出“定义倒角”对话框，设置倒角的长度和角度，单击激活“要倒角的对象”文本框，选择要倒角的边线，单击“确定”按钮完成倒角特征的创建，如图 12-93 所示。

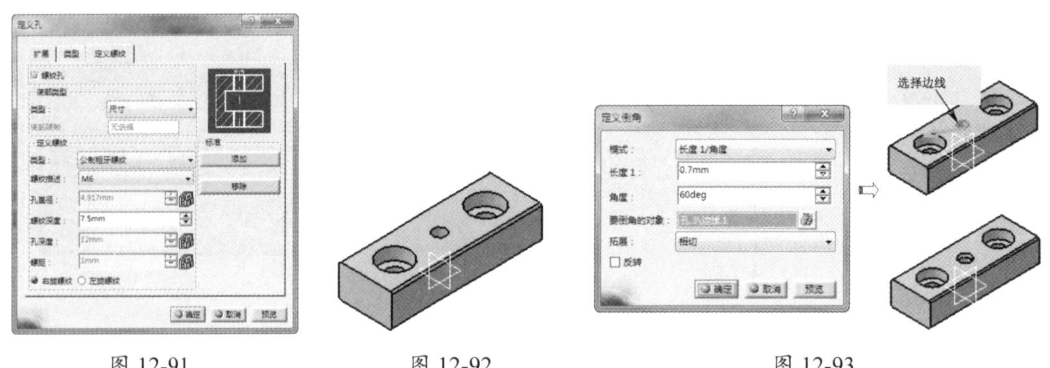

图 12-91　　图 12-92　　图 12-93

12.1.5 弹簧设计

弹簧主要包括不等节距截锥螺旋弹簧、环形螺旋弹簧、圆柱螺旋拉伸弹簧、圆柱螺旋压缩弹簧等。下面以圆柱螺旋压缩弹簧为例，介绍弹簧的绘制方法，如图 12-94 所示。

动手操作——绘制圆柱螺旋压缩弹簧

01 在“标准”工具栏中单击“新建”按钮，在弹出的“新建”对话框中选择 Part 选项，单击“确定”按钮新建一个零件文件。执行“开始”|“机械设计”|“零件设计”命令，进入“零件设计”工作台。

02 执行“开始”|“形状”|“创成式外形设计”命令，进入创成式外形设计工作台。

03 单击“线框”工具栏中的“点”按钮，弹出“点定义”对话框，在（50,0,0）,（0,0,0）,（0,0,100）处创建点，如图 12-95 所示。

04 单击“参考元素”工具栏中的“直线”按钮，弹出“直线定义”对话框，在“线型”下拉列表中选择“点 - 点”选项，选择如图 12-96 所示的两个点作为参考，单击“确定”按钮完成直线的创建。

图 12-94　　图 12-95　　图 12-96

05 单击“线框”工具栏中的“螺旋”按钮，弹出“螺旋曲线定义”对话框，单击激活“起点”文本框，选择螺旋线的起点，单击激活“轴”文本框选择轴线，在“螺距”文本框中设置螺旋线的节距，在“高度”文本框中设置高度，单击“确定”按钮完成螺旋线的创建，如图 12-97 所示。

06 执行“开始”|“机械设计”|“零件设计”命令，进入零件设计工作台。

07 单击“草图”按钮，在工作窗口选择草图平面为 *zx* 平面，进入草图编辑器。利用圆工具等绘制如图 12-98 所示的草图。单击“工作台”工具栏中的“退出工作台”按钮，完成草图绘制。

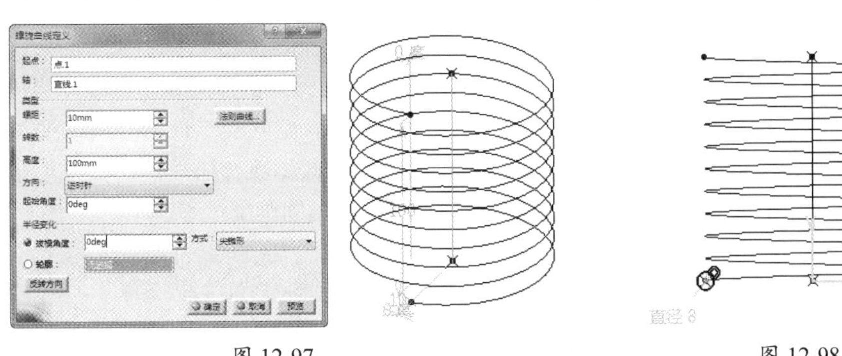

图 12-97　　图 12-98

08 单击“基于草图的特征”工具栏中的“肋”按钮，弹出“定义肋”对话框，选择草图为轮廓、螺旋线为中心曲线，并设置相关参数，单击“确定”按钮创建肋特征，如图 12-99 所示。

09 选择 *yz* 平面为草绘平面，单击“草图”按钮，利用矩形工具绘制如图 12-100 所示的轮廓。单击“工作台”工具栏中的“退出工作台”按钮，完成草图绘制。

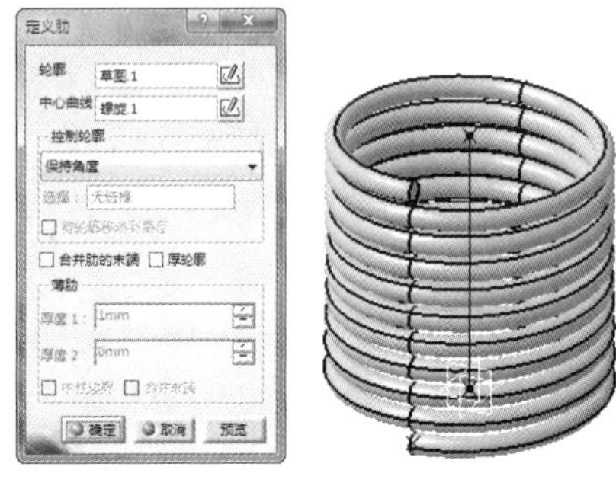

图 12-99

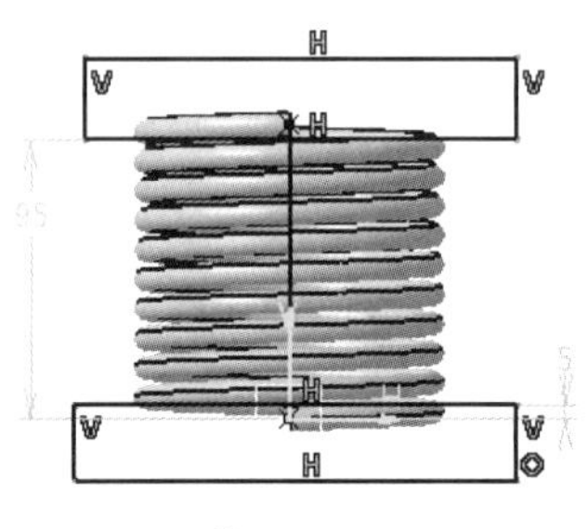

图 12-100

10 单击“基于草图的特征”工具栏中的“凹槽”按钮，选择上一步绘制的草图，弹出“定义凹槽”对话框，设置凹槽参数后，单击“确定”按钮完成凹槽特征的创建，如图 12-101 所示。

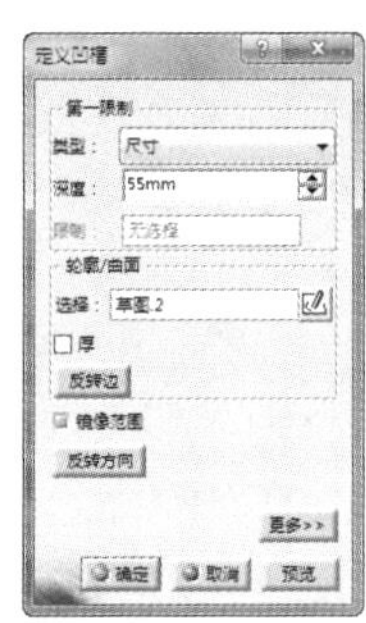

图 12-101

12.2 机械零件设计

常用的机械零件主要包括轴类、盘盖类、箱体类、支架类、钣金类、叶轮叶片类等，下面介绍最常用的四大类零件的绘制方法和过程。

12.2.1 轴类零件设计

轴零件的共同特点是：它们一般是回转体，各轴段直径有一定的差异呈阶梯状；当传递扭矩时，轴类零件具有键槽或花键槽结构，同时轴端倒角。如果忽略轴类零件的一些次要结构及非对称性结构，那么，它的主要结构将是由不同直径的等径圆柱体组合而成的，其外形结构一般为阶梯轴。下面以如图 12-102 所示的传动轴为例，讲解传动轴的绘制过程。

动手操作——传动轴设计

01 在“标准”工具栏中单击“新建”按钮，在弹出的“新建”对话框中选择 Part 选项，单击“确定”按钮新建一个零件文件。执行“开始”|“机械设计”|“零件设计”命令，进入“零件设计”

工作台。

02 单击“草图”按钮，在工作窗口选择草图平面为*yz*平面，进入草图编辑器。利用轮廓、直线、轴线等工具绘制如图12-103所示的草图。单击“工作台”工具栏中的“退出工作台”按钮，完成草图绘制。

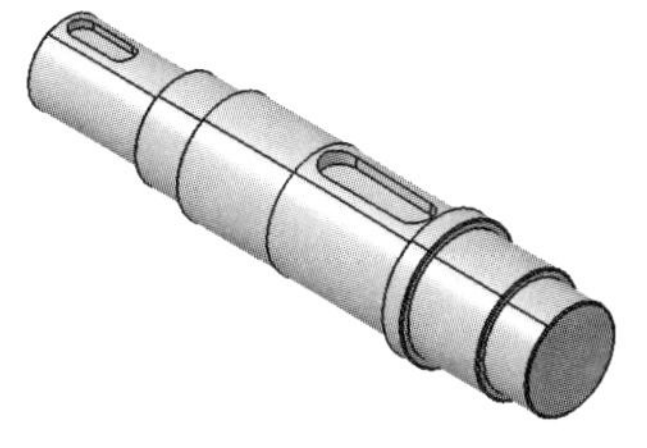

图 12-102

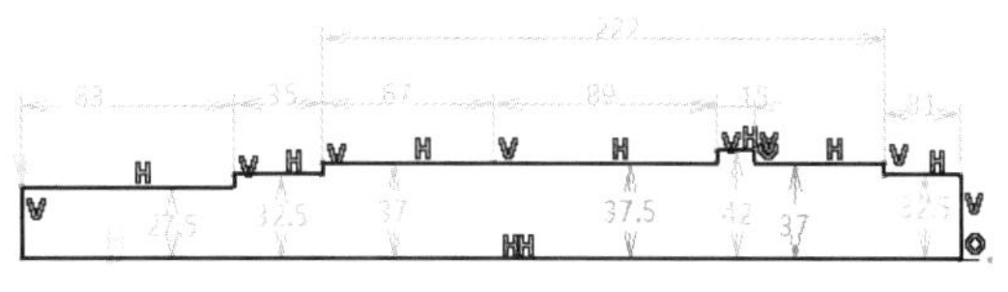

图 12-103

03 单击“基于草图的特征”工具栏中的“旋转体”按钮，选择旋转截面，弹出“定义旋转体”对话框，选择上一步绘制的草图为旋转槽截面，单击“确定”按钮完成旋转体特征，如图12-104所示。

04 单击“参考元素”工具栏中的“平面”按钮，弹出“平面定义”对话框，在“平面类型”下拉列表中选择“偏移平面”选项，选择*xy*平面作为参考，在“偏移”文本框中输入37.5mm，单击“确定”按钮完成平面的创建，如图12-105所示。

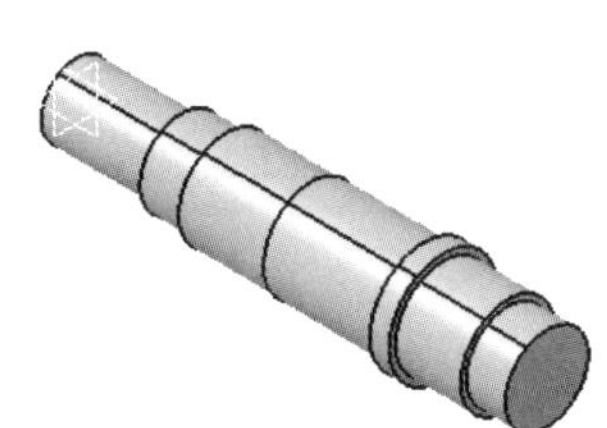

图 12-104

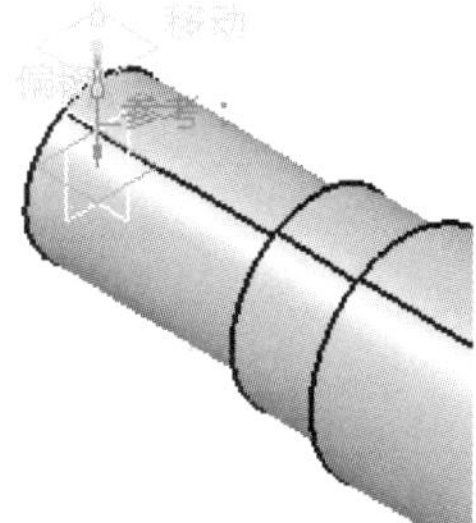

图 12-105

05 选择上一步绘制的平面为草绘平面，单击“草图”按钮，进入草图编辑器。利用延长孔等工具绘制如图12-106所示的草图。单击“工作台”工具栏中的“退出工作台”按钮，完成草图绘制。

06 单击“基于草图的特征”工具栏中的“凹槽”按钮，选择上一步绘制的草图，弹出“定义凹槽”对话框，设置“深度”值为9，单击“确定”按钮完成凹槽特征的创建，如图12-107所示。

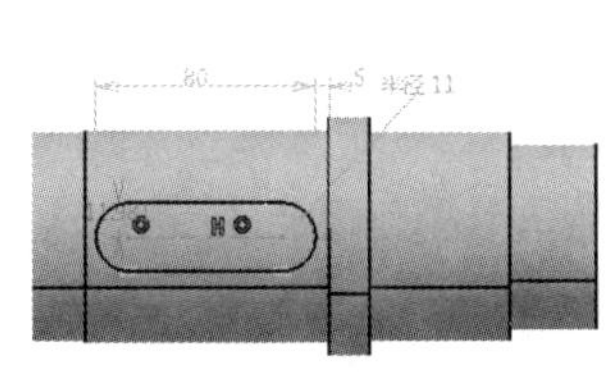

图 12-106

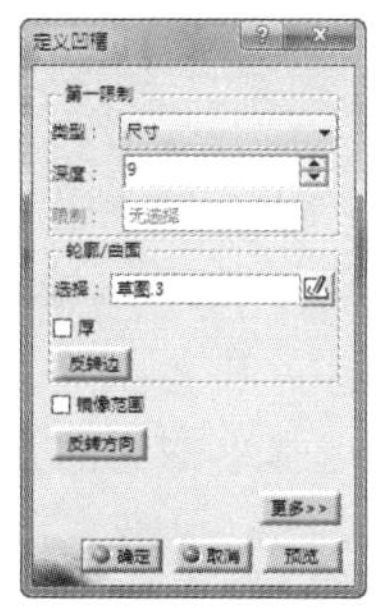

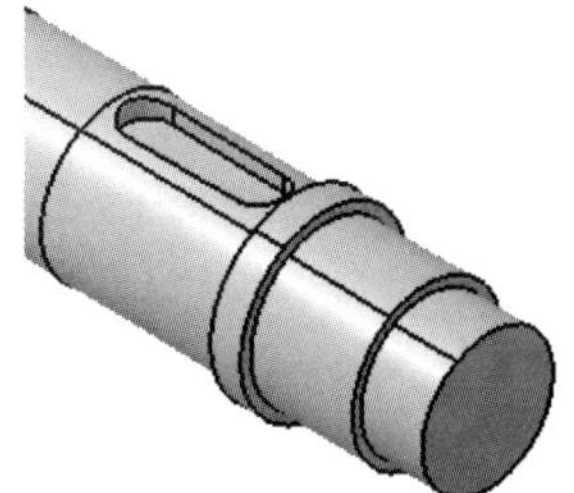

图 12-107

07 选择上一步创建的“平面.1”为草绘平面，单击“草图”按钮，进入草图编辑器。利用延长孔等工具绘制如图12-108所示的草图。单击“工作台”工具栏中的“退出工作台”按钮，完成草图绘制。

08 单击“基于草图的特征”工具栏中的“凹槽”按钮，选择上一步绘制的草图，弹出“定义凹槽”对话框，设置“深度”值为16，单击“确定”按钮完成凹槽特征的创建，如图12-109所示。

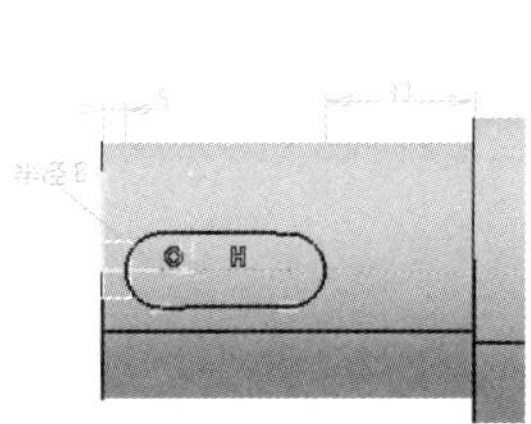

图 12-108

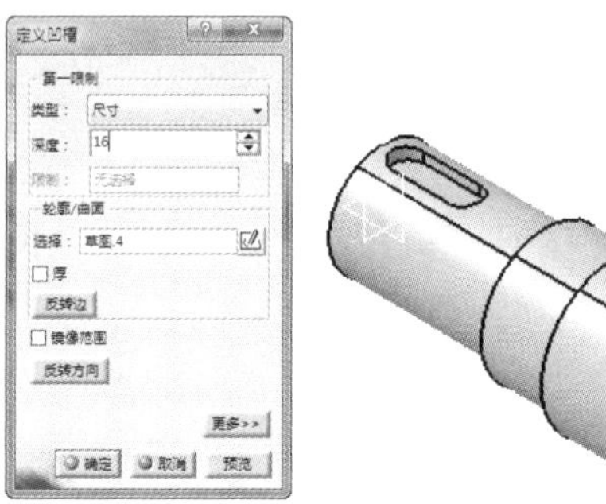

图 12-109

09 单击“修饰特征”工具栏中的“倒角”按钮，弹出“定义倒角”对话框，设置“长度1”值为1mm，单击激活“要倒角的对象”文本框，选择所有台肩边，单击“确定”按钮完成倒角特征的创建，如图12-110所示。

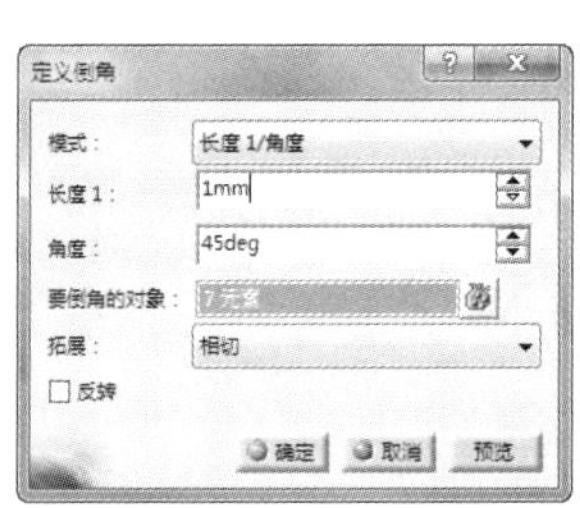

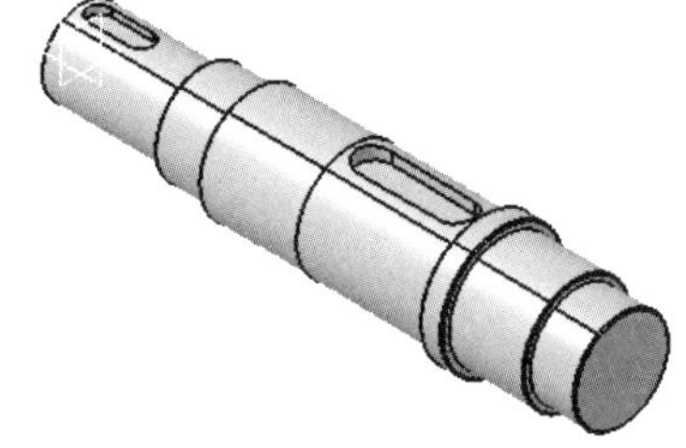

图 12-110

12.2.2 盘盖类零件设计

盘盖类零件的形状复杂多样，建模方法灵活，本节以某法兰连接盘为例，讲解盘盖类零件的建模方法，如图12-111所示。

动手操作——法兰连接盘设计

法兰连接盘的绘制步骤如下。

01 在“标准”工具栏中单击“新建”按钮，在弹出的“新建”对话框中选择Part选项，单击“确定”按钮新建一个零件文件。执行“开始”|“机械设计”|“零件设计”命令，进入“零件设计”工作台。

02 单击“草图”按钮，在工作窗口选择草图平面为*yz*平面，进入草图编辑器。利用轮廓、直线、轴线等工具绘制如图12-112所示的草图。单击“工作台”工具栏中的“退出工作台”按钮，完成草图绘制。

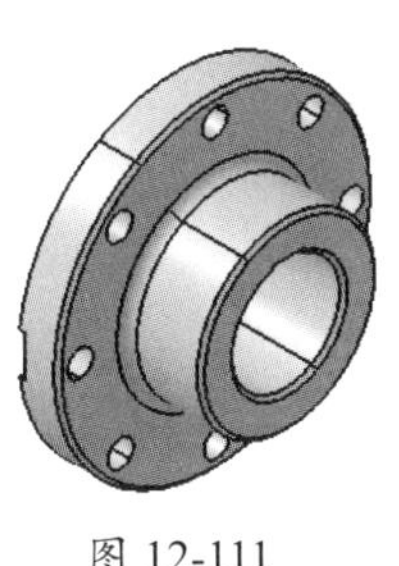

图 12-111

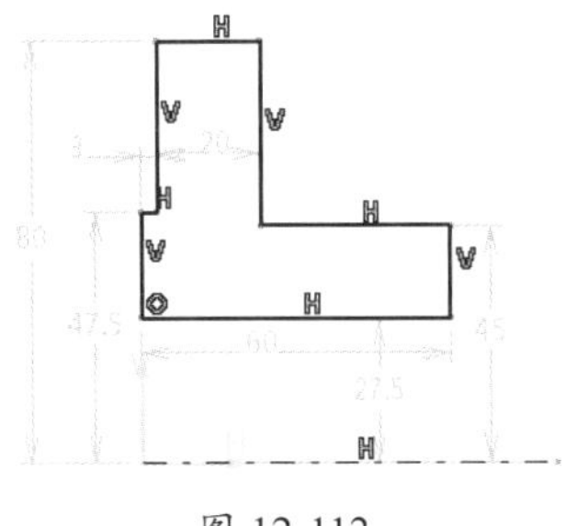

图 12-112

03 单击“基于草图的特征”工具栏中的“旋转体”按钮，选择旋转截面，弹出“定义旋转体”对话框，选择上一步绘制的草图为旋转槽截面，单击“确定”按钮完成旋转体特征的创建，如图 12-113 所示。

04 选择旋转体小头端面，单击“草图”按钮，进入草图编辑器。利用矩形等工具绘制如图 12-114 所示的草图。单击“工作台”工具栏中的“退出工作台”按钮，完成草图绘制。

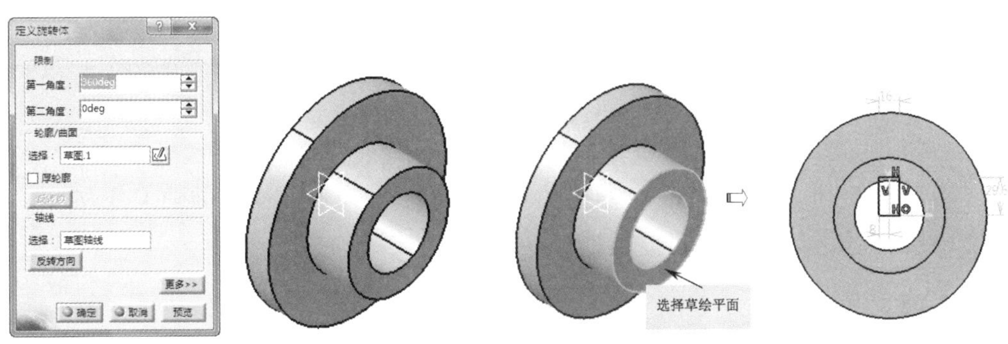

图 12-113

图 12-114

05 单击“基于草图的特征”工具栏中的“凹槽”按钮，选择上一步绘制的草图，弹出“定义凹槽”对话框，设置“类型”为“直到最后”，单击“确定”按钮完成凹槽特征的创建，如图 12-115 所示。

06 选择旋转体大头端面，单击“草图”按钮，进入草图编辑器。利用矩形等工具绘制如图 12-116 所示的草图。单击“工作台”工具栏中的“退出工作台”按钮，完成草图绘制。

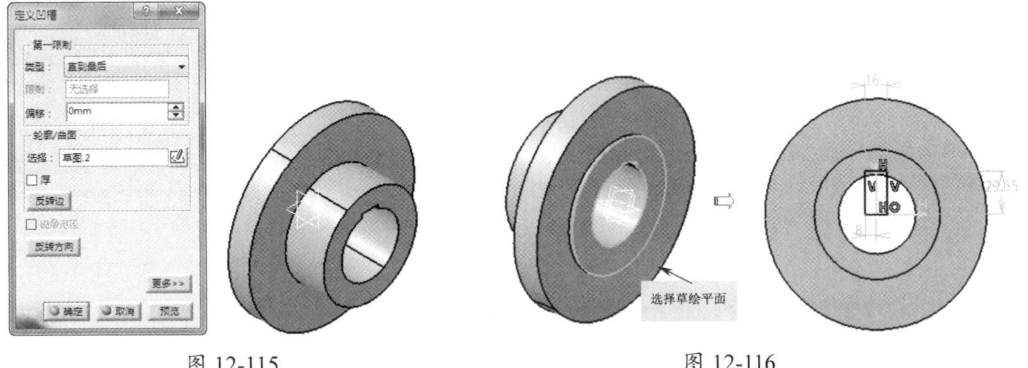

图 12-115

图 12-116

07 单击“基于草图的特征”工具栏中的“凹槽”按钮，选择上一步绘制的草图，弹出“定义凹槽”对话框，设置“类型”为“尺寸”，单击“确定”按钮完成凹槽特征的创建，如图 12-117 所示。

08 单击“修饰特征”工具栏中的“倒角”按钮，弹出“定义倒角”对话框，设置“长度 1”值为 2mm，单击激活“要倒角的对象”文本框，选择 3 条边线，单击“确定”按钮完成倒角特征的创建，如图 12-118 所示。

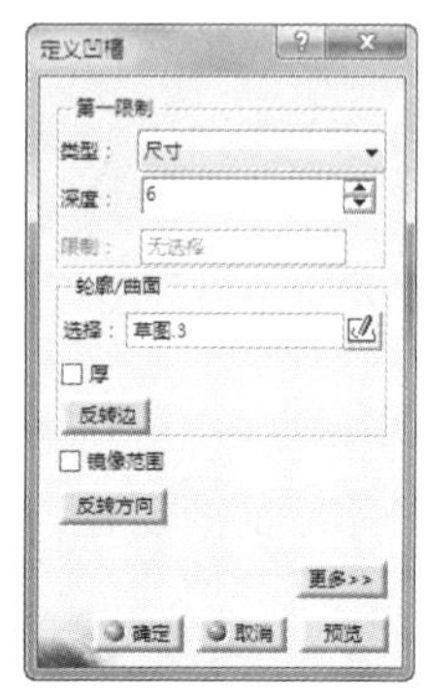

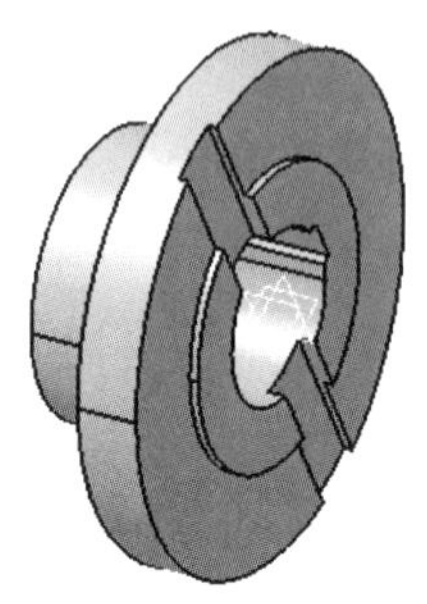

图 12-117

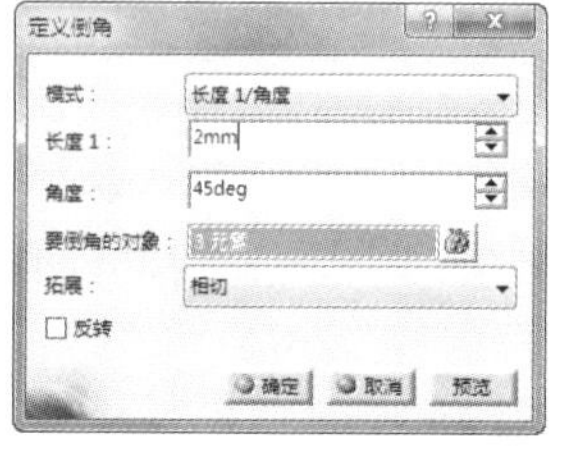

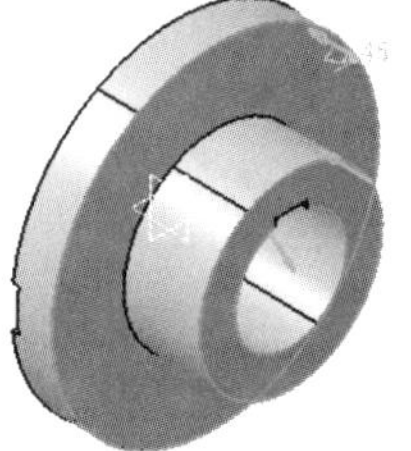

图 12-118

09 单击“修饰特征”工具栏中的“倒圆角”按钮，弹出“倒圆角定义”对话框，在“半径”文本框中输入 5mm，单击激活“要圆角化的对象”文本框，选择实体上将要进行圆角的边，单击“确定”按钮完成圆角特征的创建，如图 12-119 所示。

10 选择旋转体中如图 12-120 所示的平面，单击“草图”按钮，进入草图编辑器。利用圆、旋转等工具绘制草图。单击“工作台”工具栏中的“退出工作台”按钮，完成草图绘制。

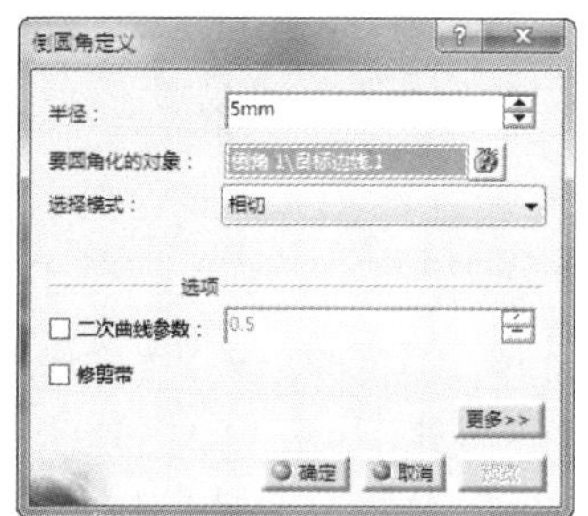

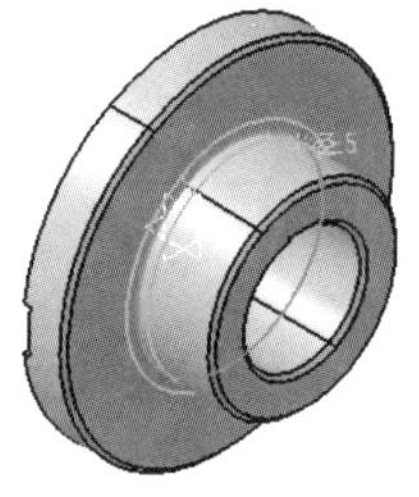

图 12-119

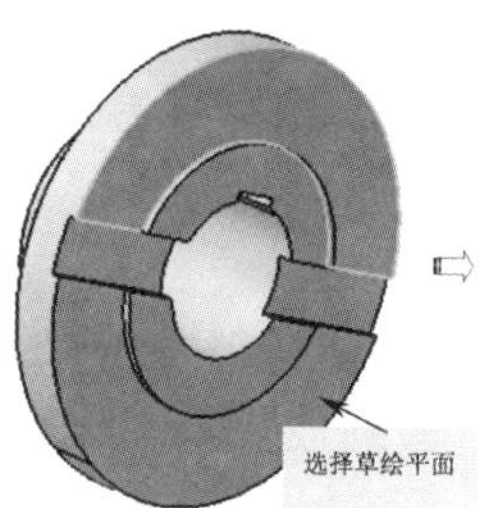

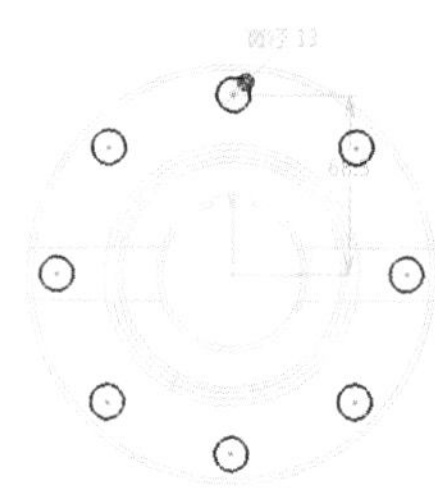

图 12-120

11 单击“基于草图的特征”工具栏中的“凹槽”按钮，选择上一步绘制的草图，弹出“定义凹槽”对话框，设置“类型”为“直到最后”，单击“确定”按钮完成凹槽特征的创建，如图 12-121 所示。

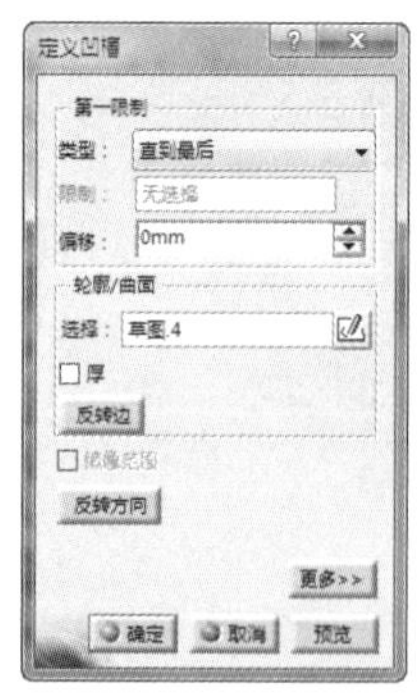

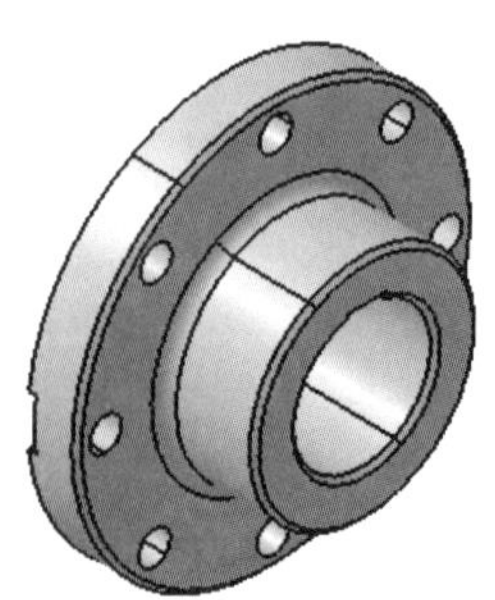

图 12-121

12.2.3 箱体类零件

箱体零件种类繁多，结构差异很大，其结构以箱壁、筋板和框架为主，工作表面以孔和凸台为主。在结构上箱体类零件的共性较少，只能针对具体零件具体设计。本节以变速箱体的设计为例，介绍箱体类零件的创建过程，如图 12-122 所示。

动手操作——变速箱箱体设计

变速箱箱体的绘制步骤如下。

01 在“标准”工具栏中单击“新建”按钮，在弹出的“新建”对话框中选择 Part 选项，单击“确定”按钮新建一个零件文件。执行“开始”|“机械设计”|“零件设计”命令，进入“零件设计”工作台。

02 单击“草图”按钮，在工作窗口选择草图平面为 *xy* 平面，进入草图编辑器。利用矩形等工具绘制如图 12-123 所示的草图。单击“工作台”工具栏中的“退出工作台”按钮，完成草图绘制。

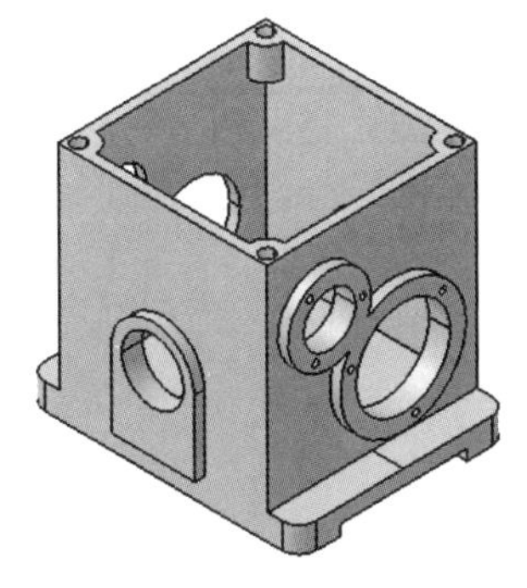

图 12-122

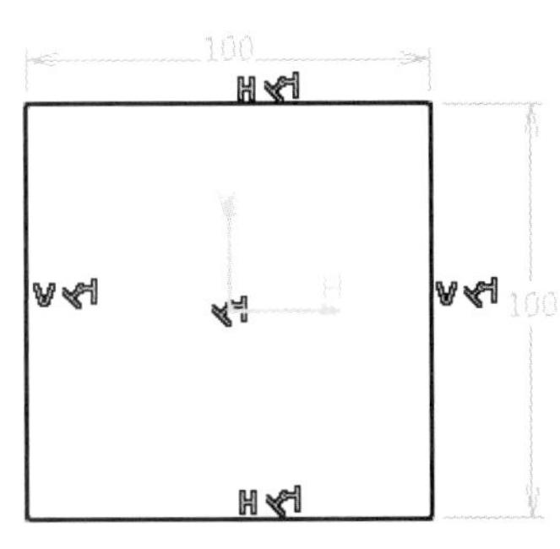

图 12-123

03 单击“基于草图的特征”工具栏中的“凸台”按钮，弹出“定义凸台”对话框，选择上一步绘制的草图，设置“长度”值为 100mm，单击“确定”按钮完成凸台特征的创建，如图 12-124 所示。

04 选择拉伸实体上端面，单击“草图”按钮，进入草图编辑器。利用矩形、圆等工具绘制如图 12-125 所示的草图。单击“工作台”工具栏中的“退出工作台”按钮，完成草图绘制。

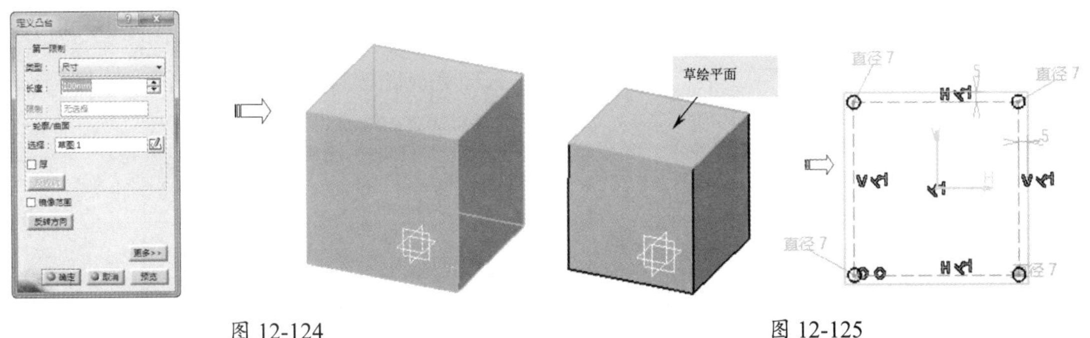

图 12-124　　图 12-125

05 单击“基于草图的特征”工具栏中的“凹槽”按钮，选择上一步绘制的草图，弹出“定义凹槽”对话框，设置“深度”为 10，单击“确定”按钮完成凹槽特征的创建，如图 12-126 所示。

06 单击“修饰特征”工具栏中的“盒体”按钮，弹出“定义盒体”对话框，在“默认内侧厚度”文本框中输入5mm，单击激活“要移除的面”文本框，选择上表面，单击“确定”按钮完成盒体特征的创建，如图12-127所示。

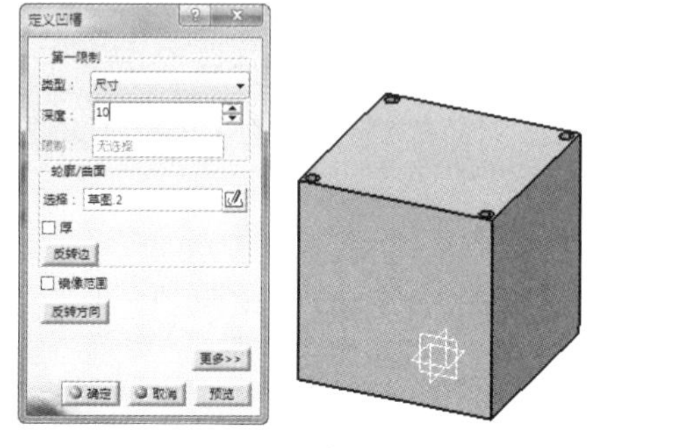

图 12-126

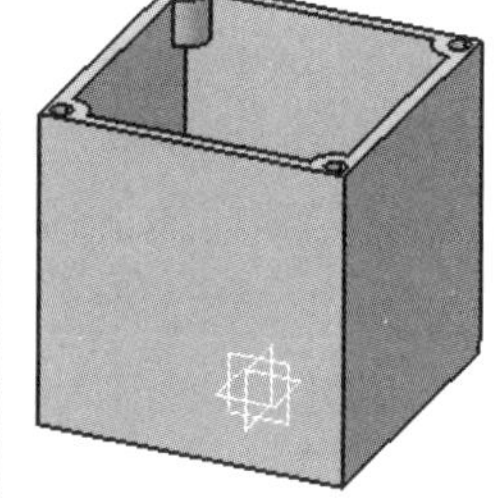

图 12-127

07 选择实体前端面，单击“草图”按钮，进入草图编辑器。利用圆弧、直线等工具绘制如图12-128所示的草图。单击“工作台”工具栏中的“退出工作台”按钮，完成草图绘制。

08 单击“基于草图的特征”工具栏中的“凸台”按钮，弹出“定义凸台”对话框，选择上一步绘制的草图，设置“长度”值为5mm，单击“确定”按钮完成凸台特征的创建，如图12-129所示。

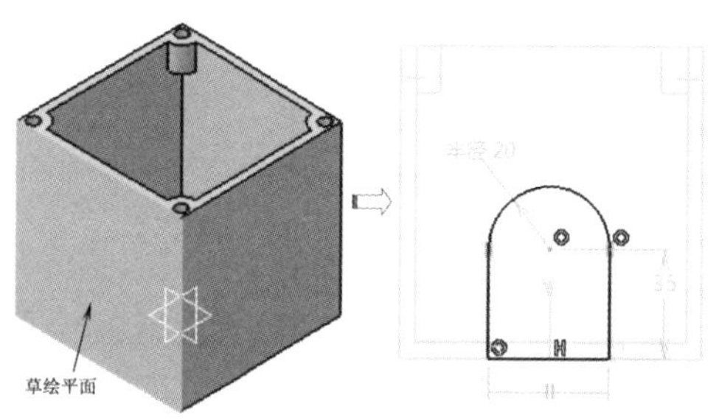

图 12-128

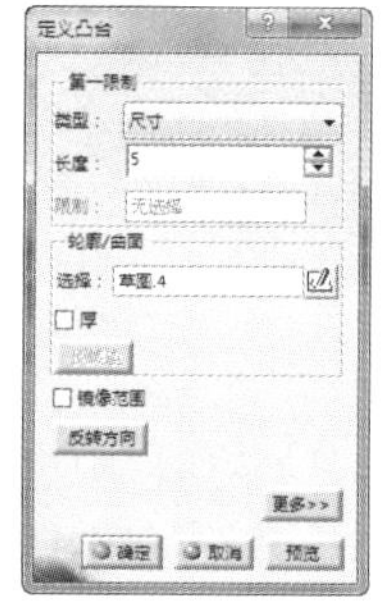
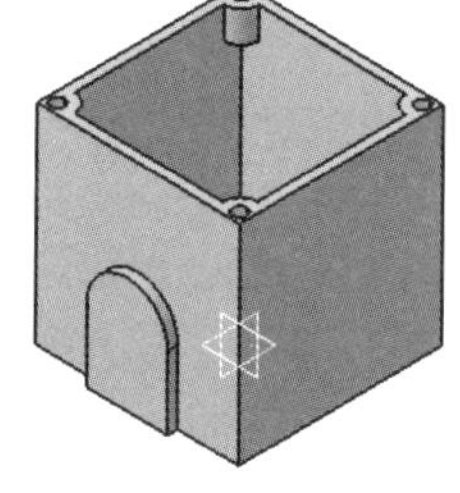

图 12-129

09 选择凸台端面，单击“草图”按钮，进入草图编辑器。利用圆弧、直线等工具绘制如图12-130所示的草图。单击“工作台”工具栏中的“退出工作台”按钮，完成草图绘制。

10 单击“基于草图的特征”工具栏中的“凹槽”按钮，选择上一步绘制的草图，弹出“定义凹槽”对话框，设置“类型”为“直到最后”，单击“确定”按钮完成凹槽特征的创建，如图12-131所示。

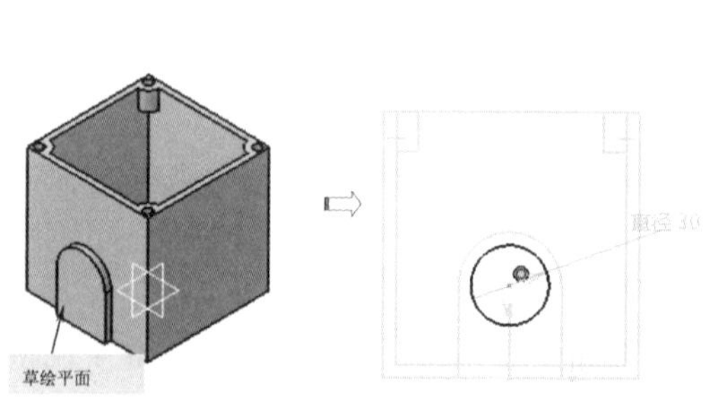

图 12-130

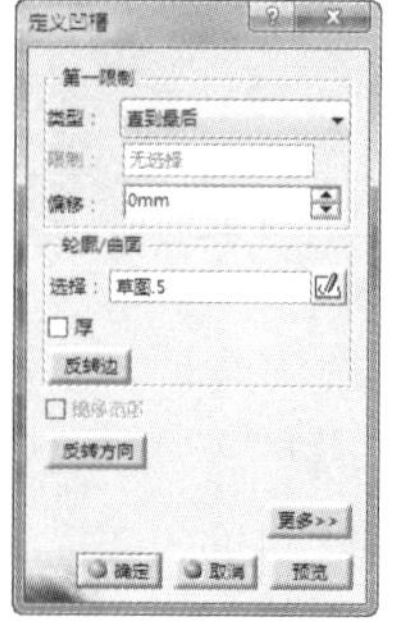
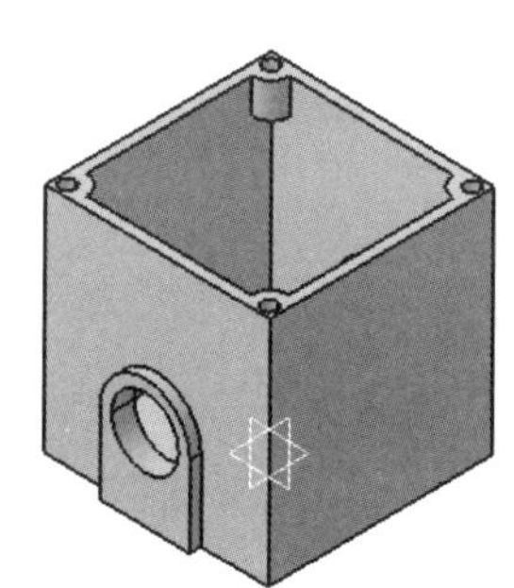

图 12-131

11 单击“草图”按钮，在工作窗口选择草图平面为 *zx* 平面，进入草图编辑器。利用轮廓、镜像等工具绘制如图 12-132 所示的草图。单击“工作台”工具栏中的“退出工作台”按钮，完成草图绘制。

12 单击“基于草图的特征”工具栏中的“凸台”按钮，弹出“定义凸台”对话框，选择上一步绘制的草图，设置“长度”值为 65mm，选中“镜像范围”复选框，单击“确定”按钮完成凸台特征的创建，如图 12-133 所示。

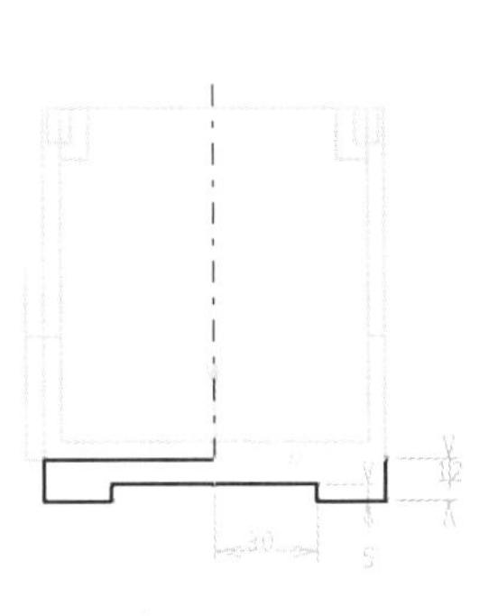

图 12-132

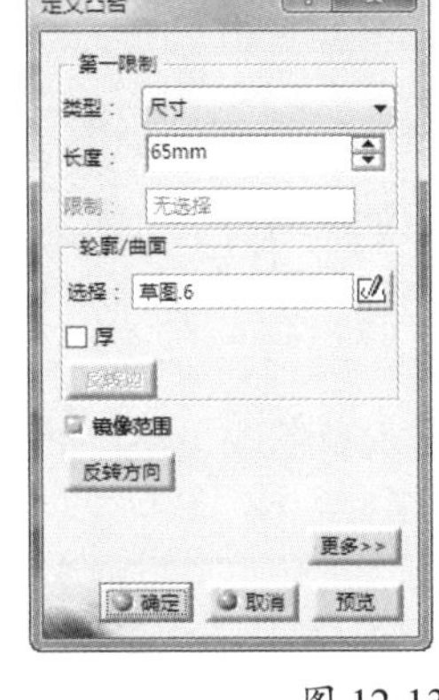

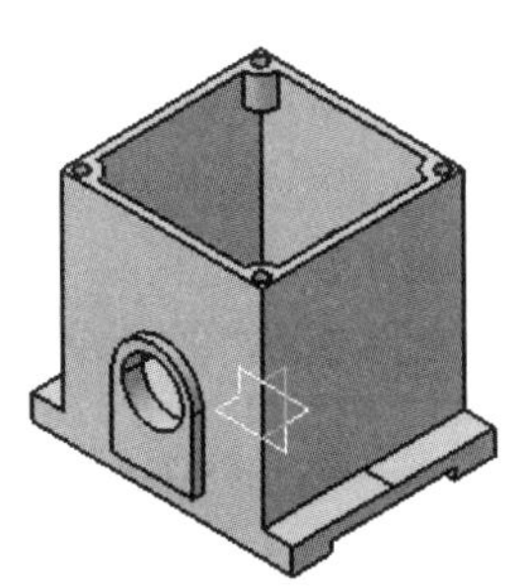

图 12-133

13 选择实体的右端面，单击“草图”按钮，进入草图编辑器。利用圆弧等工具绘制如图 12-134 所示的草图。单击“工作台”工具栏中的“退出工作台”按钮，完成草图绘制。

14 单击“基于草图的特征”工具栏中的“凸台”按钮，弹出“定义凸台”对话框，选择上一步绘制的草图，设置“长度”值为 5mm，单击“确定”按钮完成凸台特征的创建，如图 12-135 所示。

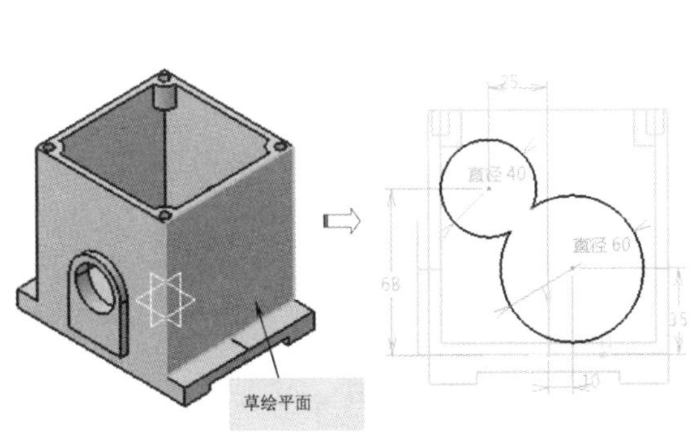

图 12-134

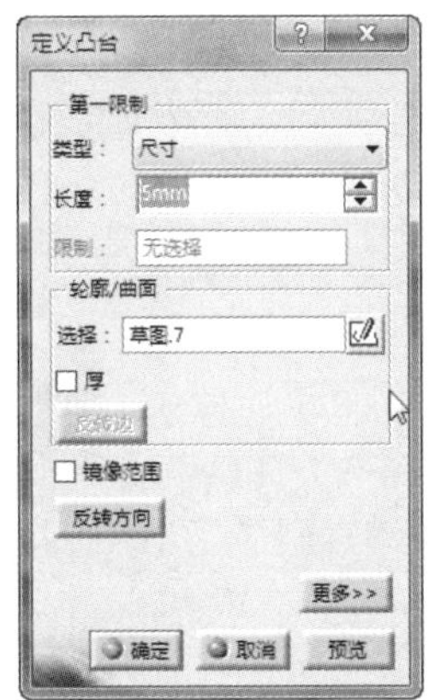

图 12-135

15 选择大凸台端面，单击“草图”按钮，进入草图编辑器。利用圆等工具绘制如图 12-136 所示的草图。单击“工作台”工具栏中的“退出工作台”按钮，完成草图绘制。

16 单击“基于草图的特征”工具栏中的“凹槽”按钮，选择上一步绘制的草图，弹出“定义凹槽”对话框，设置“类型”为“直到最后”，单击“确定”按钮完成凹槽特征的创建，如图 12-137 所示。

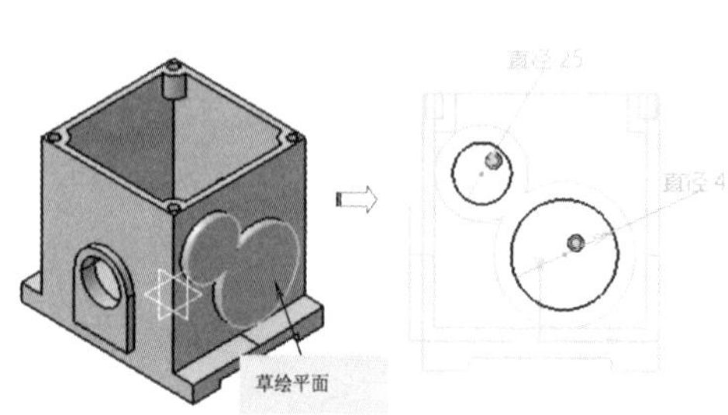

图 12-136

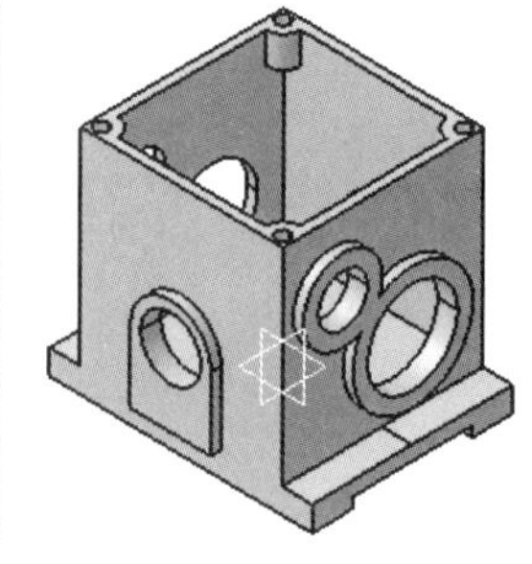

图 12-137

17 创建螺纹孔特征。单击“基于草图的特征”工具栏中的“孔”按钮，选择上表面为钻孔的实体表面后，弹出“定义孔”对话框，在“扩展”选项卡选择“盲孔”，“深度”值为20mm，如图 12-138 所示。

18 单击“定位草图”按钮，进入草图编辑器，约束定位钻孔的位置，如图 12-139 所示。单击“工作台”工具栏中的“退出工作台”按钮返回。

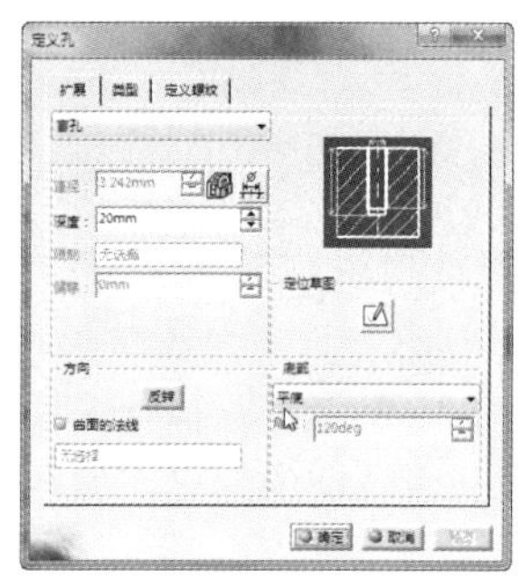

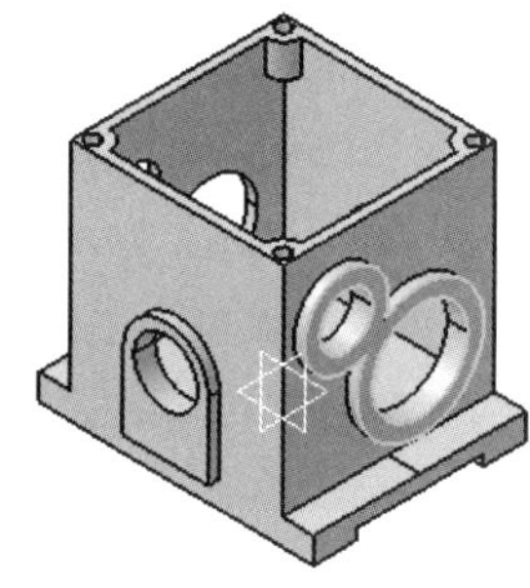
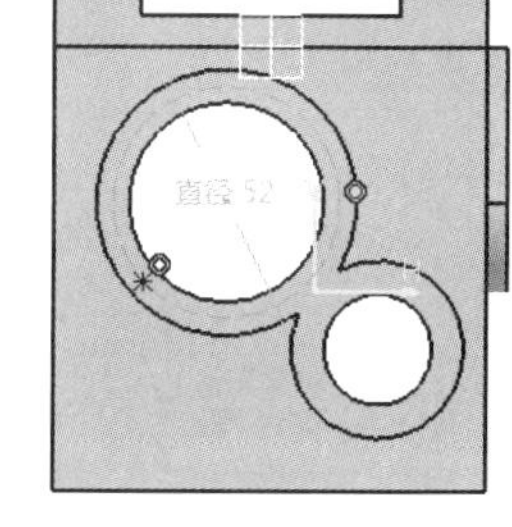

图 12-138

图 12-139

19 进入“定义螺纹”选项卡，设置螺纹孔参数。单击“定义孔”对话框中的“确定”按钮完成孔特征的创建，如图 12-140 所示。

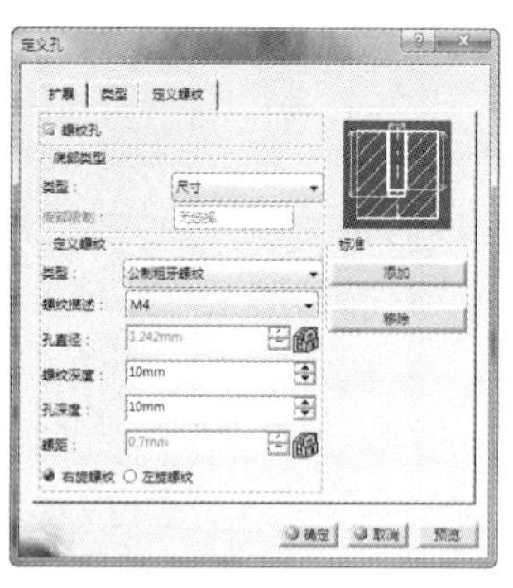

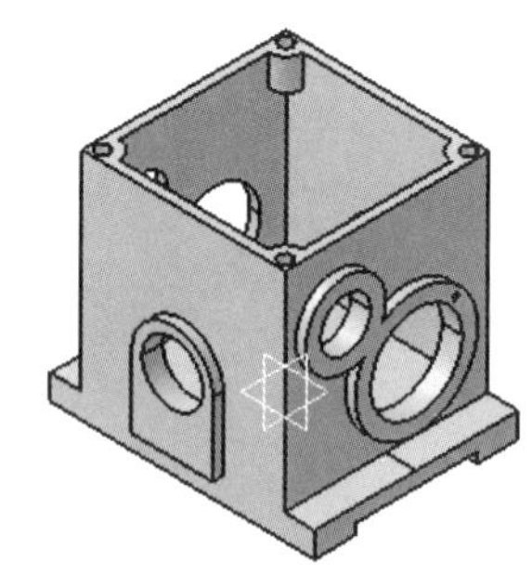

图 12-140

20 选择螺纹孔，单击“变换特征”工具栏中的“圆形阵列”按钮，弹出“定义圆形阵列”对话框，设置阵列参数，选择内孔表面为阵列方向，单击“确定”按钮完成圆周阵列特征的创建，如图 12-141 所示。

21 重复步骤 17 的操作创建螺纹孔，并进行倒角，最终效果如图 12-142 所示。

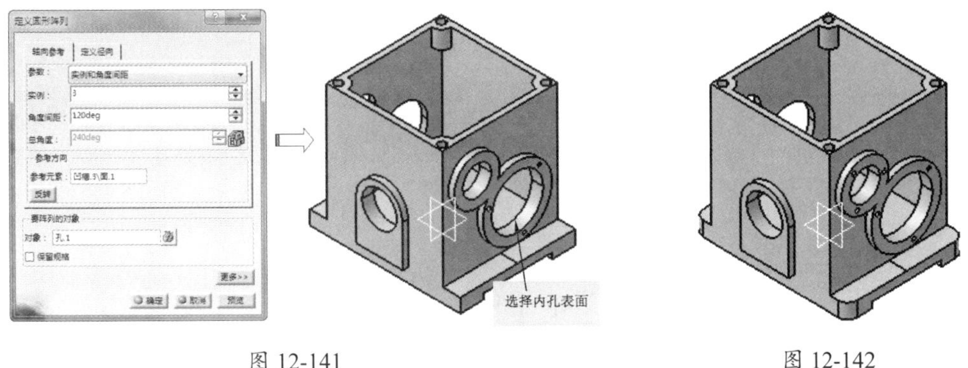

图 12-141 图 12-142

12.2.4 支架类零件设计

支架类零件主要起支撑和连接作用，其形状结构按功能分为三部分：工作部分、安装定位部分和连接部分，如图 12-143 所示。

动手操作——托架设计

支架的绘制步骤如下。

01 在“标准”工具栏中单击“新建”按钮，在弹出的“新建”对话框中选择 Part 选项，单击“确定”按钮新建一个零件文件。执行“开始”|“机械设计”|“零件设计”命令，进入“零件设计”工作台。

02 单击“草图”按钮，在工作窗口选择草图平面为 *yz* 平面，进入草图编辑器。利用矩形等工具绘制如图 12-144 所示的草图。单击“工作台”工具栏中的“退出工作台”按钮，完成草图绘制。

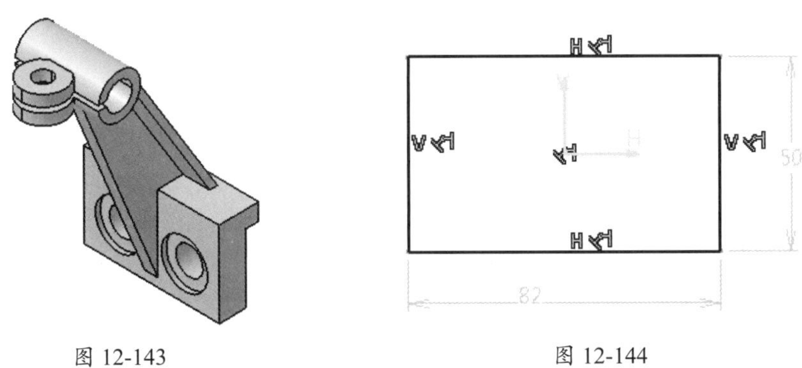

图 12-143 图 12-144

03 单击“基于草图的特征”工具栏中的“凸台”按钮，弹出“定义凸台”对话框，选择上一步绘制的草图，设置“长度”值为 24mm，单击“确定”按钮完成拉伸特征的创建，如图 12-145 所示。

04 单击“草图”按钮，在工作窗口选择草图平面为 *zx* 平面，进入草图编辑器。利用圆等工具绘制如图 12-146 所示的草图。单击“工作台”工具栏中的“退出工作台”按钮，完成草图绘制。

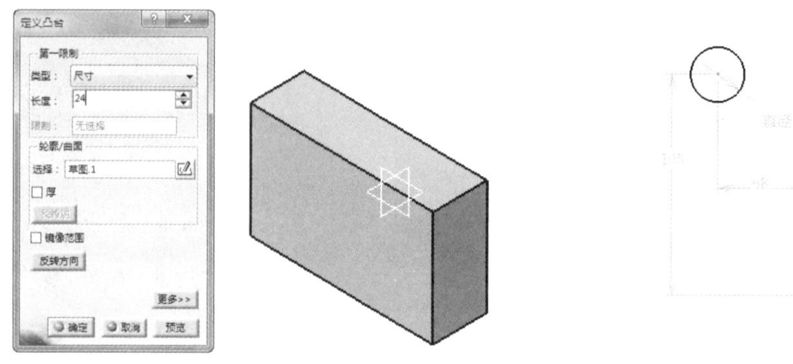

图 12-145

图 12-146

05 单击“基于草图的特征”工具栏中的“凸台”按钮，弹出“定义凸台”对话框，选择上一步绘制的草图，设置“长度”值为25mm，选中“镜像范围”复选框，单击“确定”按钮完成凸台特征的创建，如图12-147所示。

06 单击“参考元素”工具栏中的“平面”按钮，弹出“平面定义”对话框，在“平面类型”下拉列表中选择“偏移平面”选项，选择*xy*平面为参考，在“偏移”文本框中输入105，单击“确定”按钮完成平面的创建，如图12-148所示。

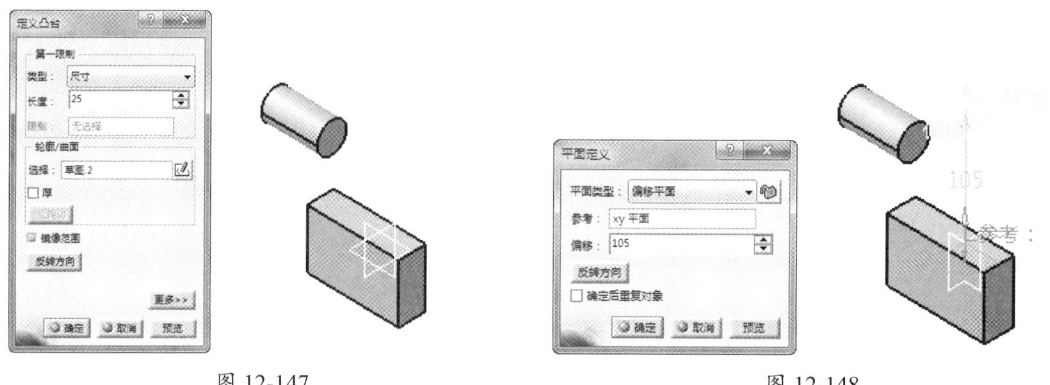

图 12-147

图 12-148

07 选择上一步创建的平面，单击“草图”按钮，进入草图编辑器。利用圆等工具绘制如图12-149所示的草图。单击“工作台”工具栏中的“退出工作台”按钮，完成草图的绘制。

08 单击“基于草图的特征”工具栏中的“凸台”按钮，弹出“定义凸台”对话框，选择上一步绘制的草图，设置“长度”参数，单击“确定”按钮完成凸台特征的创建，如图12-150所示。

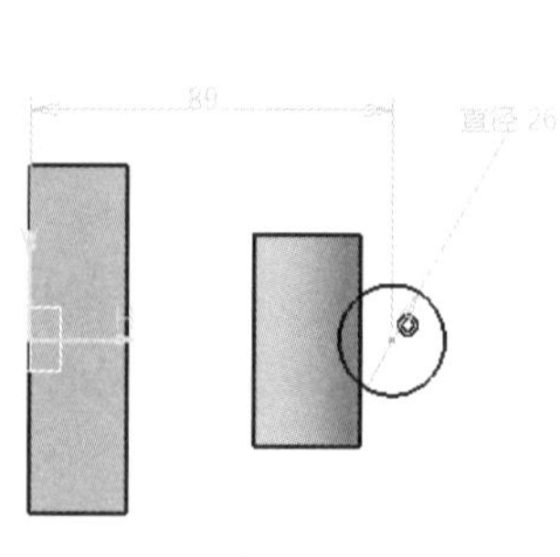

图 12-149

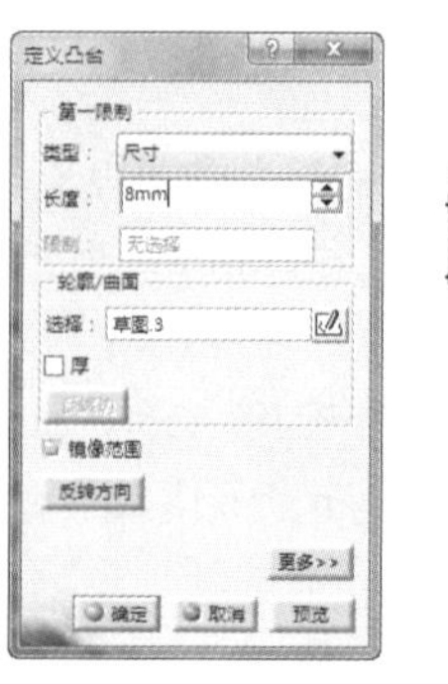

图 12-150

09 单击“草图”按钮，在工作窗口选择草图平面为 zx 平面，进入草图编辑器。利用圆、直线等工具绘制如图 12-151 所示的草图。单击“工作台”工具栏中的“退出工作台”按钮，完成草图绘制。

10 单击“基于草图的特征”工具栏中的“凸台”按钮，弹出“定义凸台”对话框，选择上一步绘制的草图，设置“长度”值为 20mm，选中“镜像范围”复选框，单击“确定”按钮完成凸台特征的创建，如图 12-152 所示。

11 单击“草图”按钮，在工作窗口选择草图平面为 zx 平面，进入草图编辑器。利用圆、直线等工具绘制如图 12-153 所示的草图。单击“工作台”工具栏中的“退出工作台”按钮，完成草图绘制。

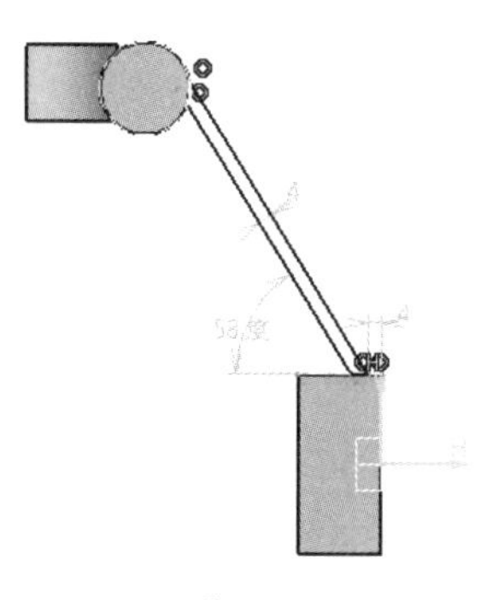

图 12-151

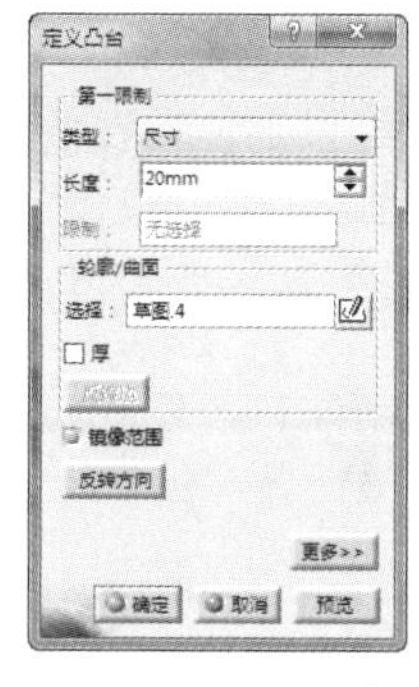

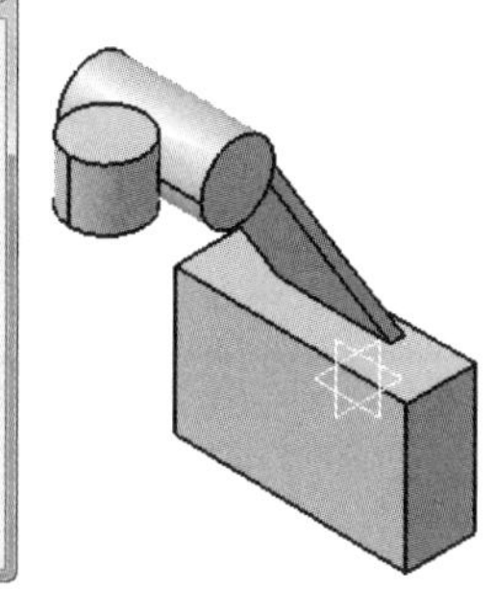

图 12-152

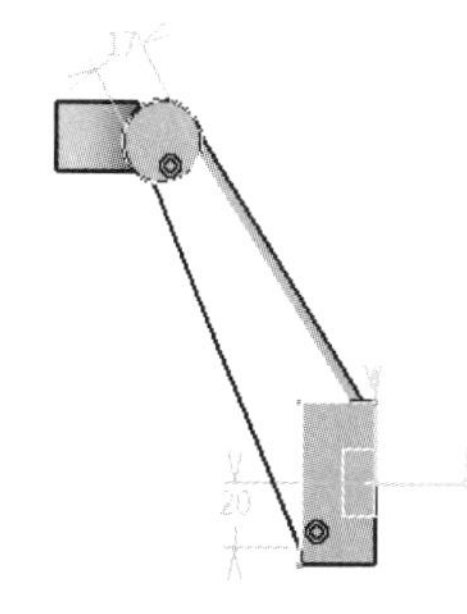

图 12-153

12 单击“基于草图的特征”工具栏中的“凸台”按钮，弹出“定义凸台”对话框，选择上一步绘制的草图，设置“长度”值为 4mm，选中“镜像范围”复选框，单击“确定”按钮完成凸台特征的创建，如图 12-154 所示。

13 单击“草图”按钮，在工作窗口选择草图平面为 zx 平面，进入草图编辑器。利用圆、直线等工具绘制如图 12-155 所示的草图。单击“工作台”工具栏中的“退出工作台”按钮，完成草图绘制。

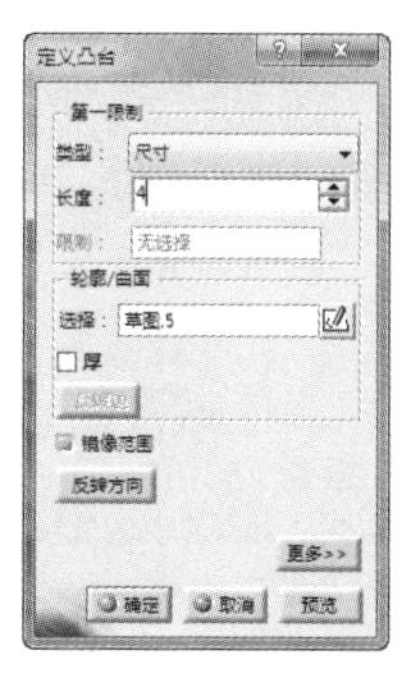

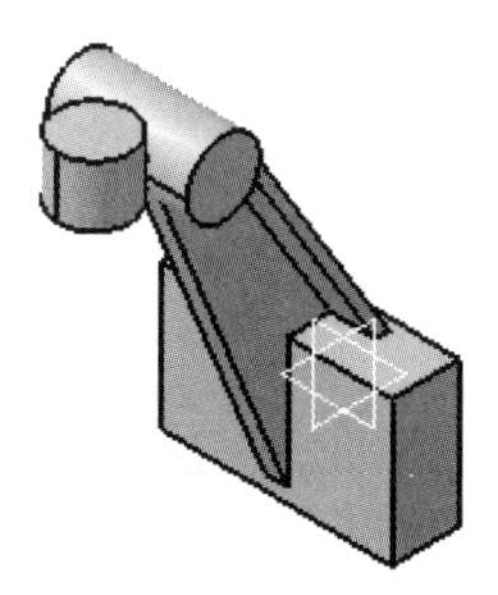

图 12-154

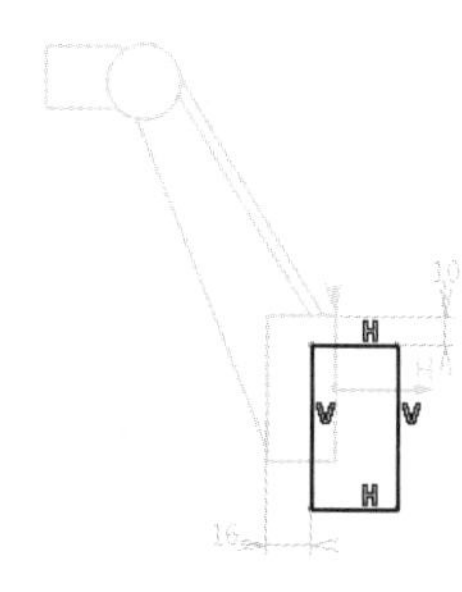

图 12-155

14 单击“基于草图的特征”工具栏中的“凹槽”按钮，选择上一步绘制的草图，弹出“定义凹槽”对话框，设置“深度”值为 50mm，选中“镜像范围”复选框，单击“确定”按钮完成凹槽特征的创建，如图 12-156 所示。

15 创建沉头孔特征。单击“基于草图的特征”工具栏中的“孔”按钮，选择上表面为钻孔的实体表面后，弹出“定义孔”对话框，在“扩展”选项卡中选中“直到最后”，设置“直径”值为 16.5，如图 12-157 所示。

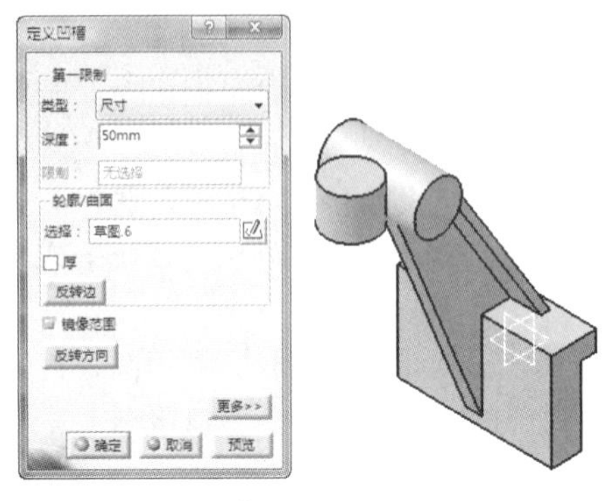
图 12-156

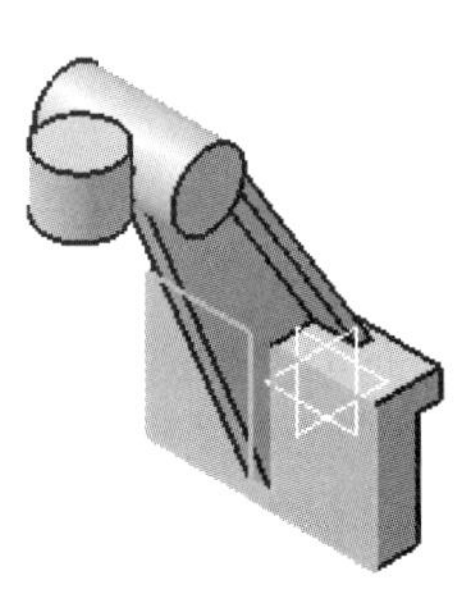
图 12-157

16 单击“定位草图”按钮，进入草图编辑器，约束定位钻孔的位置，如图 12-158 所示。单击“工作台”工具栏中的“退出工作台”按钮返回。

17 进入“类型”选项卡，选择“沉头孔”选项并设置相关参数。单击“定义孔”对话框中的“确定”按钮完成孔特征的创建，如图 12-159 所示。

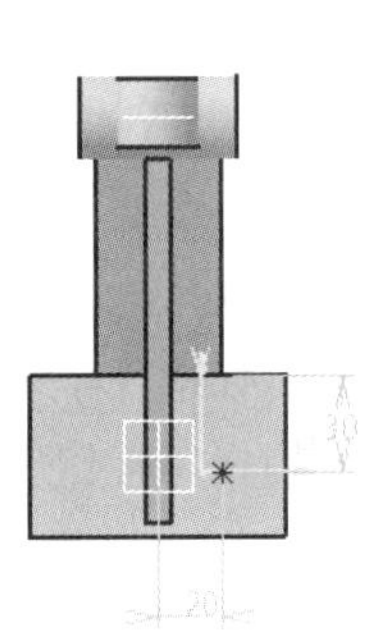
图 12-158

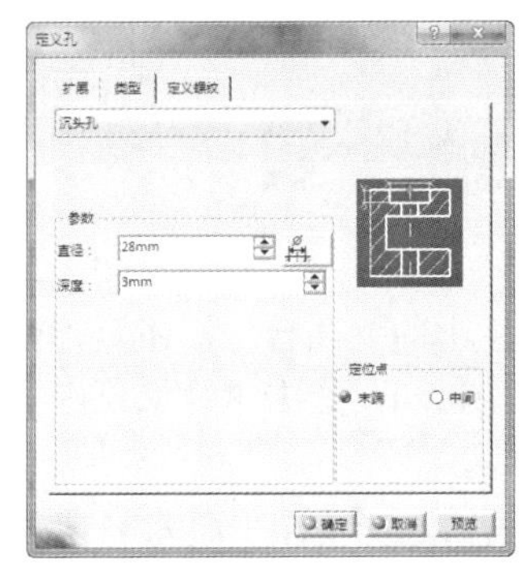
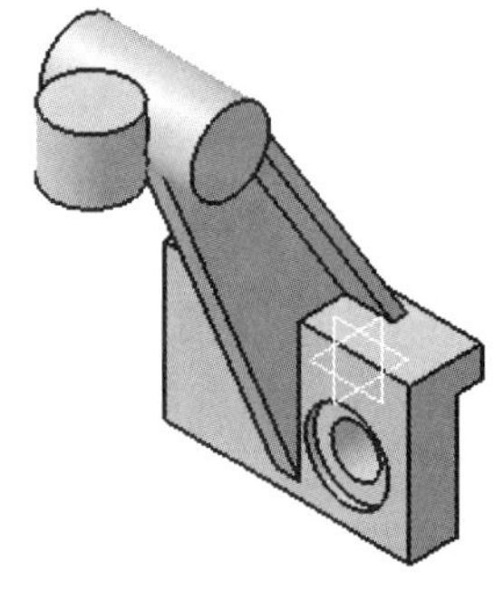
图 12-159

18 选择上一步创建的孔特征，单击“变换特征”工具栏中的“镜像”按钮，选择 *zx* 平面为镜像平面，单击“确定”按钮完成镜像特征，如图 12-160 所示。

19 选择如图 12-161 所示的端面，单击“草图”按钮，利用圆等工具绘制草图。单击“工作台”工具栏中的“退出工作台”按钮，完成草图绘制。

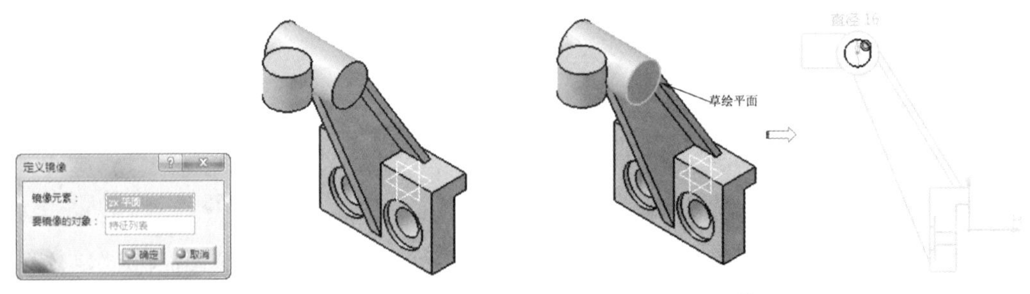

图 12-160

图 12-161

20 单击“基于草图的特征”工具栏中的“凹槽”按钮，选择上一步绘制的草图，弹出“定义凹槽”对话框，设置“深度”值为 55mm，选中“镜像范围”复选框，单击“确定”按钮完成凹槽特征的创建，如图 12-162 所示。

21 选择草绘平面，单击“草图”按钮，利用圆等工具绘制如图 12-163 所示的草图。单击“工作台”工具栏中的“退出工作台”按钮，完成草图绘制。

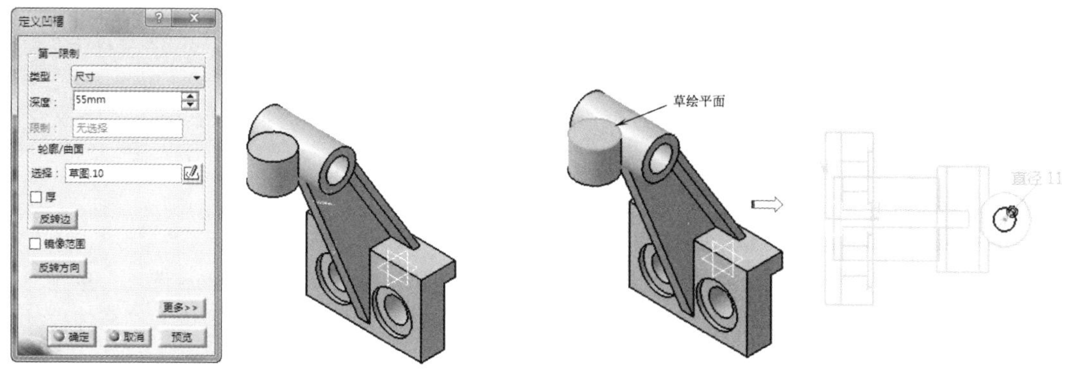

图 12-162

图 12-163

22 单击“基于草图的特征”工具栏中的“凹槽”按钮，选择上一步绘制的草图，弹出“定义凹槽”对话框，设置“深度”值为 55mm，选中“镜像范围”复选框，单击“确定”按钮完成凹槽特征的创建，如图 12-164 所示。

23 选择“平面 .1”，单击“草图”按钮进入草图编辑器。利用圆等工具绘制如图 12-165 所示的草图。单击“工作台”工具栏中的“退出工作台”按钮，完成草图绘制。

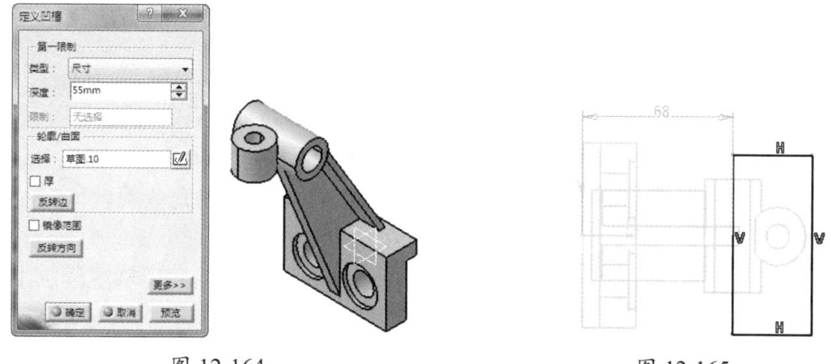

图 12-164

图 12-165

24 单击“基于草图的特征”工具栏中的“凹槽”按钮，选择上一步绘制的草图，弹出“定义凹槽”对话框，设置“深度”值为 1.5，选中“镜像范围”复选框，单击“确定”按钮完成凹槽特征的创建，如图 12-166 所示。

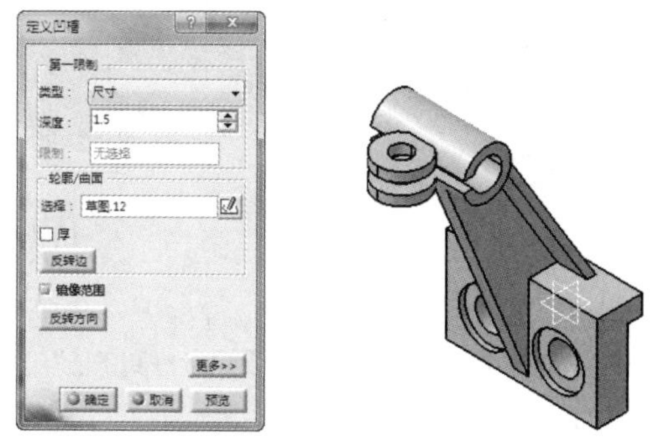

图 12-166

12.3 凸轮设计

常用的凸轮包括盘形凸轮、圆柱凸轮、线性凸轮和端面凸轮等，下面介绍凸轮的创建方法和过程。

动手操作——盘形凸轮设计

盘形凸轮如图 12-167 所示，主要由基体和凸轮槽组成。

盘形凸轮的绘制操作步骤如下。

01 在“标准”工具栏中单击“新建”按钮，在弹出的“新建”对话框中选择 Part 选项，单击“确定”按钮新建一个零件文件。执行“开始”|“机械设计”|“零件设计”命令，进入“零件设计”工作台。

02 单击“草图”按钮，在工作窗口选择草图平面为 *yz* 平面，进入草图编辑器。利用轮廓、轴线等工具绘制如图 12-168 所示的草图。单击“工作台”工具栏中的“退出工作台”按钮，完成草图绘制。

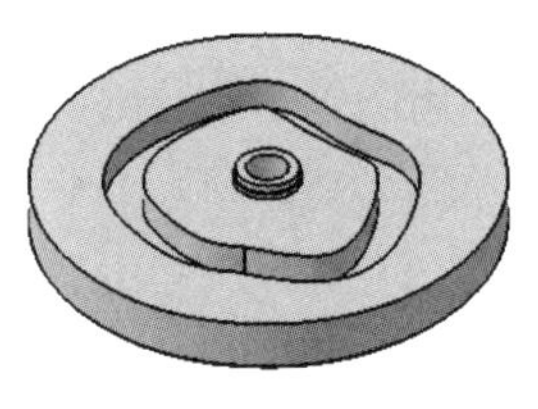

图 12-167

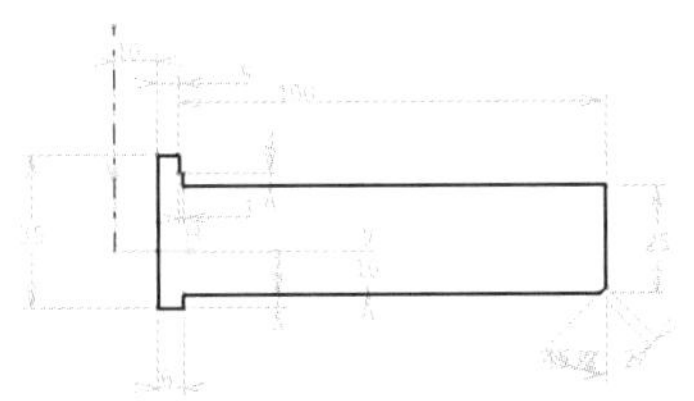

图 12-168

03 单击“基于草图的特征”工具栏中的“旋转体”按钮，选择旋转截面，弹出“定义旋转体”对话框，选择上一步绘制的草图为旋转槽截面，单击“确定”按钮完成旋转体特征的创建，如图 12-169 所示。

04 选择拉伸实体上端面，单击“草图”按钮，进入草图编辑器。利用草图绘制工具绘制如图 12-170 所示的草图。单击“工作台”工具栏中的“退出工作台”按钮，完成草图绘制。

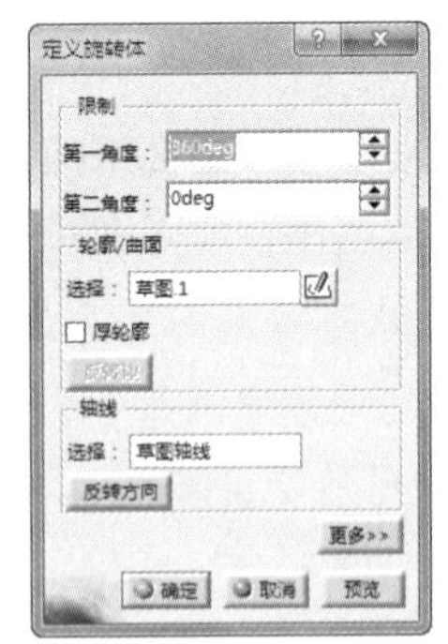

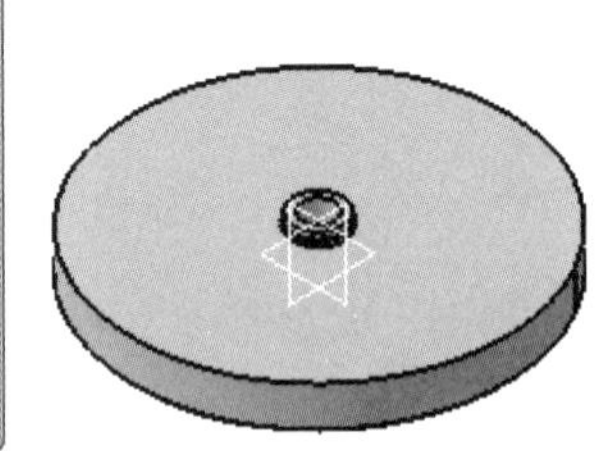

图 12-169

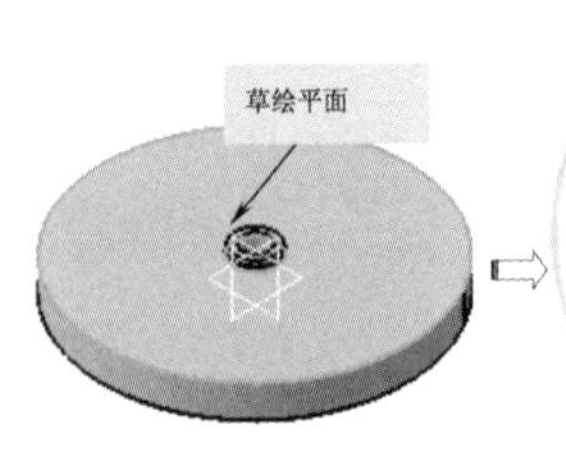

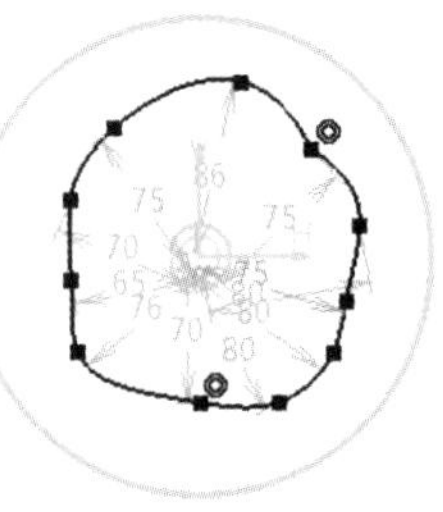

图 12-170

05 单击“基于草图的特征”工具栏中的“凹槽”按钮，选择上一步绘制的草图，弹出“定义凹槽”对话框，设置“深度”值为 15mm，并设置“厚度 1”和“厚度 2”数值，单击“确定”按钮完成凹槽特征的创建，如图 12-171 所示。

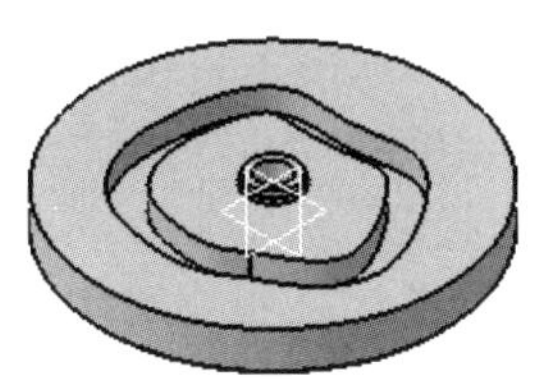

图 12-171

动手操作——圆柱凸轮设计

圆柱凸轮如图 12-172 所示，主要由基体和凸轮槽组成。

圆柱凸轮的绘制步骤如下。

01 在“标准”工具栏中单击“新建”按钮，在弹出的“新建”对话框中选择 Part 选项，单击“确定”按钮新建一个零件文件。执行“开始”|“机械设计”|“零件设计”命令，进入“零件设计”工作台。

02 单击“草图”按钮，在工作窗口选择草图平面为 *xy* 平面，进入草图编辑器。利用圆等工具绘制如图 12-173 所示的草图。单击“工作台”工具栏中的“退出工作台”按钮，完成草图绘制。

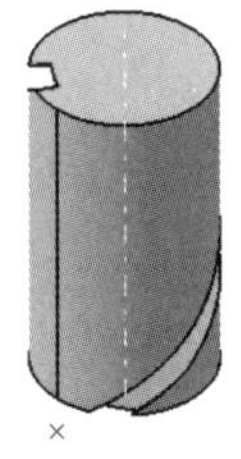

图 12-172

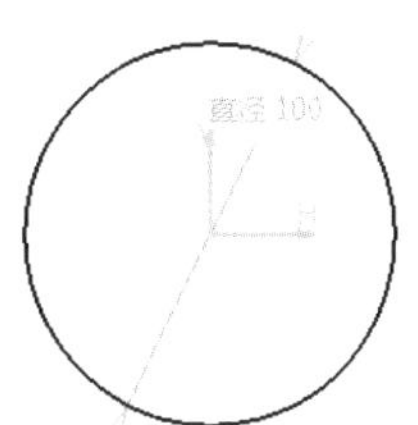

图 12-173

03 单击“基于草图的特征”工具栏中的“凸台”按钮，弹出“定义凸台”对话框，选择上一步绘制的草图，设置“长度”值为 180mm，单击“确定”按钮完成凸台特征的创建，如图 12-174 所示。

04 单击“参考元素”工具栏中的“点”按钮，弹出“点定义”对话框，在“点类型”下拉列表中选择“坐标”选项，输入 *X*、*Y*、*Z* 的坐标依次为 50mm、0mm、-20mm，单击“确定”按钮完成点创建，如图 12-175 所示。

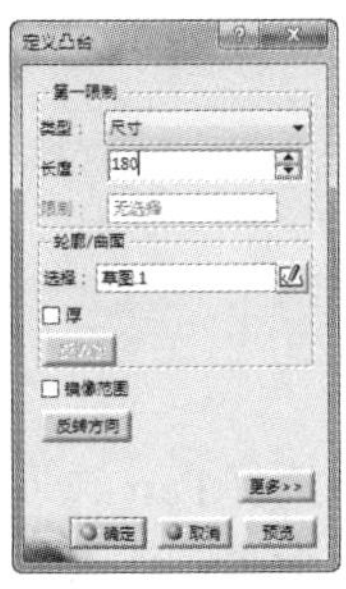

图 12-174

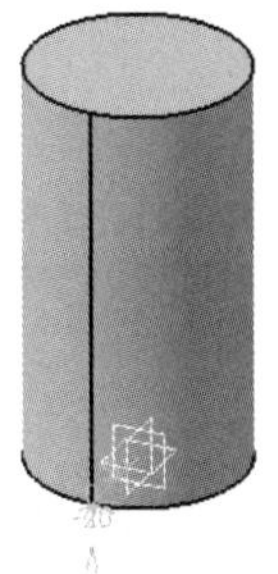

图 12-175

05 执行“开始”|“形状”|“创成式外形设计”命令，进入创成式外形设计工作台。

06 单击“线框”工具栏中的“轴线”按钮，弹出“轴线定义”对话框，选择圆柱表面，单击“确定”按钮完成轴线的创建，如图 12-176 所示。

07 单击“线框”工具栏中的“螺旋”按钮，弹出“螺旋曲线定义”对话框，单击激活“起点”文本框，选择螺旋线的起点，单击激活“轴”文本框选择轴线。在“螺距”文本框中输入螺旋线的节距数值，在“高度”文本框中输入高度数值，单击“确定”按钮完成螺旋线的创建，如图 12-177 所示。

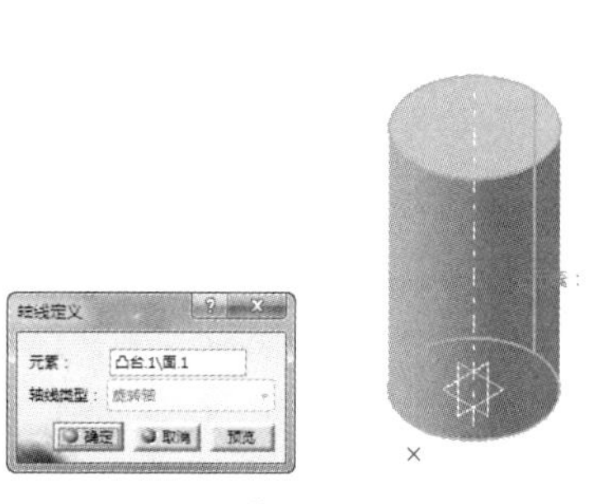

图 12-176

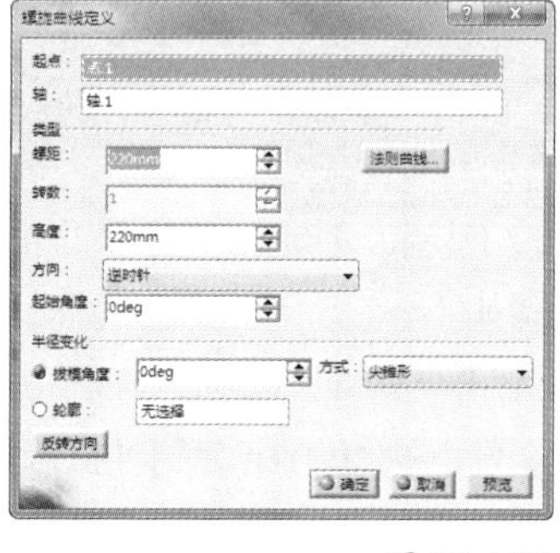

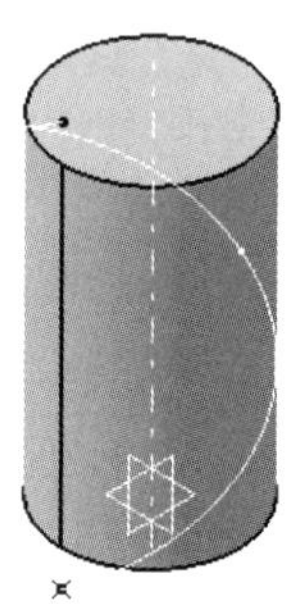

图 12-177

08 执行“开始”|“机械设计”|“零件设计”命令，进入零件设计工作台。

09 单击“草图”按钮，在工作窗口选择草图平面为 *zx* 平面，进入草图编辑器。利用矩形等工具绘制如图 12-178 所示的草图。单击“工作台”工具栏中的“退出工作台”按钮，完成草图绘制。

10 单击“基于草图的特征”工具栏中的“开槽”按钮，弹出“定义开槽”对话框，选择上一步绘制的草图为轮廓，螺旋线为中心曲线，并设置相关参数后，单击“确定”按钮创建开槽特征，如图 12-179 所示。

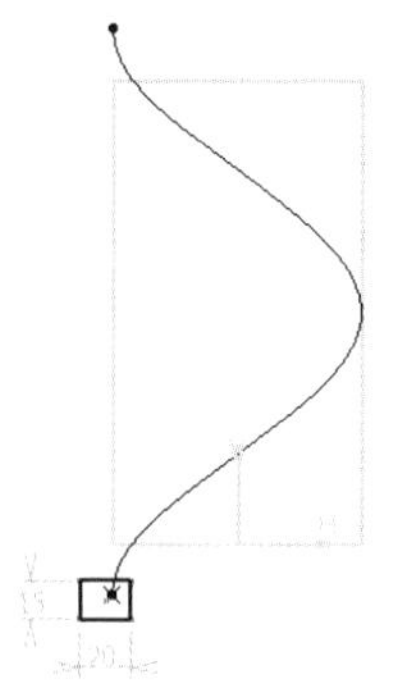

图 12-178

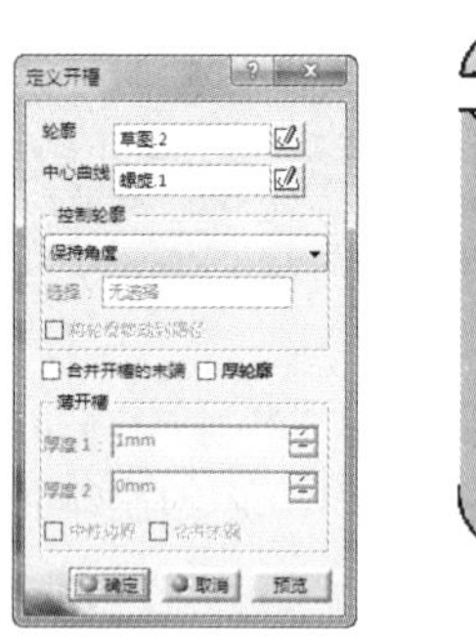

图 12-179

动手操作——端面凸轮设计

端面凸轮如图 12-180 所示，主要由基体和凸轮端面组成。

端面凸轮的绘制步骤如下。

01 在“标准”工具栏中单击“新建”按钮，在弹出的“新建”对话框中选择 Part 选项，单击“确定”按钮新建一个零件文件。执行“开始”|“机械设计”|“零件设计”命令，进入“零件设计”工作台。

02 单击“草图”按钮，在工作窗口选择草图平面为 *xy* 平面，进入草图编辑器。利用圆等工具绘制如图 12-181 所示的草图。单击“工作台”工具栏中的“退出工作台”按钮，完成草图绘制。

03 单击“基于草图的特征”工具栏中的“凸台”按钮，弹出“定义凸台”对话框，选择上一步绘制的草图，设置“长度”值为 30mm，单击“确定”按钮完成凸台特征的创建，如图 12-182 所示。

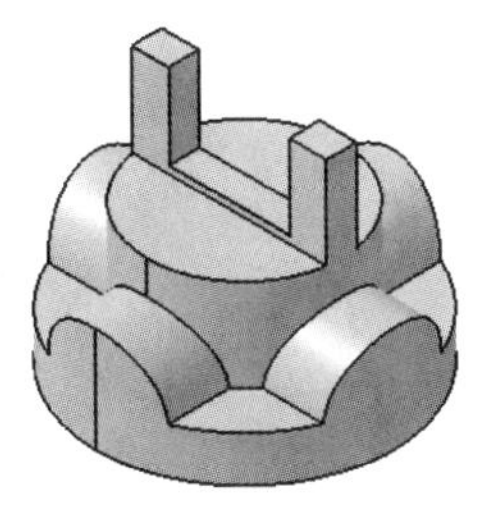

图 12-180

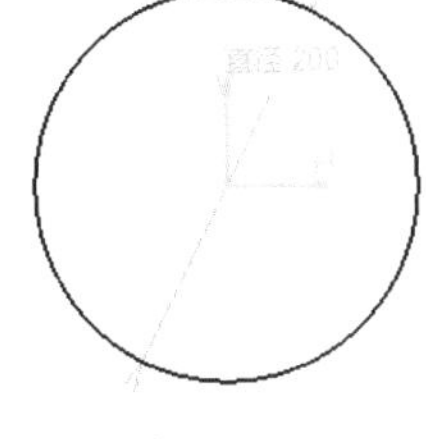

图 12-181

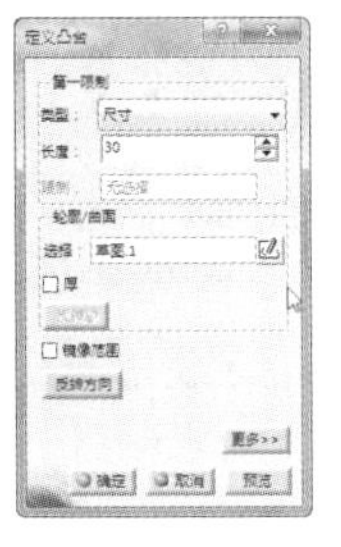

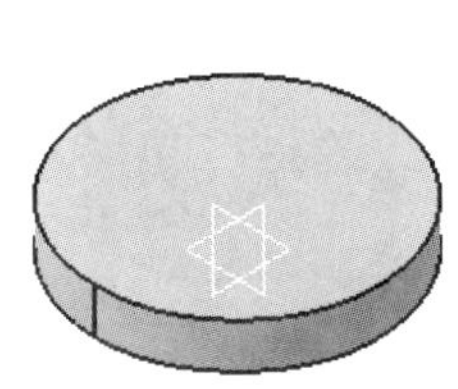

图 12-182

04 选择拉伸实体上端面，单击“草图”按钮，进入草图编辑器。利用圆等工具绘制如图 12-183 所示的草图。单击“工作台”工具栏中的“退出工作台”按钮，完成草图绘制。

05 单击“基于草图的特征”工具栏中的“凸台”按钮，弹出“定义凸台”对话框，选择上一步绘制的草图，设置“长度”值为 120mm，单击“确定”按钮完成凸台特征的创建，如图 12-184 所示。

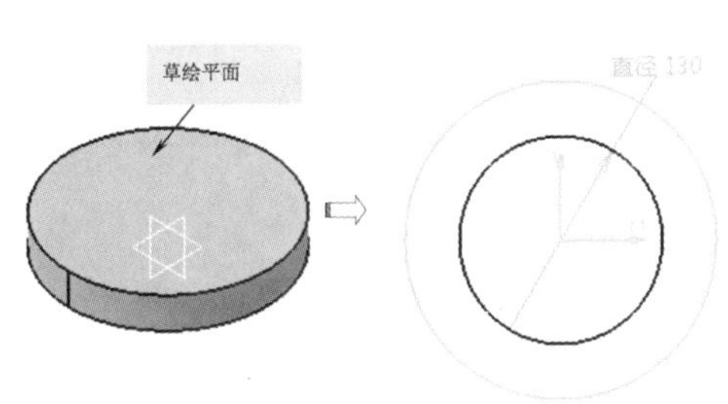

图 12-183

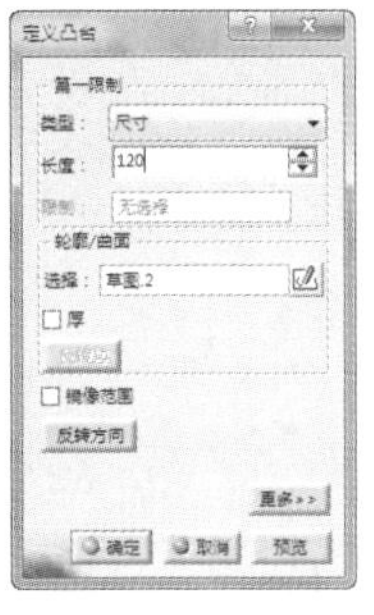

图 12-184

06 选择拉伸实体上端面，单击“草图”按钮，进入草图编辑器。利用矩形等工具绘制如图 12-185 所示的草图。单击“工作台”工具栏中的“退出工作台”按钮，完成草图绘制。

07 单击“基于草图的特征”工具栏中的“凹槽”按钮，选择上一步绘制的草图，弹出“定义凹槽”对话框，设置“深度”值为 60，单击“确定”按钮完成凹槽特征的创建，如图 12-186 所示。

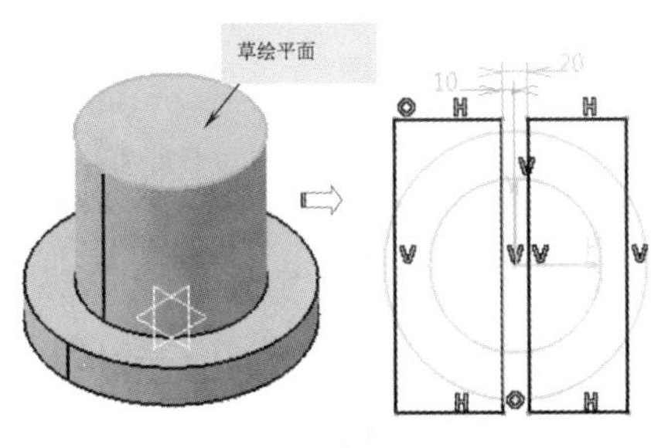

图 12-185

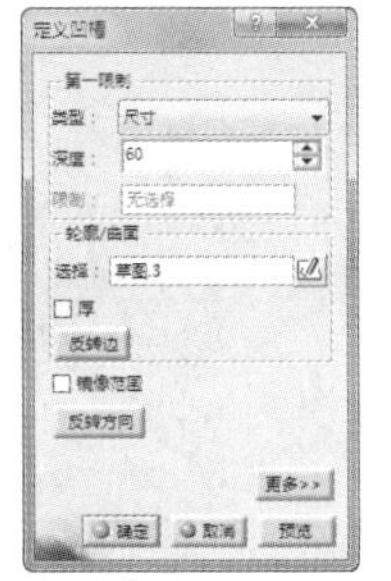

图 12-186

08 选择凹槽侧面，单击“草图”按钮，进入草图编辑器。利用矩形等工具绘制如图 12-187 所示的草图。单击“工作台”工具栏中的“退出工作台”按钮，完成草图绘制。

09 单击“基于草图的特征”工具栏中的“凹槽”按钮，选择上一步绘制的草图，弹出“定义凹槽”对话框，设置“深度”为 30，单击“确定”按钮完成凹槽特征的创建，如图 12-188 所示。

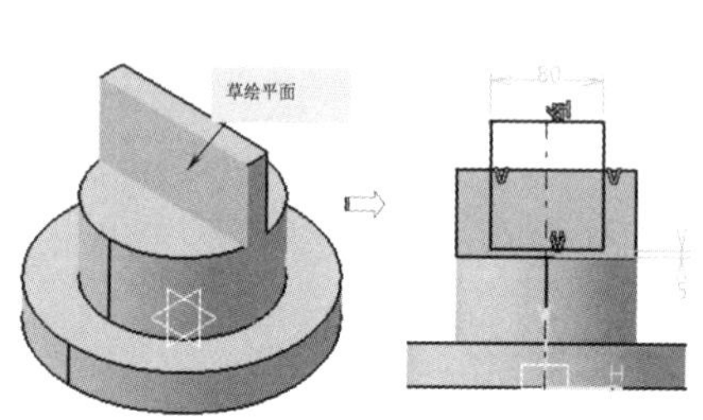

图 12-187

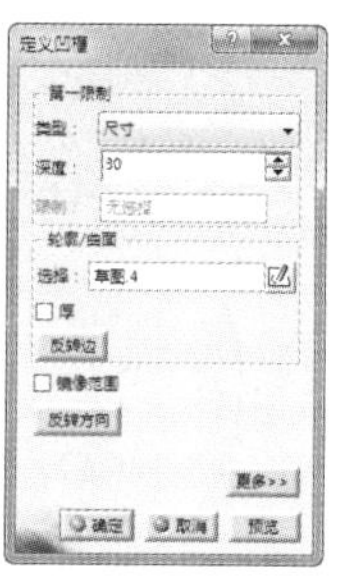

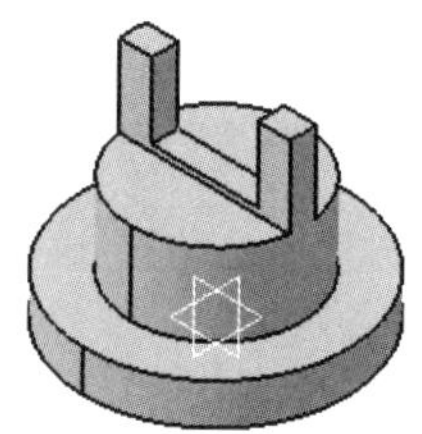

图 12-188

10 单击“草图”按钮，在工作窗口选择草图平面为 *zx* 平面，进入草图编辑器。利用圆等工具绘制如图 12-189 所示的草图。单击“工作台”工具栏中的“退出工作台”按钮，完成草图绘制。

11 单击“基于草图的特征”工具栏中的“凸台”按钮，弹出“定义凸台”对话框，选择上一步绘制的草图，设置“长度”值为 130mm，单击“确定”按钮完成凸台特征的创建，如图 12-190 所示。

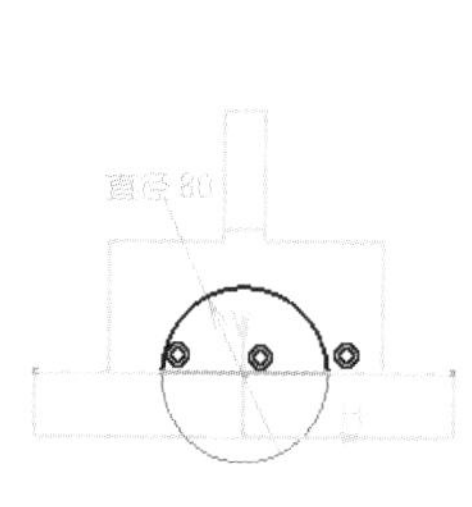

图 12-189

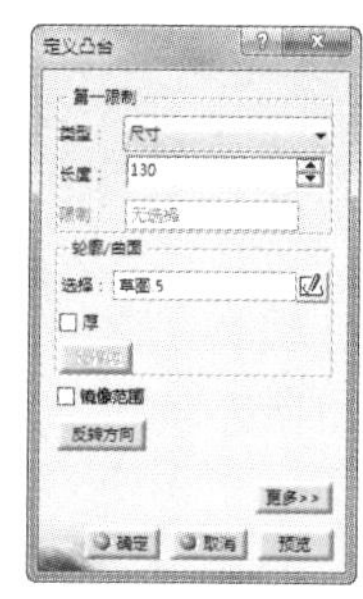

图 12-190

12 选择凸台，单击“变换特征”工具栏中的“圆形阵列”按钮，弹出“定义圆形阵列”对话框，设置阵列参数，选择圆柱表面为阵列方向，单击“确定”按钮完成圆周阵列特征的创建，如图 12-191 所示。

13 选择凹槽侧面，单击“草图”按钮，进入草图编辑器。利用投影 3D 元素等工具绘制如图 12-192 所示的草图。单击“工作台”工具栏中的“退出工作台”按钮，完成草图绘制。

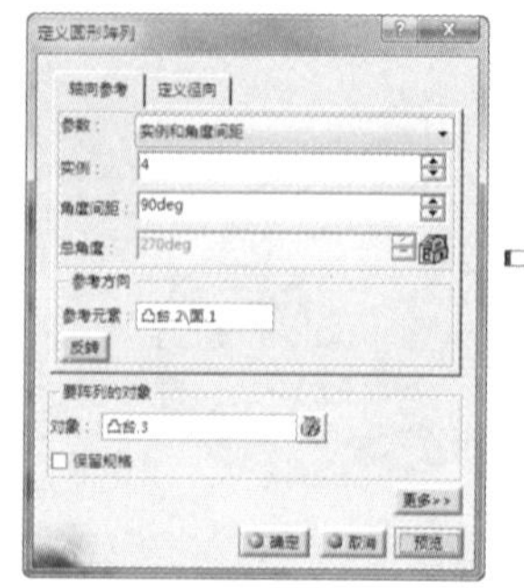

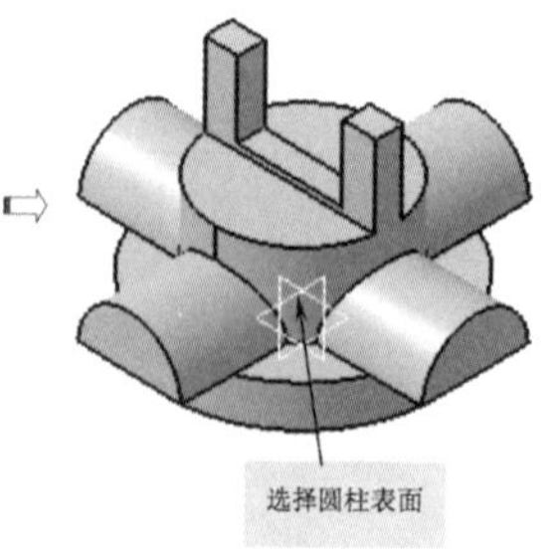

图 12-191

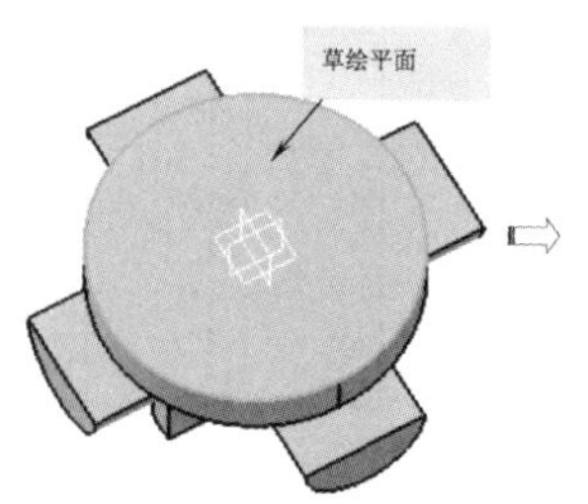

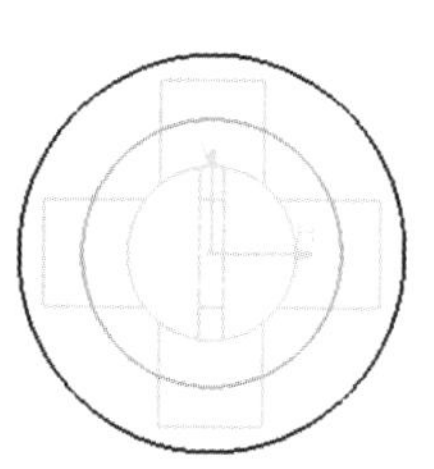

图 12-192

14 单击“基于草图的特征”工具栏中的“凹槽”按钮，选择上一步绘制的草图，弹出“定义凹槽”对话框，设置“深度”为 130mm，单击“确定”按钮完成凹槽特征的创建，如图 12-193 所示。

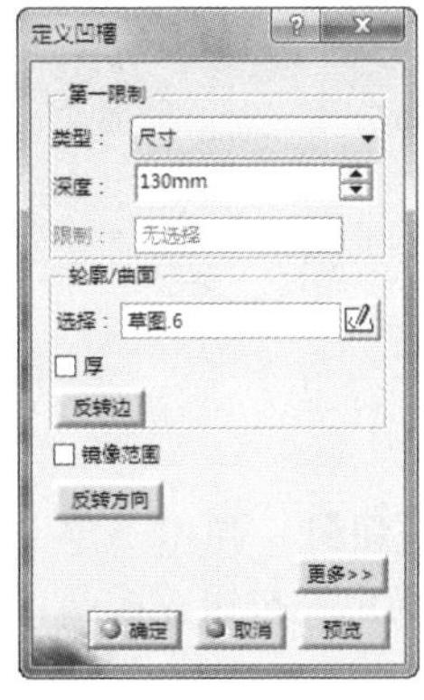

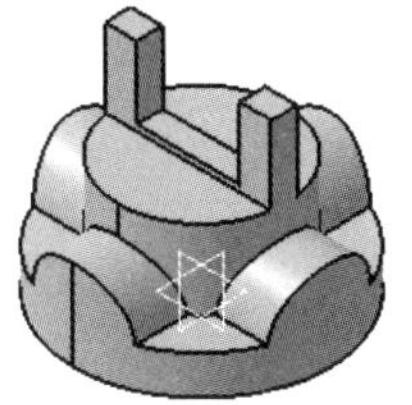

图 12-193

12.4 连杆结构设计

本节将以连杆零件为例讲解在实体造型中特征创建、特征操作等功能的使用方法。

如图 12-194 所示为连杆零件。

动手操作——创建连杆

连杆的操作步骤如下。

01 在“标准”工具栏中单击“新建”按钮，在弹出的“新建”对话框中选择 Part 选项，单击“确定”按钮新建一个零件文件。执行“开始”|“机械设计”|“零件设计”命令，进入“零件设计”工作台。

02 单击“草图”按钮，在工作窗口选择草图平面为 *xy* 平面，进入草图编辑器。利用圆等工具绘制如图 12-195 所示的草图。单击“工作台”工具栏中的“退出工作台”按钮，完成草图绘制。

图 12-194

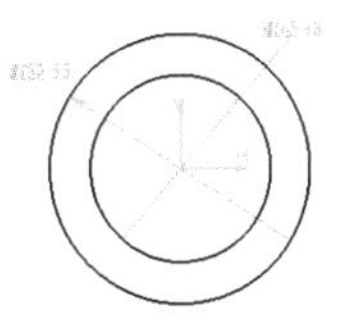

图 12-195

03 单击“基于草图的特征”工具栏中的“凸台”按钮，弹出“定义凸台”对话框，选择上一步绘制的草图，设置“长度”值为 8mm，单击“确定”按钮完成凸台特征的创建，如图 12-196 所示。

04 单击“草图”按钮，在工作窗口选择草图平面为 *xy* 平面，进入草图编辑器。利用圆等工具绘制如图 12-197 所示的草图。单击“工作台”工具栏中的“退出工作台”按钮，完成草图绘制。

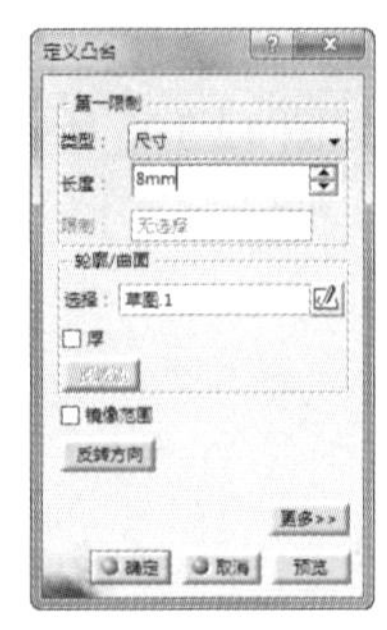
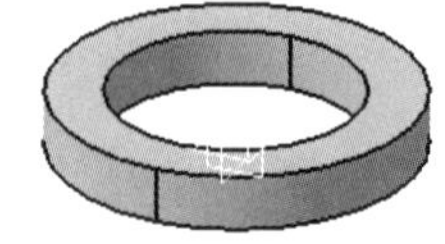
图 12-196

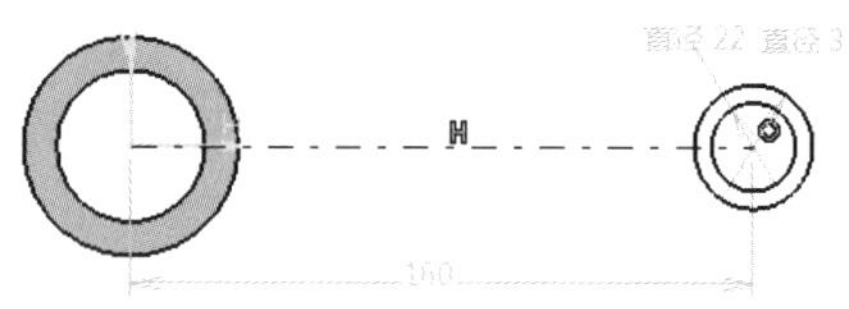
图 12-197

05 单击“基于草图的特征”工具栏中的“凸台”按钮，弹出“定义凸台”对话框，选择上一步绘制的草图，设置“长度”值为13mm，单击“确定”按钮完成凸台特征的创建，如图 12-198 所示。

06 单击“修饰特征”工具栏中的“拔模斜度”按钮，弹出“定义拔模”对话框，在“角度”文本框中输入7deg，单击激活“要拔模的面”文本框，选择小圆柱外表面。单击激活“中性元素”选项区中的“选择”文本框，选择“xy 面”选项，单击“确定”按钮完成拔模特征的创建，如图 12-199 所示。

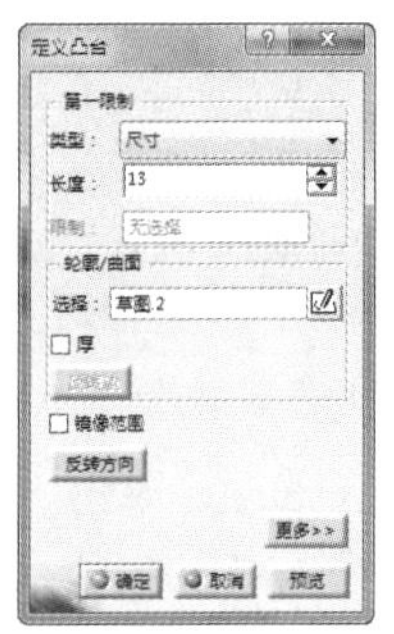

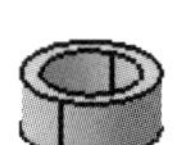
图 12-198

图 12-199

07 单击“草图”按钮，在工作窗口选择草图平面为 *xy* 平面，进入草图编辑器。利用圆等工具绘制如图 12-200 所示的草图。单击“工作台”工具栏中的“退出工作台”按钮，完成草图绘制。

08 单击“基于草图的特征”工具栏中的“凸台”按钮，弹出“定义凸台”对话框，选择上一步绘制的草图，设置“长度”值为5.5mm，单击“确定”按钮完成凸台特征的创建，如图 12-201 所示。

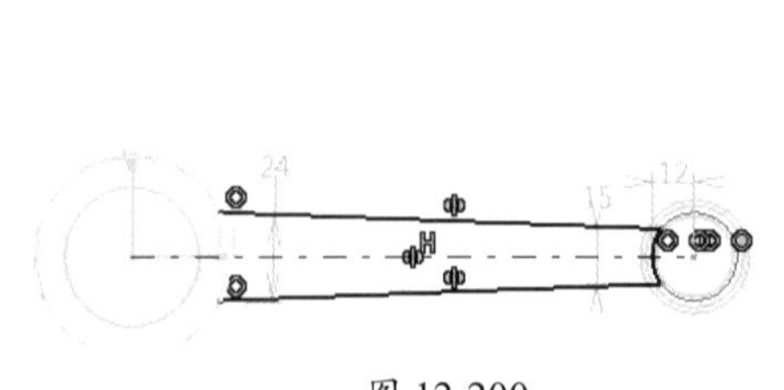
图 12-200

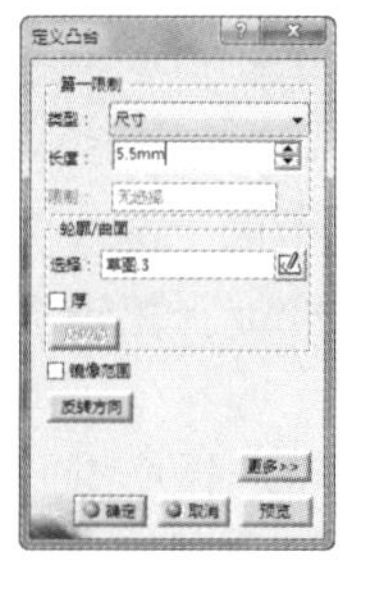

图 12-201

09 单击“修饰特征”工具栏中的“拔模斜度”按钮，弹出“定义拔模”对话框，在“角度”

文本框中输入 7deg，单击激活“要拔模的面”文本框，选择连接体侧面，单击激活“中性元素”选项区中的“选择”文本框，选择“xy 面”选项，单击“确定”按钮完成拔模特征的创建，如图 12-202 所示。

10 选择 *xy* 平面，单击“草图”按钮，进入草图编辑器。利用圆、圆角和偏移等工具绘制如图 12-203 所示的草图。单击“工作台”工具栏中的“退出工作台”按钮，完成草图绘制。

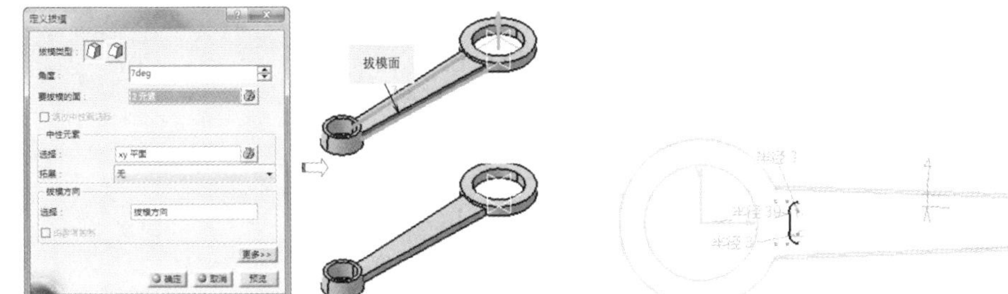

图 12-202　　图 12-203

11 单击“基于草图的特征”工具栏中的“凹槽”按钮，选择上一步绘制的草图，弹出“定义凹槽”对话框，设置“深度”值为 4mm，单击“确定”按钮完成凹槽特征的创建，如图 12-204 所示。

12 单击“修饰特征”工具栏中的“倒圆角”按钮，弹出“倒圆角定义”对话框，在“半径”文本框中输入 40mm，然后单击激活“要圆角化的对象”文本框，选择连杆与大圆接触的边线，单击“确定”按钮完成圆角特征的创建，如图 12-205 所示。

图 12-204　　图 12-205

13 单击“修饰特征”工具栏中的“倒圆角”按钮，弹出“倒圆角定义”对话框，在“半径”文本框中输入 15mm，然后单击激活“要圆角化的对象”文本框，选择连杆与大圆接触的边线，单击“确定”按钮完成圆角特征的创建，如图 12-206 所示。

14 单击“变换特征”工具栏中的“镜像”按钮，选择 *xy* 平面为镜像平面，单击“确定”按钮完成镜像特征的创建，如图 12-207 所示。

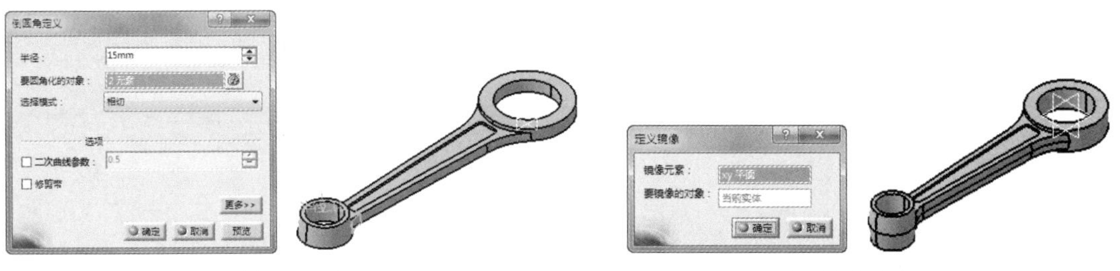

图 12-206　　图 12-207

12.5 课后习题

习题一

绘制如图 12-208 所示的连杆模型。

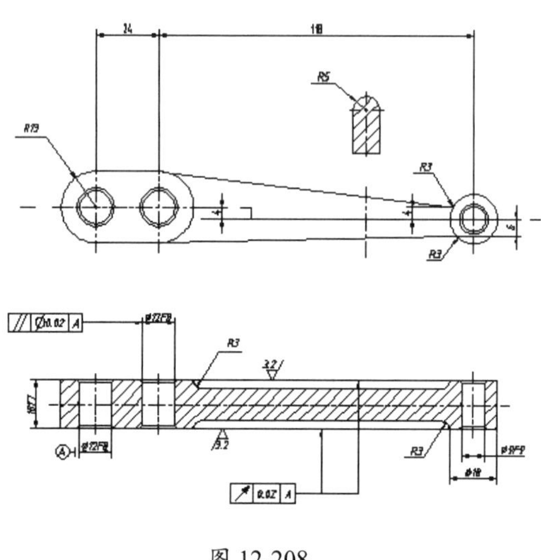

图 12-208

习题二

绘制如图 12-209 所示的支架模型。

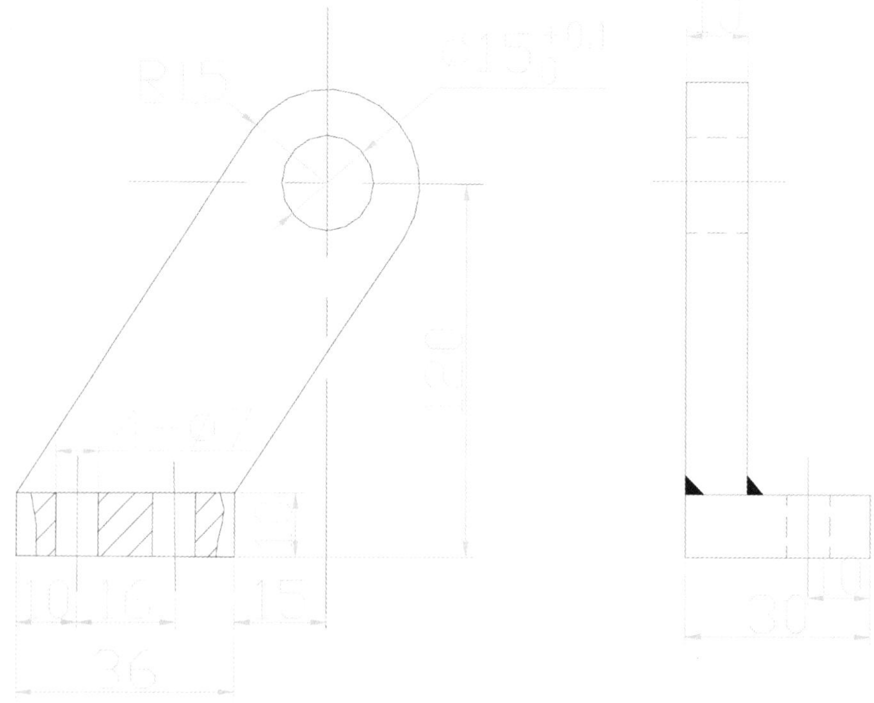

图 12-209

第 3 部分

第 13 章 创成式曲线设计指令

在工业造型设计过程中，造型曲线是创建曲面的基础，曲线创建得越平滑、曲率越均匀，则获得的曲面效果越好。此外，使用不同类型的曲线作为参照，可创建各种样式的曲面效果。例如，使用规则曲线创建规则曲面，而使用不规则曲线将获得不同的自由曲面效果。

本章将主要介绍 CATIA V5-6R2017 创成式外形设计工作台中的各种曲线工具的应用和空间构建方法。

- ◆ 创成式外形设计工作台
- ◆ 创建 3D 空间点和直线
- ◆ 创建投影与混合曲线
- ◆ 创建相交和偏移曲线
- ◆ 创建空间圆曲线
- ◆ 创建由几何体计算而定义的曲线

13.1 创成式外形设计工作台

曲线是构成实体、曲面的基础，是曲面造型必需的过程。UG NX 12.0 的曲线可以创建直线、圆弧、圆、样条等简单曲线，也可以创建矩形、多边形、文本、螺旋形等规律曲线，如图 13-1 所示。

图 13-1

13.1.1 曲线基础

曲线可看作一个点在空间连续运动的轨迹。按点的运动轨迹是否在同一平面，曲线可分为平面曲线和空间曲线。按点的运动有无一定规律，曲线又可分为规则曲线和不规则曲线。

1. 曲线的投影性质

因为曲线是点的集合，将绘制曲线上的一系列点投影，并将各点的同面投影依次光滑连接，即可得到该曲线的投影，这是绘制曲线投影的一般方法。若能绘制出曲线上一些特殊点（如最高点、最低点、最左点、最右点、最前点及最后点等），则可更准确地表示曲线。

曲线的投影一般仍为曲线，如图 13-2 所示的曲线 L，当它向投影面进行投射时，形成一个投射柱面，该柱面与投影平面的交线必为一曲线，故曲线的投影仍为曲线，属于曲线的点，它的投影属于该曲线在同一投影面上的投影，如图中的点 D 属于曲线 L，则它的投影 d 必属于曲线的投影 l，属于曲线某点的切线，它的投影与该曲线在同一投影面的投影仍相切于切点的投影。

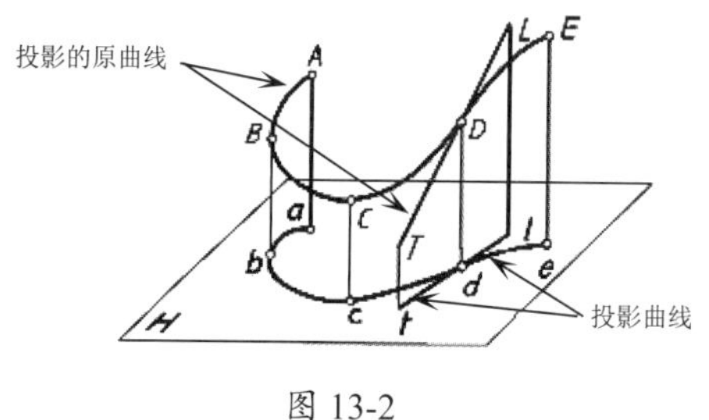

图 13-2

2. 曲线的阶次

由不同幂指数变量组成的表达式称为“多项式”。多项式中最大指数称为多项式的阶次。例如，$5X^3+6X^2-8X=10$（阶次为 3 阶），$5X^4+6X^2-8X=10$（阶次为 4 阶）。

曲线的阶次用于判断曲线的复杂程度，而不是精确程度。简单来说，曲线的阶次越高，曲线就越复杂，计算量就越大。使用低阶曲线更加灵活，更加靠近它们的极点，使后续操作（显示、加工、分析等）的运行速度更快，便于与其他 CAD 系统进行数据交换（因为许多 CAD 只接受 3 次曲线）。

使用高阶曲线常会带来一些弊端，例如灵活性差，可能引起不可预知的曲率波动，造成与其他 CAD 系统进行数据交换时的信息丢失，使后续操作（显示、加工、分析等）的运行速度变慢。一般来讲，最好使用低阶多项式，这就是为什么在 UG、Pro/E 等 CAD 软件中默认的阶次都为低阶的原因。

3. 规则曲线

“规则曲线”顾名思义就是特征按照一定规则分布的曲线。规则曲线根据结构分布特点可分为平面和空间规则曲线。曲线上所有的点都属于同一平面，则该曲线称为“平面曲线”，常见的圆、椭圆、抛物线和双曲线等都属于平面曲线。凡是曲线上有任意 4 个连续的点不属于同一平面，则称该曲线为“空间曲线”。常见的规则空间曲线有圆柱螺旋线和圆锥螺旋线，如图 13-3 所示。

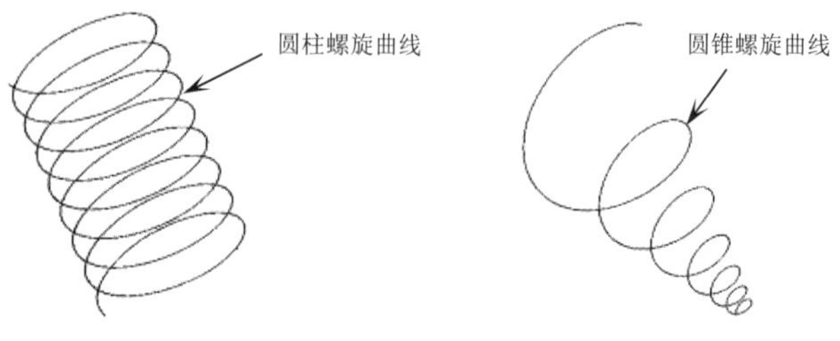

图 13-3

4. 不规则曲线

不规则曲线又称“自由曲线”，是指形状比较复杂，不能用二次方程准确描述的曲线。自由曲线广泛用于汽车、飞机、轮船等计算机辅助设计中。涉及的问题有两个方面：其一是由已知的离散点确定曲线，多是利用样条曲线和草绘曲线获得，如图 13-4 所示为在曲面上绘制样条曲线；其二是对已知自由曲线利用交互方式予以修改，使其满足设计者的要求，即对样条曲线或草绘曲线进行编辑，从而获得的自由曲线。

13.1.2　CATIA 曲线的构建方式

使用 CATIA 创建各种曲线主要有两种方式：一是利用草绘工具在草图环境下绘制需要的各种曲线图形；二是直接使用“创成式外形设计”模块中的曲线线框工具栏创建 3D 空间式的曲线图形。

在草图环境下创建的曲线图形，在退出草绘后系统将其默认为一段曲线图形，如需对其中某一部分曲线进行操作，则需要通过“拆解”或“提取”命令来分解或提取出操作对象。

使用“创成式外形设计”模块中的线框工具创建的 3D 空间曲线，在退出命令后所创建的曲线具有独立性，如需要对多段曲线进行统一的操作，则需要先通过“接合”命令合并各独立的曲线段。

13.1.3　进入创成式外形设计工作台

在最初启动 CATIA 软件时系统默认在“装配设计”模块下，用户需要手工切换到创成式曲面设计模块，具体操作方法如下。

执行“开始”|“形状”|“创成式外形设计”命令，进入“创成式外形设计”工作台，如图 13-5 所示。

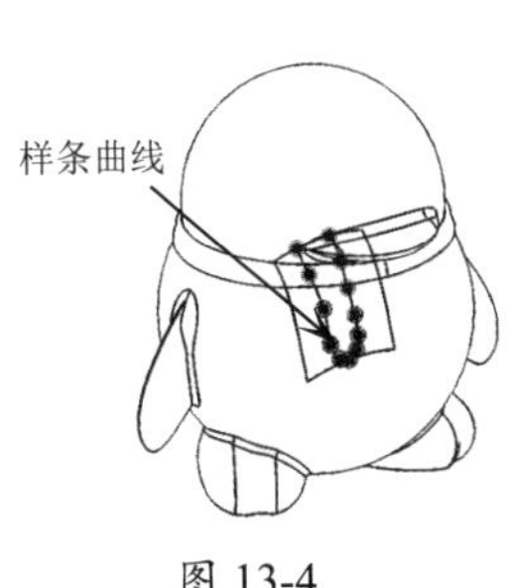

图 13-4

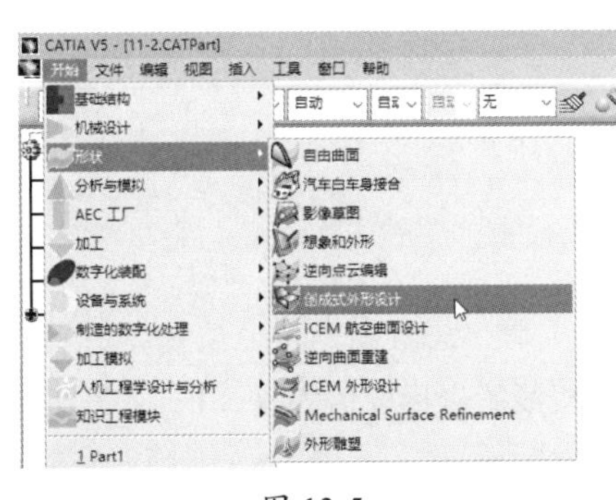

图 13-5

技术要点：

进入创成式外形设计工作台时的提示。

- 在切换“创成式外形设计”模块前若已新建零件，则可直接进入此工作台。
- 在切换“创成式外形设计”模块前若未新建零件，系统将弹出“新建零件”对话框。

在进入创成式外形设计工作台后，系统提供了各种命令工具栏，它们分别位于绘图窗口的右侧。创成式外形设计工作台界面的布置与零件设计工作台的界面布置基本一致，如图 13-6 所示。

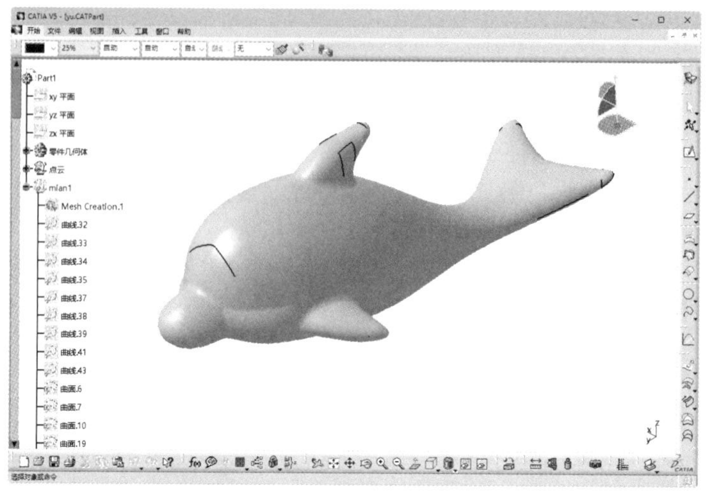

图 13-6

13.2 创建 3D 空间曲线

在 CATIA 创成式外形设计工作台中，空间曲线包括 2D 平面曲线（或 2D 曲线）和 3D 空间曲线（或 3D 曲线）。2D 平面曲线包括点、直线 / 轴、圆 / 圆弧、矩形及样条曲线等，这些曲线的创建及用法在前面（草图绘制指令）中已全面介绍过，不再赘述。本节仅介绍 2D 平面曲线中还未曾介绍过的部分指令及 3D 空间曲线的创建与应用方法。

草图工作台中绘制的点与直线是 2D 曲线，在 3D 空间中绘制的点与直线与 2D 中所不同的是，2D 点与直线的定位取值均为平面中的 H（表示 *X* 轴）、V（表示 *Y* 轴）取值，如图 13-7 所示。

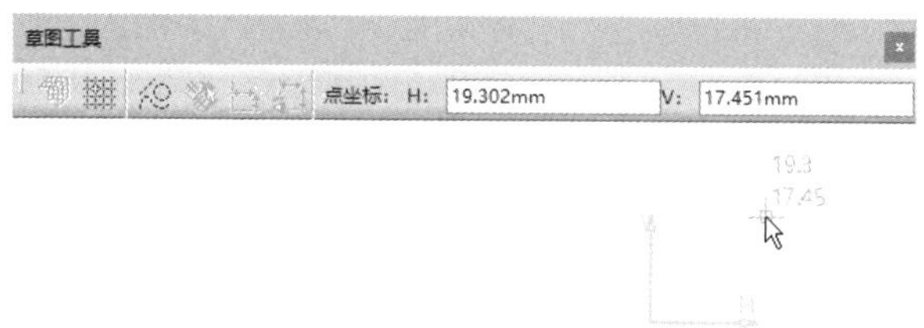

图 13-7

而 3D 点和直线的坐标取值为 *X*、*Y*、*Z* 三坐标取值，如图 13-8 所示。

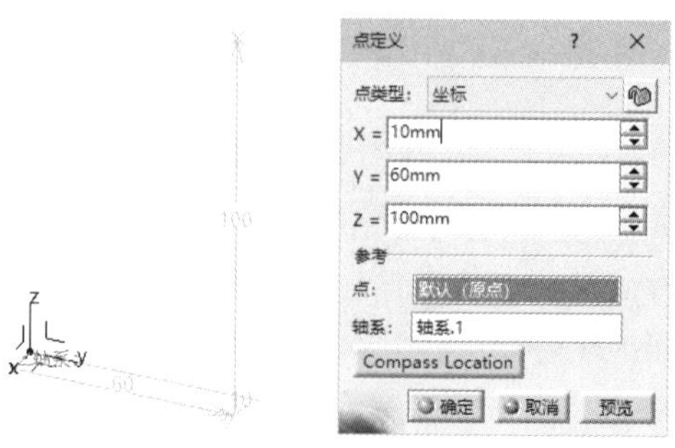

图 13-8

13.2.1　创建空间点

1. 创建空间点

在 3D 空间中创建点，还可以用指定参考（如曲线、平面、曲面、球心、切线及两点之间）的方法来创建。在“线框”工具栏中单击“点”按钮，弹出“点定义”对话框。在该对话框中可选择 7 种方式来创建空间点，如图 13-9 所示。

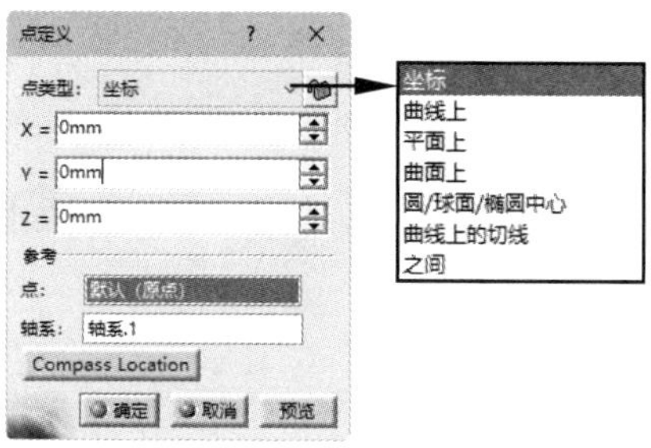

图 13-9

- 坐标：以 3 个坐标 X、Y、Z 的取值来定义点位置。
- 曲线上：在所选的曲线上创建点，需要在曲线上指定点的具体位置，包括“曲线上的距离”“沿着方向的距离”和“曲线长度比率”3 种定位方式，如图 13-10 所示的定位方式为“曲线上的距离”。

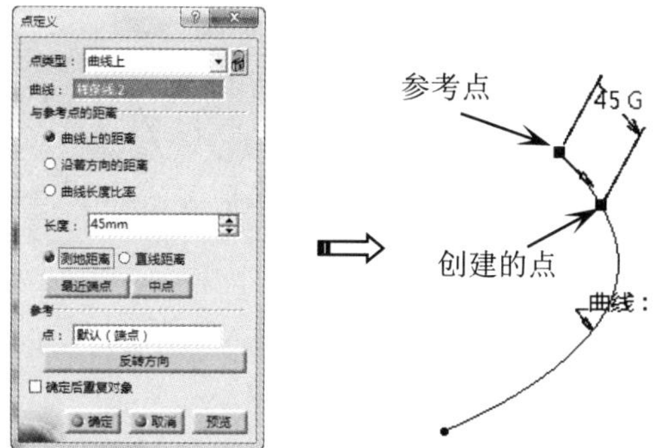

图 13-10

- 平面上：在平面上通过选取参考点及相对于参考点的坐标值来创建点，如图 13-11 所示。

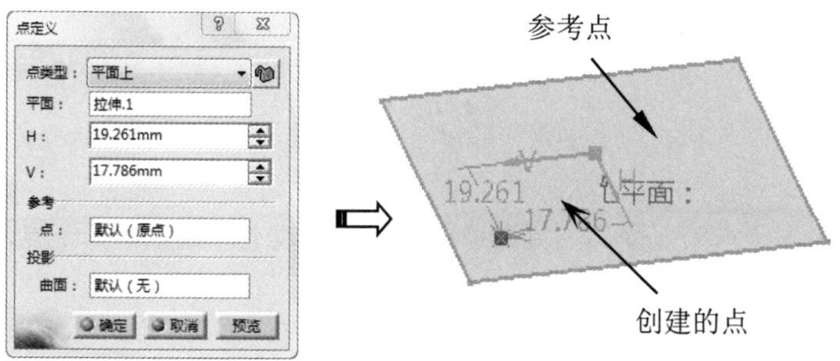

图 13-11

- 曲面上：通过选择曲面并在曲面上定义方向和距离来创建点，如图 13-12 所示。

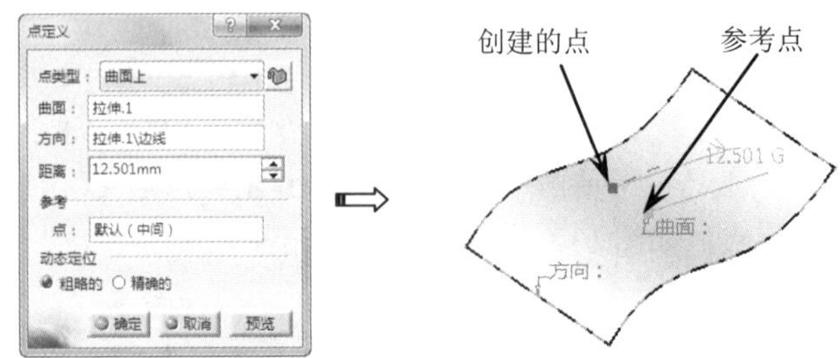

图 13-12

- 圆 / 球面 / 椭圆中心：在选取的圆心或球心处创建点，如图 13-13 所示。

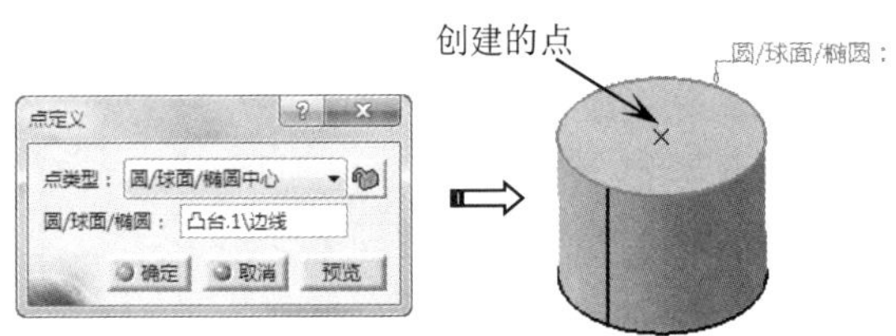

图 13-13

- 曲线上的切线：创建曲线与参考方向上的相切点，如图 13-14 所示。

图 13-14

- 之间：在已知两点之间创建点，如图 13-15 所示。

图 13-15

2. 点面复制

“线框”工具栏中的“点面复制”工具用于在选定的曲线上生成多个等距点，以及通过这些等距点创建法向于曲线的平面，如图 13-16 所示。

3. 端点（极值点）

“线框”工具栏中的“端点”工具，可以通过给定特定条件提取曲线、曲面或凸台元素中的极值点，如图 13-17 所示。

图 13-16

图 13-17

4. 端点坐标（极值极坐标点）

“线框”工具栏中的“端点坐标”工具可以通过选择一已知点为坐标原点在曲线上创建极值点，如图 13-18 所示。

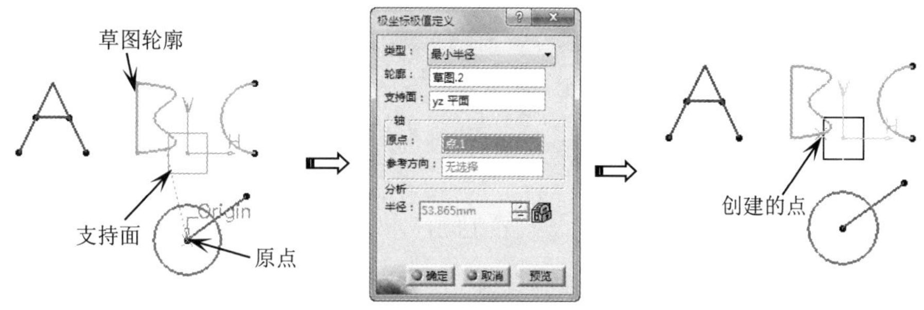

图 13-18

13.2.2　创建空间直线与轴

空间直线是构成线框的基本单元之一，可作为创建平面、曲线、曲面的参考，也可作为方向参考和轴线。空间轴一般用于特征参考线，其仅在圆柱面、圆锥面、椭圆面及球面中产生。

1. 创建空间直线

在“线框”工具栏中单击“直线”按钮╱，弹出“直线定义”对话框，其中包括 6 种直线的定义类型，如图 13-19 所示。

图 13-19

6 种直线的定义类型介绍如下。

- 点 - 点：以选取空间中的任意两点作为直线的经过点。这种类型可以创建直线段、射线、无限直线等，如图 13-20 所示。

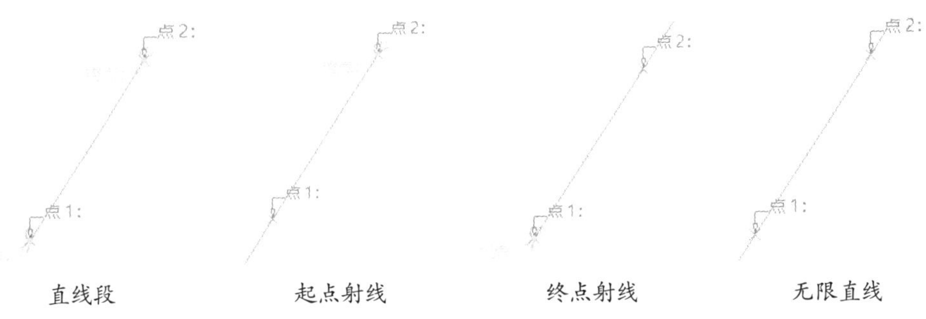

图 13-20

- 点 - 方向：指定一点、方向和支持面来定义空间曲线。如果支持面是平面，则创建空间直线；如果支持面是曲面，则创建空间曲线，如图 13-21 所示。

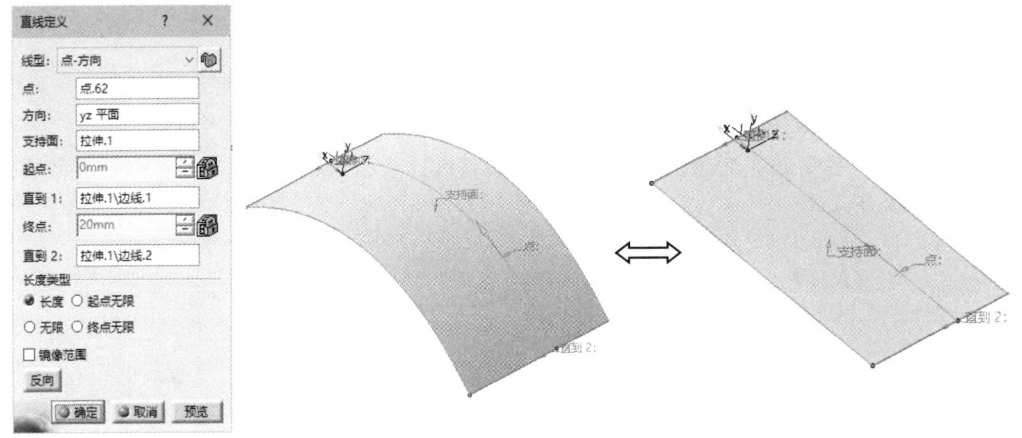

图 13-21

- 曲线的角度 / 法线：创建与曲线垂直或呈一定角度的空间直线。根据曲线、曲面与起点创建一条直线，该直线与曲线在曲面上的投影在起点处呈一定角度，该角度为与曲线切线所成角度，创建的直线沿着起点在曲面投影处的切线方向延伸。此外，是否创建为直线或空间曲线，则与支持面的形态（平面或曲面）有关，如图 13-22 所示。

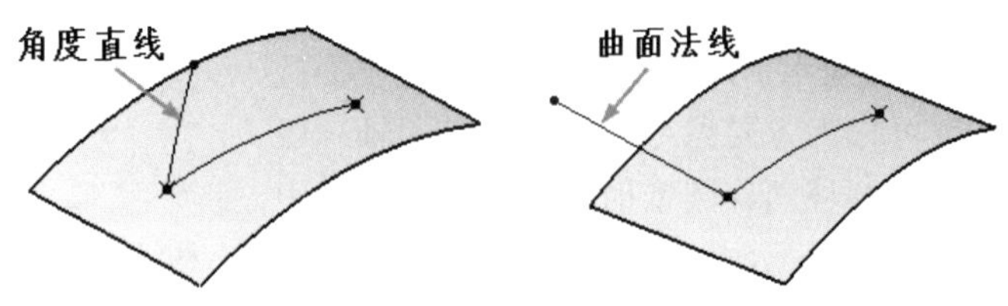

图 13-22

- 曲线的切线：创建通过指定起点、相切曲线及支持面，创建相切于曲线的切线，如图 13-23 所示。如果指定支持面，将创建与支持面形态相应的空间曲线。
- 曲面的法线：通过指定参考点和参考曲面来创建法向于参考曲面的直线，如图 13-24 所示。

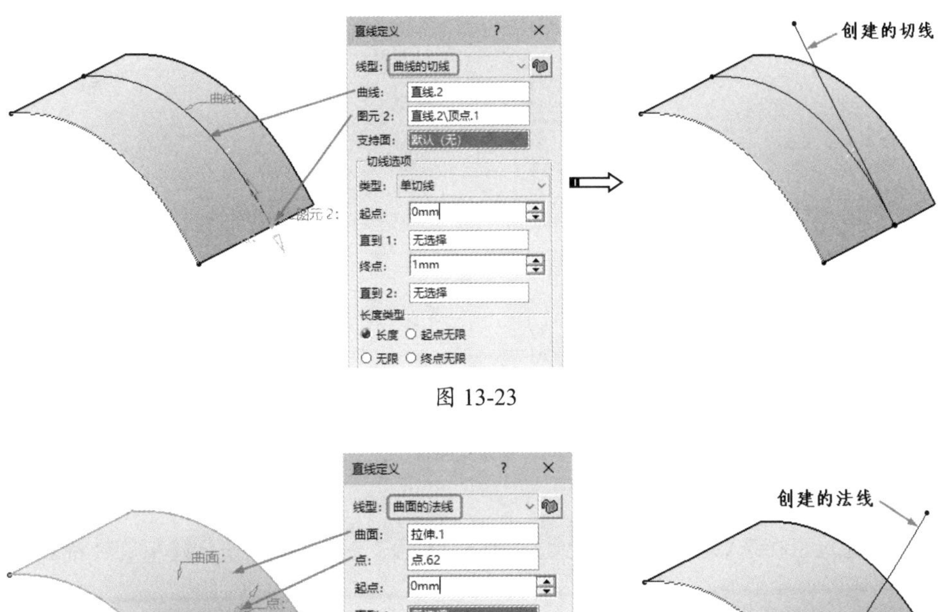

图 13-23

图 13-24

- 角平分线：通过指定相交的两条直线或边来创建角平分线，如图 13-25 所示。

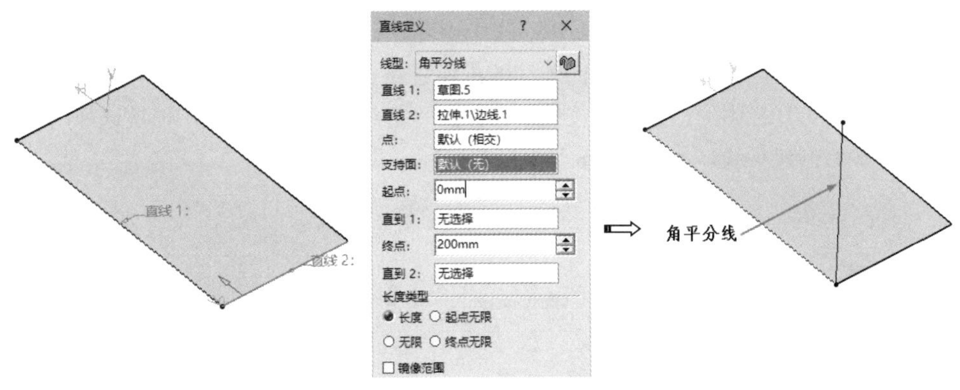

图 13-25

2. 创建空间轴

在创建空间轴时，系统会根据图形区中已有的曲面模型进行自动识别，从而创建出不同的空间轴线。例如所选的参考曲面为圆柱面，系统会自动判断为旋转特征，其中心轴就是要创建的空间轴。若是已有模型为 2D 图形，则需要用户指定参考图元、参考方向及轴线类型。

（1）创建基于 2D 图形的轴线。

此方法是通过选取图形区中已创建的几何图形对象，再定义轴线的放置参数，从而创建需要的几何轴线，如图 13-26 所示。

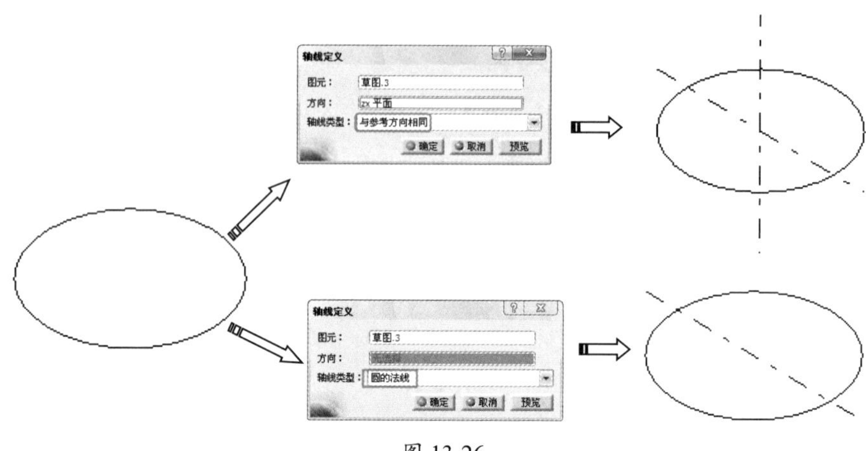

图 13-26

（2）创建基于旋转特征的轴线。

此方法是通过直接选取图形区中已创建的旋转特征对象，从而快速创建出旋转特征的轴线，如图 13-27 所示。

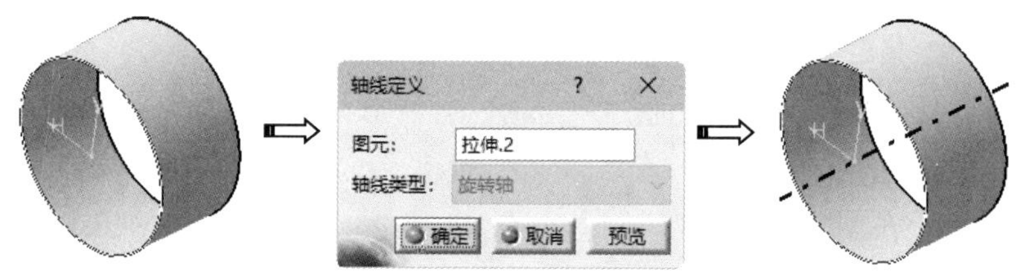

图 13-27

3. 创建折线

“折线”命令用于创建通过多个点的连续的折断直线。

单击“线框”工具栏中的“折线”按钮，弹出“折线定义”对话框，依次选择所需的点，单击“确定”按钮创建折线，如图 13-28 所示。

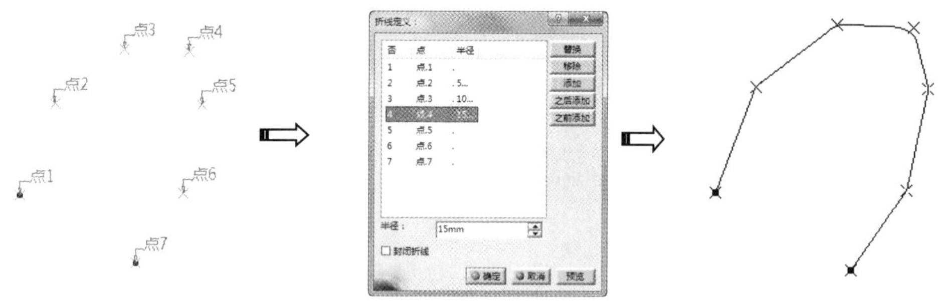

图 13-28

13.2.3 创建投影 – 混合曲线

1. 创建投影曲线

投影曲线是通过指定投影方向、投影的线段、投影的支持曲面，从而将空间中已知的点、线向一个曲面上进行投影附着的操作，如图 13-29 所示。

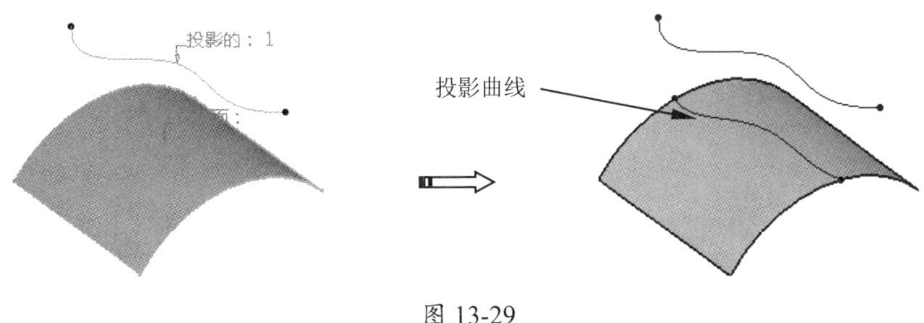

图 13-29

动手操作——创建投影曲线

01 打开本例源文件 13-1.CATPart。

02 执行"插入"|"线框"|"投影"命令，弹出"投影定义"对话框。

03 定义投影曲线的相关参数。在"投影类型"下拉列表中选择"法线"选项，并在图形区中选取曲面上方的圆形作为要投影的对象。

04 在图形区中选取圆柱曲面为投影支持面，单击"确定"按钮完成投影曲线的创建，如图 13-30 所示。

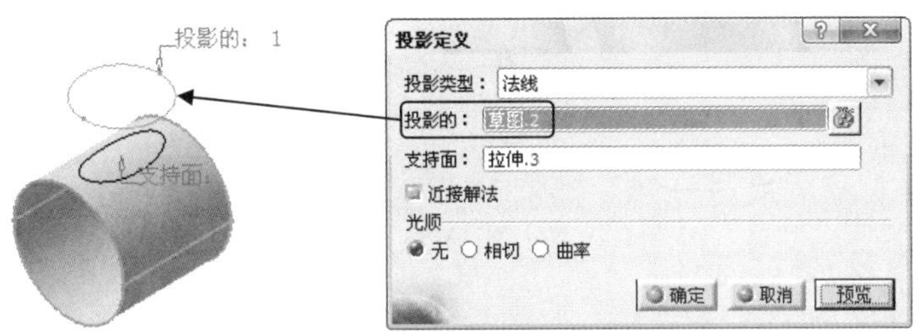

图 13-30

"投影定义"对话框中部分选项说明如下。

- 投影类型—"法线"：当选取此投影类型时，系统将沿着与支持曲面垂直的方向进行投影操作，如图 13-31 中的左图所示。
- 投影类型—"沿某一方向"：当选取此投影类型时，系统将沿着用户指定的线性方向进行投影操作，如图 13-31 中的右图所示。

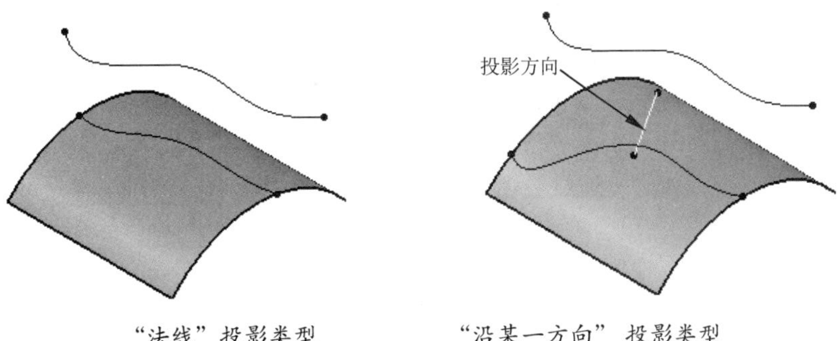

图 13-31

- 近接解法：选中该复选框系统则保留离投影源对象最近的投影曲线，否则，将保留所有的投影结果，如图 13-32 所示。

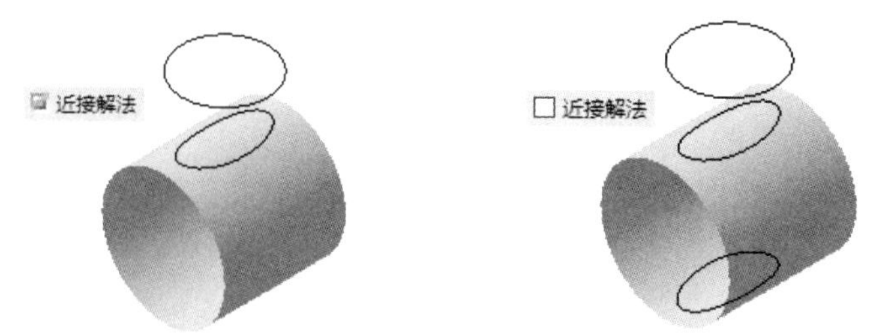

图 13-32

- “光顺”选项区：主要用于对投影的曲线进行光顺处理，如在投影曲线后失去源对象曲线的连续性时，可选中“相切”或“曲率”单选按钮进行调整。

2. 混合曲线

混合曲线是通过指定空间中两条曲线进行假想拉伸操作，再创建出其拉伸面所得的交线，如图 13-33 所示。

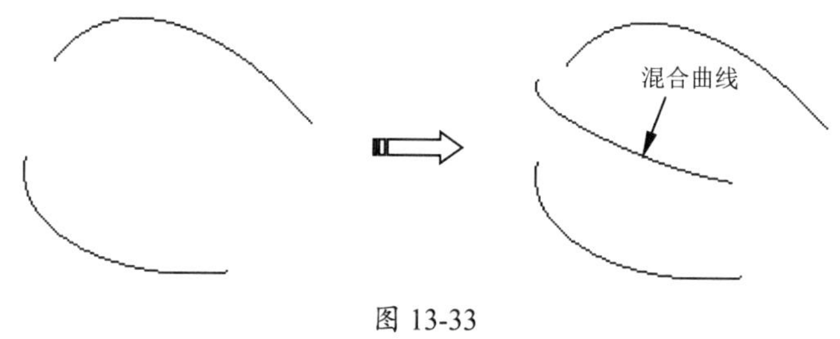

图 13-33

动手操作——创建混合曲线

01 打开本例源文件 13-2.CATPart。

02 单击“线框”工具栏中的“混合”按钮，弹出“混合定义”对话框。

03 在“混合类型”下拉列表中选择“法线”选项，并在图形区中分别选取两条参考曲线。

04 单击“确定”按钮完成混合曲线的创建，如图 13-34 所示。

图 13-34

3. 反射线

反射线用于按照反射原理在支持面上生成新的曲线，新曲线所在曲面上的每个点所处法线（或切线）都与指定方向呈相同角度。

动手操作——创建反射线

01 打开本例源文件 13-3.CATPart，并进入创成式外形设计工作台。

02 单击“线框”工具栏中的“反射线”按钮，弹出“反射线定义”对话框。

03 在“类型”中选中“二次曲线”单选按钮，在图形区分别选取支持面和原点。在“角度”文本框中输入 120deg，单击“确定”按钮完成反射线的创建，如图 13-35 所示。

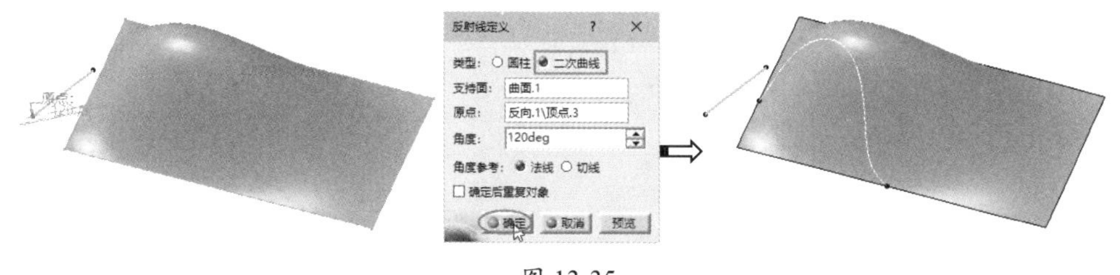

图 13-35

4. 轮廓线

“轮廓”命令通过沿原点向支持面方向投射，得到投射方向上支持面的最大轮廓曲线。

动手操作——创建轮廓线

01 打开本例源文件 13-4.CATPart。

02 单击“轮廓”按钮弹出“轮廓定义”对话框。

03 在“类型”中选择“二次曲线”单选按钮，选择曲面作为支持面，选择直线的端点作为原点。

04 单击“确定”按钮完成轮廓线的创建，如图 13-36 所示。

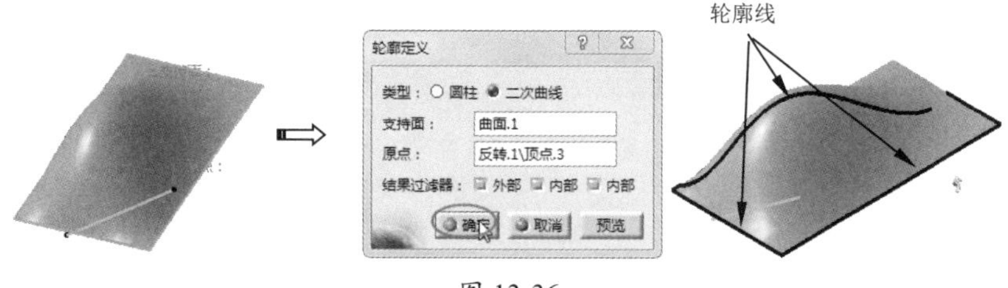

图 13-36

13.2.4　创建相交曲线

相交曲线是通过指定两个或多个相交的图形对象，创建相交的曲线或点特征，如图 13-37 所示。

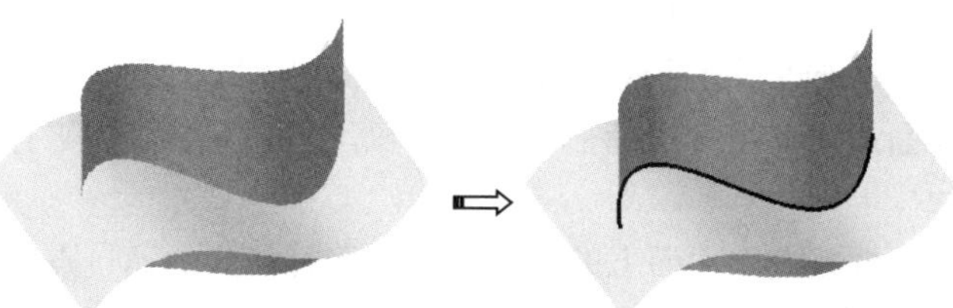

图 13-37

动手操作——创建相交曲线

01 打开本例源文件 13-5.CATPart。

02 单击“线框”工具栏中的“相交”按钮，弹出“相交定义”对话框。

03 依次选择第一元素（曲面）和第二元素（实体），单击“确定”按钮完成相交曲线的创建，如图 13-38 所示。

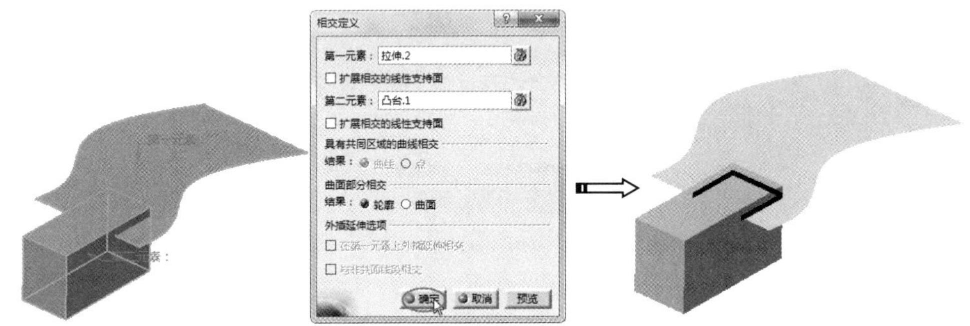

图 13-38

13.2.5 创建曲线偏移

在“线框”工具栏中单击“平行曲线”按钮右下角的黑色三角，展开“曲线偏移”工具栏，其中包含“平行曲线”“滚动偏置”和“偏移 3D 曲线”3 个工具，如图 13-39 所示。

1. 创建平行曲线

平行曲线是通过指定的曲线（或边）、点和支持面，创建通过点和支持面且平行于所选曲线的平行曲线，如图 13-40 所示。

图 13-39　　图 13-40

动手操作——创建平行曲线

01 打开本例源文件 Ch14\13-6.CATPart。

02 在“线框”工具栏中单击“平行曲线”按钮，弹出“平行曲线定义”对话框。

03 在图形区中选择曲面的一条边线作为平行参考对象，再选取曲面为平行曲线的支持面（附着面），如图 13-41 所示。

04 单击激活“点”文本框并选取曲面上的已知点这为平行曲线的通过点，其余选项保持默认，单击“确定”按钮完成平行曲线的创建，如图 13-42 所示。

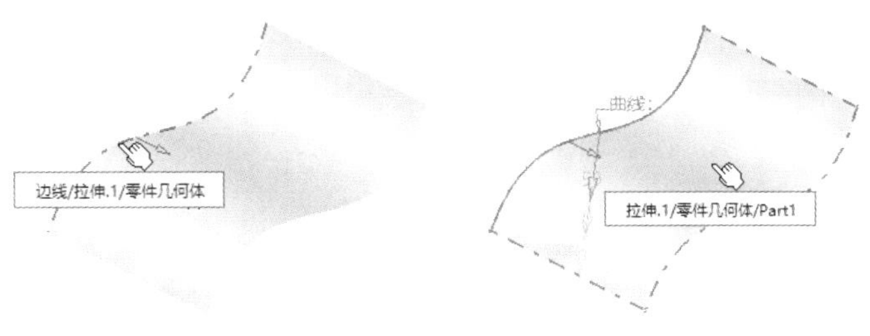

图 13-41

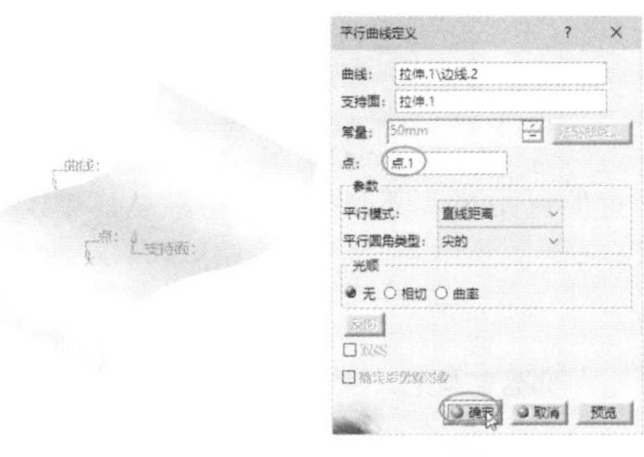

图 13-42

技术要点：

指定“平行曲线”放置技巧。

- 在“平行曲线定义”对话框中，如在“常量”文本框中输入数值，则系统采用指定实际距离的方法来放置偏移的曲线，如在“点”文本框中选取了一个特征点，则偏移的曲线将通过此点来确定放置位置。
- 当选取“平行模式—直线距离”的方式时，系统采用偏移曲线和源对象曲线之间的最短距离来确定偏移曲线的位置；当选取“平行模式—测地距离”的方式时，系统采用偏移曲线与源对象曲线之间沿着曲线测量的距离。
- 选中“双侧”复选框时，系统将向源对象曲线的两侧偏移曲线。

2. 偏置 3D 曲线

偏置 3D 曲线是一种可以将已知曲线进行 3D 空间偏移的操作，它通过指定源对象曲线、偏移方向、偏移距离等参数，创建新的空间曲线，如图 13-43 所示。

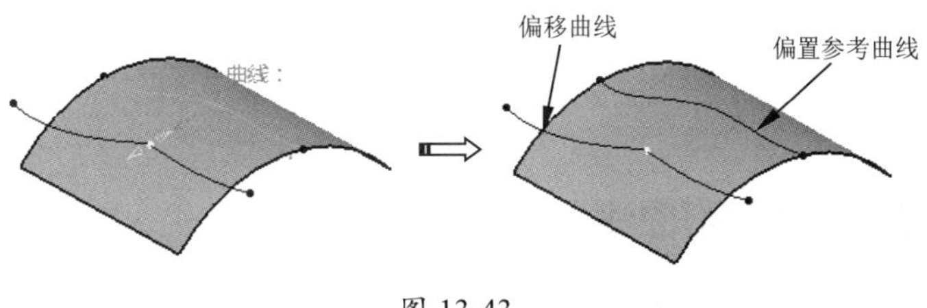

图 13-43

动手操作——创建偏置 3D 曲线

01 打开本例源文件 Ch14\13-7.CATPart。

02 在“线框”工具栏中单击“偏置 3D 曲线”按钮，弹出“3D 曲线偏置定义”对话框。

03 在图形区选取曲面上的一条曲线作为偏置参考曲线，右击“拔模方向”文本框并在弹出的快捷菜单中选择 X Component 选项以指定偏置方向，如图 13-44 所示。

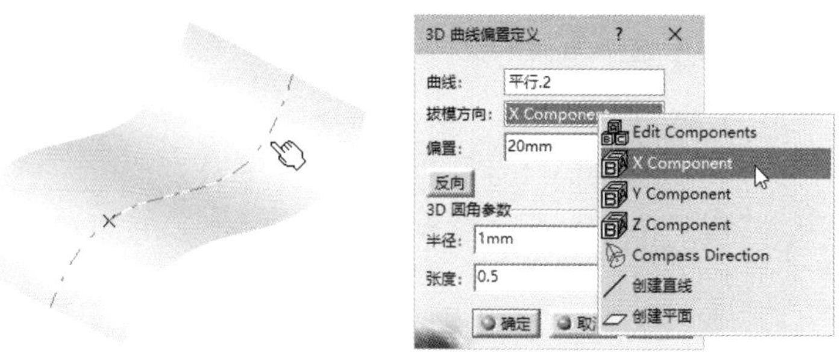

图 13-44

04 在“偏置”文本框中输入 20mm 以指定偏置距离，其余选项保持默认，单击“确定”按钮完成 3D 偏置曲线的创建，如图 13-45 所示。

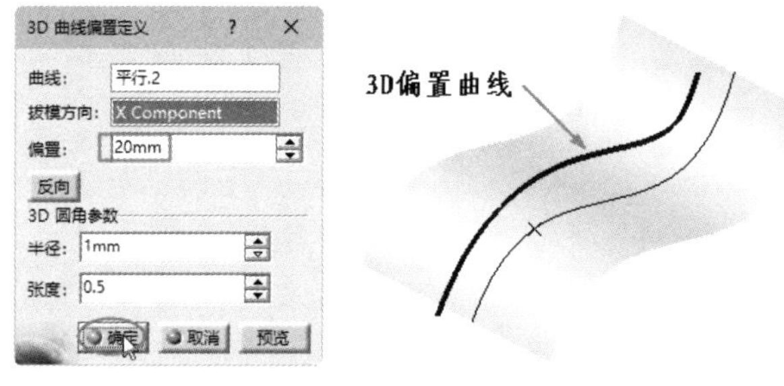

图 13-45

3. 滚动偏移

滚动偏移是通过将原曲线向两侧同时偏移，同时创建圆形封闭端的封闭曲线，如图 13-46 所示。

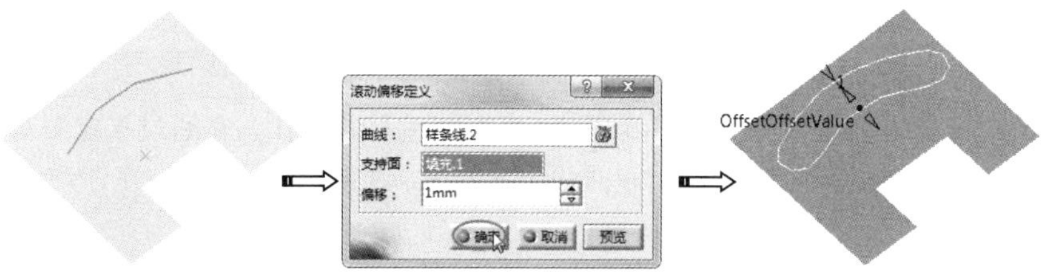

图 13-46

13.2.6　创建空间圆 / 圆弧曲线

空间圆弧类曲线主要是指 3D 空间中的圆和圆弧段图形，它包括圆、圆角、连接曲线以及二次曲线 4 个命令。

1. 圆

“线框”工具栏中的“圆”命令提供了多种创建圆形图形的途径，主要包括“中心和半径”“中心和点”“两点和半径”“三点”“中心和轴线”“双切线和半径”“双切线和点”“三切线”“中心和切线”9 种定义方式。

其中，以“中心和半径”方式应用最为普遍和快捷，下面就以如图 13-47 所示的实例进行操作说明。

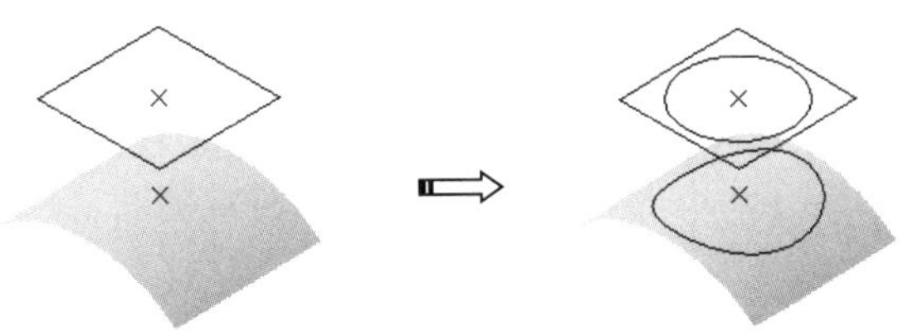

图 13-47

动手操作——创建圆

01 打开本例源文件 13-8.CATPart。

02 在“线框”工具栏中单击“圆”按钮◯，弹出“圆定义”对话框。

03 在“圆类型”的下拉列表中选择“中心和半径”选项，并选择图形中上方的点为中心，选取曲面为圆的支持面。

04 在“半径”文本框中输入 25mm 以指定圆的半径，单击“确定”按钮完成平面圆的创建，如图 13-48 所示。

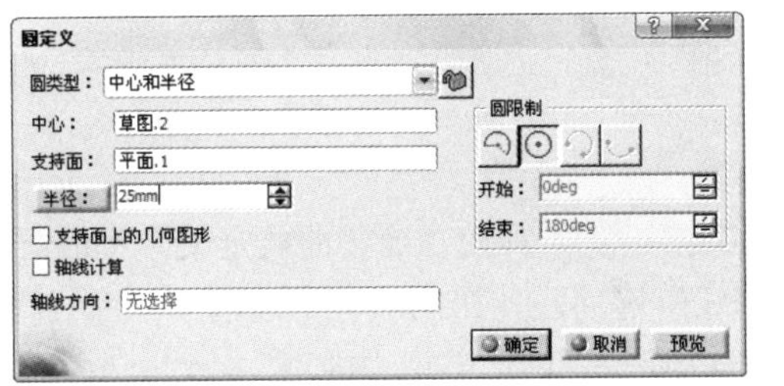

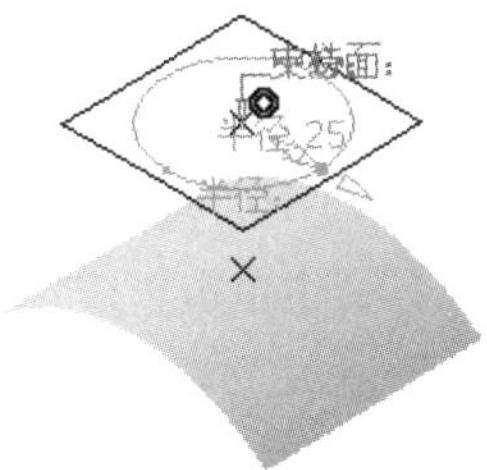

图 13-48

05 再次执行“圆”命令弹出“圆定义”对话框，在“圆类型”的下拉列表中选择“中心和半径”选项，选取曲面上的点为中心，再选取曲面为圆的支持面。

06 在“半径”文本框中输入 30mm 以指定圆的半径，选中“支持面上的几何图形”复选框，单击“确定”按钮完成曲面圆的创建，如图 13-49 所示。

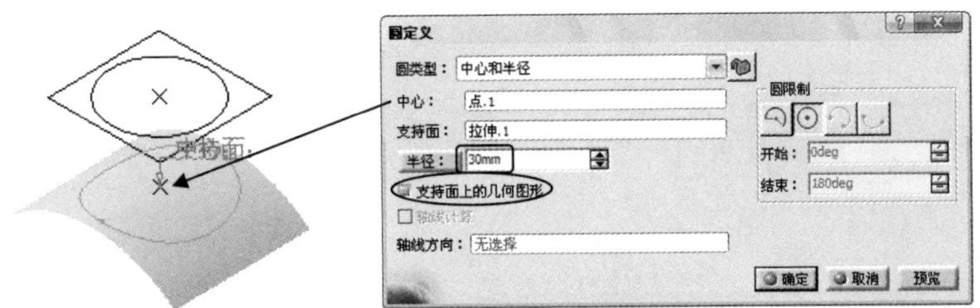

图 13-49

2. 圆角

使用“线框”工具栏中的“圆角”命令可快速对空间中的两条曲线进行圆角处理。

动手操作——创建圆角

01 打开本例源文件 13-9.CATPart。

02 在“线框”工具栏中单击“圆角”按钮，弹出“圆角定义”对话框。

03 在“圆角类型”下拉列表中选择“3D 圆角”选项，分别选取图形区中的两条曲线为圆角对象，在“半径”文本框中输入 15mm，单击“确定”按钮完成曲线的圆角处理，如图 13-50 所示。

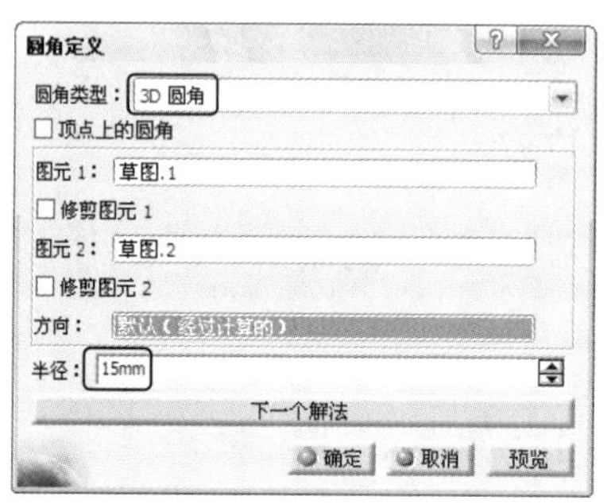

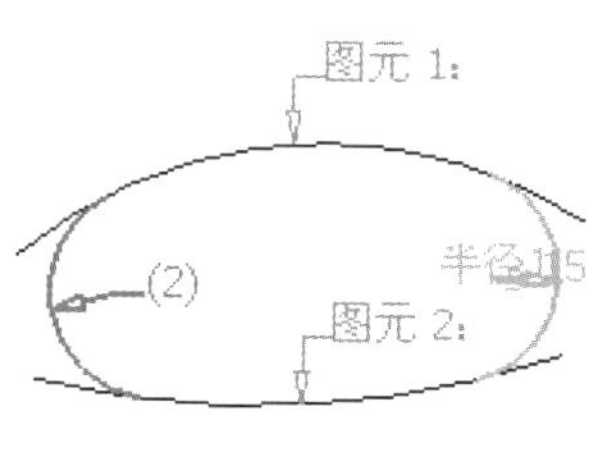

图 13-50

3. 连接曲线

连接曲线是用一条空间曲线将两条曲线以一种连续形式进行连接的操作。

动手操作——创建连接曲线

01 打开本例源文件 13-10.CATPart。

02 在“线框”工具栏中单击“连接曲线”按钮，弹出“连接曲线定义”对话框。

03 在“连接类型”下拉列表中选择“法线”选项，并在图形区中选取第一曲线（选取曲线的一个端点即可）和第二曲线，保持默认的曲线连接方向，单击“确定”按钮完成连接曲线的创建，如图 13-51 所示。

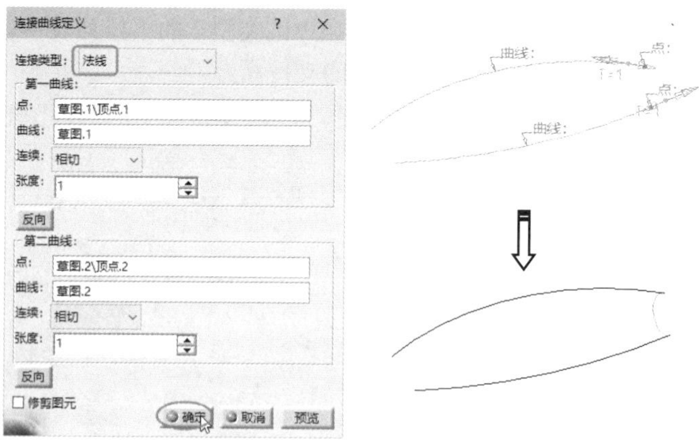

图 13-51

04 同样，以“基曲线”方式来创建连接曲线，如图 13-52 所示。

4. 二次曲线

二次曲线是通过指定空间中的起点和终点、穿越点或切线 4 个约束，从而创建出一个相切于两曲线的曲线特征，如图 13-53 所示。

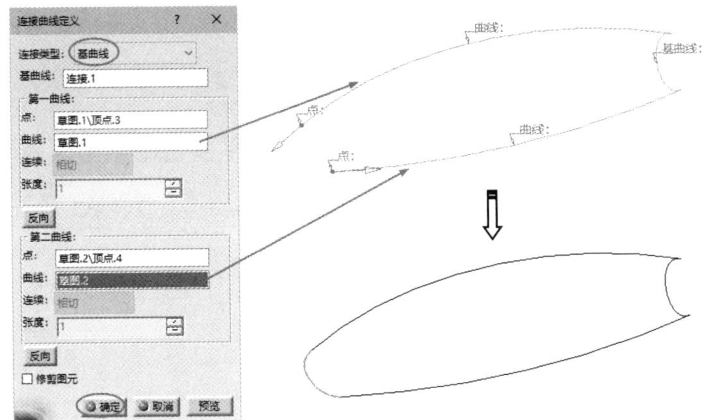

图 13-52

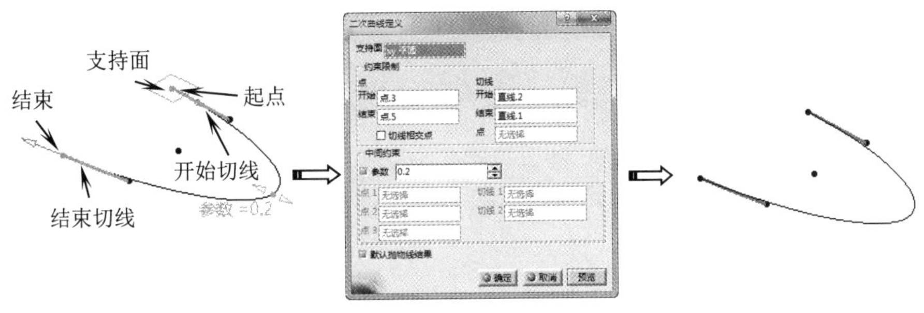

图 13-53

13.2.7　创建由几何体计算而定义的曲线

1. 空间样条曲线

空间样条曲线是通过指定空间中的一系列特征点并选择合适的方向建立的一条光顺曲线，如图 13-54 所示。

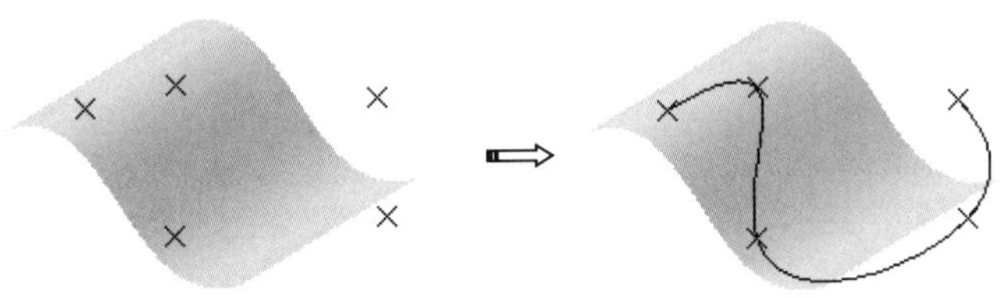

图 13-54

动手操作——创建空间样条曲线

01 打开本例源文件 13-11.CATPart。

02 执行“插入”|“线框”|“样条曲线”命令，弹出“样条线定义”对话框。

03 依次单击图形区中的 5 个特征点作为样条曲线的通过点，单击“确定”按钮完成样条曲线的创建，如图 13-55 所示。

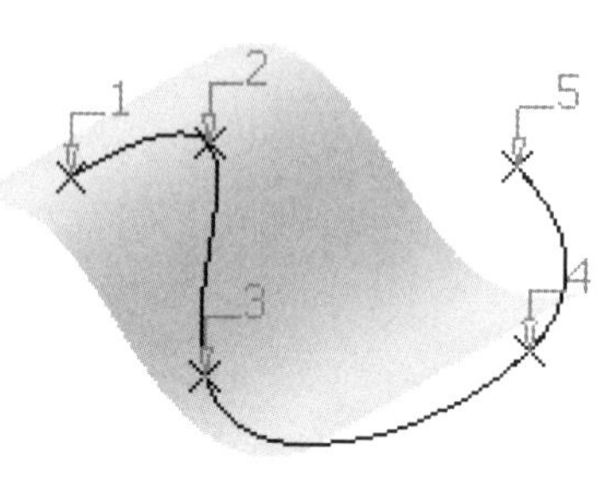

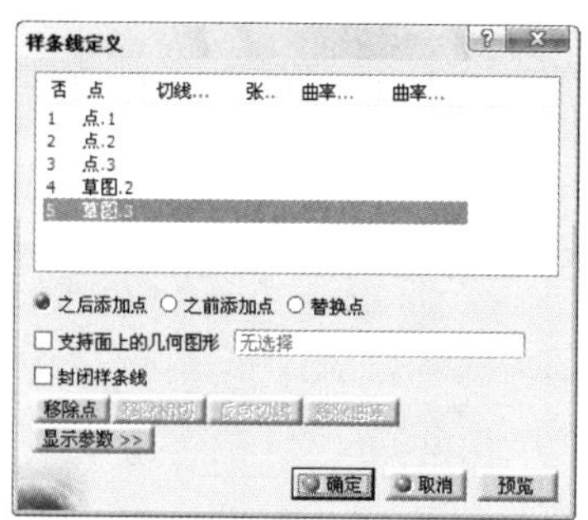

图 13-55

2. 3D 螺旋线

3D 螺旋线是通过指定起点、旋转轴线、螺距和高度等参数，在空间中创建一条等距或变距的螺旋线。

单击“线框”工具栏中的“螺旋”按钮，弹出“螺旋曲线定义”对话框，如图 13-56 所示。

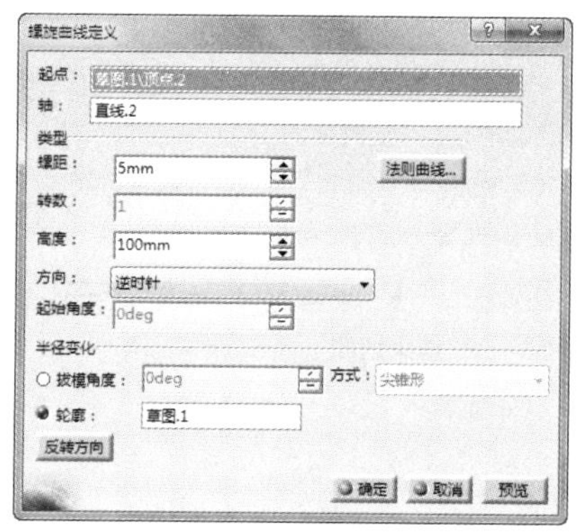

图 13-56

“螺旋曲线定义”对话框中部分选项含义如下。

- 起点：定义螺旋线的起点。
- 轴：定义螺旋线的轴线。
- 螺距：定义螺旋线的螺距，S 型法则曲线类型不可用。
- 法则曲线：单击该按钮，弹出“法则曲线定义”对话框。如果选择“常量”单选按钮，表示螺距不变，此时只能设置起始值；如果选择“S 型”单选按钮，表示螺距按照一定规则在起始值和结束值之间变化，如图 13-57 所示。

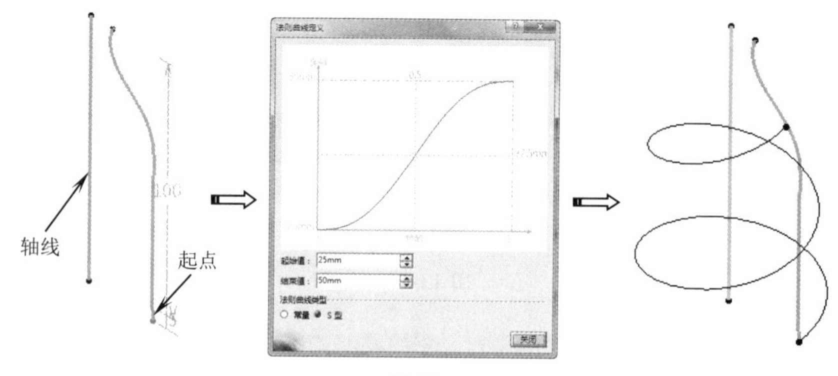

图 13-57

- 高度：设置螺旋线的总高度，S 型法则曲线类型不可用。
- 方向：设置螺旋线方向，包括“顺时针”和“逆时针”两种。

- 起始角度：定义螺旋曲线的起始点和轴线的连线与坐标系之间的夹角。
- 拔模角度：设置螺旋线的锥角，正值沿螺旋方向扩大，负值沿螺旋方向缩小。
- 方式：定义螺旋线的锥形方式，包括“尖锥形”和“倒锥形”两种。
- 轮廓：设置螺旋线母线的轮廓，螺旋线的起点必须位于轮廓线上，如图 13-58 所示。

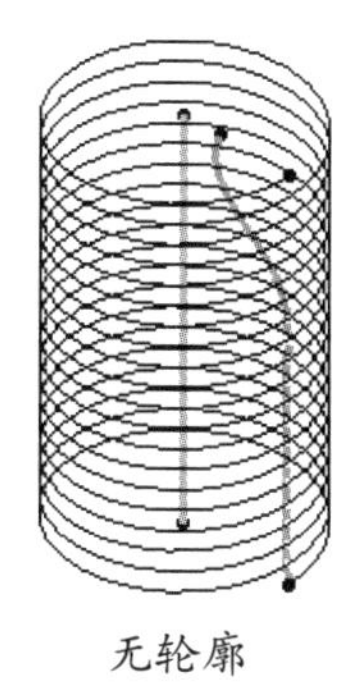

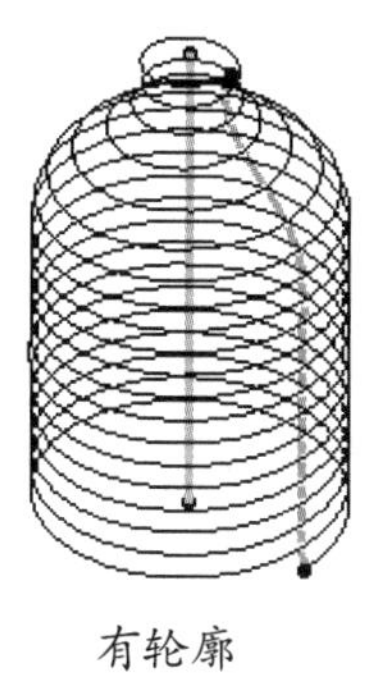

图 13-58

动手操作——创建螺旋线

01 打开本例源文件 13-12.CATPart。

02 执行“插入”|“线框”|“螺旋线”命令，弹出“螺旋曲线定义”对话框。

03 选取图形区中的“点.1”为螺旋线的起点，在“轴”文本框中右击，在弹出的快捷菜单中选择“Z轴”为螺旋线的轴线，在“螺距”文本框中输入 10mm，以指定螺旋线的螺距，在“高度”文本框中输入 80mm，以指定螺旋线的总高度，单击“确定”按钮完成螺旋线的创建，如图 13-59 所示。

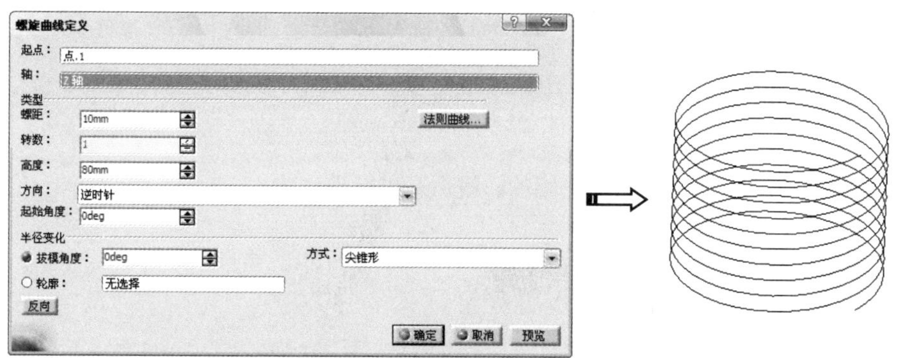

图 13-59

技术要点：

选择旋转轴时，可选取图形区中已创建的线性图元作为旋转轴线，也可在“轴”文本框处右击，再在弹出的快捷菜单中选取或创建旋转轴线。

3. 等参数曲线

等参数曲线通过指定曲面上的一个特征点，创建出通过此点并与曲面曲率相等的曲线，如图 13-60 所示。

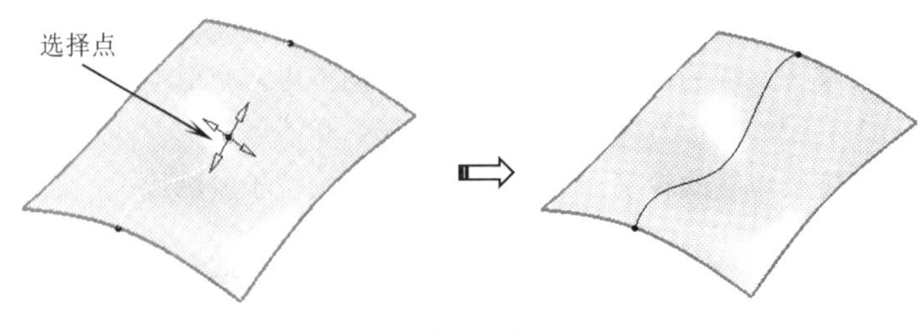

图 13-60

动手操作——创建等参数曲线

01 打开本例源文件 13-13.CATPart。

02 执行“插入”|“线框”|“等参数曲线”命令，弹出“等参数曲线”对话框。

03 选取图形区中的曲面特征为等参数曲线的支持面，选取特征目录树中的“点 .1”为等参数曲线的通过点，在“方向”文本框中右击，在弹出的快捷菜单中选择“X 轴”选项，以指定等参数曲线的方向，单击“确定”按钮完成等参数曲线的创建，如图 13-61 所示。

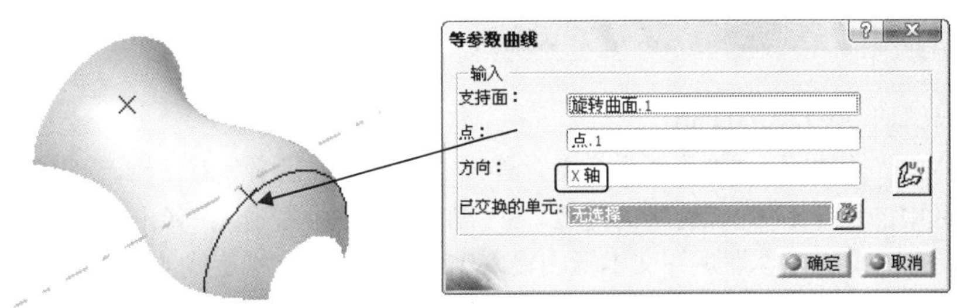

图 13-61

13.3 实战案例

下面通过 3 个案例综合应用前面介绍的曲线命令进行设计。

13.3.1 案例一：绘制环形螺旋线

引入文件：无

结果文件：\实例\结果 \Ch13\huanxingluoxuanxian.CATPart

视频文件：\视频 \Ch13\ 绘制环形螺旋线 .avi

本实例中的环形螺旋线不能直接使用工具绘制，需要应用到参数化曲线（或称方程式驱动曲线，CATIA 中称法则曲线），这里将采用扫掠曲面的方法来提取出环形螺旋线。

设计步骤：

01 执行“开始”|“形状”|“创成式外形设计”命令，进入创成式外形设计工作台。

02 在 *xy* 平面上绘制一个圆，如图 13-62 所示。

03 单击“拉伸”按钮选择圆并创建拉伸曲面，如图 13-63 所示。

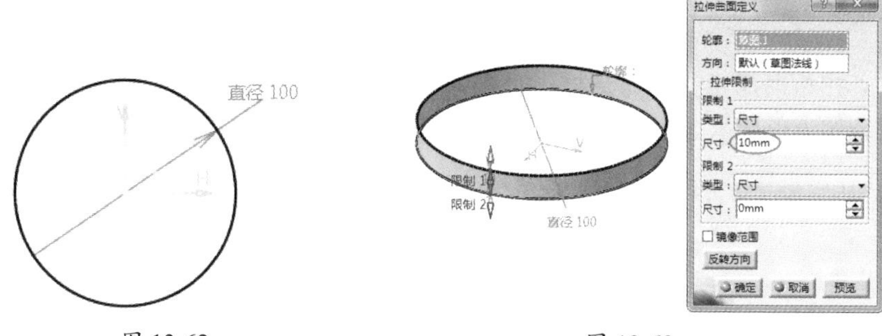

图 13-62　　　　图 13-63

04 在“操作”工具栏中单击“分割”按钮，将拉伸曲面分割，在弹出的“分割定义”对话框的“切除元素”框中选择“zx 平面”，且选中“保留双侧”复选框，如图 13-64 所示。

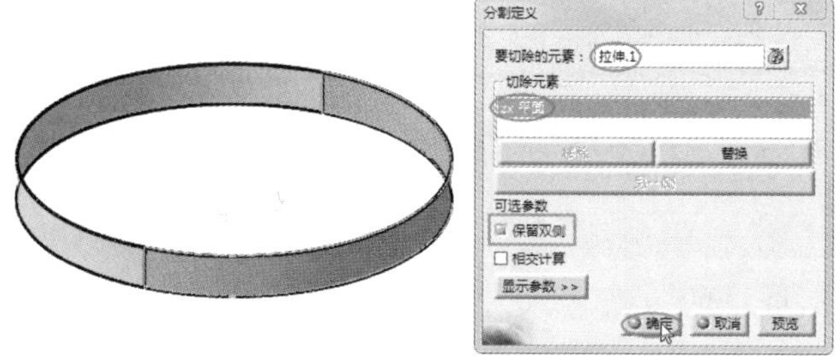

图 13-64

05 创建扫掠曲面。

（1）单击“扫掠”按钮，弹出“扫掠曲面定义”对话框，单击“显式”轮廓类型按钮，子类型设置为“使用参考曲面”。选择分割曲面的分割边界为轮廓，选择拉伸曲面底部边界为引导曲线（或圆形草图），最后选择拉伸曲面作为曲面参考（不要选择分割曲面作为参考，可以在模型树中选择拉伸曲面），如图 13-65 所示。

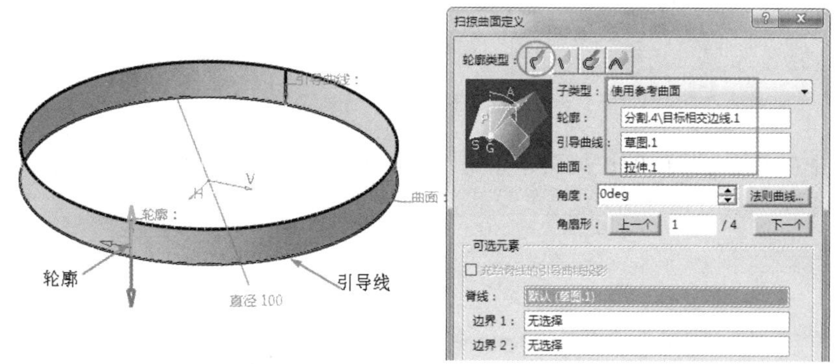

图 13-65

（2）单击“法则曲线”按钮，弹出“法则曲线定义”对话框，选择“线性”法则曲线类型，输入“结束值”为 3600deg，查看预览后单击“关闭”按钮，如图 13-66 所示。

技巧点拨：

设置3600的旋转角度，表示旋转圈数为10圈，也可以说是10个周期的正弦曲线。

（3）在“扫掠曲面定义”对话框中单击“预览”按钮，查看扫掠曲面的预览效果，如图13-67 所示。预览无误后单击“确定”按钮关闭对话框。

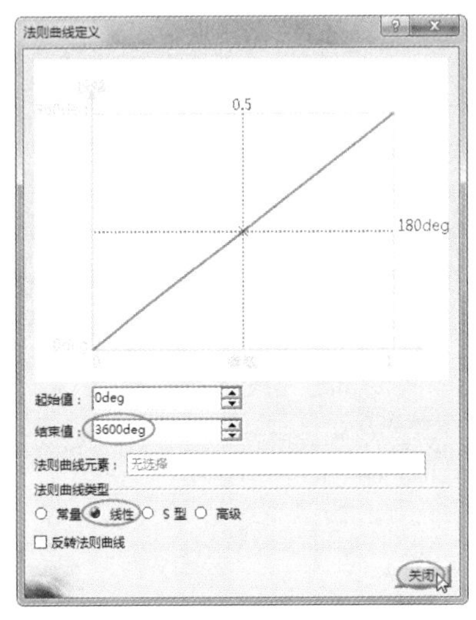

图 13-66

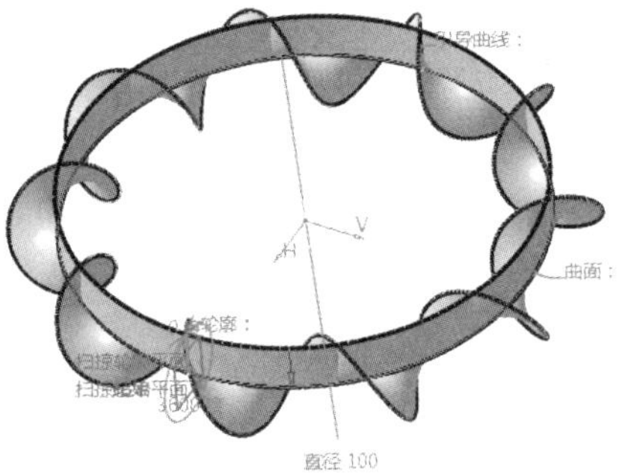

图 13-67

06 在“操作”工具栏中单击“边界”按钮，弹出“边界定义”对话框，选择扫掠曲面的一条边界进行抽取，如图 13-68 所示。

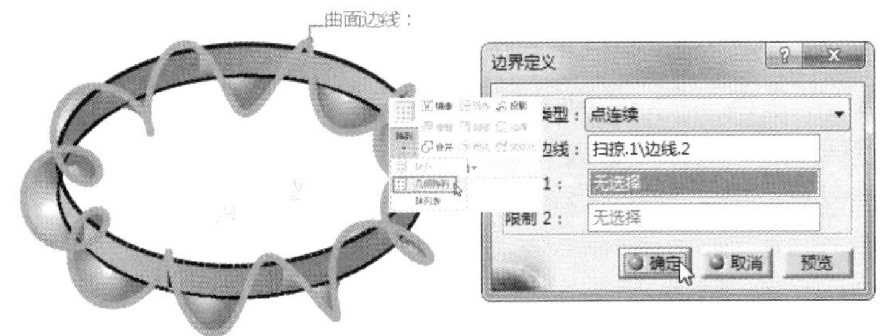

图 13-68

07 选中曲面并右击，在弹出的快捷菜单中选择“隐藏 / 显示”选项将曲面全部隐藏，得到了理想的环形螺旋线，如图 13-69 所示。

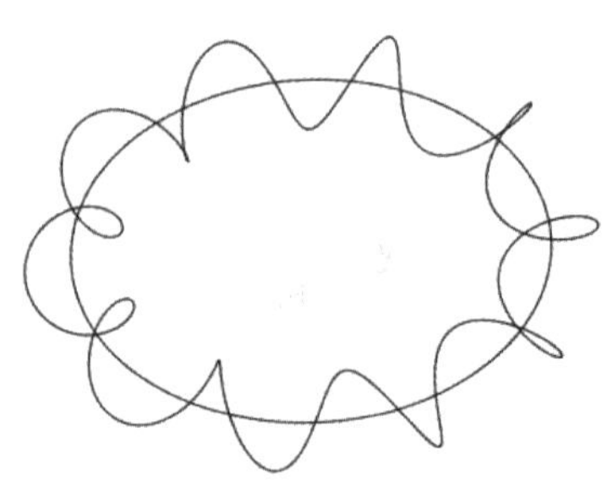

图 13-69

13.3.2 案例二：绘制环形波浪线

引入文件：无

结果文件：\实例\结果\Ch13\bolangxian.CATPart

视频文件：\视频\Ch13\绘制环形波浪线.avi

CATIA 的方程式曲线（法则曲线）可以说是 3D 软件中最难创建的，因为有些函数表达式跟一般的表达方程式不同，例如常量 t，在 CATIA 中就不能使用 t，需要转换成该软件特有的常量 PI 等。

关于环形波浪线的绘制，这里提供两种解决方案：第一种就是按上一个案例的环形螺旋线画法先创建环形螺旋线，再将环形螺旋线投影到拉伸曲面上得到环形波浪线，如图 13-70 所示（具体过程不再赘述）。

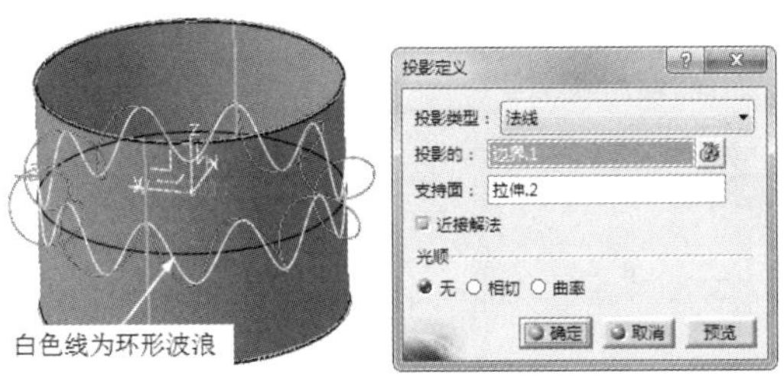

图 13-70

第二种是利用法则曲线建立关系式，再绘制 1/10 的圆弧，接着通过“平行曲线”工具定义法则曲线进而创建出一个周期的正弦线，将正弦线阵列 10 份得到完整的环形波浪线，如图 13-71 所示。

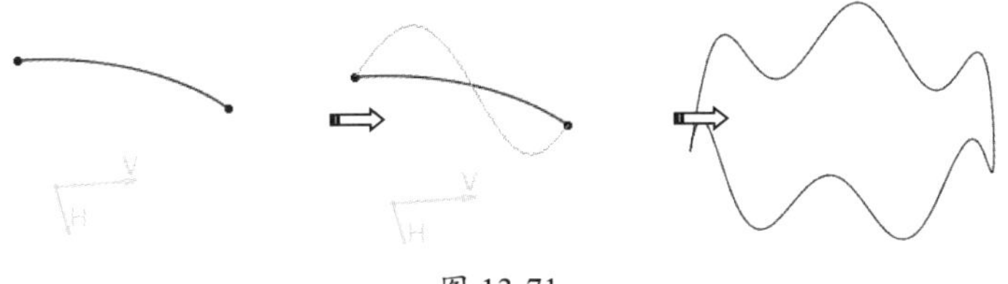

图 13-71

设计步骤：

01 执行“开始”|“形状”|“创成式外形设计”命令，进入创成式外形设计工作台。

02 在“知识工程”工具栏中单击 fog 按钮fog，弹出“法则曲线 编辑器”对话框，单击“确定”按钮进入法则曲线编辑器，如图 13-72 所示。

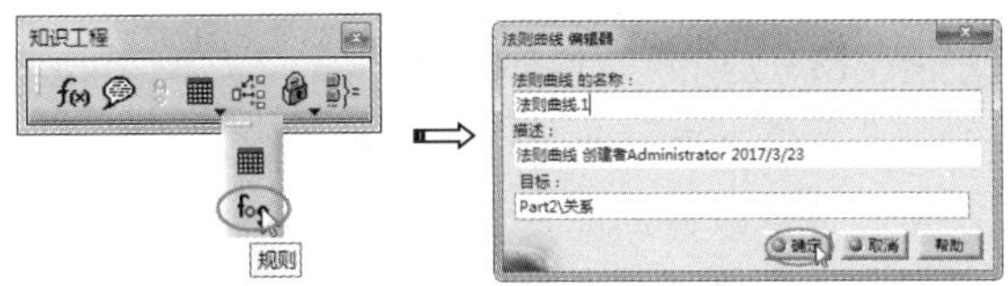

图 13-72

- 首先在“规则编辑器”对话框右侧单击“新类型参数”按钮，以“实数”形式添加一个形式参数，并在文本框中修改形式参数的名称为 a，如图 13-73 所示。

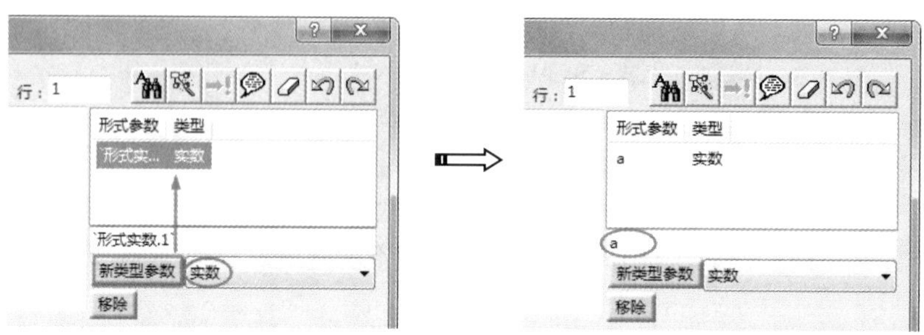

图 13-73

- 同理，选择“角度”类型，再添加一个命名为 b 的形式参数，如图 13-74 所示。

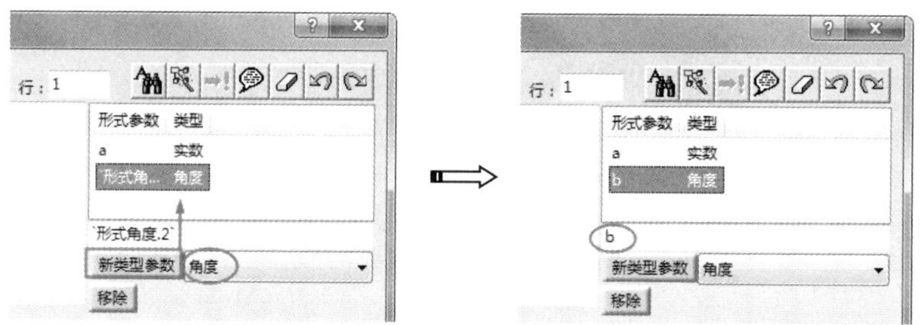

图 13-74

- 在规则编辑器的法则曲线参数表达式定义区域中，输入 a=sin(2*b*PI)*20 字段，同时单击顶部的 3 个按钮，单击“确定”按钮完成法则曲线的定义，如图 13-75 所示。

03 在 *xy* 平面上绘制如图 13-76 所示的圆弧。

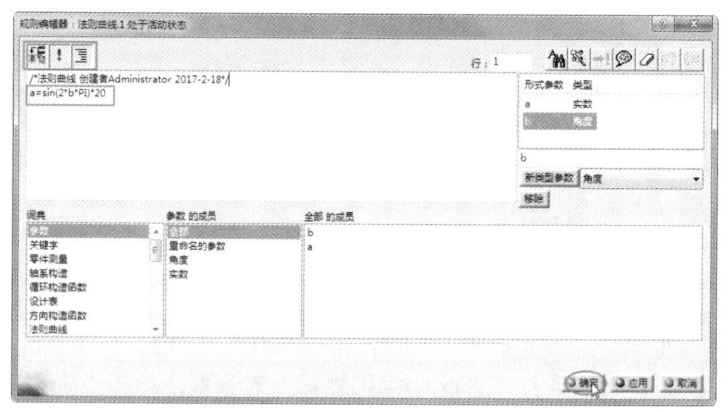

图 13-75

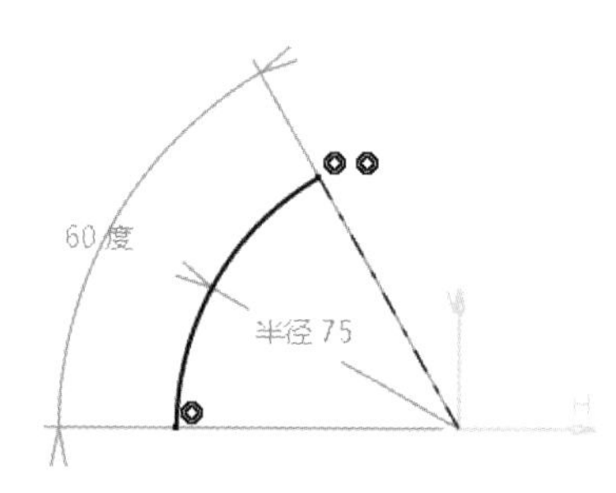

图 13-76

04 利用“拉伸”工具创建如图 13-77 所示的拉伸曲面。

05 单击“平行曲线”按钮，弹出“平行曲线定义”对话框。

- 选择草图为曲线参考，选择拉伸曲面为支持面，单击“法则曲线”按钮，在弹出的“法则曲线定义”对话框中选中“高级”单选按钮，在模型树中选择最初创建的法则曲线关系式，如图 13-78 所示。

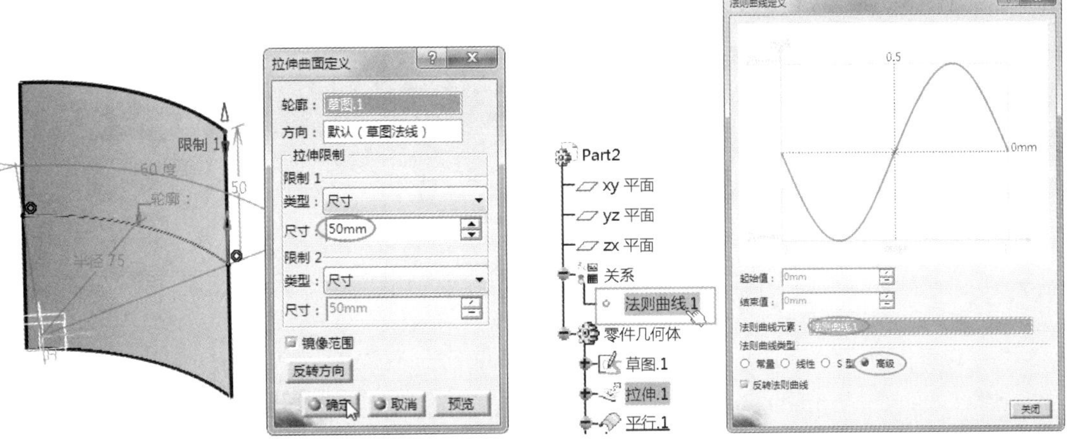

图 13-77　　　　　　　　　　　　图 13-78

技巧点拨：

要想在模型树中显示关系式，需要执行“工具”|“选项”命令，在“选项”对话框中设置选项参数，如图13-79所示。

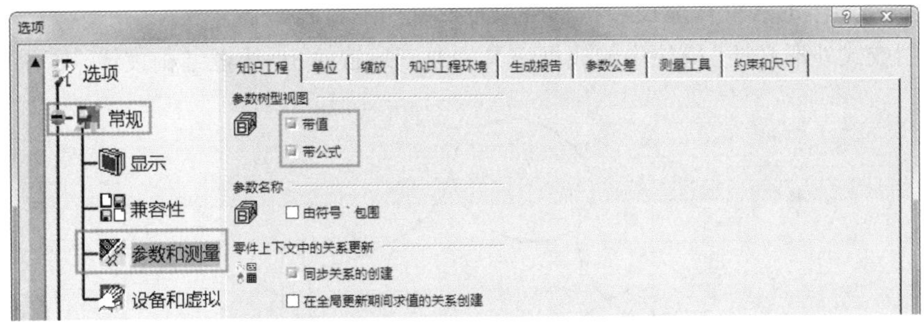

图 13-79

- 返回“平行曲线定义”对话框，单击“预览”按钮查看效果，确认无误后单击“确定”按钮关闭对话框，如图 13-80 所示。

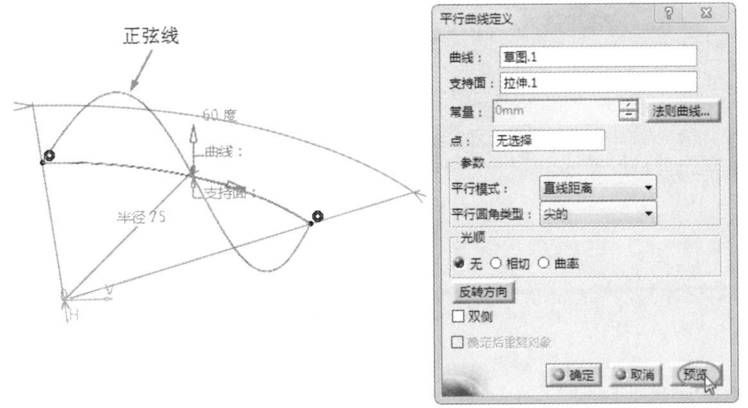

图 13-80

06 单击“圆形阵列”按钮，将平行曲线进行圆形阵列，如图 13-81 所示。

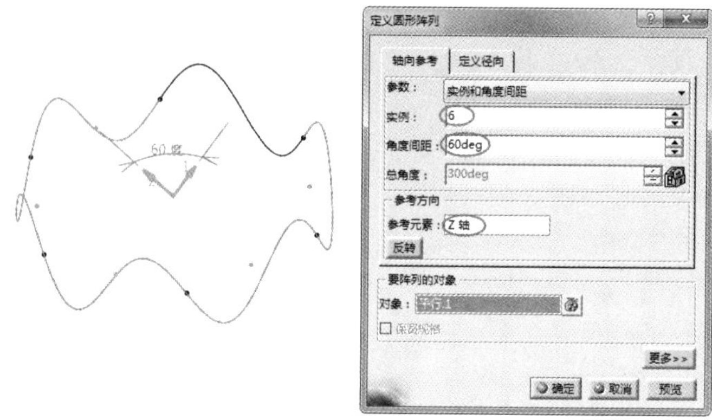

图 13-81

07 最后将阵列的曲线进行接合，得到最终的环形波浪线。

13.4 课后习题

为巩固本章所学的线框构造技巧和思路，特安排如下习题。

使用“创成式外形设计”模块中的线框工具完成三通管的 3D 线框结构设计，如图 13-82 所示。

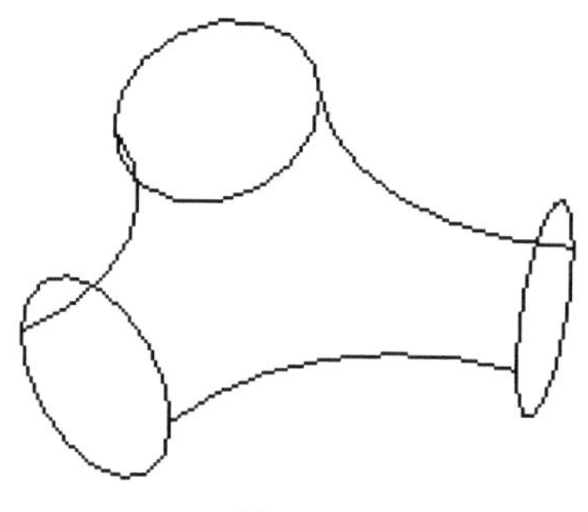

图 13-82

第 14 章　创成式曲面设计指令

曲面造型功能是 CATIA 软件比之其他同类软件的优势所在，在 CATIA V5-6R2017 版本中最常用的曲面造型工具包括：线框和曲面、创成式外形设计、自由曲面等模块。

本章重点介绍“创成式外形设计”模块中的曲面造型工具。创成式外形设计模块中的曲面设计工具是具有参数化特点的曲面建模工具，其创建的各种曲面特征都具有参数驱动的特点，能方便地对其进行各种编辑修改，且能和零件设计、自由曲面、线框和曲面等模块进行任意切换，实现真正的无缝链接和混合设计。

◆ 创建基础曲面
◆ 创建偏置曲面
◆ 创建扫掠曲面
◆ 创建其他常规曲面
◆ 创建高级曲面

14.1 创建基础曲面

“拉伸 - 旋转”类型曲面是基于曲线的基础曲面，包括拉伸曲面、旋转曲面、球面和圆柱面，如图 14-1 所示。

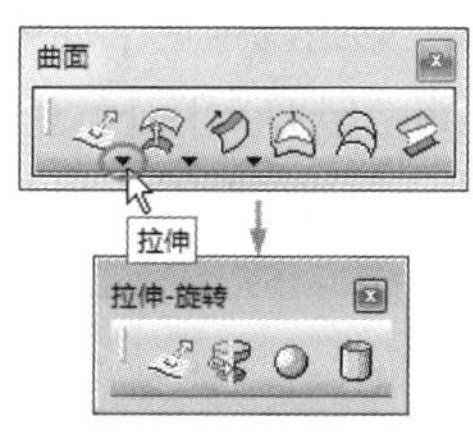

图 14-1

14.1.1 拉伸曲面

拉伸曲面是指，将草图轮廓或线框曲线沿给定的方向拉伸，从而创建曲面。

单击“曲面”工具栏中的“拉伸”按钮，弹出“拉伸曲面定义”对话框。选择拉伸截面并设置拉伸参数后，单击“确定”按钮完成拉伸曲面的创建，如图 14-2 所示。

图 14-2

技术要点：

拉伸限制可以用尺寸定义拉伸长度，还可以选择点、平面或曲面，但不能用线作为拉伸限制。如果指定的拉伸限制是点，则系统会垂直于经过指定点拉伸方向平面作为拉伸限制面。

14.1.2 旋转曲面

旋转曲面通过指定轮廓绕旋转轴进行旋转，从而创建出指定角度的片体特征。

单击“曲面”工具栏中的“旋转”按钮，弹出“旋转曲面定义”对话框。选择旋转截面和旋转轴并设置旋转角度，单击“确定”按钮完成旋转曲面的创建，如图 14-3 所示。

图 14-3

技术要点：

在草图模式中创建旋转轮廓时，如直接在草图中绘制轴线，则在创建旋转曲面时系统会自动识别并使用绘制的轴线作为旋转轴。

14.1.3 球面

球面是通过指定空间中一点为球心，从而建立具有一定半径值的球形片体。

单击“曲面”工具栏中的“球面”按钮，弹出“球面曲面定义”对话框。选择一点作为球心，输入球面半径，设置经线和纬线角度后单击“确定”按钮完成球面曲面的创建，如图 14-4 所示。

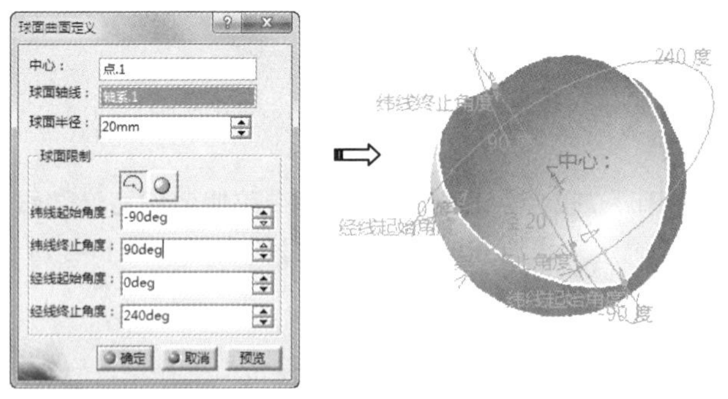

图 14-4

技术要点：

球面轴线决定经线和纬线的方向，如果没有选取球面轴线，会自动将*X*、*Y*、*Z*轴中任意一轴定义为当前的轴线。

14.1.4　圆柱面

圆柱面是通过指定空间中的一点和方向创建出的圆柱形片体，圆柱面的两端不会封闭。

单击“曲面”工具栏中的“圆柱面”按钮，弹出“圆柱曲面定义”对话框。选择一点作为柱面轴线点，选择直线作为轴线，设置半径和长度后单击“确定”按钮完成圆柱曲面的创建，如图 14-5 所示。

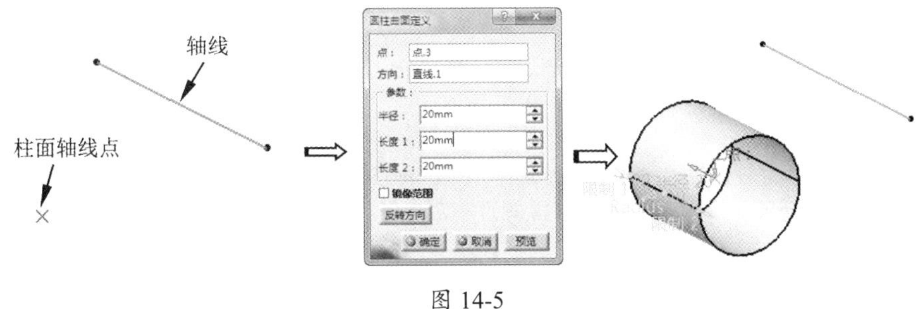

图 14-5

14.2　创建偏置曲面

偏置曲面是通过对已知的曲面特征进行偏置操作，从而创建出新的曲面。偏置曲面主要包括一般偏置、可变偏置、粗略偏置和中间表面 4 种曲面偏置方式。

在“曲面”工具栏中单击“偏置”按钮右下角的黑色三角，展开“偏置”工具栏，如图 14-6 所示。

14.2.1　偏置曲面

偏置曲面通过偏置一个或多个现有曲面来创建一个或多个曲面，如图 14-7 所示。

图 14-6　　　　图 14-7

动手操作——创建偏置曲面

01 打开本例源文件 14-1.CATPart。

02 单击“曲面”工具栏中的“偏置”按钮，弹出“偏置曲面定义”对话框。

03 在图形区中选择要偏置的曲面，在“偏置曲面定义”对话框中设置“偏置”值为 50mm。

04 单击“确定”按钮完成偏置曲面的创建，如图 14-8 所示。

图 14-8

技术要点：

若选中“偏置曲面定义”对话框中的Automatically Computes Sub-Elements To Remove（自动计算并移除子图元）复选框，会自动计算出图形区中显示错误的子元素和标记注释。修改偏置曲面的偏置参数后，选中该复选框可获得更好的结果。

14.2.2 可变偏置曲面

可变偏置曲面用于将一组曲面中的单个曲面按照不同的偏置量进行偏置来创建偏置曲面。

单击“曲面”工具栏中的“可变偏置”按钮，弹出“可变偏置定义”对话框。选择要偏置的曲面组合（多个曲面需要接合成曲面组），然后依次选择多个单曲面并设置偏置类型和偏置量（选择变量时，选定元素的偏置距离是可变的，其具体的偏置距离以其相连元素的偏置距离来确定），单击“确定”按钮完成偏置曲面的创建，如图 14-9 所示。

图 14-9

14.2.3 粗略偏置曲面

粗略偏置曲面用于创建与初始曲面近似的固定偏置曲面，偏置曲面仅保留初始曲面的主要特征。

单击“曲面”工具栏中的“粗略偏置”按钮，弹出“粗略偏置曲面定义”对话框。选择要偏置的曲面并设置偏置量，单击“确定”按钮完成粗略偏置曲面的创建，如图 14-10 所示。

技术要点：

偏差值默认为1mm，最小为0.2mm，如果偏差值太小则会在对话框中显示警告消息。单击“预览”按钮后再选中“偏差分析”复选框，将显示和分析超过最大偏差的点，如图14-11所示。

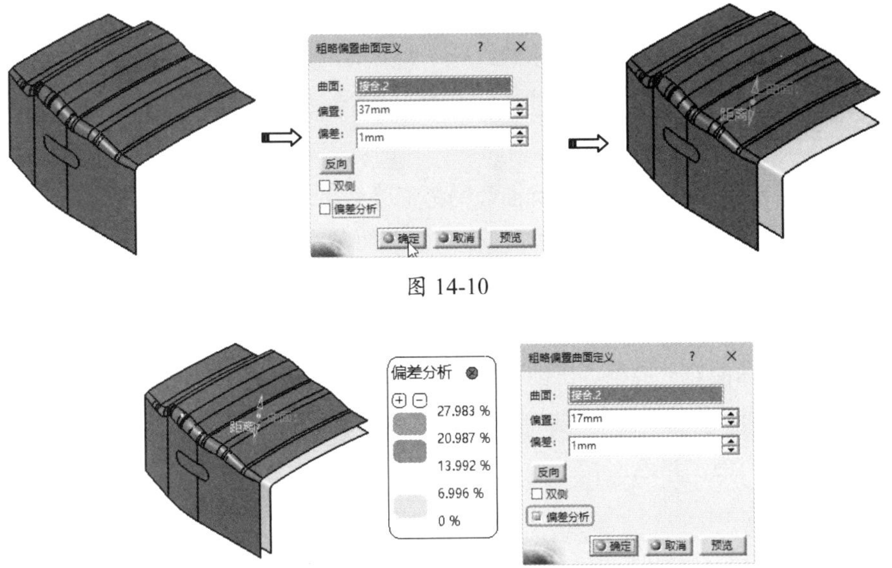

图 14-10

图 14-11

14.2.4　Mid Surface（中间表面）

Mid Surface（中间表面）可从彼此平行的一对面中创建中间表面，此功能对于模拟薄固体的中性面表示很有用。

创建中间表面的步骤如下。

（1）在“偏置”工具栏中单击“Mid Surface”按钮，弹出“Mid Surface Definition（中间表面定义）”对话框。

（2）在模型中选取两个面，其平行对应的面会被自动选中。

（3）保持默认的偏移值，单击“确定”按钮自动创建中间表面，如图 14-12 所示。

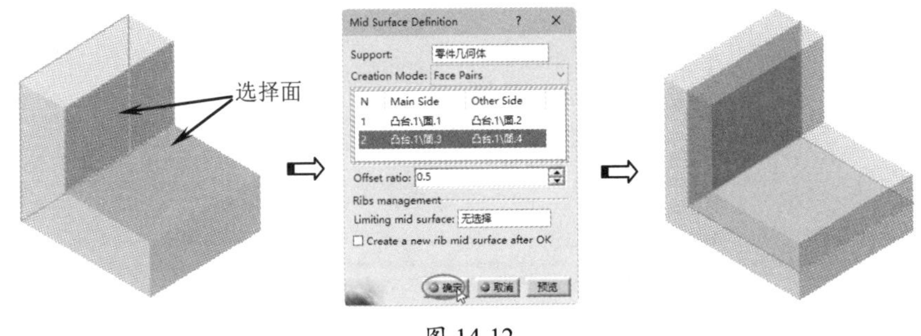

图 14-12

14.3　创建扫掠曲面

扫掠曲面是指将一个轮廓（截面线）沿着一条（或多条）引导线生成曲面，截面线可以是已有的任意曲线，也可以是规则曲线，如直线、圆弧等。

在 CATIA 中，扫掠曲面分为一般扫掠性曲面和适应性扫掠曲面。其中一般性的扫掠曲面按照其轮廓的不同又可分为“显示”扫掠、“直线”扫掠、“圆”扫掠和“二次曲线”扫掠。

14.3.1 “显式”轮廓扫掠

“显式”轮廓扫掠是利用精确的轮廓曲线扫描形成曲面，此时需要指定明确的曲线作为扫掠轮廓、一条或两条引导线。“显式”轮廓扫掠创建曲面时有 3 种方式：使用参考曲面、使用两条引导曲线和按拔模方向。

1. “使用参考曲面”子类型

利用“使用参考曲面”子类型，在创建显式扫掠曲面时，可以定义轮廓线与某一参考曲面保持一定角度，如图 14-13 所示。

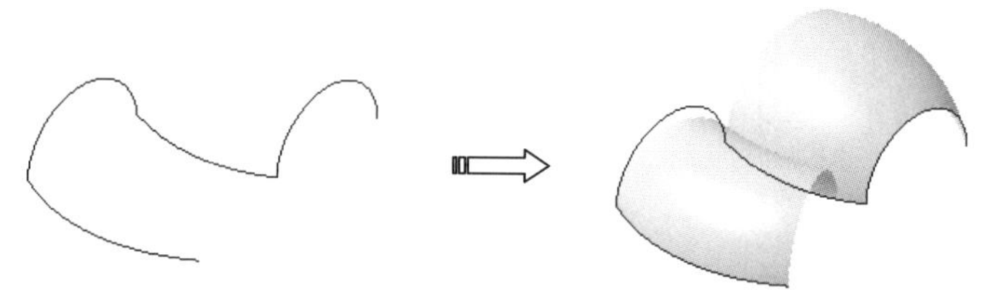

图 14-13

动手操作——以“使用参考曲面”创建扫掠曲面

01 打开本例源文件 14-2.CATPart。

02 单击“曲面”工具栏中的“扫掠”按钮，弹出“扫掠曲面定义”对话框。

03 在“轮廓类型”单击“显式”按钮，在“子类型”下拉列表中选择“使用参考曲面”选项。

04 在图形区中选择一条曲线作为轮廓，选择另一条曲线作为引导曲线。

05 单击“确定”按钮完成扫掠曲面的创建，如图 14-14 所示。

图 14-14

2. “使用两条引导曲线”子类型

利用“使用两条引导曲线”子类型，在使用两条引导曲线创建扫掠曲面时，可以定义一条轮廓线在两条引导线上扫掠，如图 14-15 所示。

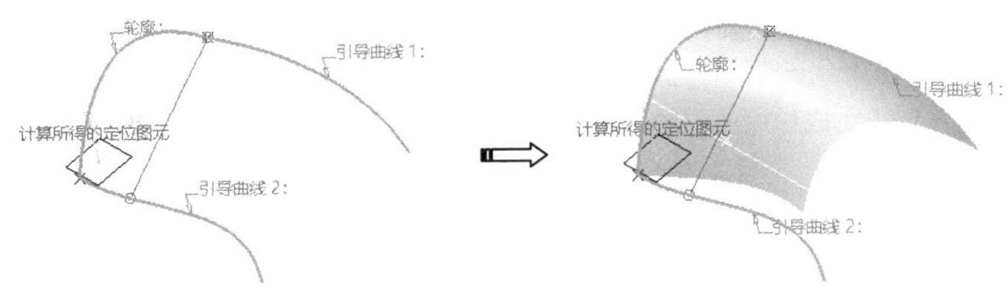

图 14-15

由于截面线要求与两条引导线相交，所以需要对截面线进行定位，“定位类型”包括“两个点”和“点和方向”两种类型。

- 两个点：选择截面线上的两个点，生成的曲面沿第一个点的法线方向，同时自动匹配到两条引导曲线上。
- 点和方向：选取一点及一个方向，生成的曲面通过点并沿平面的法线方向。

动手操作——以“使用两条引导曲线”创建扫掠曲面

01 打开本例源文件 14-3.CATPart。

02 单击“曲面”工具栏中的“扫掠”按钮，弹出“扫掠曲面定义”对话框。

03 在“轮廓类型”单击“显式”按钮，在“子类型”下拉列表中选择“使用两条引导曲线”选项。

04 在图形区中选择一条曲线作为轮廓，选择另两条曲线作为引导曲线，在“定位类型”下拉列表中选择“两个点”选项，分别选择两个点作为定位点。

05 单击“确定”按钮完成扫掠曲面的创建，如图 14-16 所示。

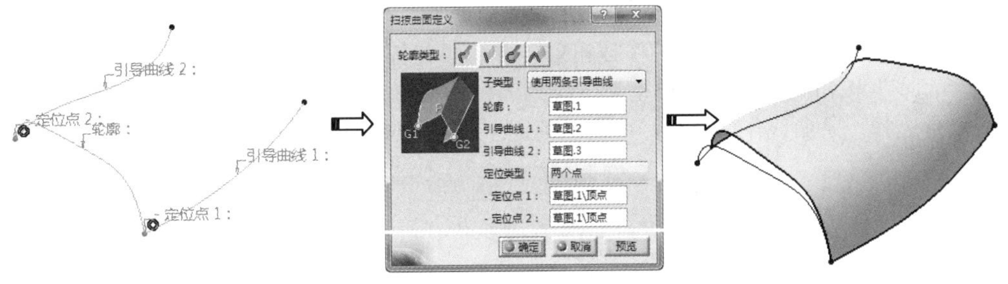

图 14-16

3. “使用拔模方向”子类型

利用“在使用拔模方向”子类型创建显式扫掠曲面时，可以在创建的扫掠曲面上添加拔模特征。“在使用拔模方向”子类型等效于“使用参考曲面”子类型，其具有垂直于拔模方向的参考平面。

动手操作——以“使用拔模方向”创建扫掠曲面

01 打开本例源文件 14-4.CATProduct。

02 单击“曲面”工具栏中的“扫掠”按钮，弹出“扫掠曲面定义”对话框。

03 在“轮廓类型”单击“显式”按钮，在“子类型”下拉列表中选择“使用拔模方向”选项。

04 在图形区中选择一条曲线作为轮廓，选择另一条曲线作为引导曲线，选择一个平面作为方向（平面的法向量），再选择一条曲线作为脊线。

05 单击“确定”按钮完成扫掠曲面的创建，如图 14-17 所示。

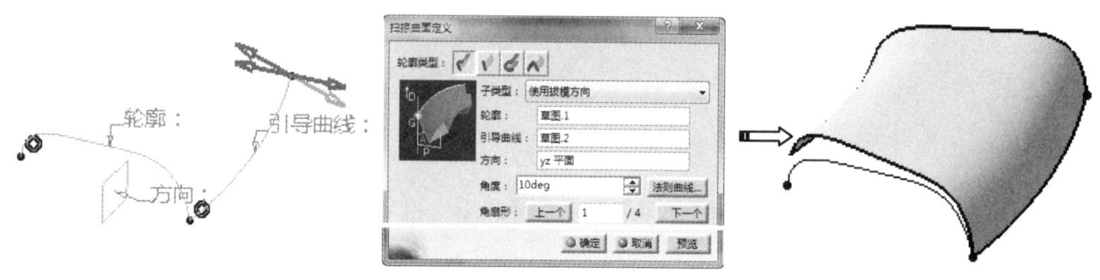

图 14-17

14.3.2 “直线”轮廓扫掠

“直线”轮廓扫掠曲面是通过指定引导曲线，系统自动使用直线为轮廓线，从而创建出扫掠的片体。创建直线轮廓扫掠曲面的子类型包括：两极限、极限和中间、使用参考曲面、使用参考曲线、使用切面、使用拔模方向和使用双切面 7 种。

1. “两极限”子类型

“两极限”是指通过定义曲面边界参照扫掠出曲面，该曲面边界是通过选取两条曲线定义的。

动手操作——以“两极限”创建直线轮廓扫掠

01 打开本例源文件 14-5.CATPart。

02 单击“曲面”工具栏中的“扫掠”按钮，弹出“扫掠曲面定义”对话框。在“轮廓类型”中单击“直线”按钮，在“子类型”下拉列表中选择“两极限”选项，选择两条曲线作为引导曲线，再选择一条曲线作为脊线，单击“确定”按钮完成扫掠曲面的创建，如图 14-18 所示。

图 14-18

2. “极限和中间”子类型

“极限和中间”子类型需要指定两条引导线，系统将第二条引导线作为扫描曲面的中间曲线。

动手操作——以“极限和中间”创建直线轮廓扫掠

01 打开本例源文件 14-6.CATPart。

02 单击“曲面”工具栏中的“扫掠”按钮，弹出“扫掠曲面定义”对话框。

03 在“轮廓类型”中单击“直线”按钮，在“子类型”下拉列表中选择“极限和中间”选项，选择两条曲线作为引导曲线。

04 单击“确定”按钮完成扫掠曲面的创建，如图 14-19 所示。

图 14-19

3. “使用参考曲面”子类型

“使用参考曲面”子类型利用参考曲面及引导曲线创建扫描曲面。

动手操作——以“使用参考曲面”创建直线轮廓扫掠

01 打开本例源文件 14-7.CATPart。

02 单击“曲面”工具栏中的“扫掠”按钮，弹出“扫掠曲面定义”对话框。

03 在“轮廓类型”中单击“直线”按钮，在“子类型”下拉列表中选择“使用参考曲面”选项。在图形区中选择一条曲线作为引导曲线，单击激活“参考曲面”文本框，选择曲面作为参考曲面。

04 单击“确定”按钮完成扫掠曲面的创建，如图 14-20 所示。

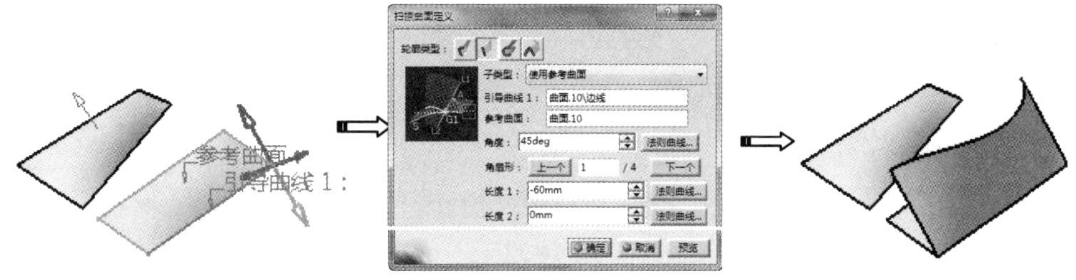

图 14-20

4. 使用参考曲线

“使用参考曲线”是指，利用一条引导曲线和一条参考曲线创建扫掠曲面，新建的曲面以引导曲线为起点沿参考曲线向两边延伸。

动手操作——以“使用参考曲线”创建直线轮廓扫掠

01 打开本例源文件 14-8.CATPart。

02 单击“曲面”工具栏中的“扫掠”按钮，弹出“扫掠曲面定义”对话框。

03 在“轮廓类型”中单击“直线”按钮，在“子类型”下拉列表中选择“使用参考曲线”选项。在图形区中选择一条曲线作为引导曲线，选择另一条曲线作为参考曲线。

04 输入角度和长度值后，单击“确定”按钮完成扫掠曲面的创建，如图 14-21 所示。

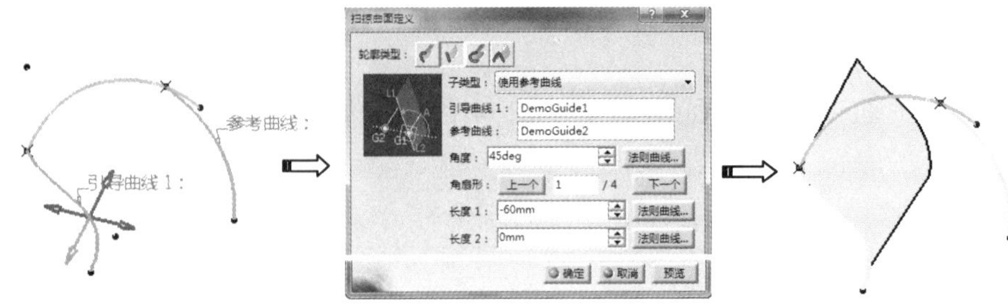

图 14-21

5. “使用切面”子类型

“使用切面”子类型以一条曲线作为扫描曲面的引导曲线，新建扫描曲面以引导曲线为起点，与参考曲面相切，可使用脊线控制扫描面，以决定新建曲面的前、后宽度。

动手操作——以“使用切面”创建直线轮廓扫掠

01 打开本例源文件 14-9.CATPart。

02 单击“曲面”工具栏中的“扫掠”按钮，弹出“扫掠曲面定义”对话框。

03 在“轮廓类型”中单击“直线”按钮，在“子类型”下拉列表中选择“使用切面”选项。在图形区中选择一条曲线作为引导曲线，选择曲面作为切面。

04 单击“确定”按钮完成扫掠曲面的创建，如图 14-22 所示。

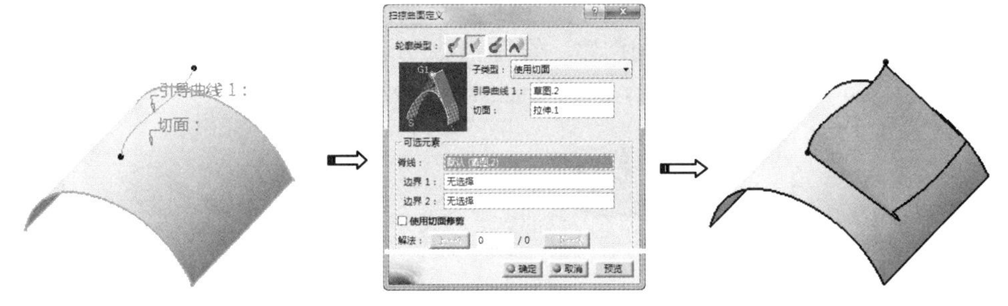

图 14-22

6. “使用拔模方向”子类型

“使用拔模方向”子类型是利用引导曲线和绘图方向创建扫描曲面，新建曲面以绘图方向并在方向上指定长度的直线为轮廓沿引导曲线扫描。

动手操作——以“使用拔模方向”创建直线轮廓扫掠

01 打开本例源文件 14-10.CATPart。

02 单击“曲面”工具栏中的“扫掠”按钮，弹出“扫掠曲面定义”对话框。

03 在“轮廓类型”中单击“直线”按钮，在“子类型”下拉列表中选择“使用拔模方向”选项。在图形区中选择一条曲线作为引导曲线，选择已有的平面作为拔模方向参考，如图 14-23 所示。

04 在“长度类型 1”中单击“标准”按钮，并设置“长度 1”值为 100mm，在“长度类型 2”中单击“标准”按钮，设置“长度 2”值为 20mm。

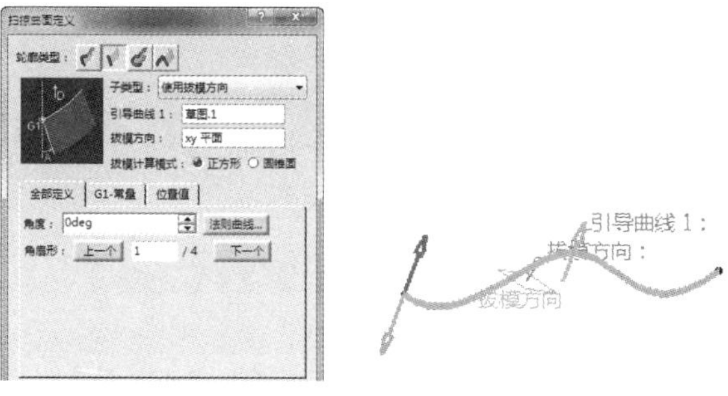

图 14-23

05 单击“确定”按钮完成扫掠曲面的创建，如图 14-24 所示。

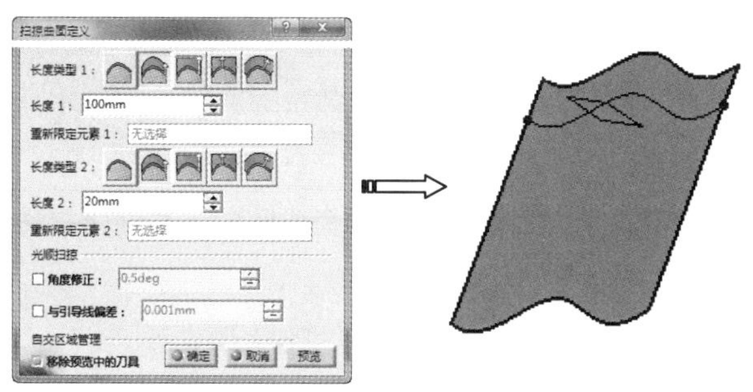

图 14-24

7.“使用双切面”子类型

“使用双切面”子类型是利用两相切曲面创建扫描曲面，新建的曲面与两曲面相切。

动手操作——以“使用双切面”创建直线轮廓扫掠

01 打开本例源文件 14-11.CATPart。

02 单击“曲面”工具栏中的“扫掠”按钮，弹出“扫掠曲面定义”对话框。

03 在“轮廓类型”中单击“直线”按钮，在“子类型”下拉列表中选择“使用双切面”选项。

04 在图形区中选择一条曲线作为脊线，分别选择两个曲面作为切面。

05 单击“确定”按钮完成扫掠曲面的创建，如图 14-25 所示。

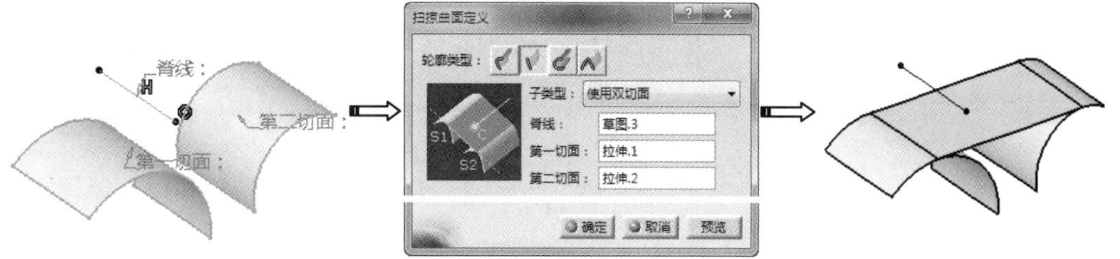

图 14-25

14.3.3 “圆”轮廓扫掠

“圆”轮廓扫掠是指创建扫掠曲面时，以圆弧作为轮廓线，而且只需要定义引导线。在“圆”

轮廓扫掠类型中包括 7 种子类型，简要介绍如下。

1. “三条引导线”子类型

此类型是利用 3 条引导线扫描出圆弧曲面，即在扫描的每一个断面上的轮廓圆弧为 3 条引导曲线，在该断面上的三点确定的圆，如图 14-26 所示。

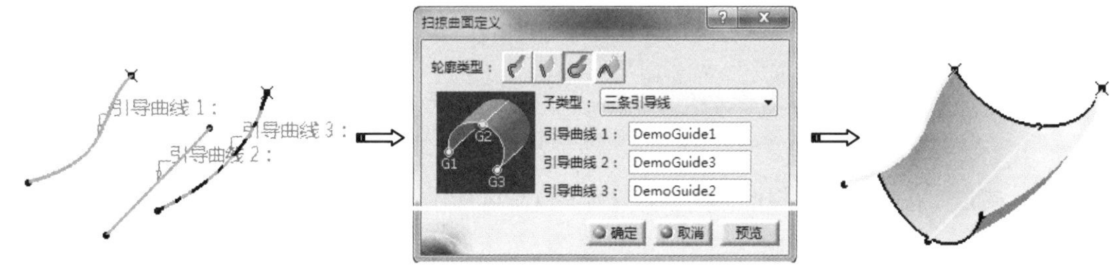

图 14-26

2. “两个点和半径”子类型

“两个点和半径”子类型是指，利用两点与半径成圆的原理创建扫描轮廓，再将轮廓扫描成圆弧曲面，如图 14-27 所示。

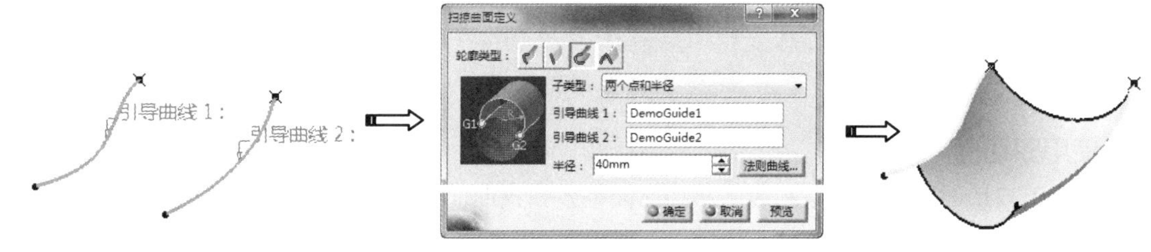

图 14-27

3. “中心和两个角度”子类型

“中心和两个角度”子类型是利用中心线和参考曲线创建扫描曲面，即利用圆心和圆上一点创建圆的原理创建扫描曲面，如图 14-28 所示。

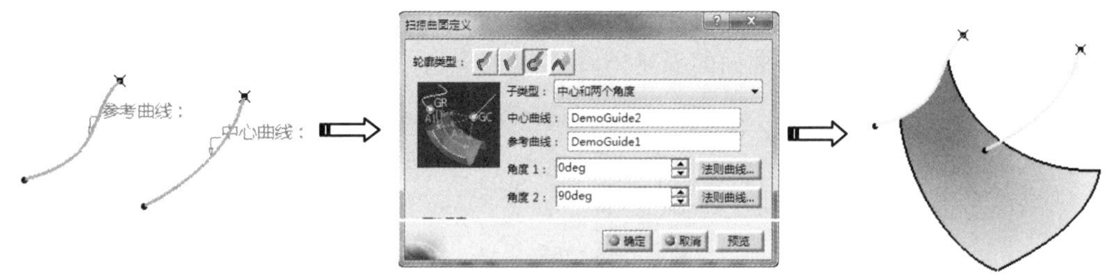

图 14-28

4. “圆心和半径”子类型

“圆心和半径”子类型是利用中心和半径创建扫描曲面，如图 14-29 所示。

5. “两条引导线和切面”子类型

“两条引导线和切面”子类型是利用两条引导曲线与相切面创建扫描曲面，如图 14-30 所示。

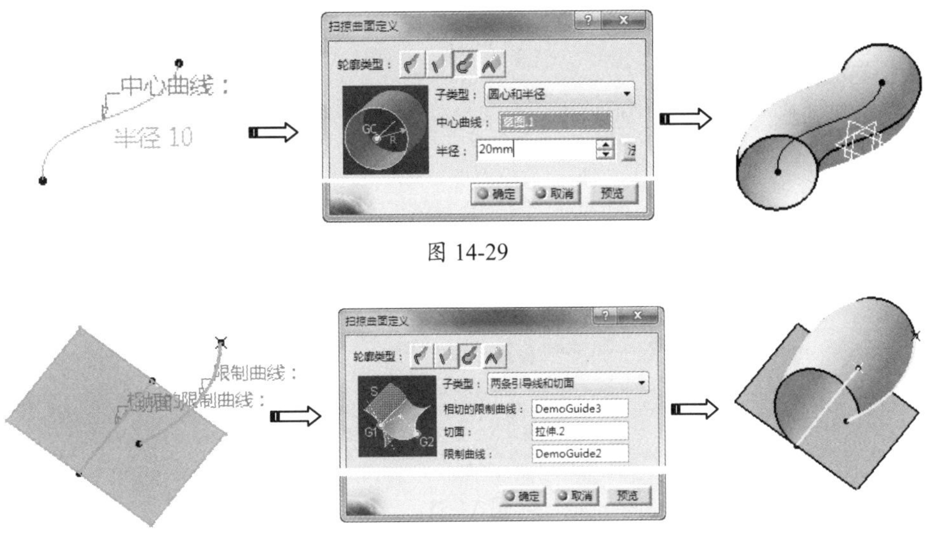

图 14-29

图 14-30

6. “一条引导线和切面”子类型

“一条引导线和切面”子类型是利用一条引导线与一个相切曲面创建扫描面，如图 14-31 所示。该扫描面经过选定的引导曲线，并与选定的曲面相切。

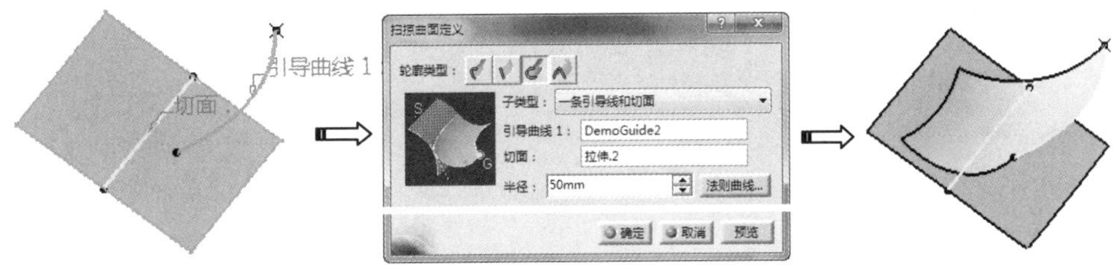

图 14-31

7. “限制曲线和切面”子类型

“限制曲线和切面”子类型是利用一条限制曲线与一个相切曲面创建扫描面，如图 14-32 所示。该扫描面经过选定的限制曲线，并与选定的曲面相切。

图 14-32

14.3.4　“二次曲线”轮廓扫掠

“二次曲线”轮廓扫掠是通过指定引导线及相切线，系统自动使用二次曲线作为扫掠轮廓，从而创建出扫掠片体。“二次曲线”轮廓扫掠类型包括以下 4 种子类型。

1.“两条引导曲线”子类型

“两条引导曲线”子类型是利用两条引导曲线来创建圆锥曲线为轮廓线的扫掠曲面，如图 14-33 所示。

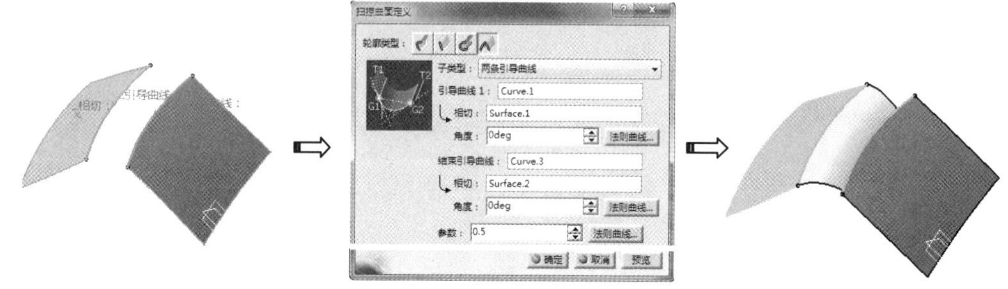

图 14-33

2.“三条引导曲线”子类型

“三条引导曲线”子类型是利用 3 条引导曲线创建圆锥曲线为轮廓线的扫掠曲面，如图 14-34 所示。

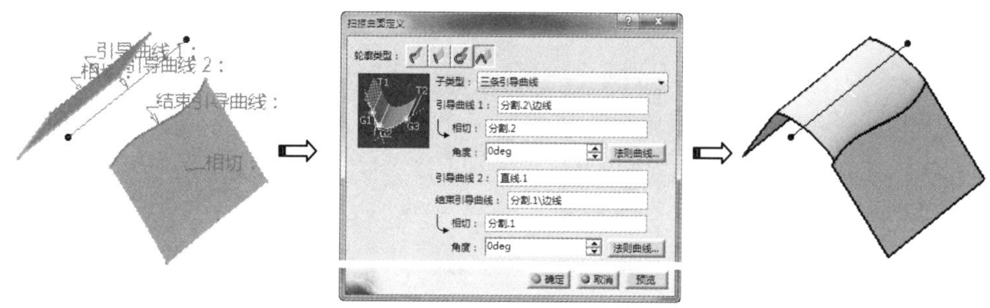

图 14-34

3.“四条引导曲线”子类型

“四条引导曲线”子类型是利用 4 条引导曲线来创建圆锥曲线为轮廓线的扫掠曲面，如图 14-35 所示。

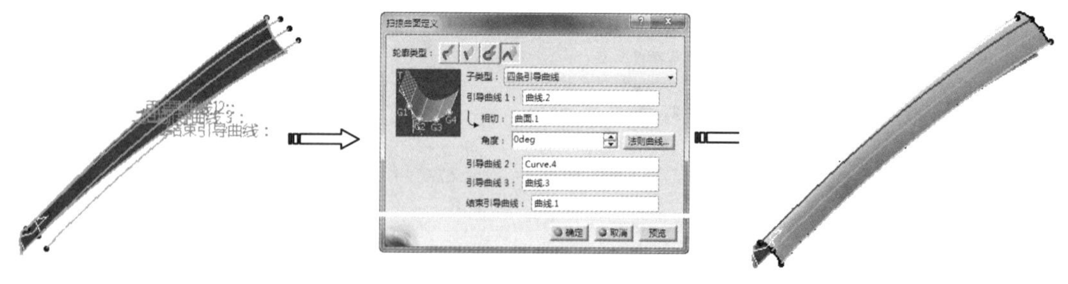

图 14-35

4.“五条引导曲线”子类型

“五条引导曲线”子类型是利用 5 条引导曲线来创建圆锥曲线为轮廓线的扫掠曲面，如图

14-36 所示。

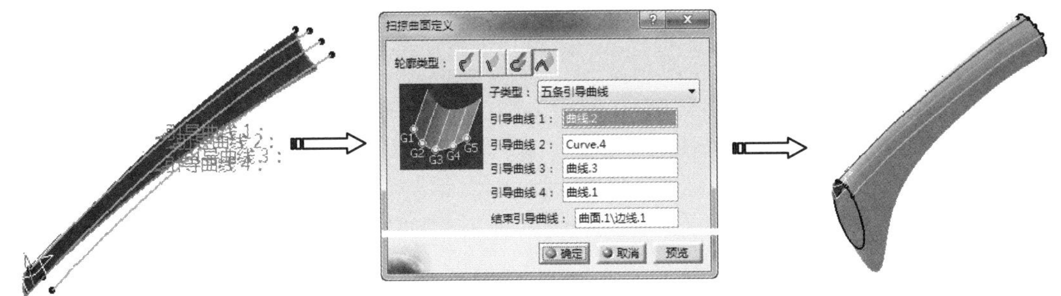

图 14-36

14.3.5 适应性扫掠曲面

适应性扫掠曲面是通过变更扫掠截面的相关参数，从而创建出可变截面的扫掠片体特征。下面就以如图 14-37 所示的实例进行操作说明。

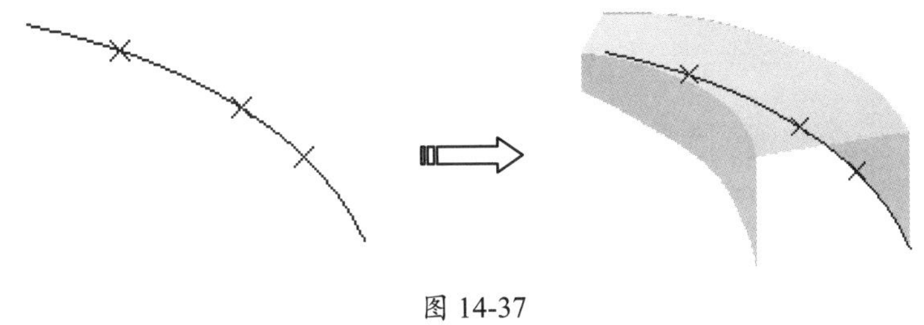

图 14-37

动手操作——创建适应性扫掠曲面

01 打开本例源文件 14-12.CATPart。

02 在“曲面”工具栏中单击“适应性扫掠”按钮，弹出“适应性扫掠定义”对话框。

03 在图形区中选择“草图 1”曲线作为引导曲线，系统自动识别脊线和参考曲面，如图 14-38 所示。

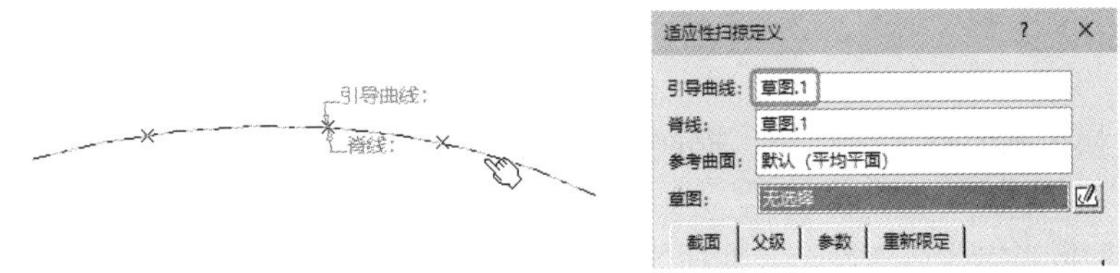

图 14-38

04 单击“草图”按钮，弹出“适应性扫掠的草图创建”对话框。单击激活“点”文本框，再选取曲线上的端点作为扫掠的起点，单击“确定”按钮进入草绘模式，以坐标原点为起点绘制 3 条直线段，如图 14-39 所示。

05 从起点方向依次选取曲线上的 3 个点和端点（共 4 个点），在“截面”选项卡中添加扫掠截面，如图 14-40 所示。

06 在“参数”选项卡中，对截面 2～截面 5 的各个截面尺寸进行设置，具体参数如图 14-41 所示。

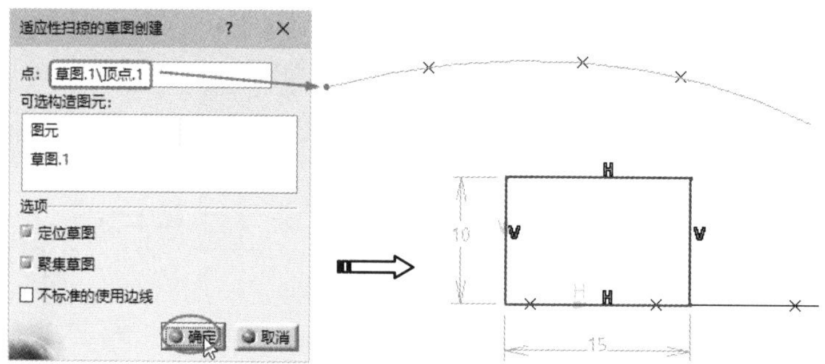

图 14-39

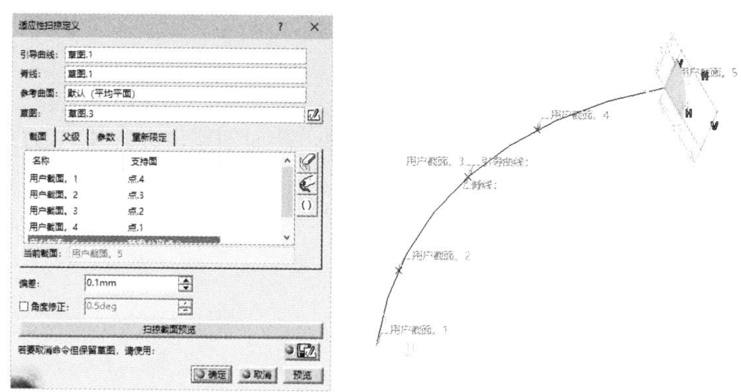

图 14-40

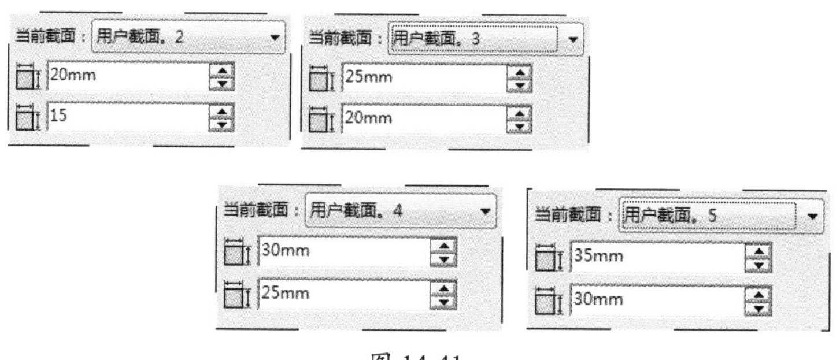

图 14-41

07 通过单击“扫掠截面预览”按钮，提前查看并检查适应性扫掠曲面的截面形状特点，如图 14-42 所示。

08 单击“确定”按钮完成适应性扫掠曲面的创建，如图 14-43 所示。

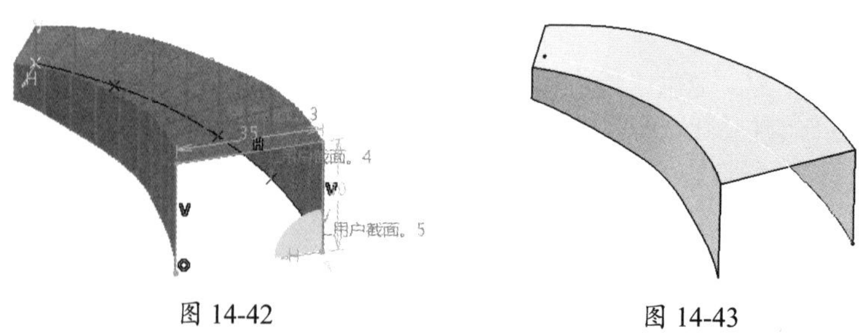

图 14-42　　图 14-43

14.4 创建其他常规曲面

其他常规曲面也属于 CATIA 的基础性曲面，是基于曲线或已有曲面的附加曲面创建工具，包括“填充”“多截面曲面”和“桥接曲面”等。

14.4.1 创建填充曲面

填充曲面是由一组曲线围成封闭区域，从而形成的片体。下面就以如图 14-44 所示的实例进行操作说明。

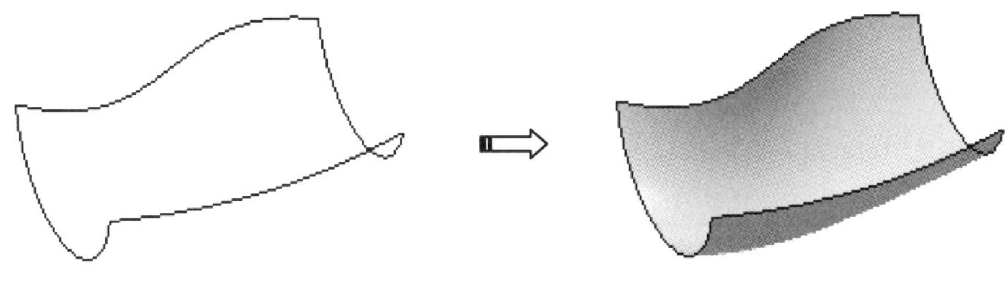

图 14-44

动手操作——创建填充曲面

01 打开本例源文件 14-13.CATPart。

02 单击“曲面”工具栏中的“填充”按钮，弹出“填充曲面定义”对话框。

03 选择一组封闭的边界曲线和支持面，选择一个点作为穿越点。

04 单击“确定”按钮完成填充曲面的创建，如图 14-45 所示。

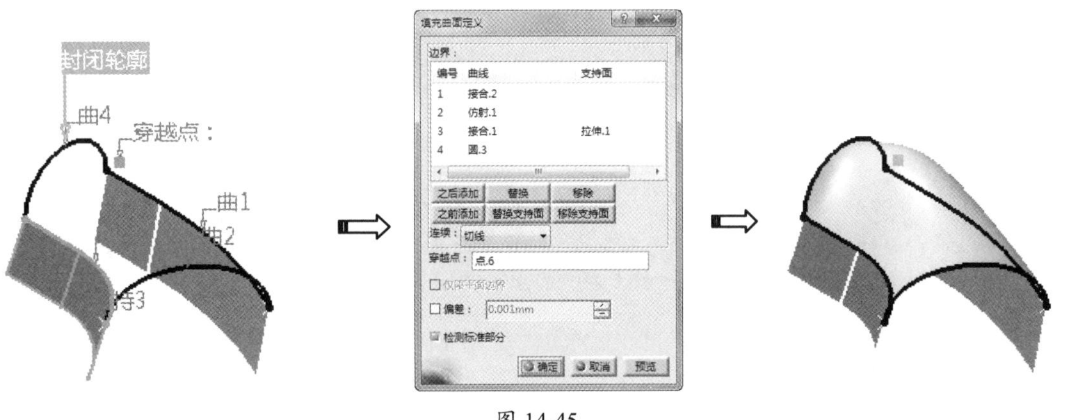

图 14-45

技术要点：

在完成封闭轮廓曲线的选取后，可单击激活“穿越点”文本框，再在图形区中选取一个点作为填充曲面的穿越点以此控制曲面的形状，如图14-46所示。

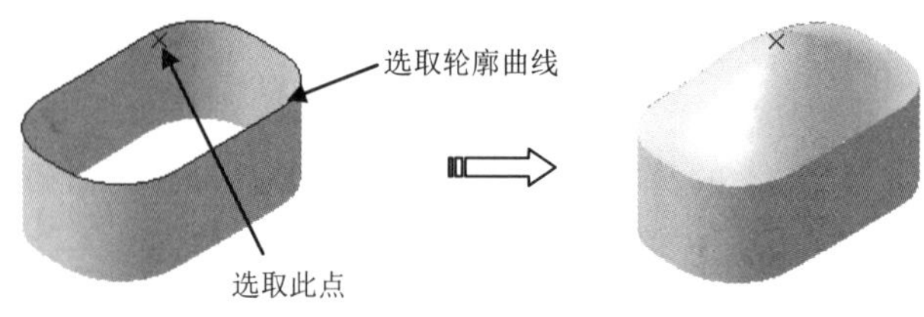

图 14-46

14.4.2 创建多截面曲面

“多截面曲面”是通过指定多个截面轮廓曲线，从而创建出扫掠片体特征。

动手操作——创建填充曲面

01 打开本例源文件 14-14.CATPart。

02 在“曲面”工具栏中单击“多截面曲面”按钮，弹出“多截面曲面定义”对话框。

03 选取“圆 1”和“圆 2”作为曲面的截面并使其方向一致。在“引导线”选项卡中单击激活文本框，再选取“草图 1”和“草图 2”为曲面的引导线。

04 单击“确定”按钮完成多截面曲面的创建，如图 14-47 所示。

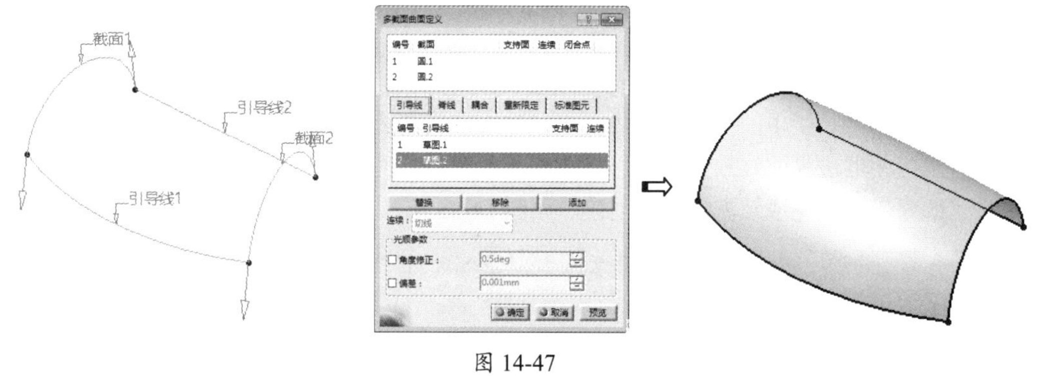

图 14-47

技术要点：

在创建多截面曲面时，如果只选取截面轮廓曲线，将自动计算截面的连接边界，从而创建多截面曲面。在选取截面轮廓线和引导线时，应注意创建方向一致。

14.4.3 创建桥接曲面

“桥接曲面”是通过指定两个曲面或曲线，从而创建连接两个对象的片体特征。

动手操作——创建桥接曲面

01 打开本例源文件 14-15.CATPart。

02 单击“曲面”工具栏中的“桥接曲面”按钮，弹出“桥接面曲面定义”对话框。

03 依次选取第一曲线和支持面、第二曲线和支持面。

04 在“基本”选项卡中设置连续条件。

05 单击“确定”按钮完成桥接曲面的创建，如图 14-48 所示。

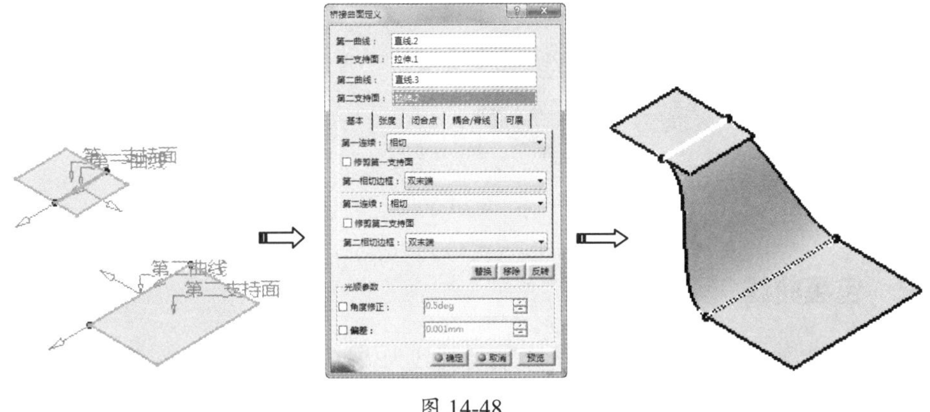

图 14-48

14.5 创建高级曲面

高级曲面是对曲面进行变形并生成新的曲面。在“高级曲面”工具栏中包括“凹凸”“包裹曲线”“包裹曲面”和“外形渐变”等。

14.5.1 凹凸曲面

凹凸曲面用于通过变形初始曲面而生成凸起曲面或下凹曲面，需要确定变形的曲面、限制曲线、变形中心、变形方向和变形距离 5 个属性。

动手操作——创建凹凸曲面

01 打开本例源文件 14-16.CATPart。

02 单击“高级曲面”工具栏中的“凹凸”按钮，弹出“凹凸变形定义”对话框。

03 单击激活“要变形的元素”文本框后再到图形区中选择要变形的曲面。单击激活“限制曲线”文本框并在图形区中选择曲面上的曲线作为限制曲线。单击激活“变形中心”文本框后，在图形区中选择一点作为变形中心，如图 14-49 所示。

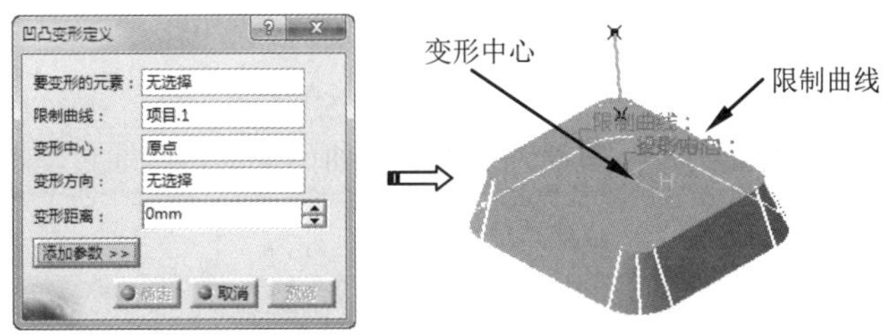

图 14-49

04 单击激活“变形方向”文本框，选择直线或平面作为变形方向参考。在“变形距离”文本框中输入 22mm。

05 单击“确定”按钮完成凹凸曲面的创建，如图 14-50 所示。

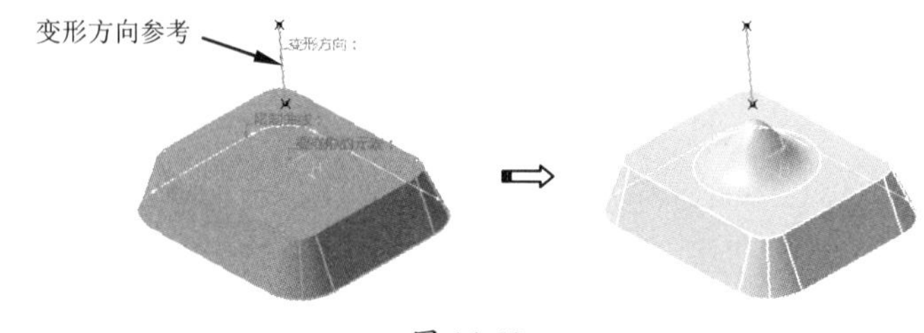

图 14-50

14.5.2 包裹曲线

“包裹曲线”是以参考曲线匹配变形到目标曲线为依据进行曲面变形，即通过参考曲线变换到目标曲线定义曲面变形，参考曲线不一定位于初始曲面上。

动手操作——创建包裹曲线

01 打开本例源文件 14-17.CATPart。

02 单击“高级曲面”工具栏中的“包裹曲线”按钮，弹出“包裹曲线定义”对话框。

03 选择要变形曲面，取消选中“隐藏要变形的元素”复选框。

04 选择一条曲线作为参考曲线，选择参考曲线后，单击激活“目标”文本框，选择一条曲线作为目标曲线，将成对曲线添加到列表框中。

05 单击“确定”按钮完成包裹曲线变形曲面的创建，如图 14-51 所示。

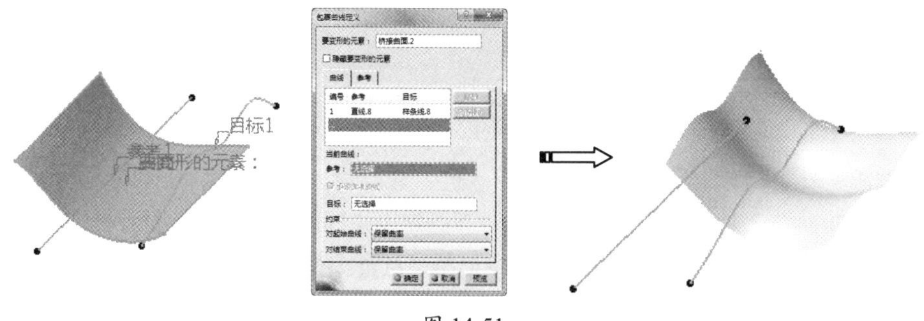

图 14-51

14.5.3 包裹曲面

“包裹曲面”是以参考曲面到目标曲面为依据进行曲面变形，即通过参考曲面变换到目标曲面定义曲面变形。

动手操作——创建包裹曲线

01 打开本例源文件 14-18.CATPart。

02 单击“高级曲面”工具栏中的“包裹曲面”按钮，弹出“包裹曲面变形定义”对话框。

03 在图形区中选择要变形曲面，再选择一个曲面作为参考曲面，选择另外一个曲面作为目标曲面。

04 单击“确定”按钮完成包裹曲面的创建，如图 14-52 所示。

图 14-52

14.5.4　外形渐变

“外形渐变”用于将每个参考元素（曲线或点）匹配变形到目标元素（曲线或点），从而进行曲面变形。

动手操作——创建外形渐变

01 打开本例源文件 14-19.CATPart。

02 单击“高级曲面”工具栏中的“外形渐变”按钮，弹出“外形变形定义”对话框。

03 在图形区中选择要变形曲面，依次选择两对参考与目标元素，如图 14-53 所示。

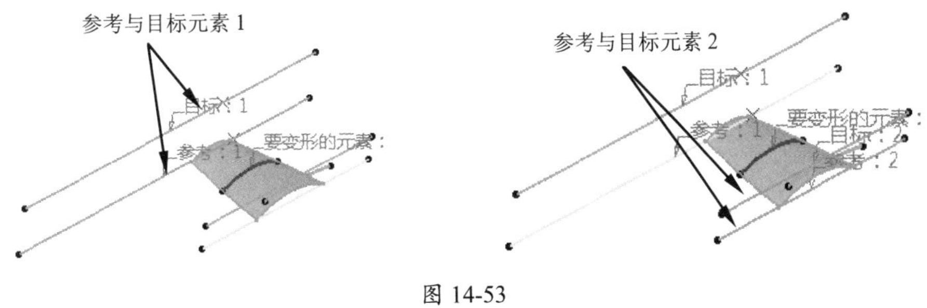

图 14-53

04 单击“预览”按钮预览变形曲面效果，确认无误后单击“确定”按钮完成外形渐变曲面的创建，如图 14-54 所示。

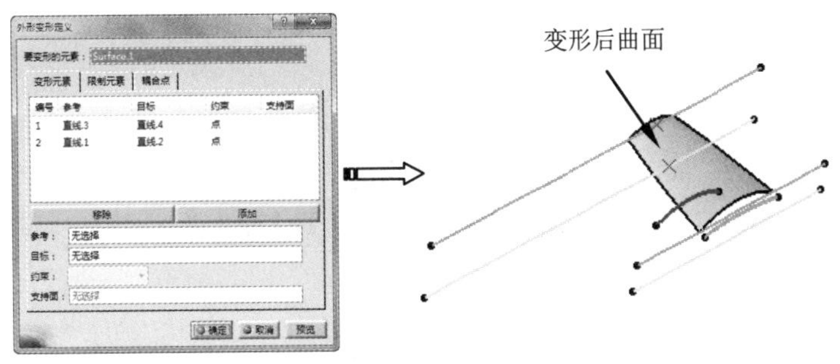

图 14-54

14.6 高级曲面设计

高级曲面设计是创成式外形设计平台中提供的高级曲面，它主要用于非常规的曲面造型优化设计，以方便完成一些特殊的曲面设计。

14.6.1 凹凸曲面

凹凸曲面是以曲面上的曲线为区域边界，以一点为中心按指定的方向进行凹凸变形，从而创建出新的曲面特征，如图 14-55 所示。

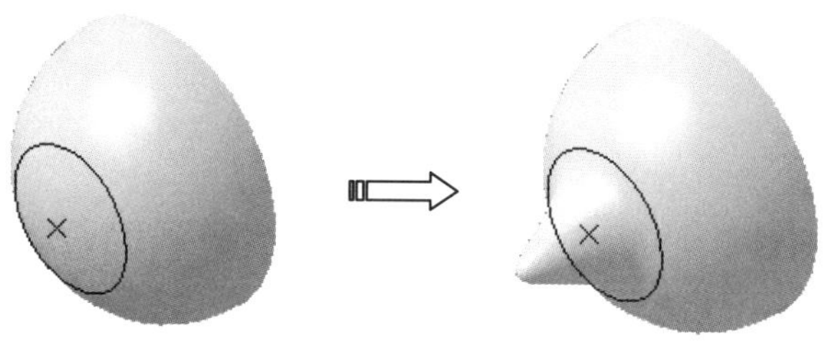

图 14-55

动手操作——创建凹凸曲面

01 打开本例源文件 14-20.CATPart。

02 在“高级曲面”工具栏中单击“凹凸”按钮，弹出“凹凸变形定义”对话框。

03 选取图形区中的曲面为变形图元，选取曲面上的圆形为限制曲线，选取曲面上的“点.1”为变形中心，指定 *X* 轴为变形方向，设置“变形距离”值为 20。

04 单击“确定”按钮完成凹凸曲面的创建，如图 14-56 所示。

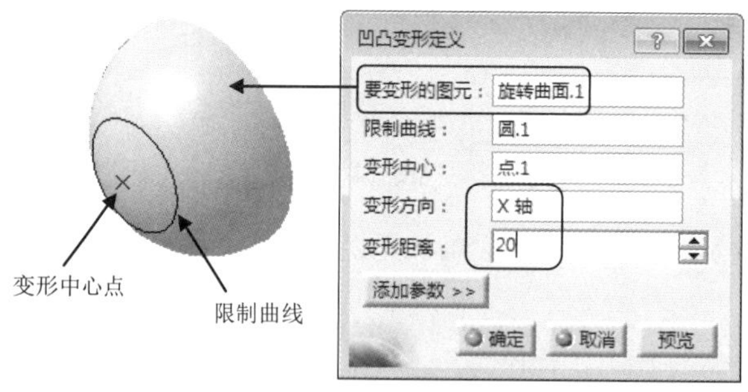

图 14-56

技术要点：

选取的限制曲线必须在曲面上或者是曲面的边界线，否则不能创建凹凸曲面。

14.6.2 包裹曲线

“包裹曲线”是将曲面的一组参考曲线变形到目标曲线上，如图 14-57 所示。

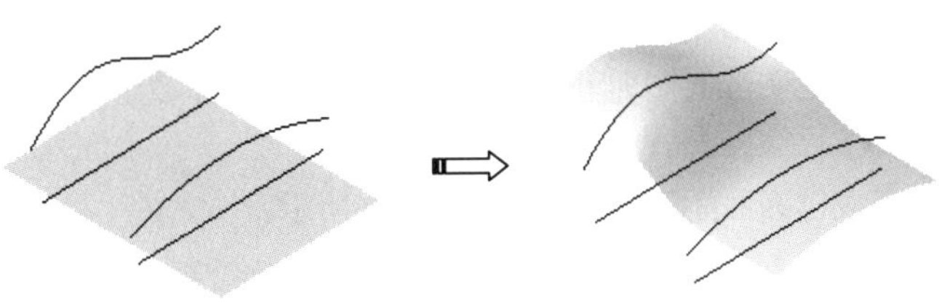

图 14-57

动手操作——创建包裹曲线

01 打开本例源文件 14-21.CATPart。

02 在“高级曲面”工具栏中单击“包裹曲线”按钮，弹出“包裹曲线定义”对话框。

03 选取图形区中的曲面特征为变形对象，再依次选取“参考 1”和“目标 1”为对应曲线，选取“参考 2”和“目标 2”为对应曲线。

04 单击“确定”按钮完成包裹曲线的创建，如图 14-58 所示。

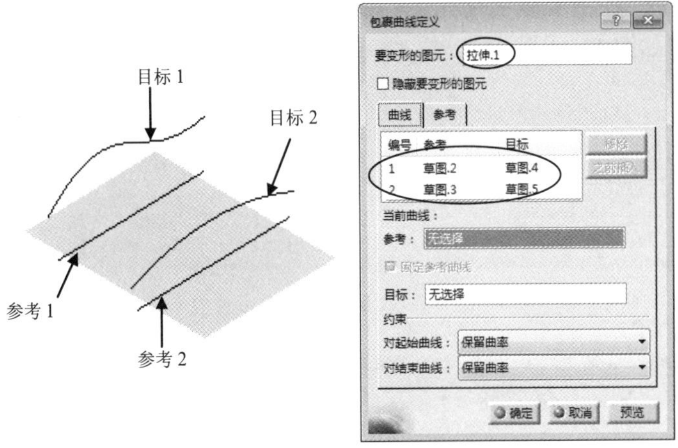

图 14-58

14.6.3　包裹曲面

包裹曲面是通过指定一组参考曲面变形到另一目标曲面上，如图 14-59 所示。

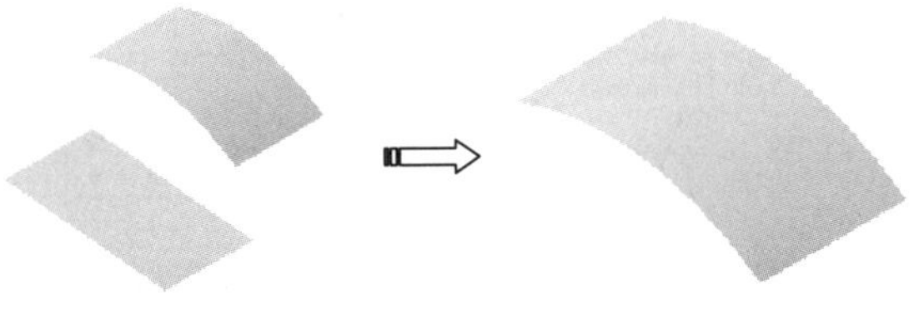

图 14-59

动手操作——创建包裹曲面

01 打开本例源文件 14-22.CATPart。

02 在“高级曲面”工具栏中单击“包裹曲面”按钮，弹出“包裹曲面变形定义”对话框。

03 选取“拉伸 1”曲面为要变形的图元和参考曲面，选取“拉伸 .2”曲面为目标曲面，使用系统默认的 3D 选项为包裹类型。

04 单击“确定”按钮完成包裹曲面的创建，如图 14-60 所示。

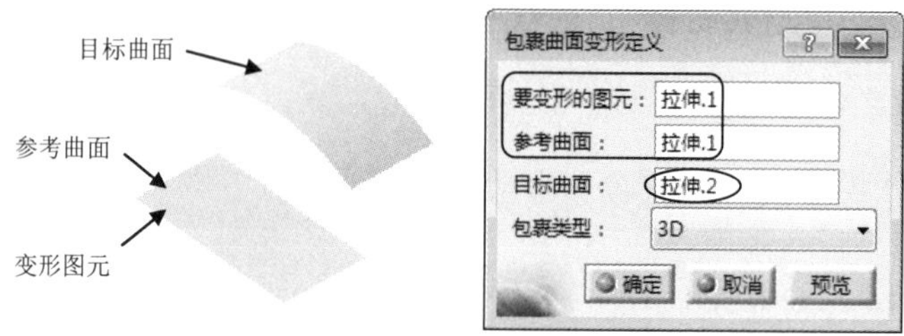

图 14-60

14.6.4 外形渐变

“外形渐变”是通过指定参考曲线并将其变形到目标曲线上，从而将参考曲线所在的曲面外形进行变形操作，如图 14-61 所示。

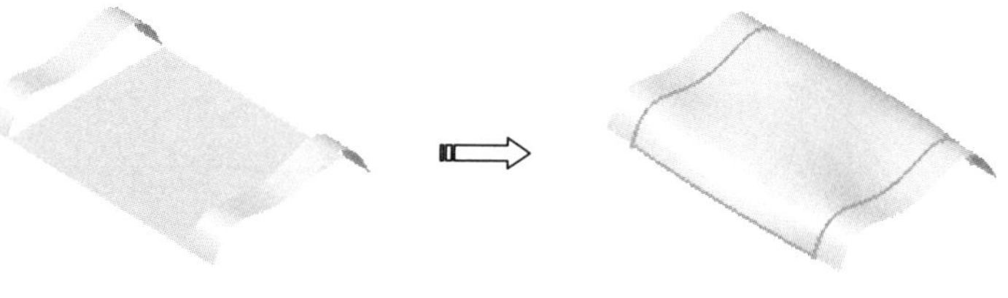

图 14-61

动手操作——创建外形渐变曲面

01 打开本例源文件 14-23.CATPart。

02 在“高级曲面”工具栏中单击“外形渐变”按钮，弹出“外形变形定义”对话框。

03 选取“拉伸 .1”曲面为要变形的图元，分别选取参考曲线和目标曲线对象，单击“确定”按钮完成曲面的外形渐变操作，如图 14-62 所示。

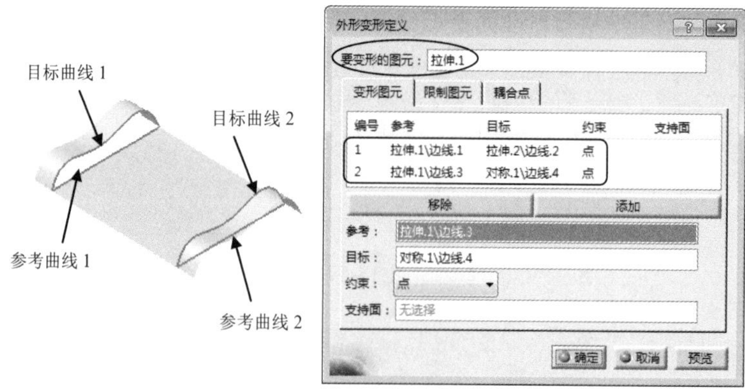

图 14-62

技术要点：

在“外形变形定义”对话框的“约束”下拉列表中可以选择“切线”选项，以及选择相切控制的支持面来控制曲面的变形，如图14-63所示。

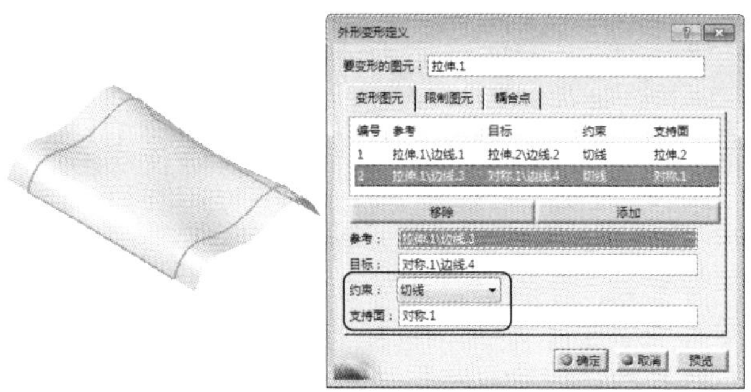

图 14-63

14.6.5　自动圆角

曲面的自动圆角是通过指定需要圆角的支持曲面，系统将自动选取圆角的边线最终创建出圆角特征。

动手操作——创建自动圆角

01 打开本例源文件 14-24.CATPart。

02 在“高级操作”工具栏中单击“自动圆角”按钮，弹出“定义自动圆角化”对话框。

03 选取图形区中的曲面作为支持面，在“圆角半径”文本框中输入 7mm，保留其他相关参数及选项的默认设置，单击“确定”按钮完成曲面的自动圆角操作，如图 14-64 所示。

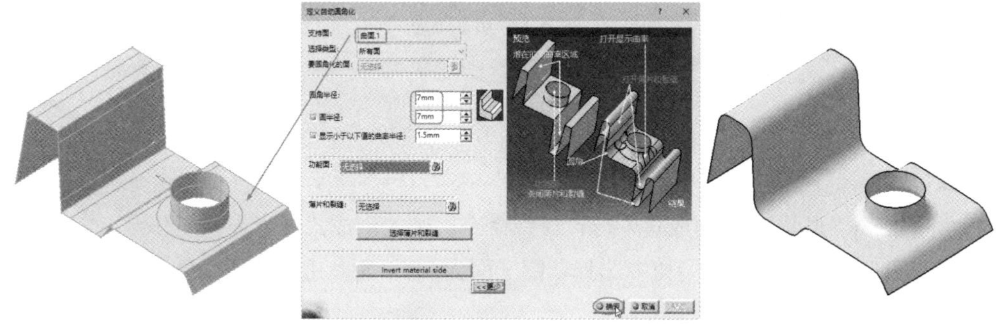

图 14-64

14.7　实战案例——水壶造型设计

引入文件：无

结果文件：\ 动手操作 \ 结果 \Ch14\shuihu.CATPart

视频文件：\ 视频 \Ch14\ 水壶造型设计 .avi

本例将通过水壶的曲面造型设计来详解其操作过程，如图 14-65 所示为水壶线框曲线及曲面造型。由于本例的操作步骤较多，故将整个任务分解成多个小任务进行。

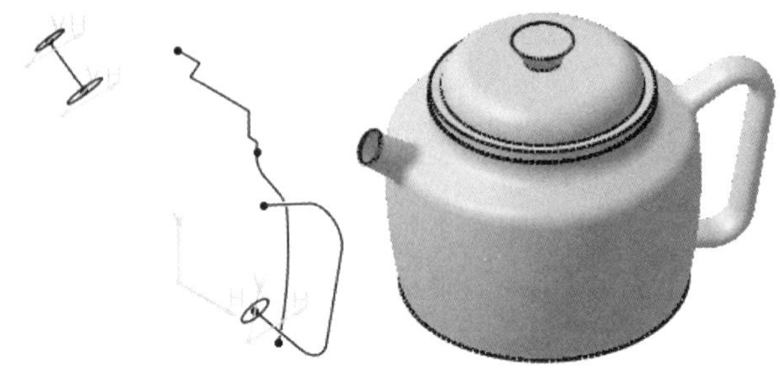

图 14-65

绘图分析：

（1）主体形状由回转曲面构成，包括壶身和壶盖。

（2）手柄是由扫掠创建的曲面，壶嘴是利用多截面曲面工具设计的。

建模流程的图解如图 14-66 所示。

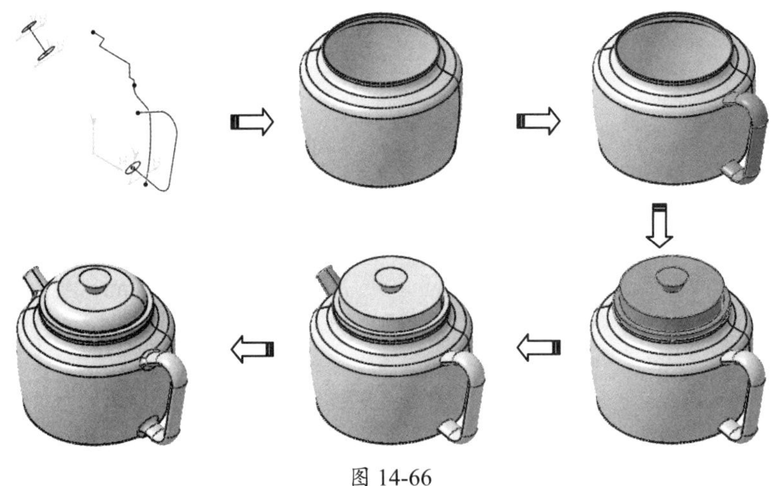

图 14-66

设计步骤：

01 执行“开始”|“形状”|“创成式外形设计”命令，进入创成式外形设计工作台。

02 单击“草图”按钮，在模型树中选择草图平面为 *yz* 平面，进入草图工作台。

03 绘制用于构建曲面的草图曲线。

- 利用圆弧、直线、轴线和圆角等工具绘制如图 14-67 所示的壶身草图。
- 单击“草图”按钮，选择草图平面为 yz 平面，进入草图工作台。利用圆弧、直线、圆角等工具绘制如图 14-68 所示的手柄草图。
- 单击“线框”工具栏中的“平面”按钮，弹出“平面定义”对话框，在“平面类型”下拉列表中选择“曲线的法线”选项，如图 14-69 所示，单击“确定”按钮完成平面创建。

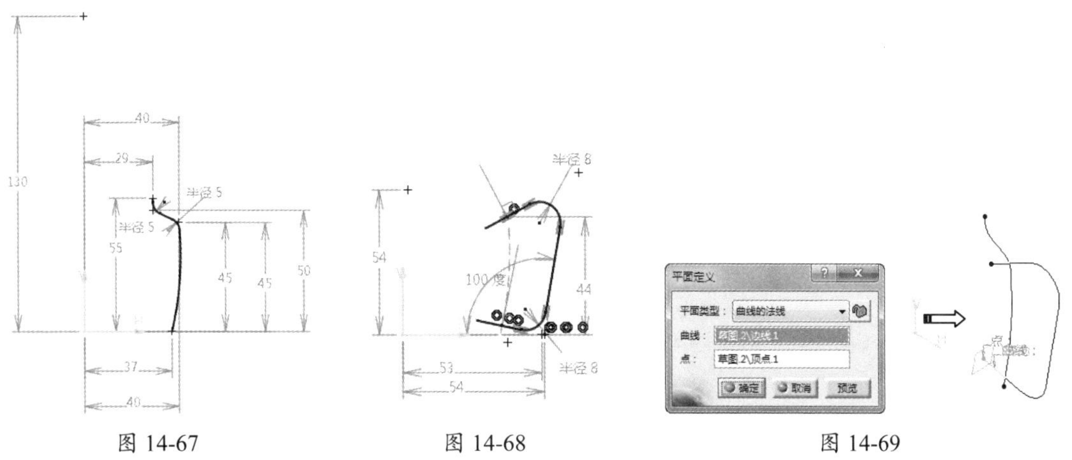

图 14-67　　图 14-68　　图 14-69

- 选择创建的“平面 .1”为草图平面，单击“草图”按钮，进入草图工作台。利用椭圆等工具绘制如图 14-70 所示的长半径为 5mm，短半径为 3mm 的椭圆。此草图为手柄曲面的截面草图。
- 单击“草图”按钮，选择草图平面为 *yz* 平面，进入草图工作台。利用轮廓、轴线等工具绘制如图 14-71 所示的壶盖草图。
- 单击“草图”按钮，选择草图平面为 *yz* 平面，进入草图工作台。利用直线等工具绘制如图 14-72 所示的壶嘴引导线草图。

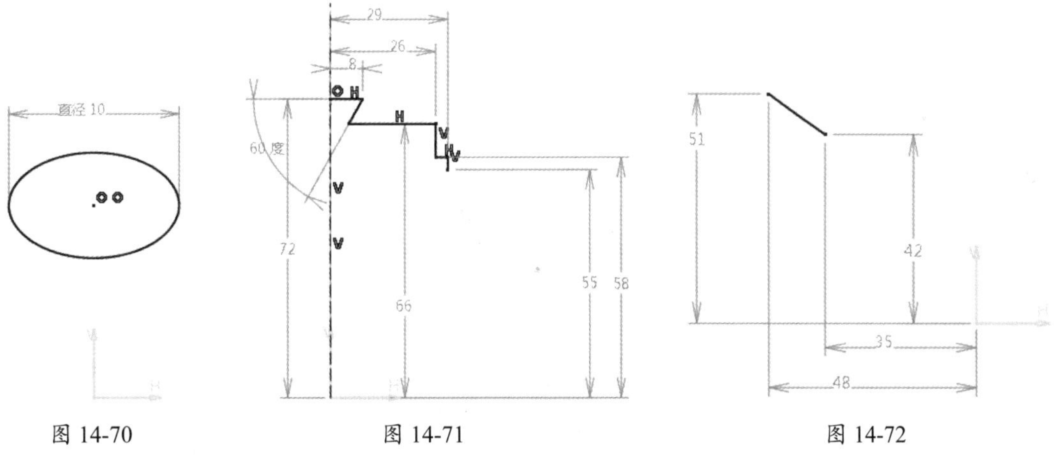

图 14-70　　图 14-71　　图 14-72

- 单击“线框”工具栏中的“平面”按钮，弹出“平面定义”对话框，在“平面类型”下拉列表中选择“曲线的法线”选项，如图 14-73 所示的点和曲线（在上一步骤绘制的草图中选取），单击“确定”按钮完成平面创建。
- 选择平面 .2，单击“草图”按钮，进入草图工作台。利用圆工具绘制直径为 9mm 的圆，如图 14-74 所示。

04 单击“线框”工具栏中的“平面”按钮，弹出“平面定义”对话框，在“平面类型”下拉列表中选择“曲线的法线”选项，选择如图 14-75 所示的点和曲线，单击“确定”按钮完成平面创建。

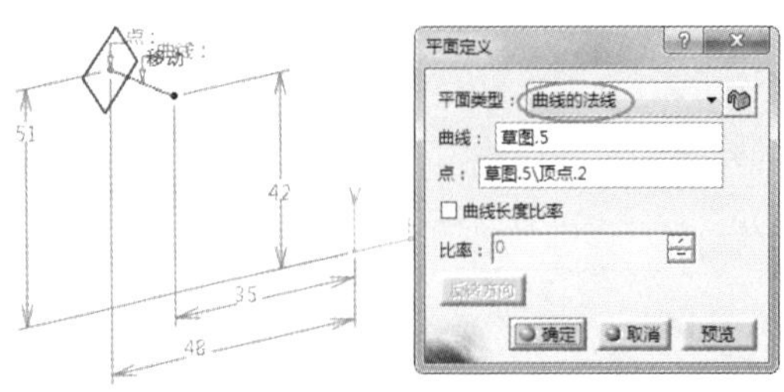

图 14-73

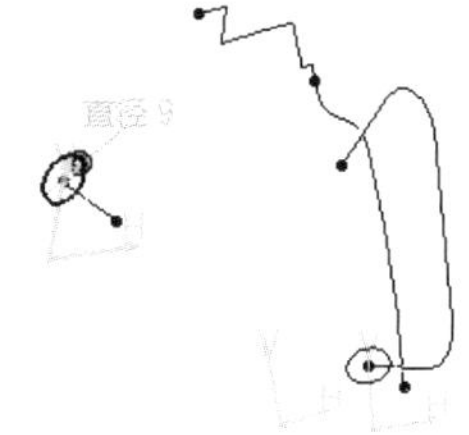

图 14-74

05 选择“平面 .3”，单击“草图”按钮进入草图工作台。利用圆工具绘制直径为 11mm 的圆，如图 14-76 所示。

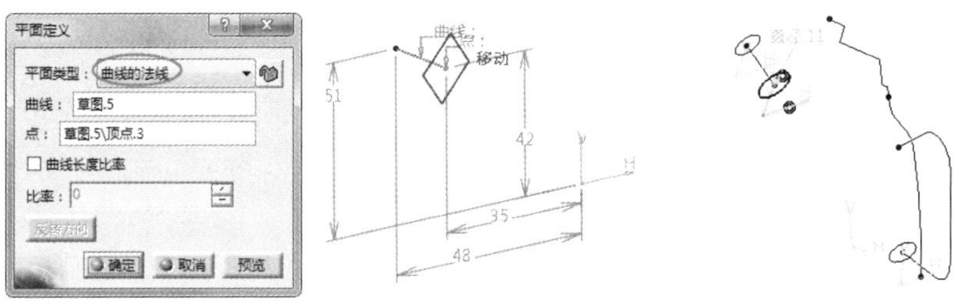

图 14-75　　　　图 14-76

06 绘制多个草图后，需要将部分草图中的多段曲线接合成整体曲线。

- 单击“操作”工具栏中的“接合”按钮，弹出“接合定义”对话框，依次选择“草图 .1”的所有曲线，单击“确定”按钮完成结合操作，如图 14-77 所示。
- 单击“操作”工具栏中的“接合”按钮，弹出“接合定义”对话框，依次“草图 .2”的所有曲线，单击“确定”按钮完成结合操作，如图 14-78 所示。

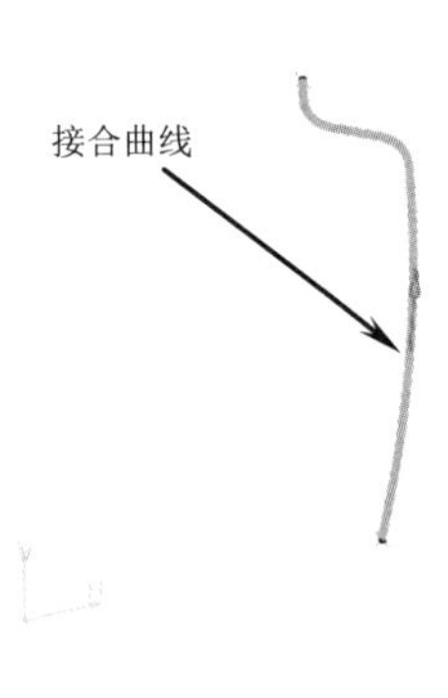

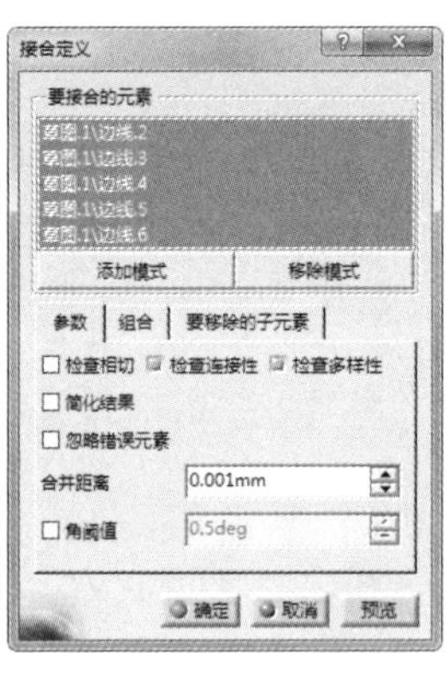

图 14-77

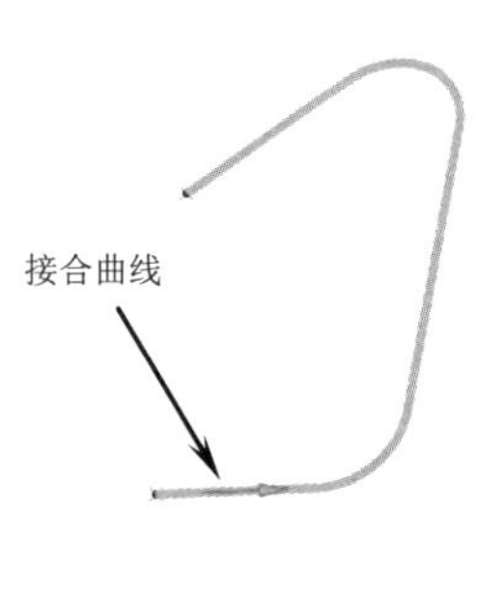

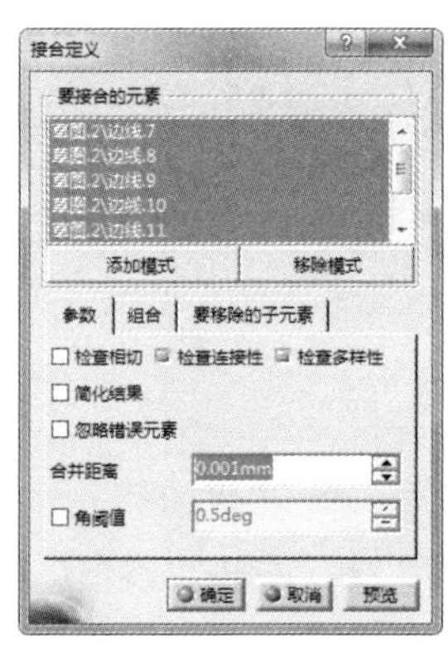

图 14-78

07 单击“曲面”工具栏中的“旋转”按钮，弹出“旋转曲面定义”对话框，单击激活“轮廓”文本框，选择“接合 .1”作为轮廓，选择草图 .1 的纵轴为旋转轴，单击“确定”按钮完成旋转曲面创建，如图 14-79 所示。

08 单击“曲面”工具栏中的“扫掠”按钮，弹出“扫掠曲面定义”对话框，在“轮廓类型”中单击“显式”按钮，在“子类型”下拉列表中选择“使用参考曲面”选项，选择“草图 .3”作为轮廓，选择“接合 .2”作为引导曲线，单击“确定”按钮完成扫掠曲面的创建，如图 14-80

所示。

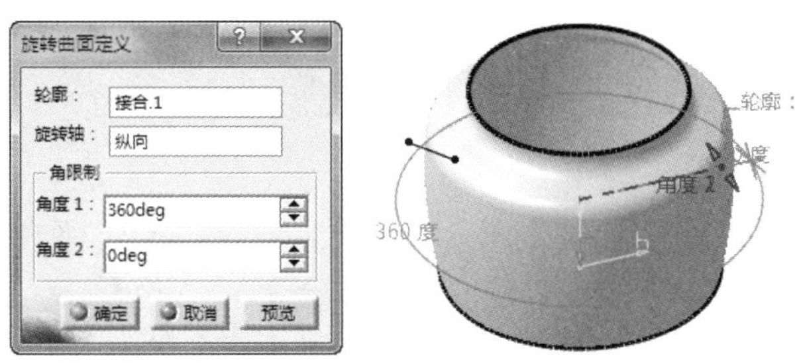

图 14-79

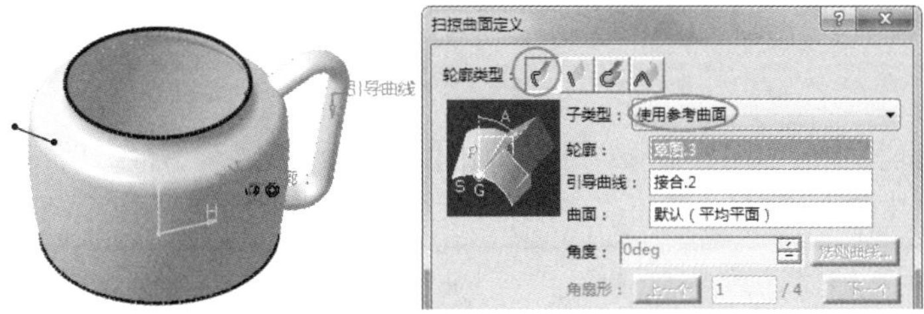

图 14-80

09 单击“曲面”工具栏中的“旋转”按钮，弹出“旋转曲面定义”对话框，单击激活“轮廓”文本框，选择“草图 .4”作为轮廓，单击“确定”按钮完成旋转曲面的创建，如图 14-81 所示。

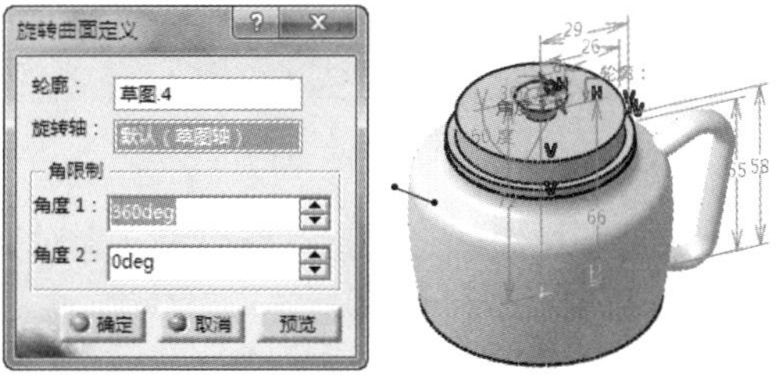

图 14-81

10 单击“曲面”工具栏中的“多截面曲面”按钮，弹出“多截面曲面定义”对话框，依次选取“草图 .6”和“草图 .7”，单击“确定”按钮完成多截面曲面的创建，如图 14-82 所示。

图 14-82

11 单击“操作”工具栏中的“修剪”按钮，弹出“修剪定义”对话框，选择如图 14-83 所示中的两个曲面，单击“确定”按钮完成修剪操作。

图 14-83

12 单击“操作”工具栏中的“倒圆角”按钮，弹出“倒圆角定义”对话框，选择需要倒圆角的棱边，在“半径”文本框中输入 3mm，单击“确定”按钮完成圆角操作，如图 14-84 所示。

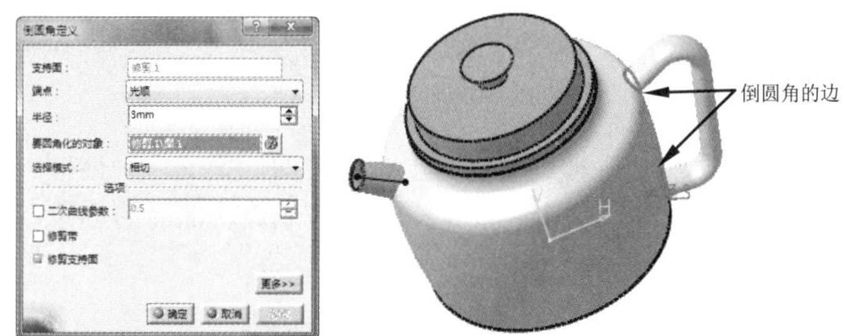

图 14-84

13 单击“操作”工具栏中的“修剪”按钮，弹出“修剪定义”对话框。选择如图 14-85 所示的两个曲面，单击“确定”按钮完成修剪操作。

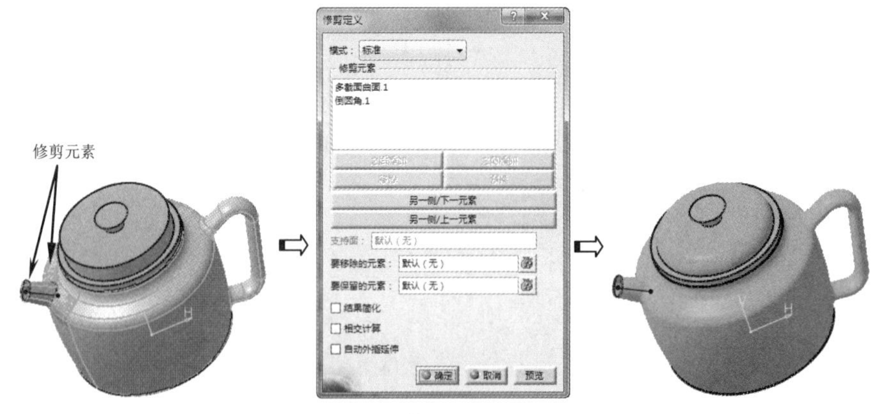

图 14-85

14 单击“操作”工具栏中的“倒圆角”按钮，弹出“倒圆角定义”对话框，选择需要倒圆角的棱边，在“半径”文本框中输入 3mm，单击“确定”按钮完成圆角操作，如图 14-86 所示。

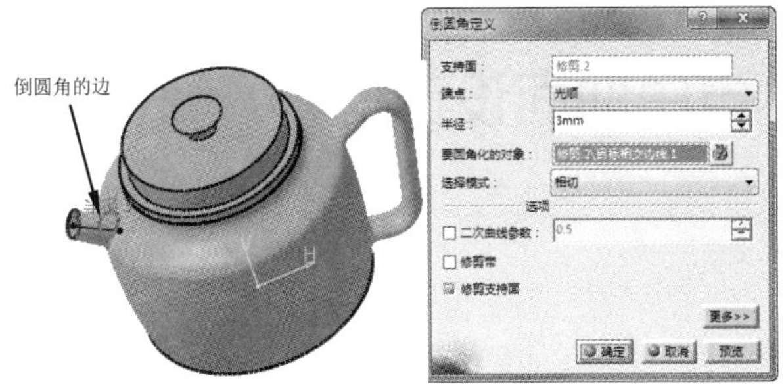

图 14-86

15 单击“操作”工具栏中的“倒圆角”按钮，弹出“倒圆角定义”对话框。选择需要倒圆角的棱边，在“半径”文本框中输入 7，单击“确定”按钮完成圆角操作，如图 14-87 所示。

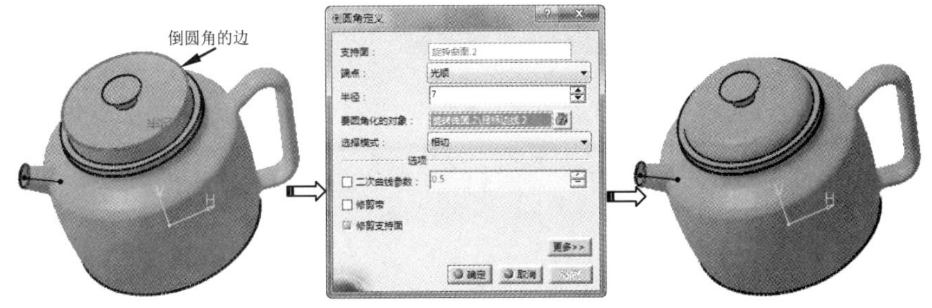

图 14-87

14.8 课后习题

为巩固本章所学的曲面构造技巧和思路，特安排如图 14-88 所示的习题供读者练习。

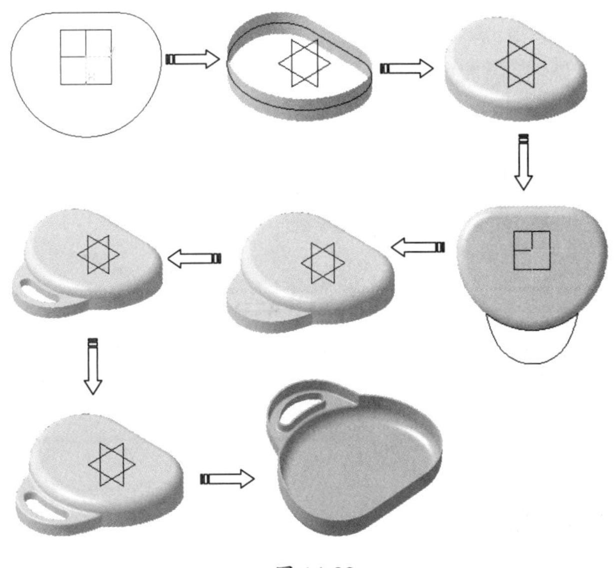

图 14-88

第 15 章　自由曲面设计指令

自由曲面设计是 CATIA 曲面设计的重要组成部分，其具有很高的曲面光顺度，适合汽车、飞行器、工业艺术产品的造型设计。本章将详细介绍 CATIA 自由曲面设计的基础知识和造型技巧。

- 曲线的创建
- 曲面的创建
- 曲线与曲面的编辑
- 曲面外形修改

15.1 自由曲面工作台概述

自由曲面工作台是 CATIA 中一个非参数设计模块，它主要针对设计过程中的各种比较复杂的曲面。自由曲面设计是一种基于网格形式来修改曲面，并能够生成各种自由造型曲面的设计方法，采用该方法所构建的曲面具有很高的曲面光顺度和质量，非常适合例如汽车外形 A 级表面的造型设计等。

15.1.1 进入自由曲面工作台

执行“开始”|“形状”|“自由曲面”命令，弹出“新建零件”对话框。输入零件名称后单击“确定”按钮进入自由曲面设计工作台，如图 15-1 所示。

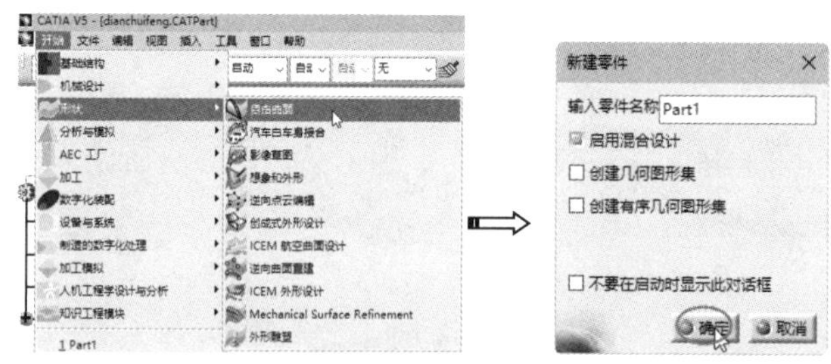

图 15-1

15.1.2 自由曲面工作台界面

自由曲面工作台提供了丰富的用于生成和修改曲面的工具，它们分别位于绘图区的上侧工具栏区域和右侧工具栏区域，自由曲面工作台与其他工作台的界面布局完全相同，如图 15-2 所示。

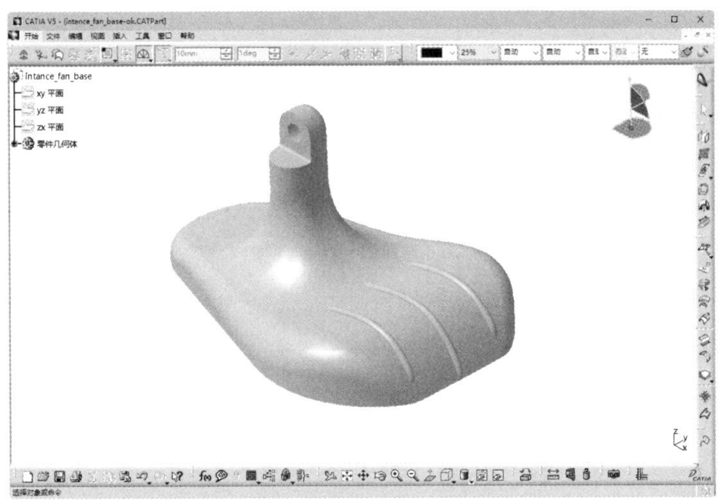

图 15-2

15.2 创建自由造型曲线

在自由造型工作台中，可以利用现有的自由造型曲线来创建自由造型曲面，并非一定要用曲线才能构建曲面，但自由造型曲线可以帮助你完成更多复杂的曲面造型设计。自由曲面工作台中的曲线工具与创成式造型设计工作台中的曲线有所不同，自由曲面工作台中的曲线工具没有了平面曲线，只有 3D 空间曲线或者基于复杂曲面所生成的曲线。

15.2.1 3D 曲线

3D 曲线是通过空间中的一系列点来创建 3D 曲线，该曲线可编辑其控制点或通过点。如果创建的曲线位于几何体上，编辑几何体后曲线自动更新。

动手操作——创建 3D 曲线

01 新建零件文件，并进入自由曲面工作台。

02 定义活动平面。单击“工具仪表盘”工具栏中的“指南针工具栏”按钮，弹出“快速确定指南针方向”工具栏。单击 YZ 按钮确定 3D 曲线的放置平面，如图 15-3 所示。

图 15-3

03 单击“视图”工具栏中的“正视图”按钮切换到正视图。

04 在“创建曲线”工具栏中单击“3D 曲线”按钮，弹出“3D 曲线”对话框。

05 使用“通过点”创建类型。在图形区中多个位置任意单击，确定曲线通过点。单击“确定”按钮完成空间 3D 曲线的创建，如图 15-4 所示。

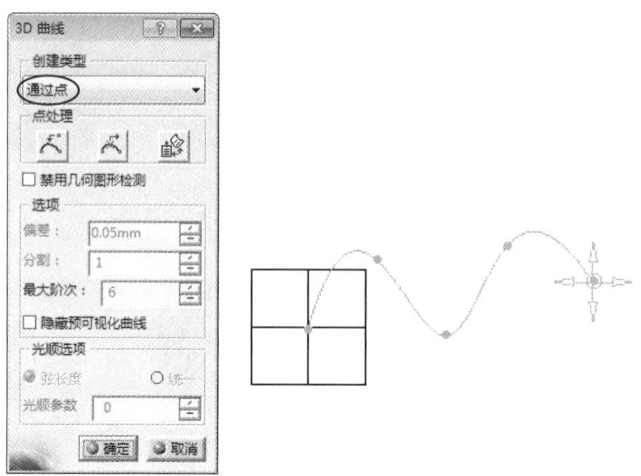

图 15-4

06 再次定义活动平面。单击“快速确定指南针方向”工具栏中的“翻转到 UV 或 XY”按钮，定义 *xy* 平面为活动平面。单击“视图”工具栏中的“俯视图”按钮切换到俯视图。

07 双击图形区中创建的 3D 曲线，选取曲线上一个特征点并将其拖至图形区中的任意位置，如图 15-5 所示。

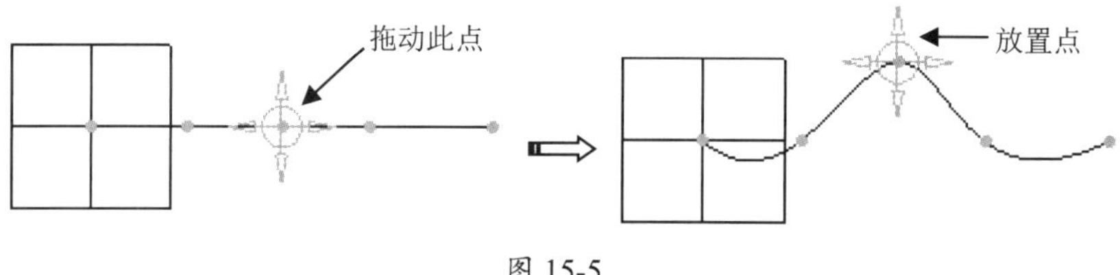

图 15-5

08 单击“3D 曲线”对话框中的“确定”按钮完成 3D 曲线的编辑修改。

技术要点：

系统默认3D曲线放置在活动平面之上，因此，在创建3D曲线之前应先定义曲线的活动平面。按F5键可快速转换活动平面。

15.2.2 曲面上的曲线

利用“曲面上的曲线”命令可在曲面上创建附着于曲面的样条曲线或等参数曲线，下面就以如图 15-6 所示的实例进行操作说明。

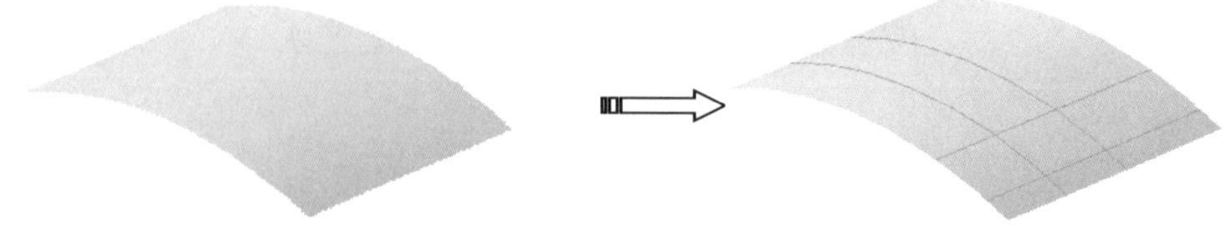

图 15-6

动手操作——创建曲面上的曲线

01 打开本例源文件 ex-2.CATPart。

02 在“创建曲线”工具栏中单击“曲面上的曲线”按钮，弹出“选项”对话框。

03 在“创建类型”下拉列表中选择“逐点”选项，在“模式”下拉列表中选择“用控制点”选项。在图形区中选取参考曲面，并在面上依次选取样条曲线的控制点，单击“确定”按钮完成曲面上曲线的创建，如图 15-7 所示。

04 若是在“选项”对话框中选择“等参数”创建类型和“自动选择”模式，可以创建出如图 15-8 所示的等参数曲线。

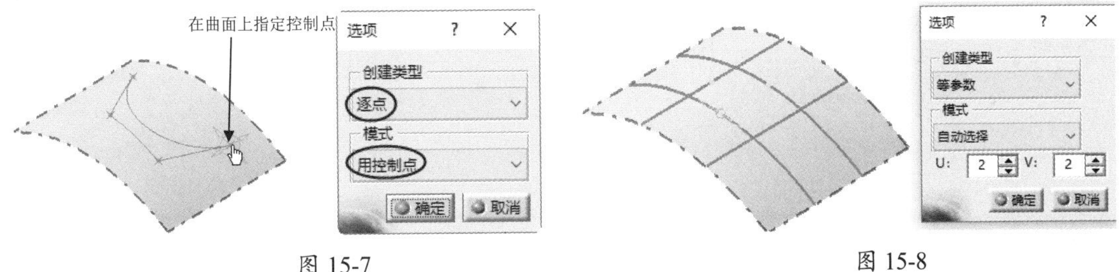

图 15-7

图 15-8

15.2.3 等参数曲线

“等参数曲线”命令是通过定义 *UV* 方向和曲线经过点，在曲面上生成与该点参数相等的点和曲线。此命令是“曲面上的曲线”命令的特殊形式，“等参数曲线”命令一次仅能创建一条等参数曲线，如图 15-9 所示。

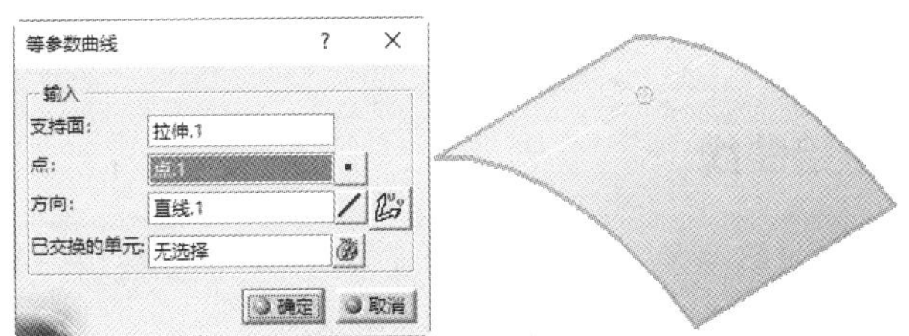

图 15-9

15.2.4 投影曲线

“投影曲线”是将曲线沿一定方向投影到曲面上生成曲面，投影方向可以是曲面法线，也可以用户定义的指南针方向，如图 15-10 所示。

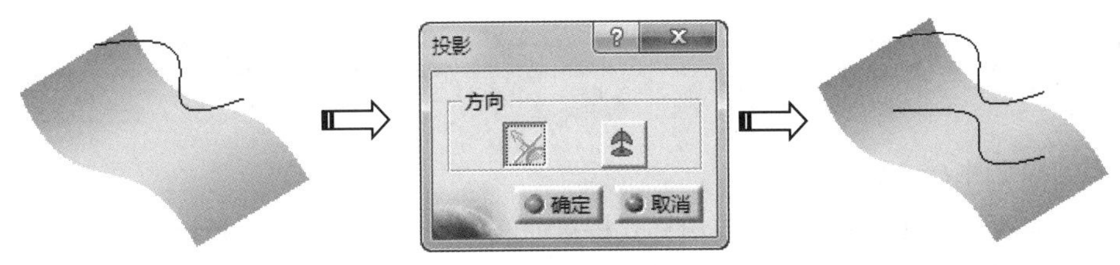

图 15-10

动手操作——创建投影曲线

01 打开本例源文件 ex-3.CATPart。

02 在“创建曲线”工具栏中单击“投影曲线”按钮，弹出“投影”对话框。

03 使用系统默认的“指南针投影”选项，在“工具仪表盘”工具栏中单击“指南针工具栏”按钮，弹出“快速确定指南针方向”工具栏。单击该工具栏中的“翻转到 UV 或 XY”按钮，确定投影方向，如图 15-11 所示。

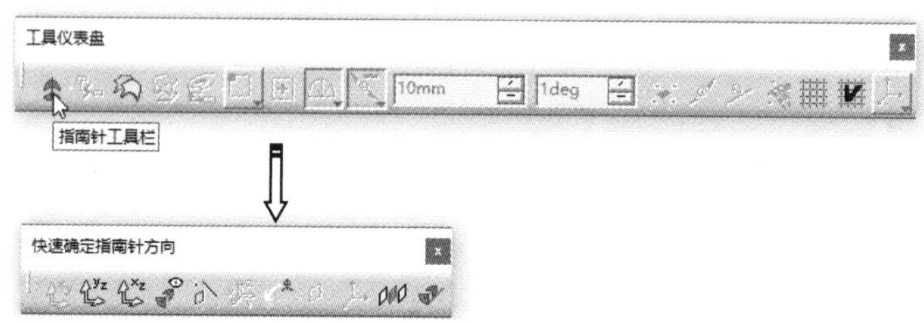

图 15-11

04 选取图形区中的曲线和曲面，即可预览投影曲线。单击“确定”按钮完成投影曲线的创建，如图 15-12 所示。

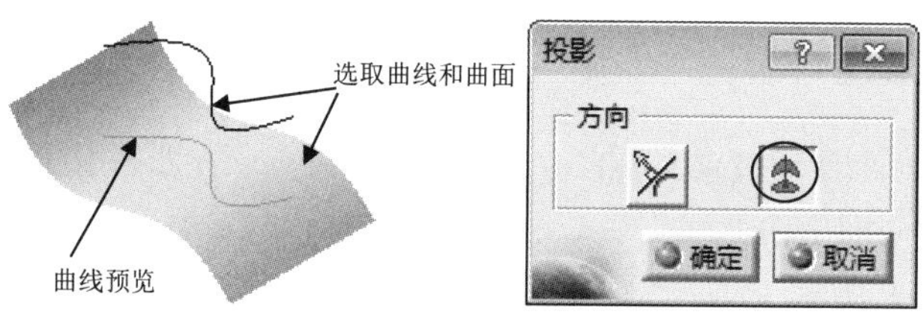

图 15-12

15.2.5 自由样式桥接曲线

自由样式桥接曲线是通过将两条空间曲线进行连接操作从而创建出一条与两曲线连续（包括点连续、切线连续和曲率连续）的曲线，如图 15-13 所示。

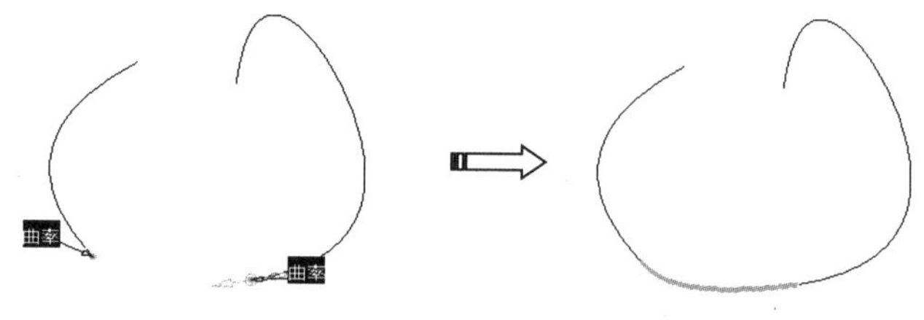

图 15-13

动手操作——创建桥接曲线

01 打开本例源文件 ex-4.CATPart。

02 在“创建曲线”工具栏中单击“自由样式桥接曲线”按钮，弹出“桥接曲线”对话框。

03 选取图形区中的两条曲线为连接对象，曲线端点处默认显示为“曲率”连续，可以单击“曲率”

提示文字将其切换为“切线”连续或“点”连续，如图 15-14 所示。

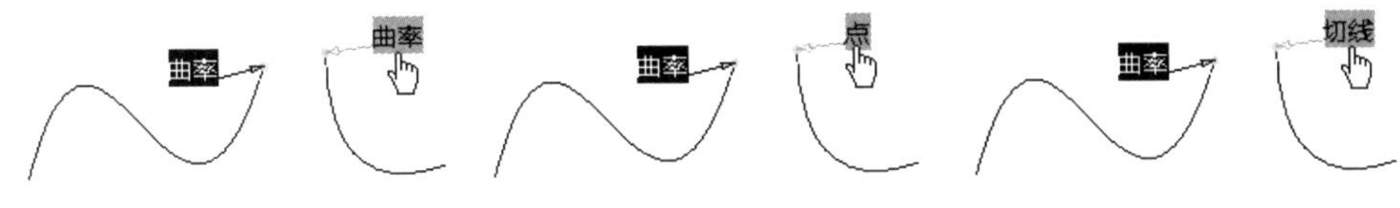

图 15-14

04 确定曲线连接的连续性后，单击“确定”按钮完成桥接曲线的创建，如图 15-15 所示。

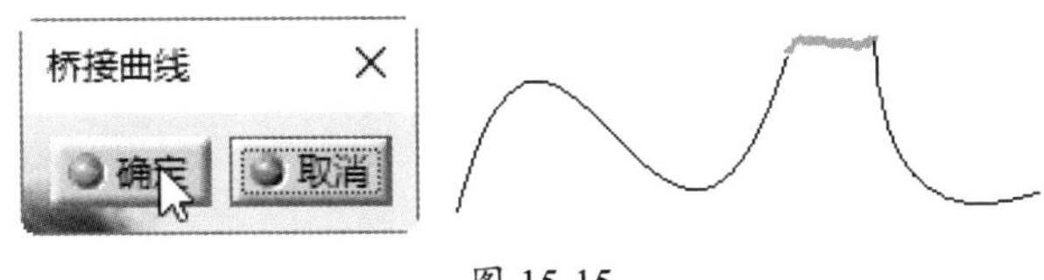

图 15-15

15.2.6　样式圆角

样式圆角是在两条空间曲线之间创建一条相切于两曲线的曲线对象，如图 15-16 所示。

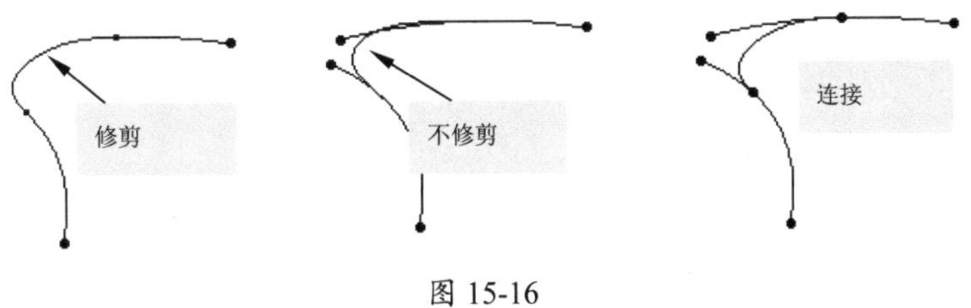

图 15-16

动手操作——创建样式圆角

01 打开本例源文件 ex-5.CATPart。

02 在“创建曲线”工具栏中单击“样式圆角”按钮，弹出“样式圆角”对话框。

03 在“半径”文本框中输入 15mm，其他选项保持默认。在图形区中选取两条曲线作为要创建样式圆角的对象。

04 单击“应用”按钮可预览圆角曲线，单击“确定”按钮完成曲线样式圆角的创建，如图 15-17 所示。

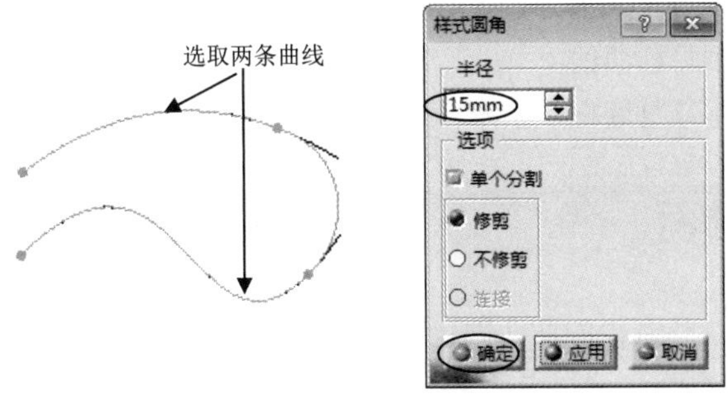

图 15-17

“样式圆角”对话框中部分选项含义如下。

- 单个分割：选中该复选框，系统将强制限定圆角曲线的控制点数量并获得单一的弧形曲线。
- 修剪：选中该复选框，系统将使圆角曲线在连接点上复制修剪源对象曲线。
- 不修剪：选中该单选按钮，系统将不修剪源对象曲线，而直接创建出圆角曲线。

15.2.7 匹配曲线

匹配曲线是将一条曲线匹配到另一条曲线上，使其与另一条曲线连接并满足曲线之间的连续条件，如图 15-18 所示。

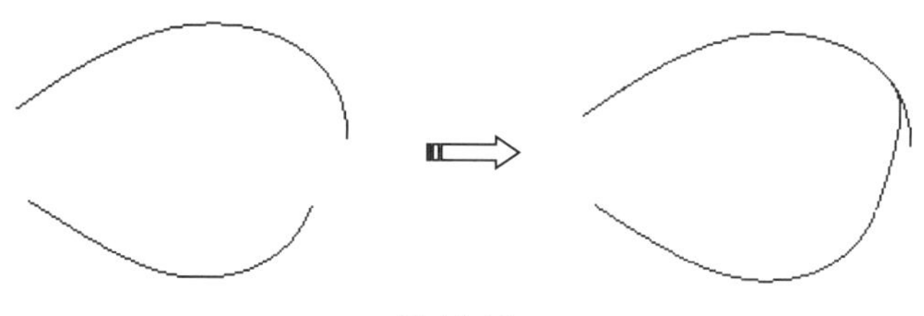

图 15-18

动手操作——创建匹配曲线

01 打开本例源文件 ex-6.CATPart。

02 在“创建曲线”工具栏中单击“匹配曲线”按钮，弹出“匹配曲线”对话框。

03 在图形区中选取两条曲线作为匹配对象。设置匹配曲线的约束为“切线”模式，保留“匹配曲线”对话框中的默认选项设置，单击“确定”按钮完成匹配曲线的创建，如图 15-19 所示。

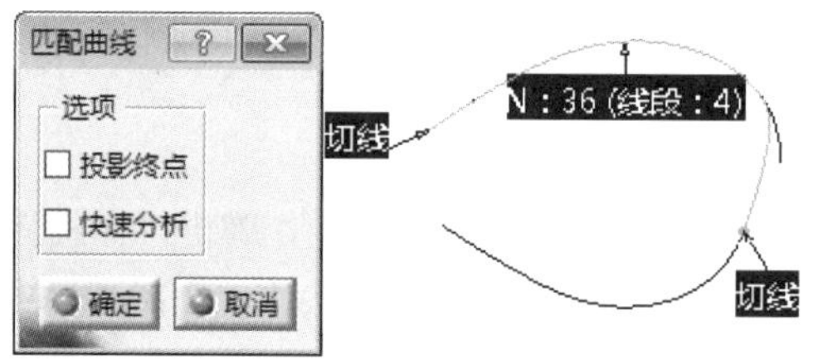

图 15-19

“匹配曲线”对话框中的选项含义如下。

- 投影终点：选中该复选框，系统会将源对象曲线的终点沿曲线匹配点的切线方向的直线最短距离投影到目标曲线上。
- 快速分析：选中该复选框，系统将诊断匹配点的质量。

15.3 创建自由曲面

在创成式曲面设计工作台中的曲面创建方法与其他模块中的曲面创建方法相似，下面仅介绍不同的曲面创建工具。

15.3.1　统一修补

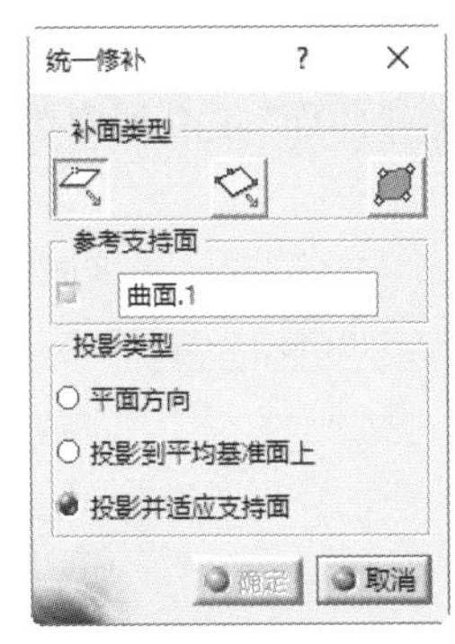

图 15-20

统一修补是自由曲面工作台中的基础曲面，主要用来修补已有曲面中的“孔洞”，其主要修补方式包括：2 点补面、3 点补面和 4 点补面。

在“创建曲面”工具栏中单击“统一修补”按钮，弹出“统一修补”对话框，如图 15-20 所示。

“统一修补”对话框中主要选项含义如下。

- “补面类型”选项区：此选项区中包含 3 种定义补面的方法——2 点补面、3 点补面和 4 点补面。
  - » 2 点补面：此类型是通过指定空间中的两个特征点，从而创建出矩形面特征，如图 15-21 所示。

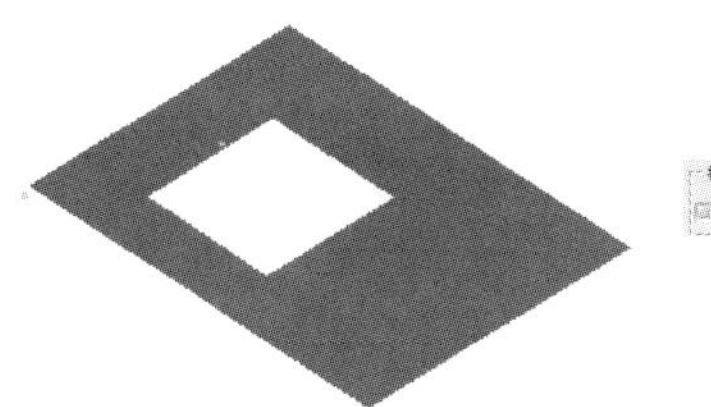

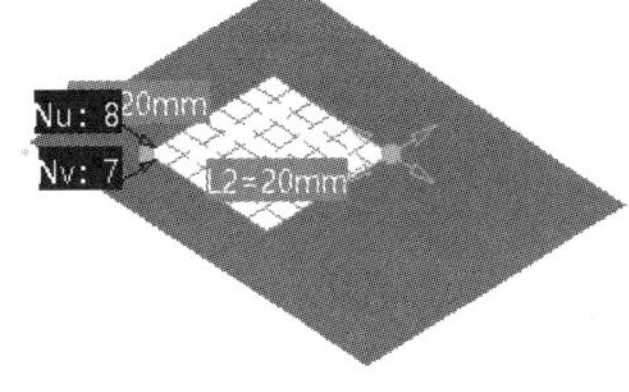

图 15-21

技术要点：

如果参考支持面是平面，则创建的修补面为平面曲面。如果参考支持面为曲面，则创建的修补面为曲面，如图15-22所示。

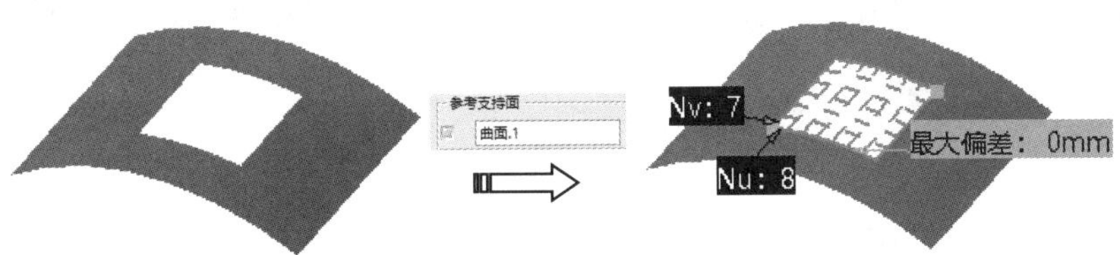

图 15-22

- » 3 点补面：此类型是通过指定空间中的 3 个特征点，从而创建出矩形面特征，如图 15-23 所示。
- » 4 点补面：此类型是通过指定空间中的 4 个特征点，从而创建出四边形面特征，如图 15-24 所示。

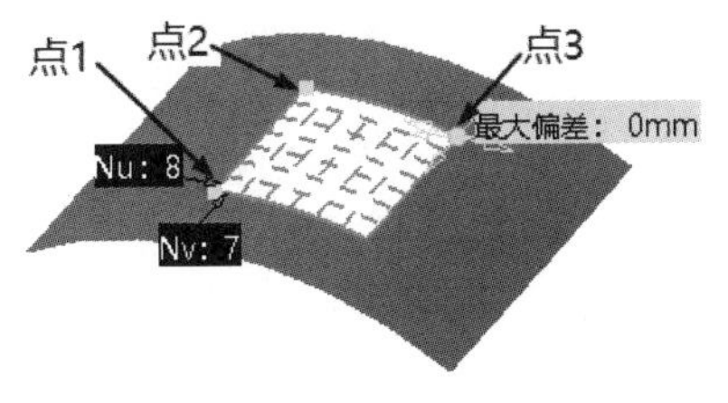

图 15-23

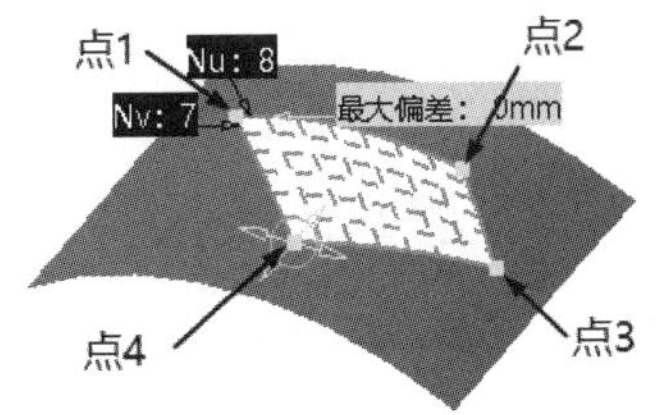

图 15-24

动手操作——创建统一修补曲面

01 打开本例源文件 ex-7.CATPart。

02 在“创建曲面”工具栏中单击“统一修补”按钮，弹出“统一修补”对话框。选择补面类型为“4点补面”。

03 在“参考支持面”选项区中选中“支持面”复选框，支持面的文本框中自动显示支持面为“罗盘平面”，如图 15-25 所示。

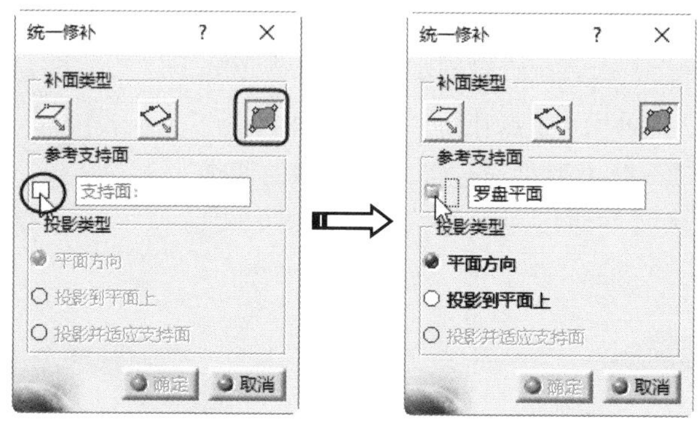

图 15-25

04 单击支持面的文本框，并到图形区中选取曲面作为参考支持面，“统一修补”对话框中的投影类型自动设置为“投影并适应支持面”，如图 15-26 所示。

05 在曲面的孔洞中选取 4 个边角顶点来创建修补面，如图 15-27 所示。

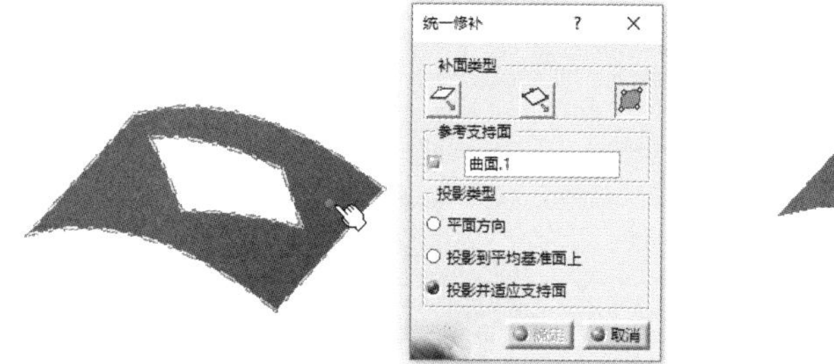

图 15-26

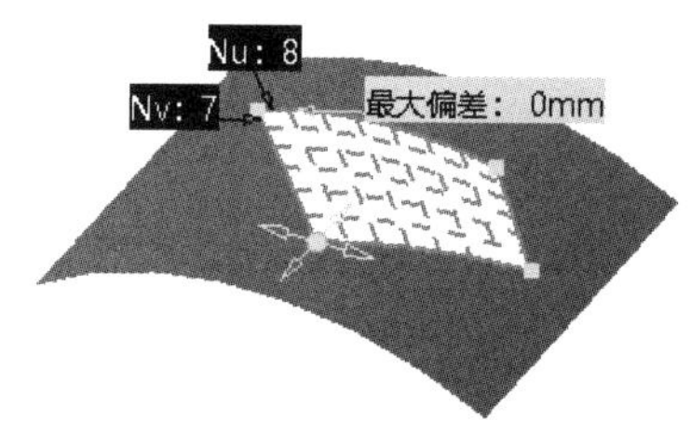

图 15-27

06 单击“确定”按钮完成修补面的创建。

15.3.2 提取几何图形

提取几何图形是通过在已知曲面上指定通过点，从而创建出修补曲面，如图 15-28 所示。

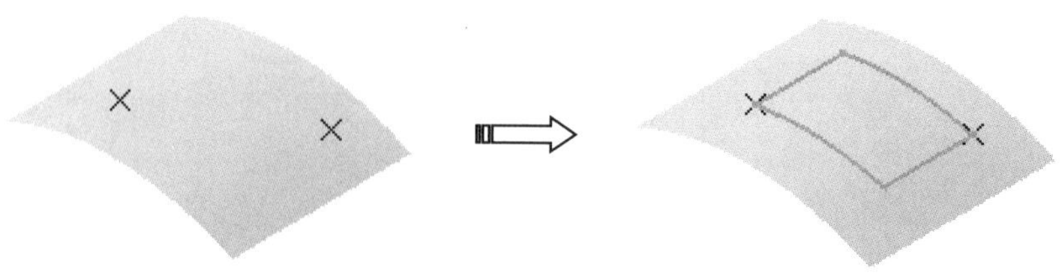

图 15-28

动手操作——提取几何图形

01 打开本例源文件 ex-8.CATPart。

02 在“创建曲面”工具栏中单击“提取几何图形”按钮，系统提示选择曲线或曲面作为几何图形的提取参照。

03 在图形区中选取曲面为提取参照。选取曲面上的“点.1”和“点.2”为修补面的通过点，随后自动创建修补面，如图 15-29 所示。

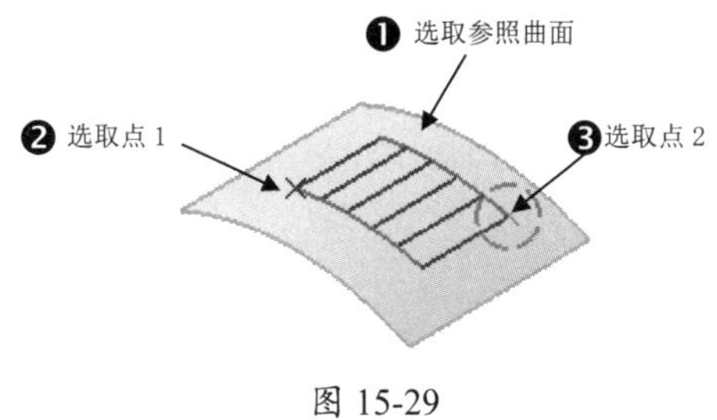

图 15-29

15.3.3　自由样式填充

自由样式填充是通过指定一个封闭的线框区域，从而创建出与周边曲面连续的修补曲面，如图 15-30 所示。“自由样式填充”工具是针对曲面中具有 *N* 条边界的孔洞修补工具，可以修补任何形状的孔洞。

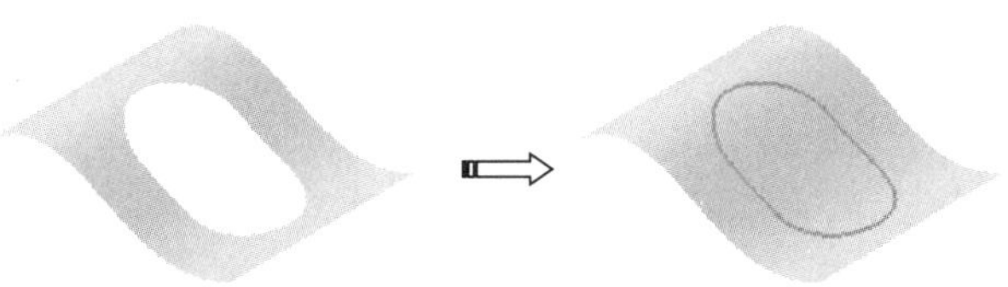

图 15-30

动手操作——创建自由填充曲面

01 打开本例源文件 ex-9.CATPart。

02 在“创建曲面”工具栏中单击“自由填充”按钮，弹出“填充”对话框。

03 使用系统默认的“自动”选项为填充类型。依次选取曲面中孔洞上的 4 条边界线作为填充曲面的指定曲面。

04 使用系统“切线”模式。单击“确定”按钮完成自由填充曲面的创建，如图 15-31 所示。

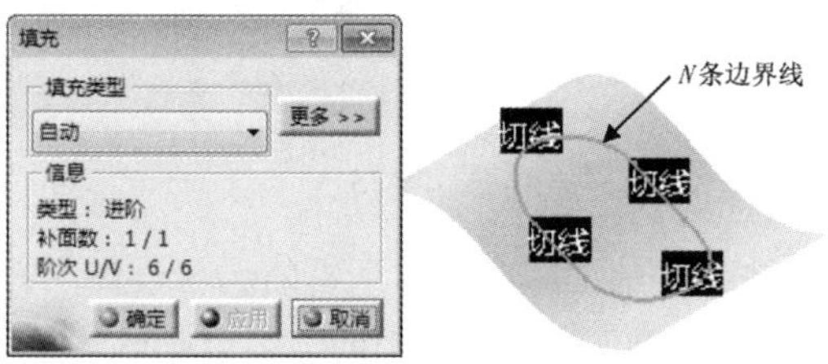

图 15-31

技术要点：

使用“填充曲面”按钮创建的曲面特征与源对象曲面没有参数关联性，而使用“自由填充曲面”按钮创建的曲面特征与源对象曲面具有参数关联性。

“填充”对话框中有3种填充类型，介绍如下。

- 自动：此选项是最优化的计算模式，系统会自动分析并合理应用“分析”类型或“进阶”类型来创建填充曲面。
- 分析：此类型主要用于多个填充曲面的创建，可以针对孔洞和曲面的形状进行自动分析，得到最佳的修补方案。
- 进阶：此类型针对修补曲面与周边曲面边界的连续性进行分析，进而得到最优化的结果。

15.3.4 网状曲面

网状曲面是通过指定形成网状交叉的空间曲线、系统自动计算封闭区域和曲线形状得到的自由曲面，如图15-32所示。

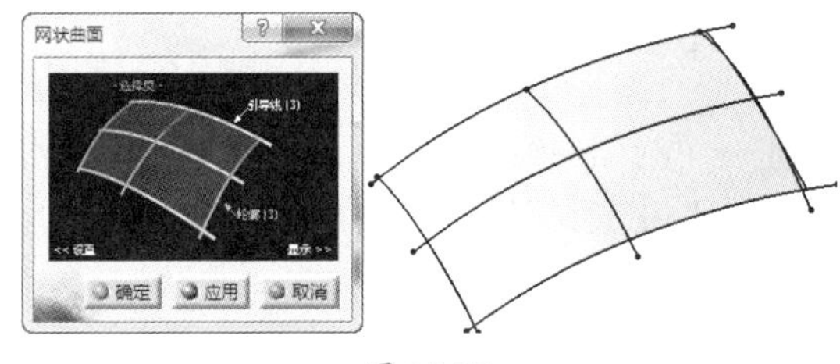

图 15-32

动手操作——创建网状曲面

01 打开本例源文件ex-10.CATPart。

02 在“创建曲面”工具栏中单击“网状曲面”按钮，弹出“网状曲面”对话框。该对话框中的“引导线”字样高亮显示，表示在图形区中选取的曲线将作为引导线。按住Ctrl键在图形区中依次选择3条曲线作为引导线。

03 返回“网状曲面”对话框中单击“轮廓”字样使其高亮显示，再按住Ctrl键依次选择如图15-33所示的曲线为轮廓。

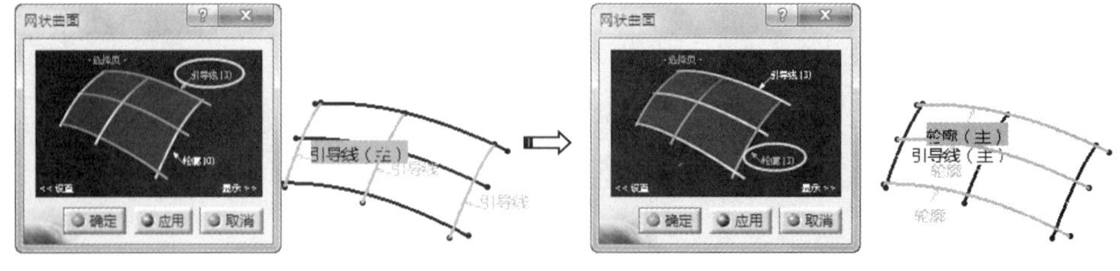

图 15-33

04 单击“应用”按钮可预览生成的曲面。在该对话框的选项设置预览区域左下角单击“设置”字样进入设置页面。单击“工具仪表盘”工具栏中的“隐秘显示”按钮，图形区中的曲面会显示栅格线，如图15-34所示。

05 在设置页面中单击“复制（d）网格曲面上”字样，最后单击“应用”按钮，将曲线栅格应用到网格曲面中，如图 15-35 所示。

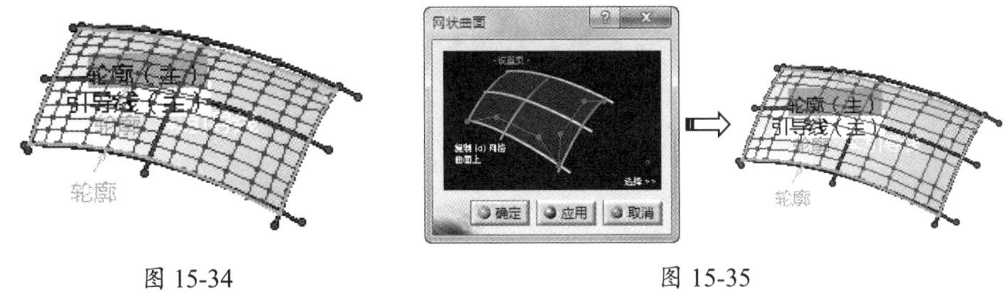

图 15-34　　图 15-35

06 单击“确定”按钮完成网状曲面的创建，如图 15-36 所示。

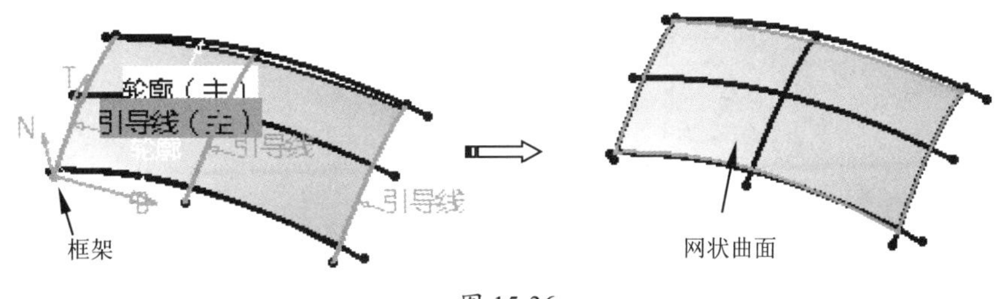

图 15-36

15.3.5 样式扫掠曲面

扫掠曲面是指通过已知的轮廓曲线、脊线和引导线创建扫掠曲面，包括“简单扫掠”“扫掠和捕捉”“扫掠和拟合”和“近接轮廓扫掠”4 种扫掠类型。

1. 简单扫掠

简单扫掠是用一条轮廓线和一条脊线生成扫掠曲面，如图 15-37 所示。

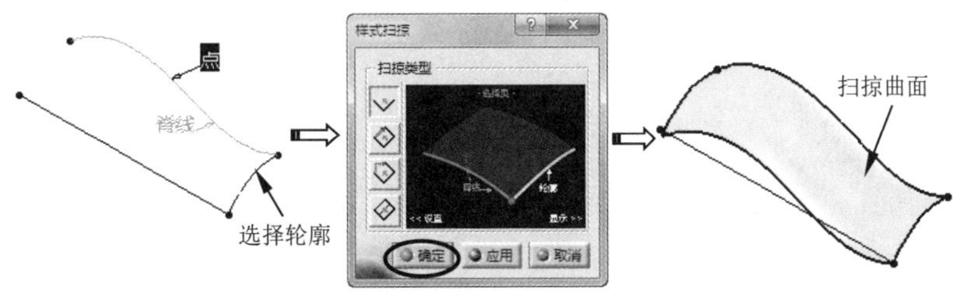

图 15-37

2. 扫掠和捕捉

扫掠和捕捉是用一条轮廓线、一条脊线和一条引导线生成扫掠曲面，扫掠面限制到引导线上，但相对于引导线，轮廓线在扫掠过程中没有变形，如图 15-38 所示。

3. 扫掠和拟合

扫掠和拟合是用一条轮廓线、一条脊线和一条引导线生成扫掠曲面，但扫掠面不限制到引导线上，相对于引导线，轮廓线在扫掠过程中发生了变形，如图 15-39 所示。

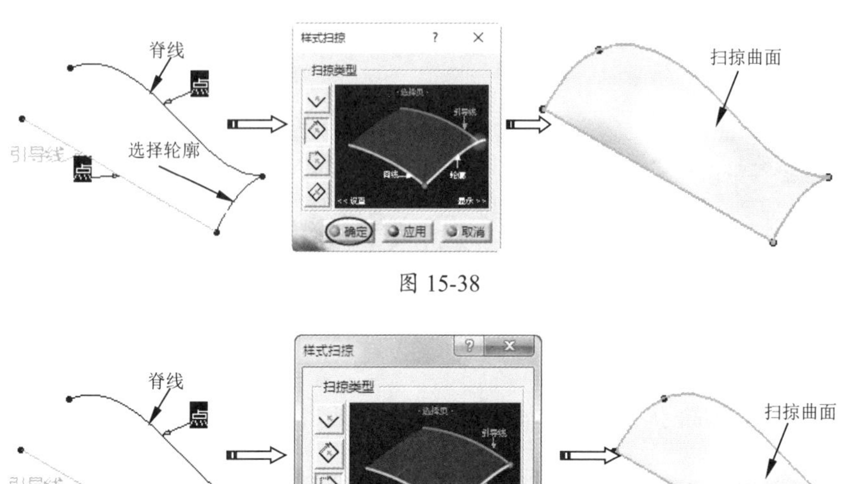

图 15-38

图 15-39

4. 近接轮廓扫掠

近接轮廓扫掠是用一条轮廓线、一条脊线和参考轮廓线等至少 4 条曲线生成扫掠曲面，如图 15-40 所示。

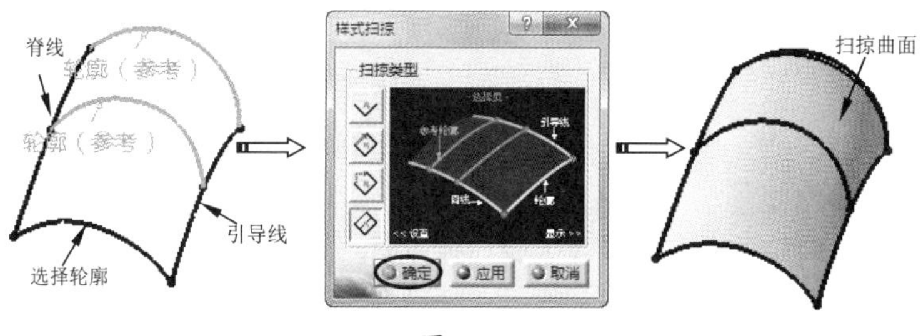

图 15-40

技术要点：

单击“设置”字样可设置最大偏差和阶次，最大偏差和阶次不能都取很小的值，这样会对扫掠面造成过约束，其结果是所生成的曲面有过多的平面。

15.4 曲线及曲面运算操作

在自由曲面造型设计过程中，经常需要对已创建的曲线与曲面进行系统运算，并根据运算对曲线或曲面进行编辑。曲线及曲面运算工具在“运算”工具栏中，如图 15-41 所示。

图 15-41

15.4.1 中断曲面或曲线

中断曲面或曲线是通过指定的点、线、平面或曲面将一条曲线或一个完整的曲面分割形成两部分，曲面分割示例如图 15-42 所示。

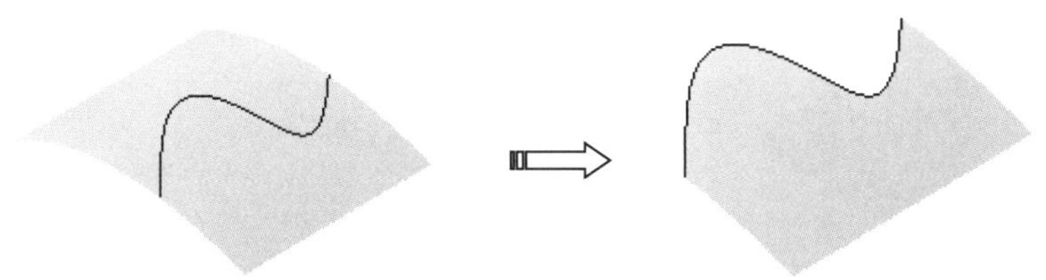

图 15-42

曲线分割示例，如图 15-43 所示。

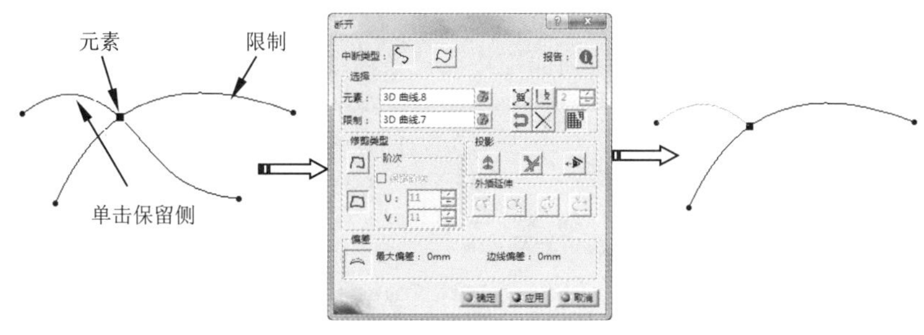

图 15-43

动手操作——断开操作

01 打开本例源文件 ex-11.CATPart。

02 在“运算”工具栏中单击“中断曲面或曲线”按钮，弹出“断开”对话框。

03 单击“中断曲面”按钮，随后选取图形区中的“曲面 .1”对象为断开图元，选取“曲线 .1”对象为限制元素。

04 单击“应用”按钮可预览断开效果。在图形区中选择“曲线 .1”右侧的曲面为断开后的保留曲面，如图 15-44 所示。

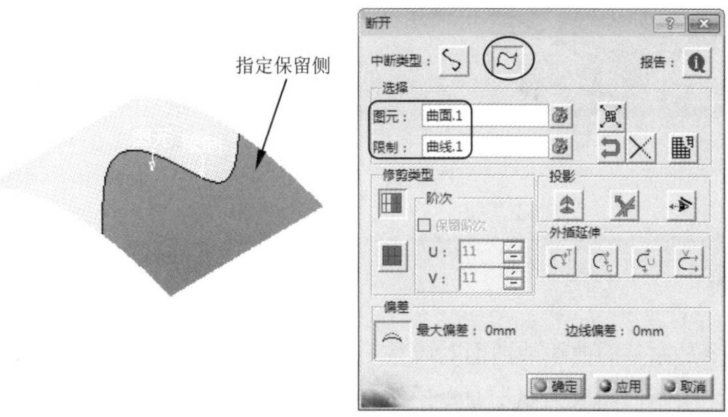

图 15-44

15.4.2 取消修剪曲面或曲线

取消修剪曲面或曲线命令可将已分割或修剪掉的图形对象还原为切割前的初始形状，如图15-45 所示。

图 15-45

15.4.3 连接曲线或曲面

连接命令可以将多段连续的曲线或曲面连接成一条曲线或一个完整的曲面，如图 15-46 所示。

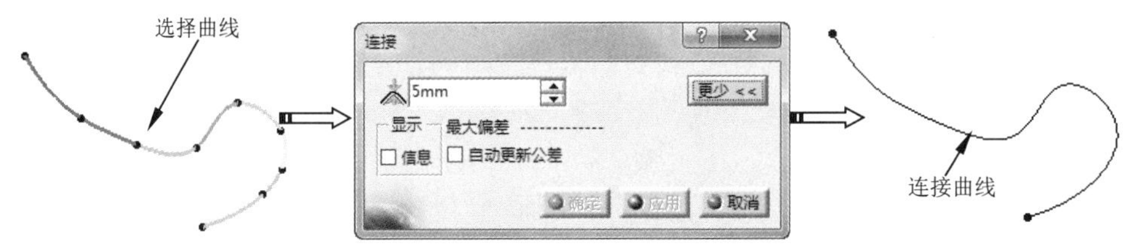

图 15-46

动手操作——创建连接曲面

01 打开本例源文件 ex-12.CATPart。

02 在“运算”工具栏中单击“连接”按钮，弹出“连接”对话框。

03 按住 Ctrl 键选取图形区中的“曲面 .1”和“曲面 .2”作为连接对象，并在“连接”对话框中设置连接公差为 0.2mm。

04 单击“确定”按钮完成曲面的连接操作，如图 15-47 所示。

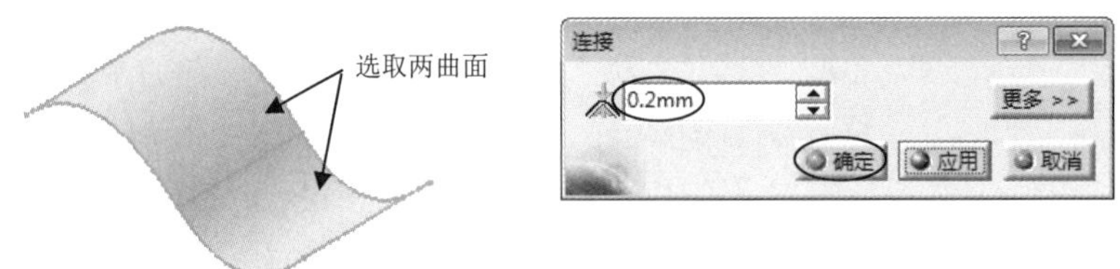

图 15-47

15.4.4 分段

“分段”命令是完整的曲线或曲面对象按 U/V 方向分割成多个独立图元，如图 15-48 所示。“分段”命令与“中断曲面或曲线”命令虽然都是将完整曲线或曲面进行拆分操作，但“分段”命令仅将曲线或曲面进行分割不会修建掉部分元素。而“中断曲面或曲线”命令会将部分元素修剪掉。

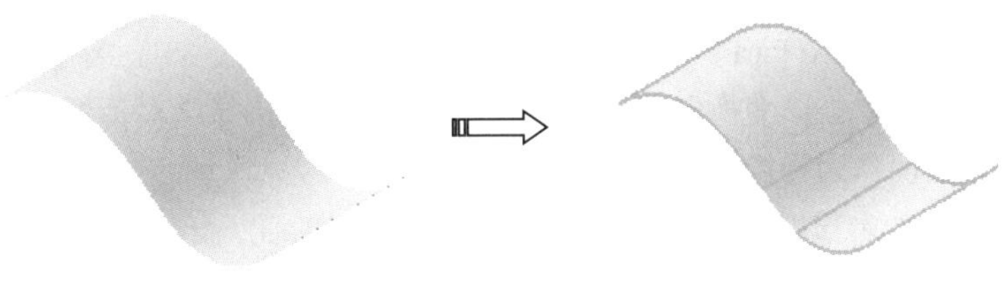

图 15-48

动手操作——分段曲面

01 打开本例源文件 ex-13.CATPart。

02 在“运算”工具栏中单击“分段”按钮，弹出“分段”对话框。

03 在“分段”对话框中选中“UV 方向”单选按钮，选取图形区中的曲面特征作为要分段的对象，单击“确定”按钮完成曲面的分段操作，如图 15-49 所示。

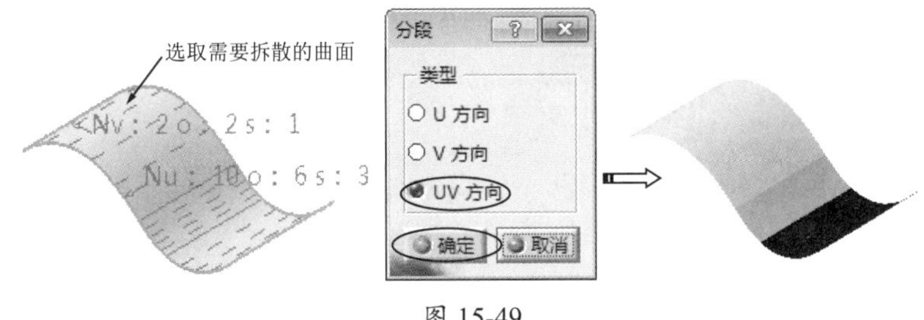

图 15-49

15.4.5 拆解曲线

拆解命令用于将多元素几何体（曲线或曲面）分解为单一图元元素。“拆解”命令的目的是将曲线拆解，而对于曲面仅是拆解其曲面边界，并非将曲面拆解。

单击“运算”工具栏中的“拆解”按钮，弹出“拆解”对话框。单击“所有单元”文字，并到图形区中选取要拆解的曲线，单击“确定”按钮完成曲线的拆解，如图 15-50 所示。

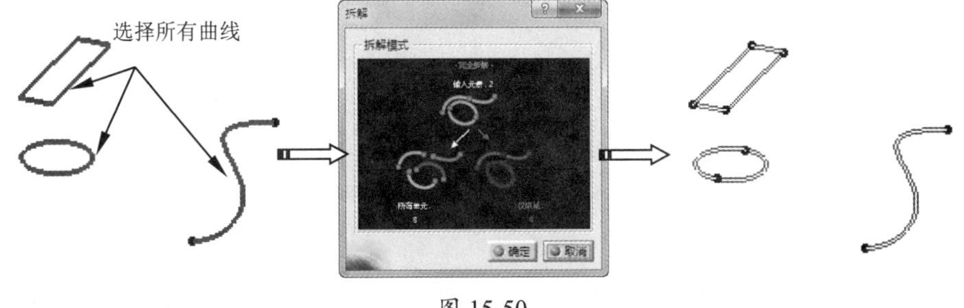

图 15-50

15.4.6 转换曲线或曲面

转换曲线或曲面是将已知的曲线、曲面特征转换为 NUPBS 曲线或曲面。

动手操作——创建转换曲线或曲面

01 打开本例源文件 ex-14.CATPart。

02 在“运算”工具栏中单击“变换向导”按钮，弹出“转换器向导”对话框。

03 在图形区中选取曲面作为转换对象。

04 单击“转换器向导”对话框中的“设置转换公差值”按钮，激活“公差”选项并设置相应的公差值。

05 单击“定义最大阶次值”按钮激活阶次区域的选项并在“沿 U”和“沿 V”文本框中输入 5。

06 单击“定义最大线段数”按钮，激活“分割”选项区中的选项，单击“确定”按钮完成曲面的转换，如图 15-51 所示。

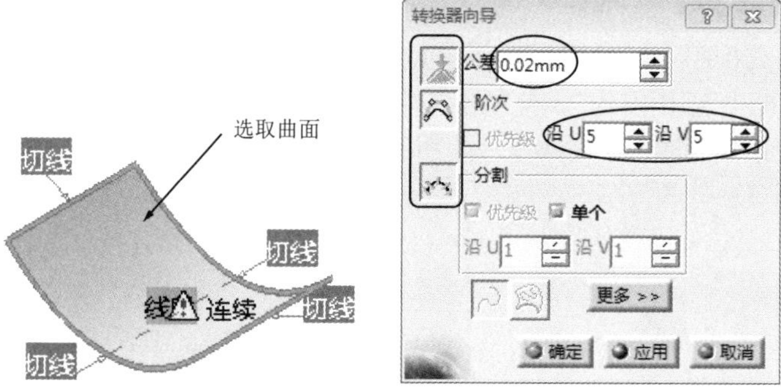

图 15-51

15.4.7 复制几何参数

复制几何参数是通过指定一条已知的曲线并将其相关的阶次、段数等参数复制至另一条曲线之上，如图 15-52 所示。

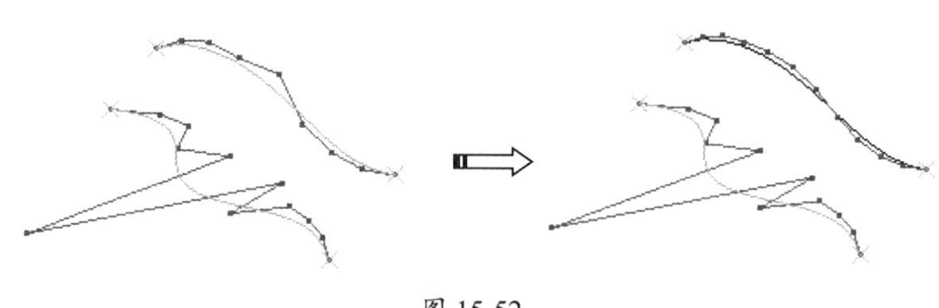

图 15-52

动手操作——复制几何参数

01 打开本例源文件 ex-15.CATPart。

02 在“运算”工具栏中单击“复制几何参数”按钮，弹出“复制几何参数”对话框。

03 单击“工具仪表盘”工具栏中的“隐秘显示”按钮以显示曲线的控制点。选取图形区中的“曲线.1”为模板曲线，再选取图形区中的“曲线.2”为目标曲线，如图 15-53 所示。

04 单击“确定”按钮完成几何参数的复制，如图 15-54 所示。

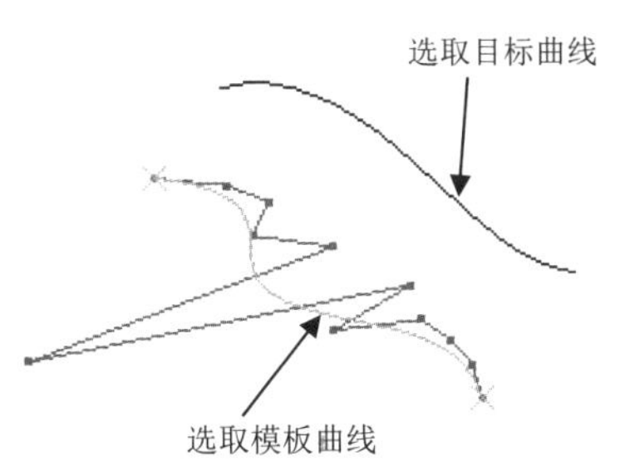

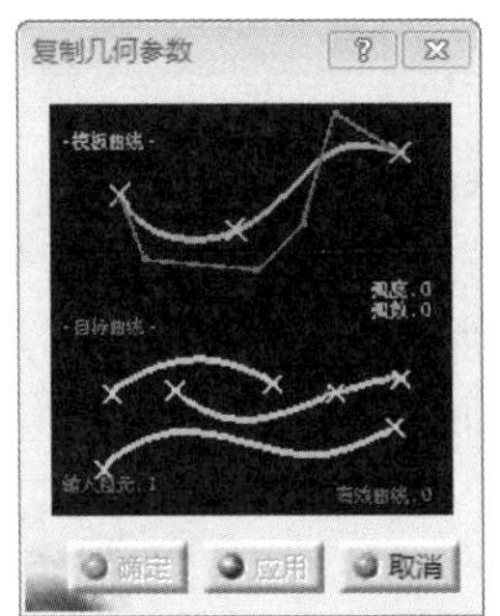

图 15-53

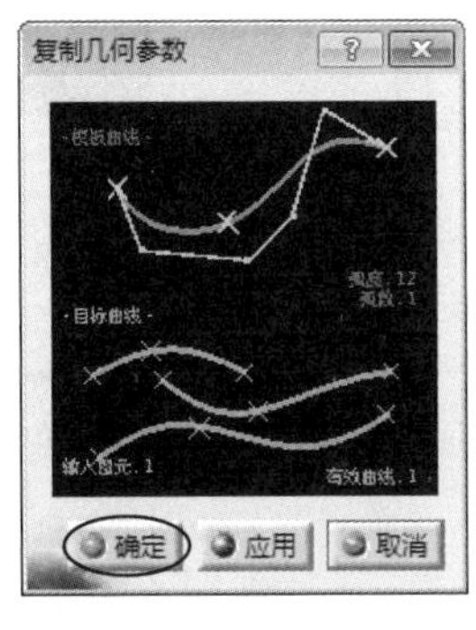

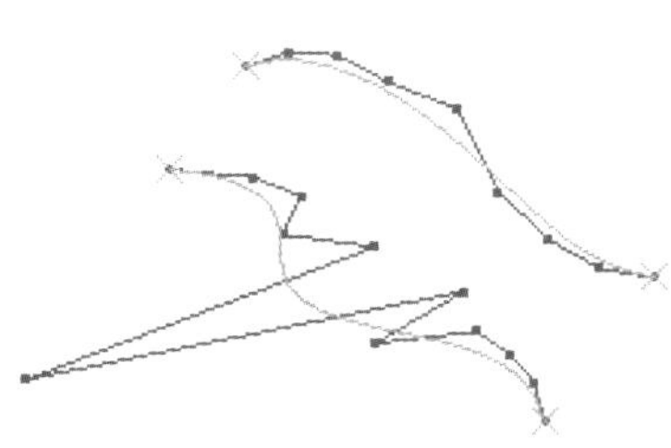

图 15-54

技术要点：

模板曲线和目标曲线必须是具有阶次的曲线（如B样条曲线），可通过转换曲线或曲面的方式将曲线转换为NUPBS曲线再执行复制几何参数命令。

15.5 修改曲面外形

在自由曲面设计工作台中创建的曲面都是基于 NUPBS 的无参数曲面，可通过控制点来调整曲面的形状。CATIA 提供了用于修改曲面外形的工具，具体介绍如下。

15.5.1 对称

“对称”是通过指定已知的图元和参考平面，并将图元对象镜像复制到参考元素的对称位置，如图 15-55 所示。参考元素可以是点、直线和平面。

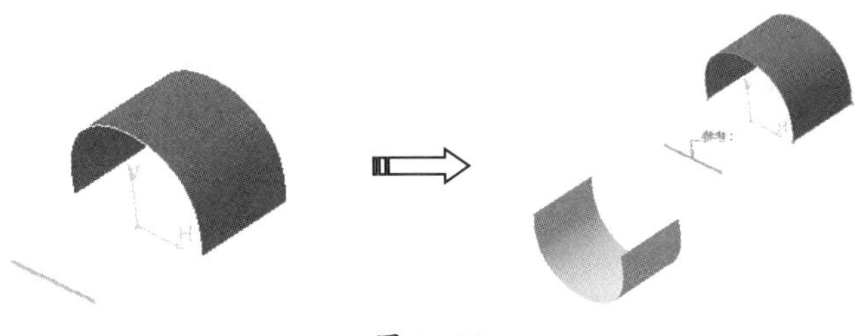

图 15-55

动手操作——创建对称

01 打开本例源文件 ex-16.CATPart。

02 在“修改外形”工具栏中单击“对称”按钮，弹出“对称定义”对话框。

03 在图形区中选取曲面作为要对称的图元对象，再选取特征树中的 *zx* 平面作为对称参考。

04 单击“确定”按钮完成对称曲面的创建，如图 15-56 所示。

图 15-56

15.5.2 控制点

“控制点”命令是通过调整曲面上的曲线或曲线控制点的位置，从而改变曲线或曲面的外形，如图 15-57 所示。

动手操作——调整控制点修改曲面外形

01 打开本例源文件 ex-17.CATPart。

02 调整视图显示方位。单击“视图”工具栏中的“俯视图”按钮，将视图的显示方位调整为俯视角。

03 在“修改外形”工具栏中单击“调整控制点”按钮，弹出“控制点”对话框。

04 首先选取图形区中的曲面作为变形的图元，接着在“控制点”对话框中单击“支持面”选项区中的“指南针平面”按钮，定义支持面。

05 单击激活“对称”选项区中的文本框并选取图形区中的“zx 平面”作为镜像对称平面。

06 其他相关参数保持默认，在图形区中拖动曲面的控制点进行位置变换。

07 单击“确定”按钮完成曲面外形的修改，如图 15-58 所示。

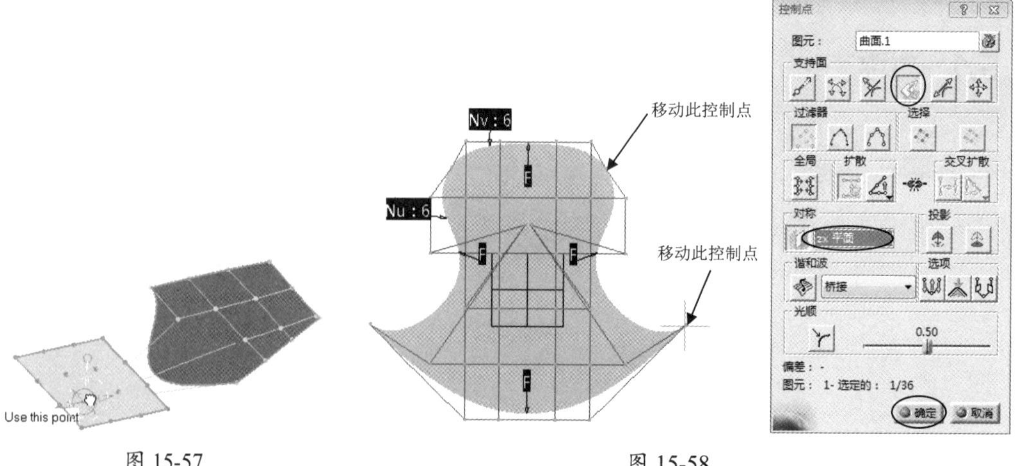

图 15-57　　　　图 15-58

15.5.3　对应曲面

“对应曲面”是通过指定已知的曲面并将其外形变形至能与其他曲面具有连续性的形状。对应曲面的方式主要有单边对应曲面和多重边对应曲面两种。

1. 单边对应曲面

单边对应曲面是指定曲面上的一条边与另一条曲面的边进行匹配接合，并使两个曲面具有连续性特点。

动手操作——创建单边对应曲面

01 打开本例源文件 ex-18.CATPart。

02 在“修改外形”工具栏中单击“对应曲面”按钮，弹出“匹配曲面”对话框。

03 在“匹配曲面”对话框中选择“自动”匹配类型。在图形区中选取左边曲面的一条边线作为匹配边线，再选取右边曲面的一条边线作为另一匹配曲线，如图 15-59 所示。

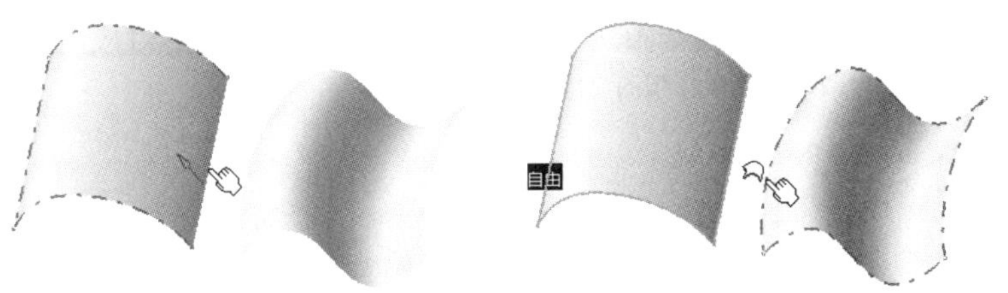

图 15-59

04 在图形区中单击“点”文件，将其改为“曲率”文字，如图 15-60 所示。

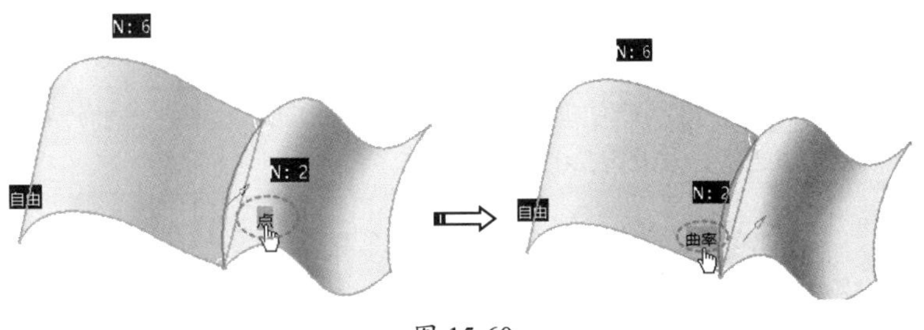

图 15-60

05 单击“确定”按钮完成对应曲面的匹配操作，如图 15-61 所示。

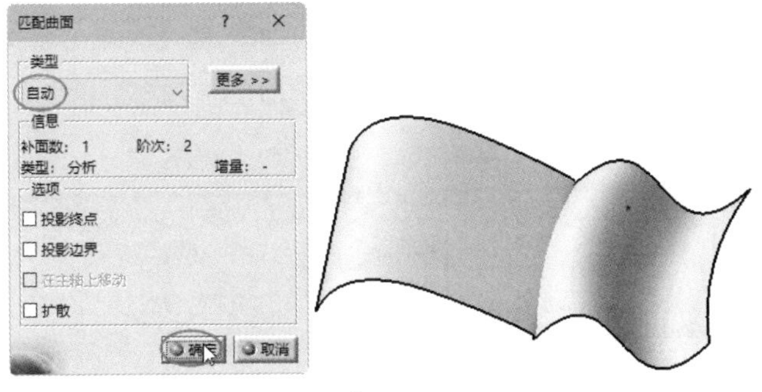

图 15-61

2. 多重边对应曲面

“多边匹配曲面”是将一个曲面同时与多个目标曲面边界匹配连接，如图 15-62 所示。

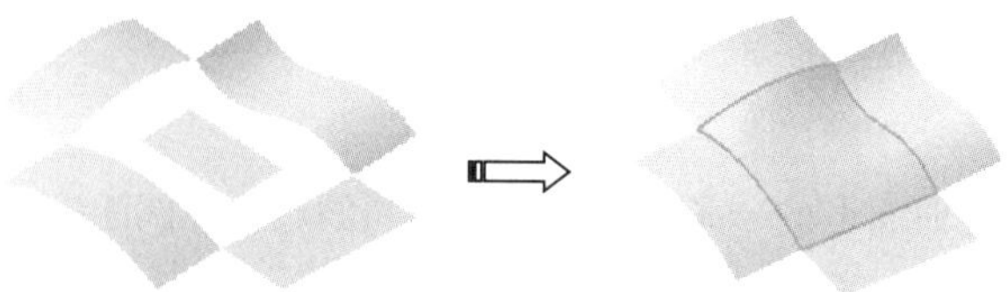

图 15-62

动手操作——创建多重边对应曲面

01 打开本例源文件 ex-19.CATPart，其中有 5 个曲面，分别编号为 1 ～ 5，如图 15-63 所示。

02 在“修改外形”工具栏中单击“多重边边对应曲面”按钮，弹出“多边匹配”对话框。

03 选中“散射变形”和“优化连续”复选框。

04 在图形区中选取“曲面 5”的某一条边线，再选取周边曲面上与之对应的边线作为匹配边，如图 15-64 所示。继续选取各曲面中相互对应的边线。

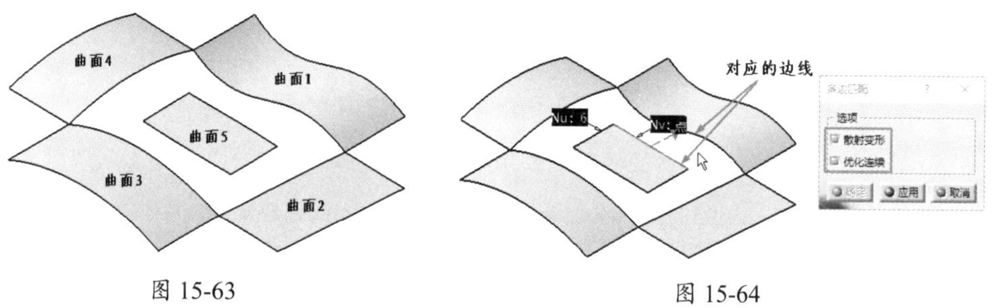

图 15-63　　图 15-64

05 对应边线选取完成后软件会自动产生匹配曲面的预览。在图形区中各曲面连接位置处单击“点”文字将其修改为“曲率”文字，如图 15-65 所示。

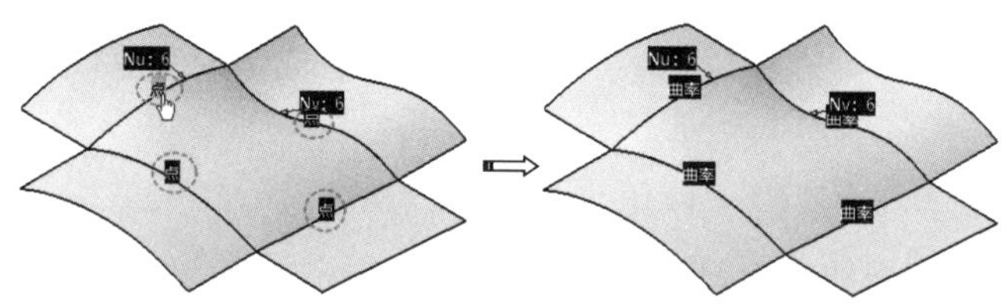

图 15-65

06 单击“确定”按钮完成多重边对应曲面的创建，如图 15-66 所示。

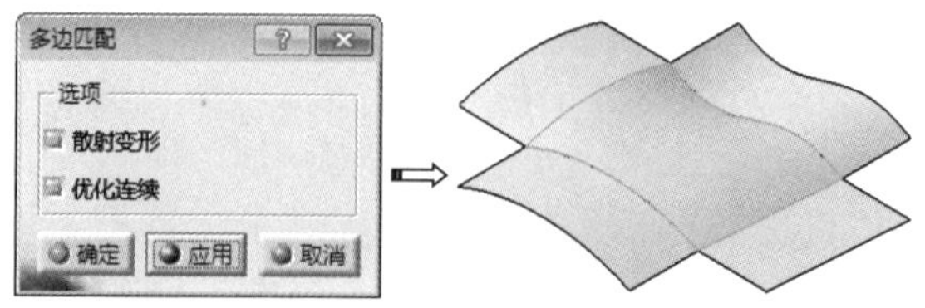

图 15-66

15.5.4　拟合几何图形

“拟合几何”是将一个曲线或曲面拟合到点云（或曲面）上，以达到逼近目标元素的目的，常用于逆向工程中，以提高逆向工程的创建效率，如图 15-67 所示。

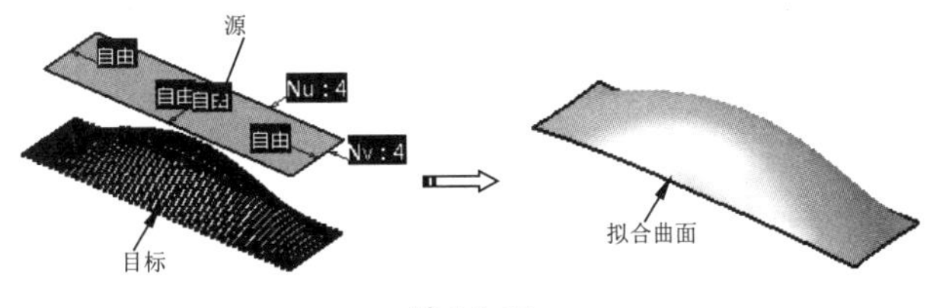

图 15-67

动手操作——拟合几何图形

01 打开本例源文件 ex-20.CATPart。

02 在“修改外形”工具栏中单击“拟合几何”按钮，弹出“拟合几何图形”对话框。

03 选取图形区中的“曲面 2”为拟合的源对象曲面，如图 15-68 所示。

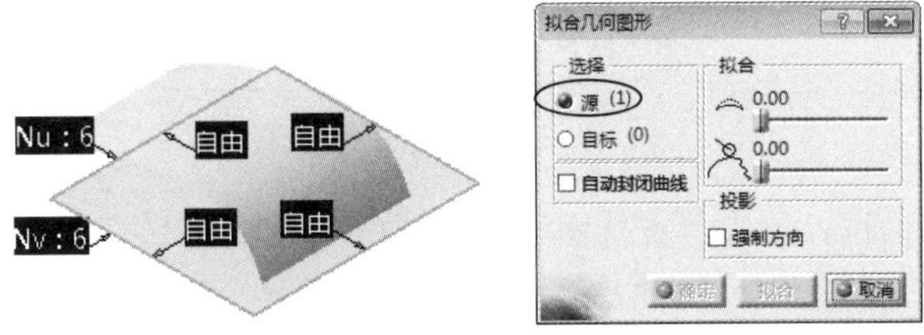

图 15-68

04 选中“拟合几何图形”对话框中的“目标”单选按钮，再选取图形区中的“曲面 1”为拟合的目标曲面，如图 15-69 所示。

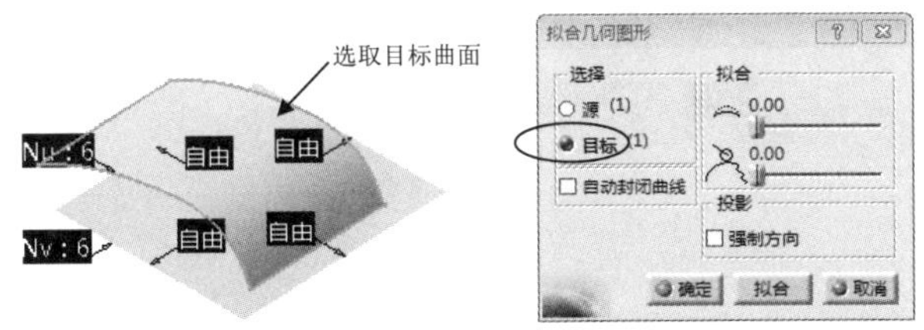

图 15-69

05 将“拟合”选项区中的“张度”滑块拖至最右侧以调整参数至 1.00，将“光顺”滑块拖至最右侧以调整参数至 1.00。单击“拟合”和“确定”按钮完成曲面的拟合操作，如图 15-70 所示。

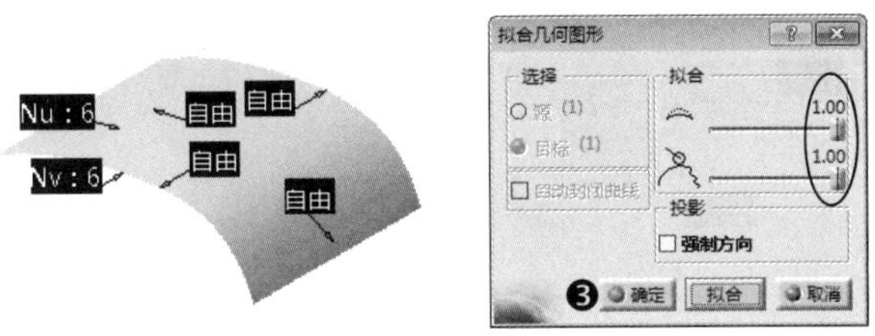

图 15-70

15.5.5 全局变形

全局变形是通过将已知的曲面沿指定的空间元素进行外形上的改变，其主要的创建方式有使用中间曲面和使用轴两种。

1. 使用中间曲面变形

使用中间曲面的方式主要是通过调整控制点来改变曲面的外形。

动手操作——使用中间曲面变形

01 打开本例源文件 ex-21.CATPart。

02 在“修改外形”工具栏中单击“全局变形”按钮，弹出“全局变形”对话框。

03 使用系统默认的“使用中间曲面”类型，选取图形区中的曲面特征为变形对象，单击“运行”按钮，如图 15-71 所示。

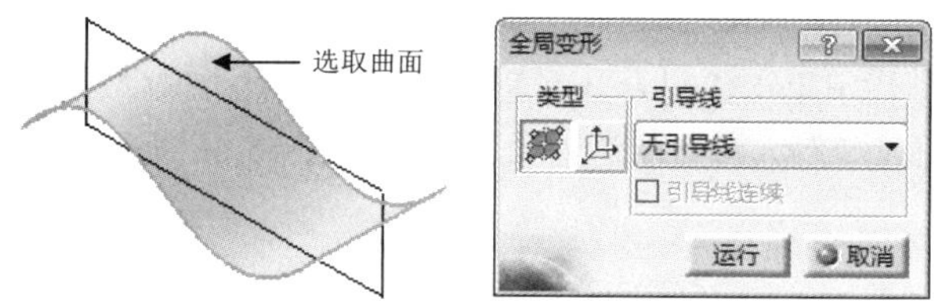

图 15-71

04 弹出“控制点”对话框，单击“支持面”选项区中的“垂直于指南针”按钮，选取图形上一个控制点并向右拖动，如图 15-72 所示。

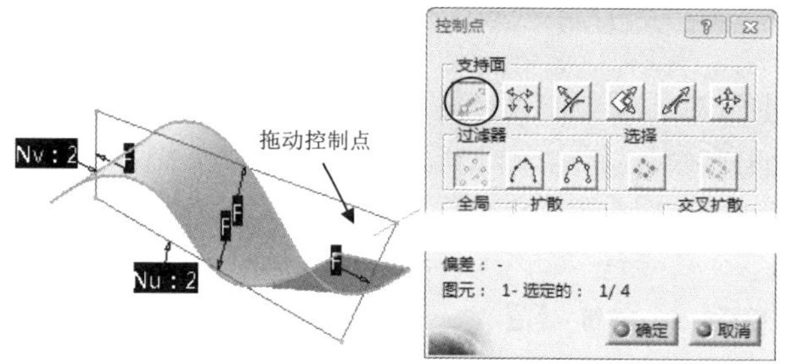

图 15-72

05 单击“支持面”选项区中的“指南针平面”按钮。选取图形上一个控制点并向右下方拖动。单击“确定”按钮完成曲面的全局变形操作，如图 15-73 所示。

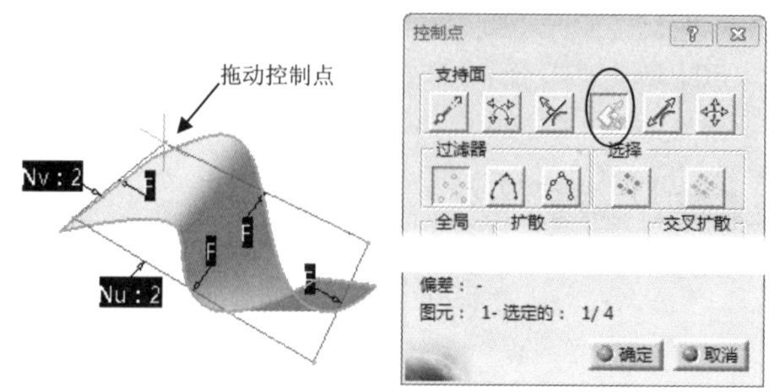

图 15-73

2. 使用引导曲面变形

使用引导曲面变形是指，使用引导曲面对已知曲面进行限制约束，从而改变曲面的外形。

动手操作——使用引导曲面变形

01 打开本例源文件 ex-22.CATPart。

02 在“修改外形”工具栏中单击“全局变形”按钮，弹出“全局变形”对话框。

03 单击“使用轴”按钮切换变形类型。

04 按住 Ctrl 键选取椭圆形曲面作为变形对象，在“引导线”下拉列表中选择“2 条引导线”选项，如图 15-74 所示。

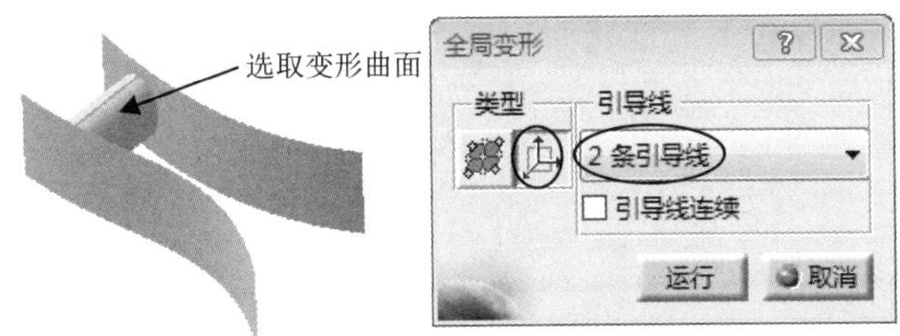

图 15-74

05 单击“运行”按钮，到图形区中选取“曲面 1”和“曲面 2”作为两个引导曲面。向右拖动曲面控制器，将控制器放置在右侧合适位置，如图 15-75 所示。

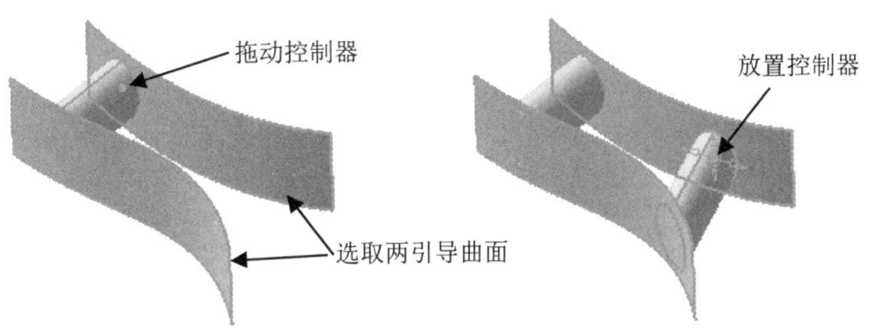

图 15-75

06 单击“确定”按钮完成使用引导曲面变形曲面的操作。

15.5.6 扩展曲面

扩展曲面是通过指定曲线或曲面为扩展对象，并将其向外延展扩张。

动手操作——创建扩展曲面

01 打开本例源文件 ex-23.CATPart。

02 在“修改外形”工具栏中单击“扩展”按钮，弹出“扩展”对话框。

03 选中“保留分段”复选框，选取图形区中的曲面特征作为扩展对象，如图 15-76 所示。

04 向右下方拖动曲面控制器，拖动至合适位置处放置以完成曲面的扩展操作，如图 15-77 所示。

05 同理，拖动另一侧曲面边线上的控制器，完成曲面的扩展操作，如图 15-78 所示。

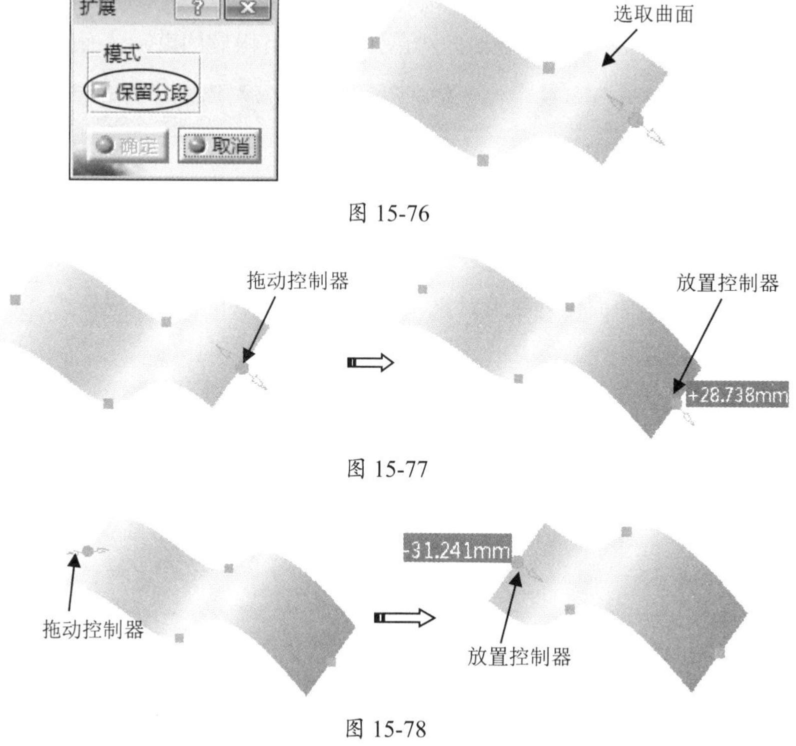

图 15-76

图 15-77

图 15-78

技术要点：

选中“保留分段”复选框，系统将允许设置负值尺寸。

15.6 实战案例——小音箱面板设计

引入文件：无

结果文件：\动手操作\结果文件\Ch16\yinxiang.CATPart

视频文件：\视频\Ch16\音箱设计.avi

本节以一个音箱面板的曲面造型设计为例，详解自由曲面工作台中的曲线、曲面等工具的结合应用技巧，小音箱面板造型如图 15-79 所示。

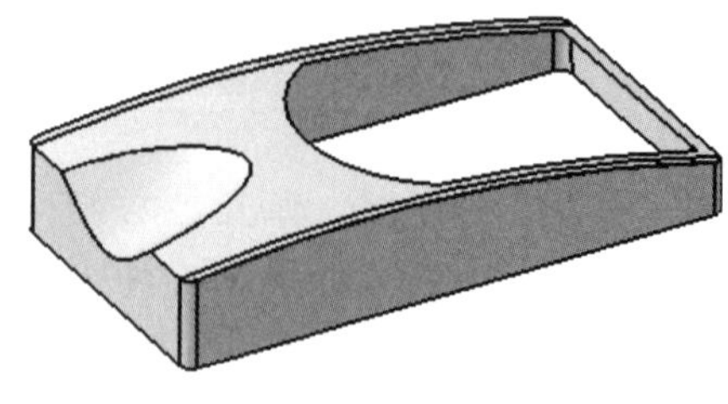

图 15-79

操作步骤

01 执行“开始”|“形状”|“自由曲面”命令，创建一个零件后自动进入自由曲面工作台。

02 执行“工具”|“自定义”命令，弹出“自定义”对话框。在“工具栏”选项卡中，选中左侧的“曲线创建”选项，再单击右侧的“添加命令”按钮，在弹出的“命令列表”对话框中选择“草图”选项，单击“确定”按钮完成命令添加操作，如图 15-80 所示。

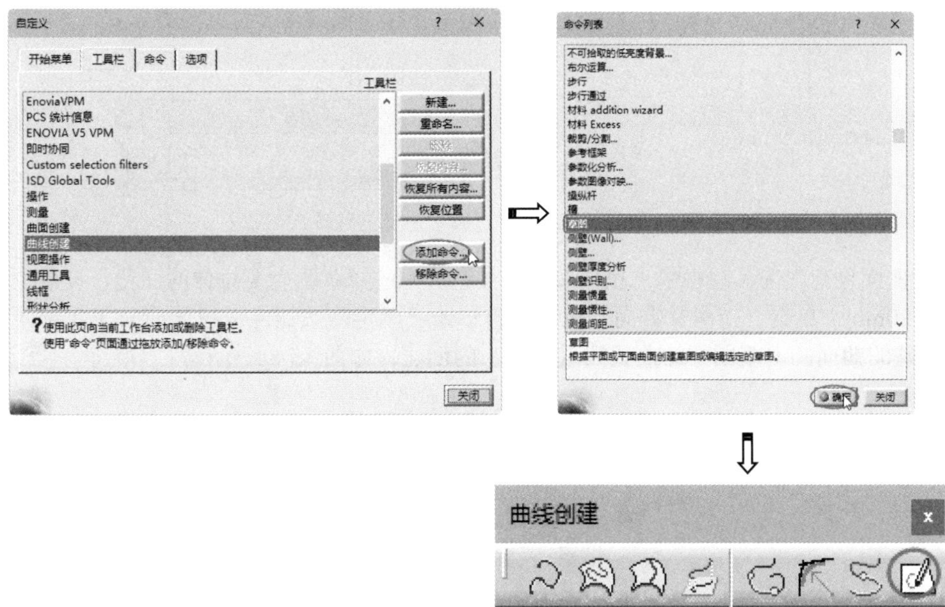

图 15-80

03 同理，将“点”命令添加到“曲线创建”工具栏，如图 15-81 所示。

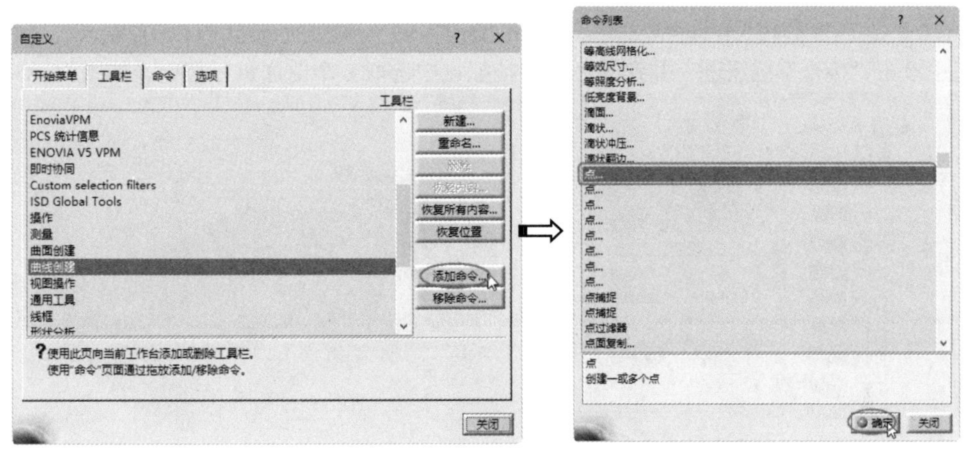

图 15-81

04 在“曲线创建”工具栏中单击“草图”按钮，选择 *zx* 平面为草图平面，进入草图工作台绘制如图 15-82 所示的草图。草图绘制后单击“工作台”工具栏中的“退出工作台”按钮，退出草图工作台。

05 在“工具仪表盘”工具栏中单击“指南针工具栏”按钮，弹出“快速确定指南针方向”工具栏，单击“翻转到 WU 或 ZX”按钮，确定活动平面为 *zx* 平面，如图 15-83 所示。

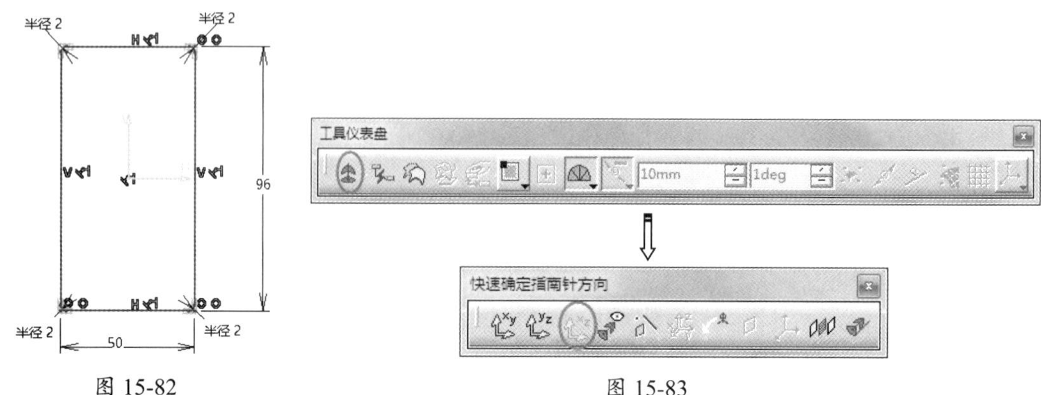

图 15-82　　图 15-83

06 单击“曲面创建”工具栏中的“拉伸曲面”按钮，选择草图为要拉伸的曲线，设置拉伸“长度”值为 20mm，单击“指南针方向”按钮后再单击“确定”按钮完成拉伸曲面（此拉伸曲面并非一个完整的曲面，由草图中的曲线数量决定）的创建，如图 15-84 所示。

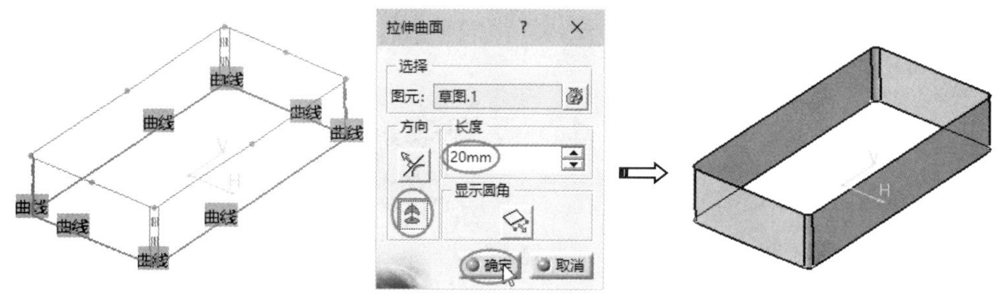

图 15-84

07 执行“开始”|“形状”|“创成式外形设计”命令，进入创成式外形设计工作台。在“操作”工具栏中单击“接合”按钮，并在图形区的特征树中选取 8 个曲面进行接合，如图 15-85 所示。

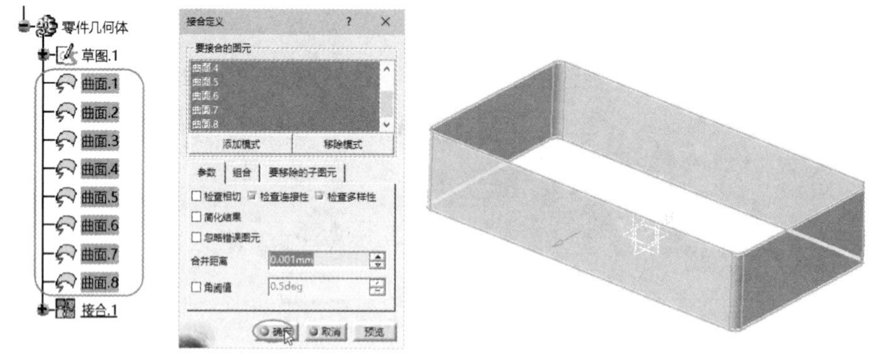

图 15-85

08 返回自由曲面工作台。单击“草图”按钮，选择 *yz* 平面为草图平面进入草图工作台。绘制如图 15-86 所示的草图曲线（半径为 240mm 的圆弧），完成草图绘制后退出草图工作台。

09 执行“开始”|“形状”|“创成式外形设计”命令，进入创成式外形设计工作台。单击“曲面”工具栏中的“拉伸”按钮。选取草图创建拉伸曲面，如图 15-87 所示。创建完成后返回自由曲

面工作台。

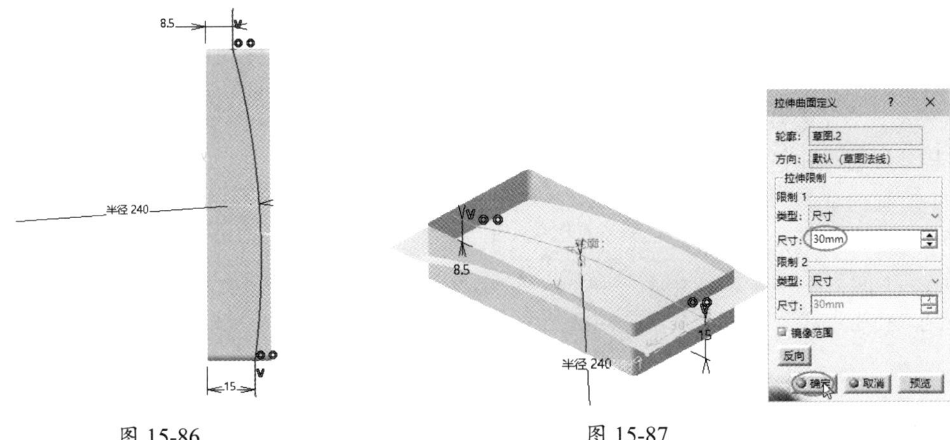

图 15-86　　　　图 15-87

10 单击“操作”工具栏中的“中断曲面或曲线”按钮，弹出“断开”对话框。选择中断类型为“中断曲面”，单击激活“图元”文本框，选取接合曲面作为要中断的图元，单击激活“限制”文本框，选择拉伸曲面作为限制图元，单击“确定”按钮完成曲面的修剪操作，如图 15-88 所示。

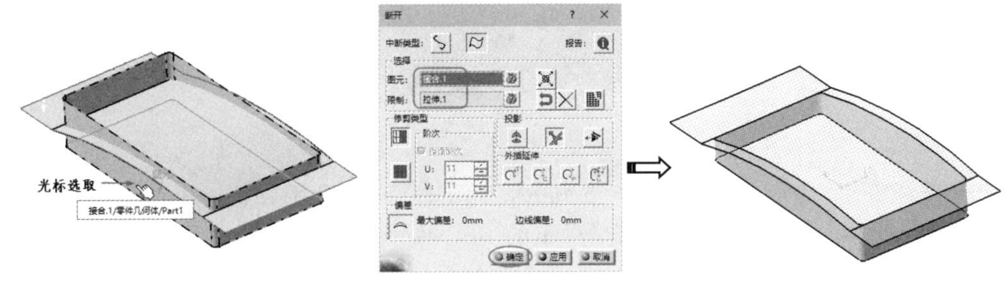

图 15-88

提示：

在选取要中断的图元时，需要注意鼠标指针的选取位置，需要在限制图元的一侧选取。鼠标指针选取位置的曲面将会保留，限制图元的另一侧将会被修剪。

11 再次进行中断曲面操作，将中断曲面对象和限制图元对象互换，完成拉伸曲面的修剪，如图 15-89 所示。

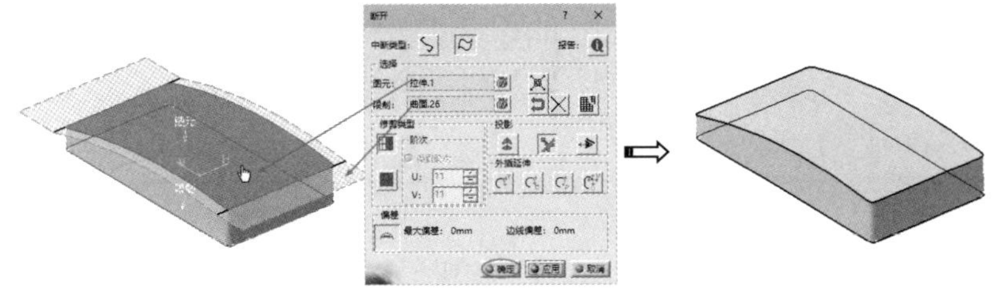

图 15-89

12 选择 *zx* 平面为草图平面，单击“草图”按钮，进入草图工作台，利用草绘工具绘制如图 15-90 所示的草图。

13 单击“操作”工具栏中的“中断曲面或曲线”按钮，弹出“断开”对话框。选择中断类型为“中断曲面”，单击激活“图元”文本框，选择拉伸曲面（鼠标指针在草图曲线外的某个位置单击选取）。单击激活“限制”文本框，选择上一步绘制的草图。单击“确定”按钮完成拉伸曲面的修剪，如图 15-91 所示。

14 选择 *yz* 平面为草图平面，单击“草图”按钮，进入草图工作台，利用草绘工具绘制如图 15-92 所示的草图。

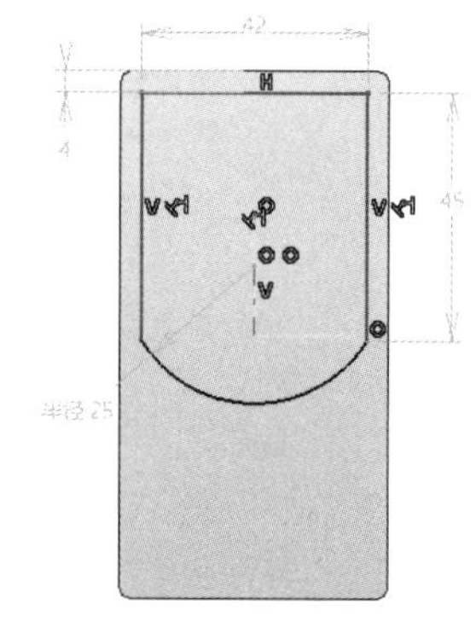

图 15-90

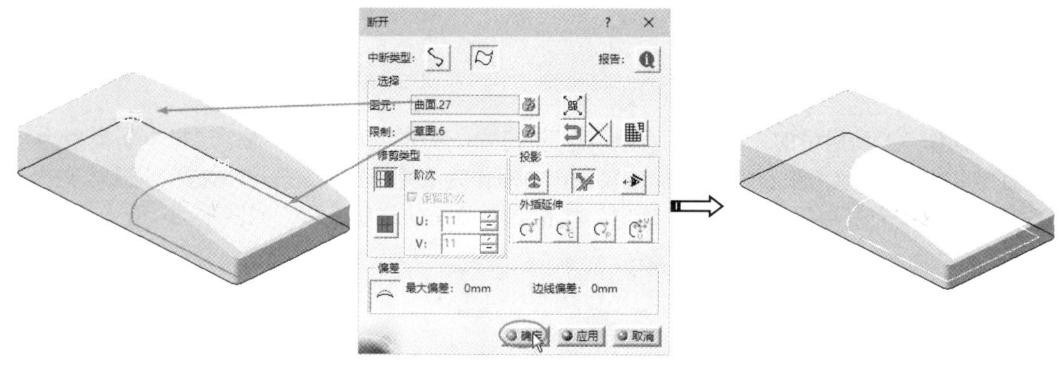

图 15-91

15 单击“曲线创建”工具栏中的“点”按钮，弹出“点定义”对话框，在“点类型”下拉列表中选择“曲线上”选项，选择上一步绘制的草图，单击“最近端点”按钮，再单击“确定”按钮完成点的创建，如图 15-93 所示。

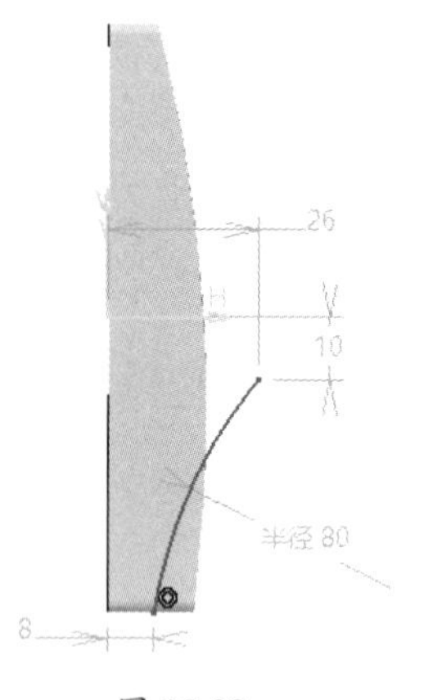

图 15-92

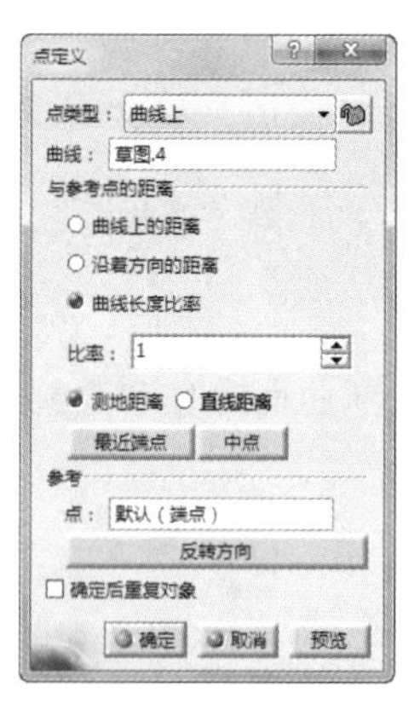

曲线端点

图 15-93

16 同理，再创建两个点，如图 15-94 所示。

17 单击“曲线创建”工具栏中的“曲面上曲线”按钮，弹出“选项”对话框。在“创建类型”下拉列表中选择“逐点”选项，在“模式”下拉列表中选择“通过点”选项。在图形区选择拉伸曲面，并在曲面上选择 3 个通过点，单击“确定”按钮完成曲面上曲线的创建，如图 15-95 所示。

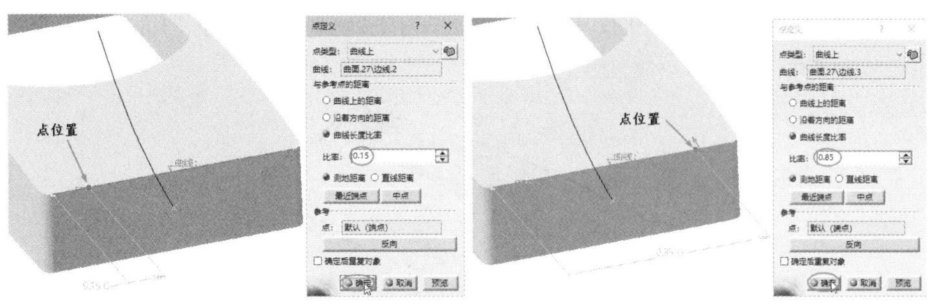

图 15-94

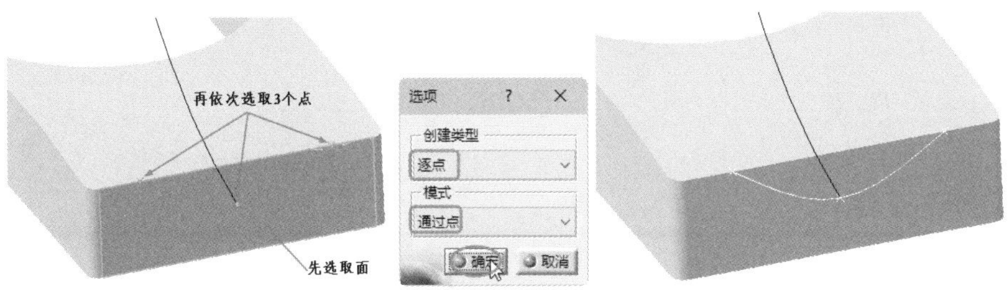

图 15-95

18 单击“曲面创建”工具栏中的“扫掠造型面”按钮，弹出“样式扫掠”对话框。选择扫掠类型，单击“轮廓”文字，选择拉伸曲面边线作为轮廓线，单击“脊线”文字，选择上一步绘制的草图作为脊线，单击“确定”按钮完成扫掠曲面的创建，如图 15-96 所示。

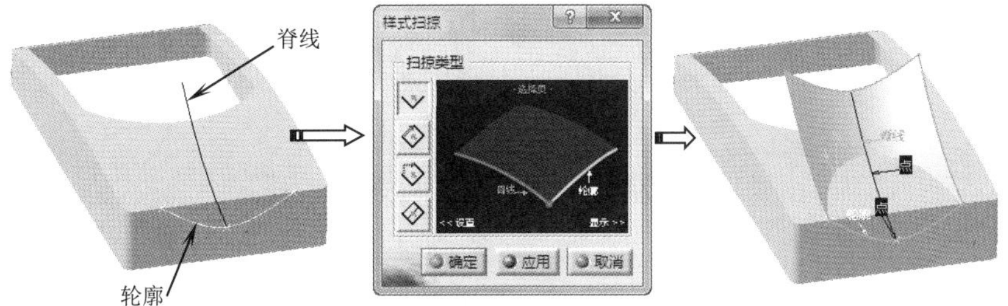

图 15-96

19 单击“操作”工具栏中的“中断曲面或曲线”按钮，弹出“断开”对话框。选择中断类型为“中断曲面”，单击激活“元素”文本框，选择拉伸曲面作为要中断的曲面，再单击激活“限制”文本框，选择扫掠曲面作为限制图元，单击“确定”按钮完成拉伸曲面的修剪，如图 15-97 所示。

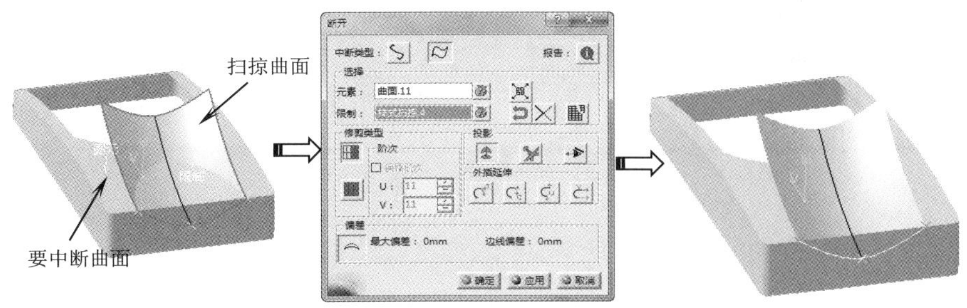

图 15-97

20 同理，互换拉伸曲面和扫掠曲面，以拉伸曲面作为限制图元，将扫掠曲面修剪，得到小音箱面板曲面，结果如图 15-98 所示。

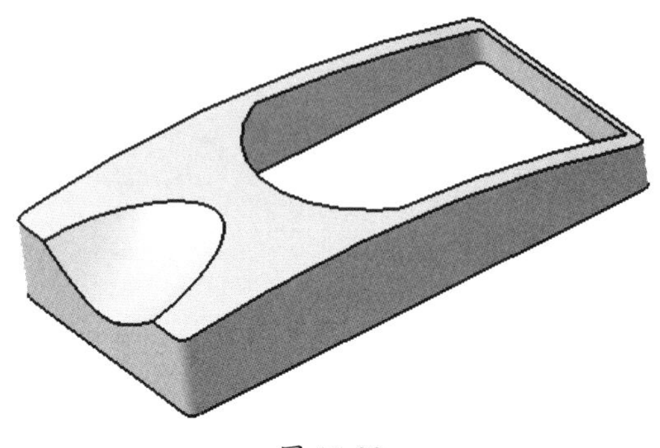

图 15-98

15.7 课后习题

通过多个扫描与混合命令，创建如图 15-99 所示的模型。

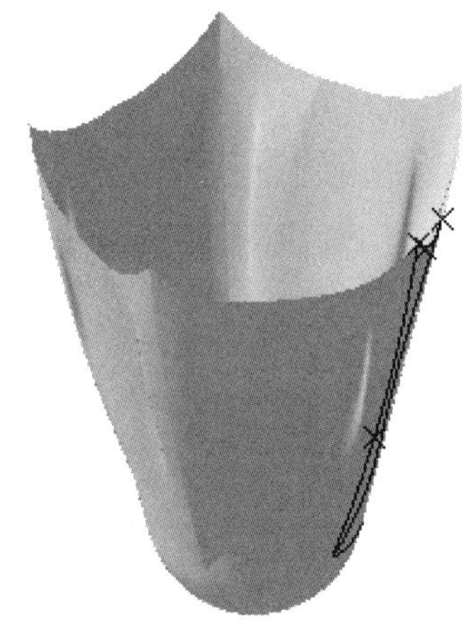

图 15-99

读者将熟悉如下内容。

（1）创建旋转曲面。

（2）创建 3D 曲线。

（3）创建填充曲面。

（4）创建对称特征。

（5）圆周阵列。

第 16 章 自由曲线与曲面分析指令

创建好的曲面可通过各种分析工具来判定曲面质量，本章主要介绍 CATIA V5R21 修饰曲线和曲面分析的方法，包括曲线分析、连续性分析、距离分析、切除面分析、反射线分析、衍射线分析、强调线分析、拔模分析、曲面曲率分析、映射分析、斑马线分析等。

本章将在自由曲面设计工作台中进行曲线、曲面分析操作。

- ◆ 自由曲线分析
- ◆ 自由曲面分析

16.1 自由曲线分析

高质量的曲线是构建高质量曲面的关键，曲线设计的质量将直接影响曲面的设计效果。在 CATIA 软件中提供了专业的曲线分析工具，从而对已创建的曲线对象进行检查和分析，其主要包括曲线连续性分析和曲线曲率的分析两大类别。

16.1.1 连接检查器分析

“连接检查器分析”主要是通过曲线连接、曲面连接或曲线 - 曲面连接的类型进行连续性分析。连续性分析又包括点连续分析、相切连续分析和曲率连续分析 3 种方式，用户可根据设计需要选择相应的连续性分析类型和方式。

下面就以如图 16-1 所示的曲线的 G0 连续分析为例进行操作说明。

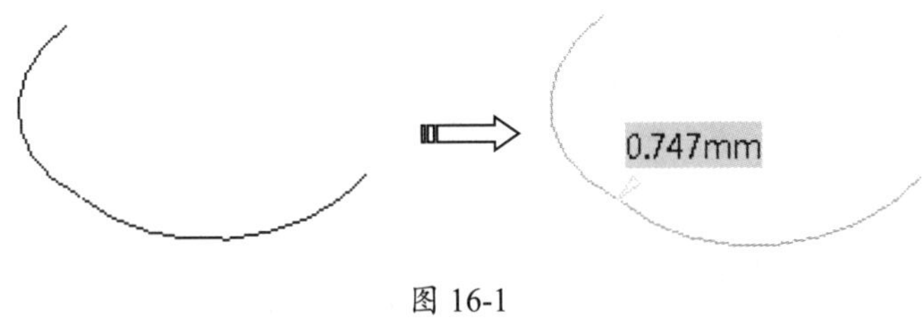

图 16-1

动手操作——分析曲线的连续性

01 打开本例源文件 16-1.CATPart。

02 在“形状分析”工具栏中单击“连接检查器分析”按钮，弹出“连接检查器”对话框。

03 在“类型”选项区单击“曲线 - 曲线连接”按钮指定分析类型，单击 G0 按钮以选择曲线的连续方式，选取图形区中的曲线特征为分析对象，在图形区中预览分析结果，单击“确定”按钮完成曲线的连续性分析，如图 16-2 所示。

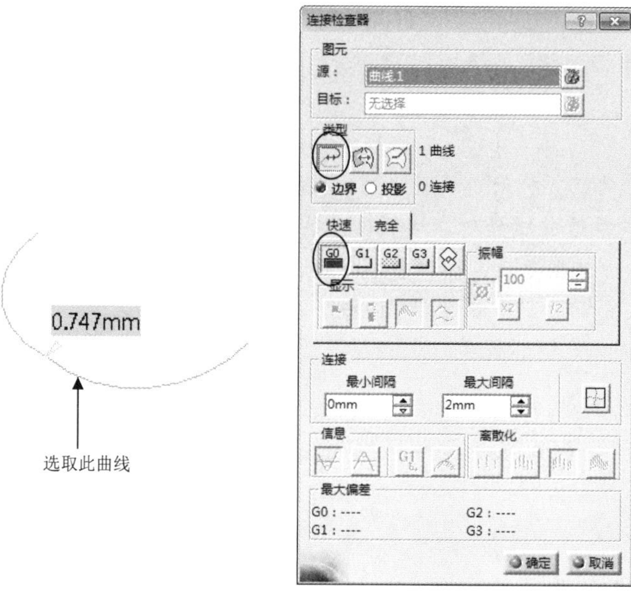

图 16-2

04 从分析的结果看，分析的曲线中存在约 0.747mm 的间隙。

技术要点：

在“连接检查器”对话框中，分别单击G1、G2、G3和“交叠缺陷”按钮，可选择曲线的连续性分析方式，如图16-3所示。

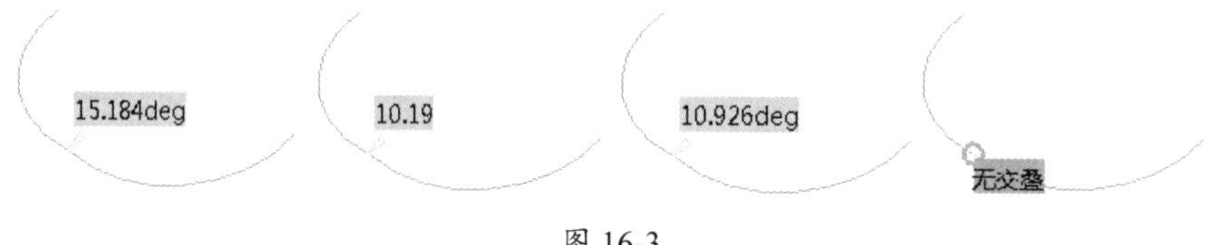

图 16-3

技术要点：

关于曲线、曲面G0、G1、G2、G3连续性检查的说明如下。

- G0：主要用于曲线或曲面的间隙分析。
- G1：主要用于曲线或曲面的相切分析。
- G2：主要用于曲线或曲面的曲率分析。
- G3：主要用于曲线或曲面的曲率变化率分析。

16.1.2 曲线的曲率梳分析

曲线的曲率梳分析是通过检查曲线的梳状图并从中显示波峰状态来判断曲线的平滑程度。下面就以如图 16-4 所示的图形为例进行曲线曲率分析的操作说明。

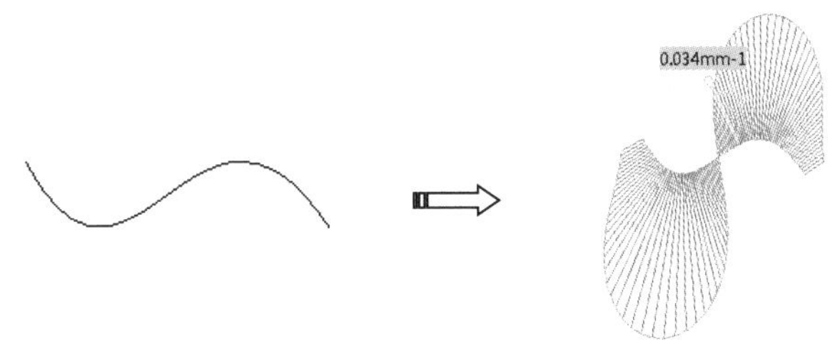

图 16-4

技术要点：

在曲线中，某处曲率梳的幅度越大（或波峰的峰值越大），则该处的曲率度就越大，同时也表示该处越不平滑。

动手操作——曲线的曲率梳分析

01 打开本例源文件 16-2.CATPart。

02 在“形状分析”工具栏中单击“梳状分析”按钮，弹出“箭状曲率”对话框。

03 在“箭状曲率”对话框的“类型”下拉列表中选择“曲率”选项，选取图形区中的曲线为分析对象，预览分析结果，单击“确定”按钮完成曲线曲率的分析，如图 16-5 所示。

技术要点：

在“箭状曲率”对话框中，单击“图表”选项区中的“显示图表窗口”按钮，弹出“2D图表”对话框，在该对话框中可详细查看曲线的曲率分布状态，如图16-6所示。

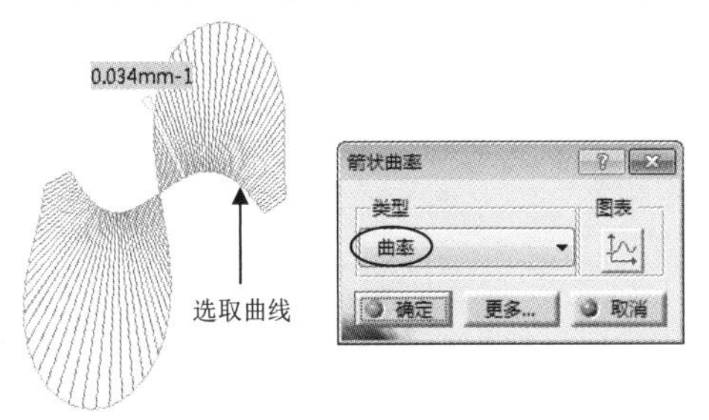

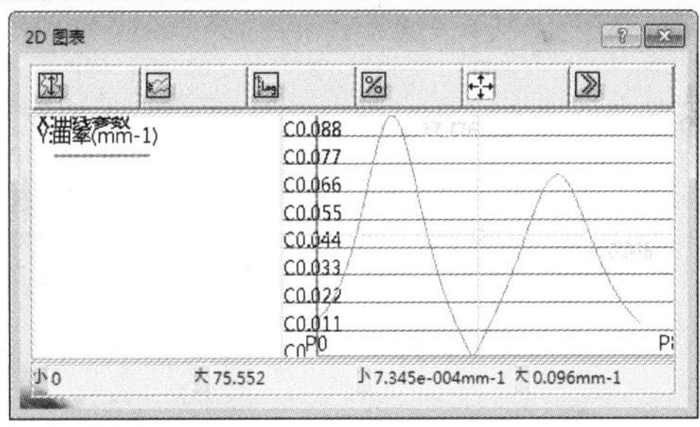

图 16-5　　　　图 16-6

16.2 自由曲面分析

在产品造型设计过程中对曲面进行实时分析能减少设计错误、优化设计结构提高整体的设计效率。因此，在转换实体模型前或曲面设计完成后都应对所创建的曲面特征进行实时检查和分析。

16.2.1 曲面曲率分析

“曲面曲率分析”主要是通过观察分析结果中各种不同的颜色卡所对应的曲率分析值，从而判断曲面曲率的状态。

技术要点：

在进行曲面曲率分析之前，必须将模型显示设置为“含材料着色”。

动手操作——曲面的曲率分析

01 打开本例源文件 16-3.CATPart。

02 在“形状分析”工具栏中单击“曲面曲率分析”按钮，弹出“曲面曲率”和“曲面曲率分析”对话框。

03 在图形区中选取要显示曲率分析的曲面，在“曲面曲率”对话框的“类型”下拉列表中选择“高斯”选项，如图 16-7 所示。

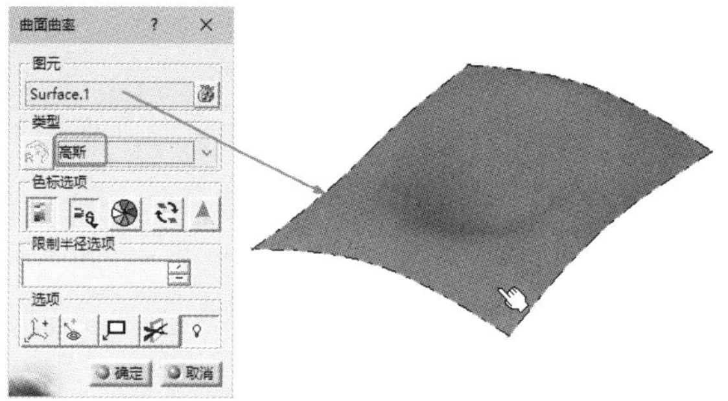

图 16-7

04 在“色标选项”选项区中单击“色标大小”按钮，并在“曲面曲率分析.1”对话框中单击“使用最小值和最大值”按钮，图形区显示曲面的曲率分析图谱，同时“曲面曲率分析.1”对话框中的颜色图谱则对应图形区中的曲率分析结果，如图 16-8 所示。

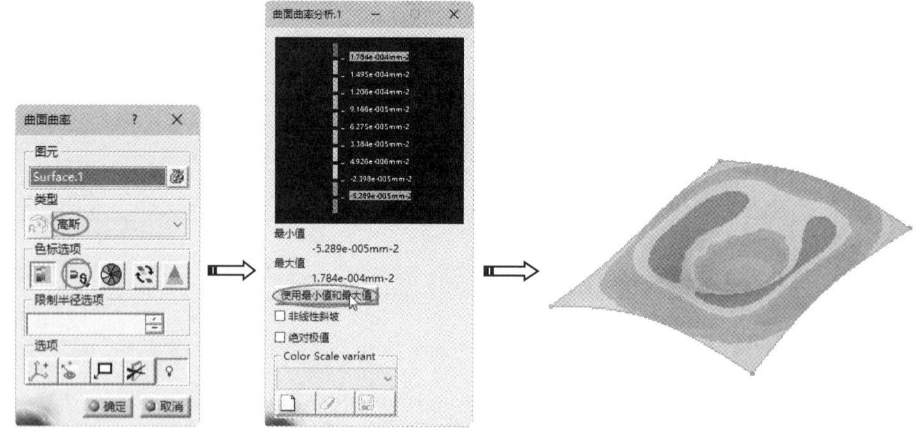

图 16-8

05 单击“确定”按钮完成曲面曲率分析。

16.2.2 曲面脱模分析

脱模分析也称“拔模分析”，其用于分析曲面的拔模斜度，这在设计产品时非常有用，有利于进行合理的模具设计。

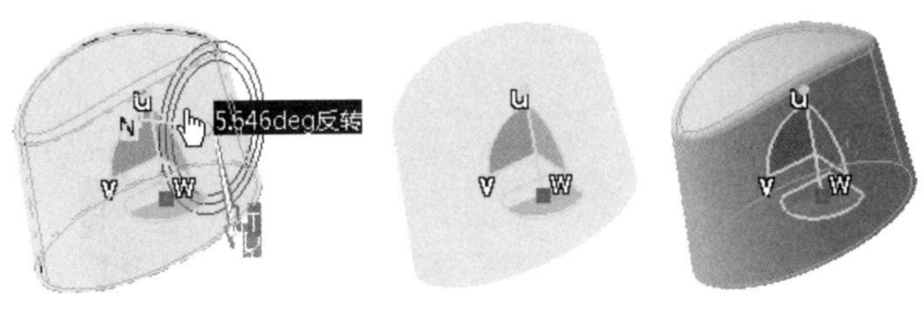

图 16-9

动手操作——脱模分析

01 打开本例源文件 16-4.CATPart。

02 单击“形状分析”工具栏中的“脱模分析”按钮，弹出“拔模分析”对话框和“拔模分析 .1”对话框。

03 在“方向”选项区中单击“使用指南针定义新的当前拔模方向”按钮，指南针自动移至模型中，与绝对坐标系重合，如图 16-10 所示。

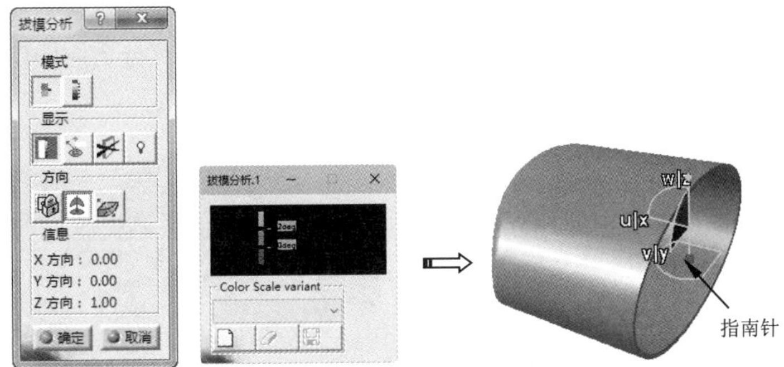

图 16-10

04 双击指南针，弹出“用于指南针操作的参数”对话框，将指南针沿 Y 轴旋转 90°，如图 16-11 所示，关闭该对话框。

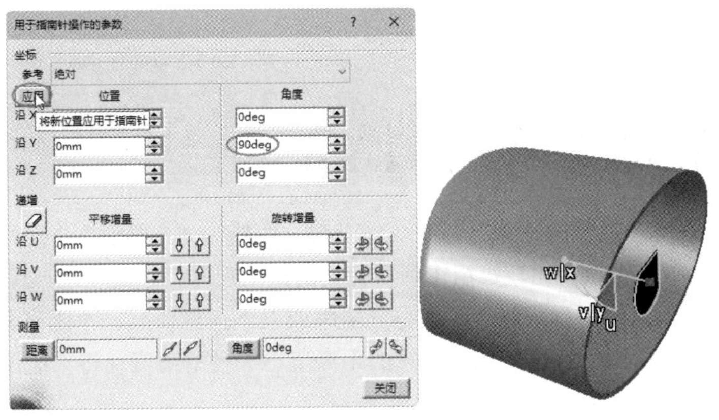

图 16-11

05 在图形区中选择模型外表面，系统进入拔模快速分析模式，效果如图 16-12 所示。

06 在“模式”选项区中单击“切换至全面分析模式”按钮，对模型进行全面的脱模分析，结合“拔模分析.1”对话框中的颜色图谱，可知绿色为0°，大于0°的为浅蓝色和红色，小于0°的为黄色和深蓝色，如图16-13所示。

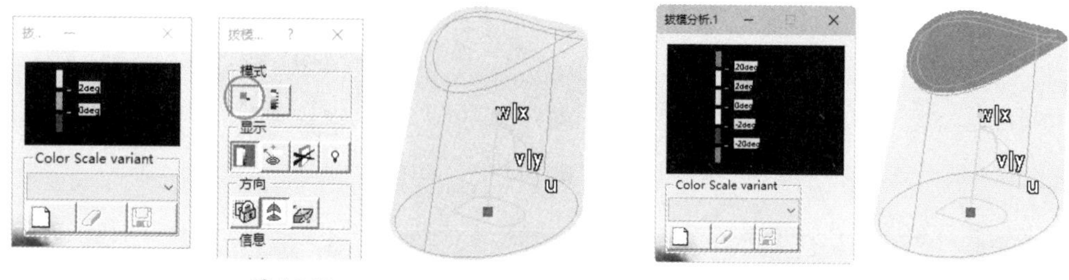

图 16-12　　图 16-13

07 从产品结构设计角度来说，产品外表面必须是大于0的脱模角度，内部表面为小于0的脱模角度，这样产品经过注塑成型后便于从注塑机中脱模取出，有脱模角度的产品表面不会与模具型腔表面产生摩擦，以此提高产品的外观质量。

16.2.3 曲面的距离分析

“距离分析”用于分析任意两个元素或两组元素之间的距离，可分析逆向建立的曲面与测量点云之间的距离，用于产品造型设计，如图16-14所示。

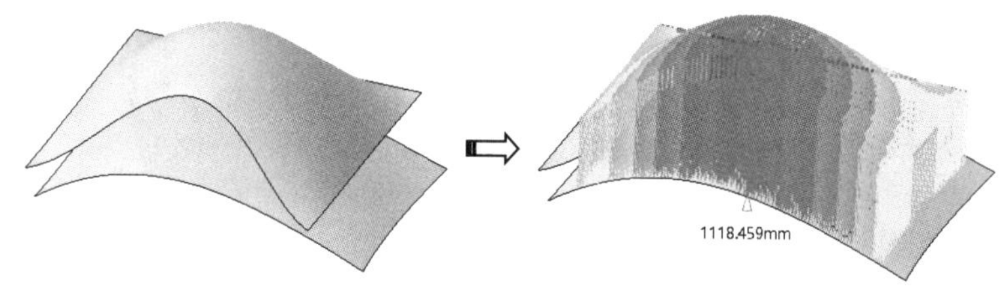

图 16-14

执行“距离分析”时要注意以下事项。

- 在计算两条曲线之间的距离时，与分析曲面和另一个元素（可以是曲线或曲面）之间的距离相反，不可能有负值。

技术要点：

实际上，在表面的3个空间方向上都会显示测量方向，例如，在分析平面曲线的情况下，仅定义两个方向。因此，在分析两条曲线之间的距离时，距离始终以正值表示。

- 如果需要，尺寸最小的元素（例如，点为0，曲线为1，曲面为2）会自动离散化。选择一组元素时，系统会比较每组中所有元素的最大尺寸，并离散化具有最小尺寸的元素。
- 当两个元素之间的计算距离小于模型分辨率或以下任意值时，“距离分析”对话框中将显示计算出的距离为零值。如果计算的距离值小于模型精度，将不能保证精度。
  - » 0.001mm 标准尺寸
  - » 大于 0.1mm 尺寸
  - » 小于 0.01 μm 长度

动手操作——曲面的距离分析

01 打开本例源文件 16-5.CATPart。

02 在“形状分析”工具栏中单击“Distance Analysis（距离分析）”按钮，弹出“距离分析”对话框。

03 保留“投影空间”选项区和“测量方向”选项区中的默认选项设置。单击“显示选项”选项区中的“完整颜色范围”按钮，弹出“距离 .1”对话框。

04 单击“梳选项”选项区中的“显示梳”按钮，并在图形区中选取“曲面 1”为源对象曲面，单击激活“目标”文本框并选取“曲面 .2”为目标曲面，单击“距离 .1”对话框中的“使用最小值和最大值”按钮，再将鼠标指针移至预览的梳上，可显示梳中某条距离直线的长度，如图 16-15 所示。

05 系统将距离分析的数据显示在“距离分析”对话框底部的 Global Min\Max 选项区中。单击“确定”按钮完成曲面的距离分析，如图 16-16 所示。

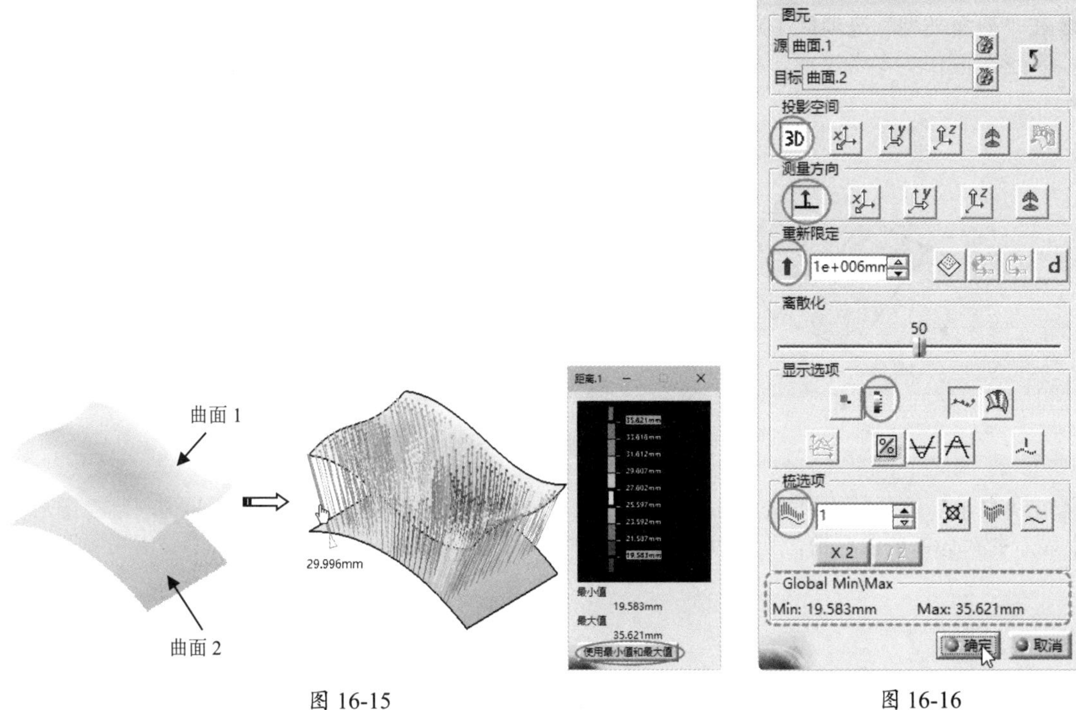

图 16-15　　　　图 16-16

16.2.4　切除面分析

“切除面分析”是使用平面切割曲面而进行的切割线上的曲率和半径分析。平面与曲面的交点在曲面上为曲线表示。

切除面分析有 3 种切割平面类型，可以得到不同的切割线曲率或半径分析结果，如图 16-17 所示。

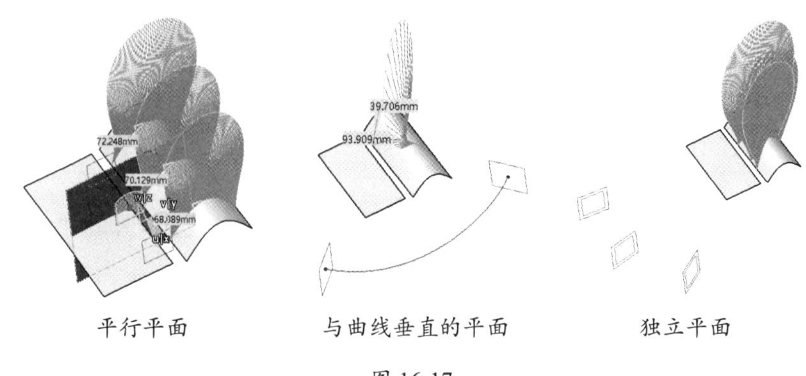

图 16-17

动手操作——切除面分析

01 打开本例源文件 16-6.CATPart。

02 单击“形状分析”工具栏中的“切除面分析”按钮，弹出“分析切除面”对话框。

03 在“截面类型”选项区中单击“平行平面”按钮，单击激活“参考”文本框后在图形区中选择 *yz* 平面作为参考平面，并在“数目 / 步幅”选项区的“数目”文本框中输入 5，如图 16-18 所示。

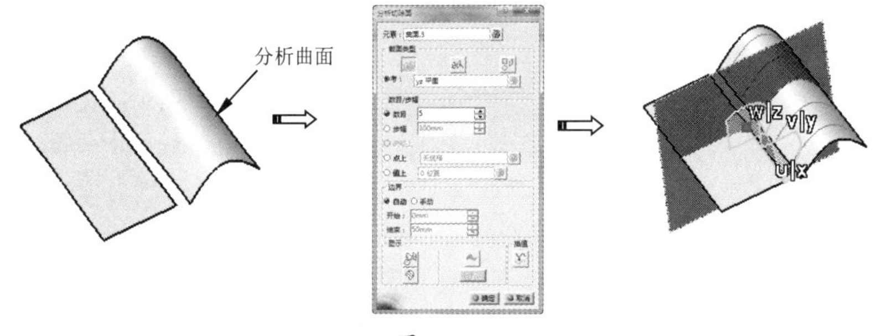

图 16-18

04 在“显示”选项区中单击“曲率”按钮、“弧长”按钮和“显示”按钮，可在图形区中显示曲率分析的曲率梳、切割线的弧长值和切割平面，如图 16-19 所示。

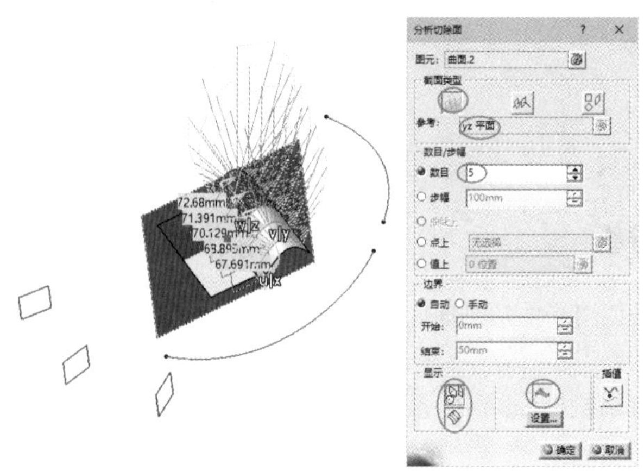

图 16-19

05 在“显示”选项区中单击“设置”按钮，弹出“箭状曲率”对话框。可在“类型”选项区中选择“曲率”或“半径”选项进行曲率分析或半径分析。单击 ×2 按钮改变曲率梳的密度，单击“确定”按钮完成切除面的曲率分析，如图 16-20 所示。

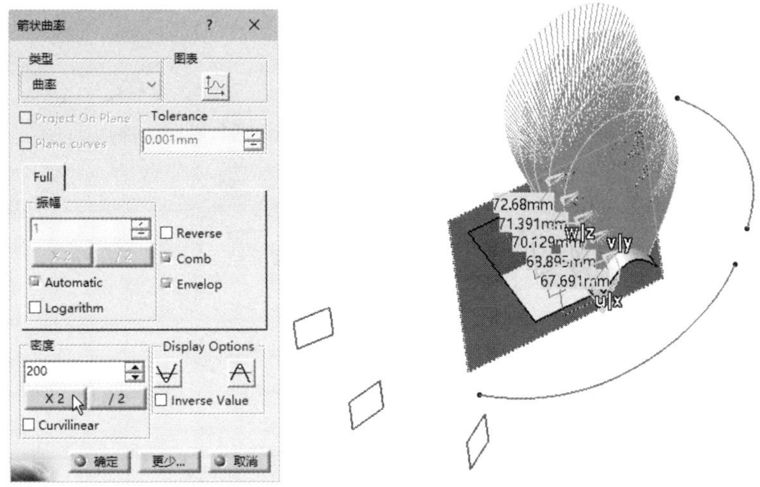

图 16-20

06 同理，根据源文件模型中提供的已知曲线和 3 个基准平面，分别采用“与曲线垂直的平面”类型和“独立平面”类型进行曲率或半径分析。

16.2.5 反射线分析

“反射线分析”是模拟将设定数量和位置的氖灯照射在曲面上，从一定位置观察灯光的反射线并分析曲面质量，如图 16-21 所示。

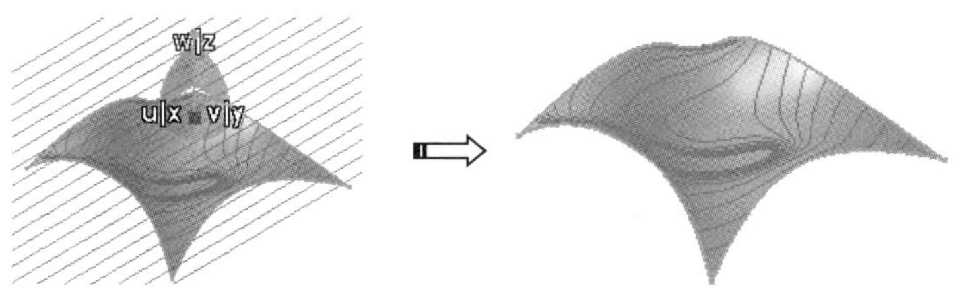

图 16-21

动手操作——反射线分析

01 打开本例源文件 16-7.CATPart。

02 在“形状分析”工具栏中单击“反射线分析”按钮，弹出“反射线”对话框。

03 首先在图形区中选择要分析的曲面，接着将指南针拖至曲面中心位置，可适当旋转指南针，如图 16-22 所示。

04 在“反射线”对话框中设置霓虹值为 15，设置霓虹间步幅值为 5mm，单击“确定”按钮完成反射线的分析，如图 16-23 所示。

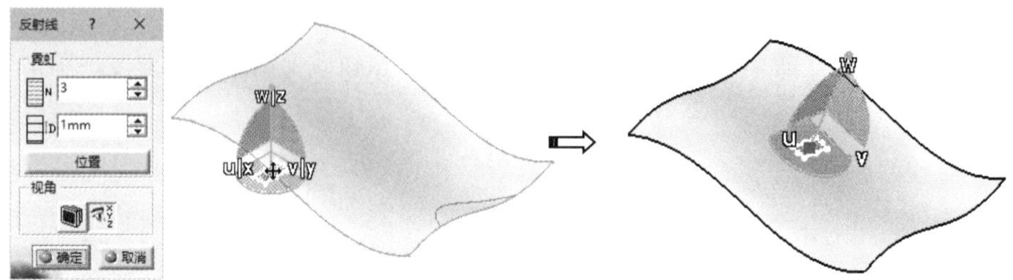

图 16-22

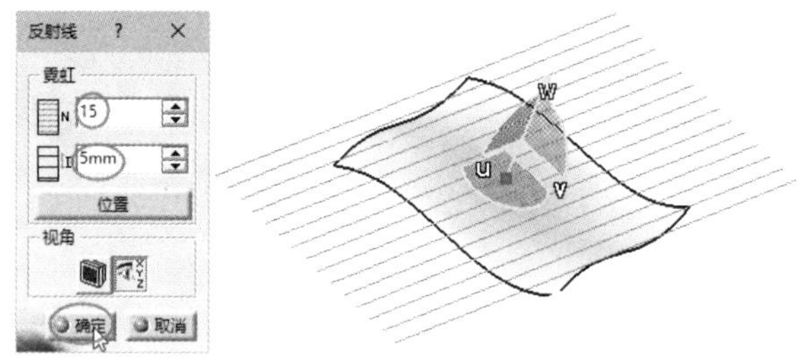

图 16-23

16.2.6 转折线分析

“转折线分析”是利用转折线对已知曲面进行分析，从而获得曲面的变形线，所谓“变形线”是指，由曲面上曲率为零的点构成的曲线，如图 16-24 所示。

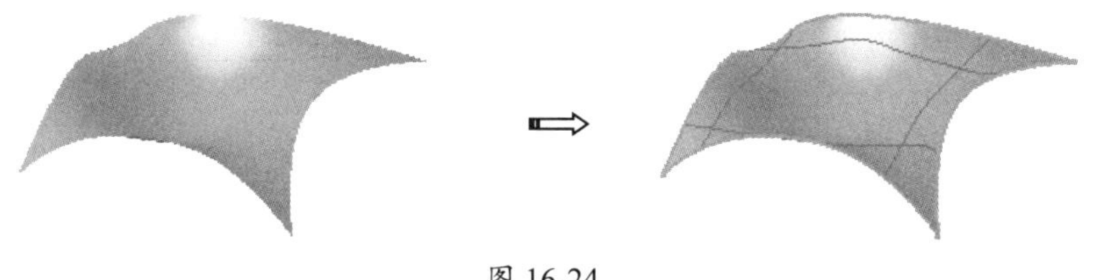

图 16-24

动手操作——转折线分析

01 打开本例源文件 16-8.CATPart。

02 在“形状分析”工具栏中单击“转折线分析”按钮，弹出“衍射线”对话框。

03 在“定义局部平面”选项区中选中“参数”单选按钮，选取图形区中的曲面作为分析对象，单击“确定”按钮完成转折线的分析，如图 16-25 所示。

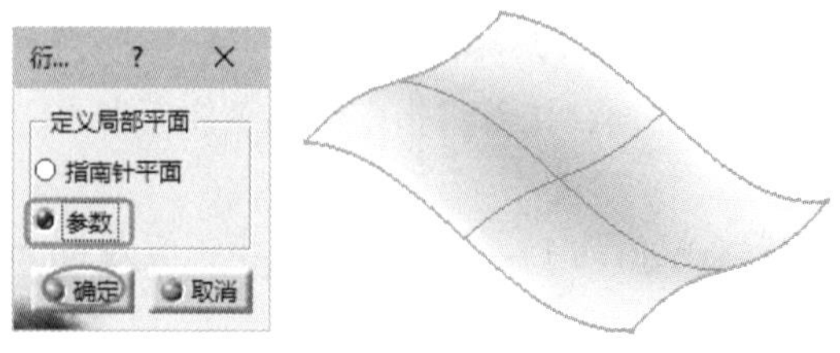

图 16-25

16.2.7 亮度显示线分析

“亮度显示线分析”是通过在曲面上创建可视化曲线以分析曲面形状及曲率变化，如图16-26所示。

动手操作——亮度显示线分析

01 打开本例源文件16-9.CATPart。

02 在“形状分析”工具栏中单击“亮度显示线分析”按钮，弹出“强调线”对话框。

03 选取图形区中的曲面作为分析对象，选择“按角度”分析类型和“切线”分析选项，并在“螺纹角”文本框中输入30deg，单击“确定”按钮完成亮度显示线的分析，如图16-27所示。

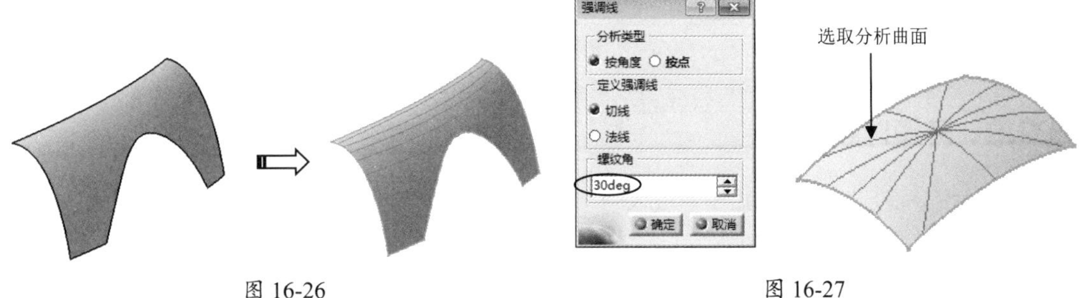

图 16-26　　图 16-27

16.2.8 曲面连续性分析

曲面的连续性分析与曲线连续性分析是同一个分析工具（“连接检查器分析”工具），是通过对指定曲面与曲面的连接检查，得出两曲面之间的间隙和连续性，如图16-28所示。

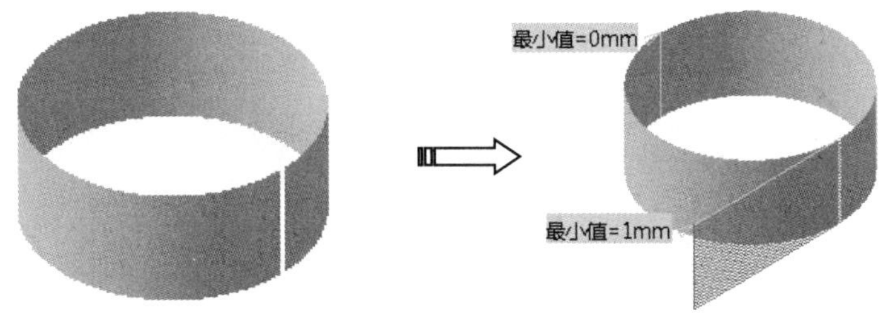

图 16-28

动手操作——曲面的连续性分析

01 打开本例源文件16-10.CATPart。

02 在“形状分析”工具栏中单击“连接检查器分析”按钮，弹出“连接检查器”对话框。

03 单击“类型”选项区中的“曲面-曲面连接”按钮，单击G0按钮以选择曲面的连续方式，按住Ctrl键选择图形区中的两个曲面为分析对象，在“最大间隔”文本框中输入3mm以指定分析间隙的上限值，单击“确定”按钮完成曲面间隙检查，如图16-29所示。

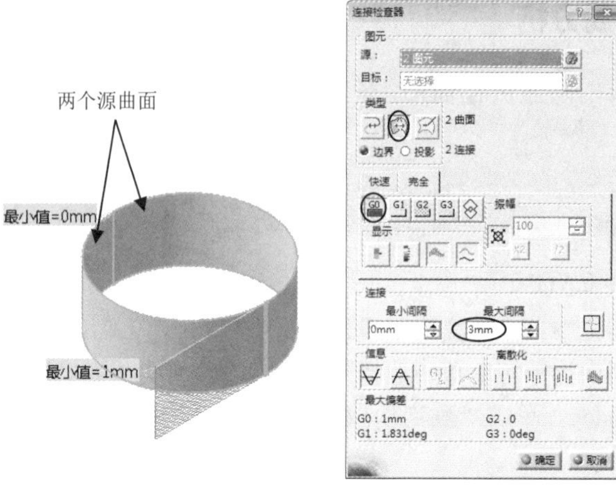

图 16-29

16.2.9 环境对映分析

环境对映分析是通过将已知图形放入一个特定环境中，再将其映射到曲面特征上以此来检查曲面的质量和效果，如图 16-30 所示。

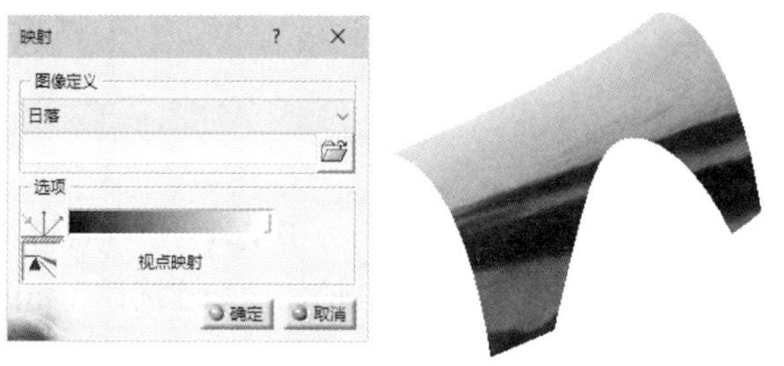

图 16-30

动手操作——环境对映分析

01 打开本例源文件 16-11.CATPart。

02 在“视图”工具栏中设置模型显示样式为“含材料着色”。

03 在“形状分析”工具栏中单击“环境对映分析”按钮，弹出“映射”对话框。

04 选择“图像定义”下拉列表中的“海滩”选项，再选取图形区中的曲面为分析对象，单击“确定”按钮完成环境对映分析，如图 16-31 所示。

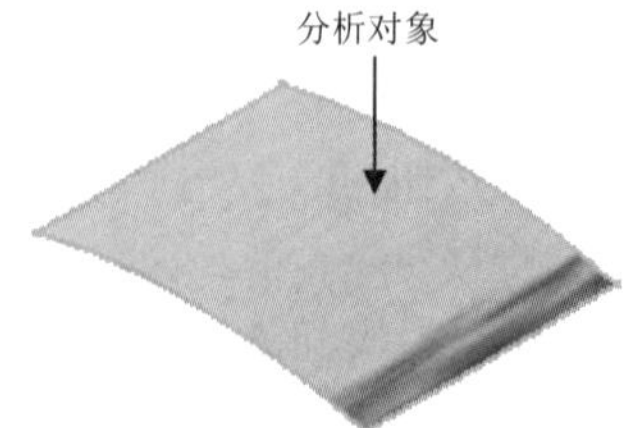

图 16-31

技术要点：

在“图像定义”选项区中，可单击“浏览”按钮，选取磁盘上的图案文件作为图像定义。

16.2.10 参数化图像对映分析

参数化图像对映分析也称“斑马线分析”或“等照度线映射分析”，它是一条等距离的条纹，通过观察此条纹线在曲面上的反射状态，即可观察曲面曲率的变化，如图 16-32 所示。

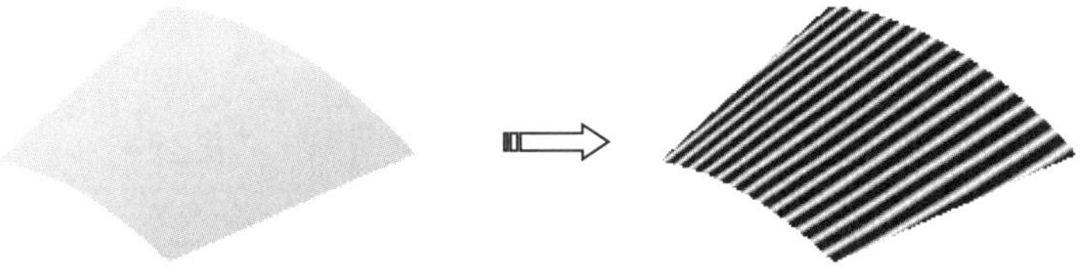

图 16-32

针对不同的曲面形状，参数化图像对映分析提供了 3 种分析模式：球面模式、圆柱模式和多区域模式，如图 16-33 所示。

图 16-33

动手操作——斑马线分析

01 打开本例源文件 16-12.CATPart。

02 在“形状分析”工具栏中单击“参数化图像对映分析”按钮，弹出“等照度线映射分析”对话框。

03 选取图形区中的曲面作为分析对象。单击“类型选项”选项区中单击“圆柱模式”按钮，拖动“条纹参数”选项区的滑块以调整条纹数和间距，单击“确定”按钮完成曲面的斑马线分析，如图 16-34 所示。

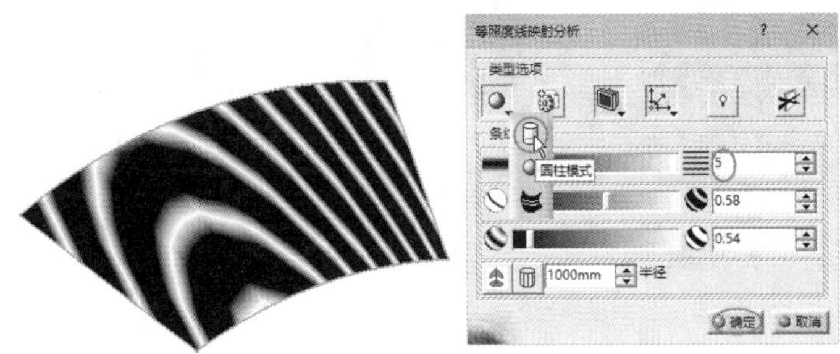

图 16-34

16.3 实战案例——沐浴露瓶壳体分析

引入文件：\动手操作\源文件文件\Ch16\analyse.CATPart

结果文件：\动手操作\结果文件\Ch16\analyse.CATPart

视频文件：\视频\Ch16\瓶体曲面分析.avi

本节以一个沐浴露瓶的壳体为例进行曲面分析，在曲面分析过程中将对曲面进行曲率分析、脱模角度分析和曲面斑马线分析，分析结果如图16-35所示。

01 打开本例源文件analyse.CATPart。

02 执行“开始”|“形状”|“自由曲面”命令，进入自由曲面设计平台。

03 选取图形区中的瓶体曲面作为分析对象。

04 在“形状分析”工具栏中单击“曲面曲率分析”按钮，在弹出的“曲面曲率”对话框中选择“高斯”分析类型，单击“显示色标”按钮和“运行中”按钮，以实时显示分析面的变化状态，如图16-36所示。

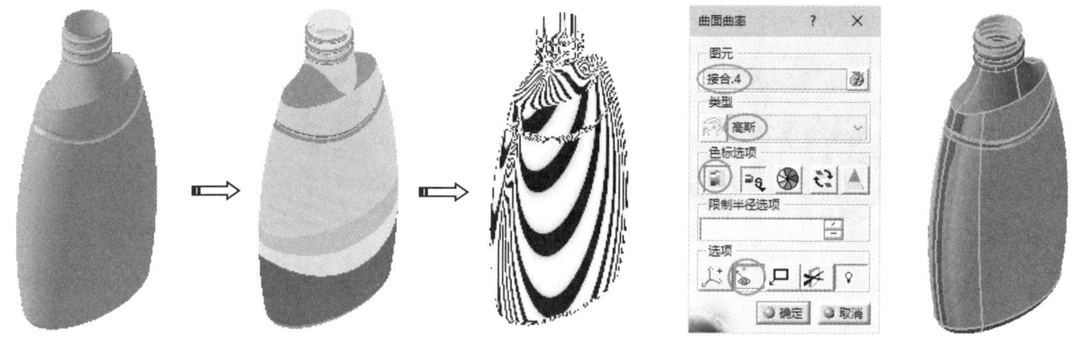

图16-35　　图16-36

05 定义曲面分析部位及参数。移动鼠标指针至曲面上，即可显示该点的各项曲率参数值，单击“使用最小值和最大值”按钮，将更新显示分析数据，如图16-37所示。

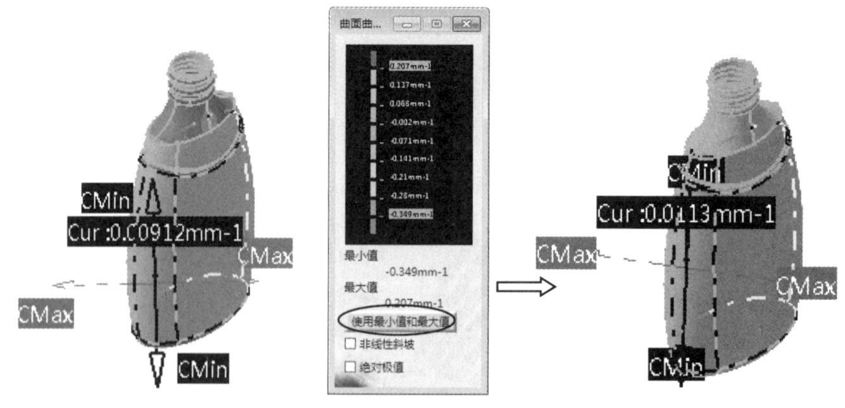

图16-37

06 单击“曲面曲率”对话框中的“取消”按钮，退出“曲面曲率”对话框。

07 在“形状分析”工具栏中单击“脱模分析”按钮，选取图形区中的瓶体曲面为分析对象，显示该曲面的角度变化图谱，如图 16-38 所示。

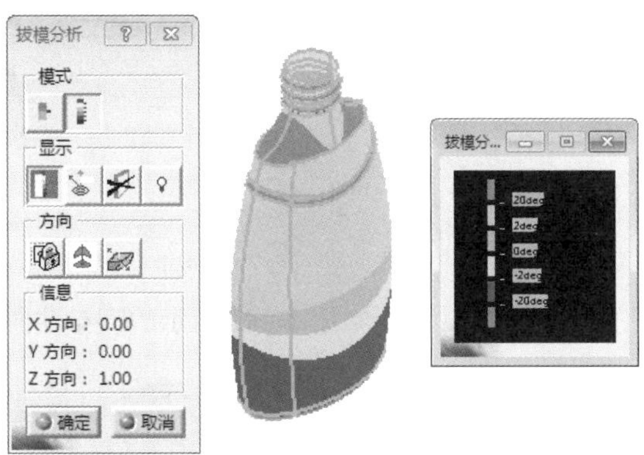

图 16-38

08 单击“拔模分析”对话框中的“取消”按钮完成脱模分析。

09 在“形状分析”工具栏中单击“参数化图像对映分析”按钮，选取图形区中的瓶体曲面作为分析对象，按照“条纹参数”选项区的设置调整斑马线，更新斑马线的显示，结果如图 16-39 所示。

10 单击“等照度线映射分析”对话框中的“确定”按钮完成曲面斑马线分析，在目录树中添加“等照度线映射分析 .1”节点，如图 16-40 所示。

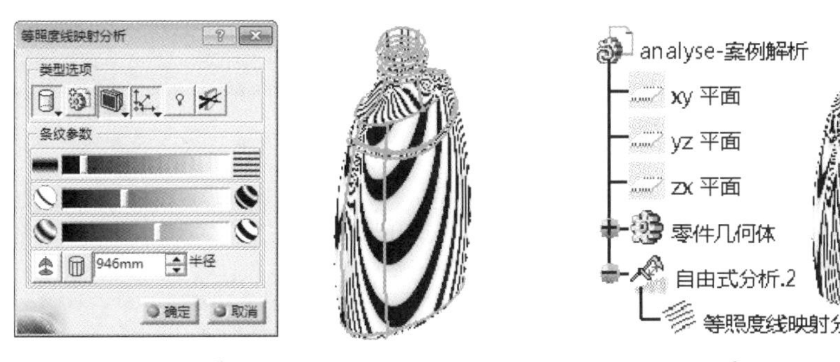

图 16-39　　图 16-40

16.4 课后习题

习题一：吹风壳体曲面分析

为巩固本章所学的曲线、曲面分析方法和技巧，分析如图 16-41 所示的吹风壳体曲面。

读者将熟悉如下内容。

（1）曲线连续性和箭状曲率分析。

（2）曲面连续性。

（3）衍射线分析。

（4）映射分析。

（5）斑马线分析。

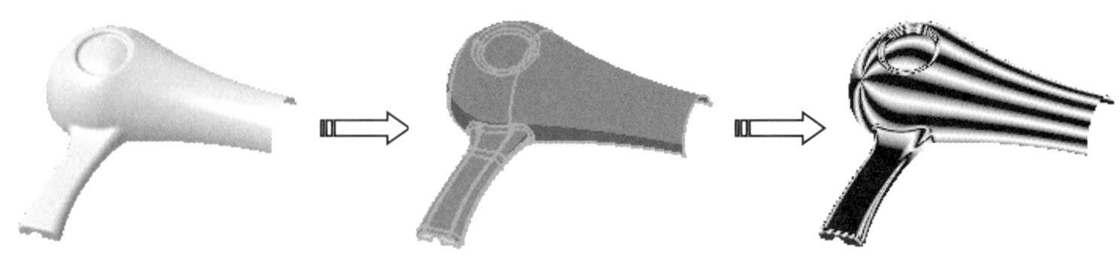

图 16-41

习题二：汽车曲面分析

通过 CATIA 曲线和曲面分析工具，分析如图 16-42 所示的汽车曲面模型。

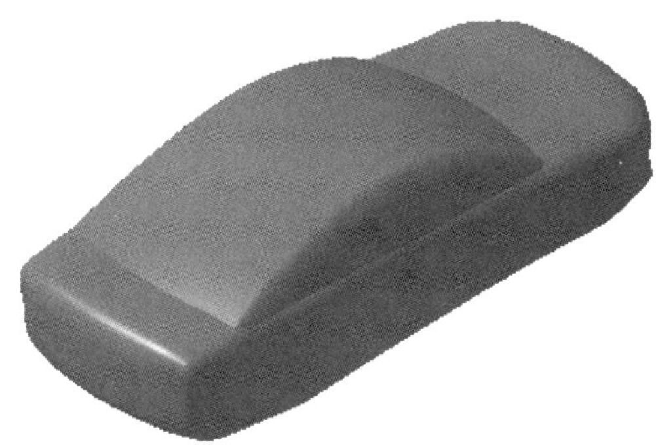

图 16-42

读者将熟悉如下内容。

（1）曲线连续性和箭状曲率分析。

（2）曲面连续性。

（3）衍射线分析。

（4）映射分析。

（5）斑马线分析。

第 17 章 逆向曲面设计指令

项目导读

产品的逆向造型技术在当前产品设计中应用十分广泛，例如，可以按照一幅图片根据逆向思维将产品设计出来，还可以利用三坐标测量仪测得实物产品的点数据，在 CATIA 中逆向造型得到参数化的产品。本章将讲解通过 CATIA 的逆向造型工作台进行产品的逆向设计过程。

- ◆ 曲面逆向设计简介
- ◆ 网格点云文件的导入与输出
- ◆ 编辑点云
- ◆ 点云重定位
- ◆ 由点云创建网格
- ◆ 点云操作
- ◆ 从点云和网格构建曲线
- ◆ 逆向曲面重建

17.1 曲面逆向设计简介

工业设计提倡为人类开创新的生活方式、新的生活环境和提高人类生活的质量，工业设计的物化就是新产品，产品组成了我们新的生活环境。在企业新产品开发中，大量地模仿国外产品已形成了我国轻工新产品开发的主流。

17.1.1 逆向工程设计概念

产品逆向工程技术是以较低的成本模仿主流品牌产品的外观或功能，并加以创新，最终在外观、功能、价格等方面全面超越这个产品的一种技术。这种技术不是简单的外观、结构模仿，它是一种系统工程的模仿，如图 17-1 所示为用于逆向产品外观的三坐标测量仪。

图 17-1

逆向设计产品，从人们对产品的认识，开阔视野，提高企业生产技术、管理水平，活跃市场，改变人的价值取向，促进经济繁荣等方面看，是具有某些积极作用的。

逆向设计的一般过程如下。

（1）3D 点云的测量。在进行 3D 扫描前应先规划好测量点的稀密布局，产品表面曲率变化大的地方应布局得密集些，产品表面平缓的地方应布局得稀松些，在产品的重要的特征处也应重点布局测量点。

（2）构建产品特征曲线。在整理、排除冗余点云数据后，根据产品的外形特征和造型思路构建出产品的重要特征曲线。在构建曲线的过程应注意曲线之间的各种连续性关系，为后续的曲面构建提供良好的基础条件。

（3）构建产品外形曲面。在构建产品特征曲线后，可通过网格曲面、扫掠曲面等各种曲面创建方式构建出产品的外形曲面特征。在创建外形曲面时应注意曲面之间的各种连续性关系，为产品的外观设计和制造提供良好的基础条件。

（4）转换实体模型。在构建产品外形曲面后，通常需要进行曲面的各种分析以保证曲面的质量，再使用各个独立的曲面特征合并连接为一个曲面组，最后将面组转换为产品实体模型。

使用 CATIA 进行产品逆向设计的一般思路如下。

- 选定造型思路。首先分析 3D 测量得到的点云数据和产品的源对象模型，从而整理并划分出产品的各个重点特征区域，再计划出产品造型的大概步骤和思路，做得心中有数。
- 分析构建产品的特征曲线。使用 CATIA 中的各个工作台构建出产品模型的重要特征曲线，并分析其连续性等相关参数。
- 选定构建产品的曲面类型。使用 CATIA 各个工作台中的曲面创建工具创建出产品的外形曲面特征。针对规则的曲面特征，例如，圆柱面、球面、平面等曲面特征，一般直接采用正向设计的方式创建，而没有必要去几何拟建一个曲面，针对各种复杂且变化较多的曲面特征，一般需要采用方便调整曲线和曲面的工作台来创建特征。

17.1.2 CATIA 逆向设计的工作台简介

CATIA 软件中应用于逆向工程设计的工作台主要有逆向点云编辑工作台和逆向曲面重建工作台。

其中逆向点云编辑工作台主要用于曲面构建前期的点云数据的导入、输出以及各种编辑处理；逆向曲面重建工作台主要用于逆向工程设计过程中的各种曲面特征的创建和编辑。

1. 进入逆向点云编辑工作台

执行“开始”|“形状”|“逆向点云编辑”命令，即可进入逆向点云编辑设计工作台，如图 17-2 所示。

2. 进入逆向曲面重建工作台

执行“开始”|“形状”|“逆向曲面重建”命令，即可进入逆向曲面重建设计工作台，如图 17-3 所示。

图 17-2

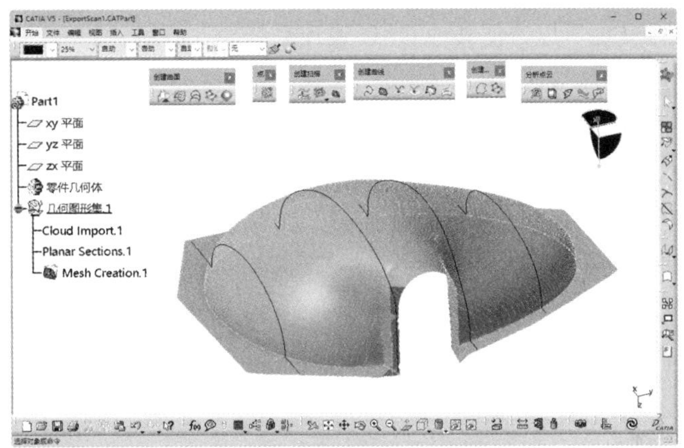

图 17-3

17.2 网格点云文件的导入与输出

点云数据文件的导入与输出工具在“点云输入”工具栏中，如图 17-4 所示。

图 17-4

1. 导入点云数据文件

导入点云数据文件是指将测量获得的点云数据文件导入 CATIA 工作台，便于后续的点云编辑与曲面的重建工作。

动手操作——导入点云数据

01 执行“开始”|“形状”|“逆向点云编辑”命令并创建一个新零部件文件，进入逆向点云编辑工作台。

02 在“点云输入”工具栏中单击“输入”按钮，弹出“输入”对话框。

03 在“格式”下拉列表中选择 Cgo 选项，单击“浏览”按钮从本例源文件路径中打开 ex-1.cgo_ascii 文件。

04 单击“应用”按钮预览点云数据，确认无误后单击“确定”按钮完成点云数据的导入，如图17-5所示。

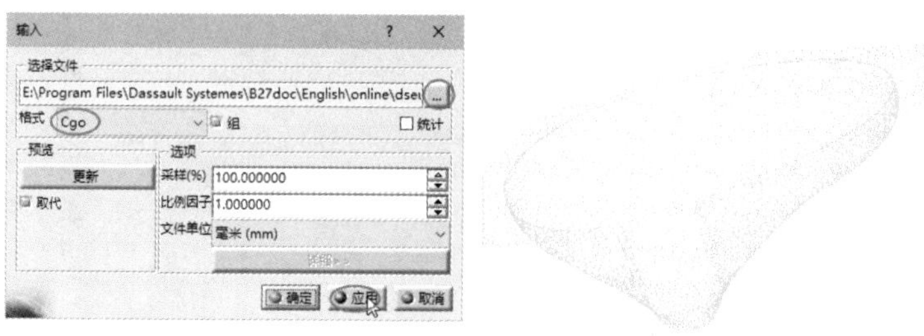

图 17-5

2. 输出点云数据

输出点云数据是指在CATIA点云编辑平台中将点云数据编辑后，将点云、曲线和网格曲面导出为其他格式的数据文件，以方便其他CAD设计系统导入应用。

动手操作——输出点云数据

01 打开本例源文件ex-2.CATPart。

02 在“点云输入”工具栏中单击“输出”按钮，弹出“输出”对话框。

03 在特征树中选取“几何图形集.1”节点下的Cloud Import.1网格曲面对象作为输出的图元，如图17-6所示。

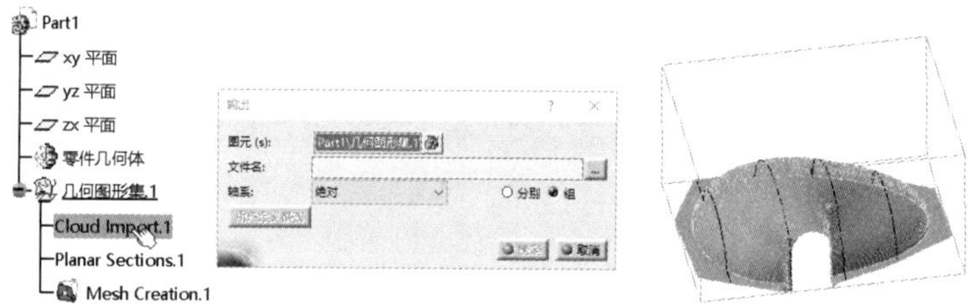

图 17-6

04 单击“浏览”按钮弹出“另存为”对话框，选择输出文件的保存路径和保存文件类型，输入保存文件的名称，单击“保存”按钮完成文件保存的操作，如图17-7所示。

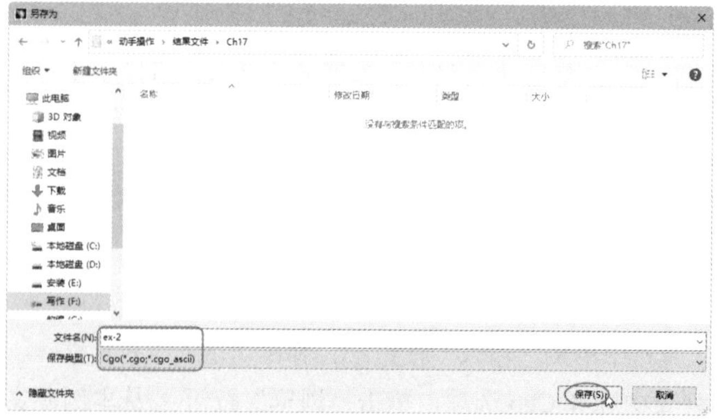

图 17-7

05 在“输出”对话框中的“轴系”下拉列表中选择“当前”选项，单击“确定”按钮完成点云文件的导出操作，如图 17-8 所示。

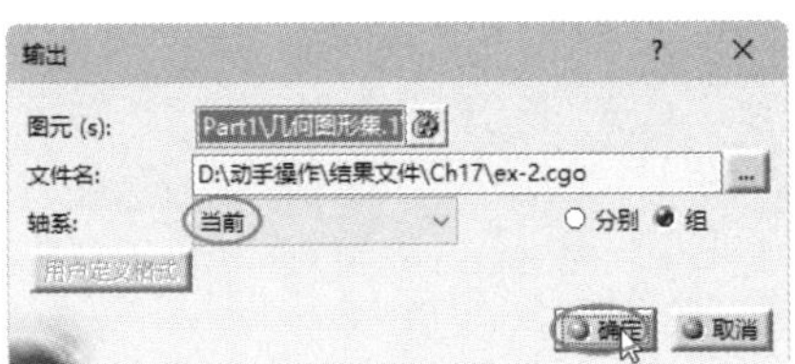

图 17-8

17.3 编辑点云

导入点云数据后，此时会发现有些点云并不能适用于曲面构建，需要对其进行一系列的操作处理，使之符合造型设计需要后，才能重新进行逆向曲面构建。下面介绍几种常见的点云数据编辑工具。

17.3.1 激活点云

“激活区域”工具主要是将点云中指定的局部点云激活，便于后续造型使用。未激活的部分点云则会被自动删除。

动手操作——激活点云

01 打开本例源文件 ex-3.CATPart。

02 在“点云编辑”工具栏中单击“激活”按钮，弹出“激活”对话框。

03 在“激活”对话框中选取“圈选”模式和“矩形”框选形式，其余选项保持默认。首先在图形区中或特征树中选中要操作的点云数据，如图 17-9 所示。

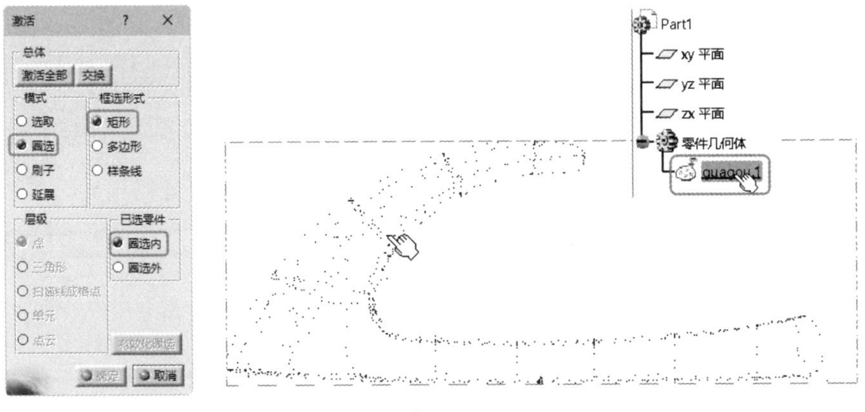

图 17-9

技术要点：

也可以先在图形区或特征树中选取要操作的点云数据，再执行点云编辑命令，其结果相同。

04 利用鼠标框选出需要激活的部分点云，单击“确定”按钮完成点云的局部激活，如图17-10所示。

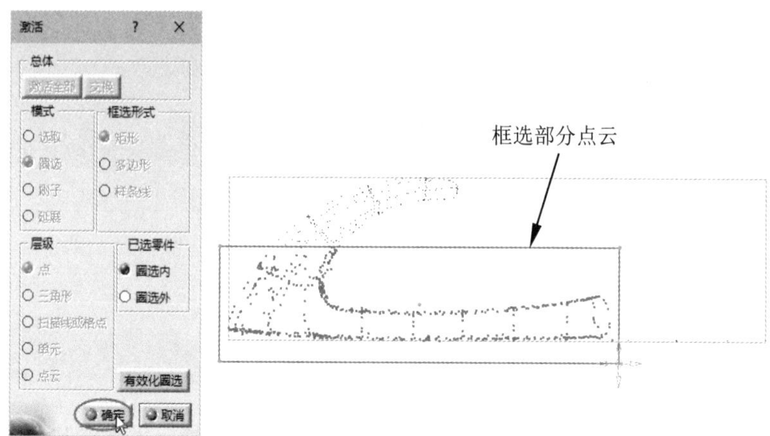

图 17-10

17.3.2 过滤点云

在处理点云数据时可将部分不符合设计要求的点云过滤掉，以方便操作密度较大的点云数据，以提高曲面的重建质量。

动手操作——过滤点云

01 打开本例源文件 ex-4.CATPart。

02 在特征树中选中TX.1点云数据对象，并在“点云编辑”工具栏中单击“过滤器”按钮，弹出“过滤”对话框。系统会自动计算并统计点云数据中的过滤点和剩余点的数量，并将统计的信息显示在“统计”选项区的信息栏中。

03 选中“弦偏差”单选按钮并在其文本框中输入偏差值为0.1mm，单击“应用”按钮预览点云过滤结果，如图17-11所示。

图 17-11

04 选中“实际删除”复选框（将过滤的部分删除），单击“确定”按钮完成点云的过滤处理，如图17-12所示。

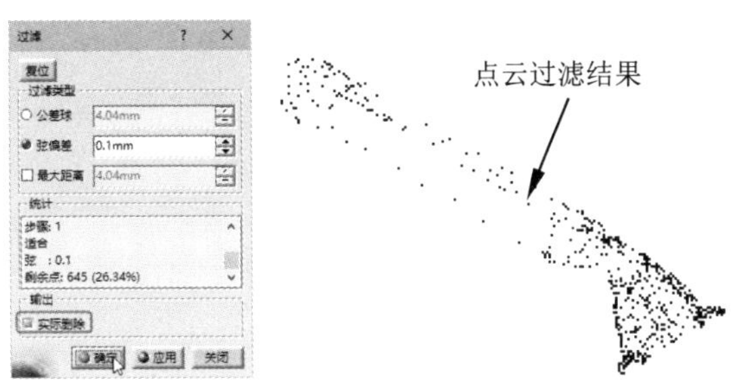

图 17-12

“过滤”对话框中的部分选项说明如下。

- 公差球：选中该单选按钮，则通过输入公差球的半径值来控制点云的稀疏，半径值越大，过滤的点云越稀松。
- 弦偏差：选中该单选按钮，则通过输入弦偏差值来控制点云的稀疏，使用此方法容易保留特征明显的点云部分。

17.3.3　移除点云

移除点云是指将指定的点云部分删除。“移除”命令的操作与“激活”命令的操作完全相同，如图 17-13 所示。

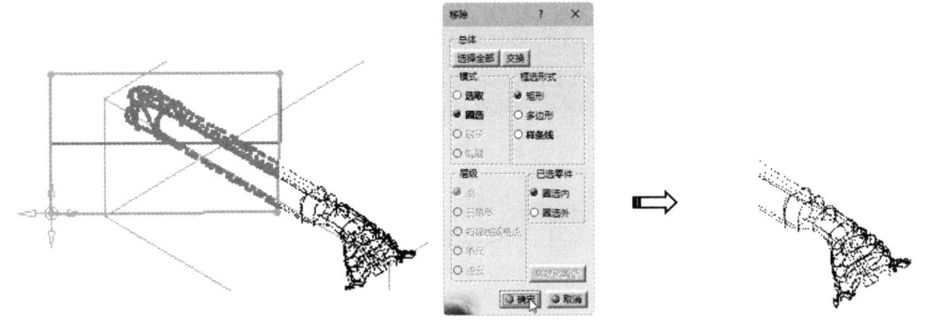

图 17-13

17.3.4　保护点云

保护点云的目的是让部分扫描线、点和图元不被过滤和移除。

动手操作——保护点云

01 打开本例源文件 ex-5.CATPart。

02 在特征树选取 TX.1 点云数据。

03 在“点云编辑”工具栏中单击“保护”按钮，弹出“保护”对话框。

04 此时图形区中蓝色高亮显示的点云“未受保护”，单击“未受保护”字样使其变为“受保护”。

05 在“保护”对话框中选中“点”复选框，单击“确定”按钮完成点云的保护，如图 17-14 所示。

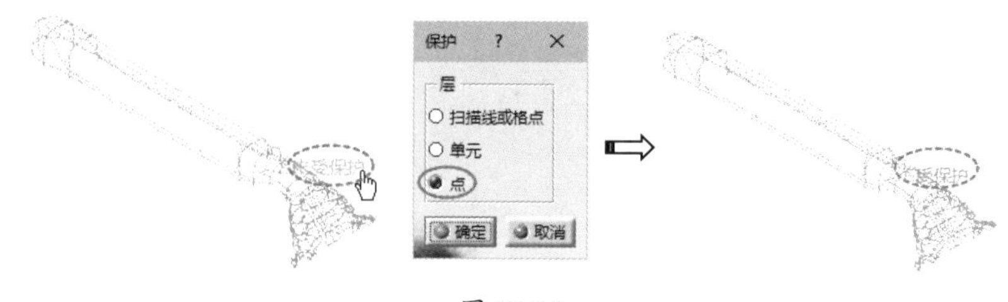

图 17-14

17.4 点云重定位

在使用坐标扫描仪器对产品进行抄数扫描时，有时因为产品过大不能一次完整地扫描出产品的全部形状，这就需要对产品进行多次扫描然后分别将各个点云数据导入并对正合并，以得到正确的点云数据。

在合并各个点云数据前，需要将各个点云数据进行对正操作，以正确反映产品的外观形状。关于点云的对正方法包括：使用罗盘对正点云、以最佳适应对正、以约束对正、以 Rps 方式对正、以球对正等。下面介绍常用的点云重定位工具。

17.4.1 使用罗盘对正点云

使用罗盘对正点云操作是通过指定需要对正的两个点云数据，再移动罗盘指针使其中一个点云对象移动至另一个点云处，如图 17-15 所示。

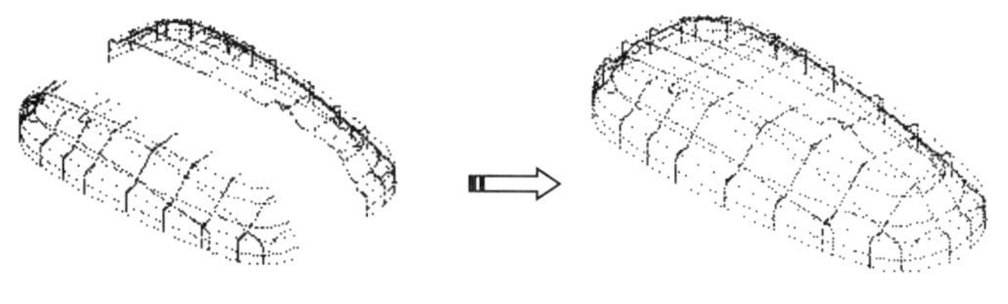

图 17-15

动手操作——使用罗盘对正点云

01 打开本例源文件 ex-6.CATPart。

02 在“点云重定位”工具栏中单击“使用指南针对正”按钮，弹出“使用指南针对正”对话框。

03 分别选取图形区中的 001.1 和 002.1 点云为对正的点云数据，如图 17-16 所示。

04 单击“使用指南针对正”对话框中的指南针按钮，根据设计需要移动指南针至合适的位置即可移动点云使其与另一点云对正，单击“确定”按钮完成点云的对正操作，隐藏源对象点云数据以简洁显示图形，如图 17-17 所示。

“使用指南针对正”对话框中的部分选项说明如下。

- 按钮：单击该按钮，指定惯性轴来对正点云数据。
- 按钮：单击该按钮，移动指南针来对正点云数据。
- 按钮：单击该按钮，取消指南针移动点云对正。

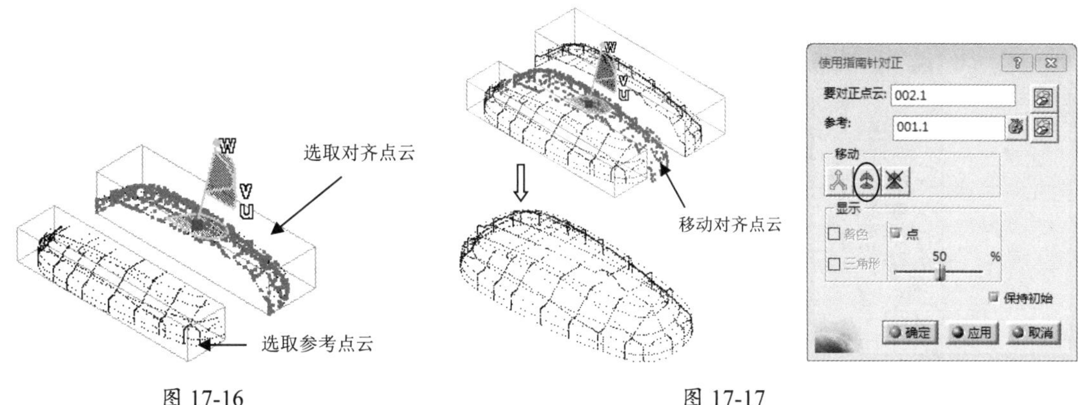

图 17-16　　　　图 17-17

17.4.2　以最佳适应对正

以最佳适应对正点云数据是通过指定需要对正的点云部位，系统自动拟合进行最佳位置对正操作，如图 17-18 所示。

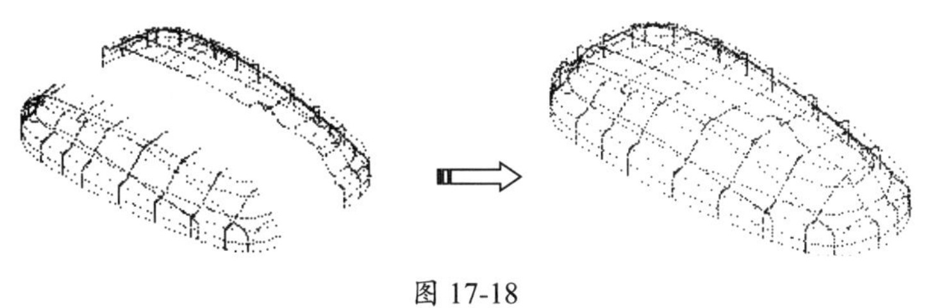

图 17-18

动手操作——以最佳适应位置对正点云数据

01 打开本例源文件 ex-7.CATPart。

02 在“点云重定位”工具栏中单击“以最佳适应对正”按钮，弹出“与最适对正”对话框。

03 指定对正的点云对象。分别选取图形区中的 001.1 和 002.1 点云为对正的点云数据，如图 17-19 所示。

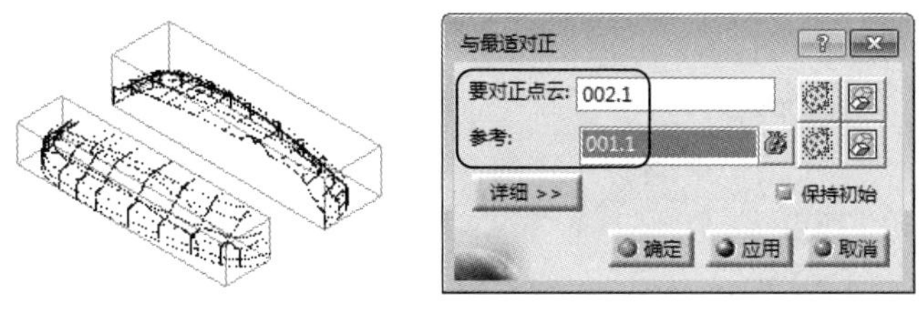

图 17-19

04 指定对正点云的对正区域。单击“与最适对正”对话框中“要对正点云”文本框后的激活按钮，弹出“激活”对话框，选中“选取”选项和“点”单选按钮，在对正点云对象上选取 3 个点为拟合对象点，单击“确定”按钮返回对话框，如图 17-20 所示。

05 指定参考点云的对正区域。单击对话框中“参考”文本框后的激活按钮，弹出“激活”对话框，选中“选取”选项和“点”单选按钮，在参考点云上选取 3 点为拟合对象点，单击“确定”

按钮返回对话框，如图 17-21 所示。

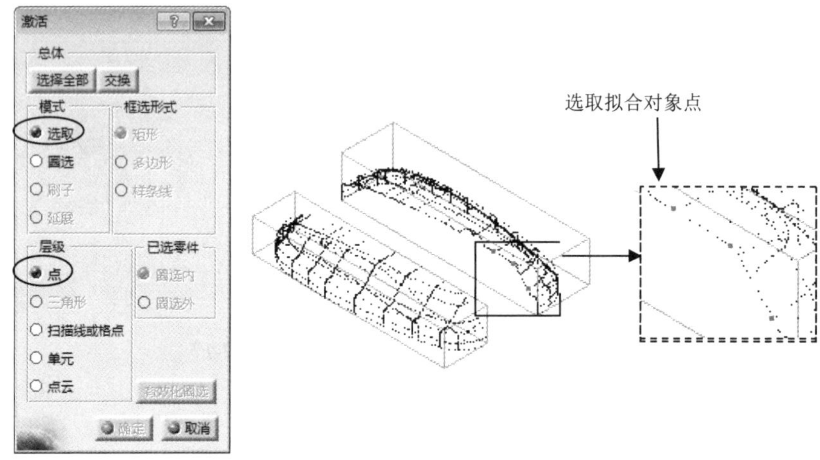

图 17-20

06 单击“与最适对正”对话框中的“确定”按钮，将两指定点云进行拟合对正操作，结果如图 17-22 所示。

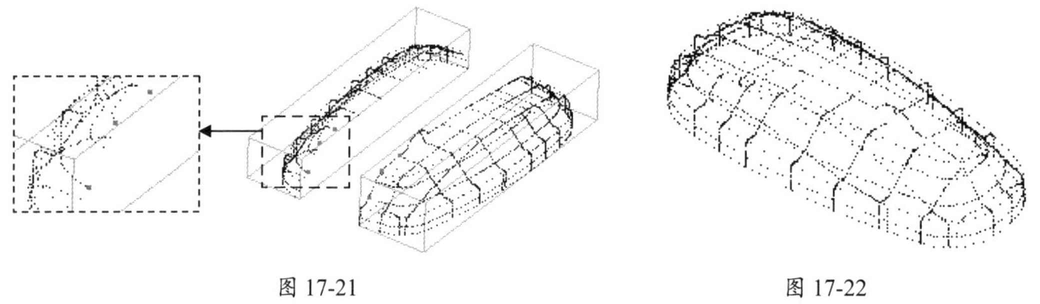

图 17-21　　图 17-22

17.4.3　以约束对正

以约束对正点云是通过指定对正约束和对正方向，将两个点云数据进行对正的操作，如图 17-23 所示。

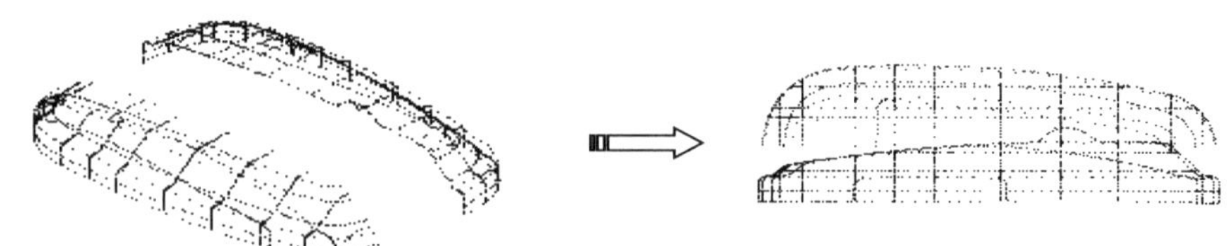

图 17-23

动手操作——以约束对正点云

01 打开本例源文件 ex-8.CATPart。

02 在“点云重定位”工具栏中单击“以约束对正”按钮，弹出“与约束对正”对话框。

03 选取 001.1 点云为对正对象，单击“新增”按钮以激活约束选取，选取“yz 平面”为对正约束平面，选取“xy 平面”为参考平面，单击“确定”按钮完成点云约束对正操作，如图 17-24 所示。

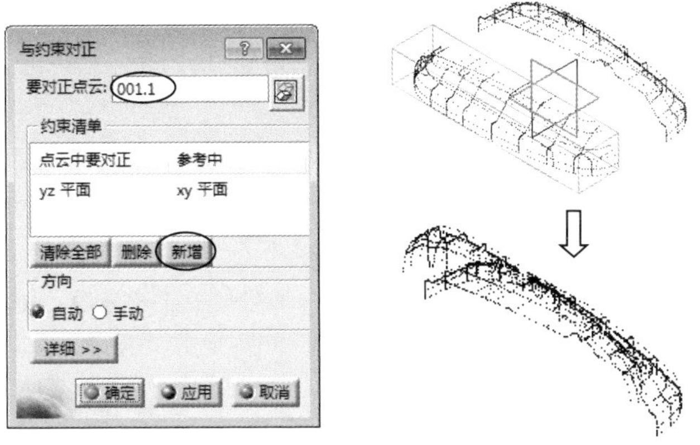

图 17-24

17.4.4 以球来对正

以球对正点云是通过在点云重叠的部位加入校正球来快速对点云数据进行定位对正操作，如图 17-25 所示。

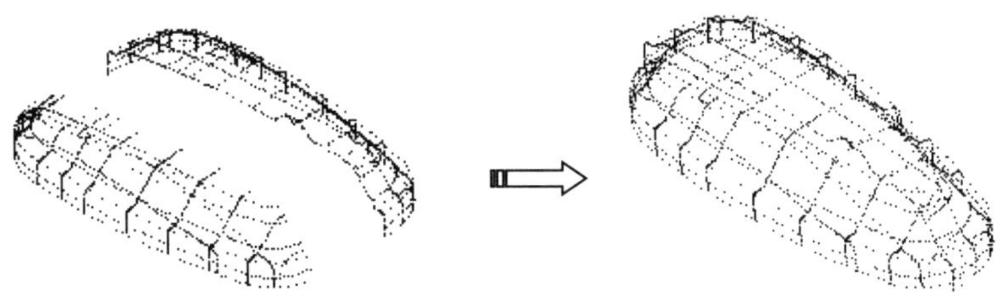

图 17-25

动手操作——以球对正点云

01 打开本例源文件 ex-9.CATPart。

02 在“点云重定位”工具栏中单击“以球对正”按钮，弹出“与球对正”对话框。

03 分别选取图形区中的 001.1 和 002.1 点云为对正的点云数据，如图 17-26 所示。

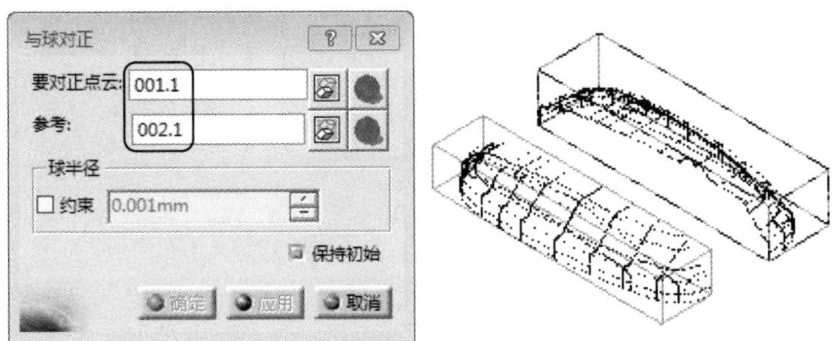

图 17-26

04 定义对正点云上的校正球。选中“与球对正”对话框中的“约束”复选框并在其文本框中输入 3mm，以指定球的半径，单击“要对正点云”文本框后的球按钮，在对正点云上选取对正球，如图 17-27 所示。

05 定义参考点云上的校正球。单击“参考”文本框后的球按钮，在参考点云上选取对正球，如图 17-28 所示。

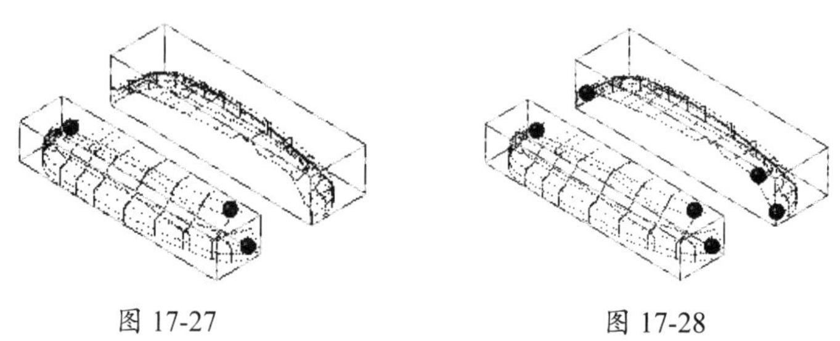

图 17-27　　　　图 17-28

06 单击“与球对正”对话框中“确定”按钮完成点云对正操作，如图 17-29 所示。

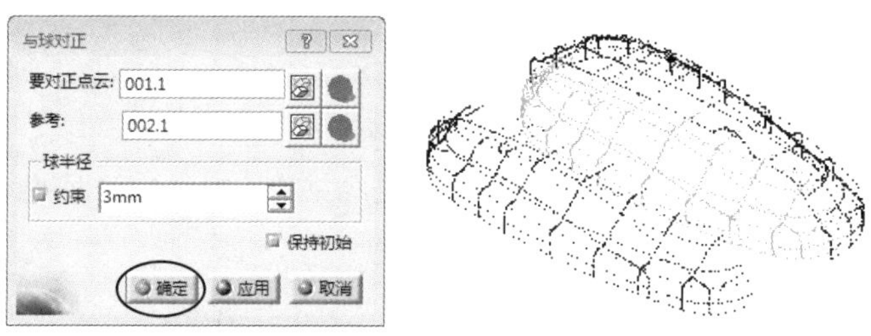

图 17-29

17.5 由点云创建网格

点云网格的创建是通过在点云数据上创建各种形状的网格特征以凸显出点云表现的产品几何形状。

17.5.1 创建网格面

创建网格面是通过指定一个合并的完整点云数据，创建出一个片体特征的图形对象，如图 17-30 所示。

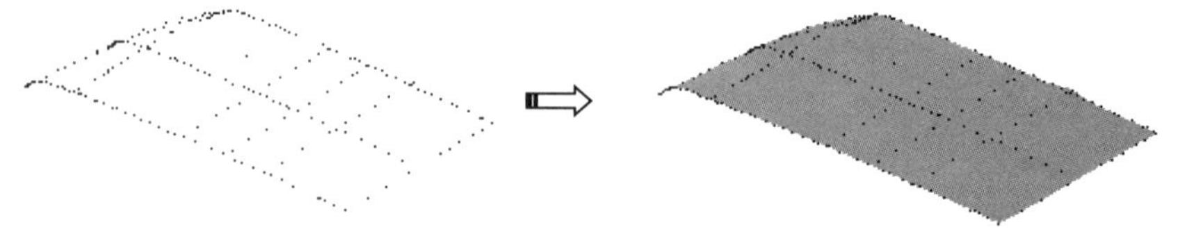

图 17-30

动手操作——创建网格面

01 打开本例源文件 ex-10.CATPart。

02 在“网格”工具栏中单击“创建网格”按钮，弹出“创建网格”对话框。

03 选取 001.1 点云为网格面的创建对象，在“创建网格”对话框中设置“邻近”值为 10，单击“确定”按钮完成网格面的创建，如图 17-31 所示。

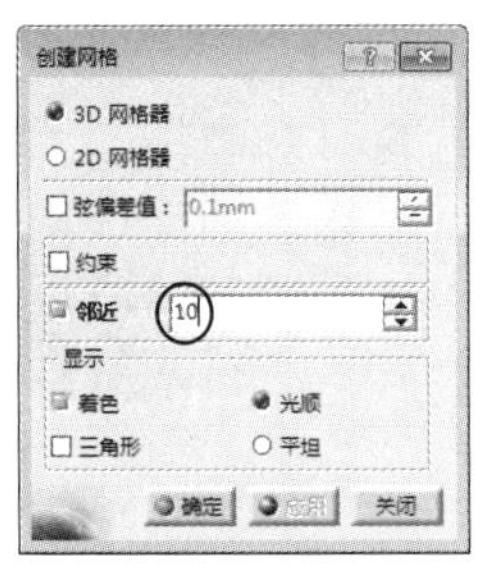

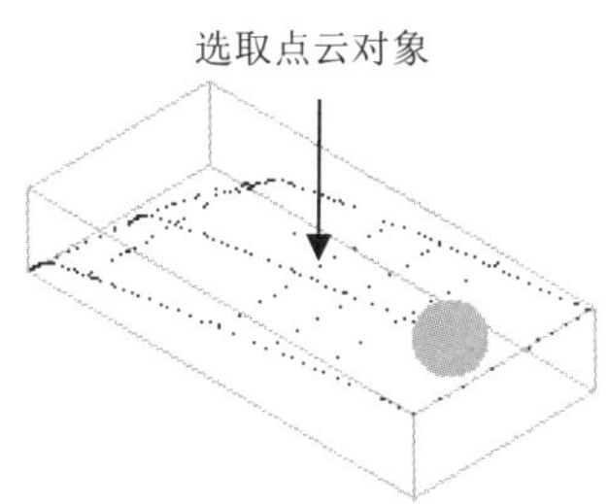

图 17-31

“创建网格”对话框中的部分选项说明如下。

- 3D 网格器：选中该单选按钮，系统将根据点云自动拟合创建网格面。
- 2D 网格面：选中该单选按钮，系统将根据投影方向来创建网格面。
- 邻近：选中该复选框，可设置小平面的边缘长度值。

17.5.2　偏移网格面

偏移网格面是通过指定图形区中已有的网格面并将其沿法向方向进行距离偏置，从而创建出一个新的网格面，如图 17-32 所示。

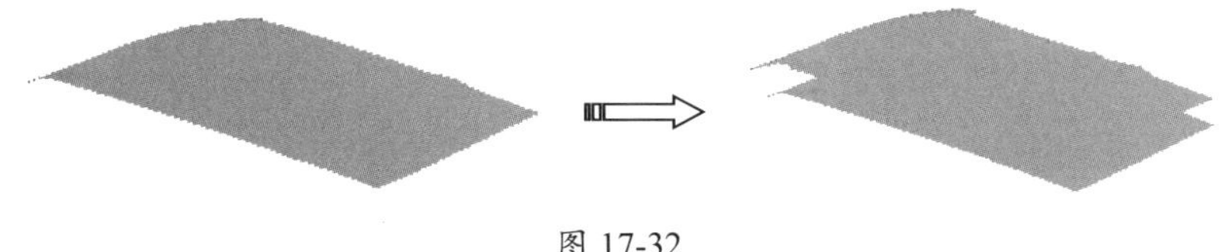

图 17-32

动手操作——偏移网格面

01 打开本例源文件 ex-11.CATPart。

02 在“网格”工具栏中单击“网格偏置”按钮，弹出“网格偏置”对话框。

03 定义偏移网格面参数。选取“创建网格.1”为偏置对象，在“网格偏置”对话框中设置“偏置值”为 3mm，单击“确定”按钮完成偏移网格面的创建，如图 17-33 所示。

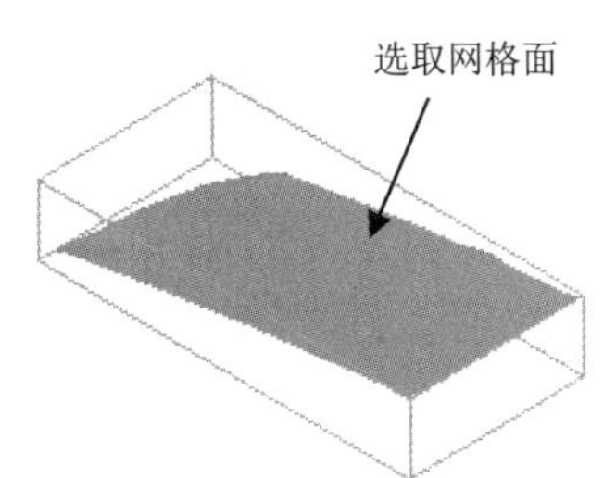

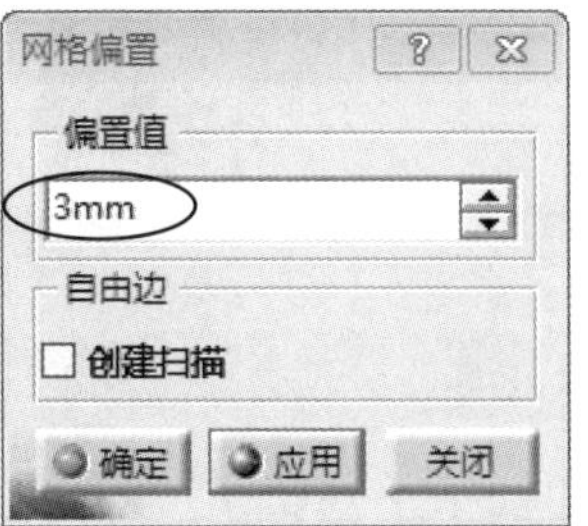

图 17-33

17.5.3 光顺网格面

光顺网格面是通过将已创建的网格面进行平顺操作，从而使网格面变得更光顺，如图 17-34 所示。

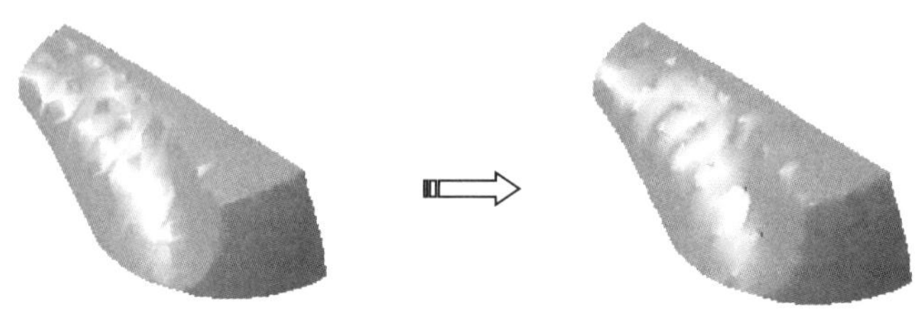

图 17-34

动手操作——光顺网格面

01 打开本例源文件 ex-12.CATPart。

02 在“网格”工具栏中单击“光顺网格”按钮，弹出“光顺网格”对话框。

03 在特征树中选取“创建网格 .1”为光顺操作对象，并在“光顺网格”对话框中拖动“系数”栏的滑块以调整光顺系数，单击“应用”按钮可预览光顺效果。单击“确定”按钮完成网格面的光顺操作，结果如图 17-35 所示。

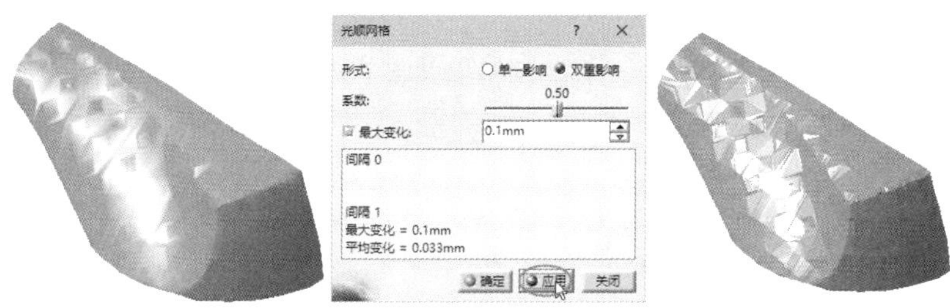

图 17-35

17.5.4 降低网格密度

降低网格密度是通过减少网格的数量增加网格密度，从而改变网格面的外观形状，如图 17-36 所示。

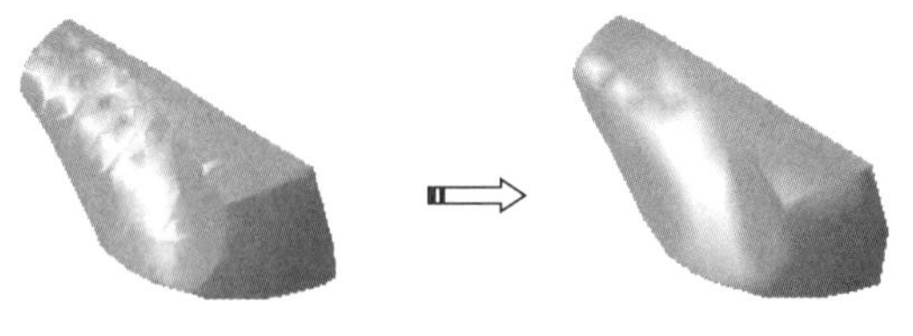

图 17-36

动手操作——降低网格面密度

01 打开本例源文件 ex-13.CATPart。

02 在“网格”工具栏中单击“精简”按钮，弹出“简化”对话框。

03 选取图形区中的“创建网格面.1”为简化对象，在“简化”对话框中选中“最大”复选框并在其文本框中输入0.7mm，单击“确定”按钮完成网格面的简化操作，如图17-37所示。

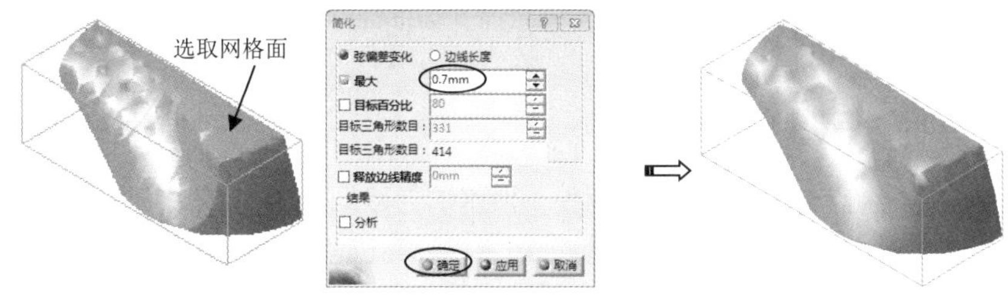

图 17-37

“简化”对话框中部分选项说明如下。

- 弦偏差变化：选中该单选按钮，再选中“最大”复选框并在其文本框中设置偏差最大值。
- 边线长度：选中该单选按钮，再选中“最小”复选框并在其文本框中设置网格面的最小值，将小于此值的网格面移除。

17.5.5 优化网格面

优化网格面是对图形区中已创建的网格面进行优化处理，使网格面更均匀、平顺，如图17-38所示。

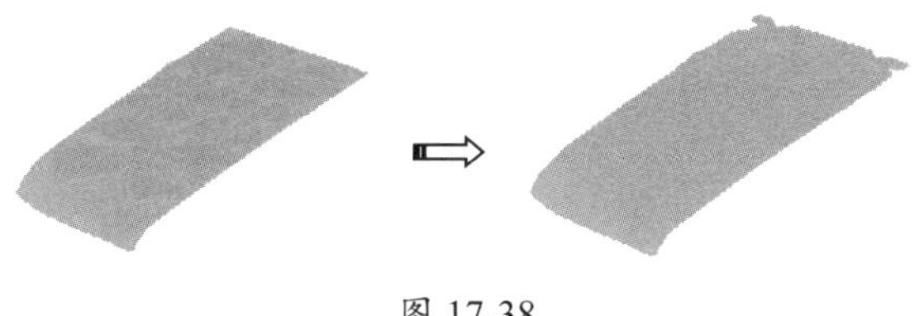

图 17-38

动手操作——优化网格面

01 打开本例源文件ex-14.CATPart。

02 在“网格”工具栏中单击“优化”按钮，弹出“优化”对话框。

03 定义网格面优化参数。选取图形区中的网格面为优化对象，并在“优化”对话框中设置“最小长度”值为0.5mm，“最大长度”值为2mm，“两面夹角”值为30deg，单击“应用”按钮进行优化计算，单击“确定”按钮完成网格面的优化操作，如图17-39所示。

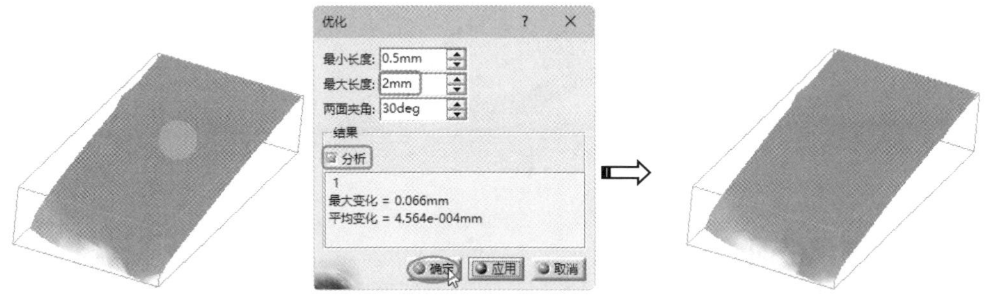

图 17-39

17.6 点云操作

使用将点云进行网格化处理能为后续创建各种几何曲线、曲面提供更为方便的特征参考。

17.6.1 合并点云或网格面

合并点云是将多个点云数据集合并，以便于网格的创建。在“操作”工具栏中单击“合并点云”按钮，不仅可以合并图形区中的点云数据，还可以合并已创建的网格面，如图 17-40 所示。

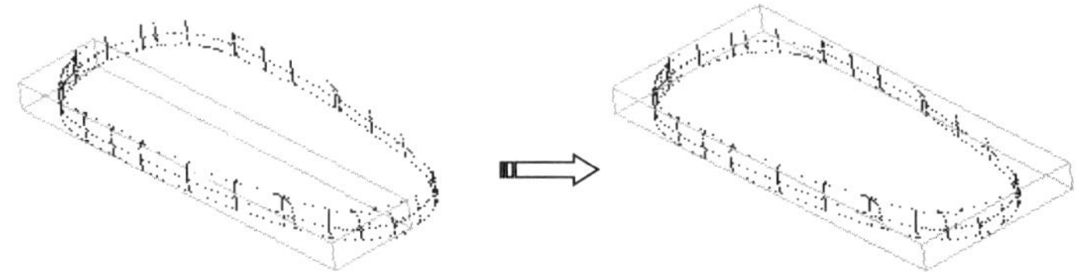

图 17-40

合并网格是通过将指定的多个网格面进行接合操作，将其合并为一个网格面，如图 17-41 所示。

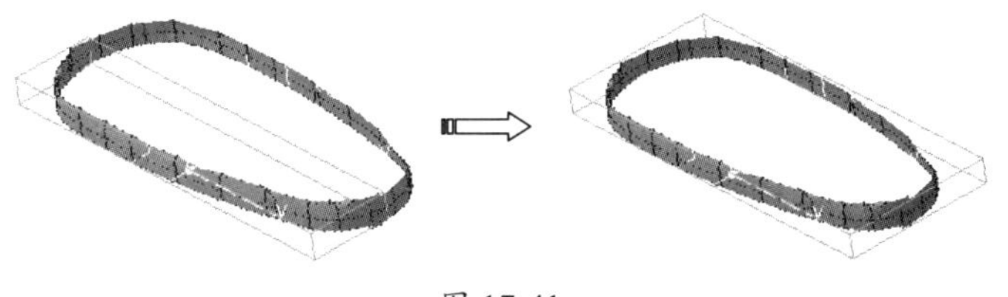

图 17-41

动手操作——合并网格面

01 打开本例源文件 ex-15.CATPart。

02 在“点云操作”工具栏中单击“合并网格”按钮，弹出“网格合并”对话框。

03 在特征树中选取“创建网格 .1”和“创建网格 .2”为合并网格的对象，单击“确定”按钮完成网格面的合并操作，如图 17-42 所示。

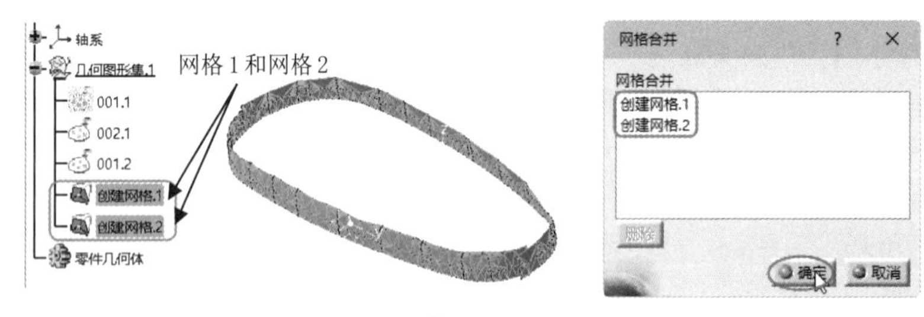

图 17-42

17.6.2 分割网格面

分割网格面是将一个独立的网格面分割为多个独立的网格面，如图 17-43 所示。

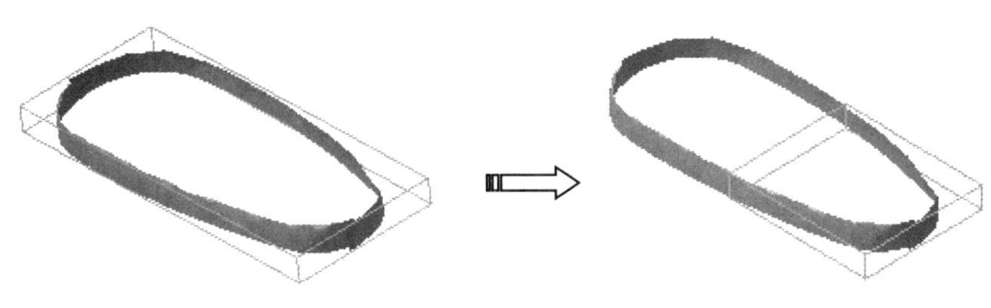

图 17-43

动手操作——分割网格面

01 打开本例源文件 ex-16.CATPart。

02 在“点云操作”工具栏中单击“分割网格”按钮，弹出“分割”对话框。

03 定义分割对象。选中“圈选”和“矩形”单选按钮，框选需要分割的网格面，单击已激活的“确定”按钮完成网格面的分割，如图 17-44 所示。

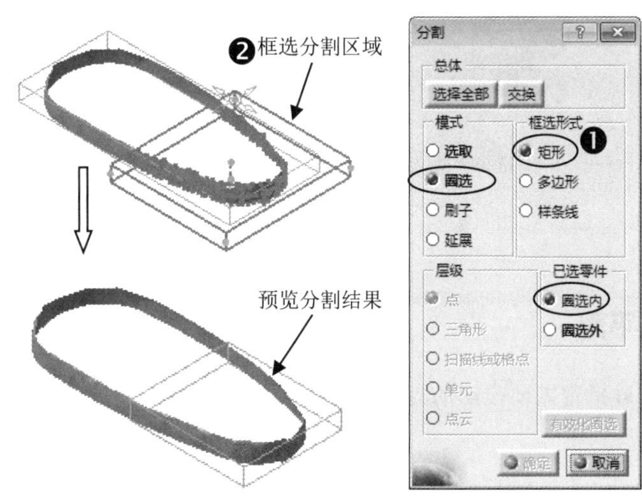

图 17-44

17.6.3 裁剪 / 分割网格面

裁剪 / 分割网格面是通过指定需要修剪的网格面，并将其裁剪以保留需要的网格面部位，从而达到设计目标的操作，如图 17-45 所示。

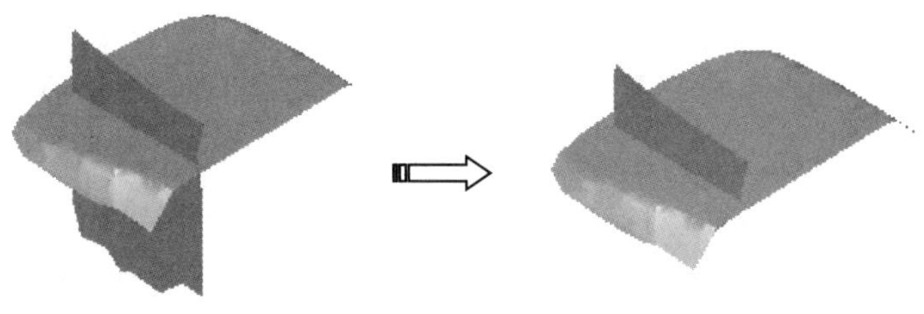

图 17-45

动手操作——修剪网格面

01 打开本例源文件 ex-17.CATPart。

02 在“点云操作”工具栏中单击“裁剪 / 分割”按钮，弹出“修剪或分割”对话框。

03 选取“创建网格 .2”为修剪或分割的图元对象，选取“创建网格 .1”为切割图形对象，单击“修剪”按钮以激活工具，单击需要修剪的网格面的一侧，在此添加修剪图示，单击“应用”按钮预览修剪结果，单击“确定”按钮完成网格面的修剪操作，如图 17-46 所示。

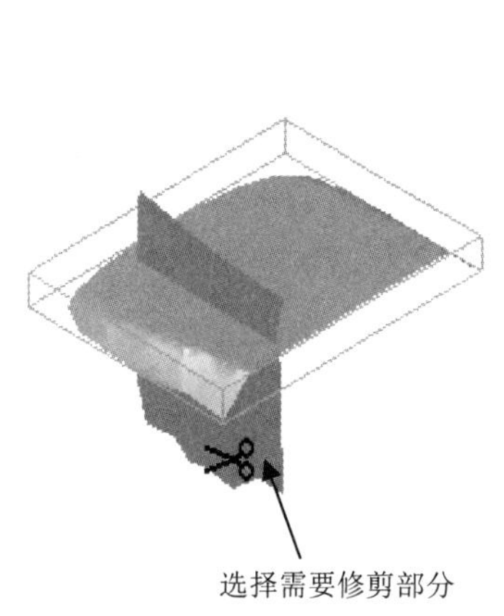

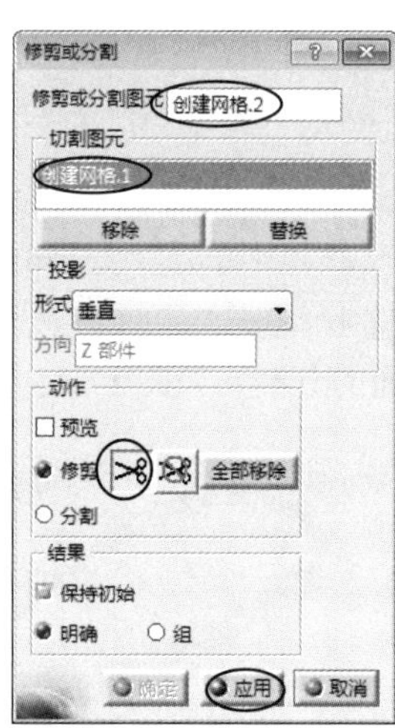

图 17-46

17.6.4 投影至平面

投影至平面是通过指定需要投影的点云或网格面，从而创建一个平面式的点云或网格面，如图 17-47 所示。

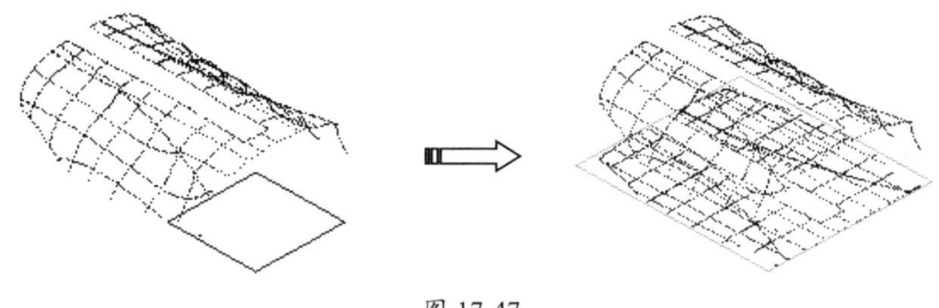

图 17-47

动手操作——投影至平面

01 打开本例源文件 ex-18.CATPart。

02 在“点云操作”工具栏中单击“投影至平面”按钮，弹出“投影至平面”对话框。

03 选取图形区中的点云作为投影图元，在特征树中选择“xy 平面”为投影平面，单击“应用”按钮预览投影结果，单击“确定”按钮完成点云的投影创建，如图 17-48 所示。

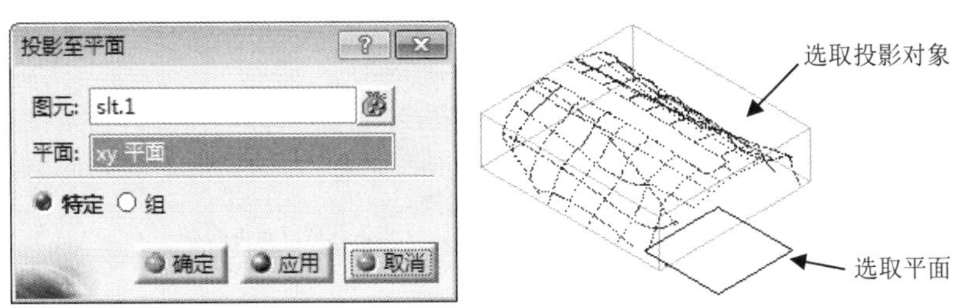

图 17-48

技术要点：

选取的投影对象既可以是点云对象，也可以是已创建的网格面对象，如图17-49所示的选取网格面为投影图元。

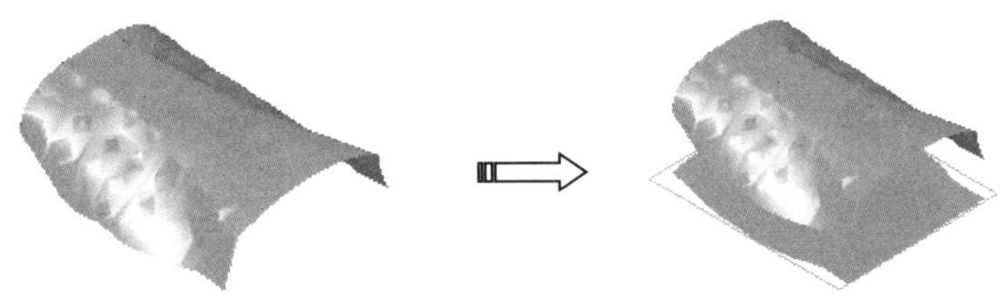

图 17-49

17.7 从点云和网格构建曲线

在逆向点云编辑平台中的曲线构建是通过在点云或网格上创建各种形状的曲线特征以凸显出点云表现的产品几何形状。

17.7.1 3D 曲线

3D 曲线是通过指定空间中的点云特征点，创建出空间曲线特征，如图 17-50 所示。

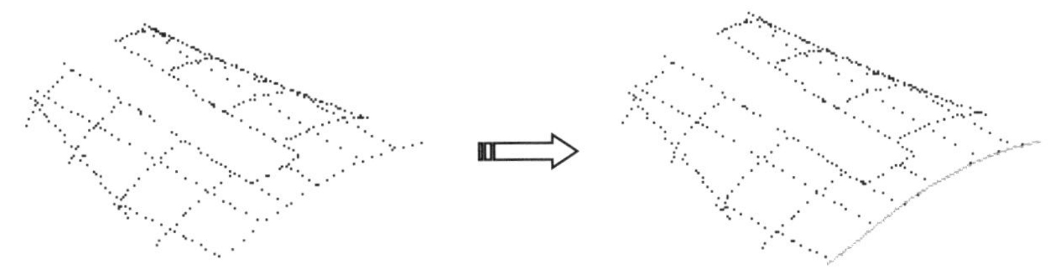

图 17-50

动手操作——创建 3D 曲线

01 打开本例源文件 ex-19.CATPart。

02 在“曲线创建”工具栏中单击“3D 曲线”按钮，弹出“3D 曲线”对话框。

03 在“3D 曲线”对话框中选中“通过点”选项为曲线的创建类型，依次选取点云上的各个特征点以指定曲线的通过点，单击“确定”按钮完成 3D 曲线的创建，如图 17-51 所示。

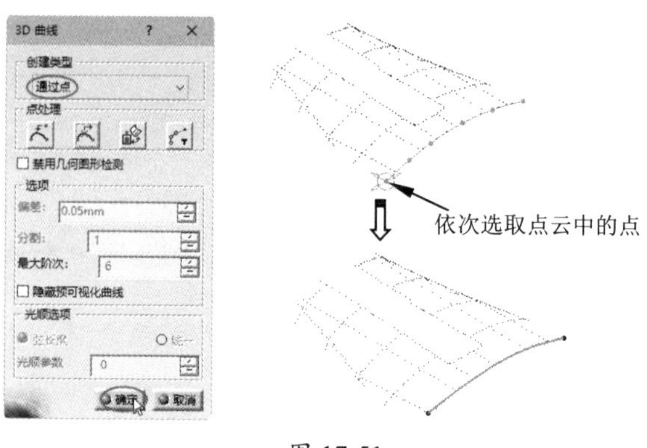

图 17-51

17.7.2 在网格面上创建曲线

在网格面上创建曲线特征是通过指定已创建的网格面和曲线的通过点，从而创建出空间曲线特征，如图 17-52 所示。

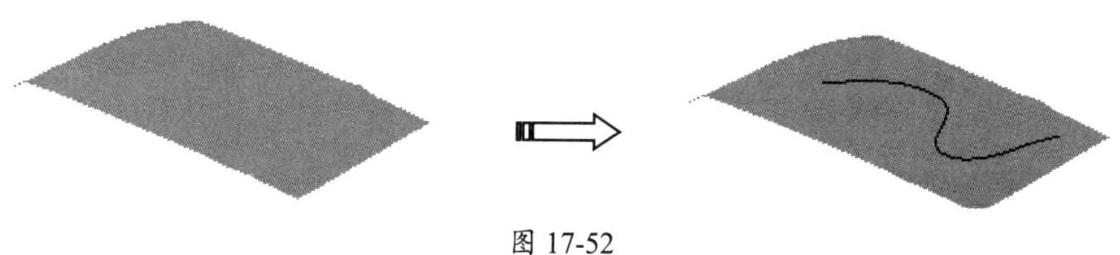

图 17-52

动手操作——在网格面上创建曲线

01 打开本例源文件 ex-20.CATPart。

02 在"曲线创建"工具栏中单击"网格上曲线"按钮，弹出"网格上曲线"对话框。

03 选取特征树中的"创建网格 .1"为曲线的依附面，保留该对话框中其余相关参数的默认设置。

04 在网格面上依次选取点以指定曲线的通过点，单击"确定"按钮完成网格面上曲线的创建，如图 17-53 所示。

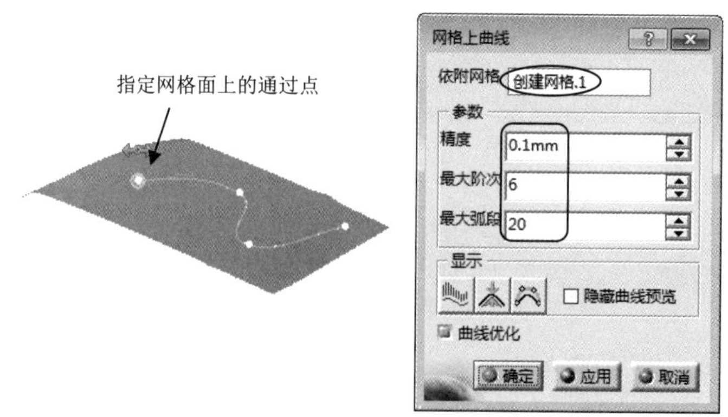

图 17-53

“网格上曲线”对话框中“显示”选项区中的按钮说明如下。

- （曲率梳）按钮：主要用于显示曲线的曲率梳状态。
- （曲线距离）按钮：主要用于显示曲线距离网格面的最大距离。
- （曲线阶次）按钮：主要用于显示曲线的阶次。

17.7.3 创建投影曲线

投影曲线是通过将指定曲线投影到点云或网格面上，创建出投影的曲线特征，如图 17-54 所示。

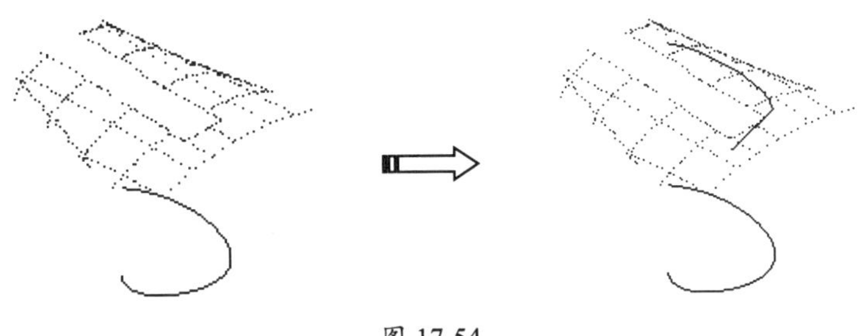

图 17-54

动手操作——创建投影曲线

01 打开本例源文件 ex-21.CATPart。

02 在“扫描创建”工具栏中单击“曲线投影”按钮，弹出“曲线投影”对话框。

03 使用系统默认的投影方向和偏差、距离值，选取图形区中的曲线特征为投影曲线对象，选取点云为曲线的投影附着对象，单击“应用”按钮预览投影结果，单击“确定”按钮完成投影曲线的创建，如图 17-55 所示。

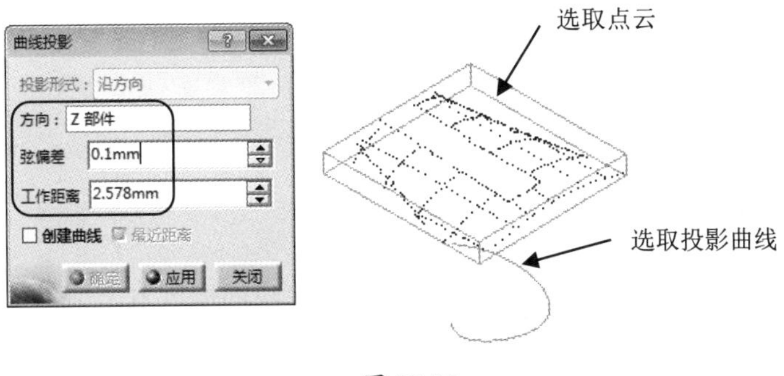

图 17-55

17.7.4 创建平面交线

平面交线是通过指定一个剖切平面与点云或网格面相交，创建出相交曲线特征，如图 17-56 所示。

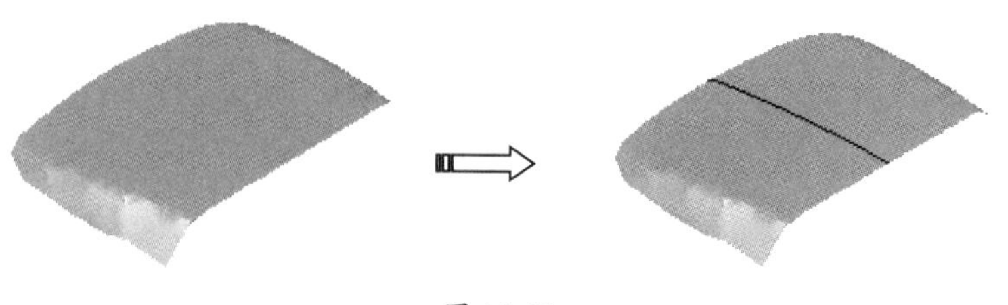

图 17-56

动手操作——创建相交曲线

01 打开本例源文件 ex-22.CATPart。

02 在“扫描创建”工具栏中单击“平面形式切面”按钮，弹出“平面形式切面”对话框。

03 选取图形区中的网格面为相交图元，单击“参考”栏的“翻转至 YZ”按钮以指定剖切平面，单击指南针按钮以激活指南针移动，拖动图形区中的指南针，依次单击“应用”按钮和“确定”按钮完成相交曲线的创建，如图 17-57 所示。

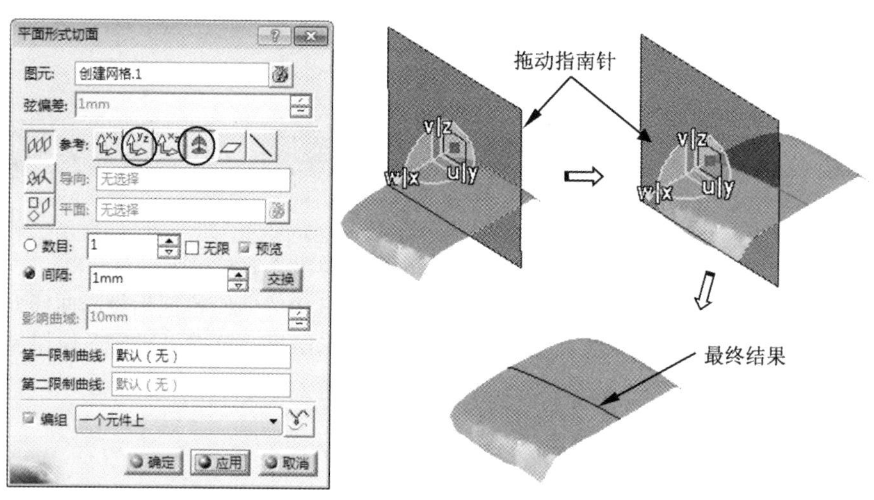

图 17-57

17.7.5 点云扫描创建曲线

点云扫描创建曲线是通过指定点云上的特征点为曲线的通过点，创建出曲线特征，如图 17-58 所示。

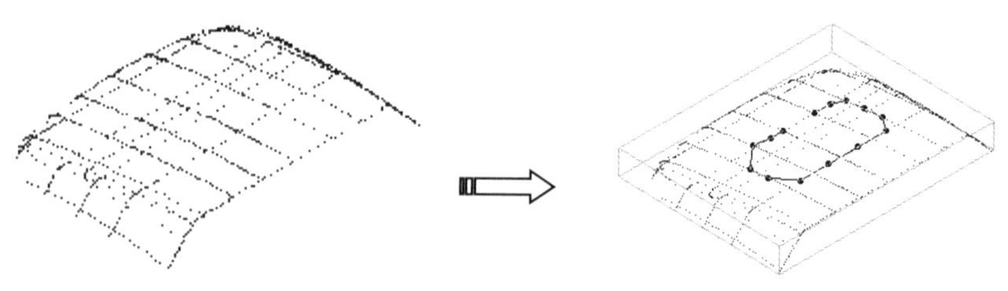

图 17-58

动手操作——创建点云扫描曲线

01 打开本例源文件 ex-23.CATPart。

02 在特征树中选择 ex-1.1 点云数据，再在“扫描创建”工具栏中单击“点云上扫描”按钮。

03 根据状态栏中的信息提示，在点云中依次选取多个点作为曲线的通过点，自动创建出曲线，如图 17-59 所示。

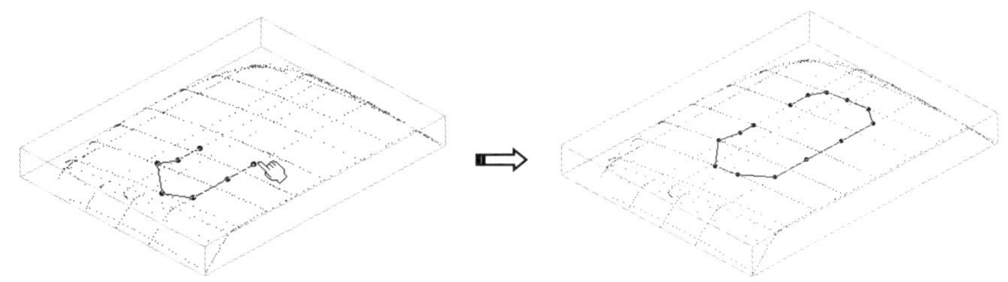

图 17-59

04 最后双击结束扫描曲线的创建。

17.7.6 创建网格面边线

网格面的边线是通过指定已创建的网格面特征，创建出网格面边界曲线特征，如图 17-60 所示。

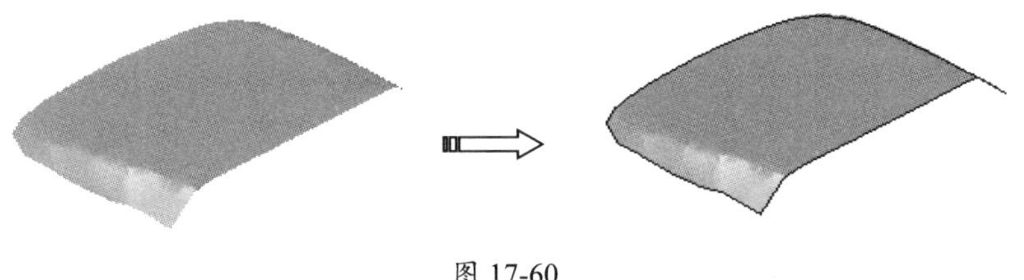

图 17-60

动手操作——创建网格面的边线

01 打开本例源文件 ex-24.CATPart。

02 在“扫描创建”工具栏中单击“自由边线”按钮，弹出“未固定边界”对话框。

03 使用系统默认的“组”单选按钮，选取图形区中的网格面为边线的附着对象，单击“应用”和“确定”按钮完成网格面边线的创建，如图 17-61 所示。

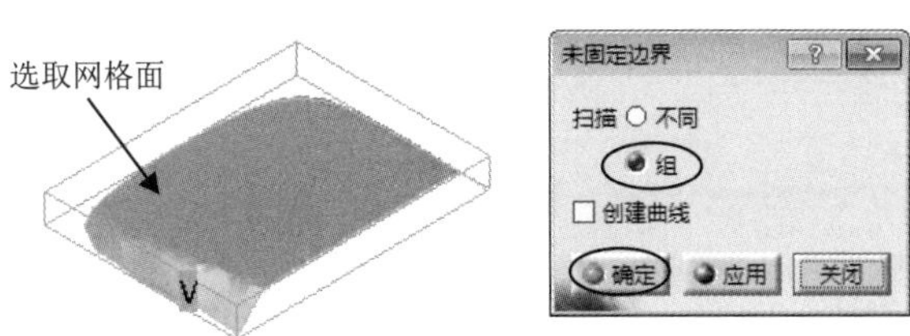

图 17-61

17.8 逆向曲面重建

在整个逆向造型设计的工程中，大部分的曲线编辑修改和曲面创建、编辑都是在逆向曲面重建工作平台中完成的。因此，逆向曲面重建工作台可视为逆向造型设计的后期处理平台。下面介绍部分常用或前面还未介绍过的逆向曲面重建工具。

17.8.1 曲线切片

曲线切片即曲线分割，主要通过将两条相交的曲线进行切割处理，从而将原来的单个独立曲线特征分割为多个独立曲线特征，如图 17-62 所示。

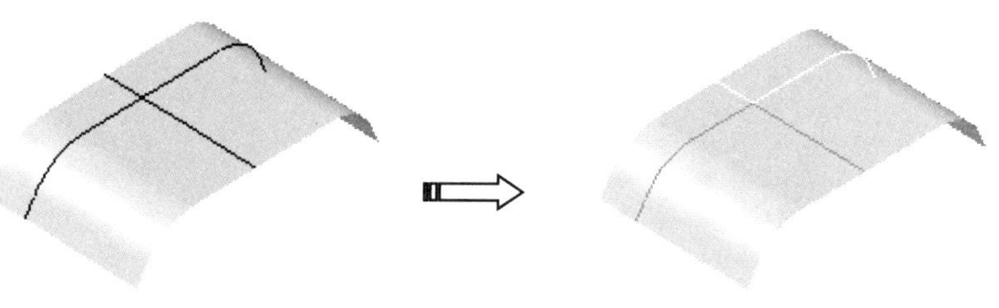

图 17-62

动手操作——曲线分割

01 打开本例源文件 ex-25.CATPart。

02 执行“开始”|“形状”|“逆向曲面重建”命令，进入逆向曲面重建工作台。

03 在“动作”工具栏中单击“曲线切片”按钮，弹出“曲线切片”对话框。

04 分别选取图形区中的曲线对象为分割元素，单击“确定”按钮完成曲线的分割，如图 17-63 所示。

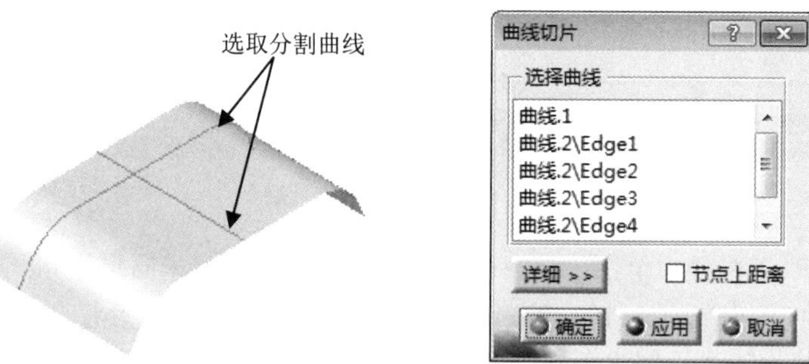

图 17-63

17.8.2 调整节点

调整节点是通过调整曲线上的连接点，将指定的曲线进行重新连接的操作，如图 17-64 所示。

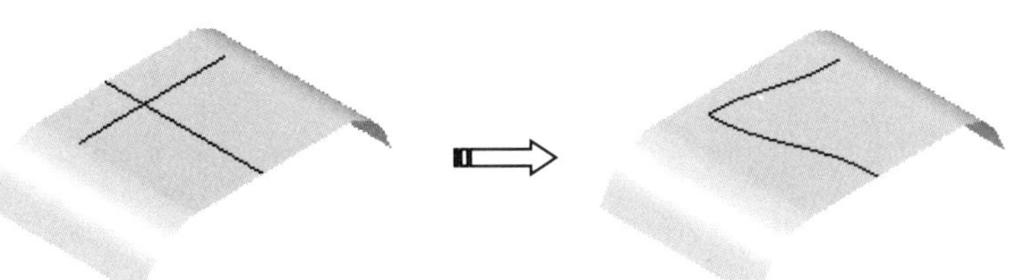

图 17-64

动手操作——调整节点

01 打开本例源文件 ex-26.CATPart。

02 在“动作”工具栏中单击“调整节点”按钮，弹出“调整节点”对话框。

03 分别选取曲面上的两条曲线为调整对象，在“最大角度 G1”文本框中设置角度为 2deg，单击“确定”按钮完成曲线的选取，如图 17-65 所示。

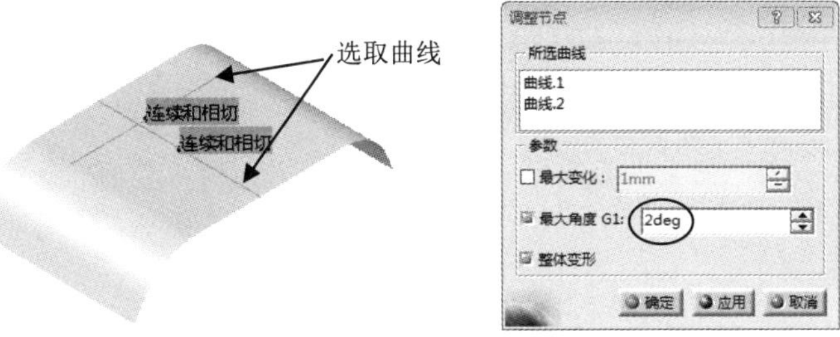

图 17-65

04 如有多个计算结果系统将弹出“提取”对话框，选中“保留所有子图元”复选框并单击“确定”按钮完成曲线节点的调整。

17.8.3 清理轮廓

清理轮廓是将图形区中各个独立的曲线接合为一个独立的曲线特征的操作，如图 17-66 所示。

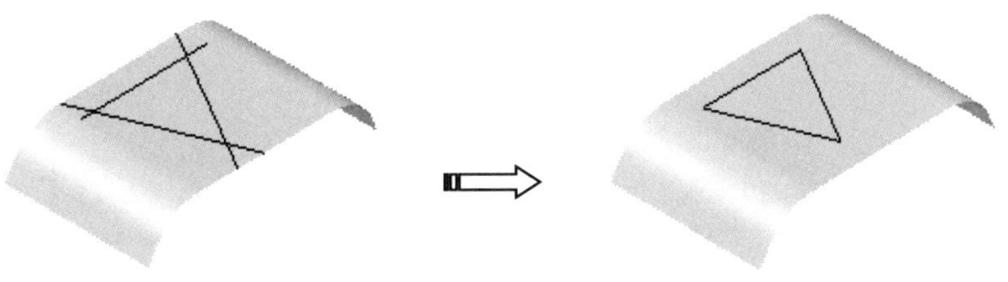

图 17-66

动手操作——清理轮廓

01 打开本例源文件 ex-27.CATPart。

02 在“创建区域”工具栏中单击“清理外形”按钮，弹出“清理轮廓”对话框。

03 分别选取特征树中的“曲线 1”“曲线 2”和“曲线 3”为要连接的图元对象，在“最大角度

G1”文本框中设置角度为2deg，单击“确定”按钮完成曲线轮廓的清理，如图17-67所示。

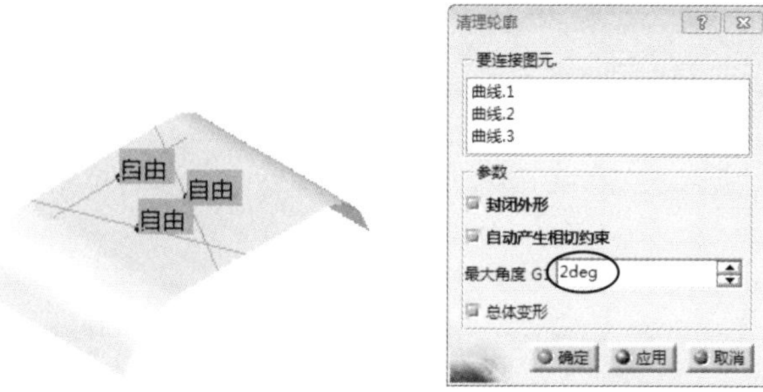

图 17-67

17.8.4 自动曲面

自动曲面是通过指定已创建的网格面特征，创建出与该网格面外观形状相同的曲面特征，如图17-68所示。

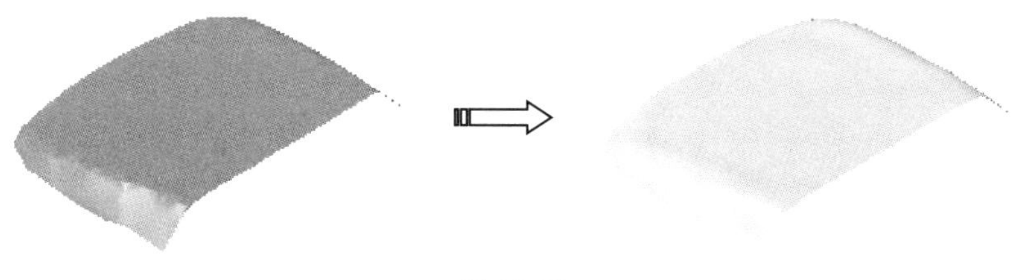

图 17-68

动手操作——创建自动曲面

01 打开本例源文件ex-28.CATPart。

02 在“创建曲面”工具栏中单击“自动曲面”按钮，弹出“自动曲面”对话框。

03 选取特征树中的“创建网格.1”为自动曲面的创建对象，使用系统默认的相关转换参数，单击“确定”按钮完成曲面的创建，隐藏“创建网格.1”以凸显曲面特征，结果如图17-69所示。

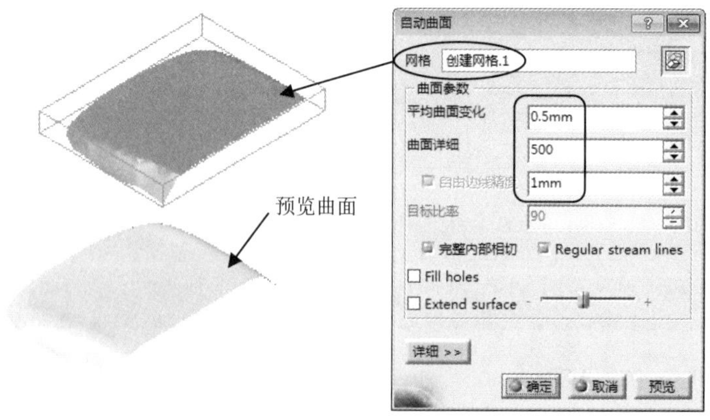

图 17-69

17.9 实战案例——后视镜壳体逆向造型

引入文件：无

结果文件：\ 动手操作 \ 结果文件 \Ch17\rearview mirror.CATPart

视频文件：\ 视频 \Ch17\ 后视镜壳体 .avi

本节以一个工业产品——汽车后视镜的壳体为例，讲解实际工作中的另外一种逆向造型方法。其理由是后视镜壳体的点云数据很完整，无须在逆向点云编辑工作台中进行编辑和优化处理。当然你也可以根据本章所学的逆向点云和逆向曲面重建的知识进行曲面构建。

要构建的汽车后视镜曲面如图 17-70 所示。

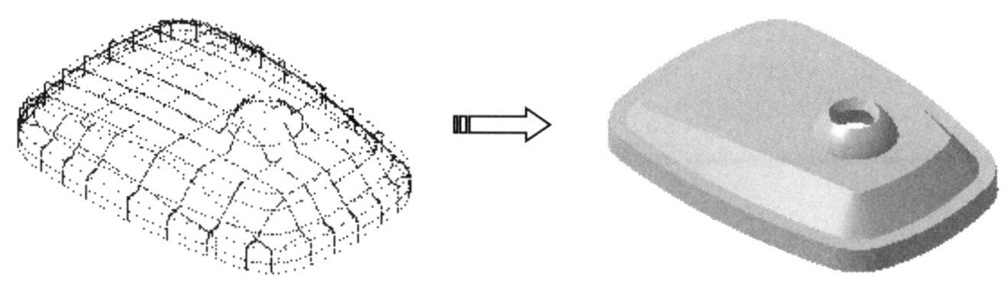

图 17-70

1. 导入点云数据

01 执行“开始”|“形状”|“逆向点云编辑”命令，弹出“新建零件”对话框，单击“确定”按钮进入逆向点云编辑工作台中。

02 执行“插入”|“输入”命令，弹出“输入”对话框。浏览并打开本例源文件 rearview mirror.igs，单击“应用”按钮确认读取文件无误，再单击“确定”按钮完成点云数据的导入，如图 17-71 所示。

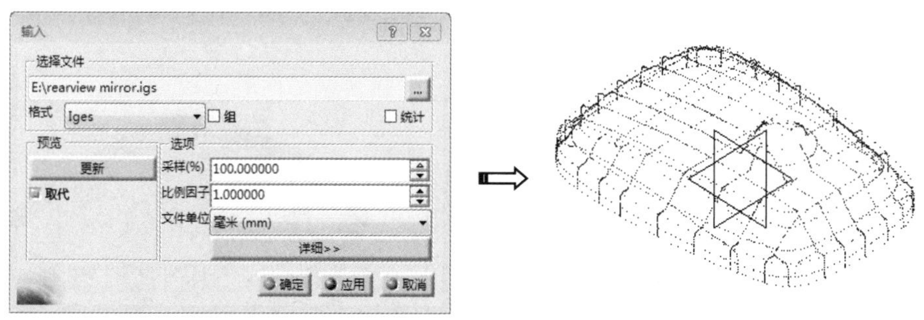

图 17-71

2. 构建曲线、曲面

01 执行“开始”|“形状”|“创成式外形设计”命令，进入创成式外形工作台。

02 在“草图编辑器”工具栏中单击“草图”按钮，选取 *XY* 平面为草图绘制平面，绘制如图 17-72 所示的“草图 1”。

03 单击“测量”工具栏中的“测量间距”按钮，测量点云上一个重要特征点与上一步创建的“草图.1”之间的距离，如图17-73所示。

图 17-72　　图 17-73

04 执行“插入”|“线框”|“平面”命令，在弹出的“平面定义”对话框中调整参数并单击“确定”按钮，创建如图17-74所示的偏移“平面1”。

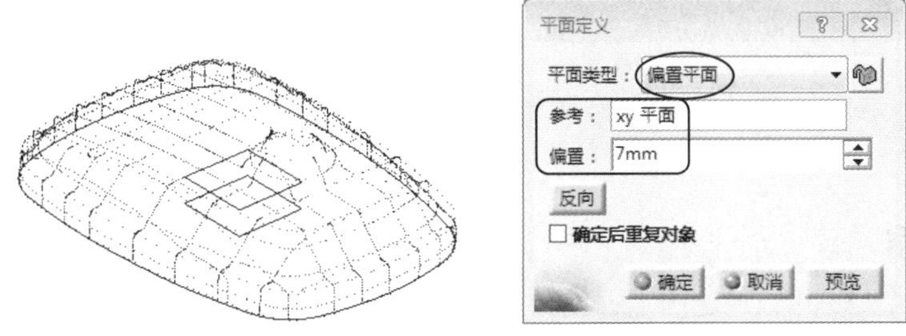

图 17-74

05 在“草图编辑器”工具栏中单击“草图”按钮，选取上一步创建的“平面1”为草图平面并绘制如图17-75所示的“草图2”。

06 在“曲面”工具栏中单击“多截面曲面”命令，创建如图17-76所示的曲面特征。

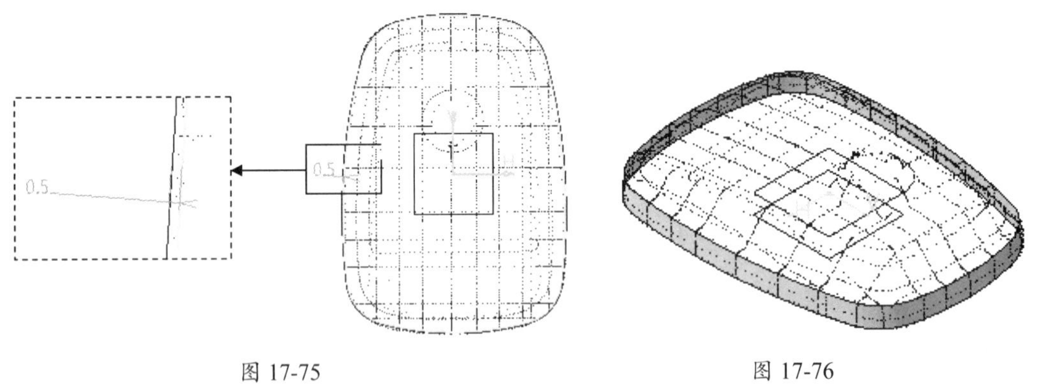

图 17-75　　图 17-76

07 在“草图编辑器”工具栏中单击“草图”按钮，选取上一步创建的“平面1”为草图平面并绘制如图17-77所示的“草图3”。

08 在“曲面”工具栏中单击“拉伸”按钮，在弹出的“拉伸曲面定义”对话框中调整参数并单击“确定”按钮，创建出如图17-78所示的曲面特征。

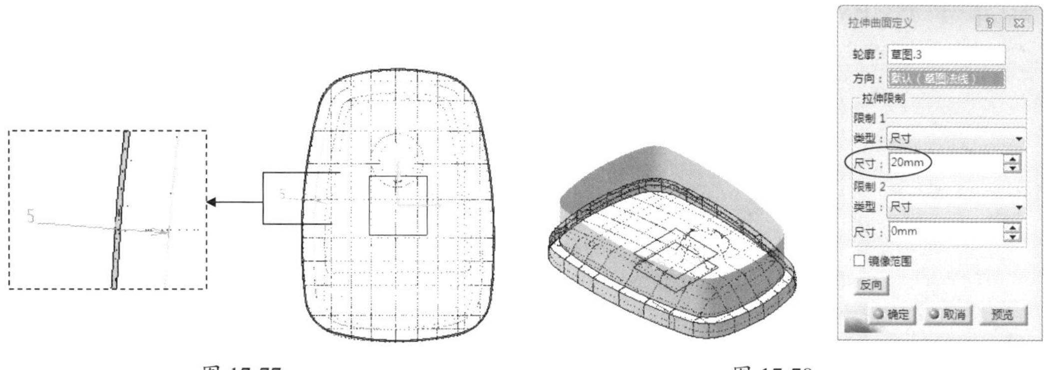

图 17-77　　图 17-78

09 在“曲面”工具栏中单击“扫掠”按钮，弹出“扫掠曲面定义”对话框。单击“直线”按钮指定扫掠类型，分别选取“草图 2”和“草图 3”为引导曲线，创建出如图 17-79 所示的曲面特征。

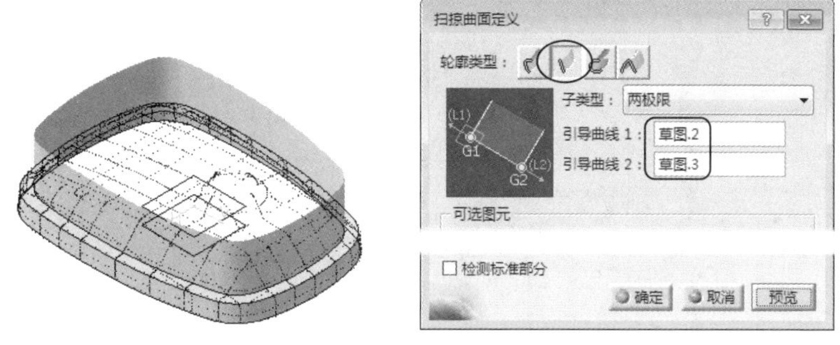

图 17-79

10 在“草图编辑器”工具栏中单击“草图”按钮，选取 *YZ* 平面为草图平面并绘制如图 17-80 所示的“草图 4”。

11 在“曲面”工具栏中单击“拉伸”按钮，在弹出的“拉伸曲面定义”对话框中调整参数并单击“确定”按钮，创建出如图 17-81 所示的曲面特征。

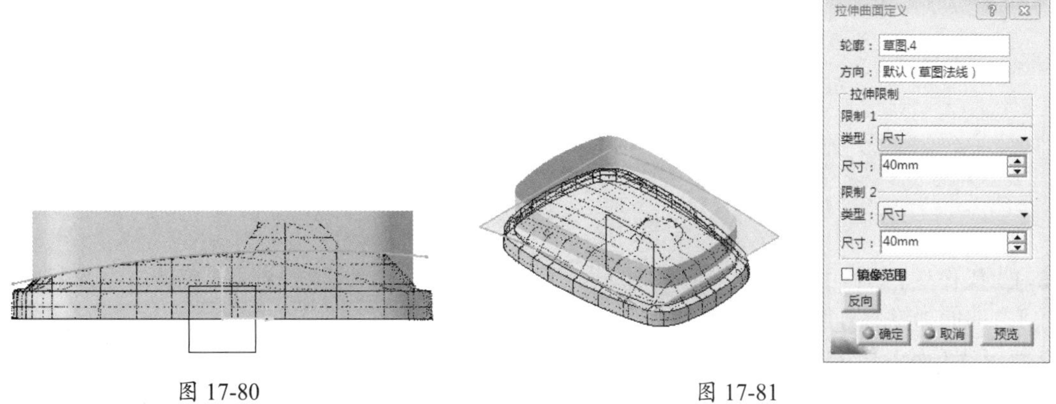

图 17-80　　图 17-81

12 在“操作”工具栏中单击“修剪”按钮，弹出“修剪定义”对话框，选取“拉伸 .1”和“拉伸 .2”曲面为修剪的图元对象，创建出如图 17-82 所示的修剪曲面。

13 在“操作”工具栏中单击“接合”按钮，弹出“接合定义”对话框，选取“修剪.1”“多截面曲面.1”和“扫掠.1”曲面为接合对象，创建出如图17-83所示的接合曲面。

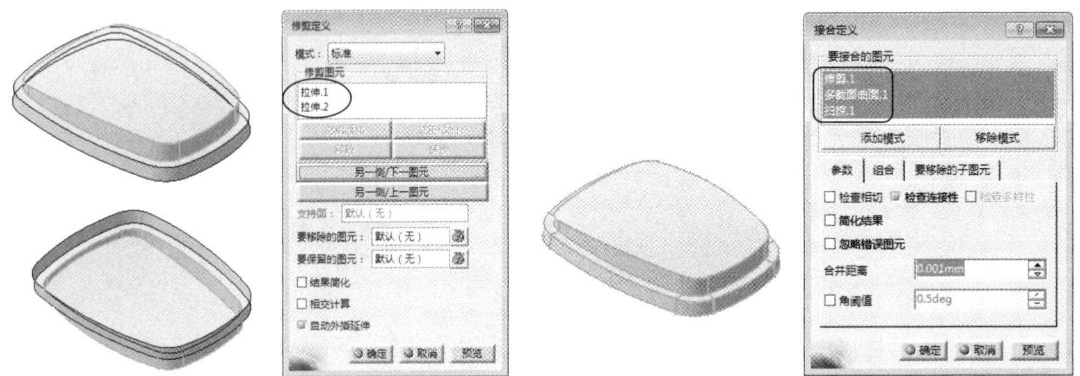

图 17-82　　　　图 17-83

14 在“草图编辑器”工具栏中单击“草图”按钮，选取 *YZ* 平面为草图平面并绘制如图17-84所示的“草图5”。

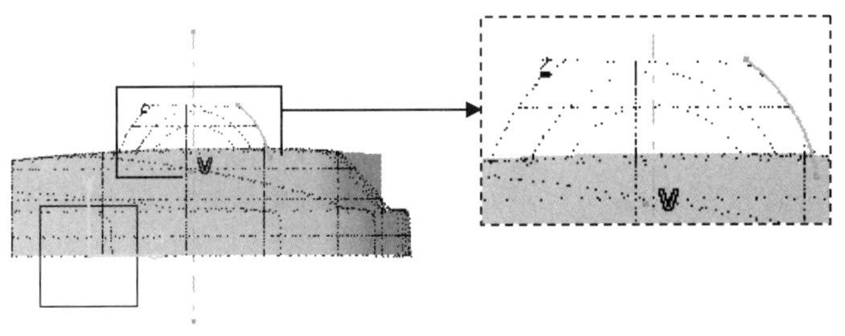

图 17-84

15 在“曲面”工具栏中单击“旋转”按钮，在弹出的“旋转曲面定义”对话框中调整参数并单击“确定”按钮，创建出如图17-85所示的曲面特征。

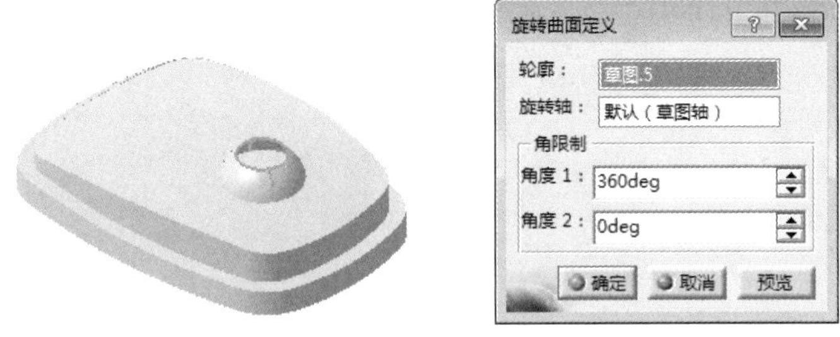

图 17-85

16 在“操作”工具栏中单击“修剪”按钮，弹出“修剪定义”对话框，选取“旋转曲面.1”和“接合.1”曲面为修剪对象，创建出如图17-86所示的修剪曲面。

17 执行“开始”|“机械设计”|“零件设计”命令，进入零件工作台。

18 执行“插入”|“基于曲面的特征”|“厚曲面”命令，弹出“定义厚曲面”对话框。设置“第一偏置”距离为3mm并指定偏置方向为向内偏置，如图17-87所示。

19 隐藏创建的曲面特征，以凸显实体零件特征。

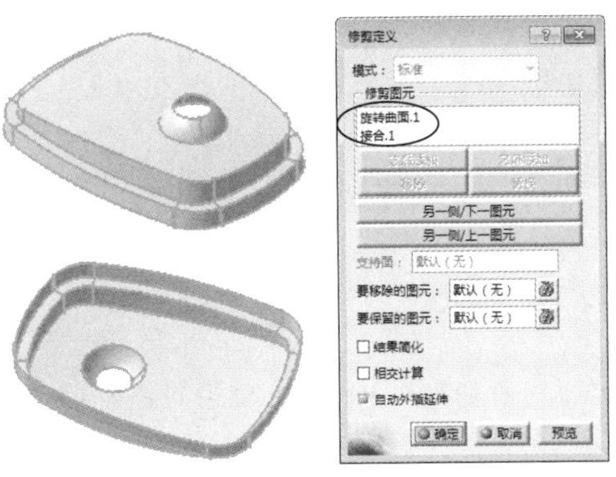

图 17-86

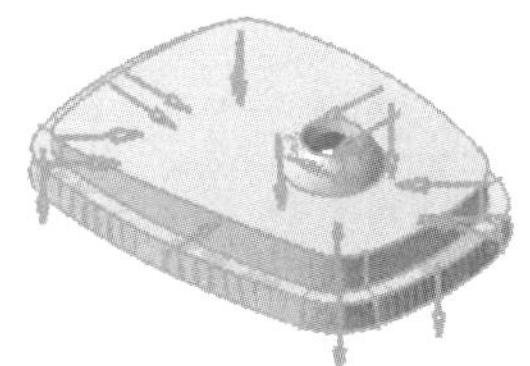
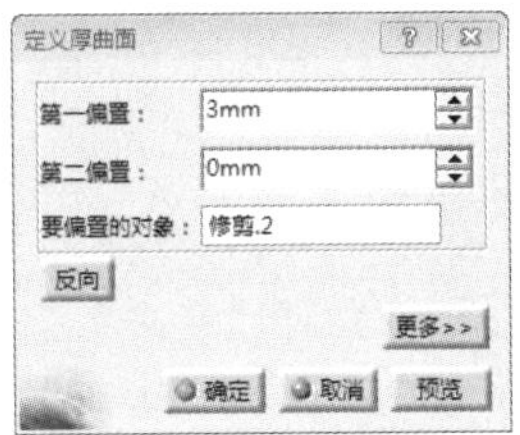

图 17-87

20 执行“插入”|“修饰特征”|“拔模”命令，弹出“定义拔模”对话框，创建图 17-88 所示的拔模特征。

21 执行“插入”|“修饰特征”|“拔模”命令，再创建出如图 17-89 所示的拔模特征。

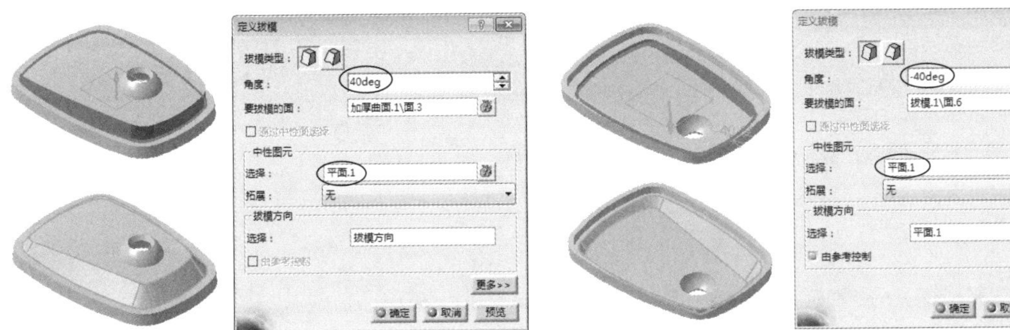

图 17-88　　图 17-89

22 至此，完成了后视镜壳体曲面的逆向造型设计。

17.10 课后习题

为巩固本章所学造型方法和技巧，特安排了如图 17-90 所示的习题供读者思考练习。

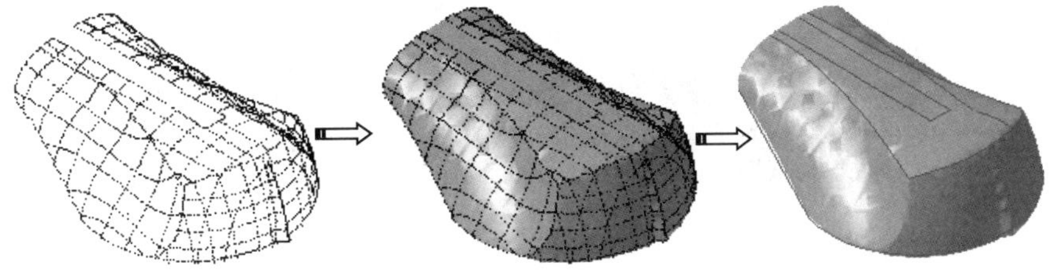

图 17-90

第 18 章　产品高级渲染

项目导读

渲染可以将产品以真实场景中的状态表现出来。本章将讲述利用 KeyShot 渲染软件和 CATIA 自身的实时渲染模块进行渲染操作的方法和技巧。

CATIA 的实时渲染模块用于产品造型的后期处理，并通过使用具有各种参数的材质逼真渲染出产品的外观。

- KeyShot 7.0渲染器简介
- KeyShot材质库
- KeyShot灯光设置
- KeyShot环境库
- KeyShot背景库和纹理库
- KeyShot渲染设置
- CATIA实时渲染

18.1　KeyShot 7.0 渲染器介绍

Luxion HyperShot 与 KeyShot 均是基于 LuxRender 开发的渲染器，目前 Luxion 与 Bunkspeed 因技术问题分道扬镳，Luxion 不再授权给 Bunkspeed 核心技术，Bunkspeed 也不能再销售 Hypershot，以后将由 Luxion 公司自行销售，并更改产品名称为 KeyShot，所有原 Hypershot 用户可以免费升级为 KeyShot，其软件图标如图 18-1 所示。

图 18-1

KeyShot（The Key to Amazing Shots）是一个互动性的光线追踪与全域光渲染程序，其无须复杂的设置即可产生相片般真实的 3D 渲染影像。KeyShot 无论渲染效率还是渲染质量均非常优秀，极适合作为及时方案展示效果渲染，同时 KeyShot 对目前绝大多数主流建模软件的支持效果都很好，尤其对于 Rhino 模型文件更是完美支持。KeyShot 所支持的模型文件格式，如图 18-2 所示。

所有格式 (*.bip *.obj *.skp *.3ds *.f…
ALIAS (*.wire)
AutoCAD - beta (*.dwg *.dxf)
Catia - beta (*.cgr *.catpart *.catpr…
Inventor Part (*.ipt)
Inventor Assembly (*.iam)
KeyShot (*.bip)
Pro/E Part (*.prt *.prt.*)
Pro/E Assembly (*.asm *.asm.*)
Rhino (*.3dm)

Rhino (*.3dm)
SketchUp (*.skp)
SolidEdge Part (*.par *.sldprt)
SolidEdge Assembly (*.asm)
SolidEdge Sheet Metal (.psm)
SolidWorks Part (*.prt *.sldprt)
SolidWorks Assembly (*.asm *.sldasm)
3DS (*.3ds)
3dxml - beta (*.3dxml)
Collada (*.dae)

Collada (*.dae)
FBX (*.fbx)
IGES (*.igs *.iges)
OBJ (*.obj)
PDF - beta (*.pdf)
STEP AP203/214 (*.stp *.step)
All Files (*.*)

图 18-2

KeyShot 最惊人的地方就是能够在几秒之内渲染出令人惊讶的真实效果。无论是沟通早期理念、尝试设计决策、创建市场和销售图像，还是其他什么你想要做的，KeyShot 都能打破一切复杂的限制，帮你创建照片级的逼真图像。相比以前的软件，更快、更方便、更加惊人，如图 18-3 和图 18-4 所示为 KeyShot 渲染的高质量图片。

图 18-3

图 18-4

18.1.1 安装 KeyShot 7.0 软件

首先进入 KeyShot 官方网站（www.keyshot.com），依据计算机系统下载对应的 KeyShot 软件试用版本，目前官方所提供的最新版本为 KeyShot 7.0。

动手操作——安装 KeyShot 7.0

01 双击 KeyShot 7.0 安装程序图标，进入 KeyShot 7.0 安装界面窗口，如图 18-5 所示。

02 单击窗口中的 Next 按钮，弹出授权协议界面，单击 I Agree 按钮，如图 18-6 所示。

图 18-5

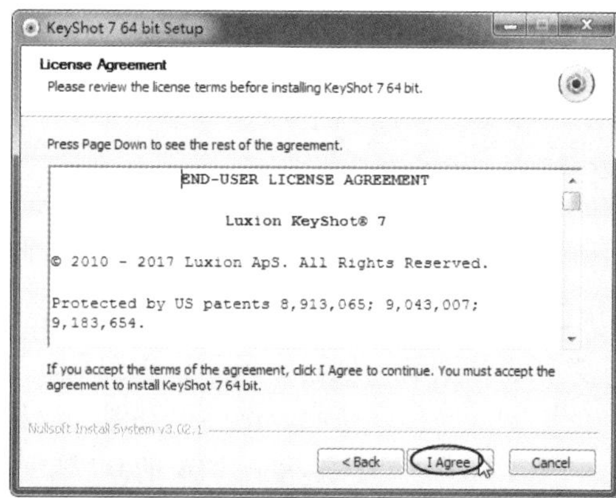

图 18-6

03 随后弹出用户选择的界面，可以选择其中一个单选按钮，用户可以是使用这个计算机的所有人，也可以选择仅我一人使用，然后单击 Next 按钮，如图 18-7 所示。

04 在随后弹出的选择安装路径界面中，设置安装 KeyShot 7.0 的计算机硬盘路径，可以保持默认的安装路径，单击 Next 按钮，如图 18-8 所示。

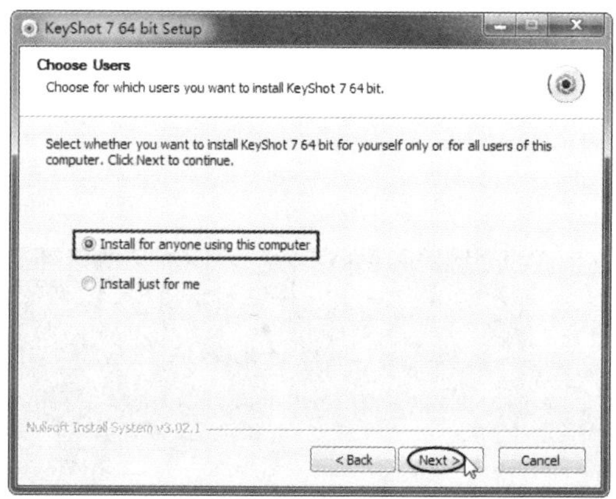

图 18-7

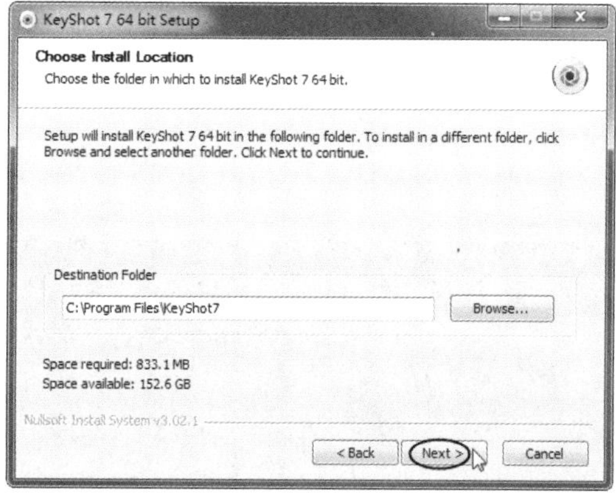

图 18-8

技术要点

强烈建议修改路径，最好不要安装在C盘。C盘是系统盘，本身会被很多系统文件占据，再加上运行系统时所产生的垃圾文件，会严重拖累CPU运行。

05 随后弹出 KeyShot 7.0 的材质库文件存放路径设置窗口，保持默认即可，单击 Install 按钮开始安装，如图 18-9 所示。

技术要点

应注意的是KeyShot 7.0所有的安装目录和安装文件路径名称不能为中文，否则软件无法启动，同时文件也无法打开。

06 安装完成后会在计算机桌面上生成 KeyShot 7.0 启动文件快捷方式与 KeyShot 7.0 材质库文件夹快捷方式，如图 18-10 所示。

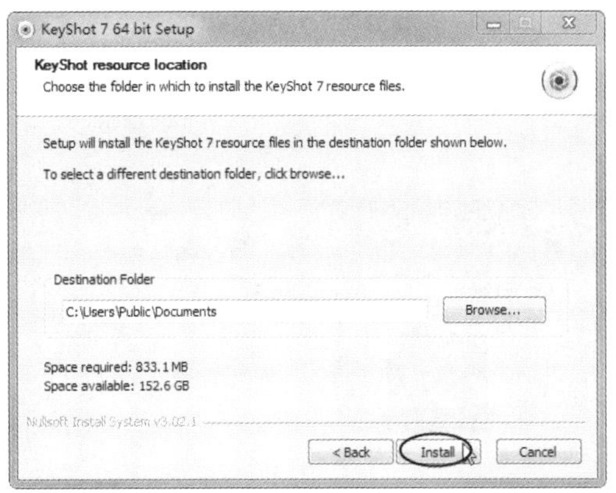

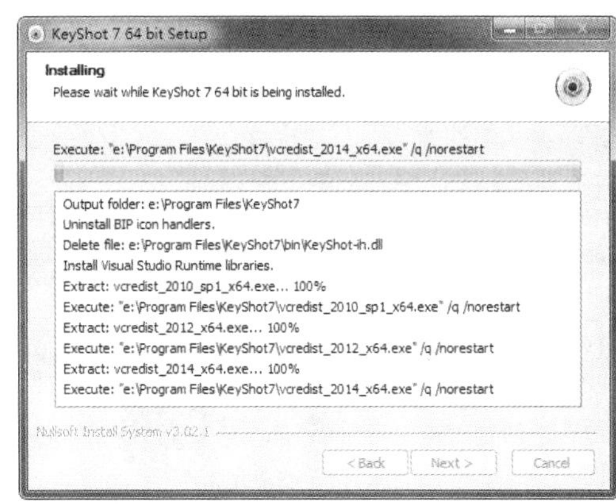

图 18-9

图 18-10

07 第一次启动 KeyShot 7.0，还需要激活许可证，如图 18-11 所示。到官网购买正版软件，会提供一个许可证文件，直接选中许可证文件安装即可。

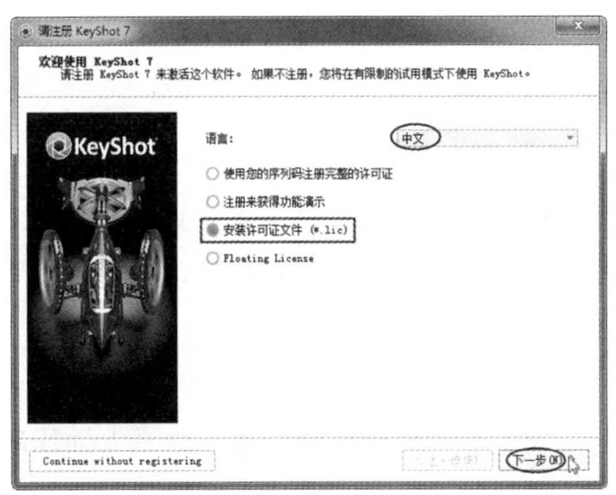

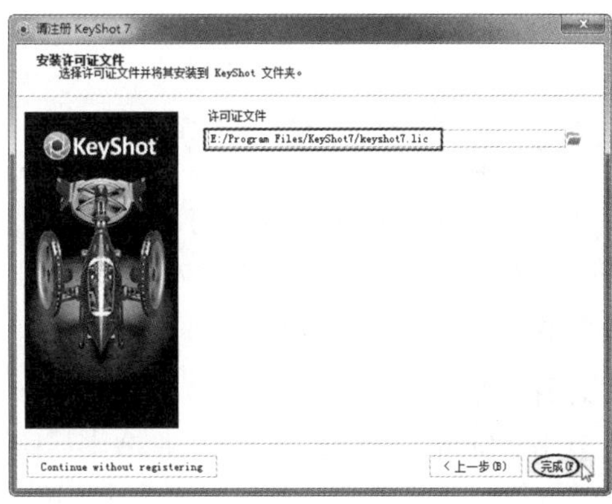

图 18-11

08 双击计算机桌面上 KeyShot 7.0 启动文件快捷方式，启动 KeyShot 渲染主程序，如图 18-12 所示。

图 18-12

09 启动后的 KeyShot 7.0 渲染窗口如图 18-13 所示。

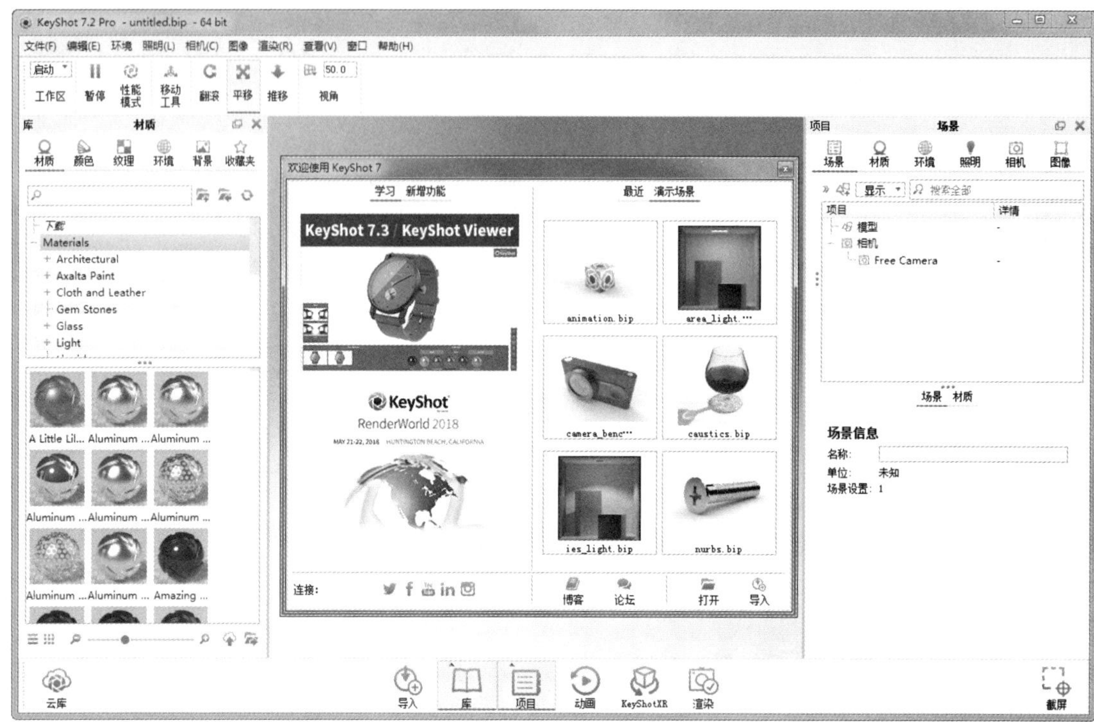

图 18-13

18.1.2 认识 KeyShot 7.0 界面

要学会使用 KeyShot 7.0，可以按照学习其他软件的方法，首先了解界面及其常见的视图操作和环境配置等。鉴于 KeyShot 7.0 是一个独立的软件，所涉及的知识内容较多，本节将粗略介绍基本操作的方法。在后面的渲染环节，再详细介绍。

1. 窗口控制

在 KeyShot 7.0 的窗口左侧，是渲染材质面板；中间区域是渲染区域；底部则是人性化的窗口控制按钮。下面介绍底部的窗口控制按钮，如图 18-14 所示。

图 18-14

（1）导入。

“导入”就是导入其他 3D 软件生成的模型文件。单击“导入”按钮，弹出“导入文件”对话框，从中导入适合 KeyShot 7.0 的格式文件，如图 18-15 所示。

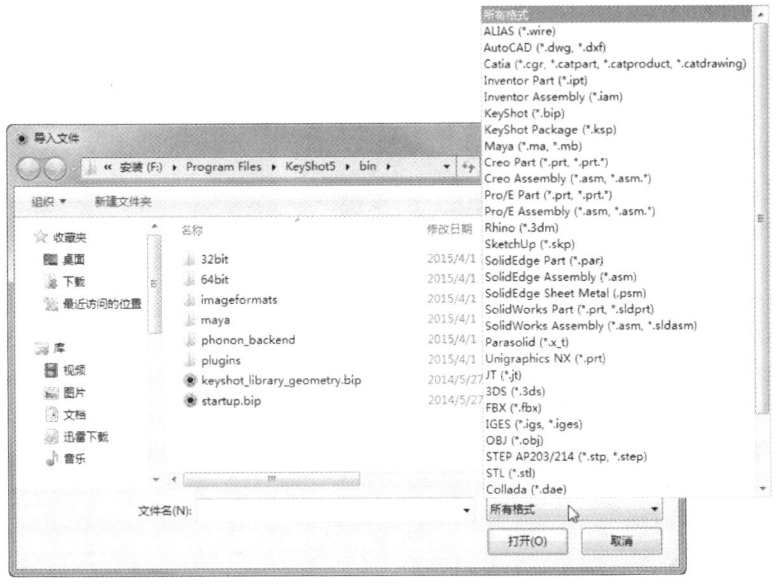

图 18-15

也可以通过执行“文件”菜单中的的文件操作命令，进行各项文件操作。

（2）库。

“库”按钮 用来控制左侧材质库面板的显示与否。“库”面板用来添加材质、颜色、环境、背景、纹理等。

（3）项目。

“项目”按钮 用来控制右侧的各渲染环节的参数与选项设置的控制面板，如图 18-16 所示。

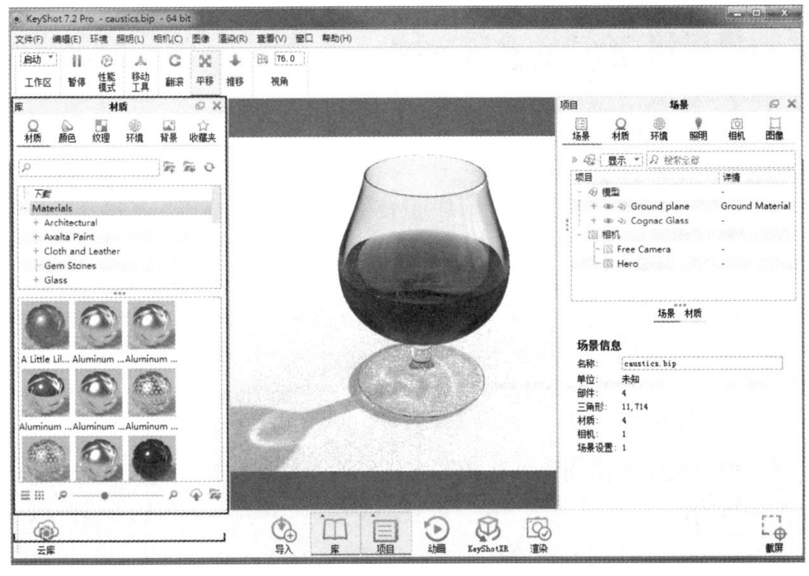

图 18-16

（4）动画。

“动画”按钮 控制“动画”面板的显示，“动画”面板在窗口下方，如图 18-17 所示。

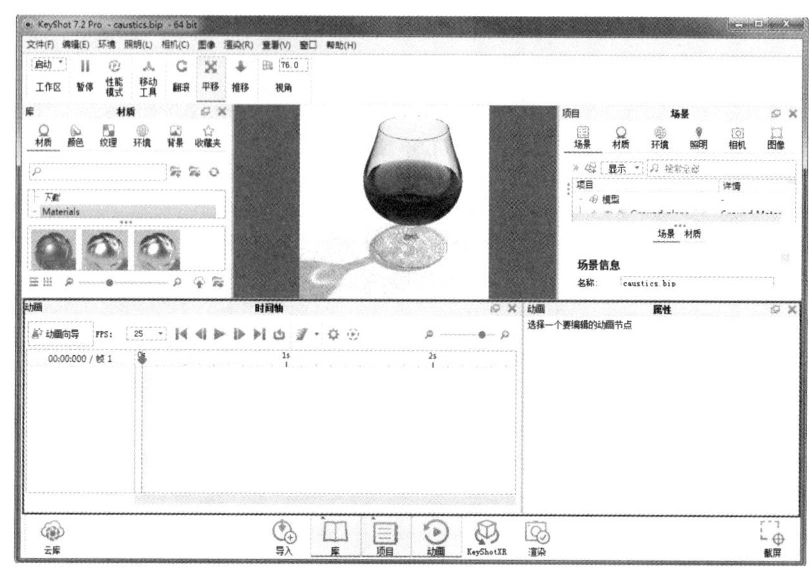

图 18-17

（5）渲染。

单击“渲染”按钮，弹出“渲染”对话框。设置渲染参数后单击该对话框中的“渲染”按钮即可对模型进行渲染，如图 18-18 所示。

2. 视图控制

在 KeyShot 7.0 中，视图的控制是通过相机功能来执行的。

要显示 Rhino 中的原始视图，进入 KeyShot 7.0 的菜单栏执行“相机”|“相机”命令，如图 18-19 所示。

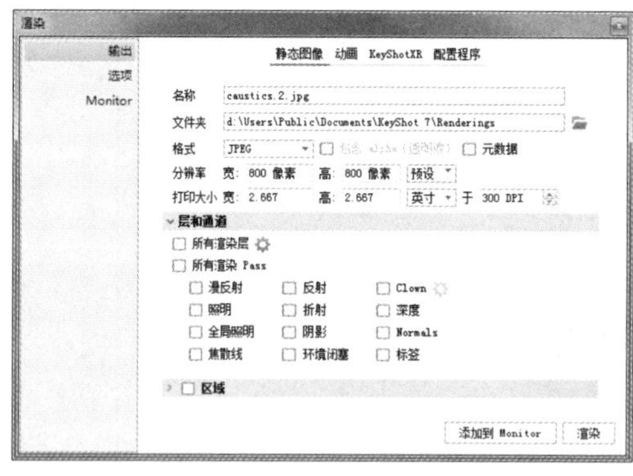

图 18-18

图 18-19

在渲染区域中按鼠标中键拖动可以移动摄像机，按住鼠标左键拖动旋转摄像机，从而达到多个视角查看模型的目的。

技术要点

这个操作与旋转模型有区别，也可以在工具列中单击“中间移动手掌移动摄像机”按钮或“左键旋转摄像机”按钮来完成相同操作。

要旋转模型，将鼠标指针移动到模型上，然后右击，在弹出的快捷菜单中选择“移动模型”选项，渲染区域中显示三轴控制球，如图 18-20 所示。

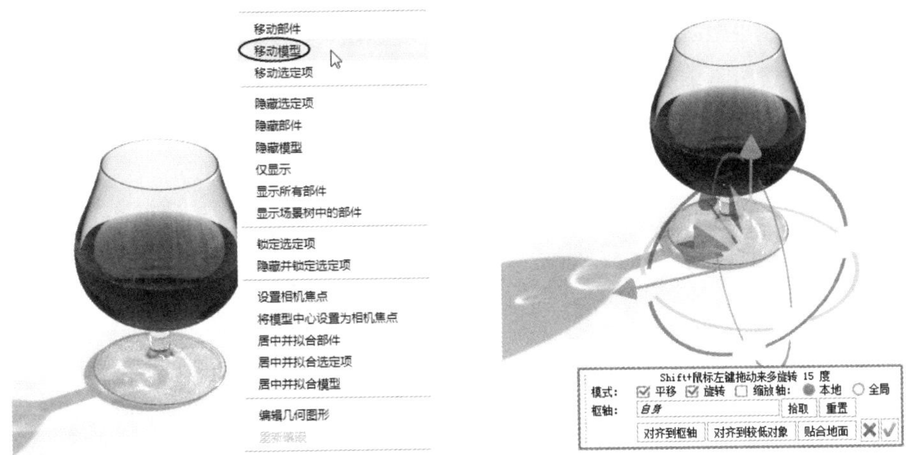

图 18-20

技术要点

快捷菜单中的“移动部件”选项，针对的导入模型是装配体模型，也可以移动装配体中的单个或多个零部件。

在三轴控制球中，拖动环可以旋转模型，拖动轴可以定向平移模型。

默认情况下，模型的视角是以透视图进行观察的，可以在工具列中设置视角，如图 18-21 所示。

图 18-21

可以设置视图模式为“正交”，正交模式也就是 Rhino 中的“平行”视图模式。

18.2 KeyShot 材质库

为模型赋予材质是渲染的第一步，这个步骤将直接影响最终的渲染结果。KeyShot 7.0 材质库中的材质名称为英文，若需要中文或者双语显示材质，可安装由热心网友提供的“KeyShot 6.0 中英文双语版材质 .exe”程序。

技术要点

为了便于大家学习，我们会将本章所提及的插件程序及汉化程序放置在本书素材中供大家使用。当然也可以下载并安装KeyShot 5.0版本的材质库，安装后将中文材质库，复制到桌面上KeyShot 7 Resources材质库文件夹中，与Materials文件夹合并即可。但还需要在KeyShot 7.0中执行“编辑”|“首选项”命令，弹出“首选项”对话框设置各个文件夹，也就是编辑材质库的新路径，如图18-22所示。需要重新启动KeyShot 7.0，中文材质库才能生效。

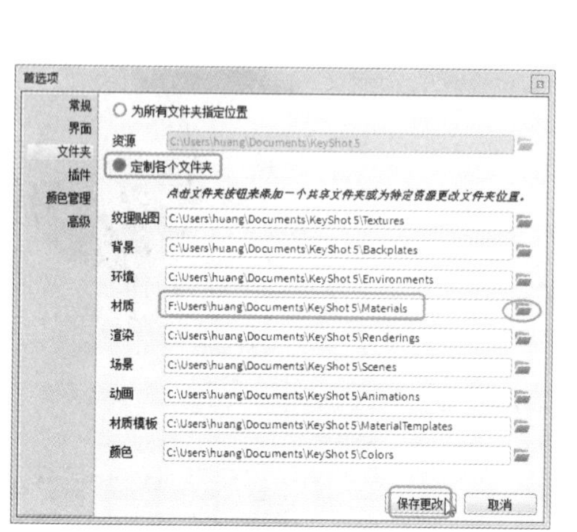

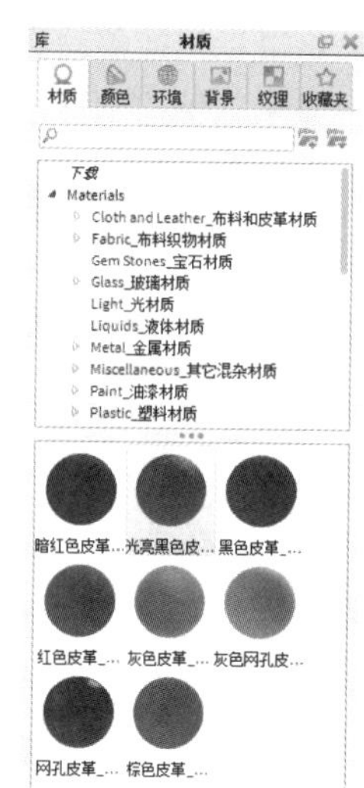

图 18-22

为方便大家学习，本章将以中文材质库进行介绍。

18.2.1 赋予材质

KeyShot 7.0 的材质赋予方式与 Rhino 渲染器的材质赋予方式相似，选择材质后，直接拖动该材质到模型中的某个面上释放，即可完成赋予材质的操作，如图 18-23 所示。

图 18-23

18.2.2 编辑材质

首先单击“项目”按钮，打开“项目”控制面板。赋予材质后，在渲染区域中双击材质，“项目”控制面板中显示该材质的“材质”属性面板，如图 18-24 所示。

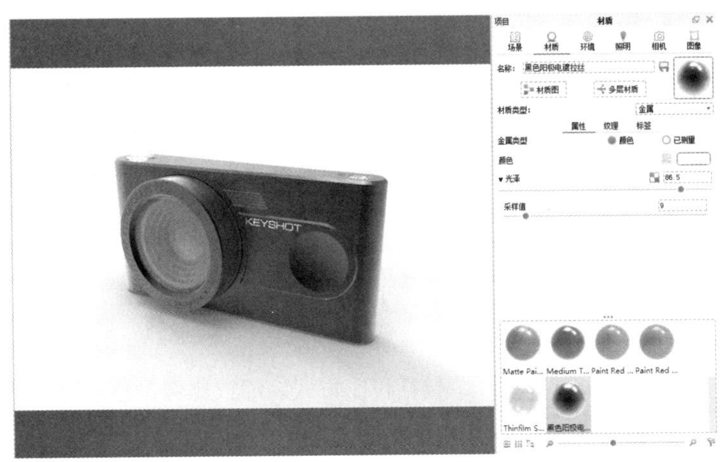

图 18-24

在“材质”属性面板中有 3 个选项卡：“属性”“纹理贴图”和“标签”。

1. “属性”选项卡

“属性”选项卡用来编辑材质的属性，包括颜色、粗糙度、高度和缩放等属性。

2. “纹理贴图”选项卡

“纹理贴图”选项卡用来设置贴图，贴图也是材质的一种，只不过贴图附着在物体的表面，而材质附着在整个实体模型中。“纹理贴图”选项卡如图 18-25 所示。双击“未加载纹理贴图”选项区，可以从“打开纹理贴图”对话框中打开贴图文件，如图 18-26 所示。

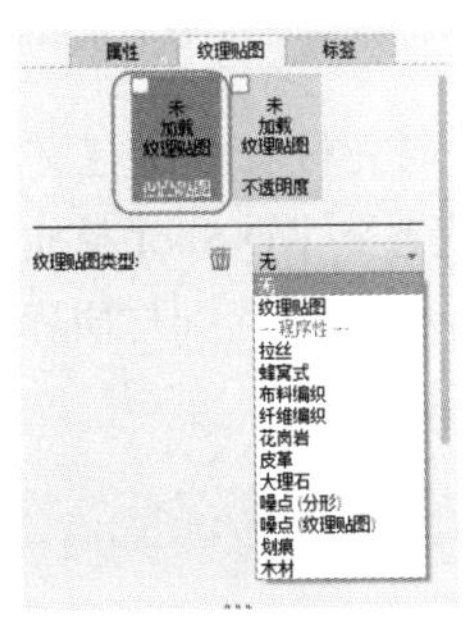

图 18-25

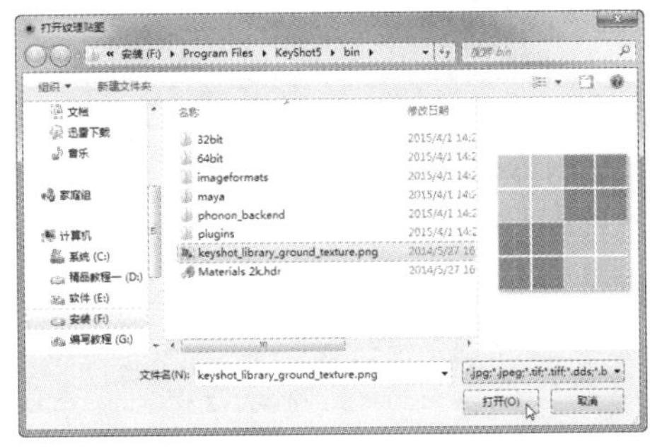

图 18-26

打开贴图文件后，“纹理贴图”选项卡会显示该贴图的属性设置选项，如图 18-27 所示。

“纹理贴图”选项卡中包含多种纹理贴图类型，可以在“纹理贴图类型”下拉列表中选取。纹理贴图类型主要用来定义贴图的纹理、纹路。相同的材质，可以有不同的纹路，如图 18-28 所示为“纤维编织”类型与“蜂窝式”类型的对比。

3. “标签”选项卡

KeyShot 7.0 中的“标签”就是前面两种渲染器中的“印花”，同样也是材质的一种，只不过“标签”与贴图都附着在物体的表面，“标签”常用于表现产品的包装、商标、公司徽标等。

“标签”选项卡如图 18-29 所示。单击“未加载标签”选项区，可以在“加载标签”对话框中打开标签文件，如图 18-30 所示。

图 18-27

“纤维编织”类型

“蜂窝式”类型

图 18-28

打开标签后同样可以编辑标签图片，包括投影方式、缩放比例、移动等，如图 18-31 所示。

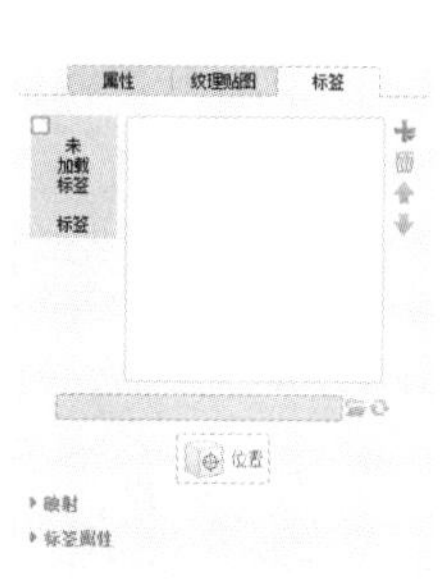

图 18-29

图 18-30

图 18-31

18.2.3 自定义材质库

当 KeyShot 中材质库的材质无法满足渲染要求时，可以自定义材质。自定义材质的方式有两种：一种是加载网络中其他 KeyShot 用户自定义的材质，并放置到 KeyShot 材质库文件夹中；另一种就是在“材质”属性面板的下方选择一个最基本的材质，然后保存到材质库中。

下面以建立珍珠白材质为例，讲述自定义材质库的流程。

动手操作——自定义珍珠白材质

01 在窗口左侧的材质库中选中 Materials 选项，然后右击，在弹出的快捷菜单中选择“添加”选项。弹出“添加文件夹”对话框，输入新文件夹的名称后单击“确定”按钮，如图 18-32 所示。

02 在 Materials 下增加了一个“珍珠”文件夹，单击使该文件夹处于激活状态。

03 执行“编辑”|“添加几何图形”|“球形”命令，建立一个球体。此球体为材质特性的表现球体，非模型球体。在窗口右侧“材质”属性面板下方的基本材质列表中双击添加的球形材质，如图 18-33 所示。

04 将所选的基本材质命名为“珍珠白”。选择材质类型为“金属漆”，然后设置“基色”为白色，“金属颜色”为浅蓝色，如图 18-34 所示。

05 设置其余各项参数，如图 18-35 所示。

06 在材质属性面板中单击“保存至库”按钮，将设定的珍珠材质保存到材质库中，如图 18-36 所示。

图 18-32

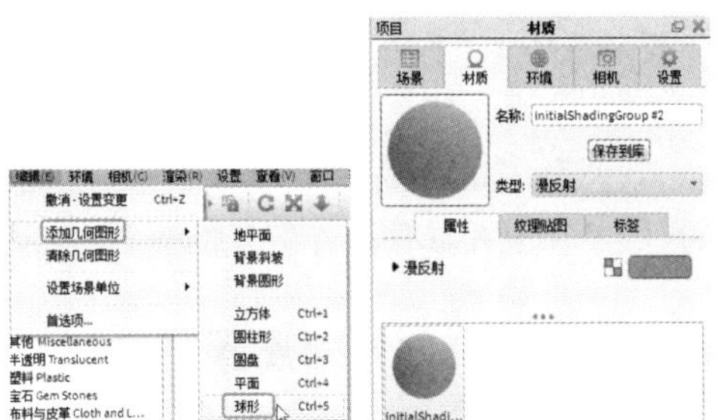

图 18-33

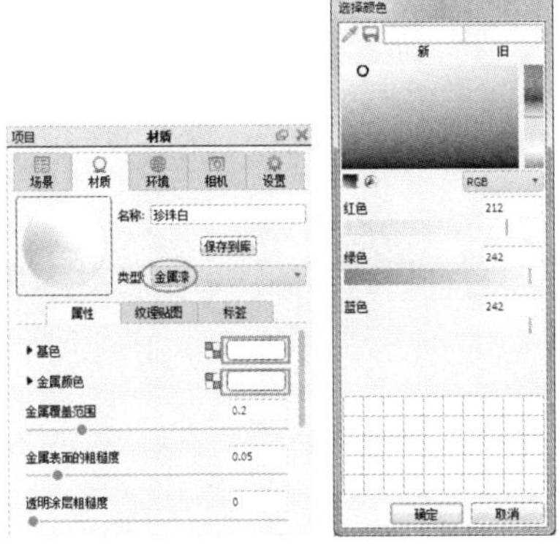

图 18-34

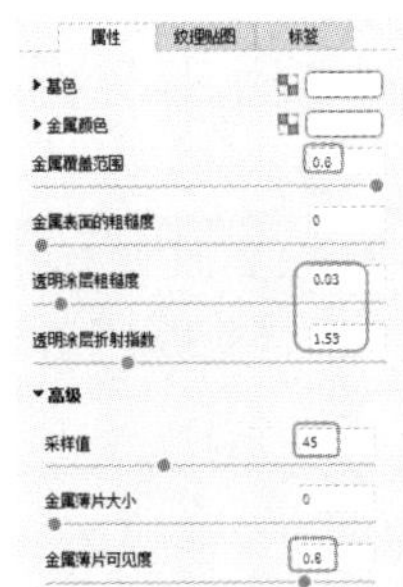

图 18-35

图 18-36

18.2.4　颜色库

颜色不是材质，颜色只是体现材质的一种基本色彩。KeyShot 7.0 的模型颜色在“颜色”库中，如图 18-37 所示。

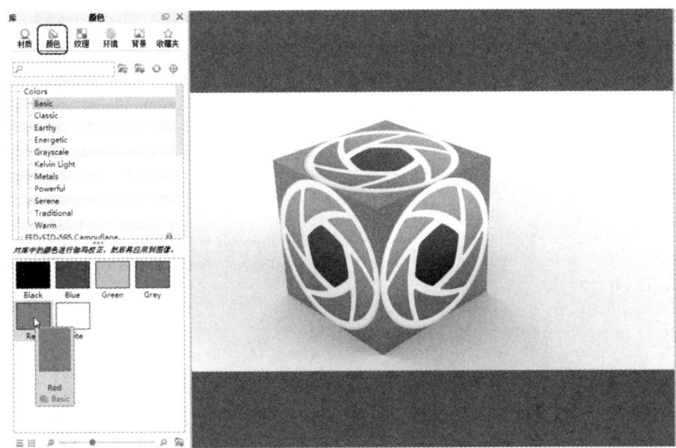

图 18-37

更改模型的颜色，除了在颜色库中拖动颜色赋予给模型，还可以在编辑模型材质时直接在“材质”属性面板中设置材质的“基色”。

18.3 KeyShot 灯光设置

其实 KeyShot 7.0 中没有灯光，但一款功能强大的渲染软件是不可能不涉及灯光渲染的。那么 KeyShot 7.0 中又是如何操作灯光的呢？

18.3.1 利用光材质作为光源

在材质库中的光材质如图 18-38 所示。为了便于学习，已将所有灯光材质名称做了汉化处理。

技术要点

选中材质并右击，在弹出的快捷菜单中选择“重命名”选项，即可以中文重命名材质，以后使用材质时会比较方便。

KeyShot 的可用光源包括 4 种类型：区域光源、发射光、IES 光源和点光源。

1. 区域光源

区域光源指局部透射、穿透的光源，例如窗户外照射进来的自然光源、太阳光源，光源材质列表中有 4 个区域的光源材质，如图 18-39 所示。

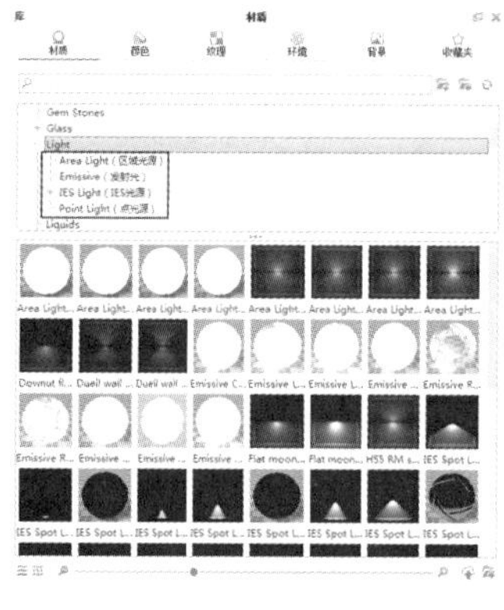

图 18-38

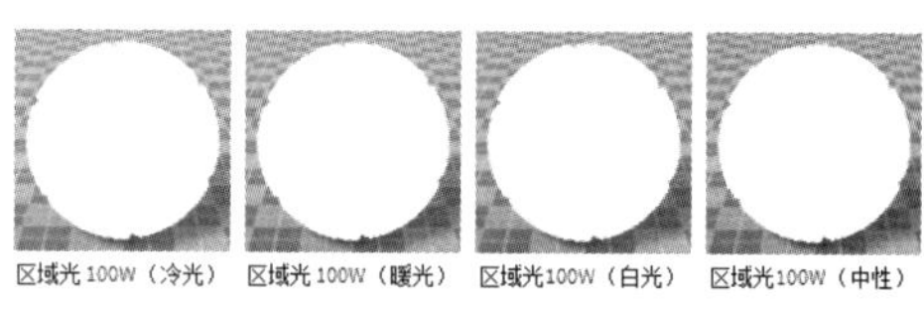

图 18-39

添加区域光源，也就是将区域光源材质赋予给窗户中的玻璃等模型。区域光源一般适用于建筑室内渲染。

2. 发射光

发射光源材质主要用作车灯、手电筒、电灯、路灯及室内装饰灯的渲染。光源材质列表中的发射光材质如图 18-40 所示。

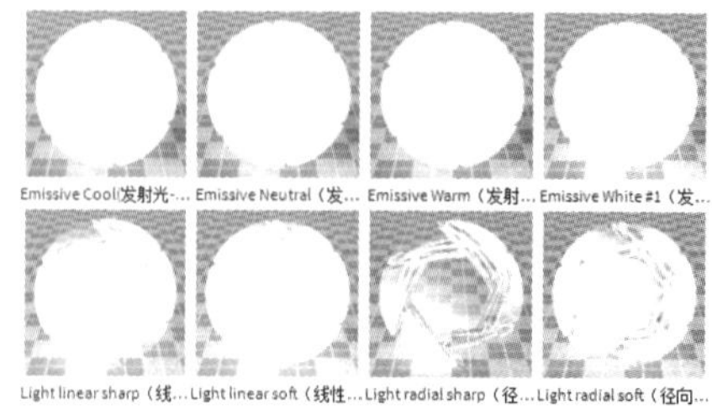

图 18-40

发射光源材质名称的中英文对照如下。

- Emissive Cool（发射光 - 冷）
- Emissive Neutral（发射光 - 中性）
- Emissive Warm（发射光 - 暖）
- Emissive White #1（发射光 - 白色 #1）
- Light linear sharp（线性锐利灯光）
- Light linear soft（线性软灯光）
- Light radial sharp（径向锐利灯光）
- Light radial soft（径向软灯光）

3.IES 光源

IES 光源是由美国照明工程学会制定的各种照明设备的光源标准。

在制作建筑效果图时，常会使用一些特殊形状的光源，例如射灯、壁灯等，为了准确、真实地表现这类光源，可以使用 IES 光源来实现。

IES 文件就是光源（灯具）配光曲线文件的电子格式，因为它的扩展名为 *.ies，所以，就直接称它为 IES 文件了。

IES 格式文件包含准确的光域网信息。光域网是光源的灯光强度分布的 3D 表示，平行光分布信息以 IES 格式存储在光度学数据文件中。光度学 Web 分布使用光域网定义分布灯光。可以加载各个制造商所提供的光度学数据文件，将其作为 Web 参数。在窗口中，灯光对象会更改为所选光度学 Web 的图形。

KeyShot 7.0 提供了 3 种 IES 光源材质，如图 18-41 所示。

IES 光源对应的中英文材质说明如下。

- IES Spot Light 15 degrees（IES 射灯 15°）
- IES Spot Light 45 degrees（IES 射灯 45°）
- IES Spot Light 85 degrees（IES 射灯 85°）

4. 点光源

点光源从其所在位置向四周发射光线，KeyShot 7.0 材质库中的点光源材质如图 18-42 所示。

IES Spot Light 15 deg... IES Spot Light 45 deg... IES Spot Light 85 deg...

图 18-41

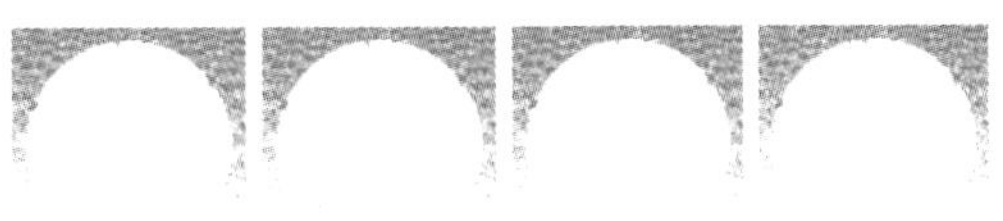

Point Light 100W Cool Point Light 100W Ne... Point Light 100W Warm Point Light 100W White

图 18-42

点光源对应的中英文材质名称如下。

- Point Light 100W Cool（点光源 100W- 冷）
- Point Light 100W Neutral（点光源 100W- 中性）
- Point Light 100W Warm（点光源 100W- 暖）
- Point Light 100W White（点光源 100W- 白色）

18.3.2 编辑光源材质

光源不能凭空添加到渲染环境中，需要建立实体模型。可以通过执行“编辑”|“添加几何图形”|“立方体”命令，或者其他图形命令，创建用于赋予光源材质的物体。

如果已经有光源材质附着体，就不需要再创建几何图形了。把光源材质赋予物体后，随即可在“材质”属性面板中编辑光源属性，如图 18-43 所示。

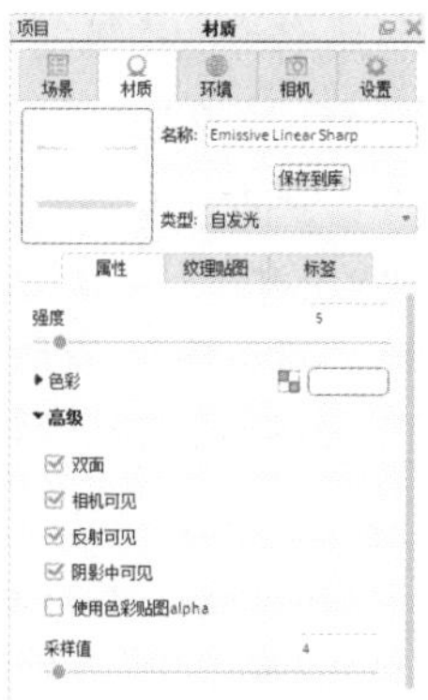

图 18-43

18.4 KeyShot 环境库

渲染离不开环境，尤其是需要在渲染的模型表面表达发光效果时，更需要加入环境。在窗口左侧的“环境”库中列出了 KeyShot 7.0 的全部环境，如图 18-44 所示。

技术要点

作者将环境库中的英文名环境全部做了汉化处理，也会将汉化的环境库一并放置在本书素材中。

要设置环境，在环境库中选择一种环境，双击环境缩略图，或者拖动环境缩略图到渲染区域释放，即可将环境添加到渲染区域，如图 18-45 所示。

添加环境后，可以在右侧的“环境”属性面板中设置当前渲染环境的属性，如图 18-46 所示。

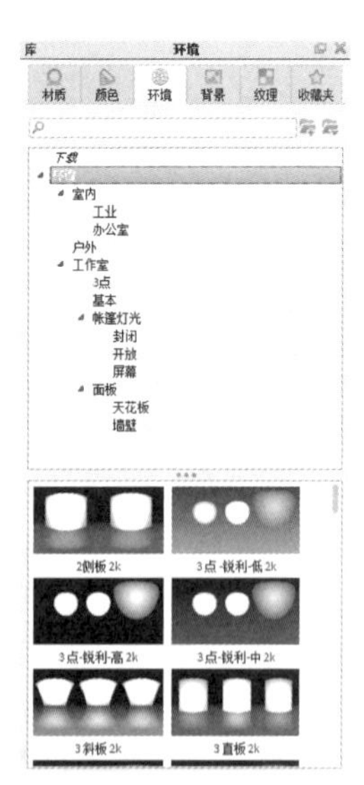

图 18-44

图 18-45

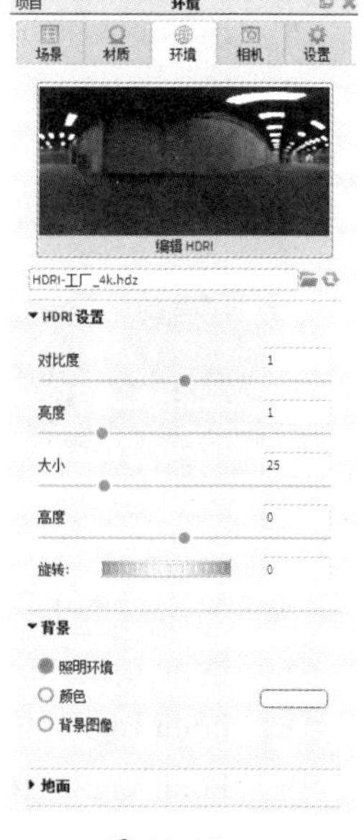

图 18-46

如果不需要环境中的背景，在“环境”属性面板中的“背景”选项区中选中“颜色”单选按钮，并设置颜色为白色即可。

18.5 KeyShot 背景库和纹理库

背景库中的背景文件主要用于室外与室内的场景渲染，背景库如图 18-47 所示。背景的添加方法与环境的添加方法是相似的。

图 18-47

纹理库中的纹理是用来作为贴图用的材质。纹理既可以单独赋予对象，也可以在赋予材质时添加纹理。KeyShot 7.0 的纹理库如图 18-48 所示。

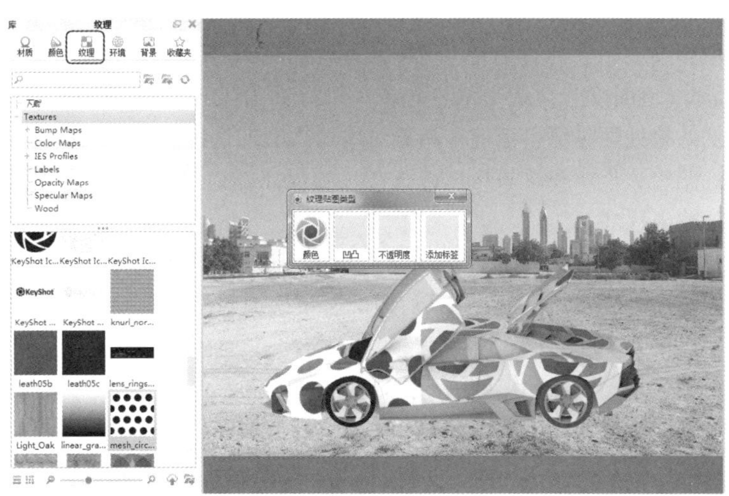

图 18-48

18.6 KeyShot 渲染设置

在窗口底部单击“渲染”按钮，弹出“渲染”对话框，如图 18-49 所示。“渲染”对话框中包括“输出”“选项”和 Monitor 3 个渲染设置类别，下面仅介绍“输出”和“选项”渲染设置类别。

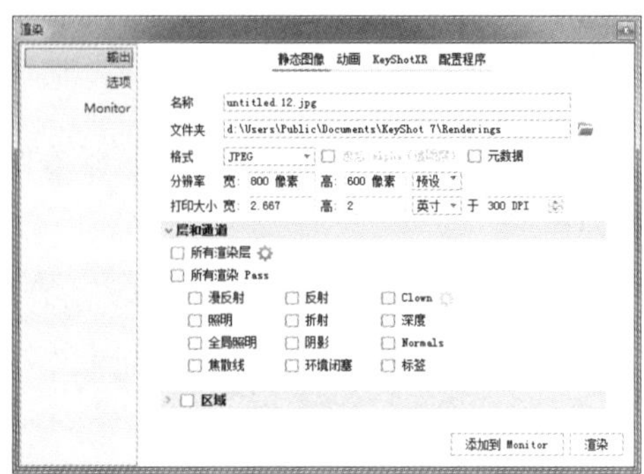

图 18-49

18.6.1 “输出”类别

“输出”类别中有 3 种输出类型：静态图像、动画和 KeyShotXR。

1. 静态图像

静态图像就是输出渲染的位图格式文件，该输出类型中主要选项功能介绍如下。

- 名称：输出图像的名称，可以是中文。
- 文件夹：渲染后图片保存的位置，默认情况下为 Renderings 文件夹。如果需要保存到其他文件夹，同样要注意的是路径全英文的问题，不能出现中文字符。
- 格式：文件保存格式，KeyShot 7.0 支持 3 种格式的输出：JPEG、TIFF、EXR。通常选择最为熟悉的 JPEG 格式即可；TIFF 格式文件可以在 Photoshop 中为图片去背景；EXR 是涉及色彩渠道和色阶的格式，简单来说就是 HDR 格式的 32 位文件。
- 包括 alpha（透明度）：选中该复选框，可以输出 TIFF 格式文件，在 Photoshop 软件中进行后期效果处理时将自带一个渲染对象及投影的选区。
- 分辨率：图片大小，在这里可以改变图片的尺寸。“预设”下拉列表中可以选择一些常用的图片输出尺寸。
- 打印大小：保持纵横比例与打印图像尺寸单位选项。单位下拉列表中调整的 inch 和 cm 不用多解释，就是英寸和厘米，其后面的文本框调整的就是 DPI 的精度了，看文件需要，一般打印尺寸为 300DPI。
- 层和通道：设置图层与通道的渲染方法。
- 区域：设置要进行渲染的区域。

2. 动画

当创建渲染动画后才能显示“动画”输出设置面板，制作动画非常简单，只需在动画区域中单击“动画向导”按钮 动画向导 ，在弹出的“动画向导”对话框中选择动画类型、相机、动画时间等即可完成动画的制作。该对话框中的每种类型都有预览，如图 18-50 所示。

完成动画制作后在“渲染”对话框的“输出”类别中单击“动画”按钮，即可显示动画输出类型，如图 18-51 所示。

在动画输出类型中根据需求设置分辨率、视频与帧的输出名称、路径、格式、性能及渲染模式等。

3.KeyShotXR

KeyShotXR 是一种动态展示。动画也是 KeyShotXR 的一种类型。除了动画，其他的动态展示多是绕自身的重心进行旋转、翻滚、球形翻转、半球形翻转等定位运动。执行“窗口”|KeyShotXR 命令，弹出“KeyShotXR 向导”对话框，如图 18-52 所示。

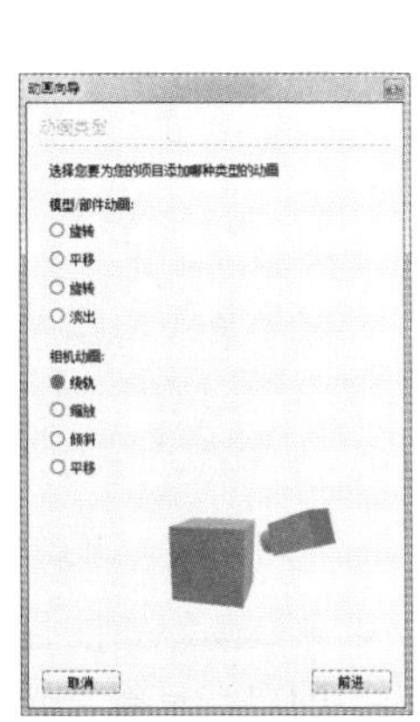

图 18-50

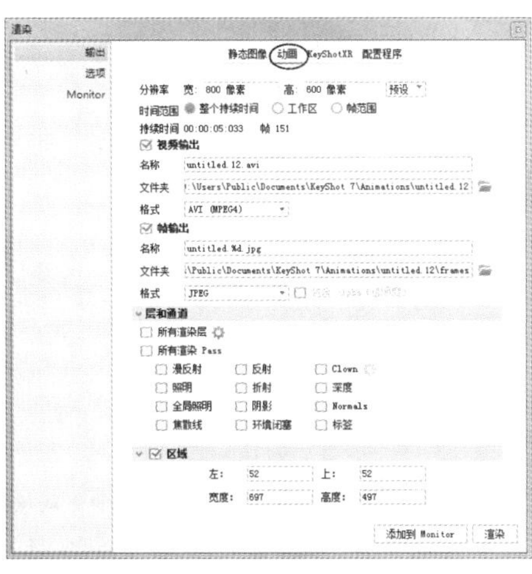

图 18-51

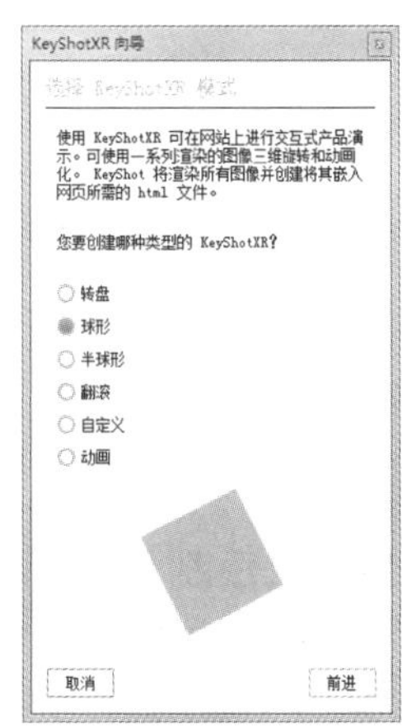

图 18-52

KeyShotXR 动态展示的设置与动画类似，只需按步骤进行即可。定义了 KeyShotXR 动态展示后，在“渲染”对话框的“输出”类别中单击 KeyShotXR 按钮，才会显示 KeyShotXR 渲染输出设置面板，如图 18-53 所示。

设置完成后，单击“渲染”按钮，即可进入渲染进程。

18.6.2　“选项”类别

“选项”类别用来控制渲染模式和渲染质量，如图 18-54 所示。

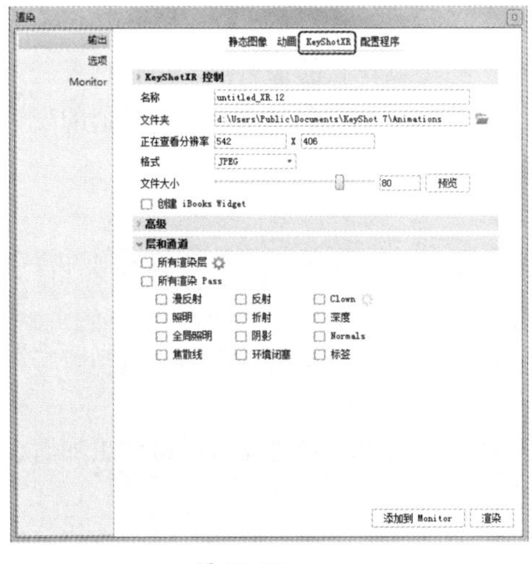

图 18-53

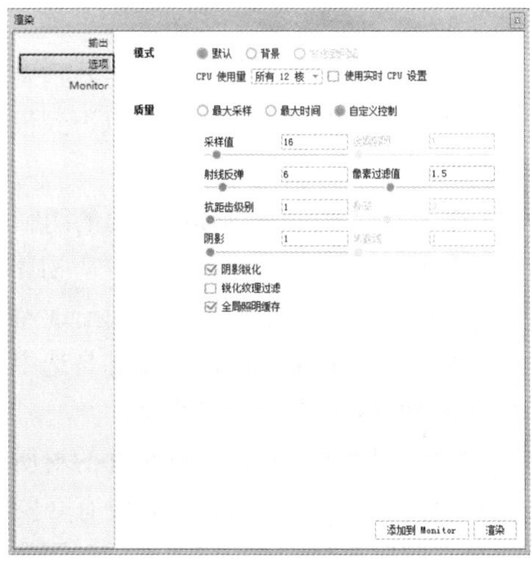

图 18-54

“质量”选项区中包括 3 种设置：最大采样、最大时间和自定义控制。

1. 最大时间

“最大时间”定义每一帧和总时长，如图 18-55 所示。

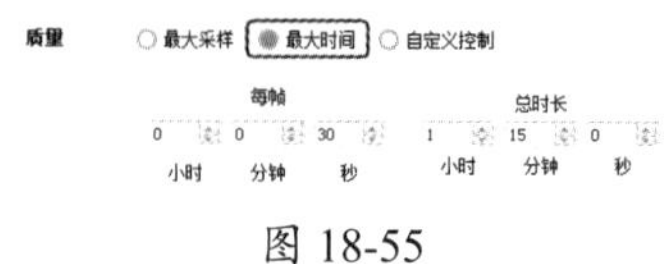

图 18-55

2. 最大采样

“最大采样”定义每一帧采样的数量，如图 18-56 所示。

图 18-56

3. 自定义控制

选中“自定义控制”单选按钮后，主要选项功能介绍如下。

- 采样值：控制图像中每个像素的采样数量。在大场景的渲染中，模型的自身反射与光线折射的强度或者质量需要较高的采样数量。较高的采样数量可以与较高的抗锯齿设置（Anti aliasing）配合使用。
- 全局照明：增大该参数的值可以获得更加详细的照明和小细节的光线处理。一般情况下该参数没有必要去调整。如果需要在阴影和光线的效果上做处理，可以微量调整它的值。
- 射线反弹：该参数控制光线在每个物体上反射的次数。
- 像素过滤值：这是一个新的功能，为增加一个模糊的图像，得到柔和的图像效果。建议使用 1.5 ～ 1.8 的参数设置。不过在渲染珠宝首饰的时候，大部分情况下有必要将参数值降低到 1 ～ 1.2。
- 抗锯齿级别：提高抗锯齿级别可以将物体的锯齿边缘细化，该值越大，物体的抗锯齿质量越高。
- 景深：增大这个选项的数值将导致画面出现一些小颗粒状的像素点，以体现景深效果。一般将该参数值设置为 3 足以得到很好的渲染效果。不过要注意的是，数值的变大将会增加渲染的时间。
- 阴影：该参数控制物体在地面的阴影质量。
- 焦散线：指当光线穿过一个透明物体时，由于物体表面不平整，使光线折射并没有平行发生，出现漫折射，投影表面出现光子分散。
- 阴影锐化：该复选框默认状态是选中状态，通常情况下尽量不要改动，否则将会影响到画面细节处阴影的锐利程度。
- 锐化纹理过滤：检查当前选择的材质与各个贴图，选中该复选框可以得到更加清晰的纹理效果，不过通常情况下是没有必要选中的。
- 全局照明缓存：选中该复选框，图像细节能得到较好的效果，渲染时间上也可以得到一个好的平衡。

18.6.3 实战案例——“成熟的西瓜”渲染

引入文件：西瓜 .bip

结果文件：动手操作\结果文件\Ch18\西瓜 .jpg

视频文件：视频\Ch18\“成熟的西瓜”渲染 .avi

模型渲染是产品在设计阶段向客户展示的重要手段，本节中将详细介绍利用 KeyShot 的渲染引擎进行两个产品的渲染，让读者掌握渲染的过程及渲染方法。

一幅好的渲染作品，必须满足以下 4 点。

- 正确选择材质并做好组合。
- 合理、适当的光源。
- 现实的环境。
- 细节的处理。

西瓜的渲染，主要难点在于灯光的布置和贴图的制作。其他的渲染参数按默认设置即可，本案例的西瓜渲染效果图如图 18-57 所示。

操作步骤

1.KeyShot 中导入 bip 渲染文件

01 启动 KeyShot 7.0。执行“文件”|“打开”命令，打开本案例的素材文件“西瓜 .bip”，如图 18-58 所示。

工程点拨

在“KeyShot导入”对话框的“位置”选项区中选中“贴合地面”选项，以及在“向上”选项区选择Z选项，可以保证导入模型后可以自由旋转模型。

图 18-57

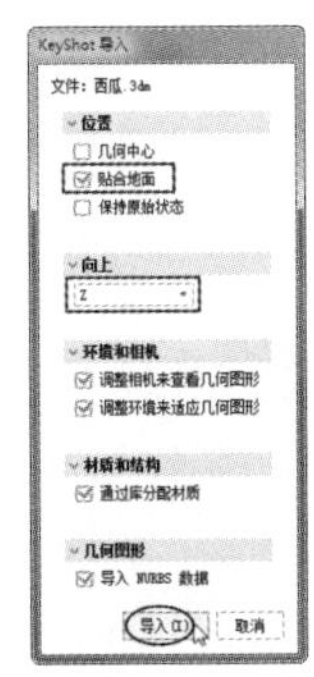

图 18-58

02 打开的西瓜模型如图 18-59 所示。

2. 赋予材质给西瓜模型

01 在左侧的材质库组中，首先将“塑料 Plastic”材质文件夹中的“黑色柔软粗糙塑料”材质拖至窗口右侧“场景”面板中的 5 个模型图层上，如图 18-60 所示。

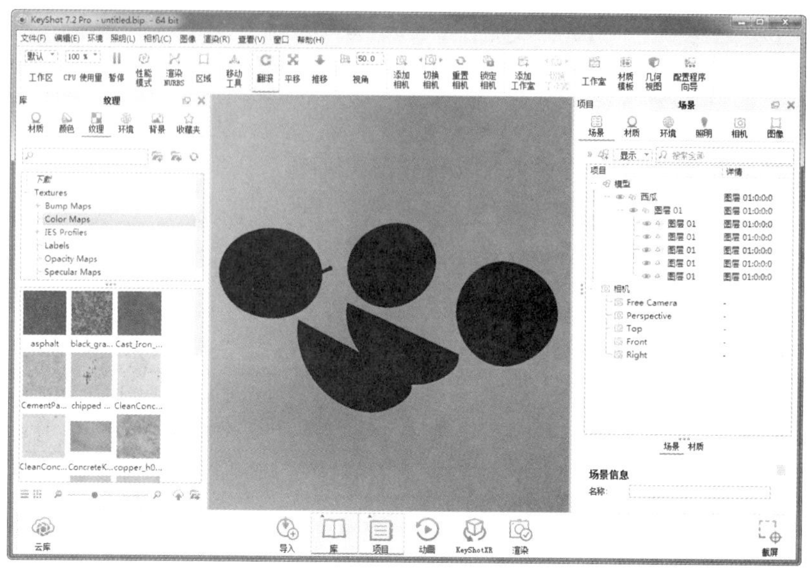

图 18-59

图 18-60

02 在窗口右侧切换到“材质”面板，在材料表双击选中第一个西瓜材质，然后单击“材质图”按钮，如图 18-61 所示。

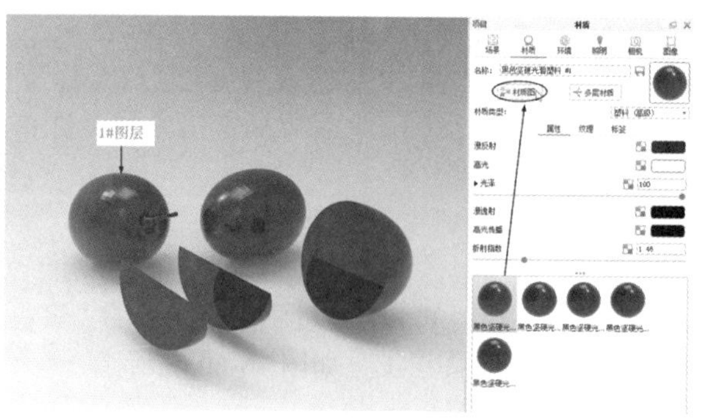

图 18-61

03 随后在弹出的“材质图”窗口的工具栏中单击“将纹理贴图节点添加到工作区”按钮，将源文件夹中的 1.png 图片打开，如图 18-62 所示。

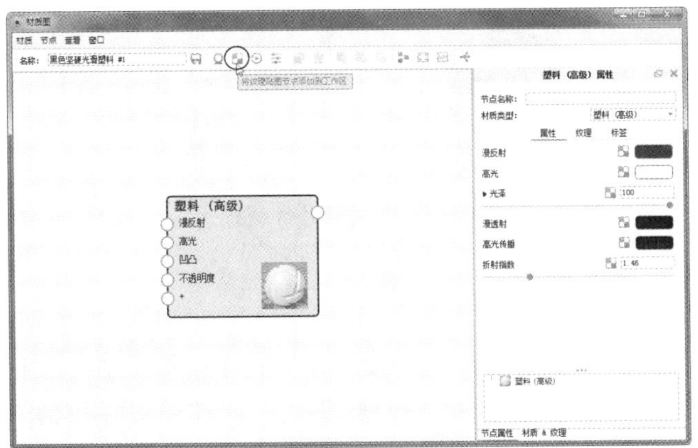

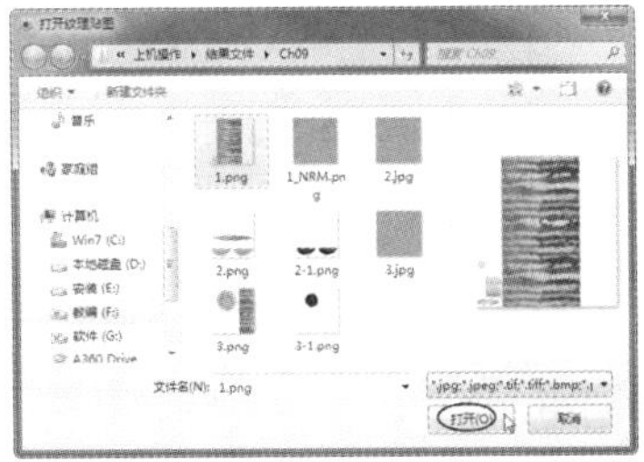

图 18-62

04 添加贴图节点后，并将其导引到“塑料（高级）”节点上，如图 18-63 所示。

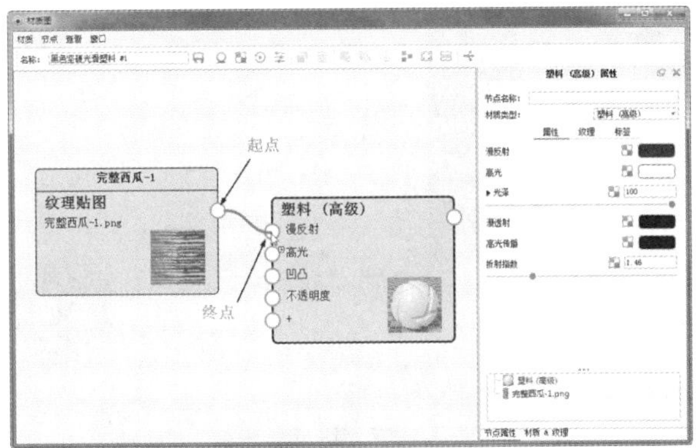

图 18-63

05 继续为西瓜添加一个凹凸贴图，如图 18-64 所示。

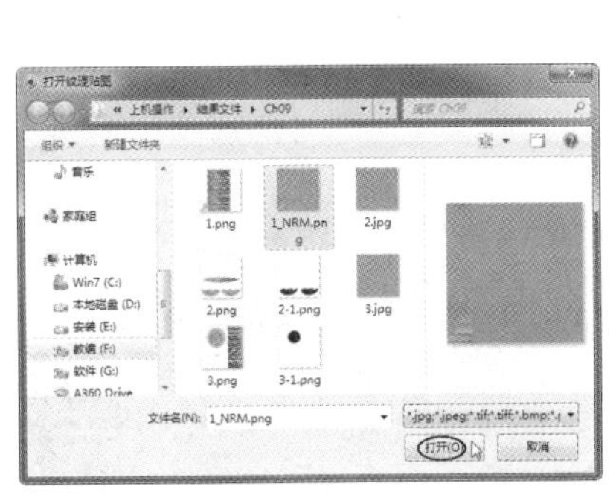

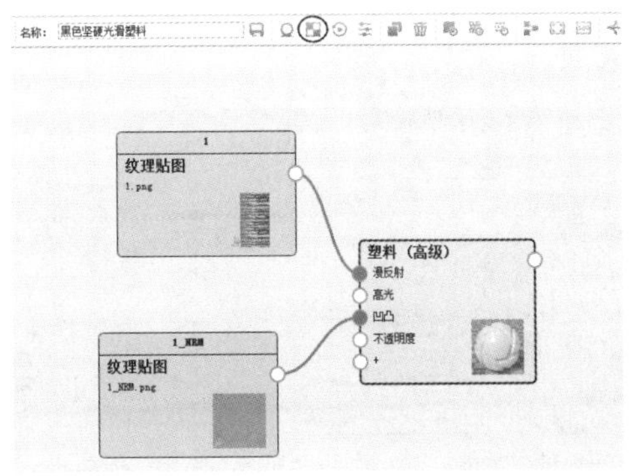

图 18-64

06 关闭“材质图”窗口，可以看到窗口中的第一个西瓜被添加了贴图，但是贴图的方向有误，需要更改，如图 18-65 所示。

图 18-65

07 首先，在“材质”面板中由默认的“属性”标签切换到“纹理”标签，然后选择“映射类型”为UV，如图18-66所示。可以看到，材质贴图很好地与西瓜模型匹配。

08 同理，给第二个完整的西瓜添加相同的材质贴图及纹理设置，如图18-67所示。

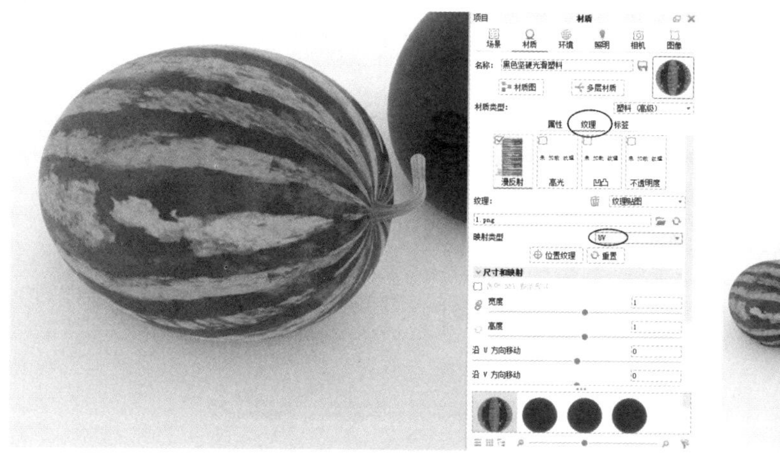

图 18-66

图 18-67

09 继续给第三个西瓜模型（小块西瓜）添加材质贴图，并设置纹理“映射类型”为UV，如图18-68所示。

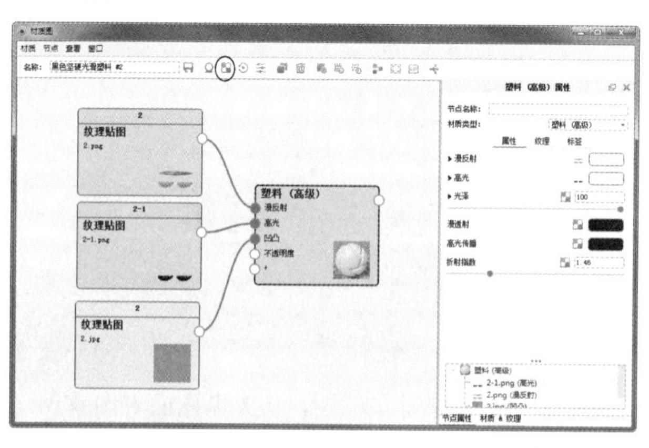

图 18-68

10 同理，给第四块西瓜添加相同材质贴图，如图 18-69 所示。

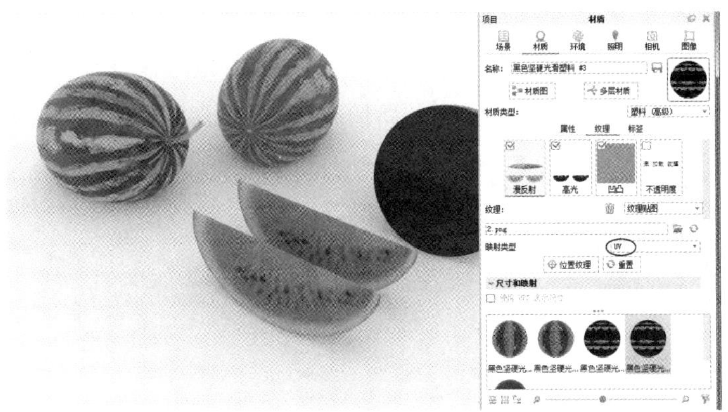

图 18-69

11 最后为第五个西瓜（半个西瓜）模型添加材质贴图，如图 18-70 所示。

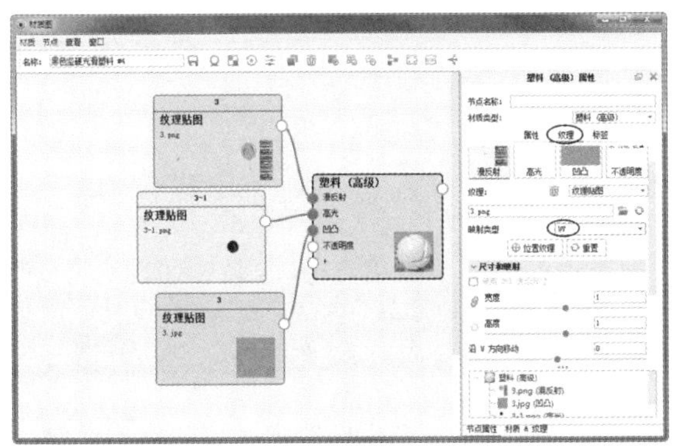

图 18-70

3. 添加场景

添加场景的目的是为了让场景的各种光线在西瓜表面反射，增加真实效果。

01 在左侧的“环境”库中，对 Dosch-Apartment_2k 场景双击并添加到窗口中，然后在右侧的“环境”标签下，设置“地面”选项区（全选中），如图 18-71 所示。

图 18-71

02 在右侧的“环境”标签下，设置“背景”选项区，如图 18-72 所示。

4. 设置渲染

01 在窗口下方单击“渲染”按钮，弹出“渲染”对话框。在“输出”设置页面中，输入图片名称，设置输出格式为 JPEG，文件保存路径为默认路径，其余选项保持默认，如图 18-73 所示。

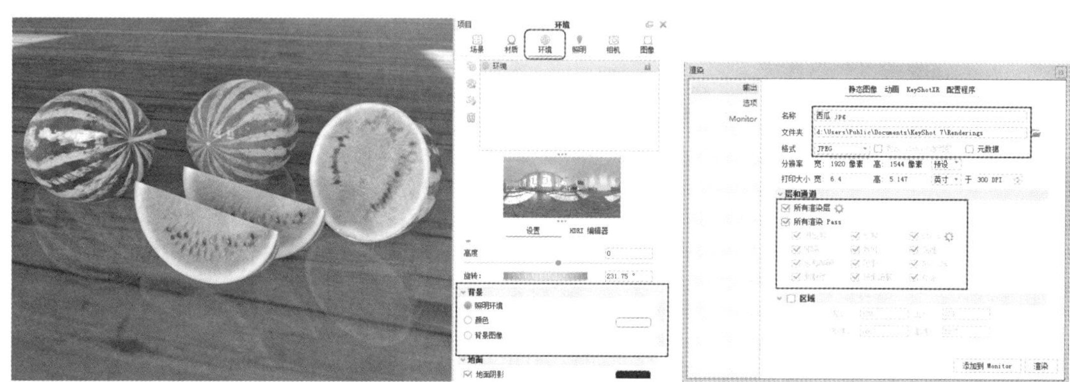

图 18-72　　　　图 18-73

02 在“选项”设置页面中设置如图 18-74 所示的选项。

> **工程点拨**
>
> 测试渲染有两种方式：第一种为视窗硬件渲染（也是实时渲染），即将视窗最大化后等待KeyShot将视窗内文件慢慢渲染出来，随后单击“截屏”按钮，将视窗内的图像截屏保存；第二种方式为在“渲染”对话框单击“渲染”按钮，将图像渲染出来，这种方式较第一种效果更好，但渲染时间较长。

03 经过测试渲染，反复调节模型材质、环境等贴图参数，调整完毕后即可进行模型的最终渲染出图。最终的渲染参数设置与测试渲染设置方法相似，有所不同的是根据效果图的需要可以将格式设置为 Tiff，并选中“包括 alpha（透明度）”选项，这样能够为后期效果图修正提供极大方便，同时将渲染品质设置为“良好”即可。

04 单击“渲染”按钮即可渲染出最终的效果图，如图 18-75 所示。单击“关闭”按钮，才能保存渲染结果。

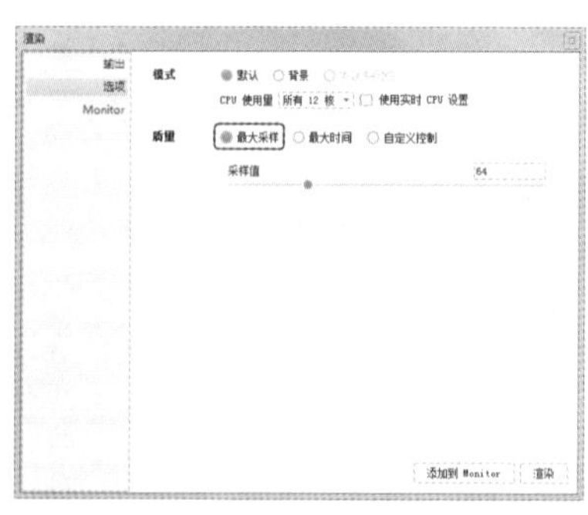

图 18-74

图 18-75

18.7 CATIA 实时渲染

本节将讲解 CATIA 实时渲染的相关功能以及操作方法和技巧，该模块主要应用在产品造型的后期制作和处理流程中，并通过赋予 3D 模型的各种材质以渲染出逼真的效果来表达产品，它对于产品的前期市场推广具有一定的积极作用。

执行“开始”|“基础结构”|“实时渲染”命令，即可进入“实时渲染”模块，如图 18-76 所示。

18.7.1 应用材料

在 CATIA 造型设计过程中，通过对 3D 模型赋予相关的实际材质，从而可以观察出产品在实际的材质表现情况下的状态。下面以如图 18-77 所示的图例进行操作说明。

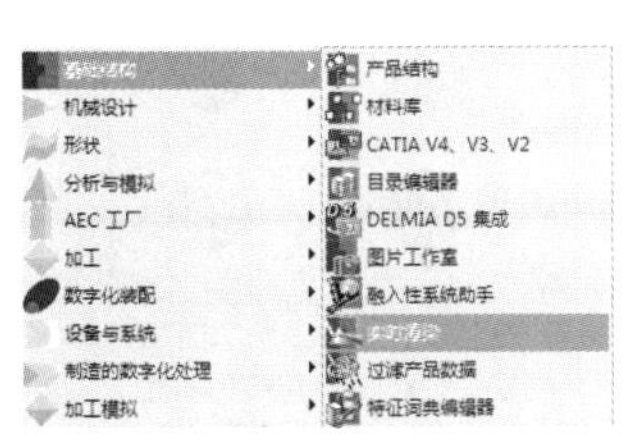

图 18-76

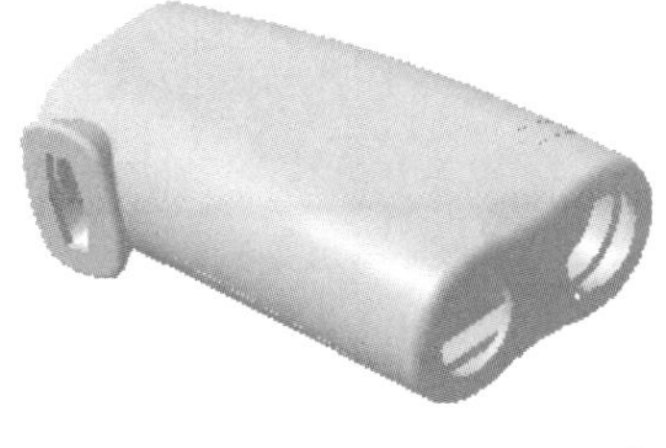

图 18-77

动手操作——应用材料

01 打开素材源文件“剃须刀 \ Shaver.CATProduct”。

02 执行“开始”|“基础结构”|“实时渲染”命令，即可进入实时渲染平台。

03 执行“视图”|“渲染样式”|“自定义视图”命令，即可弹出“视图模式自定义”对话框，选中“着色”复选框和“材料”单选按钮，单击“确定”按钮完成视图模式自定义，如图 18-78 所示。

04 选中目录树中的 end-cover 零部件作为材质应用的实体，单击“应用材料”工具栏中的“应用材料”按钮，弹出“库（只读）”对话框。

05 进入 Metal 选项卡以指定材料类型，选取 Bronze 材料为应用的材料，单击“应用材料”按钮和“确定”按钮完成材料的应用，如图 18-79 所示。

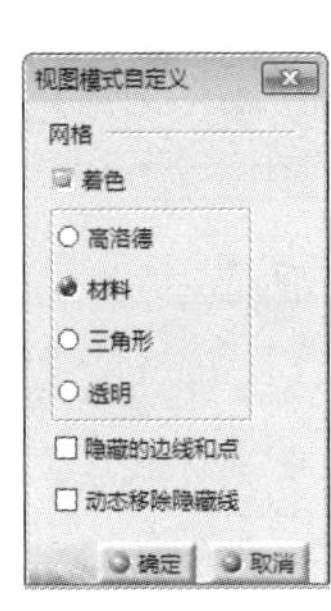

图 18-78

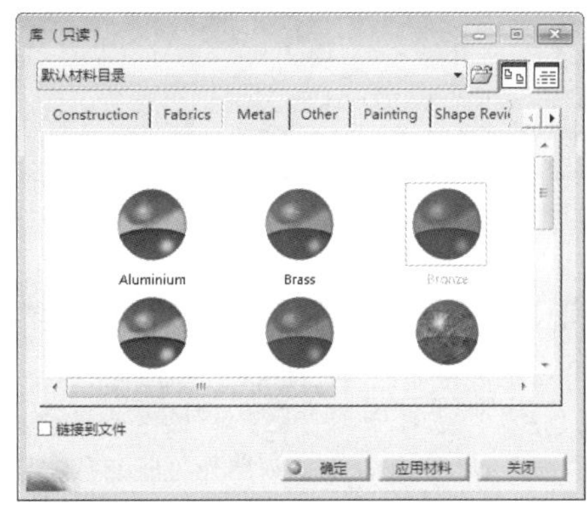

图 18-79

06 选中目录树中的 up-cover 零部件作为材质应用的实体，单击“应用材料”工具栏中的“应用材料”按钮，弹出“库（只读）”对话框。

07 进入 Metal 选项卡以指定材料类型，选取 Brushed metal 1 材料为应用的材料，单击“应用材料”按钮，再单击“确定”按钮完成材料的应用，如图 18-80 所示。

08 选中目录树中的 down-cover 零部件作为材质应用的实体，单击“应用材料”工具栏中的“应用材料”按钮，弹出“库（只读）”对话框。

09 进入 Fabrics 选项卡以指定材料类型，选取 Alcantara 材料为应用的材料，单击“应用材料”按钮，再单击“确定”按钮完成材料的应用，如图 18-81 所示。

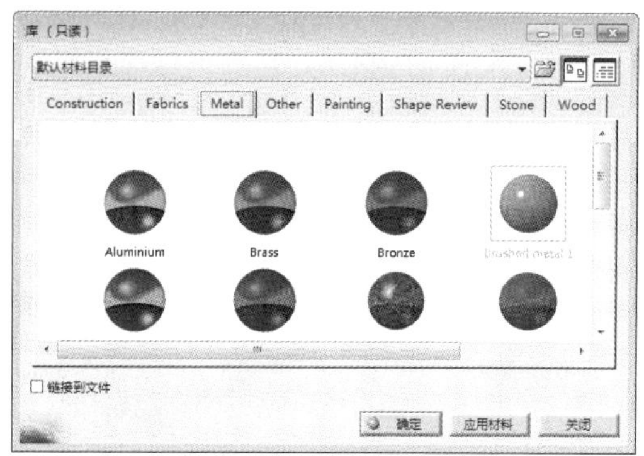

图 18-80

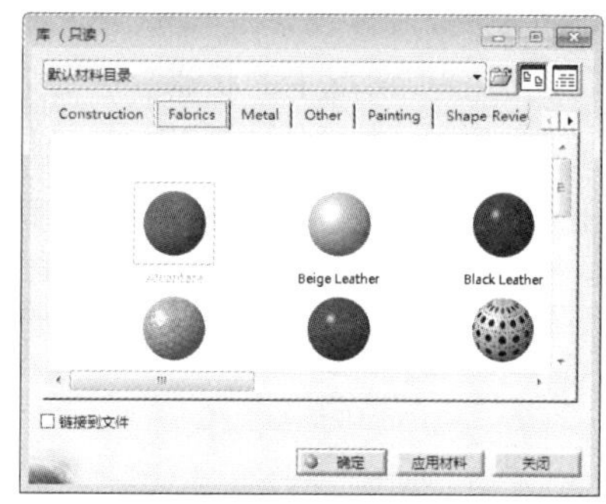

图 18-81

10 选中目录树中的 septalium 零部件作为材质应用的实体，单击“应用材料”工具栏中的“应用材料”按钮，弹出“库（只读）”对话框。

11 进入 Construction 选项卡以指定材料类型，选取 PVC 材料为应用的材料，单击“应用材料”按钮，再单击“确定”按钮完成材料的应用，如图 18-82 所示。

12 执行“视图”|“渲染样式”|“含材料着色”命令，将已应用材料的零部件的效果在图形窗口中显示出来，最终结果如图 18-83 所示。

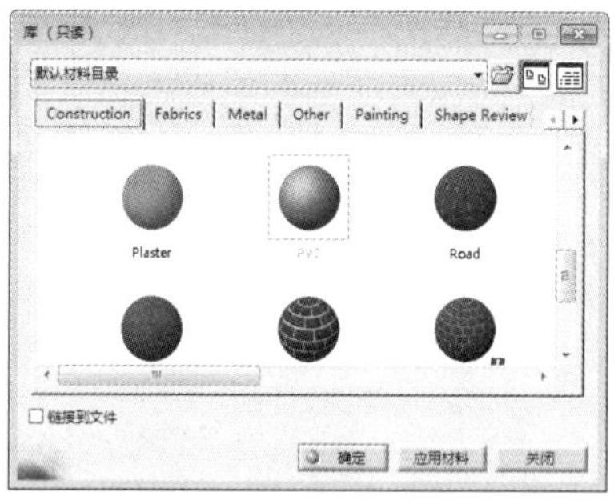

图 18-82

图 18-83

技术要点

在“库（只读）”对话框的材质图标上右击，并在弹出的快捷菜单中选择“属性”命令，在弹出的“属性”对话框中进入“渲染”选项卡即可在此面板中设置渲染材料的各种相关参数，其中包括“环境”“散射”“粗糙度”等具体的参数设置，如图18-84所示。

18.7.2 场景编辑器

在 CATIA 中通过使用场景编辑器可以模拟产品在实际应用中的实时环境，以达到更为逼真的渲染效果。下面以如图 18-85 所示的图例进行操作说明。

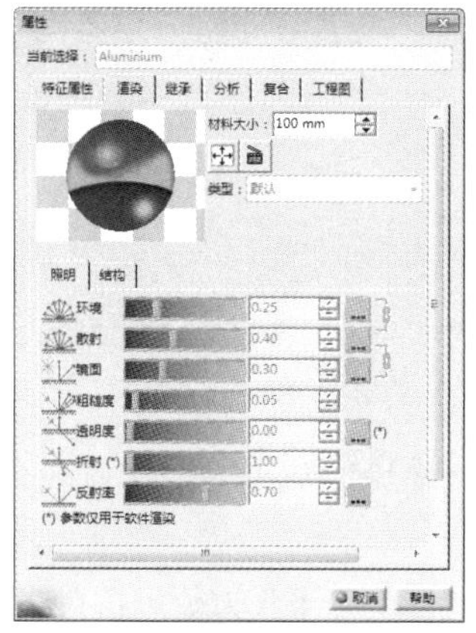

图 18-84

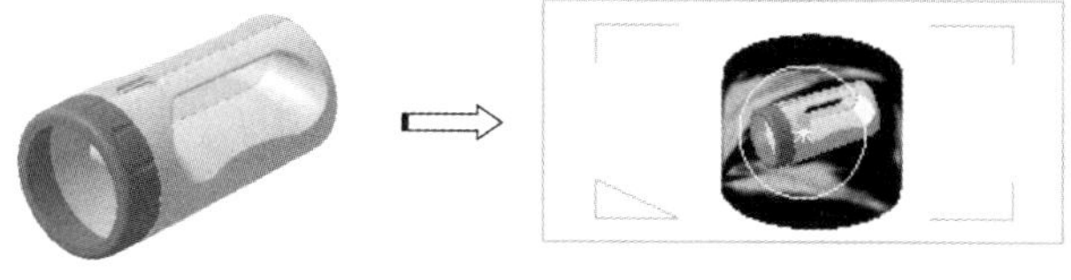

图 18-85

动手操作——应用场景编辑器

01 打开素材文件“探照灯 \searchlight.CATProduct”。

02 执行“开始”|“基础结构”|“实时渲染”命令，进入实时渲染平台。

03 单击“场景编辑器”工具栏中的“创建圆柱环境”按钮，在图形窗口中显示环境并在目录树中添加“环境 1”节点，如图 18-86 所示。

技术要点

在CATIA V5系统中可以建立如“箱环境”“球面环境”和“圆柱环境”以及自定义环境，但一个数字模型中只能激活一种应用环境。

04 选中目录树中的“环境 1”并右击，在弹出的快捷菜单中选择“属性”选项，弹出“属性”对话框，如图 18-87 所示。

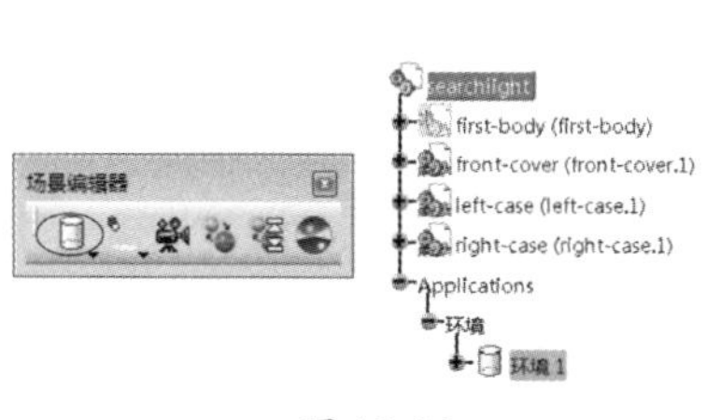

图 18-86

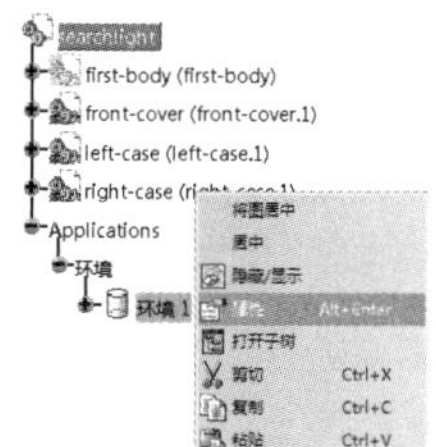

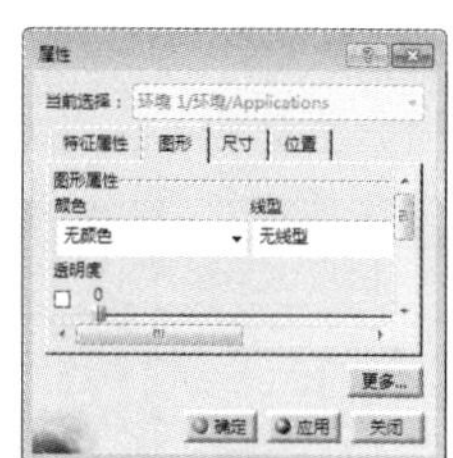

图 18-87

05 进入“尺寸”选项卡以切换设置类型，在“尺寸”选项区中通过拖动按钮来调整圆柱环境的“半径”和“高度”，单击“确定”按钮完成圆柱环境的显示尺寸调整，如图 18-88 所示。

06 进入“位置”选项卡以切换设置类型，在“轴”选项区中通过拖动按钮或在文本框中设置相应数字调整圆柱环境的方位，单击“确定”按钮完成圆柱环境显示位置的调整，如图 18-89 所示。

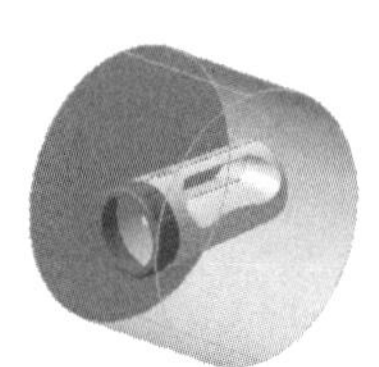
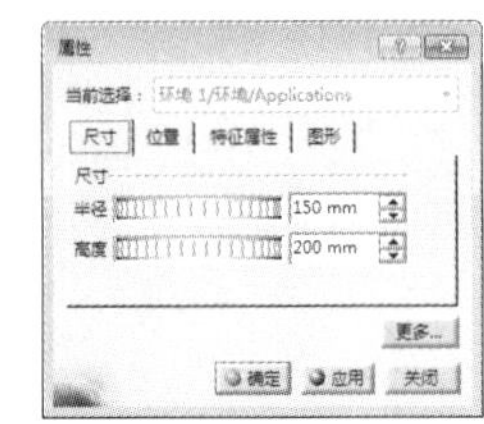

图 18-88

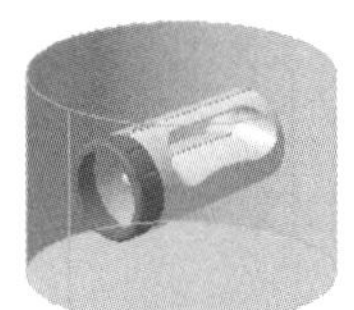
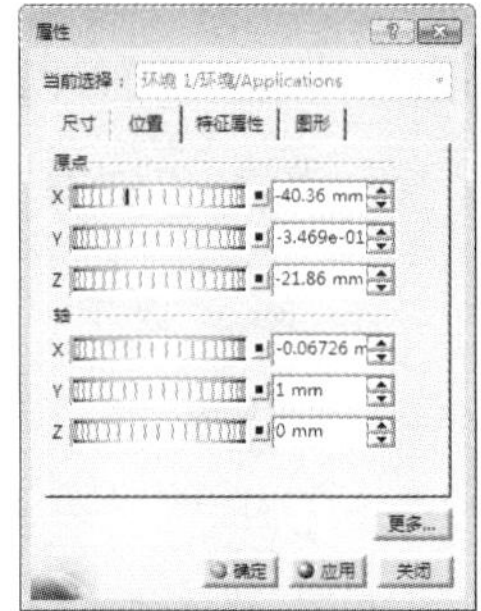

图 18-89

07 激活“环境定义”对话框。双击目录树中 Applications 节点下的“环境”按钮，弹出“环境定义”对话框。

08 定义环境壁纸。在“侧壁结构”区域中分别选取“上”“北”“南”“下”方位，再单击“结构定义”区域中的“浏览”按钮并选取“探照灯 \ 环境壁纸 .jpg”文件为环境壁纸，单击“确定”按钮完成壁纸定义，结果如图 18-90 所示。

09 创建点光源。单击“场景编辑器”工具栏中的“创建点光源”按钮，出现球形边界，如图 18-91 所示。

10 调整点光源位置。拖动球形边界中心的控制点，并将其放置在图形中合适的位置以调整光源的投影位置，如图 18-92 所示。

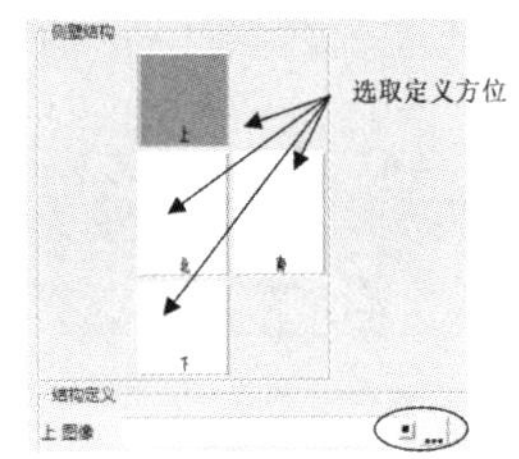

图 18-90

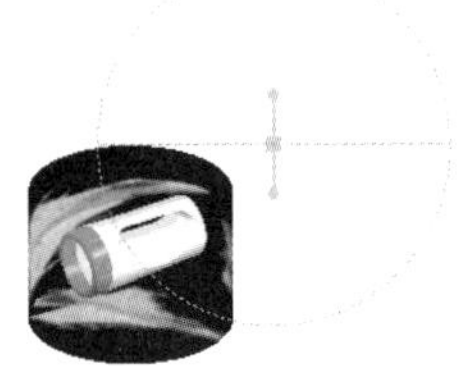

图 18-91

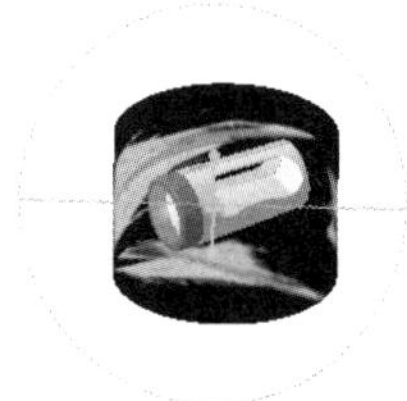

图 18-92

11 选中目录树中的“光源 1”并右击，在弹出的快捷菜单中选择“属性”选项，弹出“属性”对话框，如图 18-93 所示。

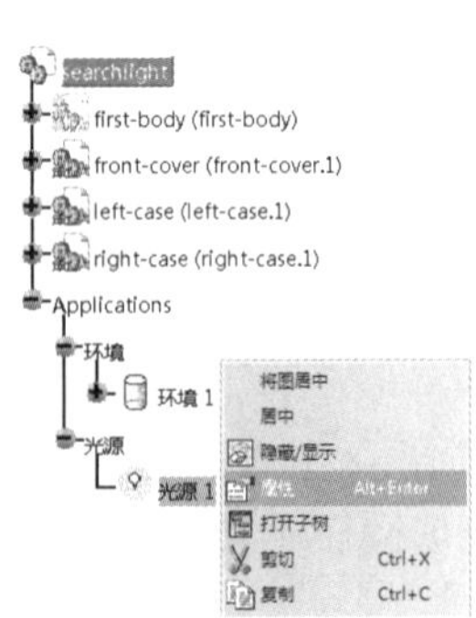

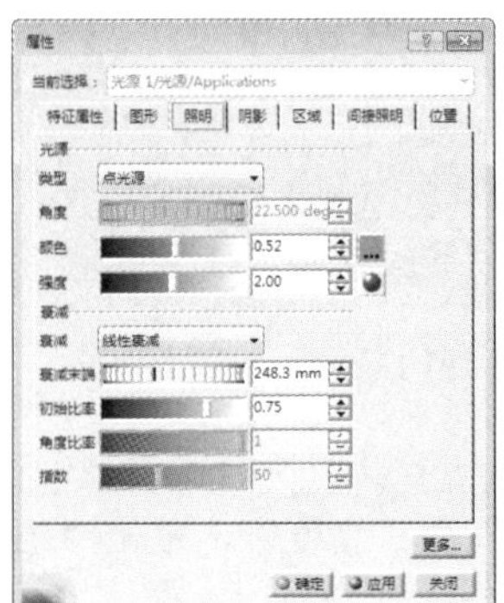

图 18-93

技术要点

在“属性”对话框中可调整与光源投影相关的参数。如进入“照明”选项卡，可调整光源类型、光源投影角度、颜色等相关参数。

12 单击“确定”按钮完成光源的设置。

13 创建摄影机。单击“场景编辑器”工具栏中的“创建照相机”按钮，添加摄像窗口，如图18-94 所示。

14 定义摄像焦点。选中目录树中的“摄像机 1”并右击，在弹出的快捷菜单中选择“属性”选项，弹出“属性”对话框，如图 18-95 所示。

图 18-94

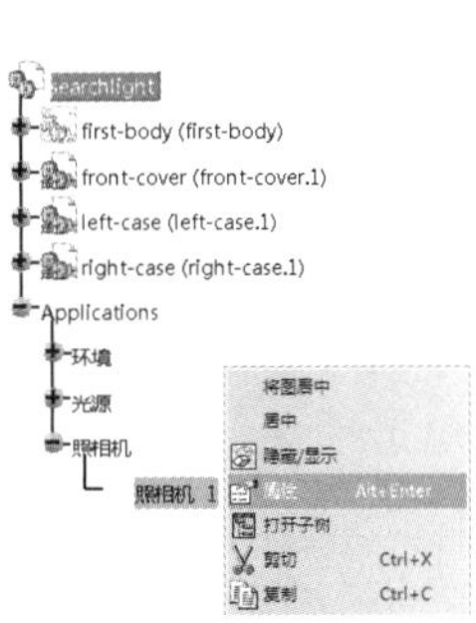

图 18-95

技术要点

在“属性”对话框中可调整摄像机的相关参数，如进入“镜头”选项卡，可调整摄像类型、焦点等相关选项并进行实时预览。

15 单击“确定”按钮完成摄像机的创建。

18.7.3　制作动画

在完成“应用材料”“场景编辑”和“摄像机”的操作后，可对相关的 3D 模型进行实时运动仿真并输出动画影片。

动手操作——制作动画

01 单击“动画”工具栏中的“创建转盘”按钮，弹出“转盘”对话框，如图 18-96 所示。

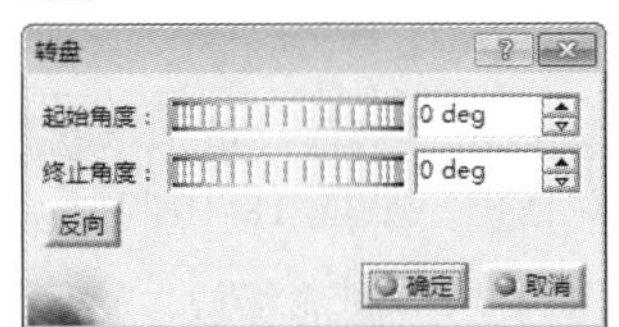

图 18-96

02 定义旋转轴。系统默认将“指南针”定位到 3D 产品模型的原点并以 Z 轴为旋转轴，拖动 Z

轴上顶点的控制点可自由旋转指南针以重新定义旋转轴，如图 18-97 所示。

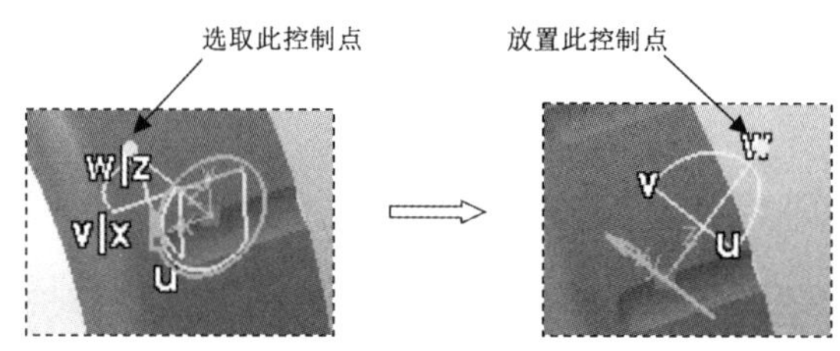

图 18-97

03 单击“确定”按钮完成旋转轴的定义。

04 单击“动画”工具栏中的“模拟”按钮，弹出“选择”对话框，如图 18-98 所示。

05 编辑模拟相关参数。选取“选择”对话框中的各个选项为需要模拟对象，单击“确定”按钮完成模拟对象的选取，弹出“操作”工具栏和“编辑模拟”对话框，如图 18-99 所示。

06 修改模拟名称。在“编辑模拟”对话框的“名称”文本框中修改模拟名称为“演示模拟”。

07 单击“插入”按钮插入帧，用于设置模拟动画的位置变化，多次单击“插入”按钮继续设置相关帧，单击“确定”按钮完成设置，如图 18-100 所示。

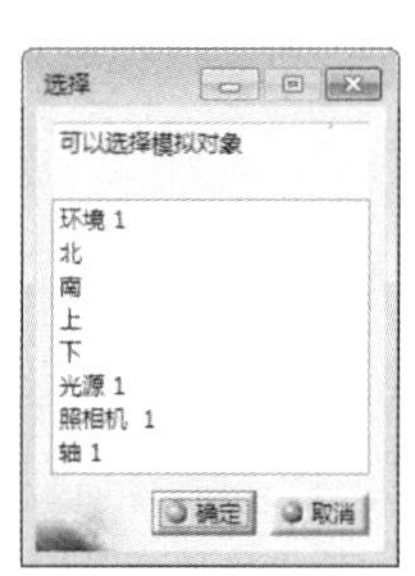

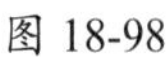
图 18-98

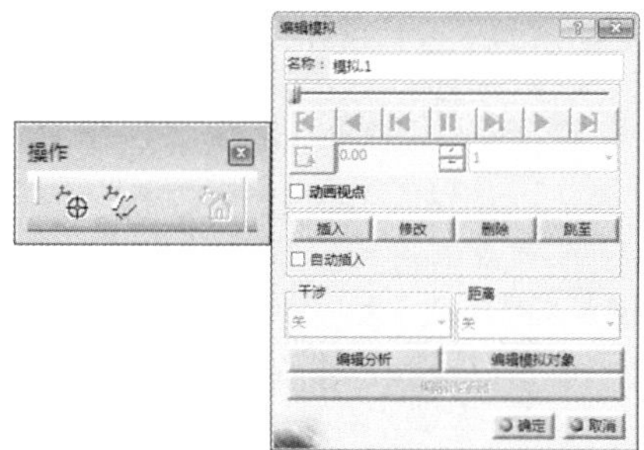

图 18-99

图 18-100

技术要点

“编辑模拟”对话框中的部分功能按钮说明如下。

- 按钮：主要用于预览模拟的方式。
- 插入 按钮：主要用于设置模拟运动的帧数。
- 修改 按钮：主要用于修改已设置的相关运动帧数。
- 跳至 按钮：主要用于跳过当前设置的运动帧数。

08 选中目录树中的“演示模拟”节点，单击“动画”工具栏中的“生成视频”按钮，弹出“播放器”和“视频生成”对话框，如图 18-101 所示。

09 单击“播放器”对话框中的“向前播放”按钮，播放已制作的模拟仿真运动过程。

10 设置播放参数。单击“播放器”对话框中的“参数”按钮，弹出“播放器参数”对话框，按如图 18-102 所示设置播放参数。

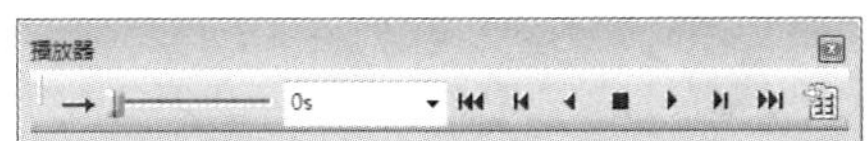

图 18-101

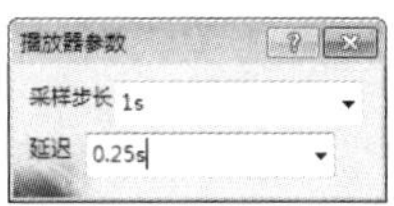

图 18-102

11 单击“视频生成”对话框中的“设置”按钮 设置 ，弹出 Choose Compressor 对话框，使用系统默认的视频压缩参数即可，单击“确定”按钮退出该对话框，如图 18-103 所示。

12 单击“视频生成”对话框中的“文件名”按钮 文件名... ，弹出“另存为”对话框，设置好视频文件的保存路径和文件名称，单击“确定”按钮完成视频文件的制作。

18.7.4 实战案例——M41 步枪渲染

引入文件：M41.CATProduct

结果文件：动手操作 \ 结果文件 \Ch18\M41.CATProduct

视频文件：视频 \Ch18\ M41 步枪渲染 .avi

本节以一个军工产品——M41 步枪渲染演示实例，详解产品在 CATIA 系统中的实时渲染过程。在本实例的渲染过程中，将应用系统中已有的各种材料对 M41 步枪的各个零部件进行材质的渲染，最终效果如图 18-104 所示。

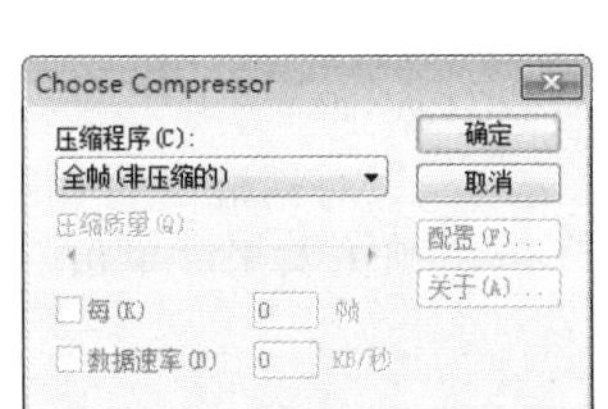

图 18-103

图 18-104

操作步骤

01 打开素材文件 M41.CATProduct。

02 执行“开始”|“基础结构”|“实时渲染”命令，进入实时渲染平台。

03 执行“视图”|“渲染样式”|“自定义视图”命令，弹出“视图模式自定义”对话框，选中“着色”和“材料”选项，单击“确定”按钮完成视图模式自定义。

04 执行“视图”|“渲染样式”|“含材料着色”命令，以便图形渲染后能实时显示在图形窗口中。

05 选中目录树中的 QIANGTUO 零部件作为材质应用的实体零件。

06 单击“应用材料”工具栏中的“应用材料”按钮，单击“库”对话框中的 Wood 选项卡，选择 Bright Oak 材料为零件的附着材质，单击“应用材料”按钮预览效果，单击“确定”按钮完成零件的材料应用，如图 18-105 所示。

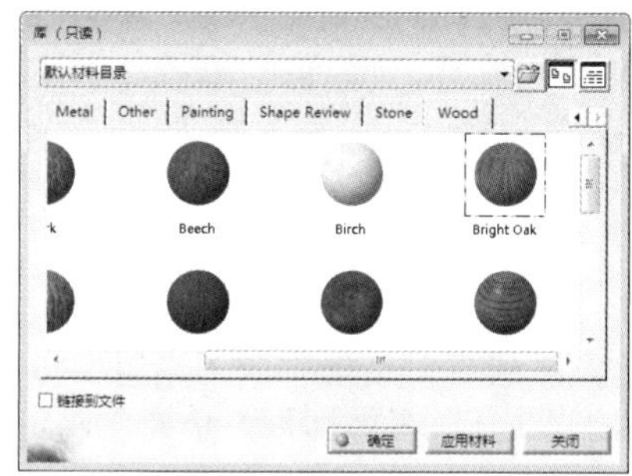

图 18-105

07 选中目录树中的 SHOUBA 零部件作为材质应用的实体零件。

08 单击“应用材料”工具栏中的“应用材料”按钮；单击“库”对话框中的 Wood 选项卡，选择 Wild Cherry 材料为零件的附着材质，单击“应用材料”按钮预览效果，单击“确定”按钮完成零件的材料应用，如图 18-106 所示。

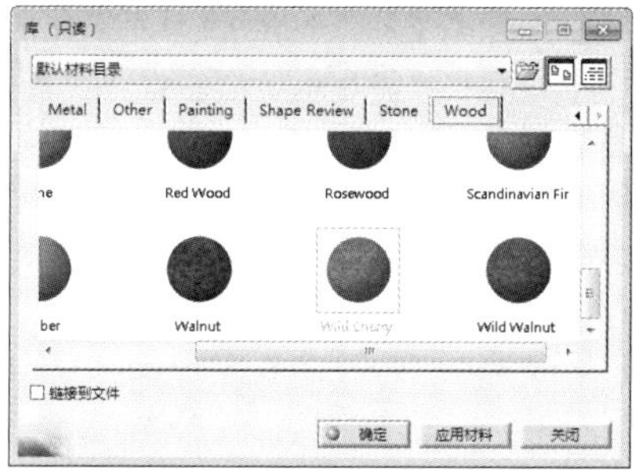

图 18-106

09 选中目录树中的 DANJIA、QIANGTUO22、QIANGGUAN、MIAOZHUNZHIZUO、SANREGUAN、GUANTAO、LIANJIETAO 和 SHANGGAI 零部件作为材质应用的实体零件。

10 单击“应用材料”工具栏中的“应用材料”按钮，单击“库”对话框中的 Metal 选项卡，选择 Aluminium 材料为零件的附着材质，单击“应用材料”按钮预览效果，单击“确定”按钮完成零件的材料应用，如图 18-107 所示。

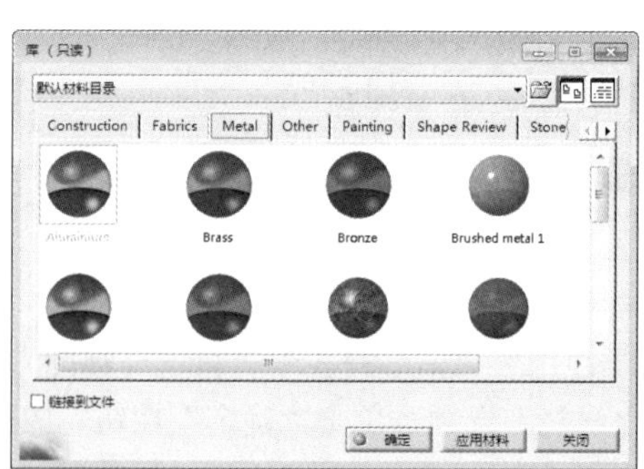

图 18-107

11 选中目录树中的 ZHUTI1 零部件作为材质应用的实体零件。

12 单击“应用材料”工具栏中的“应用材料”按钮；单击“库”对话框中的 Metal 选项卡，选择 Gold 材料为零件的附着材质，单击“应用材料”按钮预览效果，单击“确定”按钮完成零件的材料应用，如图 18-108 所示。

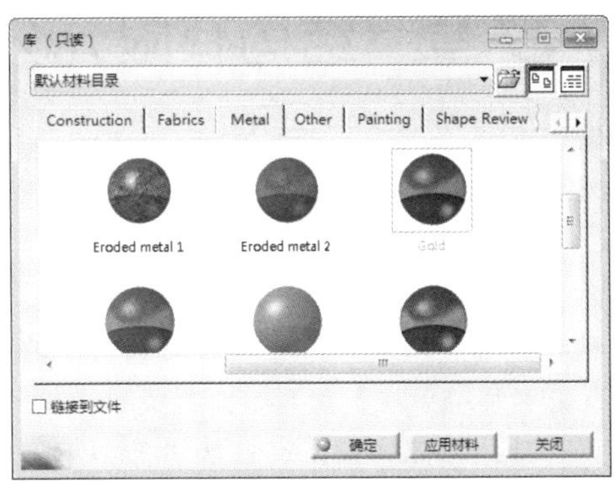

图 18-108

18.8 课后习题

本章主要介绍了 CATIA V5-6R2017 的曲面优化与渲染方法和技巧，详细讲解了曲面的各种变形等操作、材料应用、场景编辑和动画制作等操作技巧。

1. 利用 CATIA 渲染挖掘机

为巩固本章所学的曲面优化与渲染方法和技巧，特安排了如图 18-109 所示的习题供读者思考练习。

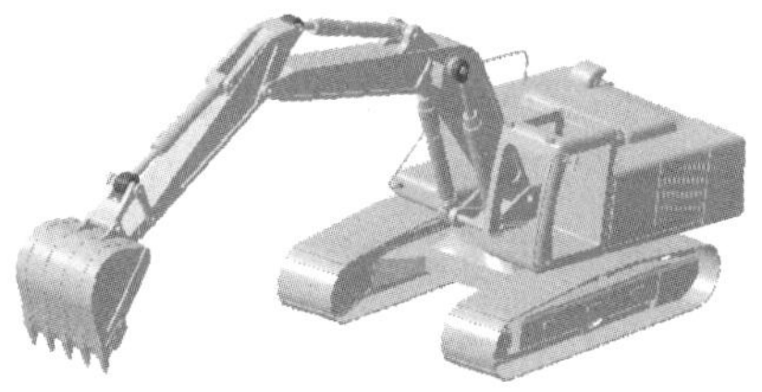

图 18-109

2. 利用 KeyShot 渲染徕卡相机

利用 KeyShot 7.0 对徕卡相机进行渲染，效果图如图 18-110 所示。

图 18-110

第 19 章 结构有限元分析

新颖的创意和细致的结构设计是良好工程设计的前提，深入的工程分析则能提前预测工程设计的性能和瑕疵所在，所以，工程设计中的一项重要工作是计算零部件和装配件的强度、刚度及其动态特性，从而得出所设计的产品是否满足工程需求，常用的分析方法是有限元法（Finite Element Method）。

本章将主要介绍CATIA的高级网格化工具与基本结构分析模块在机械结构设计中的分析应用。

- CATIA有限元分析概述
- 传动装置装配体静态分析
- 曲柄连杆零件静态分析

19.1 CATIA 有限元分析概述

有限元分析的基本概念是用较简单的问题代替复杂问题后再求解。有限元法的基本思路可以归结为："化整为零，积零为整"。它将求解域看成是由有限个称为"单元"的互连子域组成，对每一个单元设定一个合适的近似解，然后推导出求解这个总域的满足条件（如结构的平衡条件），从而得到问题的解。这个解不是准确解而是近似解，因为实际问题被较简单的问题所代替。由于大多数实际问题难以得到准确解，而有限元不仅计算精度高，而且能够适应各种复杂形状，因而成为行之有效的工程分析手段，甚至成为CAE的代名词。

19.1.1 有限元法概述

有限元法（Finite Element Method，FEM）是随着计算机的发展而迅速发展起来的一种现代计算方法，是一种求解关于场问题的一系列偏微分方程的数值方法。

在机械工程中，有限元法已经作为一种常用的方法被广泛使用。凡是计算零部件的应力、变形和进行动态响应计算及稳定性分析等都可用有限元法。如齿轮、轴、滚动轴承及箱体的应力、变形计算和动态响应计算，分析滑动轴承中的润滑问题，焊接中残余应力及金属成型中的变形分析等。

有限元法的计算步骤归纳为三个基本步骤：网格划分、单元分析和整体分析。

1. 网格划分

有限元法的基本做法是用有限个单元体的集合来代替原有的连续体。因此，首先要对弹性体进行必要的简化，再将弹性体划分为有限个单元组成的离散体，单元之间通过节点相连接。由节点、节点连线和单元构成的集合称为“网格”。

通常把3D实体划分成四面体单元(4节点)或六面体单元(8节点)的实体网格，如图19-1所示。平面划分成三角形单元或四边形单元的面网格，如图19-2所示。

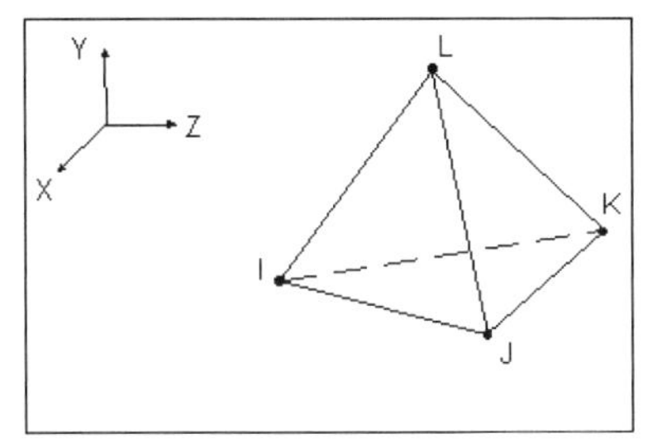

四面体4节点单元

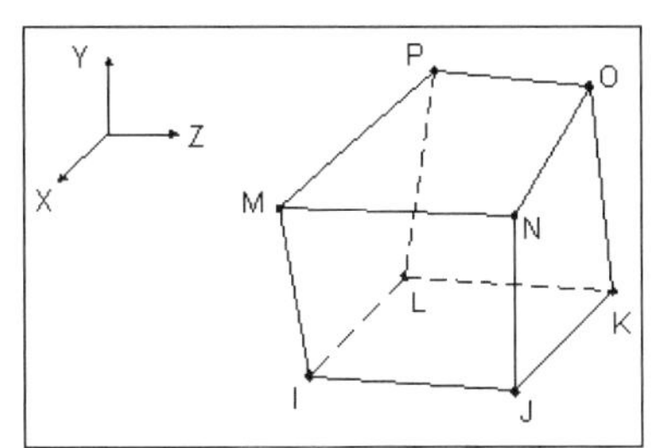

六面体8节点单元

图19-1

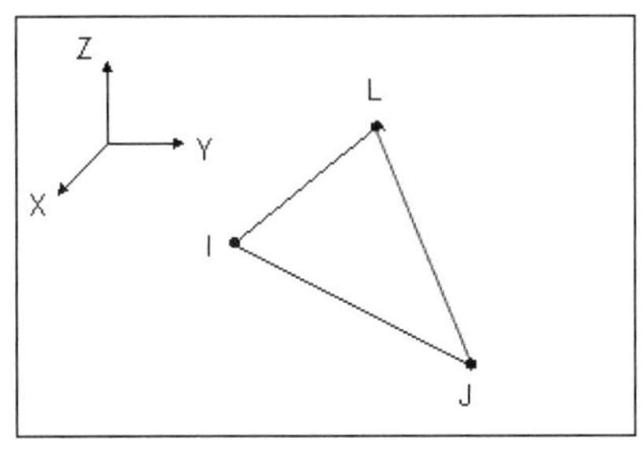

平面三角形单元

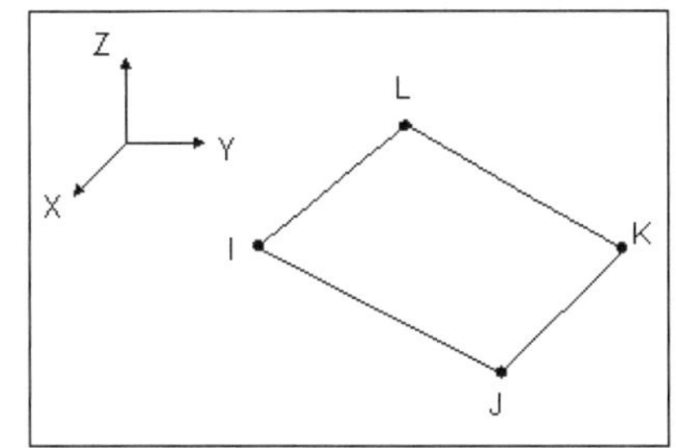

平面四边形单元

图19-2

2. 单元分析

对于弹性力学问题，单元分析就是建立各个单元的节点位移和节点力之间的关系式。

由于将单元的节点位移作为基本变量，进行单元分析首先要为单元内部的位移确定一个近似表达式，然后计算单元的应变、应力，再建立单元中节点力与节点位移的关系式。

以平面三角形3节点单元为例，如图19-3所示，单元有3个节点 I、J、M，每个节点有两个位移 u、v 和两个节点力 U、V。

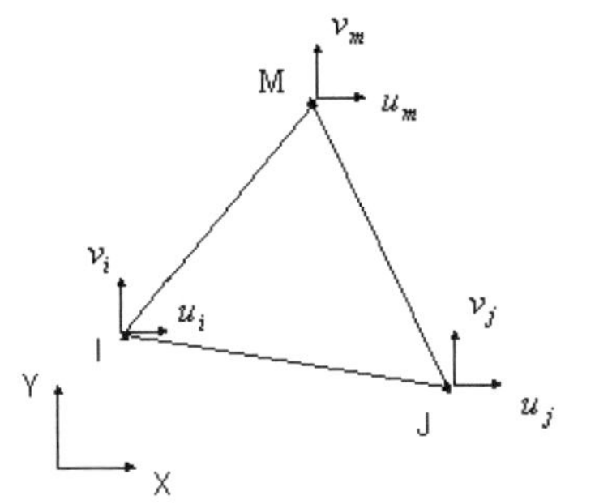

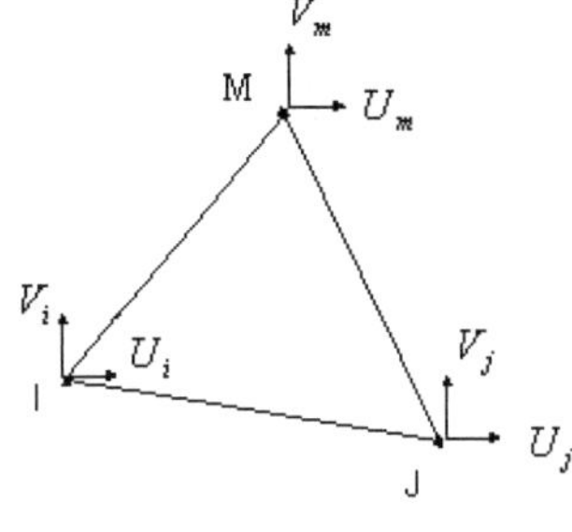

图19-3

单元的所有节点位移、节点力，可以表示为节点位移向量（vector）：

节点位移 $$\{\delta\}^e=\begin{Bmatrix}u_i\\v_i\\u_j\\v_j\\u_m\\v_m\end{Bmatrix}$$ 节点力 $$\{F\}^e=\begin{Bmatrix}U_i\\V_i\\U_j\\V_j\\U_m\\V_m\end{Bmatrix}$$

单元的节点位移和节点力之间的关系用张量（tensor）来表示（式 19-1）。

$$\{F\}^e=[K]^e\{\delta\}^e \tag{式 19-1}$$

3. 整体分析

对由各个单元组成的整体进行分析，建立节点外载荷与节点位移的关系，以解出节点位移，这个过程称为“整体分析”。同样以弹性力学的平面问题为例，如图 19-4 所示，在边界节点 i 上受到集中力 P_x^i,P_y^i 作用。节点 i 是 3 个单元的结合点，因此要把这三个单元在同一节点上的节点力汇集在一起建立平衡方程。

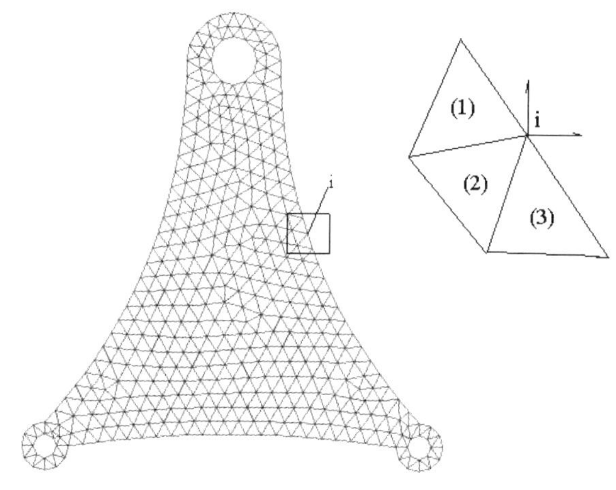

图 19-4

i 节点的节点力：

$$U_i^{(1)}+U_i^{(2)}+U_i^{(3)}=\sum_e U_i^{(e)}$$

$$V_i^{(1)}+V_i^{(2)}+V_i^{(3)}=\sum_e V_i^{(e)}$$

i 节点的平衡方程：

$$\left.\begin{aligned}\sum_e U_i^{(e)}=P_x^i\\ \sum_e V_i^{(e)}=P_y^i\end{aligned}\right\} \tag{式 19-2}$$

4. 等效应力（也称为 von Mises 应力）

由材料力学可知，反映应力状态的微元体上剪应力等于零的平面，定义为主平面。主平面的正应力定义为主应力。受力构件内任意一点，均存在 3 个互相垂直的主平面。3 个主应力用 σ1、σ2 和 σ3 表示，且按代数值排列即 σ1>σ2>σ3。von Mises 应力可以表示为：

$$\sigma=\sqrt{0.5[(\sigma 1-\sigma 2)^2+(\sigma 2-\sigma 3)^2+(\sigma 3-\sigma 1)^2]}$$

在 Simulation 中，主应力被记为 *P*1、*P*2 和 *P*3，如图 19-5 所示。在大多数情况下，使用 von Mises 应力作为应力度量。因为 von Mises 应力可以很好地描述许多工程材料的结构安全弹塑性性质。*P*1 应力通常是拉应力，用来评估脆性材料零件的应力结果。对于脆性材料，*P*1 应力较 von Mises 应力更恰当地评估其安全性。*P*3 应力通常用来评估压应力或接触压力。

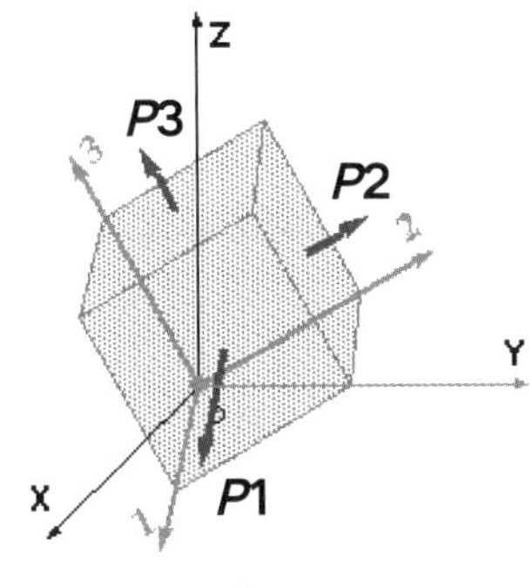

图 19-5

Simulation 程序使用 von Mises 屈服准则计算不同点处的安全系数，该标准规定当等效应力达到材料的屈服力时，材料开始屈服。程序通过在任意点处将屈服力除以 von Mises 应力而计算该处的安全系数。

安全系数值的解释如下。

- 某位置的安全系数小于 1.0，表示此位置的材料已屈服，设计不安全。
- 某位置的安全系数等于 1.0，表示此位置的材料刚开始屈服。
- 某位置的安全系数大于 1.0，表示此位置的材料没有屈服。

5. 在机械工程领域内可用有限元法解决的问题

（1）包括杆、梁、板、壳、3D 块体、2D 平面、管道等各种单元的各种复杂结构的静力分析。

（2）各种复杂结构的动力分析，包括频率、振型和动力响应计算。

（3）整机（如水压机、汽车、发电机、泵、机床）的静、动力分析。

（4）工程结构和机械零部件的弹塑性应力分析及大变形分析。

（5）工程结构和机械零件的热弹性蠕变、黏弹性、黏塑性分析。

（6）大型工程机械轴承油膜计算等。

19.1.2　CATIA 有限元分析模块简介

在机械设计中，一个重要的步骤就是校核结构的强度，以便改进设计，有时还需要了解结构的一些动态特性，例如频率特性、振型等，这些都离不开工程分析，CATIA 的工程分析模块为用户提供了一个强大、实用而且易用的工程分析环境。

CATIA 有限元分析流程如下。

（1）模型简化处理。

（2）指定材料。

（3）网格划分（包括简易网格划分与高级网格划分）。

（4）定义约束。

（5）定义载荷。

（6）求解运算。

（7）结果显示。

CATIA 有限元分析模块包括高级网格化工具模块和基本结构分析模块。在结构有限元分析流程中仅涉及基本结构分析模块，当面对的模型是曲面或比较复杂的零件时，可以进入高级网格划分模块进行网格精细划分。

1. 高级网格划分模块

执行“开始”|“分析与模拟”|“高级网格化工具”命令，进入高级网格划分的工作环境，如图 19-6 所示。

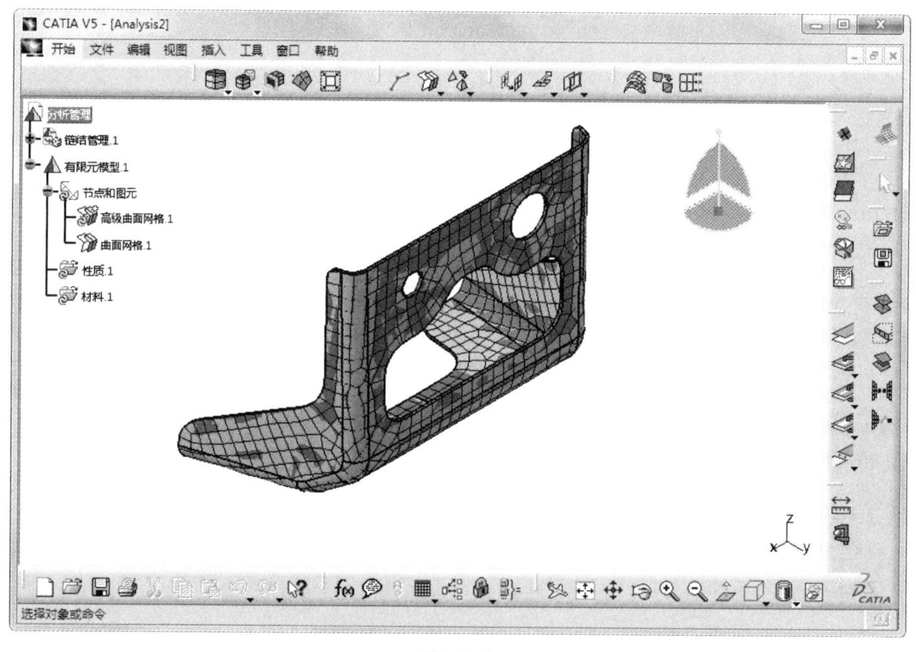

图 19-6

2. 基本结构分析模块

如果是结构相对简单的零件，可以直接进入基本结构分析模块进行有限元分析。执行“开始”|“分析和模拟”|“基本结构分析”命令，进入基本结构分析工作界面，如图 19-7 所示。

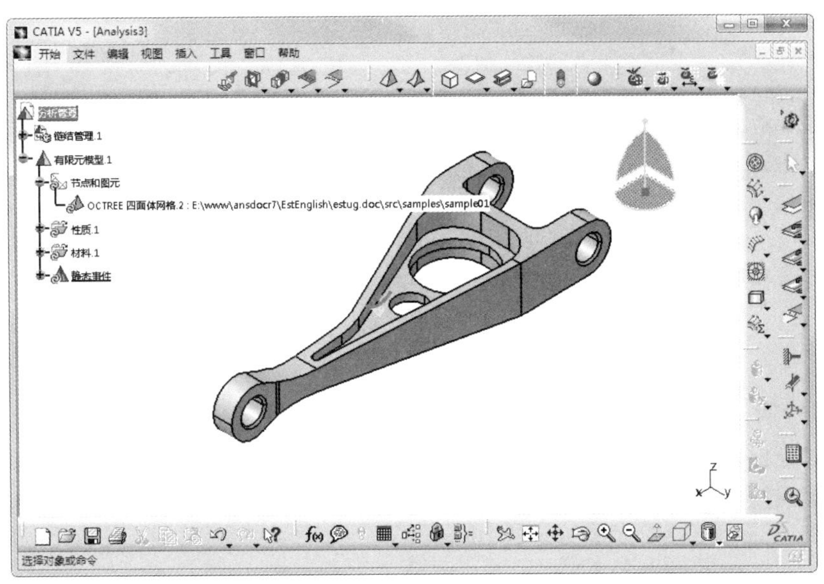

图 19-7

19.1.3 CATIA 分析类型

在 CATIA V5-6R2017 软件的有限元分析模块中，系统提供了 3 种有限元分析类型：静态分析、频率分析和自由频率分析。其中，频率分析和自由频率分析合并称为“动态分析”。

1. 静态分析

静态分析主要用于分析零部件在一定约束和载荷作用下的静力学应力应变。当载荷作用于物体表面上时，物体发生变形，载荷的作用将传到整个物体。外部载荷会引起内力和反作用力，使物体进入平衡状态，如图 19-8 所示为某托架零件的静态应力分析效果。

静态分析有两个假设，具体如下。

- 静态假设。所有载荷被缓慢且逐渐应用，直到它们达到其完全量值。在达到完全量值后，载荷保持不变（不随时间变化）。
- 线性假设。载荷和所引起的反应力之间的关系是线性的。例如，如果将载荷加倍，模型的反应（位移、应变及应力）也将加倍。

2. 频率分析

频率分析用于分析模型的频率特性和模态。

每个结构都有以特定频率振动的趋势，这一频率也称作“自然频率”或“共振频率”。每个自然频率都与模型以该频率振动时趋向于呈现的特定形状相关，称为“模式形状”。

当结构被频率与其自然频率一致的动态载荷正常刺激时，会承受较大的位移和应力。这种现象就称为“共振”。对于无阻尼的系统，共振在理论上会导致无穷的运动。但阻尼会限制结构因共振载荷而产生的反应，如图 19-9 为某轴装配体的频率分析。

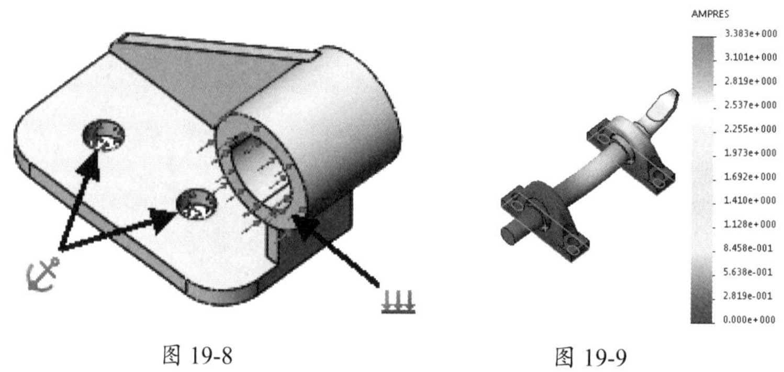

图 19-8　　　　图 19-9

3. 自由频率分析

自由频率分析和频率分析都属于动态分析。自由频率分析类型中对物体没有任何约束，而频率分析中需要在物体上施加一定的约束。

19.2 结构分析案例

在接下来的有限元分析流程中，以在基本结构分析模块中进行结构分析的几个案例为导线，逐一介绍结构分析的相关功能指令。鉴于篇幅的限制，各分析工具指令就不作介绍了。

19.2.1 传动装置装配体静态分析

引入文件：实例 \ 源文件 \Ch19\19-2.CATPart

结果文件：实例 \ 结果 \Ch19\Analysis1.CATAnalysis

视频文件：视频 \Ch19\ 传动装置装配体静态分析 .avi

如图 19-10 所示的传动装置装配体上包含 6 个零部件：基座、皮带轮、传动轴、法兰和两个螺栓。基座上的两个螺栓孔是预留给虚拟螺栓 Virtual Bolt Tightening 的，传动轴端右侧过盈安装皮带轮。

整个装配体各部件的材料指定如下。

- 基座和螺栓的材料为 iron（碳钢）。
- 皮带轮的材料为 Steel（钢）。
- 传动轴的材料为 Bronze（青铜）。

1. 准备模型

01 打开本例练习装配体文件 19-1.CATProduct。

02 执行“开始”|“分析与模拟”|“基本结构分析”命令，弹出“新分析情况”对话框。

03 选择“静态分析”类型后单击“确定”按钮，进入基本结构分析工作环境中，如图 19-11 所示。

04 从图 19-12 可以看出，已在传动装置装配体中定义了一系列约束，在接下来的创建分析连接特性过程中可以利用这些约束，也可以重新创建连接关系，然后利用连接关系创建连接特性。

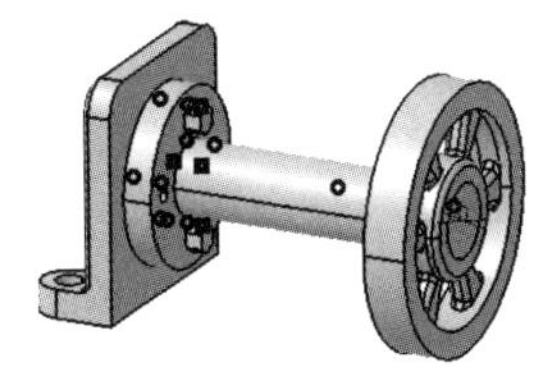

图 19-10

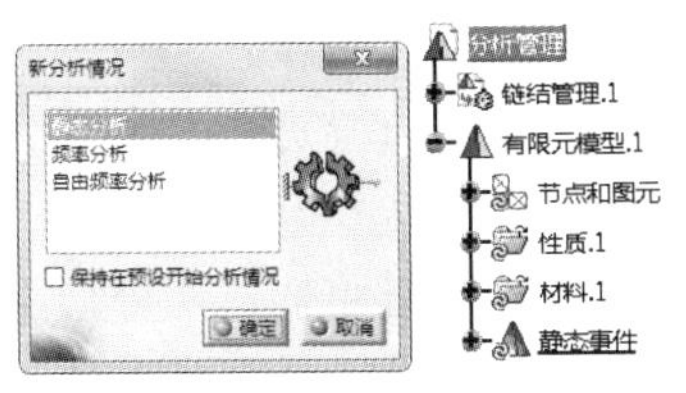

图 19-11

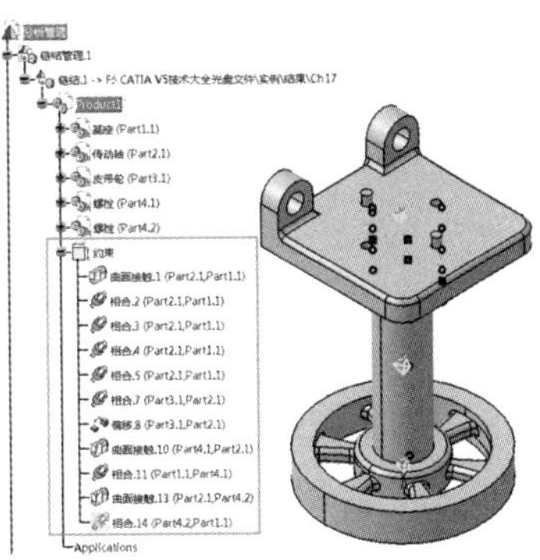

图 19-12

2. 设置材料

本例源文件的装配体模型中，已经对各个部件设置了材料属性。在装配结构树中的“有限元模型 .1”|“材料 .1”节点下双击“材料 .1”“材料 .2”“材料 .3”“材料 .4”和“材料 .5”材质球，可以查看材料设置情况。

3. 创建分析连接和连接性质

分析连接不能直接用于有限元分析，分析连接的创建是为定义连接特性做准备，零件之间的连接关系通常可为如下两种。

- 装配体中建立的约束关系。
- 利用“分析依附”工具栏中的工具所建立的连接关系。

零件之间的连接关系只能说明在装配体中存在的位置关系，必须将这些连接关系转化为有限元所能接受的连接性质，才能进行结构分析。“分析依附”工具栏如图 19-13 所示；“连接性质”工具栏如图 19-14 所示。

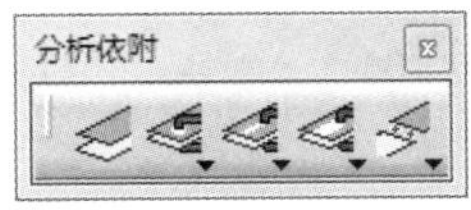

图 19-13

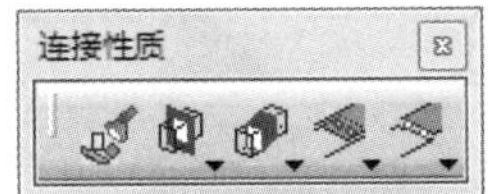

图 19-14

“分析依附”工具栏中各工具命令的含义如下。

- 一般分析连接：允许点、边、表面和机械特征之间的连接。
- 点分析连接：允许连接曲面并选择一个包含点的开放体。
- 单一零件内点分析连接：允许连接一个表面并选择一个包含点的开放体。
- 线分析连接：允许表面连接和选择包含线条的一个开放体。
- 单一零件内线分析连接：允许连接一个表面并选择一个包含线的开放体。
- 曲面分析连接：允许连接表面。
- 单一零件内曲面分析连接：允许连接一个表面。
- 点至点分析连接：允许连接两个子网格。
- 点分析界面：创建点分析界面，此功能仅适用于装配结构分析产品。

“连接性质”工具栏中各工具命令的含义如下。

- Find Interactions：找出相互连接的关系。

- 滑动连接：在正常方向上将物体固定在它们的共同界面处，同时允许它们在切线方向上相对于彼此滑动。
- 接触连接：防止物体在共同界面处相互穿透。
- 系紧连接：在它们的共同界面处将身体紧固在一起。
- 系紧弹簧连接：在两个面之间创建弹性链接。
- 压配连接：防止物体在共同界面处相互穿透。
- 螺栓锁紧连接：防止物体在共同界面处相互穿透。
- 刚性连接：在两个物体之间创建一个连接，这两个物体在它们的公共边界处被加固并固定在一起，并且表现得好像它们的界面是无限刚性的。
- 光顺连接：在两个主体之间创建一个连接，这两个主体在它们的公共边界处固定在一起，并且其行为大致就像它们的界面是柔软的一样。
- 虚拟螺栓锁紧连接：考虑螺栓拧紧组件中的预张力，其中不包括螺栓。
- 虚拟弹簧螺栓锁紧连接：指定已组装系统中的实体之间的边界交互。
- 用户定义距离连接：指定远程连接中包含的元素类型及其关联属性。
- 点焊连接：使用分析焊点连接在两个实体之间创建链接。
- 缝焊连接：使用分析缝焊连接在两个实体之间创建链接。
- 曲面焊接连接：使用分析曲面焊接连接在两个实体之间创建连接。
- 节点至节点连接：使用点到点分析连接在两个实体之间创建连接。
- 节点接口性质：使用点接口连接在两个实体之间创建链接。

（1）首先创建基座与传动轴之间的接触连接属性。

01 在“连接性质”工具栏中单击“接触连接”按钮，弹出“接触连接”对话框。

02 在装配结构树中的“链结管理 .1”|“链结 .1”|Product1|“约束”层级子节点下选择“曲面接触 .1（Part2.1, Part1.1）”约束作为依附对象，单击“确定”按钮完成接触连接的定义，如图 19-15 所示。

图 19-15

（2）在基座、法兰与螺栓之间创建接触连接。

提示

螺栓与底座之间的连接特性定义，不仅需要通过螺栓连接来限定两者之间的轴向绑定，还需要定义螺栓与法兰面之间的接触连接来限定螺栓与轴端法兰轴向不能滑动，螺栓外圆面与法兰孔面之间的接触特性来限定两者之间圆周方向不会滑动；而这两个接触特性的定义需要用到约束或者连接关系，在装配件设计过程中，没有定义螺栓外圆面与法兰孔面之间的接触约束（只定义了轴线重合），这样就需要先利用“一般分析连接”创建二者之间的通用连接。

01 暂时隐藏基座部件。在“分析依附”工具栏中单击“一般分析连接”按钮，弹出“一般分析连接”对话框，选择一个螺栓的外圆面作为第一个部件，再选择法兰孔内圆面作为第二部件，单击“确定”按钮完成分析连接的创建，如图 19-16 所示。同理将另一个螺栓与法兰孔进行分析连接创建。

操作技巧

创建分析连接过程中，“第一个部件”选择的是螺栓外圆面，“第二个部件”选择的是螺栓与孔配合的孔内圆面。如果法兰孔的内圆面不好选取，可以右击，在弹出的快捷菜单中选择“隐藏/显示”选项，将螺栓暂时隐藏。

02 单击“接触连接”按钮，弹出“接触连接”对话框。选择刚才创建的一般分析连接作为依附对象，单击“确定”按钮完成接触连接的创建。同理，再选择另一个一般分析连接作为依附对象来创建接触连接，结果如图 19-17 所示。

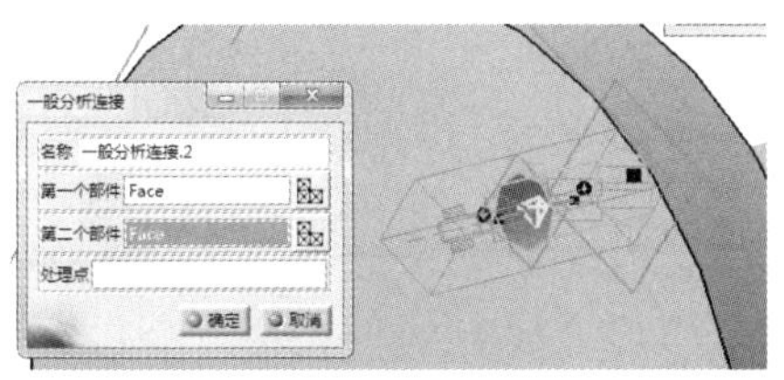

图 19-16

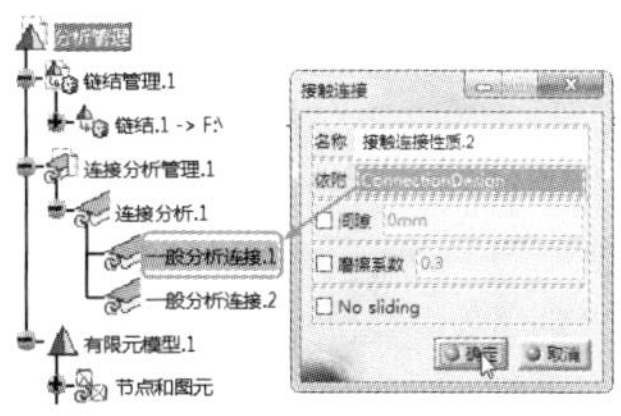

图 19-17

03 依次选择装配结构树中“约束”节点下的“曲面接触 .10”和“曲面接触 .13”两个约束，分别创建两个接触连接，如图 19-18 所示。

04 单击“螺栓锁紧连接”按钮，弹出“螺栓锁紧连接性质”对话框。选择“相合 .14”约束作为依附对象，输入“锁紧力”的值为 300N，创建第 1 个螺栓锁紧连接。同理，再选择“相合 .11”作为依附对象来创建第 2 个螺栓锁紧连接，如图 19-19 所示。

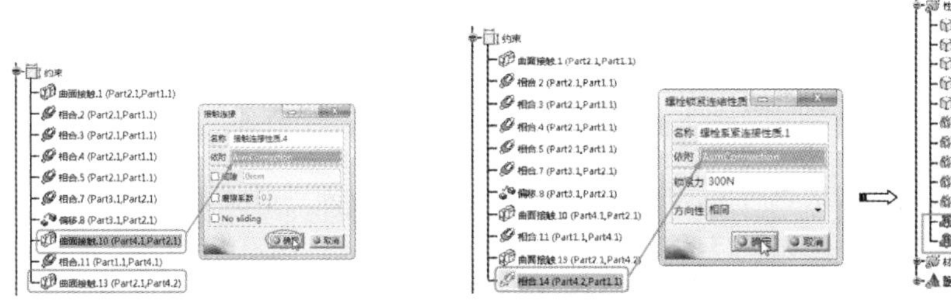

图 19-18　　图 19-19

05 还有两个螺栓孔，用法兰与底座之间的虚拟螺栓紧定连接定义。单击“螺栓锁紧连接”按钮，弹出“螺栓锁紧连接性质”对话框。在装配结构树的“约束”节点下选择“相合 .3”约束作为依附对象，输入“锁紧力”的值为 300N，单击“确定”按钮完成第 3 个螺栓锁紧连接的创建，如图 19-20 所示。同理，再选择“相合 .4”约束作为依附对象，创建第 4 个螺栓锁紧连接，如图 19-21 所示。

（3）创建传动轴和皮带轮之间过盈连接。

01 在“连接性质”工具栏中单击“压配连接”按钮，弹出“压配连结性质”对话框。在装配结构树中的“约束”节点下选择“相合 .7”约束作为依附对象，输入“重叠”值为 0.3mm，单击“确定”按钮创建压配连接，如图 19-22 所示。

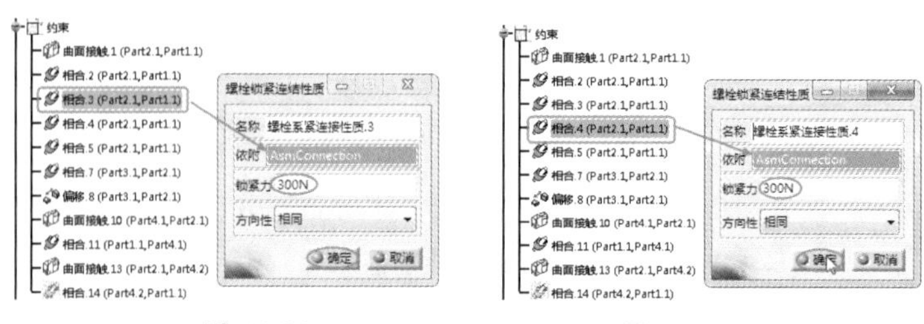

图 19-20　　图 19-21

4. 约束定义

约束与载荷称为“边界条件”，通过约束限定左侧基座的六个自由度。

01 在“抑制”工具栏中单击“滑动曲面”按钮，弹出“曲面滑块”对话框。

02 选择基座上的两个孔圆面作为依附对象，创建曲面滑块限制，如图 19-23 所示。

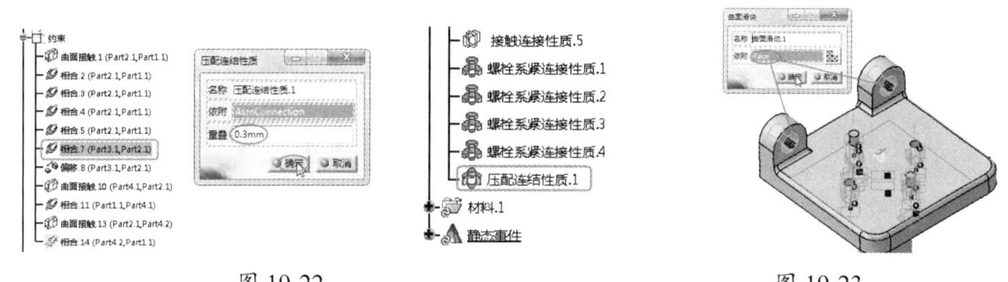

图 19-22　　图 19-23

03 单击“用户定义限制”按钮，弹出“用户定义抑制”对话框，选择基座底部面作为依附对象，仅选中“抑制平移 2”复选框（意思是限制 *Y* 方向的平移自由度），单击“确定”按钮完成自由度的限制操作，如图 19-24 所示。

5. 施加载荷

所有载荷全部添加于皮带轮零件，其承受扭矩和轴向力。

01 在“负载”工具栏中单击“均布力”按钮旁的下三角按钮，展开“力量”工具栏。单击“力矩”按钮，弹出“力矩”对话框。

02 选择皮带轮外圆面作为依附对象，在“惯性向量”选项区的 Z 文本框中输入 300Nxm，单击“确定”按钮完成力矩的添加，如图 19-25 所示。

03 单击“均布力”按钮，弹出“均布力”对话框。选择皮带轮外圆面作为依附对象，设置 *Y* 方向的力为-200N，设置 *Z* 方向的力为-300N，单击“确定”按钮完成均布力的添加，如图 19-26 所示。

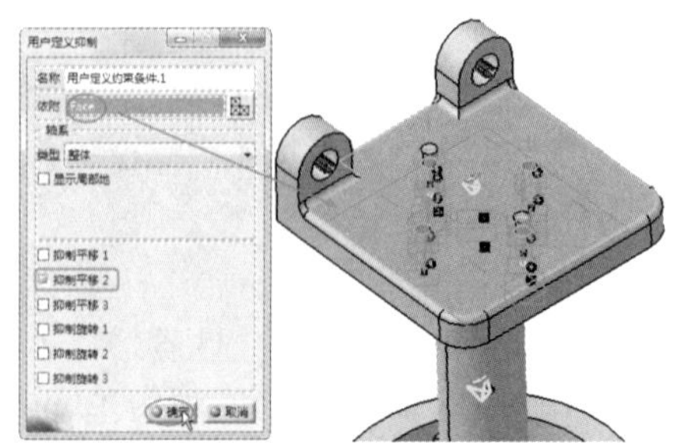

图 19-24

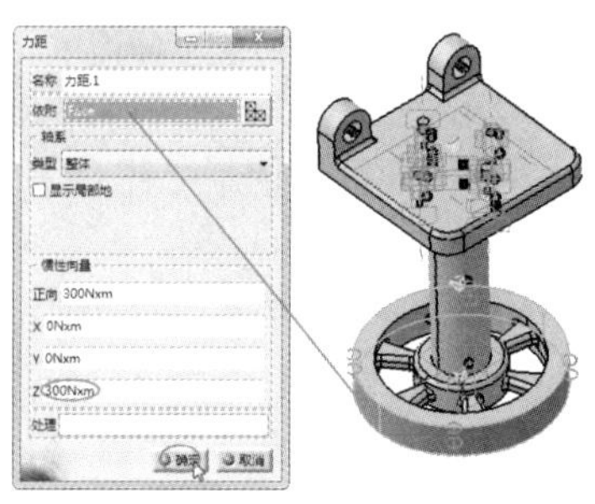

图 19-25

6. 运行结算器并查看分析结果

01 单击“计算”工具栏中的“计算”按钮，弹出“计算”对话框，单击“确定”按钮，系统开始运算并分析，如图 19-27 所示。

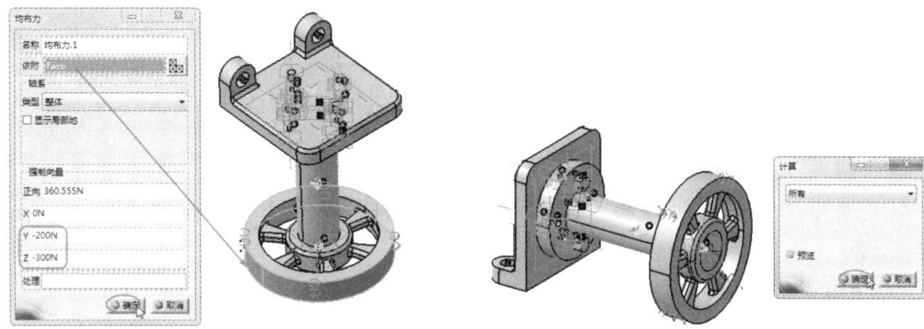

图 19-26　　图 19-27

02 经过一定时间分析计算之后，得到装配体的静态分析结果，可以单击“影响”工具栏中的“变形”“Von Mises 应力”和“位移”按钮等得到结果云图，帮助设计师获得精准的分析数据。

03 单击“变形”按钮，得到应力变形分析云图。在“有限元模型 .1”|“静态事件”|“静态事件解法 .1”节点下双击“Von Mises 应力文字 .1”，弹出“图像编辑”对话框。以“文字”形式来表达云图，可以很明显地看出整个装配体的应变主要集中在皮带轮与传动轴的接触位置，如图 19-28 所示。

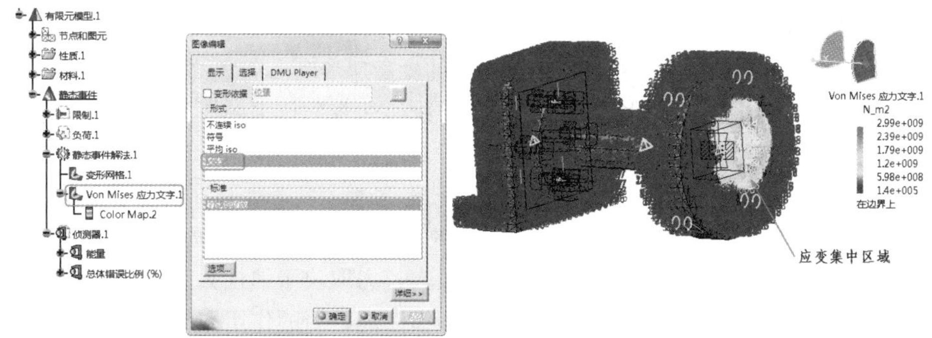

图 19-28

04 单击“Von Mises 应力”按钮，得到装配体的应力分别云图，如图 19-29 所示。同样可以看出应力也集中在皮带轮与传动轴的接触位置。

05 单击“位移”按钮，可以得到装配体中哪个部件产生了位移，结果显示基座上的一个螺栓脱离了螺孔，如图 19-30 所示。

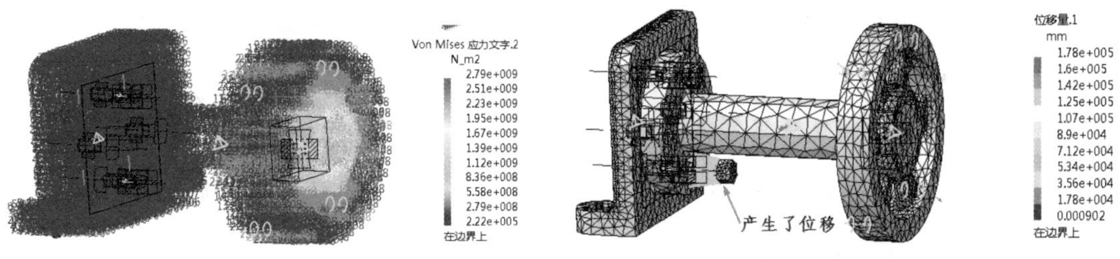

图 19-29　　图 19-30

06 至此，完成了传动装置装配体的静态分析，最后保存结果文件。

19.2.2 曲柄连杆零件静态分析

引入文件：实例 \ 源文件 \Ch19\shuihu.CATPart

结果文件：实例 \ 结果 \Ch19\19-2.CATPart

视频文件：视频 \Ch19\ 曲柄连杆零件静态分析 .avi

线性静力学分析用于确定由静态（稳态）载荷引起的结构或构件中的位移、应力、应变和力。这些负载如下。

- 外部施加的力量和压力。
- 稳态惯性力（重力和离心）。
- 强制（非零）位移。
- 温度（热应变）。

本例讨论设置和执行线性静态分析。完成本例后，应该了解线性静态分析的基础知识，并能够为线性静态解决方案准备模型。

要执行线性静态分析的模型如图 19-31 所示，这是工程机械中常见的轴承的曲柄连杆结构件杆身部分，其用途是将燃气作用在活塞顶上的压力，转换为曲轴旋转运动而对外输出动力。工作条件：最高温度 2500℃以上，材料为球磨铸铁 QT400。在 CATIA 材料库中将采用材料库中相对应的材料。

发动机连杆上连活塞销，下连曲轴。工作时，曲轴高速转动，活塞做高速直线运动，且连杆工作时，主要承受两种周期性变化的外力作用，一是经活塞顶传来的燃气爆发力，对连杆起压缩作用；二是活塞连杆组高速运动产生的惯性力，对连杆起拉伸作用，这两种力都在上止点附近发生。

连杆失效主要是拉、压疲劳断裂所致，所以通常分析连杆仅受最大拉力以及仅受最大压力两种危险工况下的应力和变形情况。具体分析时，最大拉力取决于惯性力，所以取最大转速时对应的离心惯性力加载；最大压力则根据燃气压力和惯性离心力的作用取标定工况或者最大扭矩工况。

曲柄连杆机构示意图如图 19-32 所示。

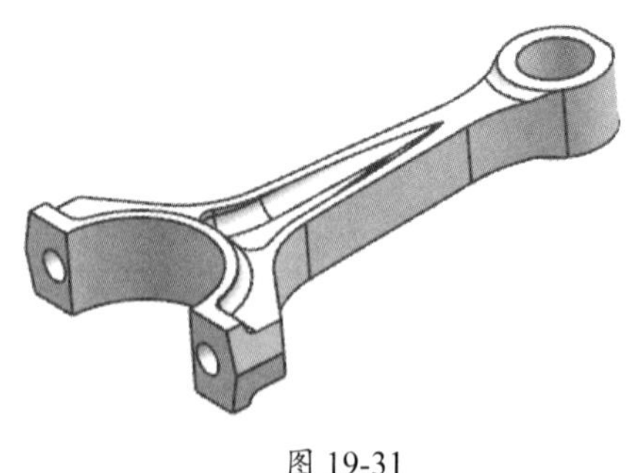

图 19-31

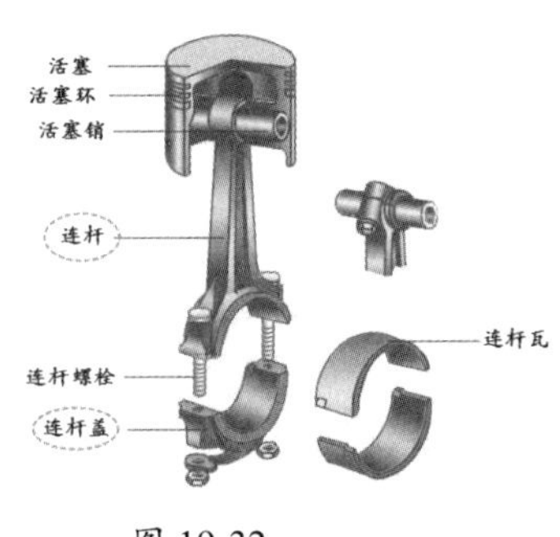

图 19-32

01 打开本例练习源文件 19-2.CATPart。

02 执行“开始”|“分析与模拟”|“基本结构分析”命令，弹出“新分析情况”对话框，如图

19-33 所示。选择“静态分析”类型后单击“确定”按钮，进入基本结构分析工作环境。

03 在装配结构树中的“有限元模型 .1”|“节点和图元”节点下双击“OCTREE 四面体网格 .1”网格，在弹出的“OCTREE 四面体网格”对话框中修改网格边长值（Size）为 5mm，单击“确定”按钮完成网格的参数设定，如图 19-34 所示。

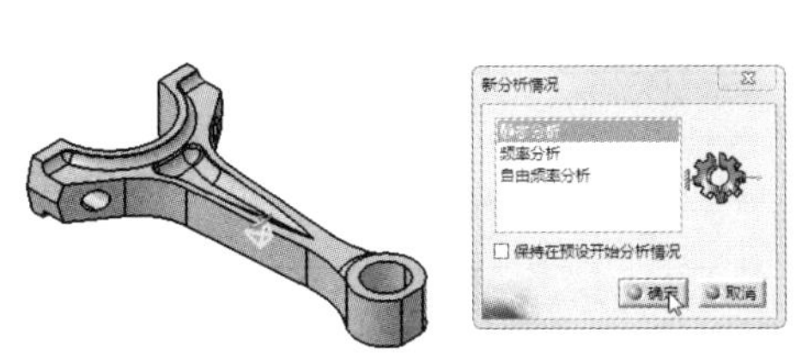

图 19-33

图 19-34

操作技巧

网格边长值越小，模型分析的精度就越高，但会增长分析时间。

04 在“模型管理者”工具栏中单击“User Material（用户材料）”按钮，弹出“库（只读）”对话框。在“Metal（钢）”选项卡中双击 Iron 材料，可以从弹出的“属性”对话框中按照国标金属材料的参数进行修改，如图 19-35 所示。

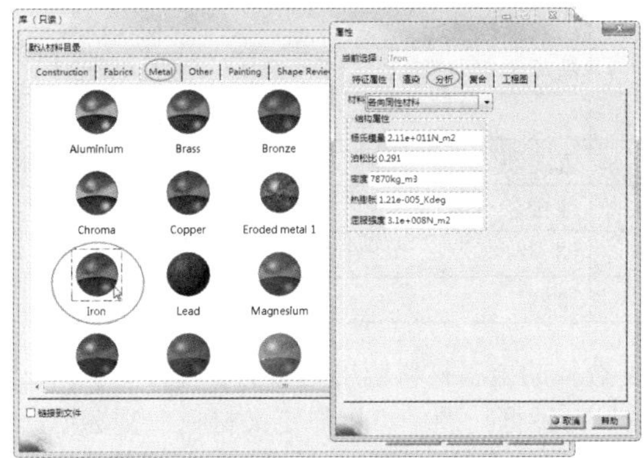

图 19-35

提示

表19-1中给出CATIA材料库中的部分金属名称与国内常用金属牌号对应表。

表 19-1　CATIA 材料库金属对应国内常用金属牌号

CATIA 材料库金属牌号	金属名称	对应的国内金属牌号
AISI_STEEL_1008-HR	淬硬优质参素结构钢	08
AISI_STEEL_4340	优质合金结构钢	40CrNiMoA
AISI_310_ss	耐热钢（不锈钢）	2Cr25Ni20；0Cr25Ni20
AISI_410_ss	耐热钢（不锈钢）	1Cr13；1Cr13Mo
Aluminum_2014	铝合金	2A14（新）LD10（旧）

续表

CATIA 材料库金属牌号	金属名称	对应的国内金属牌号
Aluminum_6061	铝合金	6061
Brass	黄铜	
Bronze	青铜	
Iron_ Malleable	可锻铸铁	KTH350-10
Iron_ Nodular	球墨铸铁	QT400-18、QT400-15
Iron_40	40 号碳钢（结构钢）	40
Iron_60	60 号碳钢（结构钢）	60
Steel-Rolled	轧钢	Q235A、Q235B、Q235C、Q235D
Steel	钢	
S/Steel_PH15-5	钼合金钢	
Titanium_ Alloy	钛合金	TC1
Tungsten	钨	YT15
Aluminum_5086	Al-Mg 系铝合金	
Copper_C10100	铜	
Iron_Cast_G25；ron_Cast_G60	铸铁	HT250；QT600-3
Magnesium_ Cast	镁合金铸铁	
AISI_SS_304-Annealed	304 不锈钢	0Cr19Ni9N
Titanium-Annealed	退火钛合金	TA2
AISI_ Steel_ Maraging	马氏体实效钢	16MnCr5
AISI_Steel_1005		05F
Inconel_718-Aged	沉淀硬化不锈钢	0Cr15Ni7Mo2Al
Titanium_Ti-6Al-4V	钛合金	TC4
Copper_C10100	铜	
ron_Cast_G40	铸钢	

05 单击“应用材料”按钮将选择的金属材料应用到曲柄连杆杆身上。在“性质.1”节点下双击“三维性质.1”弹出“3D 性质”对话框。选中“用户定义材料”复选框，然后选择“材料.1”节点下的“用户材料.1”材料，单击“确定”按钮完成材料的转换，此步骤非常关键，如图 19-36 所示。

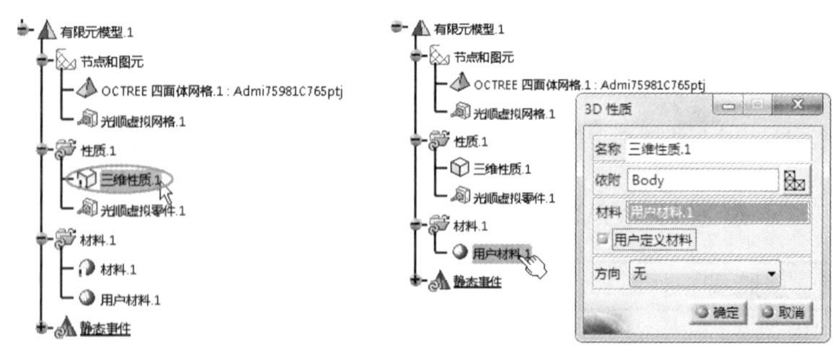

图 19-36

06 首先添加夹紧约束类型（因为曲柄连杆杆身与轴承是夹紧约束装配关系，连杆绕轴承旋转）。在“抑制”工具栏中单击“夹持”按钮，弹出“夹持”对话框。选择两个端面作为依附对象，单击“确定”按钮完成约束的添加，如图 19-37 所示。

07 在“抑制”工具栏中单击“用户定义抑制”按钮，选择半圆面作为依附对象，取消选中“抑制旋转 3”复选框，其余选项均选中，单击“确定”按钮完成用户定义的约束，如图 19-38 所示。

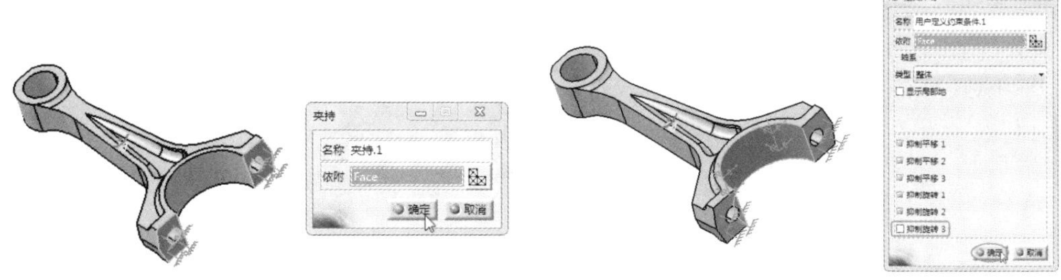

图 19-37　　　　图 19-38

08 将零部件设为编辑部件进入零件设计工作台，利用“参考元素”工具栏中的“直线”工具，创建一条轴线，如图 19-39 所示。

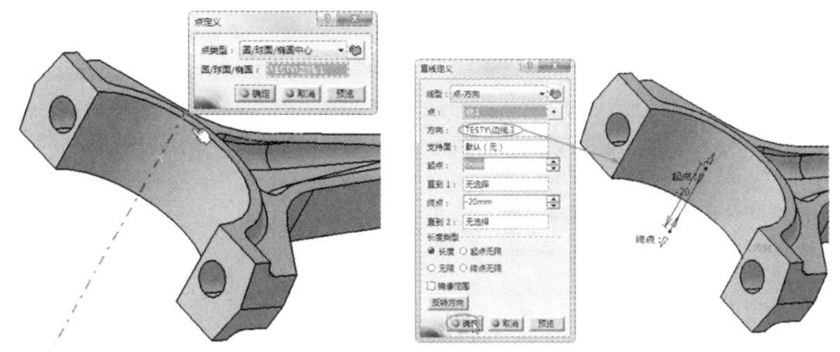

图 19-39

09 激活顶层节点“分析管理”，返回到基本结构分析环境。在“负载”工具栏中单击“加速度”按钮旁的下三角按钮，在展开的“本地运载”工具栏中单击“旋转”按钮，弹出“旋转力”对话框。选择整个零件作为“依附”对象，选择轴线作为“旋转轴”，输入“角速度”值为 5000turn_mn，单击“确定”按钮完成旋转力的添加，如图 19-40 所示。

10 接下来需要在连杆小头内孔建立柔性虚件。单击“虚拟零件”工具栏中的“光顺虚拟元件”按钮，弹出“平滑虚拟零件”对话框。

11 选择小头的内孔圆面作为依附对象，单击“确定”按钮完成虚拟零件的创建，如图 19-41 所示。

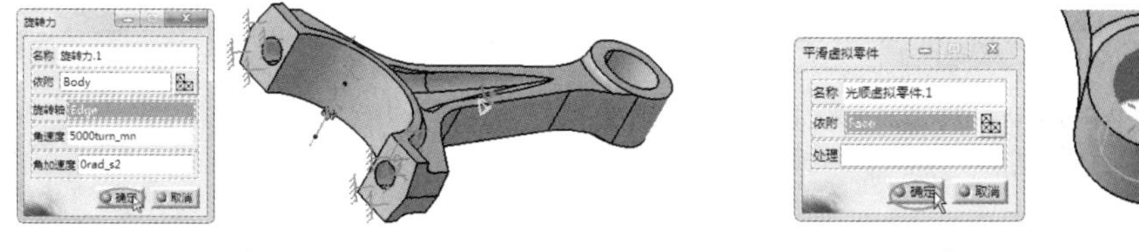

图 19-40　　　　图 19-41

12 再利用刚定义的柔性虚件添加活塞组的离心拉力。单击“均布力”按钮，弹出“均布力”对话框。在装配结构树中选择“性质 .1”节点下的“光顺虚拟零件 .1”作为依附对象，输入“正向”值为 30000N，单击“确定”按钮完成均布力的添加，如图 19-42 所示。

13 单击“计算”工具栏中的“计算”按钮，弹出“计算”对话框，单击“确定”按钮，系统开始运算并分析，如图 19-43 所示。经过一定时间的分析计算后，得到装配体的静态分析结果。

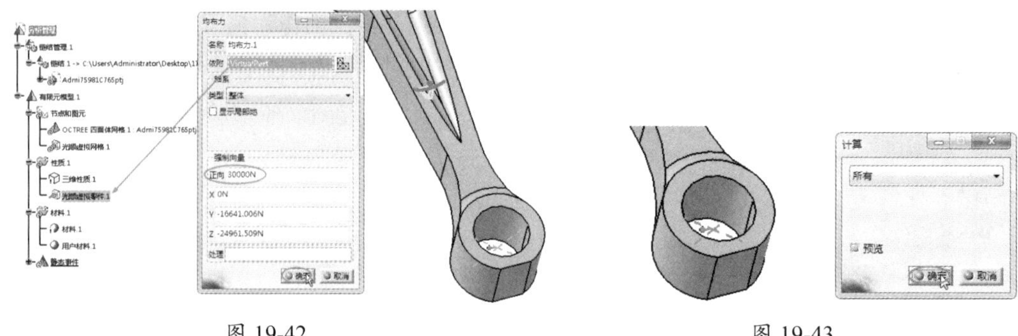

图 19-42　　　　图 19-43

14 单击“变形”按钮，得到应力变形分析云图。可以很明显看出整个零件的应力变形还是比较大的，如图 19-44 所示。

15 单击“Von Mises 应力”按钮，得到装配体的应力分别云图，如图 19-45 所示。可以看出应力最大的位置在连杆大头区域。

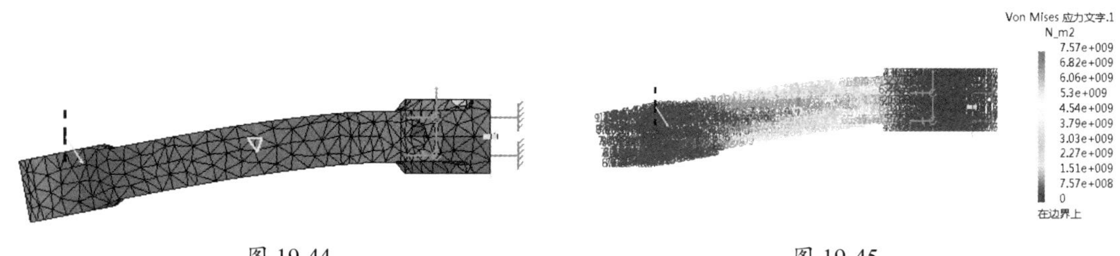

图 19-44　　　　图 19-45

16 单击“位移”按钮，可以得到连杆零件哪个部件产生了位移，结果显示左侧连杆产生的位移量最大，如图 19-46 所示。

图 19-46

17 至此，完成了曲柄连杆零件的静态分析，最后保存结果文件。

19.3 课后习题

对如图 19-47 所示的汽车发动机连杆做静态分析。

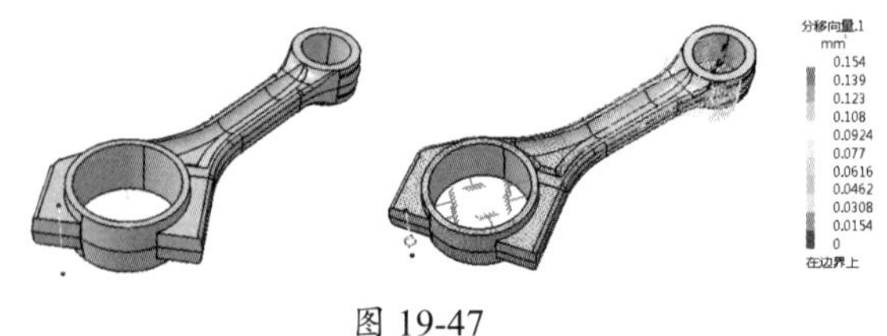

图 19-47

第 4 部分

第 20 章　产品外观造型综合案例

项目导读

本章将以各种实际产品为原型进行造型案例的拆分与讲解，主要运用了“创成式外形设计”和“零件设计”等基础设计平台构建产品的外观形状。

- 产品设计概述
- 杯子造型设计
- 手枪造型设计
- 圣诞帽造型设计
- 台灯造型设计
- 雨伞造型设计

20.1 产品设计概述

产品设计既不是一部分人理解的机械传动设计、电气产品的电子线路设计等工程设计，也不是有些人认作为的对产品的外型进行美化装饰。前者属于工程设计的范畴，旨在解决产品系统中物与物之间的关系；后者属于对产品的艺术加工，可以是艺术家的个人意愿的表现。

产品设计的领域很广，有很多内容与其他设计领域相重叠。如家具、电器等既是产品，又是室内环境设计的组成部分；如电话亭、公共候车亭等既是产品，也是室外环境设计的组成部分；如标志、包装等设计又涵盖了视觉传达设计的内容。美国著名设计师雷蒙德·罗维认为，产品设计的内容包括大到火车，小到口红的设计。

产品凝聚了材料、技术、生产、管理、需求、消费、审美，以及社会经济文化等各方面的因素，是特定时代、特定地域的科学技术水平、生活方式、审美情趣等诸多信息的载体。对于产品的正确理解，有助于把握产品设计的实质。

讨论产品设计离不开对使用者的讨论，可是一旦将人的因素加进来，容易使刚开始接触产品设计的人迷失方向。如若抛开人的因素不谈，单从产品本身来讲，产品的基本类型大致分为：

图 20-1

1. 具有全新功能的产品

如图 20-1 所示的椅子，它看起来很简洁，却蕴含着多种变化的可能性。这符合现代家具多功能、无限定、简约的特征。它不仅可以作为一把椅子使用，还可以作为小爬梯、储物架或者任何你能想到的方式来使用。

2. 具有全新形态的产品

如图 20-2 所示，这款室内自行车设计可供 3 人同时使用。它不使用时呈鸡蛋形，在下拉出席位时，踏板也跟着推出。外壳是由玻璃纤维制成，使整个设计轻巧、耐用。

3. 在现有功能上进行改进的产品

专供老年人或病人卧床喝水的杯子，设计中注重卧床者使用的功能因素，杯口的部分边缘向外凸出，便于人在卧床饮用时水流直接进入口中，避免握杯的手晃动时水流溢出。水杯把手在喝水口的正侧面，造型宽扁，并向后倾斜一定角度，使水杯更易于抓握，如图 20-3 所示。

下面的这款产品则是在传统插头外观的基础上进行了改进，把插头的中间部分设计成了一个圆环，在拔出插头时手指可以放在其中，这样在拔掉插头的时候就会非常方便、容易，设计师还在圆环内设计了一圈 LED 光环，可以让用户在夜间迅速找到它，并且很方便地拔下，如图 20-4 所示。

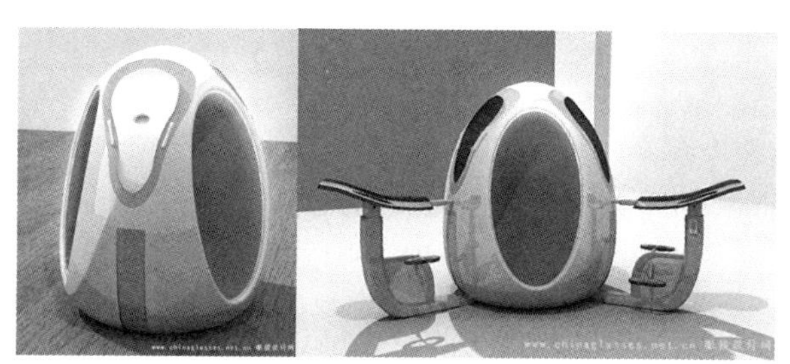

图 20-2

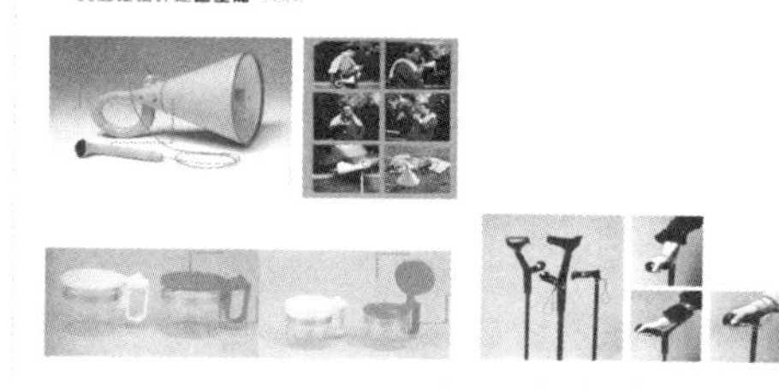

图 20-3

4. 具有新用途的现有产品

如图 20-5 所示的这款插座的工作方式就像电风扇的定时控制开关，可以设定电器的工作时间，不用的时候可以旋转插头把插座关闭锁住。它还提供非常方便的电流供应时间选择功能，如果电器本身没有设定工作时间的功能，那么，只要将它旋转到对应的时间即可，到时候它就会自动切断电源。

图 20-4

图 20-5

5. 具有附属功能的产品

如图 20-6 所示的第一张图中的 U 盘设计结合了数字存储功能和夹纸功能，非常适合办公环境；而第二款产品设计则为管道牙刷，它的中间有空隙，当牙膏用到最后阶段就可以直接用它来帮助挤牙膏，从而避免了浪费；第三个设计则是在茶几的腿部开口，使得可以用它来夹报纸、杂志。

图 20-6

6. 开辟新市场的产品

SWATCH 公司在 2008 年推出了两款奥运新品，一款以京剧脸谱作为灵感，两张鲜艳的红色脸谱图案贯穿整个表带，呈现出中国传统艺术所具有的平衡美与大气。另一款则以唐代青花瓷作为设计元素，不仅生动地绘制出中国传统的繁花、祥云、蝴蝶、羽翼和燕子等元素，更巧妙地结合奥运五环，将属于世界的盛典赋予清秀淡雅的中国气韵，如图 20-7 所示。

图 20-7

7. 改进式样的产品

外观造型是产品向消费者提供的第一个刺激信号，优秀的造型设计可以为一件产品的技术与价值带来提升，从而延长产品的寿命周期。因此，改进式样是企业实现产品更新的一种手段，如图 20-8 所示，别克君越和君威的造型变化，既能实现产品设计的差异化，又能保持产品系列的基本元素特征。

图 20-8

8. 降级产品

为了应对国际金融危机，带动工业生产，促进消费拉动内需，中国自 2009 年 2 月 1 日开始推广家电下乡工作，一些在城市销量不好的产品在乡下却是畅销品，农民朋友们也从中受益。此时对于乡镇地区来说，就是接受了一个降级产品。

去过日本的朋友都知道，在日本看过的一些最新产品，国内却没有销售。这是因为日本有一个不成文的规定，国内生产的最新产品，基本要在本国上市 3 年左右才可以出口到其他国家或地区。对于消费日本产品的其他区域来说，也是接受了降级产品。当然，降级产品没有好坏之分。

9. 具有全新生活形态的产品

现代社会，压力是每个人都要面对的问题。“心灵超市”的出现，使人们重新审视自己的生活状态。贴有各类标签的空容器，如“每天多点儒家思想”“暂停一下”“中庸”“如何放手”“安全感”等各种关于情感、社会等不同主题的标签，如图 20-9 所示。

图 20-9

因住房贷款陷入困境及受到绿色住宅理念的影响，重新使用火车车厢作为住家也成了非常符合逻辑的想法，如图 20-10 所示。在成本与造价方面，比购买传统房屋便宜，最重要的是，这间屋子独一无二只属于你，并且是和你想的一样——绿色环保。除此之外，世界各地利用废旧火车，还改造出了办公场所、餐厅、酒吧、桥梁、教会等。

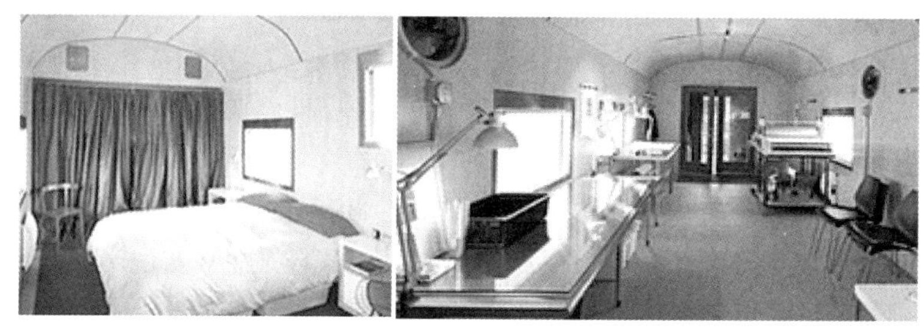

图 20-10

10. 加进新的服务理念的旧产品

产品的硬件可能已经陈旧了，但是产品的服务会持续，例如汽车租赁服务。

20.2 玩具产品造型设计案例

本节将介绍在 CATIA 软件进行玩具产品的外观造型设计的方法和过程，通过学习可掌握玩具类零件曲面和实体混合造型的设计方法。

20.2.1 案例一：杯子造型设计

引入文件：无

结果文件：动手操作 \ 结果文件 \Ch20\beizi.CATPart

视频文件：视频 \Ch20\ 杯子造型设计 .avi

杯子模型主要由杯子上部和杯子下部（杯座）两部分组成，如图 20-11 所示。

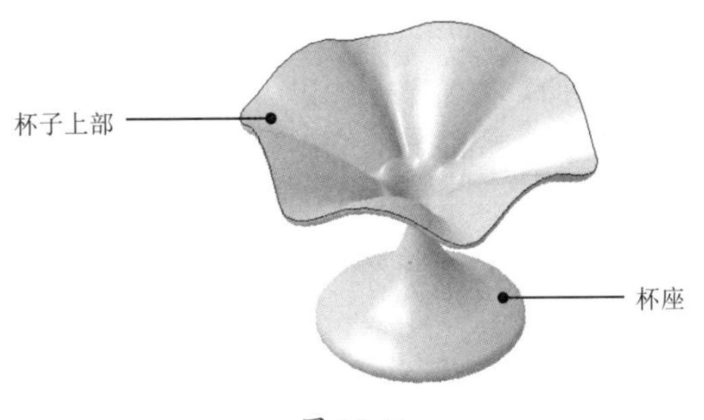

图 20-11

操作步骤

01 新建零件文件。执行“开始”|“形状”|“创成式外形设计”命令，进入创成式外形设计工作台。

02 执行“插入”|“几何图形集”命令，弹出“插入几何图形集”对话框。单击“确定”按钮完成几何图形集的插入，如图 20-12 所示。

03 在“草图工作台”工具栏中单击“草图”按钮，在图形区中选择 *xy* 平面作为草图平面，进入草图工作台中绘制“草图 1”（绘制一条直线），如图 20-13 所示。

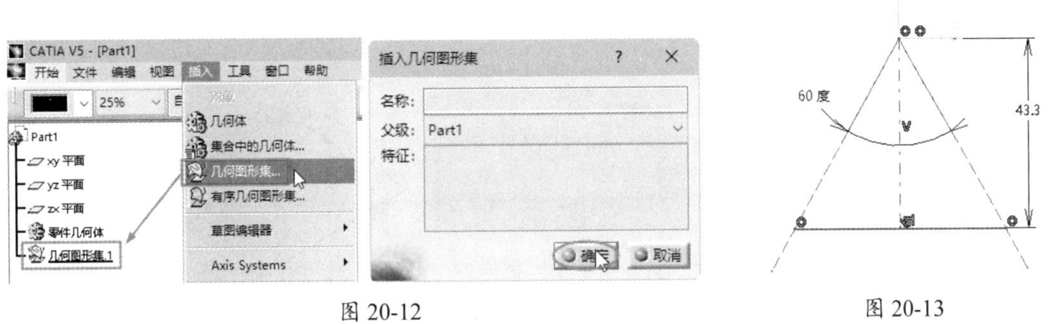

图 20-12　　图 20-13

04 单击“曲面”工具栏中的“拉伸”按钮，弹出“拉伸曲面定义”对话框。选择上一步绘制的“草图 1”作为拉伸截面，在“拉伸曲面定义”对话框中设置拉伸选项及参数后再单击“确定”按钮完成拉伸“曲面 1”的创建，如图 20-14 所示。

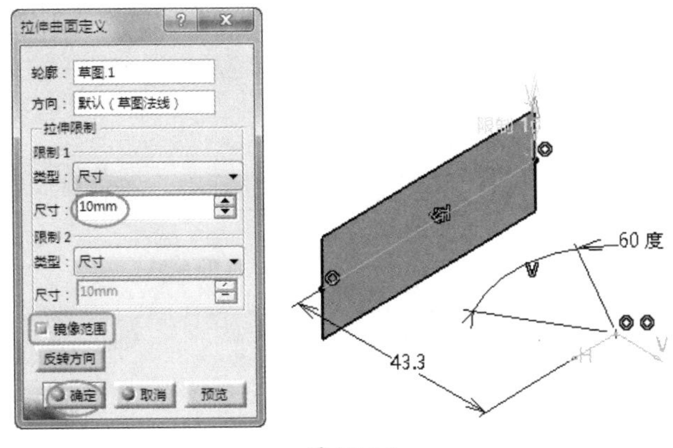

图 20-14

05 单击“草图”按钮，在图形区中选择 *zx* 平面作为草图平面，进入草图工作台后利用圆弧工具绘制“草图 2”，如图 20-15 所示。

06 单击“曲面”工具栏中的“拉伸”按钮，弹出“拉伸曲面定义”对话框。选择“草图 2”作为拉伸截面，设置拉伸选项及参数后再单击“确定”按钮完成“拉伸曲面 2”的创建，如图 20-16 所示。

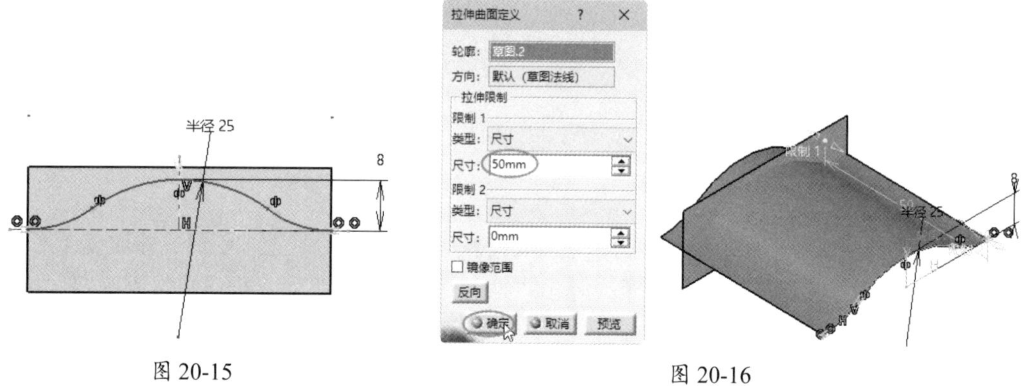

图 20-15　　图 20-16

07 单击“操作”工具栏中的“分割”按钮，弹出“定义分割”对话框。选择需要分割的“拉伸曲面 1”，然后选择“拉伸曲面 2”作为切除元素，单击“确定”按钮完成曲面的修剪操作，如图 20-17 所示。

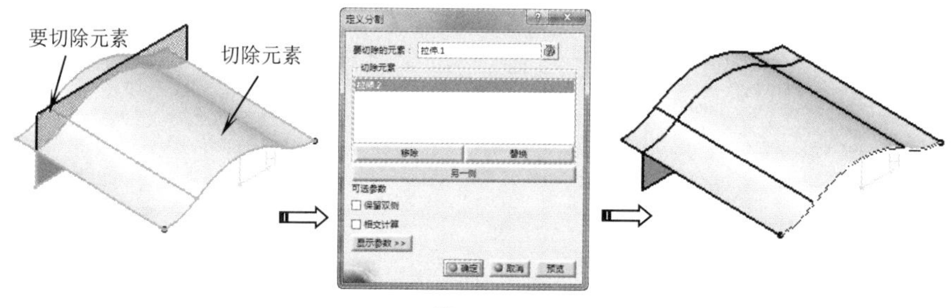

图 20-17

08 在特征树中选择 “分割 .1” （修剪“拉伸曲面 1”后生成了“分割 .1”），再单击“复制”工具栏中的“圆形阵列”按钮，弹出“定义圆形阵列”对话框。在“轴向参考”选项卡中设置阵列参数，选择“xy 平面”作为阵列轴，单击“确定”按钮完成圆周阵列操作，如图 20-18 所示。

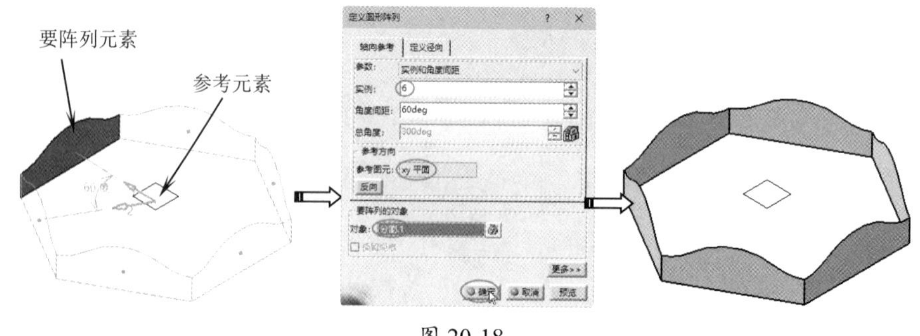

图 20-18

09 单击“操作”工具栏中的“接合”按钮，弹出“接合定义”对话框，依次选择圆周阵列后的 6 个曲面，单击“确定”按钮完成接合操作，如图 20-19 所示。

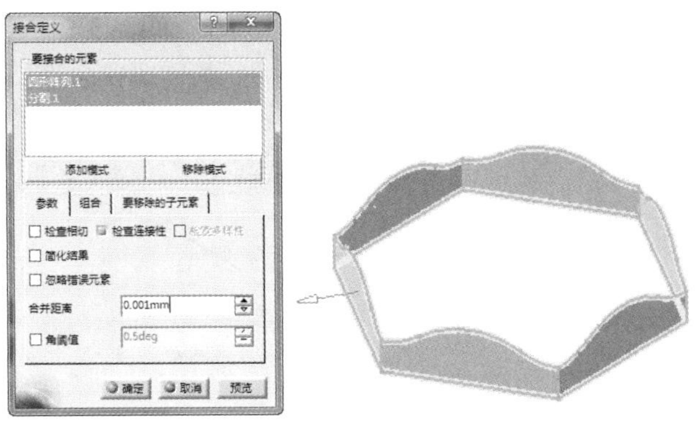

图 20-19

10 单击“操作”工具栏中的“倒圆角”按钮，弹出“倒圆角定义”对话框。选择圆周阵列曲面中的所有棱边，并在“半径”文本框中输入 8mm，单击“确定”按钮完成曲面的倒圆角操作，如图 20-20 所示。

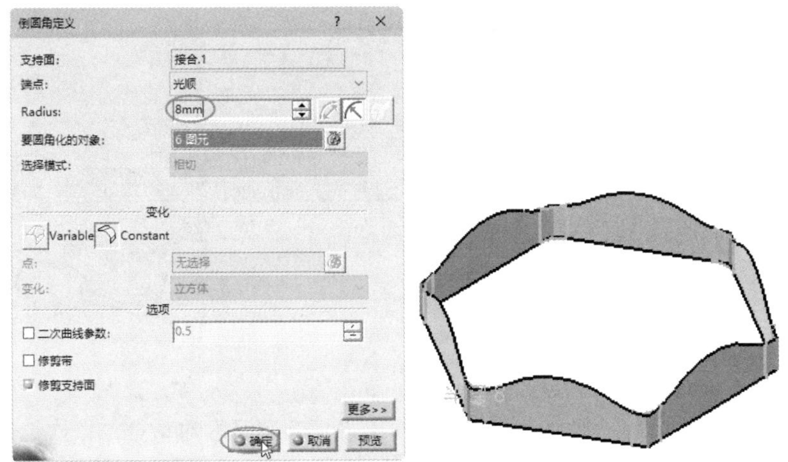

图 20-20

11 单击“操作”工具栏中的“接合”按钮，弹出“接合定义”对话框。依次选择所有曲面的上边线，单击“确定”按钮完成曲面边线的接合操作，如图 20-21 所示。

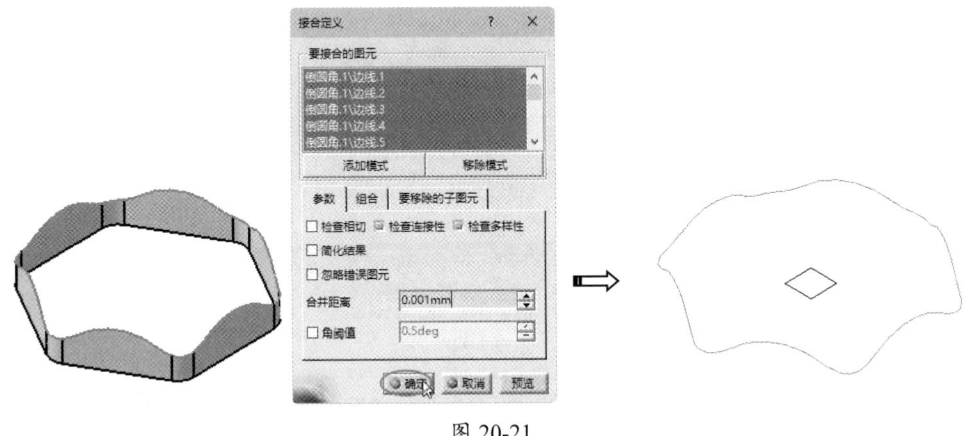

图 20-21

12 单击“草图”按钮，在图形区中选择 *zx* 平面作为草图平面，利用圆弧工具绘制草图，如图20-22所示。

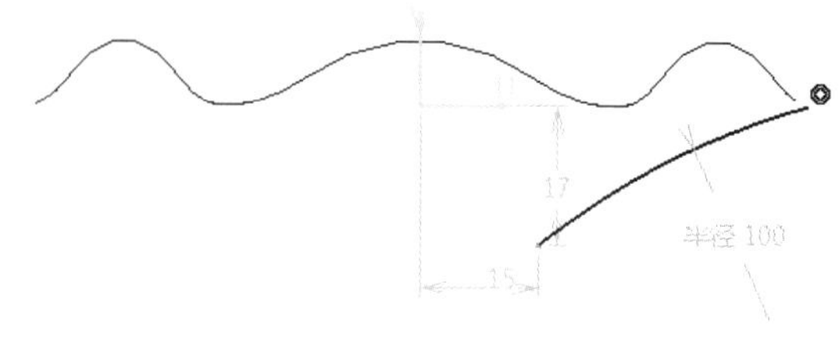

图 20-22

13 单击“曲面”工具栏中的“扫掠”按钮，弹出“扫掠曲面定义”对话框。在“轮廓类型”中单击“显式”按钮，在“子类型”下拉列表中选择“使用参考曲面”选项，再选择如图20-23所示的轮廓和引导曲线，单击“确定”按钮完成扫掠曲面的创建。

图 20-23

14 单击“操作”工具栏中的“接合”按钮，弹出“接合定义”对话框。依次选择所有扫掠曲面的下边线，单击“确定”按钮完成扫掠曲面边线的接合操作，如图20-24所示。

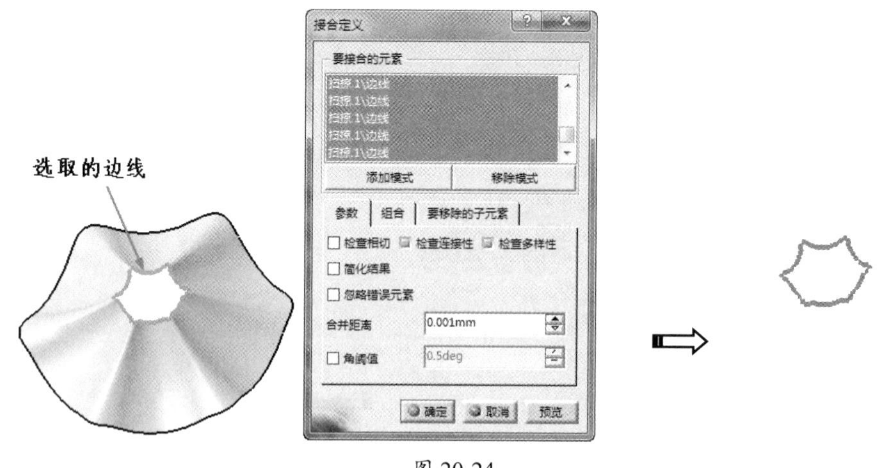

图 20-24

15 单击“线框”工具栏中的“点”按钮，弹出“点定义”对话框。在“点类型”下拉列表中选择“坐标”选项，接着输入 X、Y、Z 的坐标（0,0,-25），单击“确定”按钮完成参考点的创建，如图 20-25 所示。

16 单击“曲面”工具栏中的“填充”按钮，弹出“填充曲面定义”对话框。选择步骤 14 中创建的接合曲线作为填充曲面边界，选取上一步创建的参考点作为穿越点。单击“确定”按钮完成填充曲面的创建，如图 20-26 所示。

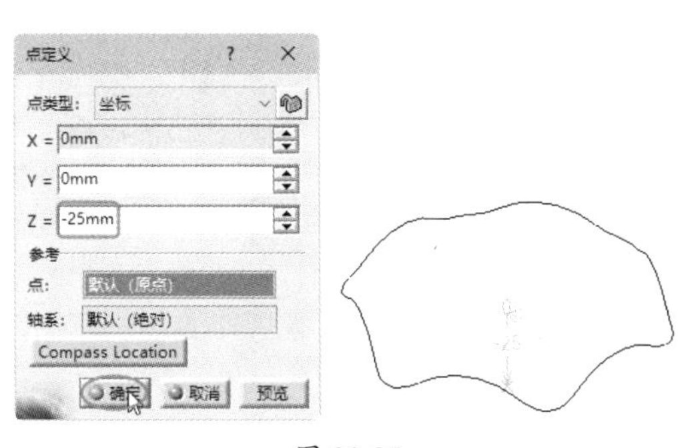

图 20-25

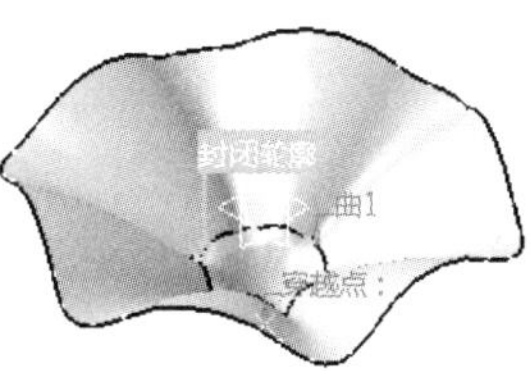

图 20-26

17 单击“操作”工具栏中的“接合”按钮，弹出“接合定义”对话框。依次选择所有曲面，单击“确定”按钮完成接合操作，如图 20-27 所示。

18 单击“操作”工具栏中的“倒圆角”按钮，弹出“倒圆角定义”对话框。选择两曲面相交线，在“半径”文本框中输入 2mm，单击“确定”按钮完成曲面圆角的创建，如图 20-28 所示。

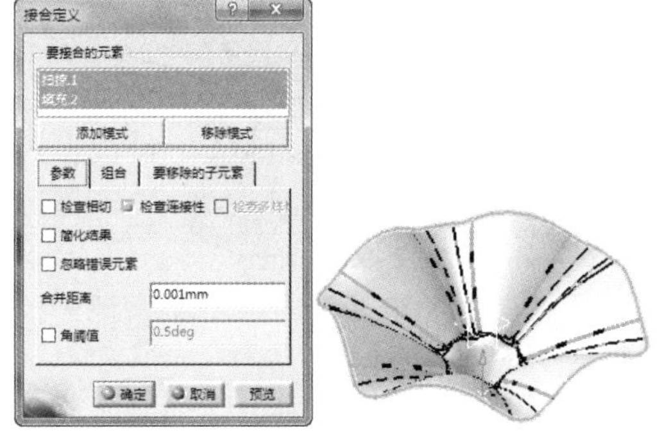

图 20-27

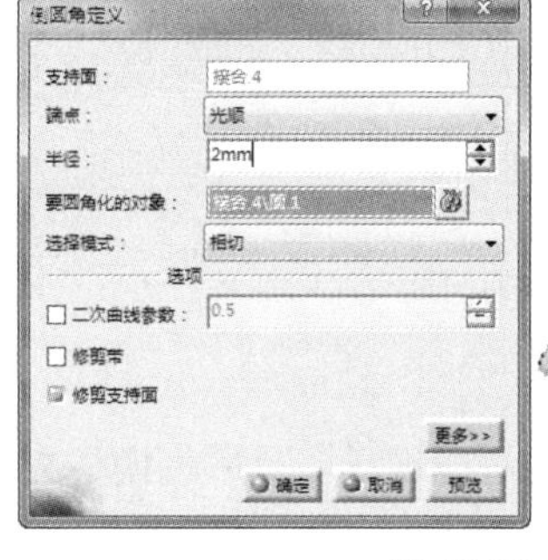

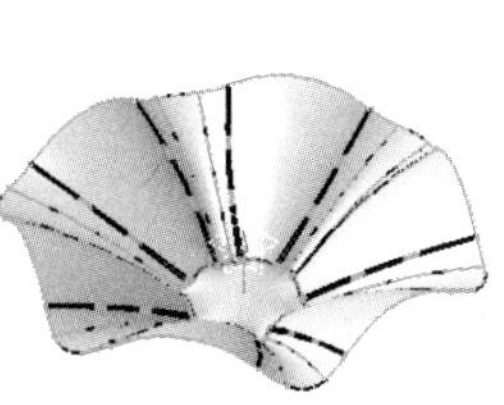

图 20-28

19 执行“开始”|“机械设计”|“零件设计”命令，进入“零件设计”工作台。在特征树中选择“零件几何体”，右击，在弹出的快捷菜单中选择“定义工作对象”命令，定义工作对象，如图 20-29 所示。

20 单击“基于曲面的特征”工具栏中的“厚曲面”按钮，弹出“定义厚曲面”对话框。选择所需加厚曲面，在“第一偏移”文本框中输入 2mm，单击“确定”按钮创建曲面加厚实体特征，如图 20-30 所示。

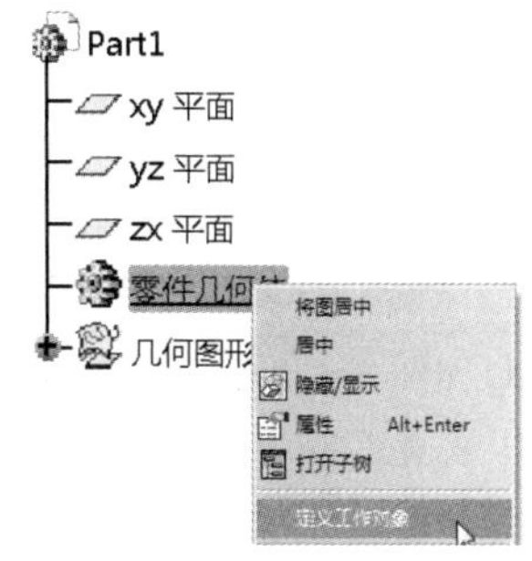

图 20-29

21 单击“修饰特征”工具栏中的“倒圆角”按钮，弹出“倒圆角定义”对话框。在“半径”文本框中输入2mm，单击激活“要圆角化的对象”文本框，选择实体上外边线，单击“确定”按钮完成圆角特征的创建，如图20-31所示。

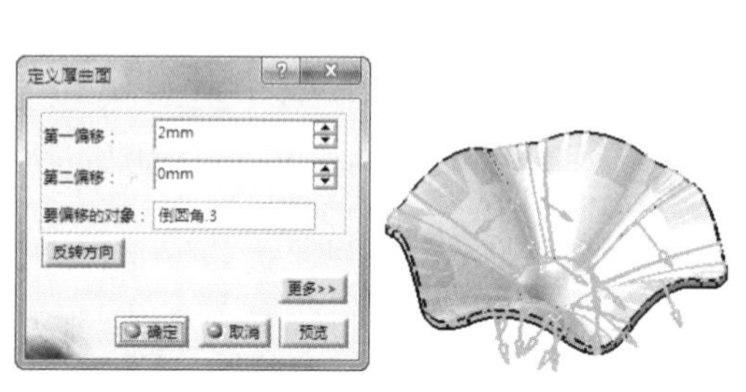

图 20-30

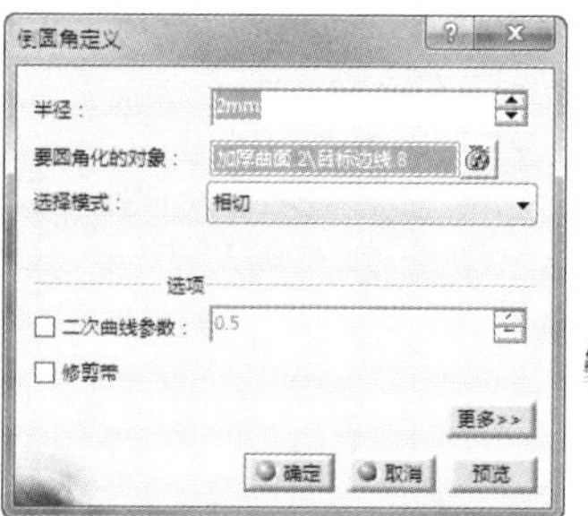

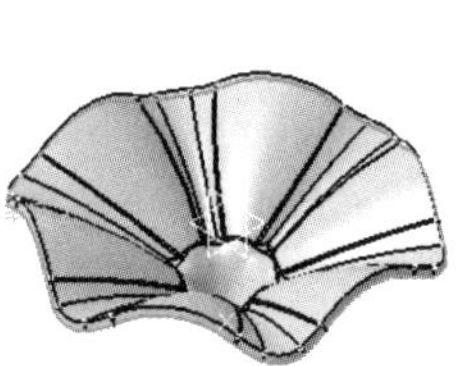

图 20-31

22 单击“草图”按钮，在图形区中选择*yz*平面作为草图平面，利用直线、圆弧工具绘制草图，如图20-32所示。

23 单击“基于草图的特征”工具栏中的“旋转体”按钮，选择旋转截面，弹出“定义旋转体”对话框。选择上一步绘制的草图作为旋转槽截面，单击“确定”按钮完成旋转体的创建，如图20-33所示。

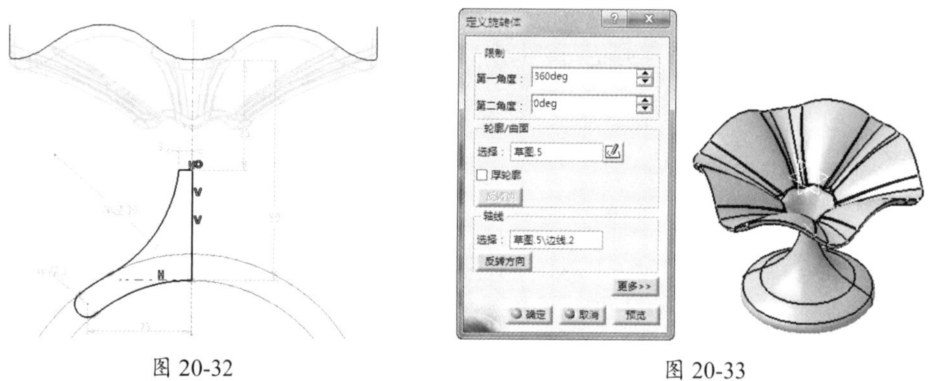

图 20-32　　图 20-33

24 至此，完成了杯子的造型设计，最后将模型文件保存。

20.2.2 案例二：手枪造型设计

引入文件：无

结果文件：动手操作\结果文件\Ch20\shouqiang.CATPart

视频文件：视频\Ch20\手枪造型设计.avi

手枪模型如图20-34所示，主要由枪身、扳机、枪管、握把、保险杆5部分组成，建模时采用零件设计工具和曲面设计工具共同完成整个模型。

提示：

本例并非手枪模型的实际尺寸，这里仅作为CATIA建模工具的应用范例进行介绍。

操作步骤

01 新建零件文件。执行“开始”|“机械设计”|“零件设计”命令，进入零件设计工作台。

02 单击“草图”按钮，在图形区中选择 *zx* 平面作为草图平面，进入草图工作台。

03 利用矩形、圆、倒角等工具绘制图 20-35 所示的“草图 1”。

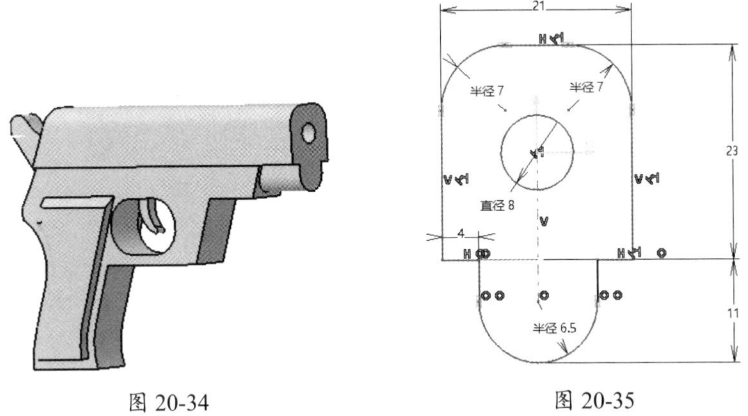

图 20-34　　　　图 20-35

04 单击“基于草图的特征”工具栏中的“凸台”按钮，弹出“定义凸台”对话框。选择上一步绘制的“草图 1”作为轮廓，设置拉伸“长度”为 170mm，单击“确定”按钮完成“凸台特征 1”的创建，如图 20-36 所示。

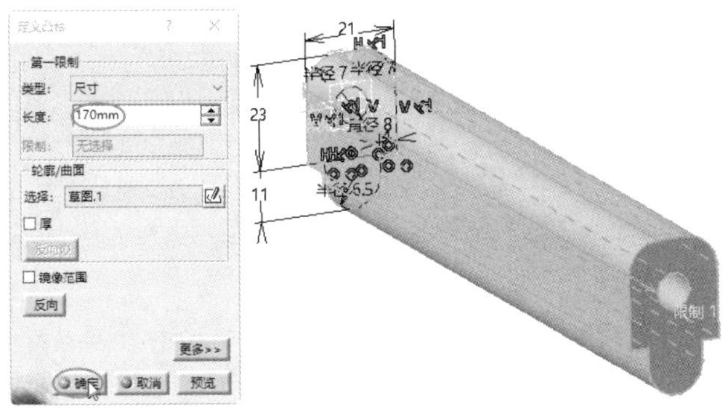

图 20-36

05 单击“草图”按钮，在图形区中选择 *yz* 平面作为草图平面，进入草图工作台。利用矩形、圆、倒角等工具绘制如图 20-37 所示的“草图 2”。

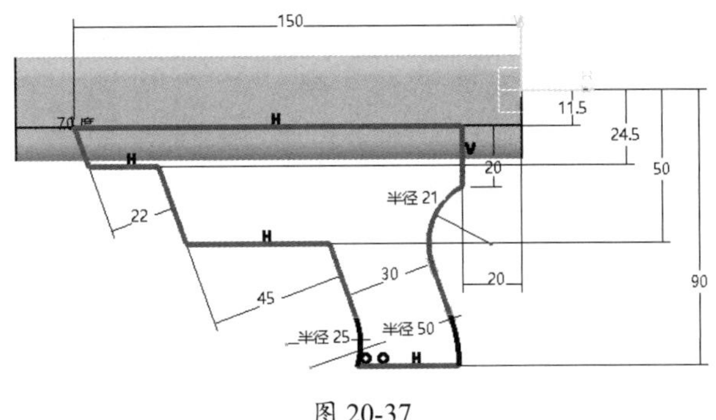

图 20-37

06 单击“基于草图的特征”工具栏中的“凸台”按钮，弹出“定义凸台”对话框。选择上一步绘制的“草图 2”作为轮廓，设置拉伸“长度”为 8mm，选中“镜像范围”复选框，单击“确定”按钮完成“凸台特征 2”的创建，如图 20-38 所示。

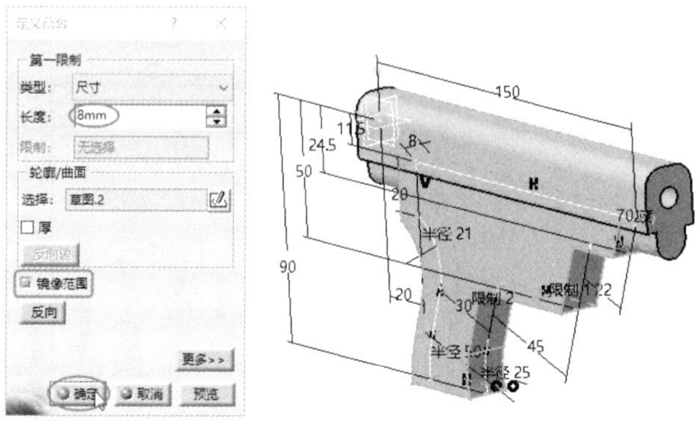

图 20-38

07 单击“草图”按钮，在图形区中选择 *yz* 平面作为草图平面，进入草图工作台，然后绘制如图 20-39 所示的草图。

08 单击“基于草图的特征”工具栏中的“凹槽”按钮，弹出“定义凹槽”对话框。选择上一步绘制的“草图 3”作为轮廓，并设置凹槽“深度”为 12mm，选中“镜像范围”复选框，单击“确定”按钮完成“凹槽特征 1”的创建，如图 20-40 所示。

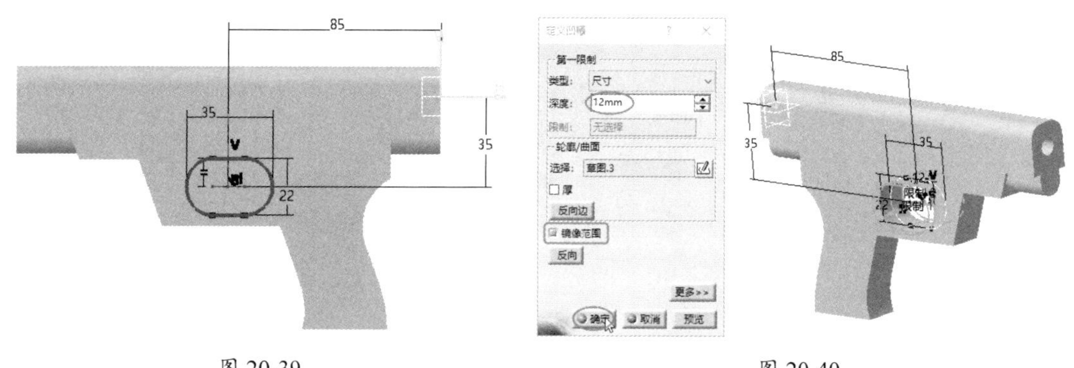

图 20-39

图 20-40

09 单击“草图”按钮，在图形区中选择 *yz* 平面作为草图平面，进入草图工作台，绘制如图 20-41 所示的“草图 4”。

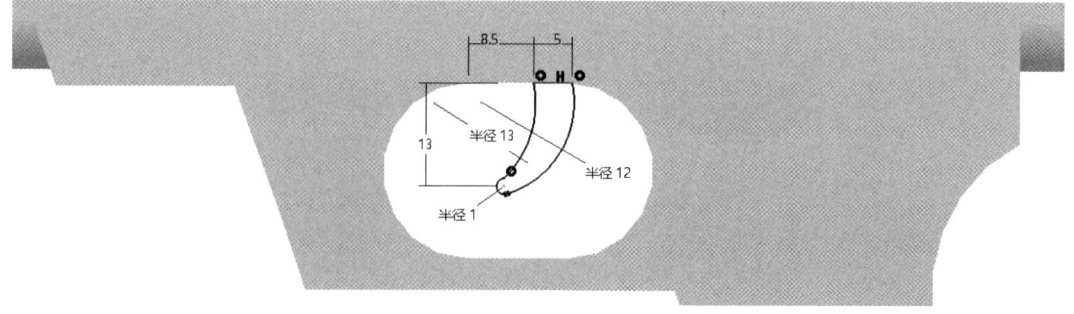

图 20-41

10 单击“基于草图的特征”工具栏中的“凸台”按钮，弹出“定义凸台”对话框。选择上一步绘制的草图作为轮廓，设置拉伸“长度”为2mm，选中“镜像范围”复选框，单击“确定”按钮完成“凸台特征3”的创建，如图20-42所示。

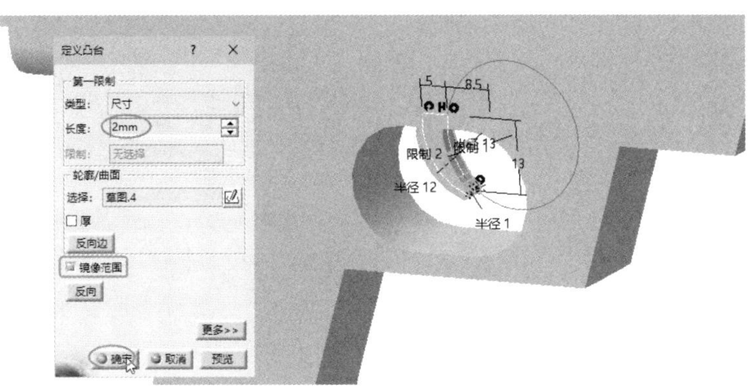

图 20-42

11 选择手柄的实体表面作为草绘平面，单击“草图”按钮进入草图工作台绘制如图20-43所示的草图5。

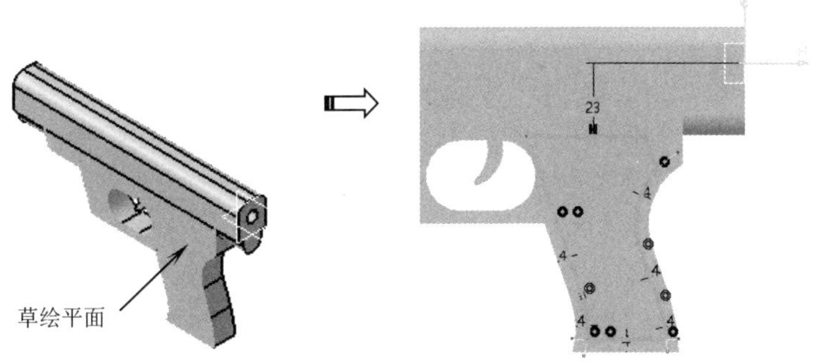

图 20-43

12 单击“基于草图的特征”工具栏中的“凸台”按钮，弹出“定义凸台”对话框。选择上一步绘制的“草图5”作为轮廓，再设置拉伸“长度”为4mm，单击“确定”按钮完成“凸台特征4”的创建，如图20-44所示。

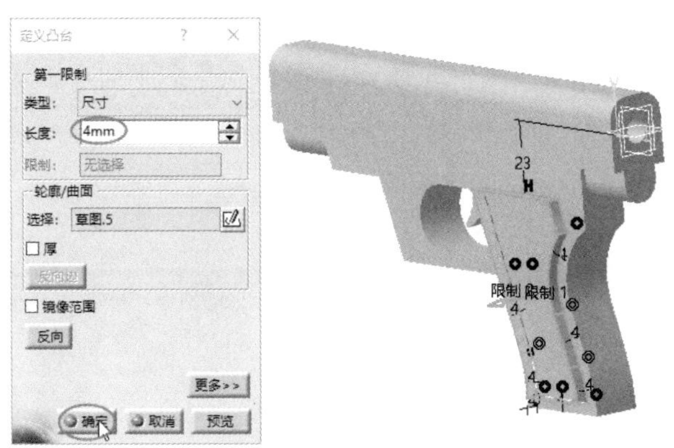

图 20-44

13 单击“修饰特征”工具栏中的“倒角”按钮，弹出“定义倒角”对话框。在“模式”下拉列表中选择“长度1/角度”模式，设置“长度1”值为4mm，单击激活“要倒角的对象”文本框，选择上一步创建的“凸台特征4”的边线为要倒角的对象，单击“确定”按钮完成倒角特征的创建，如图20-45所示。

图 20-45

14 单击“操作”工具栏中的“倒圆角”按钮，弹出“倒圆角定义”对话框。选择“凸台特征4”的边线为要圆角化的对象，在Radius文本框中输入4mm，单击“确定”按钮完成圆角操作，如图20-46所示。

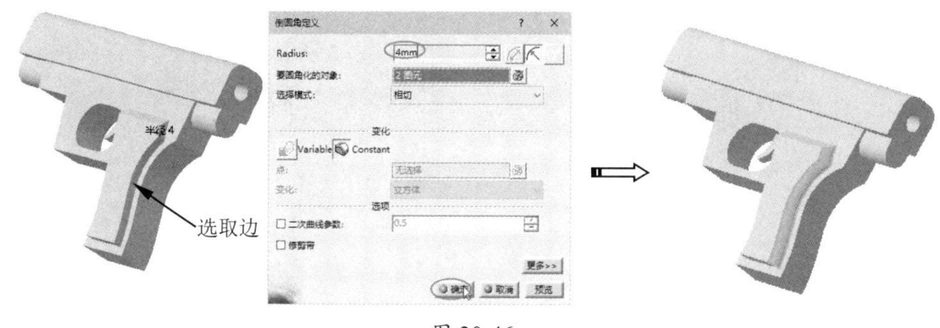

图 20-46

15 单击“变换特征”工具栏中的“镜像”按钮，弹出“定义镜像”对话框。选择*yz*平面作为镜像平面，再选取“凸台特征4”、倒角和倒圆角特征作为要镜像的对象，单击“确定”按钮完成特征的镜像，如图20-47所示。

16 执行“开始”|“形状”|“创成式外形设计”命令，进入创成式外形设计工作台。

17 单击“草图”按钮，在图形区中选择*yz*平面作为草图平面，进入草图工作台绘制如图20-48所示的“草图6”。

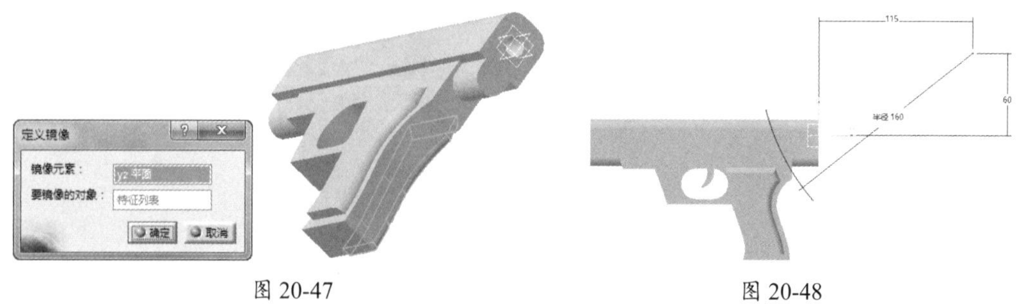

图 20-47　　图 20-48

18 单击“曲面”工具栏中的“拉伸”按钮，弹出“拉伸曲面定义”对话框。选择“草图 6”为拉伸轮廓截面，设置拉伸“尺寸”为 20mm，选中“镜像范围”复选框，单击“确定”按钮完成拉伸曲面的创建，如图 20-49 所示。

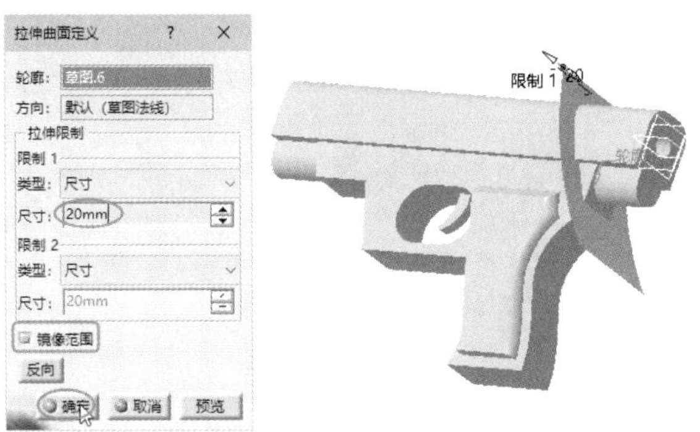

图 20-49

19 执行“开始”|“机械设计”|“零件设计”，进入零件设计工作台。

20 单击“基于曲面的特征”工具栏中的“分割”按钮，弹出“定义分割”对话框。选择上一步创建的拉伸曲面作为分割曲面，单击“确定”按钮创建分割实体特征，如图 20-50 所示。

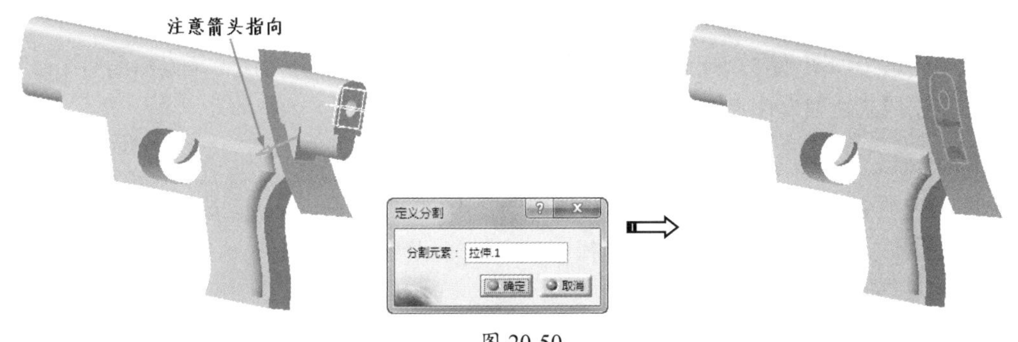

图 20-50

21 单击“草图”按钮，在图形区中选择 *yz* 平面作为草图平面，进入草图工作台绘制如图 20-51 所示的“草图 7”。

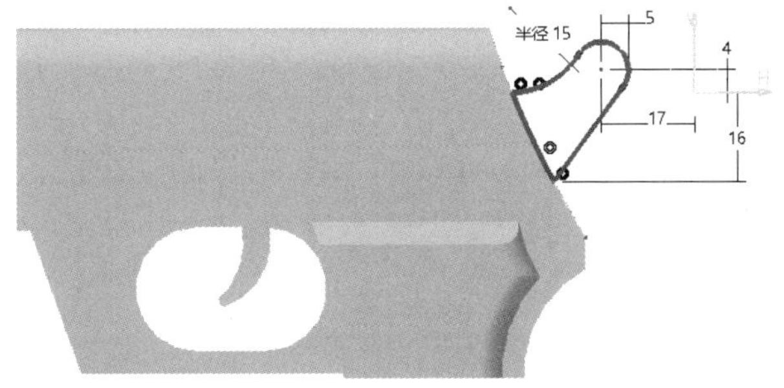

图 20-51

22 单击“基于草图的特征”工具栏中的“凸台”按钮，弹出“定义凸台”对话框。选择“草图 7”作为拉伸轮廓，再设置拉伸“长度”为 4mm，选中“镜像范围”复选框，单击“确定”按钮完成“凸台特征 5”的创建，如图 20-52 所示。

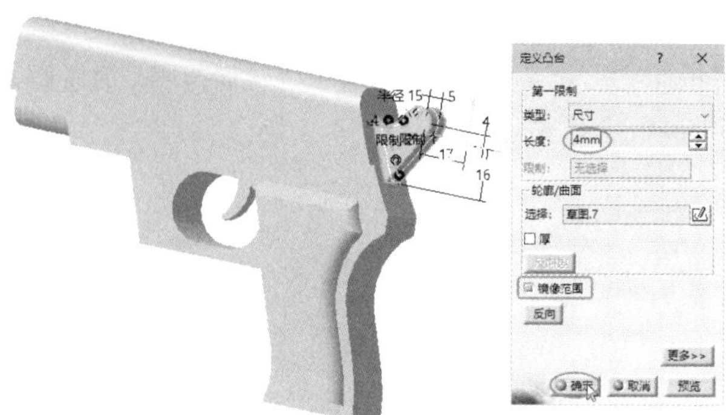

图 20-52

23 至此，完成了手枪模型的创建，最后将模型文件保存。

20.2.3 案例三：圣诞帽造型设计

引入文件：无

结果文件：动手操作 \ 结果文件 \Ch20\maozi.CATPart

视频文件：视频 \Ch20\ 圣诞帽造型设计 .avi

圣诞帽的造型如图 20-53 所示，主要由帽体、帽顶、帽沿 3 部分组成。圣诞帽的整个造型设计工作将在创成式造型设计工作台中完成。

操作步骤：

01 新建零件文件。执行“开始”|“形状”|“创成式外形设计”命令，进入创成式外形设计工作台。

02 单击“草图”按钮，在图形区中选择 *yz* 平面作为草图平面，进入草图工作台，绘制如图 20-54 所示的“草图 1”。

03 单击“草图”按钮，在图形区中选择 *xy* 平面作为草图平面，进入草图工作台，绘制如图 20-55 所示的“草图 2”（绘制圆）。

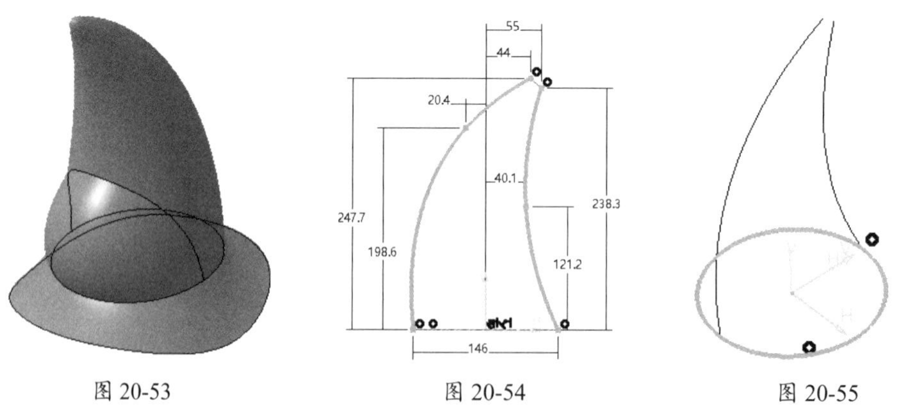

图 20-53　　图 20-54　　图 20-55

04 单击“曲面”工具栏中的“拉伸”按钮，弹出“拉伸曲面定义”对话框。选择“草图 1”作为拉伸截面，设置拉伸“尺寸”为 10mm，单击“确定”按钮完成“拉伸曲面 1”的创建，如图 20-56 所示。

05 单击“参考元素”工具栏中的“平面”按钮，弹出“平面定义”对话框。在“平面类型”下拉列表中选择“通过三个点”选项，依次选择“拉伸曲面 1”上的 3 个顶点作为平面参考点，单击“确定”按钮完成“平面 1”的创建，如图 20-57 所示。

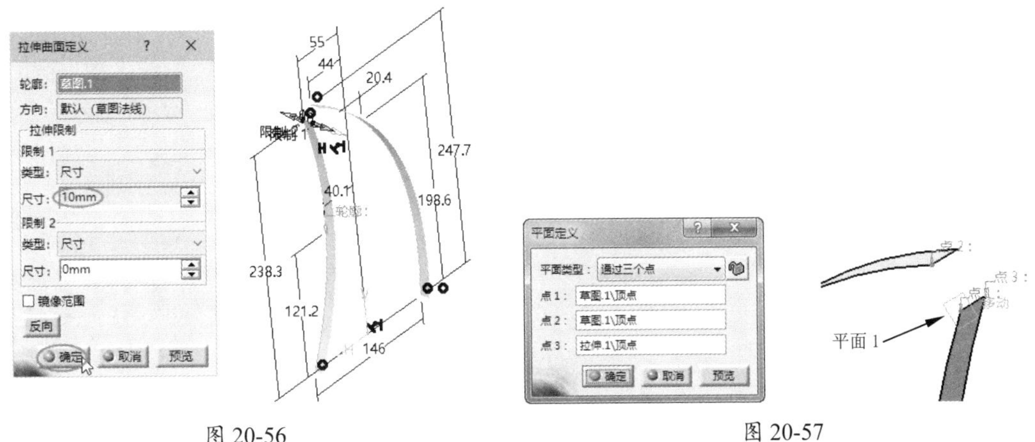

图 20-56　　　　图 20-57

06 选择“平面 1”作为草绘平面，单击“草图”按钮进入草图工作台，绘制如图 20-58 所示的“草图 3”（绘制圆）。

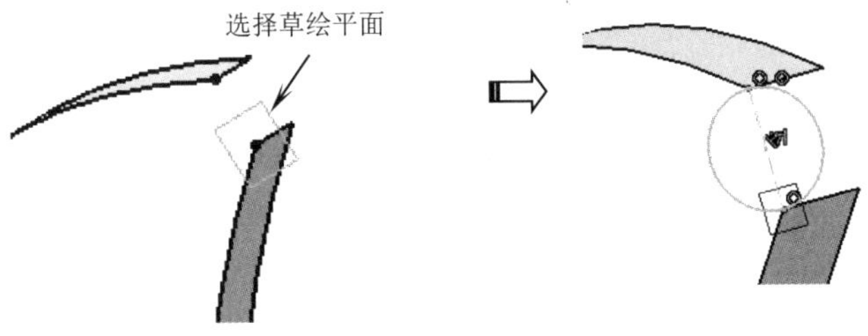

图 20-58

07 单击“操作”工具栏中的“接合”按钮，弹出“接合定义”对话框。选择“拉伸曲面 1”的边线作为要接合的元素，单击“确定”按钮完成“接合 1”的创建（目的是为了提取曲面边线），如图 20-59 所示。

08 同理，按此操作选取另一个拉伸曲面的边线进行接合操作，提出曲面边线（创建“接合 2”），如图 20-60 所示。

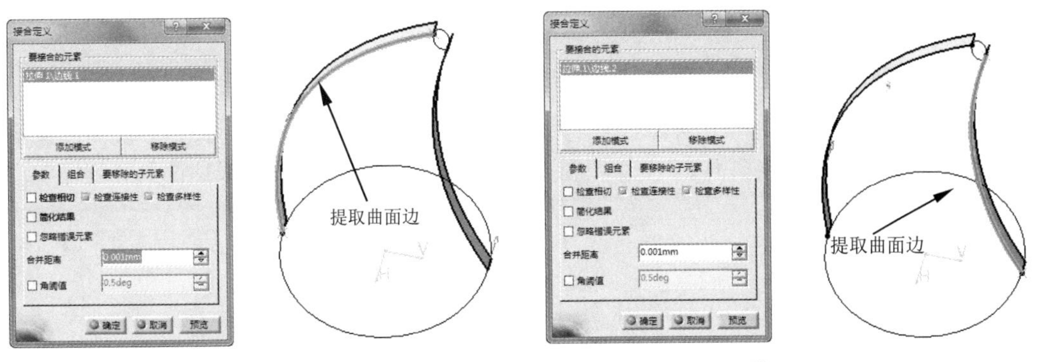

图 20-59　　　　图 20-60

09 单击“曲面”工具栏中的“多截面曲面”按钮，弹出“多截面曲面定义”对话框。选取“草图2”和“草图3”作为截面轮廓，再选取两条接合曲线作为引导线，单击“确定”按钮完成多截面曲面的创建，如图20-61所示。

10 单击“曲面”工具栏中的“填充”按钮，弹出“填充曲面定义”对话框。选择如图20-62所示的边界曲线，选择上一步创建的曲面作为支持面，单击“确定”按钮完成填充曲面的创建，如图20-62所示。

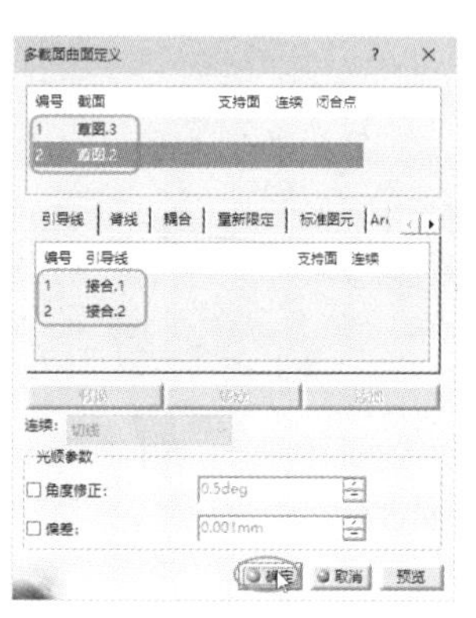

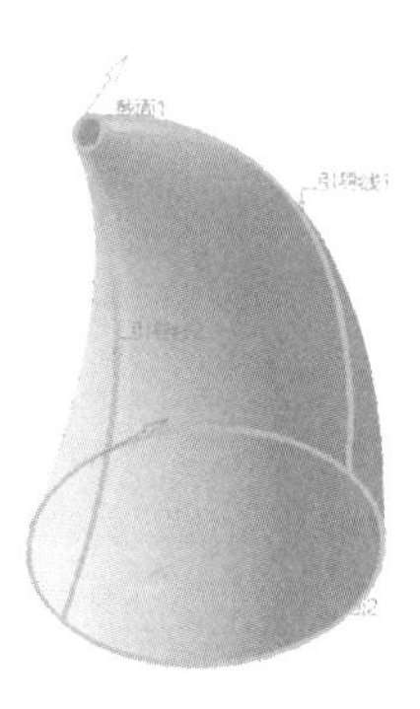

图 20-61

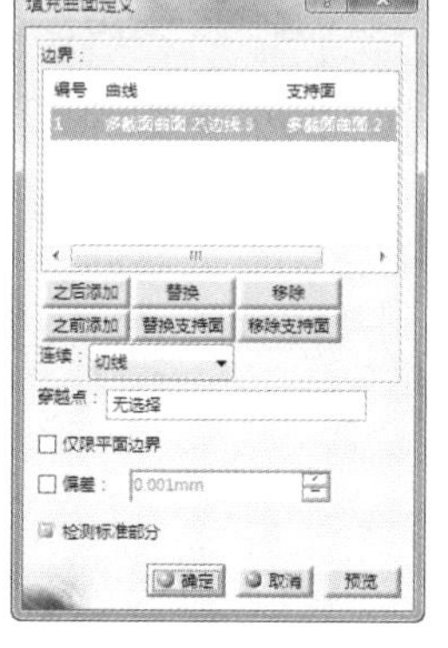

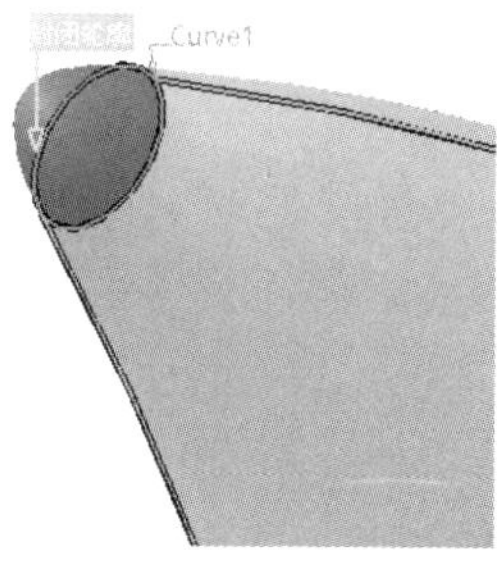

图 20-62

11 单击“草图”按钮，在图形区中选择yz平面作为草图平面，进入草图工作台绘制如图20-63所示的草图4。

12 单击“曲面”工具栏中的“拉伸”按钮，弹出“拉伸曲面定义”对话框。选择上一步绘制的草图作为拉伸截面，设置拉伸“尺寸”为100mm，选中“镜像范围”复选框，单击“确定”按钮完成“拉伸曲面2”的创建，如图20-64所示。

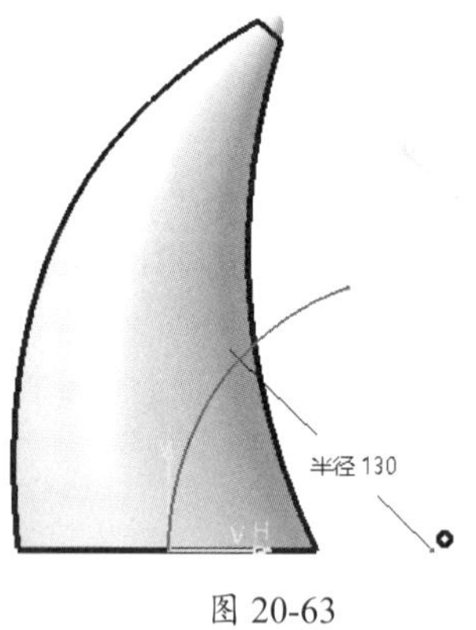

图 20-63

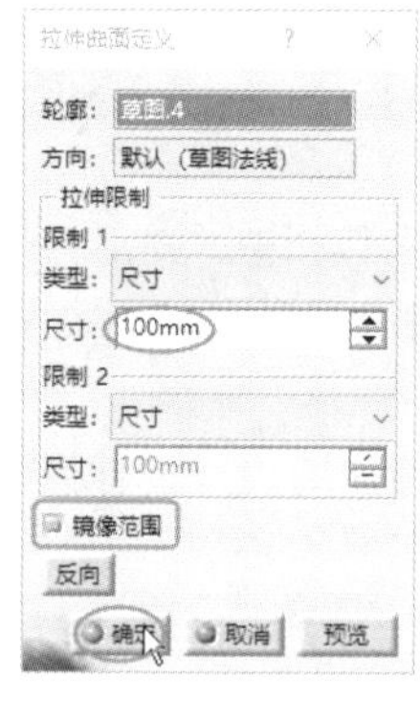

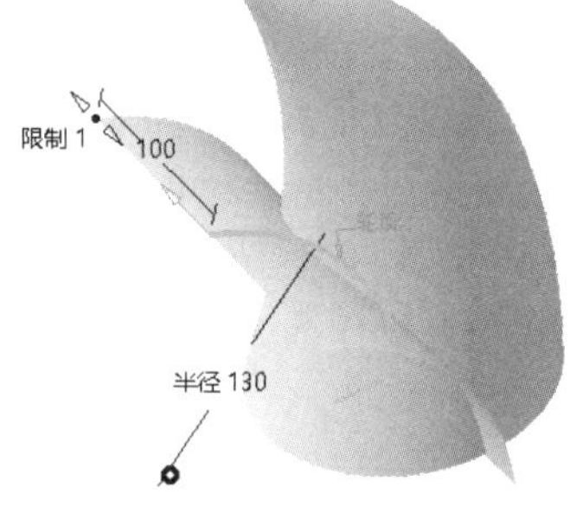

图 20-64

13 单击“操作”工具栏中的“分割”按钮，弹出“定义分割”对话框。选择多截面曲面作为要切除的元素，选取“拉伸曲面2”作为切除元素，单击“确定”按钮完成曲面的分割操作，如图20-65所示。

提示：

注意切除后的保留部分是否是需要的部分，如果不是，单击“另一侧”按钮切换保留部分。

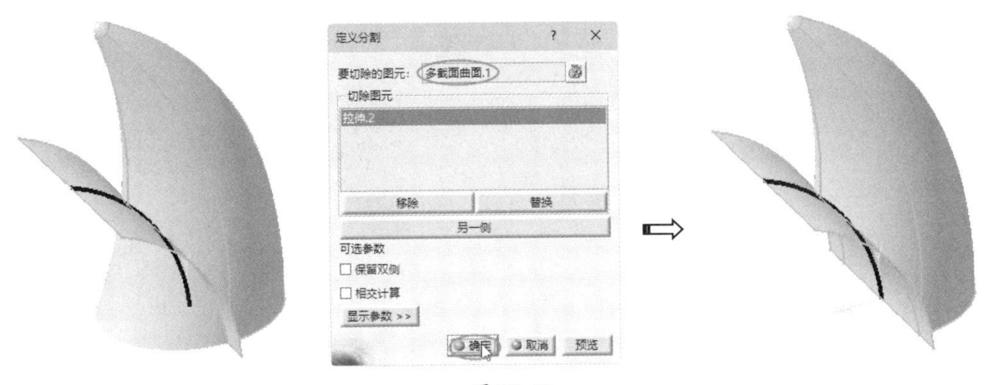

图 20-65

14 单击“操作”工具栏中的“接合”按钮，弹出“接合定义”对话框。选择曲面分割的边线作为要接合的元素，单击“确定”按钮完成切割曲面的边线提取操作（创建“接合 3”），如图 20-66 所示。

15 单击“草图”按钮，在图形区中选择 *xy* 平面作为草图平面，进入草图工作台，绘制图 20-67 所示的“草图 5”（样条曲线）。

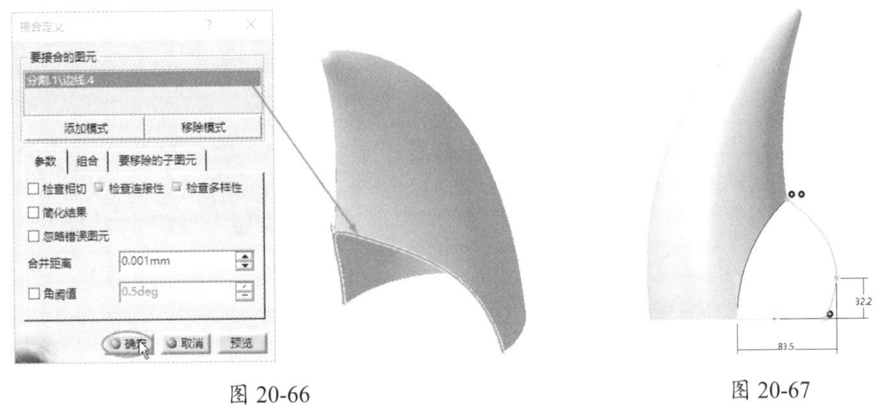

图 20-66

图 20-67

16 单击“草图”按钮，在图形区中选择 *xy* 平面作为草图平面，进入草图工作台绘制如图 20-68 所示的“草图 6”（与“草图 2”中的圆弧直径相同）。

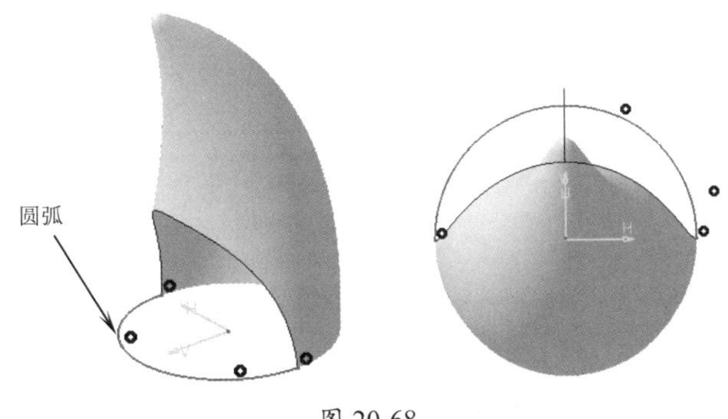

图 20-68

17 单击“曲面”工具栏中的“多截面曲面”按钮，弹出“多截面曲面定义”对话框。选择“草图 6”和“接合 3”作为截面轮廓，选择“草图 5”作为引导线，单击“确定”按完成“多截面曲面 2”

的创建，如图 20-69 所示。

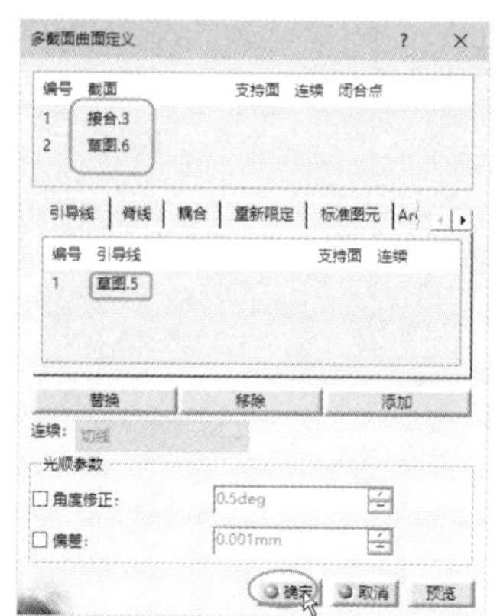

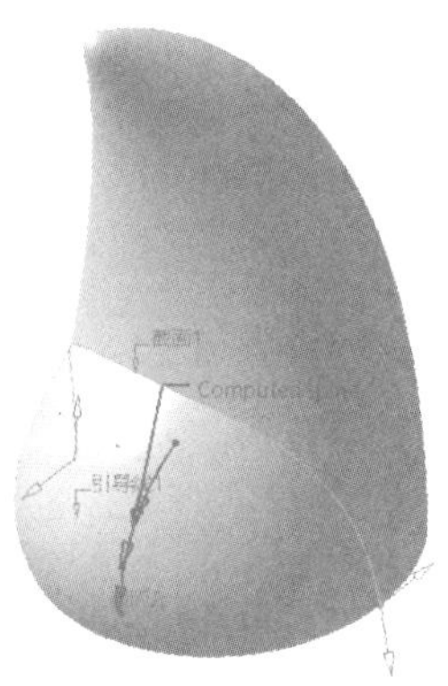

图 20-69

18 单击“草图”按钮，在图形区中选择 *xy* 平面作为草图平面，进入草图工作台绘制如图 20-70 所示的“草图 7”。

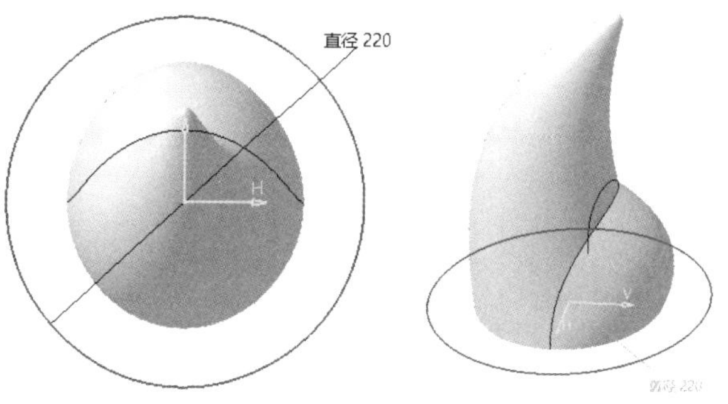

图 20-70

19 单击“曲面”工具栏中的“拉伸”按钮，弹出“拉伸曲面定义”对话框。选择上一步绘制的草图作为拉伸截面，设置拉伸“尺寸”为 50mm，选中“镜像范围”复选框，单击“确定”按钮完成“拉伸曲面 3”的创建，如图 20-71 所示。

20 单击“参考元素”工具栏中的“平面”按钮，弹出“平面定义”对话框。在“平面类型”下拉列表中选择“偏移平面”选项，选择“yz 平面”作为参考，在“偏移”文本框中输入 110mm，单击“确定”按钮完成“平面 2”的创建，如图 20-72 所示。

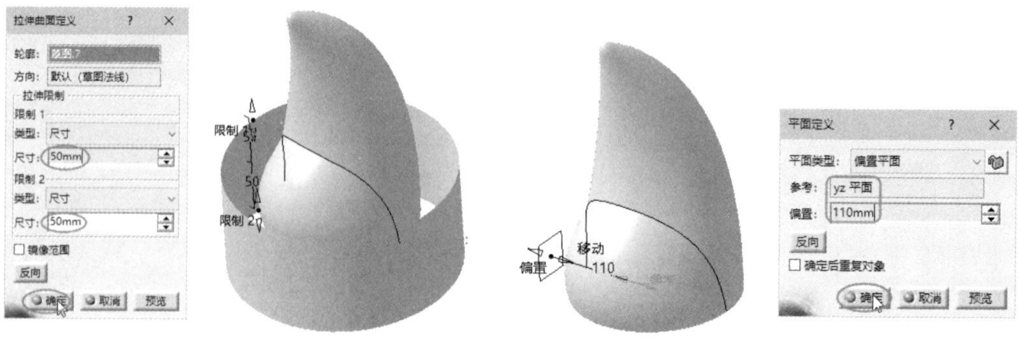

图 20-71　　图 20-72

21 选择上一步创建的“平面 2”作为草绘平面，单击“草图”按钮进入草图工作台，绘制如图 20-73 所示的“草图 8”（绘制样条曲线）。

22 单击“曲面”工具栏中的“拉伸”按钮，弹出“拉伸曲面定义”对话框。选择上一步绘制的草图作为拉伸截面，设置拉伸“尺寸”，一侧为 250mm，另一侧为 10mm，单击“确定”按钮完成“拉伸曲面 4”的创建，如图 20-74 所示。

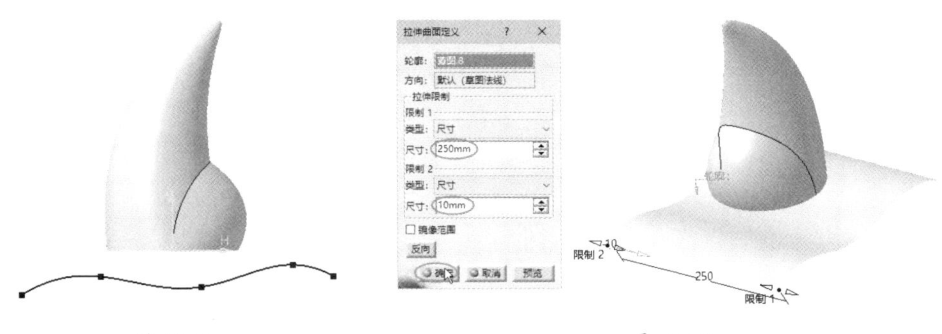

图 20-73　　　　图 20-74

23 单击“操作”工具栏中的“分割”按钮，弹出“定义分割”对话框。选择要切除的图元为“拉伸 3”，选择切除图元为“拉伸 4”，单击“确定”按钮完成“拉伸 3”的分割操作（创建分割 2 特征），如图 20-75 所示。

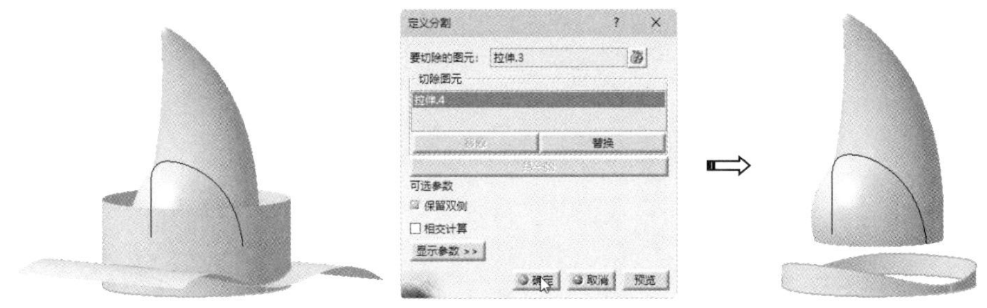

图 20-75

24 单击“操作”工具栏中的“接合”按钮，弹出“接合定义”对话框。选择分割 2 特征上的边线，单击“确定”按钮完成“接合 4”的创建操作，如图 20-76 所示。

25 单击“操作”工具栏中的“接合”按钮，弹出“接合定义”对话框。选择如图 20-77 所示的曲面边线，单击“确定”按钮完成“接合 5”的创建操作。

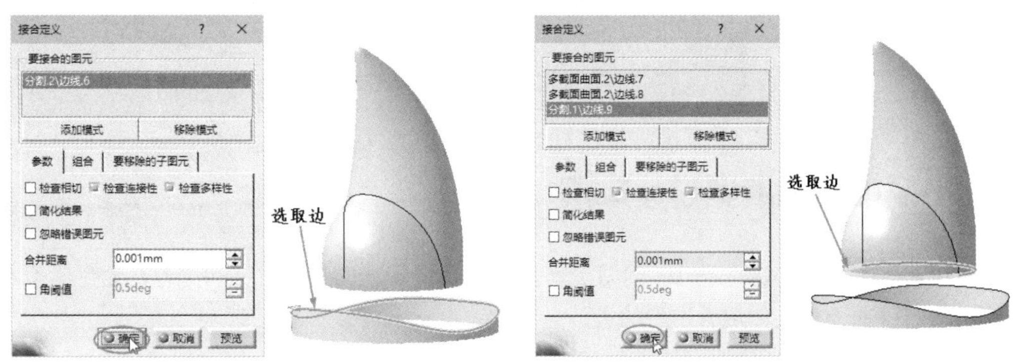

图 20-76　　　　图 20-77

26 单击“曲面”工具栏中的“多截面曲面”按钮，弹出“多截面曲面定义”对话框。选择“接合 4”曲线与“接合 5”曲线，单击“确定”按钮完成“多截面曲面 3”的创建，如图 20-78 所示。创建“多截面曲面 3”后将“切割 2”隐藏。

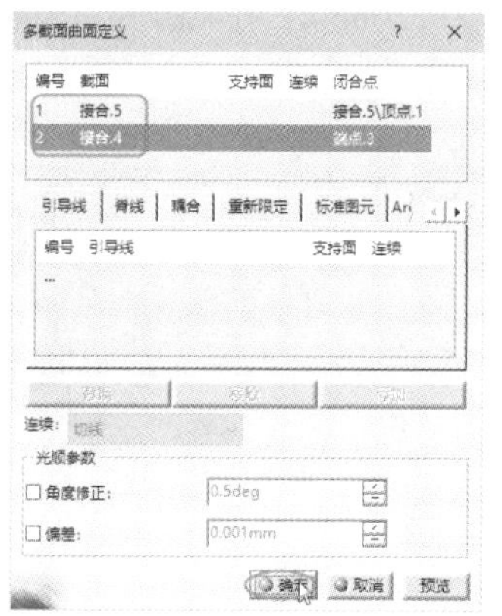

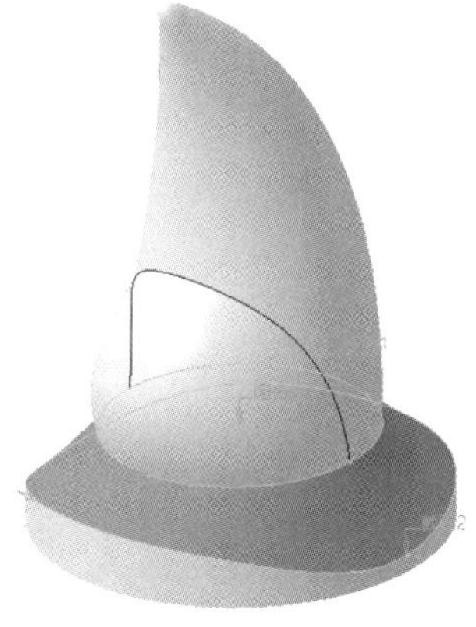

图 20-78

27 单击“包络体”工具栏中的“厚曲面”按钮，弹出“定义厚曲面”对话框。选择帽顶曲面，设置“第一偏置”值为 1mm，单击“确定”按钮完成曲面加厚操作，如图 20-79 所示。

技术要点：

创成式外形设计工作台中的“包络体”，其实就是空心的曲面模型。外观看起来跟实心的、有质量的实体模型相同。将曲面转换成包络体后，可以导出到其他3D造型软件中进行再次设计、编辑等操作，例如常见的3D产品造型软件Rhino、3ds Max、C4D、Alias等。

28 同理，依次选择其他曲面进行包络体加厚，最终圣诞帽的造型设计结果如图 20-80 所示。

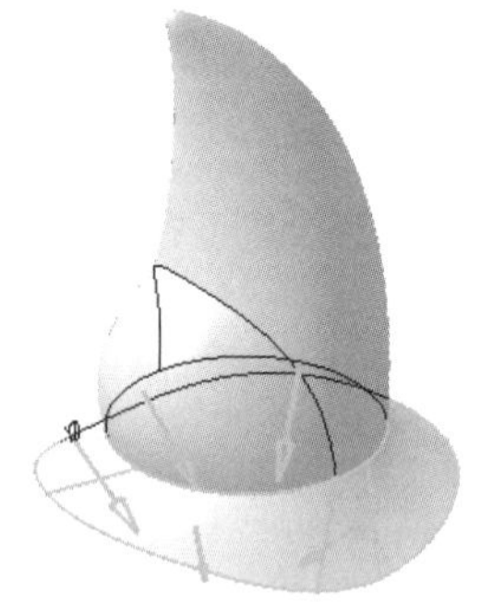
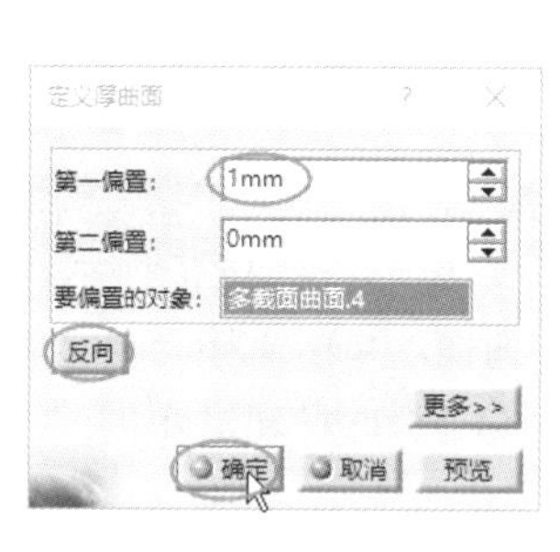

图 20-79

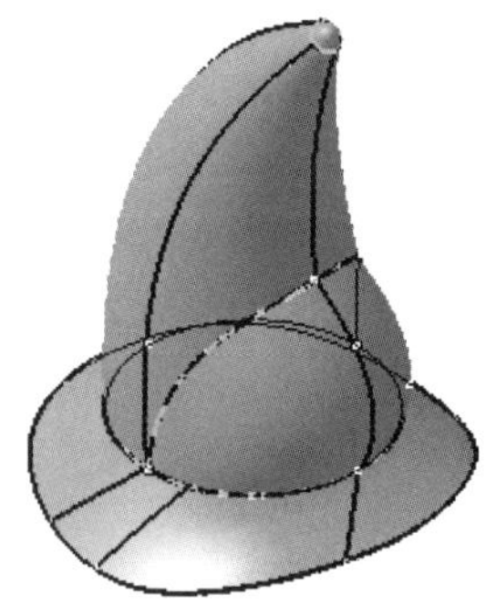

图 20-80

20.3 小家电产品造型设计案例

本节讲述小家电零件造型设计（台灯、雨伞、电饭煲等）的设计方法和过程，通过学习可掌握小家电类零件曲面和实体混合造型的设计方法。

20.3.1 案例一：台灯造型设计

引入文件：无

结果文件：动手操作 \ 结果文件 \Ch20\ taideng .CATPart

视频文件：视频 \Ch20\ 台灯造型设计 .avi

台灯模型如图 20-81 所示，主要由灯台、灯罩、装饰等组成。

01 新建零件文件。执行“开始”|“机械设计”|“零件设计”命令，进入零件设计工作台。

02 单击“草图”按钮，在图形区中选择 *yz* 平面作为草图平面，进入草图工作台。利用草绘工具绘制如图 20-82 所示的“草图 1”。

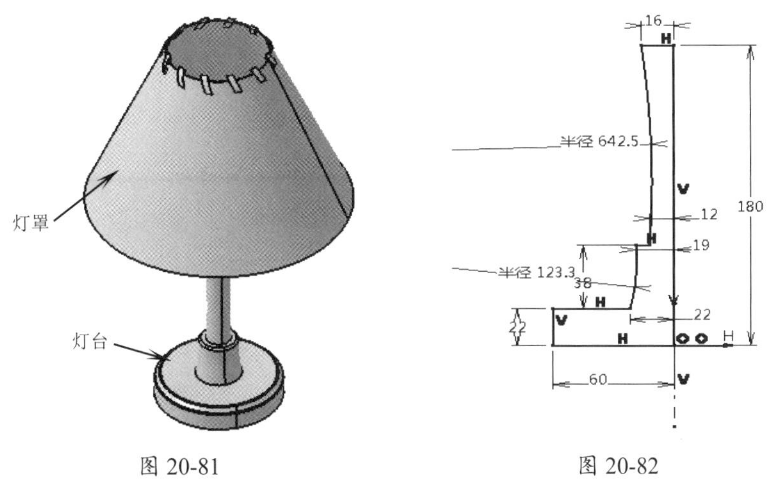

图 20-81　　　　图 20-82

03 单击“基于草图的特征”工具栏中的“旋转体”按钮，选择旋转截面，弹出“定义旋转体”对话框。选择上一步绘制的草图作为旋转槽截面，单击“确定”按钮完成“旋转体 1”的创建，如图 20-83 所示。

04 单击“草图”按钮，在图形区中选择 *yz* 平面作为草图平面，进入草图工作台。利用草绘工具绘制如图 20-84 所示的“草图 2”。

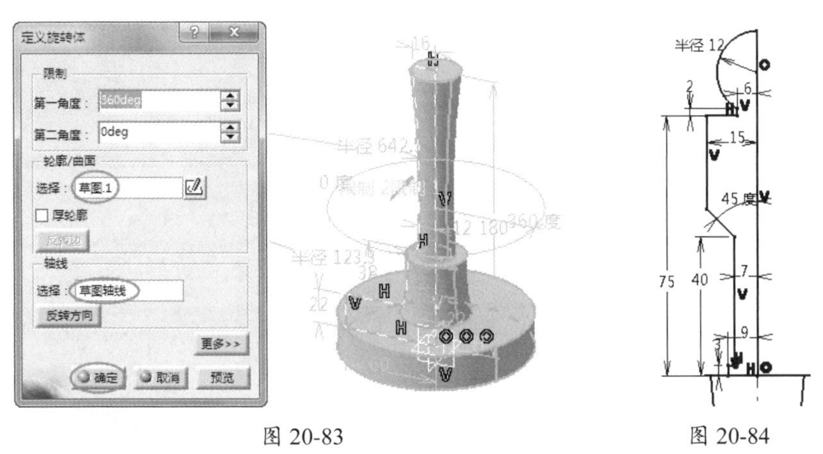

图 20-83　　　　图 20-84

05 单击“基于草图的特征”工具栏中的“旋转体”按钮，选择旋转截面，弹出“定义旋转体”对话框。选择“草图 2”作为旋转截面，单击“确定”按钮完成“旋转体 2”的创建，如图 20-85 所示。

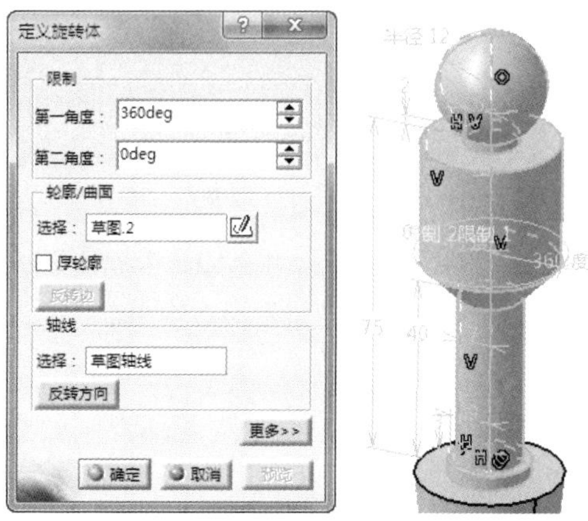

图 20-85

06 单击“修饰特征”工具栏中的“倒角”按钮，弹出“定义倒角”对话框。单击激活“要倒角的对象”文本框，选择如图 20-86 所示的边线，单击“确定”按钮完成倒角特征的创建。

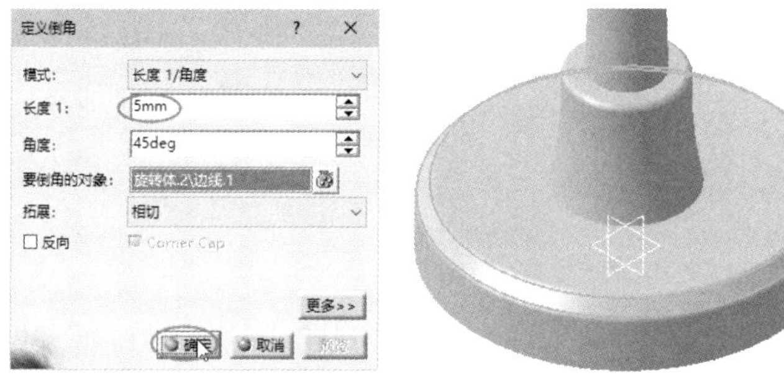

图 20-86

07 单击“修饰特征”工具栏中的“倒圆角”按钮，弹出“倒圆角定义”对话框。在 Radius 文本框中输入圆角半径值为 2mm，单击激活“要圆角化的对象”文本框，选择如图 20-87 所示的边，单击“确定”按钮完成圆角特征的创建。

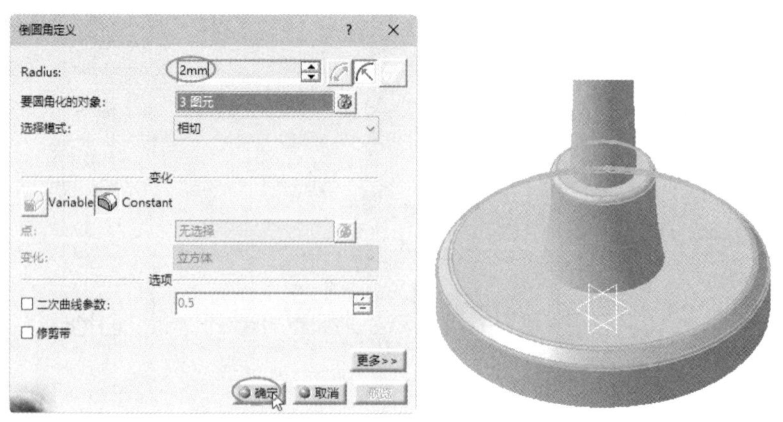

图 20-87

08 执行“开始”|“形状”|“创成式外形设计”命令，进入创成式外形设计工作台。

09 单击“草图”按钮，在图形区中选择 *yz* 平面作为草图平面，进入草图工作台。利用草绘工具绘制如图 20-88 所示的“草图 3”。

10 单击“曲面”工具栏中的“旋转”按钮，弹出“旋转曲面定义”对话框。选择上一步绘制的草图作为轮廓，设置旋转角度后单击“确定”按钮完成“旋转曲面 1”的创建，如图 20-89 所示。

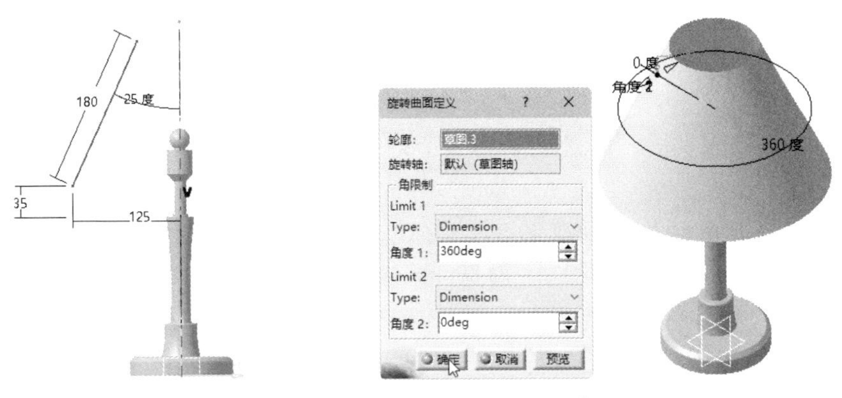

图 20-88　　　　图 20-89

11 单击“草图”按钮，在图形区中选择 *zx* 平面作为草图平面，进入草图工作台。利用草绘工具绘制如图 20-90 所示的“草图 4”（绘制长轴直径为 16mm、短轴直径为 3mm 的椭圆）。

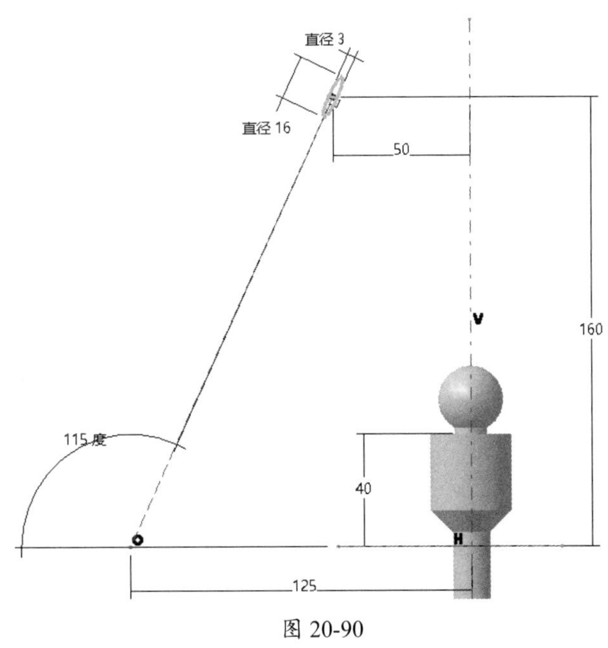

图 20-90

12 单击“曲面”工具栏中的“拉伸”按钮，弹出“拉伸曲面定义”对话框。选择上一步绘制的“草图 4”作为拉伸截面，设置拉伸“尺寸”为 15mm，选中“镜像范围”复选框，单击“确定”按钮完成“拉伸曲面 1”的创建，如图 20-91 所示。

13 单击“草图”按钮，在图形区中选择 *yz* 平面作为草图平面，进入草图工作台。利用草绘工具绘制如图 20-92 所示的草图。

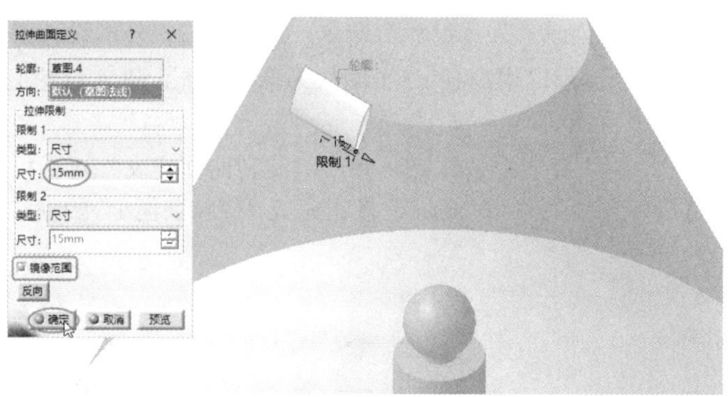

图 20-91

14 单击“曲面”工具栏中的“拉伸”按钮，弹出“拉伸曲面定义”对话框。选择上一步绘制的草图作为拉伸截面，设置拉伸“尺寸”为 80mm，单击“确定”按钮完成“拉伸曲面 2”的创建，如图 20-93 所示。

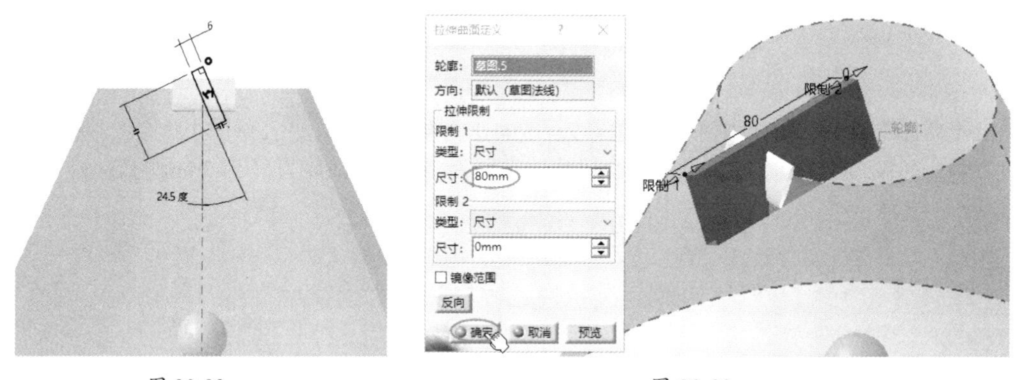

图 20-92　　　图 20-93

15 单击“操作”工具栏中的“分割”按钮，弹出“定义分割”对话框。选择如图 20-94 所示的要分割曲面（拉伸 1）和切除元素（拉伸 2），单击“确定”按钮完成分割操作。

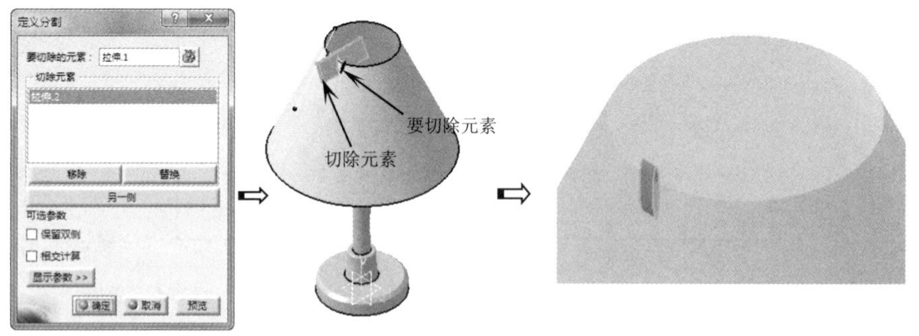

图 20-94

16 选择“分割 1”特征作为阵列对象，单击“变换特征”工具栏中的“圆形阵列”按钮，弹出“定义圆形阵列”对话框。在“轴向参考”选项卡中设置阵列参数，选择旋转曲面的边线作为阵列方向参考，单击“确定”按钮完成圆形阵列 1 特征的创建，如图 20-95 所示。

17 执行“开始”|“机械设计”|“零件设计”命令，进入零件设计工作台。

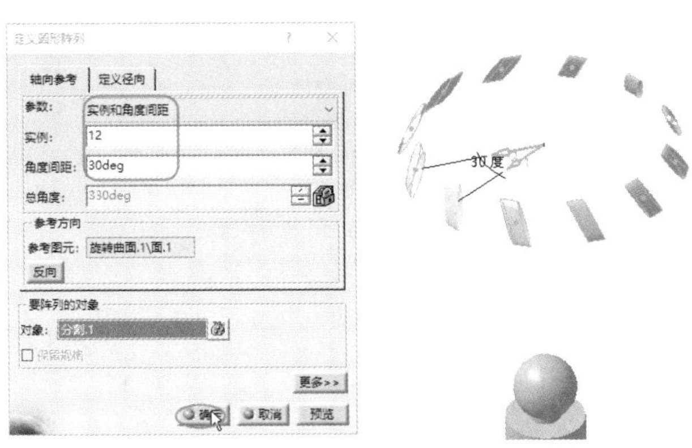

图 20-95

18 单击"基于曲面的特征"工具栏中的"厚曲面"按钮，弹出"定义厚曲面"对话框。选择灯罩曲面，在"第一偏移"文本框中输入1mm，单击"确定"按钮创建曲面加厚实体特征，如图 20-96 所示。

19 单击"草图"按钮，在图形区中选择 *yz* 平面作为草图平面，进入草图工作台。利用草绘工具绘制如图 20-97 所示的"草图 6"。

图 20-96　　图 20-97

20 单击"草图"按钮，在图形区中选择 *zx* 平面作为草图平面，进入草图工作台。利用草绘工具绘制如图 20-98 所示的"草图 7"。

21 单击"基于草图的特征"工具栏中的"肋"按钮，弹出"定义肋"对话框。选择如图 20-99 所示的轮廓和中心曲线，单击"确定"按钮创建肋特征。

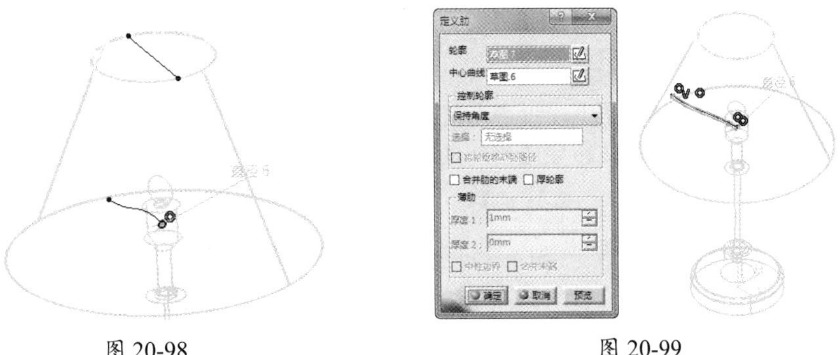

图 20-98　　图 20-99

22 选择上一步创建肋的实体特征，单击"变换特征"工具栏中的"圆形阵列"按钮，弹出"定义圆形阵列"对话框。在"轴向参考"选项卡中设置阵列参数，选择灯罩旋转体表面作为阵列方向，单击“确定”按钮完成圆周阵列 2 特征的创建，如图 20-100 所示。

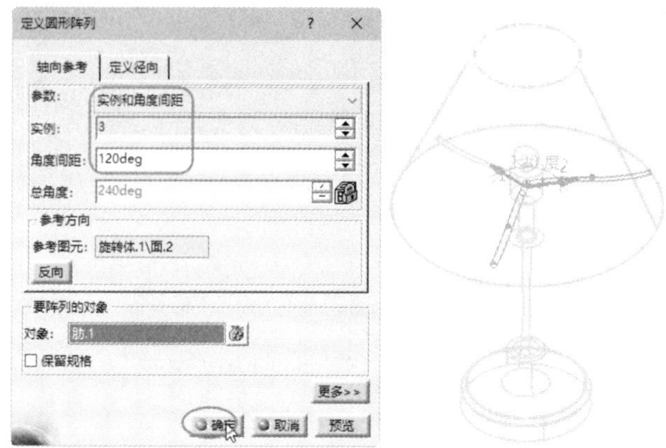

图 20-100

23 至此，完成了台灯造型设计，最后将模型文件保存。

20.3.2 案例二：雨伞造型设计

引入文件：无

结果文件：动手操作 \ 结果文件 \Ch20\yushan.CATPart

视频文件：视频 \Ch20\ 雨伞造型设计 .avi

雨伞模型如图 20-101 所示，主要由伞面和伞柄组成。

01 新建零件文件。执行“开始”|“形状”|“创成式外形设计”命令，进入创成式外形设计工作台。

02 单击“草图”按钮，在图形区中选择 *yz* 平面作为草图平面，进入草图工作台。利用草图工具绘制如图 20-102 所示的“草图 1”。

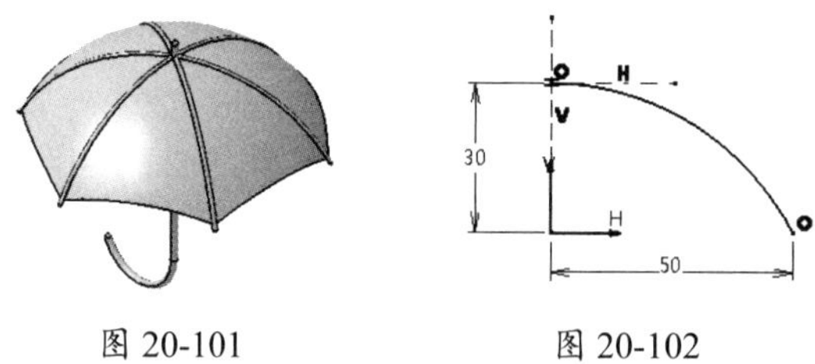

图 20-101　　图 20-102

03 单击“曲面”工具栏中的“旋转”按钮，弹出“旋转曲面定义”对话框。选择上一步创建的草图，设置旋转角度后单击“确定”按钮完成旋转曲面的创建，如图 20-103 所示。

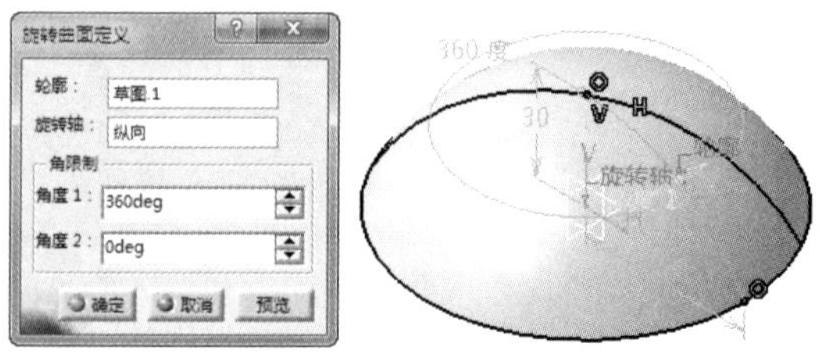

图 20-103

04 单击“草图”按钮，在图形区中选择 *xy* 平面作为草图平面，进入草图工作台。利用草图工具绘制如图 20-104 所示的“草图 2”。

05 单击“草图”按钮，在图形区中选择 *yz* 平面作为草图平面，进入草图工作台。利用草图工具绘制如图 20-105 所示的“草图 3”。

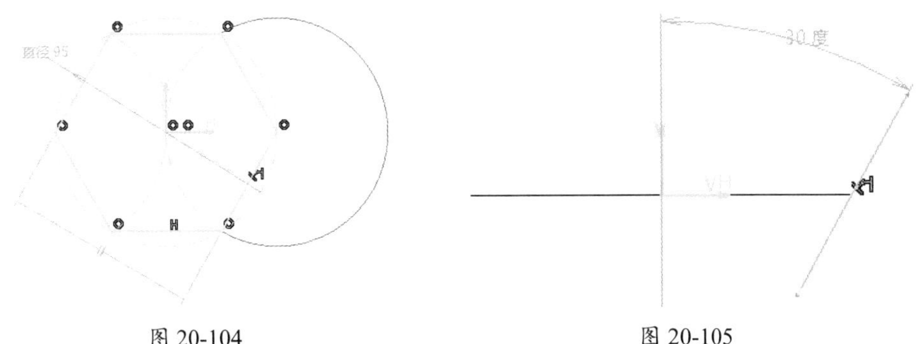

图 20-104　　　　图 20-105

06 单击“曲面”工具栏中的“扫掠”按钮，弹出“扫掠曲面定义”对话框。在“轮廓类型”中单击“显式”按钮，在“子类型”下拉列表中选择“使用参考曲面”选项，选择如图 20-106 所示的轮廓（草图 3）和引导曲线（草图 2），单击“确定”按钮完成扫掠曲面的创建。

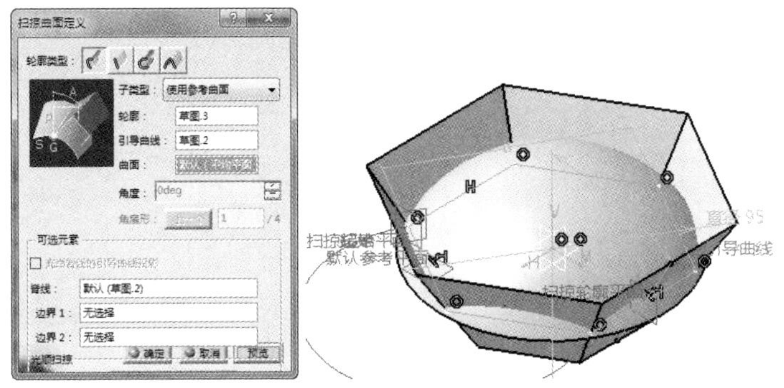

图 20-106

07 单击“操作”工具栏中的“分割”按钮，弹出“定义分割”对话框。选择分割曲面（旋转曲面）和切除元素（扫掠曲面），单击“确定”按钮完成分割操作，如图 20-107 所示。

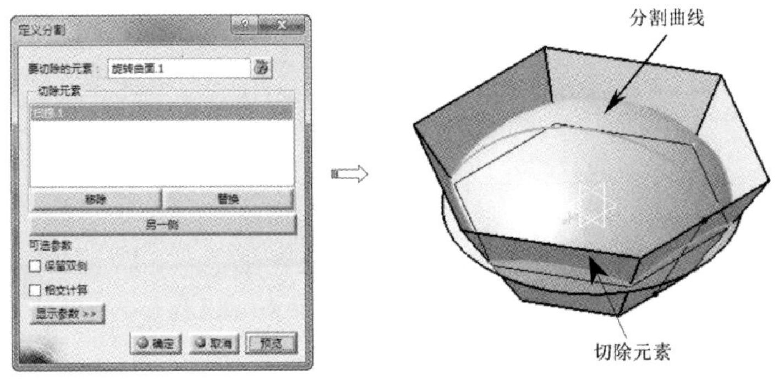

图 20-107

08 执行“开始”|“机械设计”|“零件设计”命令，进入零件设计工作台。

09 单击“草图”按钮，在图形区中选择 *zx* 平面作为草图平面，进入草图工作台。利用草图工具绘制如图 20-108 所示的“草图 4”。

10 单击“参考元素”工具栏中的“平面”按钮，弹出“平面定义”对话框。在“平面类型”下拉列表中选择“曲线的法线”选项，选择“草图 4”中的曲线和端点作为参考，单击“确定”按钮完成“平面 1”的创建，如图 20-109 所示。

图 20-108　　图 20-109

11 选择上一步绘制的平面作为草绘平面，单击“草图”按钮进入草图工作台。利用草图工具绘制如图 20-110 所示的“草图 5”。

12 单击“基于草图的特征”工具栏中的“肋”按钮，弹出“定义肋”对话框。选择如图 20-111 所示的轮廓（草图 5）和中心曲线（草图 4），单击“确定”按钮创建肋特征。

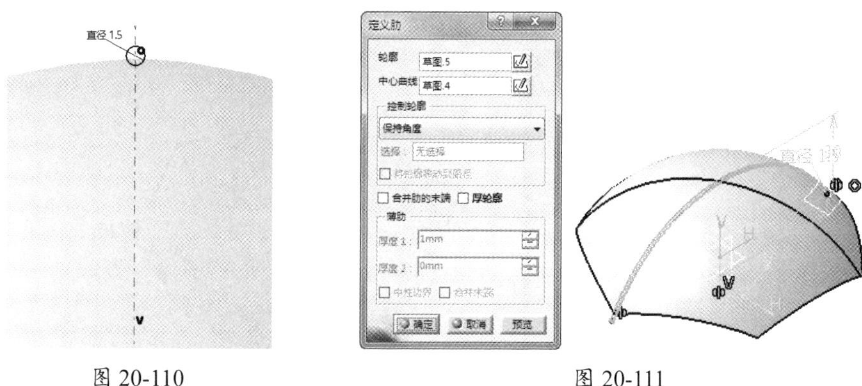

图 20-110　　图 20-111

13 单击“修饰特征”工具栏中的“倒圆角”按钮，弹出“倒圆角定义”对话框。在 Radius 文本框中输入圆角半径值为 0.75mm，单击激活“要圆角化的对象”文本框，选择肋特征的两端边线作为要圆角化的对象，单击“确定”按钮完成圆角特征的创建，如图 20-112 所示。

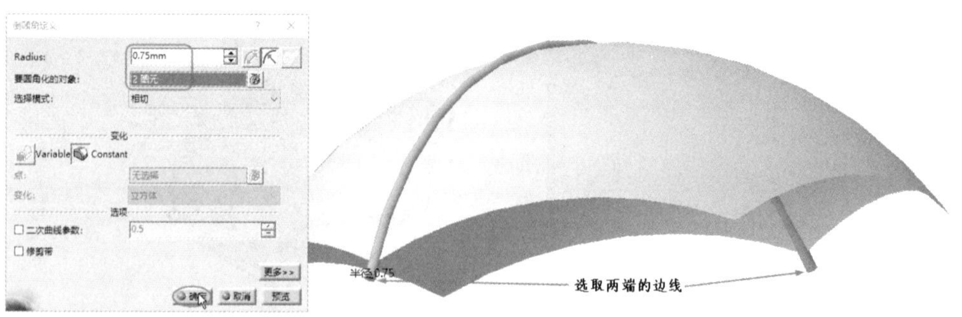

图 20-112

14 单击“变换特征”工具栏中的“圆形阵列”按钮，弹出“定义圆形阵列”对话框。选择前面创建的肋特征和圆角特征作为要阵列的对象，然后在“轴向参考”选项卡中设置阵列参数，选择伞面（旋转曲面）作为阵列方向参考。单击“确定”按钮完成圆形阵列特征的创建，如图20-113所示。

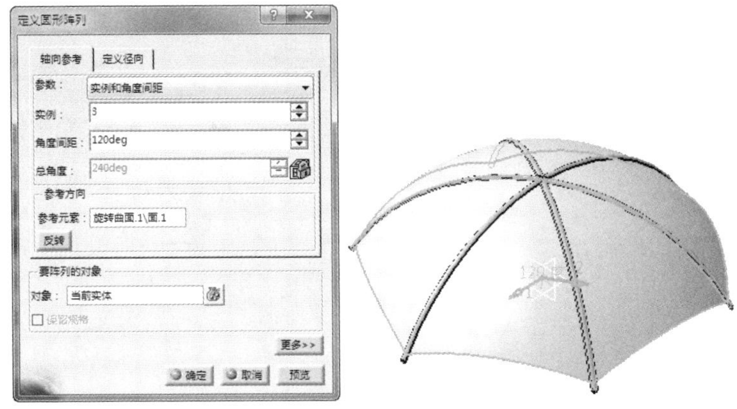

图 20-113

15 单击“基于曲面的特征”工具栏中的“厚曲面”按钮，弹出“定义厚曲面”对话框。选择伞面曲面，在“第一偏移”文本框中输入0.2mm，单击“确定”按钮创建曲面加厚特征，如图20-114所示。

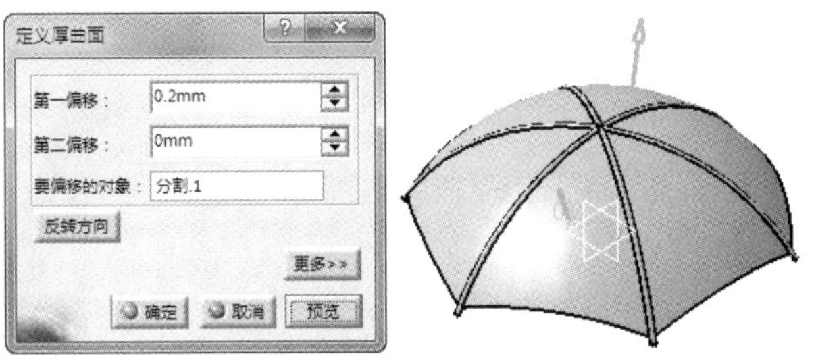

图 20-114

16 单击“草图”按钮，在图形区中选择 *yz* 平面作为草图平面，进入草图工作台。利用草图工具绘制如图20-115所示的“草图6”。

17 单击“参考元素”工具栏中的“平面”按钮，弹出“平面定义”对话框。在“平面类型”下拉列表中选择“曲线的法线”选项，选择“草图6”中的曲线和端点作为参考，单击“确定”按钮完成“平面2”的创建，如图20-116所示。

图 20-115　　图 20-116

18 单击“草图”按钮，选择“平面 2”作为草绘平面进入草图工作台。利用草图工具在伞面的中心绘制如图 20-117 所示的“草图 7”。

19 单击“基于草图的特征”工具栏中的“肋”按钮，弹出“定义肋”对话框。选择如图 20-118 所示的轮廓（草图 7）和中心曲线（草图 6），单击“确定”按钮创建肋特征。

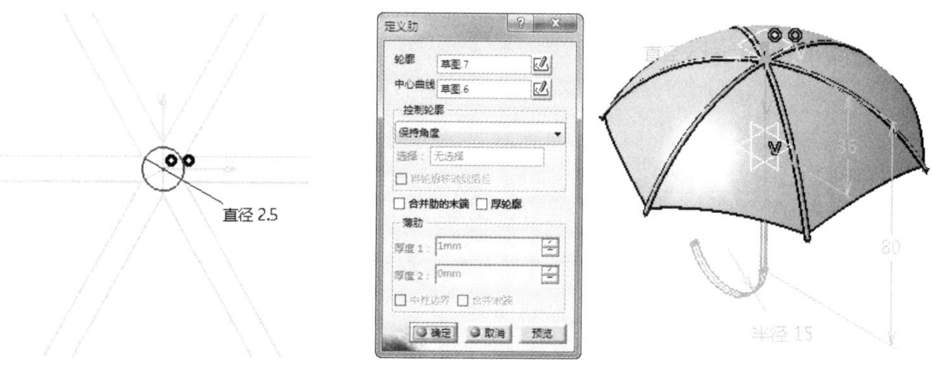

图 20-117　　图 20-118

20 单击“修饰特征”工具栏中的“倒圆角”按钮，弹出“倒圆角定义”对话框。在 Radius 文本框中输入圆角半径值为 1.25mm，选择肋特征两个端面的边线作为要圆角化的对象，单击“确定”按钮完成圆角特征的创建，如图 20-119 所示。

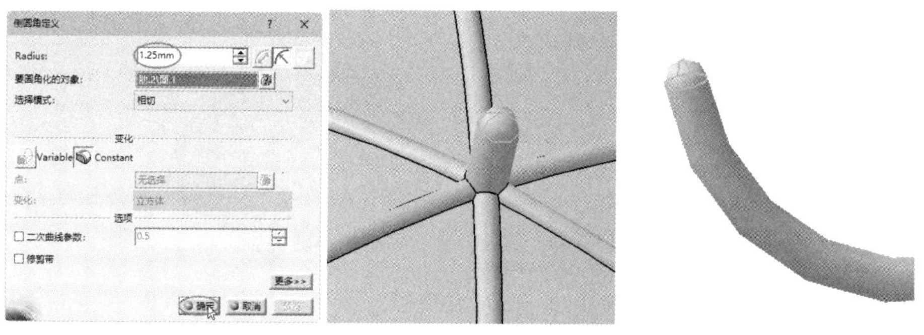

图 20-119

21 至此，完成了雨伞的造型设计，如图 20-120 所示。

图 20-120

第 21 章　产品结构设计综合案例

项目导读

本章将以工业小产品作为原型对产品外观曲面造型和内部结构细节设计进行拆解和分析。其中主要运用了创成式外形设计工作台和零件设计工作台中的建模工具构建产品的外观曲线、曲面形状及内部结构细节。

- 产品结构及强度设计要点
- 无绳电话话筒结构设计
- 手电筒结构设计

21.1　产品结构及强度设计要点

塑件产品在使用过程中往往要受力，因此，设计塑件产品时，要充分考虑强度需求，在结构上进行加强。

1. 塑件产品盖和底部的加强设计

除了采用加强筋，薄壳状的塑件产品可制作成球面或拱面，可有效增加刚性和减少变形，如图 21-1 所示。

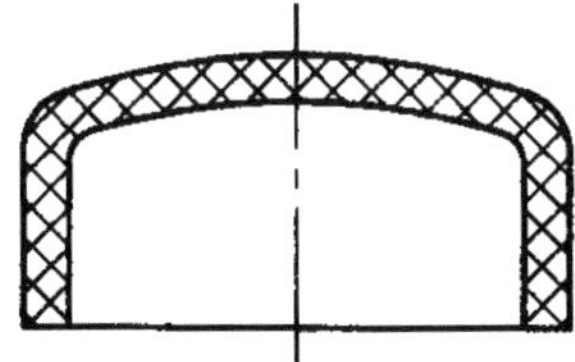
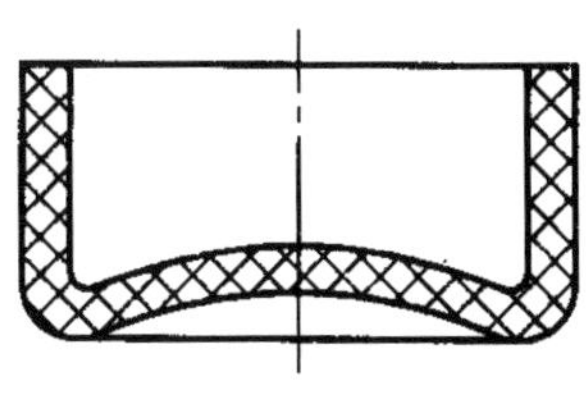
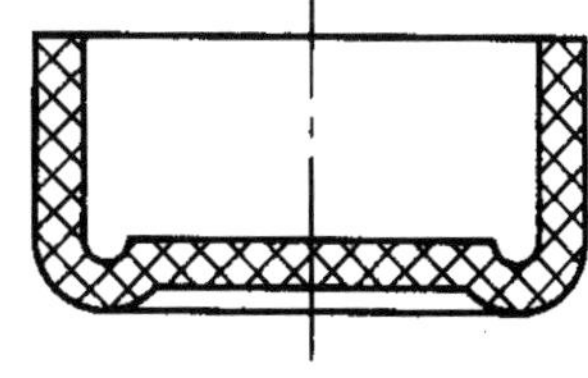

图 21-1

2. 塑件产品侧壁的加强设计

聚烯烃类塑料成型矩形薄壁容器时，其侧壁容易出现内凹变形，如图 21-2（a）所示，可先把塑件产品侧壁设计成稍许外凸，如图 21-2（b）所示，使变形后趋于平直，但这种方法不容易做到。因此，在不影响使用的情况下，可将塑件产品设计成各边均向外凸的弧线，使变形不易察觉，如图 21-2（c）所示。

3. 塑件产品边缘的加强设计

对于薄壁容器的边缘，可按如图 21-3 所示的设计来增加边缘部分的刚性，减少塑件产品的变形。

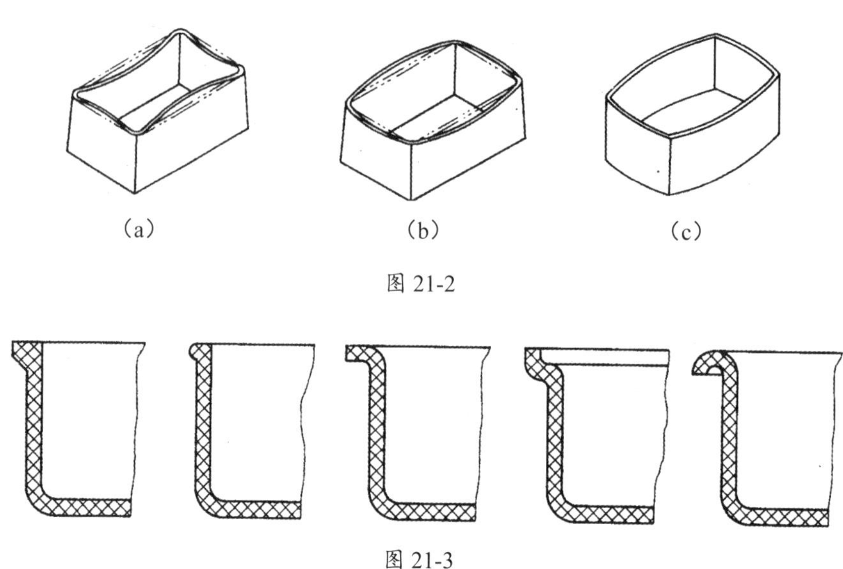

（a）　　（b）　　（c）

图 21-2

图 21-3

21.2 案例一：无绳电话话筒结构设计

引入文件：无

结果文件：动手操作 \ 结果文件 \Ch20\ 无绳电话机话筒 \telephone.CATProduct

视频文件：视频 \Ch21\ 无绳电话话筒设计 .avi

本节将以无绳电话机话筒的上下盖作为设计原型，进行曲面造型和零部件结构关联设计。在进行曲面造型时，应重点注意各曲线、曲面的连接方法和技巧，以及分割曲面的创建位置，在分割话筒上、下壳体盖时，应注意正确的结构衔接。无绳电话机话筒的结构，如图 21-4 所示。

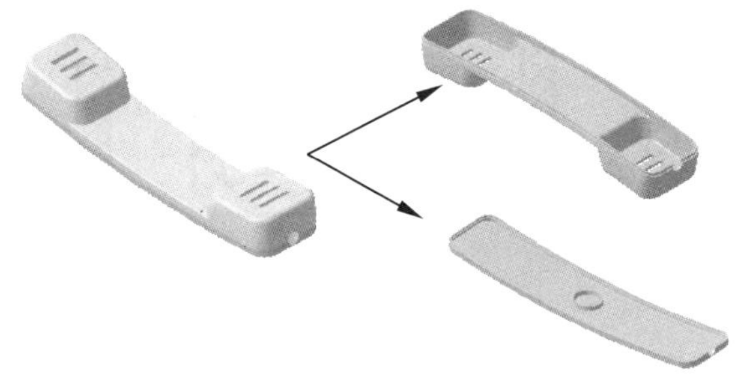

图 21-4

无绳电话机话筒的结构设计是在装配环境下进行的，运用了典型的自上而下装配设计方法，先进行整体外观造型，分割整体外观曲面作为上、下盖的外观曲面，然后在各自的零部件环境中进行内部结构设计。

21.2.1 外观整体造型设计

在整个产品外观设计过程中，将综合运用创成式外形设计工作台和零件设计工作台的相关工具来创建产品的曲面特征及分割曲面，最后将实体特征与分割曲面发布，作为参考几何特征。

操作步骤

01 执行“开始”|“机械设计”|“装配设计”命令，进入装配设计工作台。

02 右击 Product1，在弹出的快捷菜单中选择“属性”选项，在弹出的“属性”对话框的“产品”选项卡的“零件编号”文本框中输入 telephone，单击“确定”按钮完成名称的修改。

03 创建整体外观零件。双击装配结构树中 telephone 名称以激活装配，再执行“插入”|“新建零件”命令，弹出“零件编号”对话框。在“新零件编号”文本框中输入 fitst-body，单击“确定”按钮完成零件的新建，如图 21-5 所示。

04 双击装配结构树上的 first-body 节点切换至零部件设计工作台，并执行“开始”|“外形”|“创成式曲面设计”命令，切换至创成式外形设计工作台。

05 单击“草图”按钮，选取 *xy* 平面作为草绘平面并绘制如图 21-6 所示的“草图 1”。

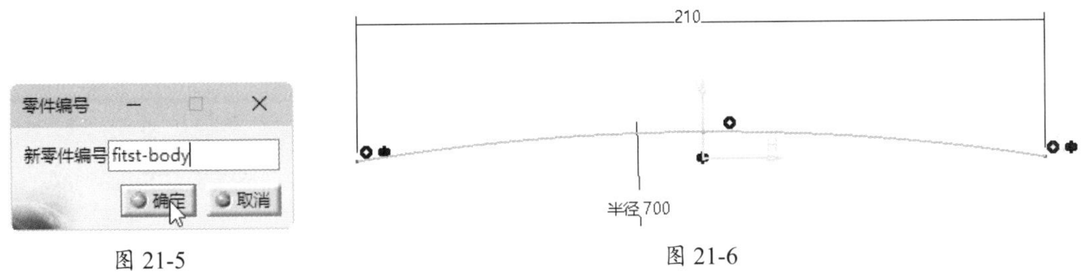

图 21-5　　图 21-6

06 在“曲面”工具栏中单击“拉伸”按钮，选取上一步创建的“草图 1”曲线作为拉伸的轮廓线，设置“限制 1”和“限制 2”的“尺寸值”均为 23mm，单击“确定”按钮完成“拉伸曲面 1”的创建，如图 21-7 所示。

07 在“曲面”工具栏中单击“偏置”按钮，选取“拉伸曲面 1”作为偏置对象，设置“偏置”距离为 25mm 并指定偏置方向，单击“确定”按钮完成曲面的偏置创建，如图 21-8 所示。

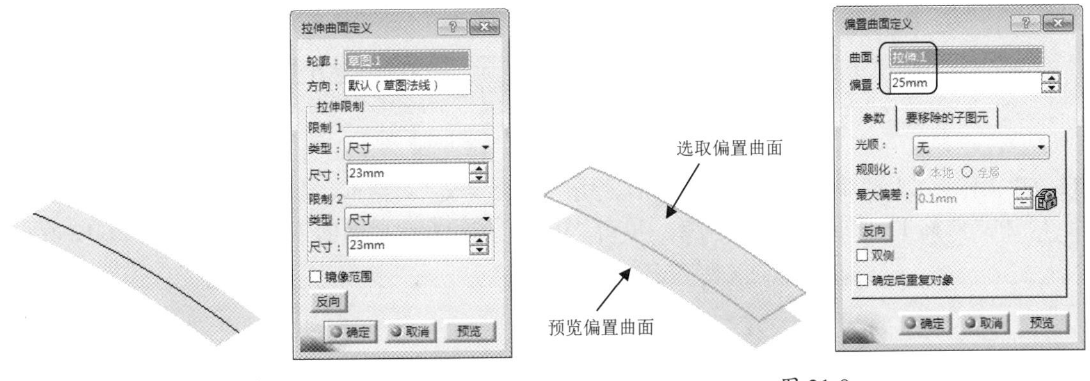

图 21-7　　图 21-8

08 单击“草图”按钮，选取 *zx* 平面作为草图平面并绘制如图 21-9 所示的“草图 2”。

09 在“曲面”工具栏中单击“扫掠”按钮，弹出“扫掠曲面定义”对话框，选择“使用两条引导曲线”选项作为显示扫掠曲面的子类型，选取“草图 2”的曲线作为轮廓曲线，分别选取拉伸曲面和偏置曲面的两条边线作为引导曲线，其他使用系统默认设置，单击“确定”按钮完成扫掠曲面的创建，如图 21-10 所示。

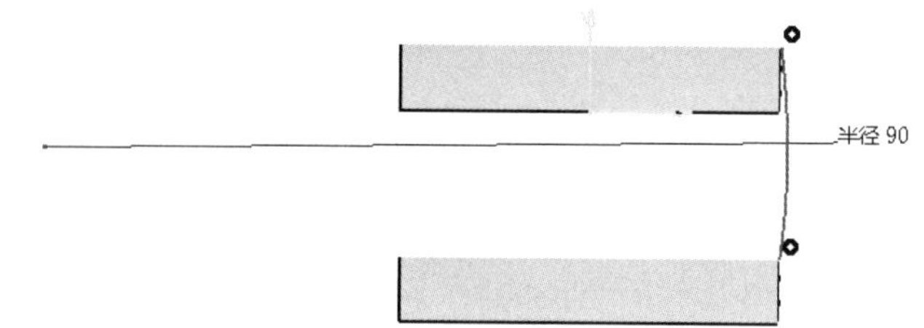

图 21-9

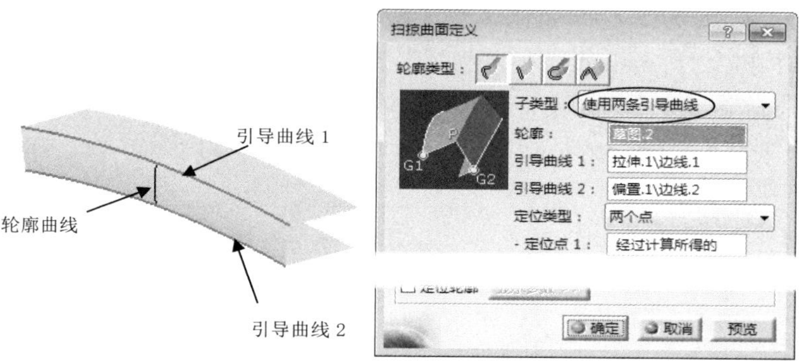

图 21-10

10 在“操作”工具栏中单击“对称”命令，弹出“对称定义”对话框，选取上一步创建的“扫掠 1”曲面作为对称图元，选取“yz 平面”作为对称参考平面，单击“确定”按钮完成曲面的对称复制操作，如图 21-11 所示。

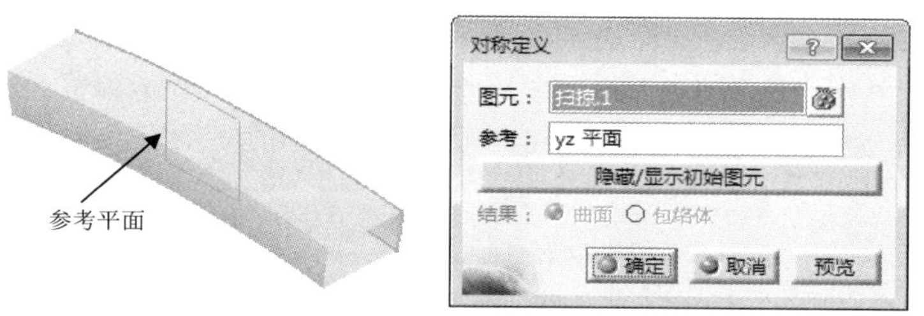

图 21-11

11 在“操作”工具栏中单击“接合”按钮，弹出“接合定义”对话框，选取“拉伸 1”“扫掠 1”“偏置 1”和“对称 1”曲面作为接合对象，单击“确定”按钮完成曲面的接合操作，如图 21-12 所示。

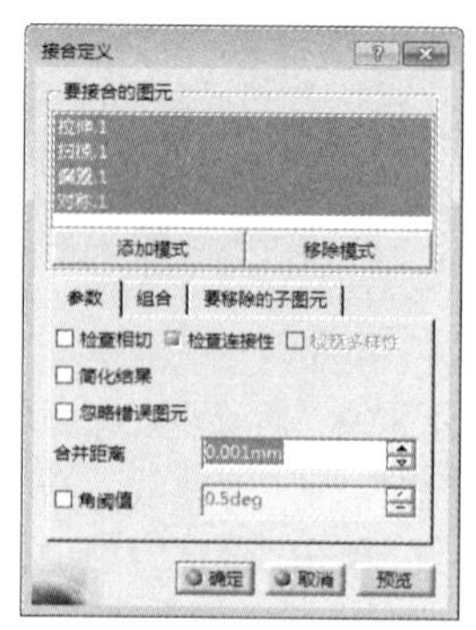

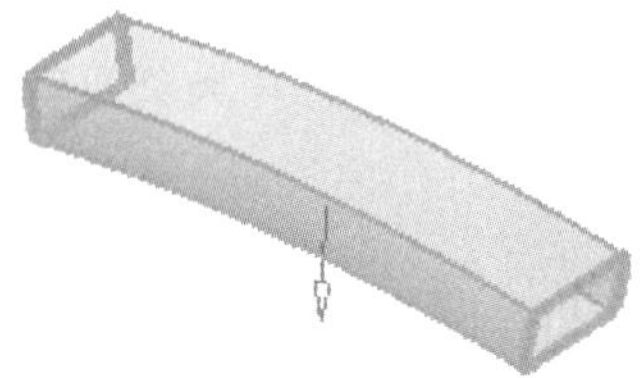

图 21-12

12 单击“草图”按钮，选取 *xy* 平面作为草绘平面并绘制如图 21-13 所示的“草图 3”。

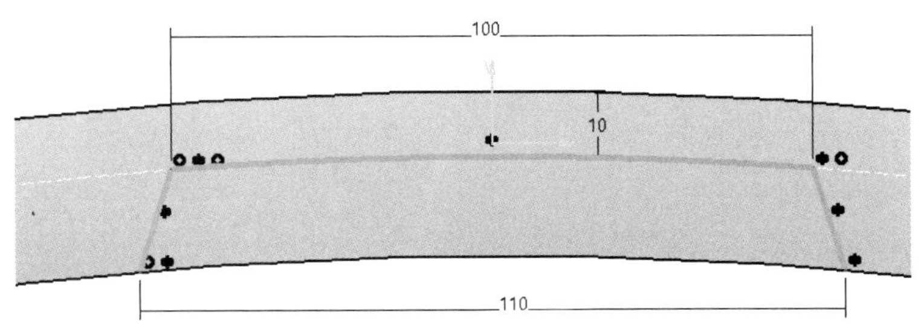

图 21-13

13 在“曲面”工具栏中单击“拉伸”按钮，弹出“拉伸曲面定义”对话框，选取上一步创建的“草图 3”曲线作为拉伸轮廓线，设置“限制 1”和“限制 2”的“尺寸”值为 40mm，单击“确定”按钮完成“拉伸曲面 2”的创建，如图 21-14 所示。

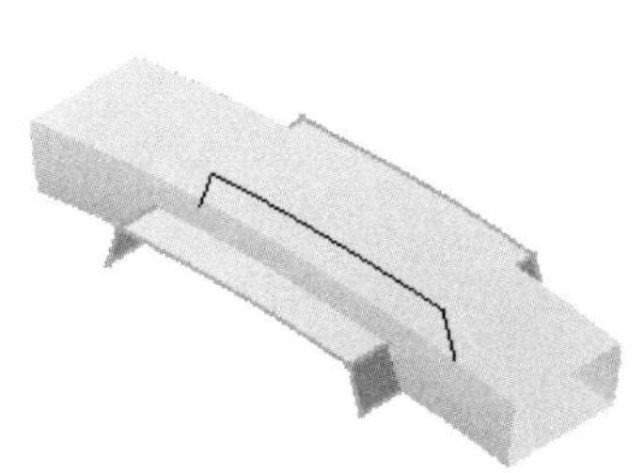

图 21-14

14 在“操作”工具栏中单击“修剪”按钮，弹出“修剪定义”对话框，选取“接合 1”和“拉伸 2”曲面作为修剪对象，调整需要保留的曲面侧，单击“确定”按钮完成曲面的修剪，如图 21-15 所示。

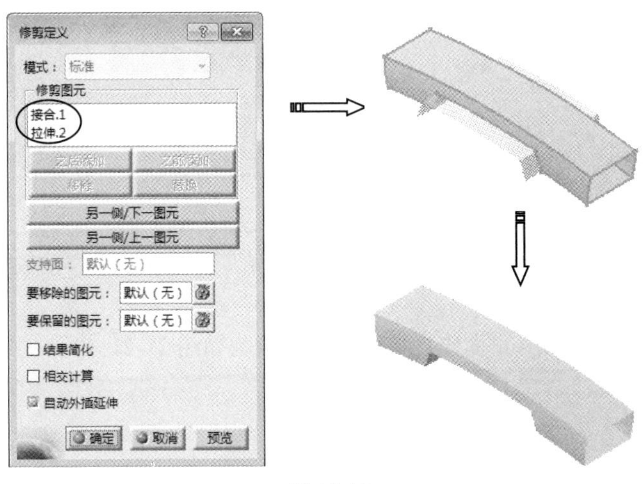

图 21-15

15 多次在“曲面”工具栏中单击“填充”命令，选取修剪曲面两端的边界作为填充区域，创建两个填充曲面，如图 21-16 所示。

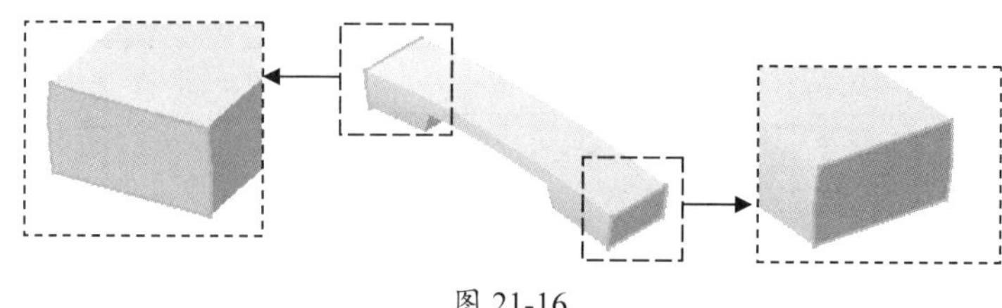

图 21-16

16 在“操作”工具栏中单击“接合”按钮，选取“修剪 1”“填充 1”和“填充 2”曲面作为接合对象并将其接合。

17 在“操作”工具栏中单击“倒圆角”按钮，选取如图 21-17 所示的 4 条曲面边线作为圆角对象，设置圆角半径为 10mm，单击“确定”按钮完成“曲面倒圆角 1”的创建。

18 在“操作”工具栏中单击“倒圆角”按钮，选取如图 21-18 所示的曲面边线作为圆角对象，设置圆角半径为 3mm，单击“确定”按钮完成“曲面倒圆角 2”的创建。

19 在“操作”工具栏中单击“倒圆角”按钮，选取如图 21-19 所示的曲面边线作为圆角对象，设置圆角半径为 1mm，单击“确定”按钮完成“曲面倒圆角 3”的创建。

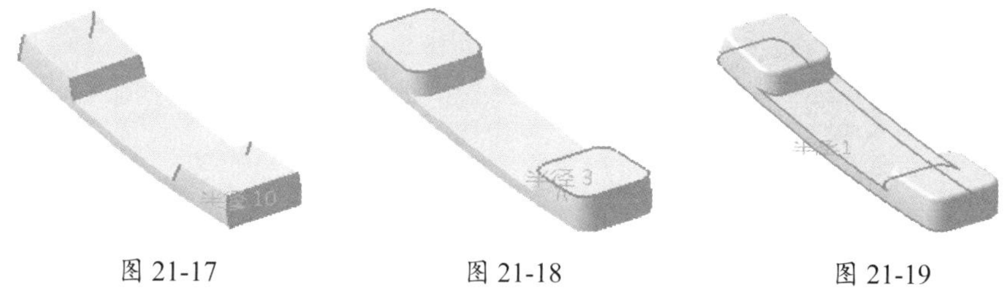

图 21-17　　图 21-18　　图 21-19

20 执行“开始”|“机械设计”|“零件设计”命令，进入零件设计工作台。

21 在“基于曲面的特征”工具栏中单击“封闭曲面”按钮，选取“倒圆角 3”曲面作为封闭的曲面对象，将其转换作为实体特征，如图 21-20 所示。

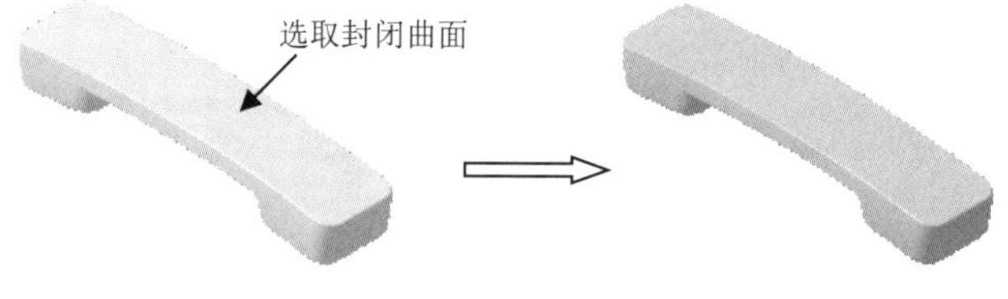

图 21-20

22 隐藏“倒圆角 3”曲面以凸显实体特征，执行“开始”|“形状”|“创成式外形设计”命令，再次进入创成式外形设计工作台。

23 单击“草图”按钮，选取 *xy* 平面作为草图平面并绘制如图 21-21 所示的“草图 4”。

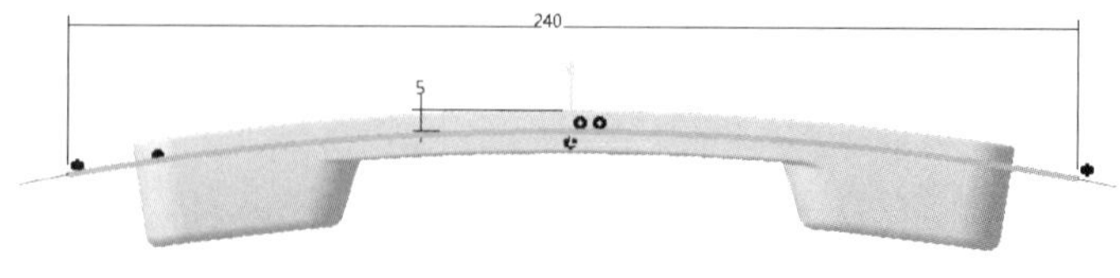

图 21-21

24 在“曲面”工具栏中单击“拉伸”按钮，弹出“拉伸曲面定义”对话框，选取上一步创建的“草图4”曲线作为拉伸曲面的轮廓线，使用系统默认的拉伸方向，设置“限制1”和“限制2”的尺寸值为40mm，单击“确定”按钮完成拉伸曲面的创建，如图21-22所示。此拉伸曲面作为上、下盖的分割曲面。

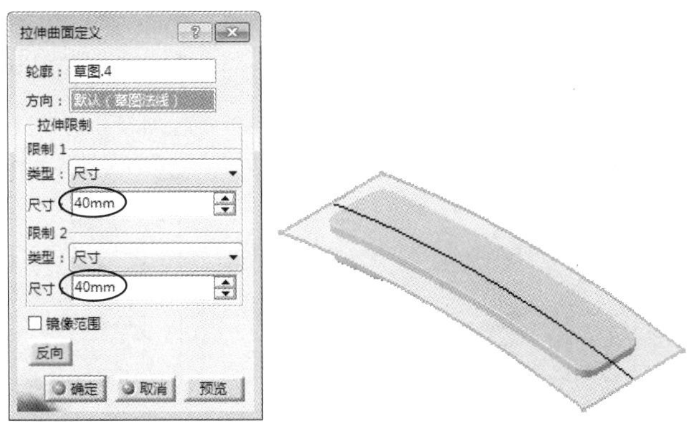

图 21-22

25 执行“工具”|“发布”命令，弹出“发布”对话框，选取图形区中的“零件几何体”和“拉伸3”曲面作为发布对象，最终结果如图21-23所示。

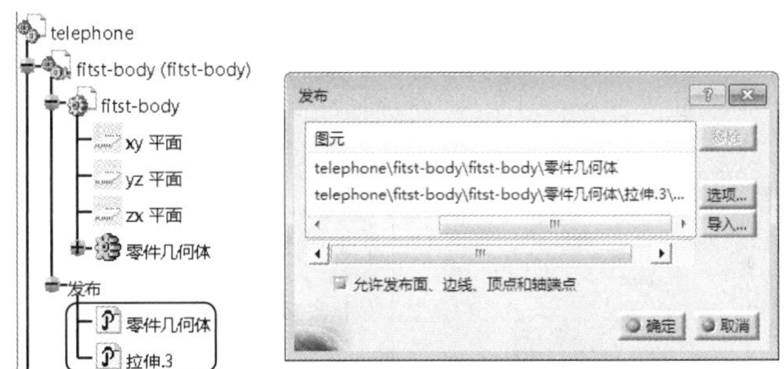

图 21-23

21.2.2　话筒上盖结构设计

话筒上盖的零件结构比较简单，除了壳体结构，中心位置还有一个加强筋细节设计，尾部有一缺口，用来布线。话筒上盖的零件结构设计分两步：分割出上盖外形和内部结构设计。

操作步骤

1. 分割出上盖外形

01 双击装配结构树中的telephone顶层部件，激活装配设计工作台。执行“插入”|“新建零件”命令，选择telephone顶层部件后，弹出“零件编号”对话框。输入新零件的名称为up-cover，单击“确认”按钮完成零件创建。

02 在装配结构树中双击up-cover（up-cover.1）节点下的up-cover零件激活该零件的零件设计工作台（确认进入的是零件设计工作台）。

03 展开first-body装配结构树中的“发布”节点，选中“零件几何体”零件，按快捷键Ctrl+C（或右击并选择快捷菜单中的“复制”命令）复制 first-body 的实体几何图形，如图 21-24 所示。

04 右击 up-cover（up-cover.1）节点下的 up-cover 零件，在弹出的快捷菜单中选择“选择性粘贴”选项，弹出“选择性粘贴”对话框。选择“与原文档相关联的结果”选项作为粘贴的类型，单击“确定”按钮完成关联粘贴，装配结构树中增加了一个“几何体 .2”零件，如图 21-25 所示。

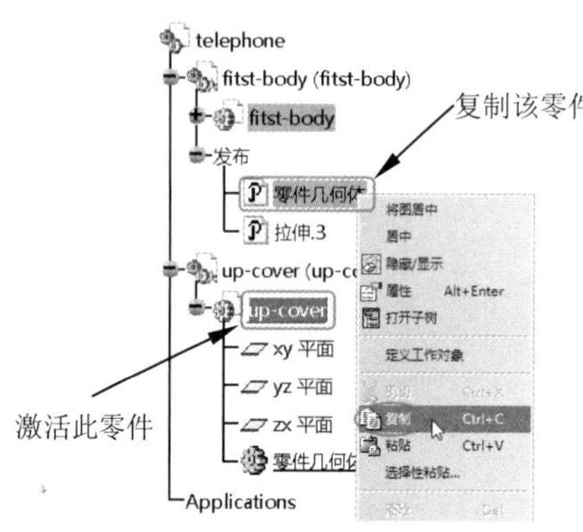

图 21-24

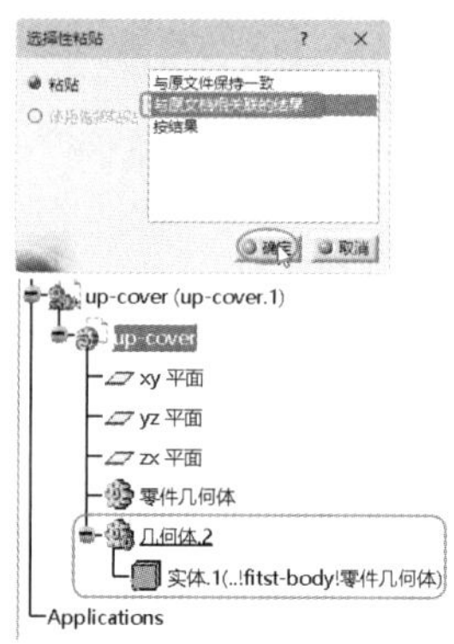

图 21-25

05 添加布尔运算。右击“几何体 2”子节点并选择快捷菜单中的“几何体 2 对象”命令，再选取“添加”命令选项完成布尔运算，如图 21-26 所示。

06 同理，按快捷键 Ctrl+C 复制装配结构树中“发布”节点项中的“拉伸 .3”曲面，将其以“与原文档相关联的结果”方式选择性粘贴到 up-cover 零件中，生成“外部参考”参考零件。隐藏 first-body（first-body）零部件，图形区中可看到复制的两个零件，如图 21-27 所示。

图 21-26

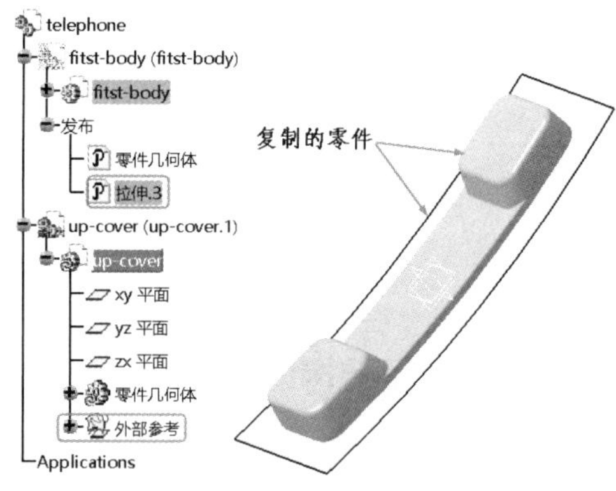

图 21-27

07 在零件设计工作台中，在“基于曲面的特征”工具栏中单击“分割”按钮，弹出 Split Definition 对话框，选取图形区中的关联曲面作为分割图元，指定保留侧作为实体上侧，单击“确定”按钮完成实体分割，如图 21-28 所示。分割后的实体即为上盖外形，再隐藏外部参考曲面。

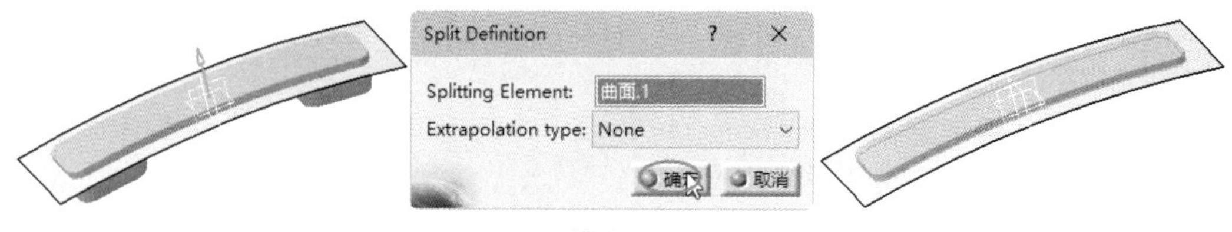

图 21-28

2. 内部结构设计

01 在“修饰特征”工具栏中单击“抽壳”按钮，选取实体表面作为抽壳要移除的面，设置“默认内侧厚度”值为2mm，单击“确定”按钮完成实体抽壳操作，如图21-29所示。

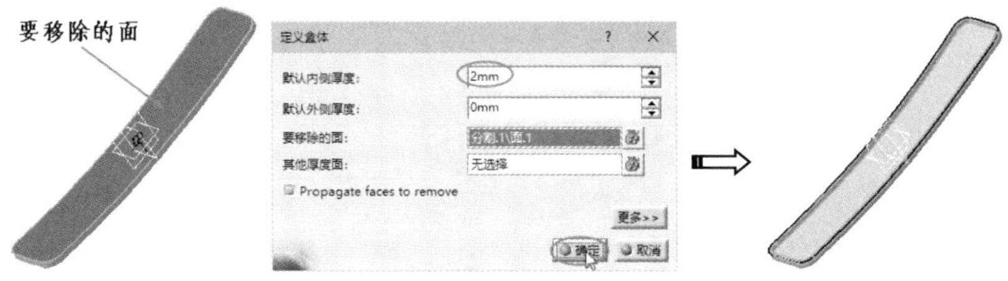

图 21-29

02 执行“开始”|“形状”|“创成式外形设计”命令，切换至创成式外形设计工作台。

03 在“操作”工具栏中单击“提取”按钮，弹出“提取定义”对话框，选取壳体的边线进行提取，如图21-30所示。

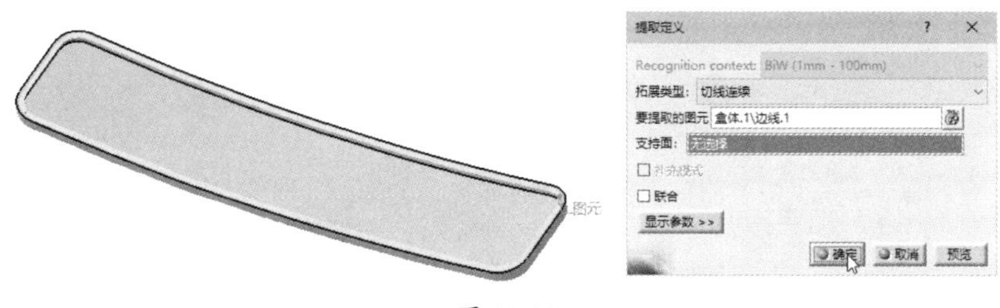

图 21-30

04 在“线框”工具栏中单击“平行曲线”按钮，弹出“平行曲线定义”对话框。选取提取曲线作为平行参考曲线，选取壳体上的面作为支持面，设置“常量”值为1mm，单击“确定”按钮创建平行曲线，如图21-31所示。

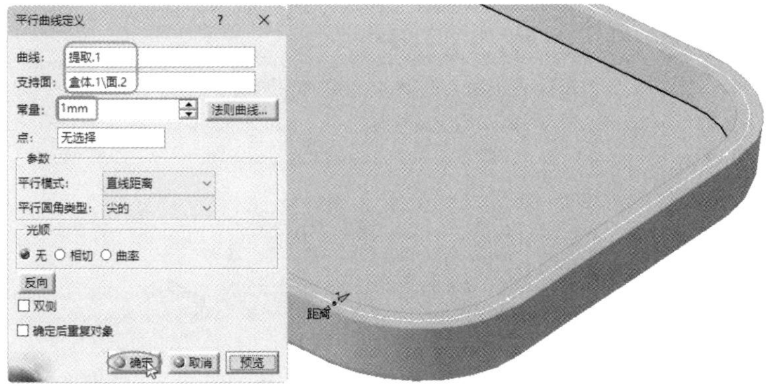

图 21-31

05 在“曲面”工具栏中单击“偏置”按钮，弹出“偏置曲面定义”对话框。选取装配结构树中“外部参考”节点下的“曲面.1”作为偏置参考，输入“偏置”值为1mm，确保偏置方向指向壳体内部后（如若不是，单击“反向”按钮更改），单击“确定”按钮完成偏置曲面的创建，如图21-32所示。

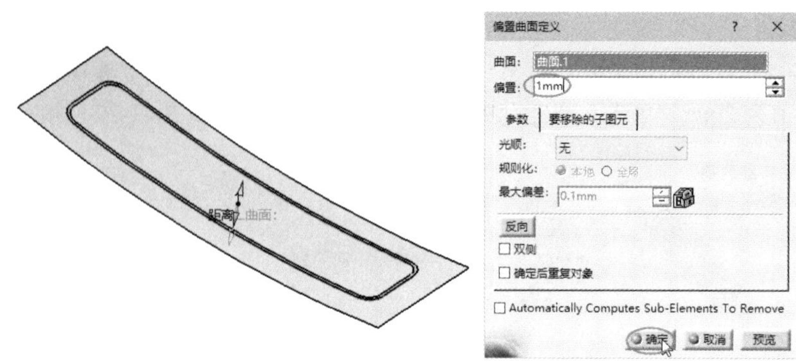

图 21-32

06 在“曲面”工具栏中单击“拉伸”按钮，弹出“拉伸曲面定义”对话框。选取平行曲线作为拉伸轮廓，拉伸方向设置为 Z Component（轴），再设置其他选项及参数，单击“确定”按钮完成拉伸曲面的创建，如图 21-33 所示。

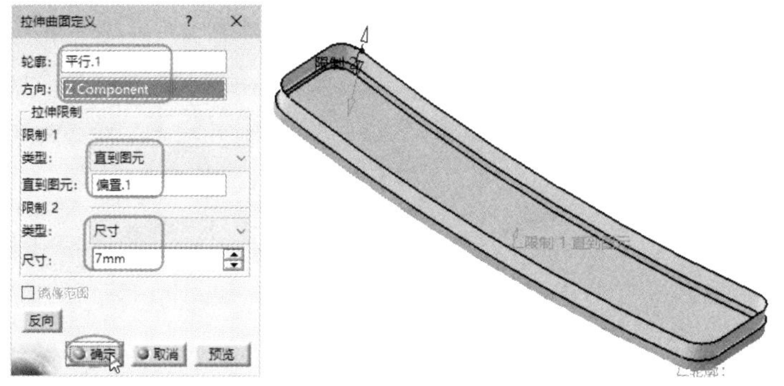

图 21-33

07 在“操作”工具栏中单击“修剪”按钮，弹出“修剪定义”对话框。选取上一步创建的拉伸曲面和偏置曲面进行修剪操作，结果如图 21-34 所示。

图 21-34

08 执行“开始”|“机械”|“零件设计”命令，切换到零件设计工作台。

09 在“基于曲面的特征”工具栏中单击“分割”按钮，弹出 Split Definition 对话框，选取上一步创建的修剪曲面作为分割图元，指定保留侧作为壳体外侧，单击“确定”按钮完成实体分割，如图 21-35 所示。

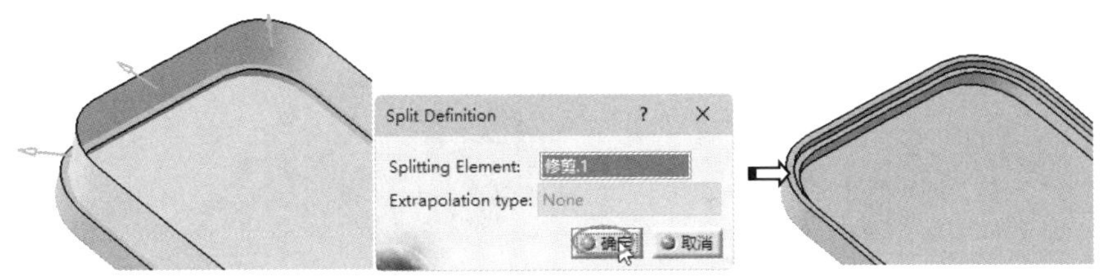

图 21-35

10 单击“草绘”按钮，选择 *zx* 平面作为草图平面，绘制如图 21-36 所示的“草图 1”。

11 在“基于草图的特征”工具栏中单击“凹槽”按钮，弹出“定义凹槽”对话框。设置限制“类型”为“直到最后”，选择“草图 1”进行拉伸，单击“确定”按钮完成凹槽的创建，如图 21-37 所示。

12 单击“草绘”按钮，选择 *xy* 平面作为草图平面，绘制如图 21-38 所示的“草图 2”。

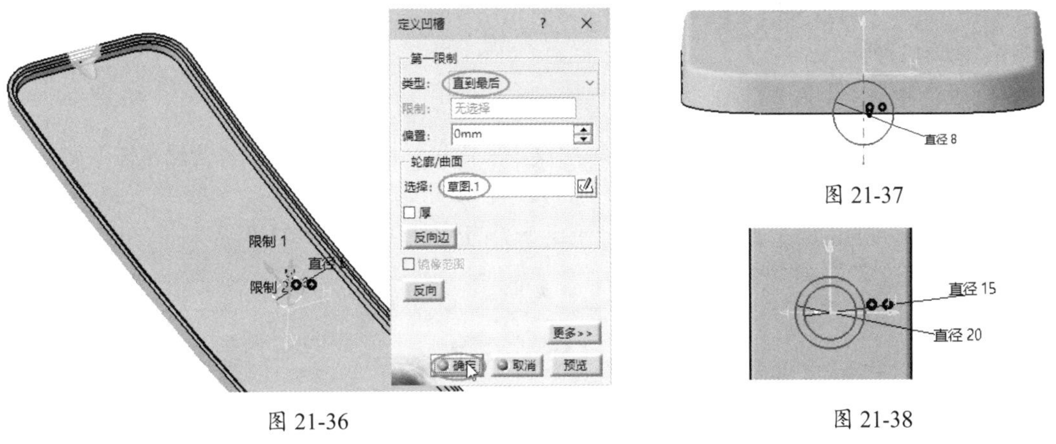

图 21-36

图 21-37

图 21-38

13 在“基于草图的特征”工具栏中单击“凹槽”按钮，弹出“定义凹槽”对话框。设置第一限制的拉伸类型为“直到曲面”，选择壳体内部底面为限制曲面，展开对话框的所有选项。设置第二限制的类型为“直到曲面”，选择外部参考曲面作为限制曲面。单击“确定”按钮完成凸台的创建，如图 21-39 所示。

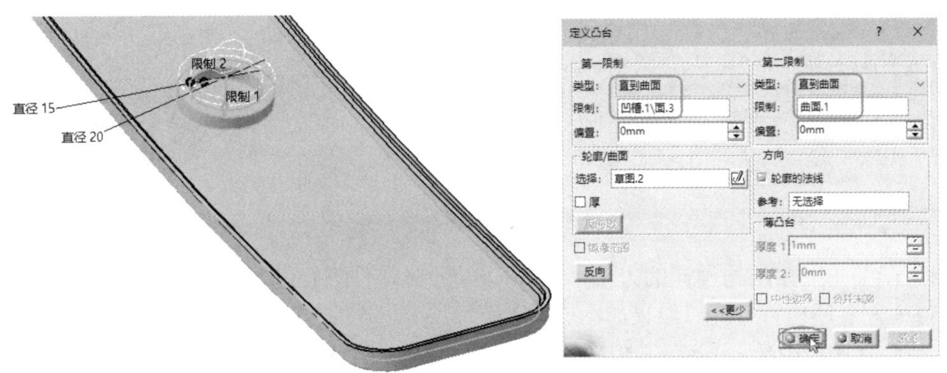

图 21-39

14 在“修饰特征”工具栏中单击“拔模斜度”按钮，弹出“定义拔模”对话框，选取凸台外部面进行拔模操作，如图 21-40 所示。

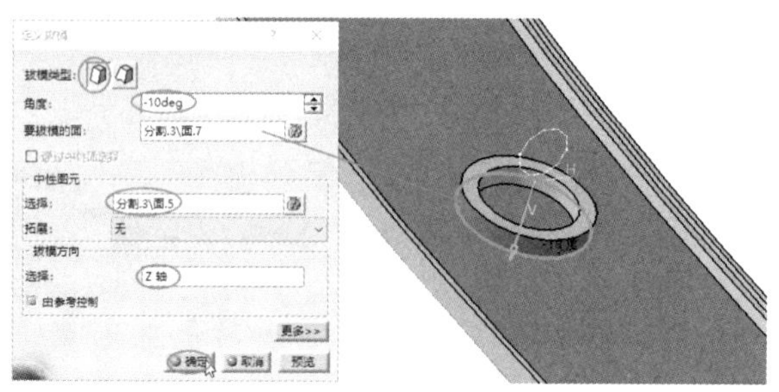

图 21-40

15 至此，完成了话筒上盖的结构设计。

21.2.3 话筒下盖结构设计

在整个话筒下盖零件的结构设计过程中，将使用零件设计工作台中的相关工具来修饰零件内部的各个细节特征。

操作步骤

01 双击装配结构树中的 telephone 以激活装配设计工作台，执行“插入”|“新建零件”命令并直接将零件名称命名作为 down-cover，单击“确定”按钮完成零件的新建。

02 按照上一节分割出上盖外形的步骤，分割出下盖的外形，如图 21-41 所示。

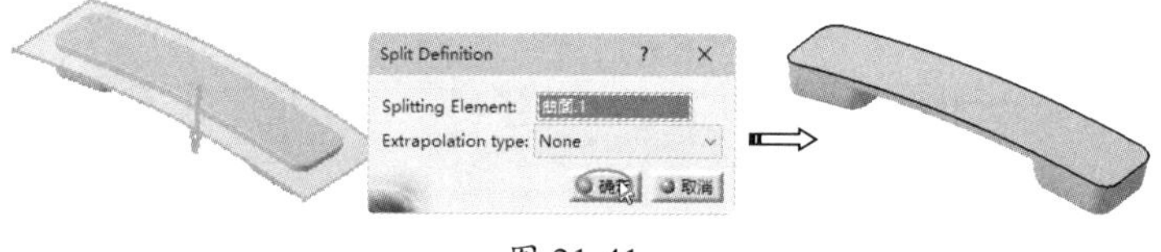

图 21-41

03 在“修饰特征”工具栏中单击“抽壳”按钮，弹出“定义盒体”对话框，选取下盖模型的上表面作为抽壳移除面，设置“默认内侧厚度”值为 2mm，单击“确定”按钮完成抽壳操作，如图 21-42 所示。

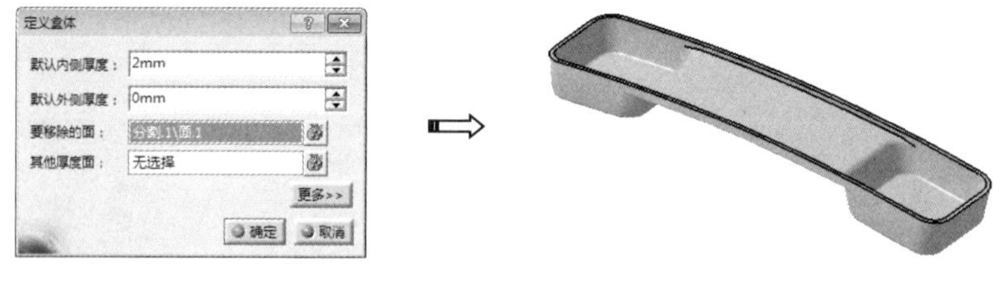

图 21-42

04 根据上一节中上盖结构设计的方法，对 down-cover 零件进行细节设计，创建出止口特征（或称凸缘特征）、凹槽特征等，结果如图 21-43 所示。

05 双击装配结构树中的 telephone 顶层部件激活装配设计工作台，将 first-body 零件隐藏，显示 up-cover 和 down-cover 零件，并分别对其进行着色以观察装配体，最终效果如图 21-44 所示。

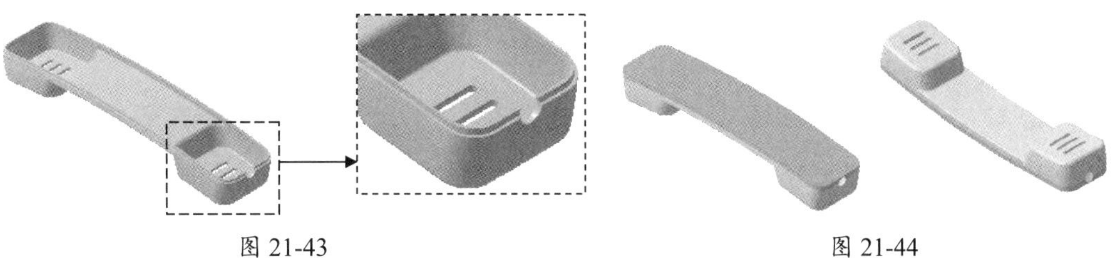

图 21-43　　　　图 21-44

06 按快捷键 Ctrl+S 保存装配文件和零部件文件。

21.3 案例二：手电筒结构设计

引入文件：无

结果文件：动手操作 \ 结果文件 \Ch21\ 手电筒 \searchlight.CATProduct

视频文件：视频 \Ch21\ 手电筒结构设计 .avi

本节将以手电筒作为设计原型进行曲面造型和零部件结构关联设计的案例讲解。在进行曲面造型时，应重点注意曲面的创建方法和技巧，以及分割曲面的位置。在创建零部件上的细节特征时，应注意相关曲面的创建方法和技巧。手电筒的结构如图 21-45 所示。

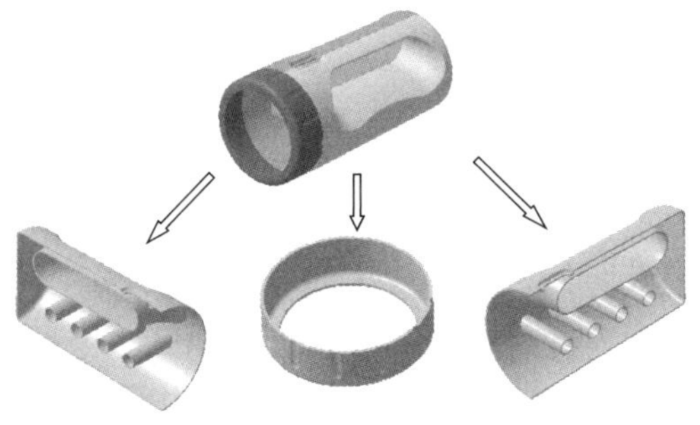

图 21-45

21.3.1 外观整体造型设计

在本例的手电筒外观设计过程中，所采用的方法和操作流程均与前一节“无绳电话话筒结构设计”中的外观整体造型设计流程完全相同。

操作步骤

01 执行“开始”|“机械设计”|“装配设计”命令，进入装配设计工作台。

02 右击 Product1，在弹出的快捷菜单中选择“属性”选项，在弹出的“属性”对话框的“产品”选项卡的“零件编号”文本框中输入 searchlight，单击“确定”按钮完成名称的修改。

03 创建整体外观零件。双击装配结构树中的 searchlight 名称以激活装配，再执行“插入”|“新建零件”命令，弹出“零件编号”对话框。在“新零件编号”文本框中输入 fitst-body，单击“确定”按钮完成零件的新建，如图 21-46 所示。

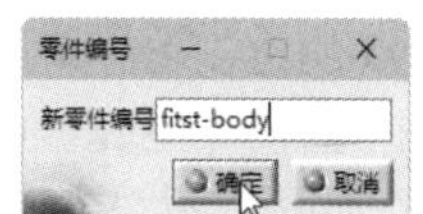

图 21-46

04 双击装配结构树上的 first-body 节点切换至零部件设计工作台，再执行“开始”|“外形”|“创成式曲面设计”命令，进入创成式外形设计工作台。

05 在“线框”工具栏中单击“平面”按钮，弹出“平面定义”对话框。选择“偏置平面”选项作为平面类型，选取“yz 平面”作为参考平面，设置“偏置”距离为 160mm，并指定偏置方向，单击“确定”按钮完成平面 1 的创建，如图 21-47 所示。

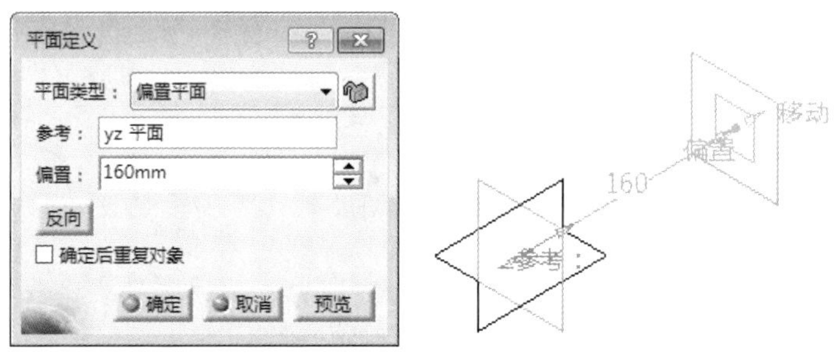

图 21-47

06 单击“草图”按钮，选取 *xy* 平面作为草绘平面并绘制如图 21-48 所示的“草图 1”。

07 单击“草图”按钮，选取“平面 1”作为草图平面并绘制如图 21-49 所示的“草图 2”。

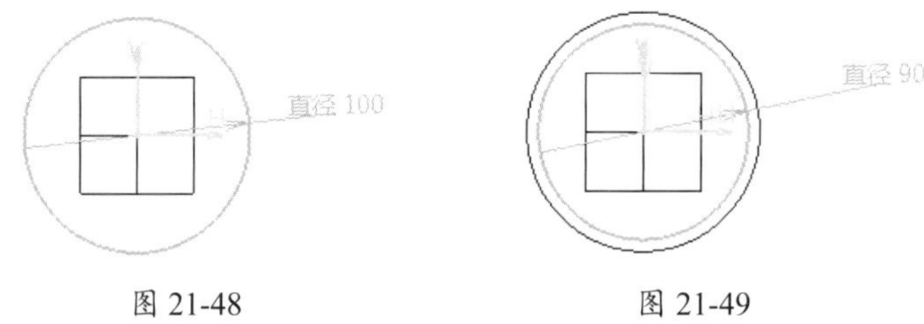

图 21-48　　图 21-49

08 在“曲面”工具栏中单击“多截面曲面”按钮，选取“草图 1”和“草图 2”曲线作为轮廓线，单击“确定”按钮完成多截面曲面的创建，如图 21-50 所示。

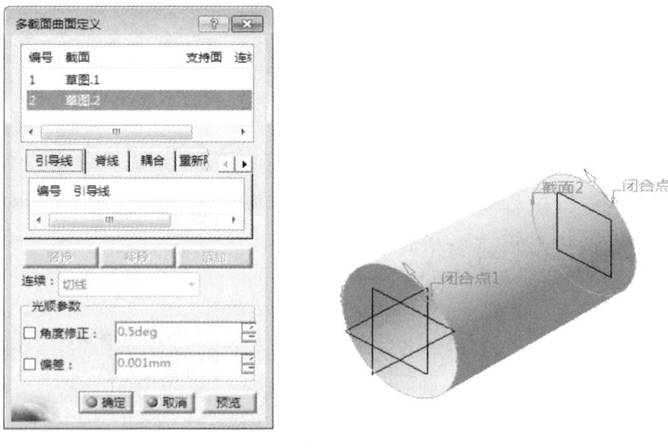

图 21-50

09 在“曲面”工具栏中单击“拉伸”按钮，选取“草图 1”曲线作为拉伸曲面的轮廓线，使用系统默认的拉伸方向，在“限制 1”区域中设置拉伸“尺寸”为 40mm，单击“确定”按钮完成“拉伸曲面 1”的创建，如图 21-51 所示。

10 多次在“曲面”工具栏中单击“填充”按钮，分别选取如图 21-52 所示的拉伸曲面的两个端面的边线创建填充曲面。

图 21-51

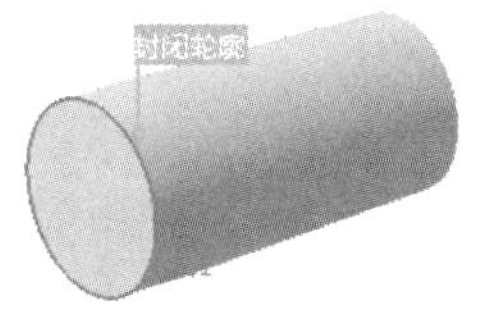

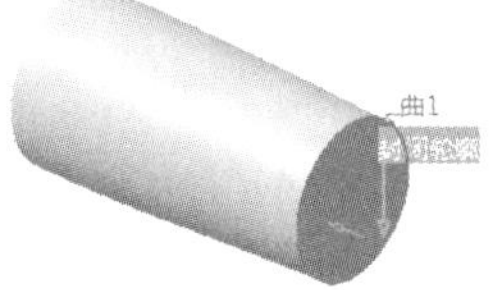

图 21-52

11 在“操作”工具栏中单击“接合”按钮，弹出“接合定义”对话框，选取图形区中所有的曲面作为接合对象，单击“确定”按钮完成曲面的接合操作，如图 21-53 所示。

12 单击“草图”按钮，选取 *xy* 平面作为草图平面并绘制如图 21-54 所示的草图 3。

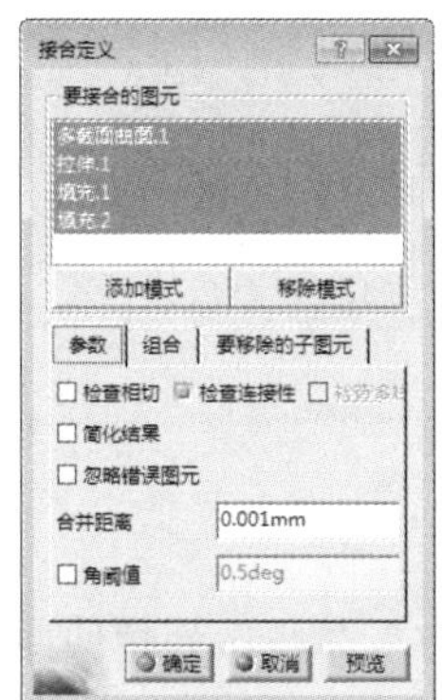

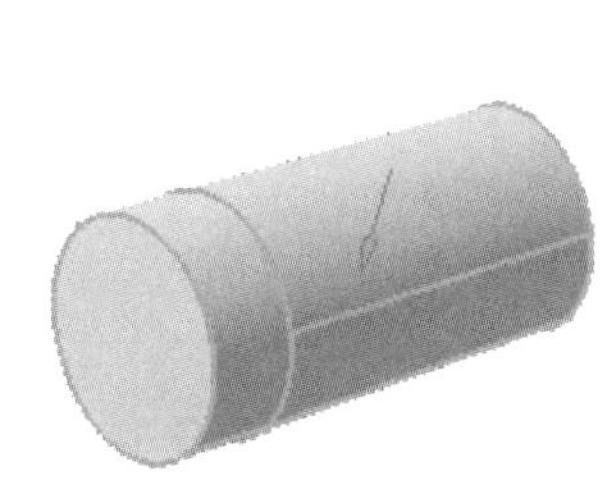

图 21-53

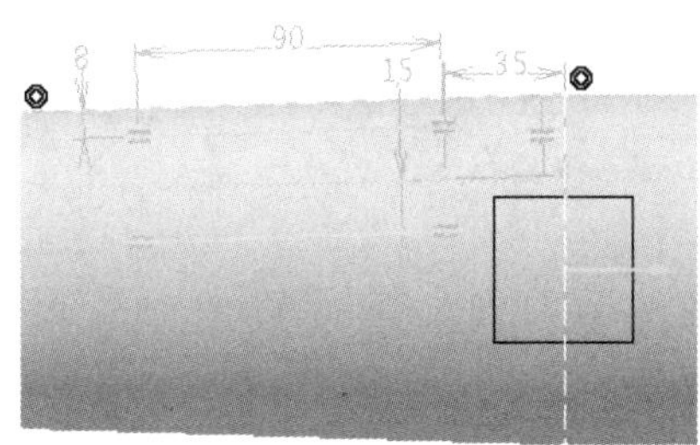

图 21-54

13 在“线框”工具栏中单击“平面”按钮，选择“平行通过点”选项作为平面类型，选取“yz 平面”作为参考平面，单击“确定”按钮完成“平面 2”的创建，如图 21-55 所示。

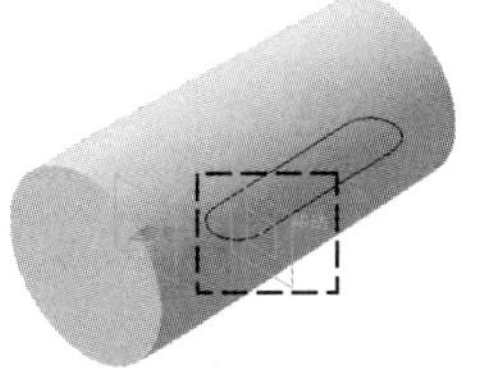
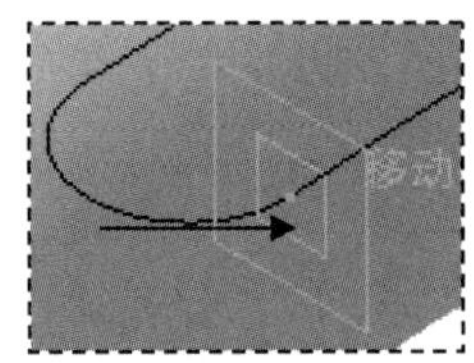

图 21-55

14 单击“草图”按钮，选取“平面 2”作为草图平面并绘制如图 21-56 所示的“草图 4”。

15 在“曲面”工具栏中单击“扫掠”按钮，弹出“扫掠曲面定义”对话框，选择“使用参考曲面”选项作为显示扫掠曲面的子类型，选取“草图 4”曲线作为扫掠曲面的轮廓线，选取“草图 3”曲线作为扫掠曲面的引导曲线，其他使用系统默认的相关设置，单击“确定”按钮完成扫掠曲面的创建，如图 21-57 所示。

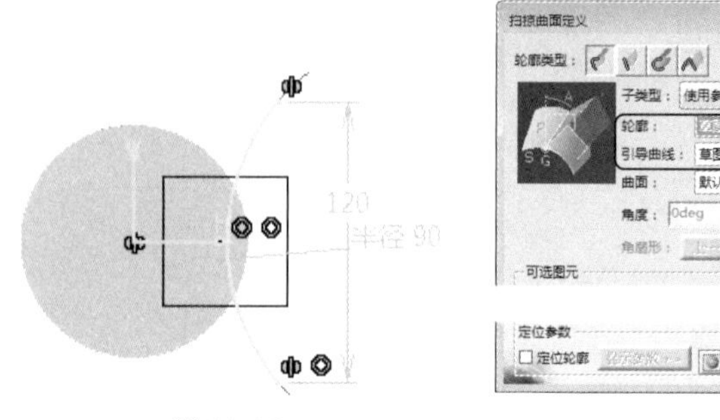

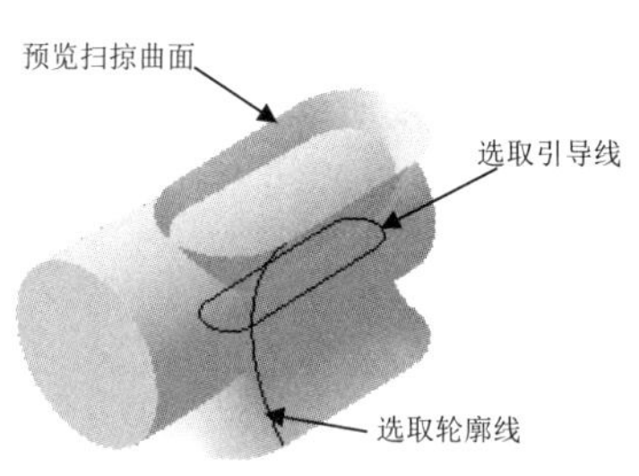

图 21-56　　　　图 21-57

16 在“操作”工具栏中单击“修剪”按钮，弹出“修剪定义”对话框，选择“接合.1”曲面和“扫掠.1”曲面作为修剪对象曲面，指定曲面的保留侧，单击“确定”按钮完成曲面的修剪，如图21-58所示。

17 单击“草图”按钮，选取 *zx* 平面作为草图平面并绘制如图21-59所示的“草图5”。

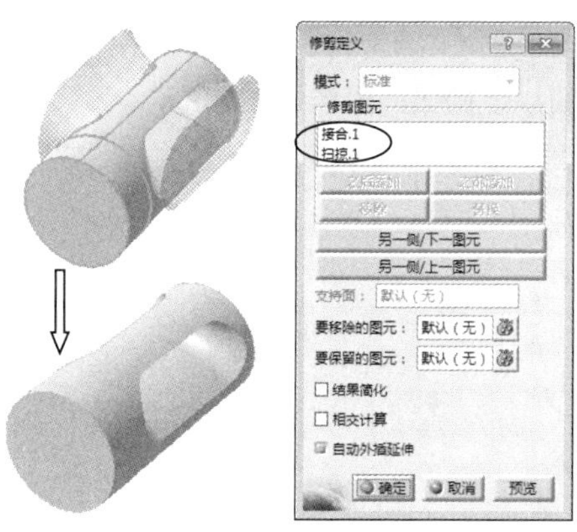

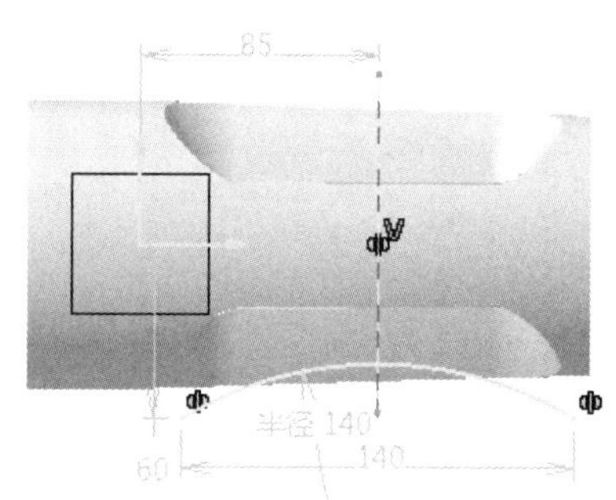

图 21-58　　　　图 21-59

18 在“曲面”工具栏中单击“拉伸”按钮，选取上一步创建的“草图5”曲线作为拉伸曲面的轮廓线，使用系统默认的拉伸方向，在“限制1”区域中设置拉伸“尺寸”为20mm，在“限制2”区域中设置拉伸“尺寸”为40mm，单击“确定”按钮完成拉伸曲面的创建，如图21-60所示。

19 在“操作”工具栏中单击“对称”按钮，选取上一步创建的“拉伸2”曲面作为对称图元，选取“xy平面”作为参考平面，单击“确定”按钮完成曲面的对称复制，如图21-61所示。

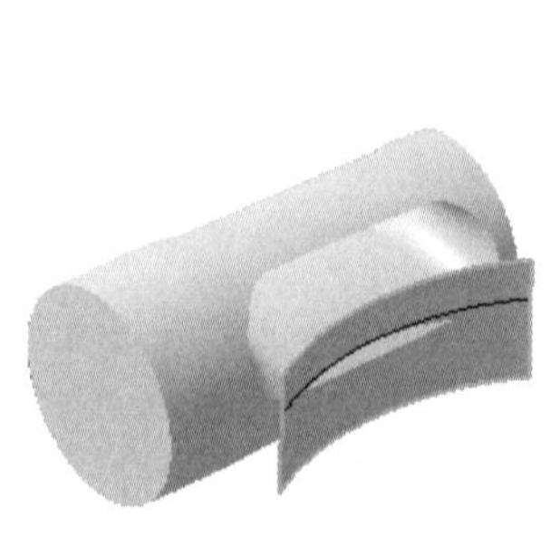

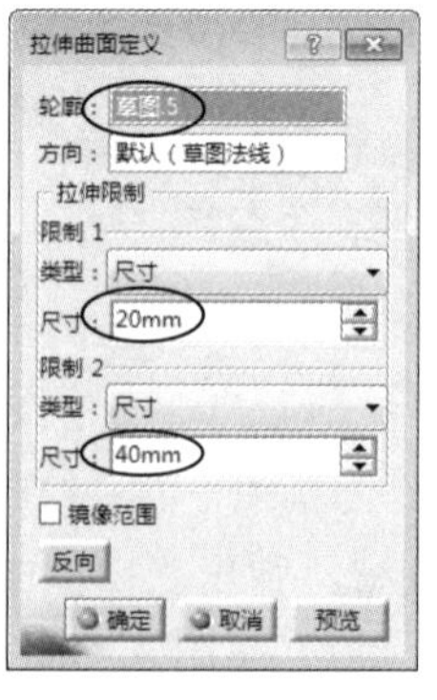

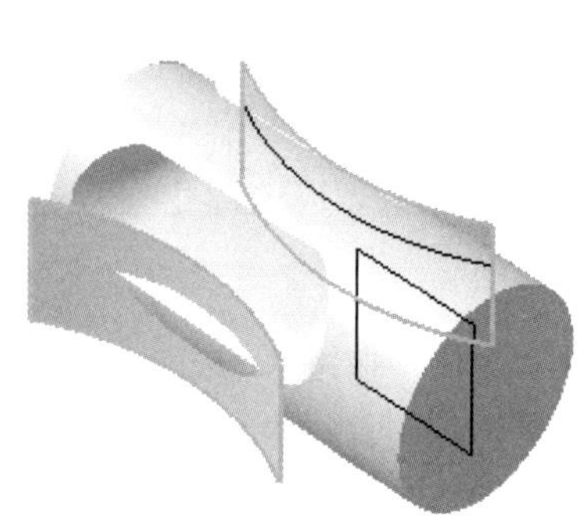

图 21-60　　　　图 21-61

20 在“操作”工具栏中单击“修剪”按钮，弹出“修剪定义”对话框，选择“修剪.1”曲面、“拉伸.2”曲面和“对称.2”曲面作为修剪图元，指定需要保留的曲面部分，单击“确定”按钮完成曲面的修剪操作，如图 21-62 所示。

21 单击“草图”按钮，选取 zx 平面作为草图平面并绘制如图 21-63 所示的“草图 6”。

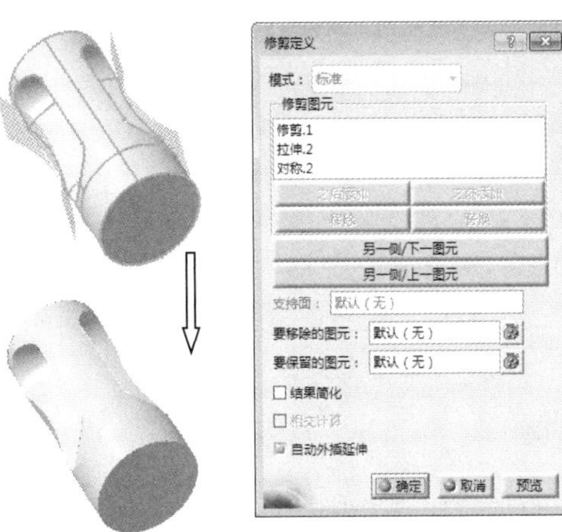

图 21-62

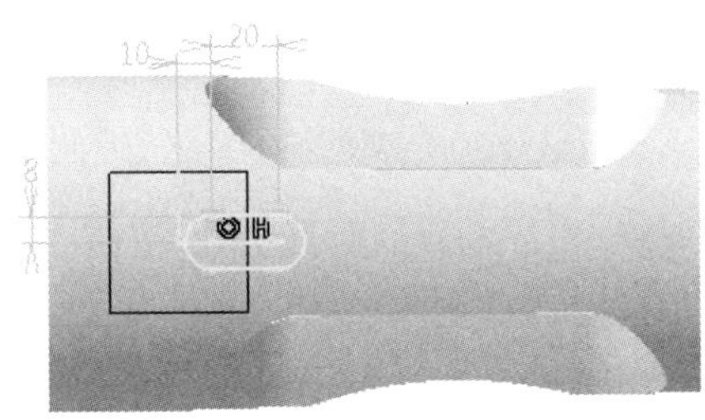

图 21-63

22 在“线框”工具栏中单击“投影”按钮，弹出“投影定义”对话框，选择“沿某一方向”选项作为投影类型，选取上一步绘制的“草图.6”曲线作为投影的图元，选择“修剪.2”曲面作为投影的支持面，指定投影方向作为“Y 部件”，单击“确定”按钮创建投影曲线，如图 21-64 所示。

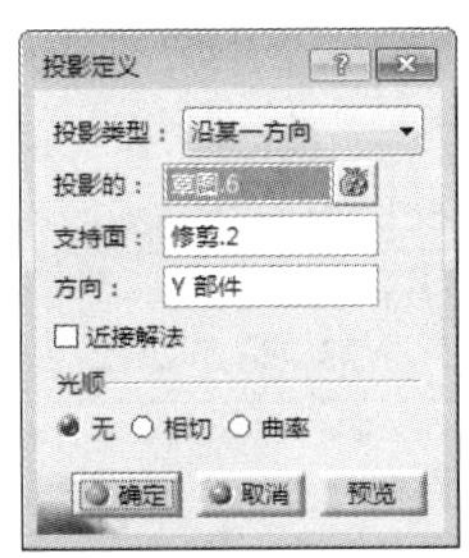

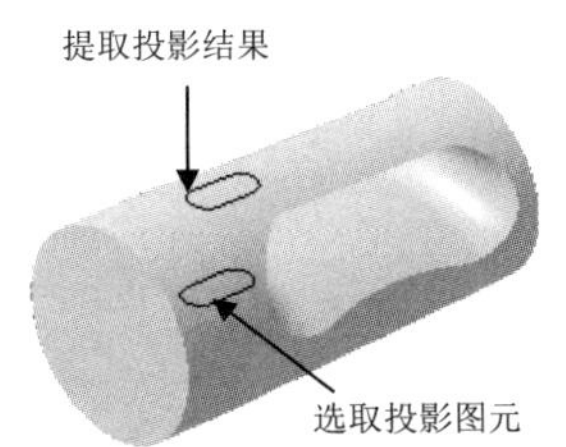

图 21-64

23 在“操作”工具栏中单击“分割”按钮，弹出“定义分割”对话框，选取“修剪.2”曲面作为要切除的图元，选取上一步提取的投影曲线作为切除图元，选中“保留双侧”复选框以保留分割后的两侧曲面，单击“确定”按钮完成曲面的分割，如图 21-65 所示。

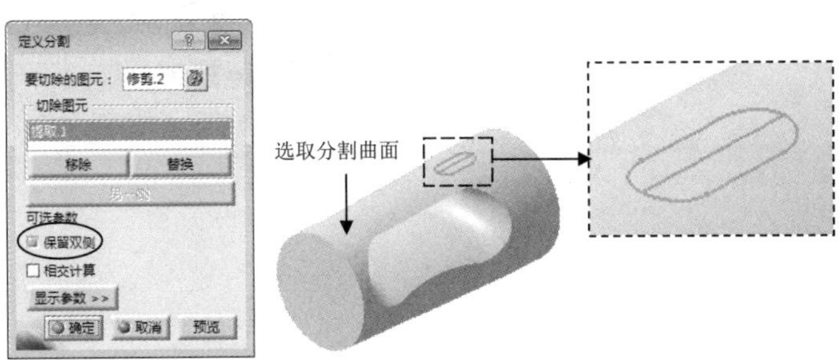

图 21-65

24 隐藏“分割 1”曲面，只显示“分割 2”曲面以方便后续的相关操作。

25 在“曲面”工具栏中单击“偏置”按钮，弹出“偏置曲面定义”对话框，选取“分割 .2”曲面作为偏置源对象曲面，设置“偏置”距离为 2.5mm，并指定偏置方向向下，单击“确定”按钮，结果如图 21-66 所示。

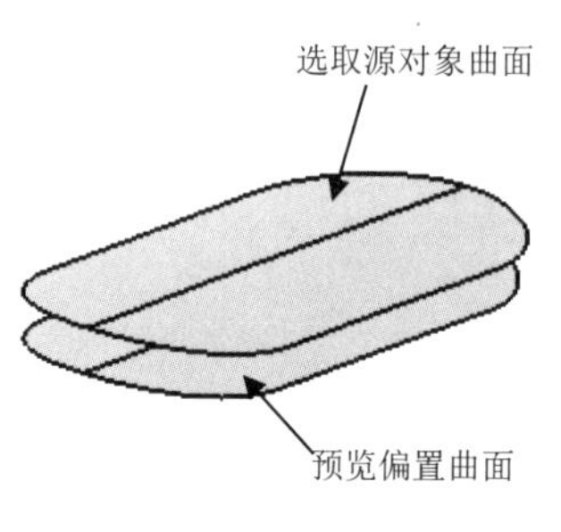

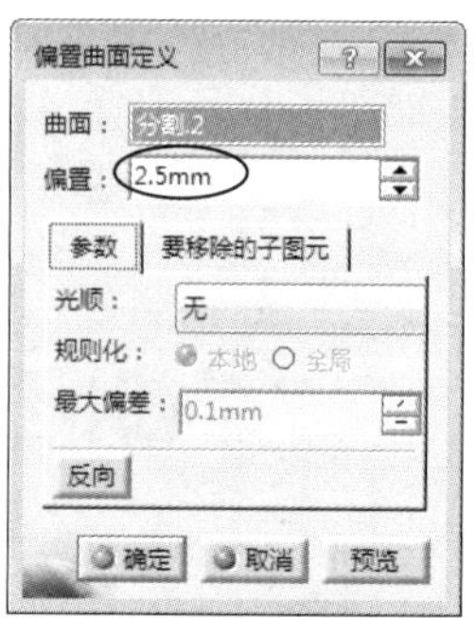

图 21-66

26 隐藏“分割 2”曲面，只显示“偏置 1”曲面以方便后续的相关操作。

27 在“线框”工具栏中单击“平行曲线”按钮，弹出“平行曲线定义”对话框，选取“偏置”曲面的边线作为曲线对象，选取“偏置 .1”曲面作为支持面，设置偏置“常量”距离为 1mm，单击“确定”按钮完成平行曲线的创建，如图 21-67 所示。

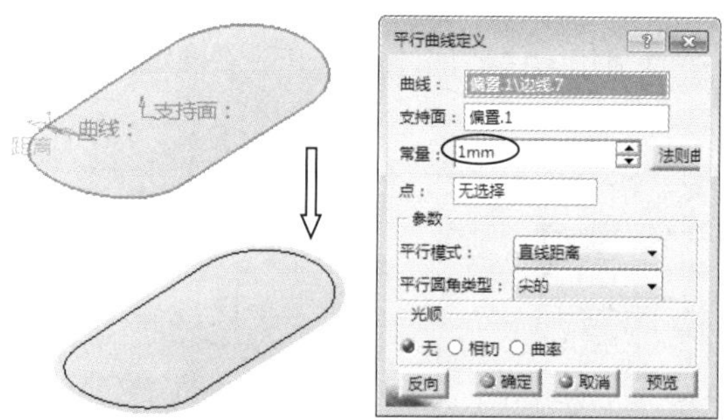

图 21-67

28 在“操作”工具栏中单击“分割”按钮，弹出“定义切割”对话框，选取“偏置 .1”曲面作为要切除的图元，选取上一步创建的“平行 .1”曲线作为切除图元，保留曲线内部的曲面部分，单击“确定”按钮完成曲面分割，如图 21-68 所示。

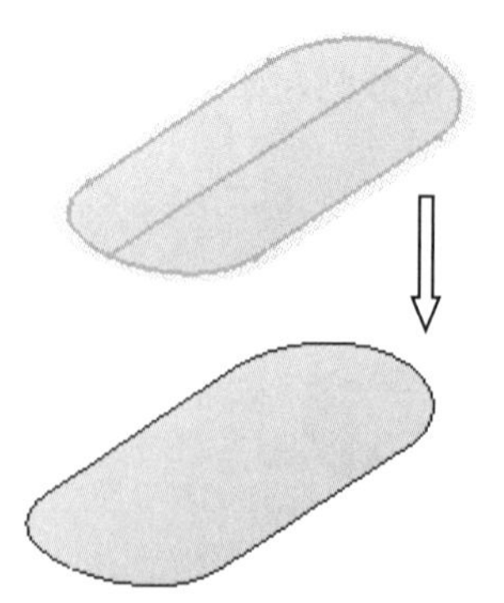

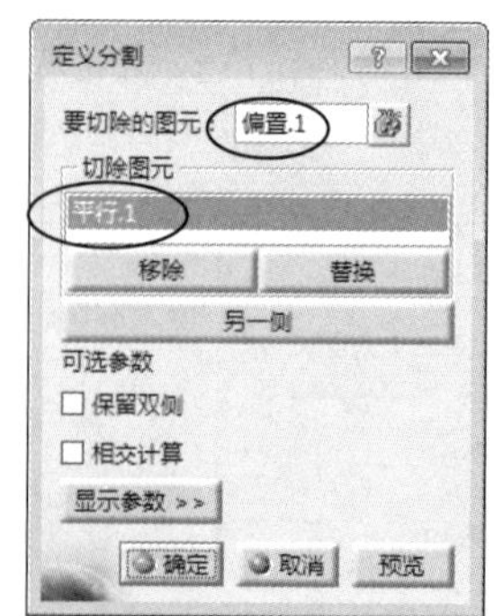

图 21-68

29 显示“提取 1”投影曲线，在“曲面”工具栏中单击“扫掠”按钮，弹出“扫掠曲面定义”对话框，单击“两极限”按钮定义直线扫掠曲面的轮廓类型，分别选取“提取 .1”和“平行 .1”曲线作为引导曲线，其他使用默认设置，单击“确定”按钮完成扫掠曲面的创建，如图 21-69 所示。

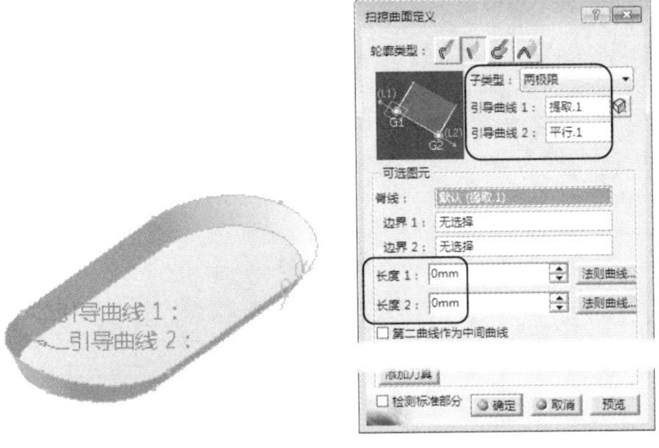

图 21-69

30 在“操作”工具栏中单击“接合”按钮，弹出“接合定义”对话框，选取图形区中的所有曲面特征作为接合的图元，单击“确定”按钮完成曲面的接合，如图 21-70 所示。

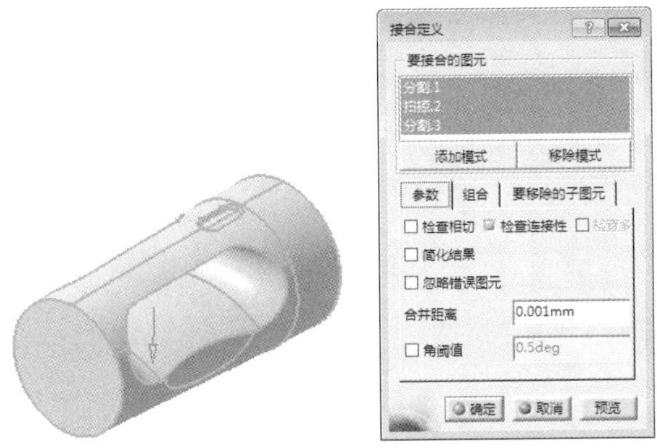

图 21-70

31 在“操作”工具栏中单击“倒圆角”按钮，选取如图 21-71 所示的曲面边线作为圆角对象，设置圆角半径为 1.5mm，单击“确定”按钮完成曲面圆角。

32 在“操作”工具栏中单击“倒圆角”按钮，选取如图 21-72 所示的曲面边线作为圆角对象，设置圆角半径为 1.5mm，单击“确定”按钮完成曲面圆角。

33 在“操作”工具栏中单击“倒圆角”按钮，选取如图 21-73 所示的曲面边线作为圆角对象，设置圆角半径为 5mm，单击“确定”按钮完成曲面圆角。

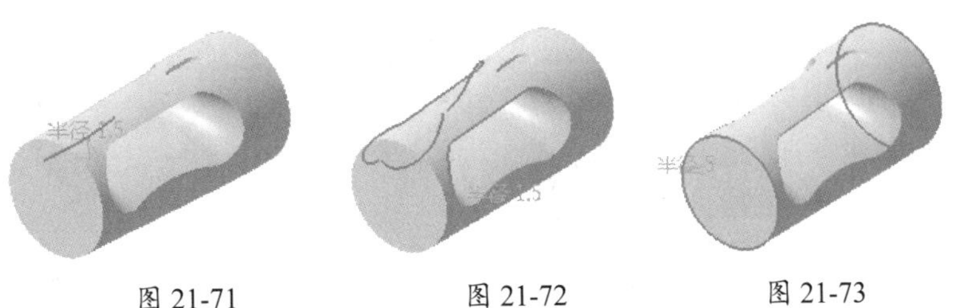

图 21-71　　图 21-72　　图 21-73

34 切换到零件设计工作台。在“基于曲面的特征”工具栏中单击“封闭曲面”按钮，选取“倒圆角”曲面作为封闭的曲面对象，将其转换作为实体特征，如图 21-74 所示。

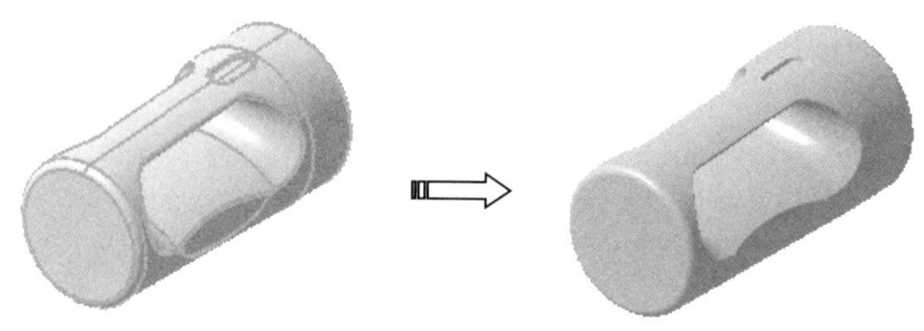

图 21-74

35 切换回创成式外形设计工作台。单击“草图”按钮，选取 *zx* 平面作为草图平面并绘制如图 21-75 所示的“草图 7”。

36 在“曲面”工具栏中单击“拉伸”按钮，弹出“拉伸曲面定义”对话框，选取“草图 7”曲线为拉伸曲面的轮廓线，使用系统默认的拉伸方向，分别在“限制 1”和“限制 2”区域中设置拉伸“尺寸”值为 70mm，单击“确定”按钮完成拉伸曲面的创建，如图 21-76 所示。

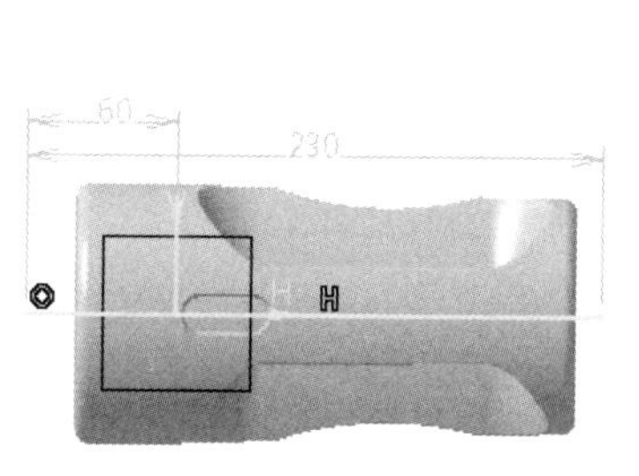

图 21-75

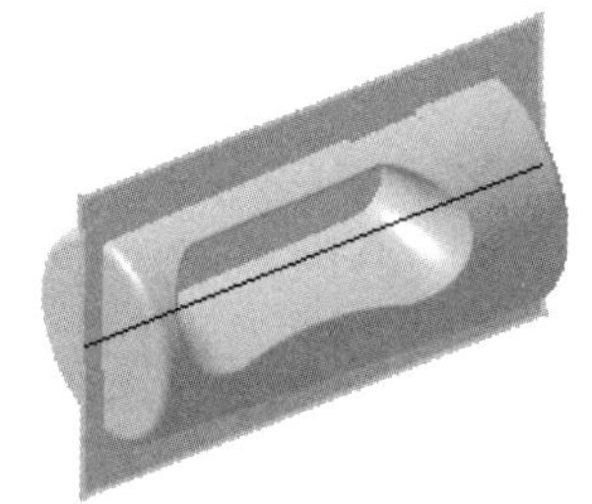

图 21-76

37 在“线框”工具栏中单击“平面”按钮，弹出“平面定义”对话框，选择“偏置平面”选项为平面类型，选取“yz 平面”为偏置参考平面，设置“偏置”距离为 10mm 并指定偏置方向，单击“确定”按钮完成“平面 3”的创建，如图 21-77 所示。

38 单击“草图”按钮，选取上一步创建的“平面 3”作为草图平面并绘制如图 21-78 所示的“草图 8”。

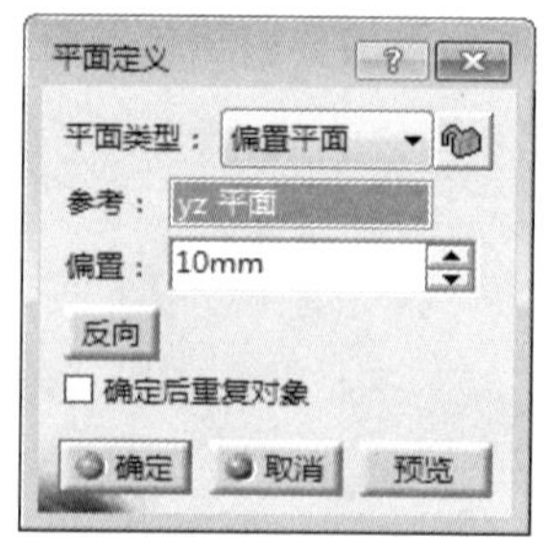

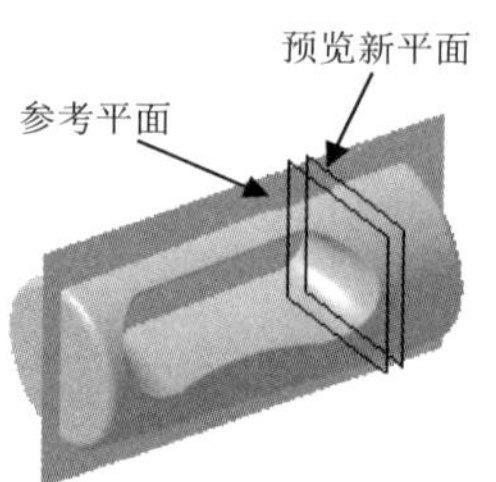

图 21-77

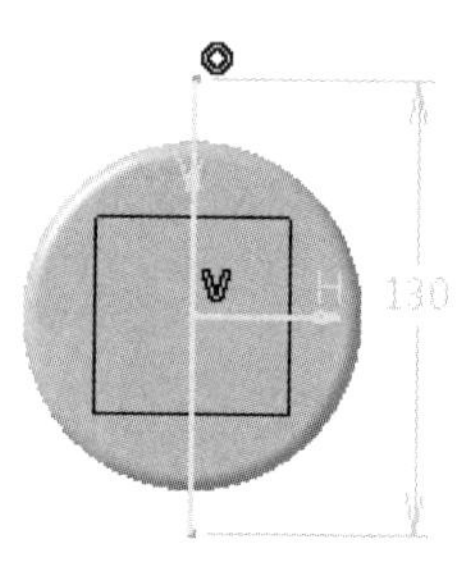

图 21-78

39 在“曲面”工具栏中单击“拉伸”按钮，弹出“拉伸曲面定义”对话框，选取“草图 8”曲线为拉伸曲面的轮廓线，指定拉伸方向为“Y 部件”方向，分别在“限制 1”和“限制 2”区域中设置拉伸尺寸为 70mm，单击“确定”按钮完成拉伸曲面的创建，如图 21-79 所示。

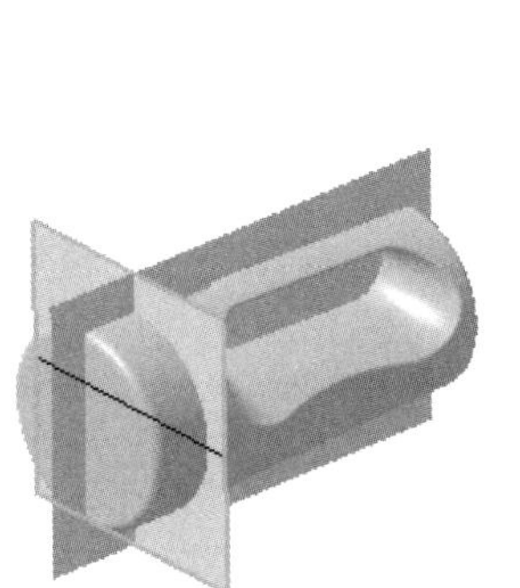

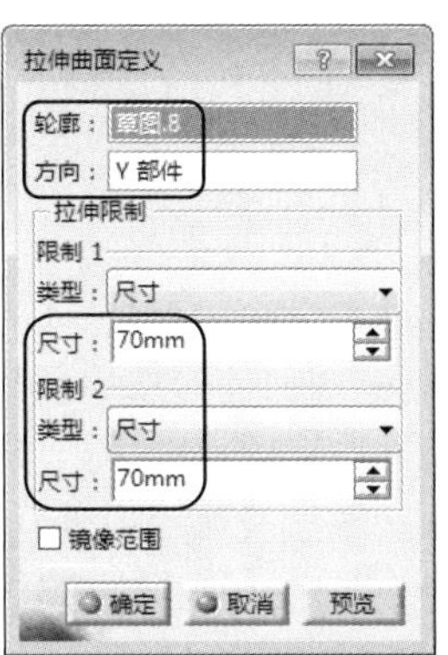

图 21-79

40 执行“工具”|“发布”命令，弹出“分布”对话框，选取图形区中的“零件几何体”和“拉伸 .3”、“拉伸 .4”曲面作为发布对象，最终结果如图 21-80 所示。

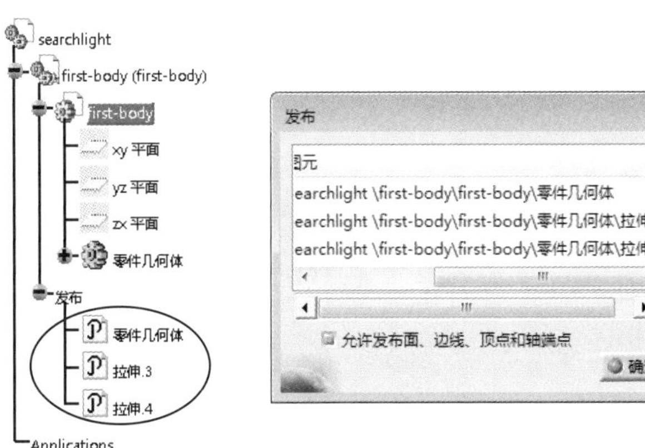

图 21-80

21.3.2 电筒前罩盖结构设计

在整个前罩盖零件的结构设计过程中，将使用零件设计工作台中的相关工具来修饰完成零件的各个细节特征，具体操作过程如下。

操作步骤

1. 分割前罩外形

01 双击装配结构树中的 searchlight 顶层部件，以激活装配设计工作台。

02 创建整体外观零件。双击装配结构树中 searchlight 名称以激活装配，再执行“插入”|“新建零件”命令，弹出“零件编号”对话框。在“新零件编号”文本框中输入 front-cover，单击“确定”按钮完成零件的新建。

03 双击 front-cover 以激活零件设计工作台，展开 first-body 装配结构树中的"发布"项并选中"零件几何体"，按快捷键 Ctrl+C 复制 first-body 的实体几何图形。

04 选中装配结构树中的 front-cover 零件并右击，在弹出的快捷菜单中选择"选择性粘贴"选项，选中"与原文档相关联的结果"选项作为粘贴的类型，单击"确定"按钮完成几何实体的关联粘贴操作。

05 添加布尔运算。在"几何体 2"上右击并指向"几何体 2 对象"，再选取"添加"命令选项完成布尔运算。

06 关联分割曲面。选中装配结构树中 first-body 零件的"发布"项中的"拉伸 4"曲面作为复制对象，再按快捷键 Ctrl+C 复制分割曲面，选中装配结构树中的 front-cover 零件并右击，在弹出的快捷菜单中选择"选择性粘贴"选项，选择"与原文档相关联的结果"选项作为粘贴类型并单击"确定"按钮，在 front-cover 零件装配结构树节点中添加"外部参考"曲面，如图 21-81 所示。

07 执行"开始"|"机械设计"|"零件设计"命令，进入零件设计工作台。

08 在"基于曲面的特征"工具栏中单击"分割"按钮，弹出"定义分割"对话框，选取图形区中的关联曲面作为分割图元，指定保留侧作为实体左侧，单击"确定"按钮完成实体分割，如图 21-82 所示。

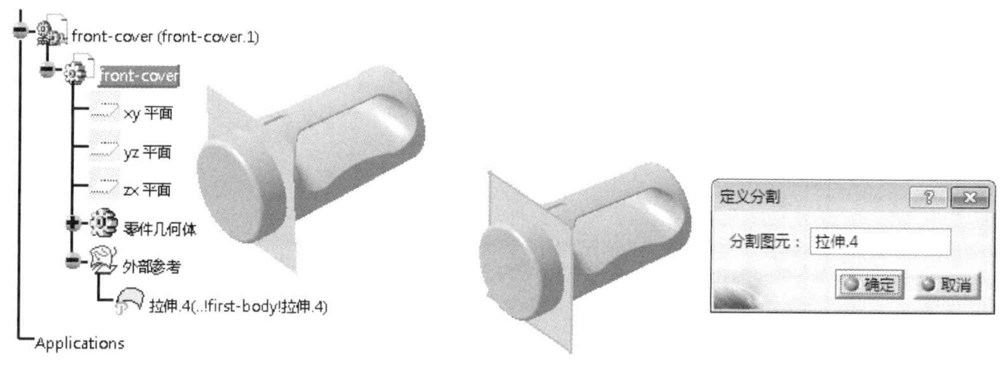

图 21-81　　　　图 21-82

2. 内部结构设计

01 在"修饰特征"工具栏中单击"抽壳"按钮，弹出"定义盒体"对话框，选取分割实体的表面作为抽壳要移除的面，设置"默认内侧厚度"值为2mm，单击"确定"按钮完成实体抽壳操作，如图 21-83 所示。

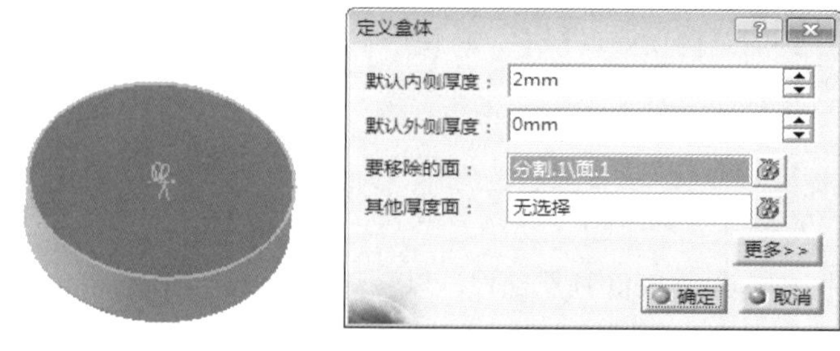

图 21-83

02 单击"平面"按钮，弹出"平面定义"对话框，创建如图 21-84 所示的"平面 1"。

03 单击“草图”按钮，选取上一步创建的“平面 1”作为草图平面并绘制如图 21-85 所示的“草图 1”。

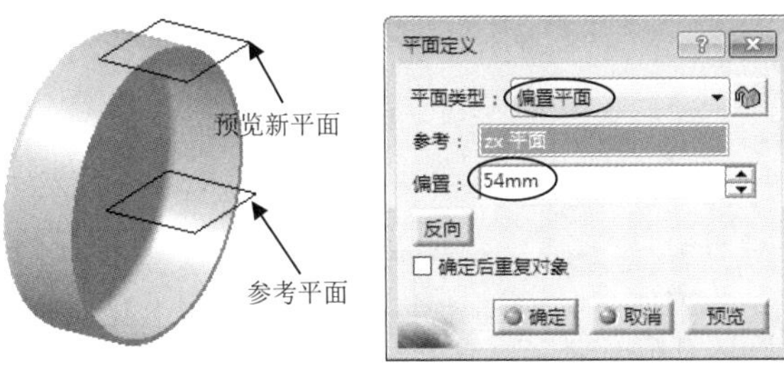

图 21-84

图 21-85

04 在“基于草图的特征”工具栏中单击“旋转槽”按钮，弹出“定义旋转槽”对话框，选取上一步绘制的“草图 1”曲线作为旋转轮廓线，使用系统默认的旋转轴线，设置“第一角度”为 360deg，单击“确定”按钮完成旋转槽的创建，如图 21-86 所示。

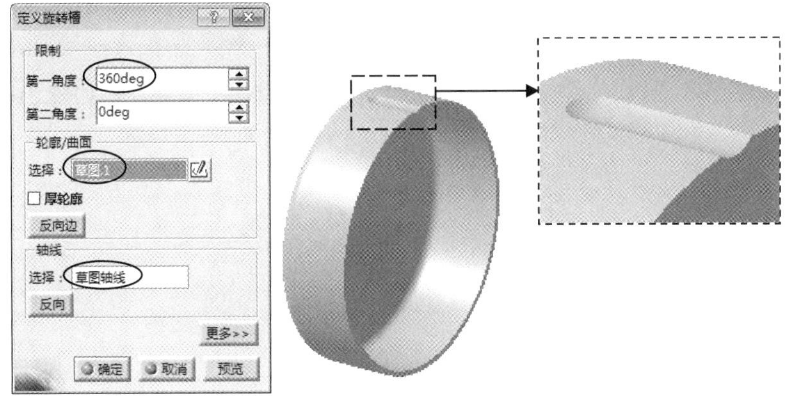

图 21-86

05 在“变换操作”工具栏中单击“圆形阵列”按钮，弹出“定义圆形阵列”对话框，选取上一步创建的“旋转槽.1”特征作为阵列对象，在“轴向参考”选项卡中设置“实例”值为 12，“角度间距”为 30deg，指定参考方向作为“X 轴”，单击“确定”按钮完成圆形阵列的创建，如图 21-87 所示。

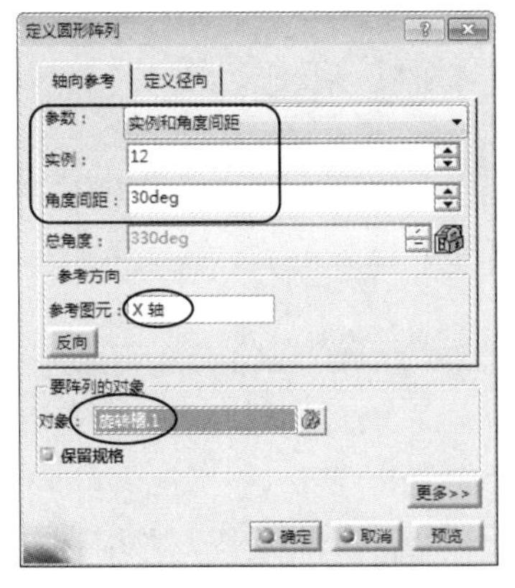

图 21-87

06 在“修饰特征”工具栏中单击“内螺纹 / 外螺纹”按钮，弹出“定义外螺纹 / 内螺纹”对话框，创建图 21-88 所示的内螺纹特征。

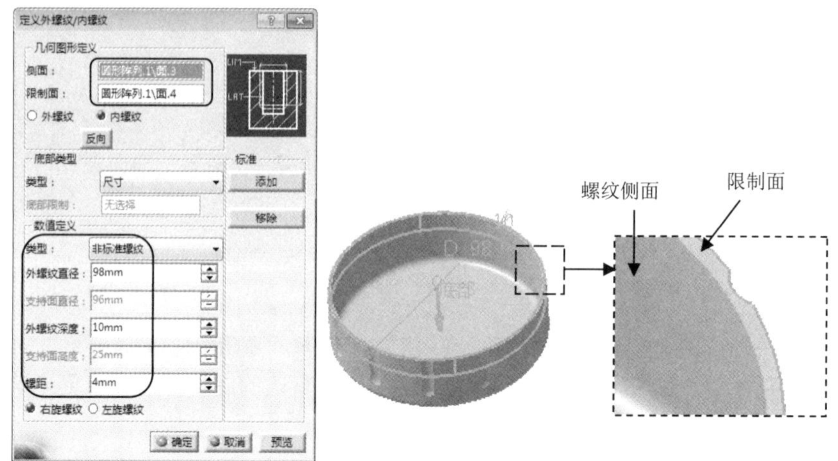

图 21-88

07 单击“草图”按钮，选取如图 21-89 所示的实体面作为草图平面并绘制如图 21-89 所示的“草图 2”。

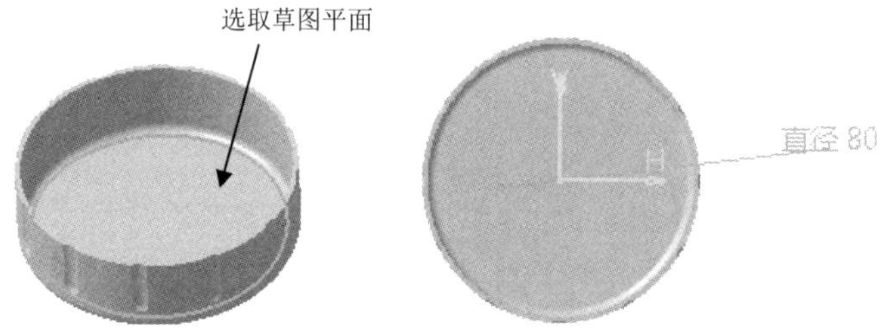

图 21-89

08 在“基于草图的特征”工具栏中单击“凹槽”按钮，弹出“定义凹槽”对话框，选取上一步创建的“草图 .2”作为凹槽的轮廓线，设置凹槽的拉伸类型为“直到最后”，单击“确定”按钮完成凹槽的创建，如图 21-90 所示。

图 21-90

21.3.3 电筒筒身左、右壳体结构设计

在整个左侧壳体零件的创建过程中，将使用零件设计工作台中的相关工具来修饰完成零件的各个细节特征。

操作步骤

01 双击装配结构树中的 searchlight 顶层部件以激活装配设计工作台。

02 创建整体外观零件。双击装配结构树中 searchlight 名称以激活装配，再执行“插入”|“新建零件”命令，弹出“零件编号”对话框。在“新零件编号”文本框中输入 left-case，单击“确定”按钮完成零件的新建。

03 创建零件关联参数。双击装配结构树中的 left-case 以激活零件设计工作台，展开 first-body 装配结构树中的“发布”项并选中“零件几何体”，按快捷键 Ctrl+C 复制 first-body 的实体几何图形。

04 关联粘贴几何实体。选中装配结构树中的 left-case 零件并右击，在弹出的快捷菜单中选择“选择性粘贴”选项，选中“与原文档相关联的结果”选项作为粘贴的类型，单击“确定”按钮完成几何实体的关联粘贴。

05 添加布尔运算。在“几何体 2”上右击并指向“几何体 2 对象”，再选取“添加”命令选项完成布尔运算。

06 关联分割曲面。选中装配结构树中 first-body 零件的“发布”项中的“拉伸 3”和“拉伸 4”曲面作为复制对象，再按快捷键 Ctrl+C 复制分割曲面，选中装配结构树中的 left-case 零件并右击，在弹出的快捷菜单中选择“选择性粘贴”选项，选择“与原文档相关联的结果”选项作为粘贴类型并单击“确定”按钮，在 left-case 零件装配结构树节点中添加“外部参考”曲面，如图 21-91 所示。

07 执行“开始”|“机械设计”|“零件设计”命令，以确认系统进入零件设计工作台，在“基于曲面的特征”工具栏中单击“分割”按钮，弹出“定义分割”对话框，选取图形区中关联的“拉伸 .4”曲面作为分割图元，指定保留侧作为实体右侧，单击“确定”按钮完成实体分割，如图 21-92 所示。

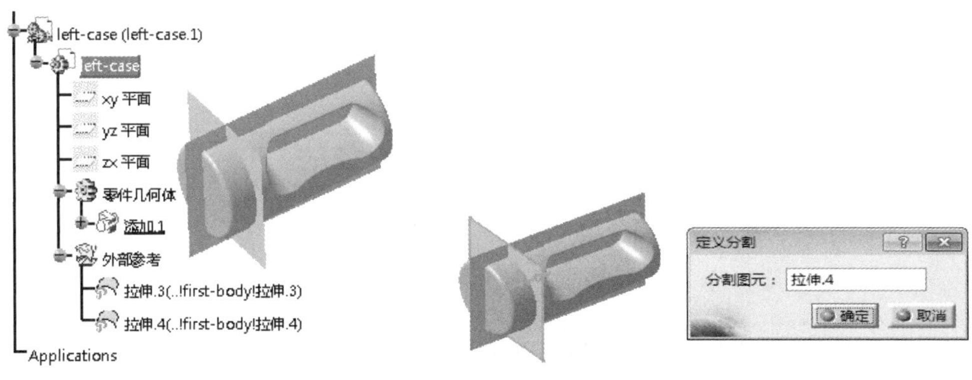

图 21-91　　　　图 21-92

08 在“修饰特征”工具栏中单击“抽壳”按钮，弹出“定义盒体”对话框，选取实体面作为抽壳要移除的面，设置“默认内侧厚度”值为 1.5mm，单击“确定”按钮完成实体抽壳操作，如图 21-93 所示。

09 在“基于曲面的特征”工具栏中单击“分割”按钮，弹出“定义分割”对话框，选取关联的“拉伸 .3”曲面作为分割图元，指定实体的左侧作为保留侧，单击“确定”按钮完成实体的分割操作，如图 21-94 所示。

图 21-93　　图 21-94

10 根据设计意图，可以对 left-case 零件进行细节修饰，创建出如“柱位”和“凹槽”等具体的结构特征，结果如图 21-95 所示。

11 根据上述的 left-case 的操作方法和技巧，创建并分割出 right-case 零部件的外形，再根据设计需要直接参考 left-case 零件中的“柱位”和“凹槽”特征创建出 right-case 零部件的相关细节修饰特征。结果如图 21-96 所示。

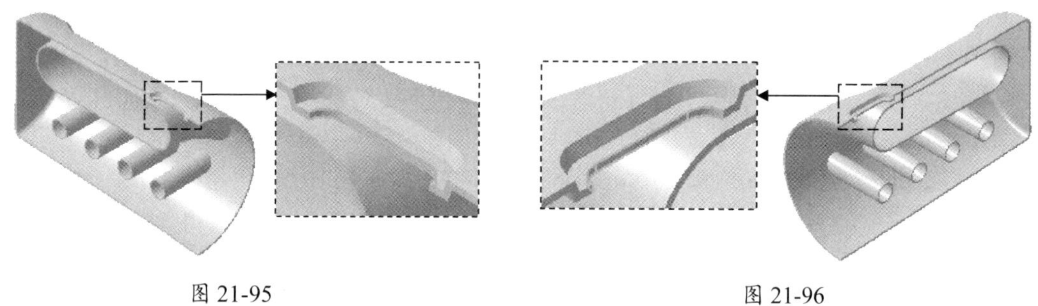

图 21-95　　图 21-96

12 双击装配结构树中的 searchlight 顶层部件以激活装配设计工作台，将 first-body 零件隐藏，显示 front-cover、left-case 和 right-case 零件，并分别对其进行着色以观察装配体，最终结构设计完成的结果如图 21-97 所示。

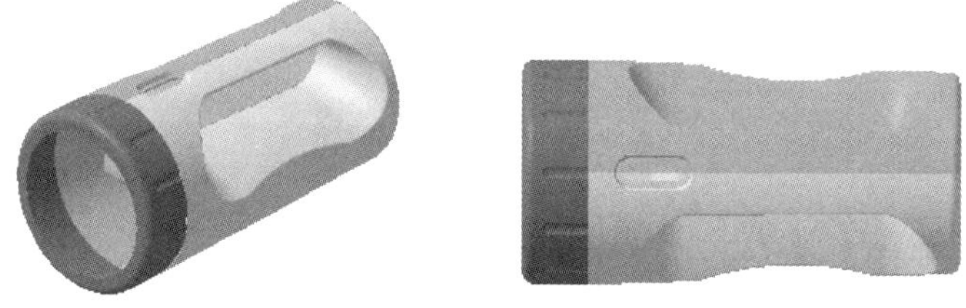

图 21-97

13 按快捷键 Ctrl+S 保存装配文件和零部件文件。

第 22 章　模具拆模设计

模具是产品制造工艺之一，广泛用于压力铸造、工程塑料、橡胶、陶瓷等制品的压塑或注塑的成形加工中。模具一般包括动模和定模（或型芯和型腔）两个部分，分开时装入坯料或取出制件，合拢时使制件与坯料分离或成形。CATIA V5-6R2017 中包含“型芯 & 型腔设计”工作台和“模架设计”工作台用以设计模具，本章主要详解“型芯 & 型腔设计”工作台，其中包括加载分析模型、定义开模方向、创建分型面等。

- 加载模型
- 主、次开模方向
- 变换图元
- 分割和集合模具区域
- 创建分模线
- 创建分型面

22.1　型芯型腔设计模块概述

CATIA V5-6R2017 模具设计包含两个工作台：“型芯 & 型腔设计”（型芯 / 型腔设计）工作台和“模架设计”（模具设计）工作台。“型芯型腔设计”工作台主要用于完成开模前分析和分型面创建；而“模架设计”工作台完成模架、标准件、浇注系统和冷却系统等的设计和添加。限于篇幅，本章仅介绍“型芯 & 型腔设计”工作台的相关知识内容。

22.1.1　进入“型芯 & 型腔设计”工作台

要创建零件首先要进入“型芯 & 型腔设计”工作台，CATIA V5-6R2017 模具型芯和型腔设计是在“型芯 & 型腔设计”工作台中进行的，常用以下方式进入“型芯 & 型腔设计”工作台。

1. 系统没有开启任何文件

当系统没有开启任何文件时，执行“开始”|“机械设计”|“型芯 & 型腔设计”命令，弹出“新建零件”对话框，在“输入零件名称”文本框中输入文件名称，然后单击“确定”按钮进入“型芯 & 型腔设计”工作台，如图 22-1 所示。

2. 在其他工作台开启文件

当在其他工作台开启文件时，执行“开始”|“机械设计”|“型芯 & 型腔设计”命令，系统将当前设计工作台切换到“型芯 & 型腔设计”工作台，如图 22-2 所示。

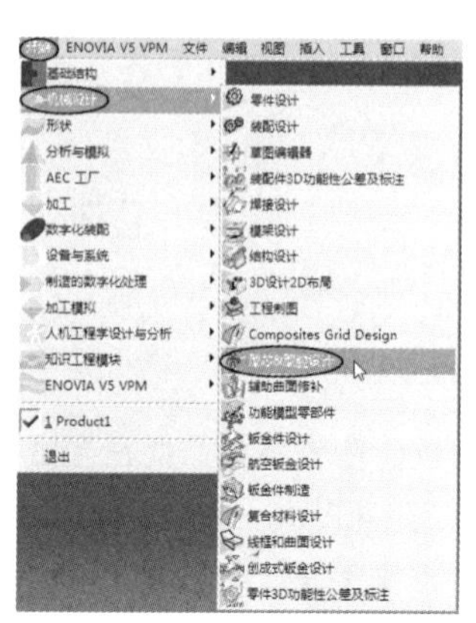
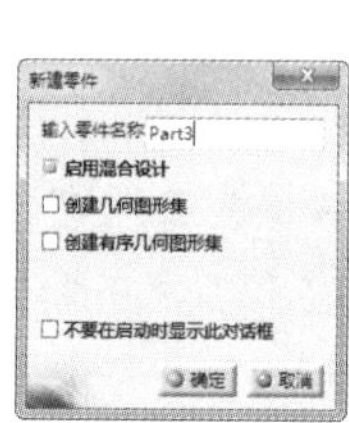

图 22-1

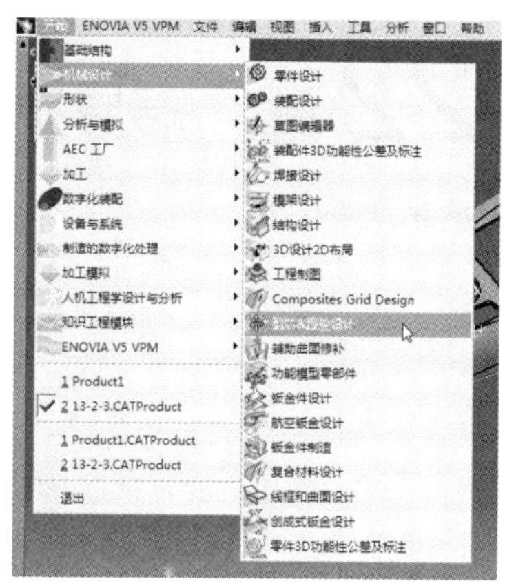

图 22-2

22.1.2 “型芯 & 型腔设计”工作台用户界面

CATIA V5-6R2017“型芯 & 型腔设计”工作台中增加了模具设计的相关命令和操作，其中与模具有关的菜单为“插入”菜单，与模具拆模设计有关的工具栏为“输入模型”工具栏、“输入模型”工具栏、“曲线”工具栏、“曲面”工具栏、“线框”工具栏和“操作”工具栏等，如图 22-3 所示。

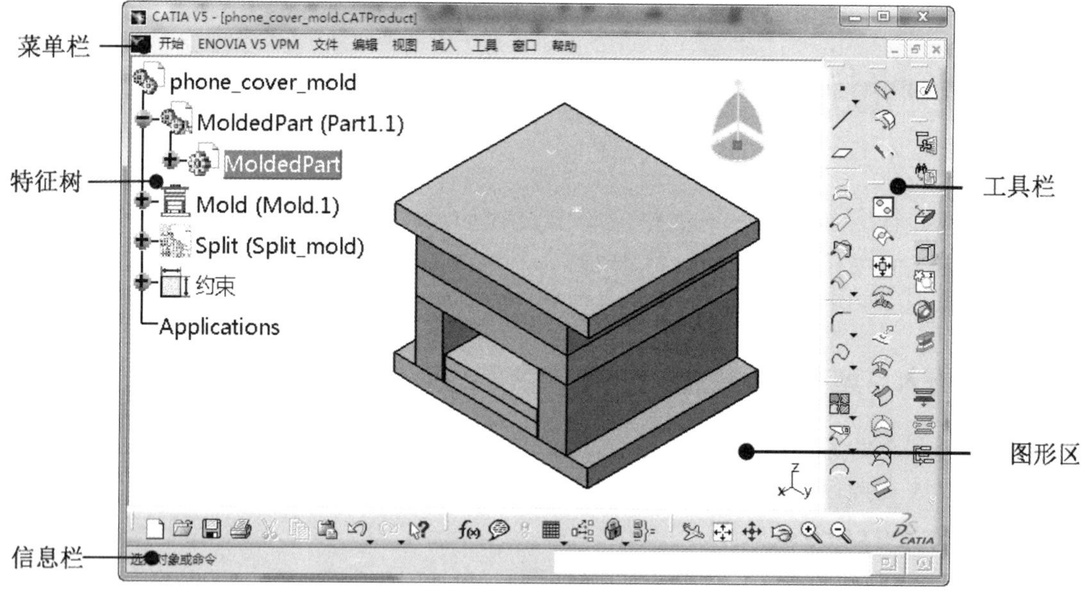

图 22-3

1. 型芯型腔设计菜单

进入“型芯 & 型腔设计”工作台后，整个设计工作台的菜单与其他模式下的菜单有了较大区别，其中“插入”菜单是“型芯 & 型腔设计”工作台的主要菜单，如图 22-4 所示。该菜单集中了所有型芯型腔设计命令，当在工具栏中没有相关命令时，可选择该菜单中的命令。

2. 型芯型腔设计工具栏

利用“型芯 & 型腔设计”工作台中工具栏的命令按钮是启动型芯型腔绘制命令的最佳方法。CATIA V5-6R2017 的“型芯 & 型腔设计”工作台主要由“输入模型”工具栏、“输入模型”工具栏、“曲线”工具栏、“曲面”工具栏、“线框”工具栏和“操作”工具栏等组成。工具栏显示了常用的工具按钮，单击工具右侧的黑色三角，可展开下一级工具栏。

（1）“输入模型”工具栏：包括加载模型、模型比较、开模方向分析、边界盒等工具，如图 22-5 所示。

（2）“输入模型”工具栏：提供了主开模方向、次开模方向、转换元素、分割和集合模具区域等，如图 22-6 所示。

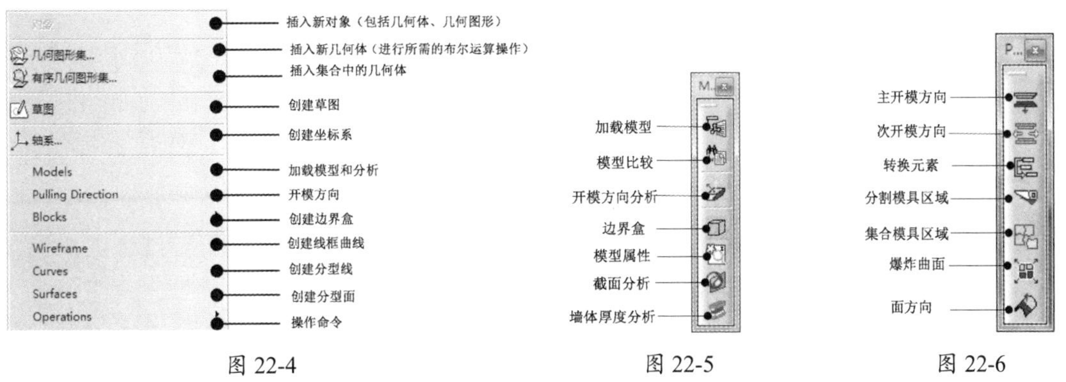

图 22-4　　图 22-5　　图 22-6

（3）“曲线”工具栏：用于创建模具的分模线，如图 22-7 所示。

（4）“曲面”工具栏：用于创建或编辑模具分型面，如图 22-8 所示。

（5）“线框”工具栏：用于创建点、直线、平面和各种曲线，如图 22-9 所示。

（6）“操作”工具栏：对已建立的曲线、曲面进行接合、分割、圆角等操作如图 22-10 所示。

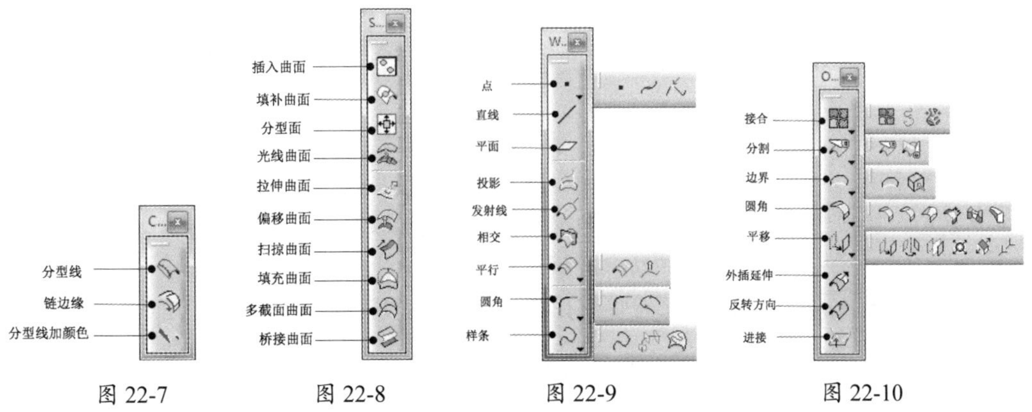

图 22-7　　图 22-8　　图 22-9　　图 22-10

22.2 加载和分析模型

在进行产品模具设计时，必须要先将产品导入“型芯 & 型腔设计”工作台，为后续零件分模做好准备。加载和分析模型的相关命令集中在“输入模型”工具栏中，下面分别加以介绍。

22.2.1 加载模型

“加载模型”是将零部件加载到“型芯 & 型腔设计”工作台中。

单击“输入模型”工具栏中的“输入模型”按钮，弹出“输入模具零件”对话框，如图 22-11 所示。

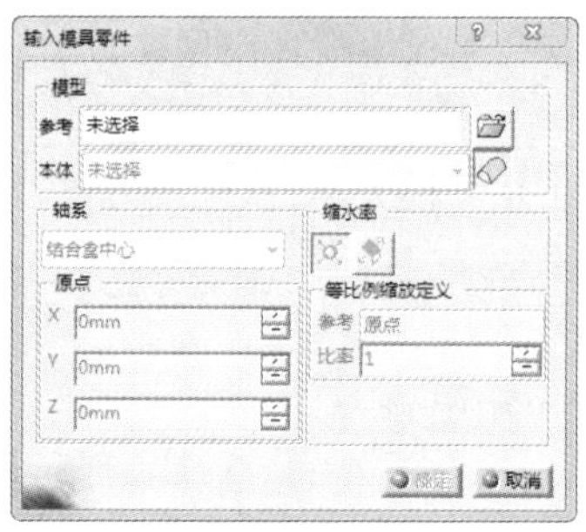

图 22-11

“输入模具零件”对话框主要选项含义如下。

1. 模型

用于设置加载模型的路径和需要开模的特征，包括以下选项。

- 参考：用于选择加载模型路径和零件。单击其后的“开启模具零件”按钮，弹出“选择文件”对话框，选择需要开模的零件。
- 本体：用于选择参考文件的元素。如果导入的是实体特征，则在该下拉列表中显示“零件几何体”；如果导入的是一组曲面，此时显示导入一组曲面按钮，然后再选择文件。
- 曲面：如在“本体”下拉列表后显示图标，则“曲面”下拉列表中以列表形式显示几何集特征，默认的状态下显示几何集中的最后一个曲面（即最完整的曲面）；如“本体”后显示是图标，则在“曲面”下显示几何集中共有的曲面数目。

2. 轴系

用于定义模具制品的原点及其坐标系，包括以下选项。

- 结合盒中心：选择该选项，将以加载模具制品的最小包络的矩形体中心为原点。
- 重心：选择该选项，将模具制品的重力中心定义为原点。
- 坐标系：选择该选项，可在 Origin 区域输入 X、Y、Z 坐标来定义原点。
- 局部轴系：选择该选项，系统将模具制品默认坐标系原点定义为原点，如图 22-12 所示。

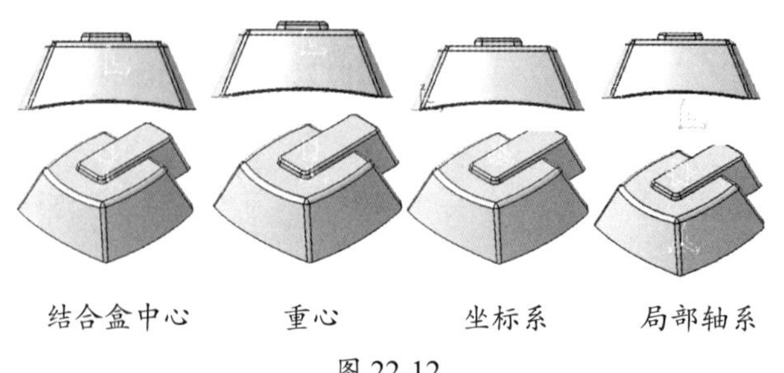

图 22-12

3. 缩水率

用于设置模具制品相对于原点的收缩率，包括以下选项，如图 22-13 所示。

- 等比例缩放：单击该按钮，可在“等比例缩放定义”选项区中的“比率”文本框中输入收缩率值。缩放的参考点是前面设置的坐标原点，系统默认的收缩率值为 1。
- 相似性等比例缩放：单击该按钮，可在“相似定义”选项下的“X 比率”“Y 比率”“Z 比率”文本框分别设置各个方向的收缩率，系统默认的收缩率值为 1。

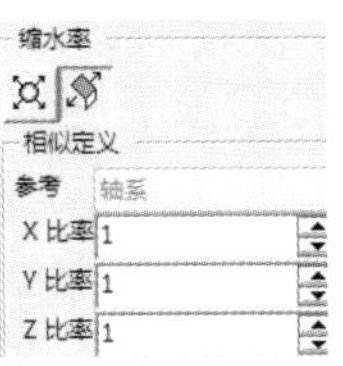

图 22-13

动手操作——加载模型实例

01 执行“文件”|“新建”命令，弹出“新建”对话框，在“类型列表”中选择 Product 选项，单击“确定”按钮，如图 22-14 所示。双击特征树上的 Product1 节点，激活产品，如图 22-15 所示。

02 执行“开始”|“机械设计”|“型芯 & 型腔设计”命令，进入“型芯 & 型腔设计”工作台，如图 22-16 所示。

图 22-14

图 22-15

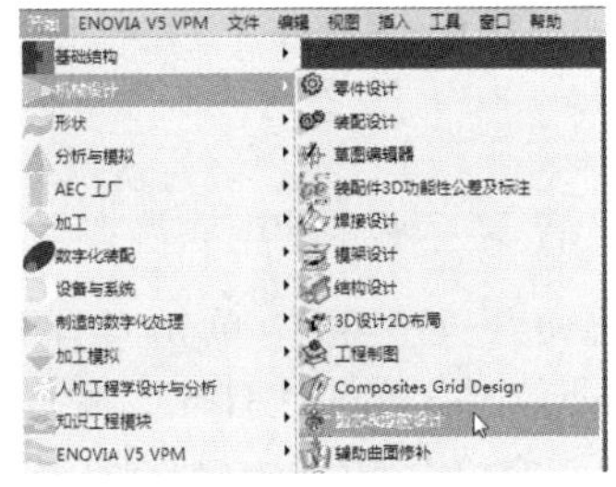

图 22-16

03 选中 Product1 节点并右击，在弹出的快捷菜单中选择“属性”选项，在弹出的“属性”对话框中的“产品”选项卡的“零件编号”文本框中输入 jiazai，单击“确定”按钮修改产品名称，如图 22-17 所示。

图 22-17

04 单击“输入模型”工具栏中的“输入模型”按钮，弹出“输入模具零件”对话框，如图 22-18 所示。单击“参考”文本框右侧的“开启模具零件”按钮，弹出“选择文件”对话框，选择需要开模的零件 FilterCover.CATPart，如图 22-19 所示，单击“打开”按钮。此时“输入模具零件”对话框更名为“输入 FilterCover.CATPart”对话框，如图 22-20 所示。

图 22-18

图 22-19

图 22-20

05 在“轴系”下拉列表中选择坐标轴定义方式为“结合盒中心”，在“缩水率”选项区中选择“等比例缩放”，在“比率”文本框输入 1.006，单击“确定”按钮完成模型加载，如图 22-21 所示。

06 在特征树上双击 jiazai节点，执行“文件”|“全部保存”命令，即可保存所有文件。

22.2.2 模型比较

“模型比较”是指将生成的模具（包括型芯、型腔）与模具制品之间进行对比，以查看原模型的改变情况。

技术要点

模型比较只能对新旧模型进行直观的比较，不会更改模具的设计。

动手操作——模型比较

01 在“标准”工具栏中单击“打开”按钮，在弹出的“选择文件”对话框中选择 22-2. CATProduct 文件，单击“打开”按钮打开模型文件，如图 22-22 所示。

02 单击展开窗口左侧的特征树，双击 MoldedPart 节点，如图 22-23 所示，进入“型芯 & 型腔设计”工作台。

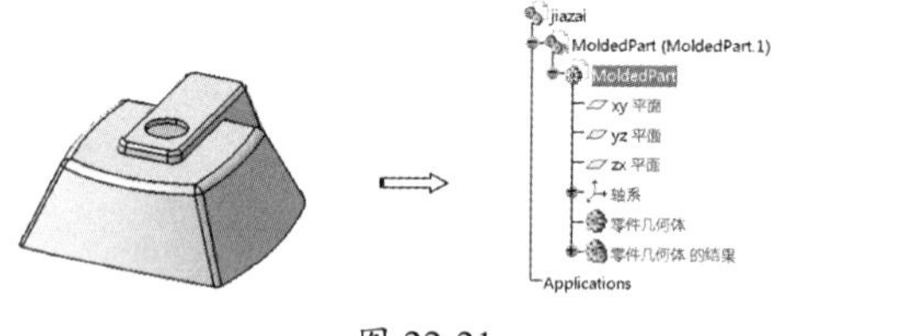
图 22-21

图 22-22

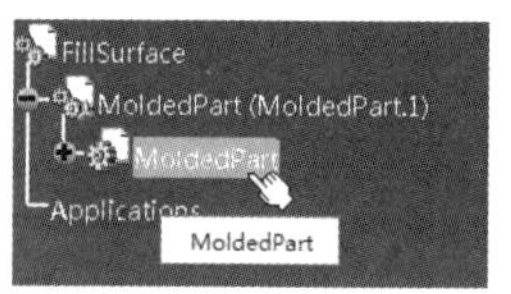

图 22-23

03 单击“输入模型”工具栏中的“比较”按钮，弹出“比较模具零件”对话框，如图 22-24 所示。单击“参考”文本框右侧的“开启模具零件”按钮，弹出“选择文件”对话框，选择需要开模的零件 FilterCover.CATPart，如图 22-25 所示，单击“打开”按钮，此时“比较模具零件”对话框更名，如图 22-26 所示。

图 22-24

图 22-25

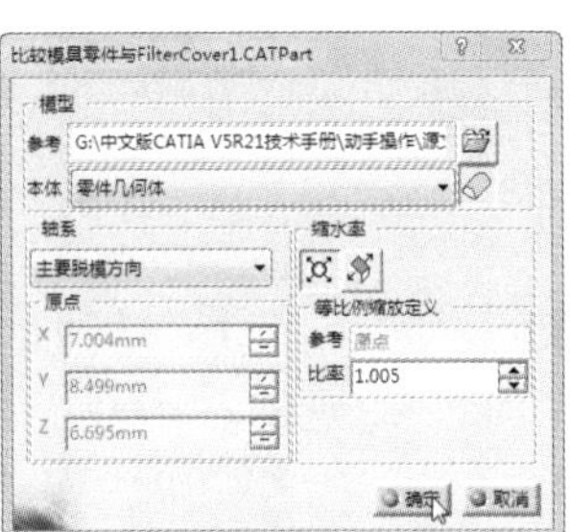

图 22-26

04 单击“确定”按钮，弹出“比较”对话框，单击“应用”按钮进行比较分析，并在图形区以颜色显示模型更改情况，同时“比较”对话框显示变化情况，如图 22-27 所示。

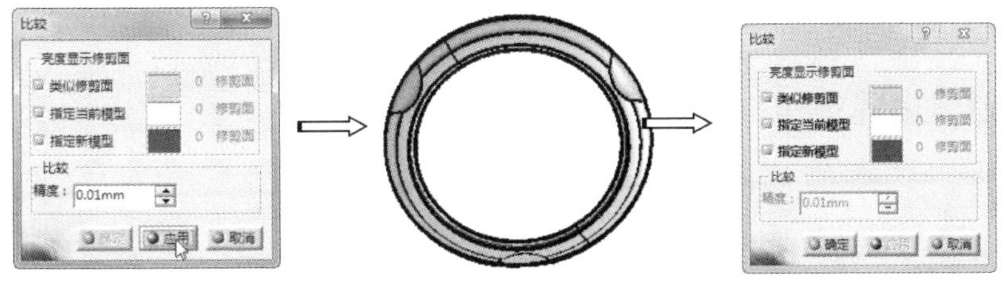

图 22-27

22.2.3 开模方向分析

“开模方向分析”是指，将曲面上点的垂直方向与开模方向角度差用不同颜色来体现。

动手操作——开模方向分析

01 在“标准”工具栏中单击“打开”按钮，在弹出的“选择文件”对话框中选择 22-3. CATProduct 文件，单击“打开”按钮打开模型文件，如图 22-28 所示。

02 单击展开窗口左侧的特征树，双击 MoldedPart 节点，如图 22-29 所示，随后自动进入“型芯 & 型腔设计”工作台。

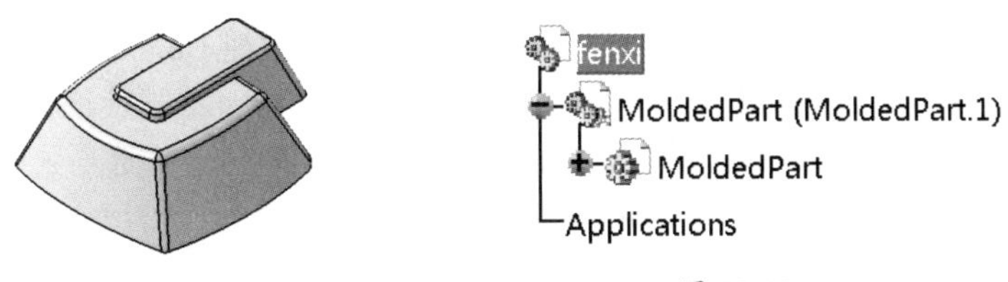

图 22-28　　图 22-29

03 单击“输入模型”工具栏中的“脱模方向分析”按钮，弹出“脱模方向分析”对话框，如图 22-30 所示。激活“模型”选项区中的“图元”文本框，选择特征树中“零件几何体的结果”下的“缩放 .1”作为要分析的模型。在“脱模方向”选项的“方向”中选择“Z 轴”，定义开模方向，在“拔模角度范围”选项区中设置不同开模角度显示颜色。

04 选中“即时分析”复选框，将鼠标指针移至模型的任何位置，即可显示该点的法向与开模方向之间的角度差，如图 22-31 所示。

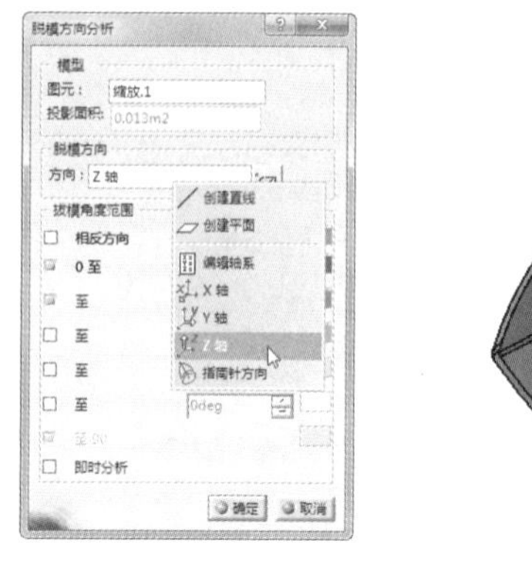

图 22-30

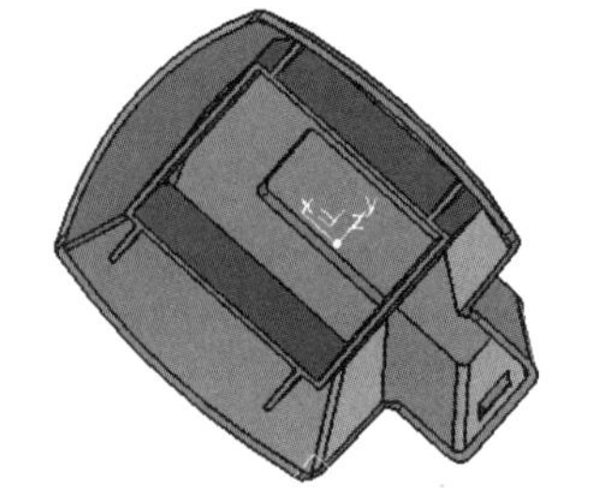

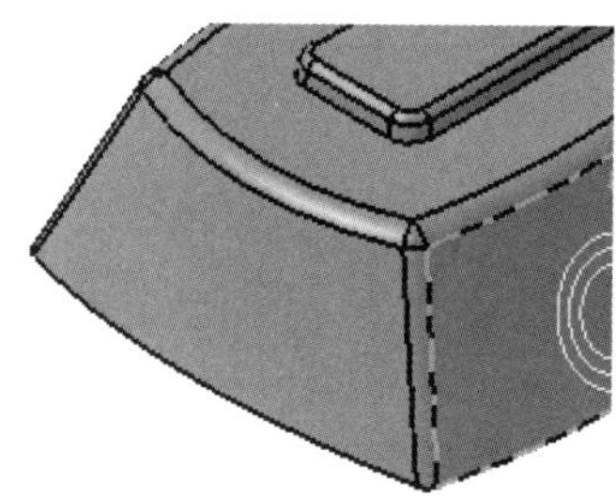

图 22-31

05 单击“确定”按钮完成开模方向分析。

22.2.4 创建边界盒

“边界盒”是指，在模型制品周围生成一个矩形盒体。

动手操作——边界盒

01 在“标准”工具栏中单击“打开”按钮，在弹出的“选择文件”对话框中选择 22-4. CATProduct 文件，单击“打开”按钮打开模型文件，如图 22-32 所示。

02 单击展开窗口左侧的特征树，双击 MoldedPart 节点，如图 22-33 所示，随后自动进入“型芯 & 型腔设计”工作台。

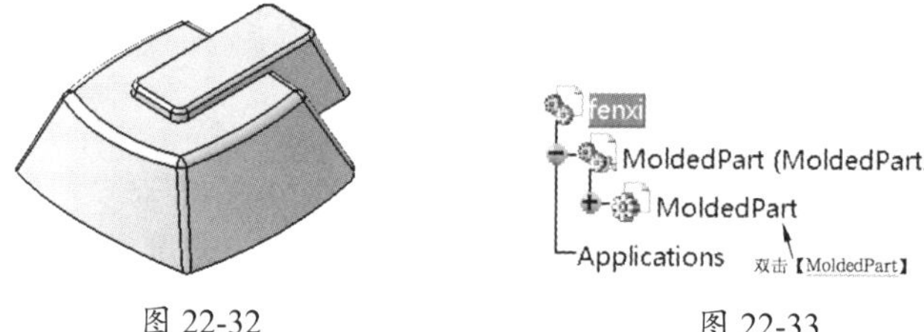

图 22-32　　图 22-33

03 单击“输入模型”工具栏中的“边界盒”按钮，弹出“创建 Bounding Box”对话框，如图 22-34 所示。单击激活“Shape and 轴系”选项区的 Shape 文本框，选择特征树中“零件几何体的结果”下的“缩放 .1”作为要分析的模型，在 Bounding Box Definition 选项区中选择 Box 单选按钮，单击“确定”按钮创建边界盒，如图 22-34 所示。

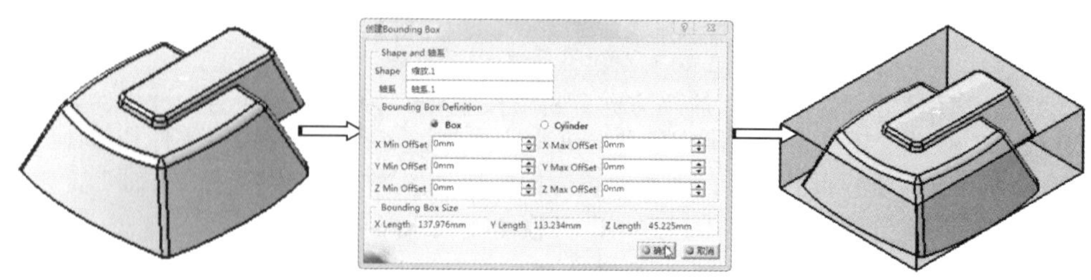

图 22-34

技术要点

系统根据模具大小和*X*、*Y*、*Z*偏移量，自动计算边界和大小并显示在Bounding Box Size选项区，此外当选中Cylinder单选按钮时将创建圆柱形边界盒。

22.3 定义开模方向

使用开模方向，系统将自动分析并生成型芯曲面、型腔曲面和其他曲面，以便设计型芯和型腔。定义开模方向的相关命令集中在“输入模型”工具栏中，下面分别加以介绍。

22.3.1 创建主开模方向

主开模方向是指通过定义脱模方向，系统将自动分析并生成型芯曲面、型腔曲面和其他曲面，以便设计型芯和型腔。

单击“脱模方向”工具栏中的“脱模方向”按钮，弹出“主要脱模方向定义”对话框，如图22-35所示。

1. 形状

“形状”选项区用于从图形区选择要分析的零件，通常选择缩放后的模具制品。

- Extract or color ：单击该按钮，将以颜色显示脱模面，并可生成分模线。
- Extract ：单击该按钮，即可生成型芯和型腔曲面，如图22-36所示。

图 22-35

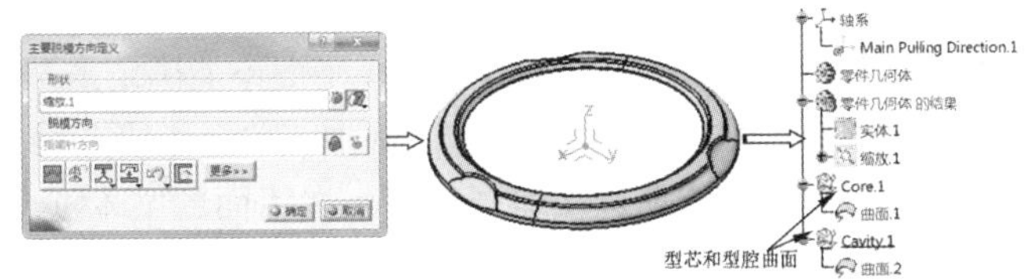

图 22-36

2. 脱模方向

“脱模方向”选项区用于定义开模方向，系统默认为指南针方向，单击其后的“解锁”按钮，使其可用，可在图形中选择线性图元定义开模方向，或者移动鼠标指针至该文本框，右击，在弹出的快捷菜单中选择开模方向定义方式，如图22-37所示。

3. 按钮区

按钮区中各按钮的使用方法如下。

- 快速分离：单击该按钮，系统按照脱模方向计算，快速生成脱模方向。
- 计算指南针方向：单击该按钮，按照当前指南针方向重新定义脱模方向。

- 由其他指派给型芯：单击该按钮，将系统识别的其他曲面转化为型芯曲面。
- 由其他指派给型腔：单击该按钮，将系统识别的其他曲面转化为型腔曲面。
- 同时指派：单击该按钮，将尽量减少其他曲面、型芯、型腔之间的转换。
- 由未知面指派给其他：单击该按钮，将系统识别的无脱模曲面转化为其他曲面。
- 优化处理：单击该按钮，系统经过优化，合理分配型芯和型腔。
- 切换型芯 / 型腔：单击该按钮，在型腔和型芯之间换向转换。
- 撤销：单击该按钮，撤销上一步操作。
- 复位：单击该按钮，取消前面的各种设置。
- 计算过切：单击该按钮，重新计算分割型芯和型腔。

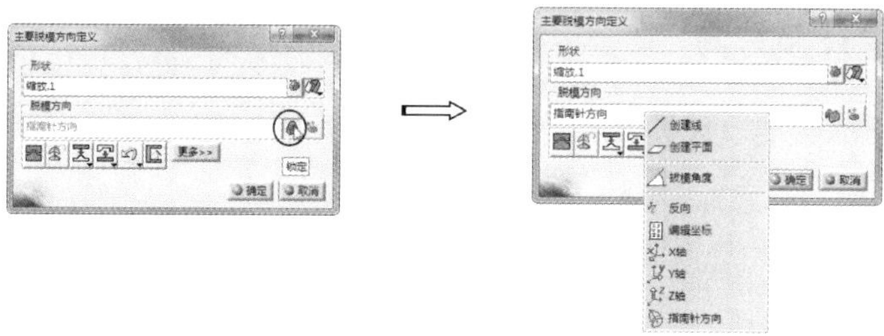

图 22-37

4.Areas to Extract

Areas to Extract 用于设置型芯、型腔、其他、无脱模方向曲面的显示颜色和分模线，以及显示各区域的曲面数和面积。

5. 可视化

可视化用于选择开模的显示方式，包括以下选项。

- 面显示：系统默认选中该单选按钮，当用户选取一个曲面后，各曲面的颜色就会显示出来。
- 小平面显示：当曲面上有一个小平面不能确定是型芯还是型腔区域时，系统会自动将该区域定义到其他面区域，此时选中该单选按钮，系统会将其他面定义到型腔或型芯区域。
- 爆炸：选中该单选按钮，用户可在下面的文本框中输入数值来定义型芯和型腔区域的间距。

6. 局部调整

- Facets to ignore：选中该复选框，可调节可忽略的小平面的百分率。
- Target：用于选择型芯面、型腔面、其他面、非拔模定义目标面，另外通过右侧下拉列表选择“未增长（无扩展）”“点连续（点连续）”“No draft face（非拔模面）”或“By Area（面区域）”选项来定义选择面的方式。

动手操作——主开模方向

01 在“标准”工具栏中单击“打开”按钮，在弹出的“选择文件”对话框中选择 22-5.CATProduct 文件，单击“打开”按钮打开模型文件，如图 22-38 所示。

02 单击展开窗口左侧的特征树，双击 MoldedPart 节点，如图 22-39 所示，随后自动进入“型芯

& 型腔设计”工作台。

03 单击“脱模方向”工具栏中的“脱模方向”按钮，弹出“主要脱模方向定义”对话框，如图 22-40 所示。单击“形状”选项后的 Extract 按钮，在特征树上选中 MoldedPart 下的“零件几何体的结果”节点下的“缩放 .1”，如图 22-41 所示。

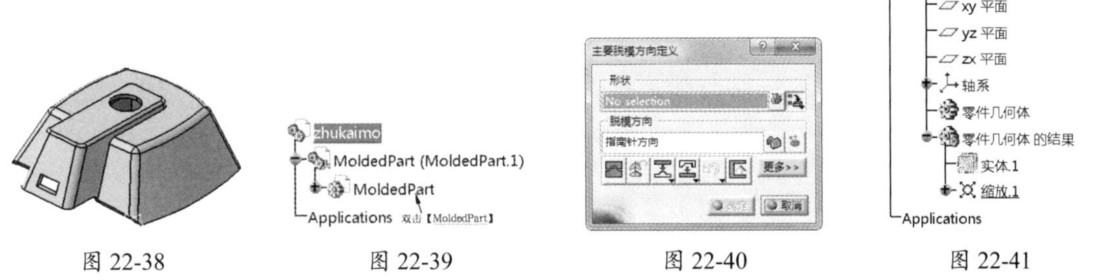

图 22-38　　图 22-39　　图 22-40　　图 22-41

04 单击“更多”按钮，在“可视化”选项区中选中“爆炸”单选按钮，并在下面的文本框中输入 100mm，在图形区空白处单击，如图 22-42 所示。

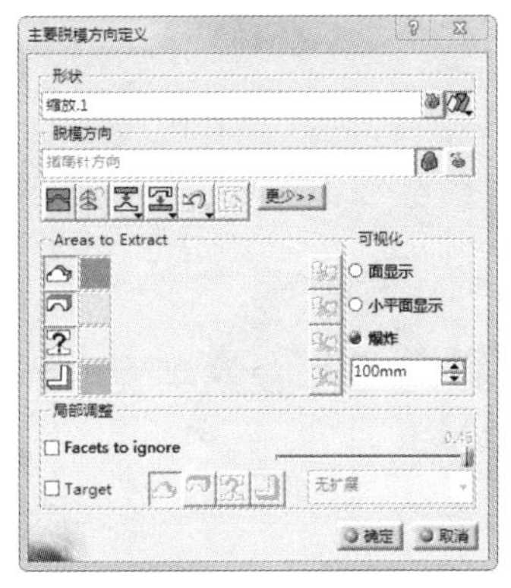

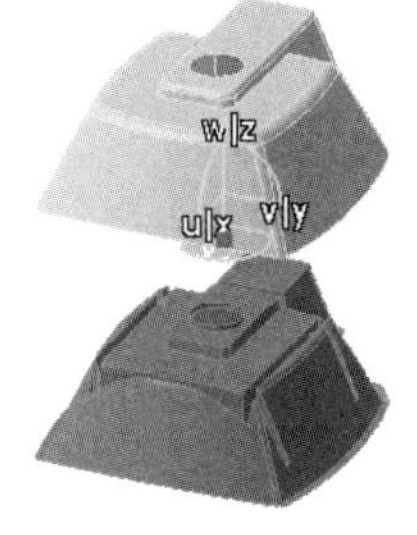

图 22-42

05 在“可视化”选项区中选中“面显示”单选按钮，单击“确定”按钮，显示计算进程条，计算完成后在特征树中增加两个几何图形集，同时在模型中显示两个区域，如图 22-43 所示。

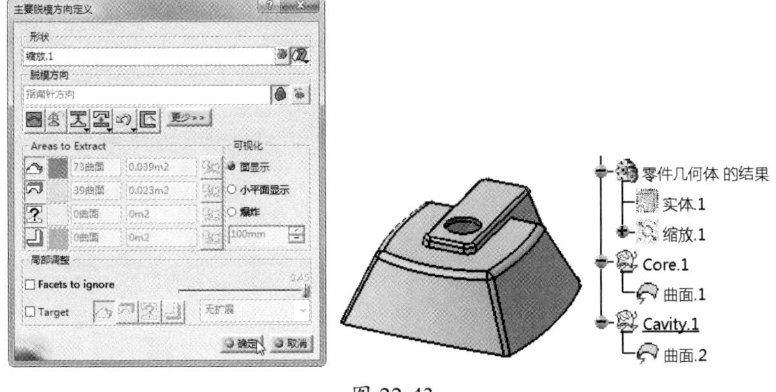

图 22-43

22.3.2 定义滑块和斜顶开模方向

对主开模方向中未能开模的曲面重新定义新的开模方向，生成的既不是型芯也不是型腔，而可是滑块或斜顶杆的开模方向。

单击“输入模型”工具栏中的“定义滑块和斜顶脱模方向”按钮，弹出“滑块和斜顶脱模方向定义”对话框，如图22-44所示。“滑块和斜顶脱模方向定义”对话框中相关选项参数与“主要脱模方向定义”对话框基本相同。

动手操作——滑块和斜顶开模方向

操作步骤

01 在“标准”工具栏中单击“打开”按钮，在弹出的“选择文件”对话框中选择22-6.CATProduct文件，单击“打开”按钮打开模型文件，如图22-45所示。

02 单击展开窗口左侧的特征树，双击MoldedPart节点，如图22-46所示，随后自动进入“型芯&型腔设计”工作台。

图22-44

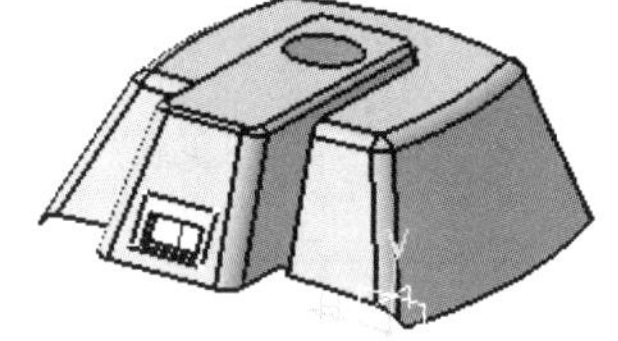

图22-45

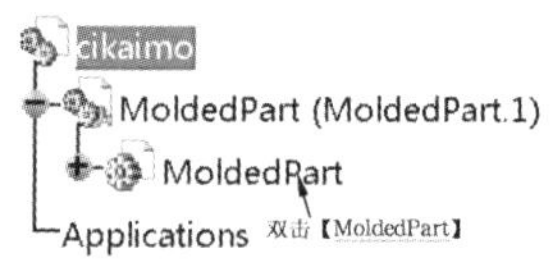

图22-46

03 单击“脱模方向”工具栏中的“定义滑块和斜顶脱模方向”按钮，弹出“滑块和斜顶脱模方向定义”对话框，如图22-47所示。单击“形状”选项区中的Extract按钮，单击激活Shape文本框，选择如图22-48所示的曲面.8。

04 单击“由其他指派给滑块/斜顶”按钮，然后单击“脱模方向”文本框后的按钮使其解锁，右击，在弹出的快捷菜单中选择“编辑坐标”选项，如图22-49所示。在弹出“方向”对话框中设置开模方向，如图22-50所示。完成编辑后重新锁定脱模方向。

图22-47

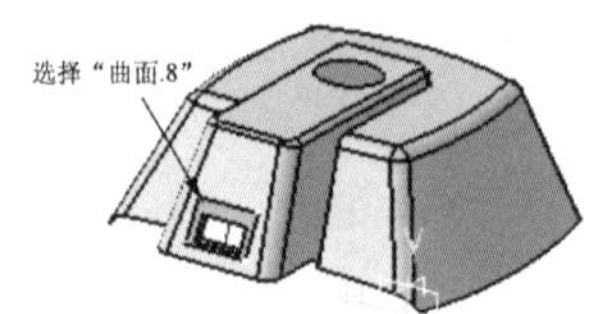

图22-48

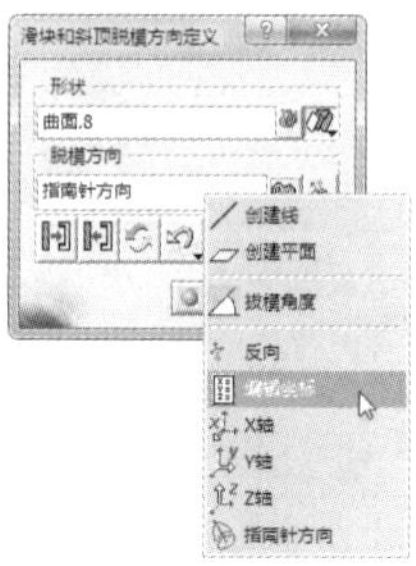

图22-49

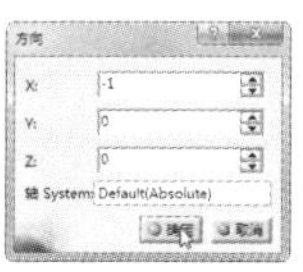

图22-50

05 单击“更多”按钮，在“可视化”选项区中选中“爆炸”单选按钮，然后在下面的文本框输入 50mm，在图形区空白处单击，如图 22-51 所示。

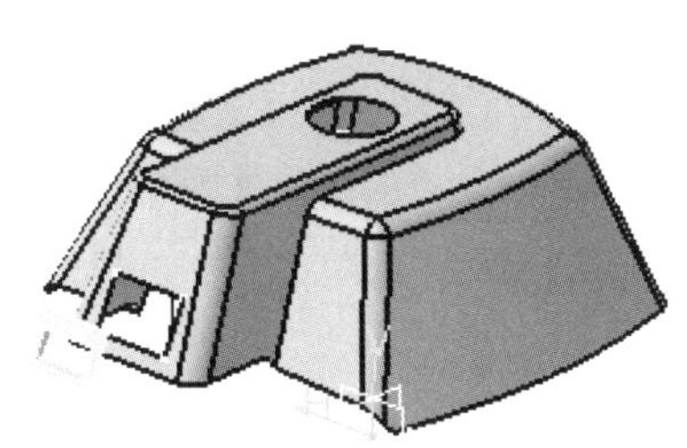

图 22-51

06 在“可视化”选项区中选中“面显示”单选按钮，单击“确定”按钮，显示计算进程条，计算完成后在特征树中增加一个几何图形集，同时在模型中显示两个区域，如图 22-52 所示。

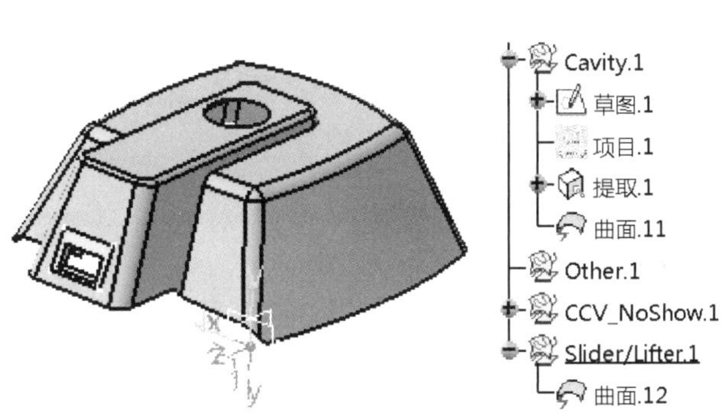

图 22-52

22.3.3　变换图元

“变换图元”是指模具型芯、型腔、其他曲面、滑块或顶出器之间进行相互转换。

单击“脱模方向”工具栏中的“变换图元”按钮，弹出“变换图元”对话框，如图 22-53 所示。“变换图元”对话框中相关选项参数含义如下。

1. 延伸形式

“延伸形式”下拉列表用于设置延伸方式，单击其后的按钮可使用多边形图形选择对象，包括以下选项。

- 未增长：不延伸只选择用户选择的面。
- 点连续：点连续，选择与所选面有点连接的所有表面。
- 相切连续：相切连续，选择与所选面相切连接的所有表面，如图 22-54 所示。

图 22-53

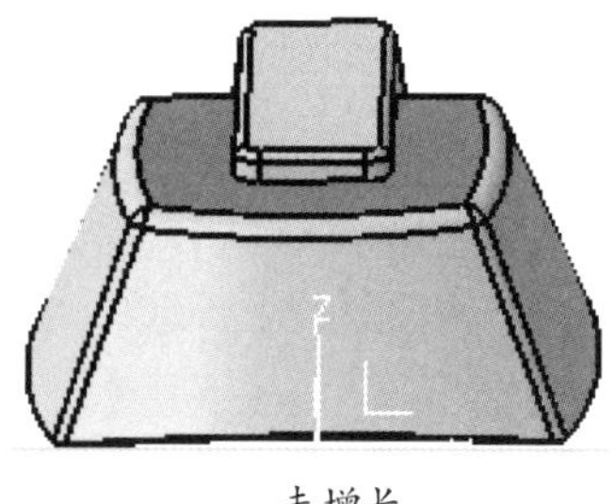

未增长

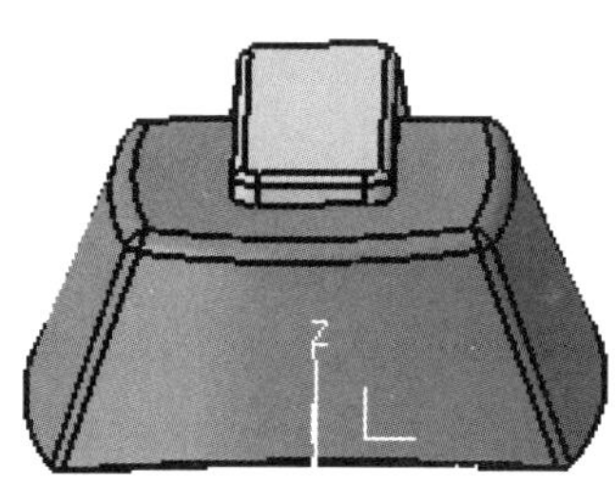

点连续

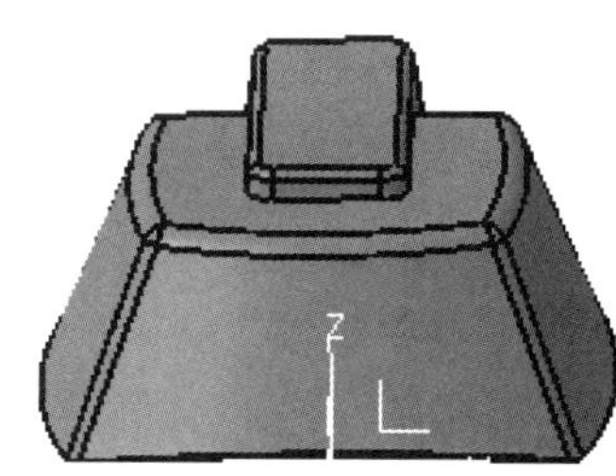

相切连续

图 22-54

2. 目标地

用于选择转换后的曲面类型，包括型芯 core、型腔型腔、滑块 / 斜顶等。

3. 命令按钮

- 移除图元：选中列表框中的对象，单击该按钮可删除选中的对象。
- 修改图元：选中列表框中的对象，单击该按钮可编辑选中的对象。
- 移动：将选定的对象移动到目标地所确定的目标类型中。
- 复制：将选定的对象复制到目标地所确定的目标类型中。

动手操作——变换图元

01 在“标准”工具栏中单击“打开”按钮，在弹出的“选择文件”对话框中选择 22-7.CATProduct 文件，单击“打开”按钮打开模型文件，如图 22-55 所示。

02 展开窗口左侧的特征树，双击 MoldedPart 节点，如图 22-56 所示，随后自动进入“型芯 & 型腔设计”工作台。

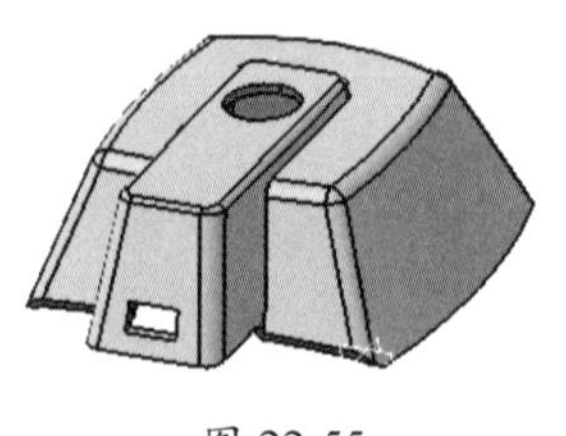

图 22-55

图 22-56

03 单击“脱模方向”工具栏中的“变换图元”按钮，弹出“变换图元”对话框，在“目标地”下拉列表中选择“Other.1”。

04 在图形区选择侧面开口的壁边曲面，单击“确定”按钮完成变换图元，并在特征树中增加“Other.1”节点，如图 22-57 所示。

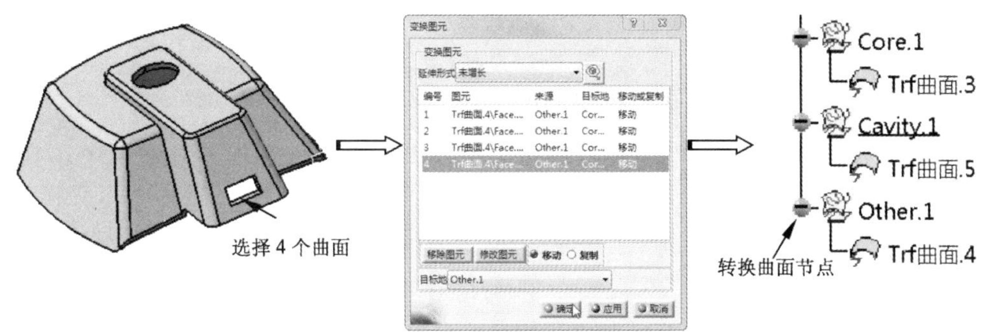

图 22-57

22.3.4 分割模具区域

“分割模具区域”是指通过几何元素对型芯、型腔曲面进行分割，以便于接合成为型芯、型腔、滑块、顶处等的最后分型曲面。

单击“脱模方向”工具栏中的“分割模具区域”按钮，弹出“分割模具区域”对话框，如图 22-58 所示。

图 22-58

“分割模具区域”对话框中相关选项参数含义如下。

1. 被裁剪图元

“被裁剪图元”选项区用于设置被分割元素，包括以下选项。

- 连续形式：用于设置延伸方式，包括“不连续”“未增长（不延伸）”“点连续”“相切连续”等。
- 要分割修剪面：用于选取要分割的面。

2. 剪切图元

“剪切图元”用于选择分割面的裁剪元素，可以是线、平面或曲面等。

3. 图元目标地

“图元目标地”用于选择分割后的类型，包括以下选项。

- 更改目标地：单击该按钮，可更改分割后的某个区域类型。
- 更换目标地：单击该按钮，可交换分割后的区域类型。
- 目标地：在该下拉列表中选择某个区域进行区域更改。

动手操作——分割模具区域

01 在“标准”工具栏中单击“打开”按钮，在弹出的“选择文件”对话框中选择 22-8.CATProduct 文件，单击“打开”按钮打开模型文件，如图 22-59 所示。

02 单击展开窗口左侧的特征树，双击 MoldedPart 节点，如图 22-60 所示，随后自动进入“型芯&型腔设计”工作台。

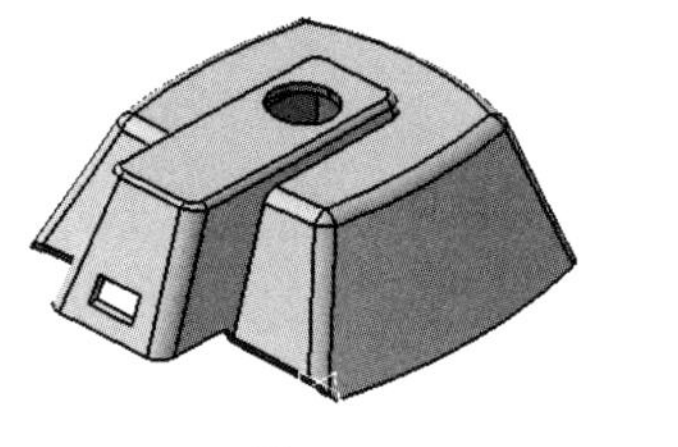

图 22-59

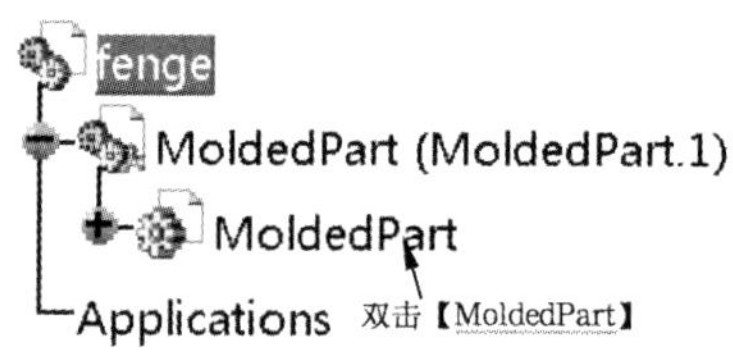

图 22-60

03 单击“草图”按钮，在工作窗口选择 *yz* 平面为草图平面，进入草图编辑器。利用矩形工具绘制如图 22-61 所示的草图。单击“工作台”工具栏中的“退出工作台”按钮，完成草图绘制。

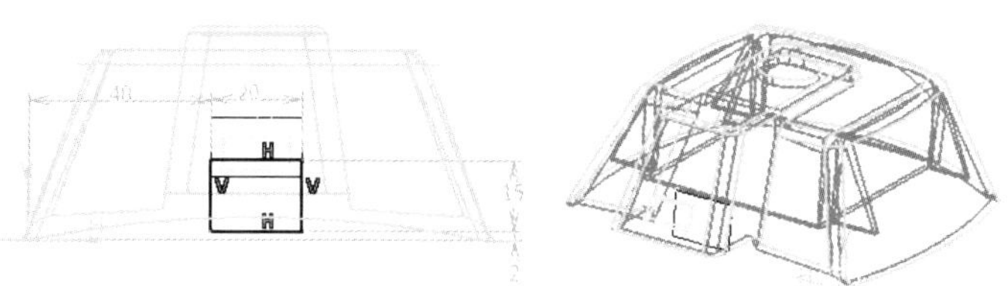

图 22-61

04 单击“线框”工具栏中的“投影”按钮，弹出“投影定义”对话框，在“投影类型”下拉列表中选择“法线”选项。选择上一步绘制的草图作为投影的曲线，然后选择如图 22-62 所示的曲面作为投影支持面。

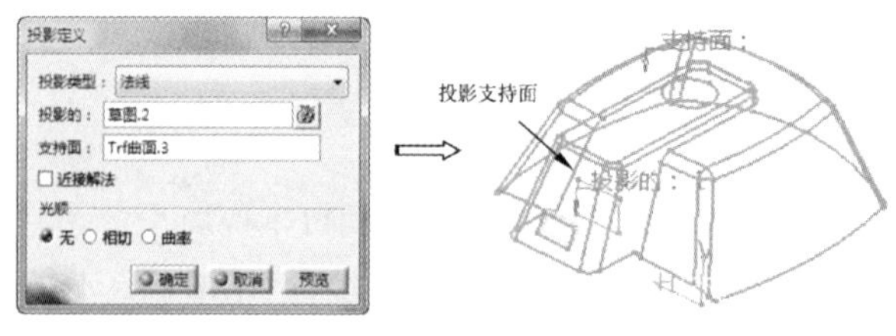

图 22-62

05 单击“确定”按钮，弹出“多重结果管理”对话框，选中“使用提取，仅保留一个子元素”单选按钮，单击“确定”按钮。

06 弹出“提取定义”对话框，在“拓展类型”下拉列表中选择“点连续”选项，单击激活“要提取的元素”文本框，选择如图 22-63 所示的曲线作为要提取的元素，单击“确定”按钮完成投影曲线创建。

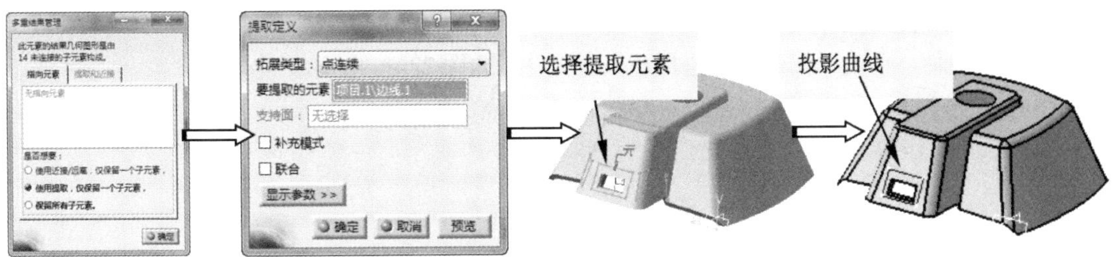

图 22-63

07 单击“脱模方向”工具栏中的“分割模具区域”按钮，弹出“分割模具区域”对话框，单击激活“要分割修剪面”文本框，选择如图 22-64 所示曲面作为要分割的曲面。单击激活“剪切图元”文本框，选择上一步创建的投影曲线作为裁剪元素，单击“应用”按钮，如图 22-64 所示。

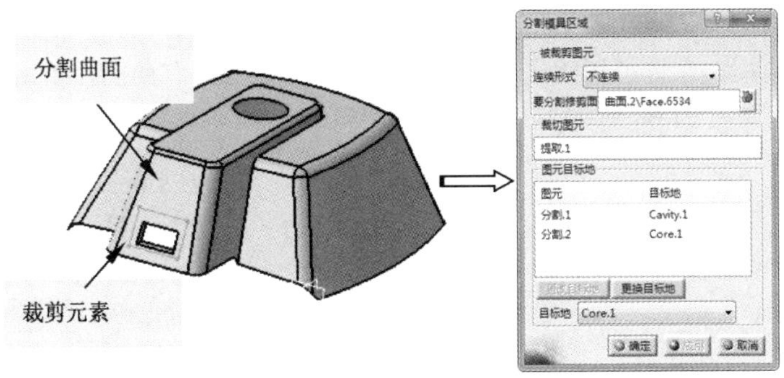

图 22-64

08 在“图元目标地”列表中选中“分割 .1”并右击，在弹出的快捷菜单中选择“-> 型芯”选项。选中“分割 .2”并右击，在弹出的快捷菜单中选择“-> 型腔”选项，单击“确定”按钮分割模具区域，如图 22-65 所示。

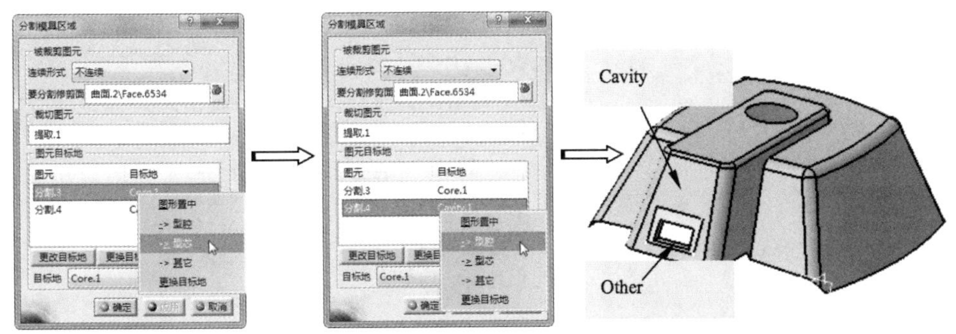

图 22-65

22.3.5　聚集模具区域

“聚集模具区域”是把模具中的型芯、型腔、滑块等曲面集中为一个整体，以避免在操作时一一选取，减少误操作的情况出现。

动手操作——聚集模具区域

01 在“标准”工具栏中单击“打开”按钮，在弹出的“选择文件”对话框中选择 22-9. CATProduct 文件，单击“打开”按钮打开模型文件，如图 22-66 所示。

02 单击展开窗口左侧的特征树，双击 MoldedPart 节点，如图 22-67 所示，随后自动进入“型芯 & 型腔设计”工作台。

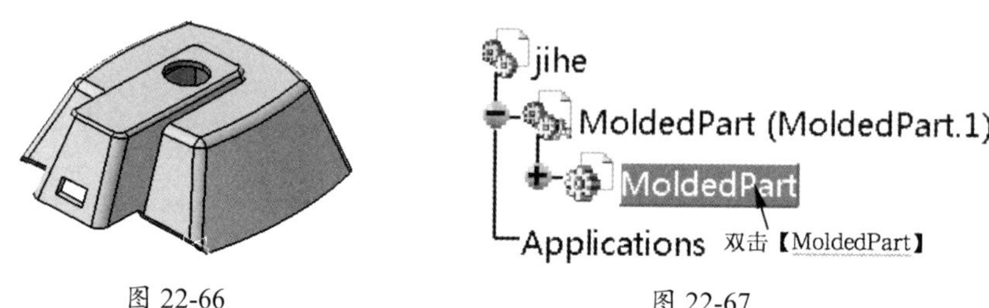

图 22-66　　　　图 22-67

03 单击“输入模型”工具栏中的“聚集模具区域”按钮，弹出“聚集曲面”对话框，选中“创建连结基准”复选框，在特征树中选择“型腔 .1”节点下的所有曲面，单击“确定”按钮完成型腔曲面的聚集，如图 22-68 所示。

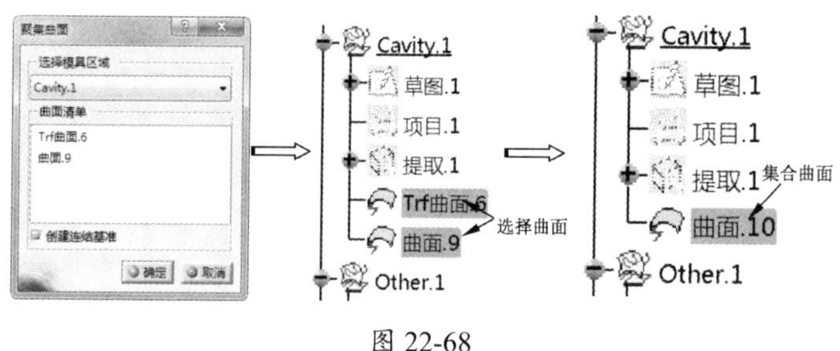

图 22-68

04 单击“输入模型”工具栏中的“聚集模具区域”按钮，弹出“聚集曲面”对话框，选中“创建连结基准”复选框，在特征树中选择“Other.1”节点下的所有曲面，单击“确定”按钮完成滑块曲面的聚集，如图 22-69 所示。

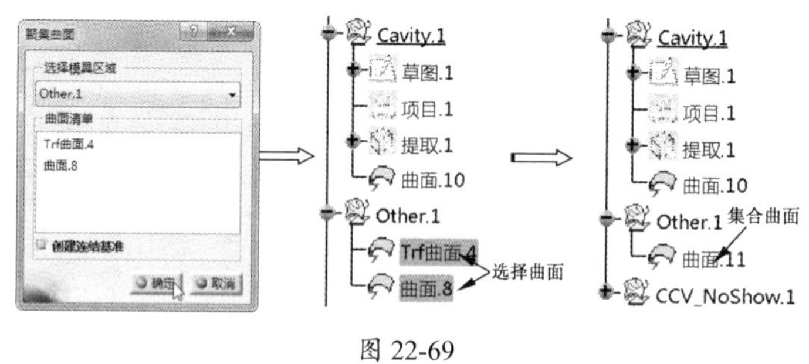

图 22-69

22.3.6　创建分解视图

“分解视图”是指型芯、型腔、滑块等曲面沿主开模和次开模方向分开，以便观察。

动手操作——分解视图

01 在“标准”工具栏中单击“打开”按钮，在弹出的“选择文件”对话框中选择22-10.CATProduct文件，单击“打开”按钮打开模型文件，如图22-70所示。

02 单击展开窗口左侧的特征树，双击MoldedPart节点，如图22-71所示，随后自动进入“型芯&型腔设计”工作台。

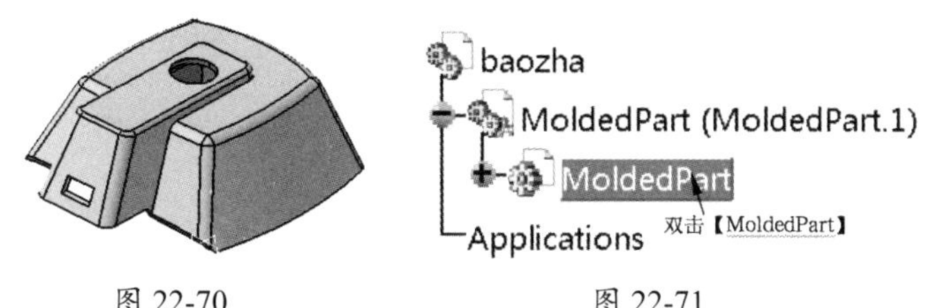

图22-70　　图22-71

03 单击“输入模型”工具栏中的“分解视图”按钮，弹出“分解视图”对话框，在“分解数值”文本框中输入100mm，单击“确定”按钮创建爆炸图，如图22-72所示。

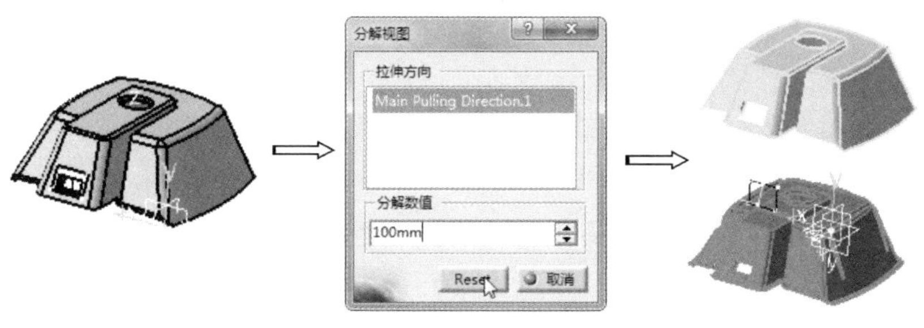

图22-72

22.4 绘制分模线

“分模线”是指塑料与模具相接触的边界线，一般产品的分模线可以根据零件的形状（最大界面处）和脱模的方向而定。分模线是用于创建分型面必需的几何元素，可采用专用工具创建，也可通过“线框”工具栏中的曲线工具绘制。绘制分模线相关命令集中在“曲线”工具栏中，下面分别加以介绍。

22.4.1 创建分模线

单击“曲线”工具栏中的“分模线”按钮，弹出“分模线”对话框，如图22-73所示。“分模线”对话框的相关选项参数含义如下。

1. 工具

“工具”选项区用于选择分模线的创建方式，包括以下按钮。

- 载入反射线命令：单击该按钮，弹出“反射线定义”对话框，可根据选择的支持面和方向，按照反射原理在支持面上生成曲线作为分模线。
- 载入链接边线命令：单击该按钮，弹出“链结边线”对话框，可提取曲面上的线作为分模线。

- 载入脊线命令：单击该按钮，弹出“样条线定义”对话框，可通过空间中一系列点创建样条线作为分模线。
- 载入选择命令：单击该按钮，弹出“分模线 Selector”对话框，可将曲线连接成一条分模线。

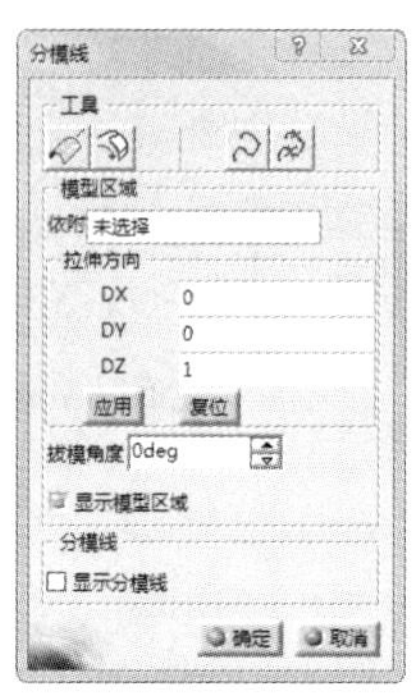

图 22-73

2. 模型区域

单击激活“依附”文本框，用于在图形区选择分模线所依附的曲面。

3. 拉伸方向

用于定义脱模方向，如果定义了脱模方向，该方向为开模方向；如果未定义脱模方向，默认拉伸方向为 DX=0，DY=0，DZ=1。

技术要点

修改脱模方向后，单击“应用”按钮完成，单击“复位”按钮可恢复系统默认的脱模方向。

4. 拔模角度

“拔模角度”文本框用于设置拔模角度。

5. 显示模型区域

选中“显示模型区域”复选框，将显示型芯和型腔等特征，如图 22-74 所示。

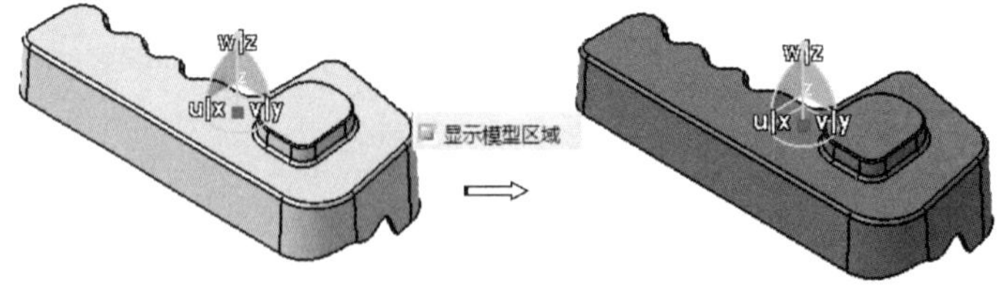

图 22-74

动手操作——创建分模线

01 在“标准”工具栏中单击“打开”按钮，在弹出的“选择文件”对话框中选择 22-11.CATProduct 文件，单击“打开”按钮打开模型文件，如图 22-75 所示。

02 展开窗口左侧的特征树，双击 MoldedPart 节点，如图 22-76 所示，随后自动进入“型芯 & 型腔设计”工作台。

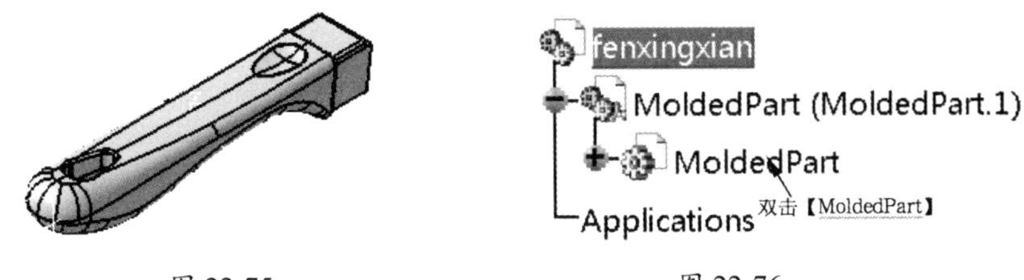

图 22-75　　　　图 22-76

03 单击“曲线”工具栏中的“分模线”按钮，弹出“分模线”对话框，单击激活“依附”文本框，在特征树上选择“缩放 .1”节点，选中“显示模型区域”复选框，如图 22-77 所示。

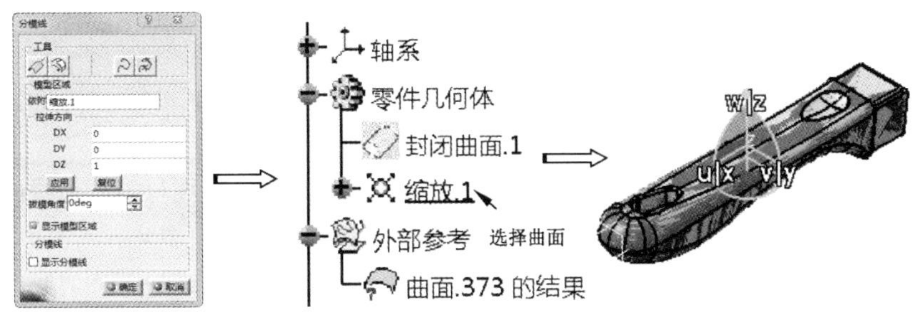

图 22-77

04 单击“工具”选项中的“载入反射线命令”按钮，弹出“反射线定义”对话框，单击激活“支持面”文本框，选择特征树中的“曲面 .373 的结果”节点，单击“确定”按钮，如图 22-78 所示。

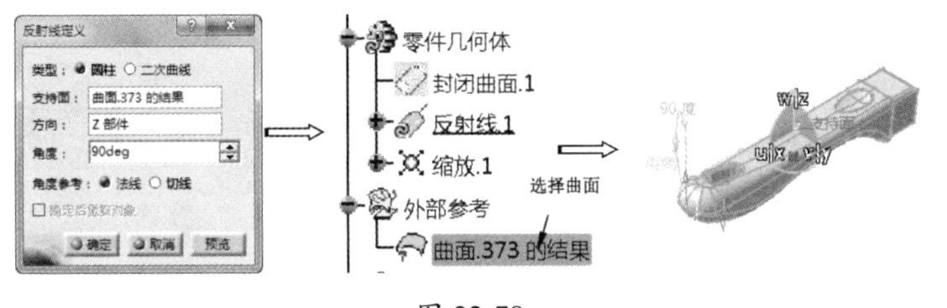

图 22-78

05 单击“确定”按钮，弹出“多重结果管理”对话框，选中“保留所有子元素”单选按钮。最后再单击“分模线”对话框中的“确定”按钮完成分模线的创建，如图 22-79 所示。

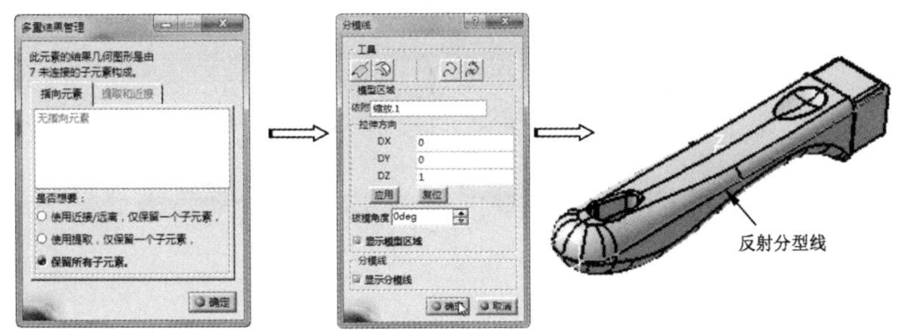

图 22-79

22.4.2 创建链结边线

“链结边线”是指提取曲面上的边线来创建分模线。

单击“曲线”工具栏中的“链结边线”按钮，弹出“链结边线”对话框，如图 22-80 所示。“链结边线”对话框中的相关选项参数含义如下。

1. 选择边线

“选择边线”选项区用于定义选择边线操作，包括以下按钮。

- 在边线环带上浏览：选择的分模线在边线环带上。
- 由选择中移除边线：移除所选择的边线。
- 反向增生方向：反转分模线的增加方向，也可单击图形区的方向箭头反向。
- 复位选择和增生区域：重新开始分模线的设置和选择。
- 隐藏和显示求助箭头：调整求助箭头的显示和隐藏。

2. 参数

“参数”选项区用于设置操作的参数，包括以下参数。

- 最大边线：用于设置所能链结边线的最大间距，当选择的边线与下一边线的间距等于或小于所设定的值时，单击按钮，下一条边线将被链结。
- 最大角度：用于设置所能链结边线的最大角度，当选择的边线与下一边线的夹角小于该值，单击按钮，下一条边线将被链结，如图 22-81 所示。

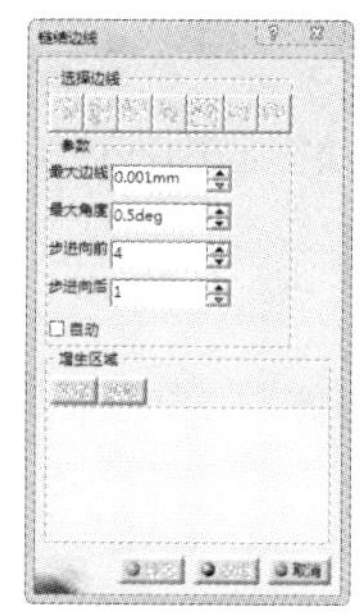

图 22-80

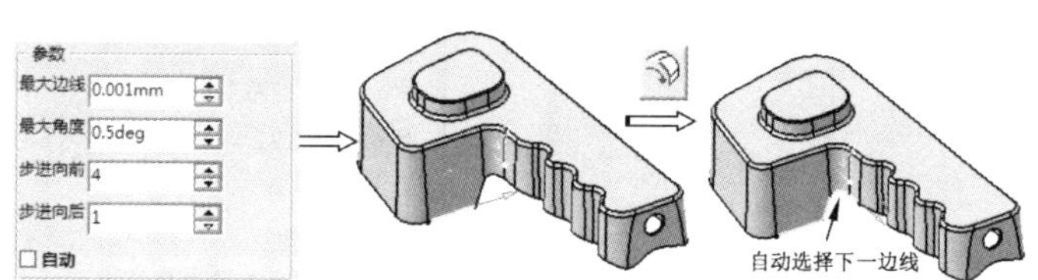

图 22-81

- 步进向前：用于设置向前所能链结的边线数，适用于“由选择中移除边线”按钮，如图 22-82 所示。

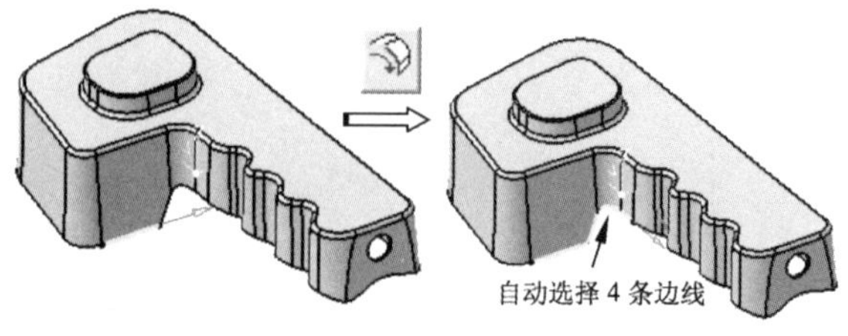

图 22-82

- 步进向后：用于设置向后移除的边线数，适用于“在边线环带上浏览”按钮，如图 22-83 所示。

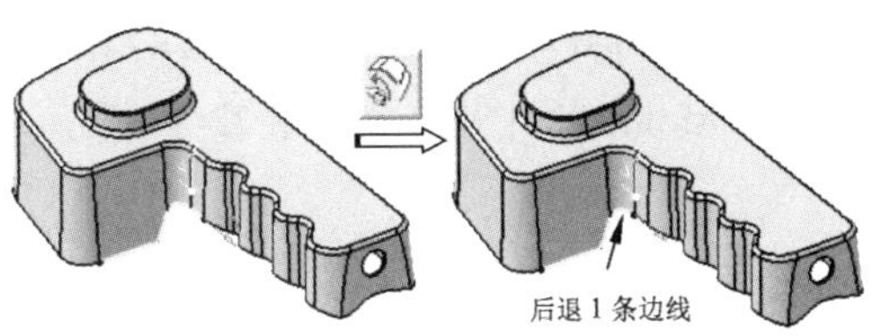

图 22-83

- 自动：系统自动计算向前链结的边线数。

动手操作——链结边线

01 在“标准”工具栏中单击“打开”按钮，在弹出的“选择文件”对话框中选择 22-12. CATProduct 文件，单击“打开”按钮打开模型文件，如图 22-84 所示。

02 展开窗口左侧的特征树，双击 MoldedPart 节点，如图 22-85 所示，随后自动进入“型芯 & 型腔设计”工作台。

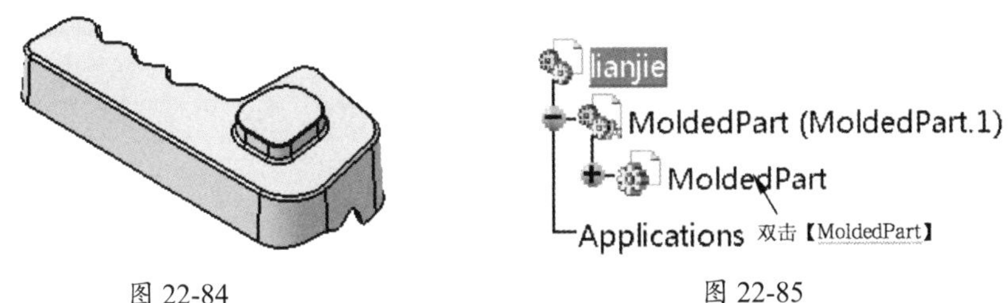

图 22-84　　　　图 22-85

03 单击“曲线”工具栏中的“链结边线”按钮，弹出“链结边线”对话框，选择如图 22-86 所示边线，然后单击“由选择中移除边线”按钮连续选择边线形成封闭曲线。单击“应用”按钮，将提取所选择的边线，单击“确定”按钮完成链结边线，如图 22-86 所示。

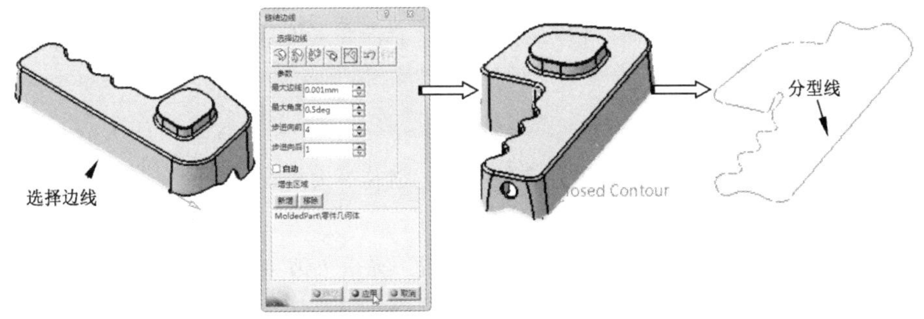

图 22-86

22.4.3 依据颜色创建分模线

“依据颜色创建分模线”是指，通过提取的型芯生成分模线。

动手操作——依据颜色创建分模线

01 在“标准”工具栏中单击“打开”按钮，在弹出的“选择文件”对话框中选择 22-13.

CATProduct 文件，单击“打开”按钮打开模型文件，如图 22-87 所示。

02 展开窗口左侧的特征树，双击 MoldedPart 节点，如图 22-88 所示，随后自动进入“型芯 & 型腔设计”工作台。

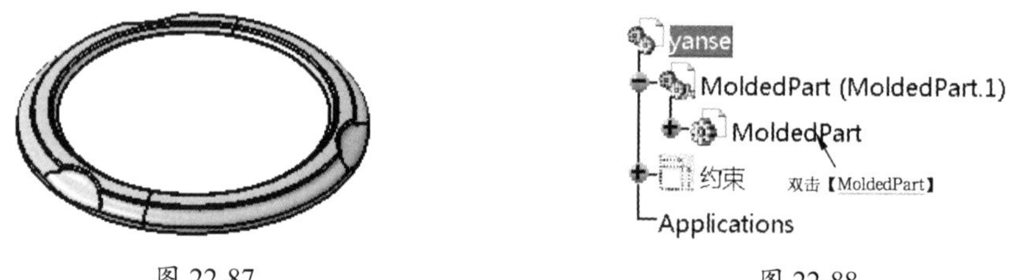

图 22-87　　　　图 22-88

03 单击“曲线”工具栏中的“依据颜色分模线”按钮，弹出“按颜色建立分模线”对话框，单击激活“形状”文本框，在特征树上选择 Core.1 节点下的曲面，单击“应用”按钮生成曲线，单击“确定”按钮完成分模线创建，如图 22-89 所示。

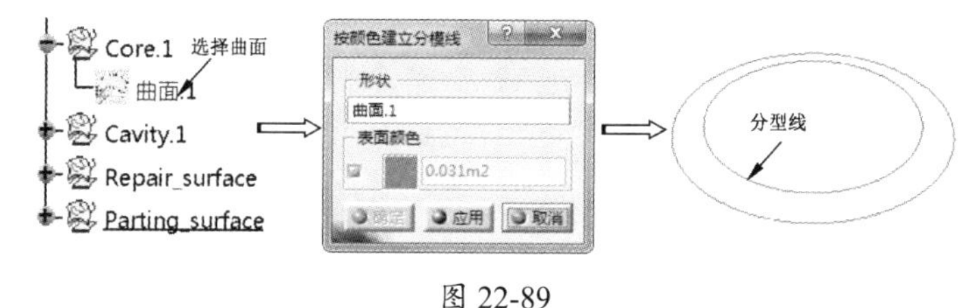

图 22-89

22.5 绘制分型面

塑料在模具型腔凝固形成塑件，为了将塑件取出来，必须将模具型腔打开，也就是将模具分成两部分，即定模和动模两大部分。分型面就是模具动模和定模的接触面，模具分开后由此可取出塑件或浇注系统。绘制分型面的相关命令集中在“曲面”工具栏中，下面将分别加以介绍。

22.5.1 创建填充曲面

“填充曲面”是指将所选择的曲面所在的型芯、型腔等模具特征中的空洞进行填充，形成曲面内部封闭的曲面体。

单击“曲面”工具栏中的“填充曲面”按钮，弹出“填充曲面”对话框，单击“更多”按钮展开，如图 22-90 所示。利用该对话框可分别选择“填充孔”“平面填充”“非平面填充”和“非填充”等。

动手操作——填充曲面

01 在“标准”工具栏中单击“打开”按钮，在弹出的“选择文件”对话框中选择 22-14.CATProduct 文件，单击“打开”按钮打开模型文件，如图 22-91 所示。

02 展开窗口左侧的特征树，双击 MoldedPart 节点，如图 22-92 所示，随后自动进入“型芯 & 型腔设计”工作台。

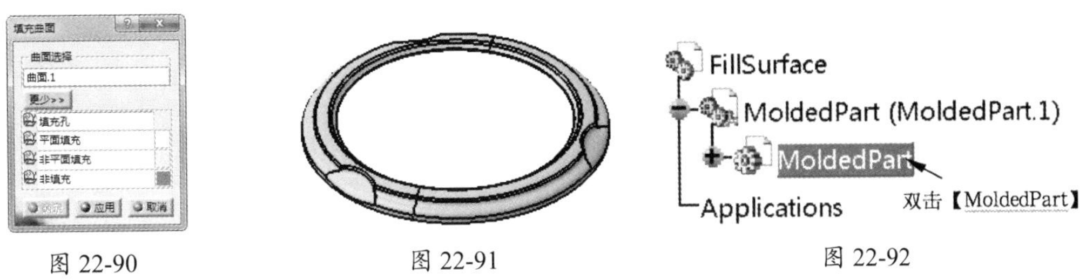

图 22-90　　图 22-91　　图 22-92

03 单击“曲面”工具栏中的“填充曲面”按钮，弹出“填充曲面”对话框，选择如图 22-93 所示的曲面，单击“应用”按钮显示填充曲面预览，单击“确定”按钮完成填充曲面的创建。

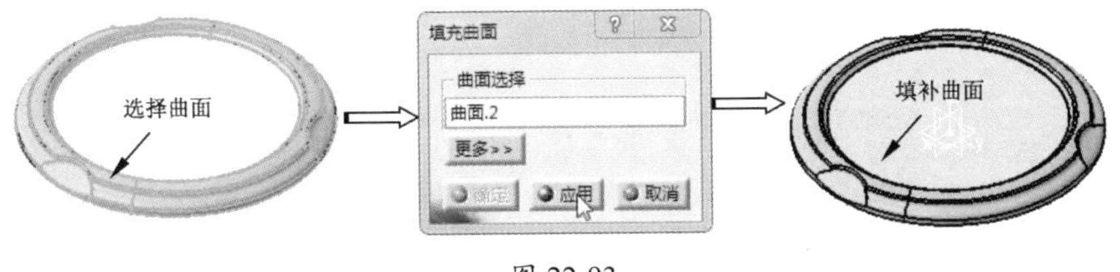

图 22-93

22.5.2　创建分型曲面

“分型曲面”是指，通过多截面或拉伸将模具曲面延伸生成新的曲面。

单击“曲面”工具栏中的“分模面”按钮，弹出“分模面定义”对话框，如图 22-94 所示。

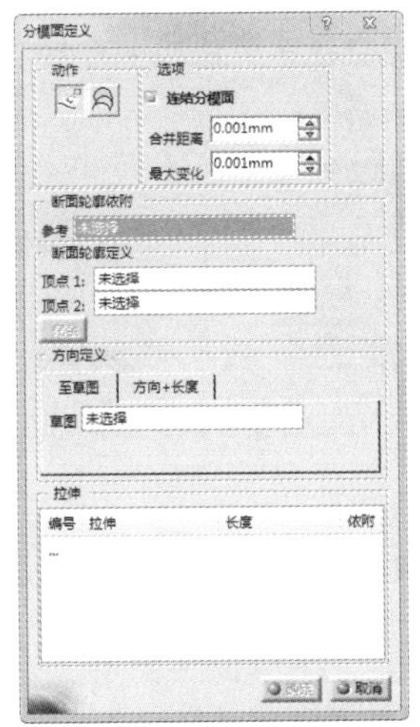

图 22-94

“分模面定义”对话框的相关选项参数如下。

1. 公共参数定义

（1）动作：用于设置分型曲面的创建方式，包括“拉伸”、“叠层”两种方式。

（2）选项：用于设置分型面的连接方式、距离和偏差等，包括以下选项：

- 连结分模面：选中该复选框，可将创建的拉伸分型面自动合并。
- 合并距离：在该文本框中输入数值定义合并距离。

- 最大变化：在该文本框中输入偏差的最大距离。

（3）断面轮廓：选择要拉伸或多截面的对象。

（4）断面轮廓定义：用于定义轮廓线，包括以下选项。

- 顶点 1：用于选择轮廓线的顶点 1。
- 顶点 2：用于选择轮廓线的顶点 2。

2. 拉伸动作定义

“方向定义”选项区用于定义拉伸分型面的方向和长度，包括以下选项。

- 至草图：选择草图的一条边线作为拉伸终止对象，如图 22-95 所示。
- 方向 + 长度：选择一条线性元素作为拉伸方向，并输入拉伸长度来创建拉伸曲面，如图 22-96 所示。

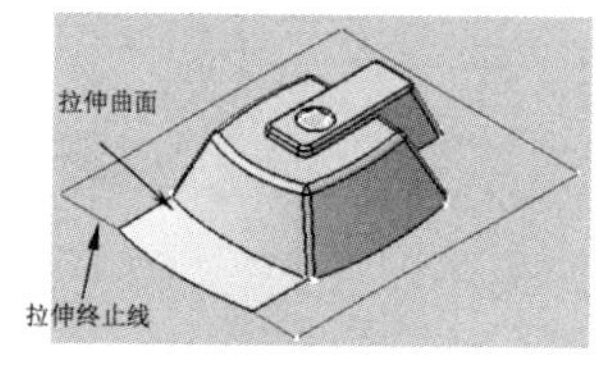

图 22-95

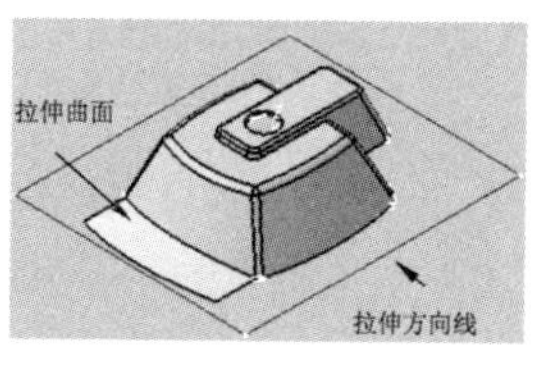

图 22-96

3. 叠层动作定义

“导向定义”选项用于定义多截面断面轮廓曲线，包括以下选项。

- 切面 1：用于选择第一条轮廓曲线或所在曲面。
- 切面 2：用于选择第二条轮廓曲线或所在曲面，如图 22-97 所示。

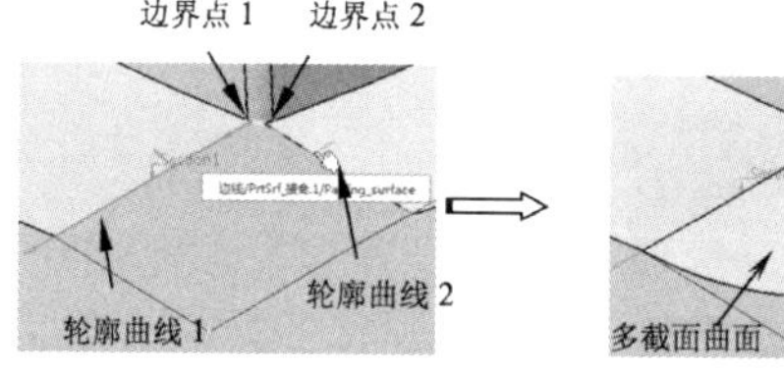

图 22-97

动手操作——分型曲面

01 在“标准”工具栏中单击“打开”按钮，在弹出的“选择文件”对话框中选择 22-15.CATProduct 文件，单击“打开”按钮打开模型文件，如图 22-98 所示。

02 单击展开窗口左侧的特征树，双击 MoldedPart 节点，如图 22-99 所示，随后自动进入“型芯 & 型腔设计”工作台。

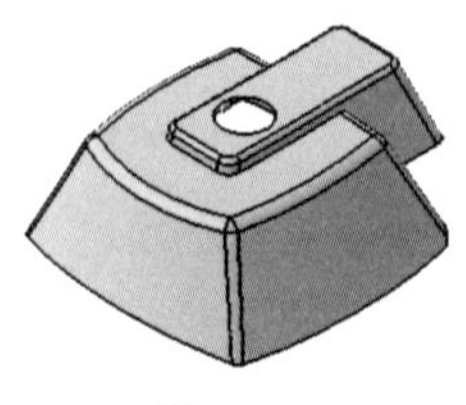

图 22-98

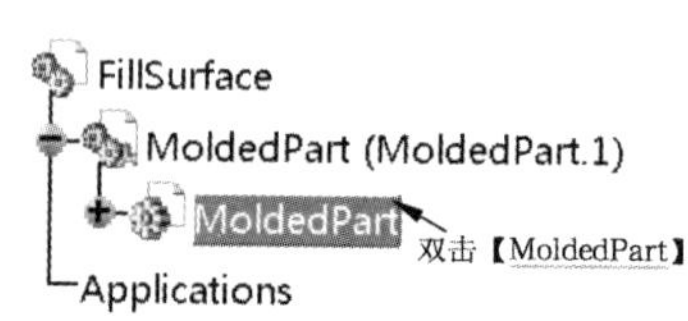

图 22-99

03 执行“插入”|“几何图形集”命令，弹出“插入几何图形集”对话框，在“名称”文本框中输入“Parting_ 曲面”，在“父级”下拉列表中选择 MoldedPart 选项，单击“确定”按钮完成几何图形集创建，如图 22-100 所示。

图 22-100

04 单击“草图”按钮，在工作窗口选择 *xy* 平面为草图平面，进入草图编辑器。利用矩形工具绘制如图 22-101 所示的草图。单击“工作台”工具栏中的“退出工作台”按钮，完成草图绘制。

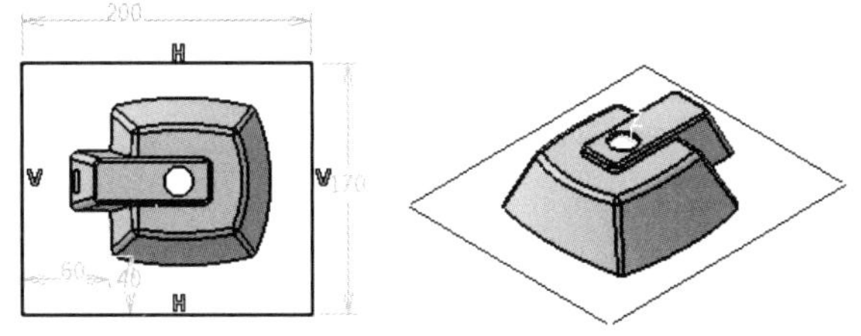

图 22-101

05 单击“曲面”工具栏中的“分模面”按钮，弹出“分模面定义”对话框，如图 22-102 所示。单击“动作”选项区中的按钮，在图形区选择如图 22-103 所示的曲面，此时在零件模型上会显示许多边界点。

图 22-102

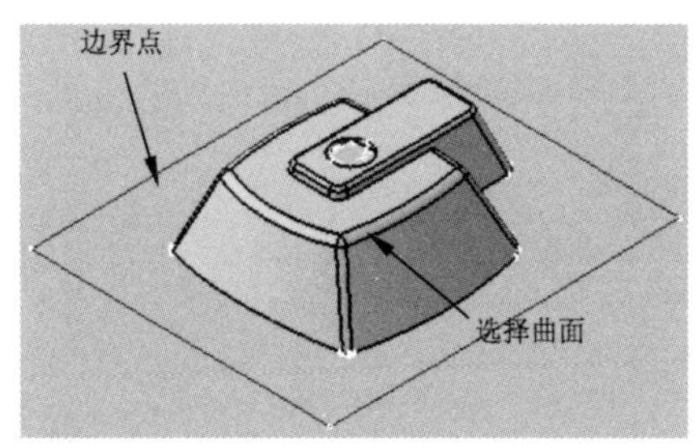

图 22-103

06 单击激活“顶点 1”文本框，选择如图 22-104 所示点作为边界点 1，单击激活“顶点 2”文本框，选择图示点作为边界点 2。

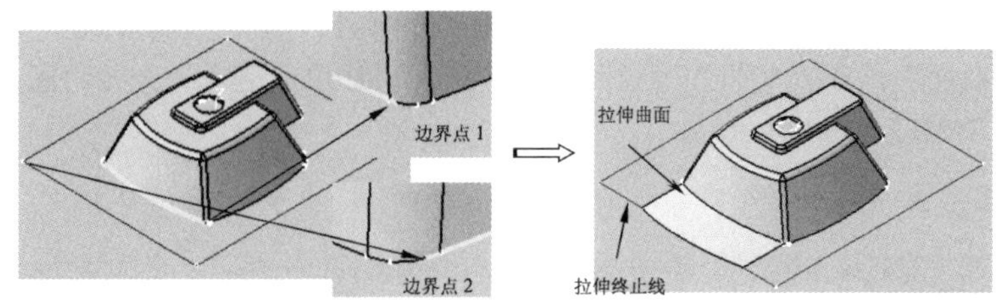

图 22-104

07 在“方向定义”选项区的“至草图”选项卡中单击激活“草图”文本框，选择草图曲面作为拉伸终止线，完成拉伸曲面创建。

08 重复上述步骤，选择如图 22-105 所示的边界点和拉伸终止草图，创建拉伸曲面，最后单击“确定”按钮。

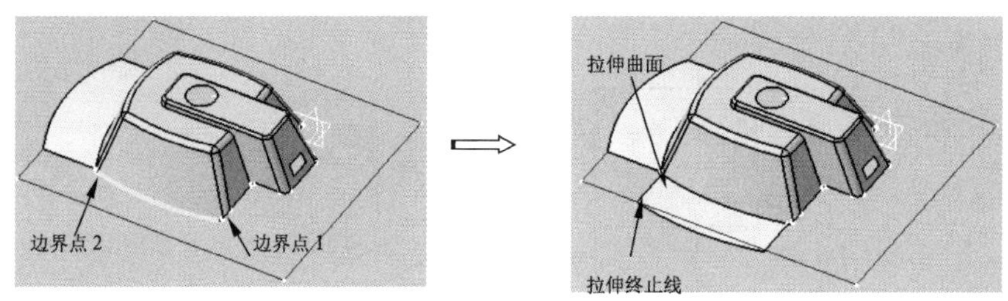

图 22-105

09 单击“曲面”工具栏中的“分模面”按钮，弹出“分模面定义”对话框，如图 22-106 所示。单击“动作”选项区中的按钮，在图形区选择如图 22-107 所示的曲面，此时在零件模型上会显示许多边界点。

图 22-106

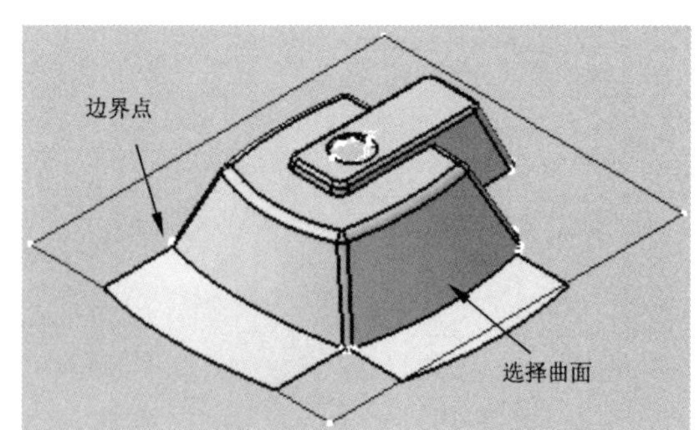

图 22-107

10 单击激活“顶点 1”文本框，选择如图 22-108 所示点作为边界点 1，单击激活“顶点 2”文本框，选择图示点作为边界点 2。

11 单击激活“切面 1”文本框，选择如图 22-108 所示的线作为轮廓线 1，单击激活“切面 2”文本框，选择图示的线作为轮廓线 2。

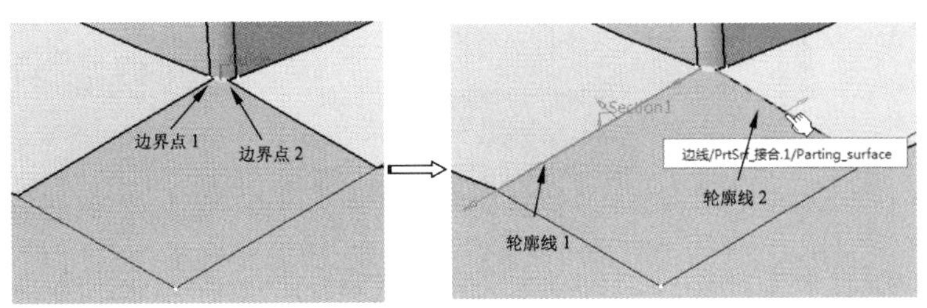

图 22-108

12 单击“确定”按钮完成多截面曲面的创建，如图 22-109 所示。

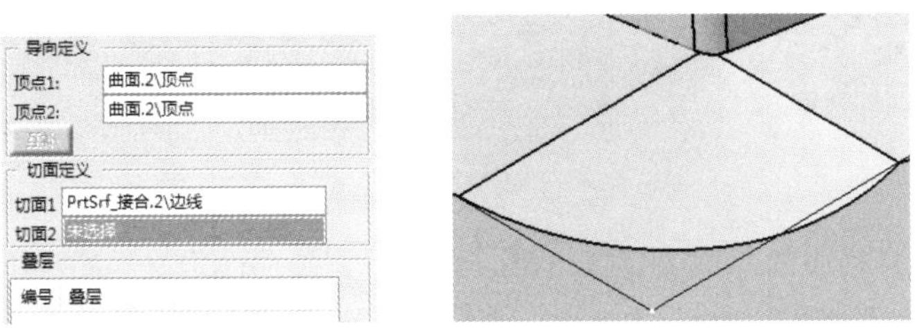

图 22-109

22.5.3　创建扫掠曲面

“扫掠曲面”是指将一个轮廓沿着一条引导线生成曲面，截面线可以是已有的任意曲线，也可以是规则曲线，如直线、圆弧等。

技术要点

在“型芯&型腔设计”工作台中创建扫掠曲面的操作步骤与曲线和曲面设计中的扫掠曲面的过程基本相同，由于在模具设计中常用，故本节以实例来演示在模具设计中的应用。

动手操作——扫掠曲面

01 在“标准”工具栏中单击“打开”按钮，在弹出的“选择文件”对话框中选择 22-6.CATProduct 文件，单击“打开”按钮打开模型文件，如图 22-110 所示。

02 单击展开窗口左侧的特征树，双击 MoldedPart 节点，如图 22-111 所示，随后自动进入“型芯 & 型腔设计”工作台。

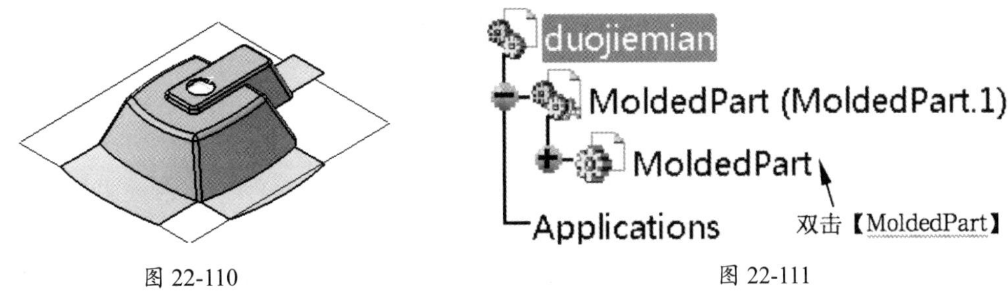

图 22-110　　图 22-111

03 单击“操作”工具栏中的“接合”按钮，弹出“接合定义”对话框，依次选择如图 22-112

所示的边线，单击“确定”按钮完成接合曲线的创建。

图 22-112

04 单击“曲面”工具栏中的“扫掠”按钮，弹出“扫掠曲面定义”对话框，在“轮廓类型”选项区单击“显式”按钮，在“子类型”下拉列表中选择“使用参考曲面”选项，选择上一步接合的曲线作为轮廓，选择拉伸曲面边线作为引导曲线，单击“确定”按钮完成扫掠曲面的创建，如图 22-113 所示。

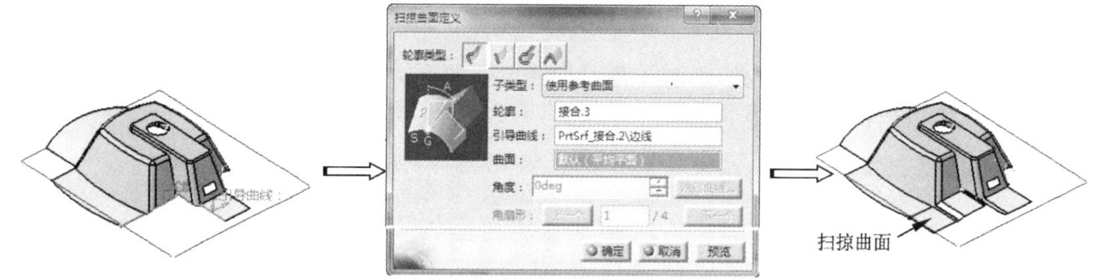

图 22-113

22.5.4 创建填充曲面

“填充曲面”用于在由一组曲线或曲面的边线围成的封闭区域中形成曲面。

技术要点

在“型芯&型腔设计”工作台中创建填充曲面的操作步骤与曲线和曲面设计中的填充曲面过程基本相同。由于在模具设计中常用，故本节以实例来演示在模具设计中的应用。

动手操作——填充曲面

01 在“标准”工具栏中单击“打开”按钮，在弹出的“选择文件”对话框中选择 22-17.CATProduct 文件，单击“打开”按钮打开模型文件，如图 22-114 所示。

02 单击展开窗口左侧的特征树，双击 MoldedPart 节点，如图 22-115 所示，随后自动进入“型芯 & 型腔设计”工作台。

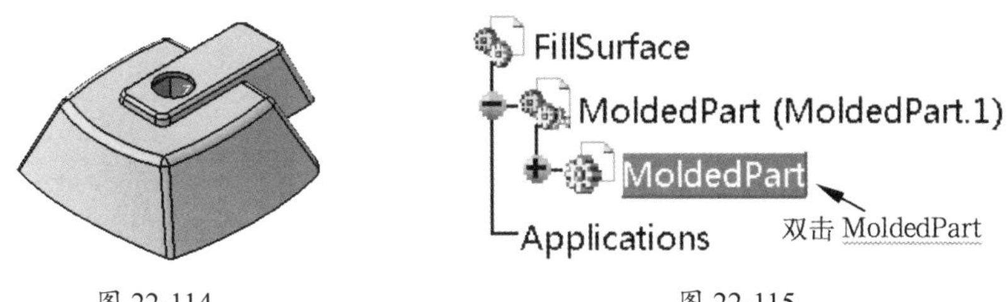

图 22-114　　　　　　　　　　图 22-115

03 执行“插入”|“几何图形集”命令，弹出“插入几何图形集”对话框，在“名称”文本框中输入 Fill_surface，在“父级”下拉列表中选择“MoldedPart”，单击“确定”按钮完成几何图形集的创建，如图 22-116 所示。

图 22-116

04 单击“曲面”工具栏中的 Fill 按钮，弹出“填充曲面定义”对话框，选择一组封闭的边界曲线和支持面，单击“确定”按钮完成填充曲面的创建，如图 22-117 所示。

图 22-117

22.5.5　创建多截面曲面

“多截面曲面”是通过多个截面线扫掠生成曲面。创建多截面曲面时，可使用引导线、脊线，也可以设置各种耦合方法。

技术要点

在“型芯&型腔设计”工作台中创建填充曲面的操作步骤与创成式曲面设计指令中的多截面曲面过程基本相同，由于在模具设计中常用，故本节以实例来演示在模具设计中的应用。

动手操作——多截面曲面

01 在“标准”工具栏中单击“打开”按钮，在弹出的“选择文件”对话框中选择 22-18.CATProduct 文件，单击“打开”按钮打开模型文件，如图 22-118 所示。

02 单击展开窗口左侧的特征树，双击 MoldedPart 节点，如图 22-119 所示，随后自动进入“型芯

& 型腔设计”工作台。

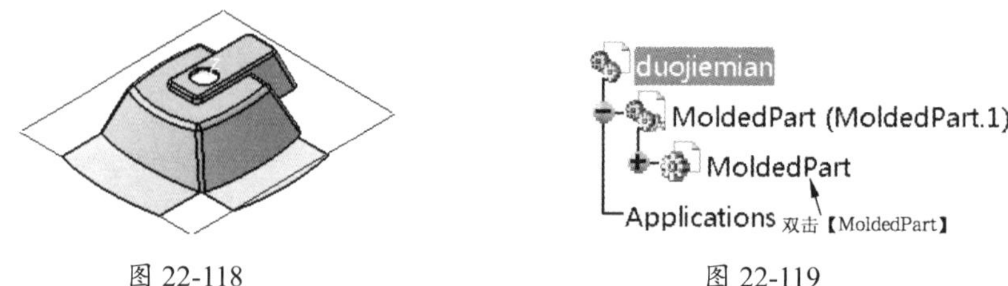

图 22-118　　　　图 22-119

03 单击“线框”工具栏中的Connect Curve按钮，弹出“连接曲线定义”对话框，在“连接类型”下拉列表中选择“法线”选项，依次选择两条曲线上的两个连接点输入“点”文本框，依次选择两个曲线分别输入“曲线”文本框，单击“确定”按钮完成连接曲线的创建，如图22-120所示。

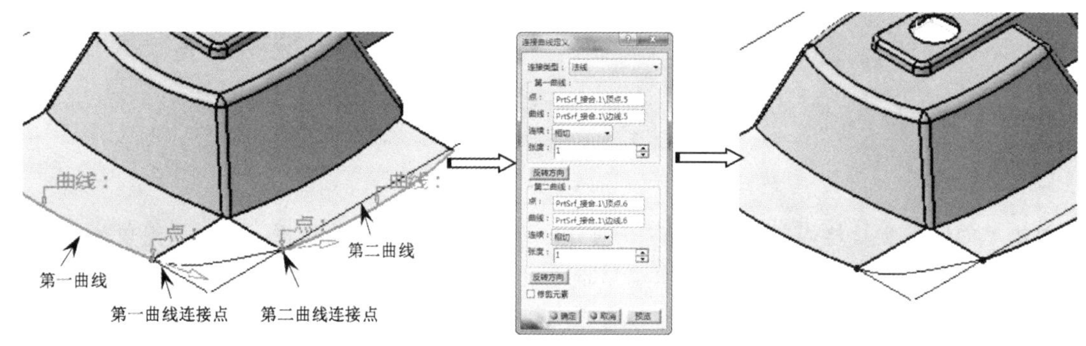

图 22-120

04 单击“曲面”工具栏中的“多截面曲面”按钮，弹出“多截面曲面定义”对话框，依次选取两个或两个以上的截面轮廓曲面，选择所需的两条曲线作为引导线，单击“确定”按钮完成多截面曲面的创建，如图22-121所示。

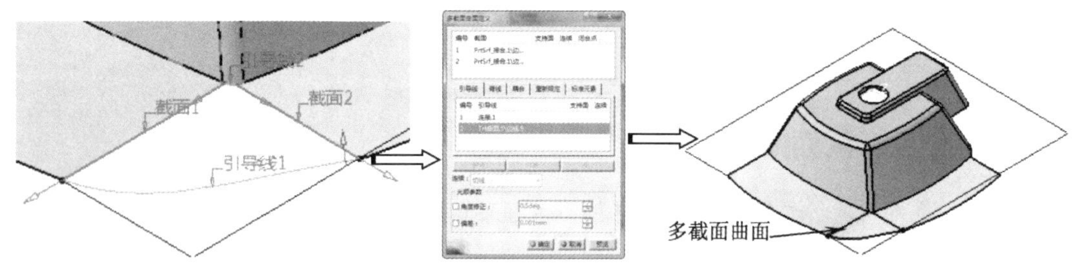

图 22-121

22.5.6　创建接合曲面

“接合”用于将已有的多个曲面或多条曲线结合在一起，形成整体曲面或曲线。

技术要点

在“型芯&型腔设计”工作台中创建接合曲面的操作步骤与曲线和曲面设计中的接合过程基本相同。由于在模具设计中常用，故本节以实例来演示在模具设计中的应用。

动手操作——接合曲面

操作步骤

01 在“标准”工具栏中单击“打开”按钮，在弹出的“选择文件”对话框中选择 22-19.CATProduct 文件，单击“打开”按钮打开模型文件，如图 22-122 所示。

02 单击展开窗口左侧的特征树，双击 MoldedPart 节点，如图 22-123 所示，随后自动进入“型芯 & 型腔设计”工作台。

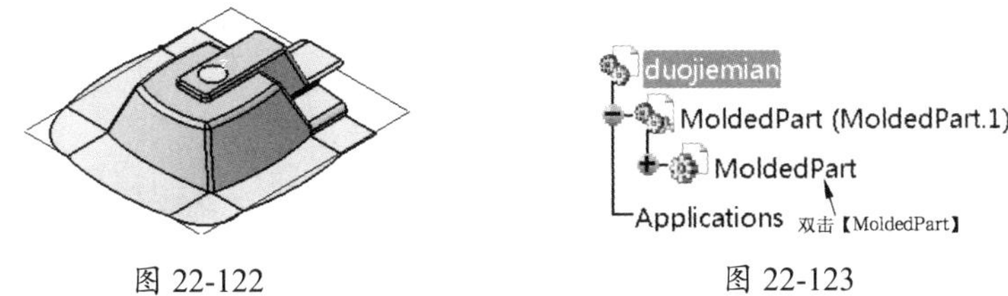

图 22-122　　　　图 22-123

03 单击“操作”工具栏中的“接合”按钮，弹出“接合定义”对话框，依次选择如图 22-124 所示的所有曲面，单击“确定”按钮完成接合曲面的创建。

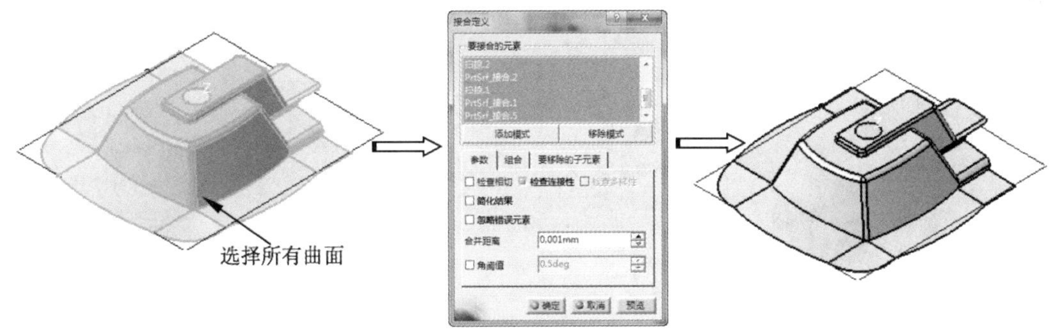

图 22-124

04 在特征树选中上一步所创建接合曲面节点，右击，在弹出的快捷菜单中选择“属性”选项，弹出“属性”对话框，在“特征属性”选项卡的“特征名称”文本框中输入 cavity_surface，单击“确定”按钮完成特征重命名，如图 22-125 所示。

图 22-125

22.6 实战案例——电器操作盒模具设计

引入文件：动手操作 \ 源文件 \Ch22\dianqihe.CATProduct

结果文件：动手操作 \ 结果文件 \Ch22\ dianqihe \dianqihe.CATProduct

视频文件：视频 \Ch22\ 电器操作盒模具设计 .avi

下面以电器操作盒为例，详解 CATIA V5 模具型芯和型腔的创建方法和过程。电器操作盒如图 22-126 所示。

操作步骤

01 执行“文件”|“新建”命令，弹出“新建”对话框，在“类型列表”中选择 Product 选项，单击“确定”按钮。

02 选中特征树中的 Product1 节点，执行“开始”|“机械设计”|“型芯 & 型腔设计”命令，进入“型芯 & 型腔设计”工作台。

03 选中 Product1 节点，右击，在弹出的快捷菜单中选择“属性”选项，在弹出的“属性”对话框中的“产品”选项卡的“零件编号”文本框中输入 dianqihe，单击“确定”按钮修改产品名称，如图 22-127 所示。

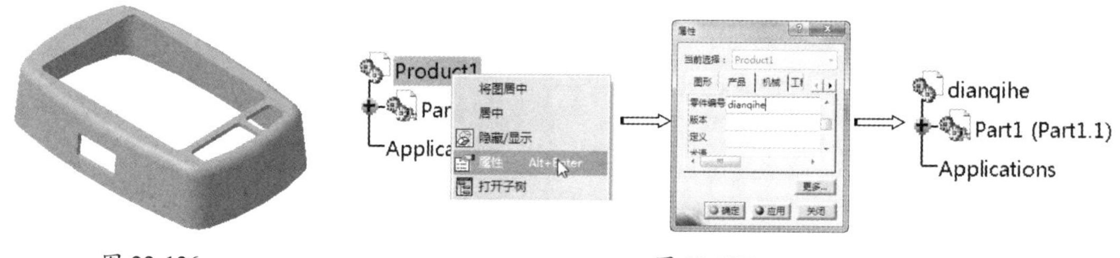

图 22-126　　图 22-127

04 单击“输入模型”工具栏中的“输入模型”按钮，弹出“输入模具零件”对话框。单击“参考”右侧的“开启模具零件”按钮，弹出“选择文件”对话框，选择需要开模的零件 dianqihe.CATPart，单击“打开”按钮，此时“输入模具零件”对话框更名。

05 在“轴系”下拉列表中选择坐标轴定义方式为“结合盒中心”选项，在“缩水率”选项区中单击“等比例缩放”按钮，在“比率”文本框输入 1.006，单击“确定”按钮完成模型加载，如图 22-128 所示。

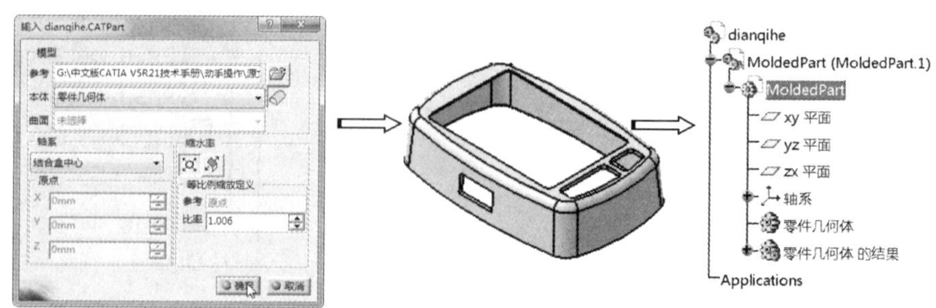

图 22-128

06 单击“脱模方向”工具栏中的“脱模方向”按钮，弹出“主要脱模方向定义”对话框，如图 22-129 所示。单击“形状”文本框后的 Extract 按钮，在特征树上选中 MoldedPart 下的“零件几何体的结果”节点下的“缩放 .1”，如图 22-130 所示。

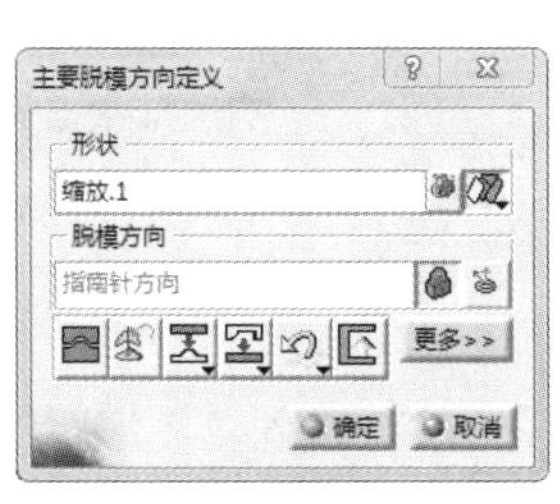

图 22-129

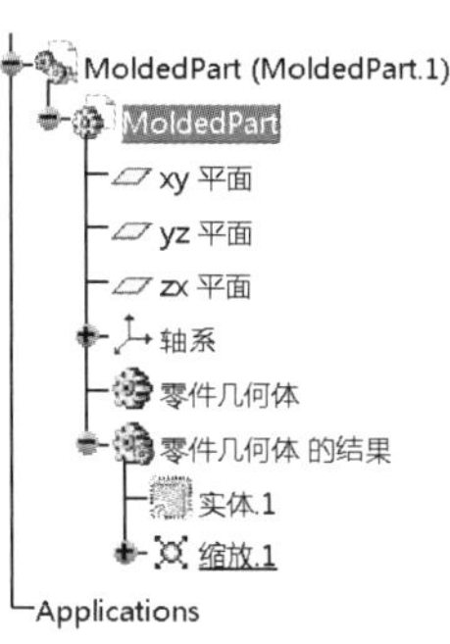

图 22-130

07 单击“更多”按钮，在“可视化”选项区中选中“爆炸”单选按钮，并在下面的文本框输入 100mm，在图形区空白处单击，如图 22-131 所示。

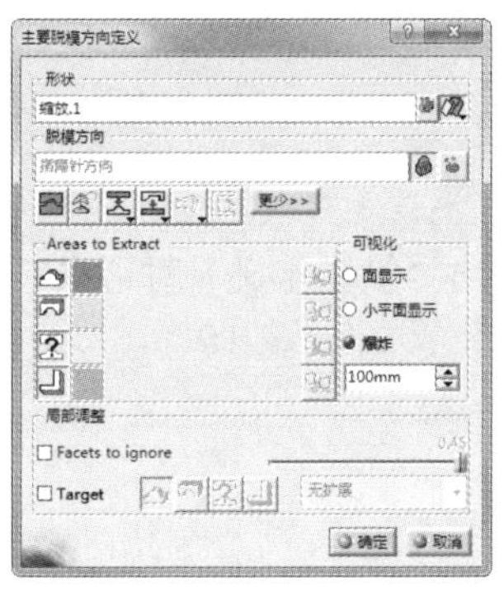

图 22-131

08 在“可视化”选项区中选中“面显示”单选按钮，单击“确定”按钮，显示计算进程条，计算完成后在特征树中增加两个几何图形集，同时在模型中显示两个区域，如图 22-132 所示。

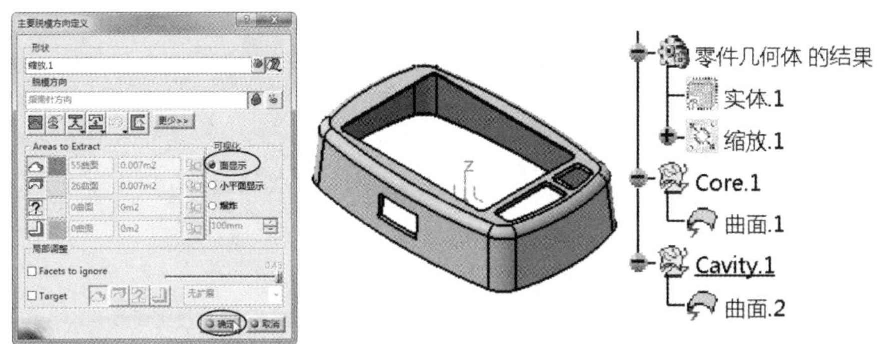

图 22-132

09 单击“脱模方向”工具栏中的“变换图元”按钮，弹出“变换图元”对话框，在“目标地”下拉列表中选择 Other.1，如图 22-133 所示。在图形区选择侧面开口的壁边曲面，单击“确定”按钮完成变换图元，并在特征树中增加 Other.1 节点。

图 22-133

10 单击“草图”按钮，在工作窗口选择 *yz* 平面为草图平面，进入草图编辑器。利用矩形工具绘制如图 22-134 所示的草图。单击“工作台”工具栏中的“退出工作台”按钮，完成草图绘制。

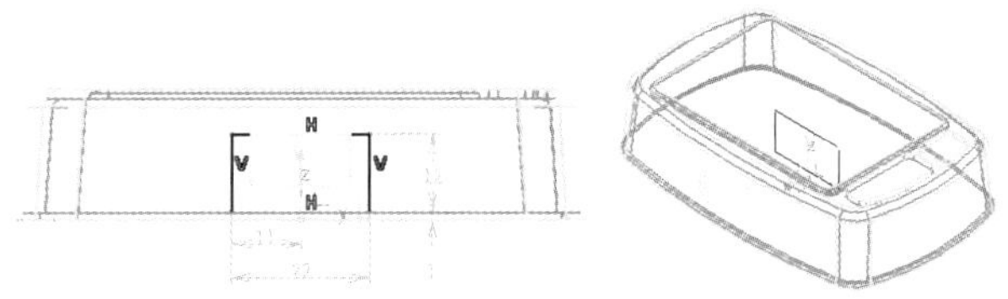

图 22-134

11 单击“线框”工具栏中的“投影”按钮，弹出“投影定义”对话框，在“投影类型”下拉列表中选择“法线”选项，选择上一步绘制的草图作为投影的曲线，然后选择如图 22-135 所示的曲面作为投影支持面。

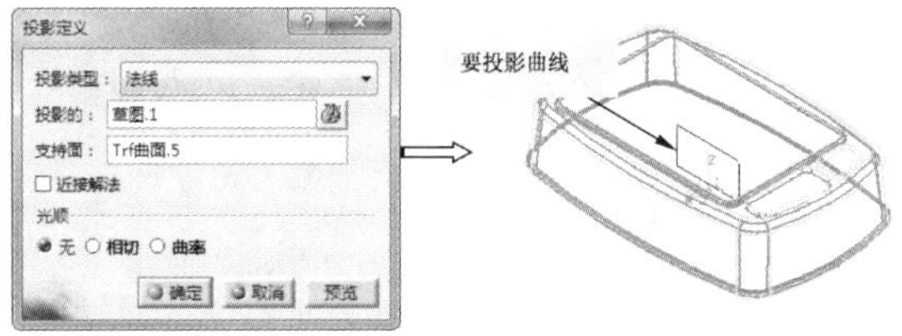

图 22-135

12 单击“确定”按钮，弹出“多重结果管理”对话框，选中“使用提取，仅保留一个子元素”单选按钮，单击“确定”按钮。

13 弹出“提取定义”对话框，在“拓展类型”下拉列表中选择“点连续”选项，单击激活“要提取的元素”文本框，选择如图 22-136 所示的曲线作为要提取的元素，单击“确定”按钮完成投影曲线的创建。

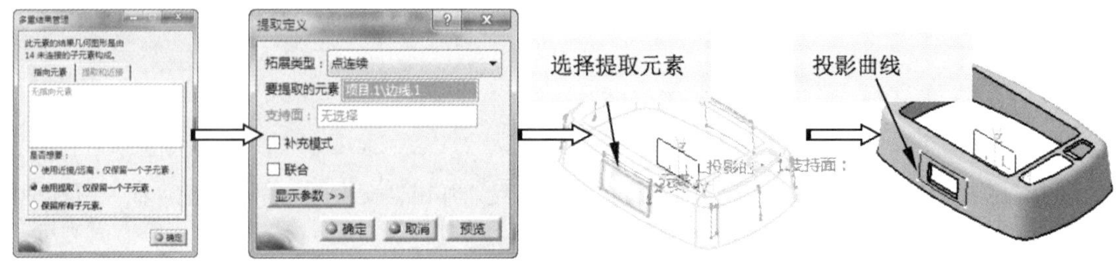

图 22-136

14 单击“输入模型”工具栏中的“分割模具区域”按钮，弹出“分割模具区域”对话框，单击激活“要分割修剪面”文本框，选择如图 22-137 所示的曲面作为要分割的曲面。单击激活“剪切图元”文本框，选择上一步创建的投影曲线作为裁剪元素，单击“应用”按钮，如图 22-137 所示。

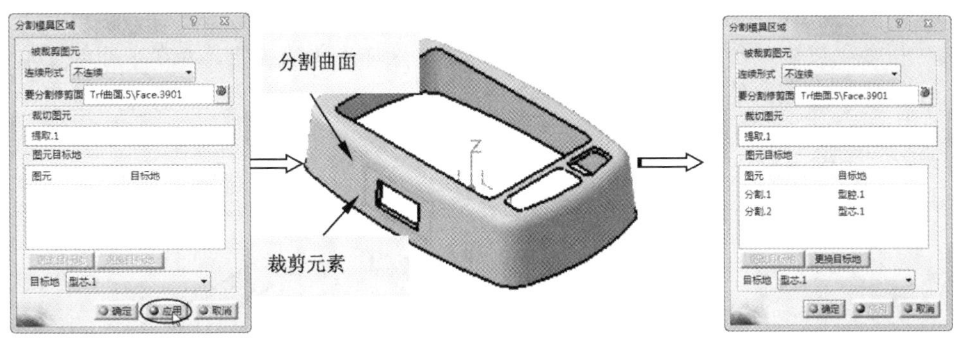

图 22-137

15 在“图元 目标地”列表中选中“分割 .2”，右击，在弹出的快捷菜单中选择“-> 其他”选项，单击“确定”按钮完成分割模具区域的操作，如图 22-138 所示。

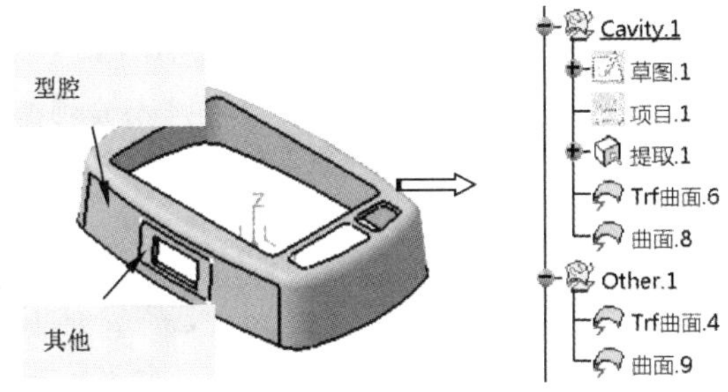

图 22-138

16 单击“输入模型”工具栏中的“聚集模具区域”按钮，弹出“聚集曲面”对话框，选中“创建连结基准”复选框，在特征树中选择“型腔 .1”节点下的所有曲面，单击“确定”按钮完成型腔曲面的聚集，如图 22-139 所示。

17 单击“输入模型”工具栏中的“聚集模具区域”按钮，弹出“聚集曲面”对话框，选中“创建连结基准”复选框，在特征树中选择“其他 .1”节点下的所有曲面，单击“确定”按钮完成滑块曲面的聚集，如图 22-140 所示。

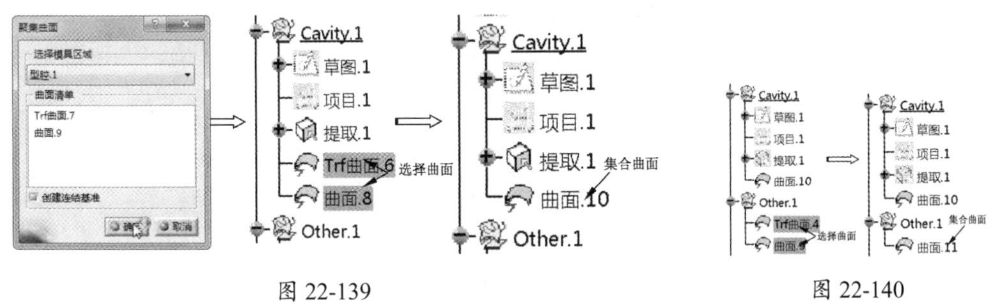

图 22-139　　图 22-140

18 单击“输入模型”工具栏中的“定义滑块和斜顶脱模方向”按钮，弹出“滑块和斜顶脱模方向定义”对话框，单击“形状”文本框后的 Extract 按钮，单击激活“形状”文本框，选择其他曲面。

19 单击“由其他指派给滑块 / 斜顶”按钮，再单击“脱模方向”文本框后的按钮，激活文本框，右击，在弹出的快捷菜单中选择“X 轴”选项，如图 22-141 所示。单击按钮锁紧。

20 单击“更多”按钮，在“可视化”选项区中选中“爆炸”单选按钮，并在下面的文本框输入 50mm，在图形区的空白处单击，如图 22-142 所示。

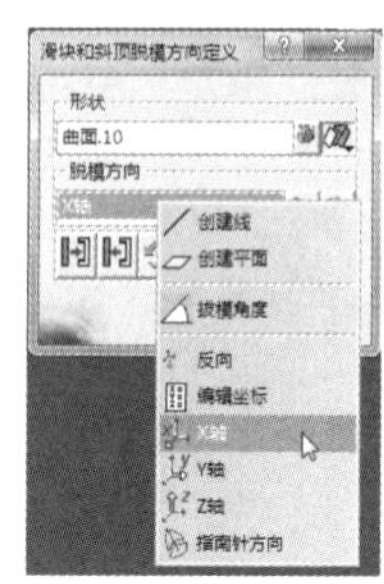

图 22-141

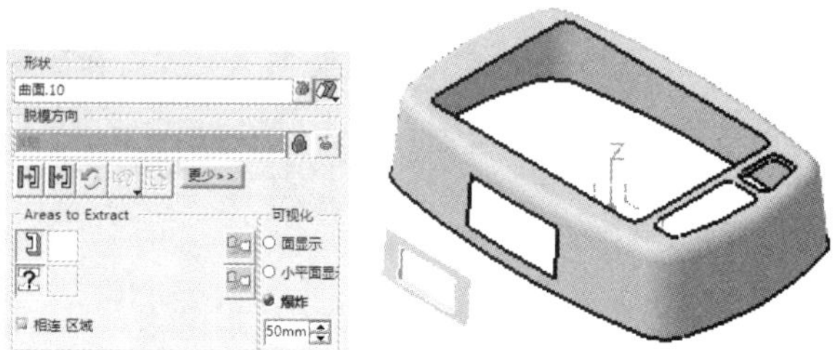

图 22-142

21 在“可视化”选项区中选中“面显示”单选按钮，单击“确定”按钮，显示计算进程条，计算完成后在特征树中增加一个几何图形集，同时在模型中显示两个区域，如图 22-143 所示。

22 单击“输入模型”工具栏中的“分解视图”按钮，弹出“分解视图”对话框，在“分解数值”文本框中输入 50mm，单击“确定”按钮创建爆炸图，如图 22-144 所示。

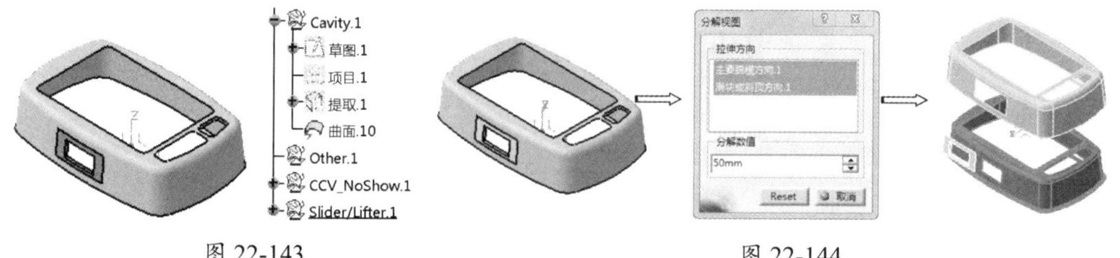

图 22-143

图 22-144

技术要点

系统有主开模方向和滑块开模方向，因此会自动选取两个移动方向，当产生爆炸曲面时，型芯、型腔和滑块完全分开，说明开模设置正确。

23 执行“插入”|“几何图形集”命令，弹出“插入几何图形集”对话框，在“名称”文本框中输入 Mend_surface，在“父级”下拉列表中选择 MoldedPart 选项，单击“确定”按钮完成几何图形集的创建，如图 22-145 所示。

图 22-145

24 单击“曲面”工具栏中的 Fill 按钮，弹出“填充曲面定义”对话框，选择一组封闭的边界曲线和支持面，单击“确定”按钮完成填充曲面的创建，如图 22-146 所示。

图 22-146

25 重复上述填充曲面创建过程，创建其他 3 个填充曲面，如图 22-147 所示。

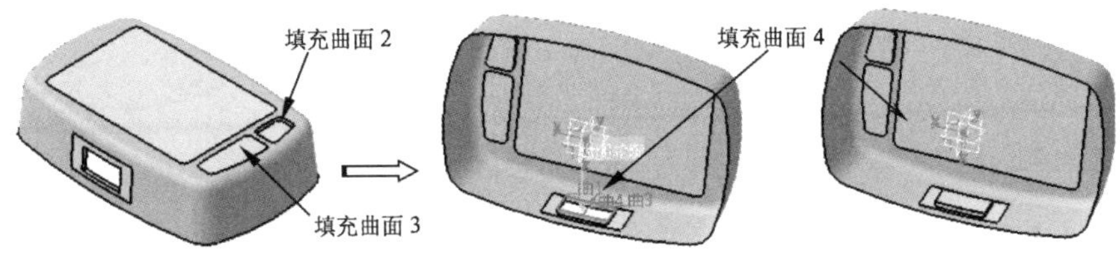

图 22-147

技术要点

创建填充曲面时，为了便于操作，可选中Core.1节点，右击，在弹出的快捷菜单中选择“隐藏/显示”选项，隐藏型芯曲面。

26 执行“插入”|“几何图形集”命令，弹出“插入几何图形集”对话框，在“名称”文本框中输入 Parting_surface，在“父级”下拉列表中选择 MoldedPart 选项，单击“确定”按钮完成几何图形集的创建，如图 22-148 所示。

图 22-148

27 单击“操作”工具栏中的“接合”按钮，弹出“接合定义”对话框，依次选择电器操作盒底部一周的边线，单击“确定”按钮完成结合曲线的创建，如图 22-149 所示。

28 单击“曲面”工具栏中的“扫掠”按钮，弹出“扫掠曲面定义”对话框，在“轮廓类型”选项区中单击“直线”按钮，在“子类型”下拉列表中选择“使用参考曲面”选项，选择上一步创建的接合曲线作为引导曲线，单击激活“参考曲面”文本框，选择“xy 平面”作为参考曲面，在“长度 1”文本框中输入 50mm，单击“确定”按钮完成扫掠曲面的创建，如图 22-150 所示。

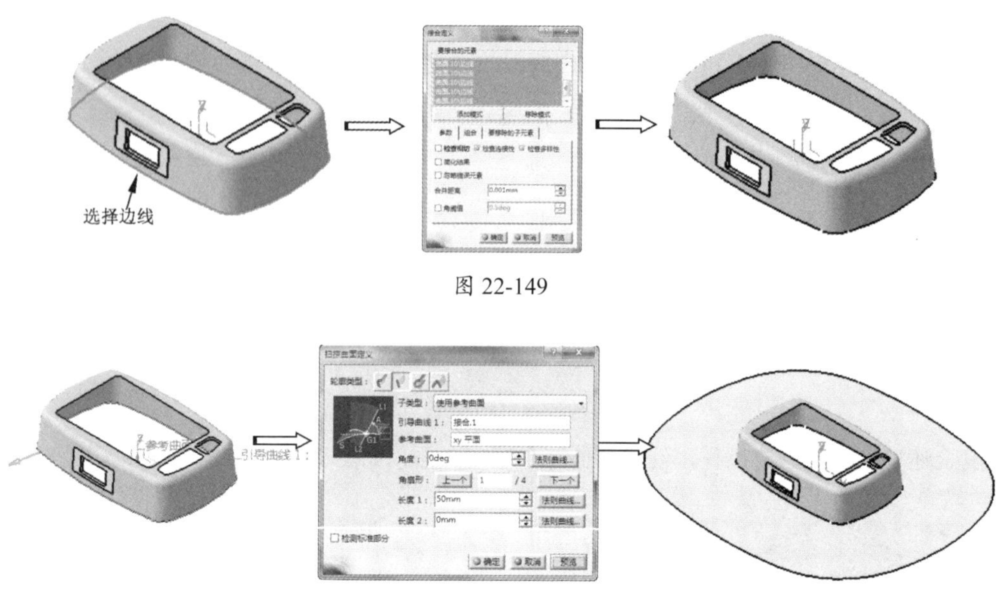

图 22-149

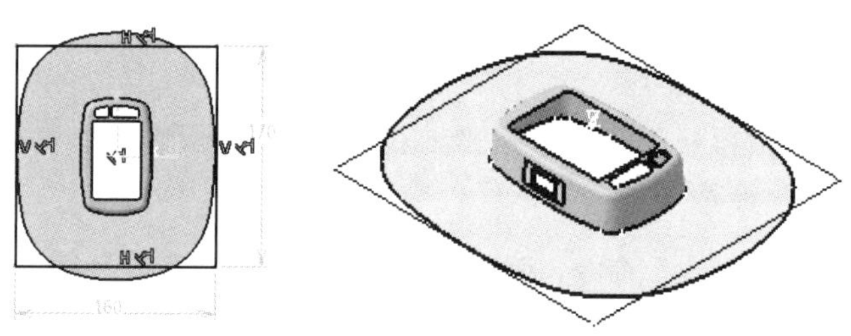

图 22-150

29 单击“草图”按钮，在工作窗口选择 *xy* 平面为草图平面，进入草图编辑器。利用矩形工具绘制如图 22-151 所示的草图。单击“工作台”工具栏中的“退出工作台”按钮，完成草图绘制。

图 22-151

30 单击“曲面”工具栏中的“分模面”按钮，弹出“分模面定义”对话框，如图 22-152 所示。单击“动作”选项区中的按钮，在图形区选择如图 22-153 所示的曲面，此时在零件模型上会显示许多边界点。

图 22-152

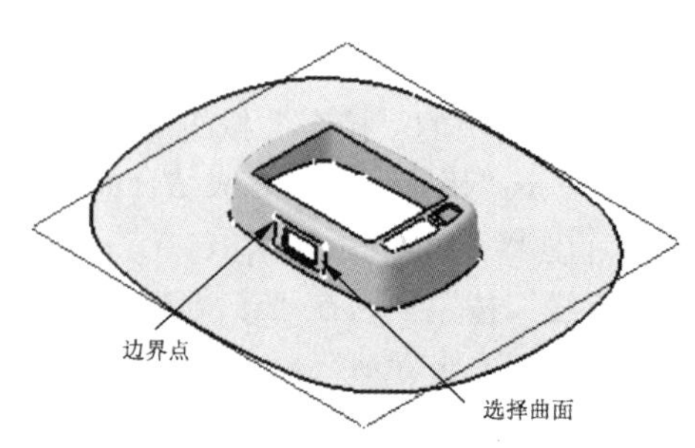

图 22-153

31 单击激活“顶点 1”文本框并选择如图 22-154 所示点作为边界点 1，单击激活“顶点 2”文本框选择图示点作为边界点 2，在“方向定义”选项区中的“至草图”选项卡中单击激活“草图”文本框，选择如图 22-155 所示的草图曲面作为拉伸终止线，完成拉伸曲面的创建。

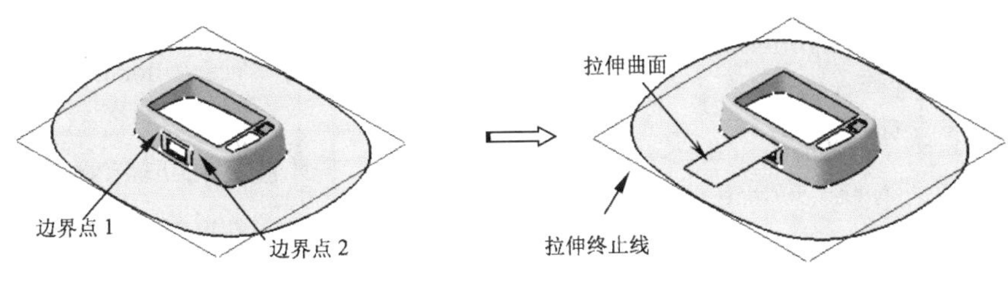

图 22-154

32 重复上述步骤，创建滑块分割曲面边界处的其他 3 个拉伸曲面，最后单击“确定”按钮完成操作，如图 22-155 所示。

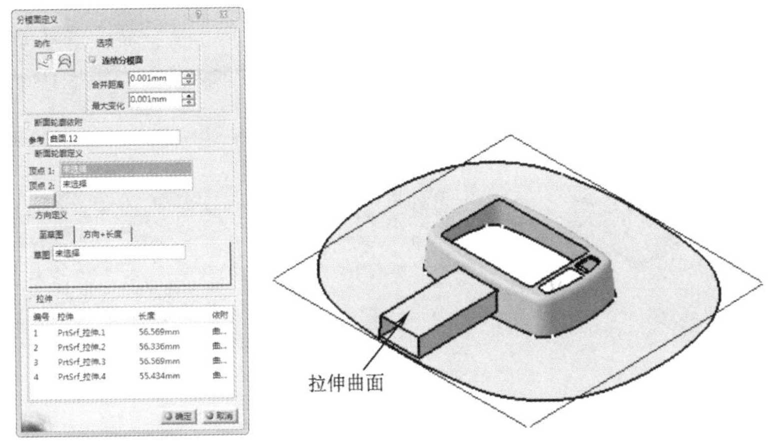

图 22-155

33 创建滑块分型面。在特征树中选中 Slider/Lifter.1 节点，右击，在弹出的快捷菜单中选择“定义工作对象”选项。

34 单击“操作”工具栏中的“接合”按钮，弹出“接合定义”对话框，选择 Slider/Lifter.1 中的所有曲面、Mend_surface 中的填充曲面 4、Parting_surface 中的拉伸曲面，单击“确定”按钮完成结合曲面的创建，如图 22-156 所示。

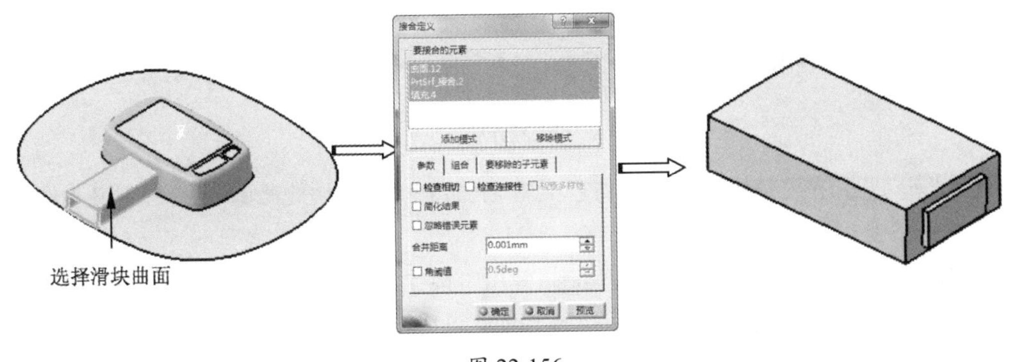

图 22-156

35 在特征树中选中Slider/Lifter.1下的“接合.3”节点，右击，在弹出的快捷菜单中选择“属性”选项，在弹出的“属性”对话框中输入“特征名称”为Slider_surface，单击“确定”按钮完成特征重命名，如图22-157所示。

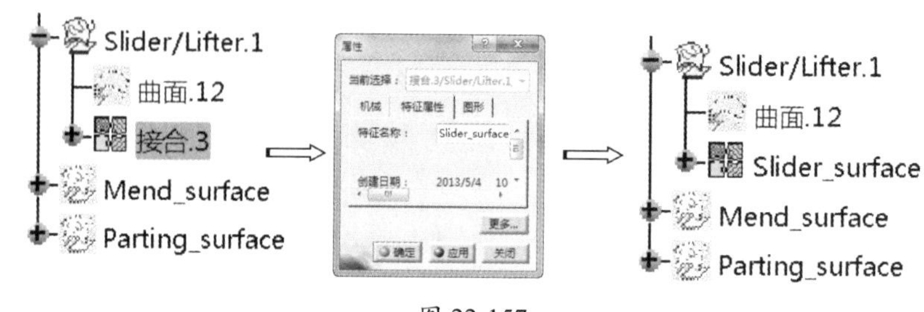

图22-157

36 创建型腔分型面。在特征树中选中“型腔.1”节点，右击，在弹出的快捷菜单中选择“定义工作对象”选项。

37 单击“操作”工具栏中的“接合”按钮，弹出“接合定义”对话框，选择Slider/Lifter.1中的曲面.12，Mend_surface中的填充曲面1、2、3、4，Parting_surface中的扫掠曲面，单击“确定”按钮完成接合曲面的创建，如图22-158所示。

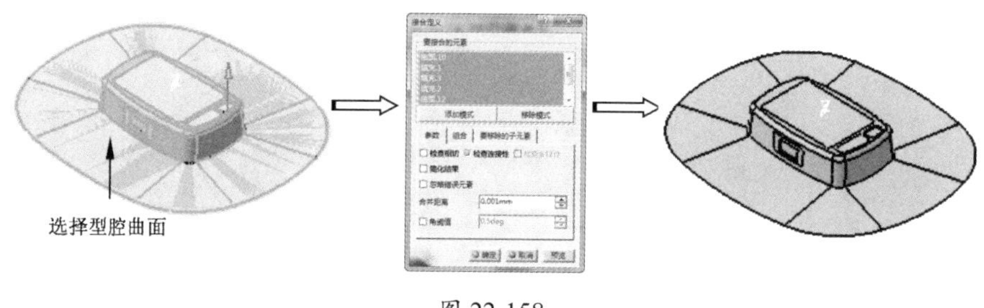

图22-158

38 在特征树中选中“型腔.1”下的“接合.4”节点，右击，在弹出的快捷菜单中选择“属性”选项，在弹出的“属性”对话框中输入“特征名称”为Cavity_surface，单击“确定”按钮完成特征重命名，如图22-159所示。

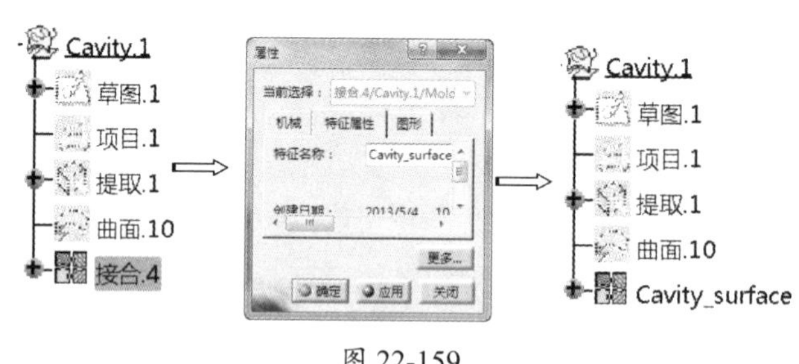

图22-159

39 创建型芯分型面。在特征树中选中Core.1节点，右击，在弹出的快捷菜单中选择“定义工作对象”选项。

40 单击“操作”工具栏中的“接合”按钮，弹出“接合定义”对话框，选择Core.1中的所有曲面、Mend_surface中的所有填充曲面、Parting_surface中的扫掠曲面，单击“确定”按钮完成接合曲面的创建，如图22-160所示。

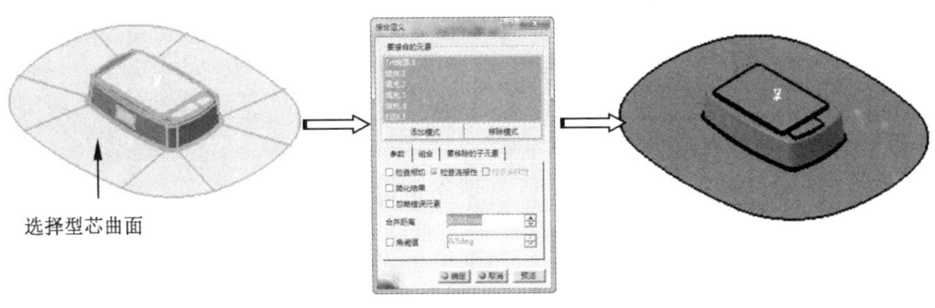

图 22-160

41 在特征树中选中 Core.1 中的“接合 .5”节点，右击，在弹出的快捷菜单中选择“属性”选项，在弹出的“属性”对话框中输入“特征名称”为 Core_surface，单击“确定”按钮完成特征重命名，如图 22-161 所示。

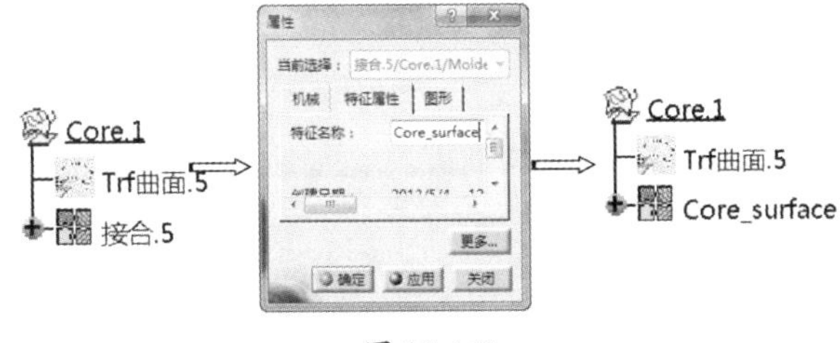

图 22-161

技术要点

在创建分型面的过程中曲面很多，可采用隐藏/显示功能，隐藏不需要的曲面，只显示实际操作的曲面，可方便操作。

42 执行“开始”|“机械设计”|“模架设计”命令，进入模架设计工作台，在特征树中双击根节点激活装配部件。

43 执行“插入”|“模板部件”|“新镶块”命令，弹出“镶块定义”对话框。

44 定义工件类型。单击按钮，弹出“目录浏览器”对话框，双击 Pad_with_chamfer 图标，在弹出的对话框中双击 Pad 类型，如图 22-162 所示。

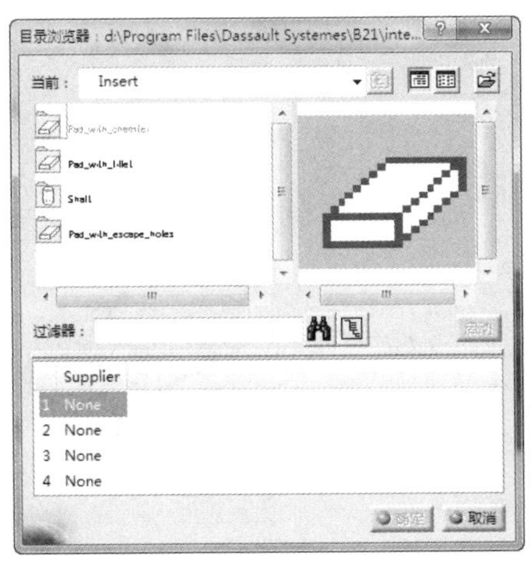

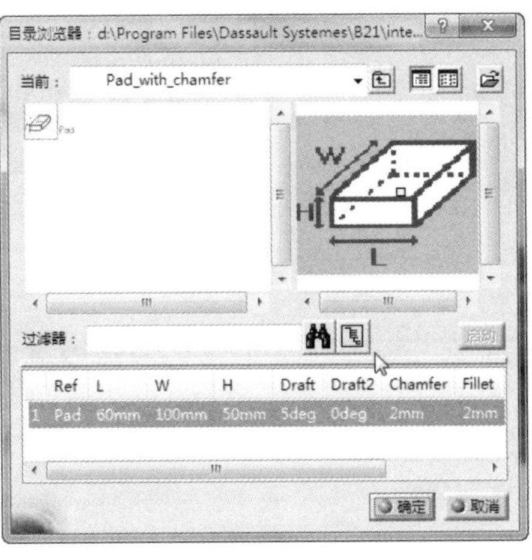

图 22-162

45 在特征树中选取 *xy* 平面为放置面，在型芯分型面上单击任意位置，在 X 文本框中输入 0mm，Y 文本框中输入 0mm，在 Z 文本框中输入 40mm。在“参数”选项卡中设置工件参数 L 为 90mm，W 为 120mm，H 为 60，Draft 为 0，单击“位置”选项卡，在“至”文本框中单击使其显示为“无选择”，如图 22-163 所示。

46 单击“镶块定义”对话框中的“确定”按钮完成工件的创建，如图 22-164 所示。

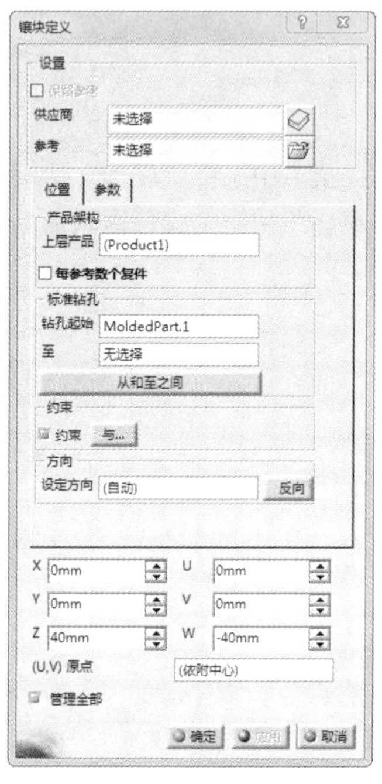

图 22-163

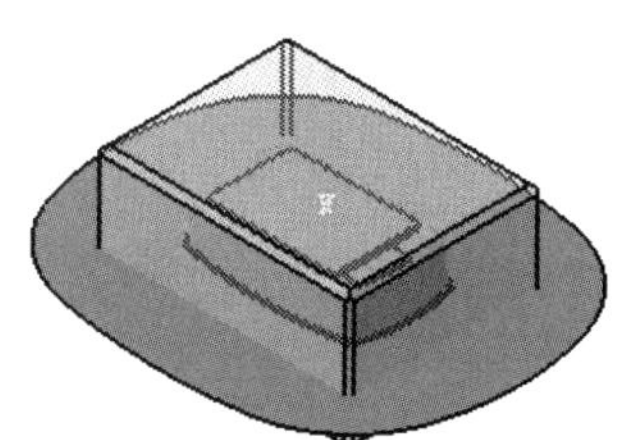

图 22-164

47 在特征树中选择新建工件 Insert_2 节点，右击，在弹出的快捷菜单中选择“Insert_2.1 对象”|Split component 选项，如图 22-165 所示。弹出 Split component 对话框，选择上面创建的 Core_surface 为分割曲面，单击“确定”按钮完成型芯的创建，如图 22-166 所示。

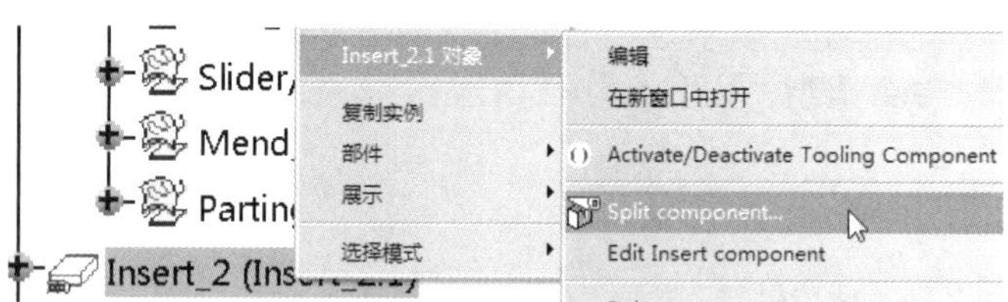

图 22-165

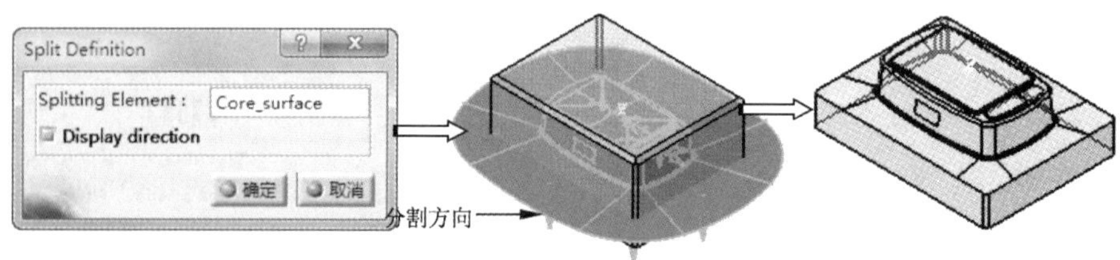

图 22-166

技术要点

如果分割方向与图形相反，可单击图形区的箭头，反转切割方向。

48 重复上述型芯的创建步骤，分别以型腔型腔 _ 曲面和滑块 Slider_ 曲面为分割面创建型腔和滑块，如图 22-167 和图 22-168 所示。

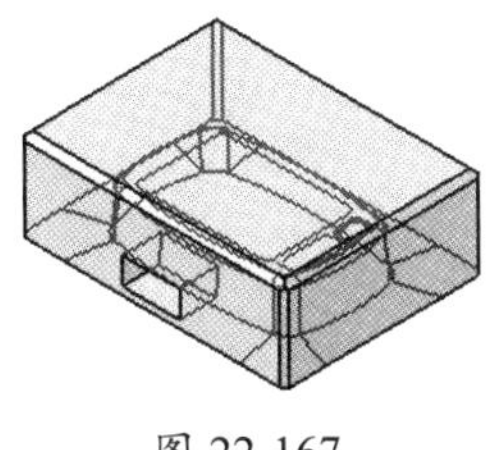

图 22-167

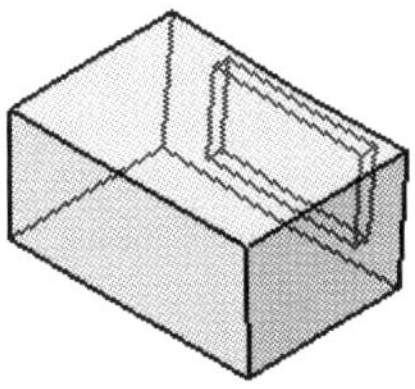

图 22-168

技术要点

在型腔创建过程中要执行两次“分割”操作，第一次采用型腔分型面分割，第二次采用滑块分型面分割。

49 执行“开始”|“机械设计”|“装配设计”命令，进入装配模块。

50 单击“移动”工具栏中的“分解”按钮，弹出“分解”对话框，如图 22-169 所示。在“深度”下拉列表中选择“所有级别”选项，单击激活“选择集”文本框，在特征树中选择装配根节点（即选择所有的装配组件）作为要分解的装配组件，在“类型”下拉列表中选择 3D 选项，单击激活“固定产品”文本框，选择型芯为固定零件。

51 单击“应用”按钮，弹出“信息框”对话框，提示可用 3D 罗盘在分解视图内移动产品，并在视图中显示分解预览效果，如图 22-170 所示。单击“取消”按钮，取消分解，完成操作。

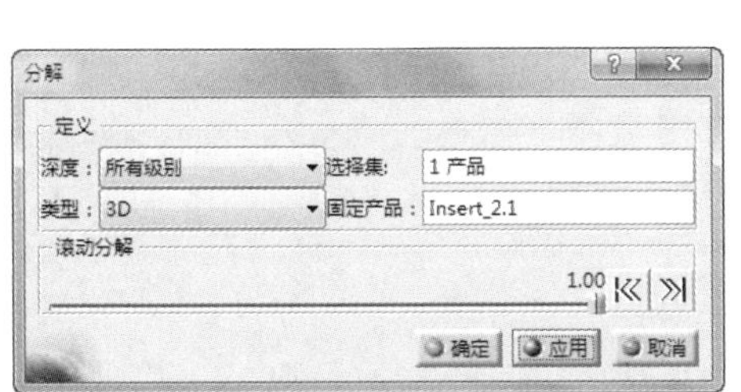

图 22-169

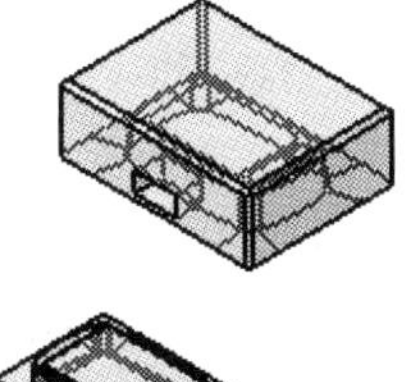

图 22-170

22.7 课后习题

习题一

通过 CATIA 模具设计命令，创建如图 22-171 所示的模型的型芯和型腔。

读者将熟悉如下内容。

（1）加载模型。

（2）设置收缩率。

图 22-171

（3）定义主开模方向。

（4）创建填充曲面。

（5）创建扫掠分型面。

（6）模具分型。

习题二

通过 CATIA 模具设计命令，创建如图 22-172 所示的模型的型芯和型腔。

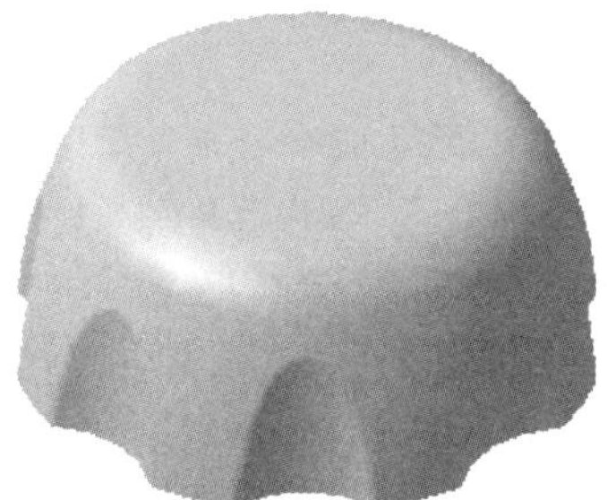

图 22-172

读者将熟悉如下内容。

（1）加载模型。

（2）设置收缩率。

（3）定义主开模方向。

（4）创建填充曲面。

（5）创建分型面。

（6）模具分型。

第 23 章　数控加工技术引导

CATIA V5-6R2017 能够模拟数控加工的全过程，掌握和理解数控加工的一般流程和操作方法为熟练应用数控加工模块奠定基础。

本章除了介绍数控加工环境，还会详细介绍加工机床、加工坐标系、加工毛坯零件、零件操作、刀路仿真和后处理等各种环节的操作方法。虽然方法不尽相同，但都有异曲同工之妙，这可为后续的具体数控加工方法提供技术支持。

- CATIA 数控加工基础
- 创建加工动作前的准备
- 通用参数设置

23.1 CATIA 数控加工基础

在机械制造过程中，数控加工的应用可提高生产率、稳定加工质量、缩短加工周期、增加生产柔性、实现对各种复杂精密零件的自动化加工，如图 23-1 所示的数控加工中心。

数控加工中心易于在工厂或车间实行计算机管理，还使车间设备总数减少、节省人力、改善劳动条件，有利于加快产品的开发和更新换代，提高企业适应市场的能力和企业的综合经济效益。

图 23-1

23.1.1 数控加工原理

当操作工人使用机床加工零件时，通常都需要对机床的各种动作进行控制，一是控制动作的先后顺序，二是控制机床各运动部件的位移量。采用普通机床加工时，这种开车、停车、走刀、换向、主轴变速和开关切削液等操作都是由人工直接控制的。

1. 数控加工的一般工作原理

采用自动机床和仿形机床加工时，上述操作和运动参数则是通过设计好的凸轮、靠模和挡块等装置以模拟量的形式来控制的，它们虽能加工比较复杂的零件，且有一定的灵活性和通用性，但是零件的加工精度会受到凸轮、靠模制造精度的影响，且工序准备时间较长。数控加工的一般工作原理如图 23-2 所示。

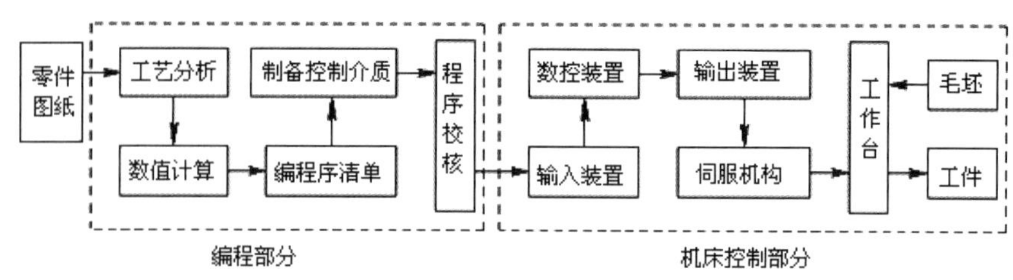

图 23-2

机床上的刀具和工件之间的相对运动，称为“表面成形运动”，简称“成形运动”或“切削运动”。数控加工是指数控机床按照数控程序所确定的轨迹（称为“数控刀轨”）进行表面成形运动，从而加工出产品的表面形状。如图 23-3 所示为平面轮廓加工示意图；如图 23-4 所示为曲面加工的切削示意图。

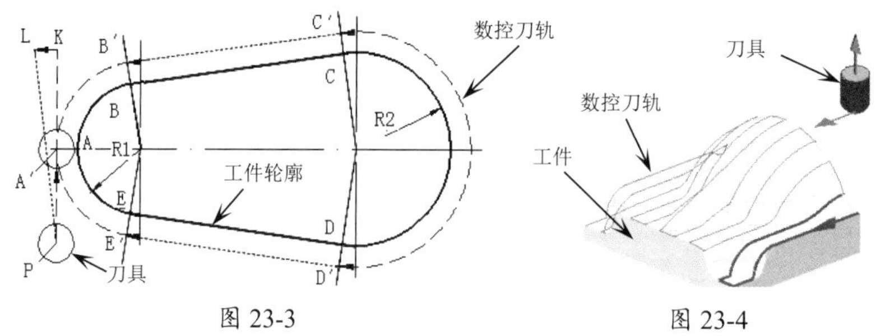

图 23-3　　　　图 23-4

2. 数控刀轨

数控刀轨是由一系列简单的线段连接而成的折线，折线上的节点称为“刀位点”。刀具的中心点沿着刀轨依次经过每一个刀位点，从而切削出工件的形状。

刀具从一个刀位点移至下一个刀位点的运动称为“数控机床的插补运动”。由于数控机床一般只能以直线或圆弧这两种简单的运动形式完成插补运动，因此，数控刀轨只能是由许多直线段和圆弧段将刀位点连接而成的折线。

数控编程的任务是计算出数控刀轨，并以程序的形式输出到数控机床，其核心内容就是计算出数控刀轨上的刀位点。

在数控加工误差中，与数控编程直接相关的有两个主要部分。

- 刀轨的插补误差：由于数控刀轨只能由直线和圆弧组成，因此，只能近似地拟合理想的加工轨迹，如图 23-5 所示。
- 残余高度：在曲面加工中，相邻两条数控刀轨之间会留下未切削区域，如图 23-6 所示，由此造成的加工误差称为“残余高度”，它主要影响加工表面的粗糙度。

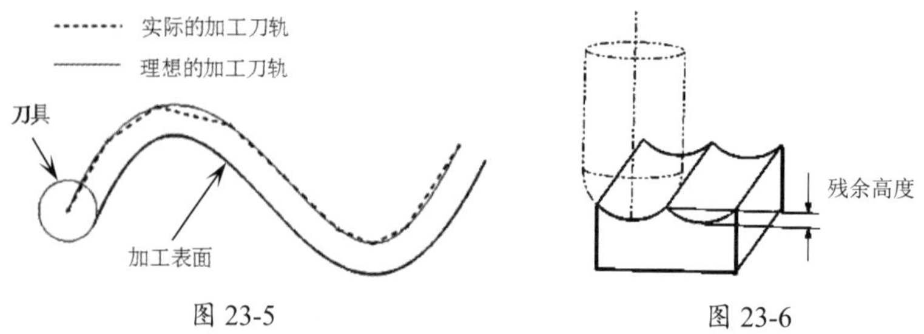

图 23-5　　　　图 23-6

23.1.2　数控加工坐标系

在进行数控编程时，为了描述机床的运动、简化程序编制的方法及保证纪录数据的互换性，数控机床的坐标系和运动方向均已标准化，ISO 和我国都拟定了命名的标准。通过这一部分的学习，能够掌握机床坐标系、编程坐标系、加工坐标系的概念，具备实际动手设置机床加工坐标系的能力。

1. 机床坐标系

在数控机床上，机床的动作是由数控装置来控制的，为了确定数控机床上的成形运动和辅助运动，必须先确定机床上运动的位移和运动的方向，这就需要通过坐标系来实现，这个坐标系称为“机床坐标系”。

例如，铣床上有机床的纵向运动、横向运动以及垂向运动，如图 23-7 所示，在数控加工中就应该用机床坐标系来描述。

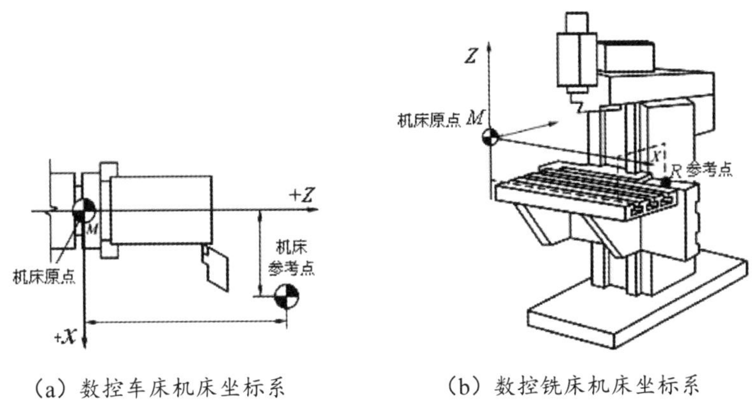

（a）数控车床机床坐标系　　（b）数控铣床机床坐标系

图 23-7

2. 坐标轴极其运动方向

数控机床上的坐标系是采用右手直角笛卡儿坐标系，如图 23-8 所示，*X*、*Y*、*Z* 直线进给坐标系按右手定则规定，而围绕 *X*、*Y*、*Z* 轴旋转的圆周进给坐标轴 *A*、*B*、*C* 则按右手螺旋定则判定。

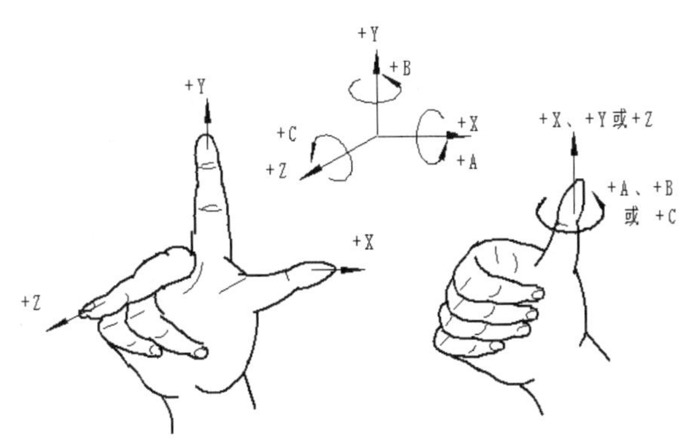

图 23-8

3. 机床原点、机床参考点和加工原点

机床原点是指在机床上设置的一个固定点，即机床坐标系的原点。它在机床装配、调试时就

已确定下来，是数控机床进行加工运动的基准参考点。机床原点、机床参考点和加工原点在机床中的对应位置关系如图 23-9 所示。机床参考点是用于对机床运动进行检测和控制的固定位置点。机床参考点的位置是由机床制造厂家在每个进给轴上用限位开关精确调整好的，坐标值已输入数控中。因此，参考点对机床原点的坐标是一个已知数。

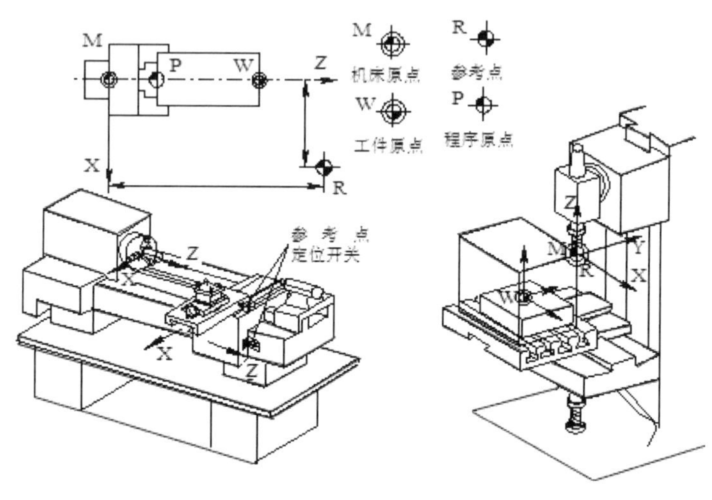

图 23-9

编程坐标系在机床上就表现为加工坐标系，坐标原点就称为“加工原点”。加工原点一般按如下原则选取。

- 加工原点应选在工件图样的尺寸基准上。
- 能使工件方便装夹、测量和检验。
- 尽量选在尺寸精度、光洁度比较高的工件表面上，这样可以提高工件的加工精度和同一批零件的一致性。
- 对于呈对称几何形状的零件，加工原点最好选在对称中心点上。

4. 加工坐标系

加工坐标系是指以确定的加工原点为基准所建立的坐标系（有时也称“加工坐标系”）。加工原点也称为“程序原点”，是指零件被装夹好后，相应的编程原点在机床坐标系中的位置。

在加工过程中，数控机床是按照工件装夹好后所确定的加工原点位置和程序要求进行加工的。编程人员在编制程序时，只要根据零件图样就可以选定编程原点、建立编程坐标系、计算坐标数值，而不必考虑工件毛坯装夹的实际位置。对于加工人员来说，则应在装夹工件、调试程序时，将编程原点转换为加工原点，并确定加工原点的位置，在数控中给予设定（即给出原点设定值），设定加工坐标系后即可根据刀具的当前位置，确定刀具起始点的坐标值。在加工时，工件各尺寸的坐标值都是相对于加工原点而言的，这样数控机床才能按照准确的加工坐标系位置开始加工。

23.1.3 数控加工的其他技术要点

在模具加工制造阶段，新手除了要掌握前面介绍的知识，还应掌握以下重要内容。

1. 数控加工中常见的模具零件结构

编程人员必须对模具零件结构有一定的认识，如模具中的前模（型腔）、后模（型芯）、行位（滑块）、斜顶、枕位、碰穿面、擦穿面和流道等。

一般情况下，前模的加工要求比后模的加工要求高，所以，前模面必须加工得非常准确和光亮，该清的角一定要清；但后模的加工就有所不同，有时有些角不一定需要清得很干净，表面也不需要很光亮。另外，模具中一些特殊部位的加工工艺要求不同，如模具中的角位需要留0.02mm的余量待打磨人员打磨；前模中的碰穿面、擦穿面需要留 0.05mm 的余量用于试模。

如图 23-10 所示列出了模具中的一些常见组成零件。

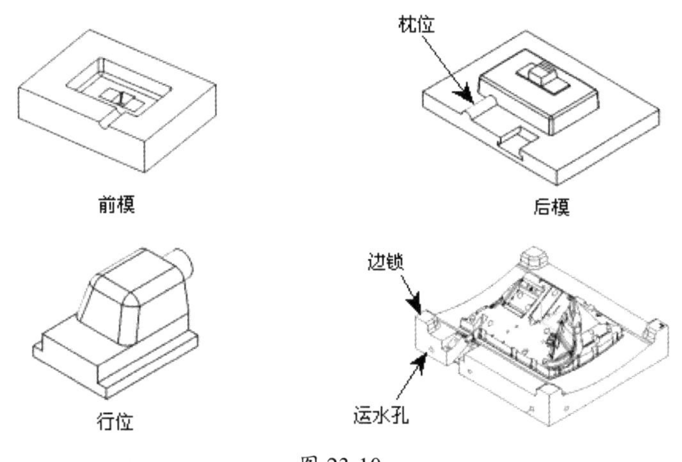

图 23-10

2. 模具加工的刀具选择

在模具型腔数控铣削加工中，刀具的选择直接影响着模具零件的加工质量、加工效率和加工成本，因此，正确选择刀具有着十分重要的意义。在模具铣削加工中，常用的刀具有平端立铣刀、圆角立铣刀、球头刀和锥度铣刀等，如图 23-11 所示。

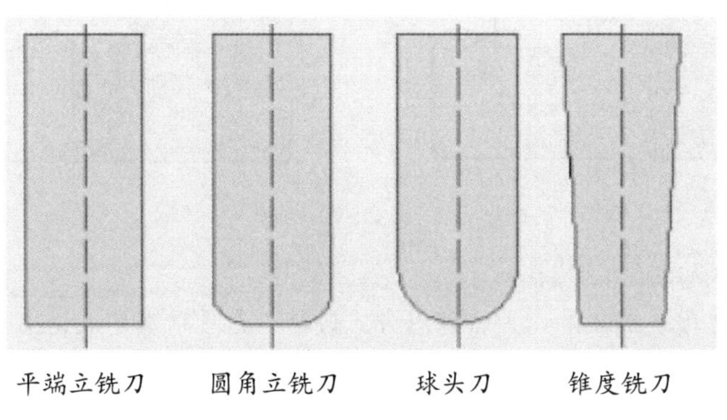

图 23-11

（1）刀具选择的原则。

在模具型腔加工时刀具的选择应遵循以下原则。

- 根据被加工型面形状选择刀具类型：对于凹形表面，在半精加工和精加工时，应选择球头刀，以得到好的表面质量，但在粗加工时宜选择平端立铣刀或圆角立铣刀，这是因为球头刀切削条件较差；对凸形表面，粗加工时一般选择平端立铣刀或圆角立铣刀，但在精加工时宜选择圆角立铣刀，这是因为圆角铣刀的几何条件比平端立铣刀好；对带脱模斜度的侧面，宜选用锥度铣刀，虽然采用平端立铣刀通过插值也可以加工斜面，但会使加工路径变长，影响加工效率，同时会加大刀具的磨损而影响加工的精度。

- 根据从大到小的原则选择刀具：模具型腔一般包含多个类型的曲面，因此，在加工时一般不能选择一把刀具完成整个零件的加工。无论是粗加工还是精加工，应尽可能选择大直径的刀具，因为刀具直径越小，加工路径越长，造成加工效率降低，同时刀具的磨损会造成加工质量的明显差异。
- 根据型面曲率的大小选择刀具：在精加工时，所用最小刀具的半径应小于或等于被加工零件上的内轮廓圆角半径，尤其是在拐角加工时，应选用半径小于拐角处圆角半径的刀具并以圆弧插补的方式进行加工，这样可以避免采用直线插补而弹出过切现象；在粗加工时，考虑到尽可能采用大直径刀具的原则，一般选择的刀具半径较大，这时需要考虑的是粗加工后所留余量是否会给半精加工或精加工刀具造成过大的切削负荷，因为较大直径的刀具在零件轮廓拐角处会留下更多的余量，这往往是精加工过程中弹出切削力的急剧变化而使刀具损坏或栽刀的直接原因。
- 粗加工时尽可能选择圆角铣刀：一方面圆角铣刀在切削中可以在刀刃与工件接触的0°～90°范围内给出比较连续的切削力变化，这不仅对加工质量有利，而且会使刀具寿命大幅延长；另一方面，在粗加工时选用圆角铣刀，与球头刀相比具有良好的切削条件，与平端立铣刀相比可以留下较为均匀的精加工余量，如图23-12所示，这对后续加工是十分有利的。

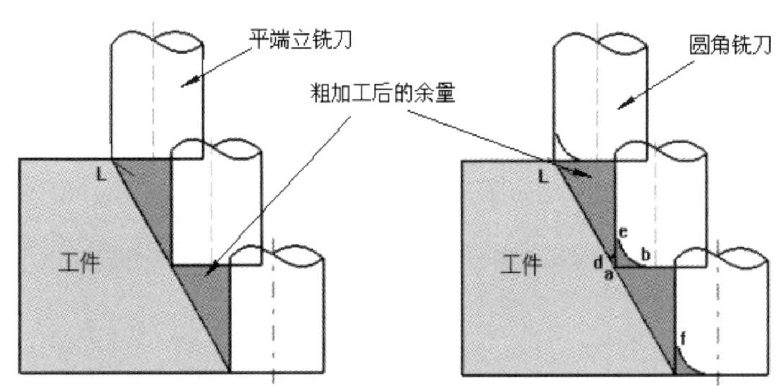

图 23-12

（2）刀具的切入与切出。

一般的UG CAM模块提供的切入、切出方式包括：刀具垂直切入切出工件、刀具以斜线切入工件、刀具以螺旋轨迹下降切入工件、刀具通过预加工工艺孔切入工件以及圆弧切入切出工件。

其中刀具垂直切入切出工件是最简单、最常用的方式，适用于可以从工件外部切入的凸模类工件的粗加工和精加工，以及模具型腔侧壁的精加工，如图23-13所示。

刀具以斜线或螺旋线切入工件常用于较软材料的粗加工，如图23-14所示。通过预加工工艺孔切入工件是凹模粗加工常用的下刀方式，如图23-15所示。圆弧切入切出工件由于可以消除接刀痕而常用于曲面的精加工，如图23-16所示。

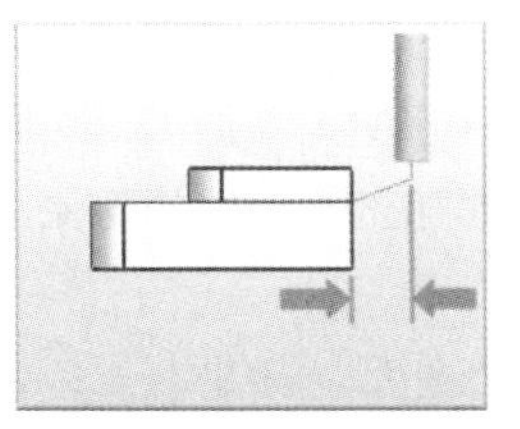
图 23-13

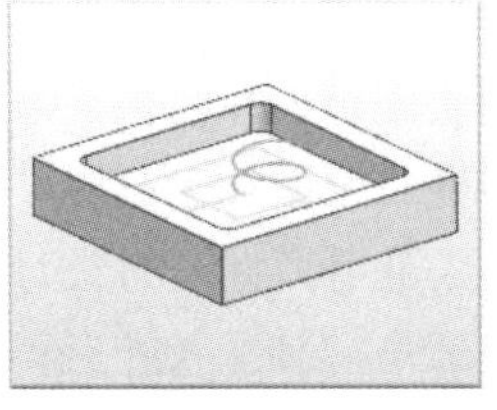
图 23-14

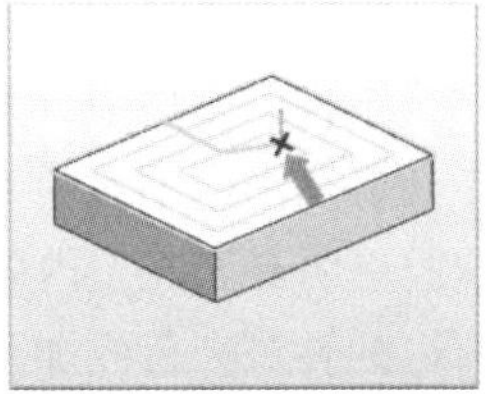
图 23-15

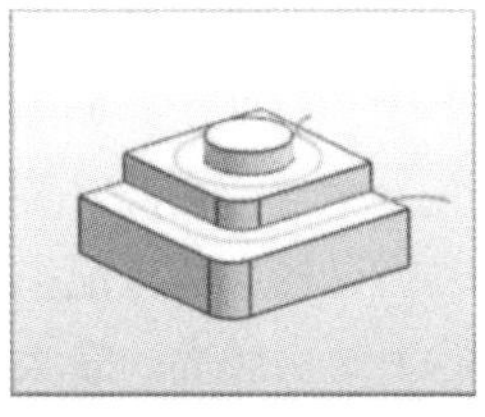
图 23-16

技术要点：

需要说明的是，在粗加工型腔时，如果采用单向走刀方式，一般CAD/CAM提供的切入方式是一个加工操作开始时的切入方式，并不定义在加工过程中每次的切入方式，这个问题有时是造成刀具或工件损坏的主要原因，解决这一问题的一种方法是采用环切走刀方式或双向走刀方式，另一种方法是减小加工的步距，使背吃刀量小于铣刀半径。

3. 模具前后模编程的注意事项

在编写刀路之前，先将图形导入编程软件，再将图形中心移至默认坐标原点，最高点移动到 Z 原点，并将长边放在 X 轴方向，短边放在 Y 轴方向，基准位置的长边向着自己，如图 23-17 所示。

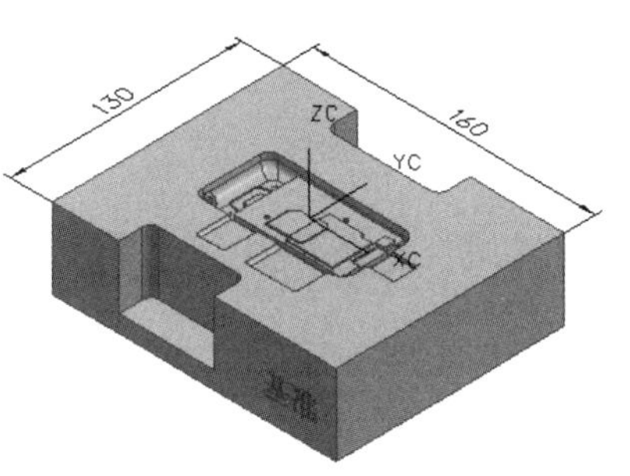

图 23-17

技术要点：

工件最高点移动到Z原点有两个目的，一是防止程式中忘记设置安全高度造成撞机，二是反映刀具保守的加工深度。

（1）前模（定模仁）编程的注意事项。

编程技术人员编写前模加工刀路时，应注意以下事项。

- 前模加工的刀路排序：大刀开粗→小刀开粗和清角→大刀光刀→小刀清角和光刀。
- 应尽量用大刀加工，不要用太小的刀，小刀容易弹刀，开粗通常先用刀把（圆鼻刀）开粗，光刀时尽量用圆鼻刀或球刀，因圆鼻刀足够大、有力，而球刀主要用于曲面加工。
- 有 PL 面（分型面）的前模加工时，通常会碰到一个问题，当光刀时 PL 面因碰穿需要加工到数，而型腔要留 0.2 ～ 0.5mm 的加工余量（留出来打火花）。这时可以将模具型腔表面朝正向补正 0.2 ～ 0.5 mm，PL 面在写刀路时将加工余量设为 0。
- 前模开粗或光刀时通常要限定刀路范围，一般默认参数以刀具中心产生刀具路径，而不是刀具边界范围，所以实际加工区域比所选刀路范围单边大一个刀具半径。因此，合理设置刀路范围，可以优化刀路，避免加工范围超出实际加工需要。
- 前模开粗常用的刀路方法是曲面挖槽，平行式光刀。前模加工时分型面、枕位面一般要加工到数，而碰穿面可以留余量 0.1 mm，以备配模。
- 前模材料比较硬，加工前要仔细检查，减少错误，不可轻易烧焊。

（2）后模（动模）编程的注意事项。

后模（动模）编程注意事项如下。

- 后模加工的刀路排序：大刀开粗→小刀开粗和清角→大刀光刀→小刀清角和光刀。

- 后模同前模所用材料相同，尽量用圆鼻刀（刀把）加工。分型面为平面时，可用圆鼻刀精加工。如果是镶拼结构，则后模分为镶块固定板和镶块，需要分开加工。加工镶块固定板内腔时要多走几遍空刀，不然会有斜度、上面加工到数、下面加工不到位的现象，造成难以配模，深腔更明显。光刀内腔时尽量用大直径的新刀。
- 内腔高、较大时，可翻转过来首先加工腔部位，装配入腔后再加工外形。如果有止口台阶，用球刀光刀时需要控制加工深度，防止过切。内腔的尺寸可比镶块单边小 0.02mm，以便配模。镶块光刀时公差为 0.01 ～ 0.03mm，步距值为 0.2 ～ 0.5mm。
- 塑件产品上下壳配合处凸起的边缘称为“止口”，止口结构在镶块上加工或在镶块固定板上用外形刀路加工，止口结构如图 23-18 所示。

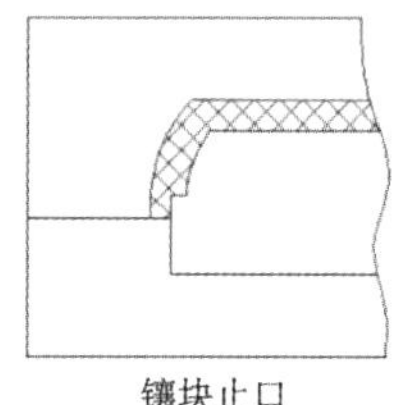
镶块止口

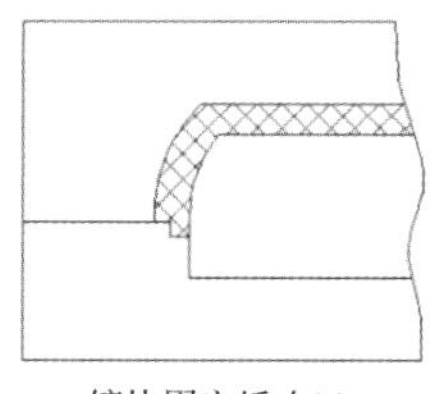
镶块固定板止口

图 23-18

23.1.4 CATIA 加工环境设置

在开始数控加工之前，需要设置 CATIA 加工环境来适合个人的工作习惯。

执行“工具”|“选项”命令，弹出“选项”对话框，在该对话框的左侧选项树中单击“加工”选项，对话框右侧区域中显示加工选项卡。

在“一般”选项卡中可进行常规选项设置。单击“优化”按钮，弹出“信息”对话框，显示优化选项内容，单击“是”按钮设置生效，如图 23-19 所示。

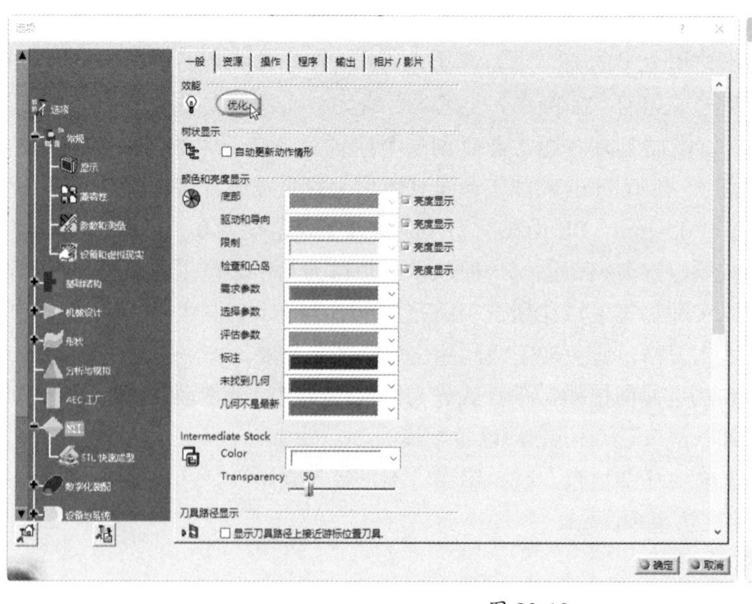

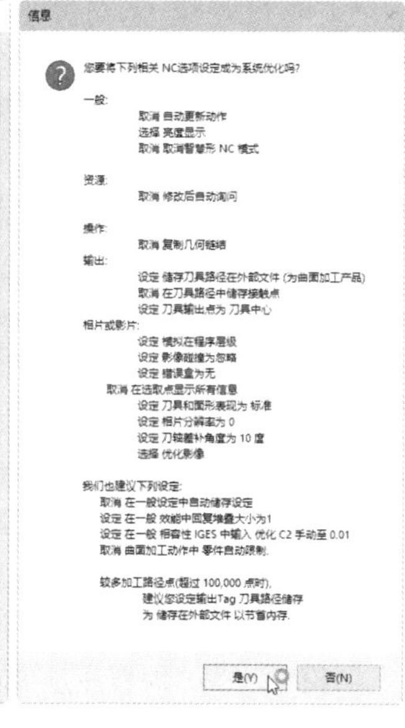

图 23-19

技术要点：

“优化”选项用于自动设置一系列具有优化性能的NC加工选择。选中“创建CATPart来储存几何”复选框，系统会自动创建一个毛坯文件。如果在进行加工前，已经将目标加工零件和毛坯零件装配在一起，则应取消选中该复选框。

单击“资源”选项卡，显示资源选项设置，如图 23-20 所示。

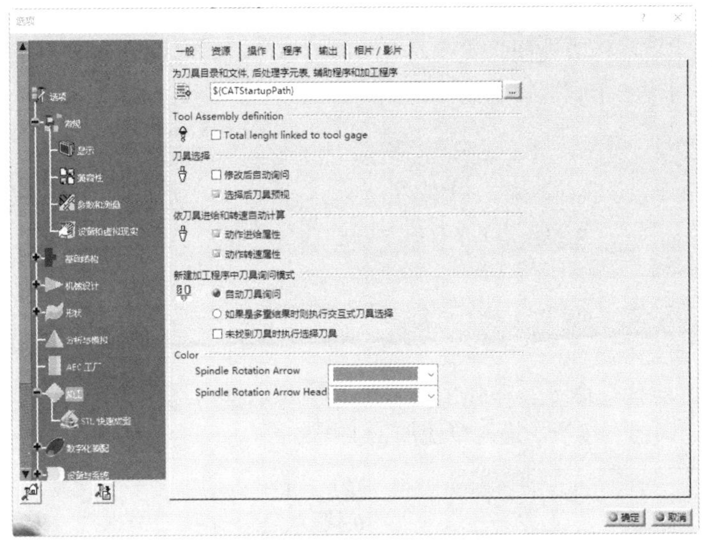

图 23-20

技术要点：

“资源”为资源选项设置，通过保持默认即可。

单击“操作”选项卡，显示操作选项设置，如图 23-21 所示。

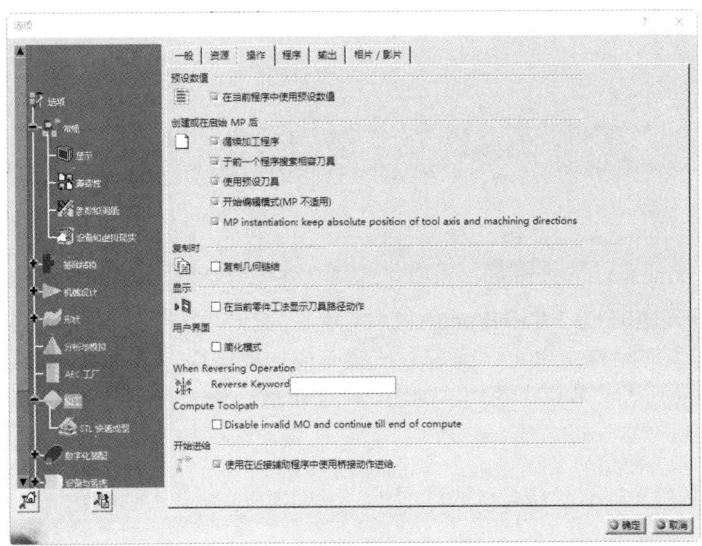

图 23-21

23.2 创建加工动作前的准备

在进行数控加工过程前，还要做一些准备工作，如加载加工零件、设置加工机床、加工坐标系和毛坯零件、安全平面及创建加工操作等。

23.2.1 加载目标加工零件

在进行数控加工之前，应先创建或载入一个加工零件，通常是一个目标加工零件和一个毛坯零件装配在一起，组成一个制造模型文件。

技术要点：

加工零件是加工制造最终完成的模型，也是数控加工的终极目标。加载目标加工零件可以采用直接用CATIA打开零件模型，再进入数控加工工作台的方法进行。

动手操作——加载加工零件

01 执行“文件”|“新建”命令，在弹出的“新建”对话框中选择 Process（流程）选项，如图 23-22 所示。单击“确定”按钮，进入数控加工工作台。

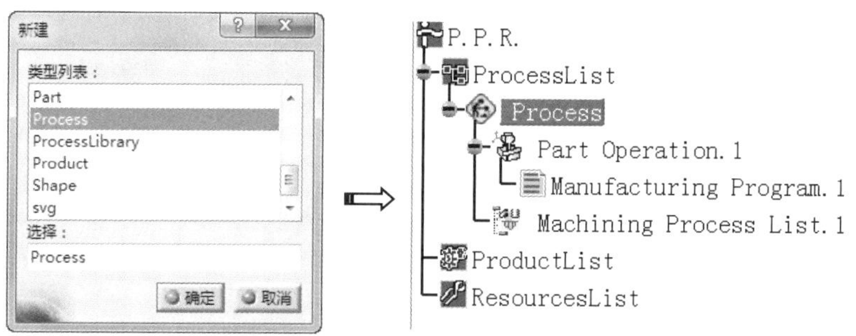

图 23-22

提示：

或许第一次进入的是二轴半加工工作台，也有可能是其他曲面加工或高级加工工作台。无论进入哪一个数控加工工作台，都通过执行“开始”|“加工”|“×××加工”命令，切换到所需的加工工作台中。

02 在 P.P.R. 程序树的 Process（流程）节点中双击“加工设定 .1”子节点，弹出“零件加工动作”对话框。单击“产品或零件”按钮，弹出“选择文件”对话框，如图 23-23 所示。

03 选择本例源文件夹中的 ex_1.CATProduct 文件，单击“打开”按钮，加工零件自动载入到工作台。在“零件加工动作”对话框中单击“确定”按钮完成加载操作。载入的加工零件可在程序树中的 ProductList（产品列表）节点下找到，如图 23-24 所示。

技术要点：

在CATIA V5-6R2017加工中，“P.P.R程序树”记录了当前制造的所有内容和过程。

- P.P.R：指的是过程产品资源。

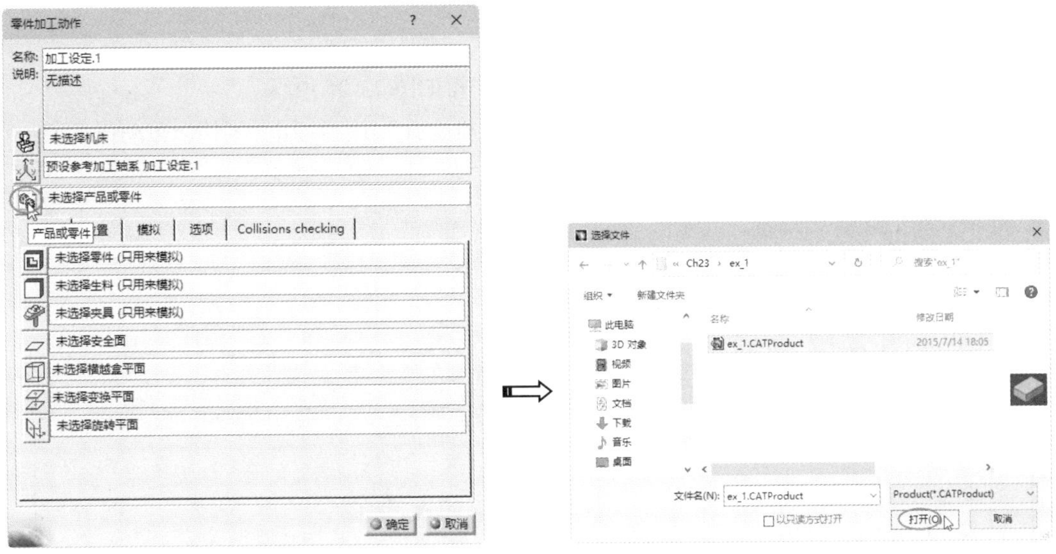

图 23-23

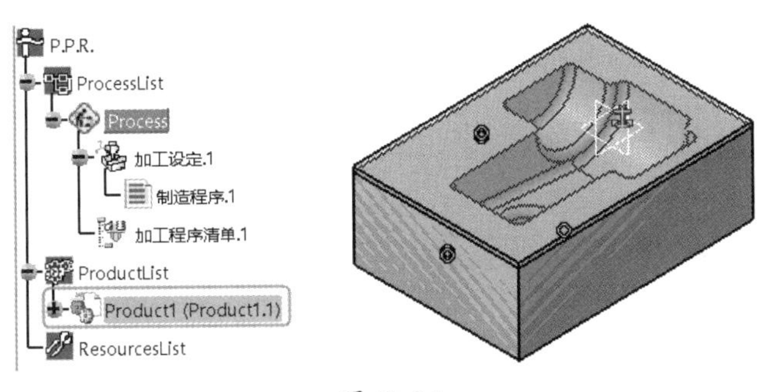

图 23-24

- ProcessList（流程清单）：该节点用于记录所有把零件从毛坯编程成品的加工操作、使用的相关刀具和其他辅助操作。
- Process（流程）：该节点记录零件加工的完整流程数据。
- 加工设定 .1：“加工设定”是指数控加工过程中的“工序”或“步序”。“加工设定 .1”子节点用于记录制造资源和相关参考数据。
- 制造程序 .1：此子节点用于记录 NC 加工作业项目的处理流程，包括刀具轨迹计算、加工操作、辅助命令和后置处理指示等。
- 加工程序清单 .1：此子节点用于记录所有加工操作的程序。
- ProductList（产品列表）：提供了所有要加工的零件以及包含互补几何的 CATPart 文档。
- ResourcesList（资源列表）：提供了程序中可以使用的所有资源，例如机床或刀具。

23.2.2 设置数控加工机床

载入加工零件后，就要立即选择待加工零件所需的机床类型与型号。进入不同的加工工作台可选择不同形式的机床，例如三轴铣床、五轴铣床、卧式车床和立式车床等。

下面以在二轴半工作台中选择三轴铣床为例，介绍其操作步骤。

动手操作——设置数控加工机床

01 打开本例源文件 ex_2.CATProcess，此时 P.P.R 程序树如图 23-25 所示。

02 双击 P.P.R. 程序树中 Process（流程）节点下的“加工设定 .1”节点，弹出“零件加工动作”对话框，如图 23-26 所示。

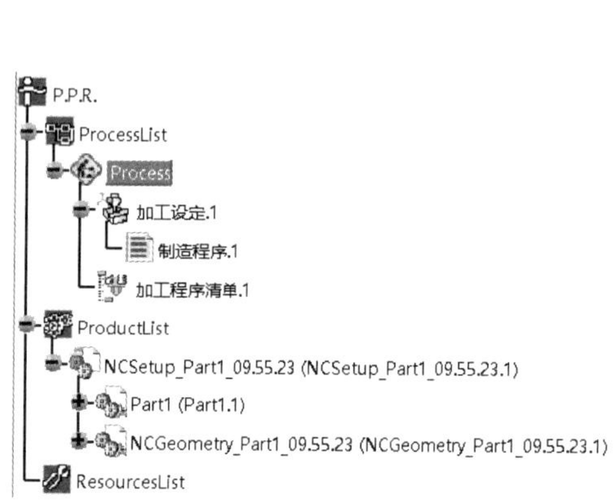

图 23-25

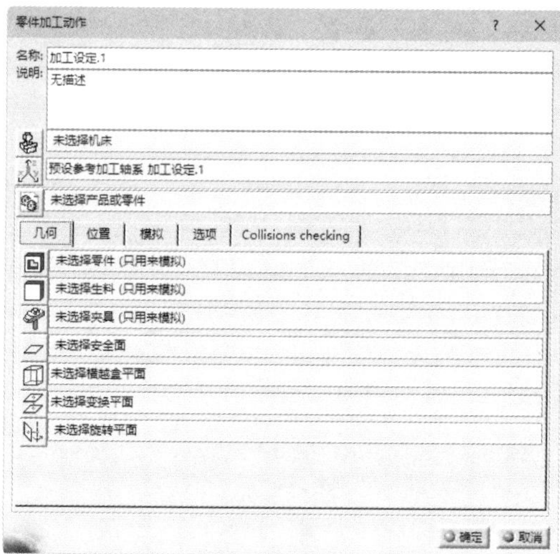

图 23-26

03 单击“零件加工动作”对话框中的“机床”按钮，弹出“加工编辑器”对话框，如图 23-27 所示。

- “3 轴工具机”：表示三轴联动机床。
- “原点 X/Y/Z”：表示刀具的加工起始点（或刀具的换刀位置坐标点）。
- “方向 I/J/K”：用于设置主轴在机床坐标系中的方位。

04 单击“3 轴工具机”按钮，设置刀轴参数、刀具参数、补偿参数及数值控制参数后，单击“确定”按钮即可完成三轴联动机床的选择。

下面简要介绍其他数控加工机床的设置。在“加工编辑器”对话框中单击“3 轴含旋转台工具机”按钮，4 轴加工机床的设置页面如图 23-28 所示。

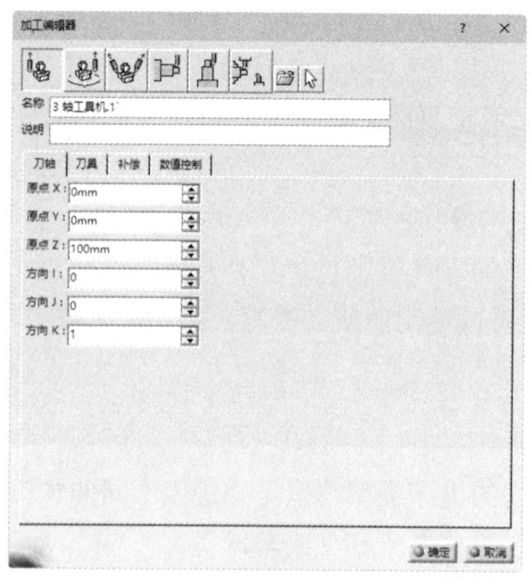

图 23-27

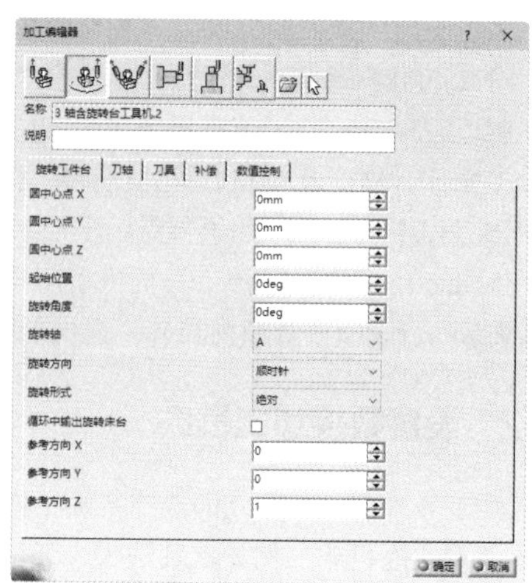

图 23-28

- “3 轴含旋转台工具机”：表示 4 轴联动机床。
- 圆中心点 X/Y/Z：表示旋转中心。
- 参考方向 X/Y/Z：用于设置主轴在坐标系中的方位。
- 旋转角度：表示旋转角度，例如输入 360deg，表示旋转轴可在 360°范围内旋转。
- 旋转轴：该下拉列表中选择 A、B、C，分别表示机床或转台的旋转轴为机床的 *X*、*Y*、*Z* 轴。

单击“5 轴工具机”按钮，5 轴加工机床的设置页面如图 23-29 所示。

单击“卧式车床工具机”按钮，卧式车床设置页面如图 23-30 所示。

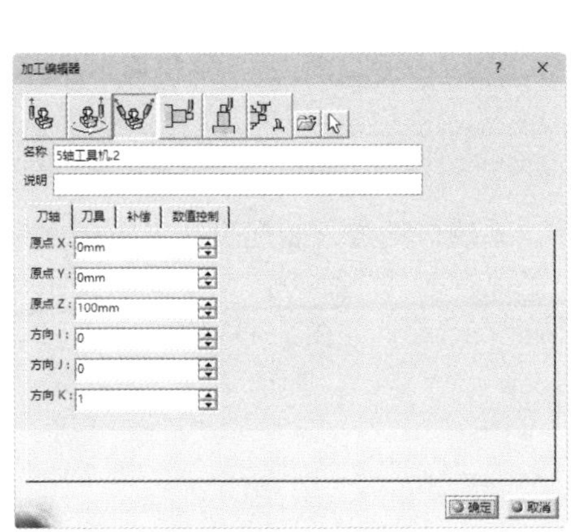

图 23-29

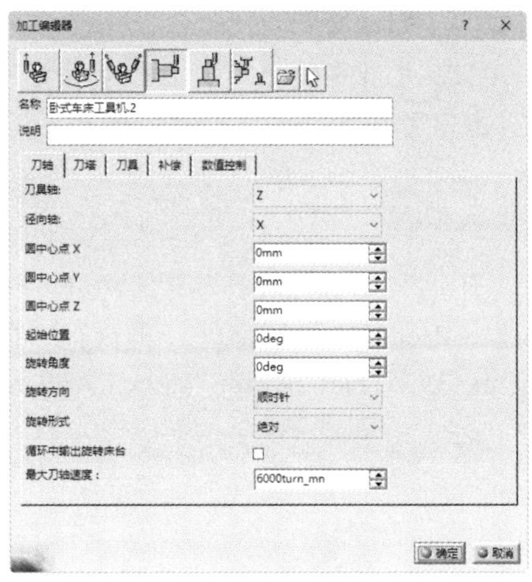

图 23-30

- “卧式车床工具机”：表示水平（卧式）车床。
- 刀具轴：为主轴旋转轴。
- 径向轴：为刀具径向进给轴方向。

单击“立式车床工具机”按钮，立式车床工具机的设置页面如图 23-31 所示。

单击“多重刀塔车床工具机”按钮，多重刀塔车床的设置页面如图 23-32 所示。

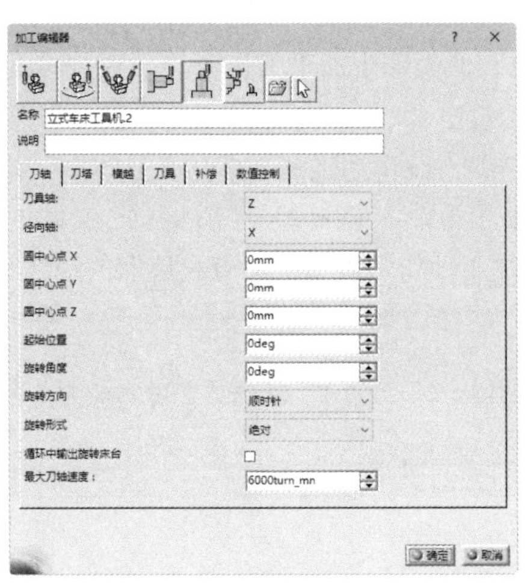

图 23-31

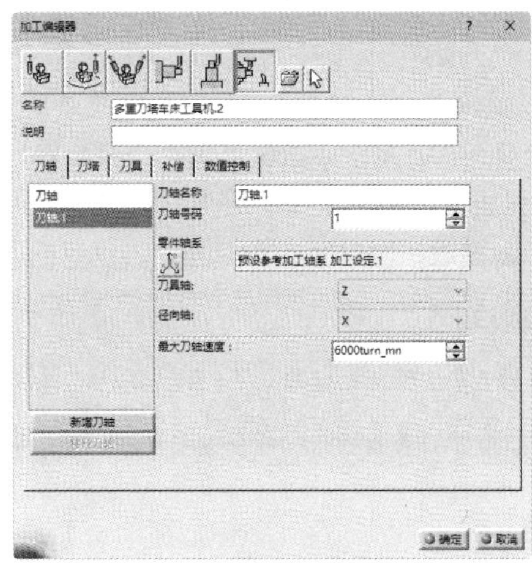

图 23-32

23.2.3 设置毛坯零件

毛坯用于表示被加工零件毛坯的几何形状，是系统计算刀轨的重要依据。毛坯零件加工完成后即为目标加工零件。CATIA V5-6R2017 中毛坯零件的创建方法主要有两种：指定毛坯零件和创建毛坯零件。

在使用“指定毛坯零件”方法去指定零件作为毛坯时，此零件的来源方式又分为“装配式”和“插入式”。

1.“装配式”毛坯零件

“装配式”毛坯零件是指将已经创建好的加工零件和毛坯零件，利用装配关系组装在一起，在加工时指定毛坯零件即可。“装配式”毛坯零件适用于任何加工工作台和加工类型。

动手操作——装配毛坯零件

01 执行“开始”|“机械设计”|“装配设计”命令，系统自动进入装配设计工作台。在装配结构树中选中 Product1 顶层部件，再执行“插入”|“现有部件”命令，在本例源文件夹中按住 Ctrl 键将 ex_3.CATPart 和 ex_3_stock.CATPart 零件装配在一起，如图 23-33 所示。

图 23-33

02 执行“开始”|“加工”|“二轴半加工”命令，进入曲面铣削加工工作台。

03 双击 P.P.R. 程序树中 Process（流程）节点下的“加工设定 .1”节点，弹出“零件加工动作”对话框。

04 在“几何”选项卡中单击“用来模拟生料”按钮，系统自动隐藏“零件加工动作”对话框，在图形区中选取装配零件（透明显示的模型）作为毛坯零件，如图 23-34 所示。

05 按 Esc 键或在图形区的空白处双击以返回“零件加工动作”对话框，查看选取的毛坯零件。

技术要点：

在选择毛坯零件时，也可展开“P.P.R程序树”和“ProductList（产品清单）”节点，并指定程序树中的装配零件的零件几何体作为毛坯零件，如图23-35所示。

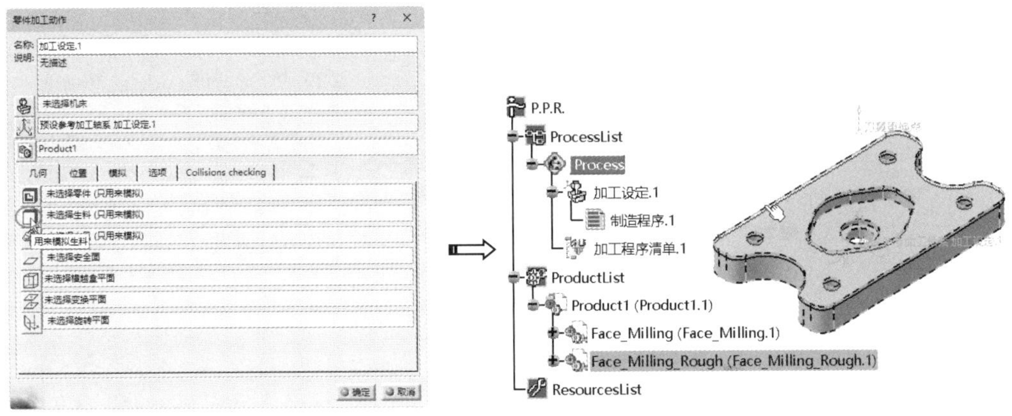

图 23-34

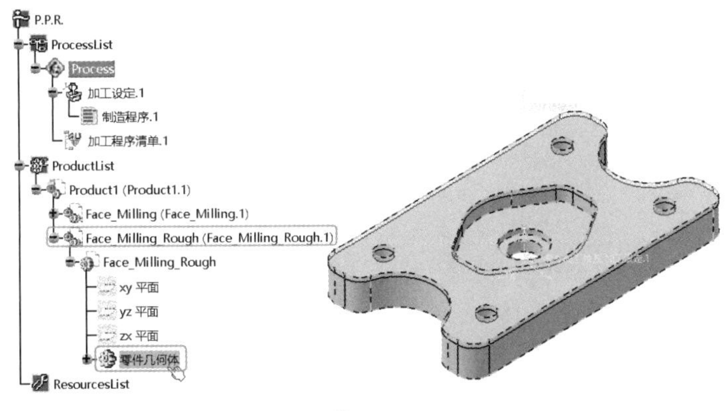

图 23-35

2. “插入式”毛坯零件

“插入式”毛坯零件是指在加工零件的零件工作台中插入一个零件几何体作为毛坯零件的源零件，在加工工作台中进行加工时指定该零件几何体为毛坯零件即可。

动手操作——插入毛坯零件

01 启动 CATIA V5-6R2017，打开本例源文件 ex_4.CATPart，如图 23-36 所示。

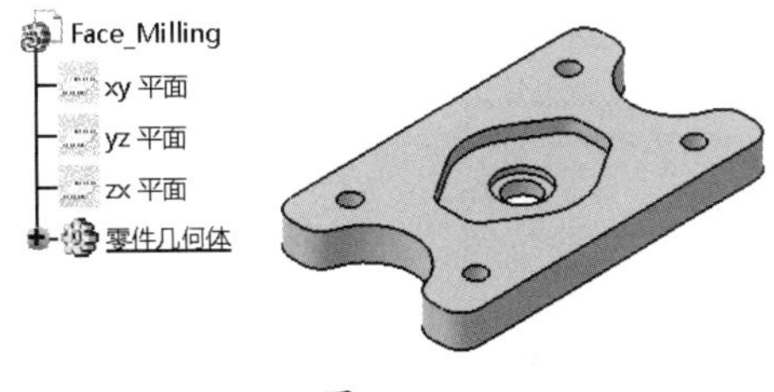

图 23-36

02 执行“插入”|“几何体”命令，在特征树中插入一个新的零件几何体，如图 23-37 所示。

03 选中以激活插入的“几何体 .2”，再利用“草图”工具（绕零件的轮廓绘制草图）和“凸台”工具创建如图 23-38 所示的实体。

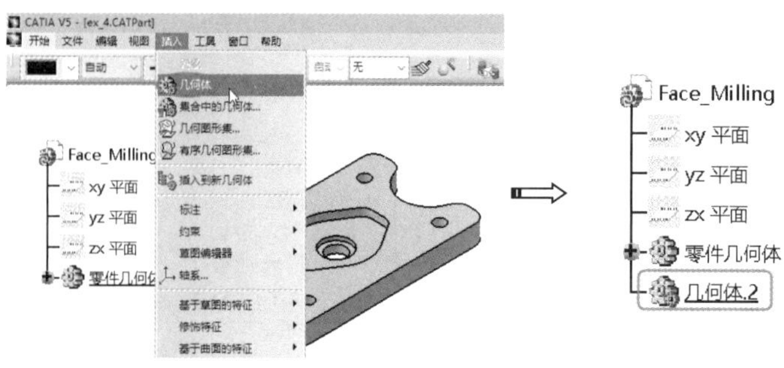

图 23-37

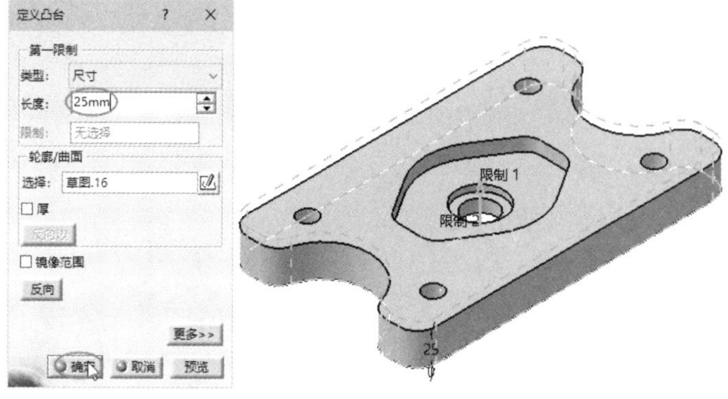

图 23-38

04 执行“开始”|“加工”|“二轴半加工”命令，进入二轴半铣削加工工作台。

05 双击 P.P.R. 程序树中 Process（流程）节点下的“加工设定 .1”节点，弹出“零件加工动作”对话框。在“几何”选项卡中单击“用来模拟生料”按钮，系统自动隐藏“零件加工动作”对话框，并在图形区中选取“几何体 .2”作为毛坯零件，如图 23-39 所示。

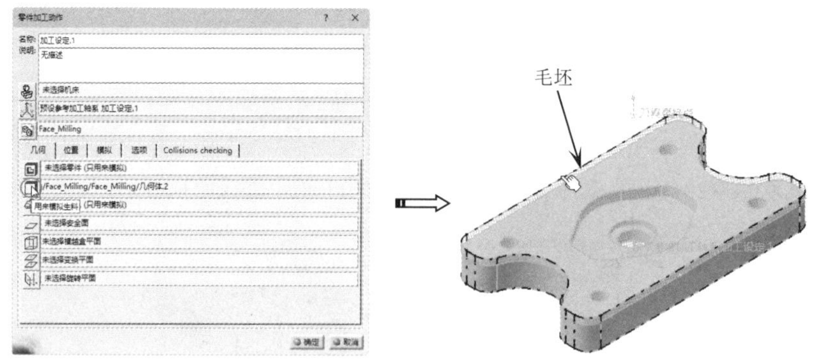

图 23-39

06 按 Esc 键返回“零件加工动作”对话框，单击“确定”按钮完成毛坯零件的指定操作。

3. 创建毛坯零件

创建毛坯零件是指在 CATIA 的铣削加工工作台中利用相关的毛坯创建工具创建临时的毛坯零件，此毛坯零件并非实体模型，只是用来进行加工模拟使用的，是一个虚拟模型。创建毛坯零件多用于曲面加工和其他高级加工的零件类型，需要切换到曲面加工或高级加工工作台。

技术要点：

"创建毛坯零件"方法适用于任何类型的加工零件和铣削加工环境，此种方法也是创建毛坯零件最快速、准确方法。

动手操作——创建毛坯零件

01 打开本例源文件 ex_5.CATProcess，打开的工作环境为零件设计工作台，如图 23-40 所示。执行"开始"|"加工"|"曲面加工"命令，进入曲面铣削加工工作台。

02 单击"几何管理"工具栏中的"创建生料"按钮，弹出"生料"对话框，如图 23-41 所示。

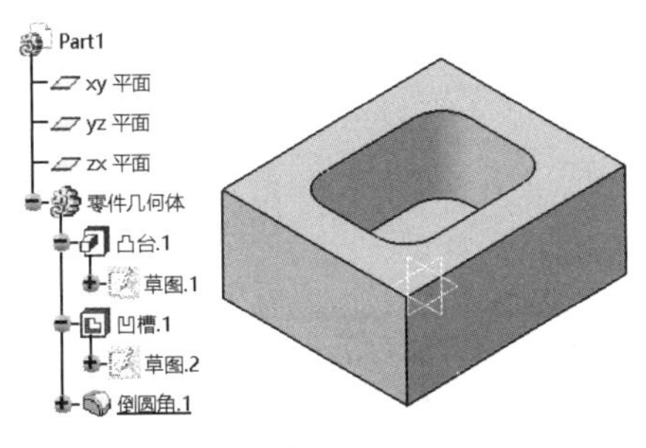

图 23-40

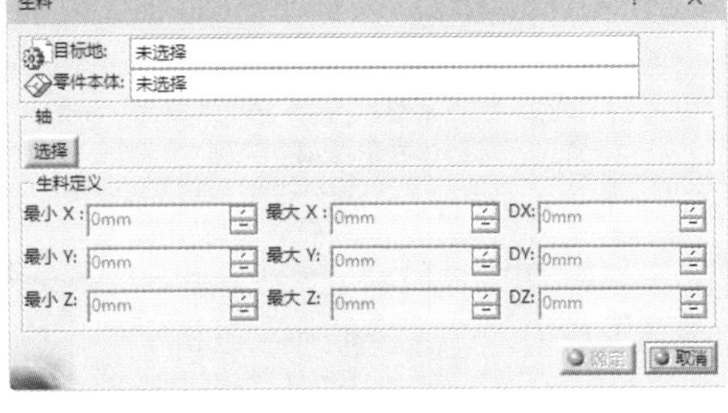

图 23-41

技术要点：

如果在二轴半加工工作台中找不到"几何管理"工具栏或"创建生料"按钮，可以执行"工具"|"自定义"命令，在"自定义"对话框的"命令"选项卡左侧的"类别"列表中选择"所有命令"类型，右侧"命令"列表中找到"创建生料"命令，并拖动该命令放置到任意工具栏中，随后即可使用该命令来创建毛坯了。

03 单击激活"目标地"文本框，在程序树中选择 Part1 零件节点作为毛坯创建的附着目标体，再单击激活"零件本体"文本框，随后在图形区中选取加工零件（或在程序树中选择"零件几何体"）作为毛坯零件本体。此时会在加工零件上生成一个包容框，此包容框就是毛坯模型，而"生料"对话框的"生料定义"选项区中将显示毛坯尺寸，如图 23-42 所示。

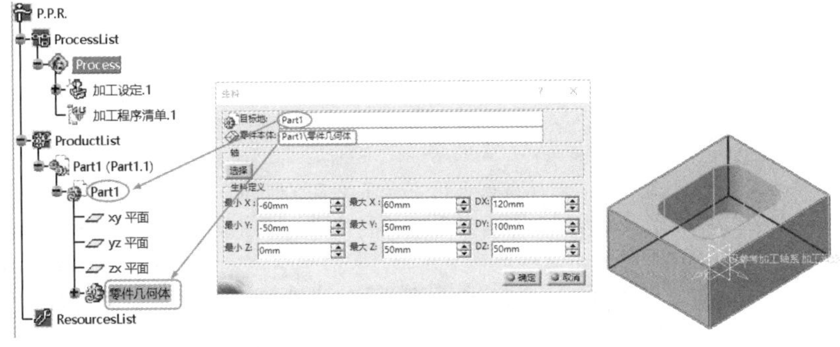

图 23-42

04 修改包容框的"最大 Z"尺寸或 DZ 尺寸，单击"生料"对话框中的"确定"按钮完成毛坯零件的建立，如图 23-43 所示。

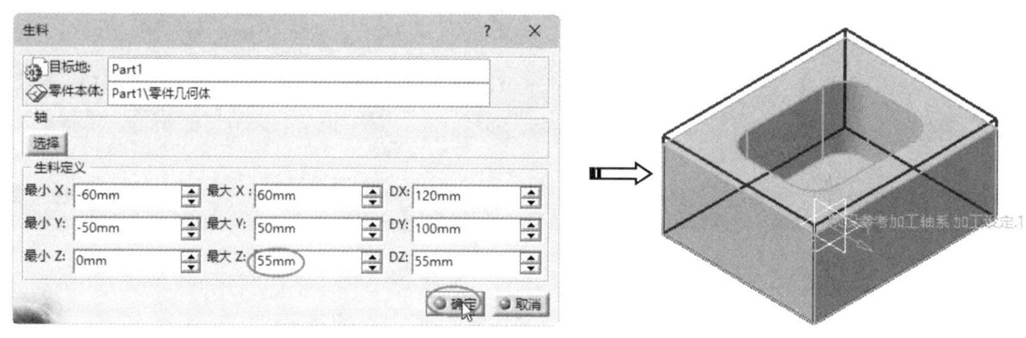

图 23-43

05 完成毛坯零件的创建后，将在 P.P.R 程序树中生成“生料 .1”子节点，如图 23-44 所示。

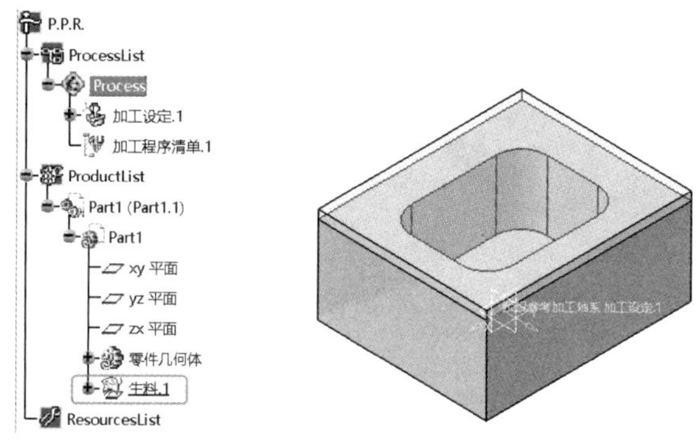

图 23-44

06 双击 P.P.R. 程序树中 Process（流程）节点下的“加工设定 .1”节点，弹出“零件加工动作”对话框，单击“用来模拟生料”按钮，系统自动隐藏“零件加工动作”对话框，在程序树中选择“生料 .1”作为毛坯零件，即可完成毛坯零件的指定操作。

23.2.4 加工坐标系

加工坐标系是指以加工原点为基准所建立的坐标系（在 CATIA 中称为“参考加工轴系”）。加工原点也称为“程序原点”，是指零件被装夹好后，相应的编程原点在机床坐标系中的位置。加工坐标系是可以自由设定的，加工坐标系一般情况下设在毛坯零件的表面。当初次载入加工零件模型时，默认的加工坐标系与 CATIA 系统的绝对坐标系重合。

技术要点：

为保证编程与机床加工的一致性，加工坐标系也采用右手笛卡儿坐标系，即加工坐标系与机床坐标系的坐标轴方向一致，加工坐标系的原点称为“加工原点”，或称为“工件零点”。数控铣床上加工工件时，加工原点一般设在进刀方向一侧工件轮廓表面的某个角上或对称中心上，进刀深度方向的零点大多数取工件表面。加工开始时要设置加工坐标系，用G92指令可建立加工坐标系；用G54～G59指令可选择加工坐标系。

动手操作——建立加工坐标系

01 打开本例源文件 ex_6.CATProcess。

02 在 P.P.R 程序树中的 ProductList 节点下双击“生料 .1”子节点（为毛坯零件），进入该毛坯零件的零件设计工作台。

03 单击“参考图元”工具栏中的“点”按钮▪，弹出“点定义”对话框。选择“点类型”为“之间”，选取毛坯零件顶面的两个边角点，随后单击“中点”按钮确定两点之间的中点就是所需的点，单击“确定”按钮创建“点 .1”，如图 23-45 所示。

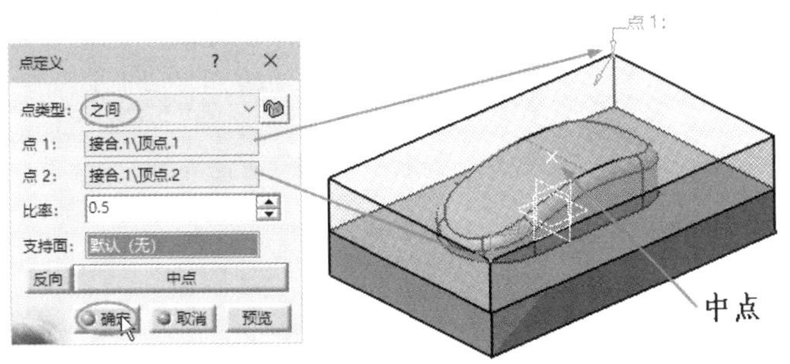

图 23-45

04 在 P.P.R. 程序树中双击 Process（流程）节点，返回数控加工工作台（二轴半加工工作台），双击中 Process（流程）节点下的“加工设定 .1”节点，弹出“零件加工动作”对话框。

05 单击“零件加工动作”对话框中的“参考加工轴系”按钮，弹出 Default reference machining axis for Part Operation.1（加工轴系 .1）对话框，如图 23-46 所示。

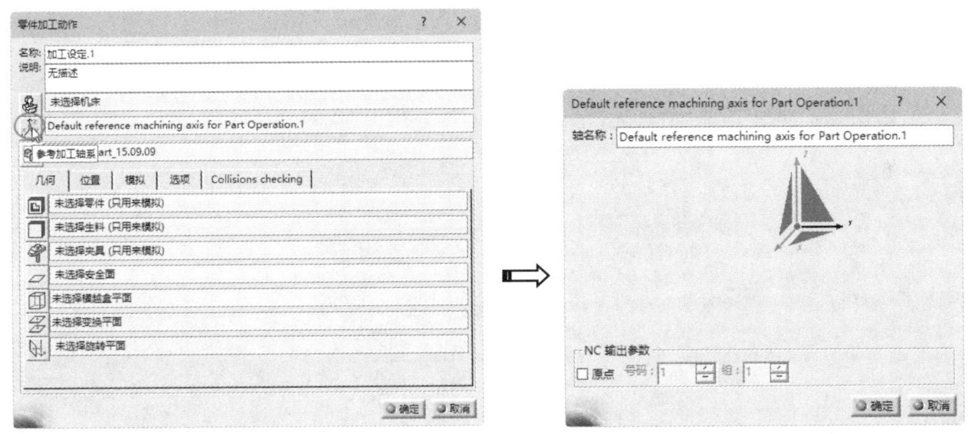

图 23-46

技术要点：

设置加工坐标系的快捷方式是，在“加工特征”工具栏中单击“加工轴系”按钮，直接弹出“加工轴系.1”对话框进行加工坐标系的设定。也可以选中图形区中的加工坐标系进行隐藏或显示，隐藏加工坐标系就是右击坐标系，在弹出的快捷菜单中选择“隐藏/显示”选项即可。要想重新显示加工坐标系，在“加工特征”工具栏中单击“加工浏览器”按钮，在弹出“制造视图”浏览器窗口中右击隐藏的加工坐标系，在弹出的快捷菜单中选择“隐藏/显示”命令即可，如图23-47所示。

06 在“轴名称”文本框中输入“NC 加工坐标系”作为坐标系名称，再单击红色坐标原点（点的位置）图标，即可选择“点 1”作为加工坐标原点，如图 23-48 所示。

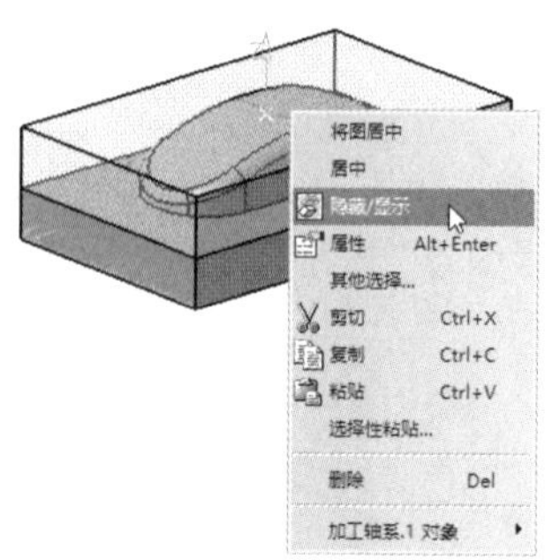

隐藏加工坐标系　　显示或隐藏加工坐标系

图 23-47

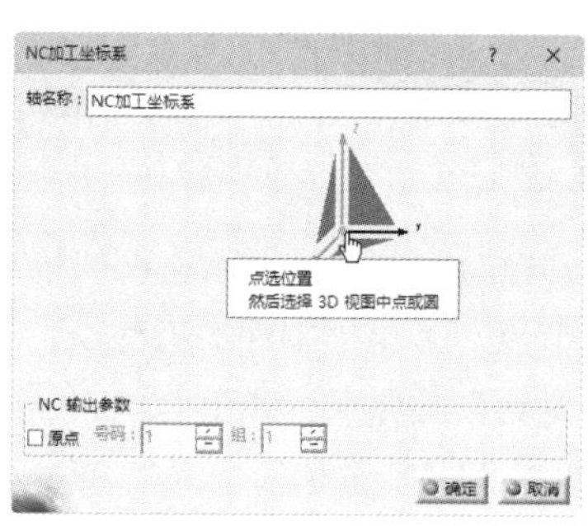
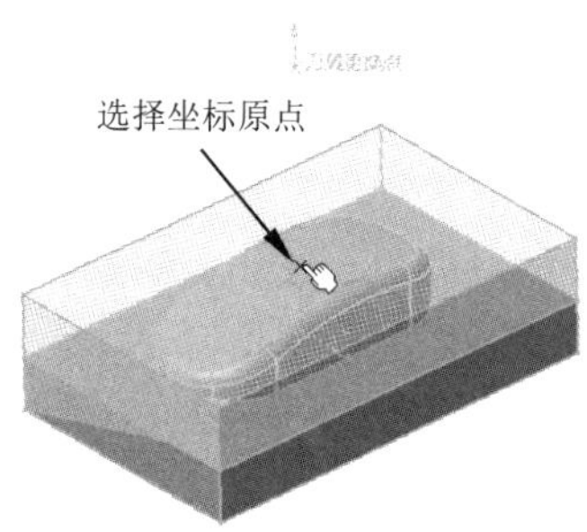

图 23-48

07 单击对话框中的“X 轴”，系统弹出 Direction X 对话框，单击“反向”按钮调整 X 轴向，单击“确定”按钮完成设置，如图 23-49 所示。

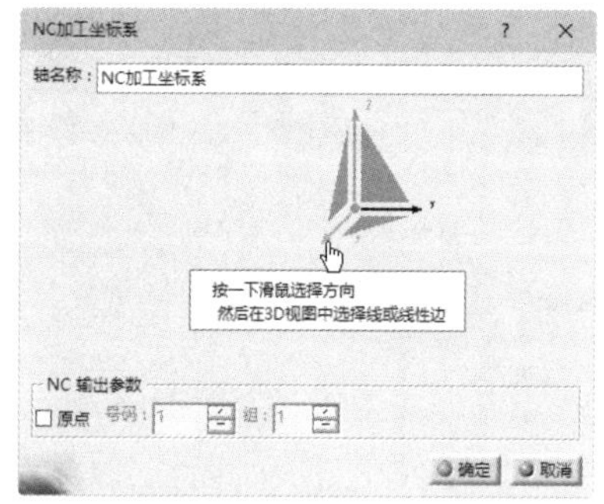
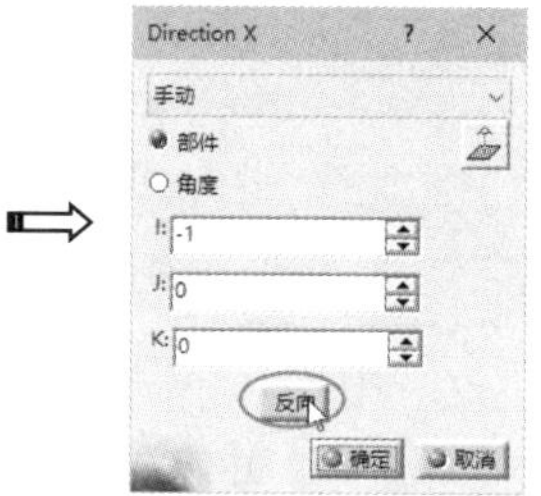
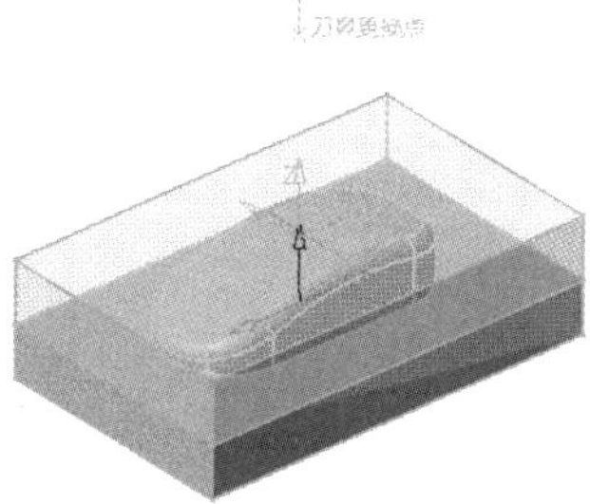

图 23-49

技术要点：

创建的加工坐标系尽可能与机床坐标系保持一致。机床坐标系的Z轴是刀具的运动方向，并且刀具向上运动为正方向，即远离工件的方向。当面对机床进行操作时，刀具相对于工件的左右运动方向为X轴，并且刀具相对工件向右运动时为X轴的正方向，Y轴方向可用右手法则确定。

23.2.5 安全平面

安全高度是为了避免刀具碰撞工件或夹具而设定的高度，即在 Z 轴上的偏移值，由安全平面定义。在铣削过程中，如果刀具需要转移位置，将会退到这一高度，然后再进行 G00 插补到下一个进刀位置。一般情况下，这个高度应大于零件的最大高度（即零件的最高表面）。

技术要点：

加工过程中，当设定为抬刀时，刀具将先提高到安全平面，再在安全平面上移动，否则将直接在两点之间移动而不提刀。直接移动可以节省抬刀时间，但是必须要注意安全，在移动路径中不能有凸出的部位。在粗加工时，对较大面积的加工通常建议使用抬刀，以便在加工时可以暂停，对刀具进行检查。而在精加工时，经常不抬刀以加快加工速度，特别是像角落部分的加工，抬刀将使加工时间大幅延长。

动手操作——设置安全平面

01 打开本例源文件 ex_7.CATProcess，如图 23-50 所示。

02 双击 P.P.R. 程序树中 Process（流程）节点下的“加工设定 .1”节点，弹出“零件加工动作”对话框，如图 23-51 所示。

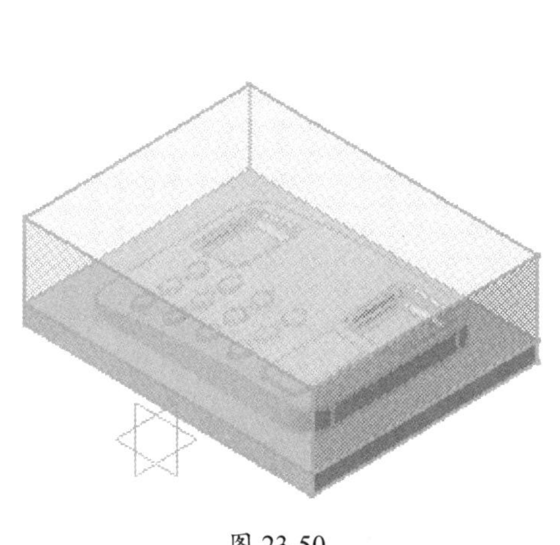

图 23-50

图 23-51

03 单击“安全面”按钮，状态栏中提示“选择平面或点以定义安全平面”，在图形区中选择毛坯上表面，系统将自动创建一个安全平面，如图 23-52 所示。

04 但此安全平面还未达到刀具提刀和下刀的安全高度，因此，需要编辑此安全平面。在“零件加工动作”对话框未关闭的情况下，右击安全平面，在弹出的快捷菜单中选择“预留”命令，如图 23-53 所示。

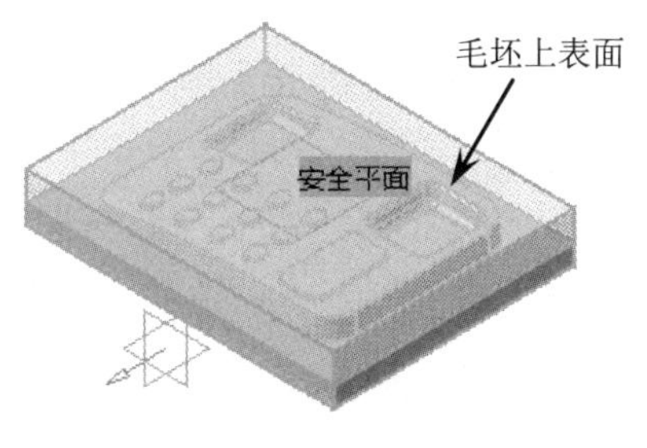

图 23-52

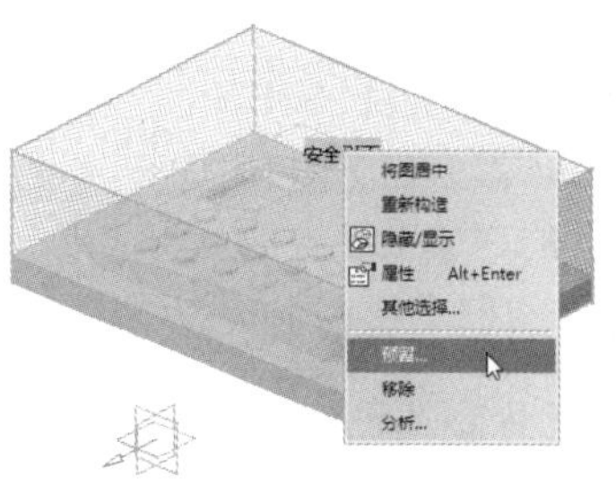

图 23-53

05 弹出“编辑参数”对话框，在“厚度”文本框中输入 10mm，单击“确定”按钮完成安全平面的设置，如图 23-54 所示。

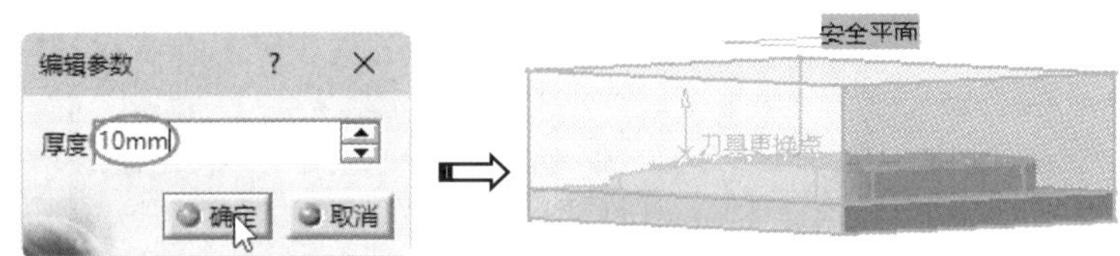

图 23-54

技术要点：

安全高度一般设置为工件最高表面高度再加10～20mm。

06 单击“零件加工动作”对话框中的“确定”按钮完成安全平面的创建。

23.2.6 创建新的加工设定

加工设定是 CAM 加工的对象及工序的组合，记录了制造资源和相关参考数据。一个待加工零件如果结构比较复杂（既有平面也有曲面），那么，需要多个“加工设定”操作来共同完成铣削加工。

进入铣削加工工作台时，系统会自动创建一个“加工设定 .1”的加工操作。下面介绍如何重新建立“加工设定”操作。

动手操作——创建“加工设定”操作

01 打开本例源文件 ex_8.CATProcess，此时的 P.P.R 程序树如图 23-55 所示。

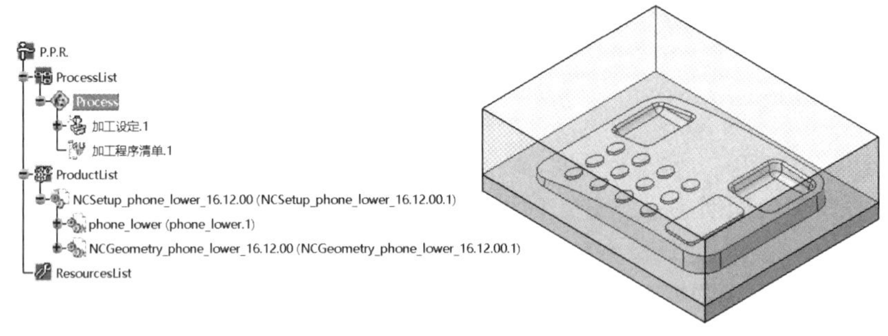

图 23-55

02 在“制造程序”工具栏中单击“加工程序”按钮，根据系统提示“选择要在其后插入新步序参考步序”，然后在 P.P.R. 程序树中选择“加工设定 .1”子节点，此时会在“加工设定 .1”子节点后插入新的“加工设定 .2”子节点，如图 23-56 所示。

提示：

图标按钮的中文提示应正确翻译为“加工工序”，或与“加工设定”统一。

03 双击P.P.R.程序树中Process（流程）节点下的"加工设定.2"节点，弹出"零件加工动作"对话框，在该对话框中为零件操作选择机床、加工坐标系、加工零件以及毛坯、夹具等，完成后单击"确定"按钮，如图23-57所示。

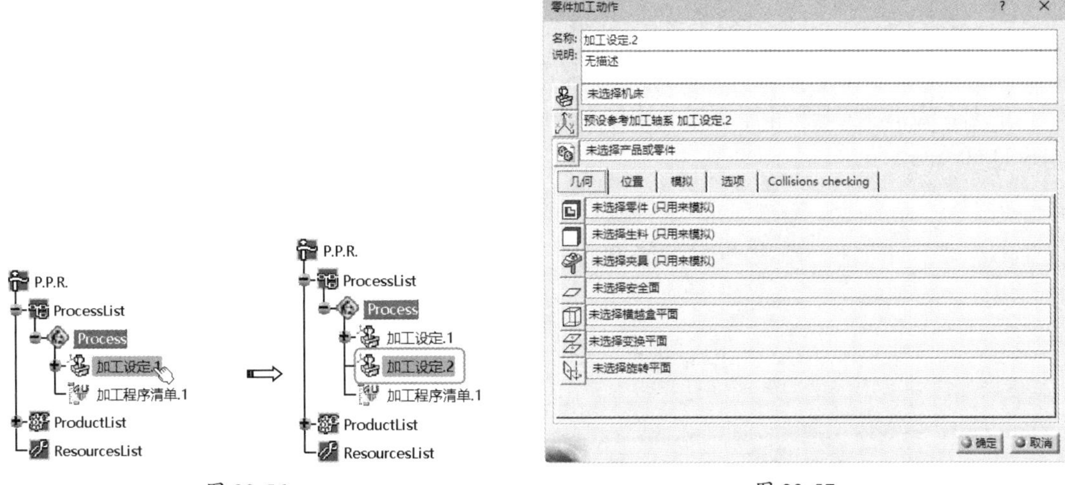

图 23-56　　图 23-57

04 一个完整的加工工序还包括制造程序（也就是NC加工的程序文件）。单击"制造程序"工具栏中的"制造程序"按钮，根据系统提示"选择要在其后插入新步序参考步序"，在P.P.R.程序树中选择"加工设定.2"子节点，随后在"加工设定.2"子节点中插入"制造程序.2"子节点，如图23-58所示。

05 双击P.P.R.程序树中Process（流程）节点下的"制造程序.2"节点，弹出"制造程序.2"对话框，如图23-59所示。通过该对话框将外部的NC加工程序文件载入当前加工工作台，完成零件的铣削加工。

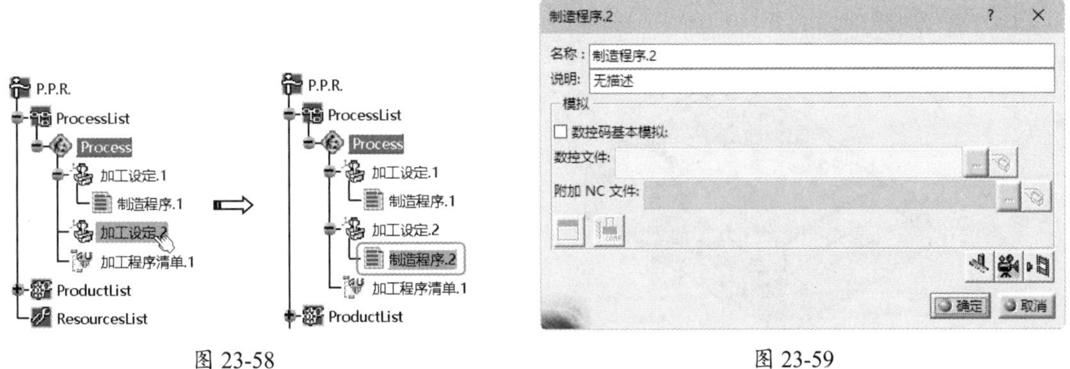

图 23-58　　图 23-59

23.3 通用参数设置

除了前面介绍的加工操作之前的准备工作，还有各种铣削加工的通用参数需要提前了解，例如刀具的设定与参数编辑、后处理及刀路仿真等。

23.3.1 创建与管理刀具

在加工过程中，刀具是从工件上切除材料的工具，因此定义刀具是CAM编程的重要内容之一，每个加工操作都需要指定一把加工刀具。

在一个加工操作（也称“加工工序”）中，可以使用“刀具参数”选项卡来定义，可对当前加工操作所使用的加工刀具进行创建、设置及管理。

在“辅助动作”工具栏中单击刀具图标右侧的下三角按钮，可单独显示“刀具更换”工具栏，如图23-60所示。

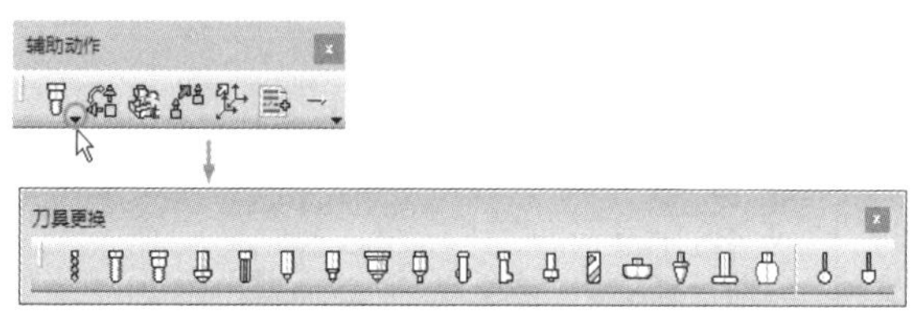

图 23-60

动手操作——建立并替换加工刀具

01 启动CATIA V5-6R2017，打开本例源文件ex_9.CATProcess，如图23-61所示。

02 单击“刀具更换”工具栏中的“端铣刀更换”按钮，在程序树上选择插入刀具的Resources List节点，弹出“刀具创建”对话框，如图23-62所示。

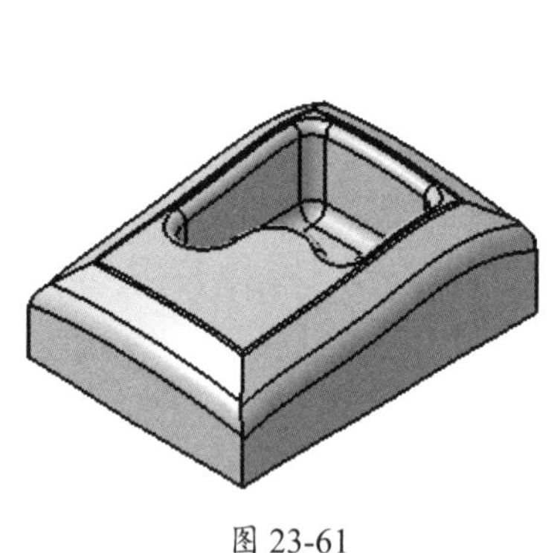

图 23-61

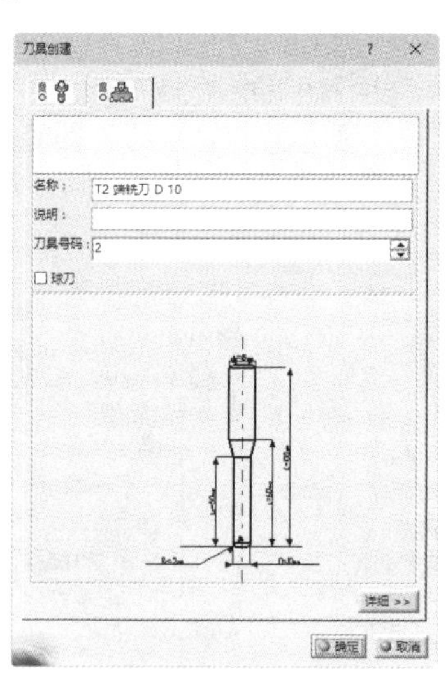

图 23-62

提示：

刀具放置在ResourcesList节点中，可以被所有“加工设定”的“制造程序”使用，也可将刀具直接插入“制造程序”子节点。

03 单击“详细”按钮，可展开“刀具创建”对话框中的刀具、刀刃、进给率和速度、刀具补偿等设置选项。

04 单击“几何图元”选项卡，用于设置刀具直径、刀具圆角、全长、切削刃长度、长度、刀柄本体直径、外部直径和切削角度等参数，如图 23-63 所示。

05 单击“技术”选项卡，用于设置刀刃数目、刀具旋转方向、加工质量、刀具轴向倾斜角度、刀具半径倾斜角度、刀齿材料、刀具寿命等，如图 23-64 所示。

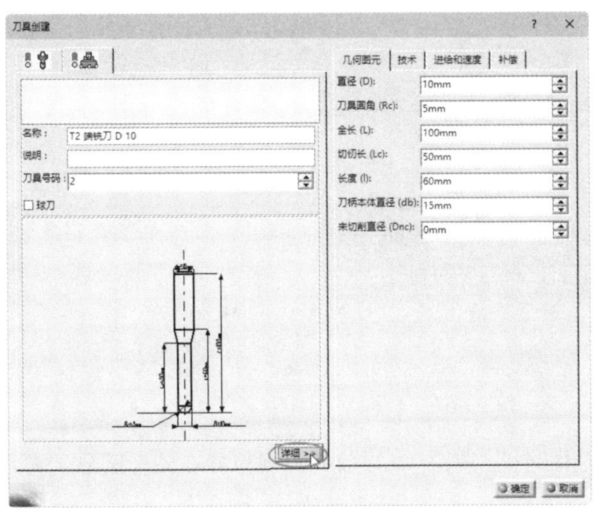

图 23-63

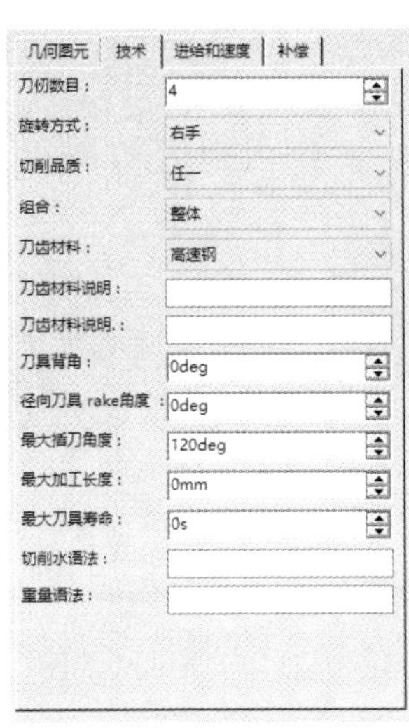

图 23-64

06 单击“进给和速度”选项卡，用于设置粗加工和精加工时的进给量和切削速度，如图 23-65 所示。

07 单击“补偿”选项卡，用于定义刀具补偿 ID 和补偿编号，如图 23-66 所示。刀具参数设置完成后单击“确定”按钮完成刀具的创建。

图 23-65

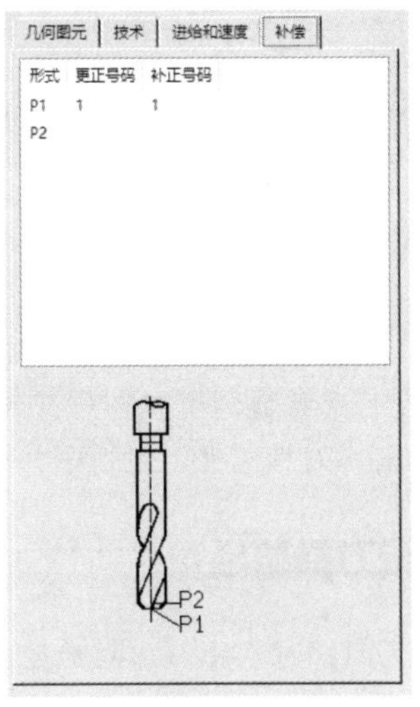

图 23-66

08 双击 P.P.R 程序树中“加工设定 .1”|“制造程序”子节点下的“换刀 .1”加工节点，弹出“换刀 .1”对话框。

09 单击“换刀 .1”对话框中的“选择文件中刀具”按钮，弹出“搜索刀具”对话框，选择“T2 端铣刀 D10”刀具，以替换当前加工设定中的刀具，如图 23-67 所示。

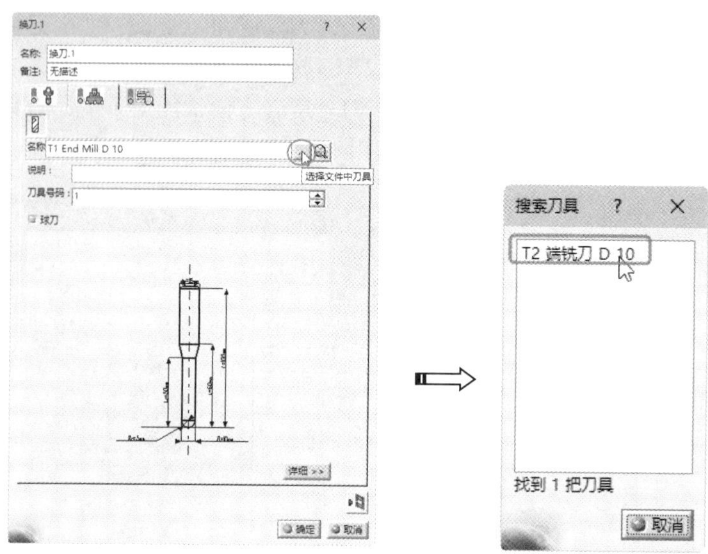

图 23-67

10 单击“换刀.1”对话框底部的“播放刀具路径”按钮，播放刀具模拟并在图形区显示刀路轨迹，如图 23-68 所示。

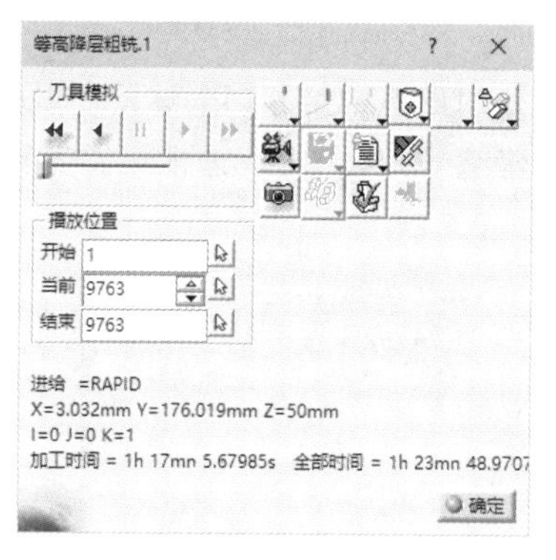

图 23-68

11 如果需要修改刀具参数，可以在程序树中的 ResourcesList 节点下双击“T2 端铣刀 D 10”刀具节点，重新弹出“刀具定义”对话框并修改刀具参数。

23.3.2 编辑刀具路径

利用“编辑刀具路径”工具可对数控加工中整个刀路进行编辑。

编辑刀路可以简化编程，例如利用刀路变换功能（相当于工作台旋转功能）来实现多工位零件的加工。

动手操作——编辑刀具路径

01 打开本例源文件 ex_10.CATProcess，如图 23-69 所示。

02 刀路锁定。在程序树中右击“多轴导向切削.1（已计算）”子节点，在弹出的快捷菜单中选择“多

轴导向切削 .1”|“锁定”选项，锁紧刀路，如图 23-70 所示。

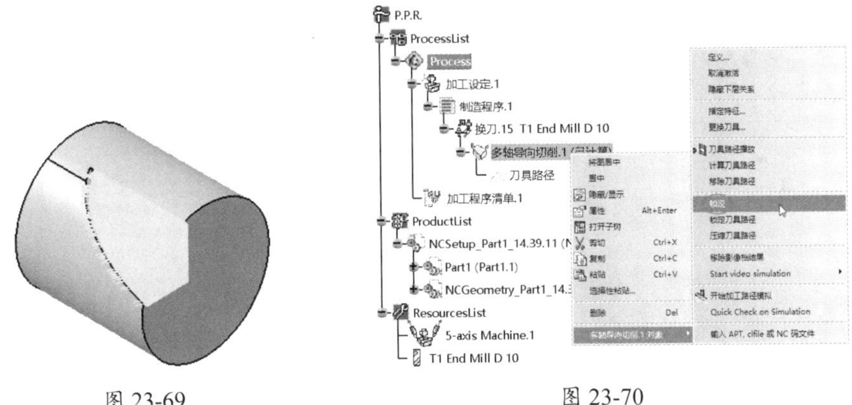

图 23-69　　　　图 23-70

技术要点：

要编辑刀路，首先要锁定刀路，然后编辑刀路的工具才能使用。

03 刀路复制。在程序树上选择“多轴导向切削 .1”子节点，右击，在弹出的快捷菜单中选择“复制”选项，复制此切削操作，如图 23-71 所示。

04 在程序树上选中“多轴导向切削 .1”子节点，按快捷键 Ctrl+V 粘贴复制的刀路，如图 23-72 所示。

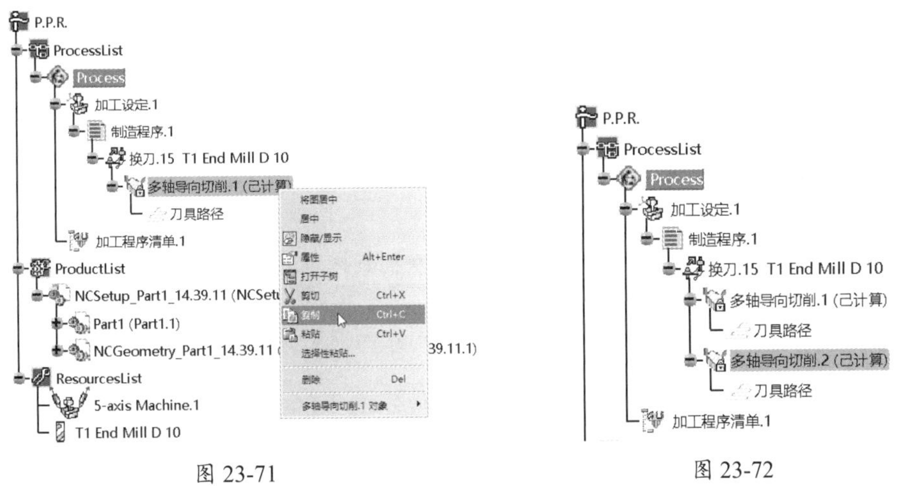

图 23-71　　　　图 23-72

05 刀路旋转。右击“多轴导向切削 .2”子节点下的“刀具路径”节点，在弹出的快捷菜单中选择“刀具路径对象”|“编辑”选项（或在“刀具路径管理”工具栏中单击“编辑刀具路径”按钮），弹出“多轴导向切削 .2”对话框，如图 23-73 所示。

06 单击“旋转”按钮，并双击图形区中的“角度 =0”，在弹出的“角度”对话框中输入 90deg，单击“确定”按钮，如图 23-74 所示。

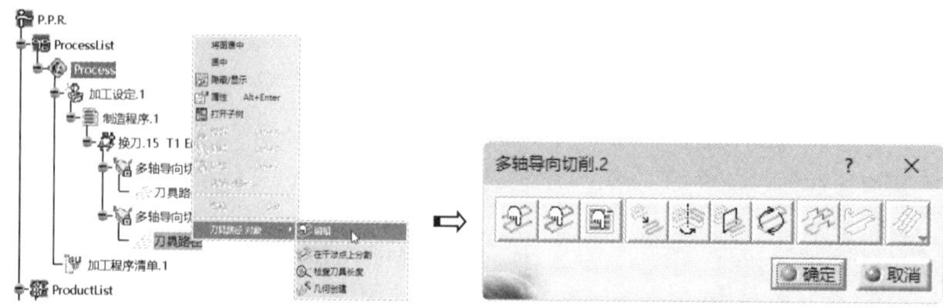

图 23-73

技术要点：

刀路旋转时，首先要输入旋转角，然后再选择旋转轴线。

07 在图形区双击圆柱体的轴线，确定该轴线为旋转轴，单击“多轴导向切削 .2”对话框中的“确定”按钮完成刀路旋转，如图 23-75 所示。

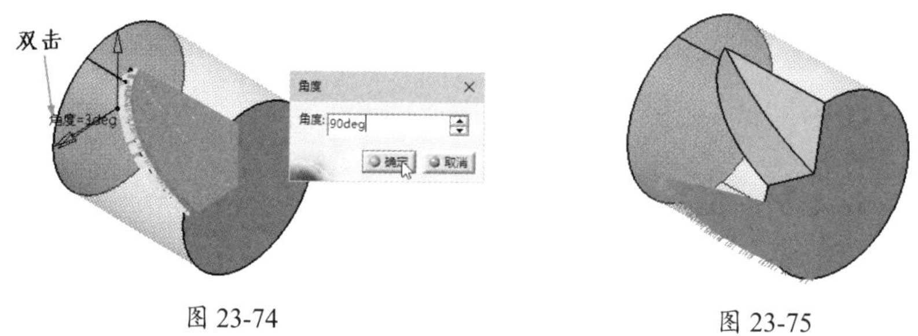

图 23-74　　图 23-75

08 若要进行刀路的其他编辑，可在“多轴导向切削 .2”对话框中单击转换工具按钮进行操作。

23.3.3　刀路仿真

刀路仿真可以直观地观察刀具的运动过程，以检验各种参数定义的合理性。

动手操作——刀路仿真

01 打开本例源文件 ex_11.CATProcess，如图 23-76 所示。

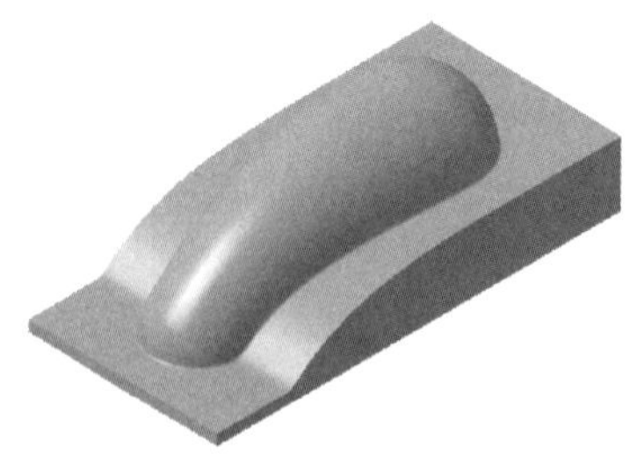

图 23-76

02 在 P.P.R 程序树中 ProcessList 节点下右击“等高降层粗铣 .1”加工节点，在弹出的快捷菜单中选择“等高降层粗铣 .1 对象”|“刀具路径播放”选项，弹出“等高降层粗铣 .1”对话框，同时在图形区中显示刀路轨迹，如图 23-77 所示。

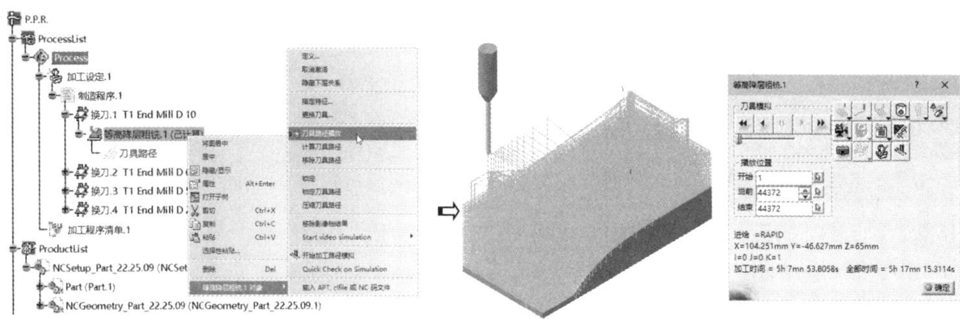

图 23-77

技术要点：

也可以在程序树中单击选中要进行模拟的铣削操作，并在“NC输出管理”工具栏中单击“刀具路径播放”按钮，打开该铣削操作的刀具模拟对话框。

03 在“等高降层粗铣 .1”对话框中单击“往后播放”按钮可模拟刀具加工零件的动画，如图 23-78 所示。

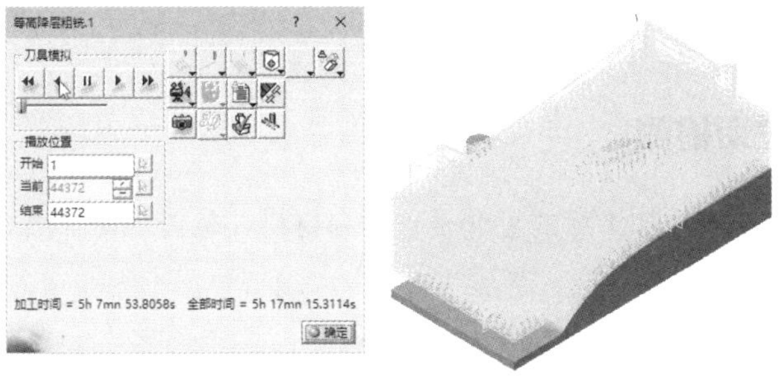

图 23-78

技术要点：

“等高降层粗铣.1”对话框中显示的信息有进给量(Feedrate)、当前刀尖的位置（X、Y、Z）和刀具轴的方向（I、J、K）、加工时间和全部时间。全部时间包括加工时间和非加工时间（例如进刀退刀时间等）。

04 单击“等高降层粗铣 .1”对话框中的“相片”按钮，将显示铣削加工的 3D 材料去除结果，如图 23-79 所示。

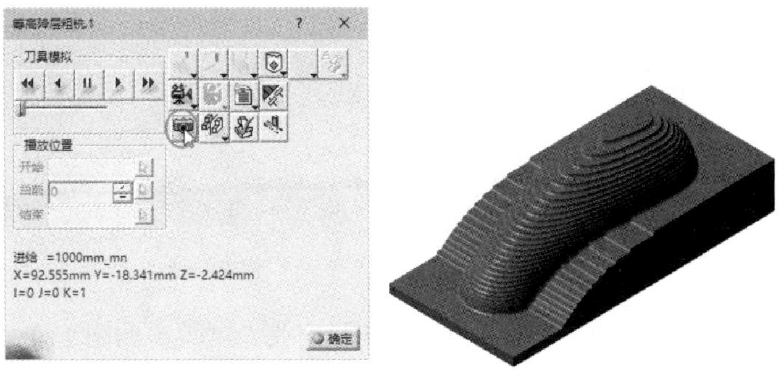

图 23-79

技术要点：

“等高降层粗铣.1”对话框中有3种仿真动画的播放形式，介绍如下。

- “完整影片”：模拟整个零件操作或制造过程材料去除的过程。
- “最近一次储存影片”：显示先前已存储的结果后的材料去除情况。
- “相片或影片混合”：照片显示选择操作之前的材料去除情况，视频模拟所选择的操作。

05 单击“最近一次储存影片”按钮，再单击“向前播放”按钮，将模拟零件切削加工过程和结果，如图 23-80 所示。

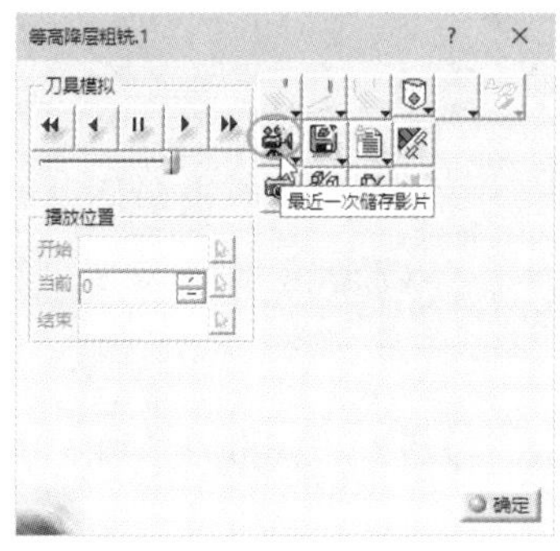

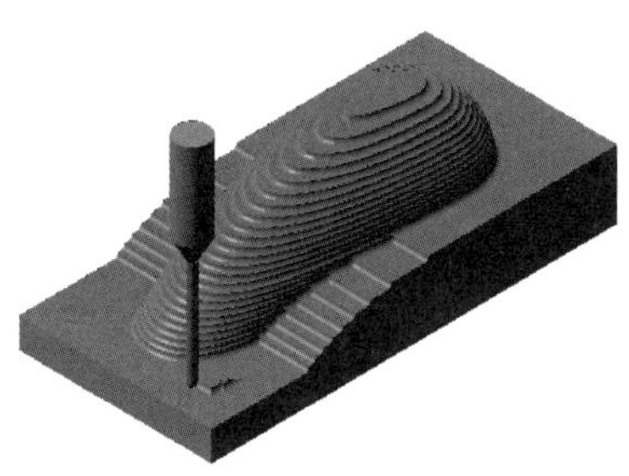

图 23-80

23.3.4　余量 / 过切检测

余量 / 过切检测用于分析加工后的零件是否剩余材料、是否过切，然后修改加工参数，以达到所需的加工要求。

动手操作——余量 / 过切检测

01 打开本例源文件 ex_12.CATProcess，如图 23-81 所示。

02 在 P.P.R 程序树中 ProcessList 节点下右击 Facing.1 加工节点，在弹出的快捷菜单中选择“Facing.1 对象”|“刀具路径播放”选项，弹出 Facing.1 对话框，同时在图形区中显示刀路轨迹，如图 23-82 所示。

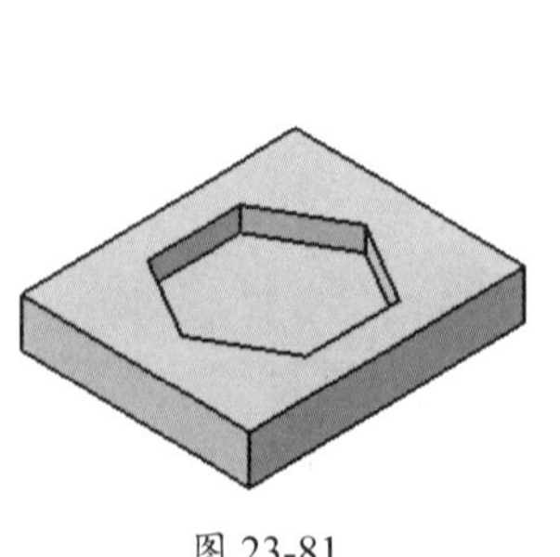

图 23-81

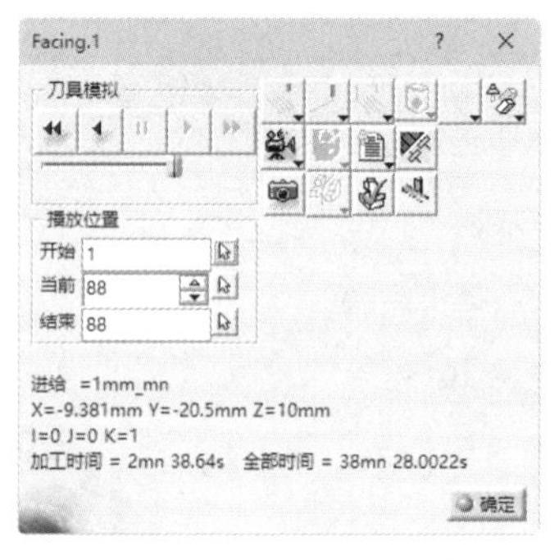

图 23-82

03 单击 Facing.1 对话框中的“相片”按钮，显示材料去除结果，如图 23-83 所示。

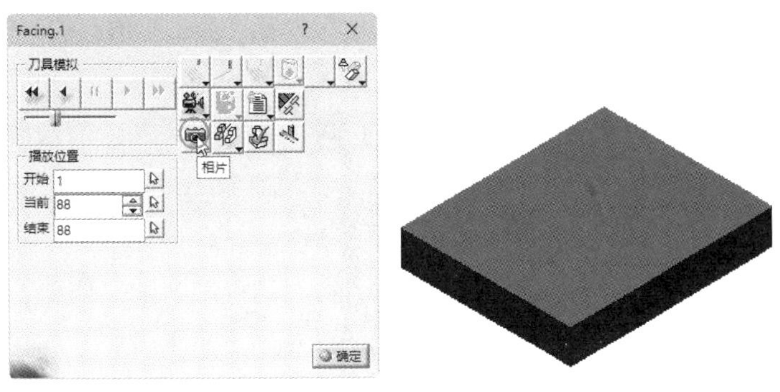

图 23-83

提示：

如果单击“相片”按钮，弹出“错误”对话框，说明加工零件没有载入正确，需要重新载入一次。即在程序树中双击“加工设定.1”子节点，弹出“零件加工动作”对话框。单击“产品或零件”按钮，从本例源文件夹中打开NCSetup_Part4_11.31.34.CATProduct文件即可。

04 余量检测。单击“分析”按钮，弹出 Analysis 对话框，选中“剩余材料”复选框，再设置相关参数，单击“应用”按钮图形区中显示余量检测结果，如图 23-84 所示。

05 过切检测。在 Analysis 对话框中选中“刀伤”复选框，然后在“刀伤”选项卡中设置相关参数如图 23-85 所示。

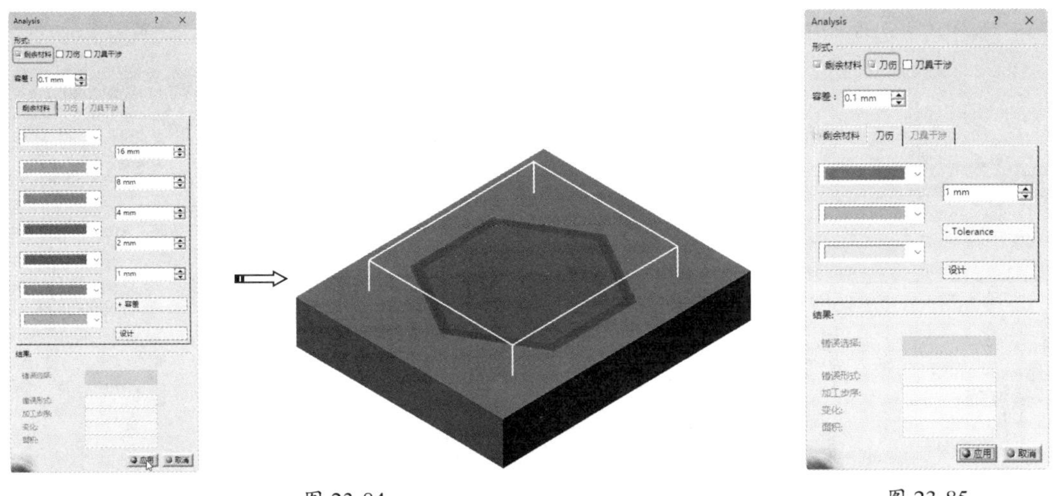

图 23-84

图 23-85

06 单击“应用”按钮，如果没有过切现象将不会出现任何的信息提示对话框。

23.3.5 后处理设置

后处理是为了将加工操作中的加工刀路转换为数控机床可以识别的数控程序（NC 代码）。

动手操作——后处理设置

01 打开本例源文件 ex_13.CATProcess，如图 23-86 所示。

02 执行“工具”|“选项”命令，在“选项”对话框中设置“加工”节点的“输出”选项。左侧选项栏选中“加工”选项，弹出“选项”对话框，单击“输出”选项卡，如图 23-87 所示。

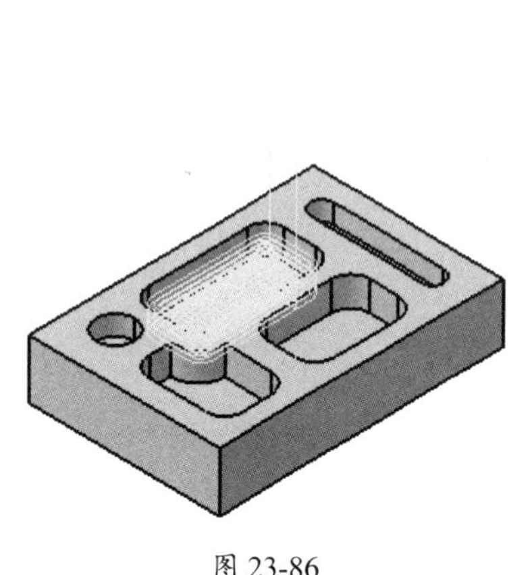

图 23-86

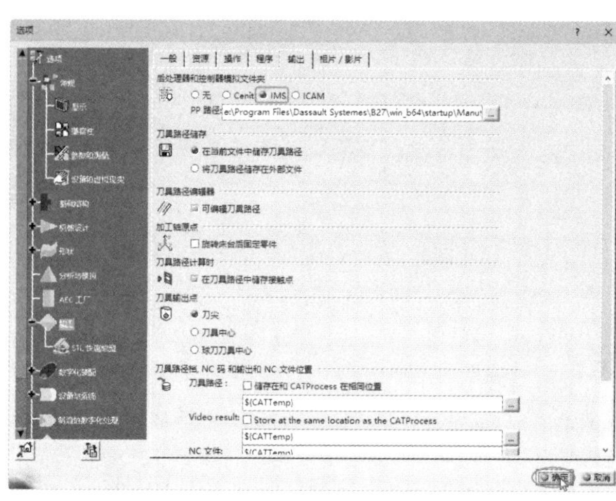

图 23-87

03 在程序树中右击“制造程序 .1”节点，在弹出的快捷菜单中选择“制造程序 .1 对象”|“在交互式作业中产生 NC 码”选项，如图 23-88 所示。

04 弹出“以互动方式产生 NC 码”对话框。选择“NC 资料形式”下拉列表中的“NC 代码”选项，在“输出文件”选项下设置输出数据文件路径，如图 23-89 所示。

05 在“NC 码”选项卡中的“IMS 后处理器文件”下拉列表中选择 fanuc0 选项，如图 23-90 所示。

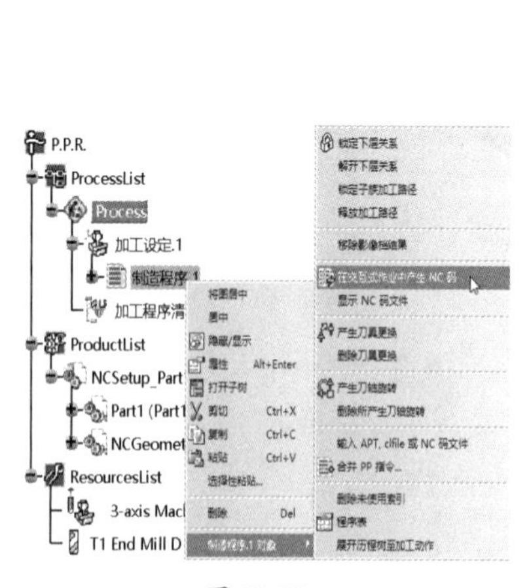

图 23-88

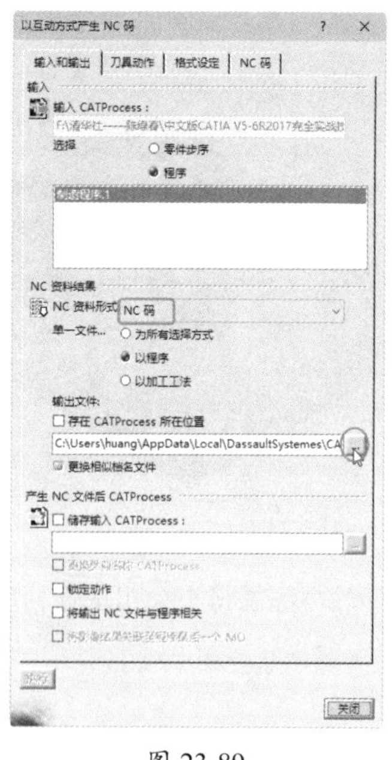

图 23-89

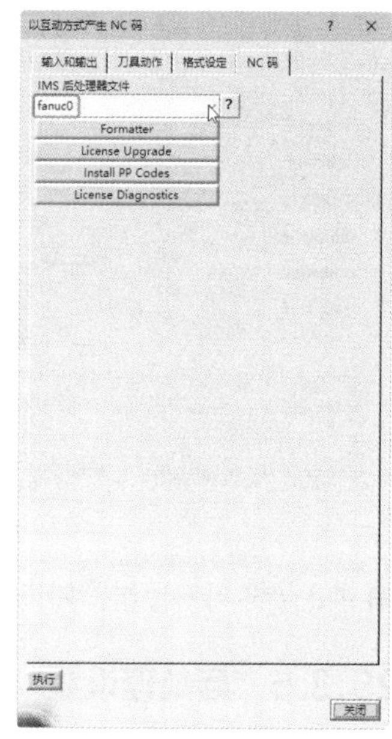

图 23-90

06 单击“执行”按钮，弹出 IMSpost-Runtime Message 对话框，用于输入程序号。

07 单击“执行”按钮，生成后处理程序后，弹出“加工信息”对话框，如图 23-91 所示，单击“确定”按钮完成。

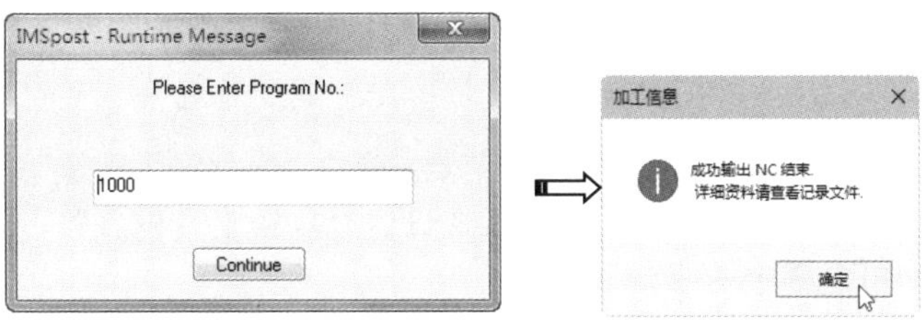

图 23-91

08 在生成的后处理程序文件中，用“记事本”程序打开后缀名为 CATNCCode 的加工文件，如图 23-92 所示，记事本文档中列出所有加工序列的加工代码。

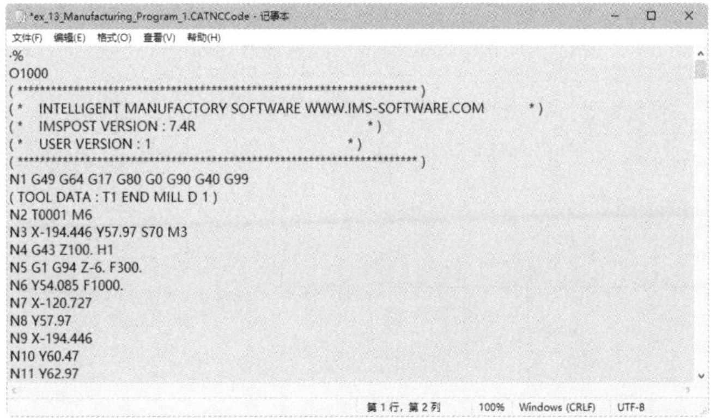

图 23-92

23.4 实战案例——机械零件型腔铣削加工

引入文件：\ 动手操作 \ 源文件 \Ch23\case\case.CATPrt

结果文件：\ 动手操作 \ 结果文件 \Ch23\case\NCSetup_Part1_08.32.51.CATProduct

视频文件：\ 视频 \Ch23\ 安装盘型腔铣削加工 .avi

某安装盘的零件结构如图 23-93 所示。直壁凹槽侧壁面为直面，需要加工的面是槽腔表面（内孔除外），本例中通过型腔铣削方法来演示 CATIA 数控加工过程。

操作步骤

1. 打开模型文件进入加工模块

01 启动 CATIA V5-6R2017 后，打开本例源文件 case.catpart，打开后的加工模型如图 23-94 所示。

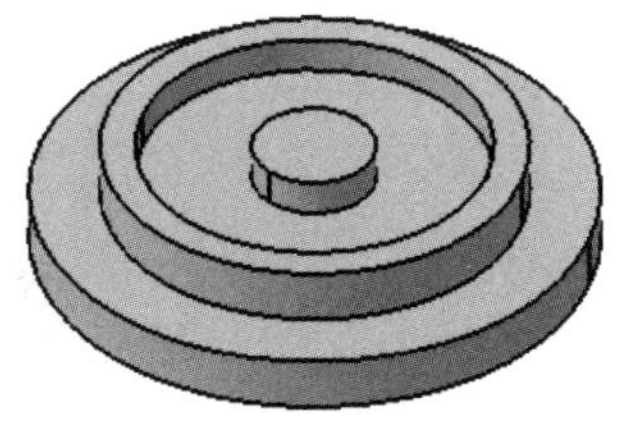

图 23-93

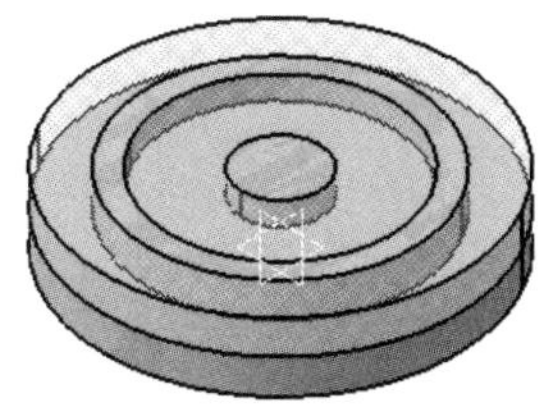

图 23-94

02 执行“开始”|“加工”|“二轴半加工”命令，进入 2.5 轴铣削加工环境。

2. 定义零件操作

01 机床设置。在程序树上双击“加工设定 .1”节点，弹出“零件加工动作”对话框，单击“机床”按钮，弹出“加工编辑器”对话框，保持默认设置“3- 轴工具机 .1”，单击“确定”按钮完成加工机床的选择，如图 23-95 所示。

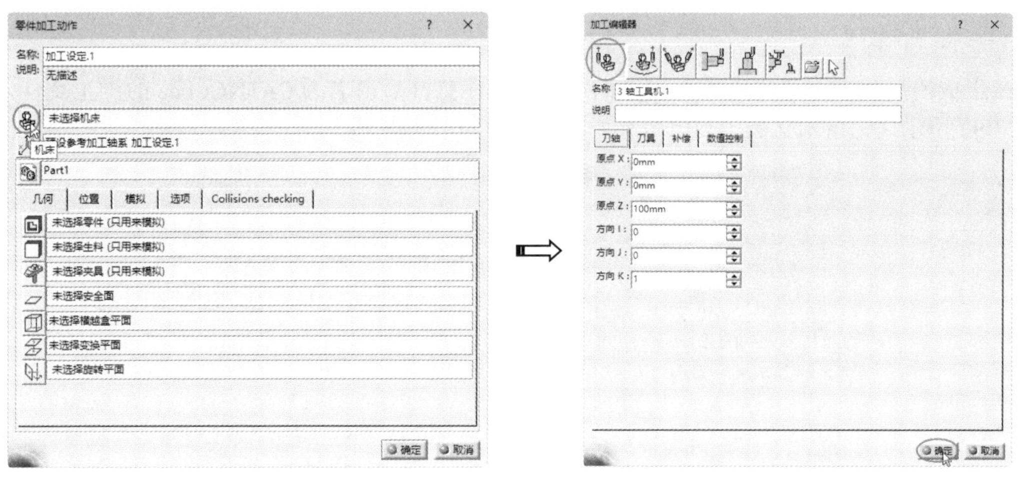

图 23-95

02 定义加工坐标系。单击“零件加工动作”对话框中的“参考加工轴系”按钮，弹出“NC 加工轴系”对话框。在“轴名称”文本框中输入“NC 加工轴系”作为加工坐标系的新名称，单击红色坐标原点后，再选择毛坯零件的边线圆（系统会自动拾取其原点）作为坐标原点参考，如图 23-96 所示。完成加工坐标系的定义后单击“确定”按钮返回“零件加工动作”对话框。

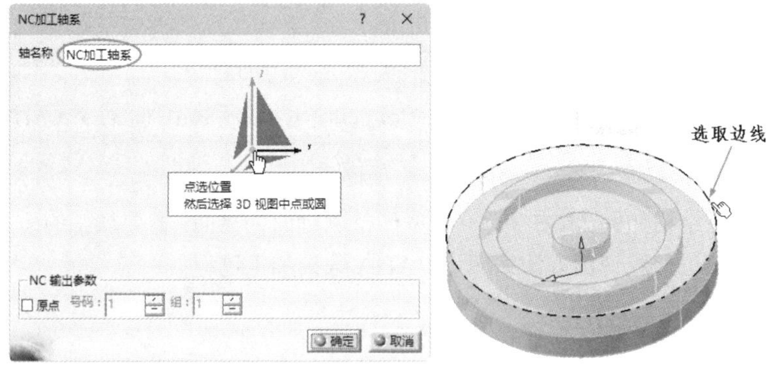

图 23-96

03 定义用于仿真模拟的加工零件。单击“设计用来模拟零件”按钮，在图形区中选取实体模型作为模拟加工零件，然后按 Esc 键返回“零件加工动作”对话框，如图 23-97 所示。

技术要点：

目标加工零件已经定义，此步骤选取的零件只是用来仿真模拟时显示3D加工的最终模型，跟目标加工零件没有关系，也就是可选可不选。

04 定义用于仿真模拟的毛坯零件。单击“用来模拟生料”按钮，在图形区选取外层实体模型作为毛坯零件，然后按 Esc 键返回“零件加工动作”对话框，如图 23-98 所示。

05 定义安全平面。在“零件加工动作”对话框的“几何”选项卡中单击“安全面”按钮，选取毛坯零件的上表面作为刀具避让的安全平面，右击所选的安全平面，在弹出的快捷菜单中选择“预留”选项，如图 23-99 所示。

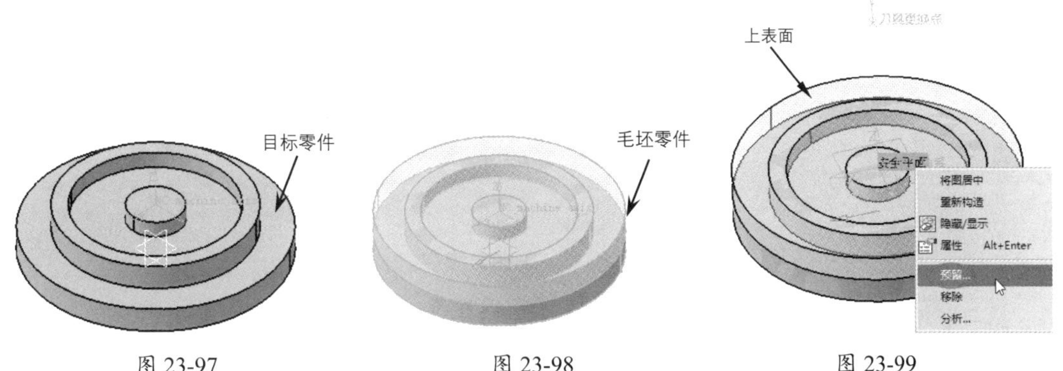

图 23-97　　图 23-98　　图 23-99

06 弹出“编辑参数”对话框，在“厚度”文本框中输入偏移值为 10，单击“确定”按钮完成安全平面的偏移设置，如图 23-100 所示。

07 按 Esc 键返回“零件加工动作”对话框中，单击“确定”按钮关闭对话框。

3. 定义铣削加工动作（加工方法）

01 在程序树中选择“制造程序 .1”子节点以激活该子节点，并在“加工动作”工具栏中单击“减重槽”按钮，弹出“槽铣 .1”对话框，如图 23-101 所示。

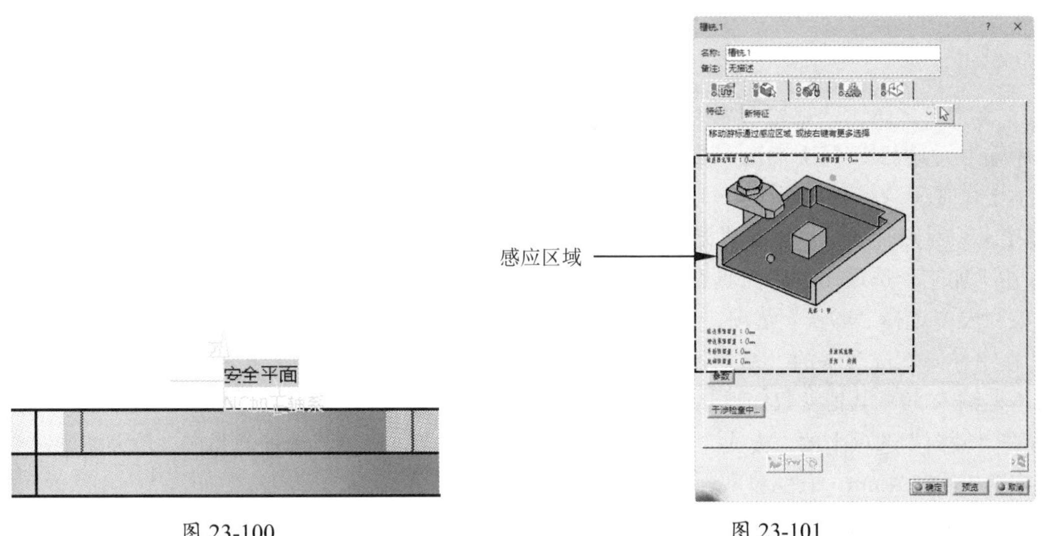

图 23-100　　图 23-101

提示：

图标名称为“减重槽”，实为翻译有误，准确来讲应翻译为“型腔铣”。同理，“槽铣”对话框的名称也应统一翻译为“型腔铣”。但为了保持软件汉化语言的完整性，仍使用默认名称。

02 定义加工几何。在“槽铣 .1”对话框中间位置的感应区域中单击选择底面感应区，底面感应区的颜色由深红色变成橙黄色，随后“槽铣 .1”对话框自动隐藏，在图形区中选取加工零件中的一个面作为型腔铣的加工底面，返回“槽铣 .1”对话框。此时底面和侧面感应区颜色都变为深绿色，如图 23-102 所示。

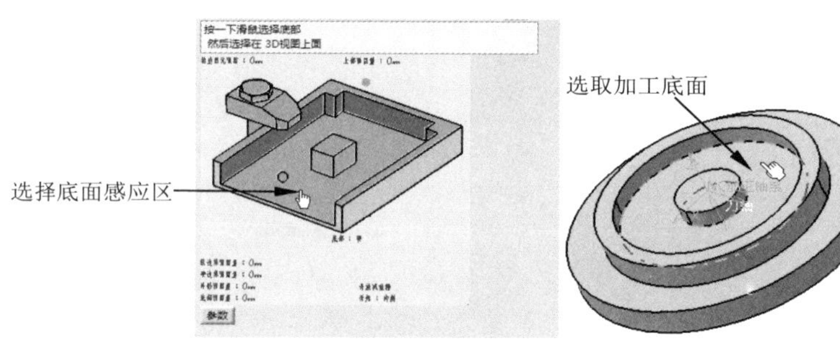

图 23-102

03 在感应区域中单击选择顶面感应区，再选择如图 23-103 所示的表面作为铣削加工顶面。单击“槽铣 .1”对话框中的“确定”按钮完成加工动作的定义。

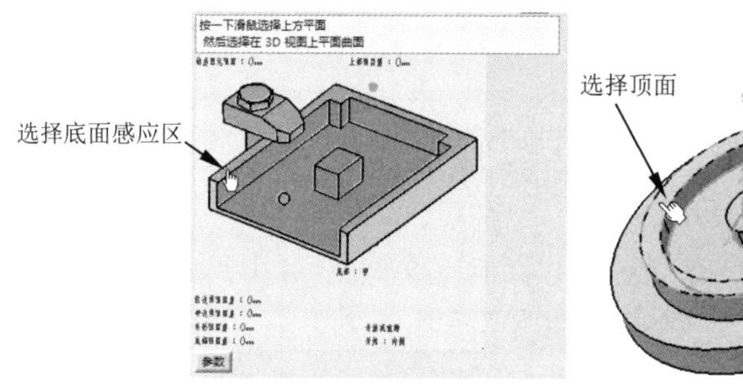

图 23-103

04 定义刀具。单击“槽铣 .1”对话框中的，切换到“刀具参数”选项卡。在“名称”文本框中输入刀具名称“T1 端铣刀 D8”。单击“详细”按钮展开刀具设置选项。在“几何图元”选项卡中设置刀具参数，如图 23-104 所示。

05 定义刀具路径参数。单击“槽铣 .1”对话框中的，切换到“刀具路径参数”选项卡。

06 在“加工”选项卡的“刀具路径形式”下拉列表中选择“向内螺旋”选项，在“切削方向”下拉列表中选择“顺铣”选项，其他选项采用系统默认，如图 23-105 所示。

07 在“径向”选项卡的“模式”下拉列表中选择“刀径比例”选项，并在“刀具直径百分比”文本框输入 50，其他参数保持默认，如图 23-106 所示。

08 在“轴向”选项卡的“模式”下拉列表中选择“最大切削深度”选项，并在“最大切削深度”文本框中输入 4mm，其他参数保持默认，如图 23-107 所示。

09 定义进退刀方式。单击“槽铣 .1”对话框中的，切换到“进退刀路径”选项卡。

10 在“辅助程序管理”选项区中选择“进刀”选项，在“当前辅助程序工具盒”选项区中的“模式”下拉列表中选择“斜进”选项，选择斜线进刀类型，如图 23-108 所示。

11 在“辅助程序管理”选项区的列表框中选择“退刀”选项，并在“模式”下拉列表中选择“轴向”选项，选择直线退刀类型，如图 23-109 所示。

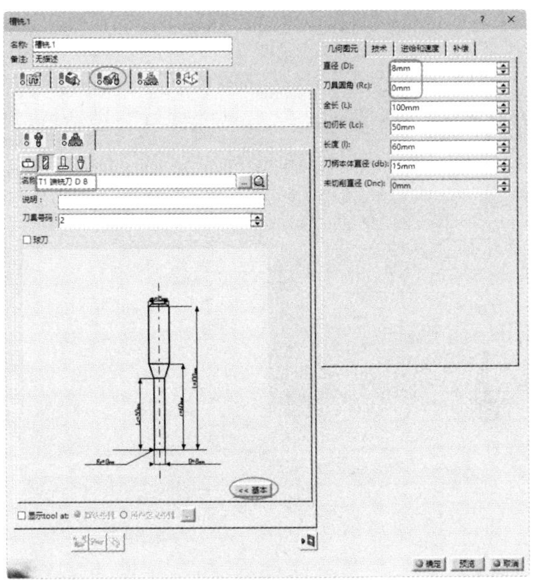

图 23-104

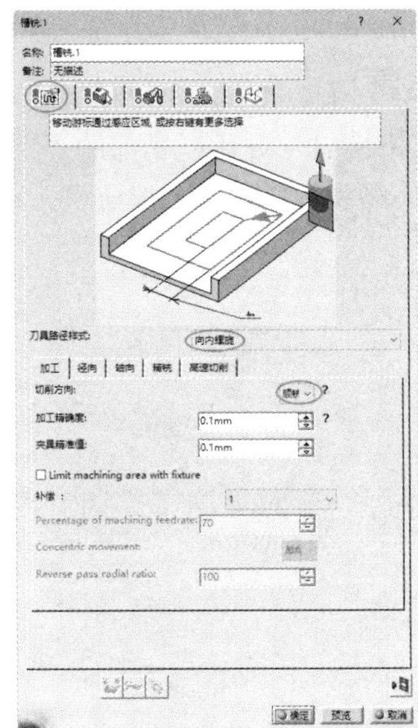

图 23-105

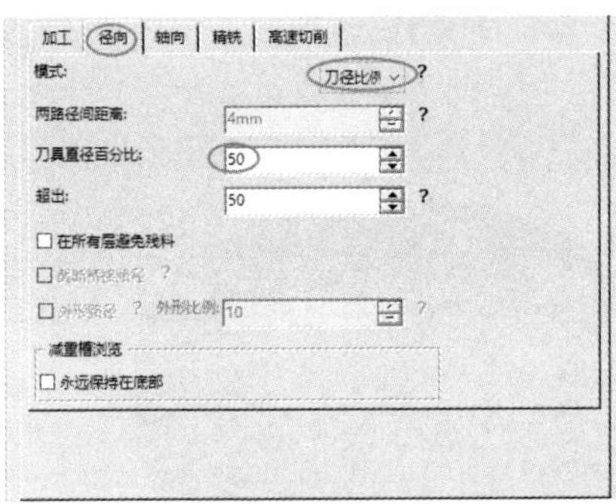

图 23-106

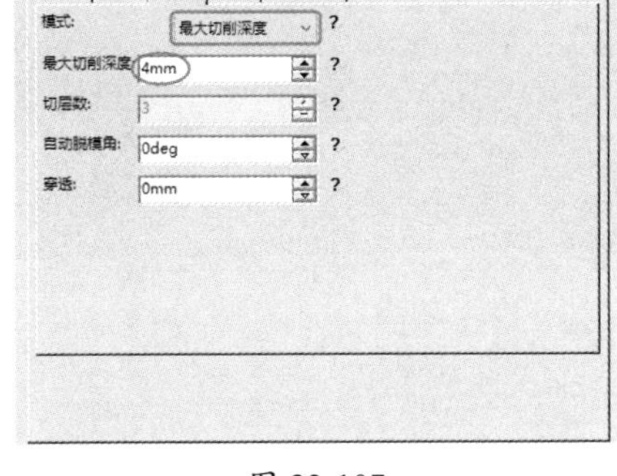

图 23-107

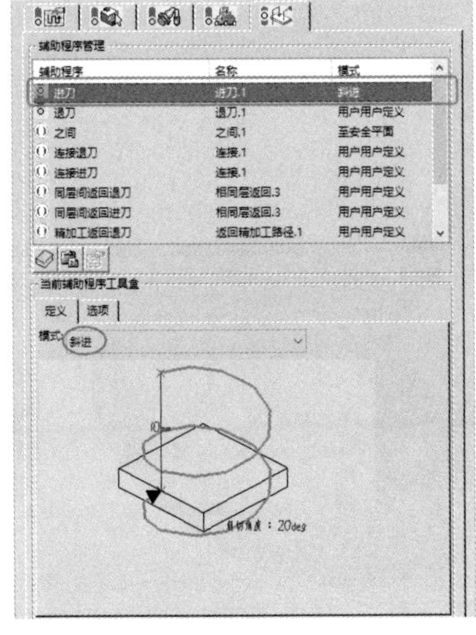

图 23-108

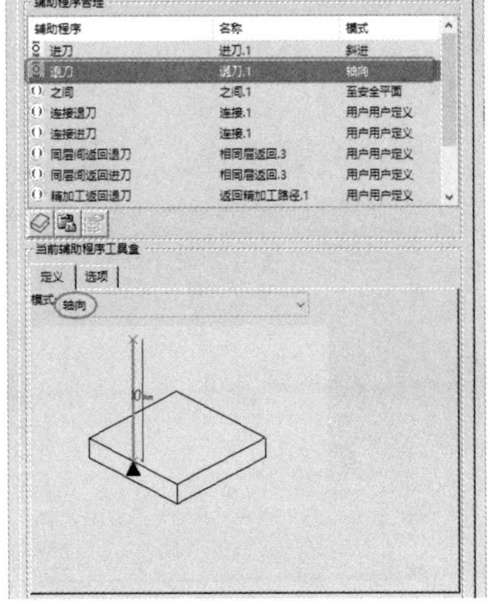

图 23-109

12 型腔铣削加工的各项参数设置完成后，单击“确定”按钮关闭对话框。

4. 刀路仿真

01 单击“槽铣 .1”对话框底部的“播放刀具路径”按钮，弹出“槽铣 .1”对话框，同时在图形区显示刀路轨迹，单击按钮可显示刀路路径过程，如图 23-110 所示。

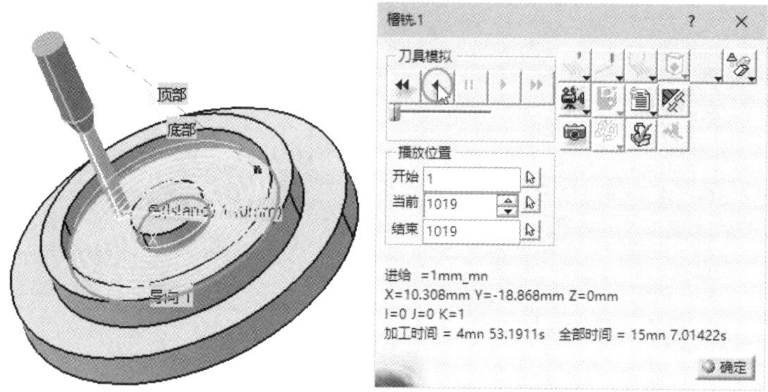

图 23-110

02 单击“槽铣 .1”对话框中的“相片”按钮，显示材料去除结果，如图 23-111 所示。

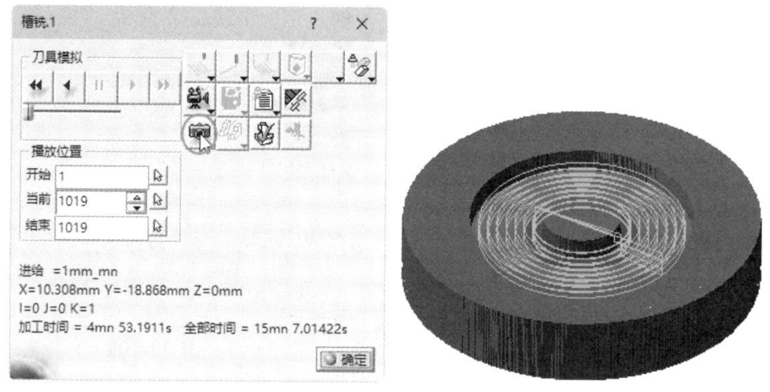

图 23-111

03 单击“最近一次储存影片”按钮，再单击“向前播放”按钮，显示实体加工过程和结果，如图 23-112 所示。

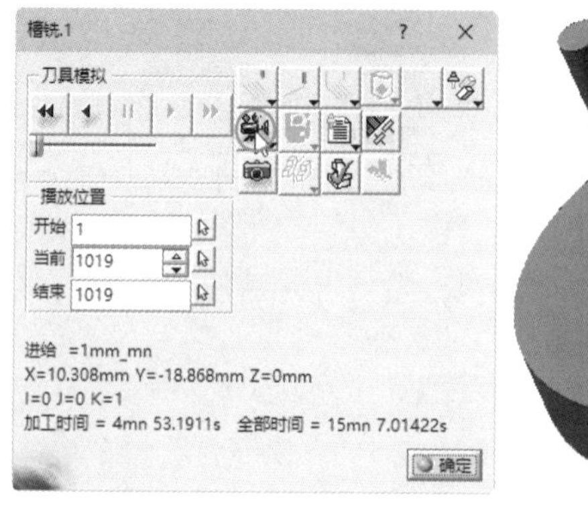

图 23-112

5. 后处理

01 执行“工具”|“选项”命令，弹出“选项”对话框，将左侧选项栏切换“加工”选项，在“输出”选项卡的“后处理和控制器模拟文件夹”选项区中选中 IMS 单选按钮，如图 23-113 所示。

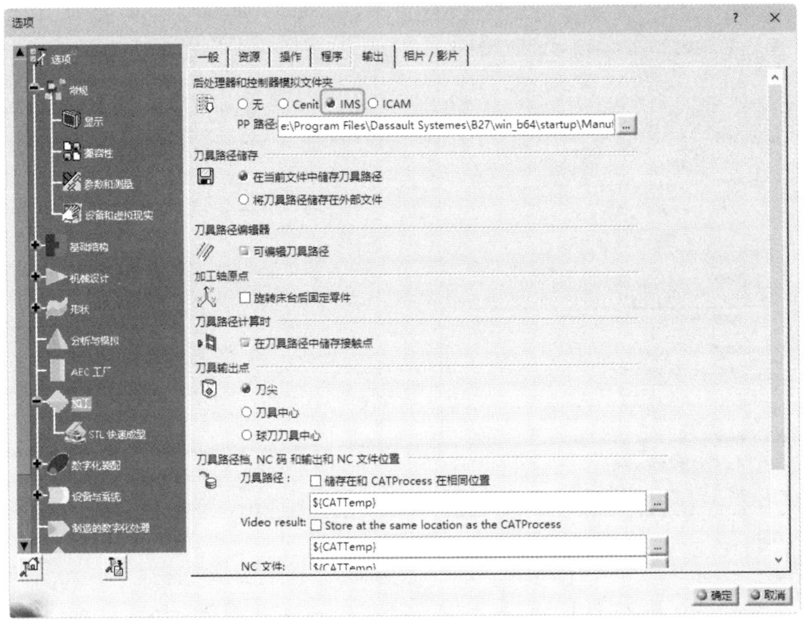

图 23-113

02 在程序树中右击“制造程序 .1”节点，在弹出的快捷菜单中选择“制造程序 .1 对象”|“在交互式作业中产生 NC 码”选项，如图 23-114 所示。

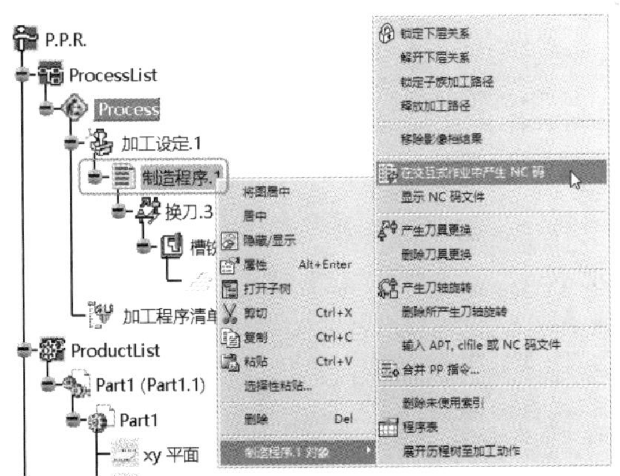

图 23-114

03 弹出“以互动方式产生 NC 码”对话框，选择“NC 资料形式”下拉列表中的 APT 选项，在“输出文件”选项下设置输出数据文件路径，如图 23-115 所示。

04 单击“NC 码”选项卡，在“IMS 后处理器文件”下拉列表中选择 fanuc0 选项，如图 23-116 所示。

05 单击“执行”按钮，弹出 IMSpost-Runtime Message 对话框。

06 单击 Continue 按钮，生成后处理程序后，弹出“加工信息”对话框，单击“确定”按钮完成 NC 程序文件的输出，如图 23-117 所示。

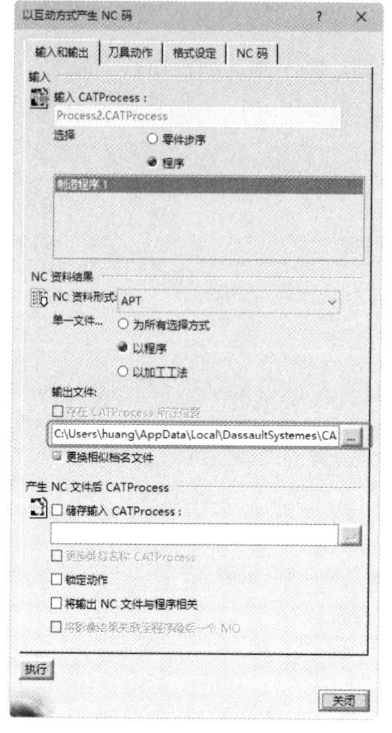

图 23-115

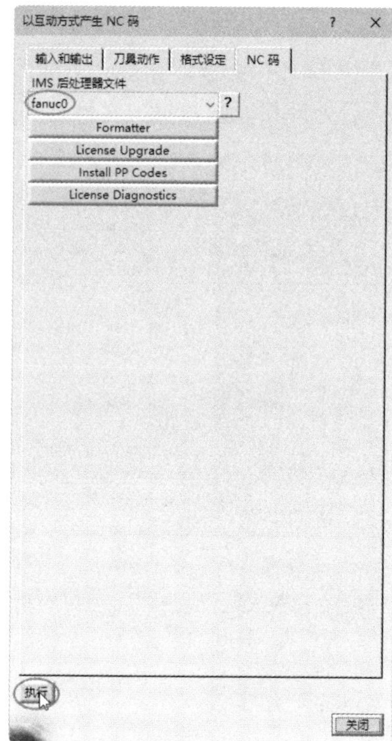

图 23-116

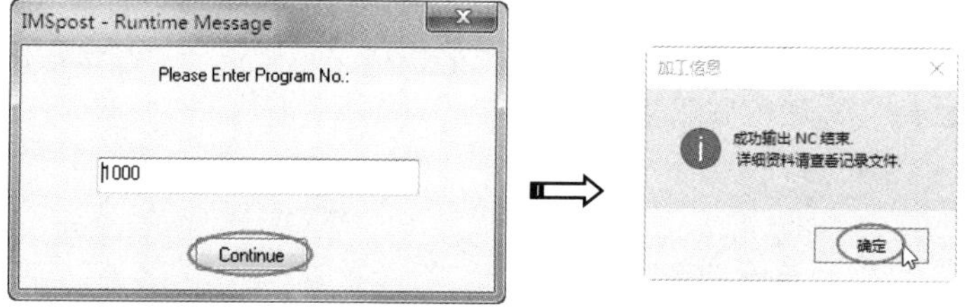

图 23-117

07 在生成的后处理程序文件中，用“记事本”程序打开 case_Manufacturing_Program_1.CATNCCode 文件，如图 23-118 所示。

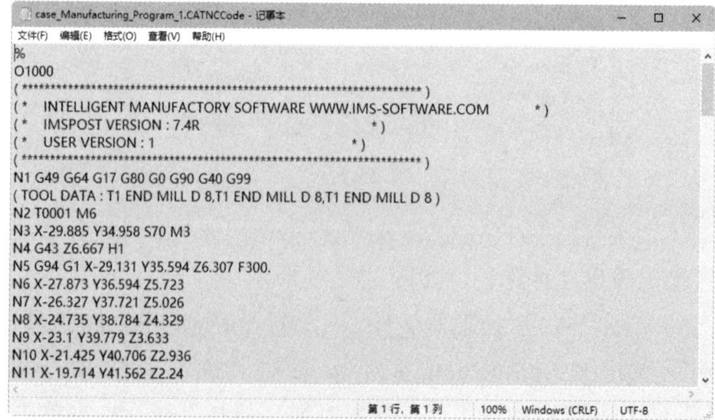

图 23-118

第 24 章　二轴半铣削加工

项目导读

二轴半铣削加工是 CATIA 提供的可用于平面铣加工、型腔铣削加工、轮廓铣加工、孔加工及多轴铣削加工的工作台。二轴半铣削加工工作台实际上可以加工从 2.5 轴到 5 轴、有单个或多个平面的零件类型，并非单指加工适合 2.5 轴的零件。当然，曲面零件也能在此工作台中进行零件粗铣加工。

- ◆ 二轴半铣削加工工作台
- ◆ 平面铣削
- ◆ 型腔铣削
- ◆ 外形铣削
- ◆ 孔加工

24.1　二轴半铣削加工工作台

二轴半铣削加工也称“2.5 轴铣削加工”，适合加工整个形状由平面和与平面垂直的面构成的零件。要创建 2.5 轴铣削加工首先要进入二轴半加工工作台。

启动 CATIA 软件后，单击“标准”工具栏中的“打开”按钮，打开所要加工的零件（.CATPart）文件。执行“开始”|“加工”|“二轴半加工”命令，进入二轴半加工工作台，如图 24-1 所示。

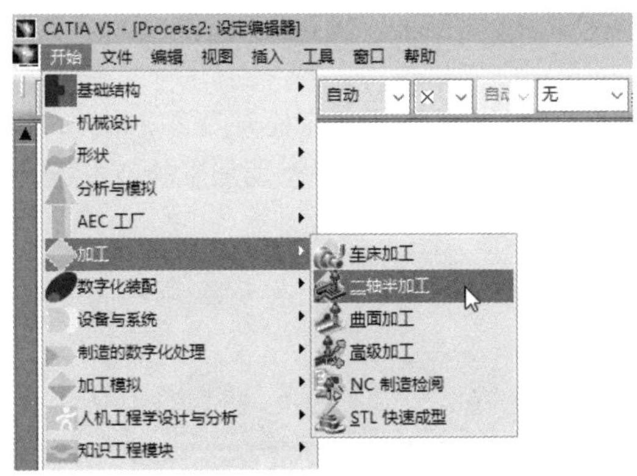

图 24-1

二轴半加工工作台界面主要包括菜单栏、P.P.R 程序树、图形区、指南针、工具栏、状态栏，如图 24-2 所示。

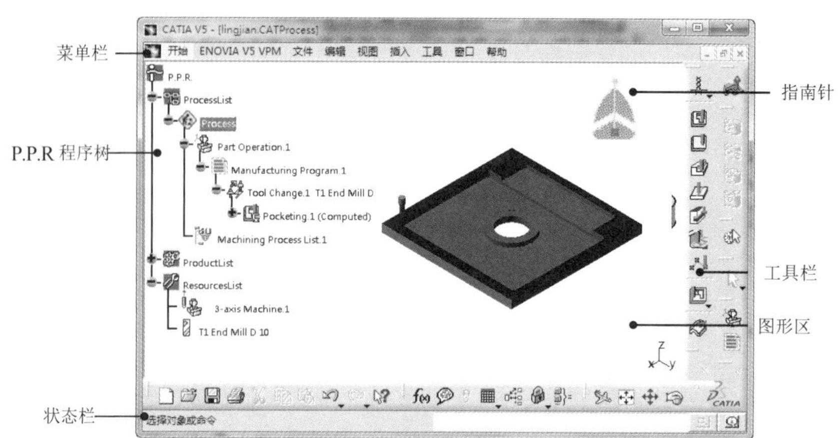

图 24-2

CATIA 二轴半铣削加工动作（或称“加工方法”）有多种，包括面铣、型腔铣削、粗加工、外形铣削、沿着曲线铣削和孔加工等。相关工具指令在“加工动作”工具栏和“多轴铣削动作”工具栏中，如图 24-3 所示。

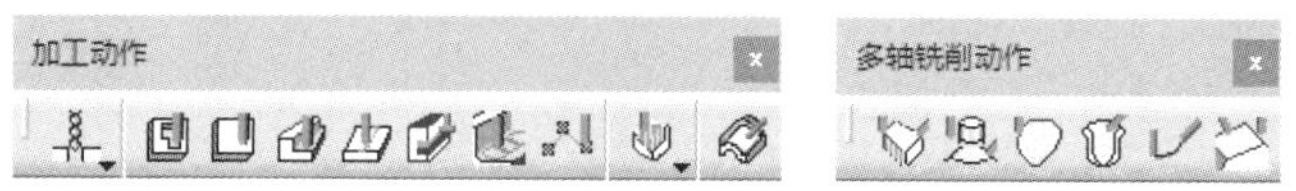

图 24-3

24.2 平面铣削

平面铣削是CATIA 数控加工中最基本也是最实用的一种铣削方式。平面铣削多用于粗加工。当然，平面铣削类型较多，也可以用于半精加工和精加工。CATIA 平面铣削类型主要包括面铣、摆线铣削和沿着曲线铣削 3 种。

24.2.1 面铣

面铣（也称“平面铣削”）就是对大面积没有任何曲面或凸台的零件表面进行加工，一般选用平底立铣刀或端铣刀，如图 24-4 所示。面铣是平面加工的基本操作，适用于使用各种切削模式进行平面类工件的粗加工和精加工。

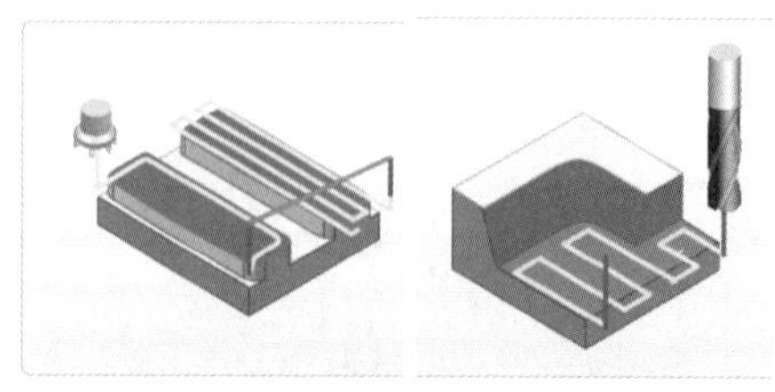

图 24-4

面铣适用于侧壁垂直底面或顶面为面的工件加工，如型芯和型腔的基准面、台阶面、底面、轮廓外形等。通常粗加工用面铣，精加工也用面铣。

面铣加工的工件侧壁可以是不垂直的，也就是说面铣可以加工斜面，如复杂型芯和型腔上多个面的精加工。面铣常用于多个面底面的精加工，也可用于粗加工和侧壁的精加工。

在程序树中选中“制造程序.1”节点，单击“加工动作”工具栏中的“面铣”按钮，弹出“面铣.1”对话框，单击“几何”按钮，切换到“几何”选项卡，如图 24-5 所示。

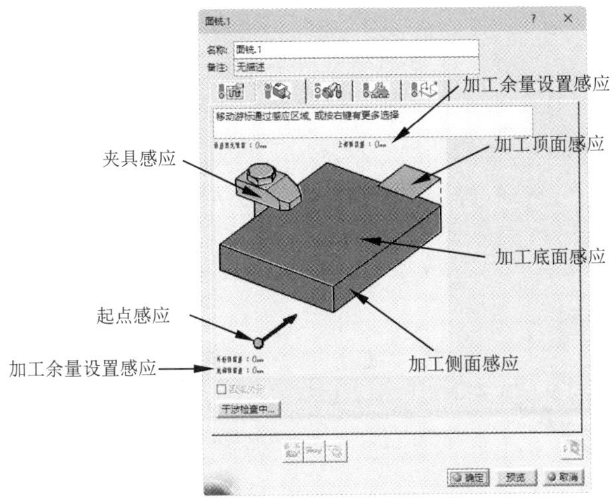

图 24-5

1. “几何”选项卡

“几何”选项卡中的相关选项参数含义如下。

（1）加工余量设置感应。

加工余量设置感应包括检查图元感应、顶部余量感应、底部余量感应、侧面余量感应及起点感应等。

- “检查图元预留：0mm”感应：用于设置装夹部位的表面预留量，双击“检查图元预留：0mm”感应，弹出“编辑参数”对话框，可设置零件装夹的余量大小，如图 24-6 所示。

图 24-6

提示：

“预留”一词实际应翻译为“余量”。

- “上部预留量：0mm”感应：用于设置加工顶面的残料预留量，双击“上部预留量：0mm”感应，弹出“编辑参数”对话框。在该对话框中设置零件顶面的加工余量，如图 24-7 所示。

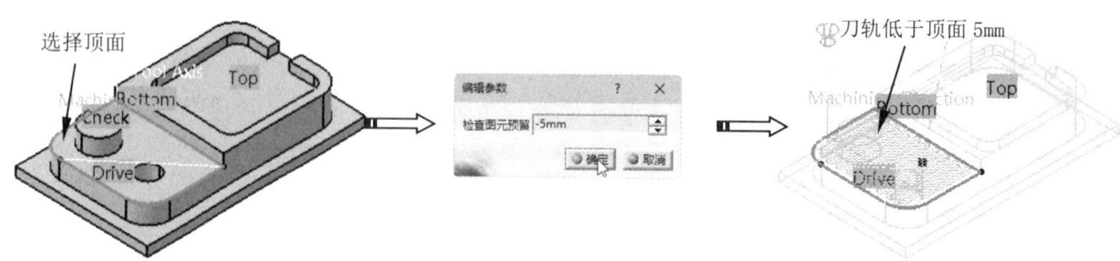

图 24-7

- “外形预留量：0mm”感应：用于设置加工侧面的残料预留量（边界余量），双击“外形预留量：0mm”感应，弹出“编辑参数”对话框，然后设置零件侧面余量的大小，如图 24-8 所示。

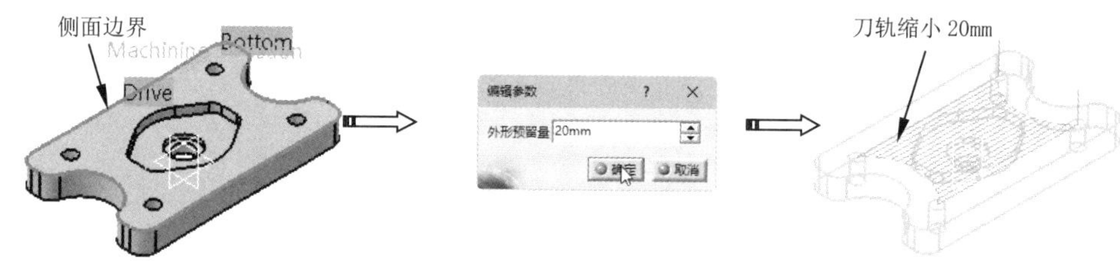

图 24-8

- “底部预留量：0mm”感应：用于设置零件加工底面的残料预留量，双击“底部预留量：0mm”感应，弹出“编辑参数”对话框，可设置余量大小，如图 24-9 所示。

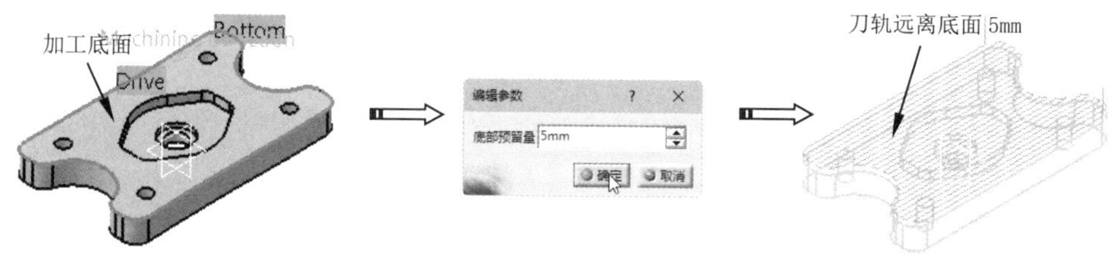

图 24-9

（2）加工感应区。

单击以激活加工感应区后，可在图形区中选取所需的加工几何（加工几何可以是面、边界或曲线等），选取加工几何后在图形区空白处双击或者按 Esc 键返回“面铣”加工动作对话框中，感应区则相应地变成了深绿色。

技术要点：

感应区中的颜色为深红色时，表示未定义几何参数，此时不能进行加工仿真，感应区中的颜色为深绿色时，表示已经定义几何参数，此时可以进行加工仿真。

a 顶面感应。

用于定义零件加工的最高切削表面，在图形区中所选择的零件加工顶面标有“顶部”字样。可以右击“顶部”字样并选择快捷菜单选项，对零件加工的顶面进行编辑。或者返回“面铣”对话框中对顶面感应进行编辑，如图 24-10 所示。

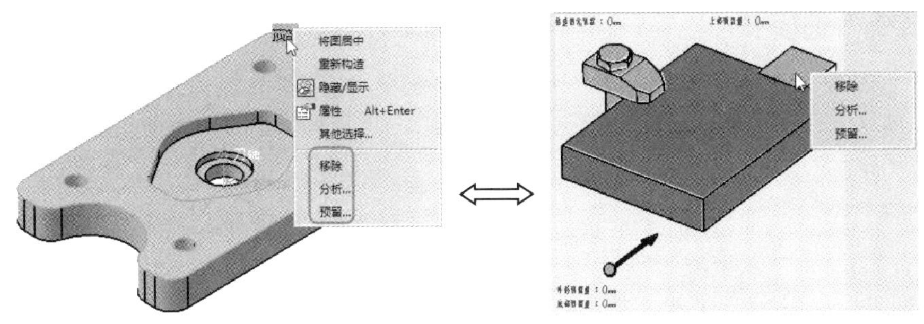

图 24-10

- 移除：需要重新选取顶面时可执行该命令，将已选择的顶面移除。
- 分析：执行该命令，弹出“几何分析器”对话框，单击该对话框下部的按钮，在图形区可视化显示加工顶面，如图 24-11 所示。

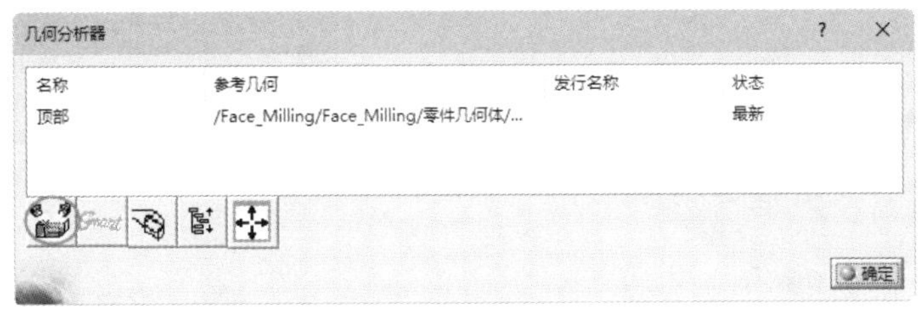

图 24-11

- 预留：执行该命令，弹出“编辑参数”对话框，可设置顶面余量。

b 其他的加工面感应。

其他零件加工面感应与顶面感应的操作是完全相同的，并非每一个零件在加工平面时都必须选取所有的加工面（感应），可根据要加工的对象及范围进行选取即可。

c 加工方向感应。

加工方向感应用于定义刀具移动的行进方向，定义加工方向后将在模型中显示 Machining Direction 字样。单击加工方向感应，弹出“加工方向”对话框。可以选择一条直线、边线或者设定一个方向矢量来作为加工方向，如图 24-12 所示。

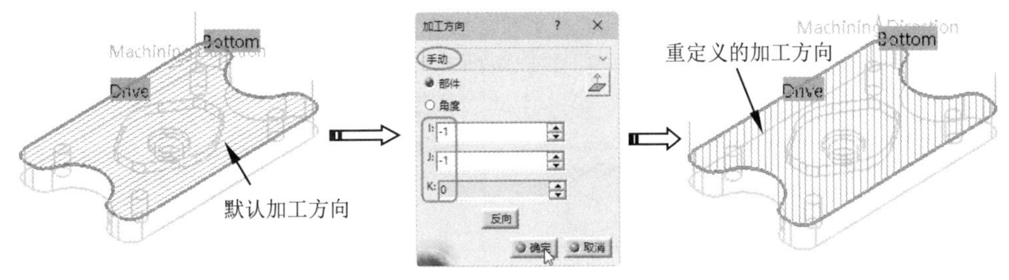

图 24-12

d 围绕外形。

选中“围绕外形”复选框，系统将以加工零件模型的包容框边界来计算刀路，否则会以所选的加工面区域作为加工边界，如图 24-13 所示。

2. “加工策略”选项卡

单击“面铣 .1”对话框中的“加工策略”按钮，切换到“加工策略”选项卡，其中还包括“加工”选项卡、“径向”选项卡、“轴向”选项卡、“精加工”选项卡和“高速切削”选项卡，如图 24-14 所示。

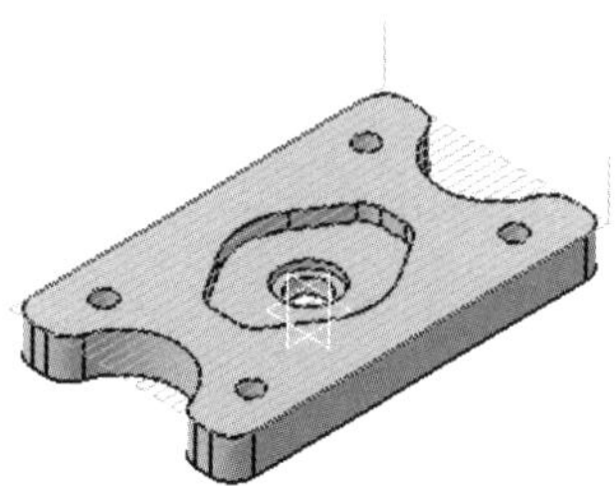

选中“围绕外形”复选框

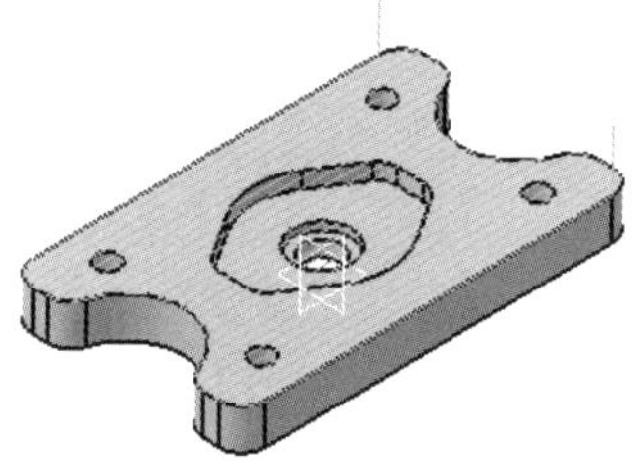

取消选中“围绕外形”复选框

图 24-13

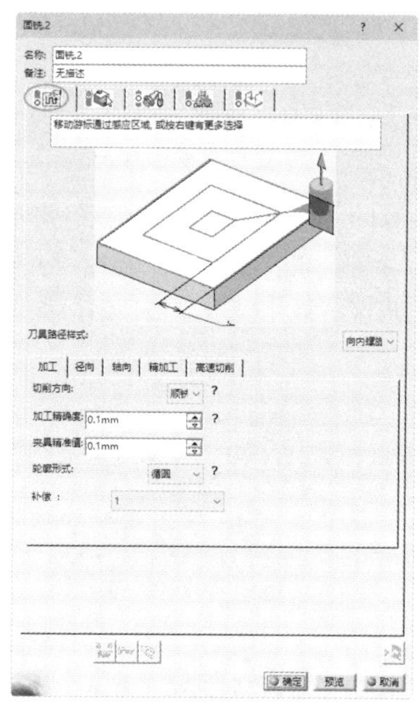

图 24-14

（1）刀具路径形式。

“刀具路径形式”下拉列表用于选择加工切削区域的刀具路径的模式与走刀方式，包括以下选项。

- 向内螺旋：“向内螺旋”创建的切削模式可生成一系列沿切削区域轮廓的同心刀路。通过偏置该区域的边缘环可以生成这种切削模式；当刀路与该区域的内部形状重叠时，这些刀路将合并成一个刀路，再次偏置该刀路就形成了下一个刀路，可加工区域内的所有刀路都是封闭形状，“向内螺旋”切削模式的刀路如图 24-15 所示。

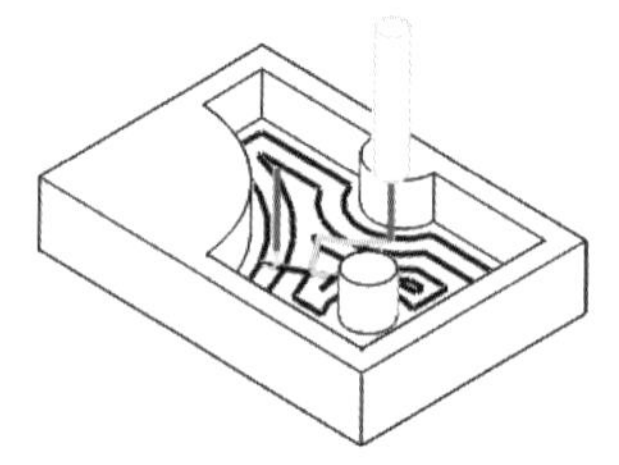

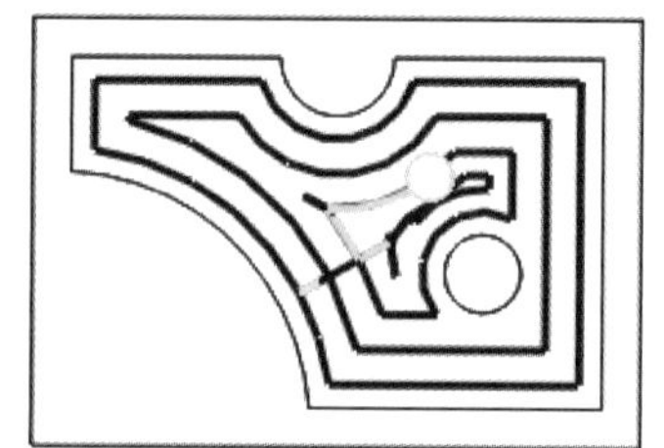

图 24-15

技术要点：

向内螺旋切削能维持刀具在进给运动期间连续进刀，以产生最大化的材料切除量，常用于高速切削加工。

- 前后：用于产生一系列平行连续的线性往复刀轨，提刀次数最少，是最经济省时的切削方法，如图 24-16 所示。前后走刀能够有效地减少刀具在横向跨越的空刀距离，提高加工的效率，但该方式会产生一系列的交替“顺铣”和“逆铣”，特别适合粗铣加工。
- 单向：单向切削模式始终以一个方向切削。刀具在每个切削结束处退刀，然后移动到下一切削刀路的起始位置。单向模式适用于切削零件的上表面，进行大面积切削加工，单向模式的切削刀路如图 24-17 所示。

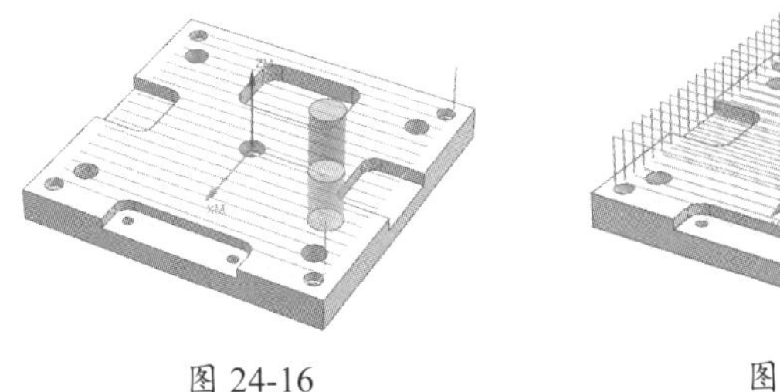

图 24-16　　　　图 24-17

（2）“加工”选项卡。

- 切削方向：用于选择刀具的进给方向，包括“顺铣”和“逆铣”。沿着刀具的进给方向看，如果工件位于铣刀进给方向的右侧，那么进给方向称为“顺时针”。反之，当工件位于铣刀进给方向的左侧时，进给方向定义为逆时针。如果铣刀旋转方向与工件进给方向相同，称为“顺铣”；铣刀旋转方向与工件进给方向相反，称为“逆铣”，如图 24-18 所示。

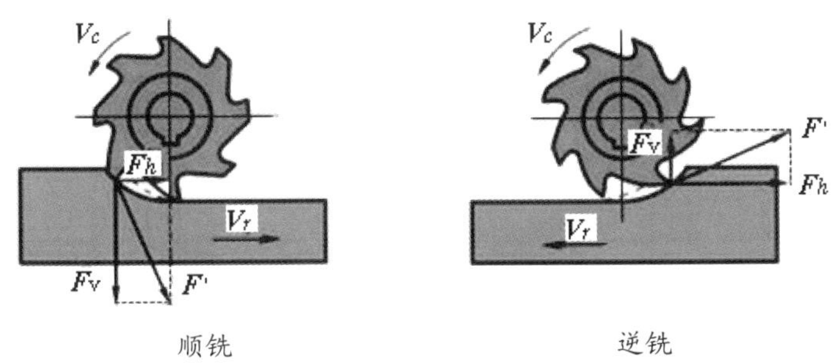

顺铣　　　　逆铣

图 24-18

技术要点：

顺铣时，刀齿开始和工件接触时切削厚度最大，且从表面硬质层开始切入，刀齿受很大的冲击负荷，铣刀变钝较快，但刀齿切入过程中没有滑移现象。顺铣的功率消耗要比逆铣时小，在同等切削条件下，顺铣功率消耗要低5%～15%，同时顺铣也更加有利于排屑。一般应尽量采用顺铣法加工，以提高被加工零件表面的光洁度（降低粗糙度），保证尺寸精度。但在切削面上有硬质层、工件表面凹凸不平较显著时，如加工锻造毛坯，应采用逆铣法。逆铣时，切削由薄变厚，刀齿从已加工表面切入，对铣刀的使用有利。逆铣时，当铣刀刀齿接触工件后不能马上切入金属层，而是在工件表面滑动一小段距离，在滑动过程中，由于强烈的磨擦就会产生大量的热量，同时在待加工表面易形成硬化层，降低了刀具的耐用度，影响工件表面光洁度，给切削带来不利。逆铣时，刀齿由下往上（或由内往外）切削。

- 加工精确度：用于设置加工精度，它是理论刀路与计算刀路之间允许的最大距离值。
- 夹具精确值：用于设置夹具加工精度。当刀具与夹具之间的距离小于该值时，该处刀轨将被删除。

- 补偿：用于选择在本次加工动作中的刀具补偿号。
- 轮廓形式：用于在向内螺旋模式下选择拐角处轮廓走刀类型，包括以下选项，如图 24-19 所示。

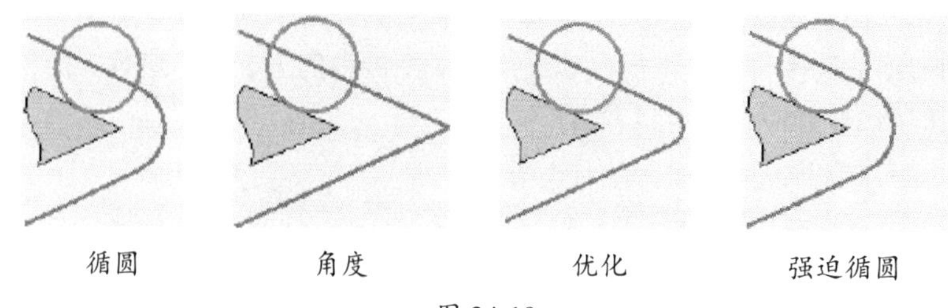

图 24-19

» 循圆：表示刀具中心点绕着与刀具半径相等的圆弧进行运动。
» 角度：表示刀具不接触轮廓的转角点，而按照轮廓线的两条直线运动。
» 优化：刀具运动轮廓式中保持斜率连续。
» 强迫循圆：近似圆弧形式，常用于转角轮廓接近圆弧情况，刀具的运动轮廓近似用圆弧代替。

（3）“径向”选项卡。

“径向”选项卡中的选项用于计算两个连续刀具路径之间的距离，如图 24-20 所示。

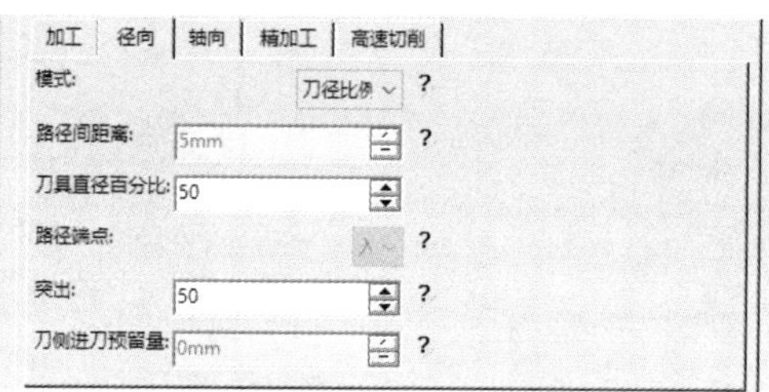

图 24-20

- 模式：用于计算径向切削的刀具间距（也称“步距”）方式，包括 3 种计算模式，如图 24-21 所示。

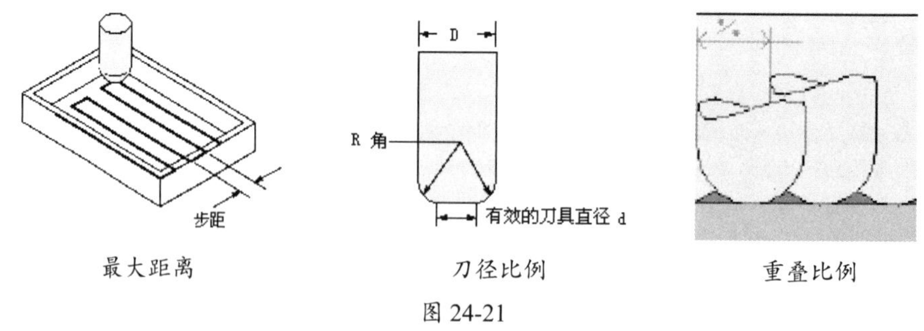

图 24-21

» 最大距离：通过设定两条切削刀路之间的固定距离来确定刀轨间距。
» 刀径比例：以指定刀具的有效直径百分比，在连续切削刀路之间建立的固定距离来定义刀轨间距。
» 重叠比例：通过设定两条刀轨之间的重叠比例来设定刀具间距。

- 路径间距离：定义“最大距离”模式中两个连续刀具路径之间的最大距离。
- 刀具直径百分比：定义“刀具直径比例”模式中两个连续刀具路径之间的距离为标准刀具直径的百分比。
- 路径端点：定义刀具路径相对于两个连续路径（入或出）之间的端点开始和结束方式。
  - 入：刀路终点处刀具中心停留在加工边界上，如图 24-22（a）所示。
  - 出：刀具终点处的刀具中心超出加工边界，超出的距离可以在“刀侧进刀预留量”文本框中设定，如图 24-22（b）所示。

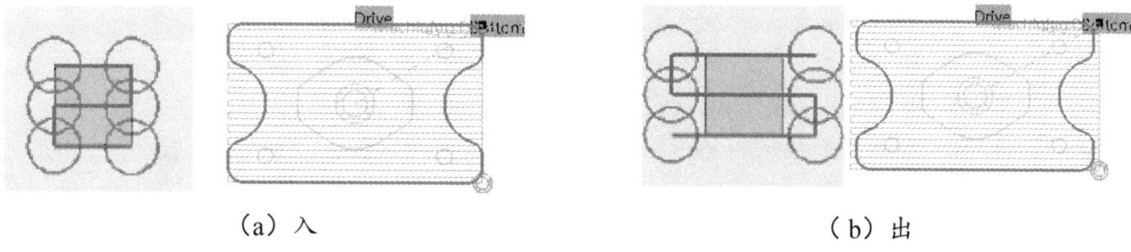

（a）入　　（b）出

图 24-22

- 突出：该选项允许刀具位置相对于加工区域的边界移动。此选项用于设置刀路超出量，即刀具加工时超出边界距离与直径的比值，如图 24-23 所示。

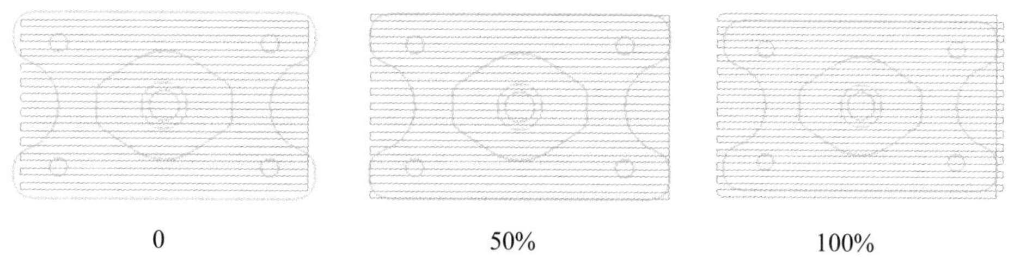

0　　50%　　100%

图 24-23

- 刀侧进刀预留量：指定刀具进入或离开毛坯材料时，需要注意的刀具侧面与零件之间的间隙。

（4）“轴向”选项卡。

“轴向”选项卡中的选项及参数用于设置刀具在轴向上的步进，如图 24-24 所示。

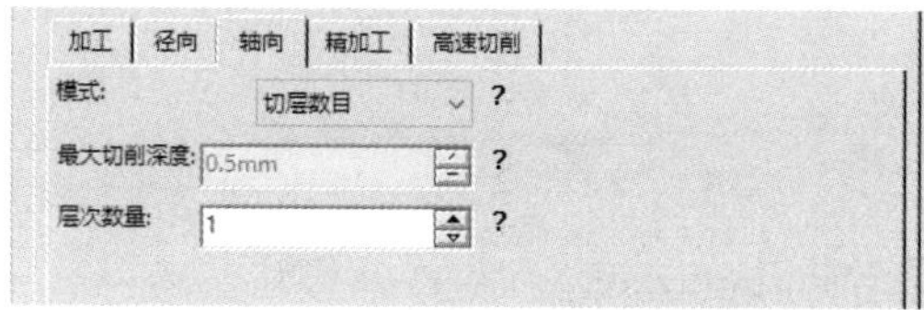

图 24-24

在“模式”下拉列表中可选择 3 种轴向深度切削方式。

- 最大切削深度：用于定义两个轴向切削层刀轨之间的最大深度值，可在“最大切削深度”文本框中输入具体数值，如图 24-25（a）所示。
- 切层数目：用于定义在轴向切削的要加工的层数，可在“切层数”文本框中输入层数值，如图 24-25（b）所示。设置多层刀路，需要在几何参数选项卡中设置加工零件的底面和顶面，而刀路之间的距离就是在这两个平面之间的距离等分后所得的距离。

- 无最上层切层数目：用于设置除了顶层之外的其他层的最大切削深度，或者在“切层数”文本框中设置切削层数，如图 24-25（c）所示。

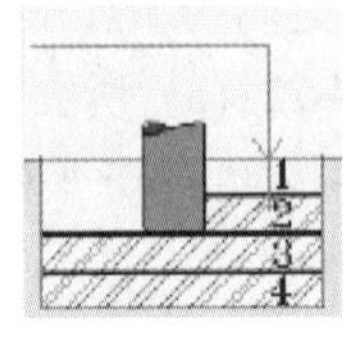

（a）最大切削深度

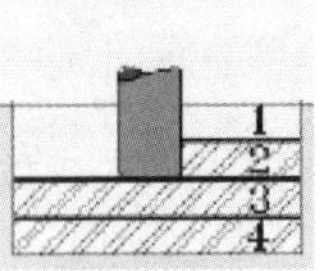

（b）切层数目

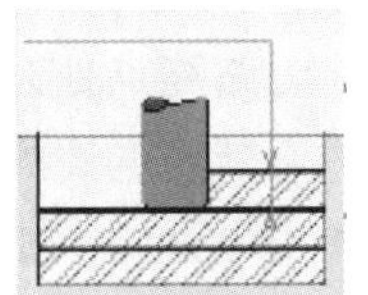

（c）无最上层切层数目

图 24-25

技术要点：

“切削层”是面铣的专有选项。切削层决定多深度操作的过程，切削层也称“切削深度”。只有在刀具轴与底面垂直或者部件边界与底面平行的情况下，才会定义“切削层”参数。

（5）“精加工”选项卡。

“精加工”选项卡用于设置面铣削的精加工参数，如图 24-26 所示，粗铣时无须设置此选项卡。

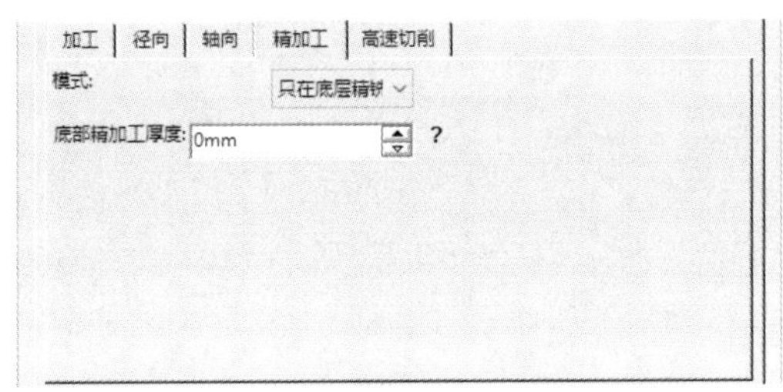

图 24-26

在“模式”下拉列表中包括以下两种精加工切削方式。

- 无精铣路径：选择此选项，将不会创建精加工刀路。
- 只在底层精铣：选择此选项，将在粗铣后的零件表面增加精加工刀路，可在“底部精加工厚度”文本框中输入底部精加工的厚度。精加工的切削层数由步距和底部精加工厚度值决定。如图 24-27 所示为设置 2 层刀轨，并增加一层加工刀路的情况。

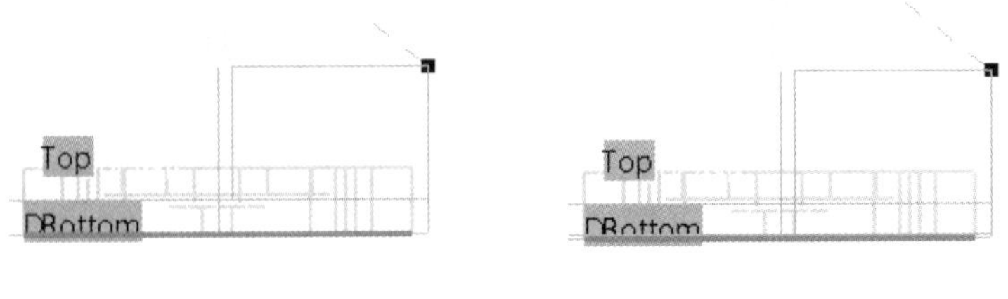

无精铣路径　　　只在底层精铣（2 层）

图 24-27

（6）“高速切削”选项卡。

“高速切削”选项卡用于定义零件高速切削加工时的刀具转弯和轨迹圆角，如图 24-28 所示。

此选项卡仅在使用“面铣”加工动作及设置“刀具路径形式”为“向内螺旋”时才可用。

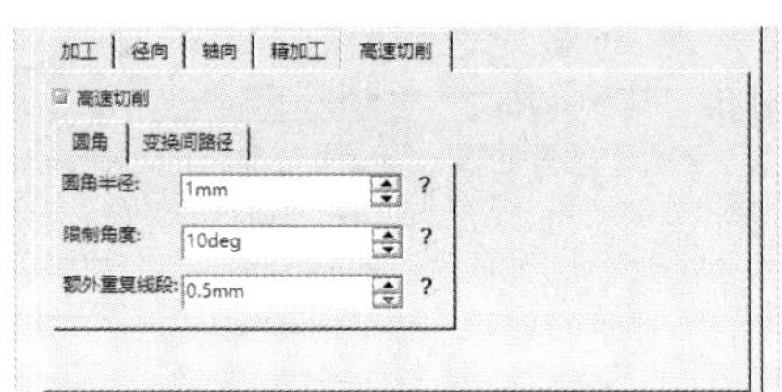

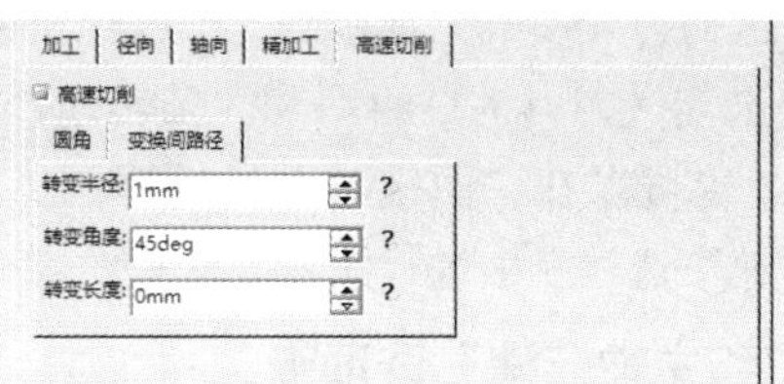

图 24-28

- 高速切削：选中此复选框，将启用高速切削设置选项。
- “圆角”选项卡：用于定义刀具在高速转弯时的轨迹圆角。
  - » 圆角半径：定义轨迹圆角的半径。
  - » 限制角度：指定在高速切削时加工刀路中圆角的最小角度。
  - » 额外重复线段：在高速切削转弯时而生成的多余线段的重叠，为了确保轨迹的拐角处没有剩余材料。
- “变换间路径”选项卡：用于定义高速切削时刀具从一条路径移动到下一路径时的相关参数。
  - » 转变半径：刀具从一条刀路过渡到下一条刀路时，起点和终点的半径。
  - » 转变角度：指定过渡路径的角度。
  - » 转变长度：两条刀具路径之间过渡直线段的最小长度，默认值为 0mm。

3.“刀具”选项卡

“刀具”选项卡用于切削加工刀具的定义或修改。在前面介绍的刀具建立方法，主要用于整个零件的加工制造，也就是通用刀具。

在“刀具”选项卡中可以选择已有的刀具，也可以重新定义新刀具。创建的刀具会自动保存在程序树的 ResourcesList 节点中。“面铣 .1”对话框中的“刀具”选项卡如图 24-29 所示。

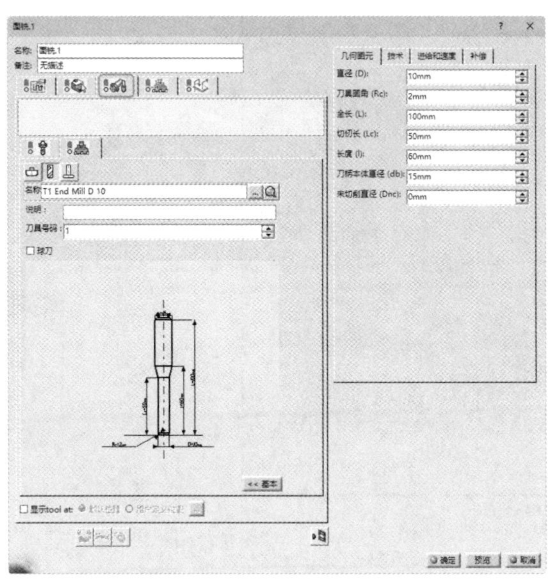

图 24-29

此选项卡中的刀具参数与在前面介绍的“刀具创建”对话框的刀具参数完全相同。“进给和速度”选项卡可用来定义刀具的进给率和主轴转速，如图24-30所示。也可以在“面铣.1”对话框的“进给率和主轴转速”选项卡中进行设置。

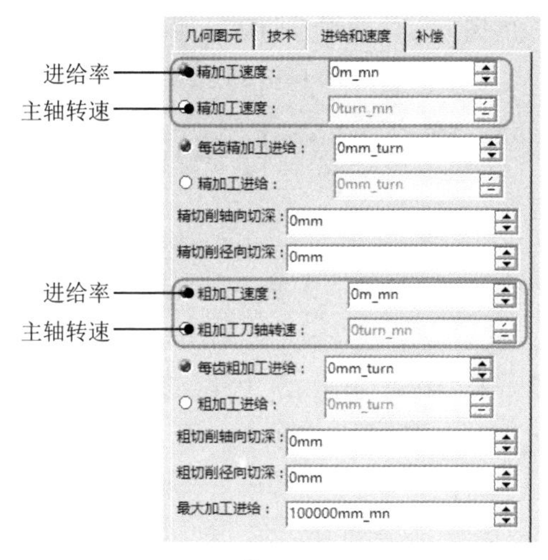

图 24-30

4.“进给率和主轴转速”选项卡

“进给率和主轴转速”选项卡用于定义切削加工的切削进给率（包括进刀和退刀）和刀具主轴转速，如图24-31所示。当定义了刀具后，系统会自动计算出该刀具的粗加工切削进给率，也可根据实际需要取消选中“自动计算刀具进给速度”复选框，自定义切削进给率。

在“主轴转速”选项区中，选中“从刀具进给和速度自动计算”复选框，将采用在“刀具”选项卡中定义的刀具进给率和主轴转速，作为整个面铣加工的切削进给率和主轴转速。如果在不同加工区域中采用了相同刀具，但所选择的加工动作却不相同，此时会取消选中“从刀具进给和速度自动计算”复选框，在“输出转速”选项的“加工”文本框中输入新的进给率和转速。

进给率和速度的单位可以是“角度”单位，也可以是“线性”单位。如果是粗加工，需要在“品质”下拉列表中选择“粗铣”选项，若是精加工可选择“精铣”选项。

5.“辅助程序”选项卡

“辅助程序”选项卡主要用于定义切削加工的进刀和退刀方式，如图24-32所示。

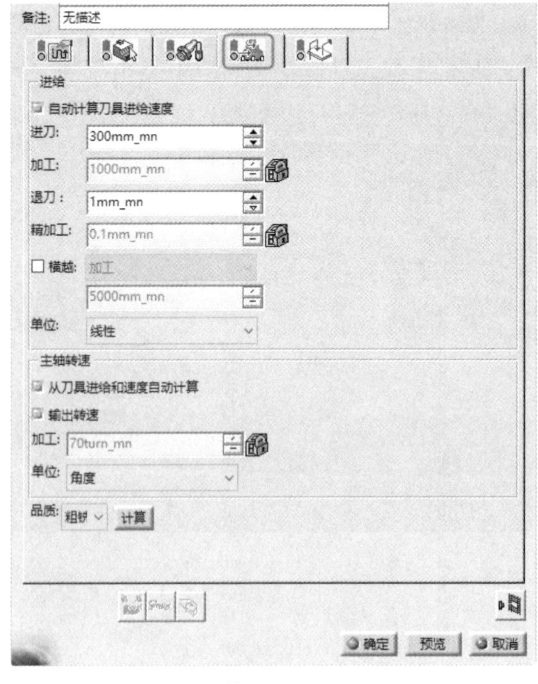

图 24-31

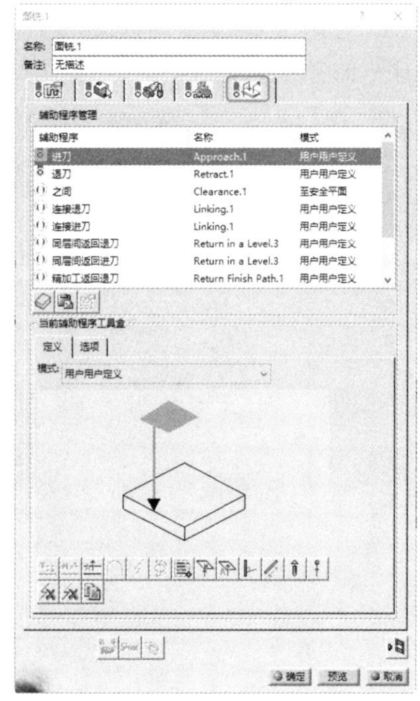

图 24-32

动手操作——面铣粗加工

01 打开本例源文件 24-1.CATProcess，文件中已经完成了刀具、坐标系、毛坯和加工零件的设定。

02 在程序树中选中“制造程序 .1”节点，单击“加工动作”工具栏中的“面铣”按钮，弹出“面铣 .1”对话框。

03 在“几何”选项卡中，单击加工底面感应，选择如图 24-33 所示的表面为加工表面，按 Esc 键返回“面铣 .1”对话框，此时底面感应和侧面感应的颜色变为深绿色。

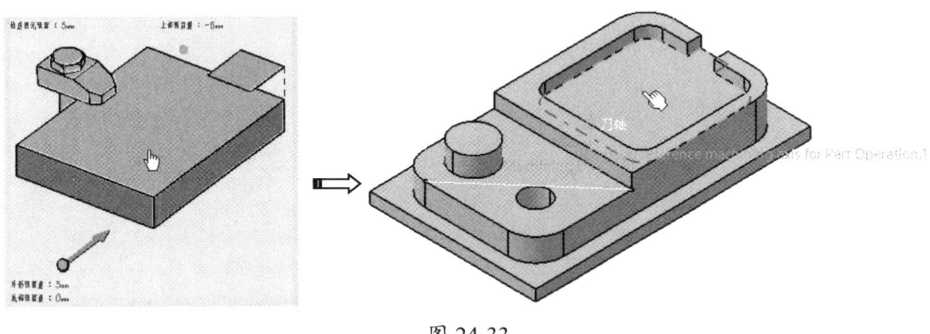

图 24-33

04 单击加工顶面感应，选择如图 24-34 所示的表面为定面，按 Esc 键返回“面铣 .1”对话框，此时顶感应区颜色变为深绿色。

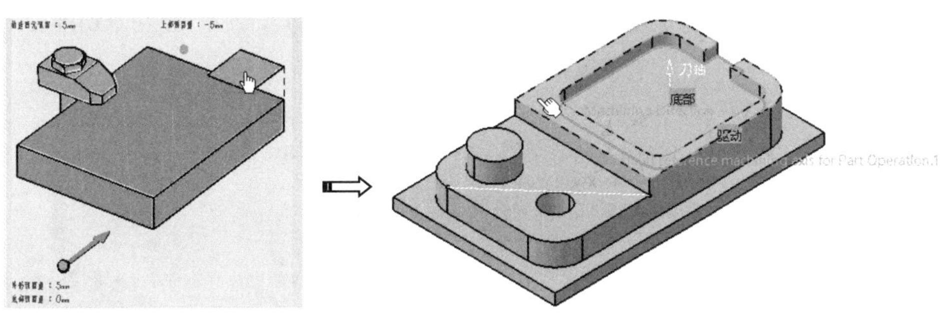

图 24-34

05 单击的加工方向感应，弹出“加工方向”对话框，保持默认选项。选择如图 24-35 所示的直线作为加工方向参考，单击“确定”按钮返回“面铣 .1”对话框。

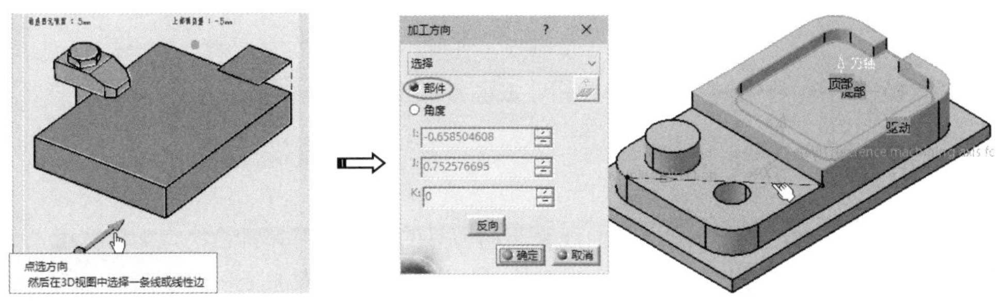

图 24-35

06 切换到“加工策略”选项卡，在“加工”选项卡的“刀具路径形式”下拉列表中选择“前后”选项，其他选项保持默认设置，如图 24-36 所示。

07 在“径向”选项卡的“模式”下拉列表中选择“刀径比例”选项，在“刀具直径百分比”文本框中输入 50，其他参数保持默认设置，如图 24-37 所示。

08 在“轴向”选项卡的“模式”下拉列表中选择“最大切削深度”选项，并在“最大切削深度”文本框中输入 1mm，其他参数保持默认，如图 24-38 所示。

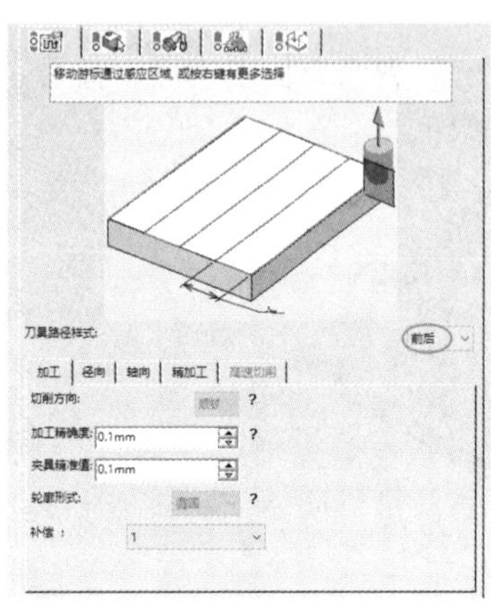

图 24-36

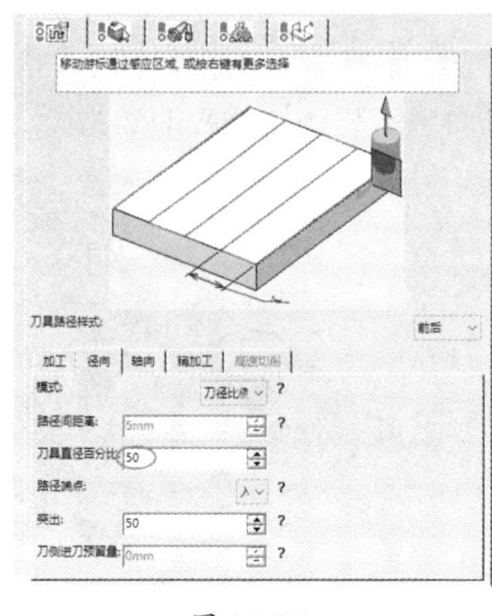

图 24-37

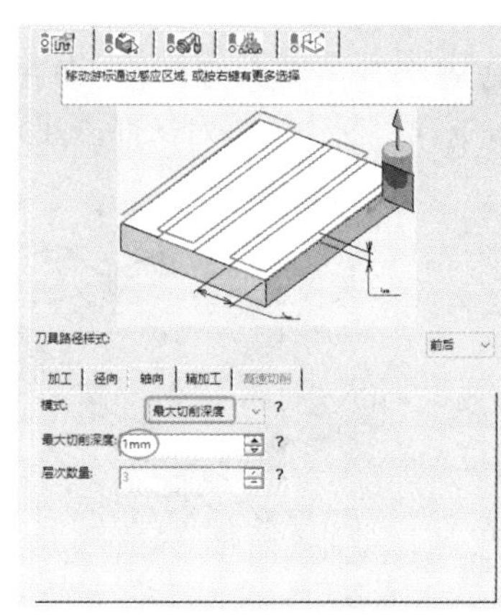

图 24-38

09 刀路仿真。单击“面铣 .1”对话框中的“播放刀具路径”按钮，弹出“面铣 .1”对话框，同时在图形区显示刀路轨迹。

10 单击“最近一次储存影片”按钮，再单击“向前播放”按钮，预览 3D 仿真切削加工结果，如图 24-39 所示。

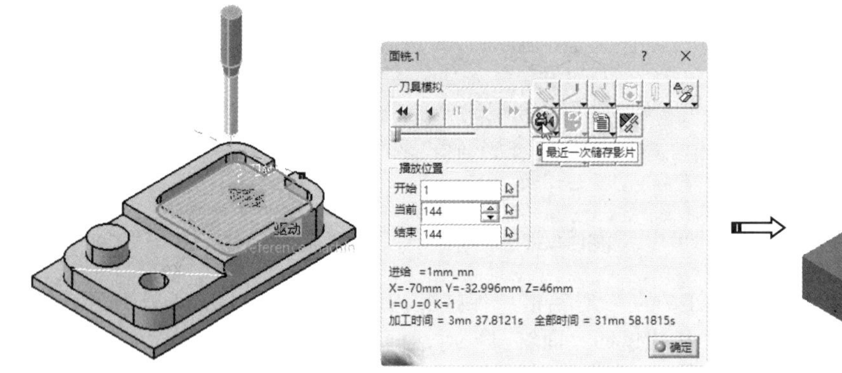

图 24-39

11 单击“面铣 .1”对话框中的“确定”按钮完成面铣加工操作。

24.2.2 沿着曲线铣削

沿着曲线铣削就是选取一系列引导曲线来驱动刀具的运动，刀具直径决定切削宽度，刀具的轴向偏置决定切削深度，如图 24-40 所示。沿着曲线铣削也可用来加工平面或曲面上的文本，如图 24-41 所示。

在程序树中选择“制造程序 .1”节点，在“加工动作”工具栏中单击“沿着曲线”按钮，弹出“沿曲线 .1”对话框。“几何”选项卡的加工感应区如图 24-42 所示。“沿曲线 .1”对话框的选项及参数设置方法与“面铣.1”对话框相同，下面以案例来说明操作步骤。

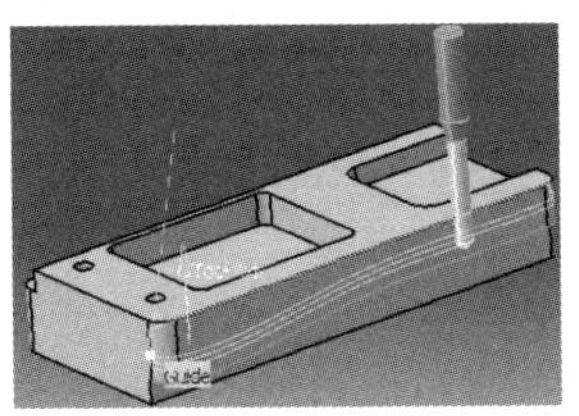

图 24-40

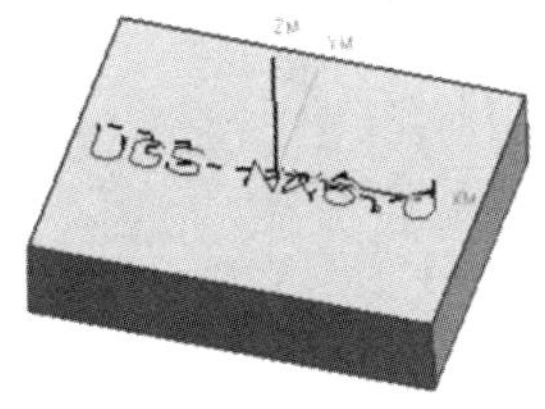

图 24-41

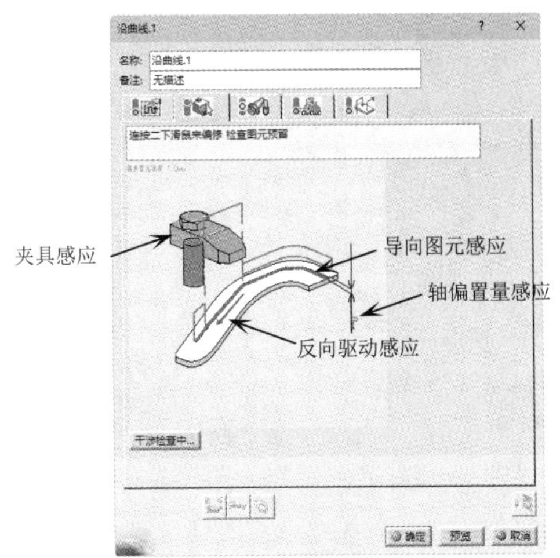

图 24-42

动手操作——沿着曲线铣削

01 打开本例源文件 24-2.CATProcess。

02 在程序树中选择“制造程序.1”节点，单击“加工动作”工具栏中的“沿着曲线”按钮，弹出“沿曲线.1”对话框，切换到“几何”选项卡。

03 定义几何参数。单击导向图元感应，在图形区中选择如图 24-43 所示的曲线。按 Esc 键返回“沿曲线.1”对话框。

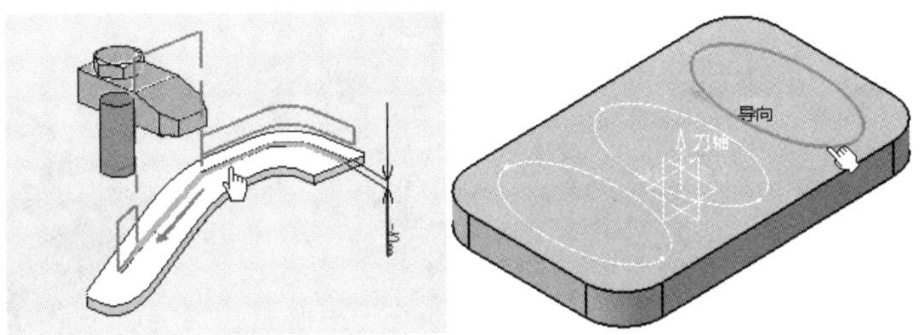

图 24-43

04 双击感应区中的“轴偏置量”感应，弹出“编辑参数”对话框，输入-10mm 后再单击“确定”按钮关闭对话框，如图 24-44 所示。

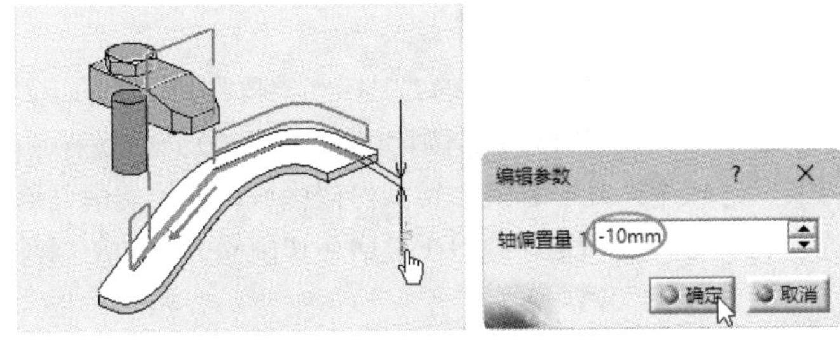

图 24-44

05 切换到“加工策略”选项卡，在“刀具路径形式”下拉列表中选择“来回”选项，设置“加工精度”值为 0.05mm，其他选项采用系统默认设置，如图 24-45 所示。

06 在“轴向”选项卡的“加工高度数目”文本框中输入 3，其他参数保持默认，如图 24-46 所示。

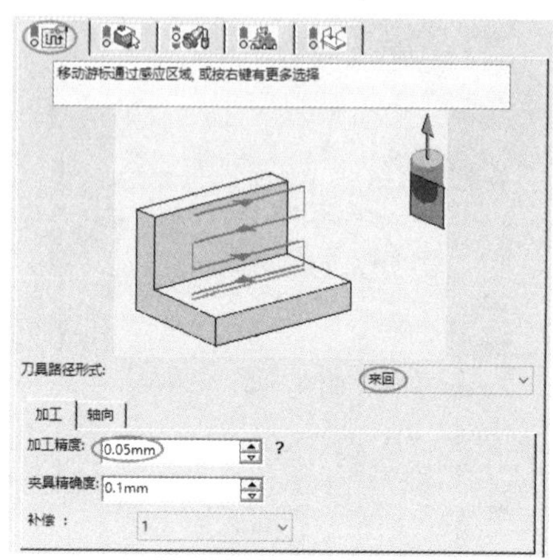

图 24-45

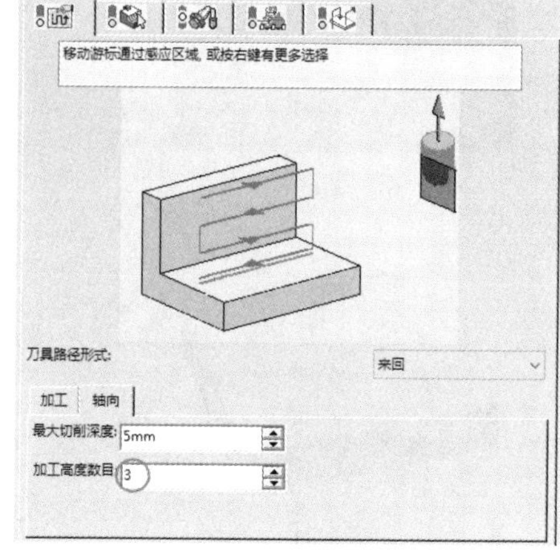

图 24-46

07 刀路仿真。单击“沿曲线 .1”对话框中的“播放刀具路径”按钮，弹出“沿曲线 .1”对话框，同时在图形区显示刀路轨迹。

08 单击“最近一次储存影片”按钮，然后单击“向前播放”按钮，显示实体切削仿真结果，如图 24-47 所示。

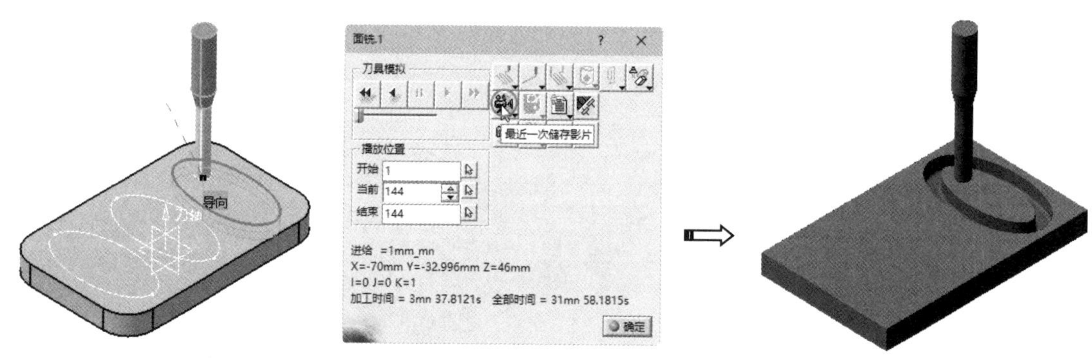

图 24-47

09 单击“沿曲线 .1”对话框中的“确定”按钮完成沿着曲线铣削操作。

24.2.3 摆线铣削

“摆线铣削”切削加工采用回环控制嵌入的刀具，当需要限制过大的步距以防止刀具在完全嵌入切口时折断，且需要避免过量切削材料时，则使用此功能。在进刀过程中的孤岛和部件之间、形成锐角的内拐角以及窄区域中，几乎总是会得到内嵌区域，摆线切削可消除这些区域。刀具以小的回环切削模式来加工材料，就是说，刀在以回环切削模式移动的同时，也在旋转。如图 24-48 所示为“摆线铣削”加工的刀路。

摆线切削的切削顺序有两种：向外和向内（切削参数里设置），如图 24-49 所示。

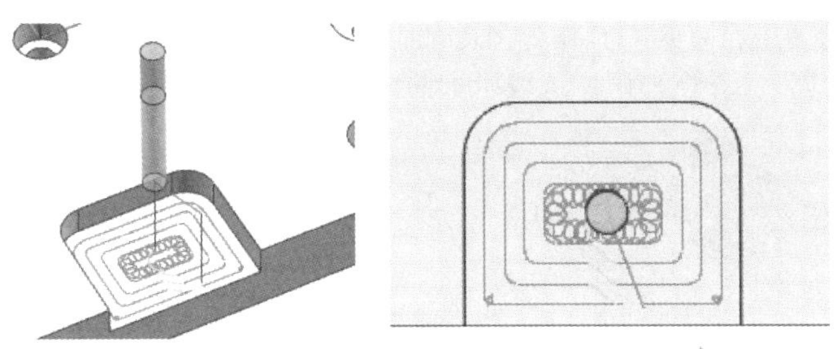

图 24-48

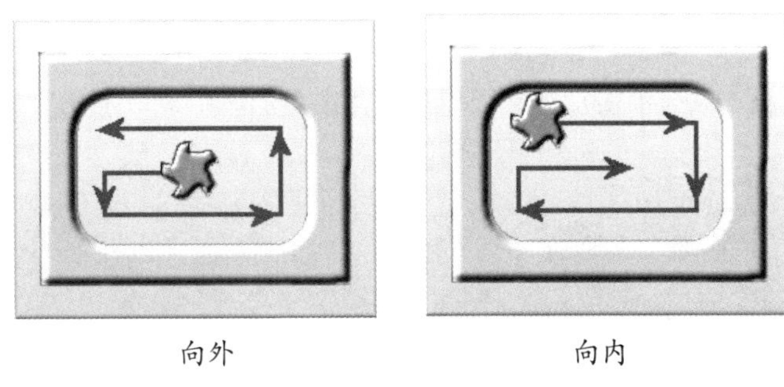

图 24-49

在程序树中选择“制造程序.1”节点，在“加工动作”工具栏中单击Trochoid milling operation（摆线铣削操作）按钮，弹出Trochoid milling（摆线铣削）.3对话框。“几何”选项卡的加工感应区如图24-50所示。

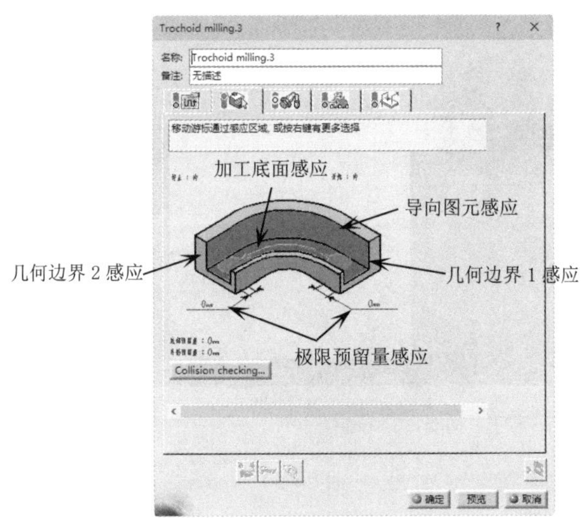

图 24-50

动手操作——摆线铣削

01 打开本例源文件24-3.CATProcess，如图24-51所示。

02 在程序树中选择“制造程序.1”节点，并在“加工动作”工具栏中单击Trochoid milling operation（摆线铣削操作）按钮，弹出Trochoid milling（摆线铣削）.3对话框。

03 此时系统会自动调用已有的刀具作为当前加工工作的加工刀具。在“几何”选项卡的感应区中单击导向图元感应，并在图形区中选取引导曲线（草图曲线），如图 24-52 所示。

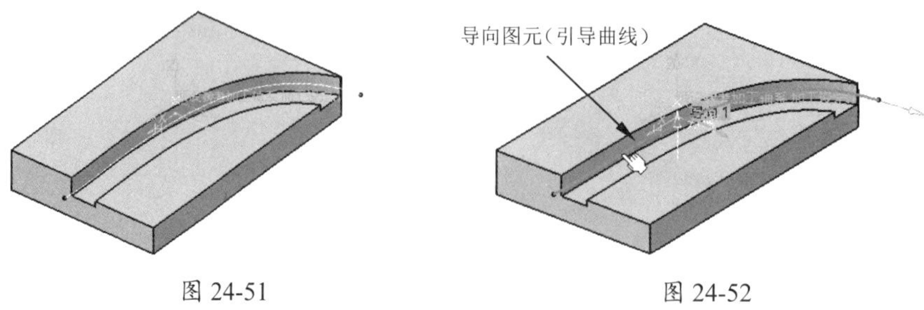

图 24-51　　图 24-52

04 按 Esc 键返回对话框，继续单击加工底面感应，并在图形区中选取加工底面，如图 24-53 所示。

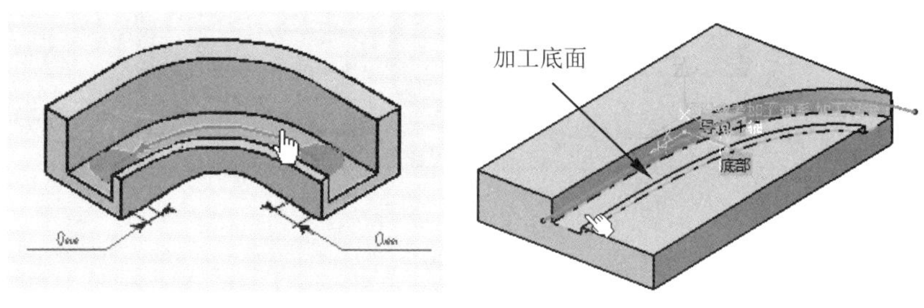

图 24-53

05 按 Esc 键返回对话框中再单击几何边界，并到图形区中选取模型端面的相邻边线作为几何边界，如图 24-54 所示。

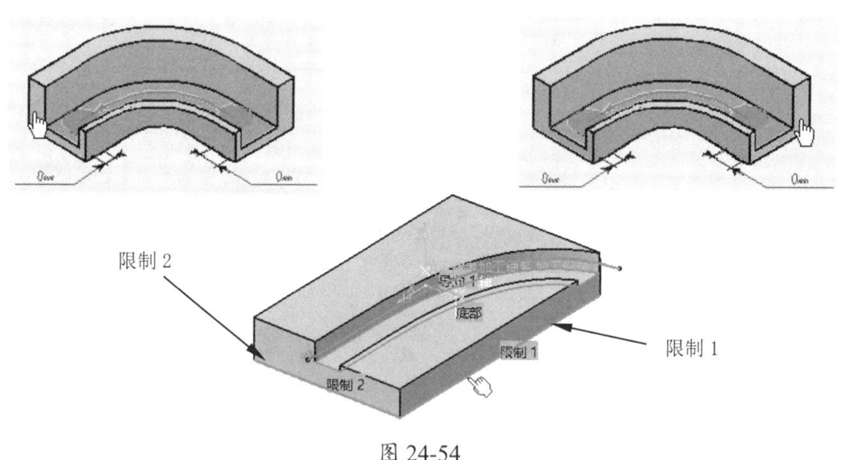

图 24-54

提示：

几何边界指的是加工区域的限制图元，例如本例模型的槽有两个端口，就需要指定两个几何边界（限制1和限制2）。

06 在 Trochoid milling（摆线铣削）.3 对话框的“加工策略”选项卡中设置加工选项，如图 24-55 所示。

07 在“辅助程序”选项卡中设置进刀和退刀方式均为“水平 水平 轴向”方式，如图 24-56 所示。

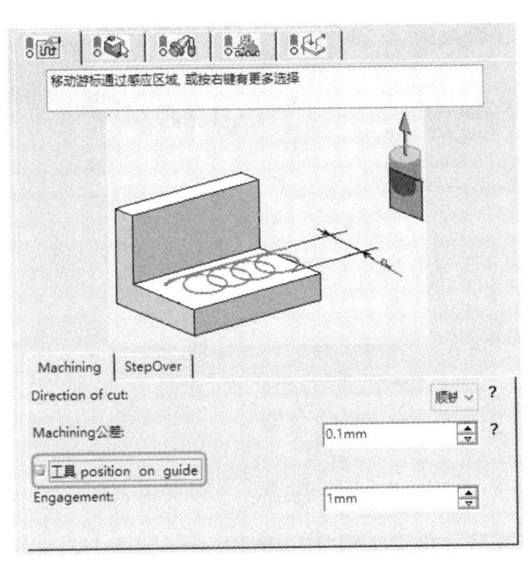

图 24-55

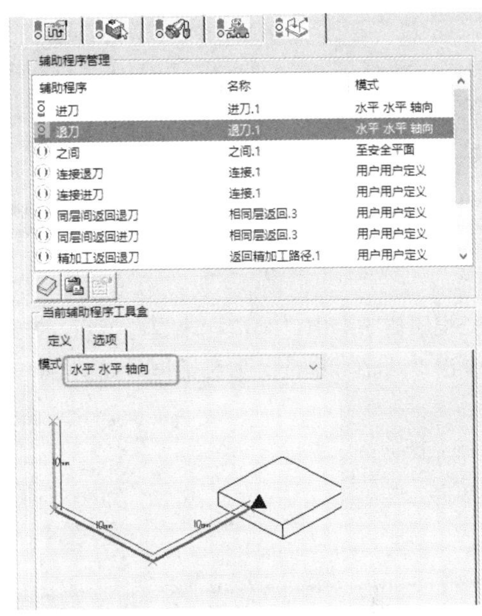

图 24-56

08 单击对话框底部的“播放刀具路径”按钮，弹出 Trochoid milling.1 对话框，同时在图形区显示刀路轨迹。

09 单击“最近一次储存影片”按钮，然后单击“向前播放”按钮，显示实体切削仿真结果，如图 24-57 所示。

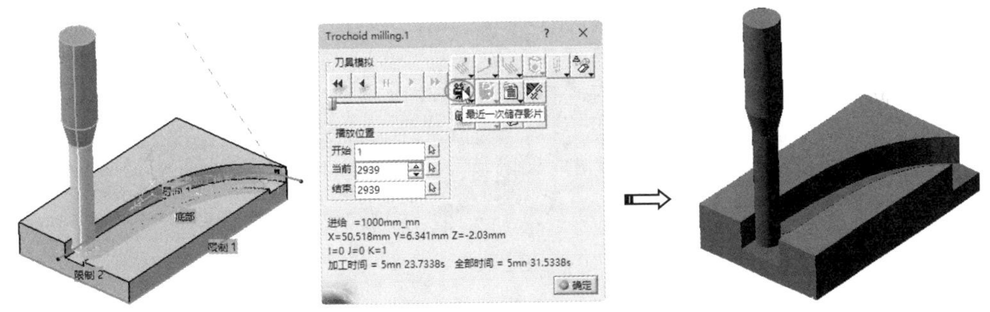

图 24-57

10 单击 Trochoid milling.1 对话框中的“确定”按钮完成摆线铣削操作。

24.2.4　两轴半粗铣

两轴半粗铣可以在一个加工步骤中使用同一把刀具将毛坯的大部分材料切除，这种加工形式主要用于去除大量的工件材料，可以提高加工效率、减少加工时间、降低成本并提高经济效率，适用于直壁平面零件的粗加工，如图 24-58 所示。

两轴半粗加工是平面铣削类型的一种特例，相对于面铣而言，两轴半粗加工可以同时铣削零件中的多个平面，而面铣只能铣削零件中的一个平面。

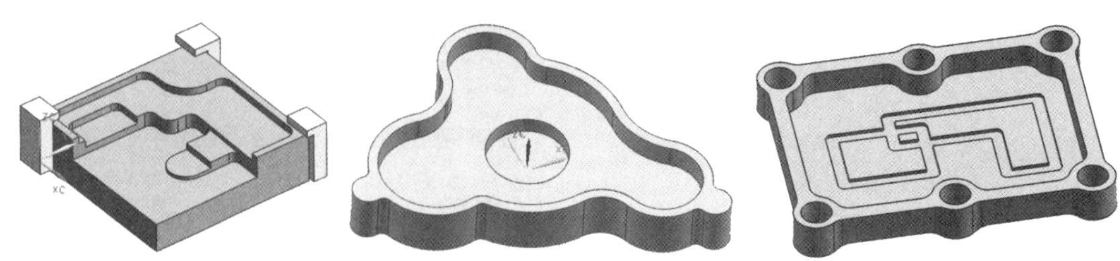

图 24-58

在程序树中选中“制造程序 .1”节点，在“加工动作”工具栏中单击的“两轴半粗铣”按钮，弹出“两轴半粗铣 .1”对话框，如图 24-59 所示。

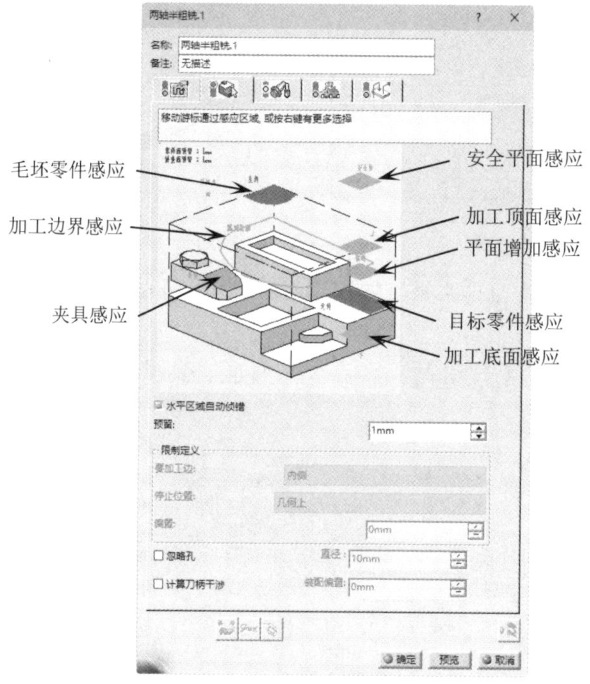

图 24-59

1. 加工边界感应

用于限定加工区域。加工边界可以是面的边或者封闭的草图曲线。单击加工边界感应，在图形区中选取一个加工面的边，如图 24-60 所示。

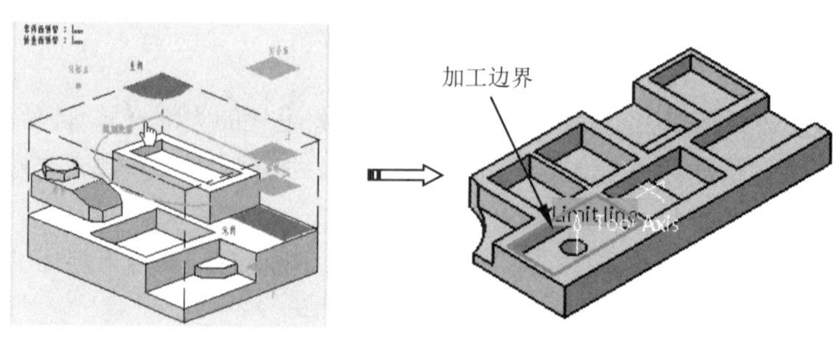

图 24-60

指定加工边界后相应的加工边界感应由红色变成绿色，同时“限制定义”选项区中的选项变为可用，部分选项的含义如下。

- 要加工边：“内侧”表示边界内进行加工；“外侧”表示边界外进行加工。
- 停止位置：“几何上”表示刀路刚好在边界上；“之内”表示刀路范围将比所选的边界小，缩小为“预留”文本框中的值；“之外”选项正好与之相反。
- 水平区域自动侦错：系统自动探测加工零件中的底平面，并且可在其下方的“预留”文本框中设定单独的加工余量，如图 24-61 所示。

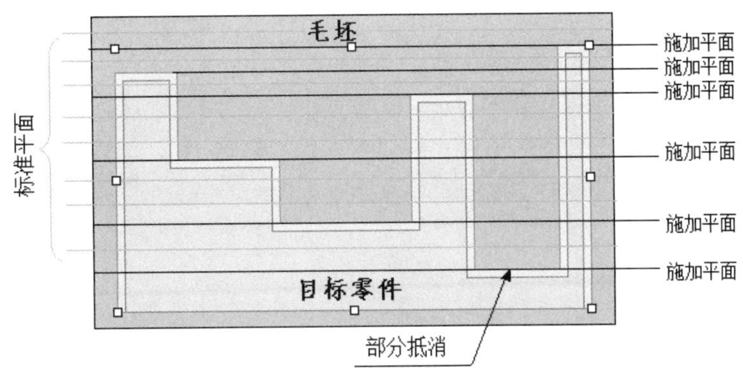

图 24-61

2. 加工策略参数

切换到“加工策略”选项卡，其中又包括“加工”选项卡、“径向”选项卡、“轴向”选项卡、“高速切削”选项卡和 Output（输出）选项卡，如图 24-62 所示。

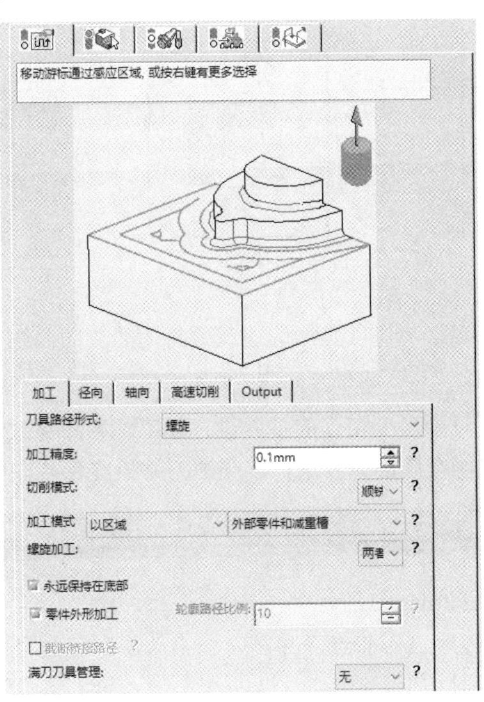

图 24-62

“加工”选项卡中部分选项含义如下。

- “以区域”加工模式：按照加工区域不同进行加工，也就是加工完一个区域后再加工另一个区域。
- “以平面”加工模式：按深度进行加工，也就是所有区域同时逐层加工。
- “只有减重槽”加工范围：只加工型腔内部区域，如图 24-63（a）所示。
- “外部零件”加工范围：只加工型腔外部区域，如图 24-63（b）所示。
- “外部零件和减重槽”加工范围：加工零件中的所有区域，如图 24-63（c）所示。

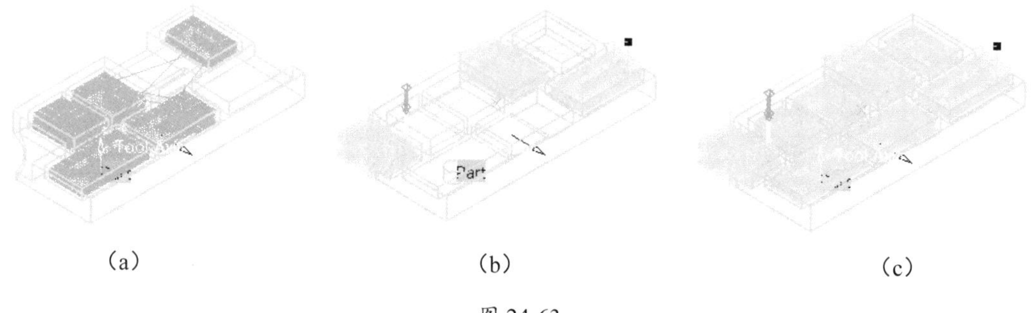

（a）　（b）　（c）

图 24-63

“螺旋加工”方式用于设置螺旋铣削时的刀具运动方向，包括以下选项，如图 24-64 所示。

- 向内：由外向内进行铣削。
- 向外：由内往外进行铣削。
- 两者：对于型腔采用由里而外的铣削方式，而对于型腔之外的部分则采用由外而里的铣削方式。

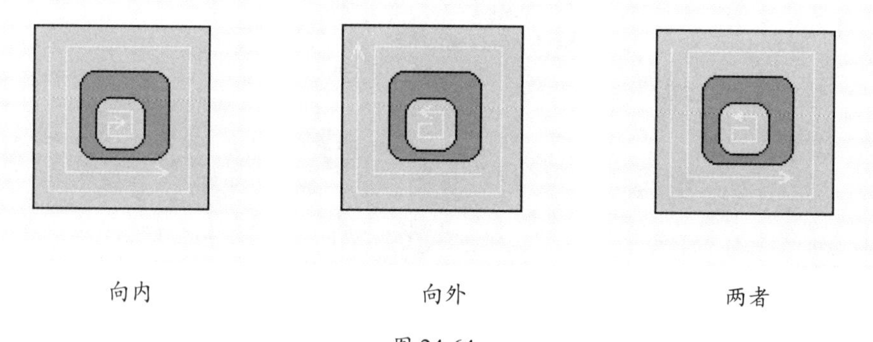

向内　向外　两者

图 24-64

- 永远保持在底部：对于多个相连的型腔进行加工，刀路穿过型腔的侧壁时会导致过切。此时选中“永远保持在底部”复选框，强迫刀路始终保持在底面。

动手操作——两轴半粗加工

01 打开本例源文件 24-4.CATProcess。

02 在程序树中选中“制造程序 .1”节点，并在“加工动作”工具栏中单击“两轴半粗铣”按钮，弹出“两轴半粗铣 .1”对话框。

03 在“几何”选项卡中单击目标零件感应，再到图形区中选择加工零件，如图 24-65 所示。

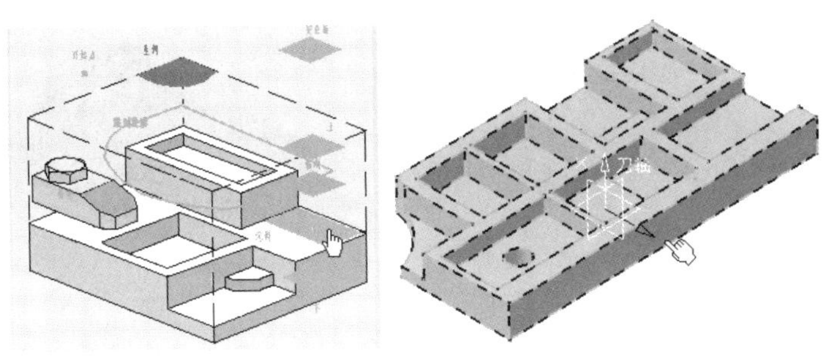

图 24-65

04 按 Esc 键返回“两轴半粗铣 .1”对话框。单击毛坯零件感应，并到图形区中选择毛坯零件，如图 24-66 所示。

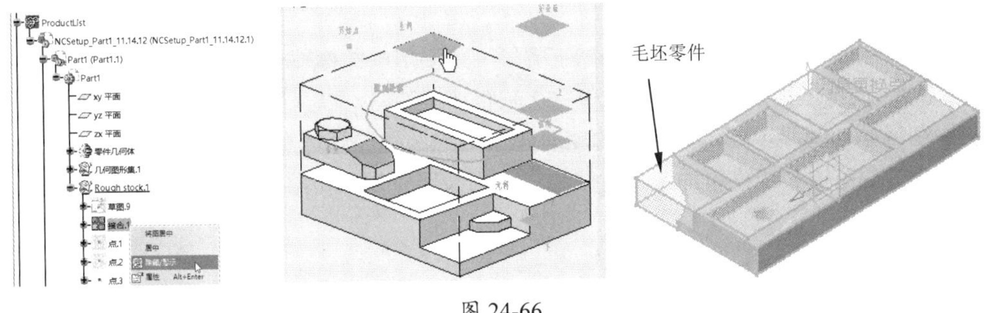

图 24-66

技术要点：

在选取毛坯零件之前，需要在程序树中将隐藏的毛坯零件显示出来。

05 切换到“加工策略”选项卡。在“加工”选项卡的“刀具路径形式”下拉列表中选择“螺旋”选项，设置“加工精度”值为 0.05mm，其他选项及参数保持默认，如图 24-67 所示。

06 在“轴向”选项卡的“最大切深”文本框中输入 5mm，如图 24-68 所示。

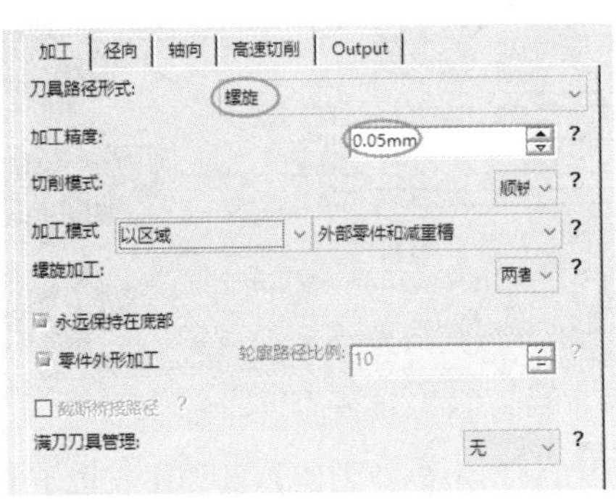

图 24-67

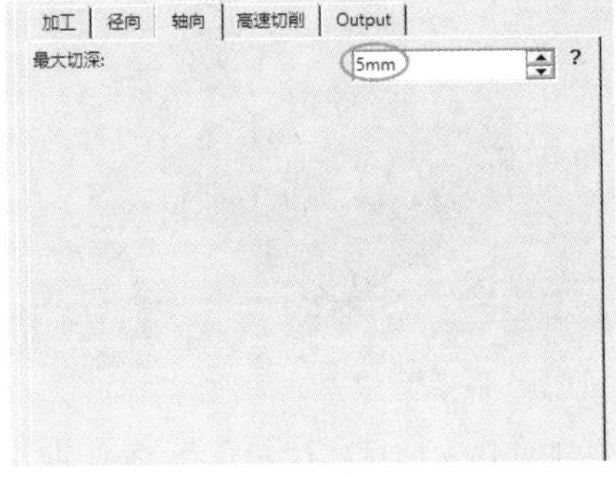

图 24-68

07 刀路仿真。单击“两轴半粗铣 .1”对话框中的“播放刀具路径”按钮，弹出“两轴半粗铣 .1”对话框，同时在图形区显示刀路轨迹。

08 单击“最近一次储存影片”按钮，再单击“向前播放”按钮，显示实体加工结果，如图 24-69 所示。

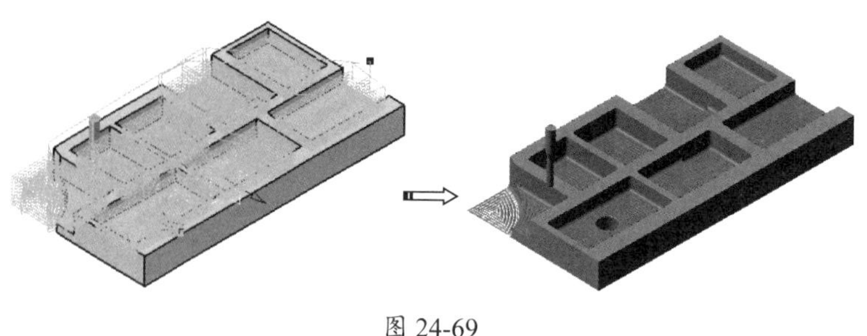

图 24-69

09 单击“确定”按钮完成粗加工操作。

24.3 型腔铣削

型腔铣削是二轴半铣削加工的重要加工类型，主要用于腔槽部分的加工。

型腔铣削加工能够以固定刀轴快速建立3轴粗加工刀路，以分层切削的方式加工出零件的大概形状，在每个切削层上都沿着零件的轮廓建立轨迹。型腔铣削加工主要用于粗加工，特别适合于建立模具的凸模和凹模粗加工刀位轨迹。使用型腔铣操作可移除大体积的材料，如图24-70所示。

1. 型腔铣削的刀路特点

型腔铣削的加工特点是在刀具路径的同一高度内完成一层切削，当遇到曲面时将会绕过，再下降一个高度进行下一层的切削，系统按照零件在不同深度的截面形状计算各层的刀路轨迹，如图24-71所示。可以理解成在一个由轮廓组成的封闭容器内，由曲面和实体组成容器中的堆积物，在容器中加入液体，在每一个高度上，液体存在的位置均为切削范围。

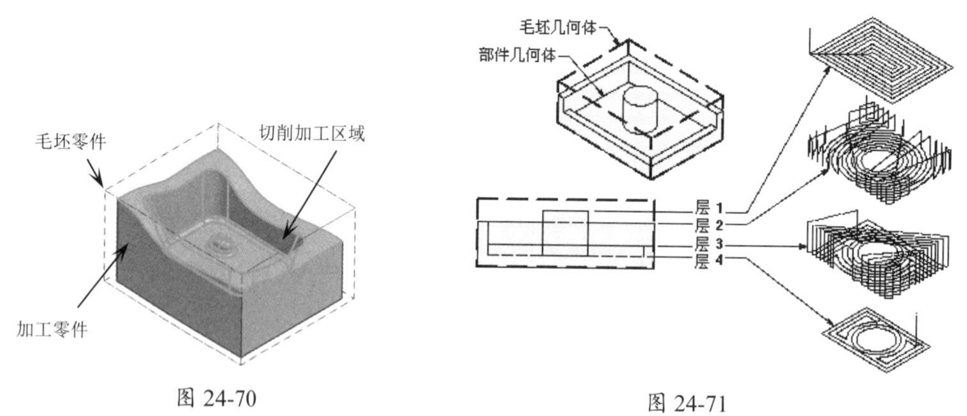

图 24-70　　图 24-71

型腔铣削操作与面铣一样是在与*xy*平面平行的切削层上创建刀路，其操作有以下特点。

- 刀轨为层状，切削层垂直于刀具轴，一层一层地切削，即在加工过程中机床两轴联动。
- 采用边界、面、曲线或实体定义刀具切削运动区域（即定义部件几何体和毛坯几何体），但是实际应用中大多数采用实体。
- 切削效率高，但会在零件表面上留下层状余料，因此，型腔铣主要用于粗加工，但是某些型腔铣操作也可以用于精加工，此时需要用户设置好切削层位置和参数。

- 可以适用于带有倾斜侧壁、陡峭曲面及底面为曲面的工件的粗加工与精加工，典型零件如模具的动模、顶模及各类型框等。
- 刀位轨迹创建容易，只要指定零件几何体与毛坯集合体，即可生成刀轨。

2. 型腔铣应用场合

型腔铣用于加工直壁或非直壁，并且有岛屿的顶面，以及槽腔的底面为平面或曲面的零件，如图 24-72 所示。在许多情况下，特别是粗加工，型腔铣可以代替平面铣。型腔铣在数控加工应用中最为广泛，可用于大部分粗加工以及直壁或者斜度不大的侧壁的精加工。通过限定高度值，只做一层，型腔铣也可用于平面的精加工以及清角加工等。

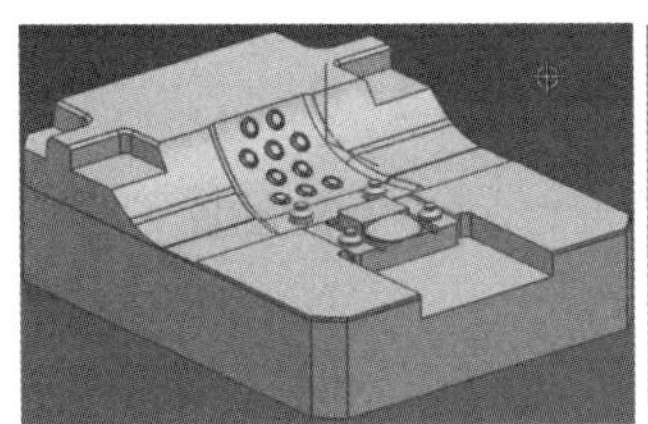
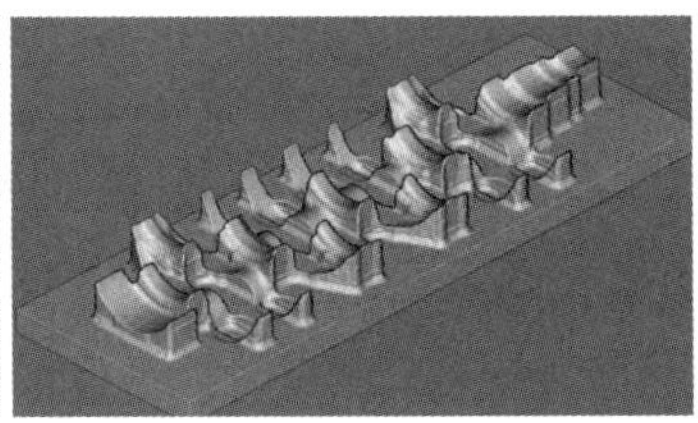
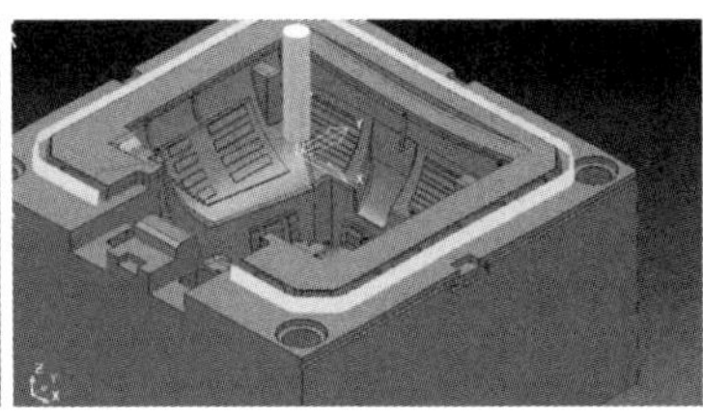

图 24-72

24.3.1　槽铣

在“加工动作”工具栏中单击“减重槽”按钮，弹出“槽铣 .1”对话框，如图 24-73 所示。

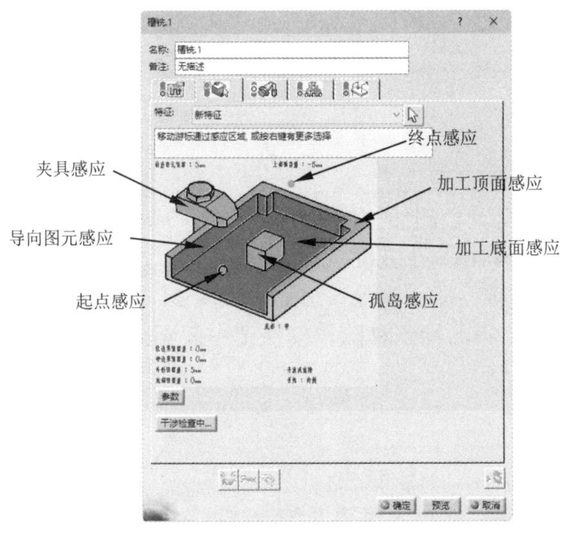

图 24-73

提示：

图标名称为“减重槽”，实为翻译有误，应正确翻译为“型腔铣削”“型腔铣”或“槽铣”。

在“槽铣 .1”对话框的“几何”选项卡中，感应区中的感应与面铣的感应基本相同，只是多了一个“孤岛”感应，零件中有孤岛的情况时才会去选择孤岛加工面。“孤岛”用于定义切削加工中刀具要跳过的加工区域，如图 24-74 所示。

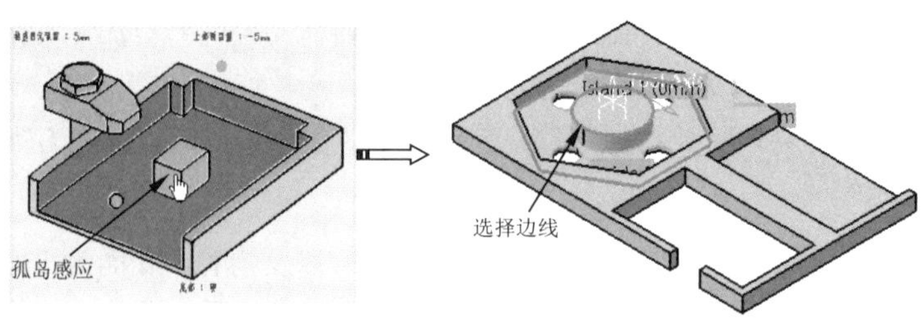

图 24-74

动手操作——型腔铣削

01 打开本例源文件 24-5.CATProcess。

02 在程序树中选中“制造程序 .1”节点，在“加工动作”工具栏中单击“减重槽”按钮，弹出“槽铣 .1”对话框。

03 切换到“几何”选项卡。单击加工底面感应，并到图形区中选取模型的一个表面作为加工底面，如图 24-75 所示。

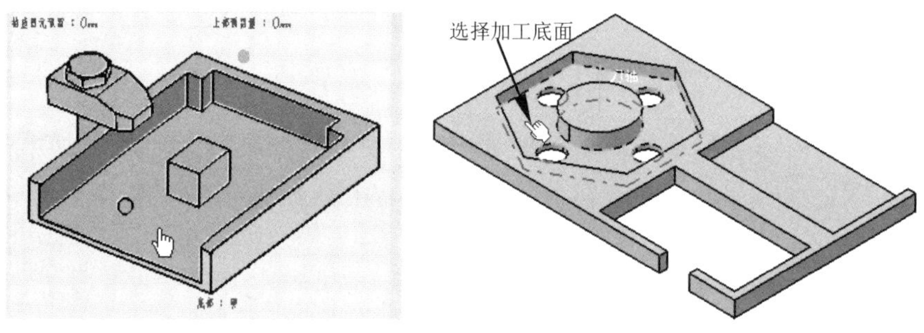

图 24-75

04 选取加工底面后，系统会自动检测加工底面中的孤岛，从检测结果看，检测到圆孔和中间的圆形凸台均识别为“岛”，在其中一个孔的“岛（lsland）3”标识上右击，在弹出的快捷菜单中选择“移除岛（lsland）3”选项，即可删除该孤岛，如图 24-76 所示。同理，对其余 3 个孔位置的岛标识上也进行相同操作，将岛标识移除，仅保留中间圆形凸台的岛标识，最终加工底面识别结果如图 24-77 所示。

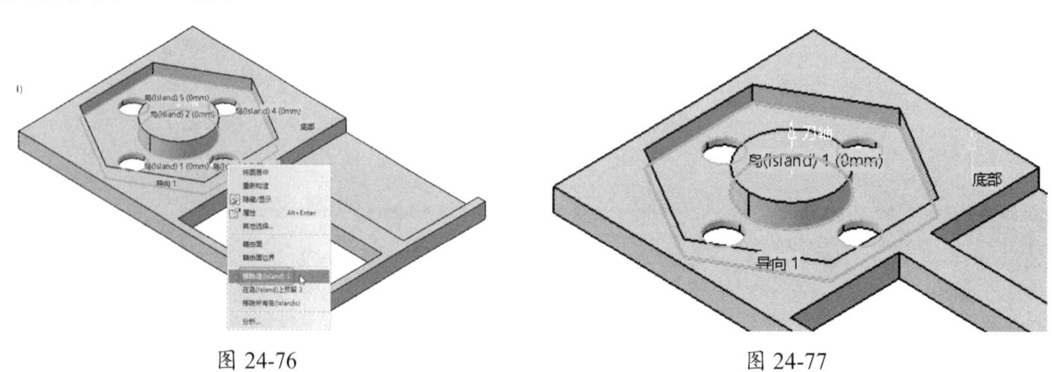

图 24-76　　　　图 24-77

05 按 Esc 键返回对话框，此时底面和侧面感应的颜色变为深绿色。单击加工顶面感应，并到图形区中选取模型顶部的表面作为加工顶面，按 Esc 键返回对话框，如图 24-78 所示。

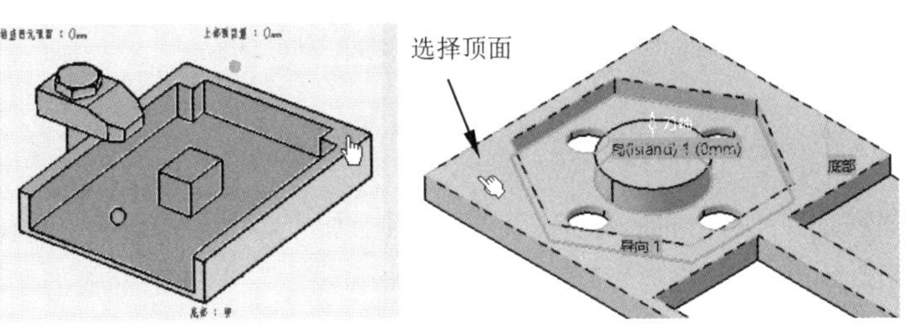

图 24-78

06 定义刀具路径参数。切换到“加工策略”选项卡。在“刀具路径形式”下拉列表中选择 Inward spiral morphing（向内螺旋变形）选项。在“轴向”选项卡中设置“最大切削深度”值为0.5mm，如图 24-79 所示。

07 在“辅助程序”选项卡中设置进刀为“斜进”，退刀方式为默认的“轴向”，如图 24-80 所示。

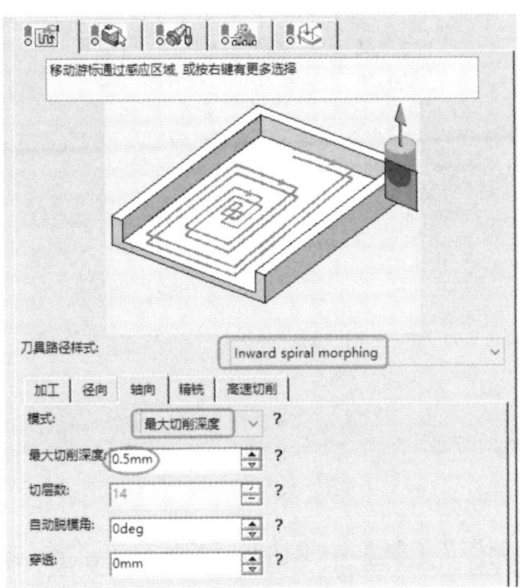

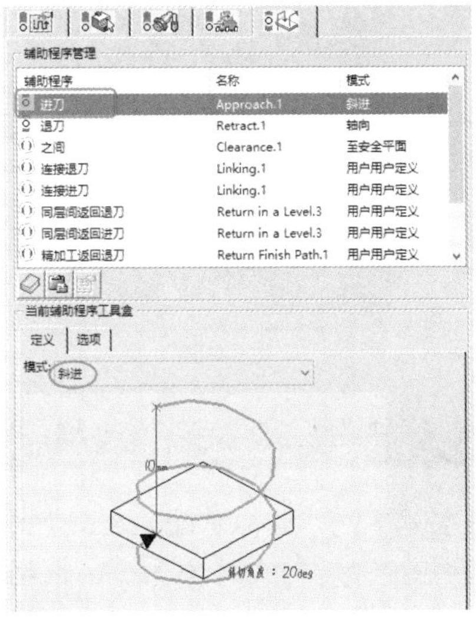

图 24-79　　　　图 24-80

08 单击“槽铣 .1”对话框底部的“播放刀具路径”按钮，弹出“槽铣 .1”对话框，同时在图形区显示刀路轨迹。

09 单击“最近一次储存影片”按钮，并单击“向前播放”按钮，显示实体加工结果，如图 24-81 所示。

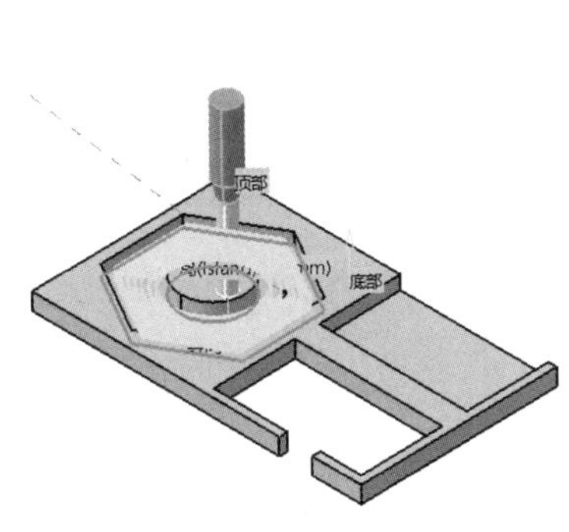

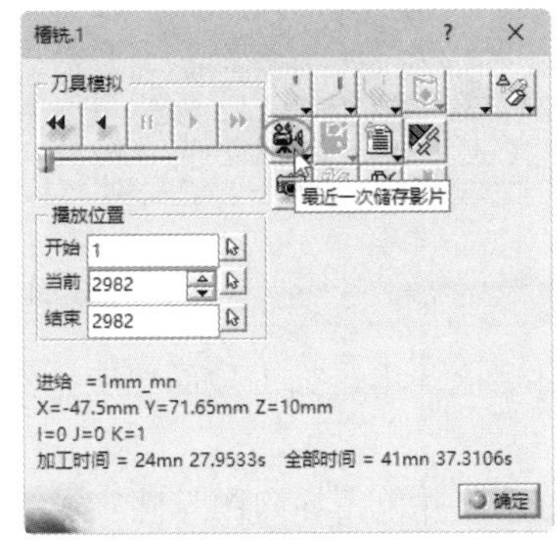

图 24-81

10 单击“槽铣 .1”对话框中的“确定”按钮完成槽铣削加工操作。

24.3.2 环槽铣

环槽铣是型腔铣削加工的一种特殊形式，主要用于加工零件中的环形凹壁，如图 24-82 所示。

在程序树中选中“制造程序 .1”节点，并在“加工动作”工具栏中单击“环槽铣”按钮，弹出“槽加工 .1”对话框，如图 24-83 所示。

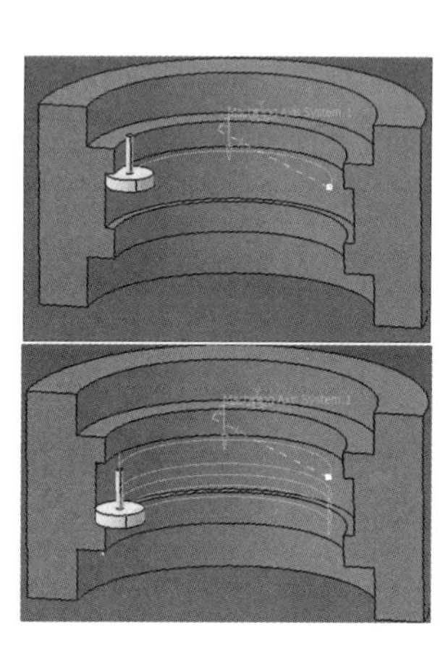

图 24-82

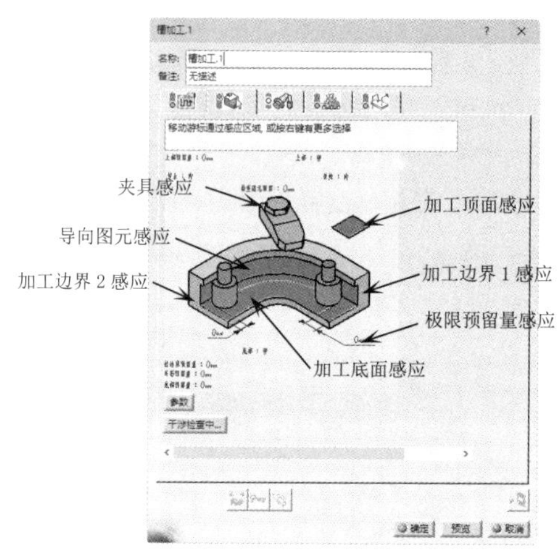

图 24-83

动手操作——环形槽铣削

11 打开本例源文件 24-6.CATProcess，如图 24-84 所示。

12 在程序树中选择“制造程序 .1”节点，在“加工动作”工具栏中单击“环槽铣”按钮，弹出“槽加工 .1”对话框。

13 在“几何”选项卡的感应区中单击加工底面感应，并在图形区中选择如图 24-85 所示的面作为加工底面。系统会自动识别并标识出该面的边线作为导向图元（引导曲线），但此导向图元的方向是错误的，因此需要重新选择。

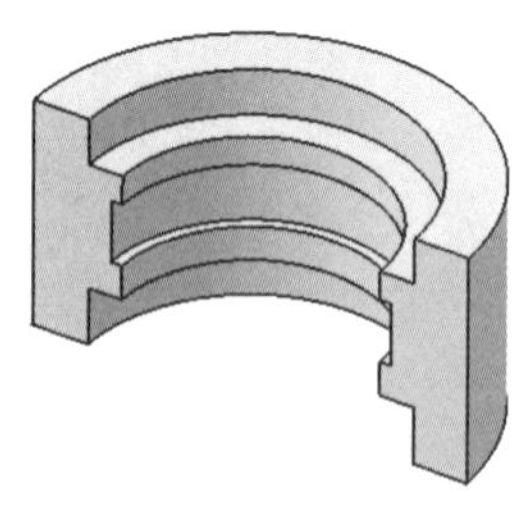

图 24-84

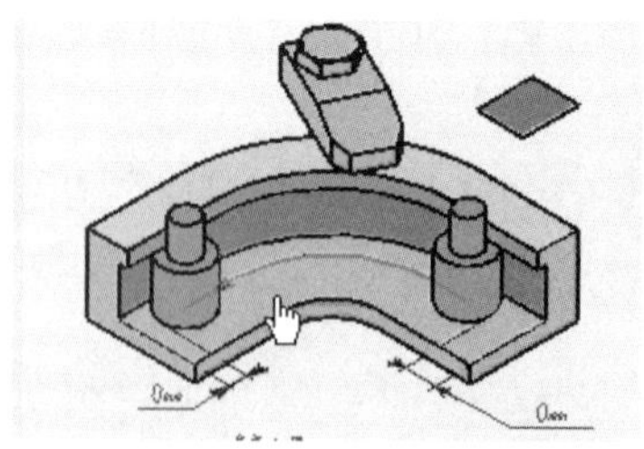

图 24-85

14 按 Esc 键返回“槽加工 .1”对话框并单击加工顶面感应，然后在图形区中选择如图 24-86 所示的点作为加工顶面的参考。

15 按 Esc 键返回“槽加工 .1”对话框并单击导向图元感应，然后在图形区中选取加工底面的边线作为刀具运动的引导曲线，如图 24-87 所示。

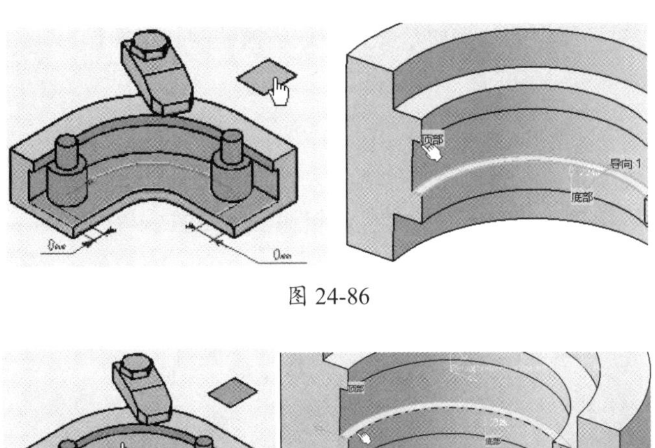

图 24-86

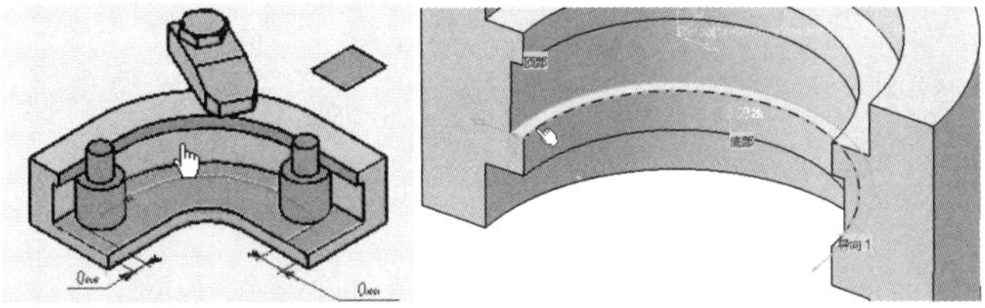

图 24-87

16 按 Esc 键返回“槽加工 .1”对话框，在“加工策略”选项卡中设置“轴向”选项卡中的选项，如图 24-88 所示。

17 单击“播放刀具路径”按钮，弹出“槽加工 .1”对话框，同时在图形区显示刀路轨迹，如图 24-89 所示。

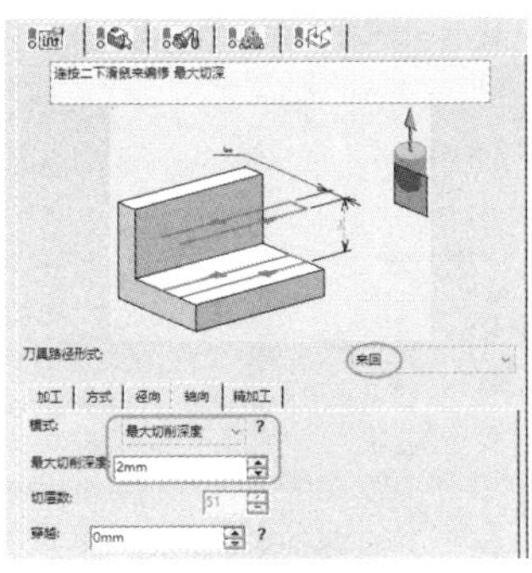

图 24-88

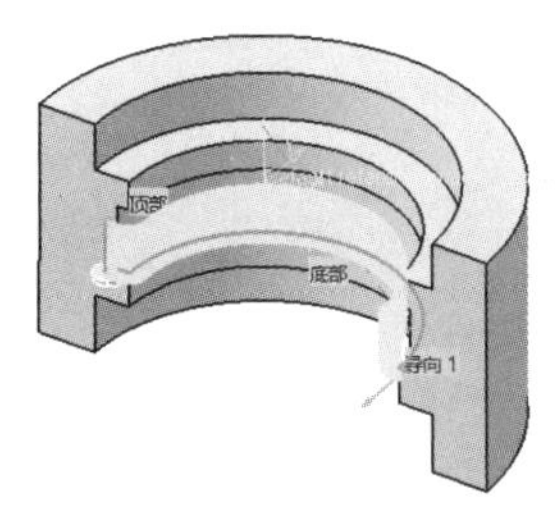

图 24-89

18 单击“最近一次储存影片”按钮，再单击“向前播放”按钮，显示实体仿真结果，如图 24-90 所示。

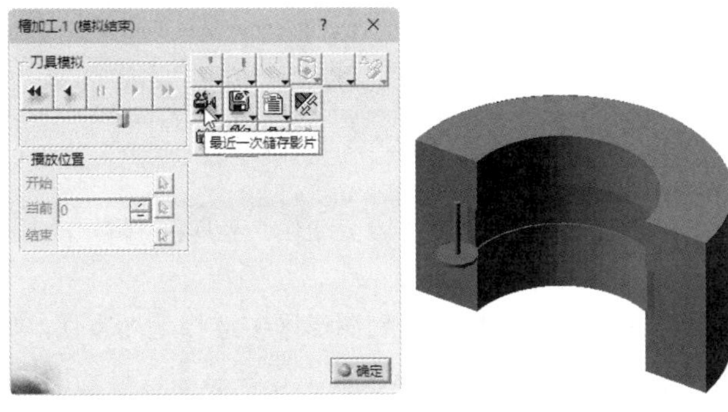

图 24-90

19 单击“槽加工 .1”对话框中的“确定”按钮完成环槽铣削加工操作。

24.3.3 插铣

插铣是型腔铣削类型中的一种，与其他铣削方式所不同的是，插铣过程中刀具始终在垂直于加工面的方向上运动。插铣主要用于深腔零件的粗加工，如图 24-91 所示。

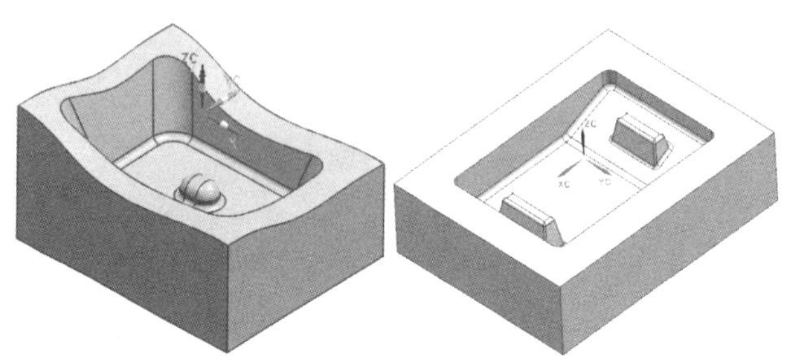

图 24-91

在程序树中选中“制造程序 .1”节点，再单击“加工动作”工具栏中的“插铣”按钮，弹出“插铣 .1”对话框，如图 24-92 所示。在“几何”选项卡中的加工几何感应区，与“两轴半粗铣”对话框中的感应区功能大致相同，这里不做重复介绍。

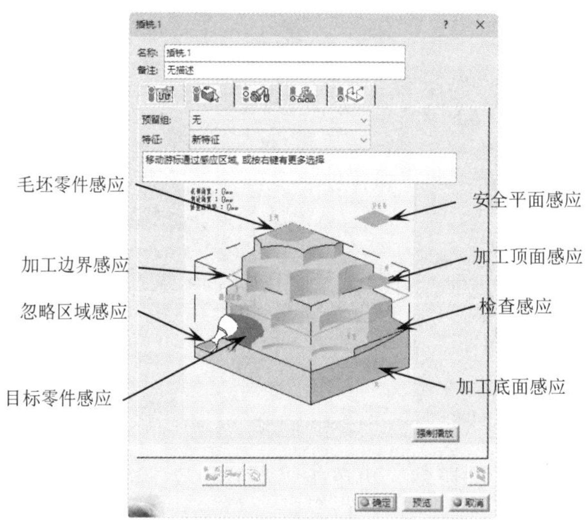

图 24-92

动手操作——零件插铣

01 打开本例源文件 24-7.CATProcess。

02 在程序树中选中“制造程序 .1”节点，并在“加工动作”工具栏中单击“插铣”按钮，弹出“插铣 .1”对话框。

03 在“几何”选项卡中单击毛坯零件感应，再到图形区中选择毛坯零件，如图 24-93 所示。

04 按 Esc 键返回“两轴半粗铣 .1”对话框，单击加工零件感应，再到图形区中选择加工零件，如图 24-94 所示。

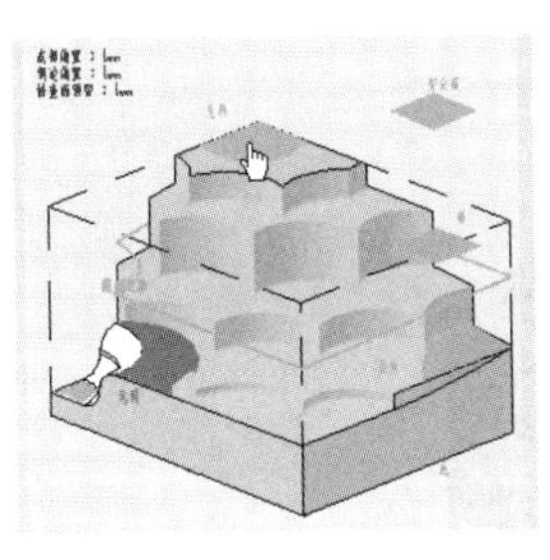
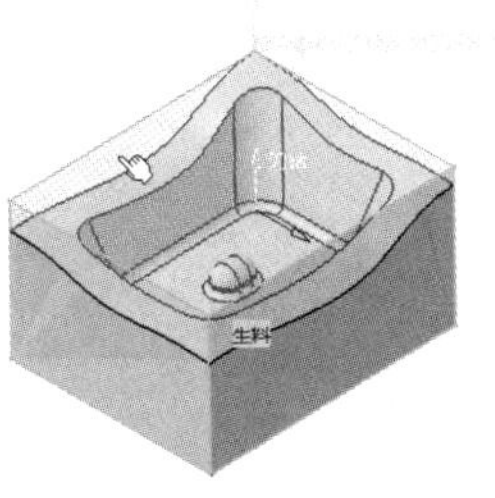

图 24-93

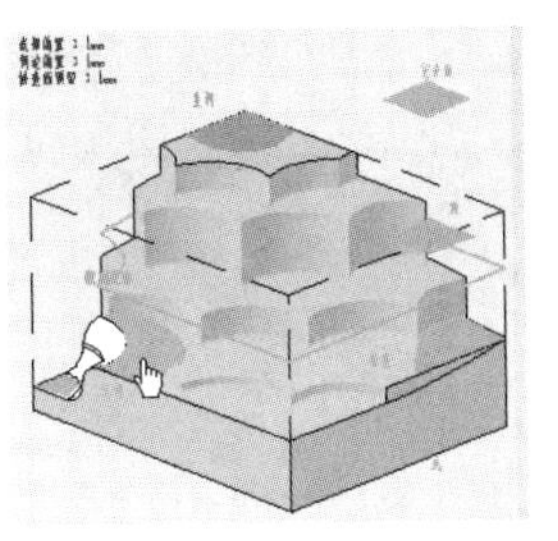
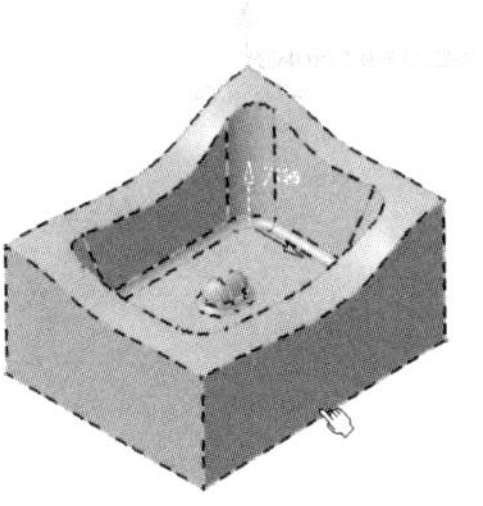

图 24-94

05 按 Esc 键返回“两轴半粗铣 .1”对话框，单击加工底面感应，再到图形区中选择加工底面，如图 24-95 所示。

06 按 Esc 键返回“两轴半粗铣 .1”对话框，单击加工边界感应，再到图形区中选择加工几何（必须是封闭的），如图 24-96 所示。

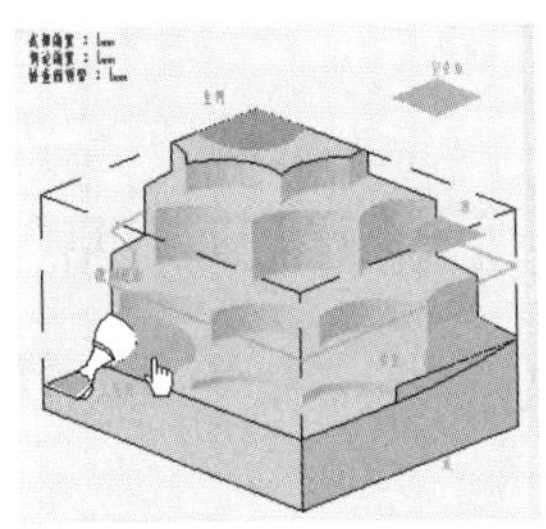
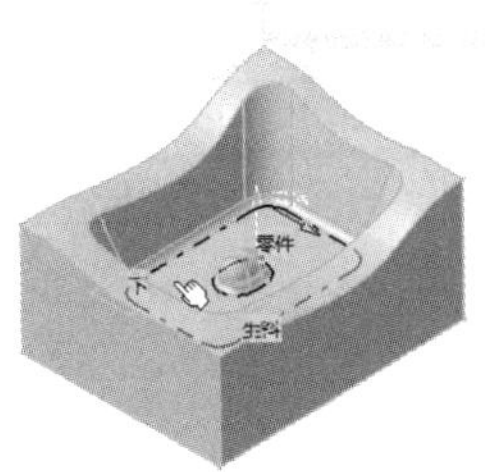

图 24-95

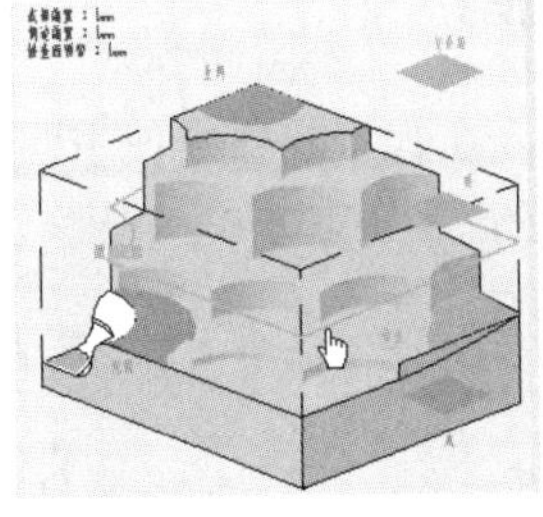
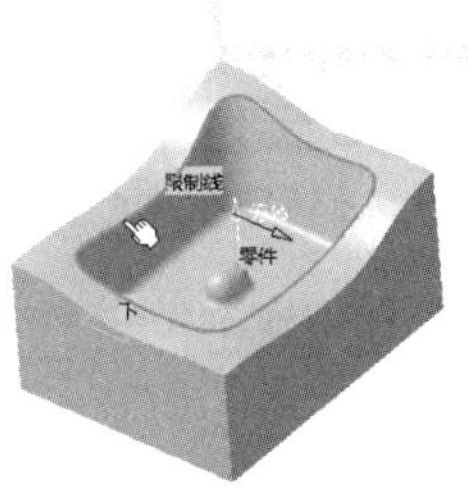

图 24-96

07 切换到“加工策略”选项卡，在“加工”选项卡的“格线形式”下拉列表中选择“长方形”选项，设置“横向间隔”与“纵向间隔”的值均为 5mm，其他选项及参数保持默认，如图 24-97 所示。

08 刀路仿真。单击“两轴半粗铣 .1”对话框中的“播放刀具路径”按钮，弹出“两轴半粗铣 .1”对话框，同时在图形区显示刀路轨迹，如图 24-98 所示。

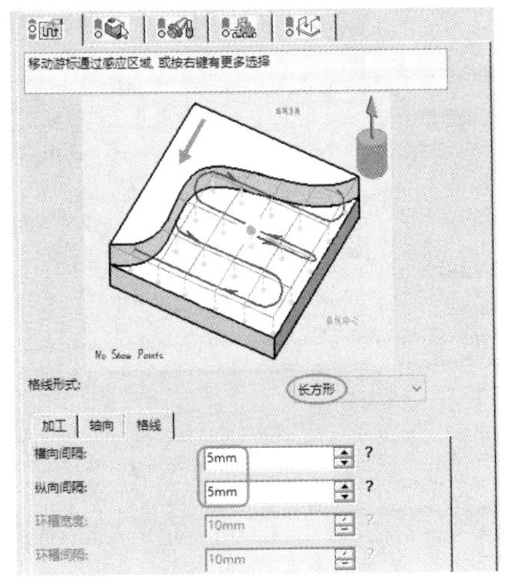

图 24-97

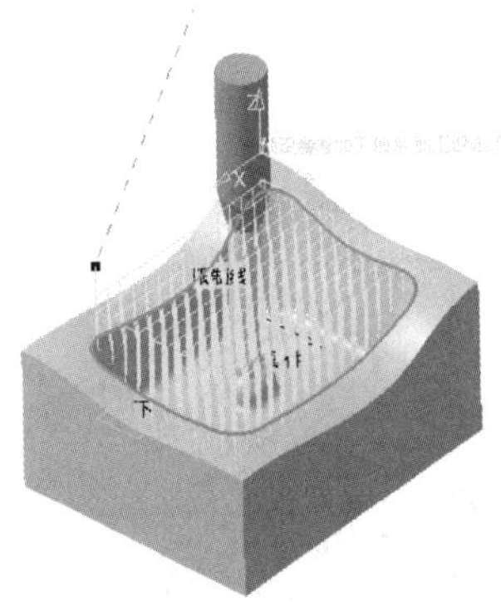

图 24-98

09 单击“最近一次储存影片”按钮，再单击“向前播放”按钮，显示实体仿真加工结果，如图 24-99 所示。

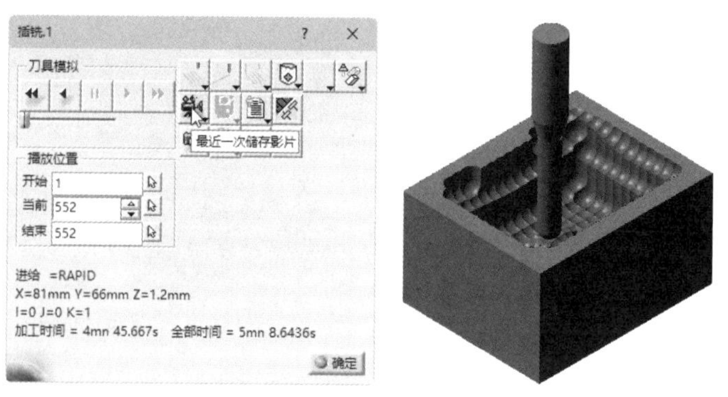

图 24-99

10 单击“确定”按钮完成插铣粗加工操作。

24.3.4 多型腔铣削

多型腔铣削就是在一个加工操作中使用同一把刀具对零件的所有型腔及侧壁进行加工。多型腔铣削是一种型腔铣削的高级加工方式。槽铣一次只能铣一个槽，多型腔铣削却能同时铣削多个槽。

动手操作——多型腔铣削

01 打开本例源文件 24-8.catprocess，加工零件如图 24-100 所示。

02 在程序树中选择“制造程序 .1”节点，在“多重减重槽步序”工具栏中单击“高级加工”按钮，弹出“高级加工 .1”对话框，如图 24-101 所示。

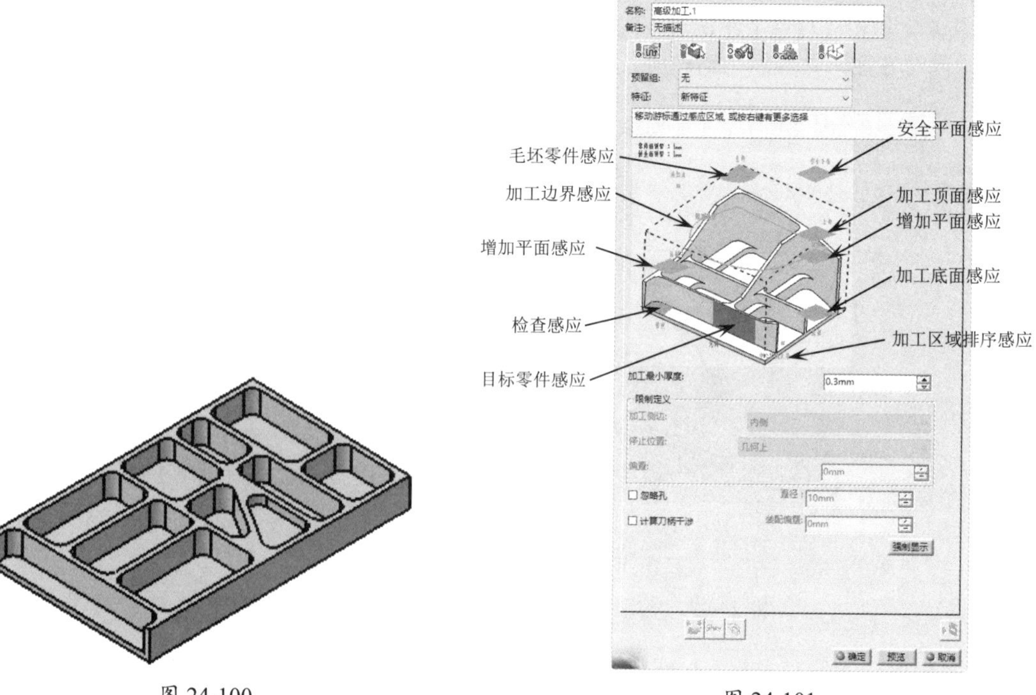

图 24-100　　图 24-101

03 单击目标零件感应，并在图形区中选择实体为目标零件，如图 24-102 所示。按 Esc 键返回“高级加工 .1”对话框。

04 单击加工区域排序感应，在图形区中依次选择如图 24-103 所示的 11 个型腔面，完成加工顺序的设置后按 Esc 键返回。

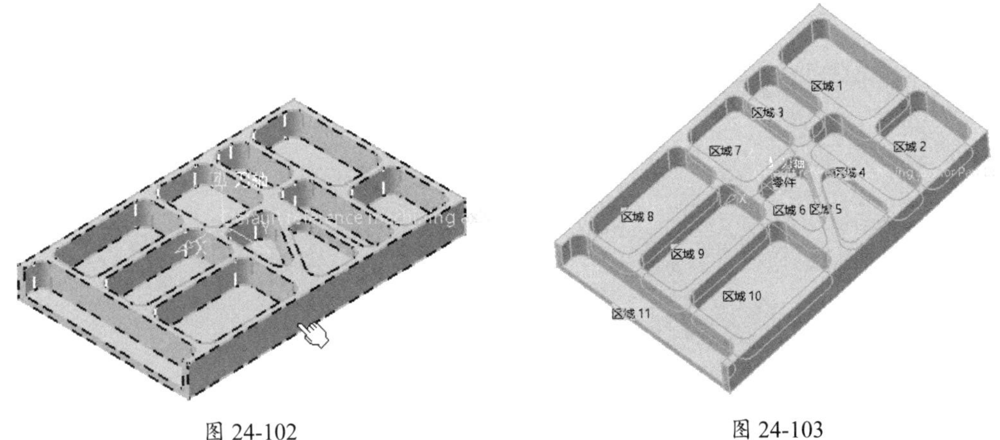

图 24-102　　　　图 24-103

05 切换到“加工策略”选项卡，在“加工方式”下拉列表中选择“中心（1）和侧边（2）”选项，其他选项设置如图 24-104 所示。

06 定义进退刀路径。切换到“辅助程序”选项卡。在“辅助程序管理”区域中选择“自动”选项，并在“模式”下拉列表中选择“斜进”选项，并设置其他参数，如图 24-105 所示。

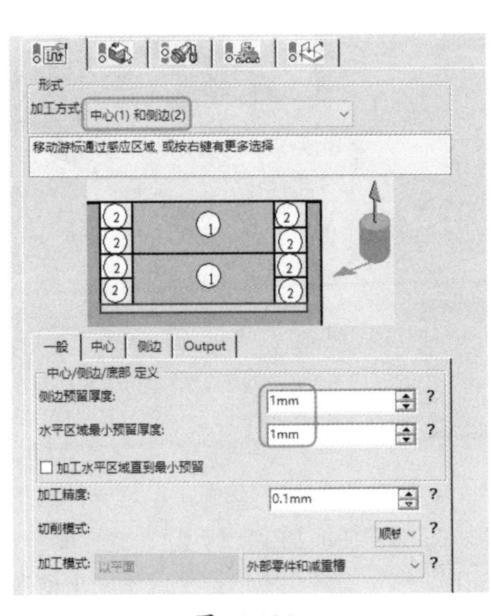

图 24-104

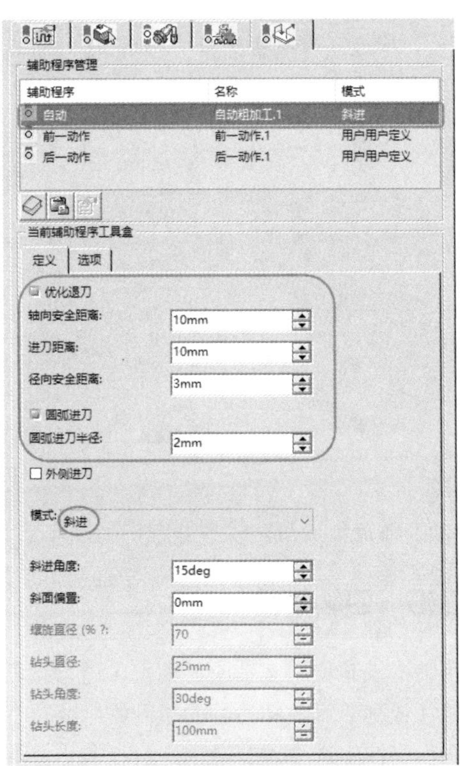

图 24-105

07 在“辅助程序管理”区域中列表框中选择“前一动作”选项，并在“模式”下拉列表中选择“用户用户定义”选项，单击“新增轴向动作”按钮，如图 24-106 所示。

08 同理，对“后一动作”也添加同样的动作，如图 24-107 所示。

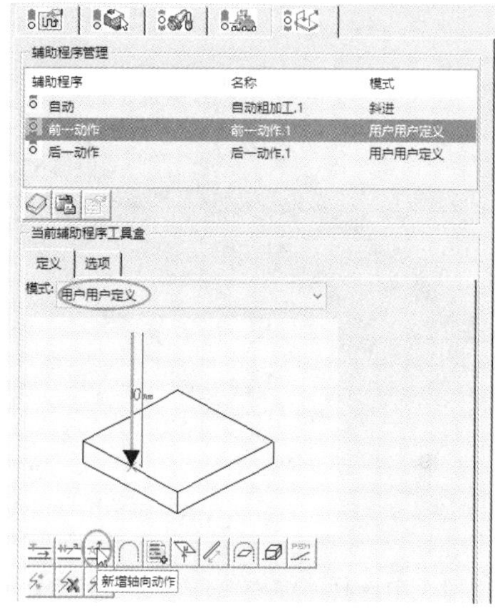

图 24-106

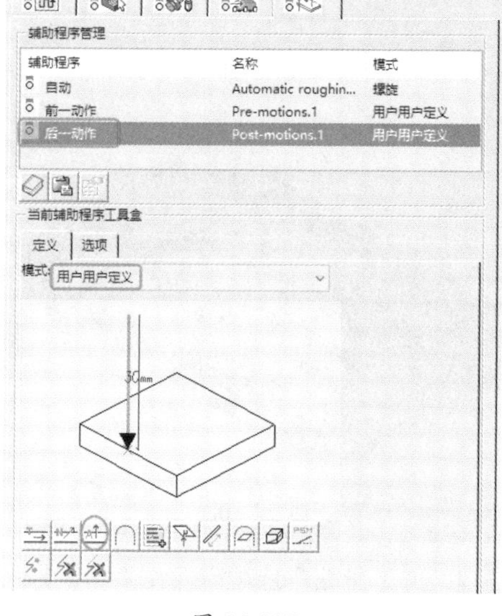

图 24-107

09 单击“高级加工 .1”对话框中的“播放刀具路径”按钮，弹出“高级加工 .1”对话框，同时在图形区显示刀路轨迹。

10 单击“最近一次储存影片”按钮，再单击“向前播放”按钮，显示实体仿真加工结果，如图 24-108 所示。

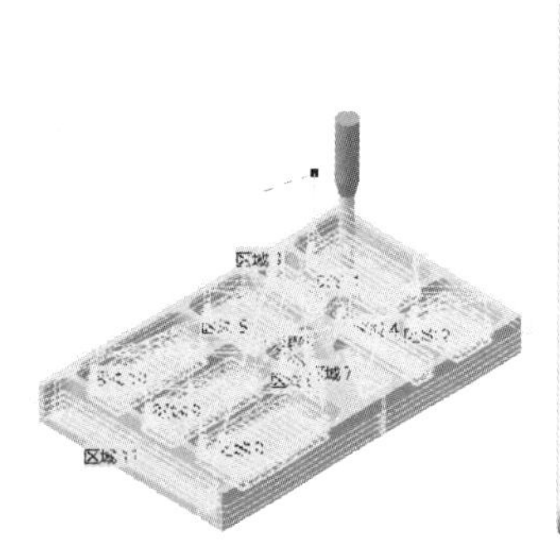

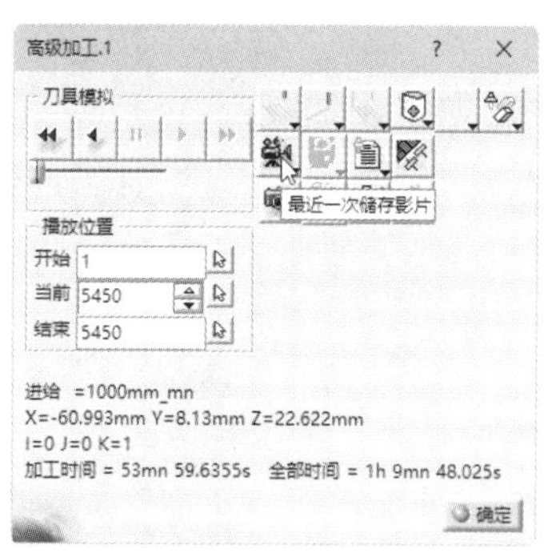

图 24-108

11 单击“确定”按钮完成多型腔铣削操作。

24.3.5 四轴槽铣

四轴槽铣是使用 4 轴或 5 轴机床进行铣削加工的一种型腔铣削加工动作，也是一种典型的基于 4 轴（或称“可变轴”）的型腔铣削高级加工类型，适用于曲面加工。

在程序树中选中“制造程序 .1”节点，并在“加工动作”工具栏中单击“四轴减重槽”按钮，弹出“四轴减重槽 .1”对话框，如图 24-109 所示。

动手操作——四轴槽铣加工

01 打开本例源文件 24-9.catprocess，加工零件和毛坯零件如图 24-110 所示。

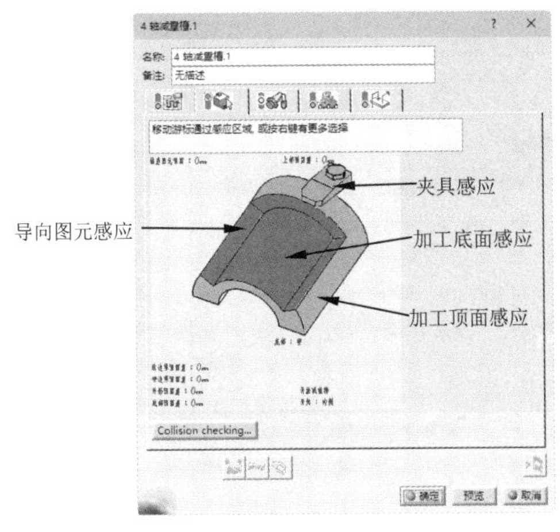

图 24-109

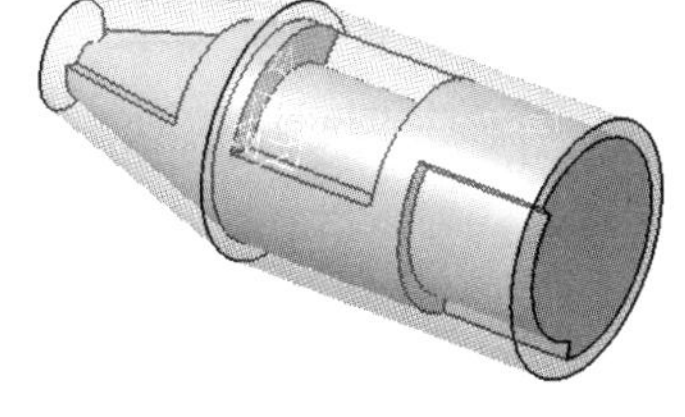

图 24-110

02 在程序树中选择“制造程序 .1”节点，在“加工动作”工具栏中单击“四轴减重槽”按钮，弹出“四轴减重槽 .1”对话框。

03 在“四轴减重槽 .1”对话框的感应区中单击加工底面感应，再在图形区中选择加工底面，如图 24-111 所示。按 Esc 键返回“高级加工 .1”对话框。选择加工底面后系统会自动识别加工底面的边界作为导向图元。

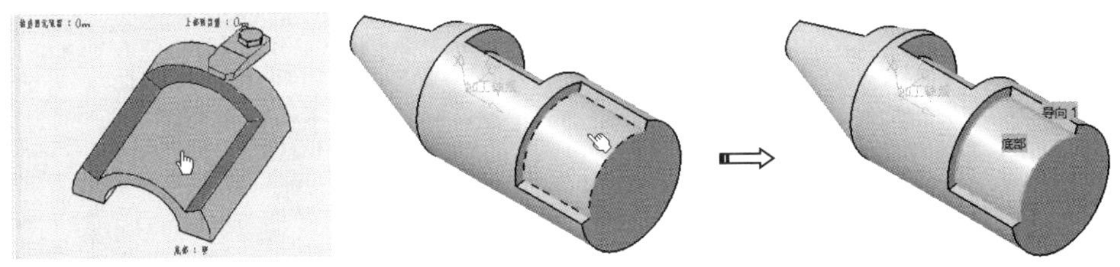

图 24-111

04 单击加工顶面感应，在图形区中选择如图 24-112 所示的零件表面作为加工顶面，完成后按 Esc 键返回对话框。

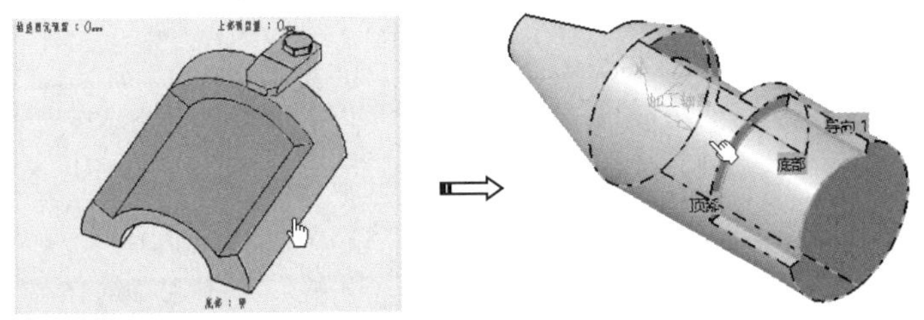

图 24-112

05 在感应区中双击“硬边界预留量”感应，弹出“编辑参数”对话框，在“硬边界预留量”文本框中输入 1.5mm，再双击“底部预留量”感应，弹出“编辑参数”对话框，在“底部预留量”文本框中输入 0.25mm，如图 24-113 所示。

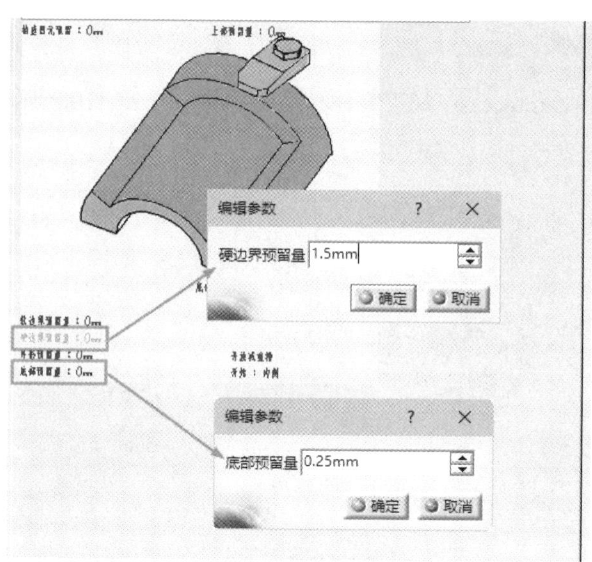

图 24-113

06 切换到“加工策略”选项卡，在“刀具路径形式”下拉列表中选择“向外螺旋”选项，并在“轴向”选项卡中设置轴向切削模式和参数，如图 24-114 所示。

07 定义进退刀路径。切换到“辅助程序”选项卡，在“辅助程序管理”区域中选择“进刀”选项，并在“模式”下拉列表中选择“轴向”选项，如图 24-115 所示。接着设置退刀方式为“水平 水平 轴向”。

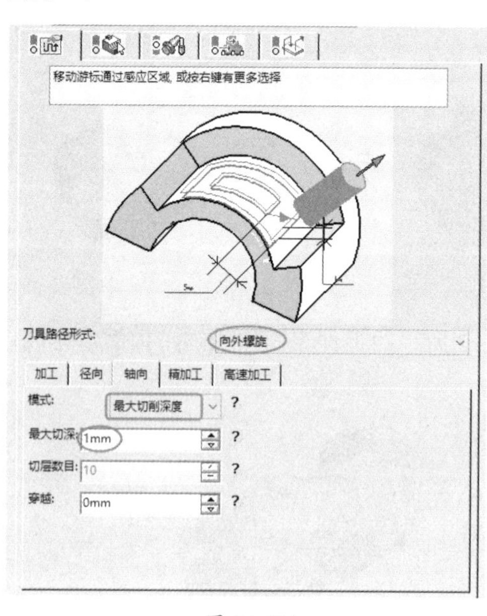

图 24-114

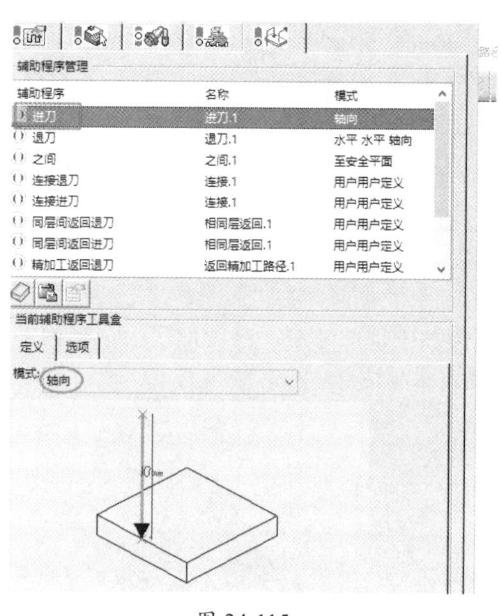

图 24-115

08 单击“四轴减重槽 .1”对话框中的“播放刀具路径”按钮，弹出“4 轴减重槽 .1”对话框，同时在图形区显示刀路轨迹。

09 单击“最近一次储存影片”按钮，再单击“向前播放”按钮，显示实体仿真加工结果，如图 24-116 所示。

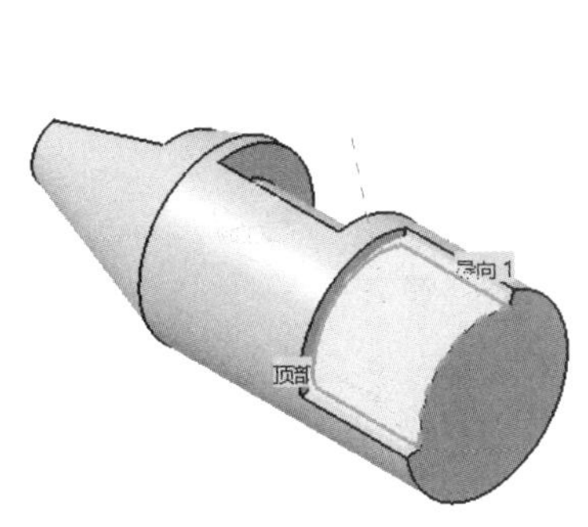

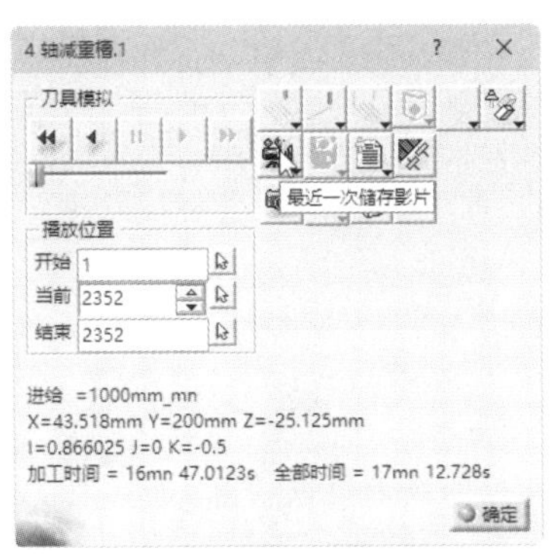

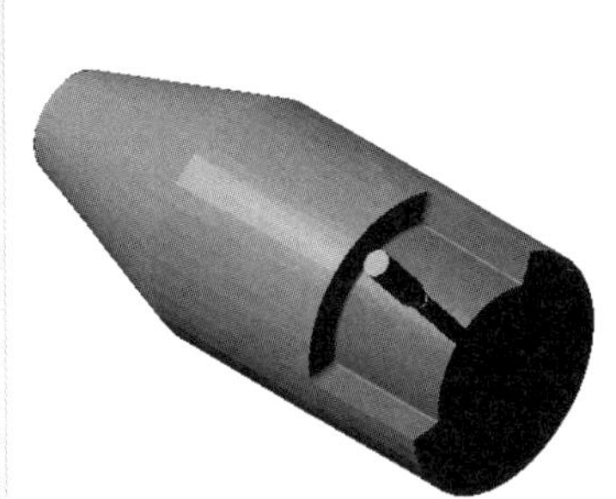

图 24-116

10 单击“确定”按钮完成四轴槽铣加工操作。

24.4 外形铣削

外形铣削是对零件的外形轮廓进行切削，所选择的加工表面必须能够形成连续的刀具路径，刀具以等高方式沿着工件分层加工，一般采用立铣刀侧刃进行切削。

外形铣削加工时机床的 X 轴、Y 轴和 Z 轴联动。加工对象主要针对型腔面、手板模型、复杂零件的半精加工和精加工。外形铣削的刀具在加工过程中下插和上升也要切削，因此铣削刀具主要是球刀。

外形铣削也称“轮廓铣削”，包括 4 种铣削模式：平面之间外形铣削、曲线之间外形铣削、曲线和曲面之间外形铣削和以刀侧仞外形铣削。

24.4.1 平面之间外形铣削

平面之间外形铣削就是沿着零件的轮廓线对两边界平面之间的加工区域进行切削，可以加工有底和无底的轮廓，如图 24-117 所示。

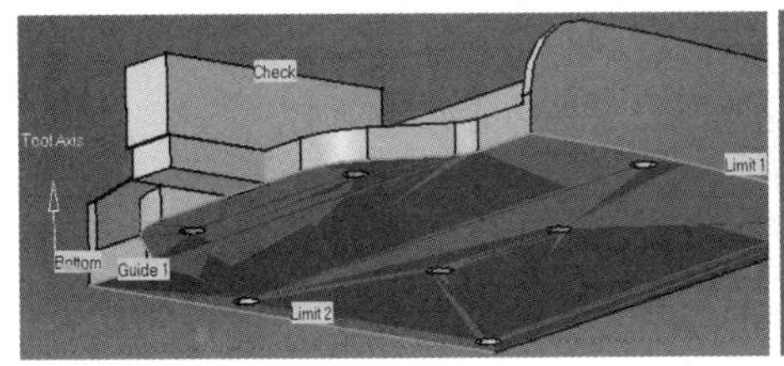

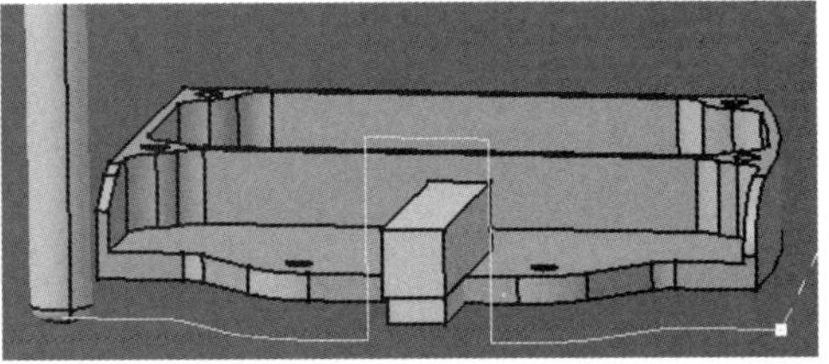

图 24-117

在程序树中选中“制造程序 .1”节点，单击“加工动作”工具栏中的“外形铣削”按钮，弹出“外形铣削 .1”对话框。切换到“几何”选项卡，在“模式”下拉列表中选择“平面之间”选项，如图 24-118 所示。

技术要点：

平面之间外形铣削必须定义加工底面和侧面（导向图元），其他几何参数可选可不选，系统会自动判定。若要创建多层铣削，还需定义加工顶面。

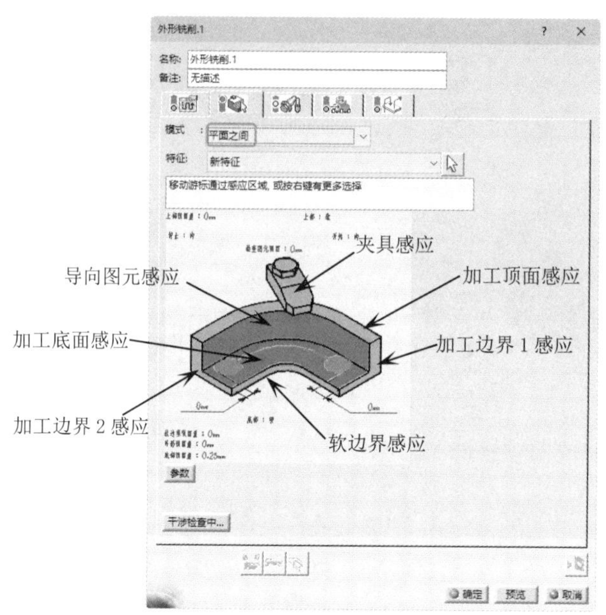

图 24-118

在选择加工底面时，系统默认开启外形轮廓探测（探测导向图元）功能，所以当选择底面的同时也完成了导向图元的选择，图形中以“导向”标识，如图 24-119 所示。若需要关闭外形轮廓探测功能，可在加工底面感应上右击，在弹出的快捷菜单中选择“外形侦测”选项即可。

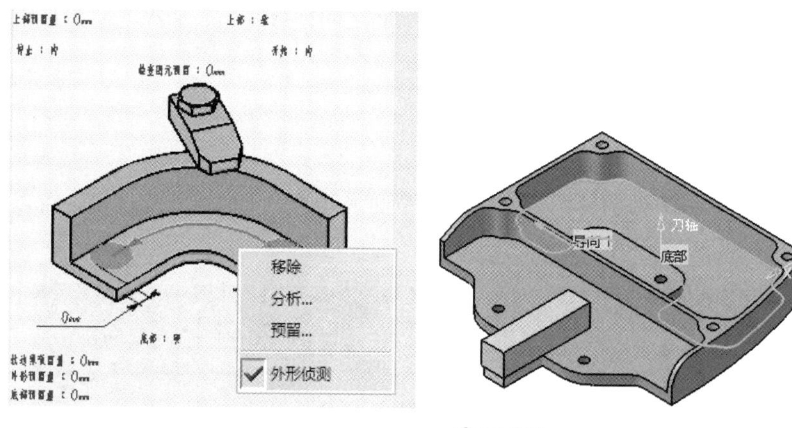

图 24-119

技术要点：

轮廓线上的红色箭头指示了刀路的所在位置，箭头方向不同，切削加工区域也会不同。

如果在感应区中单击“上部：软”感应设置，变成“上部：硬”感应设置，可变换加工顶面边界形状，以此可以进行环槽铣加工，如图 24-120 所示。

如果在感应区中单击“底部：硬”感应设置，变换成“底部：软”感应设置，可关闭加工底面，以此可以单独进行侧壁加工，如图 24-121 所示。

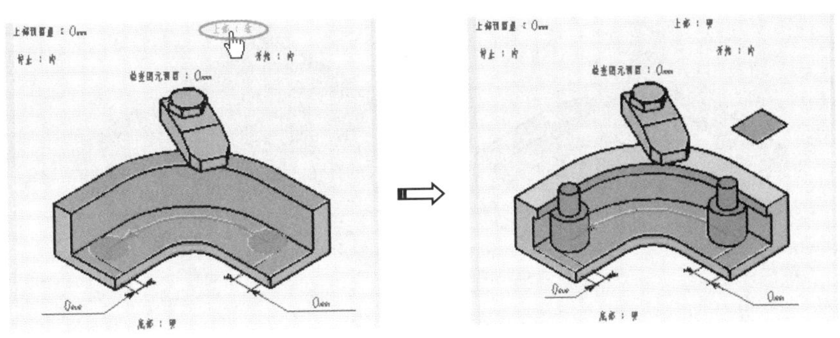

图 24-120

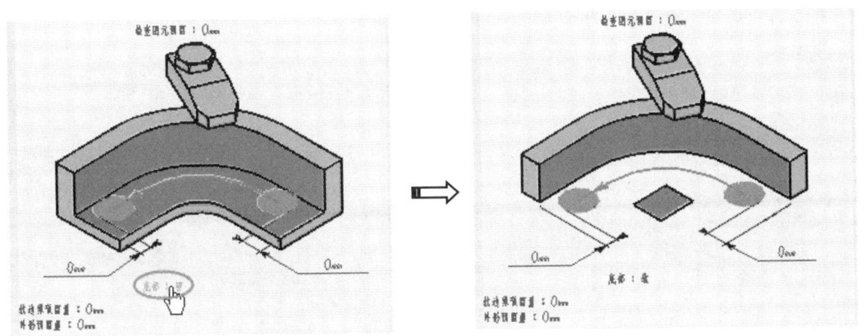

图 24-121

动手操作——平面之间外形铣削

01 打开本例源文件 24-10.CATProcess。

02 在程序树中选中“制造程序 .1”节点，单击“加工动作”工具栏中的“外形铣削”按钮，弹出“外形铣削 .1”对话框。

03 切换到“几何”选项卡，在“模式”下拉列表中选择“平面之间”选项。

04 单击加工底面感应，在图形区中选择零件凹槽表面作为加工底面，如图 24-122 所示。按 Esc 键返回“外形铣削 .1”对话框。

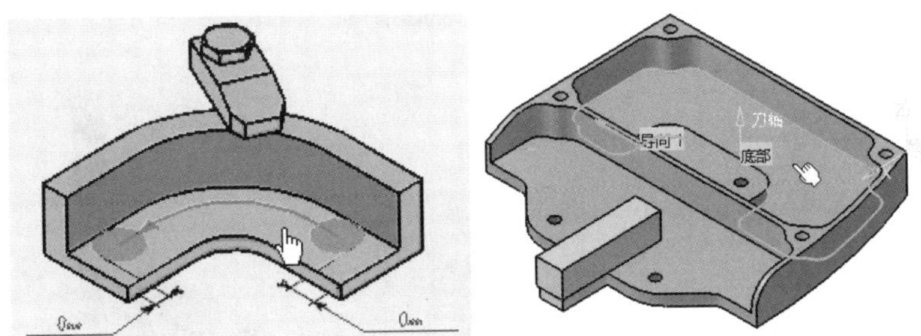

图 24-122

05 单击加工顶面感应，选择零件的上表面作为加工顶面，如图 24-123 所示。按 Esc 键返回“外形铣削 .1”对话框。

06 切换到“加工策略”选项卡。在“加工”选项卡的“刀具路径形式”下拉列表中选择“来回”选项，设置“加工精确度”值为 0.05mm，其他选项采用系统默认，如图 24-124 所示。

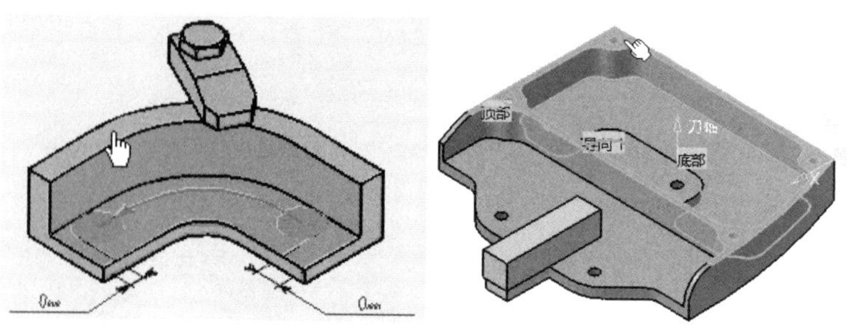

图 24-123

07 单击“重叠”选项卡，在“顺序”下拉列表中选择“先径向”选项，在“切层数”文本框中输入3，其他参数保持默认，如图 24-125 所示。

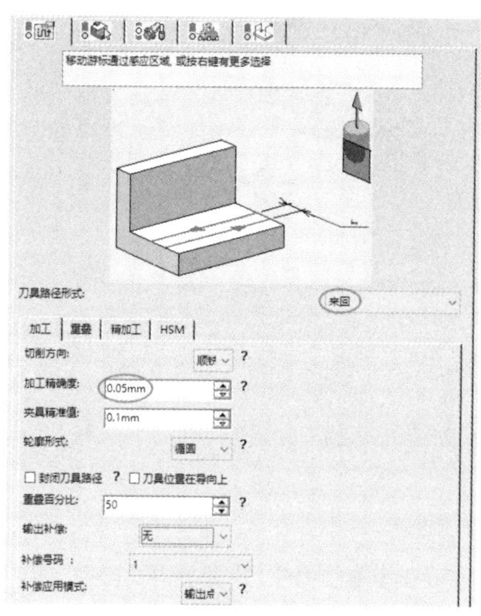

图 24-124

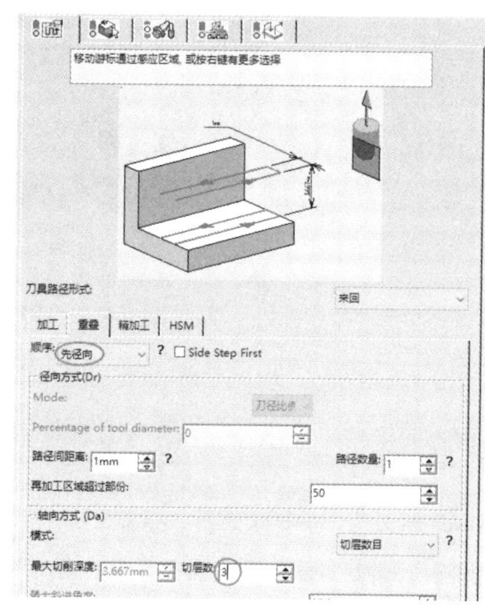

图 24-125

08 单击“外形铣削 .1”对话框中的“播放刀具路径”按钮，弹出“外形铣削 .1”对话框，同时在图形区显示刀路轨迹。

09 单击“最近一次储存影片”按钮，再单击“向前播放”按钮，显示实体仿真加工结果，如图 24-126 所示。

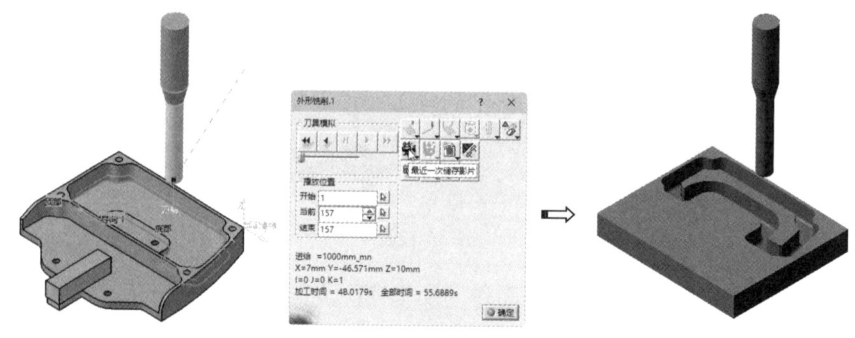

图 24-126

10 单击“外形铣削 .1”对话框中的“确定”按钮完成外形铣削操作。

24.4.2 曲线之间外形铣削

曲线之间外形铣削对由一条主引导曲线和一条辅助引导曲线所确定的加工区域进行外形铣削，如图 24-127 所示。

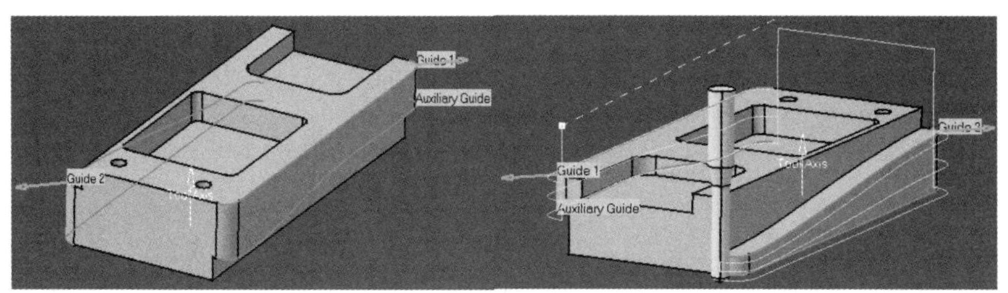

图 24-127

在程序树中选中“制造程序.1”节点，单击“加工动作”工具栏中的“外形铣削”按钮，弹出“外形铣削.1”对话框。切换到“几何”选项卡，在“模式”下拉列表中选择“曲线之间”选项，如图 24-128 所示。

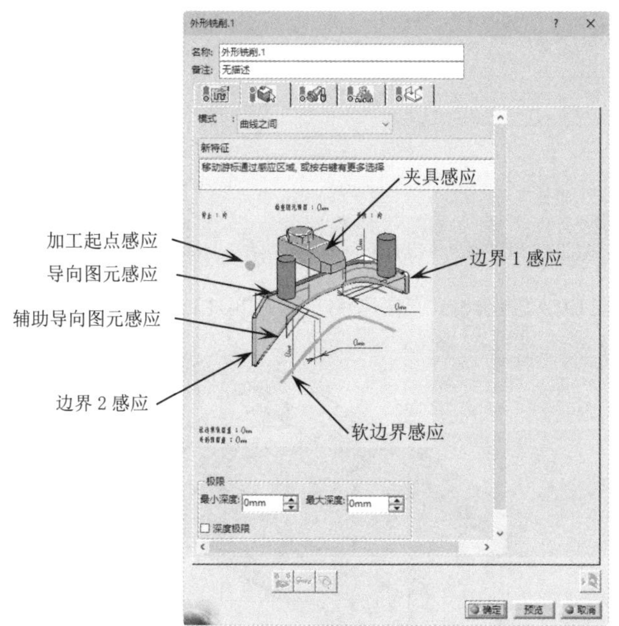

图 24-128

技术要点：

主引导曲线必须定义，用于定位刀具的径向位置，辅助引导曲线用于定位刀具的轴向位置。如果没有定义辅助引导曲线，主引导曲线同时定位刀具的径向和轴向位置。

刀具可以在轮廓的两侧及轮廓上方进行加工，刀具的起始位置和终止位置的方位均可以通过右击“开始：内”感应设置和“停止：内”感应设置来调整。图 24-128 为刀具在轮廓内部铣削的示意图。要切换为“开始：外”感应设置和“停止：外”感应设置，操作如图 24-129 所示。

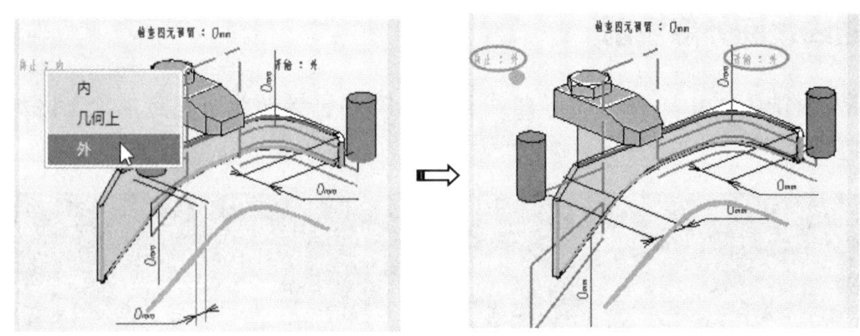

图 24-129

切换“开始：几何上”感应设置和“停止：几何上”感应设置，操作如图 24-130 所示。

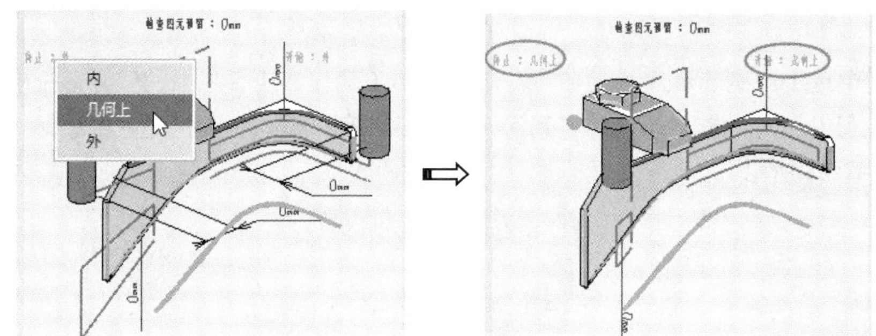

图 24-130

动手操作——曲线之间外形铣削

01 打开本例源文件 24-11.CATProcess，加工零件如图 24-131 所示。

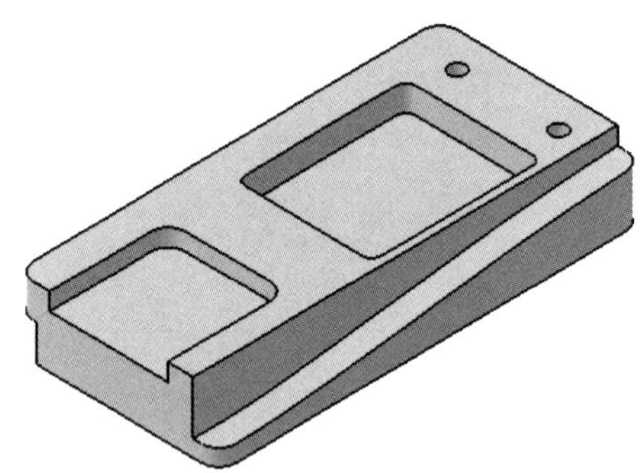

图 24-131

02 在程序树中选中“制造程序 .1”节点，单击“加工动作”工具栏中的“外形铣削”按钮，弹出“外形铣削 .1”对话框，切换到“几何”选项卡，在“模式”下拉列表中选择“曲线之间”选项。

03 单击导向图元感应，并在图形区中选择模型的边线（选取由 3 条边组成的边线），如图 24-132 所示。按 Esc 键返回“外形铣削 .1”对话框。

04 单击辅助导向图元感应，再选择如图 24-133 所示的边线，按 Esc 键系统返回“外形铣削 .1”对话框。

05 切换到“加工策略”选项卡。在“重叠”选项卡的“顺序”下拉列表中选择“先径向”选项，在“切层数”文本框输入 5，其他参数保持默认，如图 24-134 所示。

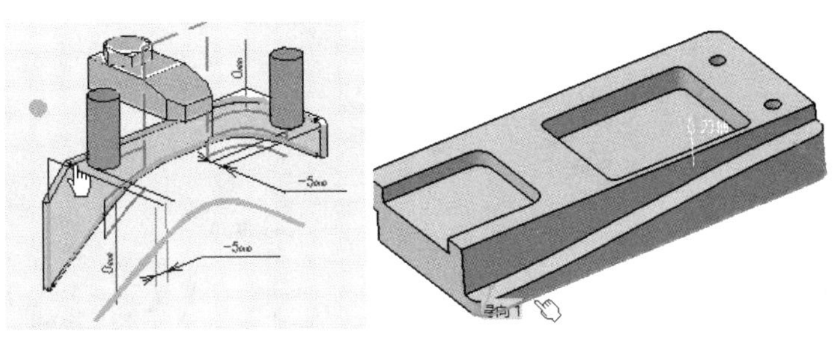

图 24-132

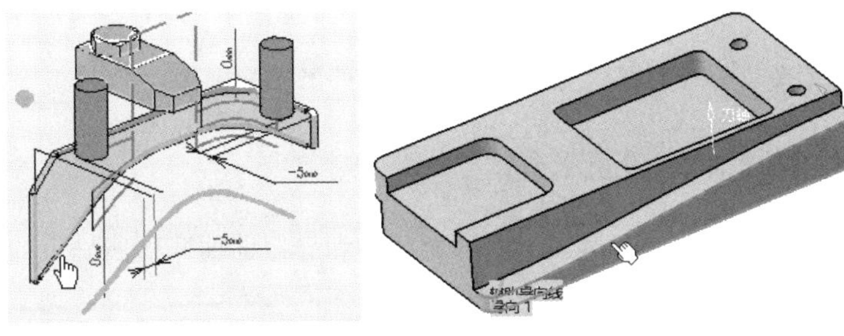

图 24-133

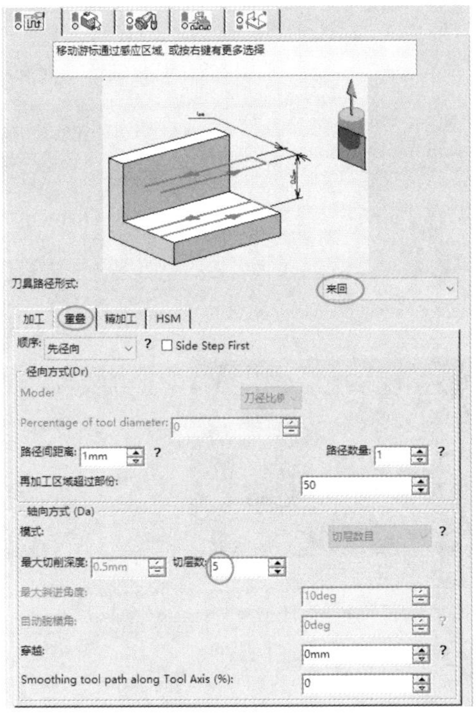

图 24-134

06 单击“外形铣削 .1”对话框中的“播放刀具路径”按钮，弹出“外形铣削 .1”对话框，同时在图形区显示刀路轨迹。

07 单击“最近一次存储影片”按钮，再单击“向前播放”按钮，显示实体仿真加工结果，如图 24-135 所示。

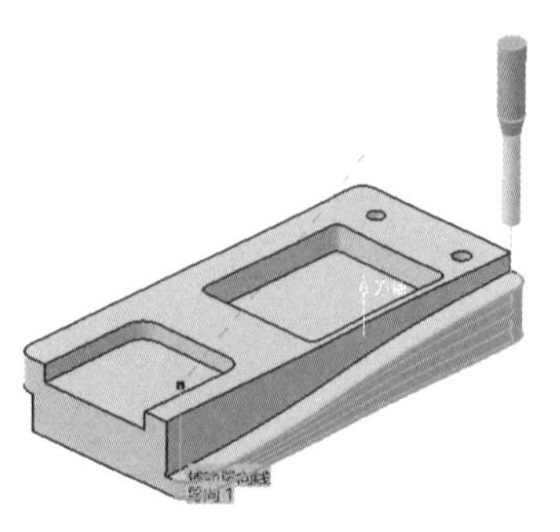
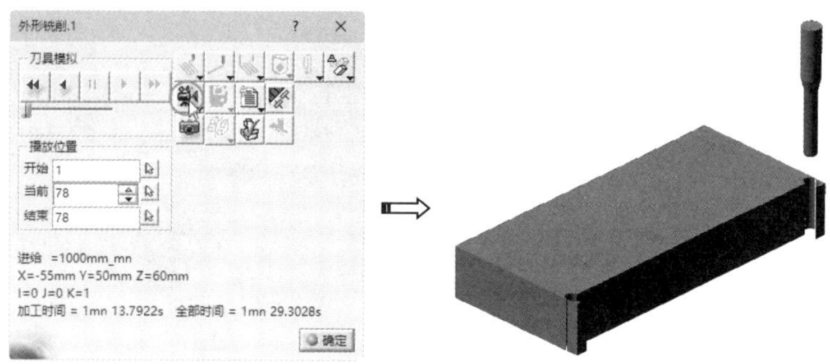

图 24-135

08 单击“外形铣削 .1”对话框中的“确定”按钮完成外形铣削操作。

24.4.3 曲线和曲面之间外形铣削

曲线和曲面之间外形铣削就是对由一组引导线串和一组曲面底面所确定的区域进行外形铣削，如图 24-136 所示。

在程序树中选中“制造程序 .1”节点，单击“加工动作”工具栏中的“外形铣削”按钮，弹出“外形铣削 .1”对话框，切换到“几何”选项卡，在“模式”下拉列表中选择“曲线和曲面之间”选项，如图 24-137 所示。

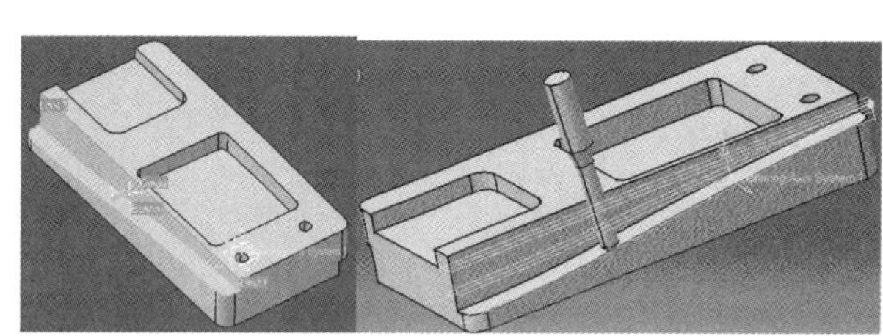

图 24-136

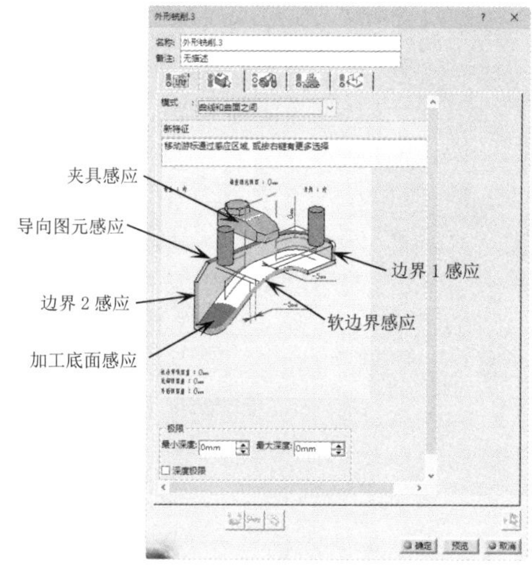

图 24-137

技术要点：

曲线和曲面之间外形铣削必须指定导向图元和加工底面，其他参数可选。导向图元定义了刀具的径向位置，加工底面则定义了定位刀具的轴向位置。

动手操作——曲线和曲面之间外形铣削

01 打开本例源文件 24-12.CATProcess。

02 在程序树中选中“制造程序 .1”节点，单击“加工动作”工具栏中的“外形铣削”按钮，弹出“外形铣削 .1”对话框，切换到“几何”选项卡，在“模式”下拉列表中选择“曲线和曲面之间”选项。

03 在对话框中单击导向图元感应，在图形区中选择如图 24-138 所示的边线。按 Esc 键返回“外形铣削 .1”对话框。

04 单击加工底面感应，再选择如图 24-139 所示的斜面，按 Esc 键返回“外形铣削 .1”对话框。

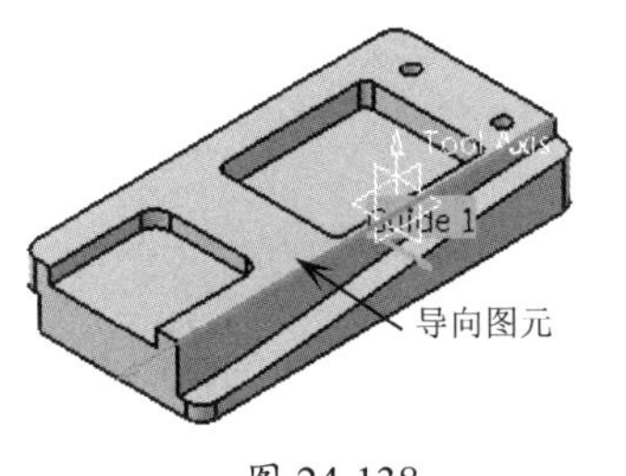

图 24-138

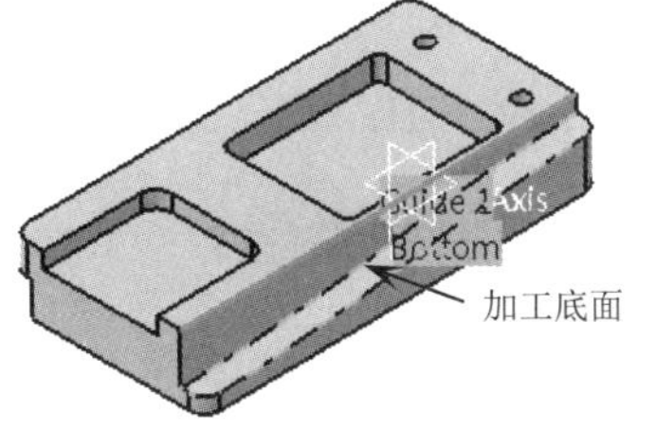

图 24-139

05 切换到“加工策略”选项卡。在“刀具路径形式”下拉列表中选择“来回”选项，“加工精确度”值为 0.05，其他选项保持默认，如图 24-140 所示。

06 在“重叠”选项卡的“顺序”下拉列表中选择“先径向”选项，再在“切层数”文本框输入 5，其他参数保持默认，如图 24-141 所示。

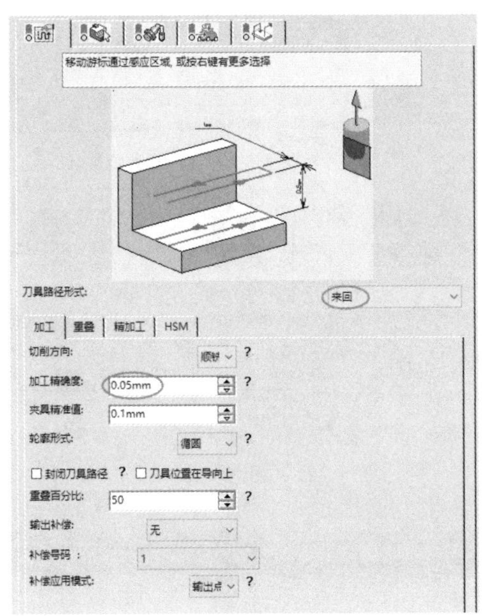

图 24-140

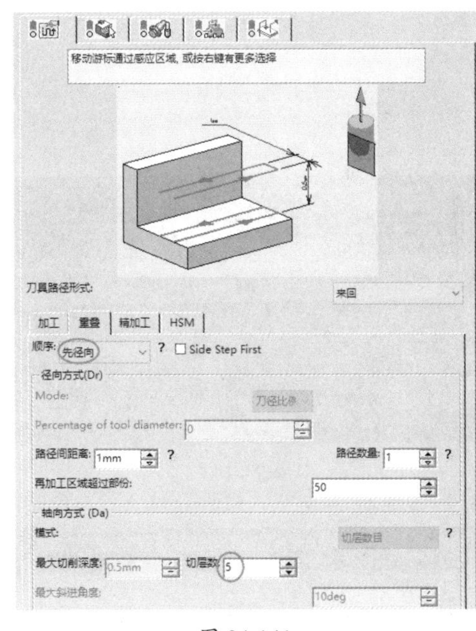

图 24-141

07 单击“外形铣削 .1”对话框中的“播放刀具路径”按钮，弹出“外形铣削 .1”对话框，同时在图形区显示刀路轨迹。

08 单击“最近一次储存影片”按钮，再单击“向前播放”按钮，显示实体加工结果，如图 24-142 所示。

09 单击“外形铣削 .1”对话框中的“确定”按钮完成外形铣削操作。

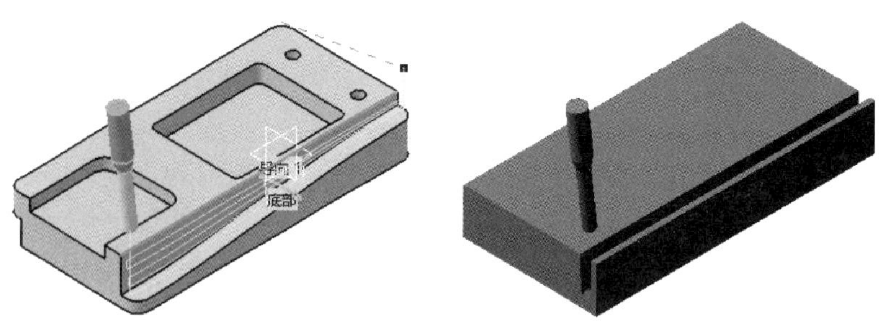

图 24-142

24.4.4 以刀侧切外形铣削

以刀侧切外形铣削（实际应翻译为“侧面轮廓铣削”）就是利用刀具的侧刃对与刀轴平行的侧壁平面进行切削，如图 24-143 所示。

在程序树中选中“制造程序 .1”节点，单击“加工动作”工具栏中的“外形铣削”按钮，弹出“外形铣削 .1”对话框，切换到“几何”选项卡，在“模式”下拉列表中选择“以刀侧切外形”选项，如图 24-144 所示。

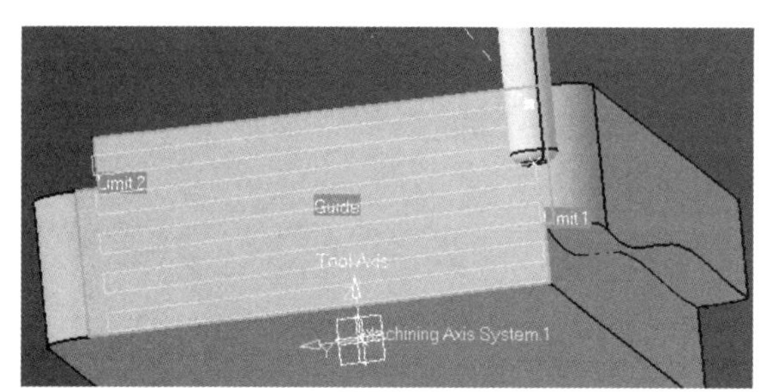

图 24-143

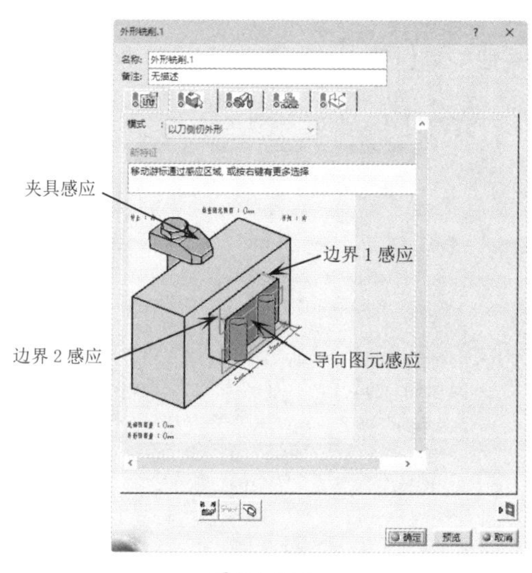

图 24-144

动手操作——以刀侧切外形铣削

01 打开本例源文件 24-13.CATProcess。

02 在程序树中选择“制造程序 .1”节点，单击“加工动作”工具栏中的“外形铣削”按钮，弹出“外形铣削 .1”对话框，切换到“几何”选项卡，在“模式”下拉列表中选择“以刀侧切外形”选项。

03 单击导向图元感应，在图形区中选择如图 24-145 所示的零件侧面。按 Esc 键返回“外形铣削 .1”对话框。

04 依次单击边界 1 感应和边界 2 感应，再到图形区中选择零件侧面的两条边线作为边界，如图 24-146 所示。按 Esc 键返回“外形铣削 .1”对话框。

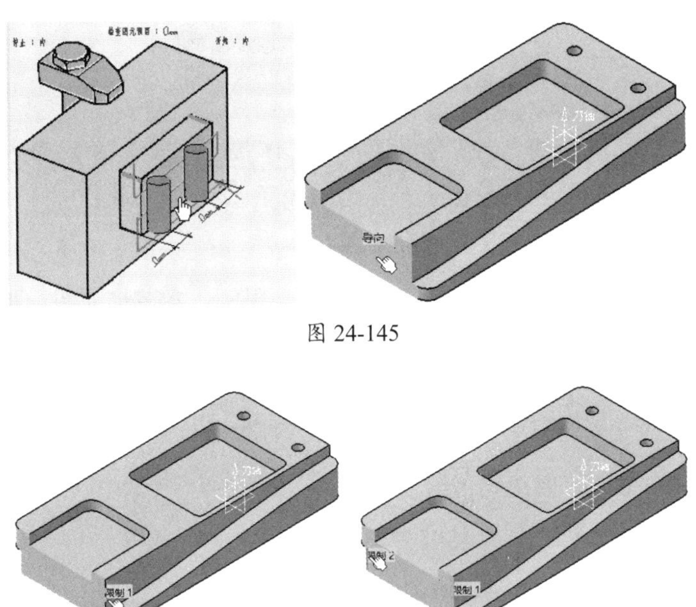

图 24-145

图 24-146

05 切换到“加工策略”选项卡。在“加工”选项卡的“刀具路径形式”下拉列表中选择“来回”选项，“加工精确度”为 0.05，其他选项保持默认。

06 单击“重叠”选项卡，在“顺序”下拉列表中选择“先径向”选项，在“切层数”文本框中输入 5，其他参数保持默认。

07 单击“外形铣削 .1”对话框中的“播放刀具路径”按钮，弹出“外形铣削 .1”对话框，同时在图形区显示刀路轨迹，如图 24-147 所示。

08 单击“最近一次储存影片”按钮，再单击“向前播放”按钮，显示实体加工结果，如图 24-148 所示。

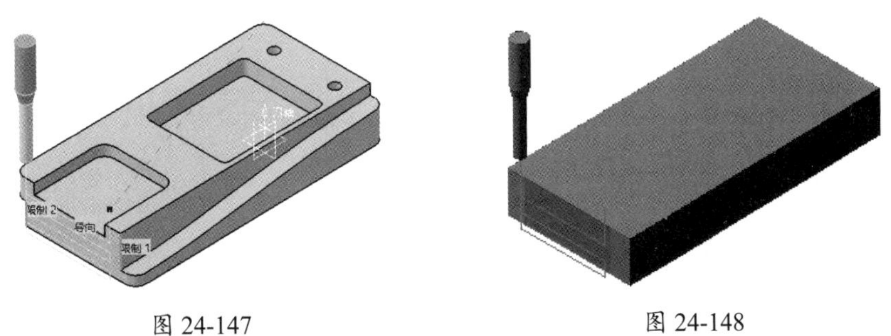

图 24-147 图 24-148

09 单击“外形铣削 .1”对话框中的“确定”按钮完成外形铣削操作。

24.5 孔加工

2.5 轴数控钻孔加工包括多种加工类型，如中心钻、钻孔、镗孔、铰孔、沉孔和倒角孔等。孔加工工具在“轴向切削动作”工具栏中，如图 24-149 所示。

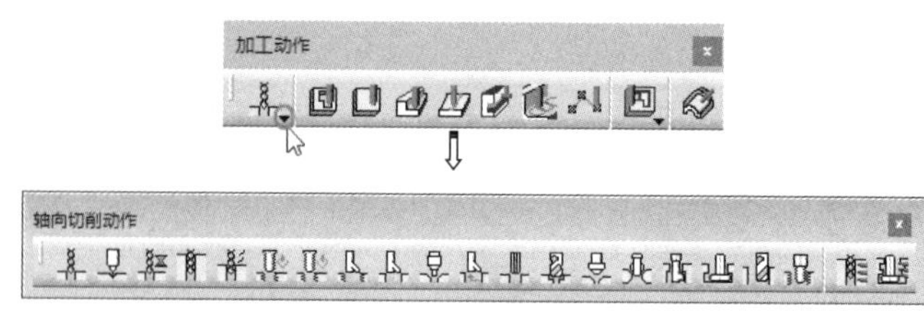

图 24-149

孔加工类型的加工操作方式大相径庭，鉴于篇幅限制，本节仅介绍一种常见的孔加工类型——钻孔。钻孔铣削是最基本的钻孔类型，参数设置较少，操作步骤简单。

在程序树中选中“制造程序.1”节点，单击“轴向切削动作”工具栏中的“钻孔”按钮，弹出“钻孔.1”对话框，切换到“几何”选项卡，如图 24-150 所示。

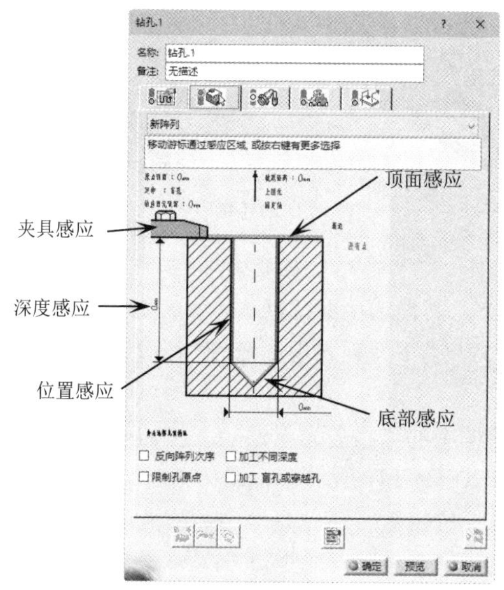

图 24-150

感应区的主要感应含义如下。

- 顶面感应：用于定义钻孔加工的孔顶部（零件表面）。
- 位置感应：用于定义钻孔加工的孔位置。
- 底部感应：用于定义钻孔加工的孔底部位置。
- 深度感应：用于定义钻孔加工的孔深度。

技术要点：

在钻孔加工中，必须定义孔位置，孔所在的零件平面及夹具感应是可选的。

动手操作——零件的孔加工

01 打开本例源文件 24-14.CATProcess，打开的加工零件如图 24-151 所示。

02 在程序树中选中“制造程序.1”节点，单击“轴向切削动作”工具栏中的“钻孔”按钮，弹出“钻孔.1”对话框，切换到“几何”选项卡。

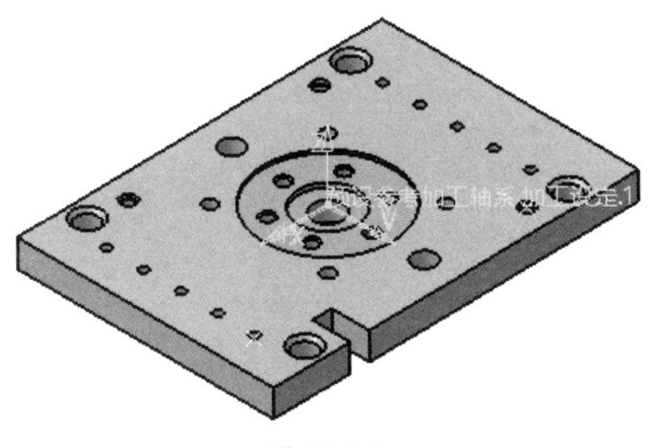

图 24-151

03 单击位置感应，弹出“特征旋转”对话框，其中列出了所有孔特征的阵列特性，只需选择一个孔阵列，该孔阵列的所有孔就会自动完成孔加工。

提示：

在创建孔特征时，如果没有使用到阵列工具来创建孔，那么，此处是不会弹出“特征选择”对话框的。

04 在“特征选择”对话框中选择“矩形阵列 .2”特征，图形区中的阵列孔被自动选中，如图 24-152 所示。关闭“特征选择”对话框并按 Esc 键返回“钻孔 .1”对话框。

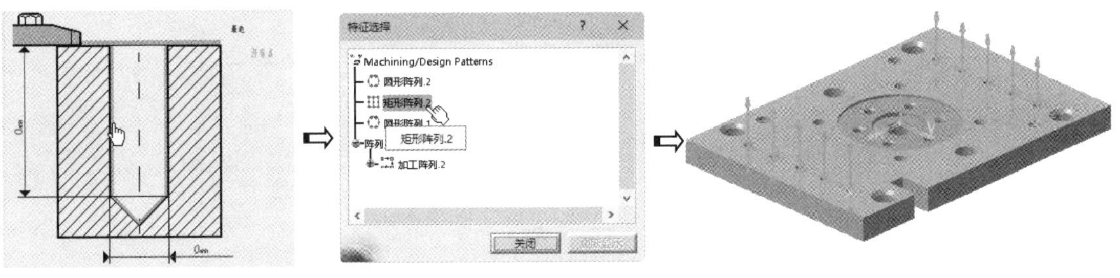

图 24-152

05 单击加工顶面感应，选择零件表面作为加工顶面面，如图 24-153 所示。按 Esc 键返回“钻孔 .1”对话框。

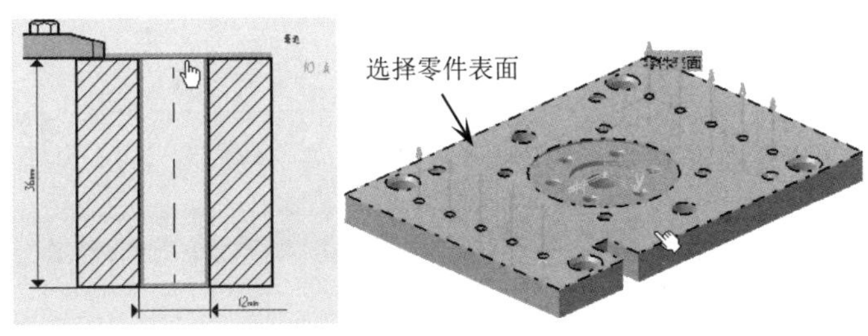

图 24-153

06 双击深度感应，弹出“编辑参数”对话框，在“深度”文本框中输入孔加工的深度值 36mm，单击“确定”按钮，如图 24-154 所示。

技术要点：

“编辑参数”对话框中的深度值默认为加工零件的厚度。如果要钻通孔，可以适当增加此深度值。

07 在感应区中双击“跳跃距离”感应，修改“跳跃距离”值为20mm，完成后单击“确定”按钮，如图24-155所示。

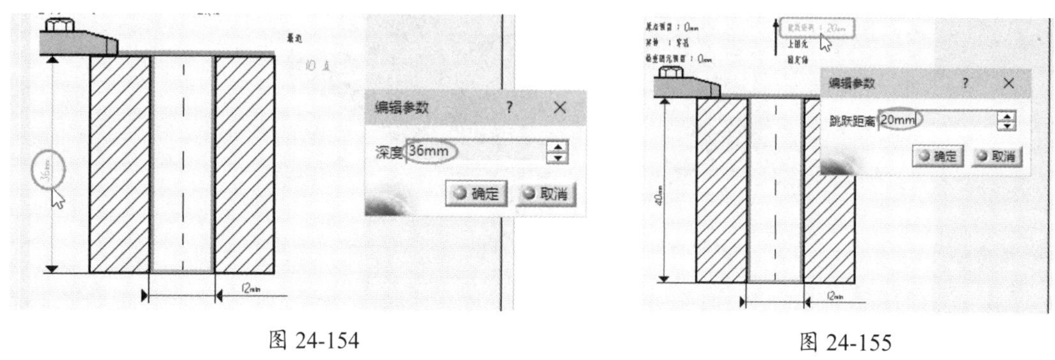

图 24-154　　图 24-155

技术要点：

一定要定义跳跃距离，否则刀具在孔之间移动切削时会触碰到零件表面，造成断刀。

08 创建加工动作时，系统会自动创建一把刀具，此刀具的参数为系统默认，并非适合当前的零件加工。切换到“刀具”选项卡，修改刀具名称和刀具直径，如图24-156所示。

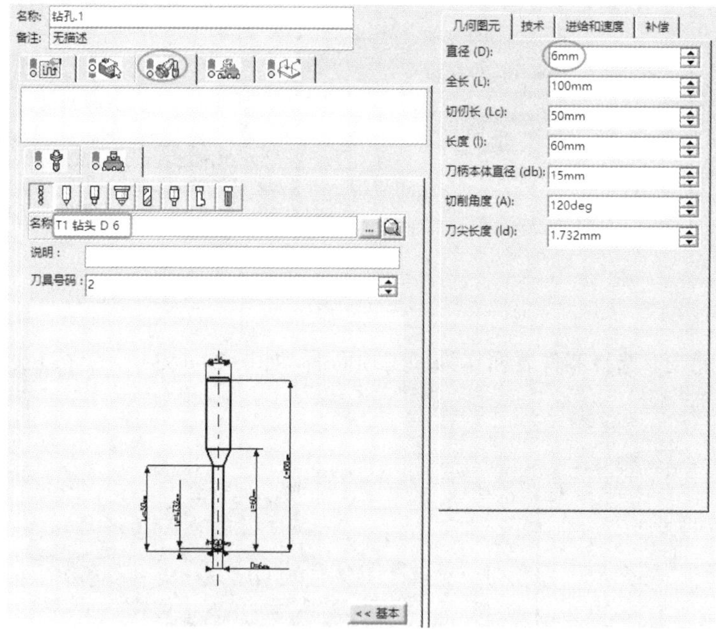

图 24-156

09 单击“钻孔.1”对话框中的“播放刀具路径”按钮，弹出“钻孔.1”对话框，同时在图形区显示刀路轨迹，如图24-157所示。

10 单击“最近一次储存影片”按钮，并单击“向前播放”按钮，显示实体加工结果，如图24-158所示。

11 单击“钻孔.1”对话框中的“确定”按钮完成孔加工操作。

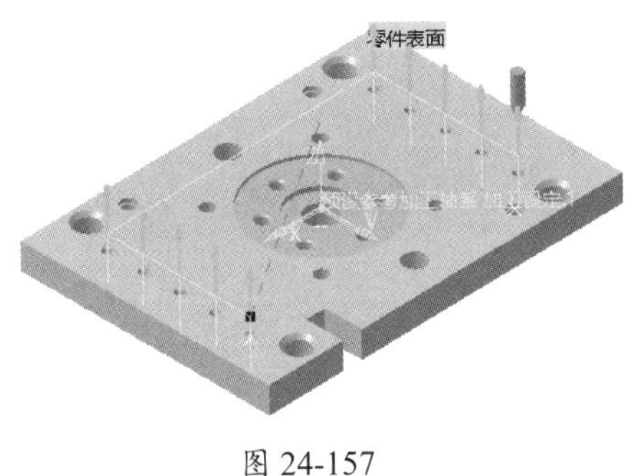

图 24-157

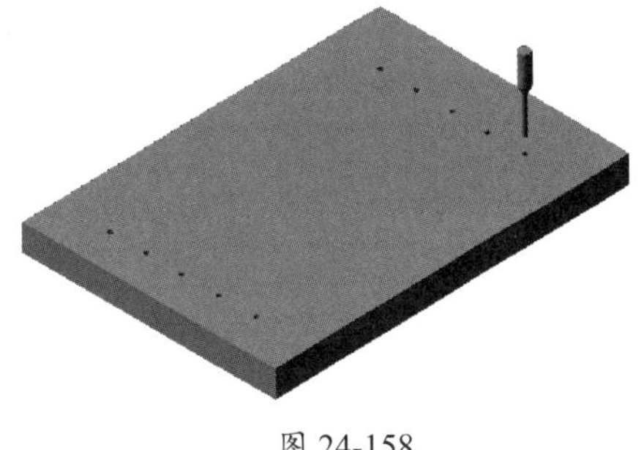
图 24-158

24.6 实战案例——凹腔零件加工

引入文件：\ 动手操作 \ 源文件 \Ch24\case\case.CATPrt

结果文件：\ 动手操作 \ 结果文件 \Ch24\case\NCSetup_Part1_08.32.51.CATProduct

视频文件：\ 视频 \Ch24\ 面板数控加工 .avi

凹腔零件如图 24-159 所示，轮廓面是侧壁面为直面，需要加工的面是槽腔表面（内孔除外）。本例根据先粗后精的原则，采用粗加工方法进行型腔粗加工，然后利用外形铣削完成侧壁的精加工。

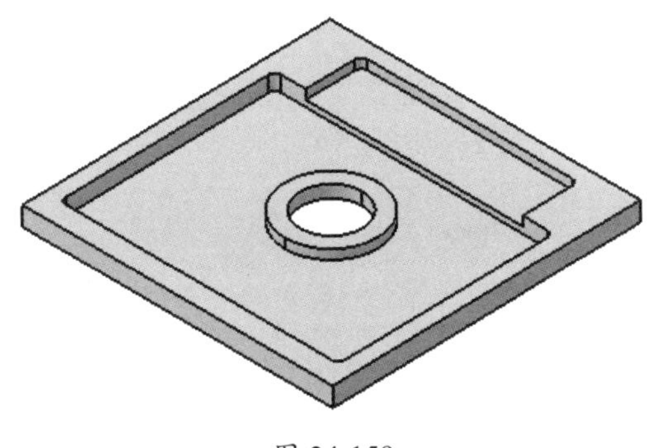
图 24-159

1. 加工零件前的准备工作

01 打开本例源文件 case.catpart。执行“开始” | “加工” | “二轴半加工”命令，进入二轴半铣削加工环境。

02 在程序树中上双击“加工设定 .1”节点，弹出“零件加工动作”对话框，如图 24-160 所示。

03 机床设置。单击“零件加工动作”对话框中的“机床”按钮，弹出“加工编辑器”对话框，保持默认设置的“3 轴工具机 .1”，如图 24-161 所示。

04 定义加工坐标系。加工坐标系会自定义，一般在坐标系的原点位置。单击“参考加工轴系”按钮，弹出“预设参考加工轴系 加工设定 .1”对话框。在“轴名称”文本框中输入“NC 加工轴系”作为坐标系名称，修改名称后对话框的标题名称也会随之更改，如图 24-162 所示。

05 单击红色坐标原点，选择模型上表面的角点作为 NC 加工轴系的坐标原点，如图 24-163 所示。

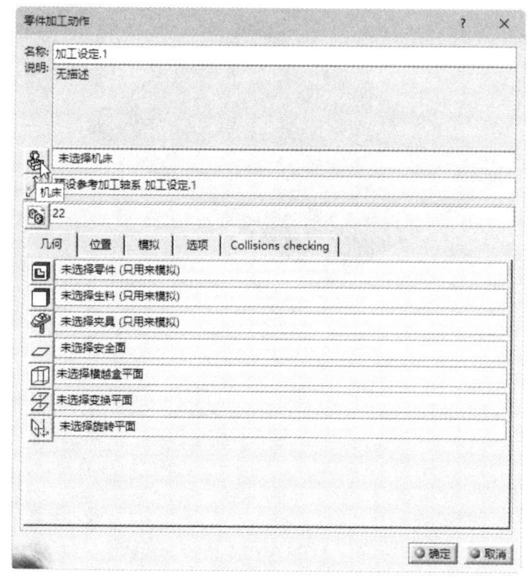

图 24-160

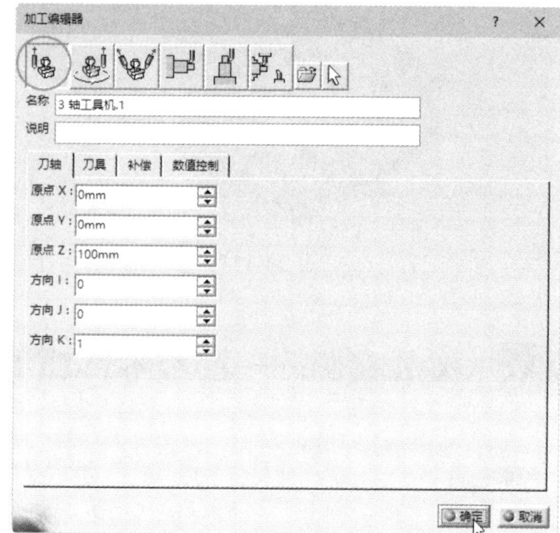

图 24-161

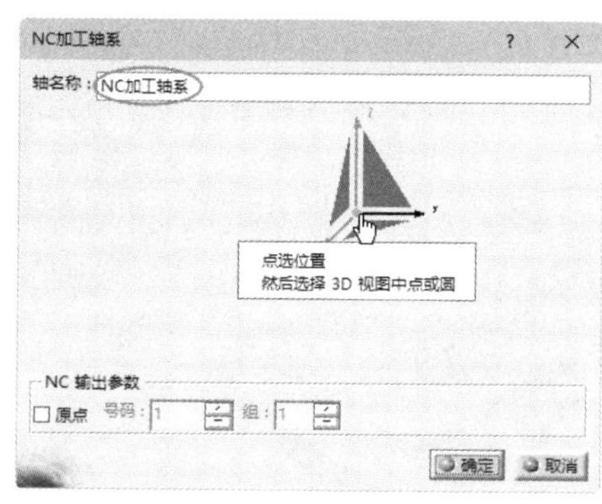

图 24-162

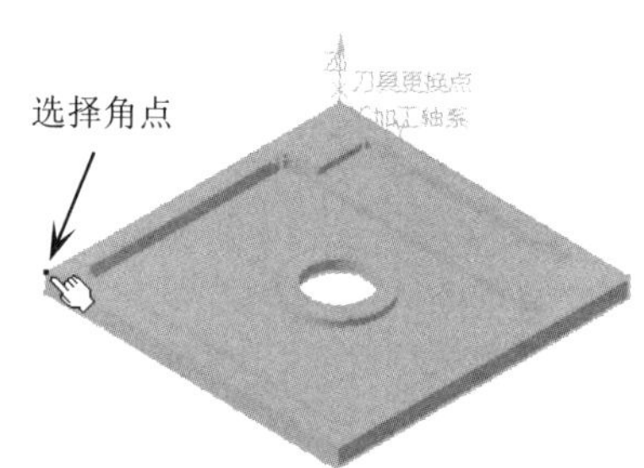

图 24-163

06 定义目标加工零件。单击“设计用来模拟零件”按钮，在图形区中选择打开的实体模型作为目标加工零件，按 Esc 键返回对话框，如图 24-164 所示。

07 关闭“零件加工动作”对话框。单击“创建生料”按钮，弹出“生料”对话框。单击激活“目的地”文本框，然后选择加工零件作为毛坯的母体，单击“警告”对话框中的“是”按钮完成指定，如图 24-165 所示。

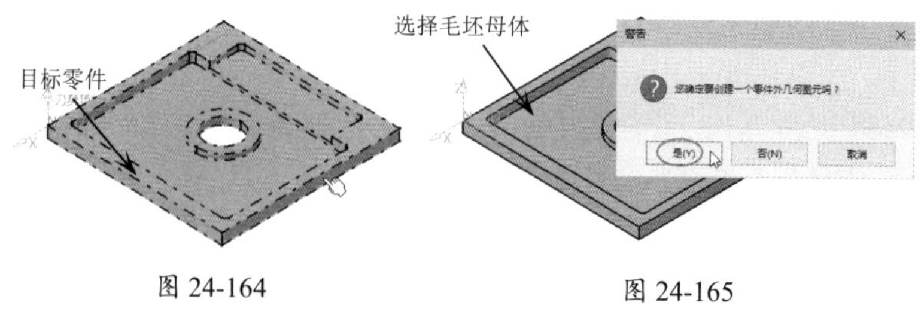

图 24-164　　图 24-165

08 在“生料”对话框中再单击激活“零件本体”文本框，继续选择加工零件，随后在“生料定义”选项区中显示包容框尺寸（毛坯尺寸），修改“最大 Z”值为 65mm，单击“确定”按钮完成毛坯的创建，如图 24-166 所示。

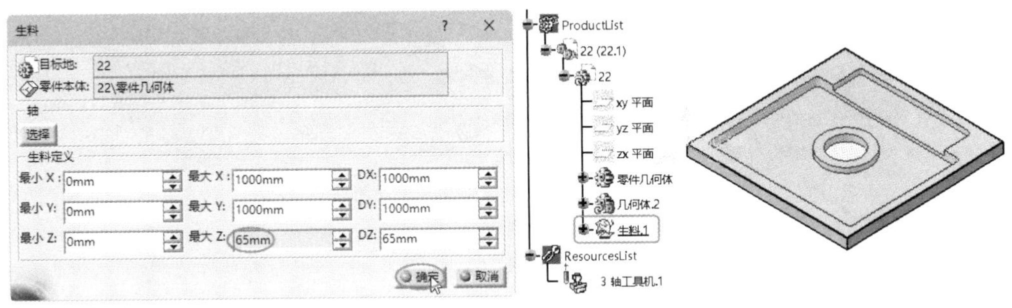

图 24-166

09 双击“加工设定 .1”节点重新弹出“零件加工动作”对话框。单击“用来模拟生料”按钮，在图形区中选择上一步创建的毛坯作为模拟用的毛坯零件，如图 24-167 所示。

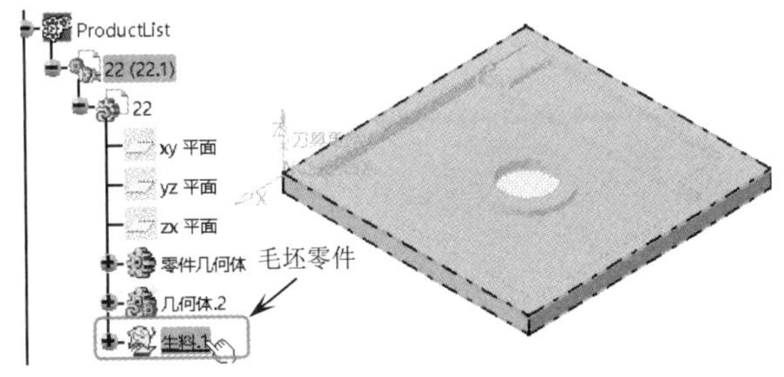

图 24-167

10 定义安全平面。单击“安全面”按钮，选择毛坯的上表面作为安全平面。右击所创建的安全平面，在弹出的快捷菜单中选择“预留”选项，在弹出的“编辑参数”对话框中设置“厚度”值为 50，单击“确定”按钮完成安全平面设置，如图 24-168 所示。

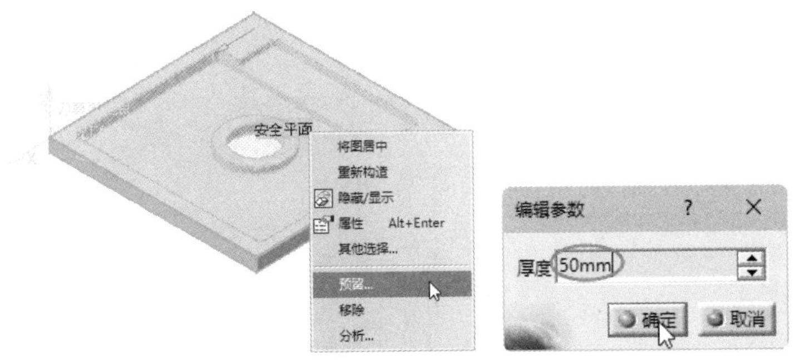

图 24-168

11 关闭“零件加工动作”对话框。

2. 面铣加工

01 在程序树中选中“制造程序 .1”节点，单击“加工动作”工具栏中的“面铣”按钮，弹出“面铣 .1”对话框。

02 单击加工顶面感应，在图形区选取毛坯的上表面作为加工顶面，如图 24-169 所示。按 Esc 键返回“面铣 .1”对话框。

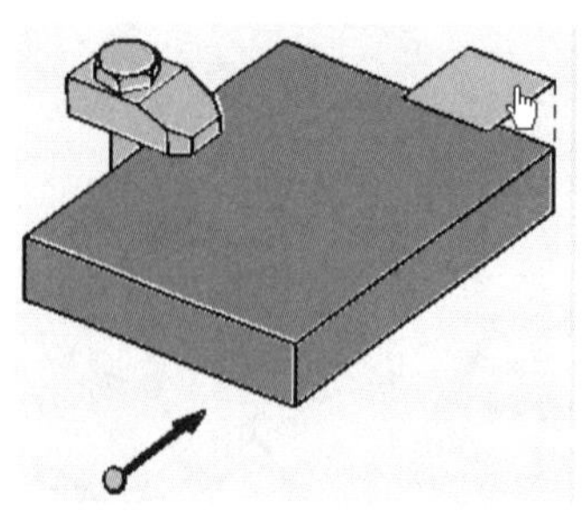
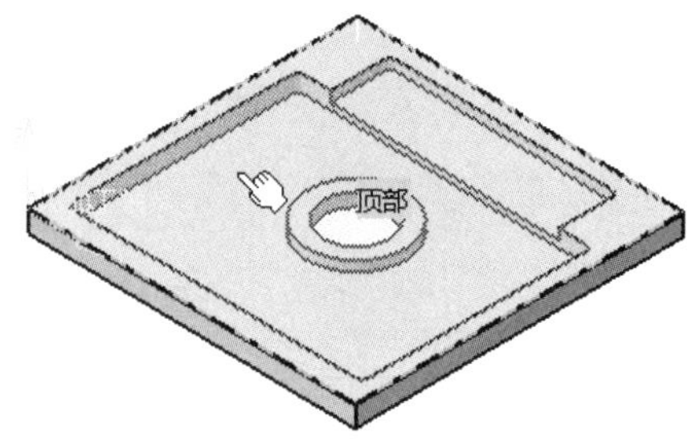

图 24-169

03 单击加工底面感应，选取零件的上表面为加工底面，如图 24-170 所示。按 Esc 键系统返回“面铣 .1”对话框。

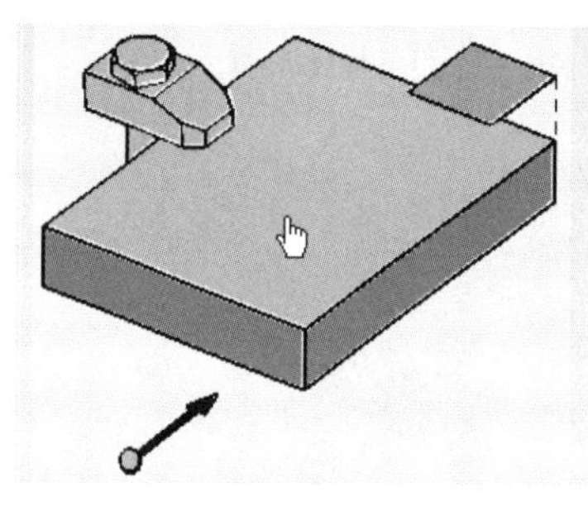
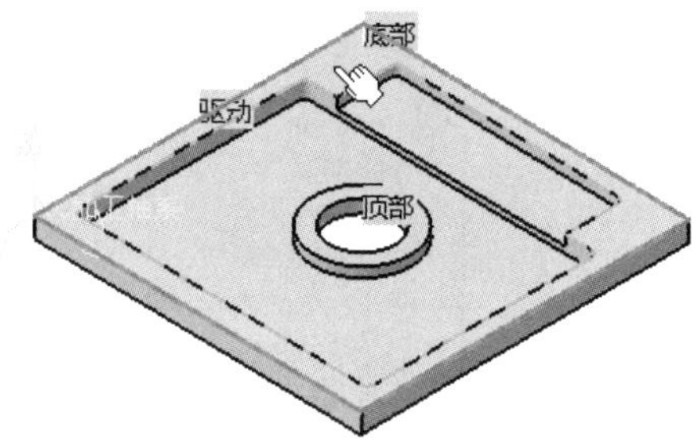

图 24-170

04 切换到“刀具”选项卡，单击“面铣刀”按钮，保留面铣刀的相关参数的默认设置，如图 24-171 所示。

05 切换到“加工策略”选项卡。在“加工”选项卡的“刀具路径形式”下拉列表中选择“前后”选项，其他选项采用系统默认，如图 24-172 所示。

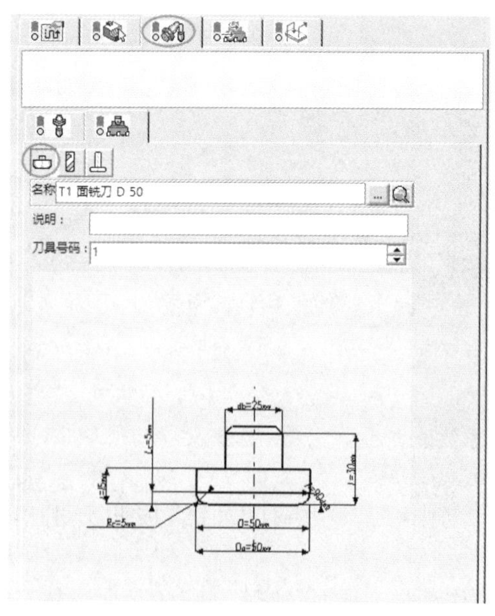

图 24-171

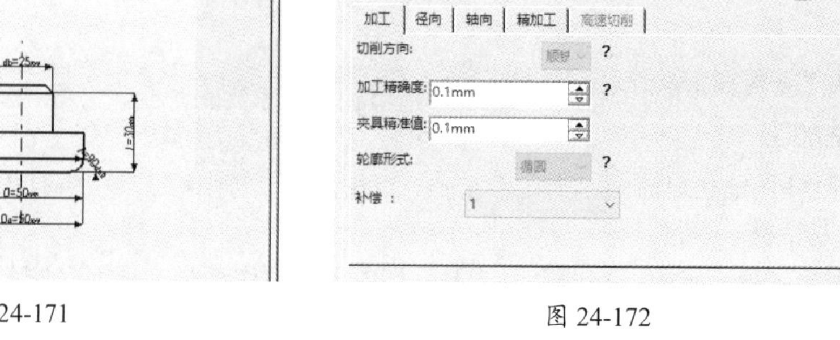

图 24-172

06 在“径向”选项卡的“模式”下拉列表中选择“刀径比例”选项，在“刀具直径百分比”文本框输入 40，其他参数保持默认，如图 24-173 所示。

07 在“轴向”选项卡的“模式”下拉列表中选择“最大切削深度”选项，在“最大切削深度”文本框中输入 0.5mm，如图 24-174 所示。

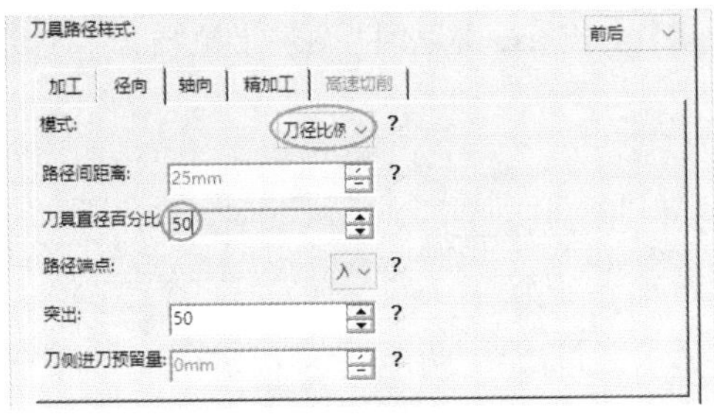

图 24-173

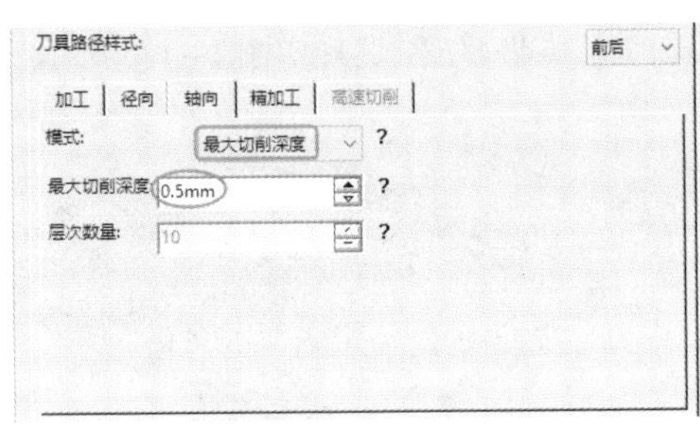

图 24-174

08 定义进退刀路径。切换到“辅助程序”选项卡，在“辅助程序管理”区域的列表框中选择“进刀”选项，并在“模式”下拉列表中选择“水平 水平 轴向”选项。同理，设置“退刀”方式为“圆弧 水平 轴向”，如图 24-175 所示。

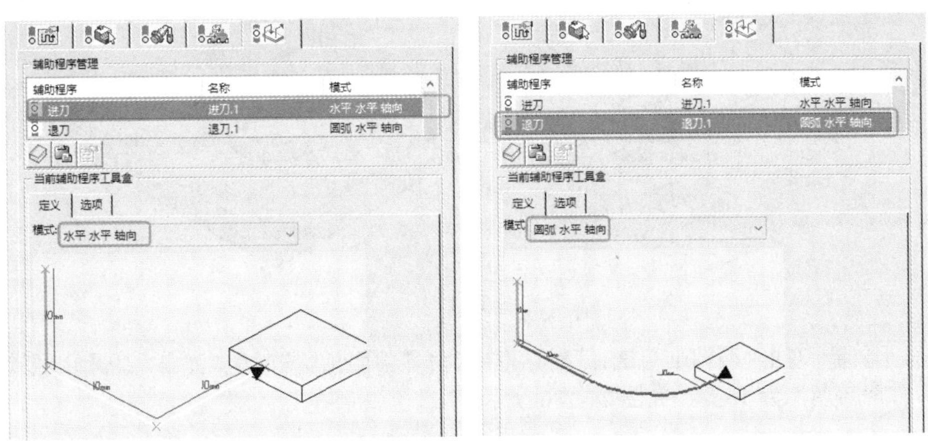

图 24-175

09 单击“面铣 .1”对话框中的“播放刀具路径”按钮，弹出“面铣 .1”对话框，同时在图形区显示刀路轨迹。单击“最近一次储存影片”按钮，再单击“向前播放”按钮，显示实体加工结果，如图 24-176 所示。

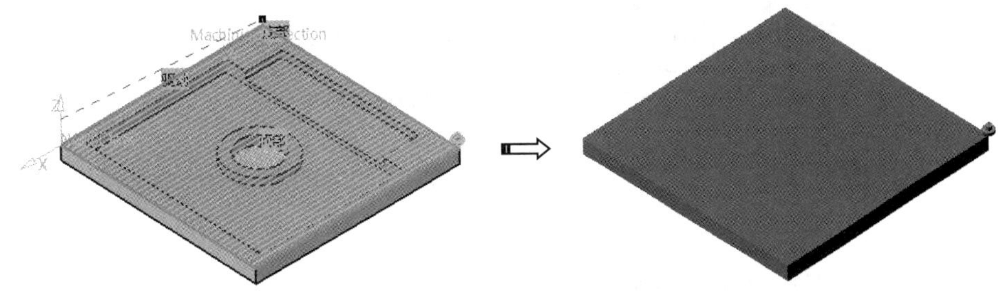

图 24-176

3. 粗加工型腔轮廓

01 在程序树中选择“面铣.1”节点，单击“加工动作”工具栏中的“两轴半粗铣”按钮，弹出“两轴半粗铣.1”对话框。

02 单击目标零件感应，选择如图24-177所示的加工零件，按Esc键返回“两轴半粗铣.1”对话框。

03 单击毛坯零件感应，选择如图24-178所示的毛坯零件，按Esc键返回“两轴半粗铣.1”对话框。

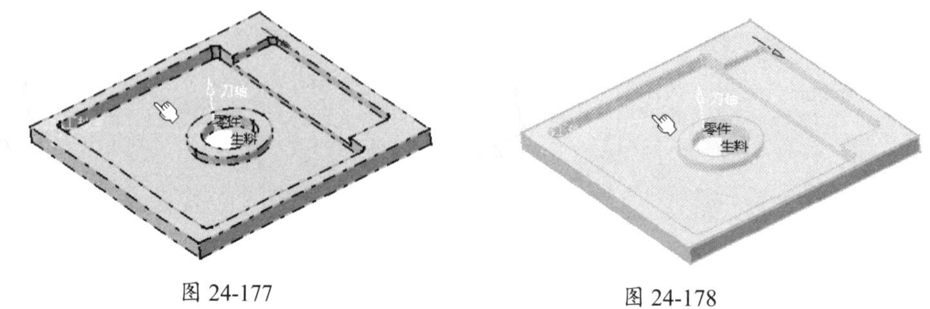

图 24-177　　图 24-178

04 单击加工顶面感应，并选取零件的上表面作为加工顶面，如图24-179所示。

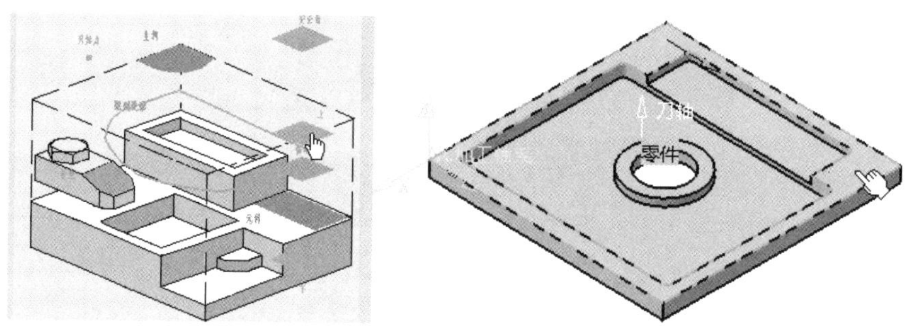

图 24-179

05 定义部件余量。双击“两轴半粗铣.1”对话框中的“零件面预留”感应，弹出“编辑参数”对话框，设置“零件面预留”为1mm，如图24-180所示。

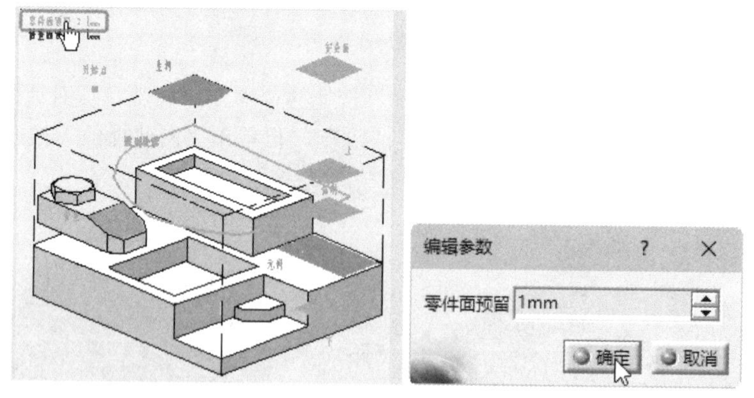

图 24-180

06 定义刀具参数。切换到“刀具”选项卡，取消选中“球刀”复选框，单击“详细”按钮，在“几何图元”选项卡中设置立铣刀刀具的相关参数，如图24-181所示。

07 切换到“加工策略”选项卡。在“加工”选项卡的“刀具路径形式”下拉列表中选择“螺旋”，在“加工模式”下拉列表中选择“以平面”选项，其他选项保持默认，如图 24-182 所示。

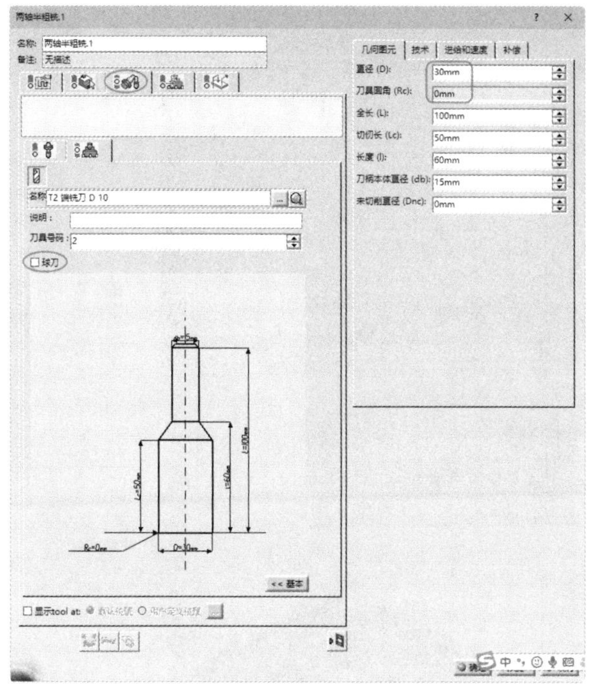

图 24-181

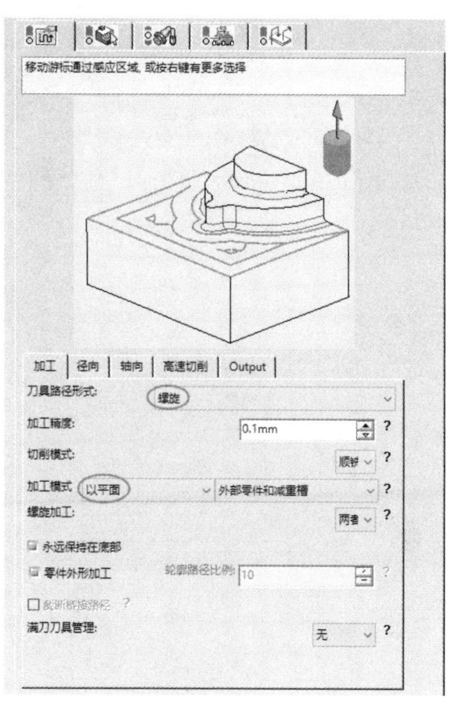

图 24-182

08 单击“径向”选项卡，在“重叠”下拉列表中选择“重叠比例”选项，在“刀具直径比例”文本框中输入 75，如图 24-183 所示。

09 在“轴向”选项卡的“最大切深”文本框中输入 2mm，如图 24-184 所示。

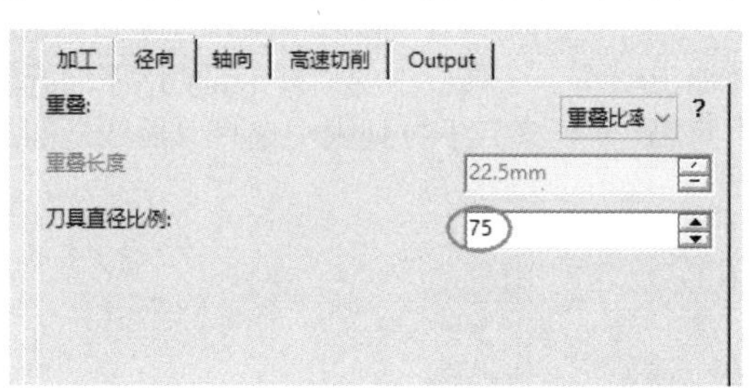

图 24-183

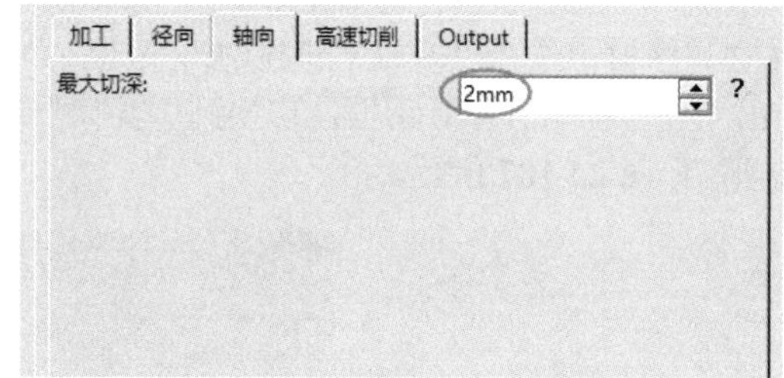

图 24-184

10 切换到“辅助程序”选项卡。在“辅助程序管理”区域的列表框中选择“自动”选项，并在“模式”下拉列表中选择“斜进”选项。

11 在“辅助程序管理”区域的列表框中选择“前一动作”选项，并单击“新增轴向动作”按钮，设置为直线进刀类型，如图 24-185 所示。同理，“后一动作”选项也设置为“新增轴向动作”。

12 单击“两轴半粗铣 .1”对话框中的“播放刀具路径”按钮，弹出“面铣 .1”对话框，同时在图形区显示刀路轨迹。单击“最近一次储存影片”按钮，再单击“向前播放”按钮，显示实体加工结果，如图 24-186 所示。

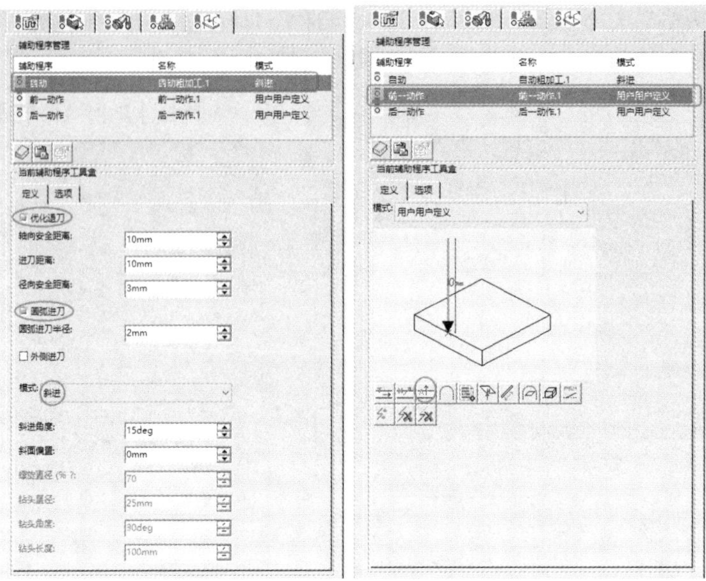

图 24-185

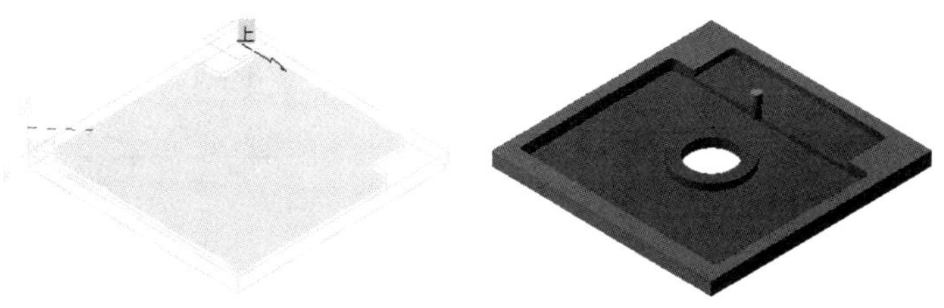

图 24-186

4. 曲线之间外形铣削精加工侧壁

01 在程序树中选择“两轴半粗铣 .1”节点，单击“加工动作”工具栏中的“外形铣削”按钮，弹出“外形铣削 .1”对话框，切换到“几何”选项卡，在“模式”下拉列表中选择“曲线之间”选项，如图 24-187 所示。

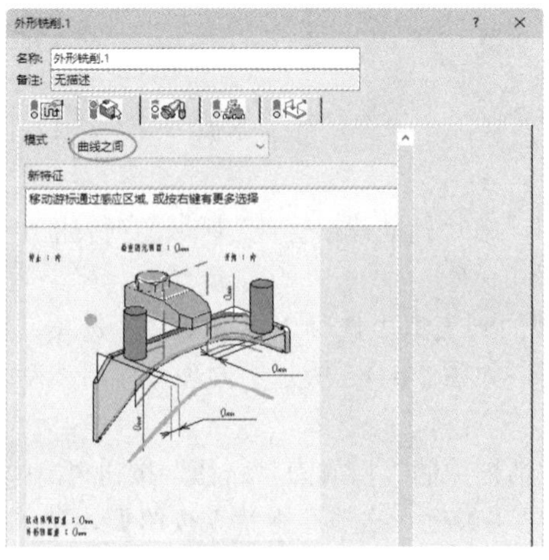

图 24-187

02 单击导向图元感应，在图形区中选择如图24-188所示的边线。按Esc键返回“外形铣削.1”对话框。

03 单击辅助导向图元感应，在图形区中选择如图24-189所示的边线，按Esc键系统返回“外形铣削.1”对话框。

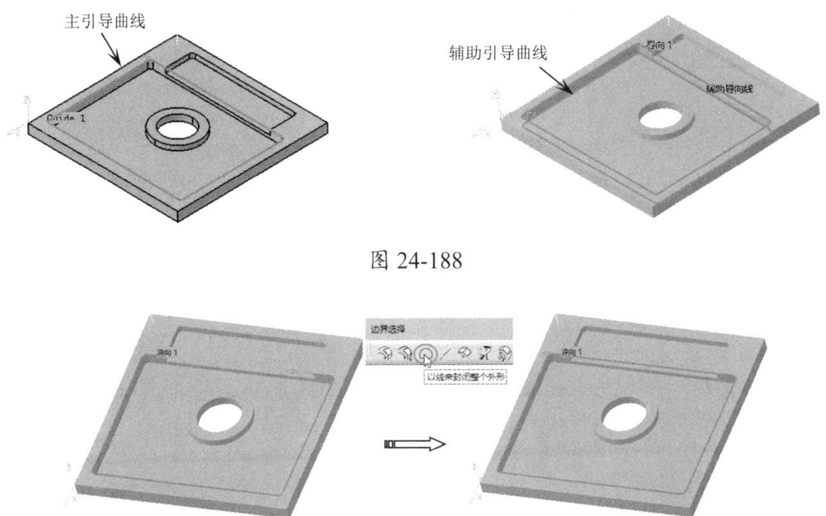

图 24-188

图 24-189

技术要点：

选取连续的边时，若发现边已断开，可利用“边界选择”工具栏中的“以线来封闭整个外形”工具来自动封闭轮廓边线，如图24-189所示。

04 切换到“加工策略”选项卡。在“加工”选项卡的“刀具路径形式”下拉列表中选择“来回”，单击“重叠”选项卡，在“切层数”文本框中输入5，如图24-190所示。

05 切换到“辅助程序”选项卡。在“辅助程序管理”区域的列表框中选择“进刀”选项，设置进刀模式为“轴向”选项，同理退刀方式也设置为“轴向”，如图24-191所示。

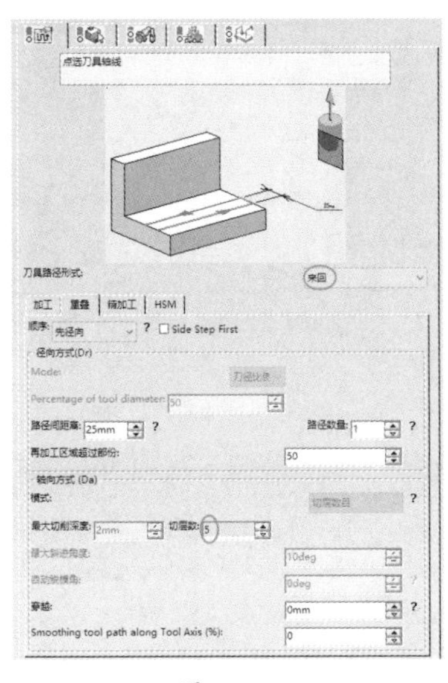

图 24-190

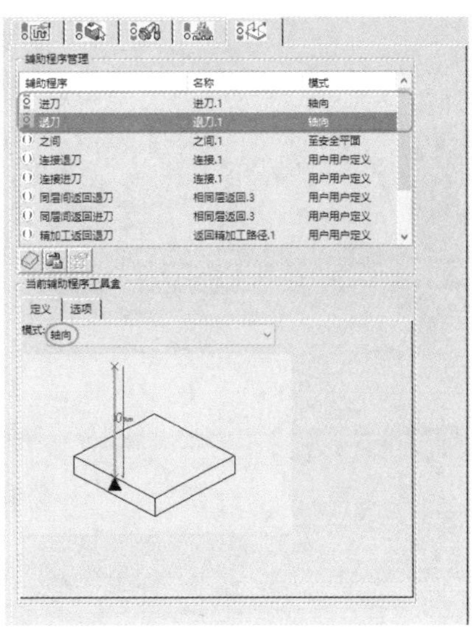

图 24-191

06 单击“外形铣削.1”对话框中的“播放刀具路径”按钮，弹出“外形铣削.1”对话框，同时在图形区显示刀路轨迹。单击“最近一次储存影片”按钮，再单击“向前播放”按钮，显示实体加工结果，如图 24-192 所示。

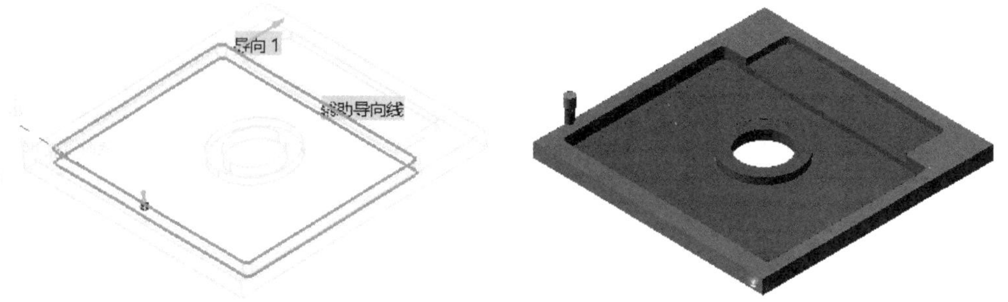

图 24-192

07 重复上述过程加工另一侧槽腔，在图形区显示刀路轨迹，显示实体加工结果，如图 24-193 所示。至此，完成了凹腔零件的数控加工操作。

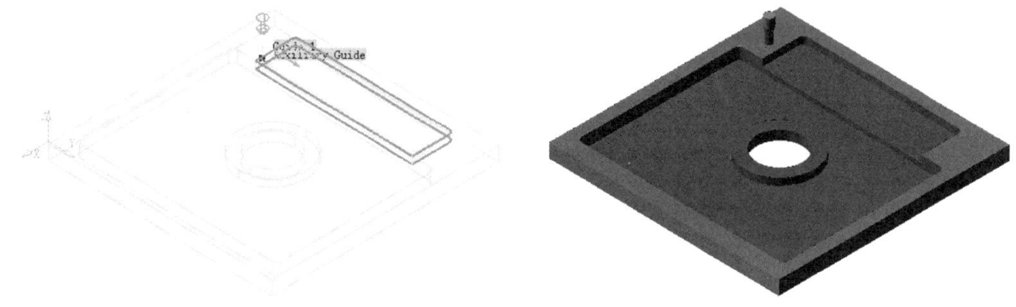

图 24-193

第 25 章　曲面铣削加工

项目导读

曲面铣削加工应用广泛，可满足各种复杂型面、型腔、实体、曲面等零件的加工，是数控加工的核心，本章将介绍有关三轴及多轴曲面铣削加工的使用方法。

- 曲面铣削简介
- 曲面粗加工
- 曲面半精加工或精加工
- 多轴铣削

25.1 曲面铣削简介

曲面加工工作台是 CATIA 的三轴或多轴零件铣削加工环境，曲面铣削加工主要是基于三轴和五轴数控机床的曲面轮廓铣削。

25.1.1 曲面铣削概述

曲面铣削指的是对底面和侧壁均为曲面（非平面）的零件进行三轴或多轴铣削加工。当然曲面铣削加工类型也适用于平面零件。曲面铣削时，刀具的刀轴与指定矢量始终保持平行，如图 25-1 所示。

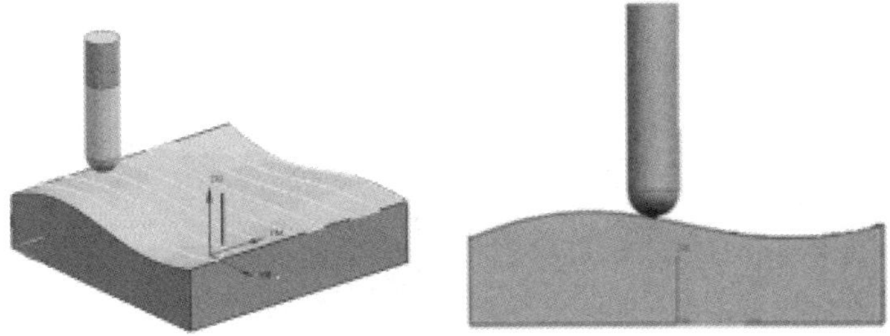

图 25-1

因此，对于三轴的曲面铣削有时也称“固定轴曲面铣削”。曲面铣削加工主要针对型腔面、手板模型、复杂零件的半精加工和精加工。曲面轮廓铣的刀具在加工时下插和上升也要切削，因此铣削刀具主要是球刀。

除了用于铣削零件底面和侧壁，曲面加工工作台中的部分加工类型还用于外形陡峭的零件铣削加工，典型应用的零件形状与刀轨如图 25-2 所示。

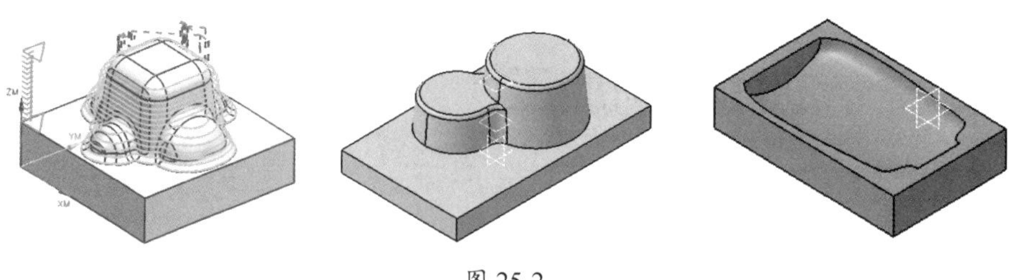

图 25-2

25.1.2 曲面铣削加工类型

启动CATIA软件后，单击“标准”工具栏中的“打开”按钮，打开所要加工的零件（.CATPart）文件。执行“开始”|“加工”|“曲面加工”命令，进入曲面加工工作台，如图25-3所示。

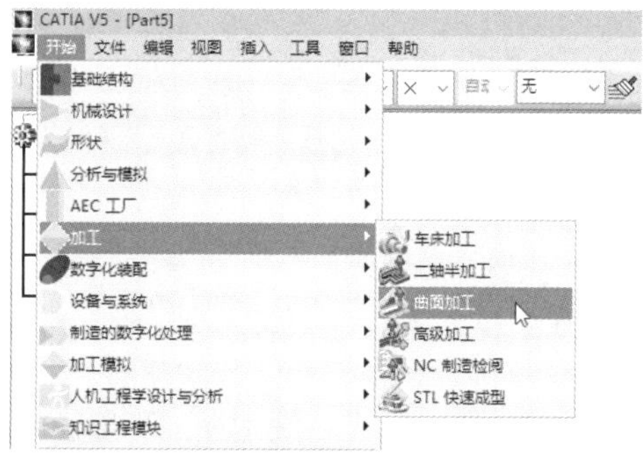

图 25-3

曲面加工工作台界面与二轴半加工工作台的界面是完全相同的，如图25-4所示。

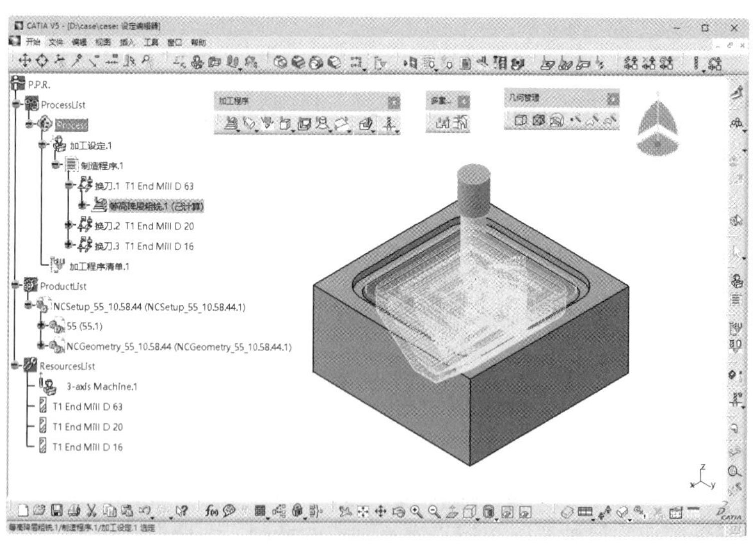

图 25-4

CATIA 曲面加工工作台中的曲面铣削加工类型包括粗加工、半精加工或精加工三类。曲面铣削加工的加工类型在“加工程序”工具栏中，如图25-5所示。

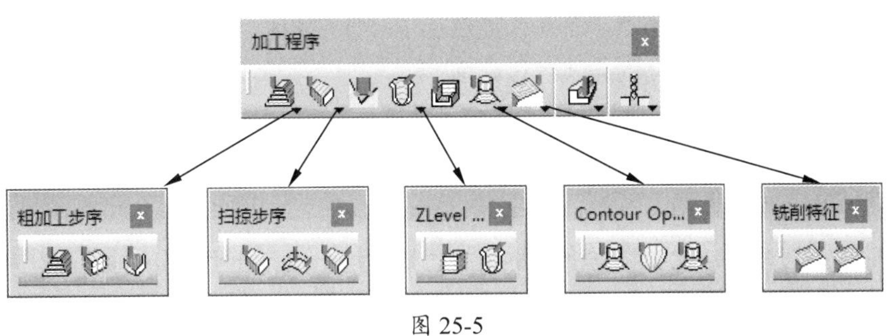

图 25-5

1. “粗加工步序”工具栏

“粗加工步序”工具栏的 3 个铣削加工类型用于零件的粗加工。

- 等高降层粗铣：用于外形是较为陡峭的零件外形切削加工，属于粗加工铣削类型，粗加工后留有残料余量（系统默认的残料余量为 1mm）。
- 导向式降层粗铣：此铣削类型用于外形较为平坦的曲面粗加工。
- 插铣：此类型适用于零件中有深腔、凹槽的粗加工。

2. “扫掠步序”工具栏

“扫掠步序”工具栏中的 3 个铣削加工类型适用于较为平坦的曲面，可以完成半精加工，也可以完成精加工铣削操作。

- 导向切削：此铣削类型主要用于外形较为平坦的曲面半精加工（也称“二次开粗”）或精加工。当残料的加工余量设为 0.05 ～ 0.2mm 时，为半精加工；当加工余量设为 0 时，为精加工。
- 4- 轴曲线扫掠：此类型特别适合于零件外形具有曲面连续性的曲面加工（包括半精加工和精加工），刀轴可变。
- 多轴导向：此类型适用于外形既有陡峭又有平坦的连续性曲面铣削加工，刀轴可变。

3. Zlevel（等高降层）工具栏

Zlevel 工具栏中的两个铣削加工类型主要用于零件的等高降层精铣加工。

- 等高线加工：用于外形较为陡峭的零件外形切削加工，属于半精加工或精加工类型。
- 多轴管加工：用于弯曲管道的内壁加工，刀轴可变。

4. Contour Oeration（轮廓操作）工具栏

Contour Oeration（轮廓操作）工具栏中的 3 个铣削加工类型主要用于零件外壁和凹槽的轮廓铣削，可以半精加工或精加工操作。

- 外形导向：此类型适用于零件外形和凹槽具有高连续性的曲面加工，刀轴是固定的。
- 等参数线加工：此类型特别适合于涡轮叶片之类的零件曲面铣削。刀轴是可变的，刀轴始终法向于曲面。
- 多轴外形导向：此类型同样也适合“外形导向”铣削的零件，但刀轴可变。

5. “残料清角”和“高级精铣”

- 残料清角：此铣削类型主要用于粗加工后对拐角处的残料进行清除，属于半精加工或精加工铣削类型。

- 高级精铣：此铣削类型用于一次性精加工零件的凹槽，侧壁将以降层切削方式进行铣削，底面则以轮廓驱动的方式进行铣削。

6. “铣削特征”工具栏

- 涡旋铣削：涡旋（螺旋）铣削可提供高质量的表面，而无须使用特别小的工具进行精铣。特别适合于铣削相对平坦的曲面。刀轴是固定的。
- 多轴螺旋切削：此类型与涡旋铣削的质量要求一致。此类型针对曲面弧度相对较大的零件表面，刀轴可变。

25.2 曲面粗加工

曲面粗加工的铣削类型主要有3钟，其中“插铣”在二轴半铣削工作台中已经介绍，本节重点介绍另外两种粗加工铣削类型。

25.2.1 等高降层粗铣

等高降层粗铣也称“深度轮廓加工”或“等高轮廓加工”，采用多个切削层铣削实体或曲面的轮廓，对于一些形状复杂的零件，其中需要加工的表面既有平缓的曲面，又有陡峭的曲面，或者接近垂直的斜面和曲面，如某些模具的型腔和型芯，在加工这类特点的零件时，对于平缓的曲面和陡峭的曲面就需要采用不同的加工方式，而等高铣削就特别适合陡峭曲面的加工。等高降层粗铣是以垂直于刀具 *Z* 轴（固定刀轴）的刀路逐层切除材料，如图25-6所示。

在程序树中选中“制造程序.1”节点，并在“加工程序”工具栏中单击“等高降层粗铣”按钮，弹出“等高降层粗铣.1”对话框。切换到“几何参数”选项卡，如图25-7所示。

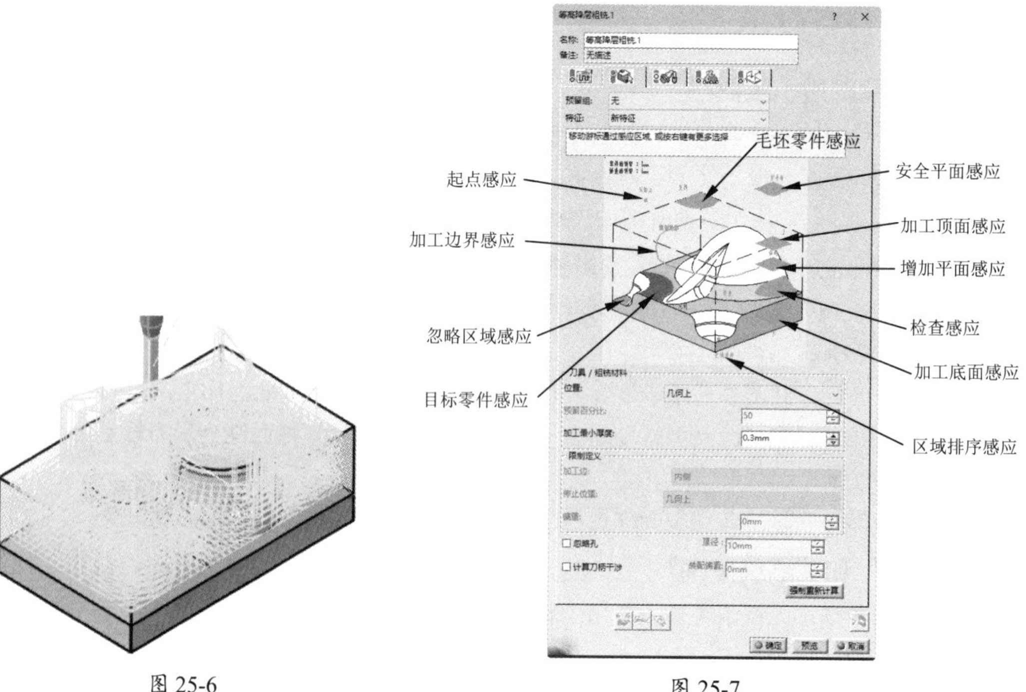

图 25-6　　图 25-7

动手操作——等高降层粗铣

01 打开本例源文件 25-1.CATProcess，如图 25-8 所示。

02 在程序树中选中“制造程序”节点，并在“加工程序”工具栏中单击“等高降层粗铣”按钮，弹出“等高降层粗铣 .1”对话框，切换到“几何”选项卡。

03 单击目标零件感应，再选择整个零件作为加工对象，按 Esc 键返回对话框。单击毛坯零件感应，选择毛坯零件（将毛坯零件显示），如图 25-9 所示。

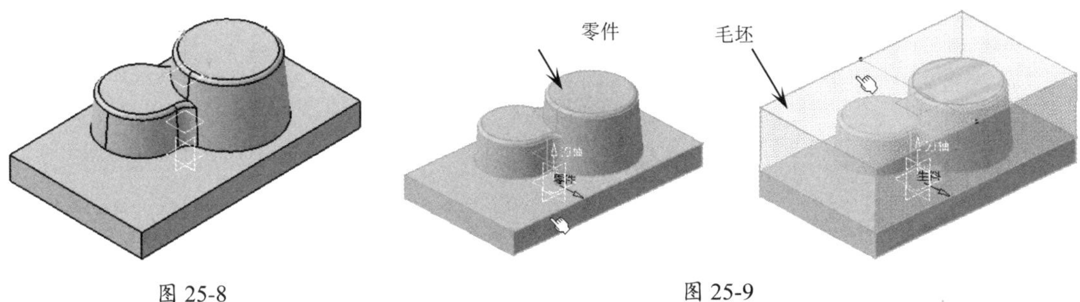

图 25-8　　图 25-9

04 保留对话框中所有选项的默认设置，单击“等高降层粗铣 .1”对话框中的“播放刀具路径”按钮，弹出“等高降层粗铣 .1”对话框，同时在图形区显示刀路轨迹。

05 单击“最近一次储存影片”按钮，再单击“向前播放”按钮，显示实体仿真结果，如图 25-10 所示。

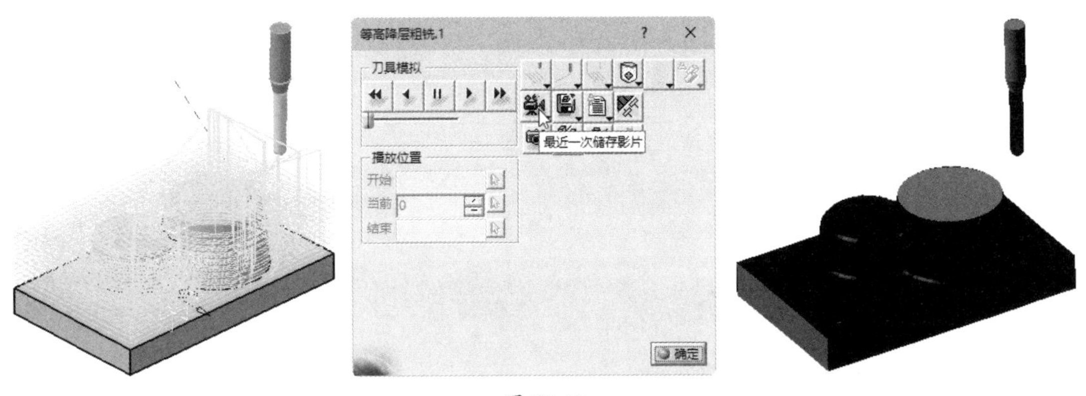

图 25-10

06 单击“等高降层粗铣 .1”对话框中的“确定”按钮完成等高降层粗铣加工操作。

25.2.2 导向式降层粗铣

导向式降层粗铣是指以某个平面（一般是加工坐标系中的 *yz* 平面）作为投影面来生成刀路，所有刀路都是加工对象的表面轮廓在与该平面平行的平面上的投影，如图 25-11 所示。

导向式降层粗铣与等高降层粗铣所不同的是，导向式降层粗铣无须再指定毛坯零件。

在程序树中选中“制造程序 .1”节点，并在“加工程序”工具栏中单击“导向式降层粗铣”按钮，弹出“导向式降层粗铣 .1”对话框，如图 25-12 所示。

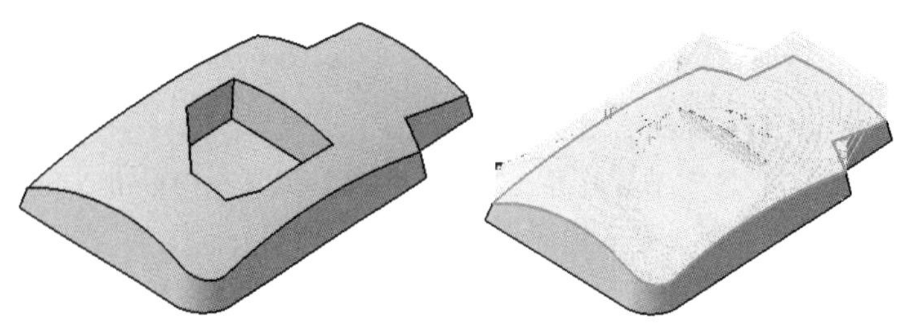

图 25-11

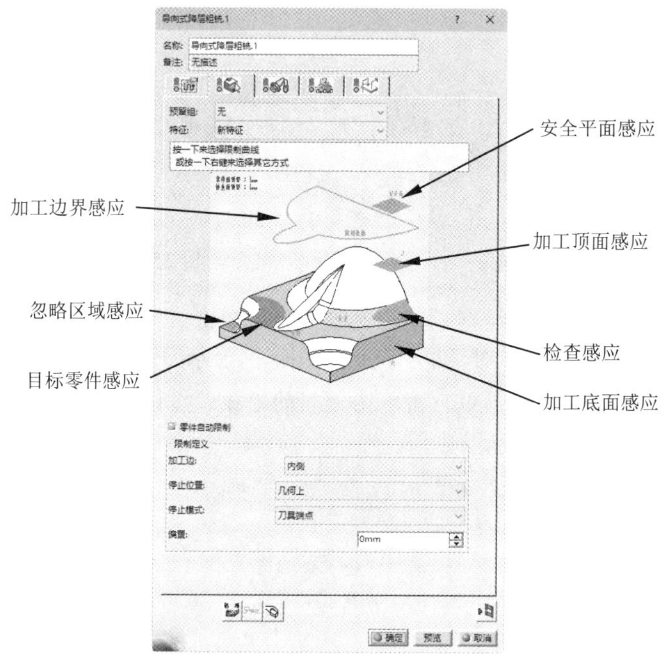

图 25-12

动手操作——导向式降层粗铣

01 打开本例源文件 25-2.CATProcess。

02 在程序树中选中“制造程序”节点，并在“加工程序”工具栏中单击“导向式降层粗铣”按钮，弹出“导向式降层粗铣 .1”对话框，切换到“几何”选项卡。

03 单击目标零件感应，再选择零件模型作为加工对象，按 Esc 键返回对话框，如图 25-13 所示。

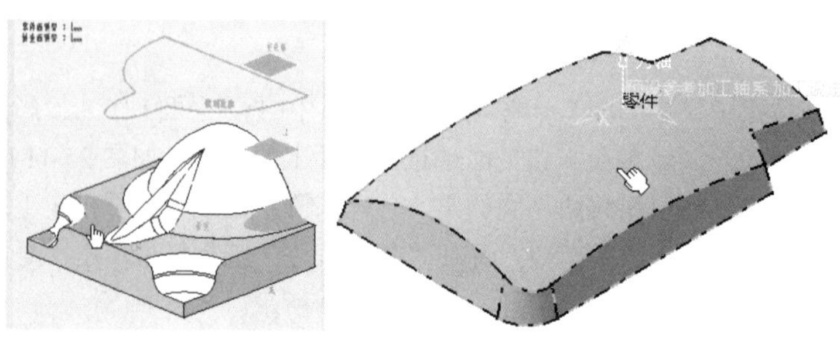

图 25-13

04 保留对话框中所有选项的默认设置，单击“导向式降层粗铣 .1”对话框中的“播放刀具路径”按钮，弹出“导向式降层粗铣 .1”对话框，同时在图形区显示刀路轨迹。

05 单击“最近一次储存影片”按钮，再单击“向前播放”按钮，显示实体仿真结果，如图 25-14 所示。

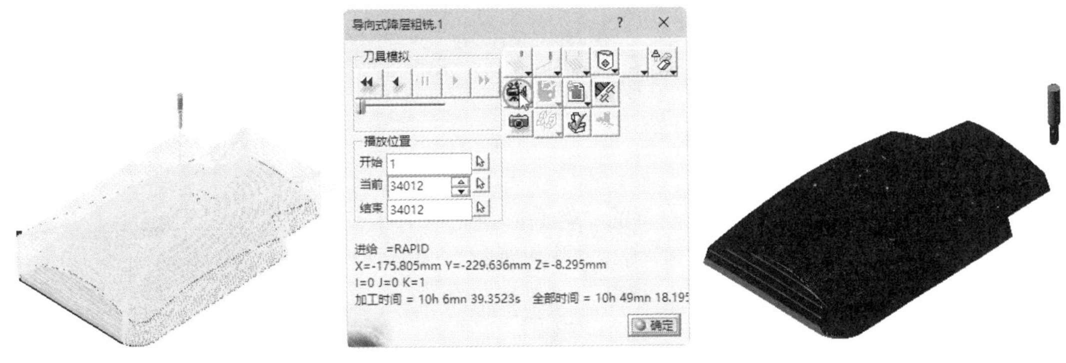

图 25-14

06 单击“导向式降层粗铣 .1”对话框中的“确定”按钮完成导向式降层粗铣加工操作。

25.3 曲面半精加工或精加工

曲面半精加工和精加工的铣削类型前文已经介绍了，半精加工和精加工的区别在于残料的加工余量不同，半精加工的残料余量一般设置为 0.05 ～ 0.2mm，而精加工的余量设为 0mm。

技术要点：

对于加工余量的定义，需要根据加工零件的大小来决定。较大的零件加工余量稍微加大一些，书中介绍的案例模型一般属于小件，所以粗加工余量一般默认为1mm即可。而较大零件的第一次粗加工余量一般设为3mm左右，有些大件还有二次开粗，为2mm左右，半精加工的余量设为0.4～2mm，精加工的余量则设为0mm。

25.3.1 等高线加工

等高线加工操作以垂直于刀具轴线的平面切削零件加工表面生成刀具路径，如图 25-15 所示。和等高降层粗铣的刀路生成方式基本相同，区别是粗加工有一定的余量，而半精加工或精加工的余量为 0mm。等高线加工主要加工零件陡峭部分，较为平坦的区域则由其他曲面铣削类型来完成。

等高线加工对话框中的感应区与等高降层粗铣和导向式降层粗铣对话框中的感应区完全相同，这里不再重复介绍。

动手操作——等高线半精加工或精加工

01 打开本例源文件 25-3.CATProcess 文件，打开的加工模型中已经完成了等高降层粗铣，如图 25-16 所示。

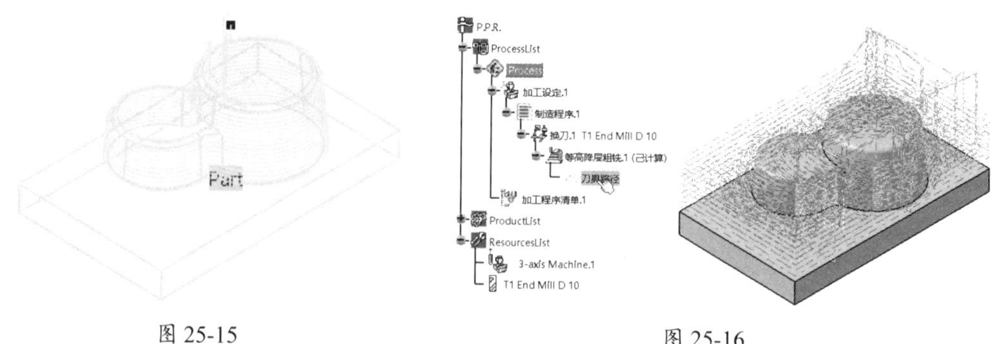

图 25-15　　图 25-16

02 在程序树中选中“制造程序”节点下的“等高降层粗铣”子节点，然后在“加工程序”工具栏中单击“等高线”按钮，弹出“等高线 .1”对话框，切换到“几何”选项卡。

技术要点：

如果需要连续模拟多个加工操作，在程序树中选择父节点就显得相当重要了。要想在前面加工操作（粗铣）的基础上进行半精加工或精加工，所选的父节点就必须是前一个加工操作，而不是“制造程序”节点。切记！

03 单击目标零件感应，再选择零件模型作为加工对象，按 Esc 键返回对话框，如图 25-17 所示。

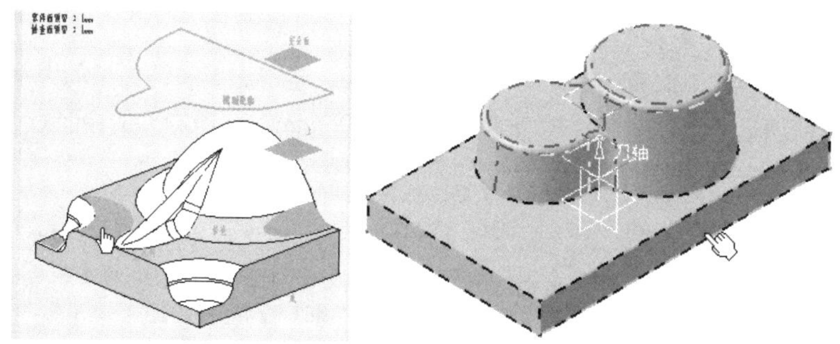

图 25-17

04 在感应区中双击“零件面预留”设置感应，弹出“编辑参数”对话框，将“零件面预留”默认的 1mm（此值为粗加工余量）改为 0.2mm（半精加工余量），单击“确定”按钮完成残料加工余量的设置，如图 25-18 所示。

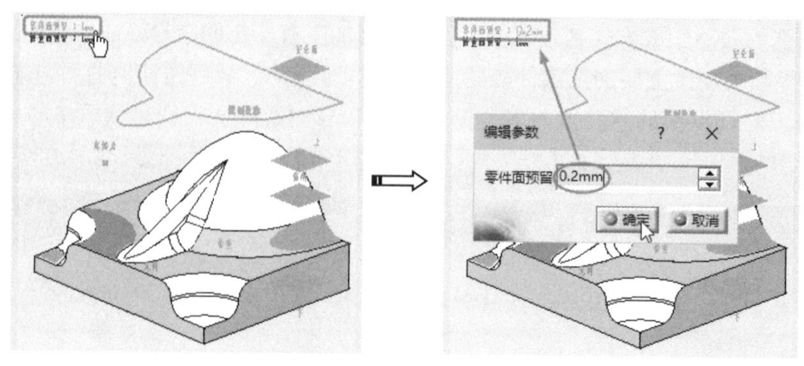

图 25-18

05 切换到“加工策略”选项卡。在“轴向”选项卡的“刀具偏置”下拉列表中选择“经由残料高度”选项，并设置刀具轴向切削参数，如图 25-19 所示。

06 在“高速切削”选项卡中选中“高速切削”复选框，开启高速切削模式。

07 切换到“刀具”选项卡。重新定义一把新的球刀，直径为 6mm，如图 25-20 所示。

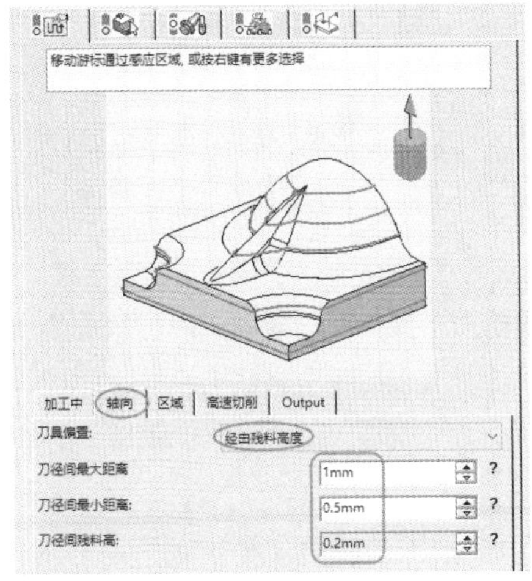

图 25-19

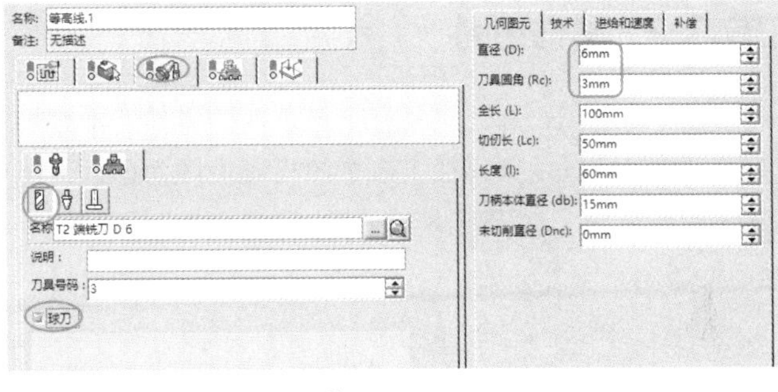

图 25-20

08 保留对话框中其他选项的默认设置，单击“播放刀具路径”按钮生成刀路。再单击“等高线 .1”对话框中的“确定”按钮完成等高线半精加工操作。

09 在程序树中选择等高降层粗铣操作和等高线操作，再单击“NC 输出管理”工具栏中的“播放刀具路径”按钮，弹出“等高线 .1”对话框，系统自动计算刀路并在图形区显示刀路轨迹。

10 单击“最近一次储存影片”按钮，再单击“向前播放”按钮，显示实体仿真结果，如图 25-21 所示。

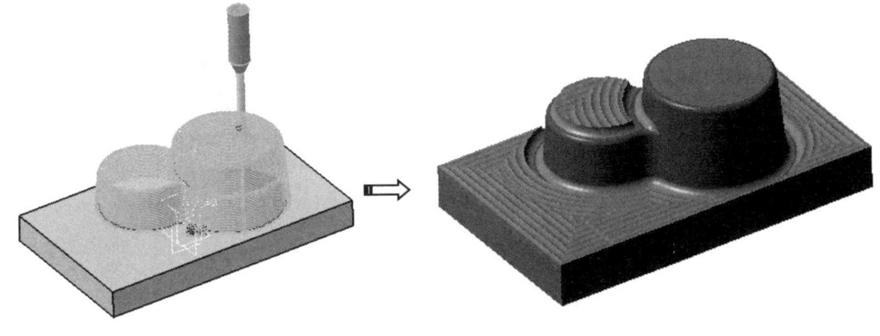

图 25-21

技术要点：

如果不能模拟出等高线半精加工的实际仿真效果（如图25-22所示），这说明“等高线”加工操作与“等高降层粗铣”加工操作的顺序颠倒了，这需要在程序树中拖动加工操作节点来调整顺序，如图25-23所示。

11 单击“等高线 .1”对话框中的“确定”按钮完成等高线半精加工操作。

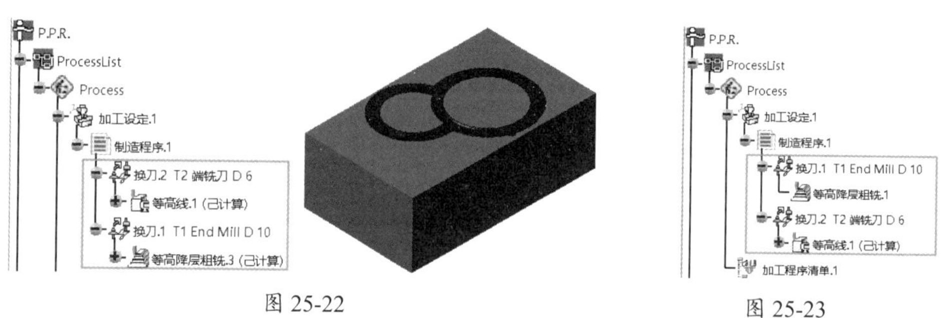

图 25-22　　　　图 25-23

25.3.2 导向切削

导向切削是一种针对具有平坦表面的零件的半精加工和精加工操作，与导向式降层粗铣的加工方式相似，只是残料加工余量的设置不同而已。

提示：

如果开粗的时候采用导向式降层粗铣方式，可以复制这个粗加工操作，然后打开操作对话框修改加工余量和刀具的直径即可完成半精加工或精加工操作。

动手操作——导向切削

01 打开本例源文件 25-4.CATProcess。打开的加工模型中已经完成了等高降层粗铣，如图 25-24 所示。

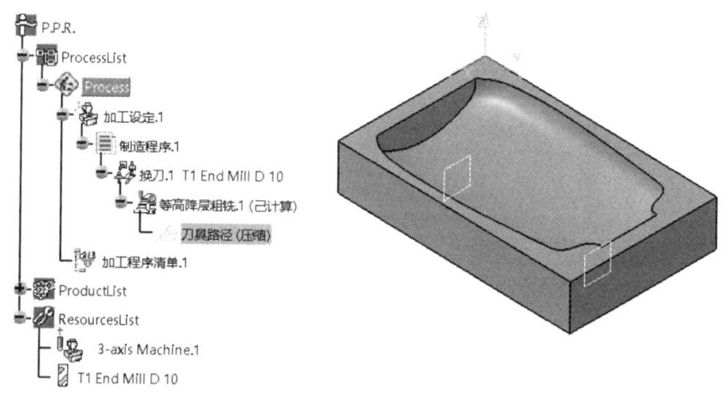

图 25-24

02 在程序树中选中“制造程序”节点下的“等高降层粗铣”子节点，并在“加工程序”工具栏中单击“导向切削”按钮，弹出“导向切削 .1”对话框，切换到“几何”选项卡。

03 单击目标零件感应，再选择零件模型作为加工对象，按 Esc 键返回对话框，如图 25-25 所示。

04 在感应区中双击“零件面预留”设置感应，弹出“编辑参数”对话框，将默认的 1mm（此值为粗加工余量）改为 0.2mm（半精加工余量），单击“确定”按钮完成残料加工余量的设置，如图 25-26 所示。

05 切换到“加工策略”选项卡。在“径向”选项卡的“刀具偏置”下拉列表中选择“经由残料高度”选项，并设置刀具径向切削参数，如图 25-27 所示。

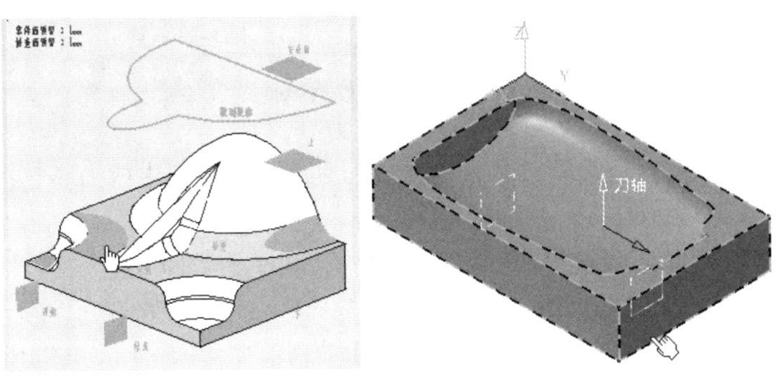

图 25-25

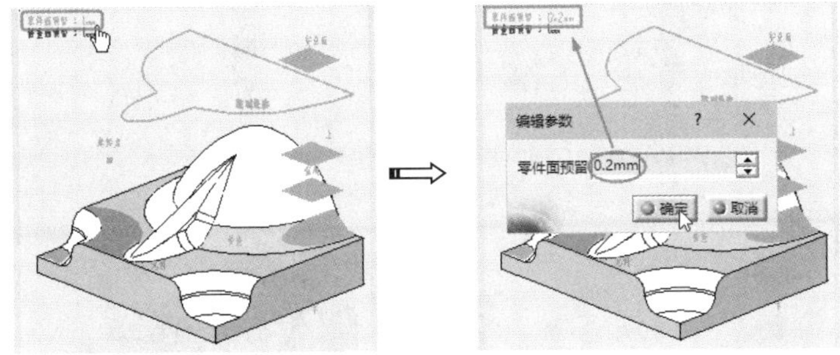

图 25-26

06 切换到“加工策略”选项卡。在“轴向”选项卡的“多重路径”下拉列表中选择“以切层数目和总深”选项，并设置层数和总高参数，如图 25-28 所示。

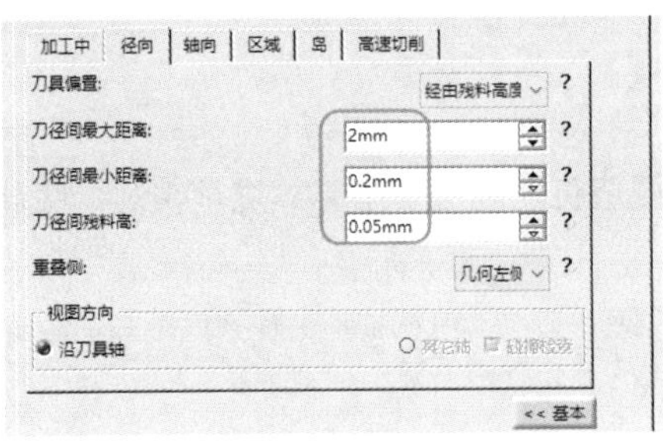

图 25-27

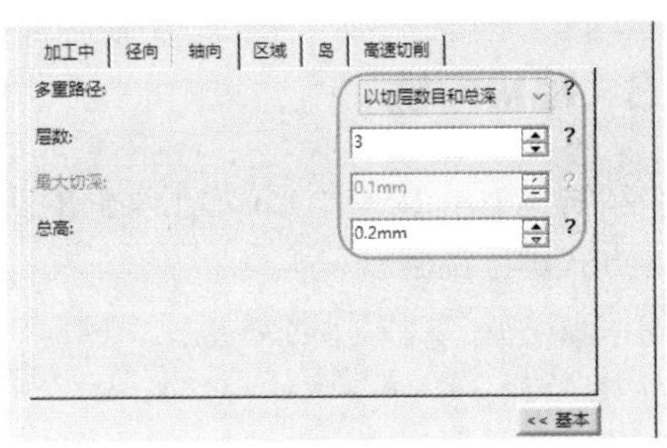

图 25-28

07 在“高速切削”选项卡中选中“高速切削”复选框，开启高速切削模式。

08 切换到“刀具”选项卡。重新定义一把新的球刀，直径为 4mm，如图 25-29 所示。

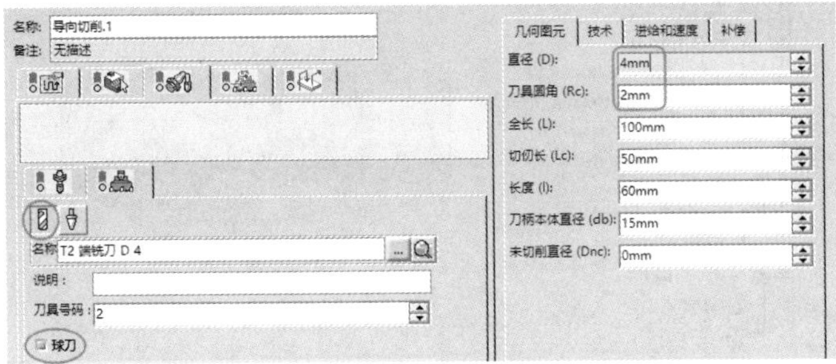

图 25-29

提示：

定义新刀具的方法是，先单击“锥铣刀”按钮，再单击“端铣刀”按钮即可。

09 保留对话框其他选项的默认设置，单击“播放刀具路径”按钮生成刀路，再单击“确定”按钮关闭“导向切削.1”对话框。

10 在程序树中选择等高降层粗铣操作和等高线操作，再单击“NC输出管理”工具栏中的“播放刀具路径”按钮，弹出“等高线.1”对话框，系统自动计算刀路并在图形区显示刀路轨迹。

11 单击“最近一次储存影片”按钮，再单击“向前播放”按钮，显示实体仿真结果，如图25-30所示。

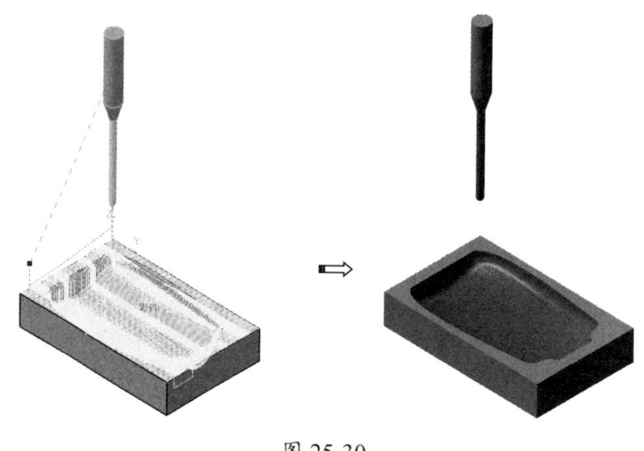

图 25-30

25.3.3 高级精铣

高级精铣类型用于一次性精加工零件的凹槽，侧壁将以降层切削方式进行铣削，底面则以轮廓驱动的方式进行铣削。

动手操作——高级精铣

01 打开本例源文件25-5.CATProcess，打开的加工模型中已经完成了导向式降层粗铣，如图25-31所示。

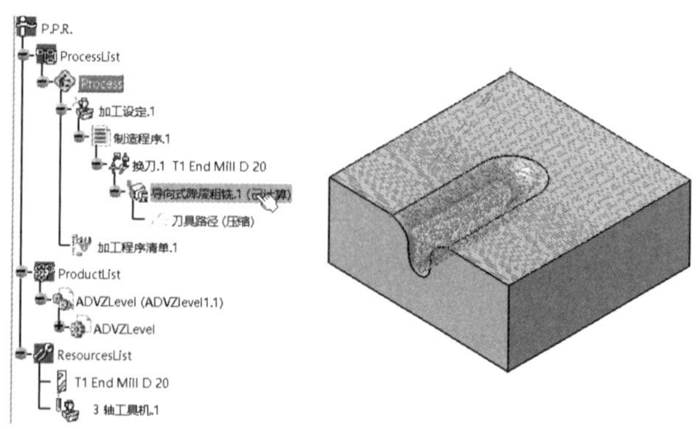

图 25-31

02 在程序树中选中“制造程序”节点下的“导向式降层粗铣”子节点，并在“加工程序”工具栏中单击“高级精铣”按钮，弹出“高级精铣 .1”对话框，切换到“几何”选项卡。

03 单击目标零件感应，再选择零件模型作为加工对象，按 Esc 键返回对话框，如图 25-32 所示。

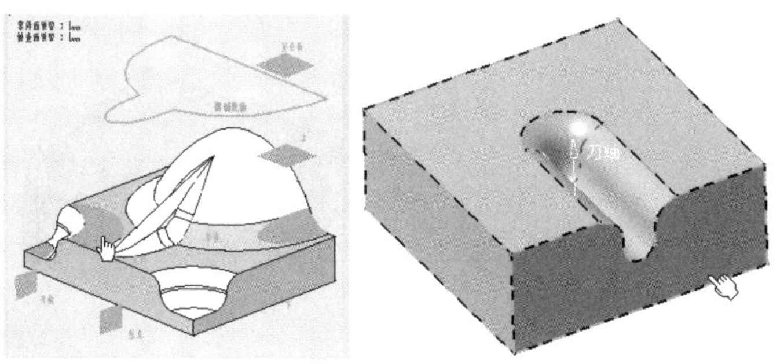

图 25-32

04 单击加工边界感应，然后选取零件中的边线，如图 25-33 所示，按 Esc 键返回对话框。

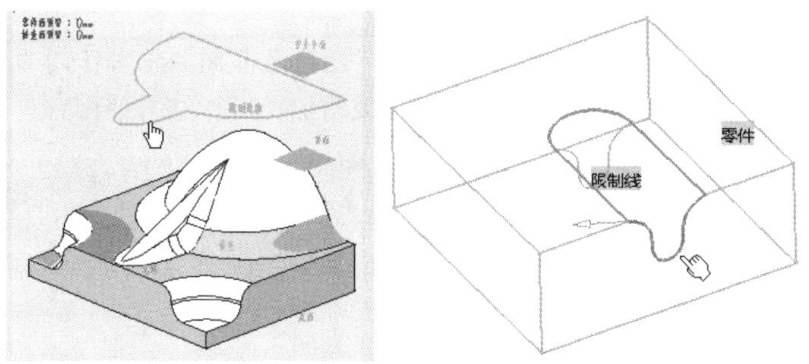

图 25-33

05 切换到“刀具”选项卡。重新定义一把新的球刀，直径为 6mm，如图 25-34 所示。

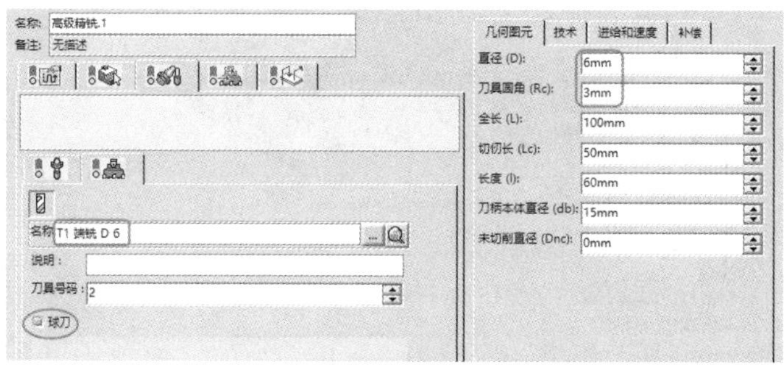

图 25-34

提示：

在此处定义新刀具的方法是，在“名称”文本框中修改D10为D6并按Enter键确认，即可重新定义刀具参数。

06 保留对话框其他选项的默认设置，单击“播放刀具路径”按钮生成刀路，再单击“确定”按钮关闭“导向切削 .1”对话框。

07 在程序树中选择导向式降层粗铣操作和高级精铣操作，再单击“NC 输出管理”工具栏中的“播放刀具路径”按钮，弹出“高级精铣.1”对话框，系统自动计算刀路并在图形区显示刀路轨迹。

08 单击“最近一次储存影片”按钮，再单击“向前播放”按钮，显示实体仿真结果，如图 25-35 所示。

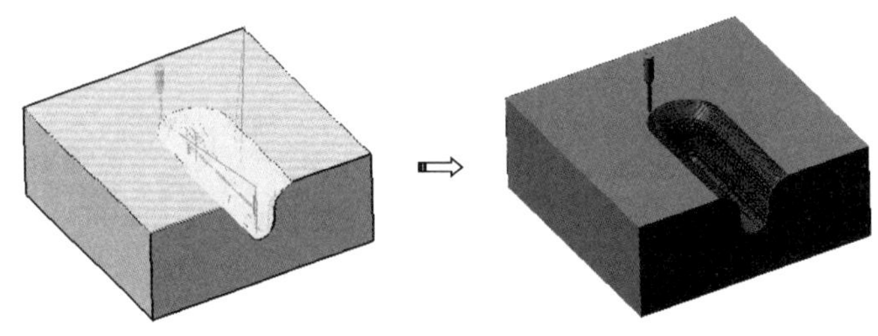

图 25-35

25.3.4 外形导向铣削

用于零件外形和凹槽具有高连续性的曲面加工，通过选取曲面轮廓作为刀具驱动的方向指导来切削区域曲面。外形导向切削可与其他半精加工或精加工操作结合使用。

动手操作——外形导向铣削

01 打开本例源文件 25-6.CATProcess，打开的加工模型中已经完成了等高降层粗铣，如图 25-36 所示。

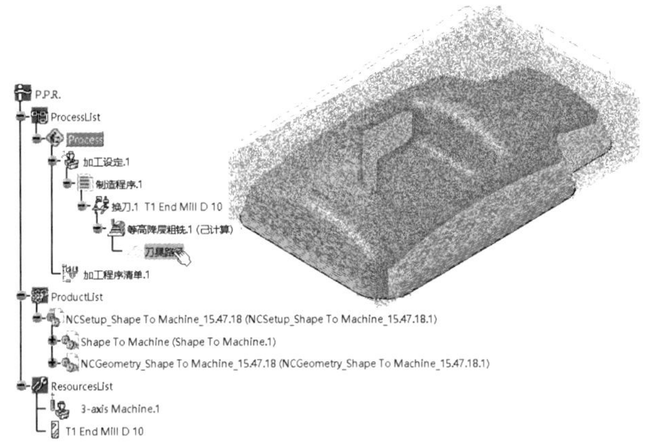

图 25-36

02 在程序树中选中“制造程序”节点下的“等高降层粗铣”子节点，并在“加工程序”工具栏中单击“外形导向铣削”按钮，弹出“外形导向 .1”对话框，切换到“几何”选项卡。

03 单击目标零件感应，并选择零件模型作为加工对象，按 Esc 键返回对话框，如图 25-37 所示。

04 在感应区中双击 “零件面预留” 设置感应修改加工余量值为 0mm。

05 切换到“加工策略”选项卡，在“导向切削”选项区中选择“外形间”选项。在感应区中单击“导向 1”感应，并到图形区中选取多个曲面上的边作为导向图元 .1，如图 25-38 所示，按 Esc 键返回对话框。

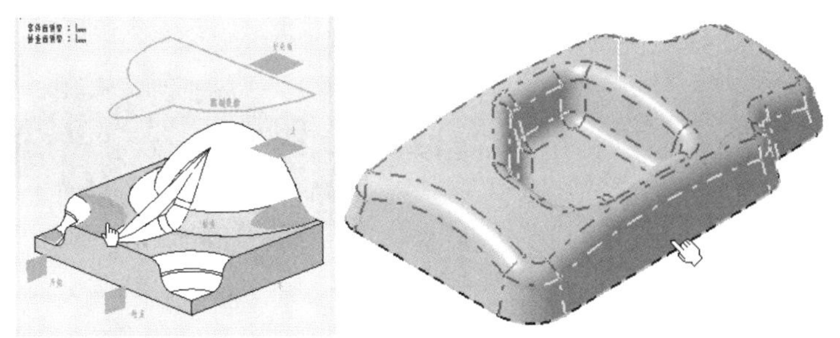

图 25-37

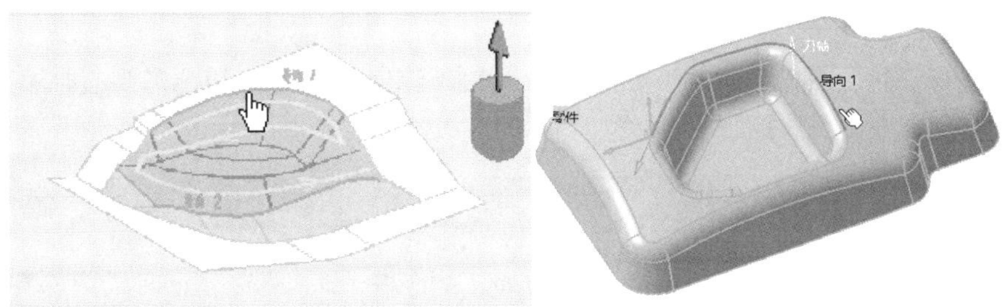

图 25-38

06 在感应区中单击“导向 2”感应，并到图形区中选取平行对应的边作为导向图元.2，如图 25-39 所示，按 Esc 键返回对话框。

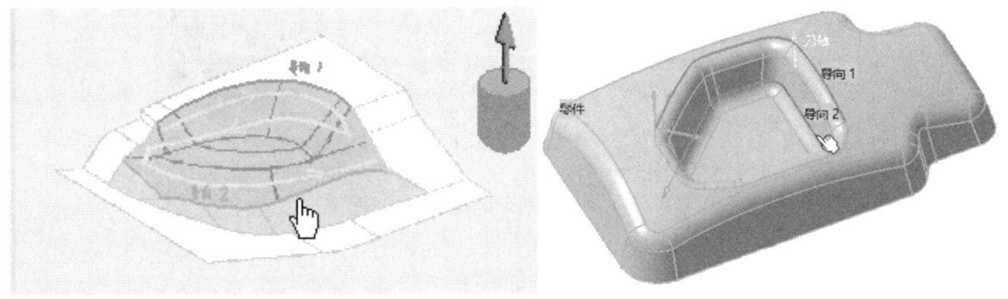

图 25-39

技术要点：

在“加工策略”选项卡的“导向切削”选项区中，有3种导向切削方式，介绍如下。

- 外形间：通过给定两条引导曲线的平行偏移量来确定加工区域，刀具根据外形进行环绕平行切削。
- 平行外形：刀具在两个引导曲线之间切削，刀路始终平行。
- 垂直外形：刀具在垂直平面上横扫轮廓，刀路与所选引导曲线垂直。

07 保留对话框其他选项的默认设置，单击“播放刀具路径”按钮生成刀路，再单击“确定”按钮关闭“外形导向.1”对话框。

08 在程序树中选择等高降层粗铣操作和外形导向操作，再单击“NC 输出管理”工具栏中的“播放刀具路径”按钮，弹出“外形导向.1”对话框，系统自动计算刀路并在图形区显示刀路轨迹。

09 单击“最近一次储存影片”按钮，再单击“向前播放”按钮，显示实体仿真结果，如图 25-40 所示。

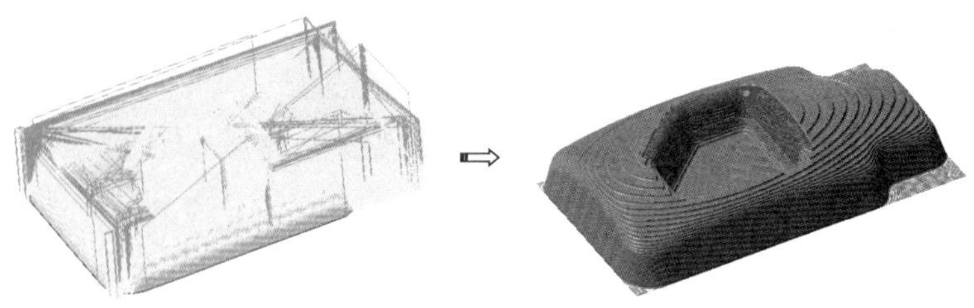

图 25-40

25.3.5　等参数线加工

等参数线加工就是由加工曲面等参数线 *U*、*V* 来确定切削路径，用户需要选取加工曲面和 4 个端点作为几何参数，所选择的曲面必须是相邻且共边的。

动手操作——等参数线加工

01 打开本例源文件 25-7.CATProcess，打开的加工模型中已经完成了导向式降层粗铣，如图 25-41 所示。

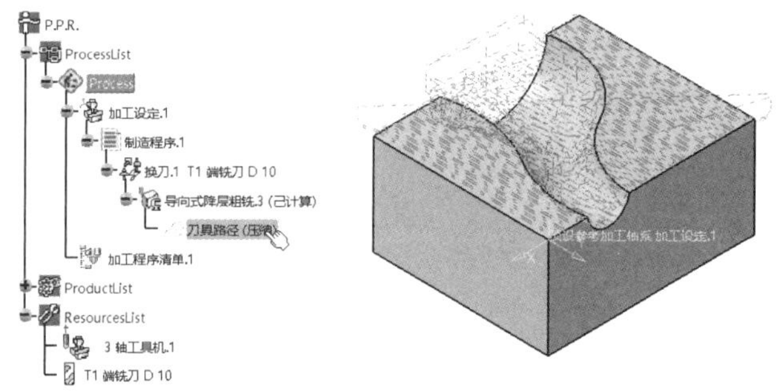

图 25-41

02 在程序树中选中“制造程序”节点下的“导向式降层粗铣”子节点，然后在“加工程序”工具栏中单击“等参数线加工”按钮，弹出“曲面等参数线加工 .1”对话框，切换到“几何”选项卡。

03 单击加工区域感应，在图形区中选择零件模型中的凹槽面作为加工区域，按 Esc 键返回对话框，如图 25-42 所示。

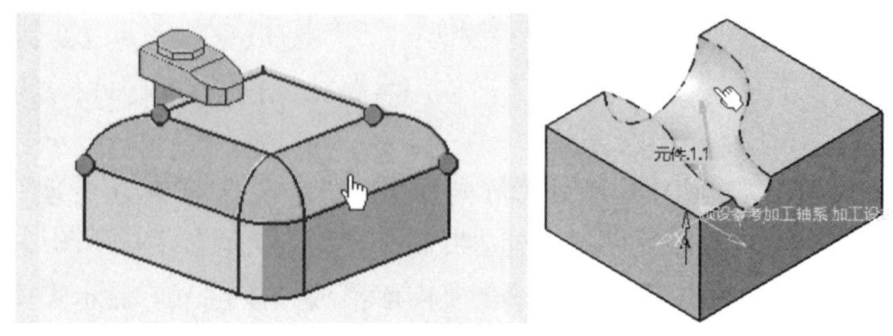

图 25-42

04 单击角落点感应，并选取加工区域面的 4 个角点，如图 25-43 所示，按 Esc 键返回对话框。

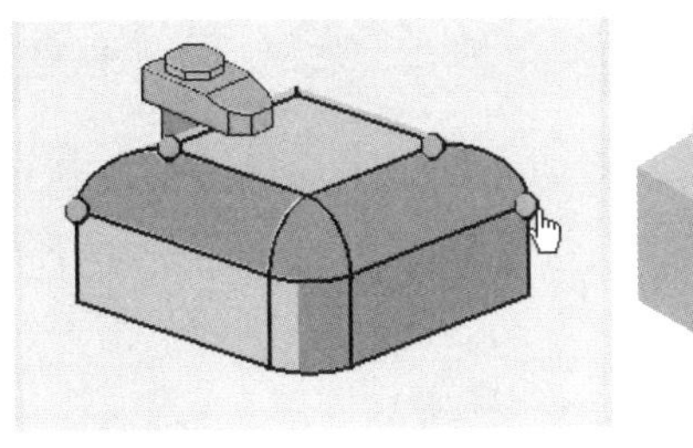

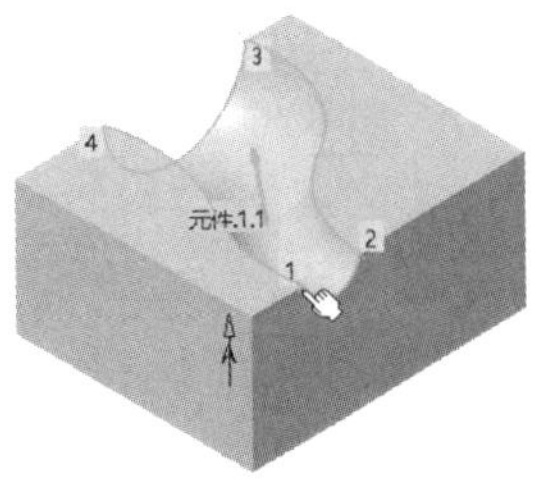

图 25-43

05 双击“零件上预留”设置感应，修改加工余量值为0.2mm。切换到“加工策略”选项卡，在“加工”选项卡中设置“加工精度”值为0.05mm，如图25-44所示。

06 切换到“辅助程序”选项卡，设置进刀方式为“轴向”，退刀方式为“圆弧 水平 轴向”，如图25-45所示。

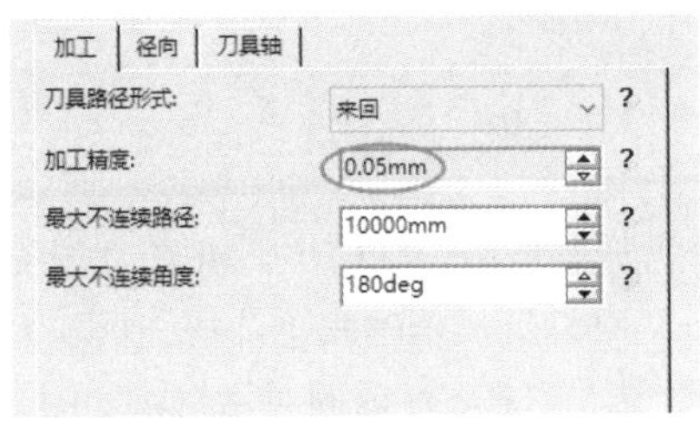

图 25-44

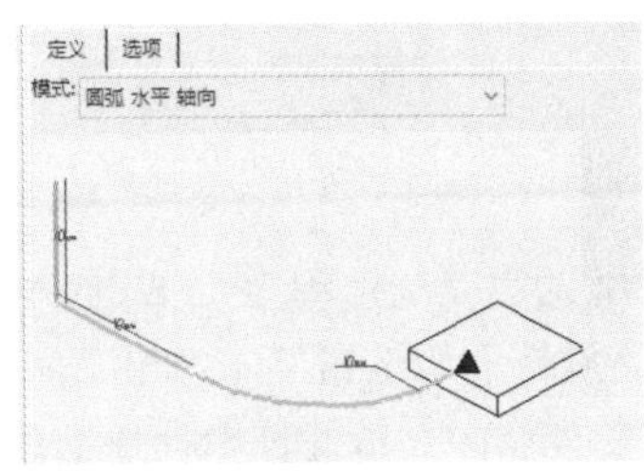

图 25-45

07 保留对话框其他选项的默认设置，单击“播放刀具路径”按钮生成刀路，再单击“确定”按钮关闭“曲面等参数线加工.1”对话框。

08 在程序树中选择导向式降层粗铣操作和曲面等参数线加工操作，再单击“NC输出管理”工具栏中的“播放刀具路径”按钮，弹出“曲面等参数线加工.1”对话框，系统自动计算刀路并在图形区显示刀路轨迹。

09 单击“最近一次储存影片”按钮，再单击“向前播放”按钮，显示实体仿真结果，如图25-46所示。

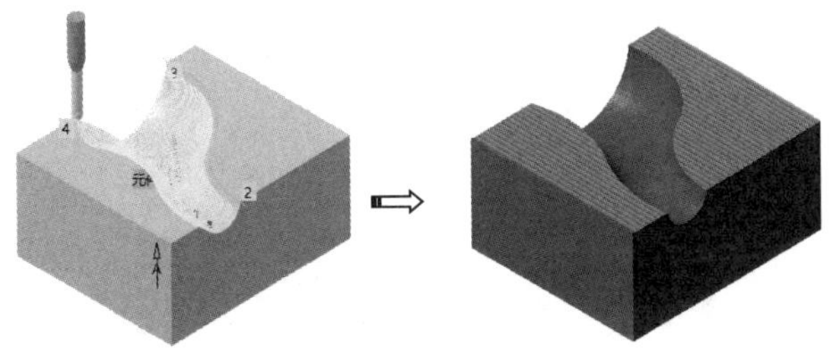

图 25-46

25.3.6 涡旋铣削

涡旋（螺旋）铣削可提供高质量的表面，而无须使用特别小的刀具进行精铣。特别适合于铣削相对平坦的曲面。涡旋铣削的精加工操作就是在选定的加工区域中，对指定角度以下的平坦区域进行精加工。

动手操作——涡旋铣削

01 打开本例源文件 25-8.CATProcess，打开的加工模型中已经完成了导向式降层粗铣，如图 25-47 所示。

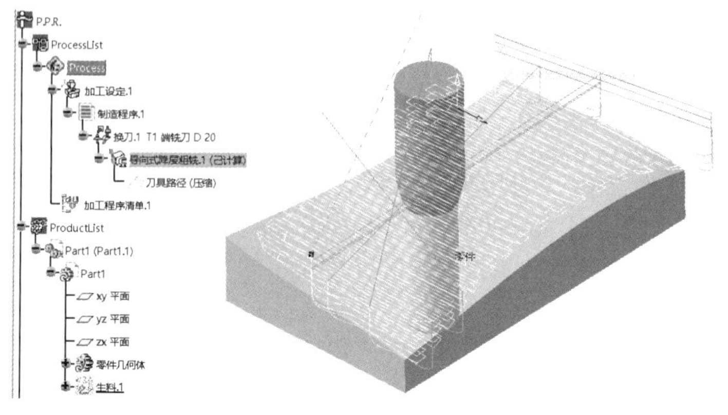

图 25-47

02 在程序树中选中“制造程序”节点下的“导向式降层粗铣”子节点，并在“加工程序”工具栏中单击“涡旋铣削”按钮，弹出“涡旋铣削 .1”对话框，切换到“几何”选项卡。

03 单击目标零件感应，再选择零件模型作为加工对象，按 Esc 键返回对话框，如图 25-48 所示。

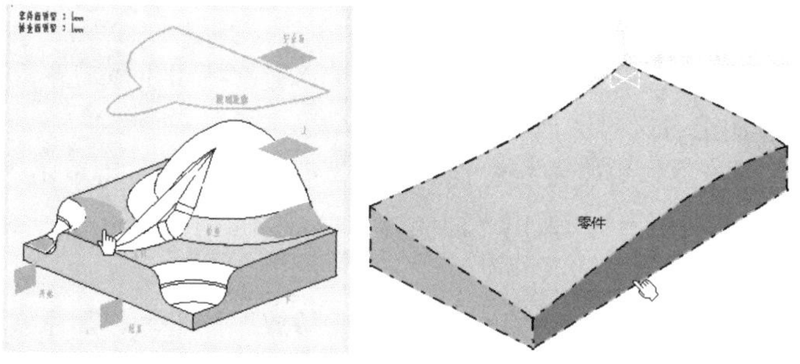

图 25-48

04 双击“零件上预留”设置感应，修改加工余量值为 0.2mm。切换到“加工策略”选项卡，在“加工中”选项卡中设置“加工精度”值为 0.05mm，如图 25-49 所示。

05 在“径向”选项卡中设置“路径间最大距离”值为 3mm，如图 25-50 所示。

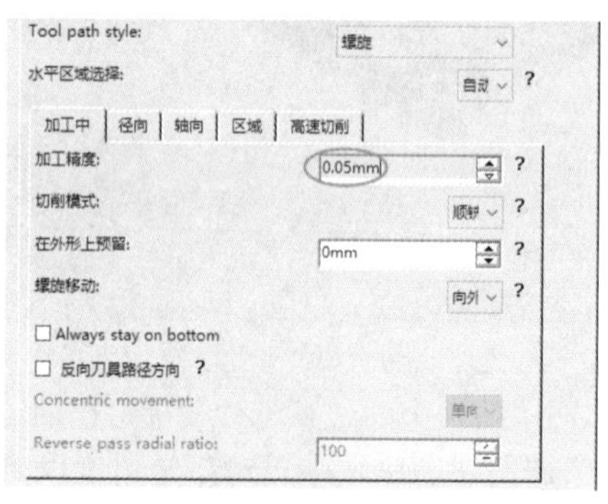

图 25-49

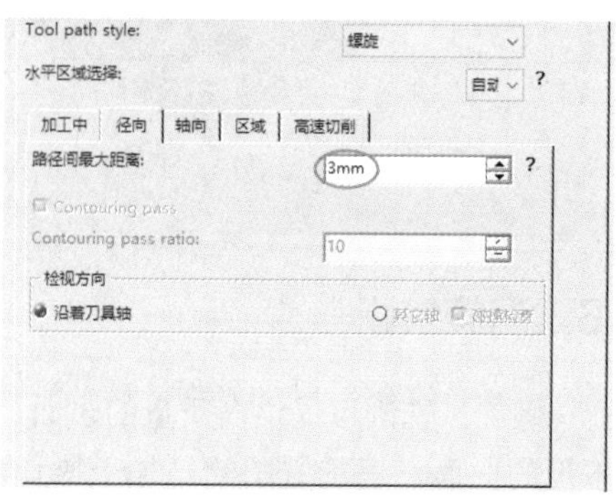

图 25-50

06 在“轴向”选项卡中设置轴向切削参数，如图 25-51 所示。

07 在“高速切削”选项卡中选中“高速切削”复选框，如图 25-52 所示。

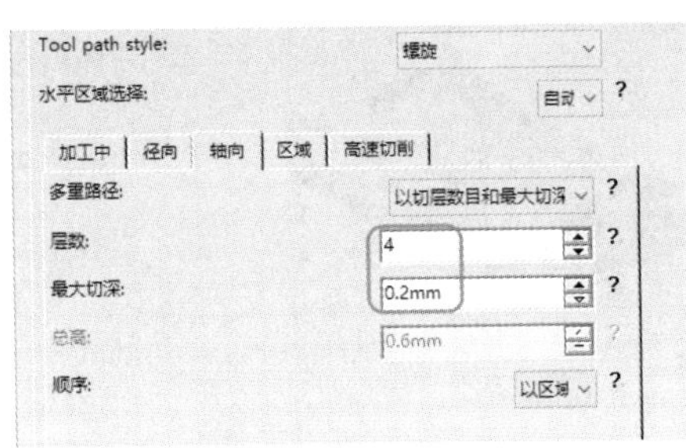

图 25-51

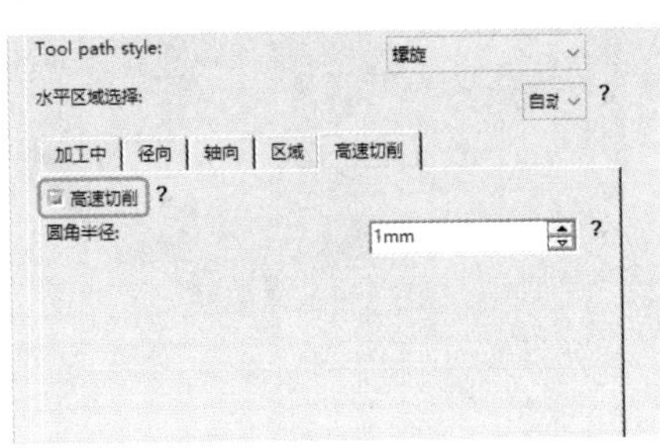

图 25-52

08 在“水平区域选择”下拉列表中选择“手动”选项，单击导向图元感应后再到模型上选取 4 条边作为加工区域，如图 25-53 所示。

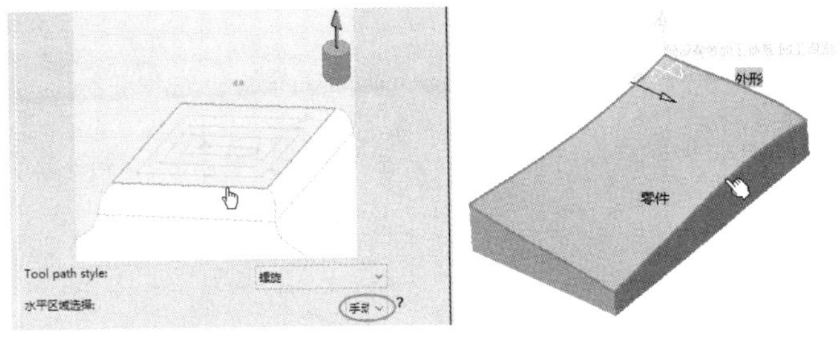

图 25-53

09 切换到“刀具”选项卡，重新定义一把新的刀具，直径为 10mm 的平底立铣刀（端面铣刀），如图 25-54 所示。

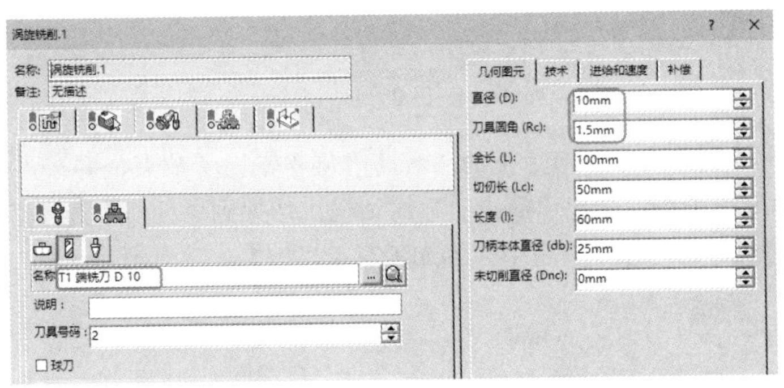

图 25-54

10 在“辅助程序”选项卡中设置进退刀方式均为“圆弧”方式。

11 保留对话框其他选项的默认设置，单击“播放刀具路径”按钮生成刀路，再单击“确定”按钮关闭“涡旋铣削 .1”对话框。

12 在程序树中选择导向式降层粗铣操作和涡旋铣削操作，再单击“NC 输出管理”工具栏中的“播放刀具路径”按钮，弹出“涡旋铣削 .1”对话框，系统自动计算刀路并在图形区显示刀路轨迹。

13 单击“最近一次储存影片”按钮，再单击“向前播放”按钮，显示实体仿真结果，如图 25-55 所示。

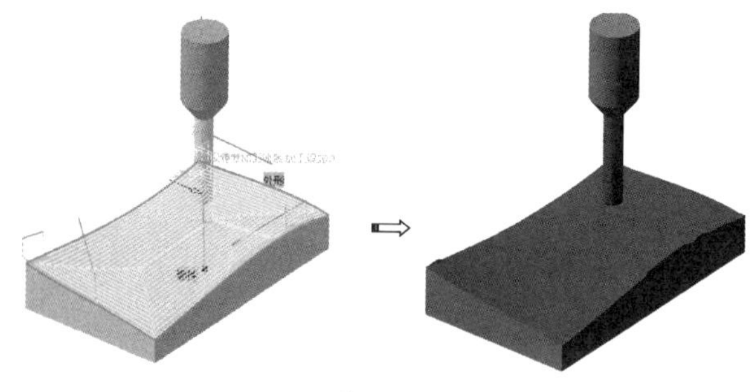

图 25-55

25.3.7 残料清角

残料清角也称“清根加工”，以两个面之间的交线作为运动路径来切削上一个加工操作留在两个面之间的残料。

动手操作——残料清角加工

01 打开本例源文件 25-9.CATProcess，打开的加工模型中已经完成了等高降层粗铣，如图 25-56 所示。

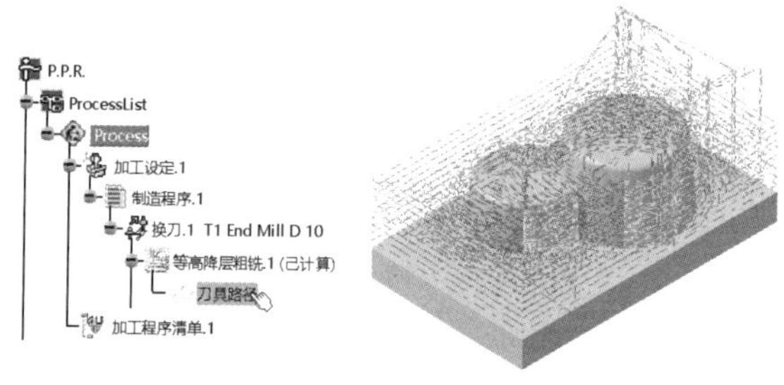

图 25-56

02 在程序树中选中“制造程序”节点下的“等高降层粗铣”子节点，并在“加工程序”工具栏中单击“残料清角”按钮，弹出“清角 .1”对话框，切换到“几何”选项卡。

03 单击目标零件感应，再选择零件模型作为加工对象，按 Esc 键返回对话框，如图 25-57 所示。

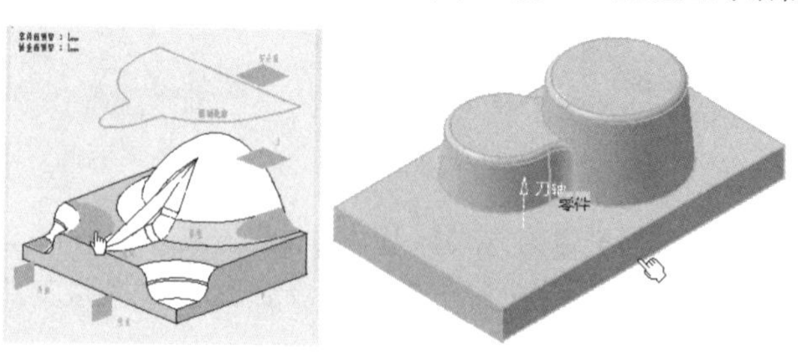

图 25-57

04 双击“零件上预留”设置感应，修改加工余量值为0mm。切换到“加工策略”选项卡，在“加工中”选项卡中设置“加工精度”值为 0.05mm，设置“轴向方式”和“径向方式”的“最小更改长度”值均为 5mm，如图 25-58 所示。

05 在“轴向”选项卡中设置轴向切削参数，如图 25-59 所示。

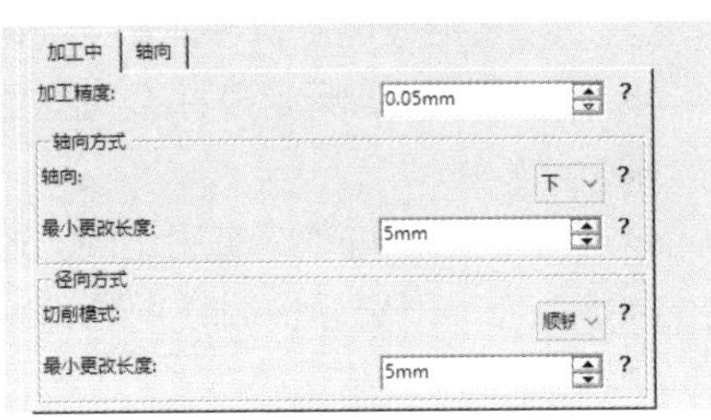

图 25-58

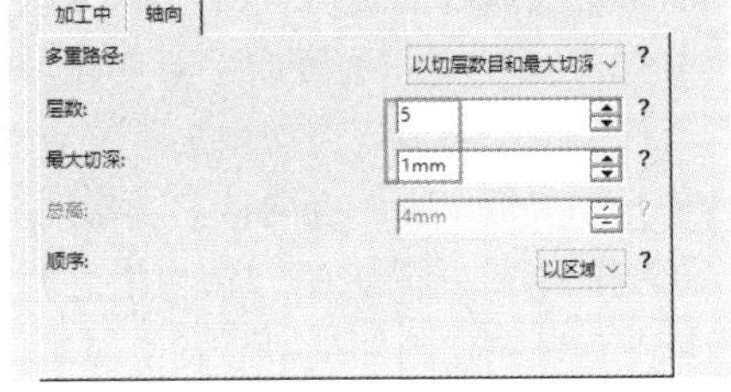

图 25-59

06 保留对话框其他选项的默认设置，单击“播放刀具路径”按钮生成刀路，再单击“确定”按钮关闭“清角 .1”对话框。

07 在程序树中选择等高降层粗铣操作和清角操作，再单击“NC 输出管理”工具栏中的“播放刀具路径”按钮，弹出“清角 .1”对话框，系统自动计算刀路并在图形区显示刀路轨迹。

08 单击“最近一次储存影片”按钮，再单击“向前播放”按钮，显示实体仿真结果，如图 25-60 所示。

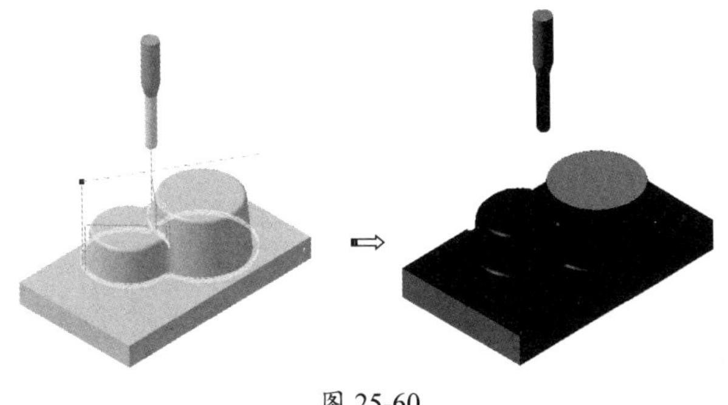

图 25-60

25.4 多轴铣削

随着机床等基础制造技术的发展，多轴（3 轴及 3 轴以上）机床在生产制造过程中的使用越来越广泛。尤其是针对某些复杂曲面或者精度非常高的机械产品，加工中心的大面积覆盖将多轴的加工技术推广得越来越普遍。

现代制造业所面对的经常是具有复杂型腔的高精度模具制造和复杂型面产品的外型加工，其共同特点是以复杂 3D 型面为结构主体，整体结构紧凑，制造精度要求高，加工成型难度极大。适用于多轴加工的零件，如图 25-61 所示。

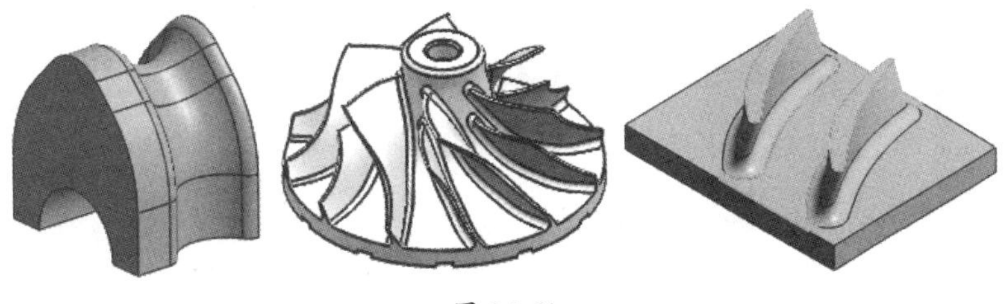

图 25-61

多轴铣削类型采用的机床为 3 轴或 5 轴数控加工中心。

多轴加工主要通过控制刀具轴矢量、投影方向和驱动方法来生成加工轨迹。加工关键就是通过控制刀具轴矢量在空间位置的不断变化，或使刀具轴的矢量与机床原始坐标系构成空间某个角度，利用铣刀的侧刃或底刃切削加工来完成。

刀轴是一个矢量，它的方向从刀尖指向刀柄，如图 25-62 所示。可以定义固定的刀轴，相对也能定义可变的刀轴。固定的刀轴和指定的矢量始终保持平行，固定轴曲面铣削的刀轴就是固定的，而可变刀轴在切削加工中会发生变化，如图 25-63 所示。

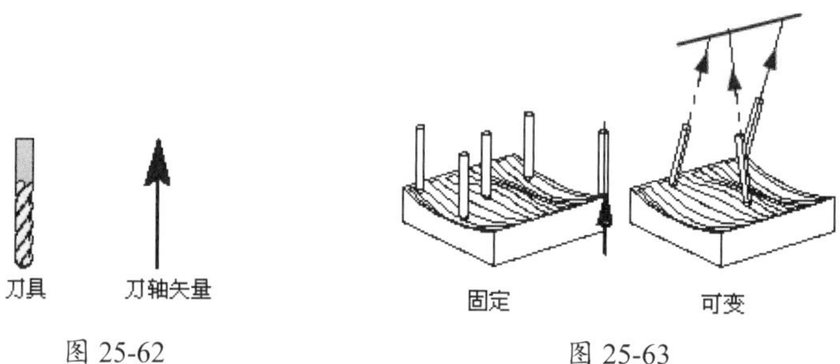

图 25-62　　图 25-63

在 CATIA 曲面铣削工作台中，多轴铣削的加工工具与前面介绍的固定轴加工工具（半精加工或精加工的操作工具）的用法和操作过程基本相同，本节仅介绍两种不同的铣削工具：多轴管道加工和 4- 轴曲线扫掠。

25.4.1 多轴管道加工

多轴管加工铣削类型主要用于管道内壁、U 形槽内壁的半精加工和精加工，如图 25-64 所示。

在程序树中选中“制造程序 .1”节点，并在“加工程序”工具栏中单击“多轴管加工”按钮，弹出“多轴管加工 .1”对话框，如图 25-65 所示。

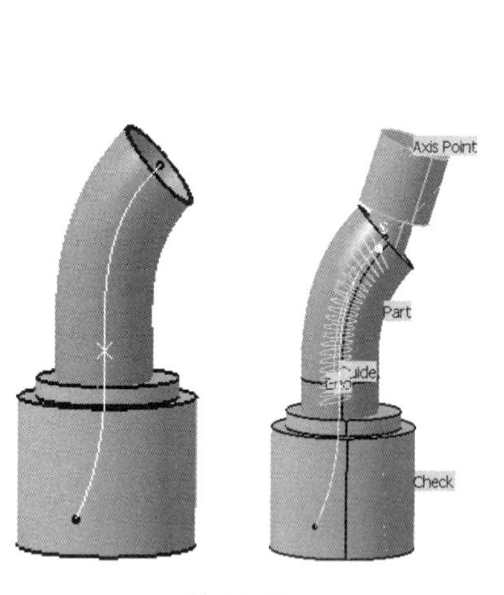

图 25-64

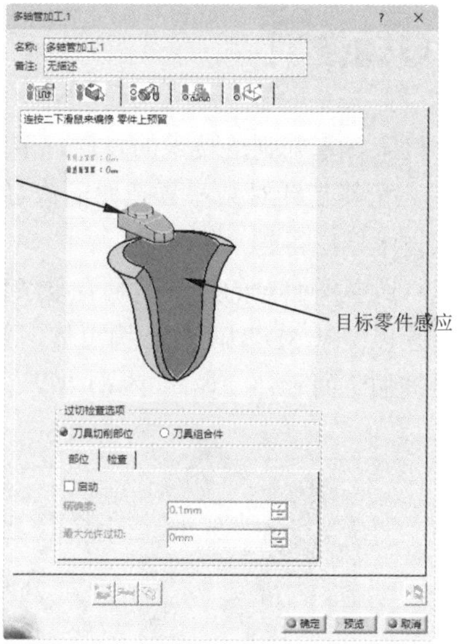

图 25-65

动手操作——多轴管道加工

01 打开本例源文件 25-10.CATProcess，加工零件如图 25-66 所示。

02 在程序树中选中“制造程序 .1”节点，并在“加工程序”工具栏中单击“多轴管加工”按钮，弹出“多轴管加工 .1”对话框。

03 单击目标零件感应，选择如图 25-67 所示的零件，按 Esc 键返回对话框。

04 单击装夹感应，选择如图 25-68 所示的零件，按 Esc 键返回对话框。

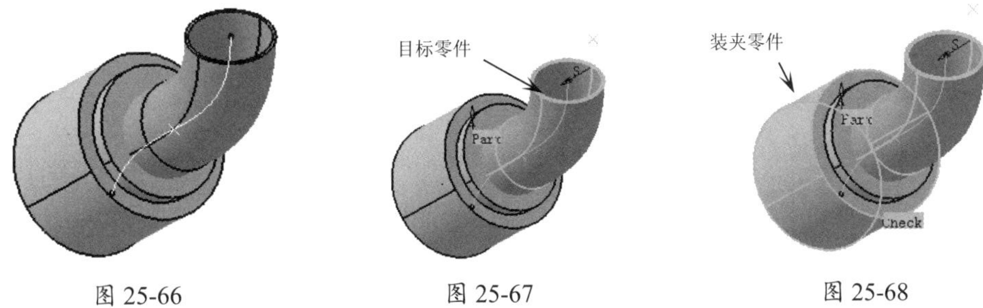

图 25-66　　图 25-67　　图 25-68

05 切换到“加工策略”选项卡，在“导向方式”下拉列表中选择“围绕导向”选项，如图 25-69 所示。

06 单击导向图元感应，选择图 25-70 所示的曲线作为引导线，按 Esc 键返回对话框。

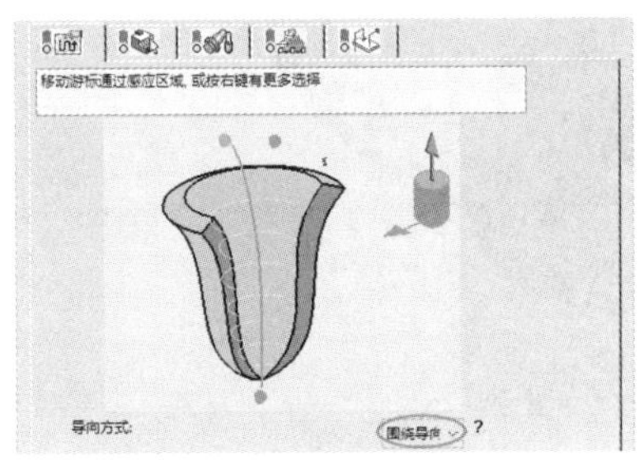

图 25-69

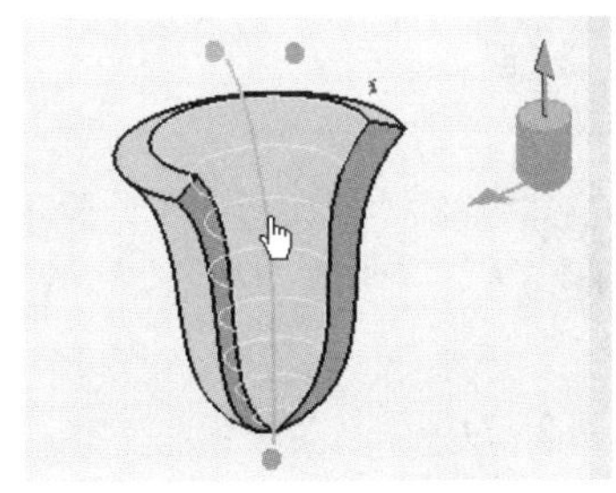

图 25-70

07 单击终点感应，选择如图 25-71 所示的点（在引导线中间创建的点）作为切削终点，按 Esc 键返回对话框。

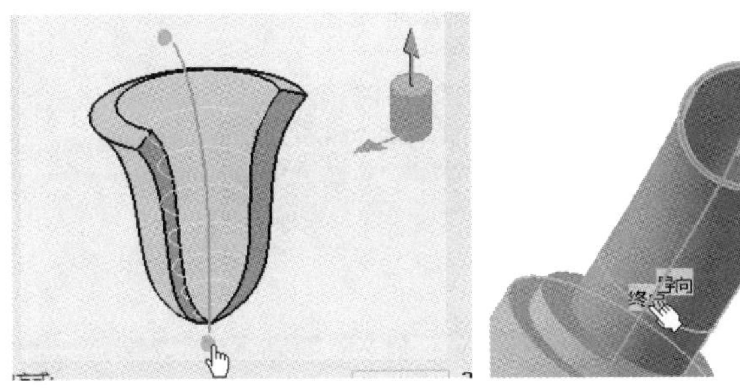

图 25-71

08 在“加工”选项卡的“刀具路径形式”下拉列表中选择“来回”选项，如图 25-72 所示。

09 在“刀轴”选项卡的“刀轴模式”下拉列表中选择“经由点”选项，并在感应区中单击显示的刀轴点感应，如图 25-73 所示。

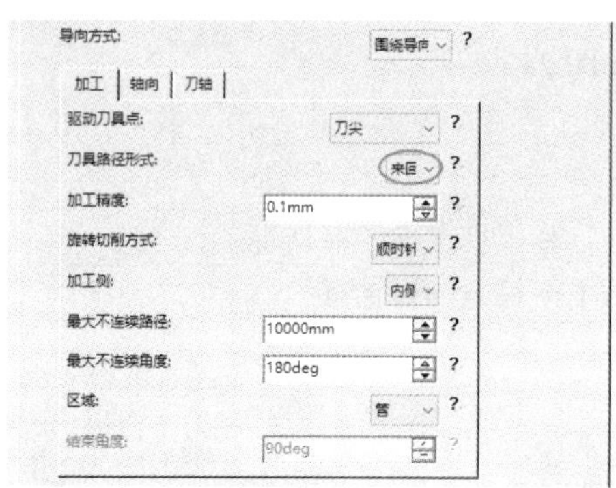

图 25-72

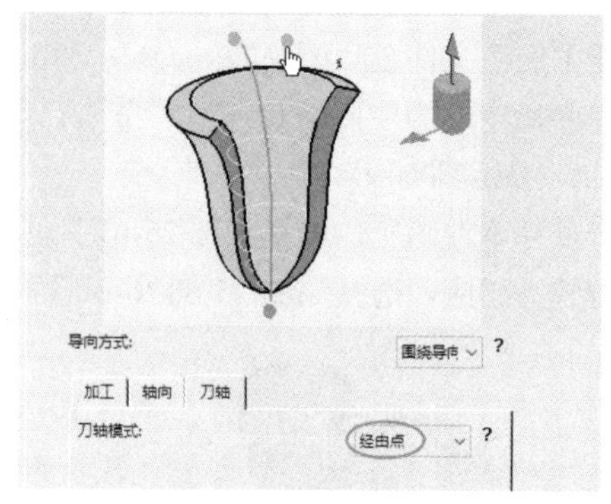

图 25-73

10 在图形区选择如图 25-74 所示的点作为刀轴点，按 Esc 键返回对话框。

11 单击“多轴管加工 .1”对话框中的“播放刀具路径”按钮，在图形区显示刀路轨迹，如图 25-75 所示。

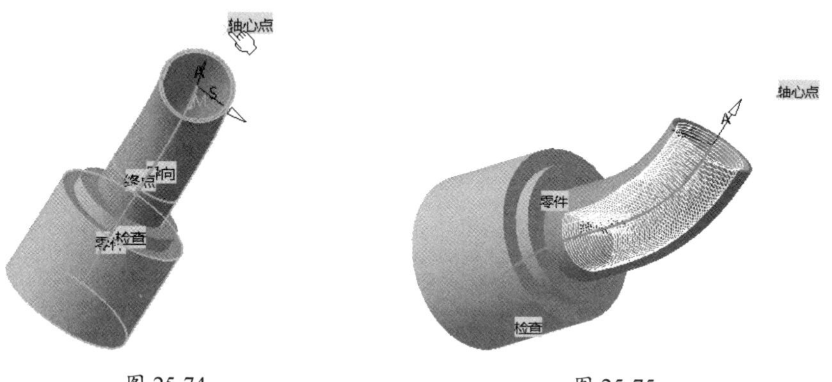

图 25-74

图 25-75

25.4.2 4- 轴曲线扫掠加工

4- 轴曲线扫掠加工特别适合于零件外形具有曲面连续性的曲面（包括半精加工和精加工），用于生成沿曲面的 4 轴投影刀具路径，如图 25-76 所示。

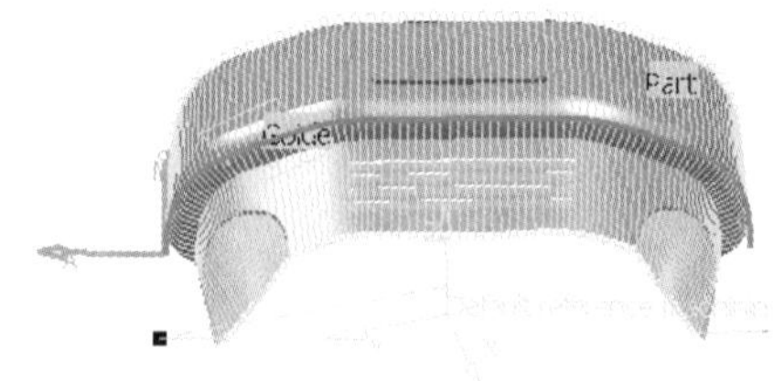

图 25-76

动手操作——4- 轴曲线扫掠加工

01 打开本例源文件 25-11.CATProcess，加工零件如图 25-77 所示。

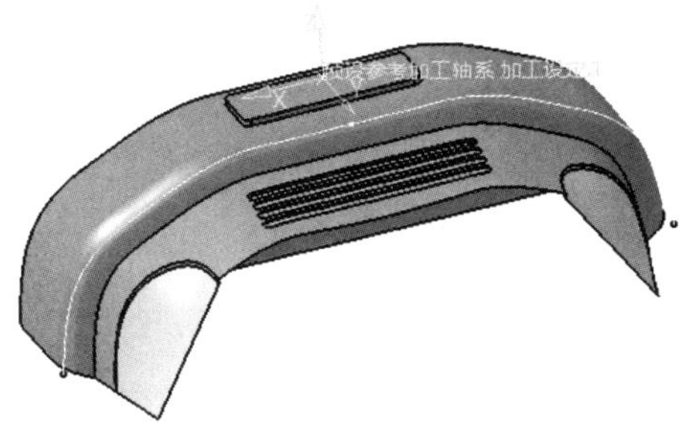

图 25-77

02 在程序树中选中“制造程序 .1”节点，并在“加工程序”工具栏中单击“4- 轴曲线扫掠”按钮，弹出“4- 轴曲线扫掠 .1”对话框。

03 单击目标零件感应，选择如图 25-78 所示的零件，按 Esc 键返回对话框。

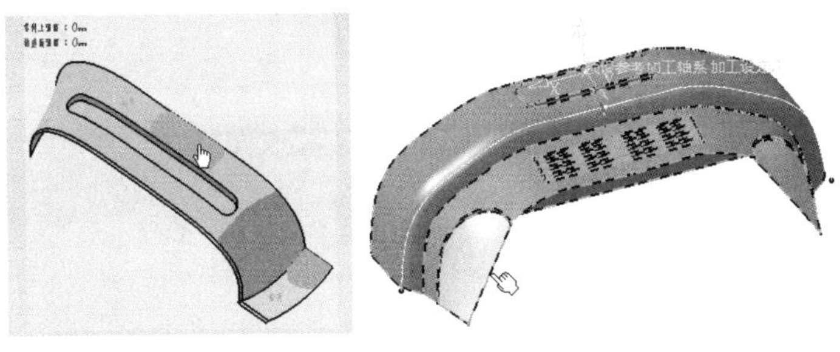

图 25-78

04 切换到“加工策略”选项卡，单击导向图元感应，然后选择草图曲线，按 Esc 键返回对话框，如图 25-79 所示。

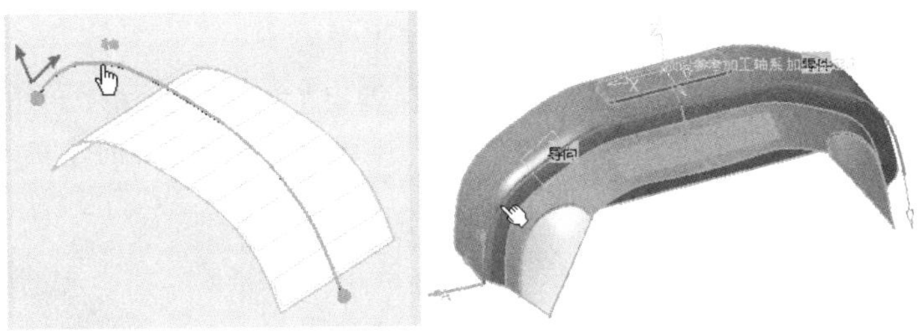

图 25-79

05 在“加工”选项卡的“刀具路径形式”下拉列表中选择“来回”选项，设置“加工精度”值为 0.05mm，如图 25-80 所示。

06 在“径向”选项卡中设置“导向上距离”值为 10mm，如图 25-81 所示。

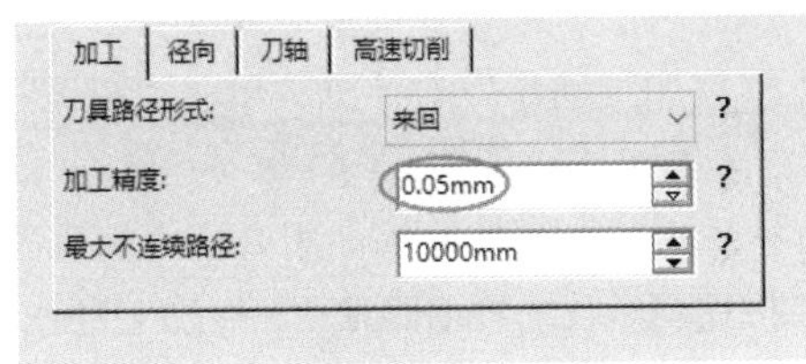

图 25-80

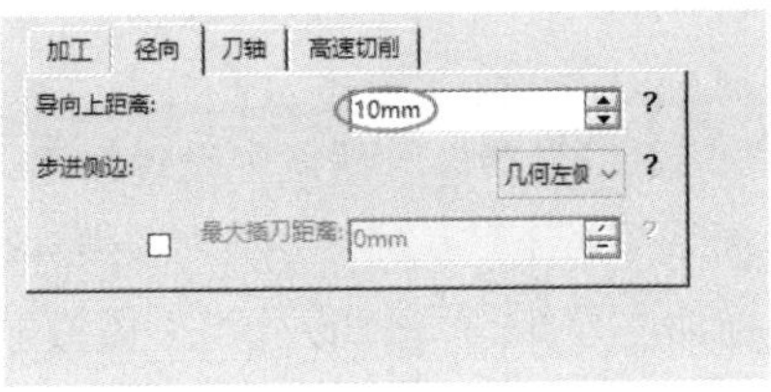

图 25-81

07 单击“4- 轴曲线扫掠”对话框中的“播放刀具路径”按钮，在图形区显示刀路轨迹，如图 25-82 所示。

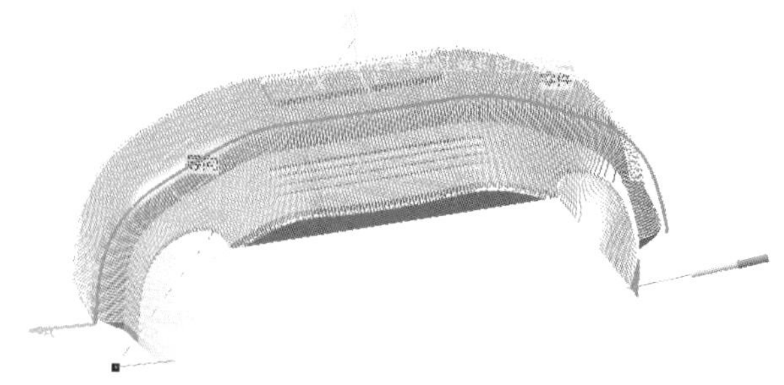

图 25-82

25.5 实战案例——模具型腔零件铣削加工

引入文件：\动手操作\源文件\Ch25\muju\core.CATPart

结果文件：\动手操作\结果文件\Ch25 muju \core.CATProcess

视频文件：\视频\Ch25\模具型腔零件铣削加工 .avi

如图 25-83 所示的模具型腔零件，截面形状为 V 形，上部为一个直壁凹形台阶，毛坯已经加工，完成型腔内部加工。

操作步骤

1. 加工前的准备

01 打开本例源文件 core.CATPart，进入曲面铣削加工工作台。

02 单击“几何管理”工具栏中的“创建生料”按钮，弹出“生料”对话框，单击激活“零件本体”文本框，选择型腔零件为目标加工零件。单击“确定”按钮完成毛坯零件的建立，如图 25-84 所示。

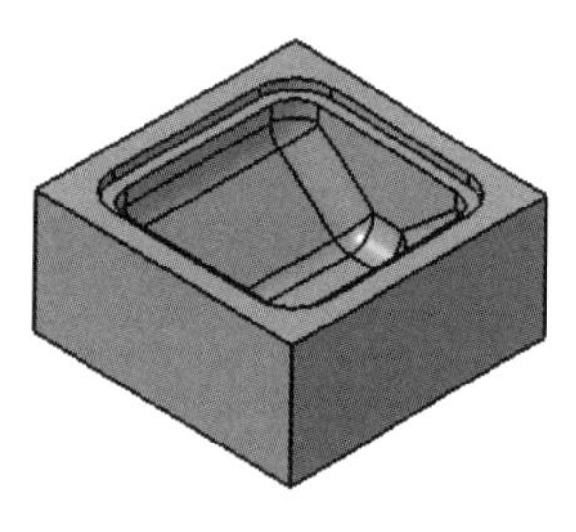

图 25-83

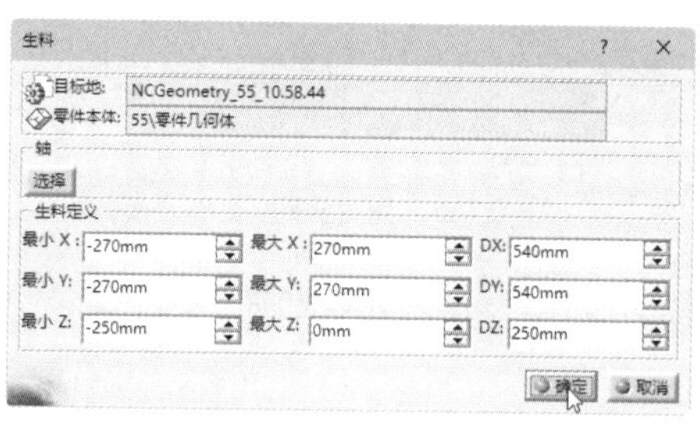

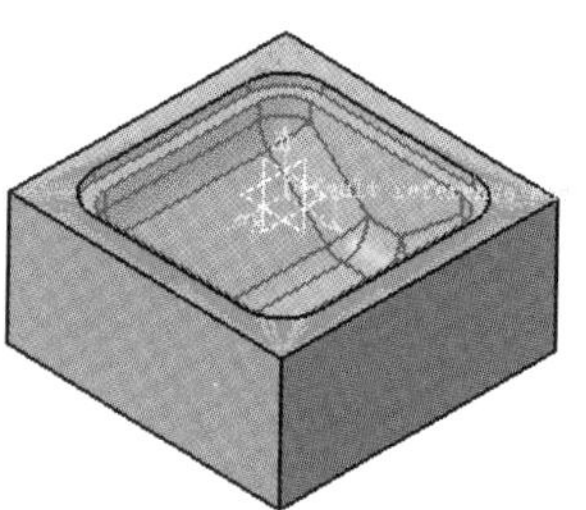

图 25-84

03 在程序树上双击“加工设定 .1”节点，弹出“零件加工动作”对话框。单击“机床”按钮，在弹出的“加工编辑器”对话框中设置加工机床为 3 轴机床，如图 25-85 所示。

04 加工坐标系是系统默认建立的，如图 25-86 所示，正好在零件的顶面中心，无须重新定义。

05 定义目标加工零件。单击“设计用来模拟零件”按钮，系统自动隐藏“零件加工动作”对话框，在图形区选择打开的实体模型作为目标加工零件，如图 25-87 所示。

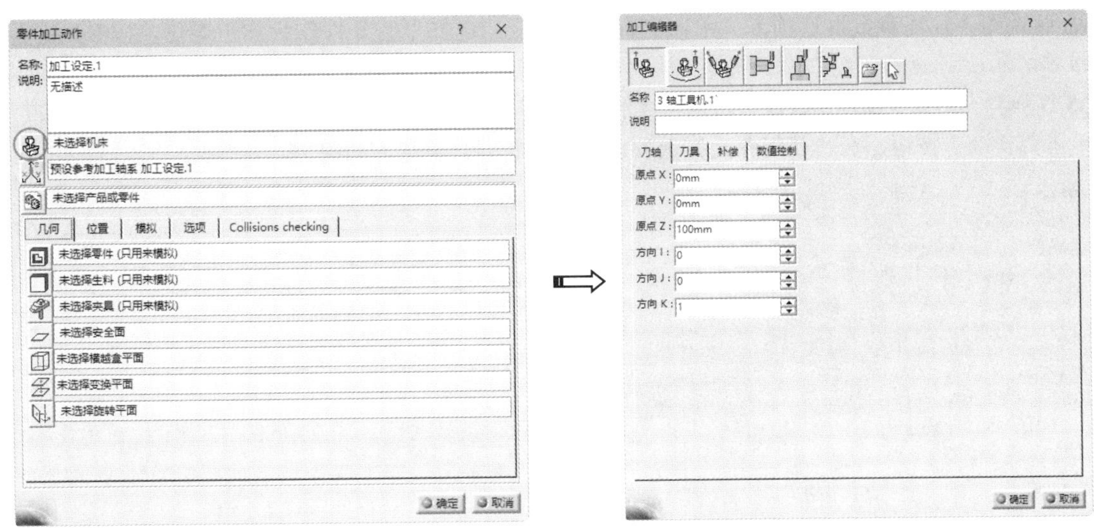

图 25-85

06 定义毛坯零件。单击“用来模拟生料”按钮，系统自动隐藏“零件加工动作”对话框，选择前面创建的毛坯零件，然后双击空白处返回“零件加工动作”对话框，如图 25-88 所示。

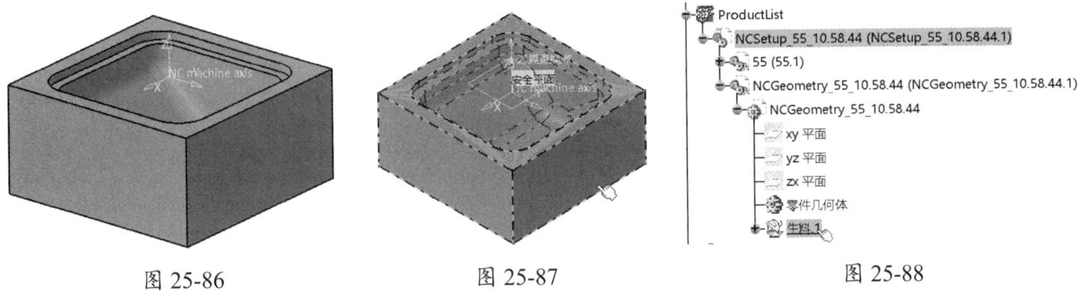

图 25-86　　图 25-87　　图 25-88

07 安全平面。单击“安全面”按钮，选择毛坯上表面作为安全平面，然后定义“厚度”预留值，如图 25-89 所示。

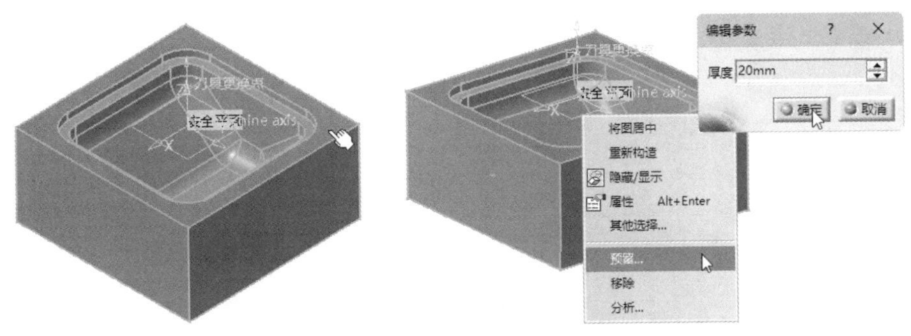

图 25-89

2. 等高线粗加工

01 在程序树选择“制造程序 .1”节点，单击“加工程序”工具栏中的“等高降层粗铣”按钮，弹出“等高降层粗铣 .1”对话框，如图 25-90 所示。

02 切换到“几何参数”选项卡。单击目标零件感应，选择型腔零件作为加工对象，按 Esc 键返回对话框。

03 切换到“刀具”选项卡，在“名称”文本框中输入“T1 端铣 D63”，取消选中“球刀”复选框。单击“详细”按钮，在“几何图元”选项卡中设置新刀具参数，如图 25-91 所示。

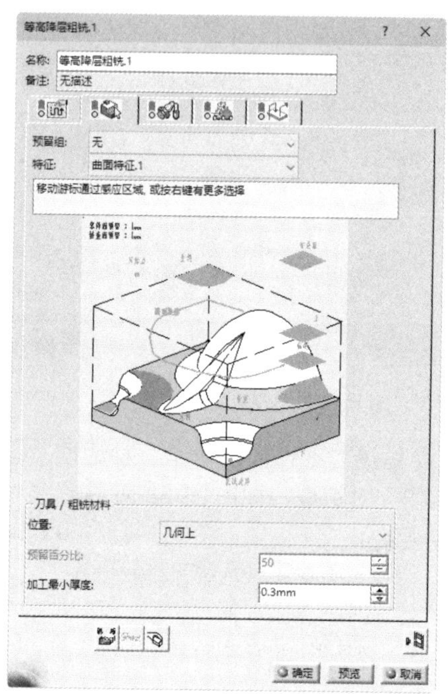

图 25-90

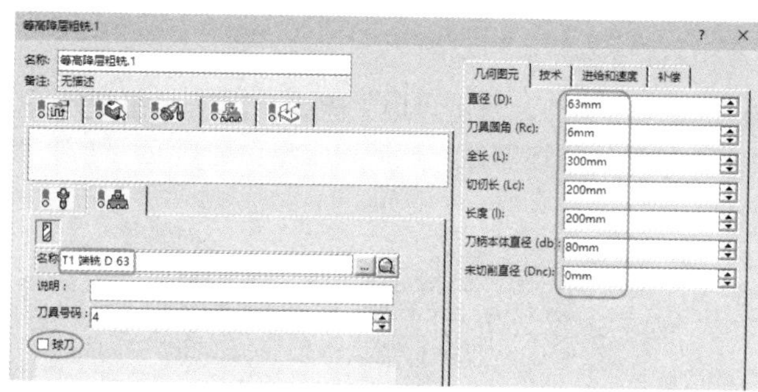

图 25-91

04 切换到“加工中”选项卡，设置相关参数，如图 25-92 所示。

05 在“径向”选项卡的“重叠”下拉列表中选择“重叠比率”选项，在“刀具直径比例”文本框中输入 75，如图 25-93 所示。

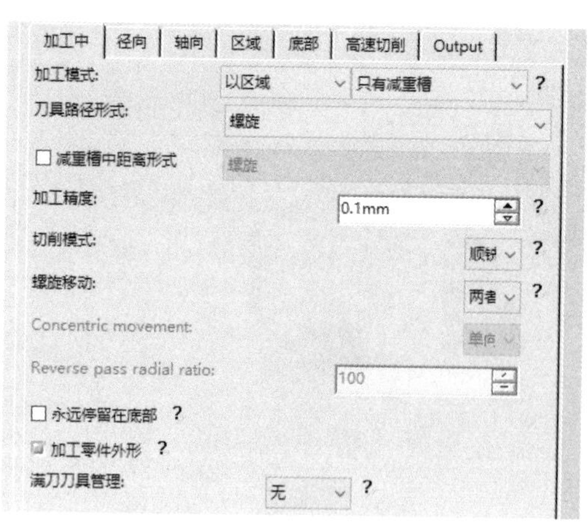

图 25-92

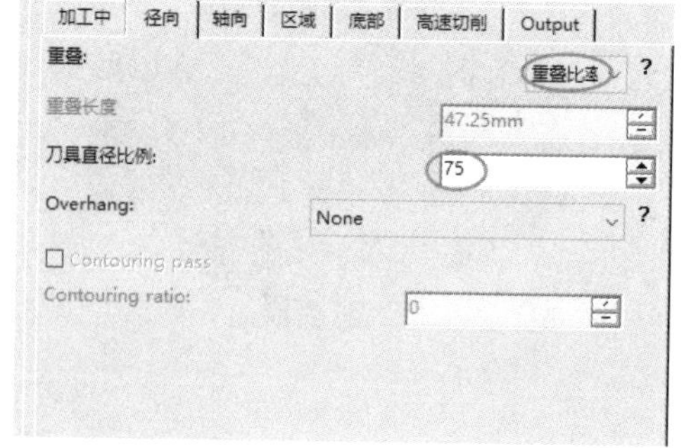

图 25-93

06 切换到“辅助程序”选项卡，具体设置如图 25-94 所示。

07 “前一动作”选项和“后一动作”选项设置，如图 25-95 所示。

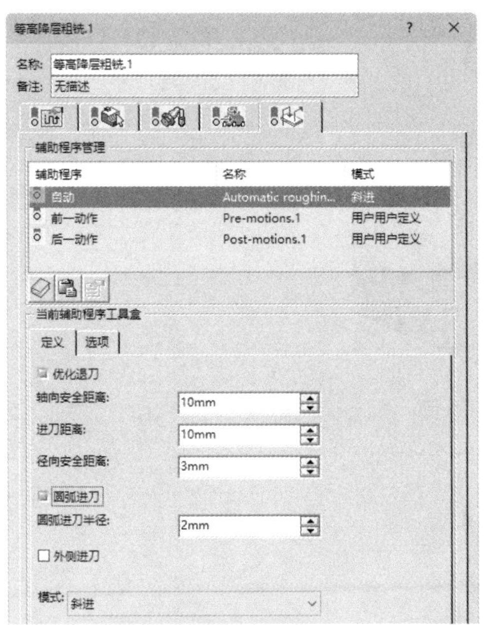

图 25-94

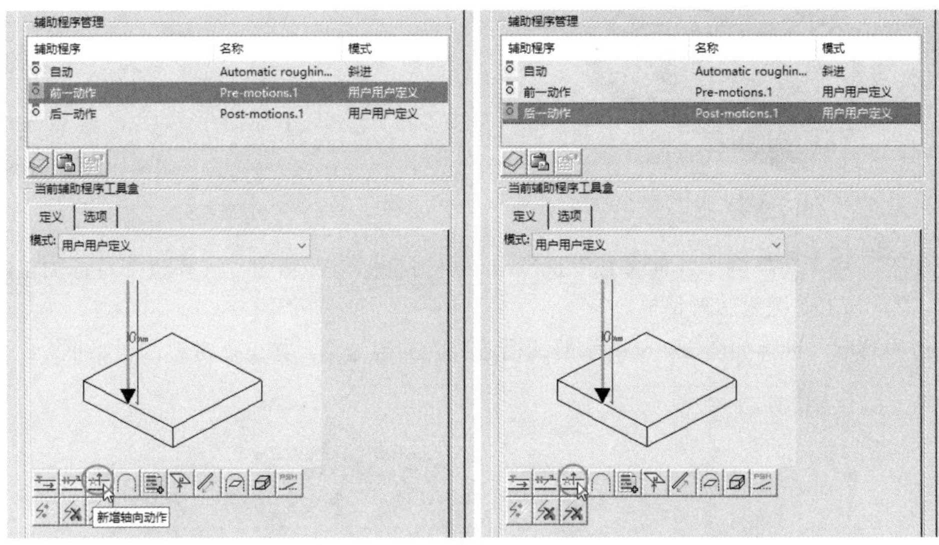

图 25-95

08 刀路仿真。单击“等高降层粗铣 .1”对话框中的“播放刀具路径”按钮，弹出“等高降层粗铣 .1”对话框，同时在图形区显示刀路轨迹，如图 25-96 所示。

09 单击“播放刀具路径”按钮，再单击“向前播放”按钮，显示实体仿真加工结果，如图 25-97 所示。

3. 高级精加工型腔面

01 在程序树中选择“等高降层粗铣 .1”节点，单击“加工程序”工具栏中的“高级精铣”按钮，弹出“高级精铣 .1”对话框，如图 25-98 所示。

图 25-96

图 25-97

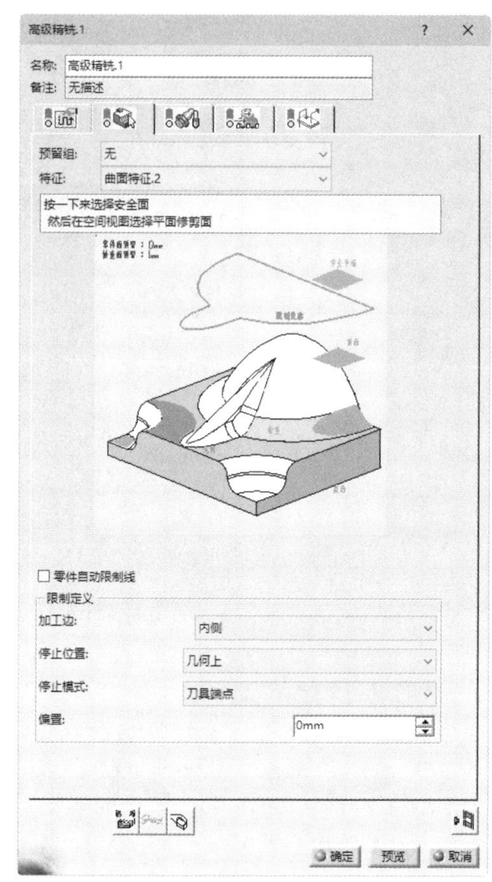

图 25-98

02 定义加工区域。切换到“几何参数”选项卡，单击目标零件感应，选择整个目标加工零件作为加工对象，按 Esc 键返回对话框。

03 单击边界感应，选择如图 25-99 所示的凹槽边线为加工边界，按 Esc 键返回对话框。

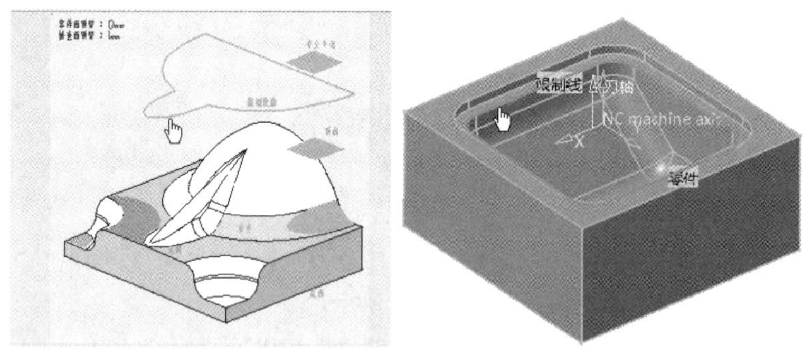

图 25-99

04 双击“零件面预留”设置感应，弹出“编辑参数”对话框，设置“零件面预留”值为 0mm，如图 25-100 所示。

05 定义刀具参数，切换到“刀具”选项卡，在“名称”文本框中输入“T1 端铣 D20”，选中“球刀”复选框。单击“详细”按钮，在“几何图元”选项卡设置刀具参数，如图 25-101 所示。

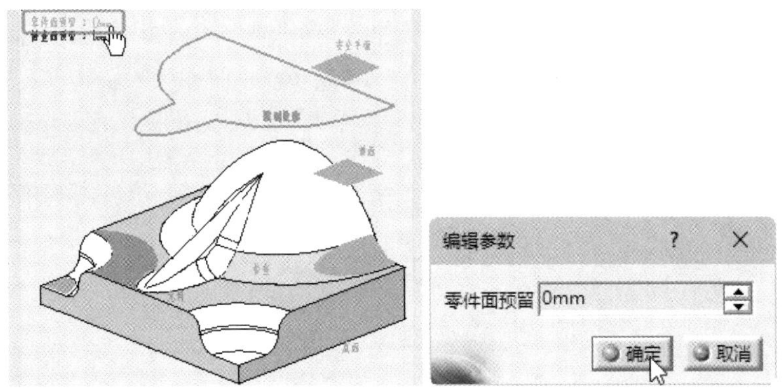

图 25-100

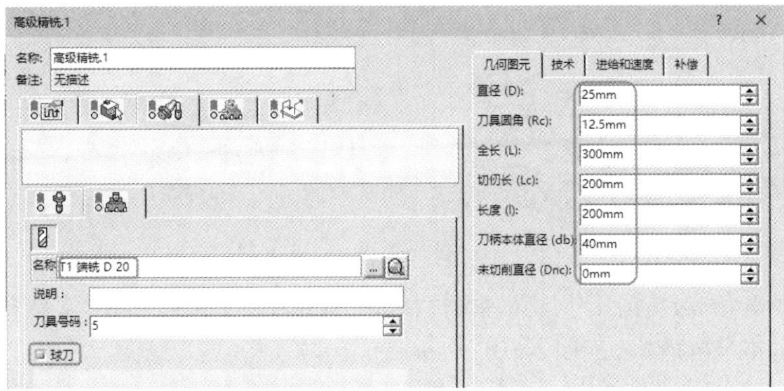

图 25-101

06 定义刀具路径参数。切换到“加工策略”选项卡，设置相关参数，如图 25-102 所示。

07 在“区域”选项卡的“最大水平角度”文本框中输入 70deg，在“水平区域”选项区中设置“最大距离”值为 0.2mm，如图 25-103 所示。

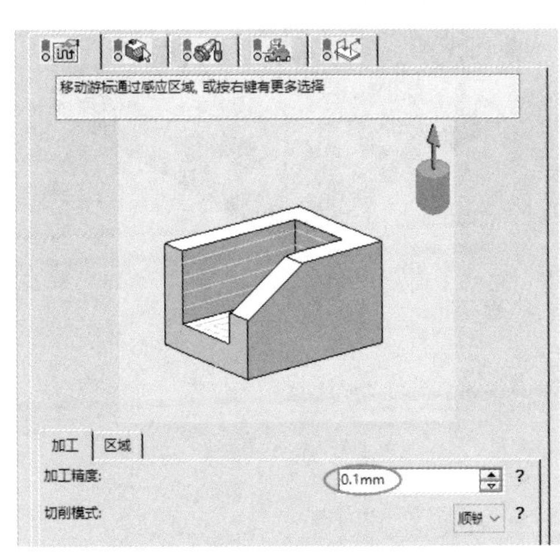

图 25-102

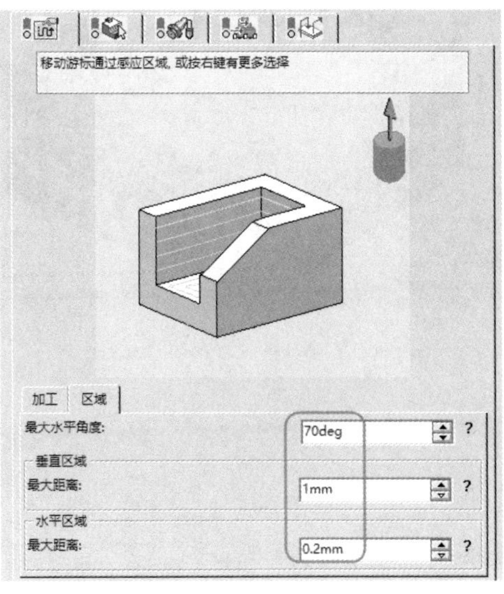

图 25-103

08 定义进退刀路径。切换到“辅助程序”选项卡，具体设置如图 25-104 所示。

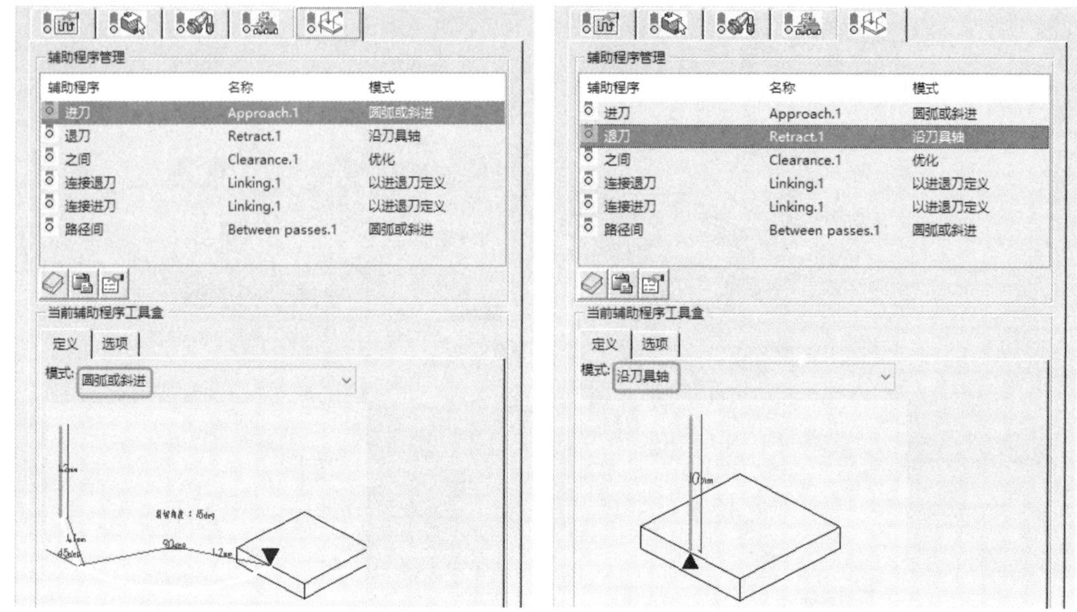

图 25-104

09 刀路仿真。单击“高级精铣.1”对话框中的“播放刀具路径”按钮，弹出“高级精铣.1”对话框，同时在图形区显示刀路轨迹，如图 25-105 所示。

10 单击“播放刀具路径”按钮，再单击“向前播放”按钮，显示实体仿真加工结果，如图 25-106 所示。

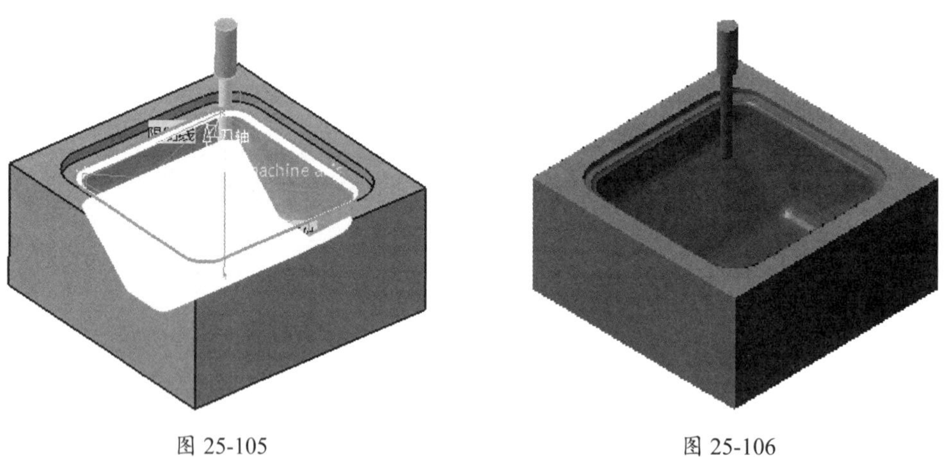

图 25-105　　图 25-106

第 26 章　车削加工

项目导读

数控车床主要用于轴类、盘类等回转体零件的加工。通过数控加工程序可完成圆柱面、圆弧面、成形表面、螺纹和端面等工序的加工，也可以进行车沟槽、钻孔、扩孔、铰孔等工作，本章将详细介绍数控车床技术及 CATIA 车削加工编程操作。

- 车削加工概述
- 车削加工操作

26.1 车削加工概述

CATIA 数控车削模块提供了完整的数控车削加工解决方案，主要用于轴类、盘套类零件的加工，该模块能够快速完成粗加工、精加工、中心钻孔和螺纹加工等车削加工。

26.1.1 车削加工的主要内容

根据数控车床的工艺特点，数控车削加工主要包括以下加工内容。

1. 车削外圆

车削外圆是最常见、最基本的车削方法，工件外圆一般由圆柱面、圆锥面、圆弧面及回转槽等基本面组成，如图 26-1 所示为使用各种不同的车刀车削中小型零件外圆（包括车外回转槽）的方法，其中图（a）为 45° 车刀车削外圆，图（b）为 90° 正偏刀车削外圆，图（c）为反偏刀车削外圆。

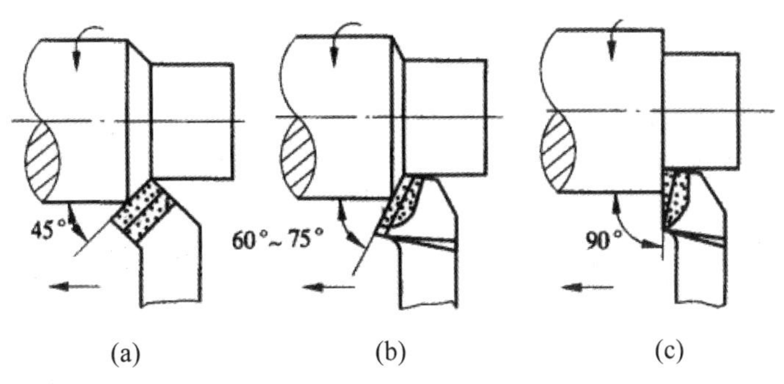

图 26-1

锥面车削可以分别视为内圆、外圆切削的一种特殊形式。锥面可分为内锥面和外锥面，在普通车床上加工锥面的方法有小滑板转位法、尾座偏移法、靠模法和宽刀法等，而在数控车床上车削圆锥，则完全和车削其他外圆相同，不必像普通车床那么麻烦。车削圆弧面时，则更能凸显数控车床的优越性。

2. 车削内孔

车削内孔是指用车削方法扩大工件的孔或加工空心工件的内表面，是常用的车削加工方法之一。常见的车孔方法如图 26-2 所示。在车削盲孔和台阶孔时，车刀要先纵向进给，当车到孔的根部时，再横向进给车端面或台阶端面。

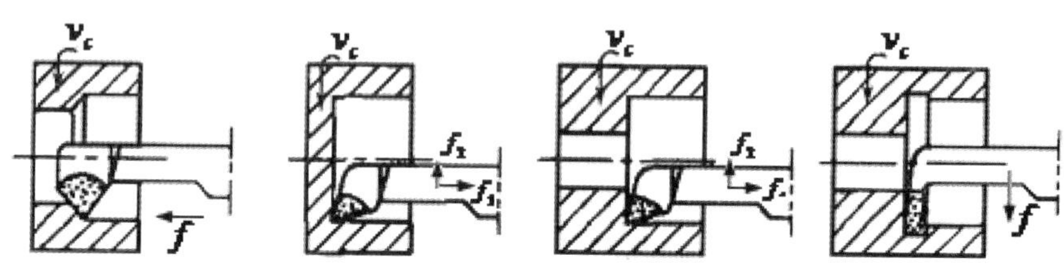

图 26-2

3. 车削端面

车削端面包括台阶端面的车削，常见的方法如图 26-3 所示。图（a）为使用 45° 偏刀车削端面，可采用较大背吃刀量，切削顺利，表面光洁，而且大、小端面均可车削；图（b）是使用 90° 左偏刀从外向工件中心进给车削端面，适用于加工尺寸较小的端面或一般的台阶端面；图（c）是使用 90° 左偏刀从工件中心向外进给车削端面，适用于加工工件中心带孔的端面或一般的台阶端面；图（d）是使用右偏刀车削端面，刀头强度较高，适宜车削较大端面，尤其是铸锻件的大端面。

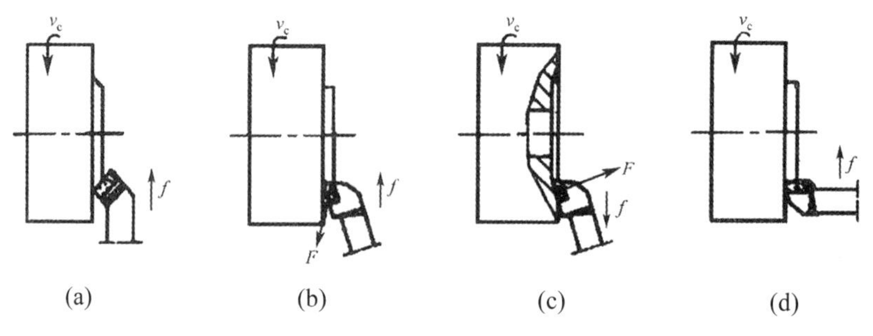

图 26-3

4. 车削螺纹

车削螺纹是数控车床的特点之一。在普通车床上一般只能加工少量的等螺距螺纹，而在数控车床上，只要通过调整螺纹加工程序指出螺纹终点坐标值及螺纹导程，即可车削各种不同螺距的圆柱螺纹、锥螺纹或端面螺纹等。螺纹的车削可以通过单刀切削的方式进行，也可进行循环切削。

26.1.2 车削加工坐标系

在数控编程时为了描述机床的运动、简化程序编制的方法及保证记录数据的互换性，数控机床的坐标系和运动方向均已标准化，ISO 和我国都拟定了命名的标准。数控车床的坐标系统包括数控车床坐标系、编程坐标系和加工坐标系。

1. 车床坐标系

数控车床坐标系如图 26-4 所示，在机床每次通电之后，必须进行回参考点操作（简称“回零操作”），使刀架运动到机床参考点，其位置由机械挡块确定。这样通过机床回零操作，确定了机床原点，从而准确地建立机床坐标系。对某台数控车床而言，机床参考点与机床原点之间有严格的位置关系，机床出厂前已调试准确，确定为某一固定值，这就是机床参考点在机床坐标系中的坐标。

“机床原点”是指在机床上设置的一个固定点，即机床坐标系的原点。它在机床装配、调试时就已确定下来，是数控机床进行加工运动的基准参考点。在数控车床上，机床原点一般取在卡盘端面与主轴中心线的交点处，如图 26-5 所示。同时，通过设置参数的方法，也可将机床原点设定在 *X*、*Z* 坐标的正方向极限位置上。

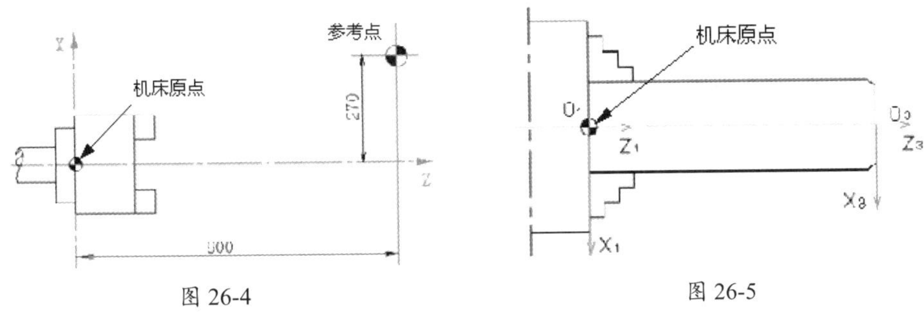

图 26-4　　图 26-5

“机床参考点”是用于对机床运动进行检测和控制的固定位置点。机床参考点的位置是由机床制造厂家在每个进给轴上用限位开关精确调整好的，坐标值已输入数控系统中。因此，参考点对机床原点的坐标是一个已知数。

2. 编程坐标系（工件坐标系）

数控车床加工时，工件通过卡盘夹持于机床坐标系下的任意位置。这样一来用机床坐标系描述刀具轨迹就显得不方便，为此编程人员在编写零件加工程序时通常要选择一个编程坐标系，也称“工件坐标系”，如图 26-6 所示。

编程原点也称“工件原点”，其位置由编程者自行确定。编程原点是根据加工零件图样及加工工艺要求选定的编程坐标系的原点。编程原点应尽量选择在零件的设计基准或工艺基准上，编程坐标系中各轴的方向应该与所使用的数控机床相应的坐标轴方向一致，如图 26-7 所示为车削零件的编程原点。

3. 加工坐标系

加工坐标系是指以确定的加工原点为基准所建立的坐标系。加工原点也称为“程序原点”，是指零件被装夹好后，相应的编程原点在机床坐标系中的位置。

在加工过程中，数控机床是按照工件装夹好后所确定的加工原点位置和程序要求进行加工的。编程人员在编制程序时，只要根据零件图样就可以选定编程原点、建立编程坐标系、计算坐标数值，而不必考虑工件毛坯装夹的实际位置。对于加工人员来说，则应在装夹工件、调试程序时，将编程原点转换为加工原点，并确定加工原点的位置，在数控系统中给予设定（即给出原点设定值），设定加工坐标系后即可根据刀具当前位置，确定刀具起始点的坐标值。在加工时，工件各尺寸的坐标值都是相对于加工原点而言的，这样数控机床才能按照准确的加工坐标系位置开始加工，如图 26-8 所示中 O2 为编程原点。

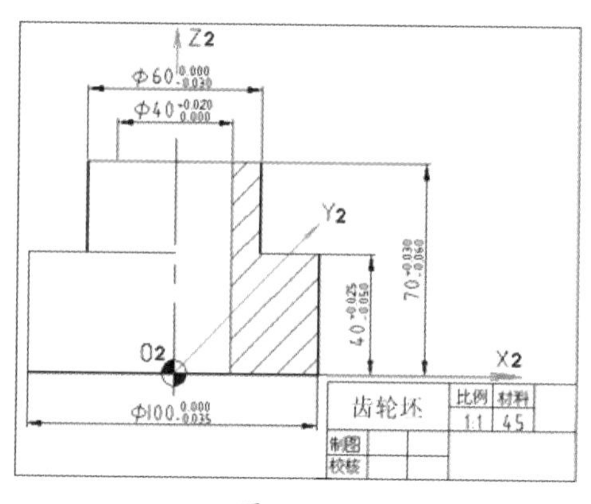

图 26-6

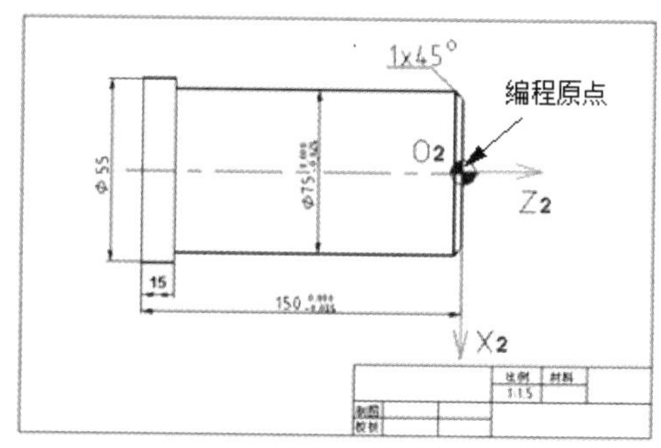

图 26-7

4. 加工坐标系的设定步骤

在选择如图 26-9 所示的被加工零件图样，并确定编程原点位置后，可按以下方法进行加工坐标系设定。

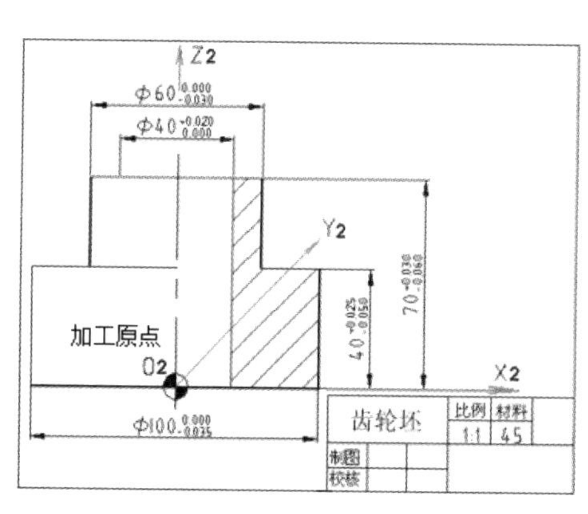

图 26-8

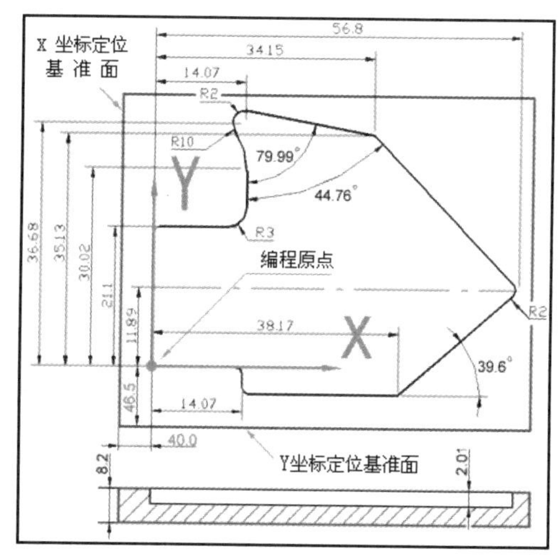

图 26-9

操作步骤：

01 准备工作。机床回参考点，确认机床坐标系。

02 装夹工件毛坯。通过夹具使零件定位，并使工件定位基准面与机床运动方向一致。

03 对刀测量。用简易对刀法测量。方法是，用直径为 ϕ10 的标准测量棒、塞尺对刀，得到测量值为 $X= -437.726$，$Y= -298.160$，如图 26-10 所示。$Z= -31.833$，如图 26-11 所示。

04 计算设定值。将前面已测得的各项数据，按设定要求运算。

X 坐标设定值：$X= -437.726 + 5 + 0.1 + 40= -392.626$mm

技术点拨

如图26-10和图26-11所示，－437.726mm为*X*坐标显示值；10mm为测量棒直径值；0.1mm为塞尺厚度；40mm为编程原点到工件定位基准面在X坐标方向的距离。

*Y*坐标设定值：*Y*=－298.160＋5＋0.1＋46.5=－246.46mm。

如图26-10和图26-11所示，－298.160mm为坐标显示值；10mm为测量棒直径值；0.1mm为塞尺厚度；46.5mm为编程原点到工件定位基准面在Y坐标方向的距离。

*Z*坐标设定值：*Z*=－31.833－0.2=－32.033mm。

－31.833为坐标显示值；－0.2为塞尺厚度，如图26-11所示。

通过计算结果为：X=－392.626；Y=－246.460；Z=－32.033。

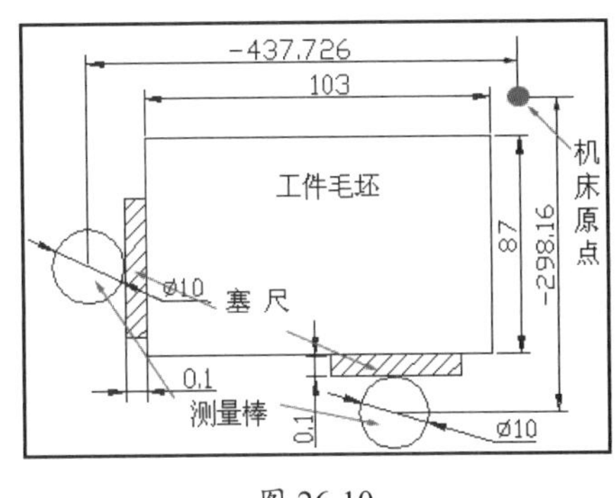

图 26-10

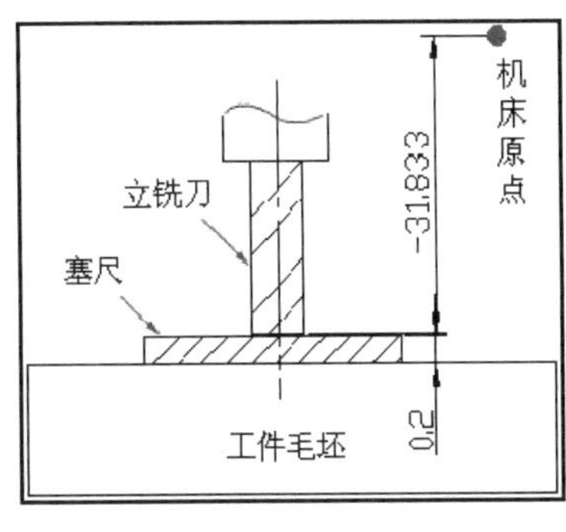

图 26-11

26.1.3　车削刀具的选择

选择数控车削刀具通常要考虑数控车床的加工能力、工序内容及工件材料等因素。与普通车削相比，数控车削对刀具的要求更高，不仅要求精度高、刚度好、耐用度高，而且要求尺寸稳定、安装调整方便。

1. 刀片材质的选择

常见刀片材料有高速钢、硬质合金、涂层硬质合金、陶瓷、立方氮化硼和金钢石等，其中应用最多的是硬质合金和涂层硬质合金刀片。选择刀片材质主要依据被加工工件的材料、被加工表面的精度、表面质量要求、切削载荷以及切削过程有无冲击和振动等。

2. 刀片形状的选择

刀片形状主要依据被加工工件的表面形状、切削方法、刀具寿命和刀片的转位次数等因素选择。

刀片是机夹可转位车刀的重要组成元件，刀片大致可分为三大类 17 种，如图 26-12 所示为常见的可转位车刀刀片。

3. 车刀的用途

常用车刀的基本用途如图 26-13 所示。

- 90° 车刀（偏刀）：用来车削工件的外圆、阶台和端面。
- 45° 车刀（弯头车刀）：用来车削工件的外圆、端面和倒角。
- 切断刀：用来切断工件或工件上的切槽。

- 内孔车刀：用来车削工件的内孔。
- 圆头刀：用来车削工件的圆弧面或成形面。
- 螺纹车刀：用来车削螺纹。

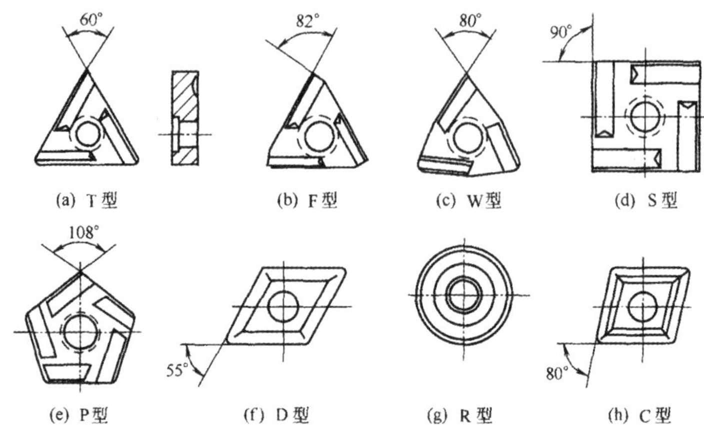

图 26-12

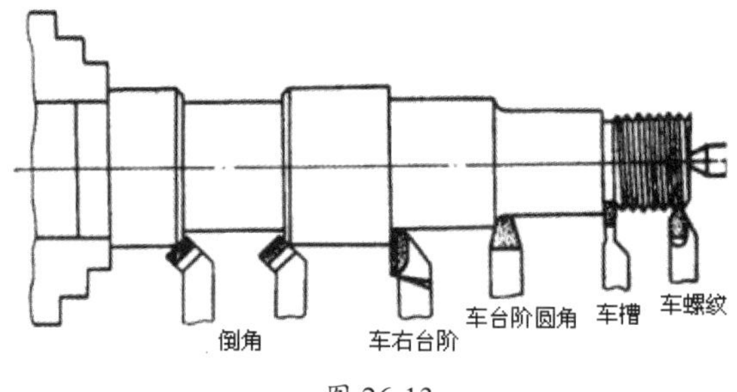

图 26-13

26.1.4 数控车削加工顺序的确定

如图 26-14（a）所示的手柄零件，批量生产，加工时用一台数控车床，该零件加工所用坯料为 ϕ32mm 的棒料。

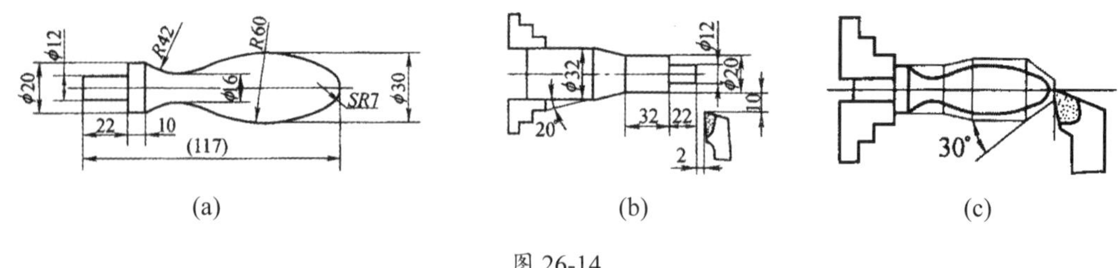

图 26-14

其加工顺序如下：

（1）第一道工序：如图 26-14（b）所示，将一批工件全部车出，工序内容有：先车出 ϕ12mm 和 ϕ20mm 两圆柱面及 20° 圆锥面（粗车掉 R42mm 圆弧的部分余量），换刀后按总长要求留下加工余量切断。

（2）第二道工序（调头）：按图 26-14（c）所示，用 ϕ12mm 外圆及 ϕ20mm 端面装夹工件，工序内容保留先车削包络 sR7mm 球面的 30° 圆锥面，然后对全部圆弧表面进行半精车（留少量的精车余量），最后换精车刀，将全部圆弧表面一刀精车成型。

在分析了零件图样和确定了工序和装夹方式后，接下来即要确定零件的加工顺序。制定零件车削加工顺序一般遵循以下原则。

1. 先粗后精

按照“粗车→半精车→精车”的顺序，逐步提高加工精度。粗车将在较短的时间内将工件表面上的大部分加工余量（如图 26-15 中的双点画线所示部分）切掉，一方面提高金属切除率，另一方面满足精车的余量均匀性要求。若粗车后所留余量的均匀性满足不了精加工的要求，则要安排半精加工，为精车作准备。精车要保证加工精度，按图样尺寸，一刀车出零件轮廓。

2. 先近后远

这里所说的远和近是按加工部位相对于对刀点的距离大小而言的。在一般情况下，离对刀点远的部位后加工，以便缩短刀具移动距离，减少空行程时间。而且对于车削而言，先近后远还有利于保持坯件或半成品的刚性，改善其切削条件。

例如，当加工如图 26-16 所示的零件时，如果按 ϕ38mm → ϕ36mm → ϕ34mm 的次序安排车削，不仅会增加刀具返回对刀点所需的空行程时间，而且一开始就削弱了工件的刚性，还可能使台阶的外直角处产生毛刺。对这类直径相差不大的台阶轴，当第一刀的背吃刀量（图中最大背吃刀量可为 3mm 左右）未超过限制时，宜按 ϕ34mm → ϕ36mm → ϕ38mm 的次序先近后远地安排车削。

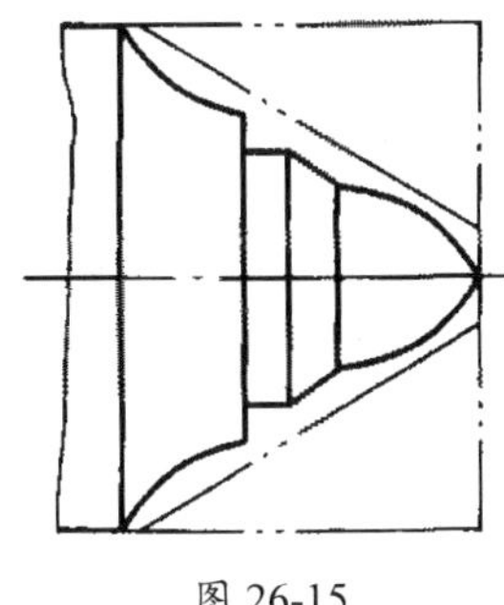

图 26-15

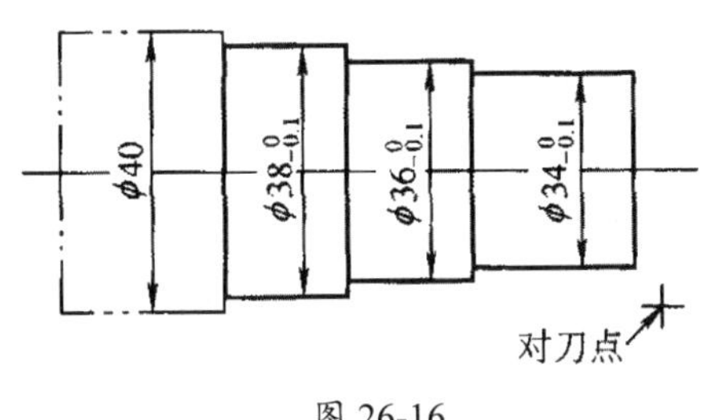

图 26-16

3. 内外交叉

对既有内表面（内型、腔），又有外表面需要加工的零件，安排加工顺序时应先进行内外表面粗加工，后进行内外表面精加工。切不可将零件上一部分表面（外表面或内表面）加工完毕后，再加工其他表面（内表面或外表面）。

26.1.5　CATIA 车床加工工作台

要创建车削加工首先要进入车床加工工作台，常用以下形式进入车床加工工作台。

启动 CATIA V5-6 R2017 后，单击“标准”工具栏中的“打开”按钮，弹出“选择文件”对话框，选择所要加工的零件实体模型（.CATPart）文件，单击 OK 按钮，打开模型文件。执行“开始”|“加工”|“车床加工”命令，进入车床加工工作台。

车床加工工作台界面主要包括菜单栏、P.P.R 程序树、图形区、指南针、工具栏、信息栏等，如图 26-17 所示。

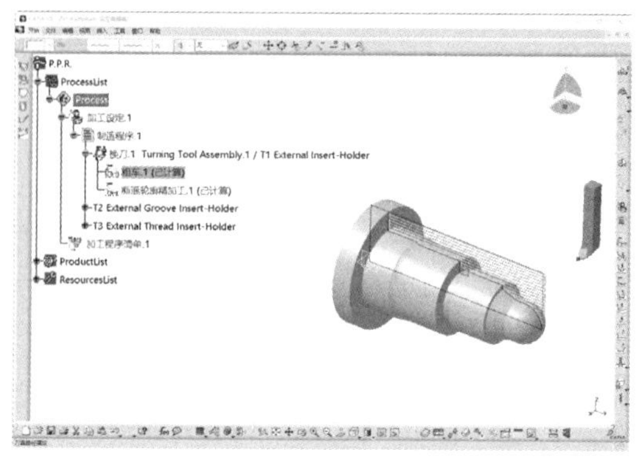

图 26-17

26.2 车削加工类型

CATIA 的车削加工模块提供了粗车、多次走刀精车、车退刀槽、车螺纹和钻孔循环等铣削类型。能准确控制进给量、主轴转速和加工余量等参数。

用于车削粗加工的铣削类型包括粗车、精车断面轮廓等。

26.2.1 粗车

粗车加工用于移除大量材料，一般加工精度比较低，主要用于加工零件的外表面。粗车的切削模式又包括纵向粗车、端面粗车和平行外形粗车。

在程序树选中“制造程序 .1”节点，单击“加工动作”工具栏中的“粗车”按钮，弹出“粗车 .1”对话框，如图 26-18 所示。

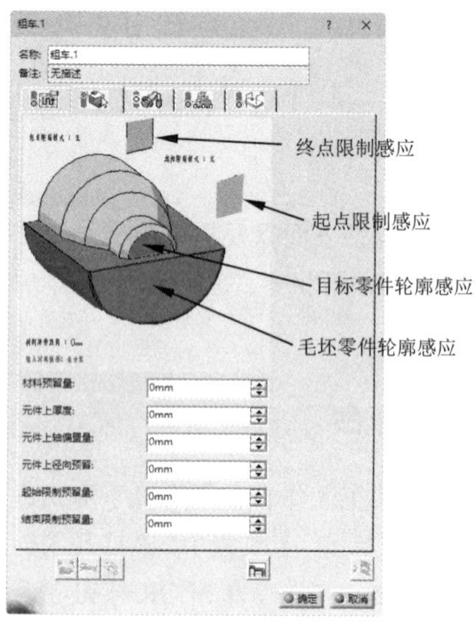

图 26-18

动手操作——轮廓粗车加工

01 打开本例源文件 26-1.CATProcess。

02 在程序树选中“制造程序 .1”节点，单击“加工动作”工具栏中的“粗车”按钮，弹出“粗车 .1”对话框。

03 单击目标零件轮廓感应，随后在图形区中选取如图 26-19 所示的零件轮廓，双击空白处或按 Esc 键返回对话框。

04 单击毛坯零件轮廓感应，随后在图形区中选取如图 26-20 所示的模型边线，双击空白处或按 Esc 键返回对话框。

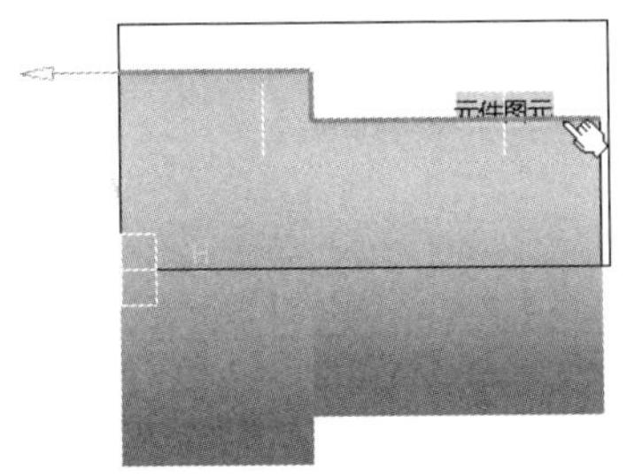

图 26-19

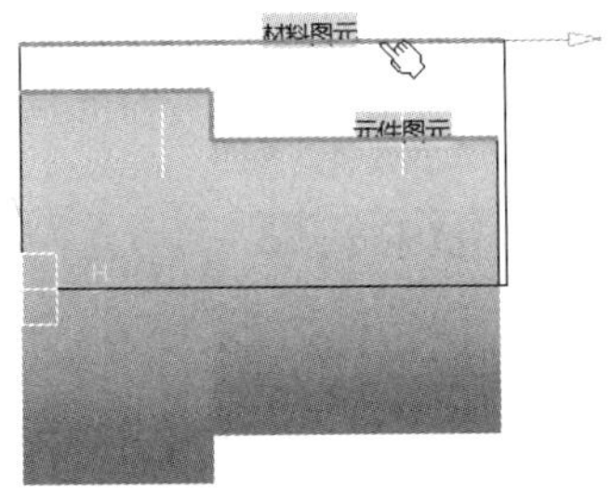

图 26-20

05 定义刀具路径参数。单击“粗车 .1”对话框中的，切换到“加工策略”选项卡。

06 在“一般”选项卡的“粗车模式”下拉列表中选择“纵向”选项，在“方向”下拉列表中选择“外部”选项，在“位置”下拉列表中选择“前面”选项。在感应区中双击“最大加工深度”设置感应，在弹出的“编辑参数”对话框中输入 3mm，如图 26-21 所示。

07 在“选项”选项卡中编辑感应区中的刀具切入 / 切出的设置感应参数，如图 26-22 所示。

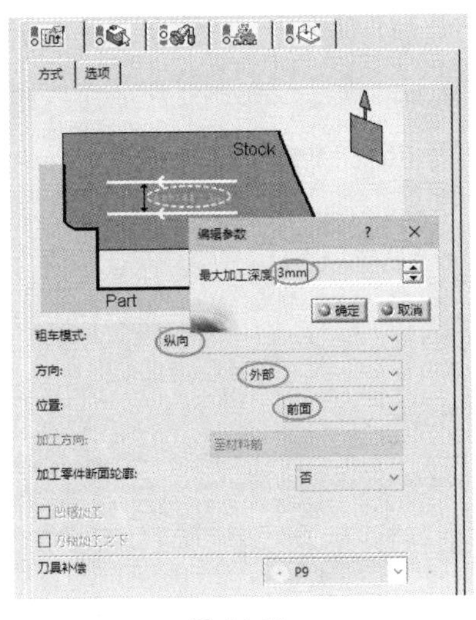

图 26-21

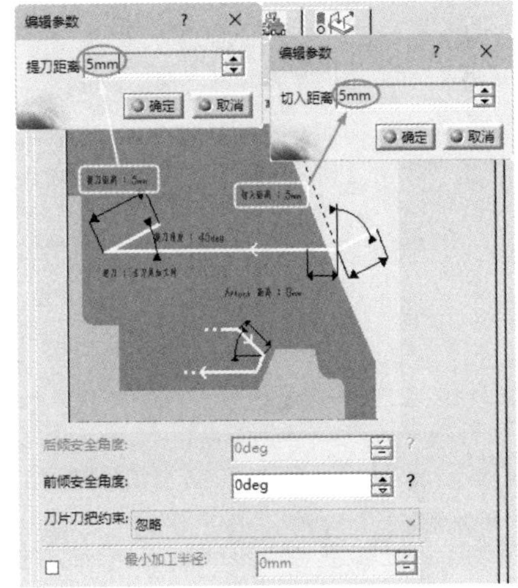

图 26-22

08 单击“粗车 .1”对话框中的“播放刀具路径”按钮，弹出“粗车 .1”对话框，同时在图形区显示刀路轨迹，如图 26-23 所示。

09 单击“最近一次储存影片”按钮，再单击“往前播放”按钮，显示实体加工结果，如图 26-24 所示。

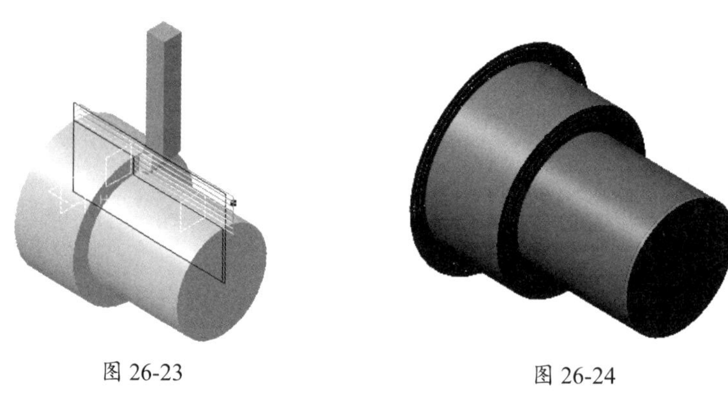

图 26-23　　　　　　　　图 26-24

10 单击“粗车.1”对话框中的“确定”按钮完成外轮廓粗车加工操作。

26.2.2 精车断面轮廓

精车断面轮廓加工是精车加工，主要车削外形精度要求较高的精密轴类零件。精车断面轮廓加工是粗车加工的后续工序，可完成绝大部分的轮廓铣削。

在程序树选中“制造程序.1”节点，单击“加工动作”工具栏中的“精车断面轮廓”按钮，弹出“断面轮廓精加工.1”对话框，如图 26-25 所示。

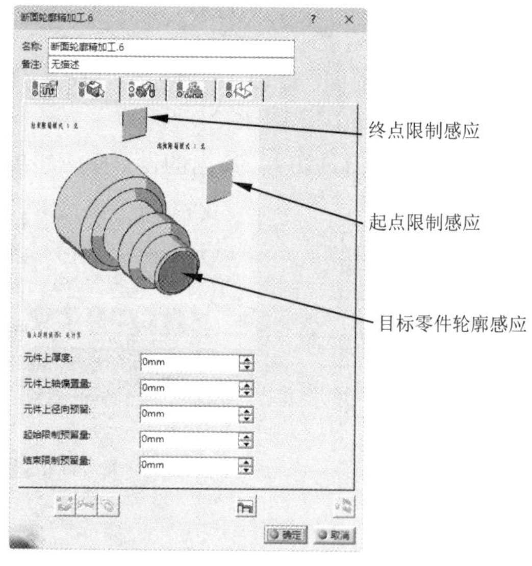

图 26-25

动手操作——轮廓精车加工

01 打开本例源文件 26-2.CATProcess。

02 在程序树选中“制造程序.1”节点，单击“加工动作”工具栏中的“精车断面轮廓”按钮，弹出“断面轮廓精加工.1”对话框。

03 在“几何”选项卡中单击目标零件轮廓感应，随后在图形区中选取如图 26-26 所示的模型边线，双击空白处或按 Esc 键返回对话框。

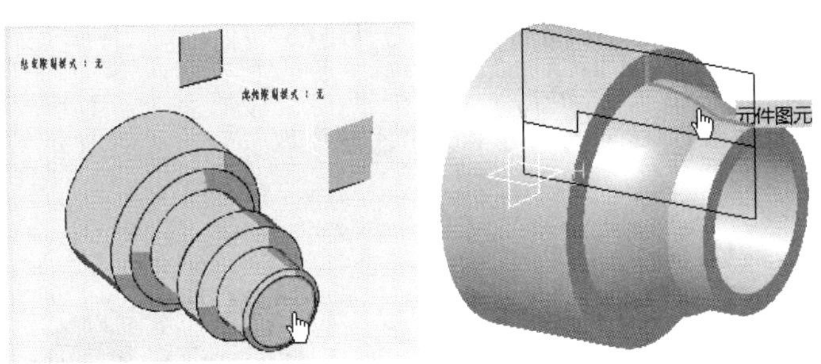

图 26-26

04 切换到“加工策略”选项卡，在“一般”选项卡的“方向”下拉列表中选择“外部”选项，在“外部圆角外形加工”下拉列表中选择“循圆”选项，如图 26-27 所示。

05 在“加工”选项卡中，在“切入形式”和“退刀形式”下拉列表中均选择“线性”选项，其他参数保持默认，如图 26-28 所示。

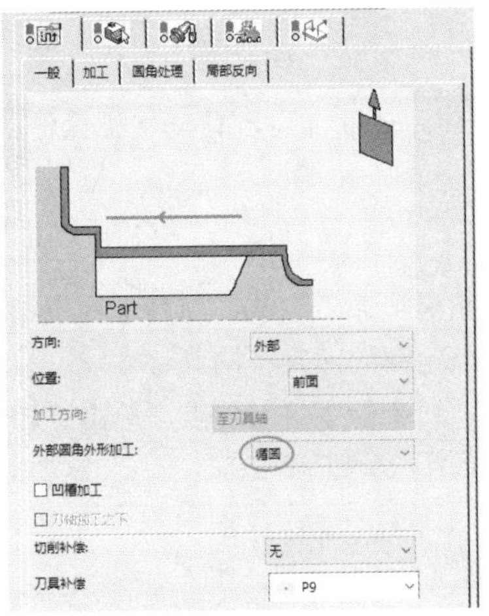

图 26-27

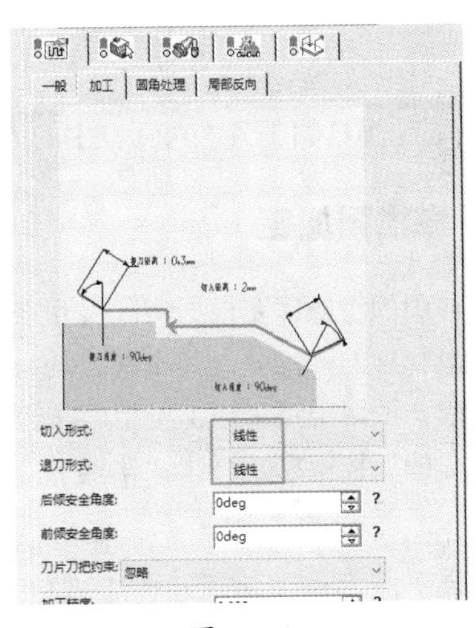

图 26-28

06 在“圆角处理”选项卡中，在“其他圆角”下拉列表中选择“半径”选项，其他参数如图 26-29 所示。

07 在“局部反向”选项卡中，在“反向方式”下拉列表中选择“无”选项，其他参数如图 26-30 所示。

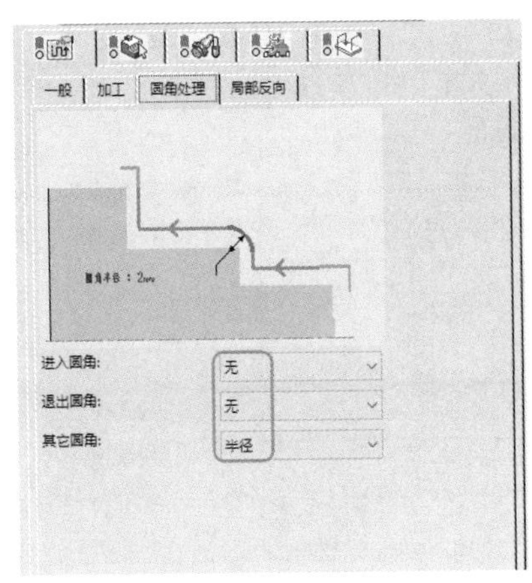

图 26-29

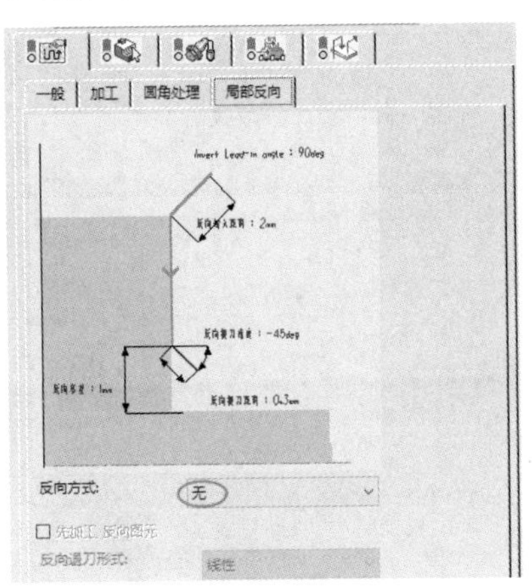

图 26-30

08 单击“断面轮廓精加工 .1”对话框中的“播放刀具路径”按钮，弹出“断面轮廓精加工 .1”对话框，同时在图形区显示刀路轨迹。

09 单击“最近一次储存影片”按钮，再单击“往前播放”按钮，显示实体加工结果，如图 26-31 所示。

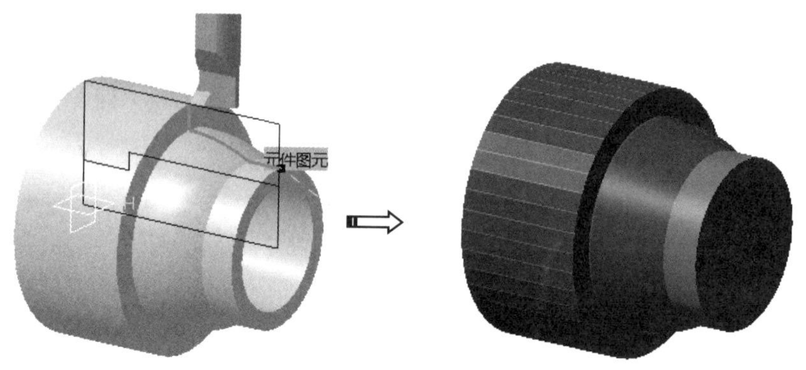

图 26-31

10 单击“断面轮廓精加工 .1”对话框中的“确定”按钮完成断面轮廓精车加工操作。

26.2.3 车槽粗加工

轴类零件中的沟槽需要根据实际尺寸来替换刀具和车削加工方式，刀具平行于轴线进给。沟槽是整个外形轮廓的一部分，其车削刀具与粗车和精车轮廓的刀具不同。

车槽铣削类型属于粗车加工类型。在程序树选中“制造程序 .1”节点，单击“加工动作”工具栏中的“车槽”按钮，弹出“车槽 .1”对话框，如图 26-32 所示。

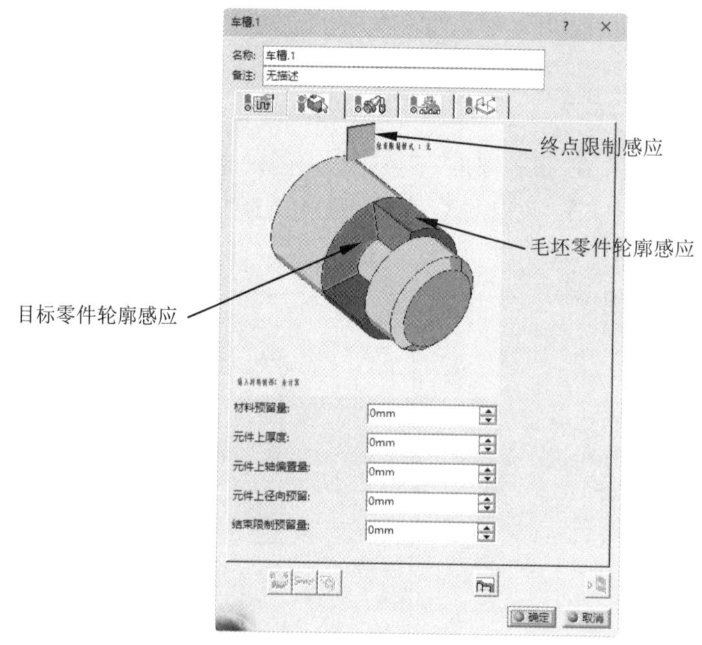

图 26-32

动手操作——车槽粗加工

01 打开本例源文件 26-3.CATProcess。

02 在程序树选中“粗车.1”节点，单击“加工动作”工具栏中的“车槽”按钮，弹出“车槽.1”对话框。

03 在“几何”选项卡中，单击目标零件轮廓感应，随后在图形区中选取如图 26-33 所示的凹槽轮廓线，双击空白处或按 Esc 键返回对话框。

04 单击毛坯零件轮廓感应，随后在图形区中选取如图 26-34 所示的毛坯边界，双击空白处或按 Esc 键返回对话框。

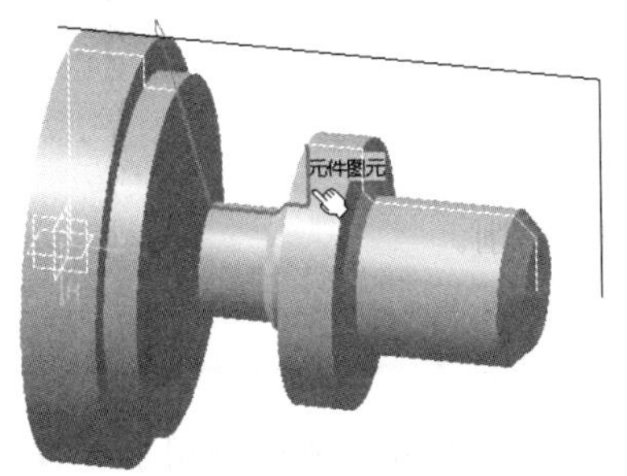

图 26-33

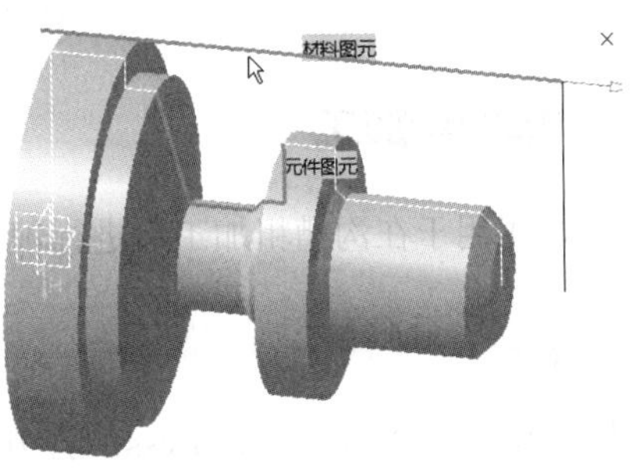

图 26-34

05 设置“材料预留量”值为 0.2mm，如图 26-35 所示。切换到“加工策略”选项卡。在“选项”选项卡中双击“切入距离”设置感应，在弹出的“编辑参数”对话框中输入 8mm，单击“确定”按钮返回，其他参数保持默认，如图 26-36 所示。

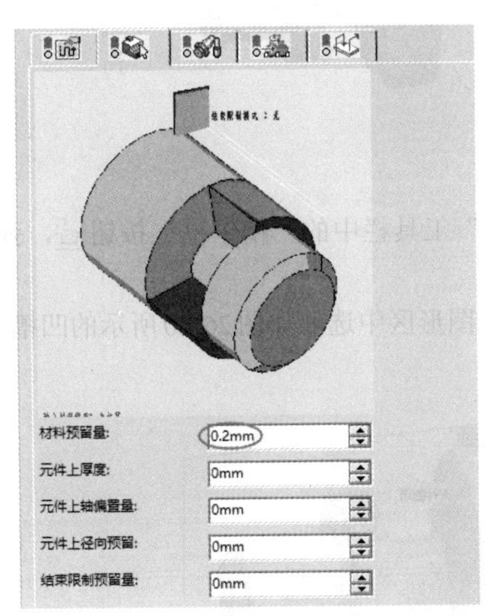

图 26-35

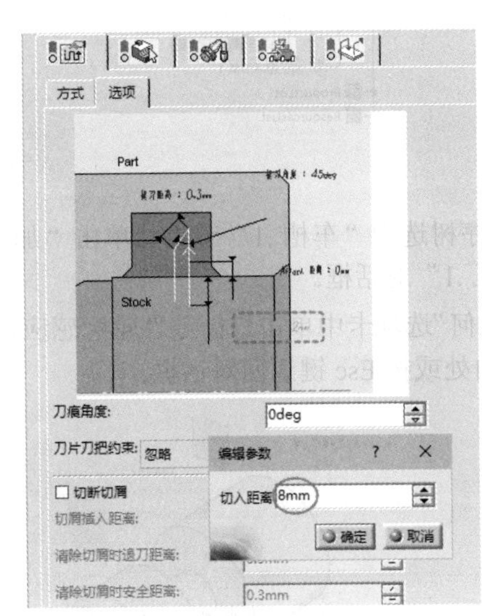

图 26-36

06 单击“车槽.1”对话框中的“播放刀具路径”按钮，弹出“车槽.1”对话框，同时在图形区显示刀路轨迹，如图 26-37 所示。

07 单击“最近一次储存影片”按钮，再单击“往前播放”按钮，显示实体加工结果，如图 26-38 所示。

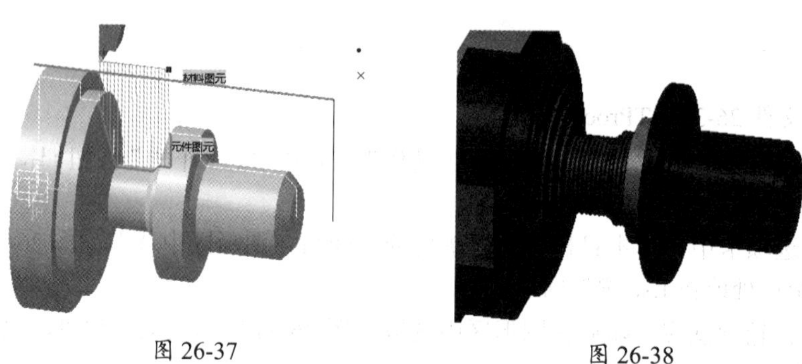

图 26-37　　图 26-38

08 单击“车槽 .1”对话框中的“确定”按钮完成沟槽粗车加工操作。

26.2.4 车槽精加工

车槽精加工用于在沟槽粗加工后进行轴零件的凹槽精切削。

动手操作——车槽精加工

01 打开本例源文件 26-4.CATProcess，打开的文件中已经完成粗车及车槽粗加工操作，如图 26-39 所示。

图 26-39

02 在程序树选中“车槽 .1”节点，单击“加工动作”工具栏中的“精车槽”按钮，弹出“车槽精加工 .1”对话框。

03 在“几何”选项卡中单击目标零件轮廓感应，随后在图形区中选取如图 26-40 所示的凹槽轮廓线，双击空白处或按 Esc 键返回对话框。

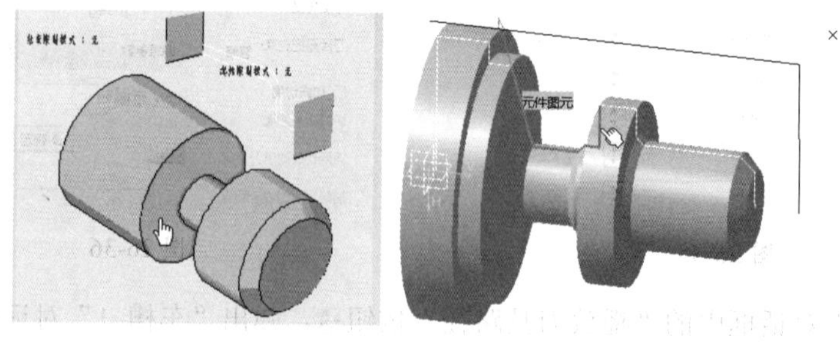

图 26-40

04 切换到“加工策略”选项卡，在“一般”选项卡的“方向”下拉列表中选择“外部”选项，其他参数保持默认，如图 26-41 所示。

05 在“加工”选项卡中，设置切入和退刀的形式均为“线性”，其余参数保持默认，如图 26-42 所示。

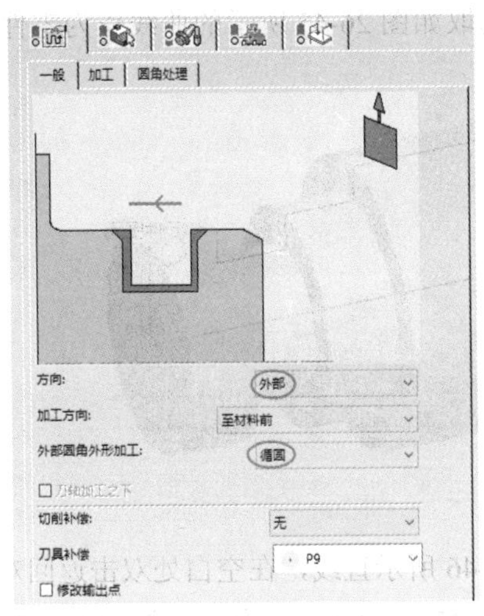

图 26-41

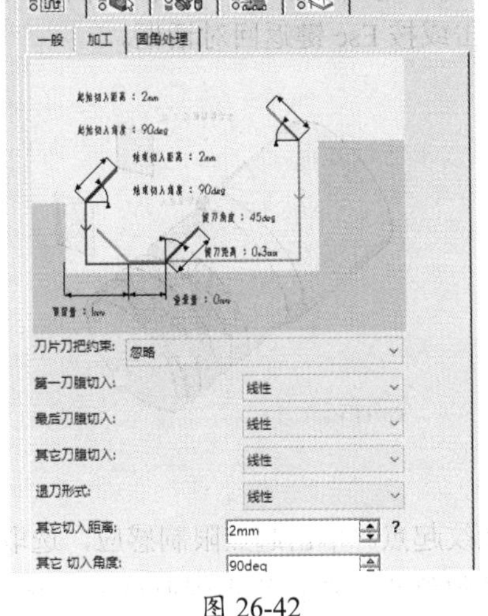

图 26-42

06 单击“车槽精加工 .1”对话框中的“播放刀具路径”按钮，弹出“车槽精加工 .1”对话框，同时在图形区显示刀路轨迹，如图 26-43 所示。

07 单击“最近一次储存影片”按钮，再单击“往前播放”按钮，显示实体加工结果，如图 26-44 所示。

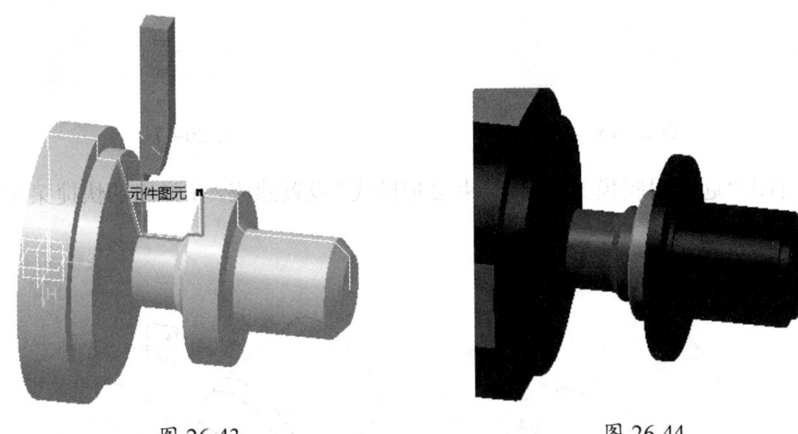

图 26-43　　图 26-44

08 单击“车槽精加工 .1”对话框中的“确定”按钮完成沟槽精加工操作。

26.2.5　车削螺纹

螺纹加工可以加工外螺纹和内螺纹，而且加工的螺纹可以是贯通的，也可以是不贯通的。

动手操作——车削螺纹

01 打开本例源文件 26-5.CATProcess。

02 在程序树选中"车槽.1"节点，单击"加工动作"工具栏中的"车螺纹"按钮，弹出"车螺纹.1"对话框。

03 在"几何"选项卡中单击目标零件轮廓感应，选取如图 26-45 所示的曲线作为零件轮廓，在空白处双击或按 Esc 键返回对话框。

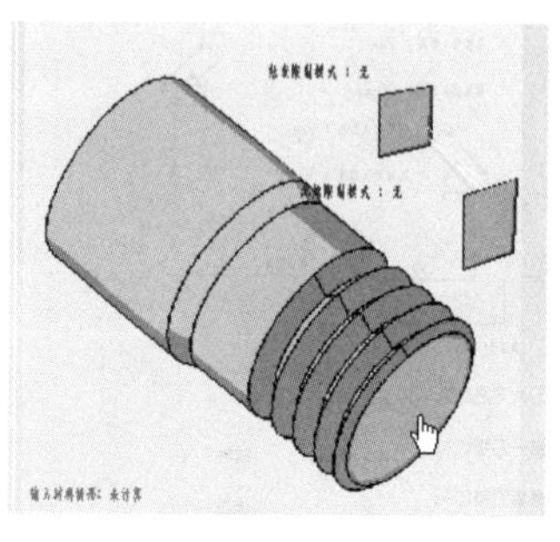

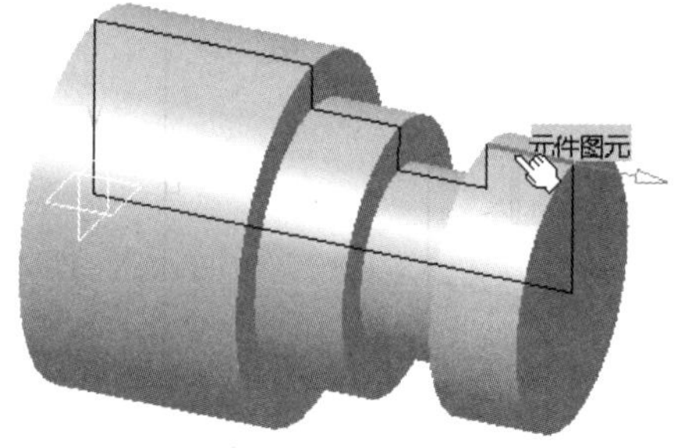

图 26-45

04 定义螺纹起点。单击起点限制感应，选取如图 26-46 所示直线，在空白处双击返回对话框。

05 定义螺纹终点。单击终点限制感应，选取如图 26-47 所示直线，在空白处双击或按 Esc 键返回对话框。

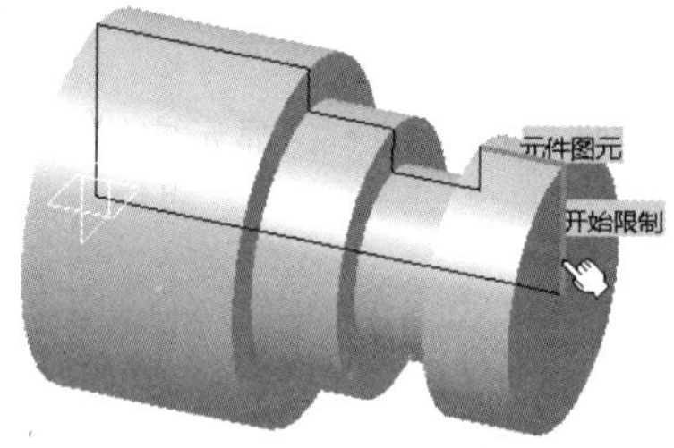

图 26-46

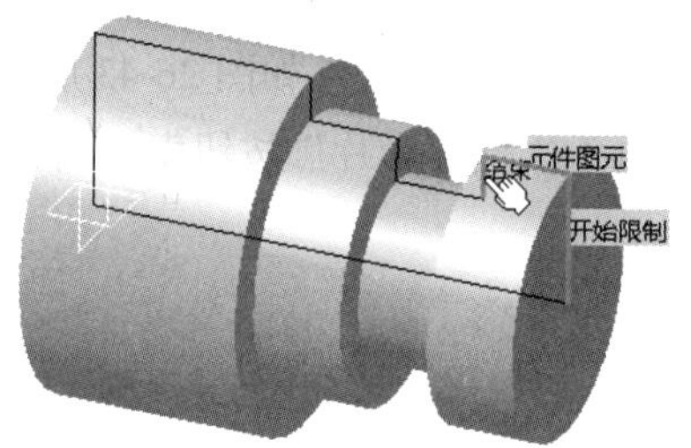

图 26-47

06 在感应区中右击"起始限制模式"和"结束限制模式"设置感应，在弹出的快捷菜单中选择"内"选项，如图 26-48 所示。

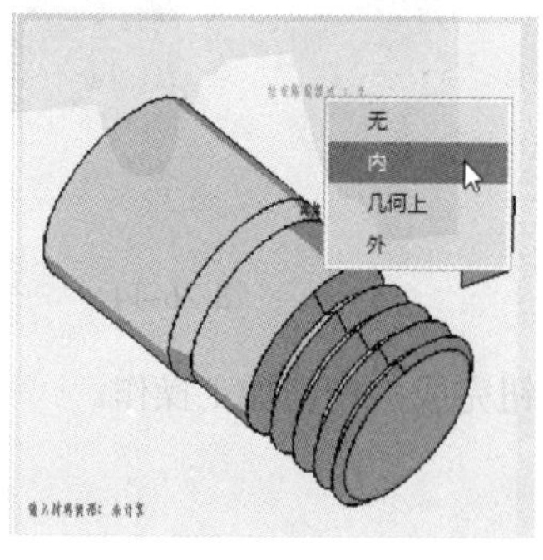

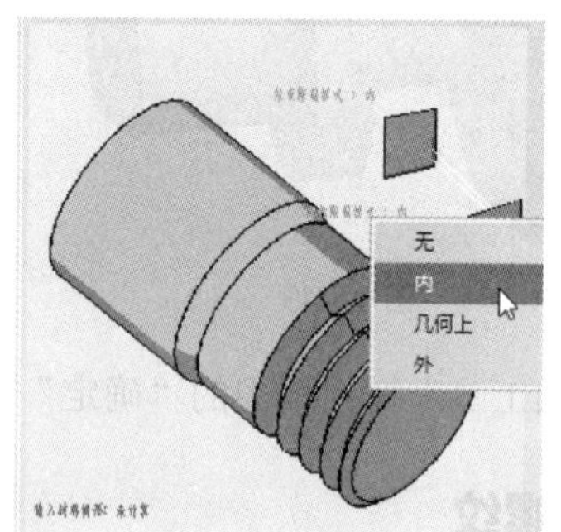

图 26-48

07 切换到"加工策略"选项卡，单击"螺纹"选项卡，在"断面轮廓"下拉列表中选择 ISO 选项，在"方向"下拉列表中选择"外部"选项，在"位置"下拉列表中选择"前面"选项，其他参数保持默认，如图 26-49 所示。

08 在"方式"选项卡的"切深"文本框中输入 1.2mm，其他参数保持默认，如图 26-50 所示。

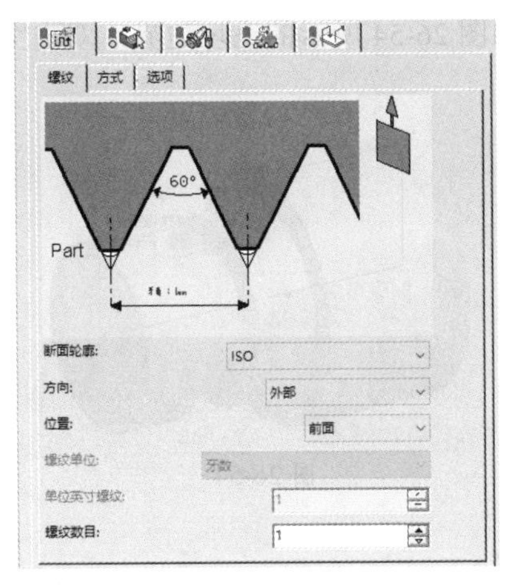

图 26-49

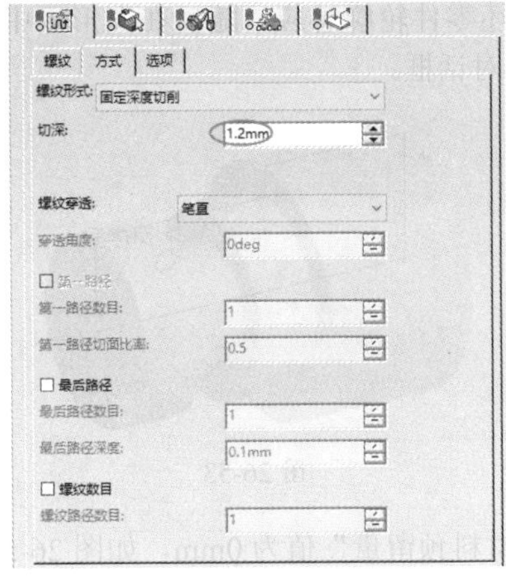

图 26-50

09 单击“车螺纹 .1”对话框中的“播放刀具路径”按钮，弹出“车螺纹 .1”对话框，同时在图形区显示刀路轨迹，如图 26-51 所示。

10 单击“最近一次储存影片”按钮，再单击“往前播放”按钮，显示实体加工结果，如图 26-52 所示。

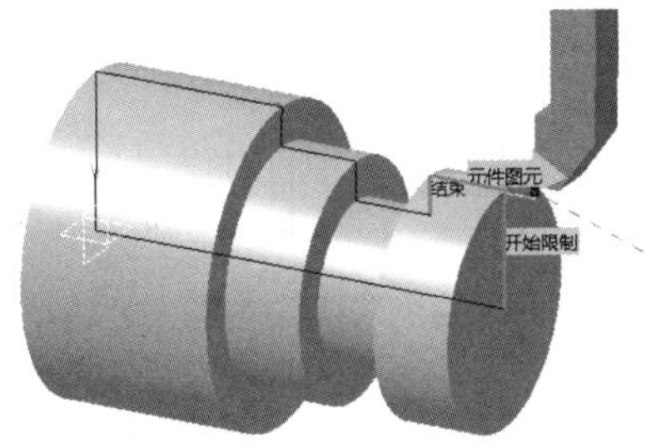

图 26-51

图 26-52

11 单击“车螺纹 .1”对话框中的“确定”按钮完成螺纹车削加工操作。

26.2.6 车削退刀槽

在车削轴类零件的内孔或螺纹时，工件旋转和车刀的轴向进给是机械联动的，当车到尾部时，车刀径向退出，此时工件仍在旋转，车刀仍在轴向进给，因而会有一段没用的螺纹。多数情况下不希望有这段无用螺纹，于是就在车螺纹之前将产生无用螺纹的那一段先车削出一个槽，此槽的直径要小于螺纹内径，长度则需要满足将车刀退出，因此这个“槽”就称为“退刀槽”。

动手操作——退刀槽加工

01 打开本例源文件 26-6.CATProcess。

02 在程序树选中“车螺纹 .1”节点，单击“加工动作”工具栏中的“退刀”按钮，弹出“退刀 .1”对话框。

03 在“几何”选项卡中，单击目标零件轮廓感应，随后在图形区中选取如图 26-53 所示的凹槽轮廓线，双击空白处或按 Esc 键返回对话框。

04 单击毛坯零件轮廓感应，随后在图形区中选取如图 26-54 所示的毛坯边界，双击空白处或按 Esc 键返回对话框。

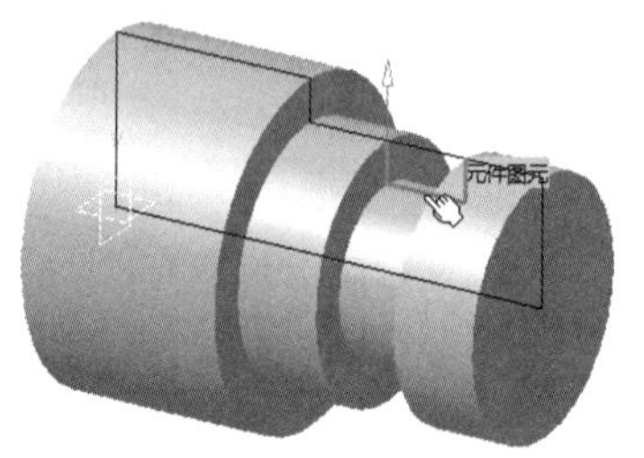

图 26-53

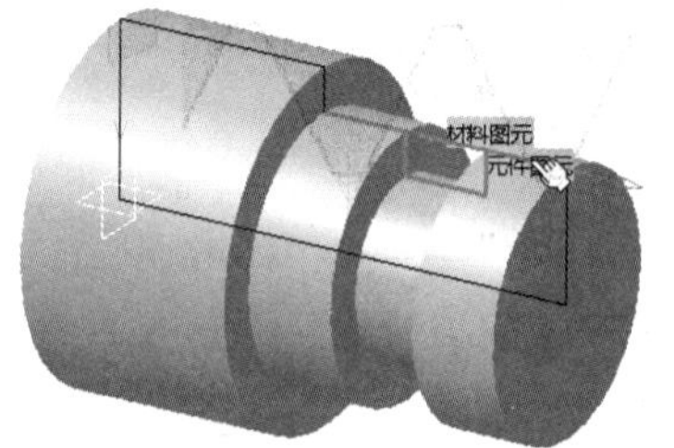

图 26-54

05 设置“材料预留量”值为 0mm，如图 26-55 所示。

06 切换到“加工策略”选项卡。在“选项”选项卡中，双击“切入距离”设置感应，在弹出的“编辑参数”对话框中输入 8mm，单击“确定”按钮返回，其他参数保持默认，如图 26-56 所示。

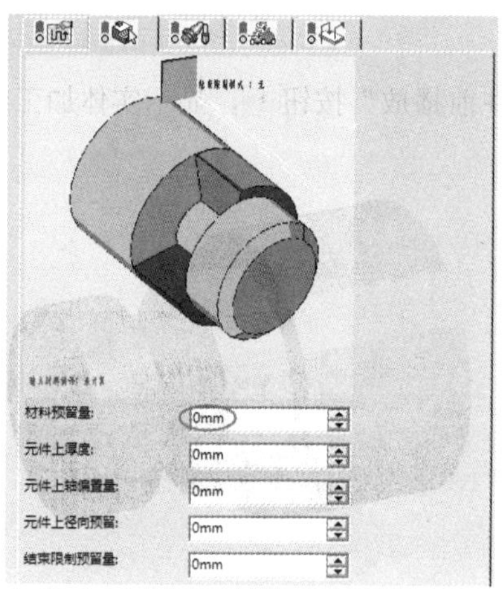

图 26-55

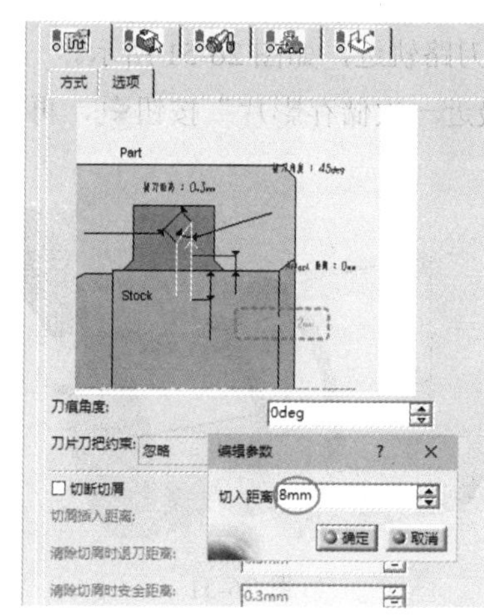

图 26-56

07 单击“退刀.1”对话框中的“播放刀具路径”按钮，弹出“退刀.1”对话框，同时在图形区显示刀路轨迹，如图 26-57 所示。

08 单击“最近一次储存影片”按钮，再单击“往前播放”按钮，显示实体加工结果，如图 26-58 所示。

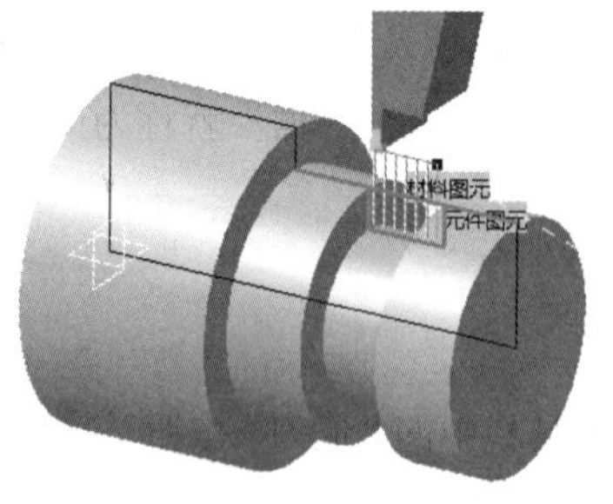

图 26-57

图 26-58

09 单击“退刀.1”对话框中的“确定”按钮完成退刀槽的精车加工操作。

26.3 拓展训练——球头轴零件车削加工

引入文件：\实例\源文件\Ch26\ zhou.CATPart

结果文件：\实例\结果文件\Ch26\zhou.CATProcess

视频文件：\视频\Ch26\球头轴车削加工 .avi

本节以一个球头轴零件为例详解车削加工的方法和过程。球头轴零件如图 26-59 所示。

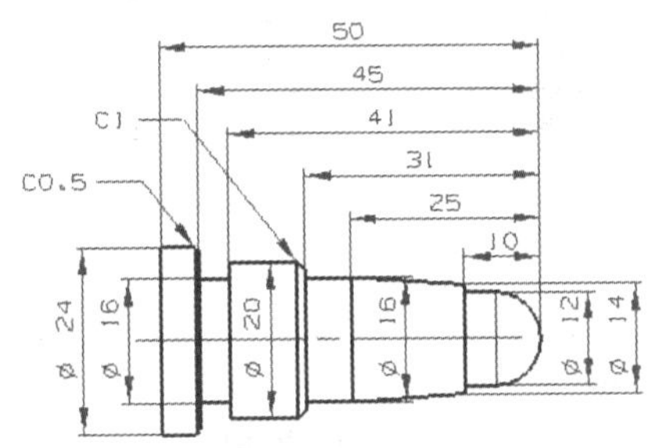

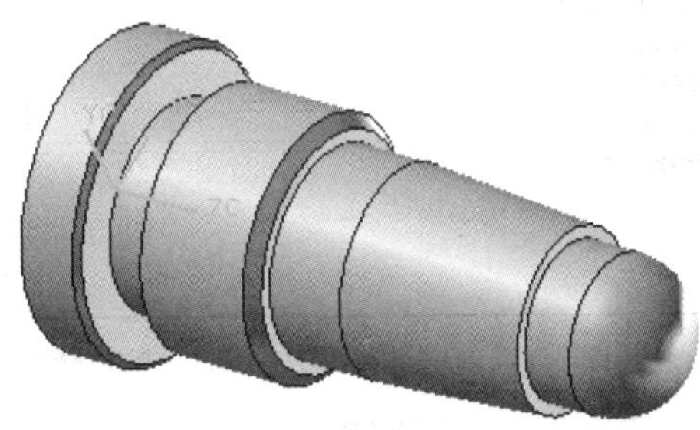

图 26-59

26.3.1 工艺分析

根据零件图样和毛坯情况，确定工艺方案及加工路线。对于本例的球头轴零件而言，轴心线为工艺基准，粗车外圆，可采用阶梯切削路线。为编程时数值计算方便，前段半圆球部分用同心圆车圆弧法，工步顺序如下。

（1）粗车外圆的顺序为：车右端面→车 φ12 外圆段→车 φ14 外圆段→车 φ16 外圆段→车 φ20 外圆段→车 φ24 外圆段。

（2）车轴前端的圆弧。

（3）切槽。

（4）切断废料。

26.3.2 零件的车削加工

1. 加工前的准备工作

车削加工的前期准备过程包括加工环境初始化、创建车削刀具、设置加工坐标系、创建车加工横界面和编辑车削工件等。

01 打开本例源文件 zhou.catpart。

02 执行“开始”|“加工”|“车床加工”命令，进入车床加工工作台。

03 在程序树上双击“加工设定 .1”节点，弹出“零件加工动作”对话框，如图 26-60 所示。

04 机床设置。单击“零件加工动作”对话框中的“机床”按钮，弹出“加工编辑器”对话框。定义刀轴，并单击“确定”按钮完成机床的定义，如图 26-61 所示。

05 定义模拟用的加工零件。单击“设计用来模拟零件”按钮，系统自动隐藏“零件加工动作”对话框，在图形区选取轴零件作为模拟用的加工零件，然后按 Esc 键返回“零件加工动作”对话框。

零件加工动作
名称: 加工设定.1
说明: 无描述
未选择机床
机床
预设参考加工轴系 加工设定.1
zhou
几何 | 位置 | 模拟 | 选项 | Collisions checking
未选择零件 (只用来模拟)
未选择生料 (只用来模拟)
未选择夹具 (只用来模拟)
未选择安全面
未选择横越盒平面
未选择变换平面
未选择旋转平面
确定 取消

图 26-60

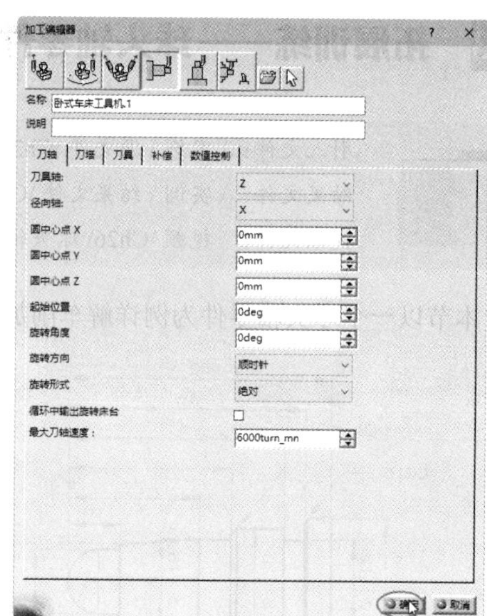

图 26-61

06 定义毛坯零件。单击“用来模拟生料”按钮❒，系统自动隐藏“零件加工动作”对话框，在图形区中选取透明的实体模型作为模拟用的毛坯零件，然后按 Esc 键返回“零件加工动作”对话框，如图 26-62 所示。

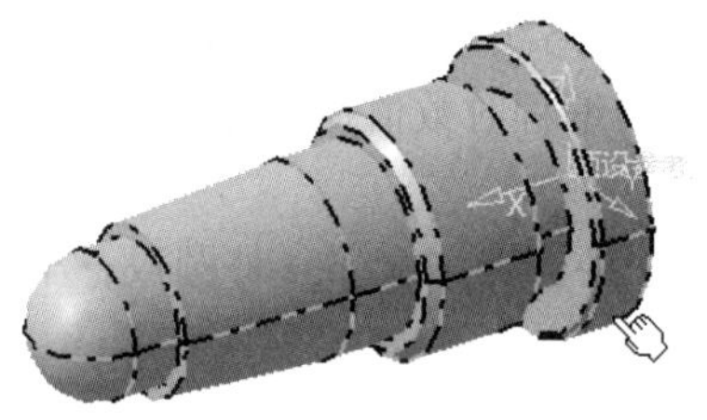

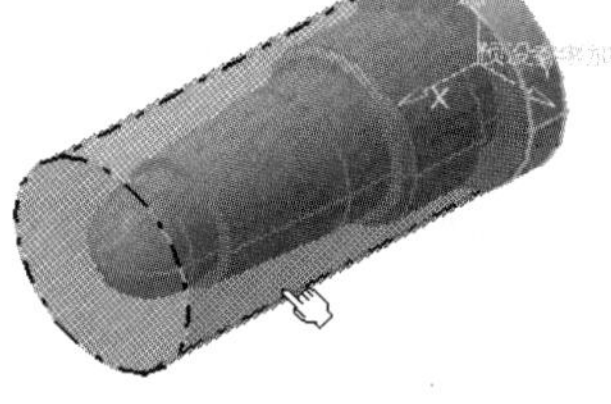

图 26-62

07 定义换刀点。在“零件加工动作”对话框的“位置”选项卡中，设置刀具更换点的坐标，如图 26-63 所示，单击“确定”按钮完成零件加工动作的定义。

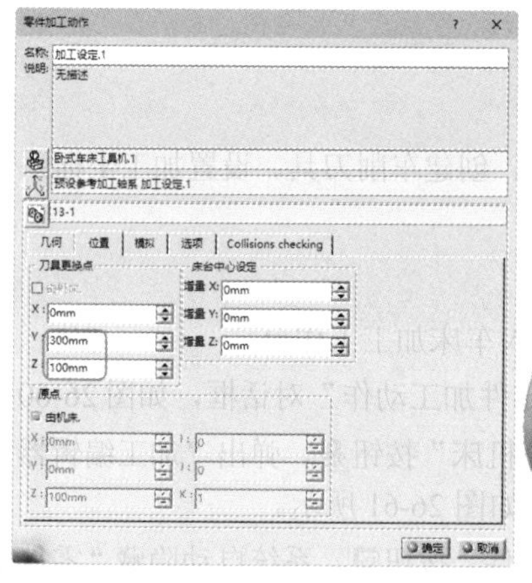

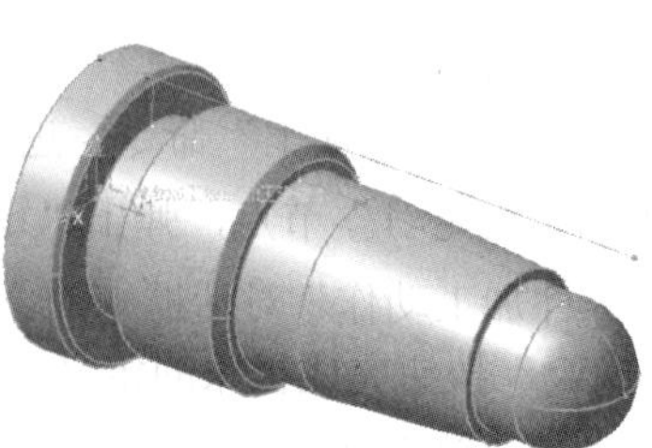

图 26-63

08 重新定义加工坐标系。在图形区双击系统默认的加工坐标系，弹出“预设参考加工轴系 加工设定.1”对话框，如图 26-64 所示。

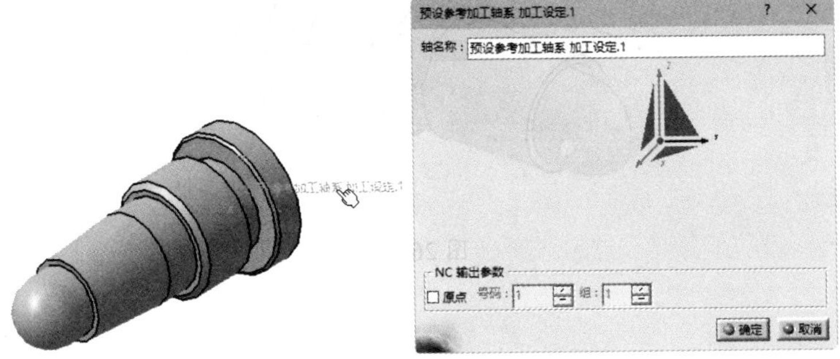

图 26-64

09 修改“轴名称”为“NC 坐标系”，单击红色坐标原点，再选取球面顶点作为加工坐标系的新原点，随后加工坐标系自动移至该点位置上，如图 26-65 所示。

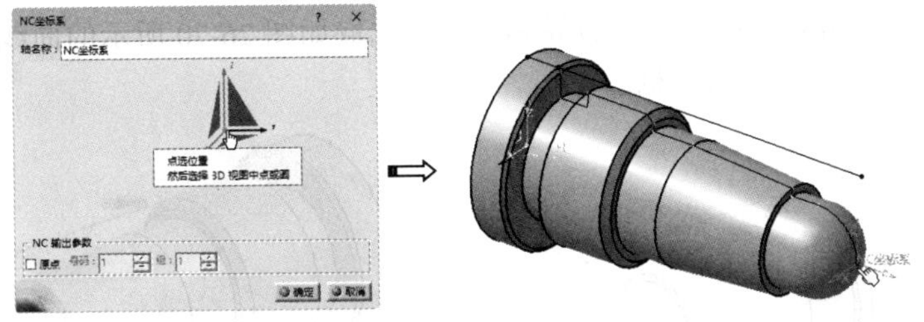

图 26-65

10 单击对话框中的 *Z* 轴感应，弹出 Direction Z 对话框，设置 *Z* 轴方向参数，如图 26-66 所示。

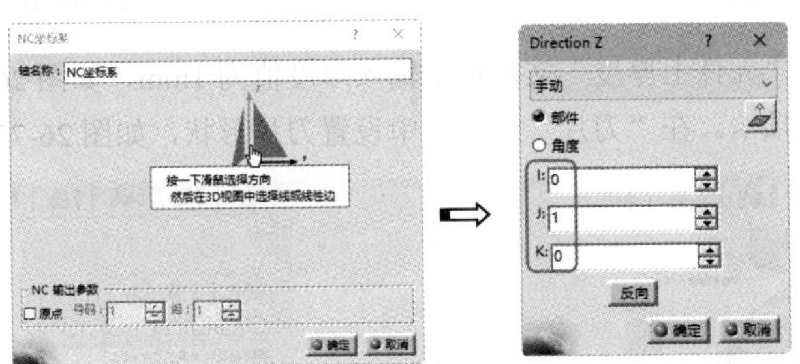

图 26-66

11 同理，定义 *X* 轴方向，如图 26-67 所示。定义完成的加工坐标系如图 26-68 所示。

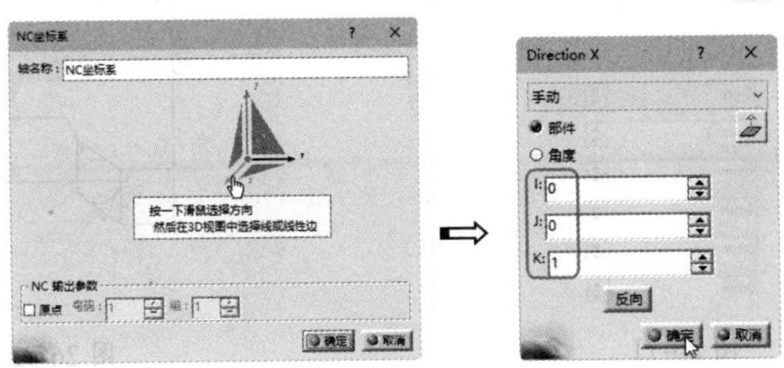

图 26-67

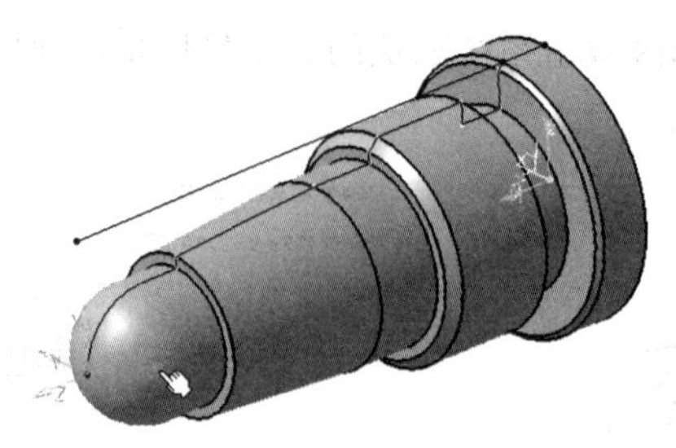

图 26-68

2. 粗车

01 在程序树选中“制造程序 .1”节点，单击“加工动作”工具栏中的“粗车”按钮，弹出“粗车 .1”对话框。

02 定义零件轮廓。在“几何”选项卡的感应区中单击目标零件轮廓感应，选取如图 26-69 所示的曲线作为零件轮廓，在空白处双击或按 Esc 键返回对话框。

03 定义毛坯边界。单击对话框中毛坯边界感应区，选取如图 26-70 所示的曲线作为毛坯边界，在空白处双击或按 Esc 键返回对话框。

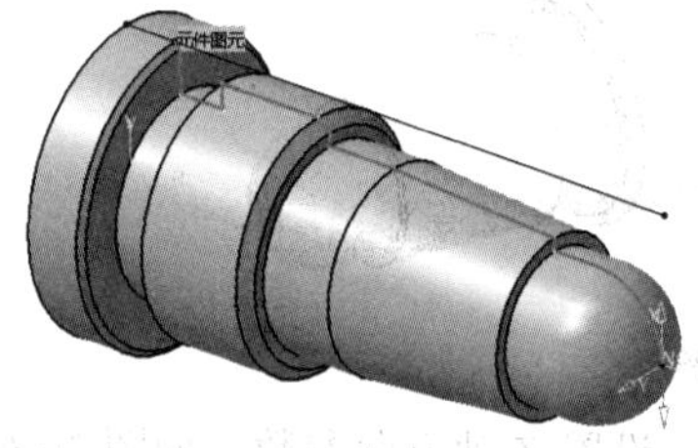

图 26-69

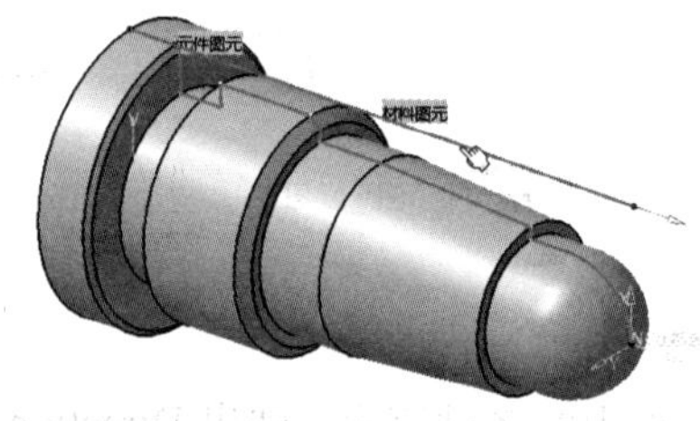

图 26-70

04 定义零件余量。在“元件上厚度”文本框中输入厚度值为 1mm，如图 26-71 所示。

05 切换到“刀具”选项卡。在“刀片”选项卡中设置刀片形状，如图 26-72 所示。

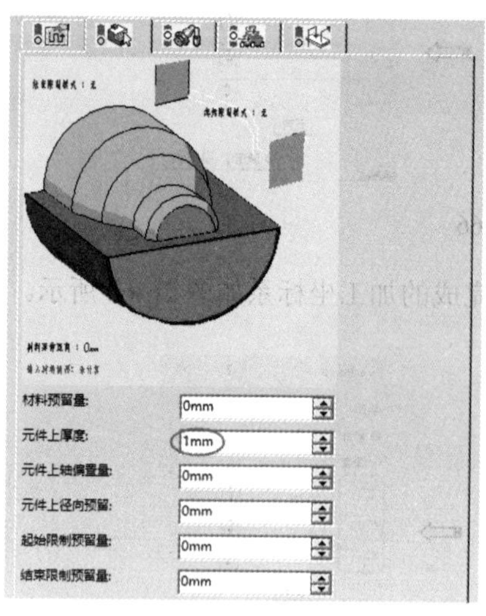

图 26-71

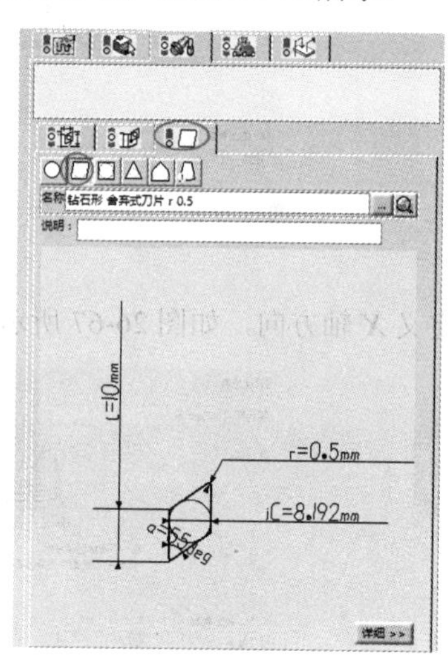

图 26-72

06 单击“粗车 .1”对话框中的“播放刀具路径”按钮，弹出“粗车 .1”对话框，同时在图形区显示刀路轨迹，如图 26-73 所示。

07 单击对话框中的“最近一次储存影片”按钮，再单击“往前播放”按钮，显示实体加工结果，如图 26-74 所示。

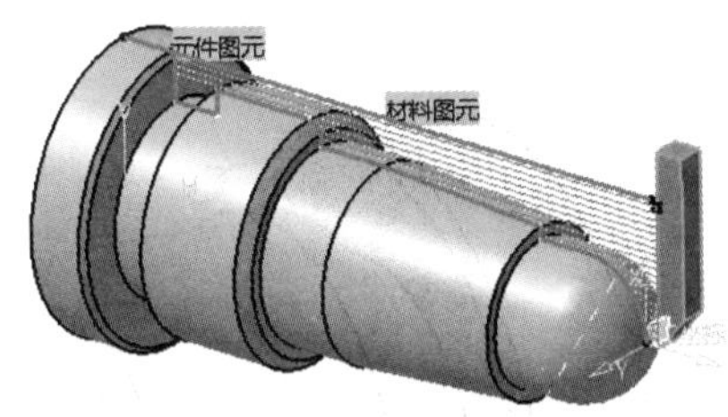

图 26-73

图 26-74

3. 精车

01 在程序树选中“粗车 .1”节点，单击“加工动作”工具栏中的“精车断面轮廓”按钮，弹出“断面轮廓精加工 .1”对话框。

02 定义零件轮廓。单击目标零件轮廓感应，选取如图 26-75 所示的曲线作为零件轮廓，在空白处双击或按 Esc 键返回对话框。

03 定义零件余量。在“元件上厚度”文本框中输入 0mm，如图 26-76 所示。

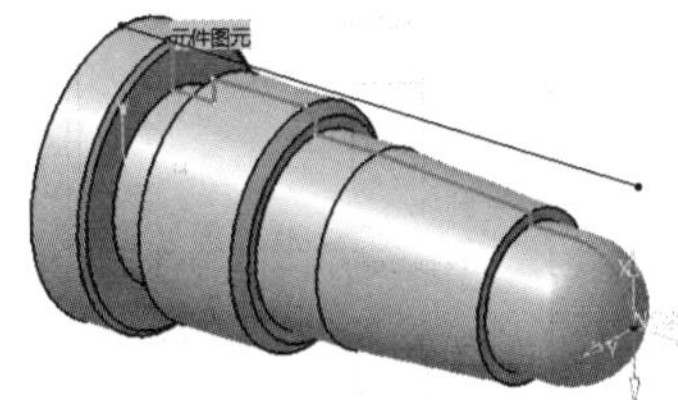

图 26-75

元件上厚度:	0mm
元件上轴偏置量:	0mm
元件上径向预留:	0mm
起始限制预留量:	0mm
结束限制预留量:	0mm

图 26-76

04 其余选项及参数保持默认设置，单击“断面轮廓精加工 .1”对话框中的“播放刀具路径”按钮，弹出“断面轮廓精加工 .1”对话框，同时在图形区显示刀路轨迹，如图 26-77 所示。

05 单击对话框中的“最近一次储存影片”按钮，再单击“往前播放”按钮，显示实体加工结果，如图 26-78 所示。

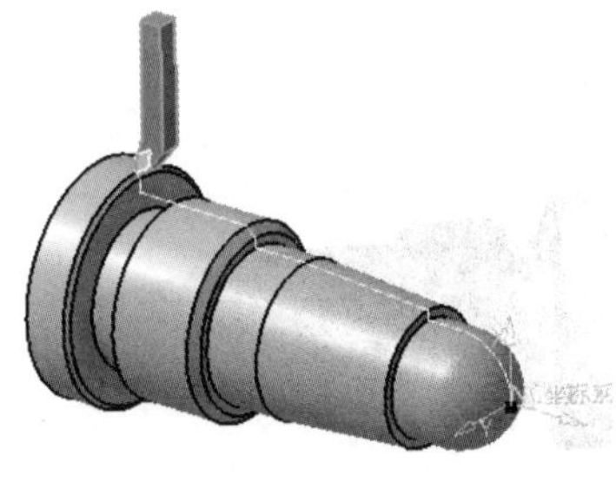

图 26-77

图 26-78

4. 车槽粗加工

01 在程序树选中“断面轮廓精加工 .1”节点，单击“加工动作”工具栏中的“车槽”按钮，弹出“车槽.1”对话框。

02 定义零件轮廓。单击目标零件轮廓感应，选取如图26-79所示的曲线作为零件轮廓，在空白处双击或按Esc键返回对话框。

03 定义毛坯边界。单击毛坯边界感应，选取如图26-80所示的曲线作为毛坯边界，在空白处双击或按Esc键返回对话框。

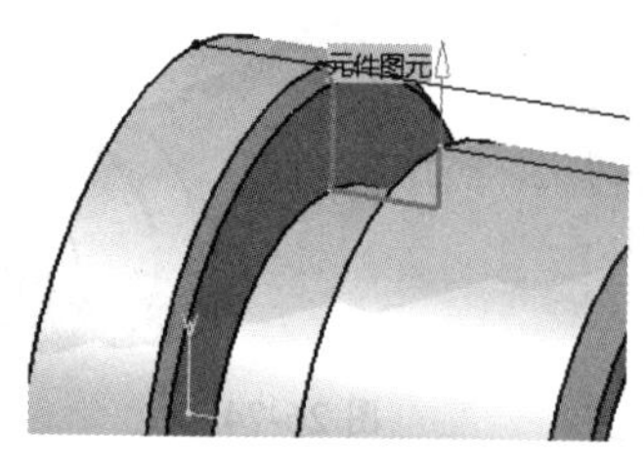

图26-79

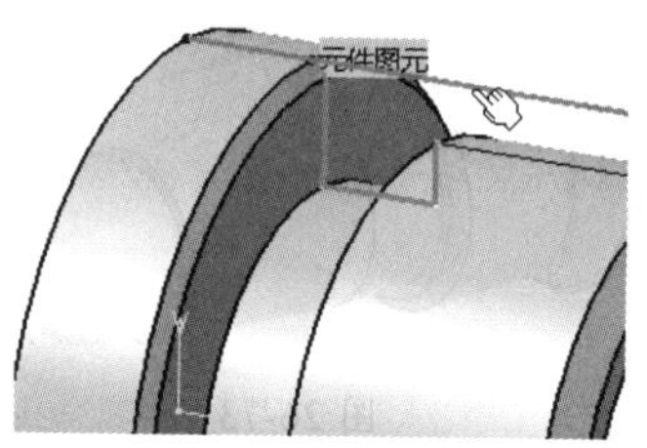

图26-80

04 定义零件余量。在“元件上厚度”文本框中输入0.4mm，如图26-81所示。

05 切换到“刀具”选项卡。在“刀柄”选项卡中设置刀具刀柄的参数，如图26-82所示。

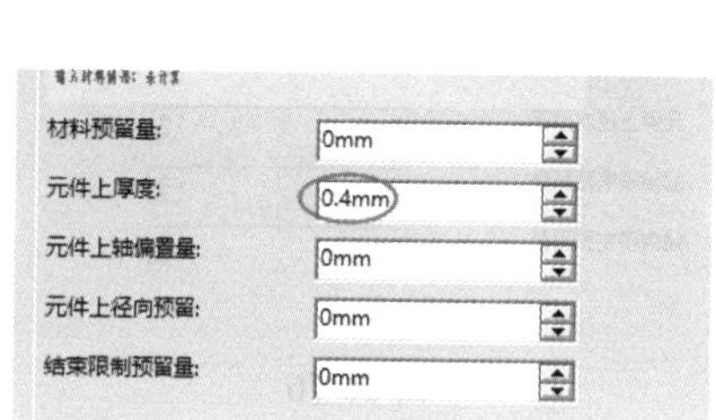

图26-81

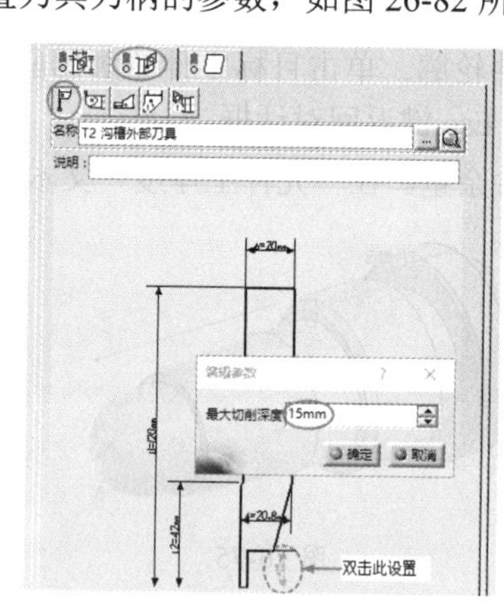

图26-82

06 单击“车槽.1”对话框中的“播放刀具路径”按钮，弹出“车槽.1”对话框，同时在图形区显示刀路轨迹，如图26-83所示。

07 单击对话框中的“最近一次储存影片”按钮，再单击“往前播放”按钮，显示实体加工结果，如图26-84所示。

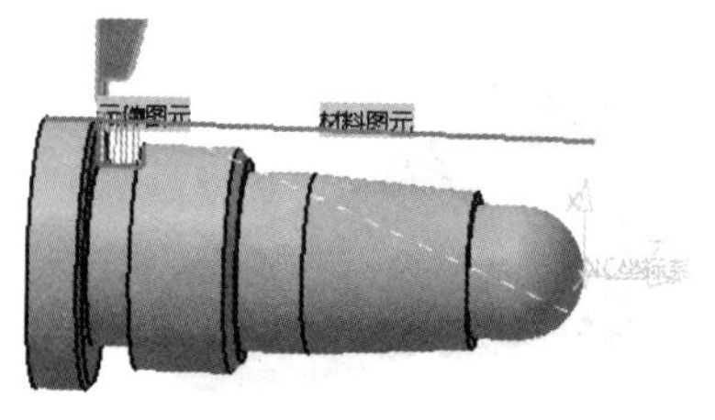

图26-83

图26-84

5. 车槽精加工

01 在程序树中选中“车槽.1”节点，单击“加工动作”工具栏中的“精车槽”按钮，弹出“车

槽精加工 .1”对话框。

02 定义零件轮廓。单击目标零件轮廓感应，选取如图 26-85 所示的曲线作为零件轮廓，在空白处双击或按 Esc 键返回对话框。

03 定义零件余量。在“元件上厚度”文本框中输入 0mm，如图 26-86 所示。

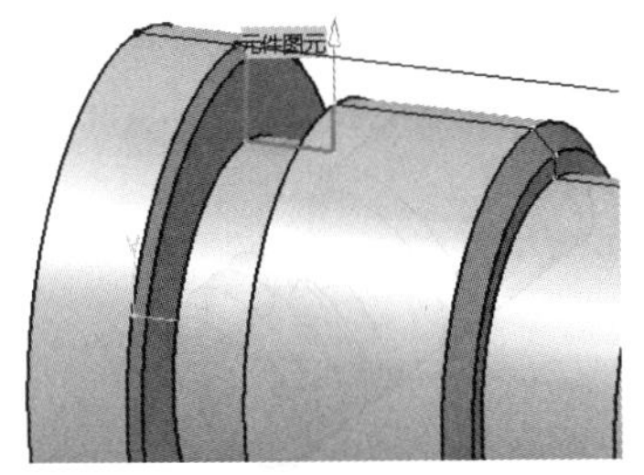

图 26-85

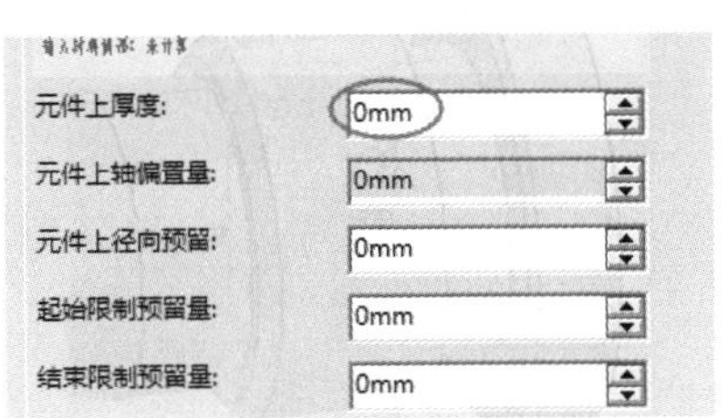

图 26-86

04 其余选项及参数保持默认设置。单击“车槽精加工 .1”对话框中的“播放刀具路径”按钮，弹出“车槽精加工 .1”对话框，同时在图形区显示刀路轨迹，如图 26-87 所示。

05 单击对话框中的“最近一次储存影片”按钮，再单击“往前播放”按钮，显示实体加工结果，如图 26-88 所示。

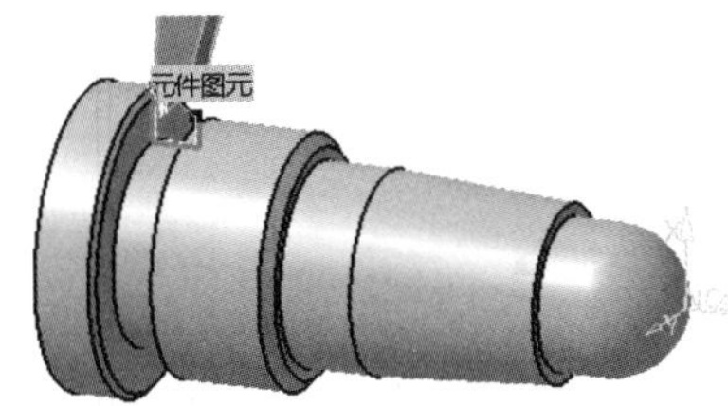

图 26-87

图 26-88

6. 车螺纹

01 在程序树中选中“车槽精加工 .1”节点，单击“加工动作”工具栏中的“车螺纹”按钮，弹出“车螺纹 .1”对话框。

02 定义零件轮廓。单击目标零件轮廓感应，选取如图 26-89 所示的曲线作为零件轮廓，在空白处双击或按 Esc 键返回对话框。

03 定义螺纹起点。单击螺纹起点感应，选取如图 26-90 所示的草图曲线作为螺纹加工起点，在空白处双击或按 Esc 键返回对话框。

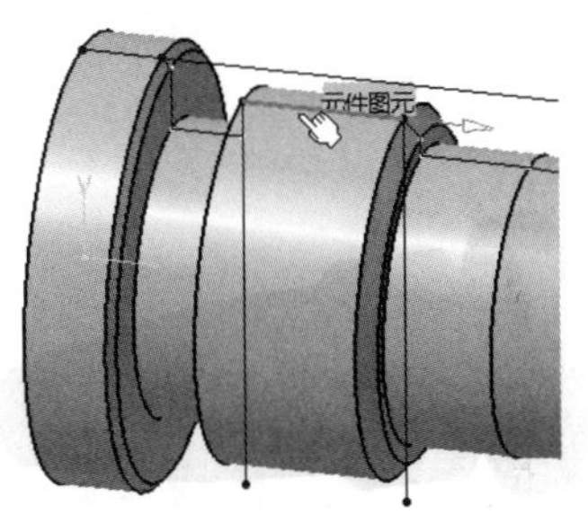

图 26-89

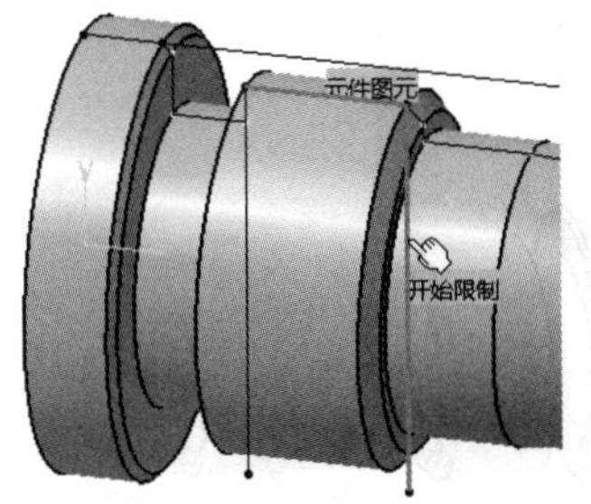

图 26-90

04 定义螺纹终点。单击终止极限元素感应，选取如图 26-91 所示的草图曲线作为螺纹加工终点，在空白处双击或按 Esc 键返回对话框。

05 在感应区中右击“起始限制模式”设置感应，在弹出的快捷菜单中选择“内”选项，如图 26-92 所示。同理，调整“结束限制模式”设置感应的选项为“内”。

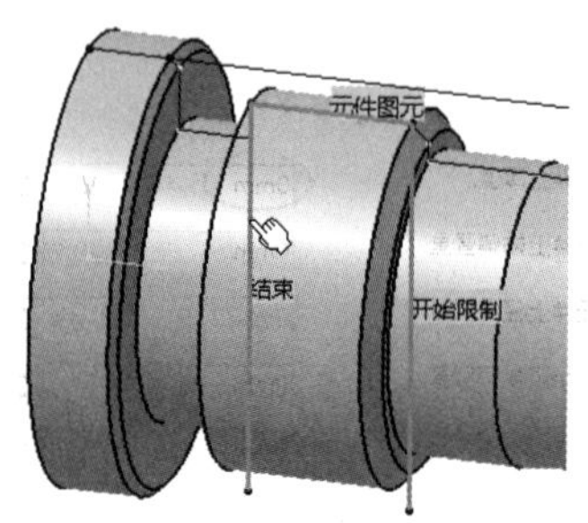

图 26-91

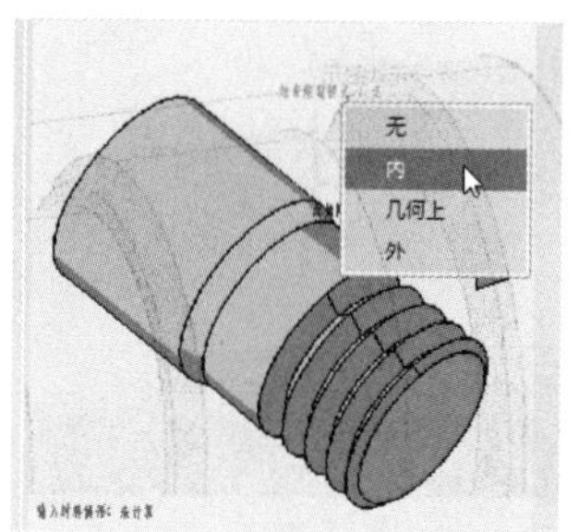

图 26-92

06 切换到“加工策略”选项卡。在“螺纹”选项卡中双击“牙数：1mm”设置感应，在弹出的“编辑参数”对话框中输入 2mm，如图 26-93 所示。

07 在“方式”选项卡中，设置“切深”参数为 0.5mm，如图 26-94 所示。

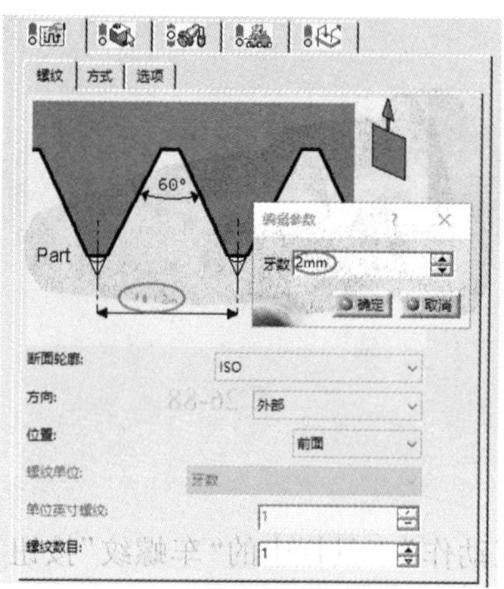

图 26-93

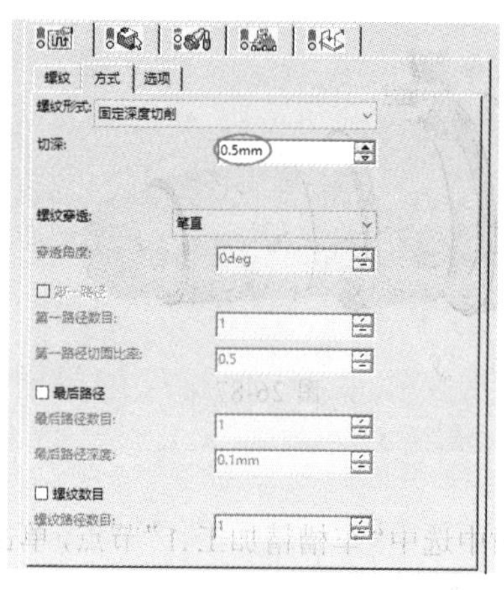

图 26-94

08 单击“车螺纹 .1”对话框中的“播放刀具路径”按钮，弹出“车螺纹 .1”对话框，同时在图形区显示刀路轨迹，如图 26-95 所示。

09 单击对话框中的“最近一次储存影片”按钮，再单击“往前播放”按钮，显示实体加工结果，如图 26-96 所示。

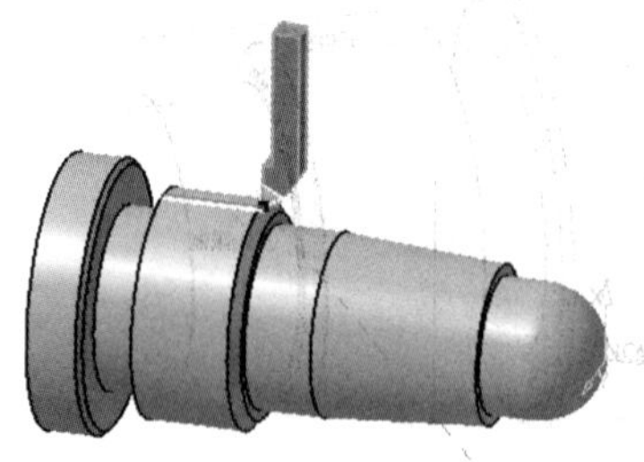

图 26-95

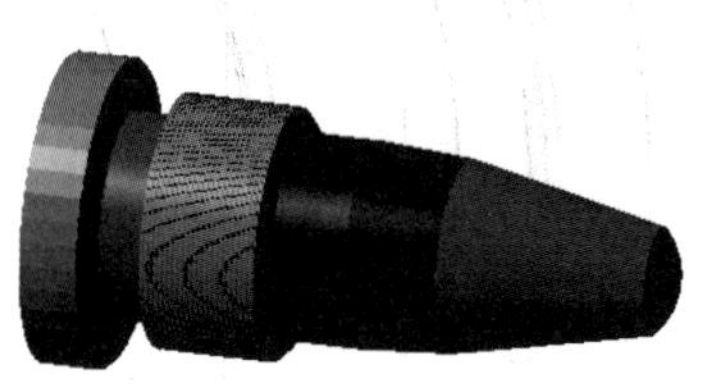

图 26-96

26.4　课后习题

习题一

通过学习 CATIA 数控车削的加工方法，加工如图 26-97 所示的零件。

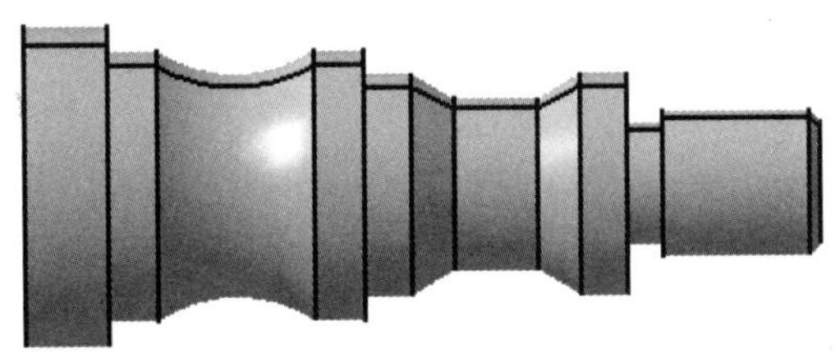

图 26-97

读者将熟悉如下内容。

（1）定义零件操作。

（2）粗车外圆。

（3）精车外圆。

（4）外槽加工。

（5）外螺纹加工。

习题二

通过学习 CATIA 数控车削的加工方法，加工如图 26-98 所示的零件。

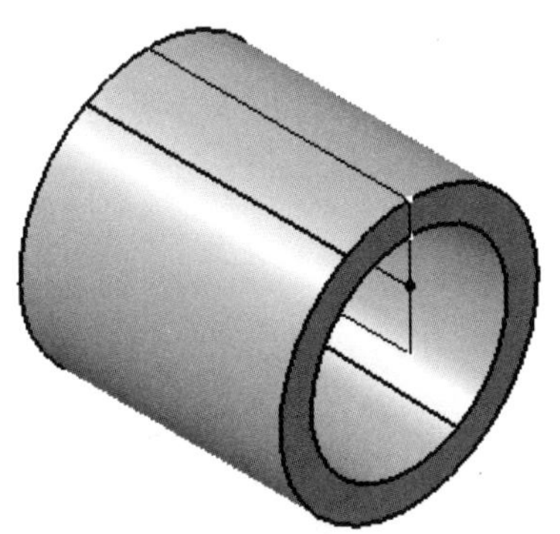

图 26-98

读者将熟悉如下内容。

（1）定义零件操作

（2）钻孔加工。

（3）粗车内孔。

（4）精车内孔。

（5）内槽加工。

（6）内螺纹加工。